Springer-Lehrbuch

Werner A. Müller · Monika Hassel

Entwicklungsbiologie und Reproduktionsbiologie von Mensch und Tieren

Ein einführendes Lehrbuch

4., vollständig überarbeitete Auflage

Mit 240 meist zweifarbigen Abbildungen
und 1 Farbtafel

 Springer

Professor Dr. Werner A. Müller
Universität Heidelberg
Zoologisches Institut
Im Neuenheimer Feld 230
69120 Heidelberg
e-mail: w.muller@zoo.uni-heidelberg.de

Professor Dr. Monika Hassel
Universität Marburg
Fachbereich Biologie
Spezielle Zoologie
Karl von Frischstr. 8
35032 Marburg
e-mail: hassel@staff.uni-marburg.de

ISBN-10   3-540-24057-8 Springer-Verlag Berlin Heidelberg New York
ISBN-13   978-3-540-24057-0 Springer-Verlag Berlin Heidelberg New York
ISBN 3-540-43644-8   3. Auflage Springer-Verlag Berlin Heidelberg New York

Bibliografische Information Der Deutschen Bibliothek
Die Deutsche Bibliothek verzeichnet diese Publikation in der Deutschen Nationalbibliografie;
detaillierte bibliografische Daten sind im Internet über <http://dnb.ddb.de> abrufbar.

Springer ist ein Unternehmen von Springer Science+Business Media

springer.de

© Springer-Verlag Berlin Heidelberg 1999, 2003, 2006
Printed in Germany

Planung: Iris Lasch-Petersmann, Heidelberg
Redaktion: Stefanie Wolf, Heidelberg
Herstellung: ProEdit GmbH, Heidelberg
Satz: K+V Fotosatz GmbH, Beerfelden
Einbandgestaltung: de'blik Berlin
Umschlagfoto: Meduse: Volker Schmid, Basel
Mausembryonen aus Zeitschrift Anatomy and Embryology, Springer, 208(4), 2004

Gedruckt auf säurefreiem Papier   29/3152Re – 5 4 3 2 1 0

Vorwort zur 4. Auflage

Mit der großen Zahl von Genen, die in immer mehr Organismen identifiziert werden, stellt sich der Forschung die Aufgabe, nun auch die Funktion dieser Gene aufzuklären. Darüber hinaus werden durch den Computer-gestützen Vergleich der Nukleotidsequenzen Übereinstimmungen zwischen Genen, die in unterschiedlichen Taxa vorkommen, ermittelt, um Aussagen über den Ursprung dieser Gene und ihre funktionelle Abwandlung im Laufe der Evolution treffen zu können. Für beide Forschungsziele ist die Entwicklungsbiologie von zentraler Bedeutung. Genaktivitäten sind hierarchisch gegliedert, und die an führenden Positionen tätigen Steuergene, wie z. B. die berühmt gewordenen *Hox*-Gene, erfüllen ihre Hauptfunktion in der Embryonalentwicklung. Sie tun dies oftmals nicht nur in der Embryonalentwicklung des Menschen und der Maus, sondern auch in Organismen, die gemeinhin als „nieder" und urtümlich eingestuft werden. Beobachtet und steuert man die Expression von Genen, wird man mehr noch als durch die bloße Betrachtung der Morphologie gewahr, dass zwischen den „niedersten" und „höchsten" Tieren mehr Gemeinsames zutage tritt als irgend jemand jemals vermutet hätte. Hingewiesen sei auf den verblüffenden Befund, dass die Entwicklung aller Augen im Tierreich, so unterschiedlich sie auch gestaltet sind, von wenigen gemeinsamen Steuergenen in die Wege geleitet wird. Dies hat einer vor 2 Jahrhunderten begründeten Forschungsrichtung, die gegenwärtige mit dem Kürzel **Evo-Devo** (*evolution and development*) bedacht wird, neuen Aufschwung gegeben. Die vorliegende 4. Auflage berücksichtigt verstärkt auch solche evolutionsgeschichtlichen Aspekte.

Ein weiteres Anliegen dieser Auflage ist, noch mehr als bisher schon humanbiologische und medizinische Problemfelder zu berücksichtigen. Wir taten dies hier beispielsweise durch Einfügen je einer Box zur Pränataldiagnostik und zur Wirkung von hormonartigen Fremdsubstanzen auf die Sexualentwicklung.

Darüber hinaus zwingt uns der rasante Zugewinn an Wissen, in allen Kapiteln in kurzen Abständen Ergänzungen einzufügen. Die Autoren bitten aber um Verständnis, dass dieses einführende Lehrbuch keine Kollektion von Übersichtsartikeln sein kann, die auf jedem Teilgebiet all die in die Hunderte gehenden jährlichen Neuerscheinungen berücksichtigen könnte. Wir haben uns jedoch bemüht, in allen Bereichen die wichtigsten neuen

Erkenntnisse kurz wiederzugeben. Die Literatursammlung am Schluss dieses Buches und die Datenbanken der Uni-Bibliotheken werden Fortgeschrittene leicht an weiterführende Originalarbeiten heranführen.

Der Leser wird auch aus vielen neuen Abbildungen, einschließlich einer Farbtafel zur Illustration wichtiger moderner Methoden der Entwicklungsbiologie, Gewinn ziehen können.

Heidelberg und Marburg, im Juli 2005   WERNER A. MÜLLER
                                              MONIKA HASSEL

Vorwort zur 3. Auflage

Stammzellenforschung, „therapeutisches Klonen" sind zwei gegenwärtig in den Medien viel benutzte Schlagworte, die deutlich machen, dass sich in den vergangenen zwei Jahren aus der entwicklungsbiologischen Grundlagenforschung neue Perspektiven praktischer Anwendungen auftaten, die Hoffnungen wie auch Befürchtungen wecken. Das gestiegene Interesse an medizinisch orientierter Forschung und möglichen neuen therapeutischen Verfahren hat uns bewogen, nicht nur Kapitel 19 (Stammzellen) zu erweitern, sondern auch eine Einführung in die allgemeine Reproduktionsbiologie zu geben (Kap. 1 und Kap. 9), sowie medizinische wie auch rechtliche Aspekte stärker zu berücksichtigen (Box K6A, Box K6B, Box K6C, Box K23). Der explosive Zuwachs an wissenschaftlichen Arbeiten insbesondere auf dem Gebiet der Entwicklungs-Neurobiologie war uns Anlass, auch die Ausführungen zur Entwicklung des Nervensystems stark zu erweitern. Hinzugekommen sind weiterhin eine Reihe neuer (wiederum selbst gezeichneter) Abbildungen und erläuternder Skizzen. Wir hatten nicht den Mut, den Umfang des Buches durch entsprechend viele Kürzungen an anderen Stellen konstant zu halten; denn schließlich blieb es unser vorrangiges Ziel, dem Studenten, Biologielehrer und interessierten Mediziner eine verständliche Einführung in die Grundlagen der Entwicklungs- und Reproduktionsbiologie zu geben und den Leser auch ein wenig teilhaben zu lassen an der Faszination, welche den auf diesen Gebieten forschenden Wissenschaftler erfasst.

Wir danken unserer Kollegin Elisabeth Pollerberg, dass sie sich erneut bereit gefunden hat, Kap. 17 (Entwicklung des Nervensystems) kritisch durchzulesen, den Kollegen Christof Niehrs und Renato Paro für aktuelle Informationen, sowie Frau Manuela C. Kratz, Frau Stefanie Wolf und Herrn Karl-Heinz Winter vom Springer-Verlag für ihre Unterstützung.

Heidelberg und Marburg im Winter 2001/2002

WERNER A. MÜLLER
MONIKA HASSEL

Vorwort zur 2. Auflage

Klonen von Tieren und Menschen ist derzeit das am häufigsten genannte und am heftigsten umstrittene Thema der Entwicklungsbiologie, über das Tagespresse und Medien berichten. Ein anderes Thema ist die Erzeugung „transgener" Tiere, in die artfremde, darunter gar menschliche Gene eingebaut werden, und möglicherweise gehört zu diesen Themen auch bald die gezielte Steuerung des Geschlechts. Eng mit der Entwicklungsbiologie verwoben sind aber auch die Krebsforschung und die Gentherapie von Erbkrankheiten. Diese beispielhaft herausgegriffenen Themen zeigen schon: Entwicklungsbiologie ist ein hochaktuelles Gebiet der Biologie und auch für die Medizin von Belang.

Die Entwicklungsbiologie zählt in der Tat zu jenen Sparten der Biowissenschaften, die derzeit eine explosive Entfaltung erfahren. Treibende Kraft ist das Bestreben der Genetiker und Molekularbiologen, das Wirken von Genen zu verstehen und Verfahren zu finden, um selbst Genaktivitäten steuern zu können. Treibende Kraft ist auch das Bestreben der Mediziner, helfend in das Reproduktionsgeschehen einzugreifen und Fehlleistungen wie die Entwicklung von Krebs zu verstehen. Größte treibende Kraft ist jedoch die Wissbegierde des Menschen, der eines der größten Geheimnisse der Natur enträtseln möchte: die Entwicklung eines komplexen Organismus mit seiner erstaunlichen körperlichen und geistigen Leistungsfähigkeit aus der vergleichsweise wenig strukturierten Materie einer befruchteten Eizelle.

Da sich die gegenwärtige, molekularbiologisch ausgerichtete Entwicklungsbiologie auf wenige „Modellorganismen" konzentriert, wird in diesem Buch erst in geschlossenen Darstellungen die Entwicklung solcher Organismen vorgestellt, die in der Forschung und Lehre herausragende Bedeutung erlangt haben; ergänzt wird diese Darstellung durch eine Beschreibung der Embryonalentwicklung des Menschen. Dann folgen vergleichende Ausführungen zu übergreifenden Themen wie z. B. Aspekte der Evolution, Entwicklungsgenetik, Entstehung von Krebs oder Sexualentwicklung. Wiederholungen sind bei diesem Konzept unvermeidlich aber auch geplant; denn jedes Kapitel sollte für sich verstanden werden können.

Es war den Autoren dieses Buches wie auch dem Verlag nicht daran gelegen, ein vollständiges Kompendium der gegenwärtigen Entwicklungsbiologie vorzulegen; doch werden alle grundlegenden Gebiete berücksichtigt, und es werden in allen Teilgebieten auch neueste Ergebnisse der Forschung vorgestellt. Es war uns wichtig, allgemeine Prinzipien herauszuarbeiten und die Grundmuster der schwierigen Vorgänge verständlich zu machen.

Das Buch ist für Studierende der Biowissenschaften (Genetik, Molekularbiologie, Neurobiologie, Zellbiologie, Zoologie) geschrieben, doch auch Mediziner, die aus Fragestellungen der Anatomie, Embryologie, Neurobiologie oder Pathologie heraus Interesse an den spannenden Vorgängen der Entwicklung und ihrer genetischen Steuerung gewonnen haben, finden in diesem Lehrbuch eine grundlegende Einführung sowohl in die klassische wie auch in die molekularbiologisch ausgerichtete Entwicklungsbiologie der heutigen Zeit.

In seinem Konzept geht das vorliegende Lehrbuch auf ein 1994 erschienenes Taschenbuch zurück (Müller: Entwicklungsbiologie, UTB, Fischer), dem 1996 eine erweiterte, englischsprachige Ausgabe folgte (Müller: Developmental Biology, Springer-Verlag, New York). Gegenüber diesen früheren Ausgaben ist die vorliegende neu gestaltet und stark erweitert; doch blieb es unser Ziel, ein Lehrbuch zu schreiben, das auch Studenten lesen können, die noch keine speziellen Praktika und Vorlesungen in Entwicklungsbiologie absolviert haben. Die meisten Abbildungen wurden von uns selbst (W. Müller) angefertigt.

Wir danken den Kolleginnen und Kollegen, die bereit waren, einzelne Kapitel kritisch durchzulesen, namentlich

Doz. Dr. Michael Brand (Abschnitt 4.2, *Danio*),
Doz. Dr. Thomas Leitz (Kap. 22, Metamorphose und Kap. 23, Sexualentwicklung),
Prof. Dr. Friedrich Marks (Kap. 21, Krebs),
Prof. Dr. Christof Niehrs (Abschnitt 4.1, *Xenopus*, Kap. 11, Determination (partiell) und Kap. 12, Musterbildung,
Prof. Dr. Renato Paro (Abschnitt 3.6, *Drosophila*, und Kap. 13, Entwicklungsgenetik),
Prof. Dr. Elisabeth Pollerberg (Kap. 17, Nervensystem),
Prof. Dr. Klaus Sander (Box K 1, Historie, und Kap. 7, Evolution),
Prof. Dr. Einhard Schierenberg (Abschnitt 3.4, *Caenorhabditis*).

Schließlich danken wir Dr. Christine Schreiber und all den anderen mit diesem Buch befassten Mitarbeitern des Springer-Verlages für die vorzügliche Betreuung und Kooperation.

Heidelberg, im Sommer 1999   WERNER MÜLLER
                                              MONIKA HASSEL

Inhaltsverzeichnis

1 Entwicklung und Reproduktion: Wesenszüge des Lebendigen

1.1
Entwicklung als Selbstkonstruktion

1.1.1
Lebewesen konstruieren und organisieren sich selbst auf der Basis ererbter Information

Zu den Wesenszügen lebender Organismen, besonders der vielzelligen Lebewesen, gehören ihre Fähigkeit, sich zu entwickeln, das heißt, aus einfachen Anfangszuständen heraus eigenständig komplexe Strukturen aufzubauen und eine artgemäße Endgestalt zu erlangen.

Es geht in diesem Buch also um Entwicklung im Sinne von **Ontogenie**, um die Entwicklung im Zuge eines individuellen Lebens, das in der Regel mit der Befruchtung eines Eies beginnt und mit dem Tode des Individuums endet. Entwicklung im Sinne der **Phylogenie** oder **Evolution**, die sich als allmähliche Umgestaltung der Organismen im Zuge langer Generationsfolgen darstellt, wird hier nur insofern behandelt, als wir in Kapitel 7 die Abwandlung ontogenetischer Entwicklungsmuster in der Evolution diskutieren.

Selbstkonstruktion, Selbstorganisation sind Ausdrücke, die das Wesentliche der ontogenetischen Entwicklung auf eine kurze Formel zu bringen versuchen. Die Entwicklung eines vielzelligen Lebewesens startet ja im Regelfall mit einer einzigen Zelle, der befruchteten Eizelle, die kaum den Organisationsgrad eines Einzellers erreicht. In der Eizelle oder gar im winzigen Spermium schon einen fertigen Organismus, beispielsweise einen **Homunculus** (Abb. 1.1) zu sehen, war nur dem fantasievollen Auge früherer Naturkundler möglich. Der heutige Zellbiologe, Biochemiker und Molekularbiologe findet in der befruchteten Eizelle nicht viel mehr als in sonstigen Zellen auch. Sie kann im Einzelfall zwar riesig sein – die gelbe Kugel im Hühnerei ist eine Eizelle – doch ihre inneren Strukturen sind, auch im Elektronenmikroskop, nicht vielgestaltiger als in zahlreichen anderen Zelltypen. Und doch wird aus dieser unauffälligen und vergleichsweise ungestalten Zelle ohne Eingriff eines äußeren Gestalters ein hochkomplexes Gebilde mit Abermillionen verschiedener Zellen, die in einem hochgradig geordneten Zusammenspiel selbst den Organismus, das Individuum, formen.

Abb. 1.1. Homunculus in einem Spermium, gesehen mit den Augen des Nicolas Hartsoeker (1694)

Neue Lebewesen können – bei vielen Pflanzen und „niederen" Tieren – nicht nur aus befruchteten Eizellen entstehen, sondern auch durch die Vermehrung bereits entwikkelter, vielzelliger Lebewesen (Abschnitt 1.2.1). Doch auch dann, wenn sich Lebewesen im Zuge einer „asexuellen oder vegetativen Fortpflanzung" (traditioneller Ausdruck) selbst „klonen" (neuer Ausdruck), ist es anfänglich ein Verband aus wenigen gleichartigen Zellen, oft Knospe genannt, der das generative Startmaterial für die Entwicklung eines neuen Lebewesens darstellt.

Ob das neue Leben mit einer Eizelle oder Knospe beginnt: das fertig entfaltete Lebewesen ist von einer Komplexität, die unser Vorstellungsvermögen weit übertrifft. Jeder kann sich eine Eizelle oder eine Knospe vorstellen. Wer aber kann sich die ca. 100 Milliarden Nervenzellen unseres Gehirns mit seinen 10^{13} bis 10^{14} synaptischen Verbindungen in ihrer dreidimensionalen Architektur vorstellen?

Alle die vielen und vielgestaltigen **somatischen** Zellen, die aus **generativen** Ausgangszellen hervorgehen, gewinnen aber, anders als Mitglieder eines Klons von Einzellern, keine unabhängige Lebensfähigkeit, sondern sind nur in der Gemeinschaft des Zellenverbandes lebensfähig. Im Dienste dieser Gemeinschaft, die wir als Einheit betrachten und als Organismus oder Individuum bezeichnen, übernehmen die Zellen unterschiedliche Aufgaben; sie **differenzieren** sich morphologisch und funktionell und bauen gemeinsam vielzellige Strukturen, Gewebe und Organe auf. Dabei werden von Generation zu Generation jeweils dieselben Strukturen und Muster in derselben zeitlichen und räumlichen Ordnung hergestellt.

Die Zunahme an Mannigfaltigkeit in der Ontogenie und die Gestaltbildung (**Morphogenese**) aus einfachen, anscheinend amorphen Ausgangszuständen haben früh die Frage nach den ursächlichen, formenden und ordnenden Prinzipien aufgeworfen. Aristoteles sah in der Seele das letztendlich formbestimmende Prinzip (Box K1); heute wird der genetischen Information die tragende Rolle zuerkannt.

Die Möglichkeit, sich selbst **reproduzierbar** herzustellen, ist **durch genetische Information** (DNA des Kerns und der Mitochondrien, gegliedert in **Gene**) und durch weitere informationstragende Strukturen der Eizelle (**maternale Information, cytoplasmatische Determinanten**) gewährleistet; nicht jedoch ist die fertige Organisation selbst in der Eizelle vorgezeichnet. Sie **enthält keinen „Bauplan"** im Sinne des üblichen Sprachgebrauchs; denn ein Bauplan ist eine Skizze des fertigen Gebildes. Schon um die Abermilliarden Verschaltungen im Zentralnervensystem zu skizzieren, wäre mutmaßlich weit mehr an Information nötig, als eine befruchtete Eizelle beherbergen kann.

Welche Information enthält das **Genom** (Summe aller Gene) tatsächlich?

- Das Genom enthält in der großen Mehrheit seiner einzelnen Gene Information, in welcher Reihenfolge welche Aminosäuren verkettet werden müssen, damit all die vielen Proteine, die eine Zelle braucht, ihre korrekte Struktur erhalten. Wird Information in Form einer mRNA abgerufen, und wird mittels dieser mRNA ein Protein hergestellt, spricht man von **Genexpression.**

- Andere Gene enthalten Information, die es ermöglicht, Hilfsmittel der Proteinsynthese, speziell tRNA's und rRNA's, herzustellen.

- Die Doppelhelixstruktur der DNA ermöglicht es, exakte Kopien ihrer selbst herzustellen; die DNA enthält also Information über die Reihenfolge, in der die 4 Basen (A, T, G, C) in neu synthetisierter DNA angeordnet sein sollen.

- Eine hierarchische Organisation des Genoms kommt dadurch zum Ausdruck, dass Meister- oder Selektorgene (Kapitel 13) über ihre Protein-Produkte die Aktivität anderer, untergeordneter Gene steuern.

- Eine raum-zeitliche Organisation ist im Genom insoweit verwirklicht, als manche Gene auf den Chromosomen in einer Reihenfolge angeordnet sind, wie sie in der Zeit und in den Körperregionen eingeschaltet werden (*Hom/Hox*-Gencluster, Kapitel 3.6 und 13).

Es überfordert unser Vorstellungsvermögen, wenn wir im Einzelnen ableiten wollten, wie der sich entwickelnde Keim auf der Basis solcher Minimalinformation sich als zunehmend komplexer werdendes Gebilde selbst aufbaut oder durch Regeneration Verlorenes wieder ergänzt.

BOX 1 Von der Seele zur Information: ▋▋▋▋▋▋▋▋▋▋▋▋
        zur Geschichte der Entwicklungsbiologie

Begründung der Entwicklungsbiologie im antiken Griechenland

Obzwar Embryonen bereits in Schriften des altindischen Sanskrit und
Ägyptens beschrieben sind, war es doch der Grieche **Aristoteles**
(384–322 v. Chr.), Sohn eines Arztes, der als erster systematisch entwicklungsbiologische Studien betrieb, das Beobachtete zu deuten versuchte und bleibende Begriffe schuf. Der Philosoph, Philologe, Staats-
lehrer und Erzieher des makedonischen Prinzen Alexander, den die
Nachwelt Alexander den Großen nennen sollte, war auch ein begei-
sterter Naturforscher. Aristoteles war es, der die ersten Lehrbücher
der Zoologie und Entwicklungsbiologie schrieb. Es zählen dazu das
vielbändige Werk „Geschichte der Tiere" (*Peri ta zoa historiai*, in La-
tein: Historia animalium), darin sich auch Kapitel zur Entwicklung
befinden, und das fünfbändige Werk „Von der Zeugung und Entwicklung der Tiere" (*Peri zoon geneseos*; Lat.: De generatione animalium).
Weitere Ausführungen zur Entwicklungsbiologie sind in den Büchern
„Über die Seele" (*Peri psyches*; Lat.: De anima) und in der „Meta-
physik" zu finden.

Aristoteles unterschied vier Möglichkeiten, wie Organismen entstehen können: Urzeugung aus faulendem Substrat, aus dem u.a. Fliegen
und Würmer hervorgehen sollten, Knospung, zwittrige und getrennt-
geschlechtliche Fortpflanzung.

Aristoteles beschrieb die Entwicklung des Hühnchens im Ei. (Im Folgenden: Noch heute gebrauchte Ausdrücke sind **fett**, heute nicht mehr
gebrauchte *kursiv* gekennzeichnet.) Nach seiner Beobachtung liegt anfänglich eine unstrukturierte Masse vor, die im Zuge einer **Morphogenese** (Gestaltbildung) Form erhält. Inmitten der sich herausbildenden
Gestalt beobachtete er den „springenden Punkt", das pochende Herz.
Ziel der Morphogenese sei das *ergon*, das fertige Werk, die Arbeit (im
Sinne des Künstlers). Gestaltendes Prinzip ist die **energeia** (Energie,
das im Inneren tätige Wirken, die Verwirklichung einer Möglichkeit),
auch *entelecheia* genannt: dasjenige, welches das Ziel in sich birgt.
Energie bzw. Entelechie ist Wirk- und Finalursache zugleich (Wirkursache = hervorbringende Ursache; Finalursache = Zweck, Ziel des Wir-
kens). Um eine artspezifische Gestalt hervorbringen zu können, müsse
das wirksame Prinzip eine Vorstellung (eidos = **Bild**, **Idee**) haben von
dem, was geschaffen werden soll. Deshalb sei die letzte Wirkursache,
die letzte Entelechie, die **Seele** (**Psyche**).

*„Sie (die Seele) bewirkt die Bildung ... eines anderen, ähnlichen Or-
ganismus. Ihre wesentliche Natur existiert bereits; ... sie bewahrt nur*   ▶

ihre eigene Existenz; ... Die primäre Seele ist das, was in der Lage ist, die Art zu reproduzieren". Die Seele besitzt, in die heutige Sprache der Biologie übersetzt, „genetische Information".

Aristoteles unterschied mit Plato: **vegetative** Seele (Ernährungsseele), die in allen Lebewesen tätig sei und Leben überhaupt ermögliche, **animale** Sinnenseele, die Empfindung ermögliche, und Geistseele, die Denken ermögliche.

Die vegetative Seele ermögliche der Pflanze Regeneration und enthalte die formende Kraft auch der tierischen Entwicklung. Sie wohne dem Samen des Mannes inne und werde in der Zeugung vom Vater auf das Kind übertragen, während die Mutter (*mater*) den zu formenden Stoff (*hyle*, lateinisch: materia, **Materie**) als amorphen Monatsfluss liefere. Die Geistseele sei ewig, unsterblich, sei leidenslose, reine Energie und betrete den Körper des Menschen „durch eine Tür".

Aristoteles hat mit seinen Auffassungen Jahrhunderte geprägt. Bei allem Respekt vor seiner Persönlichkeit – was er über Urzeugung, Zeugung und Befruchtung behauptete, sollte höflich verschwiegen werden.

Die Renaissance der Entwicklungsbiologie

Die Embryologie erlebte ihre Wiedergeburt (Renaissance) im 16. Jahrhundert. In der Schule von Padua (Vesalius, Fallopio, Fabricius ab Aquapendente) wurde die Anatomie von Ovar und Hoden studiert. Der Friese **Volcher Coiter** (1514–1576) nahm die Studien des Aristoteles am Hühnchen wieder auf – er gilt als Vater der neuzeitlichen Embryologie – und verband seine Kenntnisse mit denen der italienischen Anatomen. Er erklärte, ein Embryo entstehe im Ei, und das Ei im Ovar.

Auch der Engländer **William Harvey** (1578–1657), als Entdecker des großen Blutkreislaufs bekannt, nahm die embryologischen Studien des Aristoteles wieder auf und dehnte sie auf Insekten und Säuger aus. Er meint, bei niederen Organismen möge es ja Urzeugung geben. Bei Insekten aber bestehe Entwicklung in der *metamorphosis* (**Metamorphose**=Umgestaltung) schon existierender Formen. Harvey betrachtete die Puppe als Ei, wie vor ihm schon Aristoteles und später nach ihm noch manch anderer Forscher, und mancher Laie heute noch („Ameiseneier" des Zoogeschäfts und Fischzüchters).

Bei höchsten Tieren aber sei Entwicklung nicht bloße Umformung sondern, wie auch schon Aristoteles beschrieb, *epigenesis* (**Epigenese**=aufbauende Erzeugung, zunehmende Neubildung aus Ungeformtem). Und Harvey schrieb den Satz: *„Wir behaupten ... dass alle*

Tiere, auch die lebendgebärenden, der Mensch nicht ausgenommen, von Eiern produziert werden." Die spätere Literatur verkürzt den Satz zu „omne vivum ex ovo" („Alles Leben aus dem Ei"), inspiriert wohl vom Titelblatt der embryologischen Schrift Harveys „*Exercitationes de Generatione Animalium*", auf dem ein Ei die Aufschrift trägt „*ex ovo omnia*" („Alles aus dem Ei"). Allerdings war Harveys Säugerei noch nicht das, was wir heute darunter verstehen; er glaubte die Blastocyste (frühes Embryonalstadium) sei das Ei (es war erst Carl Ernst von Baer, der 1827 das echte Säugerei entdeckte).

Präformation und Mechanizismus

Wenn der Züricher **Konrad Gesner** (1516–1565), dem Römer Plinius folgend, berichtet, die Bärin gebäre in ihrer Höhle einen ungeformten Klumpen Fleisch und lecke ihn dann in Form, so war er wohl kaum von der philosophisch-weltanschaulichen Theorie des Mechanizismus beeinflusst. Wohl aber später sein Landsmann **Albrecht von Haller** (1708–1777). Haller behauptet kategorisch: „*Nulla est epigenesin*", es gibt keine Neubildung. Er folgte mit dieser Auffassung den Begründern der mikroskopischen Anatomie. **Antoni van Leeuwenhoek** (1632–1723) schrieb: „*... dass der menschliche Fetus, obzwar nicht größer als eine Erbse, mit all seinen Teilen ausgestattet ist*". Leeuwenhoek glaubte wie andere frühe Mikroskopiker (z. B. Hartsoecker), im Samen kleine Tierchen (*animalcula* oder *zoa*) gesehen zu haben (später benannte von Baer die Zoa um in **Spermatozoa** = Samentiere). In den menschlichen Samenzellen glaubten diese Mikroskopiker **Homunculi**, kleine vorgeformte Menschlein mit (relativ) übergroßen Köpfen (s. Abb. 1.1) gesehen zu haben. Embryonen sollten aus den Homunculi durch Wachstum hervorgehen.

Ähnlich sah man in den „Eiern" (Puppen) von Insekten adulte Ameisen oder Schmetterlinge als Miniaturen vorgeformt, so wie man in den Knospen von Pflanzen kleine Blätter und Blüten vorgeformt findet. Die vorgeformten Wesen und ihre Organe müssten nur „evolviert", d.h. ausgewickelt und enthüllt werden. Solche Auffassungen kamen den **Mechanizisten** entgegen, welche die Auffassung vertraten, Leben gehorche allein den Gesetzen der Mechanik. Lebewesen seien kunstvolle Räderwerke, seien Maschinen; Entwicklung sei die mechanische Entfaltung von Vorgeformtem.

Lebewesen wurden in den Augen der Mechanizisten als komplexe Uhrwerke betrachtet, vergleichbar den bewundernswerten astronomischen Uhren, welche die zeitgenössischen Kunsthandwerker bauten (z. B. im Münster von Straßburg oder am Rathaus von Prag). Ob man ▶

sich diese Maschinen als beseelt oder seelenlos vorstellte, hing von der religiösen und weltanschaulichen Einstellung der jeweiligen Autoren ab.

Im Jahr 1627 veröffentlichte **Marcello Malpighi** ein Kompendium der Hühnchenentwicklung mit detailliert ausgeführten Kupferstichen. Erstmals zeigte er die Neuralfalten (aus denen das Zentralnervensystem hervorgeht), die Somiten (aus denen die Wirbel und die Muskulatur hervorgehen) und die Blutgefäße, die vom Herzen zum Dotter und vom Dotter zurück zum Herzen führen. Trotzdem stellt Malpighi die Theorie der Epigenese in Frage und bekennt sich zur Präformationslehre. Schließlich habe Gott nach der Bibel nur einmal die Welt erschaffen, und es sind keine weiteren göttlichen Schöpferakte nötig, wenn nur mehr vorgefertigte Strukturen entrollt werden müssen.

Die Doktrin der Präformation führte indes alsbald zu allerlei vertrackten Problemen:

- Wenn die ontogenetische Entwicklung nur in einer mechanischen Entfaltung von Vorgeformtem besteht, müssen da nicht alle Generationen vom Anbeginn der Welt bis zu ihrem Ende schon vorgeformt vorliegen? *Emboitment* (Insicheinschließen) war die Antwort. Wie bei russischen Puppen steckt im Inneren eines ersten Wesens ein kleineres Wesen, darin steckt wieder ein noch kleineres usf. Nach Berechnungen von Vallisneri (1661–1730) sollten im Ovar der Urmutter Eva ineinander verschachtelt 200 Millionen Menschen enthalten gewesen sein. Gott war nur einmal als Schöpfer tätig. Der damals geschaffene Vorrat sollte bis ans Ende aller Tage reichen. Der Genfer Gelehrte **Charles Bonnet** (1720–1793), der die Parthenogenese der Blattläuse beschrieb, meinte 1764: *„Die Natur arbeitet so klein wie sie will"*.
- Das Mikroskop machte die zelluläre Struktur der Lebewesen offenkundig. In welchen Zellen und welchen subzellulären Strukturen sollten die Miniaturausgaben künftiger Nachkommen zu finden sein?
- Die Mikroskopiker entdeckten nicht nur Eier, sondern auch Spermatozoen. Nun konnte der schon existierende Mensch entweder im Ei (**Ovisten**) oder im Spermatozoon (**Animalculisten, Homunculisten**) gesehen werden. Zu den Ovisten bekannten sich so angesehene Anatomen, wie eben **Marcello Malpighi** (1628–1694) und auch **Jan Swamerdam** (1637–1680).
- Wie kann eine Regeneration stattfinden, wenn verlorene Körperteile nur aus Vorgeformtem ersetzt werden könnten?

Lazzaro Spallanzani (1729–1799) führte als erster künstliche Befruchtungen durch. Er berichtete, unbesamte Eier des Frosches fielen der Degeneration und dem Zerfall anheim. Auch bei Hunden gebe es nur ▶

Nachwuchs, wenn auch männliche Tiere ihren Beitrag leisten konnten. Obzwar Spallanzani irrtümlich die Samenzellen für Parasiten hielt, war gezeigt, dass weibliches und männliches Geschlecht ihren Beitrag zur Zeugung von Nachkommen beitragen müssen. Die Präformationslehre in ihrer extremen Form war bald Geschichte.

Epigenese und Vitalismus

Caspar Friedrich Wolff (1738–1794, Berlin), der erneut die Hühnchenentwicklung studierte, sieht wieder Neubildung, Morphogenese aus formlosem Dottermaterial. Er, wie vor ihm Aristoteles und wie nach ihm alle weiteren Vitalisten, schloss auf ‚immaterielle‘, d.h. nicht-korpuskuläre, Wirkprinzipien, auf eine **vis essentialis** oder **vis vitalis**, eine besondere „Lebenskraft". Immanuel Kants akademischer Kollege **Johann Friedrich Blumenbach** (1742–1840) forderte einen besonderen physikalisch wirkenden „Bildungstrieb", der über die Keimzellen vererbt würde. Viele bedeutende Biologen waren Vitalisten, unter ihnen der in Estland geborene **Carl Ernst von Baer** (1792–1876), der in mehreren Säugerarten Eier aufspürte und vergleichende embryologische Studien betrieb. Er war es auch, der die Beobachtung machte, dass alle Wirbeltiere vorübergehend ein sehr ähnliches Embryonalstadium durchlaufen und danach erst die Entwicklung divergent wird (s. Abb. 7.1). Auf dieser Beobachtung fußt das von **Ernst Haeckel** (1834–1919, Jena) formulierte, bis heute umstrittene „**ontogenetische** oder **biogenetische Grundgesetz**", das besagt, dass die Ontogenie (Individualentwicklung) eine abgekürzte Form der Phylogenie (Stammesgeschichte) sei (Kap. 7).

Interesse an der menschlichen Embryonalentwicklung wurde geweckt von **Wilhelm His** (Basel, Leipzig) durch seine Schriften *„Unsere Körperform und das physiologische Problem ihrer Entstehung"* (1874) und *„Anatomie menschlicher Embryonen"* sowie seine plastischen Modelle.

Die experimentelle Embryologie begann in Frankreich in der Tradition der Morphologie. **Etienne Geoffroy Saint-Hilaire** (1772–1844), Zoologe und Opponent des einflussreichen Georges Cuvier, versuchte die Ursachen von Missbildungen (**Terata**) herauszufinden und störte mit recht groben Mitteln die Embryonalentwicklung des Hühnchens. (Heutzutage wird Saint-Hilaire vor allem als Begründer der Vorstellung zitiert, Arthropoden seien gewissermaßen auf den Rücken gedrehte Wirbeltiere; Kap. 7.) Um 1886 begann **Laurent Chabry** (1855–1893) mit selbstgefertigten mikrochirurgischen Instrumenten operative Eingriffe an den winzigen (0,16 mm) Embryonen der Tunicaten

(*Ascidia aspersa*). Er beobachtete spontane Anomalien und versuchte auch schon, durch Eingriffe einzelne Zellen (Blastomeren) des frühen Embryos auszuschalten und damit örtlich begrenzte Defekte zu setzen.

Aufschwung um die Jahrhundertwende

Von 1860 an werden zahlreiche bedeutende Entdeckungen gemacht, und es beginnt die Epoche der experimentellen Embryologie, der Zellbiologie und der Genetik.

Experimentelle Embryologie: Aufsehen erregte **Wilhelm Roux** (1850–1942, Halle, Breslau) durch Experimente am Keim des Frosches. Mit einer heißen Nadel zerstörte er im Zweizellstadium eine der beiden Zellen und erhielt Embryonen, denen eine Hälfte fehlte (hätte er die abgetötete Zelle entfernt, hätte er eine zwar an Masse halbierte, in ihrer Struktur aber vollständige Kaulquappe erhalten können). Durch seine theoretischen Schriften sowie durch die Gründung einer ersten Zeitschrift für „Entwicklungsmechanik" – später „Wilhelm Roux's Archiv für Entwicklungsmechanik" genannt – ist er zu einem der führenden Pioniere der experimentellen Entwicklungsbiologie geworden. (Die Zeitschrift heißt heute „Development, Genes and Evolution".) Ein Pionier nicht minderer Bedeutung war Hans Driesch, der ähnliche Experimente am Seeigelembryo machte und einflussreiche Bücher schrieb (s. unten).

Zellbiologie, Entwicklungsgenetik: Der früh weitgehend erblindete, und deshalb dem theoretischen Denken zugewandte Zoologe **August Weismann** (1834–1914, Freiburg i. Brsg.) ordnete in seiner „Keimplasmatheorie", in Vorahnung künftiger Erkenntnisse über die Gene, seine hypothetischen, selbstreproduktiven „Determinanten" den u. a. von **Eduard Strasburger** (Bonn) und **Walter Flemming** (Kiel) entdeckten **Chromosomen** zu. Allerdings meinte Weismann noch, die Determinanten würden differentiell auf die Zellen des Keims verteilt und bedingten so Zelldifferenzierung.

Die Brüder **Oskar Hertwig** (1849–1922) und **Richard Hertwig** (1850–1937), die oft gemeinsam an der Meeresbiologischen Station in Roscoff mit Seeigeln arbeiteten, lenkten die Aufmerksamkeit auf den Kern als Sitz der Erbanlagen (gemeinsames Hauptwerk 1884). Sie ergänzen die älteren Beobachtungen von **Otto Bütschli** (1848–1920, Heidelberg) und **M. Drebes** über die Befruchtung und erkennen, dass das Wesentliche die Vereinigung des männlichen und weiblichen Kerns sei. Oskar Hertwig entdeckte am Seeigelei auch die Polkörper und sah den Kern in diesen kleinen Geschwisterzellen der Oocyte. ▶

Der Seeigelkeim wird zum bedeutsamsten Untersuchungsobjekt der frühen Entwicklungsbiologie (O. & R. Hertwig, T. Boveri, H. Driesch, T. H. Morgan).

Chromosomen versus cytoplasmatische Komponenten. Durch sorgfältige Beobachtung und scharfsinnig interpretierte Experimente am Ei des Spulwurms *Ascaris* besticht **Theodor Boveri** (1862–1915, Würzburg); er belegt experimentell die Bedeutung einzelner Chromosomen des Seeigelkeims für die Entwicklung. Er erkennt aber auch, dass das Cytoplasma mit dem Kern in Wechselwirkung steht, ein von Morgan, Driesch und ihm selbst am Seeigelkeim bestätigter Befund. Boveri ist der Begründer der **Gradiententheorie** (Kap. 3.1, 3.6, Kap. 12; Box K 12).

Die Bedeutung cytoplasmatischer Determinanten wurde durch sorgfältige, sehr diffizile Experimente von **Edmund Beecher Wilson** (1856–1939) und seinen Schülern analysiert. Sie arbeiteten mit Embryonen mariner Invertebraten, insbesondere mit dem Spiralierkeim von *Dentalium* (Zahnschnecke, Scaphopoda, Molluska; Kap. 3.5). **E.G. Conklin** führte ähnliche Studien an Tunikaten (Manteltieren; Kap. 3.7) durch. Wilson entdeckte die Geschlechtschromosomen bei Insekten und schrieb ein Lehrwerk („*The Cell in Development and Inheritance*", 1896), das vor allem in den USA großen Einfluss hatte.

Regenerationsstudien: Die mit Boveri und untereinander persönlich bekannten Forscher E.B. Wilson (USA), Hans Driesch (1876–1941, Heidelberg) und Thomas Hunt Morgan (1866–1945, USA) trafen sich oft in der von Anton Dohrn gegründeten Meereszoologischen Station Neapel, um hier neben embryologischen Studien am Seeigel auch Regenerationsexperimente an Hydrozoen (*Tubularia*) durchzuführen, nach dem Vorbild des Genfer Gelehrten **Abraham Trembley** (1710–1784), der bereits um 1740 vorzüglich dokumentierte Regenerationsexperimente an *Hydra* durchgeführt hatte. Diese Regenerationsstudien hatten das Zeitalter der experimentellen Entwicklungsbiologie eingeläutet. Eine heute noch lesenswerte Zusammenfassung der um die Jahrhundertwende beliebten Regenerationsstudien schrieb der spätere Begründer der *Drosophila*-Genetik, T. H. Morgan (Regeneration, 1901).

Von der Seele zur Information der Neuzeit

Von besonderer Tragweite waren die Experimente und deren Interpretation am Keim des Seeigels durch **Hans Driesch** (1876–1941), sowie die Etablierung von *Drosophila* als Modellobjekt der Genetik durch

▶

Thomas Hunt Morgan (1866–1945; der erste Biologe, der einen Nobelpreis gewinnen sollte, 1933).

Das klassische, von Driesch und anderen durchgeführte Experiment bestand in der Trennung der ersten aus der Eizelle hervorgegangenen Tochterzellen (Blastomeren): Sie entwickelten sich zu ganzen Seeigellarven. Damit war klar widerlegt, dass Organismen Maschinen im Sinne des Mechanizismus seien; denn kein Teil einer zerlegten Maschine ergänzt sich selbst zum Ganzen. Driesch führt den aristotelischen Begriff der Entelechie wieder ein, sieht in ihr aber keine Kraft (wiewohl sie in der Lage sei, physikalische Kräfte zu „suspendieren"), sondern ordnet ihr Begriffe wie „Wissen" und „Nachricht" zu, und nimmt damit den erst 1942 durch Norbert Wiener in Technik und Naturwissenschaft eingeführten Begriff der **Information** vorweg. Allerdings ist die Entelechie des Hans Driesch, im Gegensatz zur genetischen Information unserer Tage, transzendent und nicht an einen materiellen Träger gebunden.

Driesch erkennt auch ein entwicklungsbiologisches Prinzip, das heute unter dem Begriff der **Positionsinformation** bekannt ist. Er erläutert, dass *„das Schicksal einer Zelle eine Funktion ihrer Lage im Ganzen"* sei, und es habe *„jeder einzelne elementare Prozess der Entwicklung nicht nur seine Spezifikation, sondern auch seinen spezifischen und typischen Platz im Ganzen, seine Lokalität".*

Schicksalbestimmende (determinierende) Ereignisse und induktive Wechselwirkungen zwischen Keimbereichen wurden mit großer Experimentierkunst am Amphibienkeim von dem Schüler T. Boveris **Hans Spemann** (1869–1941, Freiburg, Nobelpreis 1935) und dessen Mitarbeiterin **Hilde Mangold** untersucht und führten zur Entdeckung des **Organisators** (Kap. 4.1 und Kap. 12).

Die klassische, überwiegend organismisch orientierte Entwicklungsbiologie herrschte bis 1970 vor und hat noch manch bedeutende Forscherpersönlichkeit hervorgebracht:

- **Gradiententheorie:** Theodor Boveri, Sven Hörstadius (Seeigelkeim); Thomas H. Morgan, Charles M. Child (Regenerationsphänomene), Klaus Sander (Insektenkeim);
- **Embryonale Induktion:** Hans Spemann, L. Saxen und P.D. Nieuwkoop (Amphibien), C.H. Waddington (Hühnchen);
- **Zellinteraktionen und Zellkulturen:** J. Holtfreter, Victor Hamburger, Paul Weiss;
- **Transdetermination und Transdifferenzierung:** Ernst Hadorn, Tuneo Yamada;
- **Zell- und Kerntransplantationen, Klonen:** Robert Briggs, Thomas King, John B. Gurdon (Frosch, Kerntransplantationen), Barbara Mintz (Maus, Teratocarcinomzellen);

- **Biochemische und molekulare Entwicklungsbiologie:** Wegbereiter einer biochemisch orientierten Entwicklungsbiologie waren u. a. Jean Brachet (RNA im Amphibienei), Alfred Kühn (Genwirkketten bei Insekten), W. Beermann, M. Ashburner (Riesenchromosomen), Heinz Tiedemann (Induktionsfaktoren).

Die Rolle der **DNA** als Träger der genetischen Information, 1953 durch James D. Watson und Francis Crick erstmals mechanistisch erklärt, das Wechselspiel zwischen cytoplasmatischen Faktoren und der DNA, sowie der Signalaustausch zwischen den Zellen sind Schwerpunkte der gegenwärtigen Forschung.

- *Drosophila* wurde zum Referenzmodell der genetisch-molekularbiologischen Enwicklungsbiologie (Kap. 3.6) durch die Pionierarbeiten von Edward B. Lewis, Christiane Nüsslein-Volhard, Eric Wieschaus (gemeinsam Nobelpreis 1995), David S. Hogness, Gary Struhl, Walter Gehring und vielen anderen. Sydney Brenner gelang es, den kleinen Rundwurm *Caenorhabditis elegans* (Kap. 3.4) als zweites Modell der Entwicklungsgenetik zu etablieren. Nachdem das gesamte Genom dieser beiden Modellorganismen sequenziert ist, und ebenso das Genom des Menschen, der Maus und weiterer Organismen, richtet sich die Forschung darauf ein, künftig das Proteom, das gesamte Spektrum der Proteine, zu analysieren und die vielfältigen Funktionen der Proteine in diesen Organismen vergleichend zu studieren.
- An die klassische Entwicklungsbiologie knüpfen an, sie um molekularbiologische Methoden erweiternd, u. a. Eric Davidson (Seeigel), Marc Kirschner (*Xenopus*), John B. Gurdon (Induktion), Lewis Wolpert (Positionsinformation, Musterbildung in der Flügelknospe).
- Mit Lewis Wolpert ist auch einer der Wegbereiter einer ganz anders orientierten Entwicklungsbiologie genannt. Aufbauend auf mathematisch-theoretischen Modellen von Alan Turing werden Computermodelle zur Simulation biologischer Musterbildung entwickelt, u. a. von Alfred Gierer, Hans Meinhardt, James D. Murray und Hans G. Othmer.

Es wären noch manche Persönlichkeiten mit ebenbürtigen wissenschaftlichen Leistungen zu nennen; doch wird jede noch so umfangreiche Auswahl unvermeidlich unvollständig sein.

Die gegenwärtige Forschung kann am besten verfolgt werden, wenn man regelmäßig Übersichtsartikel (Reviews, Essays) in angesehenen Fachzeitschriften liest (siehe Bibliographie am Schluss des Buches). Dieses einführende Lehrbuch sollte den Studenten befähigen, solche Übersichtsartikel zu verstehen.

1.1.2
Entwicklung bedeutet auch Zunahme an Komplexität; dieser Komplexitätsgewinn resultiert aus der Kooperation der Gene und der Zellen

Wie ist es möglich, dass ein lebendes System seinen eigenen Komplexitätsgrad steigern kann? Zwei partielle Erklärungen für diesen Komplexitätsgewinn werden in den folgenden Kapiteln herausgearbeitet und hier kurz zusammengefasst:

Kombinatorik auf der Ebene der Gene. In den verschiedenen Zelltypen, Organen, Körperregionen werden zu verschiedenen Zeiten unterschiedliche Kombinationen von Genen wirksam. Mit mehreren Tausend Genen, wie sie alle vielzelligen Tiere besitzen, ist eine praktisch unerschöpfliche Vielfalt von Kombinationen in den Genaktivitäten möglich.

Zellsoziologie. Zellen interagieren miteinander; sie bilden eine Gesellschaft, in der sich ihre Mitglieder wechselseitig beeinflussen. Die Zellen verteilen in wechselseitiger Absprache unter sich Aufgaben und Rollen. Ihre Verhaltensmuster sind nicht allein von innen heraus durch die Gene determiniert, sondern auch von außen durch Energie- und Informationszuflüsse aus ihrer zellulären Nachbarschaft und, in späteren Phasen der Entwicklung, auch aus der Umwelt des Lebewesens.

1.1.3
In einer Population gibt es in aller Regel von jedem Gen mehrere Varianten, Allele genannt. Die individuelle Kombination seiner Allele bestimmt den Genotyp des Individuums; unterschiedliche Genotypen erzeugen in der Regel unterschiedliche Phänotypen (Erscheinungsformen)

Im Verlaufe von Jahrtausenden erfahren Gene Mutationen, auch in den Keimzellen, mal in diesem, mal in jenem Individuum. Einige Mutationen bleiben erhalten, sodass der Genpool einer Tier- oder Pflanzenart mehrere Varianten eines Gens enthält. Man nennt sie **Allele.** Die Mehrzahl aller Lebewesen, der pflanzlichen und der tierischen einschließlich des Menschen, ist **diploid.** Dies besagt, dass die Kerne ihrer Zellen von jedem Gen zwei Ausgaben, zwei Allele, enthalten, die sich im Regelfall in einzelnen Basenpaaren voneinander unterscheiden und möglicherweise ihre Funktion unterschiedlich gut erfüllen. Jedes Individuum kann eine einmalige Kombination solcher Allele enthalten, und wird es auch enthalten, wenn es sein Dasein einem Akt sexueller Fortpflanzung verdankt. Diese individuelle Kombination der Allele nennt man **Genotyp.** Der individuelle Genotyp kann seinen Ausdruck finden in einem individuellen **Phänotyp,** einer individuellen Erscheinungsform. Zwar wird sich keinesfalls jede Mutation phänotypisch bemerkbar machen; doch ermöglicht die Fülle möglicher Allelkombinationen individuelle Vielfalt im Rahmen der arttypischen Gesamterscheinung.

1.1.4
Die genetische Mitgift enthält Information, um mehr als nur einen Phänotyp (Erscheinungsform, Gestalt) zu entwickeln

Die genetische Mitgift, das **Genom** (Gesamtheit der Gene), erlaubt es allen Organismen, ihre Gestalt und Erscheinungsform, ihren Phänotyp, zu verändern. In der Embryonalentwicklung ändern sich laufend die äußere Gestalt (Morphologie) des Embryo und die Struktur seiner inneren Zellverbände (Organe, Gewebe, Zellformen). Es verändern sich Form und zelluläre Zusammensetzung des Körpers hin zu höherer Komplexität. Der neue Organismus wird mit allem ausgestattet, was er braucht, um ein eigenständiges Leben zu führen, wenn er aus der Eihülle schlüpft oder die Mutter ihn ans Licht der Welt bringt. Ein und dasselbe Genom erlaubt dramatische Veränderungen des Phänotyps. Im Lebenslauf der meisten Tiere treten in der Regel zwei sehr verschiedene Phänotypen auf, die über geraume Zeit stabil bleiben und ein eigenständiges Leben führen. Vielfach mündet die Embryonalentwicklung in einen ersten stabilen Phänotyp, der zwar mobil ist und Nahrung zu sich nehmen kann, sich aber nicht fortpflanzt. Ist dies so, wird er **Larve** genannt (sie trägt die je nach Tiergruppe unterschiedlichen Namen, z. B. Raupe bei Schmetterlingen, Engerling bei Käfern, Kaulquappe bei Fröschen). Nach einer Phase des Wachstums wandelt sich die Larve im Zuge einer dramatischen **Metamorphose** (Umgestaltung) in einen zweiten Phänotyp um, der die Fähigkeit gewinnt, sich fortzupflanzen. Man nennt ihn **Imago** (besonders bei Insekten und anderen Wirbellosen) oder **Adultform** (Adultus, Erwachsener, bei Wirbeltieren). Larve und Imago (Adultform) besiedeln in aller Regel unterschiedliche ökologische Nischen und nehmen unterschiedliche Ressourcen der Umwelt in Anspruch.

Bei manchen Wirbellosen, so bei Hydrozoen und Scyphozoen im Tierstamm der Cnidarier, treten neben Larven zwei Phänotypen auf, die nicht nur unterschiedliche Form haben und unterschiedliche Lebensräume besiedeln, sondern beide auch in der Lage sind, sich fortzupflanzen, wenn auch in unterschiedlicher Weise (Abschnitt 1.2.4). Die bei Cnidariern vorkommenden reproduktionsfähigen Phänotypen sind dem zoologisch Bewanderten als Polyp und Meduse (Qualle) bekannt (s. Abb. 1.3). Solche unterschiedlichen Gestalten werden auch **Morphe** genannt.

Es ist gegenwärtig nicht möglich, und wird wohl auch nie möglich sein, aus den Basensequenzen der DNA mittels physikalischer Gesetze und logischer Regeln abzuleiten, in welchen Erscheinungsformen ein Organismus existieren kann und welche zelluläre und molekulare Zusammensetzung, welchen Komplexitätsgrad er an einem beliebigen Zeitpunkt seines Lebens haben wird.

1.2
Reproduktion: Sex versus natürliches Klonen

Zu den Wesenszügen der Organismen gehört neben der Fähigkeit, sich selbst zu gestalten, auch die Fähigkeit, sich fortzupflanzen, das heißt, neuen, gleichartigen Lebewesen Ursprung zu geben. Wir unterscheiden zwei grundlegend verschiedene Reproduktionsweisen:

- die asexuelle, uniparentale und die
- sexuelle, biparentale Erzeugung einer Nachkommenschaft, sowie zwei von der sexuellen Fortpflanzungsweise abgeleitete Nebenformen, die
- uniparentale Erzeugung von Nachkommen in Zwittern (Endogamie) und
- die Parthenogenese, die „Jungfernzeugung".

1.2.1
Asexuelle Reproduktion, auch vegetative Fortpflanzung genannt, geht von nur einem elterlichen Organismus aus und bringt Nachkommen hervor, die mit ihm genetisch identisch sind; Vorfahren und Nachkommenschaft bilden einen natürlichen Klon

Bei der asexuellen (ungeschlechtlichen) Fortpflanzung hat der Nachkomme nur einen Elter als Spender genetischer Information; die Fortpflanzung ist **uniparental**. Es sind also nicht, wie bei der uns vertrauten sexuellen Fortpflanzung, zwei Eltern, die gemeinsam zur genetischen Mitgift der Nachkommenschaft beitragen. Asexuelle Reproduktion gründet auf konventioneller mitotischer Zellteilung (Abb. 1.2). In der **Mitose** wird die genetische Information unverändert und vollständig an die zwei Zellen weitergegeben, welche aus der sich teilenden Ausgangszelle hervorgehen – man nennt sie in der Regel Tochterzellen. Die Zeitspanne von einer Zellteilung zur nächsten heißt **Zellzyklus**. Vor einer Zellteilung wird in der S-Phase (Synthese-Phase) des Zellzyklus die DNA repliziert, d.h. es wird eine getreue Kopie hergestellt. Beide, die Original DNA und ihre Kopie, werden eingebettet in verdoppelte Chromosomen: – man nennt die zwei Stränge des verdoppelten Chromosoms nach alter Tradition **Chromatiden**. Die beiden Chromatiden werden in der M-Phase, der Mitose im engeren Sinn, so auf die zwei Tochterzellen verteilt, dass jede mit einem vollständigen Satz von Chromosomen ausgerüstet ist. Die Gründerzelle, ihre zwei Tochterzellen und alle weiteren durch Mitosen aus ihnen hervorgehenden Zellen sind mit demselben Genom ausgestattet. Bei Einzellern hat man eine solche Gemeinschaft genetisch gleicher Individuen **Klon** genannt. Der Begriff ist auf Vielzeller übertragen worden.

Klon: Ein Klon ist eine Gruppe von Individuen, die qualitativ mit genau der gleichen genetischen Information ausgestattet sind. Sofern mitotisch erzeugte Zellen zusammenbleiben und gemeinsam einen vielzelligen Organismus aufbauen, wird im üblichen wissenschaftlichen Sprachgebrauch

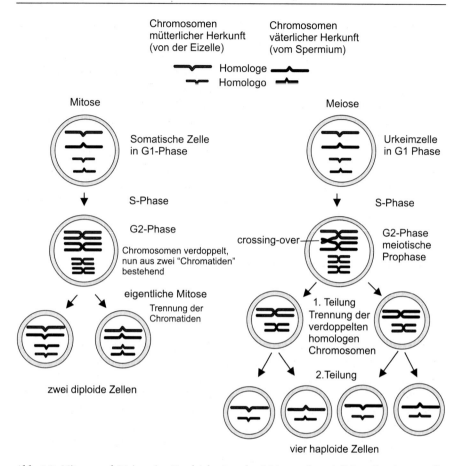

Abb. 1.2. Mitose und Meiose im Vergleich. Aus der Meiose gehen 4 Keimzellen hervor, die jeweils nur einen Satz von Genen haben. Diese Gene liegen in unterschiedlichen Ausführungen (Allelen) vor, weil sie unterschiedlicher ursprünglicher Herkunft sind. Aus der Mitose gehen zwei Zellen mit exakt gleicher genetischer Ausstattung hervor

diese Gemeinschaft genetisch gleicher Zellen nicht als Klon bezeichnet. Man spricht vielmehr bei einer solchen Gemeinschaft von einem Individuum. Der Begriff Klon ist jedoch angebracht, wenn ein solches Individuum über mitotisch erzeugte (in der Regel vielzellige) Fortpflanzungskörper neue Individuen hervorbringt. **Asexuelle Fortpflanzung ist natürliches Klonen; denn sie bringt Organismen hervor, die alle mit dem Genotyp des elterlichen Gründerorganismus ausgestattet sind.**

Außer dem Wort „**klonen**" liest man auch das Tätigkeitswort „**klonieren**". Nach unserem Sprachempfinden sollte man „klonieren" nur dann benutzen, wenn man explizit künstliches Klonen meint.

Da asexuelle Reproduktion besonders häufig bei Pflanzen vorkommt, wird sie auch als **vegetative Fortpflanzung** bezeichnet. Viele Pflanzen erzeugen Nachkommenschaft über sich ablösende Knospen (Adventivsprosse, Begonien), durch überirdische (Erdbeeren) oder unterirdische Ausläufer (Himbeeren, Brombeeren) oder über Knollen (Kartoffeln). Es gibt indes auch eine Reihe „niederer" Tiere, so Korallen und den Süßwasserpolypen *Hydra* aus dem Tierstamm der Cnidarier, die sich asexuell über Knospen oder sonstige vielzellige Reproduktionskörper fortpflanzen können. In vielen Laboratorien der Welt wird *Hydra magnipapillata*, wild type 105, gezüchtet. Alle die vielen Tausende von Polypen sind durch Knospung entstanden und gehen auf eine einzige Hydra zurück, die einstmals in einem japanischen See gefischt worden ist. Sie bilden allesamt einen einzigen, über die Welt verstreuten Klon.

1.2.2
Sexuelle Fortpflanzung ist biparental und bringt Nachkommen mit neu zusammengestellter genetischer Mitgift hervor; die zwei Eltern und jeder ihrer gemeinsamen Nachkommen haben im Regelfall unterschiedliche Genotypen und Erscheinungsformen

In der Geschichte des Lebens hat die sexuelle Reproduktion die Oberhand gewonnen über die ungeschlechtliche. Sexuelle Reproduktion ist **biparental**: Zwei elterliche Organismen, im Regelfall als weiblich und männlich unterschieden, tragen zur genetischen Ausstattung ihrer gemeinsamen Nachkommen bei. Es entstehen dabei neu zusammengestellte Genotypen, die zwar den elterlichen gleichen, doch unterschiedlich genug sind, dass die natürliche Auslese die momentan am günstigsten Allelkombinationen gegenüber weniger günstigen bevorzugen kann.

Der Wesenszug der sexuellen Reproduktion ist, dass das neue Individuum seine genetische Ausstattung über zwei **Keimzellen**, wissenschaftlich **Gameten** genannt, erhält. Diese Ausstattung besteht in zwei Sätzen von Chromosomen,

- einem „väterlichen" (**paternalen**) Satz, den der männliche Gamet, die **Spermazelle** (das **Spermium** oder **Spermatozoon**), beisteuert, und
- einem „mütterlichen" (**maternalen**) Satz, den der weibliche Gamet, die **Eizelle** (das **Ei** oder **Ovum**), mitbringt.

Beide Gameten treffen sich und fusionieren miteinander; hierbei werden beide Chromosomensätze in einem gemeinsamen Kern versammelt, ein Vorgang, den man **Befruchtung** (**Fertilisation**) nennt. Die aus der Fusion hervorgehende Einzelzelle heißt **Zygote** (befruchtete Eizelle). Ihr doppelter Chromosomensatz wird durch das Adjektiv **diploid** gekennzeichnet, wohingegen der einfache Chromosomensatz der Gameten mit dem Adjektiv **haploid** belegt wird. Ein doppelter Chromosomensatz bedeutet, dass dem neu entstehenden Individuum von jedem Gen zwei Ausgaben, zwei Allele, zur

Verfügung stehen. Sind beide Allele eines bestimmten Gens identisch, ist das Individuum bezüglich dieses einen Gens **homozygot**, sind beide Allele unterschiedlich, ist das Individuum bezüglich dieses Gens **heterozygot**.

- In der Embryonalentwicklung durchläuft die Zygote eine Serie mitotischer Zellteilungen und gibt so Tausenden von neuen Zellen Ursprung. Sie alle sind diploid und, jedenfalls im Augenblick ihrer Entstehung, **genetisch äquivalent** (bilden also, genetisch betrachtet, einen Klon von Zellen). Sie teilen sich in zwei Hauptgruppen: **Somatische** Zellen bilden gemeinsam das neue Individuum; sie übernehmen dabei im Sinne einer Arbeitsteilung unterschiedliche Funktionen, sie **differenzieren sich**.
- Die zweite Gruppe sind **generative** Zellen, die im Regelfall am Aufbau des neuen Lebewesens nicht teilnehmen, sondern als **Urkeimzellen** beiseite gelegt werden und später im Leben des Individuums die Keimzellen für die nächste Generation liefern.

Zwei fundamentale, dem **Zufall** unterworfene Ereignisse charakterisieren sexuell gegründete Existenz und machen das individuelle Ergebnis im Detail unvorhersehbar:

1. Die **Meiose**, eine besondere Art zweier nacheinander ablaufender Zellteilungen, in deren Verlauf der diploide Chromosomensatz der Urkeimzellen zum haploiden der Gameten reduziert wird (**Reduktionsteilung**) und zugleich die mütterlichen und väterlichen Allele neu kombiniert werden.
2. Die **Befruchtung**, die Fusion der zwei Gameten zur einzelligen Zygote.

Meiose: Wenn der Nachkomme daran geht, selbst neue Keimzellen zu produzieren, muss ein Prozess eingeschaltet werden, der den diploiden Status der Urkeimzellen zum haploiden der Gameten reduziert, sonst würden bei der Befruchtung $2+2$ Chromosomensätze addiert werden, in der nächsten Generation $4+4$, dann $8+8$, und in der Folge weniger Generationen würde die Zahl der Chromosomensätze ins Unermessliche steigen. Die Reduktion vom diploiden zum haploiden Satz geschieht in der Meiose, bestehend in einer Folge von zwei besonderen, nacheinander ablaufenden Zellteilungen (Abb. 1.2). Da es zwei Zellteilungen sind, entstehen aus jeder Urkeimzelle vier haploide Zellen (allgemein Gone genannt), auch wenn in weiblichen Wesen drei der vier haploiden Zellen als Minizellen (Polkörper) zugunsten der vierten, der riesigen Eizelle, zugrunde gehen (Kapitel 8).

Von ganz besonderer Bedeutung ist nun aber der Umstand, dass im **Zuge der Meiose die Chromosomen mit ihren Allelen nicht nach ihrer elterlichen Herkunft getrennt auf die vier haploiden Zellen verteilt werden, sondern in neuen Mischungen.** Wir erläutern dies am Beispiel der Chromosomen des Menschen. Unsere Urkeimzellen sind noch diploid und enthalten wie die somatischen Zellen unseres Körpers 2×23 Chromosomen, 23 paternale, geerbt von unserem Vater, und 23 maternale, geerbt von unserer Mutter. Jedes der 23 Chromosomen im haploiden Satz ist ein Unikat und trägt einige Tausend Gene. Im diploiden Satz ist jedes Chromosom zweifach vertreten, eins vom Vater und eines von der Mutter stammend. Man nennt solche sich entsprechenden Chromosomen homologe Chromosomen oder kurz **Homologe**. Beide Homologe enthalten zwar die gleichen Gene, aber sehr oft in unterschiedlichen allelen Ausführungen.

Im Zuge der ersten meiotischen Teilung mag eine bestimmte Eizelle von einem homologen Chromosomenpaar, beispielsweise vom Paar des Chromosoms Nr. 11, das ursprünglich mütterliche erhalten, von einem anderen Paar vielleicht ebenfalls das mütterliche, von einem dritten jedoch das väterliche, usf. Ebenso werden im Hoden Spermazellen gebildet, die zwar alle haploid sind und einen vollständigen Chromosomensatz enthalten, doch stammen in jedem Satz die einen Chromosomen ursprünglich vom Vater des Mannes, der die Spermien produzierte, die anderen von seiner Mutter. In jedem einzelnen Spermium ist die jeweilige Mischung vom Zufall bestimmt.

Betrachtet man alle 23 Chromosomen, die eine haploide Keimzelle enthält, so ist die Zahl möglicher Kombinationen gewaltig: **Es gibt 2^{23} = $8,4 \times 10^6$ mögliche neue Kombinationen von paternalen und maternalen Chromosomen. Eine Frau könnte 8 Millionen Eizellen haben, die sich alle in mindestens einem Chromosom voneinander unterscheiden, und entsprechend könnte jeder Mann 8 Millionen verschiedene Spermien erzeugen.**

Zusätzlich zu dieser **Rekombination**, die sich aus der Neuverteilung der ganzen Chromosomen ergibt, kommt der wechselseitige Austausch von Chromosomenabschnitten (**Crossing-over**) hinzu, der in der Meiose zwischen homologen Chromosomen möglich ist. Angenommen, ein Gamet werde mit 10^4 Allelen ausgestattet, weil das Individuum, das diese Gameten erzeugt, 2×10^4 Allele besitzt, und angenommen, dass all diese Allele frei kombinierbar wären, so gäbe es $2^{10\,000}$, entsprechend ca. 10^{3000} Kombinationsmöglichkeiten. Schätzungen zufolge soll das ganze Weltall weit weniger Elementarteilchen enthalten. Ob nun solche Schätzungen zutreffen oder nicht, bei sexueller Fortpflanzung kann jeder Nachkomme seine individuelle, nur ihm zukommende Kombination von Allelen erhalten, seinen einmaligen Genotyp (Ausnahmen: eineiige Zwillinge, Kapitel 5).

Ein zweites Mal kommt Unkalkulierbares ins Spiel bei der Befruchtung: Welches Spermium trifft welche Eizelle? Es gibt keine Vorbestimmung, es waltet Zufall. Ein Wesenszug sexueller Fortpflanzung ist es, dass das Ergebnis im Einzelnen **nicht vorhersehbar** ist, auch wenn die Nachkommen ihren Eltern gleichen.

1.2.3
Viele Organismen haben eine Option zur uniparentalen Fortpflanzung, auch wenn bei ihnen sexuelle Fortpflanzung vorkommt; diese wird oftmals nur in Zeiten der Not bevorzugt, wenn genetische Anpassung hilfreich sein kann

Asexuelle Fortpflanzung hat Vorteile, wenn es darum geht, rasch einen neuen Lebensraum zu besiedeln oder ein im Augenblick zur Verfügung stehendes, aber begrenztes und vergängliches Nahrungsangebot zu nutzen. Alle Mitglieder einer Population können sich eigenständig fortpflanzen. Warum also sexuelle Fortpflanzung, ist sie doch mit hohen Kosten verbunden? Die männlichen Mitglieder der Population nutzen die Umweltressourcen, ohne selbst und allein Nachkommen in die Welt setzen zu können. Auch die Zeit und Energie, die für die Suche nach einem Partner, für Werbung und Paarung aufgebracht werden müssen, sind kostentreibend. Sexuelle Fortpflanzung hat jedoch Vorteile, wenn es um möglichst große genetische Flexibilität geht. Genetisch verschieden ausgestattete Individuen können auf lange Sicht der Population eine höhere Überlebenschance verleihen, weil bei wechselnden Umweltgegebenheiten mal dieser Genotyp, mal jener von Vorteil sein kann (s. dazu Abschnitt 1.2.4). In Zeiten der Not mögen andere Genotypen gefragt sein als in Zeiten des Überflusses. Auch ermöglicht Sexualität, zu Nachkommen zu kommen, die in der Konkurrenz zu anderen Artgenossen besser zurecht kommen.

Da nun, je nach den Umständen, asexuelle wie sexuelle Fortpflanzung vorteilhaft oder nachteilig sein kann, haben viele Tiergruppen neben der sexuellen Reproduktion auch die Option zur asexuellen bewahrt, oder sie haben andere Formen uniparentaler Fortpflanzung entwickelt: Zwittertum (**Hermaphroditismus**) mit der Möglichkeit der Selbstbefruchtung wie beim Rundwurm *Caenorhabditis elegans* (Kapitel 3.4) oder Embryonalentwicklung aus unbefruchteten, diploid gebliebenen Eizellen (diploide **Parthenogenese**, Kapitel 9). Uniparentale Fortpflanzung bedeutet im Regelfell auch natürliches Klonen. Die Säugetiere jedoch haben im Zuge ihrer Evolution die Option zur uniparentalen Reproduktion verloren. Es gilt noch herauszufinden, warum dies so ist (sofern überhaupt eine überzeugende Erklärung hierfür gefunden werden kann).

1.2.4
Manche Organismen existieren in zwei verschiedenen, autonom lebenden Phänotypen, die sich unterschiedlich fortpflanzen; man spricht von Generationswechsel

Komplexe Entwicklungswege sind verwirklicht, wenn eine Art in zwei (oder gar mehreren) autonom lebenden und fortpflanzungsfähigen Erscheinungsformen (Phänotypen, Morphen) existiert. In all diesen Fällen beobachtet man, dass sich ein Phänotyp uniparental durch natürliches Klonen fortpflanzt, der andere Phänotyp biparental sexuell. Man spricht von **Generati-**

onswechsel. Generationswechsel ist häufig bei Pflanzen, und bei Pflanzen in aller Regel mit einem Kernphasenwechsel verbunden, was besagt, dass es zu einem regelmäßigen Wechsel zwischen einer diploiden und einer haploiden Generation kommt. Dies ist nicht so bei vielzelligen Tieren; bei ihnen sind beide Erscheinungsformen, die uniparental und die biparental sich fortpflanzende Erscheinungsform, diploid; nur die Gameten sind haploid. Der Wechsel zwischen den beiden diploiden Formen (Diplont 1, Diplont 2) tritt in zwei Weisen auf, als Metagenese oder als Heterogonie.

Metagenese. Beispiele: Hydrozoen und Scyphozoen im Tierstamm der Cnidarier. Die vom befruchteten Ei ausgehende Embryonalentwicklung führt über eine Larve und deren Metamorphose zu einem ersten fortpflanzungsfähigen Phänotyp, den langlebigen, sessilen Polypen. Er erzeugt asexuell über Knospen neue Polypen oder er erzeugt, ebenfalls asexuell, über Knospen (bei Hydrozoen) oder scheibenförmige Abschnürungen (Ephyra genannt, bei Scyphozoen) einen zweiten, ganz anders gestalteten Phänotyp, die freischwimmende, planktisch lebende Meduse. Sie erreicht bei Scyphozoen ansehnliche Größe und ist als Qualle auch dem Nichtzoologen bekannt. Die Medusen pflanzen sich sexuell über Gameten fort, der Lebenszyklus ist geschlossen (Abb. 1.3).

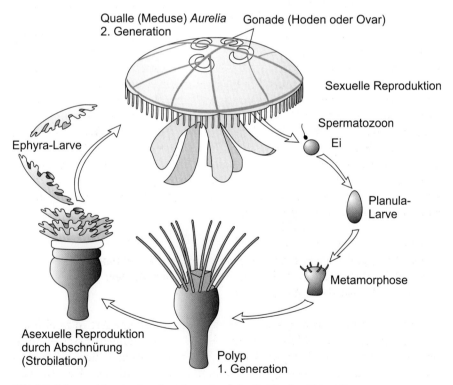

Abb. 1.3. Lebenszyklus des Scyphopolypen bzw. der Qualle *Aurelia aurita*

Heterogonie. Beispiel: Die meist in Schwarz, bisweilen in Grün geklei-
dete Bohnenblattlaus *Aphis fabae* (die freilich nicht nur Bohnenpflanzen,
sondern viele weitere Pflanzen befällt). Im Frühjahr, wenn es gilt, die noch
weichen, saftigen und nahrhaften Blätter und Stängel zu nutzen, besteht
die ganze Population nur aus – flügellosen – Weibchen (Abb. 1.4). Ihre Eizellen durchlaufen keine Meiose, bleiben also diploid, und sie entwickeln
sich, ohne dass ein Spermium ins Spiel käme, innerhalb der jungfräuli-
chen Mutter (Fundatrix) zu kleinen Blattläusen. Die uniparental erzeugten,
vivipar geborenen Jungtiere (Virginopara) sind wieder weiblich und flügellos; denn sie sind Klone, also getreue Kopien ihrer Mutter. Es liegt ein Fall
von diploider **Parthenogenese** („Jungfernzeugung") vor. Diese Art der uniparentalen Reproduktion erlaubt ein rasantes Anwachsen der Population;
denn 100% der Population sind gebärende Mütter und nicht nur 50% wie
oftmals bei sexueller Reproduktion.
   Im Sommer und Herbst jedoch, wenn Blätter und Sprosse hart und die
Phloemsäfte unergiebig geworden sind, und Vorsorge für den Winter getroffen werden muss, schreitet man zur sexuellen Fortpflanzung. Es treten neben

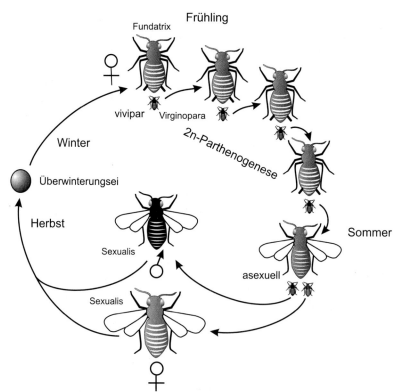

Abb. 1.4. Fortpflanzungsweisen bei der Bohnenblattlaus *Aphis fabae*

ungeflügelten zunehmend auch geflügelte Formen auf; sie gebären geflügelte Weibchen, die Sex mögen (weibliche Sexuales), oder Männchen, die ihnen zu Dienste sind (männliche Sexuales). Die Eizellen dieser sexliebenden Weibchen durchlaufen die Meiose, werden von einem Spermium befruchtet und dann abgelegt. Die abgelegten Eier sind von einer derben Schale umhüllt und mit Frostschutzmitteln ausgestattet; sie überdauern den Winter. Aus ihnen schlüpfen im Frühjahr wieder flügellose, parthenogenetisch sind fortpflanzende Weibchen (Fundatrices). Der Lebenszyklus ist geschlossen.

Die Blattlaus lehrt uns ein oftmals verwirklichtes Fortpflanzungsprinzip: Um günstige aber vergängliche Umweltbedingungen und Ressourcen rasch zu nutzen, bevorzugen viele tierische Organismen uniparentales, natürliches Klonen, sei es in Form der asexuellen Fortpflanzung, sei es in Form der diploiden Parthenogenese. Zur sexuellen Fortpflanzung geht man über, wenn harsche und sich dramatisch ändernde Umweltbedingungen es angeraten erscheinen lassen, der Natur verschiedene Genotypen zur Auswahl anzubieten; es werden hoffentlich überlebensfähige dabei sein.

1.2.5
Progenesis (Neotenie) – geschlechtsreife Larven: Fundgrube der Evolution?

In der Geschichte des Lebens ist es bisweilen vorgekommen, dass schon Larvenstadien die Geschlechtsreife erlangten und eine Metamorphose zur Adultform heute nicht mehr stattfindet. Es mag in diesen Fällen nützlich gewesen sein, den Lebensraum der Larve nicht mehr zu verlassen, oder es wurde im Laufe der Zeit zunehmend schwieriger, ihn überhaupt zu verlassen. Manches marine Kleinlebewesen vom Tierstamm der Anneliden (Ringelwürmer) sowie bestimmte Brunnenkrebse (Bathynellacea) ähneln den Larvenformen anderer Vertreter dieser Tiergruppen. Man bezeichnet die Vorverlagerung der Geschlechtsreife auf Larvalstadien heutzutage als **Progenesis** (früher Neotenie). Besonders viele fortpflanzungsfähige Larvenformen kennt der Zoologe von parasitischen Trematoden (Plattwürmern), beispielsweise vom kleinen Leberegel (*Dicrocoelium lanceolatum*). Aus dem bisexuell gezeugten befruchteten Ei schlüpft eine frei lebende Larve, die bald beginnt, parthenogenetisch Zweitlarven zu erzeugen. Diese wiederholen das gleiche Spiel; sie werden vorzeitig geschlechtsreif und erzeugen Drittlarven. Erst diese führen die Entwicklung zur Adultform zu Ende. Jede der Zwischengenerationen, wiewohl selbständig, hat larvalen Charakter; aber von einer Reproduktionsstufe zur nächsten ähnelt die neue Generation mehr und mehr der Adultform. Diese pflanzt sich schlussendlich bisexuell fort (es liegt also ein Fall von Heterogonie vor). Über Details und über den mit dem Generationswechsel verbundenen Wirtswechsel unterrichten Lehrbücher der Zoologie.

Der Progenesis steht die **Neotenie** (im heutigen Sprachgebrauch) nahe: Es werden einige larvale Merkmale beibehalten, auch wenn die Geschlechtsreife erreicht ist. Neotenie ist von zwei höhlenbewohnenden Molcharten bekannt, dem mexikanischen Axolotl (*Ambystoma*) und dem

Grottenolm (*Proteus*) der südeuropäischen Karsthöhlen. Beide verlassen das Wasser nicht mehr und behalten zeitlebens ihre äußeren Kiemen.

Es gibt die Auffassung, Progenesis und Neotenie eröffneten in der Evolutionsgeschichte die Möglichkeit, neue Bauplantypen zu entwickeln. Man stelle sich vor, eine Raupe würde sich nicht mehr zum Schmetterling um wandeln. Der Bauplan einer Raupe wäre nun das Material, mit dem die Evolution Neues erproben könnte, so dass bald Raupen zu erwarten wären, die sich stark von konventionellen unterscheiden. Diese müssen ja befähigt bleiben, Nachkommen hervorzubringen, haben demzufolge nur sehr eingeschränkte Möglichkeiten der Neuorganisation und Umgestaltung. Einen Bauplan völlig umzukonstruieren ist kein leichtes Unterfangen; denn jede Abweichung von der Norm kann rasch zu verminderten Reproduktionsraten führen, oder gar zum Chaos. Die Evolution von Entwicklungsmustern ist ein Thema, das an den Entwicklungsbiologen, der erklären will, große Herausforderungen stellt.

ZUSAMMENFASSUNG DES KAPITELS 1

Entwicklung und Reproduktion (Fortpflanzung) sind Wesenszüge des Lebendigen. In ihrer **Ontogenie**, ihrem individuellen Leben, konstruieren sich die Organismen selbst in einem Prozess der Selbstorganisation. Für diese Selbstkonstruktion stehen ihnen ererbte innere Quellen von Information zur Verfügung. Das **Genom** eines Individuums, die Gesamtheit der genetischen Information, die in der DNA der Kern-Chromosomen und der Mitochondrien gespeichert und in Gene gegliedert ist, enthält verschiedene Varianten der artspezifischen Gene, **Allele** genannt. Die individuelle Kombination der Allele ergibt den **Genotyp**, der in einem individuellen **Phänotyp** (Erscheinungsform) Ausdruck finden kann. In vielen tierischen Organismen kann das Genom für mehrere verschiedene Phänotypen, Larve und Imago (Adultform), codieren; oder für zwei Phänotypen, die sich nicht nur in ihrer Gestalt unterscheiden (z. B. Polyp und Meduse/Qualle bei Cnidariern), sondern sich beide (in unterschiedlicher Weise) fortpflanzen können.

Bei der Reproduktion wird genetische Information an Nachkommen weitergegeben. Es gibt zwei fundamentale Weisen des Informationstransfers: 1. **Asexuelle** Reproduktion ist **uniparental** (der Nachkomme geht aus einem einzigen elterlichen Organismus hervor) und sie basiert auf mitotischer Zellteilung; deshalb haben alle Nachkommen den gleichen Genotyp wie der elterliche Organismus. Eltern und Nachkommenschaft bilden einen Klon; **asexuelle Fortpflanzung ist natürliches Klonen.** 2. Bei der **biparentalen, sexuellen** Fortpflanzung tragen zwei Eltern, im typischen Fall als weiblich und männlich unterscheidbar, zur genetischen Mitgift des Nachkommen bei. Jeder Elternteil trägt genetische Information durch seine **Gameten** (Keimzellen), **Eizellen** oder **Spermien** (Spermatozoen), bei. Gameten sind **haploid**; sie enthalten ▶

einen Satz von Chromosomen und damit einen Satz von Allelen. Bei der **Befruchtung** fusioniert eine Spermazelle mit einer Eizelle zur **Zygote**, der befruchteten Eizelle. Sie ist nun **diploid**; denn sie enthält zwei Chromosomensätze, einen Satz mütterlichen und einen Satz väterlichen Ursprungs; beide Sätze können verschiedene Allele der Gene enthalten. Alle **somatischen** Zellen, die durch Mitosen aus der Zygote hervorgehen und gemeinsam den neuen Organismus aufbauen, sind diploid und **genetisch äquivalent** (jedenfalls anfänglich). Diploid sind auch noch die **Urkeimzellen**.

Sexuelle Fortpflanzung umfasst zwei Ereignisse, in die Zufall hinein spielt, und die deshalb das Ergebnis im Einzelnen unvorhersehbar machen. In der Entwicklung der Gameten reduziert die **Meiose**, die aus zwei besonderen, nacheinander ablaufenden Zellteilungen besteht, den diploiden Chromosomensatz der Urkeimzellen zum haploiden der Gameten; dabei werden die Chromosomen mit ihren Allelen so neu verteilt, dass die neuen Gameten Allele ursprünglich mütterlicher und ursprünglich väterlicher Herkunft gemischt erhalten; die jeweilige Mischung ist Zufalls-abhängig. Zufall ist zweitens bei der Befruchtung im Spiel; denn es ist nicht vorbestimmt, welches Spermium welche Eizelle trifft.

Sexuelle Reproduktion führt zu Nachkommen, die in ihrem individuellen Genotyp von ihren Eltern und von ihren Geschwistern verschieden sind, und in der Regel auch in ihrem Phänotyp unterschiedlich sind. Abgeleitete Nebenformen der Sexualität, **Hermaphroditismus** (Zwittertum) mit Selbstbefruchtung und diploide **Parthenogenese** („Jungfernzeugung") sind sekundäre Formen uniparentaler Fortpflanzung und des natürlichen Klonens. Manche tierische Organismen treten in zwei verschiedenen Erscheinungsformen auf, die sich unterschiedlich fortpflanzen. Man nennt dies **Generationswechsel**. In der **Metagenese** der Cnidarier treten diese Phänotypen als asexuell sich fortpflanzende Polypen und sich sexuell fortpflanzende Medusen/Quallen auf, in der **Heterogonie** von Blattläusen als flügellose Weibchen, welche sich parthenogenetisch fortpflanzen, und als geflügelte, sich sexuell fortpflanzende Weibchen und Männchen. Sonderformen sind auch **Progenesis** und **Neotenie**: Schon die Larve pflanzt sich fort und verzichtet darauf, in die adulte Lebensphase zu wechseln (Progenesis), oder der Adultus behält noch einige larvale Züge bei (Neotenie).

Uniparentales, natürliches Klonen, sei es in Form asexueller Vermehrung oder in Form einer Parthenogenese, ermöglicht ein rasches Anwachsen einer Population in guten Zeiten und damit eine ausgiebige Nutzung zeitlich begrenzter Ressourcen. Hingegen erlaubt die (kostenintensive) sexuelle Reproduktion Anpassung an sich verändernde Gegebenheiten, weil sie immer wieder neue Genotypen hervorbringt, von denen manche an die neuen Gegebenheiten besser angepasst sein können. Sexuelle Reproduktion fördert die Evolution. In der Evolution der Säuger ist die Fähigkeit zur uniparentalen Reproduktion verloren gegangen.

2 Etappen und Prinzipien der Entwicklung

2.1
Etappen der Entwicklung, Fachausdrücke, Prinzipien

2.1.1
Das Tier durchläuft im Regelfall eine Embryonalentwicklung, ein Larvalstadium, eine Metamorphose und ein Adultstadium, bis es schließlich die Geschlechtsreife erlangt

Bei Organismen, die sich sexuell reproduzieren, muss die Entwicklung eines neuen Individuums in zwei Eltern vorbereitet werden. In ihren Gonaden müssen Keimzellen, **Gameten**, hergestellt werden; man nennt dies **Gametogenese**. Die Gametogenese geschieht in der weiblichen Gonade, dem Ovar, als **Oogenese** und liefert Eizellen, in der männlichen Gonade, dem Hoden, liefert die **Spermatogenese** (Spermiogenese) Spermien.

Die Entwicklung des neuen Individuums startet mit der **Befruchtung = Fertilisation.** Befruchtung ist die Fusion zweier **generativer Zellen**, eines **Spermiums** und einer **Eizelle (Ovum)**, zur Zygote (Abb. 2.1). Spermium und Eizelle sind haploid; sie bringen je einen einfachen Chromosomensatz mit, der beim Spermium als „väterlich", bei der Eizelle als „mütterlich" angesprochen wird. Nach der Fusion der beiden Keimzellen zur Zygote stehen zwei komplette Genome (diploider Chromosomensatz) zur Verfügung, deren Information zum Aufbau des Organismus genutzt werden kann.

Es folgt die **Embryogenese:** Innerhalb einer schützenden Hülle, bei lebendgebärenden (**viviparen**) Tieren innerhalb des Mutterleibes, werden aus der einen Zygote durch fortgesetzte mitotische Teilungen zahlreiche Zellen hergestellt. Diese bleiben beisammen, gestalten gemeinsam die Grundarchitektur des neuen Organismus und statten ihn soweit aus, dass der aus der Hülle schlüpfende oder von der Mutter geborene Organismus ein eigenständiges Leben beginnen kann. Bei der Mehrzahl der Tiere führt die Embryogenese hin zu einem ersten selbständigen Phänotyp (Erscheinungsbild), der **Larve**. So z.B. beim Seeigel, der als Prototyp einer tierischen Entwicklung angesehen werden kann (Abb. 2.1). Die Larve durchläuft nach einer Larvalentwicklung, in der meist nur unauffällige Veränderungen vonstatten gehen, eine dramatische Metamorphose zu einem neuen Phänotyp, den man bei

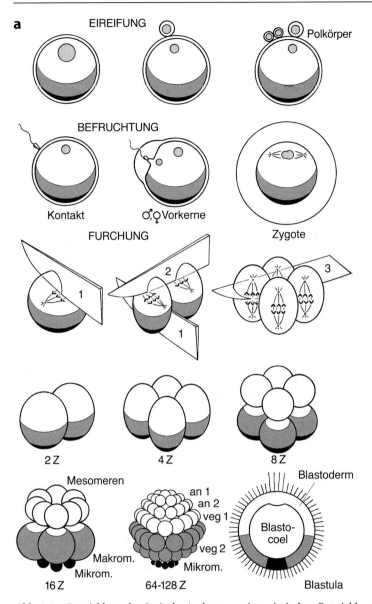

Abb. 2.1a. Entwicklung des Seeigels. Archetypus einer tierischen Entwicklung

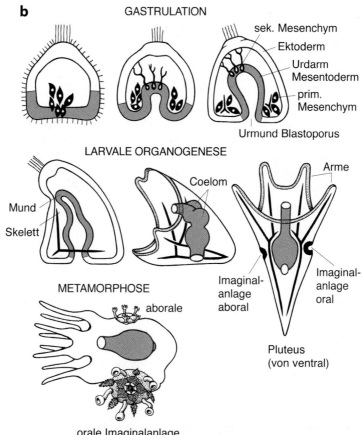

b   GASTRULATION

sek. Mesenchym
Ektoderm
Urdarm
Mesentoderm
prim.
Mesenchym
Urmund Blastoporus

LARVALE ORGANOGENESE

Arme
Coelom
Mund
Skelett
Imaginal-
anlage
oral
Imaginal-
anlage
aboral

METAMORPHOSE
aborale

Pluteus
(von ventral)

Abb. 2.1 b   orale Imaginalanlage

Wirbellosen in der Regel **Imago**, sonst **Adultform** (**Adultus**, Erwachsener) nennt und der eine andere ökologische Nische als die Larve besiedelt. Fast immer nutzen Larve und Adultform verschiedene Nahrungsquellen. Die Adultform erlangt nach einer **Juvenilphase** schließlich die Geschlechtsreife (**Maturität**). Die **Seneszenz** (Altern) beendet die Phase der Geschlechtsreife, der Tod das Leben der somatischen Zellen des Individuums. Dessen generative Zellen sollten aber zuvor das Leben einer neuen Generation weitergegeben haben.

2.1.2
Die Eizelle enthält außer der in der DNA gespeicherten genetischen Information noch cytoplasmatische Informationsquellen; in ihrer inneren Struktur ist sie polar, d.h. asymmetrisch gebaut

Eier enthalten mit ihrem Dotter eine reiche Quelle von Energie und von Baumaterialien. Dies ist allgemein bekannt. Vorschläge, im Aussterben begriffene Arten durch Klonieren zu retten und zu vermehren, in dem man ihren somatischen Zellen Kerne entnimmt und in entkernte Eizellen *anderer* Arten einbringt, bezeugen, dass man über das Innenleben von Eizellen, über ihre inneren Schätze nur unzulänglich Bescheid weiß. Es gibt sogar den Vorschlag, Mammuts wieder zum Leben zu erwecken, in dem man aus gefrorenen Leichen, wie sie bisweilen in Sibirien gefunden werden, Kerne entnimmt und in Eizellen von Elefanten verbringt. Was solche Vorschläge nicht beachten, ist der Befund, dass Eizellen außer der DNA des Kerns und der Mitochondrien über weitere Informationsquellen verfügen, die im Cytoplasma gespeichert und sehr wohl artspezifisch sein können. Schon die ersten historischen Experimente mit Eizellen und frühen Embryonen (durch T. Boveri, E.B. Wilson, E.G. Conklin, H. Driesch; Box K1) hatten den Hinweis auf solche Informationsquellen gegeben. Sie sind in die Literatur eingegangen als **cytoplasmatische Determinanten.** Die heutigen molekularbiologischen Methoden haben es erlaubt, viele dieser Determinanten zu identifizieren. Es handelt sich, soweit sie identifiziert sind, überwiegend um mRNAs, die für Transkriptionsfaktoren codieren. Transkriptionsfaktoren regeln Genaktivitäten. Die besagten mRNAs leiten sich von Genen in Zellen des mütterlichen Organismus ab und sind im Verlauf der Oogenese ins Ei eingelagert worden. Man spricht deshalb auch von **maternaler Information.** Eine der ersten identifizierten Determinanten ist die mRNA des Gens *bicoid* im Ei von *Drosophila* (Kapitel 3.6). Diese maternale mRNA ist unverzichtbar, aber spezifisch für *Drosophila* und nahe verwandte Fliegen. Eine Reihe von solch maternalen Faktoren ist im Ei des Krallenfrosches *Xenopus* gefunden worden (Kapitel 4.1). Mutmaßlich enthält jedes tierische Ei eine Kollektion solcher maternaler Faktoren, angeordnet in einem dreidimensionalen Mosaik.

Cytoplasmatische Determinanten sind nicht gleichförmig im Ei verteilt; sie sind an bestimmten Orten konzentriert. Es gibt ein inneres Mosaik solcher Determinanten, und der experimentell arbeitende Entwicklungsbiologe hat ihre Lokalisation zu berücksichtigen. Im Weiteren dieses Abschnittes wollen wir nur die globale Struktur des Eies beobachten und noch keine biochemische Analyse vornehmen.

Primäre animal-vegetative Polarität: Auch wenn die Eizelle nicht länglich-elliptisch (wie bei Insekten), sondern kugelförmig geformt ist, ist sie in ihrer inneren Struktur stets **anisotrop=asymmetrisch**. Man spricht in der Biologie von einer **polaren** Struktur. Im Mindestfall drückt sich diese Polarität (=Anisotropie) in der Lage des Eikerns aus. Schon in der **Oocyte,**

der noch diploiden Vorläuferzelle der Eizelle, liegt der Kern in der Regel nicht zentral, sondern peripher nahe der Eioberfläche. Im Zuge der meiotischen Teilungen werden hier die **Richtungs-** oder **Polkörper** (als abortive Miniatur-Geschwisterzellen der Eizelle) abgeschnürt (Abb. 2.1, s. auch Abb. 8.1). Dieser Ort wird üblicherweise in den Abbildungen als ‚Nordpol' der Eikugel dargestellt und **animaler Pol** genannt. Der gegenüberliegende ‚Südpol' heißt **vegetativer Pol.** In seinem Bereich lagert in der Regel, wenn auch keinesfalls stets, jenes Material, das später zur Formung des Urdarms herangezogen wird. Das Adjektiv **vegetativ** nimmt Bezug auf die künftigen „vegetativen" Organe, die sich vom Urdarm ableiten und als Organe der Nahrungsaufbereitung ‚niederen' Lebensfunktionen dienen. Demgegenüber werden im Umfeld des **animalen** Pols oftmals die für Tiere so typischen Sinnes- und Nervenzellen hergestellt. Die vom ‚Nordpol' zum ‚Südpol' ziehende **Polaritätsachse** wird **animal-vegetative Eiachse** genannt.

(Wenn nun allerdings wie bei manchen Coelenteraten der Ort der Urdarmbildung nicht dem Ort der Polkörperbildung gegenüberliegt, sondern mit ihm zusammenfällt, gibt die traditionelle Bezeichnungsweise Anlass zu Konfusion und inkorrekten Darstellungen.)

Sekundäre Bilateralsymmetrie: Nach der Befruchtung kommt das Innere der Eizellen in Bewegung. Viele der inneren Komponenten werden umverlagert, und das Ei wird **bilateralsymmetrisch.** Es sind nun zwei Polaritätsachsen auszumachen und man kann unterscheiden zwischen vorn (**anterior** oder **cranial**) und hinten (**posterior** oder **caudal**), zwischen künftiger Rückenseite (**dorsal**) und Bauchseite (**ventral**). Bei Insekten ist das Ei schon vor der Befruchtung bilateralsymmetrisch strukturiert.

Tierische Eizellen sind, von seltenen Ausnahmen (z. B. einige Coelenteraten) abgesehen, von verfestigenden und schützenden, nichtzellulären Hüllen umgeben. Die innerste, azelluläre Schicht, die direkt der Zellmembran aufliegt, ist aus Glykoproteinen konstruiert und heißt **Vitellinmembran.** Von den weiteren Hüllen seien genannt die **Zona pellucida** des Säugereies und das **Chorion** des Insekteneies. (Der Ausdruck Chorion kann auch andere Hüllen meinen: das Chorion der Reptilien, Vögel und Säuger eine zelluläre, vom Keim selbst gebildete, „extraembryonale" häutige Struktur.)

Zoologische Lehrbücher listen gern Fachtermini auf, die dem Griechischkundigen Hinweise auf Menge und Verteilung von Dotter (Endsilbe -lecithal) im Ei geben: Vorsilben: **oligo**lecithal = wenig Dotter, **poly** = viel, **iso** = gleichförmig verteilt, **telo** = an einem Pol konzentriert. Menge und Verteilung des Dotters nehmen Einfluss auf den Furchungsverlauf.

2.1.3
Furchung ist eine Serie rasch ablaufender Zellteilungen

Der **Befruchtung** und **Aktivierung** des Eies folgt die **Furchung:** Auch nach der Fusion mit dem Spermium ist die nun befruchtete Eizelle, die diploide **Zygote**, noch immer einzellig. Aus ihr soll ein vielzelliger Organismus mit oft Abermillionen von Zellen entstehen. Folglich wird nun in einer Serie rasch aufeinander folgender Zellteilungen vielzelliges Baumaterial hergestellt. Im rasanten Tempo wird der Keim ohne Volumen- oder Massenzunahme in immer kleiner werdende Zellen zerlegt. Diese Etappe wurde **Furchung** benannt, weil auf der Eioberfläche, beispielsweise auf der gelben Eikugel des Hühnchens, die seit Aristoteles von vielen Naturforschern in Augenschein genommen worden ist, als Ausdruck der beginnenden Zellteilungen Furchen sichtbar werden.

Die Furchung kann

- **holoblastisch** (= total) sein, d.h. das Ei wird vollständig (Griech.: *holos* = ganz) in Zellen zerlegt; oder
- **meroblastisch** (= partiell), d.h. das Ei wird anfänglich noch nicht vollständig, sondern nur teilweise (Griech.: *meros* = Teil) in Zellen zerlegt.

Maßgebend dafür, ob eine holoblastische Furchung mit regulären Zellteilungen möglich ist, sind Größe und Dottergehalt der Eier. Bei holoblastischer Furchung (Beispiele: Seeigel, Abb. 2.1, und Frosch, s. Abb. 4.2 a, Abb. 4.5) heißen die noch recht großen ersten Tochterzellen **Blastomere(n)** (Griech.: *blastos* = Keim; *meros* = Teil). Je nachdem ob die beiden aus einer Zelle hervorgehenden Tochterzellen in ihrer Größe gleich oder ungleich sind, spricht man von **äqualer** oder **inäqualer** Teilung. Bei inäqualer Teilung geht aus einer Blastomere eine **Mikromere** und eine **Makromere** hervor. Beispiele eines meroblastischen Furchungsverlaufs sind die **superfizielle** Furchung der Insekten (s. Abb. 3.20) und die **diskoidale** der Fische (s. Abb. 4.23), Reptilien und Vögel (s. Abb. 4.26).

Der zeitliche Ablauf und die räumliche Anordnung der Tochterzellen einer holoblastischen Furchung erfolgen bei manchen Tiergruppen nach strenger Gesetzmäßigkeit: Die Blastomeren kommen, dirigiert durch die Centrosomen der Spindelapparate, in einer bestimmten geometrischen Konfiguration zu liegen. Im Regelfall durchschneiden die ersten beiden Trennflächen (**Furchungsebenen**) den Keim vom animalen zum vegetativen Pol, wobei die zweite Trennfläche senkrecht zur ersten steht (Abb. 2.1 a). Die aus Aktin- und Myosinfilamenten hergestellten **kontraktilen Ringe** durchschnüren das Ei entlang von Meridianen. In der Fachsprache verlaufen demgemäß die zwei ersten Furchungen **meridional**. Es wird dabei das 4-Zellstadium erreicht. Die dritte Furchung, die zum 8-Zellstadium führt, verläuft demgegenüber **äquatorial**, d.h. in der Äquatorebene oder parallel zu ihr.

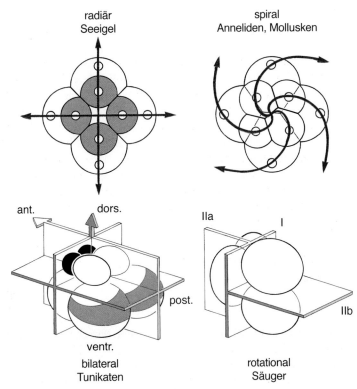

Abb. 2.2. Furchungstypen. Auswahl

Der weitere Verlauf ist uneinheitlich, doch gibt es einige häufig vorkommende Grundmuster. Drei Standardmuster sind **Radiärtyp, Spiraltyp** und **Bilateraltyp** (Abb. 2.2).

Abschluss der Furchung: Auch wenn später weitere Zellteilungen folgen, gilt die Furchung mit dem Erreichen des **Blastula**-Stadiums als abgeschlossen. Viele tierische Keime, wenn auch keineswegs alle, erreichen das Stadium einer Blastula (= **Keimblase**), deren Innenraum von Flüssigkeit oder sich verflüssigendem Dotter angefüllt ist. Die zelluläre, epithelartige Wandung der Hohlkugel heißt **Blastoderm**, der Innenraum **Blastocoel**. Wenn die Entwicklung von dieser Norm abweicht, werden andere, oft aber ähnlich klingende Ausdrücke gebraucht. Die **Blastocyste** der Säuger sieht ähnlich aus wie die **Blastula** eines Seeigels, ist jedoch nicht mit ihr gleichzusetzen; denn das Schicksal der zellulären Wandung der Keimblase ist bei Seeigel und Säuger gänzlich verschieden.

2.1.4
Während der Gastrulation wird die Bildung innerer Organe vorbereitet

Ein tierischer Organismus benötigt innere Gewebe und Organe, im Mindestfall einen (rohrförmigen) Hohlraum, in dem die Nahrung enzymatisch zerlegt werden kann. Folglich müssen nun Zellen, einzeln oder im geschlossenen Verband, ins Innere der Keimblase verfrachtet werden. Diese Verfrachtung ins Innere nennt man **Gastrulation** (Griech.: *gaster*=Magen) in Anspielung darauf, dass hierbei im Regelfall als erstes die Bildung des **Urdarms (Archenteron, Entoderm)** in die Wege geleitet wird.

Die Art und Weise, in der Zellen ins Innere verfrachtet werden, kann von Fall zu Fall recht verschieden sein. Gemeinhin werden fünf Grundmodi unterschieden (Abb. 2.3):

- **Invagination**, Eindellung und Einstülpung einer Zellschicht ins Innere des Embryos durch aktive Verformung (gemeinsame Erzeugung kohärenter Biegemomente durch die Zellen),

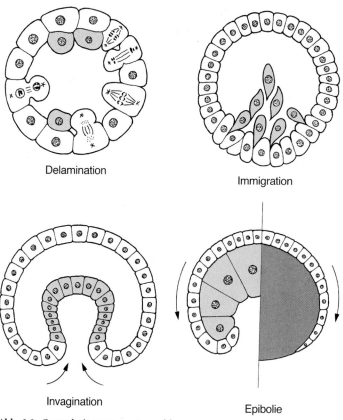

Delamination

Immigration

Invagination

Epibolie

Abb. 2.3. Gastrulationstypen. Auswahl

- **Involution**, Umstülpung, Umströmung: Zellen umkriechen als kohärenter Verband eine Kante, in der Regel die Lippe eines Urmundes,
- **Epibolie**, Umwachsung: ein äußeres Blastoderm umwächst eine innere Masse,
- **Delamination**, Abblättern: vom äußeren Blastoderm lösen sich nach Zellteilungen Schichten von Zellen ab,
- **Immigration**, Einwanderung: Zellen dringen (weitgehend) einzeln ins Keimesinnere ein (und nicht als zusammenhängender Verband wie bei der Involution),
- **polare Proliferation**, nach innen gerichtete Zellteilungen im Bereich eines der beiden Pole des Keims.

Bei den meisten Keimen vollzieht sich die Gastrulation in einer Kombination mehrerer dieser Grundmuster.

Keimblattbildung ist ein weiterer, historisch alter Ausdruck für diese und die nachfolgende Entwicklungsetappe. Wie der Ausdruck „Furchung" ist der der Botanik entlehnte Ausdruck „Keimblatt" ein Relikt aus historischen Beschreibungen der Hühnchenentwicklung (z.B. C.F. Wolff, C.E. von Baer, Box K 1). Beim Vogelembryo liegen kurzfristig drei Zellschichten – drei „Keimblätter" – übereinander: **Ektoderm, Mesoderm, Entoderm**.

Wie kommt es zu drei Schichten? Bei allen tierischen Organismen oberhalb der Organisationsstufe der Coelenteraten wird in der Gastrulation nicht nur der Urdarm hergestellt, sondern zwischen dem Urdarm und dem äußeren Blastoderm eine weitere Schicht eingeschoben. Manchmal wird in einer mehrphasigen Gastrulation wiederholt Zellmaterial ins Innere geschafft. Manchmal wird erst ein kompaktes **Mesentoderm** ins Innere verlagert und dort dann in das **Entoderm** des künftigen Magen-Darmtraktes und ein **Mesoderm** gegliedert. Das Mesoderm hat besonders große Talente; es wird im Regelfall Muskulatur, Exkretionsorgane, Bindegewebe, gegebenenfalls innere Skelettelemente, Blutgefäße und die häutige Auskleidung der Leibeshöhlen aus sich entstehen lassen. Die verbleibende epitheliale Außenwand der Gastrula ist das **Ektoderm**. Ein Teilgebiet des Ektoderms wird auch **Neuroektoderm** bezeichnet, wenn es, bevor es selbst zur **Epidermis** wird, noch Zellen zur Herstellung von Sinnesorganen (z.B. Ohr) und von Nervengewebe abgliedert (s. Abb. 4.8 und Abb. 17.3).

Dem löblichen Versuch sprachlich gebildeter Autoren entwicklungsbiologischer Werke, den oft unpassenden Terminus *derm* (Haut) durch den Terminus *blast* (bildendes Material) zu ersetzen, war kein großer Erfolg beschieden. Aber man liest bisweilen schon Ausdrücke wie **Epiblast** statt Ektoderm, **Hypoblast** statt Mesentoderm, und **Mesoblast** statt Mesoderm, insbesondere in Darstellungen der Vogel- und Säugerentwicklung.

2.1.5
Organbildung und Gewebedifferenzierung
ermöglichen ein eigenständiges Leben

Die Organbildung wird bereits mit der Gastrulation eingeleitet. Beim Wirbeltierembryo wird die erste Phase, die zur Formung des Zentralnervensystems führt, **Neurulation** genannt. Weitere Etappen sind kaum mehr mit übergreifenden Begriffen benennbar, weil im Zuge der Organogenese das artspezifische Endziel der Entwicklung angestrebt wird und daher sehr unterschiedliche Wege beschritten werden. Meistens führt die Entwicklung zu einer Erstausgabe (erster stabiler Phänotyp) des Lebewesens, der Larve, und später in der Metamorphose zu einer umgearbeiteten Zweitausgabe, der Imago oder der Adultform.

Im Regelfall ist also mit dem Schlüpfen der Larve aus der Eihülle die Embryonalentwicklung abgeschlossen. Die Larve hat nicht nur eine andere Gestalt als der adulte Organismus, sondern besitzt auch besondere strukturelle und physiologische Besonderheiten, die es ihr erlauben, eine andere ökologische Nische zu besiedeln, beispielsweise andere Nahrungsquellen in Anspruch zu nehmen. Eine solche **über eine Larve** führende Entwicklung heißt **indirekt**. Einige Tiergruppen, unter ihnen die Landwirbeltiere, umgehen ein Larvenstadium; in der **direkten Entwicklung** entsteht aus dem Embryo Zug um Zug der adulte Phänotyp.

2.2
Allgemeine Prinzipien in Kurzfassung

2.2.1
Bei aller Mannigfaltigkeit der tierischen Entwicklung
gibt es doch einige grundlegende und wiederkehrende Vorgänge

Entwicklung des Vielzellers beinhaltet

- **Zellproliferation** (wiederholte Zellteilungen),
- **Zelldifferenzierung**; dieses Verschiedenwerden muss in einer definierten räumlichen Ordnung geschehen und geht daher mit
- **Musterbildung** einher: die verschiedenartigen Zellen sind nicht chaotisch durcheinander, sondern in Mustern angeordnet.

Zelldifferenzierung führt in der tierischen Entwicklung, anders als in der Entwicklung der Pflanzen, sehr oft zu

- **Zellbewegungen**; sie führen zur aktiven Verformung von Epithelien oder sind als Wanderung individueller Zellen zu beobachten. Bei genauem Hinsehen findet man, dass in der Entwicklung des Vielzellers stets auch ein

- **programmierter Zelltod (Apoptose)** stattfindet. Alle diese Ereignisse zusammen führen zur
- **Morphogenese**, d. h. zur Gestaltbildung.

Zellteilungen erfordern eine subtile Proliferationskontrolle, denn der Bedarf an einzelnen Zelltypen ist unterschiedlich. Die Proliferationskontrolle ist folglich eng mit der Differenzierungskontrolle verknüpft.

Zelldifferenzierung kann zweierlei meinen (Abb. 2.4): (1) das Verschiedenwerden der Zellen im Vergleich zueinander und (2) die individuelle Zellentwicklung, d. h. das Verschiedenwerden einer Zelle im Zuge der Zeit (**Zellreifung**). Die Entwicklung einer jeden Zelle beginnt mit einer **multipotenten Gründerzelle** – und sei es die befruchtete Eizelle –, welche teilungsfähig ist und Ursprung mehrerer Zelltypen ist. Ein Akt der Entscheidung, **Determination** oder **commitment** (Kommitierung, Verpflichtung) genannt, lenkt die Entwicklungspfade der Nachkömmlinge zu verschiedenen Zielen. Eine Zelle, die schon ‚verpflichtet‘ (programmiert) ist, einen bestimmten Entwicklungspfad einzuschlagen, wird häufig mit der Endsilbe

Differenzierung als Divergenz der Entwicklungswege

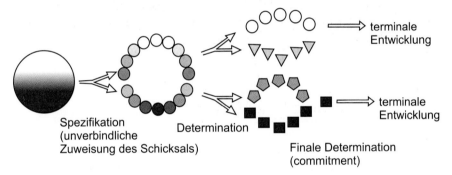

Differenzierung als individuelle Zellentwicklung (Zellreifung)

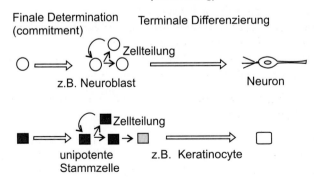

Abb. 2.4. Bedeutungen des Begriffs Differenzierung

-blast (z. B. Neuroblast, Erythroblast) gekennzeichnet. Sie wird nach einigen Teilungsrunden zur **terminalen Differenzierung** übergehen, d. h. ihre spezielle molekulare Ausstattung, Form und Funktion erhalten. Dabei wird sie in der Regel ihre Teilungsfähigkeit einbüßen. Die Endsilbe -cyt (z. B. Erythrocyt) gibt den Hinweis darauf, dass dies geschehen ist.

Determination geht mit **Musterbildung** einher. Muster ist die **geordnete räumliche Konfiguration**, in der die verschiedenen Zelltypen und suprazellulären Strukturen (Gewebe, Organe) in Erscheinung treten. Musterbildung im Verband von Zellen basiert oft auf **positionsgerechter Aufgabenzuweisung**, d. h. positionsabhängiger Determination. Musterbildung kann aber auch darauf beruhen, dass bereits differenzierte Zellen durch aktive Bewegung bestimmte Positionen aufsuchen.

Bei der experimentellen Analyse der Entwicklungsprozesse geht man von Arbeitshypothesen aus. Eine Hypothese ist, dass Zelldifferenzierung auf **differentieller Genexpression (differentieller Genaktivität)** beruhe. Determination wird als eine Programmierung betrachtet, bei der entschieden wird, welche Gensätze abrufbar bleiben und welche blockiert werden.

Eine solche Programmierung oder Aufgabenzuweisung kann nach historisch alten Hypothesen schon früh in der Entwicklung von **cytoplasmatischen Determinanten** ausgehen, die in der Eizelle in einer definierten räumlichen Verteilung vorliegen. Das Wirken solch cytoplasmatischer, in der Eizelle gespeicherter Determinanten wird manifest, wenn die Mendelsche Reziprozitätsregel nicht gilt und die **genetische Konstitution der Mutter** für den Phänotyp maßgeblich ist (z. B. Maulesel im Vergleich zum Maultier; Rechts- oder Linkswindung eines Schneckengehäuses, s. Abb. 3.15). **Maternale Gene** liefern maternale Information, die im Zuge der Oogenese (Eizellbildung im Ovar) in Form von cytoplasmatischen Determinanten in der Eizelle deponiert wird. Maternale Effekte weisen auf die besondere Bedeutung der Oogenese für die künftige Entwicklung hin.

Wird die Embryonalentwicklung in besonders starkem Maße von gespeicherten, molekularen Determinanten bestimmt, spricht man auch von **autonomer Entwicklung** oder **Mosaikentwicklung**; denn ein Mosaik an Determinanten im Ei führt zu früher Aufgabenzuweisung und erlaubt den Zellen, unabhängig von anderen ihren Entwicklungsweg zu gehen.

Die Programmierung der verschiedenen Entwicklungswege kann aber auch auf einer wechselseitigen Absprache zwischen den Zellen beruhen. Solche **Zellinteraktionen** machen die Entwicklung der einzelnen Zelltypen zwar **abhängig** von der Nachbarschaft, erlauben aber auch im Bedarfsfall eine korrigierende **Regulation**. Man spricht von **regulativer Entwicklung**.

Zusammenfassung des Kapitels 2

Es werden grundlegende Begriffe eingeführt. Tierische Entwicklung verläuft in Etappen:

1. **Gametogenese**, die Herstellung von Eizellen (Oogenese) oder von Spermien (Spermatogenese);
2. **Befruchtung** (Fertilisation), die Fusion einer Eizelle mit einem Spermium;
3. **Embryogenese** (Embryonalentwicklung) mit
   - **Furchung**, einer Serie rasch ablaufender Zellteilungen,
   - **Gastrulation**, einem Prozess in dessen Verlauf Zellen ins Keimesinnere zur Herstellung der inneren Organe verlagert und die „Keimblätter" (Ektoderm, Mesoderm, Entoderm) voneinander gesondert werden;
   - **Organogenese**: Organbildung

Oftmals endet die Embryonalentwicklung mit einer Larve, die eine
4. **Metamorphose** zur Imago bzw. der Adultform durchläuft;
5. **Sexualentwicklung** beendet die Lebensperiode, in der Organe neu hergestellt werden oder ihre Reife (Maturität) erlangen.

Wichtige Begriffe der morphologischen Entwicklungsgeschichte sind:
- Eizelle: animaler, vegetativer Pol, „Keimbläschen" (= Kern), Polkörper
- Embryonen:
  - 2, 4, 8, 16 ... -Zellstadium
  - Blastula mit Blastoderm, Blastocoel
  - Gastrula mit den „Keimblättern" Ektoderm, Mesoderm, Entoderm
- Furchungsweisen:
  - Holoblastisch (total): Radiär-, Spiral-, Bilateral-Furchung
  - Meroblastisch (partiell): superfizielle, diskoidale Furchung
- Gastrulationsweisen: Invagination, Involution, Epibolie
                       Delamination, Immigration,
                       polare Proliferation

Allgemeine Prinzipien der tierischer Entwicklung sind:
- Zellteilung
- Musterbildung und Determination
- Zelldifferenzierung
- Zellbewegungen (Verformung, Wanderung)
- programmierter Zelltod (Apoptose)

Alles zusammen führt zu
- Morphogenese, zur Gestaltbildung

Anhang: allgemeine Regeln zur Schreibweise

Der wissenschaftliche Name eines Organismus wird in der Biologie *kursiv* geschrieben, beispielsweise *Drosophila melanogaster*, die Taufliege.

Auch die Namen von **Genen** und die Bezeichnung der von diesen Genen abgeleiteten mRNA werden *kursiv* geschrieben. Dominante Gene beginnen mit einem Großbuchstaben (z. B. *Antennapedia*), rezessive mit Kleinbuchstaben (z. B. *bicoid*). Darüber hinaus ist es Brauch geworden, aber nicht zwingende Vorschrift, Gene mit wenigen – meistens drei – Buchstaben abzukürzen. Die von den Genen abgeleiteten Proteine werden in gerader Normalschrift geschrieben, zunehmend öfter durchweg in Großbuchstaben (z. B. BICOID), wie in diesem Buch.

3 Entwicklung bedeutsamer Modellorganismen I: Wirbellose

Wie in der Genetik hat es sich auch in der Entwicklungsbiologie eingebürgert und als zweckmäßig erwiesen, die Forschung erst einmal auf wenige Referenzorganismen („Modellorganismen") zu konzentrieren, um bei der Analyse grundlegender Vorgänge bis in den molekularen Bereich vorstoßen zu können. Es gibt aber keinen einzelnen Organismus, an dem alle bedeutsamen Aspekte der Entwicklung modellmäßig untersucht werden könnten; denn jede Embryonalentwicklung führt schließlich zu einer bestimmten, einzelnen Tierart und nicht zum Tier schlechthin. Aus dem Ei einer *Drosophila* wird eine Taufliege, keine Fliege schlechthin, und schon gar nicht ein Fisch oder ein Mensch. Prinzipien allgemeiner Art werden nur erkennbar, wenn man die Abläufe vergleichend an mehreren Organismen studiert, die sich unterschiedlich entwickeln und dennoch gemeinsame Grundzüge erkennen lassen. Zudem zeigt sich in der Forschungspraxis, dass jeder eingeführte Referenzorganismus neben besonderen Vorzügen auch spezifische Nachteile bietet.

3.1 Der Seeigel-Keim: Basismodell für tierische Entwicklung und Objekt historisch bedeutsamer Experimente

3.1.1 Der Seeigel-Keim ist Referenzmodell für Befruchtung und frühe Embryonalentwicklung

Bereits vor 1900 wurden mit den Eiern und Spermien der Seeigel Pionierarbeiten zur Befruchtung durchgeführt. Seeigeleier sind heute noch die bestuntersuchten Modellkeime zum Studium der Befruchtung, der Eiaktivierung und des embryonalen Zellzyklus. Allerdings sind Seeigel nicht das ganze Jahr über geschlechtsreif und müssen aus der Natur geholt werden. Diesen Nachteilen stehen besondere Vorzüge gegenüber: Man kann Eier und Spermien getrennt und in großer Menge gewinnen. Die Eier sind zwar klein (0,1 mm im Durchmesser) und wie nahezu alle tierischen Eier in einer Hülle eingeschlossen, doch sind Hülle und Ei transparent, und die Hülle („Gallerte") lässt sich leicht entfernen. Die Eier entwickeln sich im freien Wasser und, nach künstlicher Besamung, über lange Zeit in perfekter Synchronie.

Eier und Spermien werden durch fünf Genitalporen auf der Oberseite (= aboraler Pol) der Seeigel ins Meerwasser entlassen. Im Labor werden reife ♀ und ♂ Seeigel mit der Oberseite nach unten über Glasgefäße gesetzt und durch Injektion einer KCl-Lösung in die Körperhöhle zum Ablaichen gebracht; alsdann mischt man die milchige Spermiensuspension in die Suspension der Eier. Die Transparenz von Eihülle und Keim erlaubt es, die Vorgänge bei Befruchtung, Furchung und Gastrulation an lebenden Keimen unter dem Mikroskop zu beobachten.

Das Ei des Seeigels und der Verlauf der Furchung sind zu Lehrbuchvorbildern für tierische Eizellen und tierische Frühentwicklung schlechthin geworden (s. Abb. 2.1). Das von einer Gallerte und einer Vitellinmembran umschlossene Ei ist in seiner inneren Struktur entlang der **animal-vegetativen Eiachse** asymmetrisch. Der animale Pol ist definitionsgemäß jener Eipol, an dem im Zuge der meiotischen Zellteilungen die abortiven Miniatur-Geschwisterzellen der Eizelle als **Richtungskörper = Polkörper** abgeschnürt wurden. Sie sind beim Seeigel schon vor der Befruchtung abgeschnürt worden. Besamung, Befruchtung und Aktivierung des Eies werden als bestuntersuchte Referenzfälle in Kap. 9 vorgestellt.

Nach dem Einschleusen des Spermienkerns, der Ausbildung einer Barriere gegen das Eindringen weiterer Spermien (**Befruchtungsmembran**) und der **Aktivierung** des Eies zerlegen die **Furchungsteilungen** das Ei in zunehmend kleinere Tochterzellen, ohne dass sich das Volumen des Keims nennenswert ändert. Die ersten noch recht großen und im Mikroskop individuell erkennbaren Tochterzellen heißen **Blastomeren**. Die Verdoppelung der Chromosomen erfolgt so rasch, dass alle 20–30 min die Zellen geteilt werden können. Dies ist die kürzestmögliche Zeit für einen Zellzyklus. Die Keime durchlaufen wie von einem Uhrwerk getrieben synchron das 2-, 4-, 8-, 16-, 32-, 64-, 128-Zell(en)stadium. Nun wird im Inneren ein flüssigkeitsgefüllter Hohlraum ausgespart; alle Zellen ordnen sich zu einer einlagigen epithelialen Außenwand um den Hohlraum. Es ist eine (Coelo-) **Blastula** entstanden; ihre zellige Wandung wird **Blastoderm**, ihr zentraler Hohlraum **Blastocoel** genannt. Die Zellen des Blastoderms bilden an ihrer nach außen gekehrten Oberfläche Mikrovilli und je ein Cilium aus. Die Mikrovilli scheiden Material aus, das zur gallertigen Eihülle beiträgt. Die Cilien lassen die Blastula in der Eihülle rotieren.

In einem kleinen Feld am animalen Pol (Scheitelplatte) der rotierenden Blastula erscheint ein Bündel langer Cilien (Apikalorgan, Wimpernschopf). Diese Cilien sind viel länger als die übrigen Cilien der Blastula (s. Abb. 2.1 b). Am gegenüberliegenden, vegetativen Pol liegen die Abkömmlinge der **Mikromeren**, einer Gruppe ribosomenreicher Furchungszellen, die (bei manchen Seeigeln) kleiner als die anderen sind. Sie vollführen unruhige Bewegungen und leiten die Gastrulation ein.

Die **Gastrulation** ist mehrphasig. In einer ersten Phase scheren am vegetativen Eipol die Abkömmlinge der Mikromeren aus dem Verband des Epithels aus und dringen, in ihrem Bewegungsverhalten Amöben gleich, in die Hohlkugel ein. Die besonders kleinen Mikromeren, die am vegetativen Eipol saßen, durchlaufen ihre terminale Differenzierung erst nach der Metamorphose. Ihre momentanen Nachbarn, die mit ihnen zusammen ins Innere abwandern, repräsentieren das skelettogene Material. Sie kriechen in der Gastrula herum, vermehren sich und sammeln sich zu lockeren Gruppen, dem **primären oder skelettogenen Mesenchym**, fusionieren schließlich zu **syncytialen Kabeln**, um gemeinsam durch Ausscheiden schwerlöslicher Calcium-Salze die Kristallnadeln des **larvalen Skeletts** herzustellen. Das Mesenchym ist Zellmaterial, das bei anderen tierischen Organismen zum Mesoderm zählt (ein epitheliales Mesoderm um innere Leibeshöhlen entwickelt sich beim Seeigel später aus Abfaltungen des Urdarms).

Die Mikromeren sind auch Sender eines induzierenden Signals, das die benachbarten Zellen auffordert, den Urdarm zu bilden (Abschnitt 3.1.7). Die in der Normalentwicklung am vegetativen Pol in Gang kommende **Bildung des Urdarms** stellt die **zweite Phase der Gastrulation** dar. Unter dem induzierenden Einfluss der ausscherenden Mikromerenabkömmlinge beginnen die Abkömmlinge des Zellkranzes *veg1* durch **Invagination** (Einstülpung) den Urdarm (**Archenteron**) zu formen. An der Spitze des Urdarms befinden sich Zellen, die Filopodien ausstrecken und mit diesen Filopodien die Innenwand des Blastoderms abtasten, um den Ort des künftigen Mundes zu finden und die Urdarmspitze dorthin zu dirigieren. Wo die Urdarmspitze die Wandung der Gastrula berührt, bricht der Mund durch. Der definitive Mund entspricht also nicht dem Urmund, sondern wird am anderen Ende des Urdarms neu gebildet. Der Urmund wird zum After: Der Seeigel, und mit ihm der ganze Tierstamm der Echinodermen, gehört, wie auch der Tierstamm der Chordaten, zu dem wir Menschen wie alle Wirbeltiere gehören, zu den **Deuterostomiern**. Vor der Urmundbildung lösen sich die mit Filopodien ausgestatteten Pfadfinderzellen von der Urdarmspitze ab und werden zu einem lockeren Füllgewebe, das man **sekundäres Mesenchym** (Mesoderm) nennt.

Für die vergleichende Entwicklungsgeschichte ist auch die Anlage der Coelomepithelien von Interesse: Sie werden durch Abfaltung vom Urdarm (**Enterocoelbildung**) hergestellt, wie dies ähnlich auch bei *Branchiostoma* und niederen Chordaten, speziell bei Tunikaten, geschieht. Sie werden als **Archicoelomaten** zusammengefasst. Coelomepithelien werden stets dem Mesoderm zugerechnet.

In der Tradition der Embryologie wird der Seeigelembryo, auch wenn nie ein geschlossenes mesodermales „Keimblatt" auszumachen ist, am Ende als **triploblastisch** angesehen, bestehend aus einem äußeren **ektodermalen Epithel**, einem **entodermalen Urdarm** und dazwischen eingebetteten **mesodermalen Geweben** verschiedener Art.

3.1.2
Die bilateralsymmetrische Larve entwickelt in der Metamorphose
aus Imaginalscheiben die Organisation des radiärsymmetrischen Seeigels

Die Embryogenese endet mit dem Schlüpfen der **bilateralsymmetrischen,** planktisch lebenden, feenhaft schönen Seeigellarve. Sie heißt **Pluteus.** Mit ihren Cilien gleitet die Larve durch das Wasser und strudelt Einzeller als Nahrung in ihren Mund. Die **Metamorphose** der planktischen, bilateralsymmetrischen Larve in den **pentameren** Seeigel erfordert eine tiefgreifende Umkonstruktion, welche ganz ähnlich wie bei holometabolen Insekten (z. B. *Drosophila*) von **Imaginalscheiben** ausgeht. Die komplizierte, „katastrophale" Metamorphose soll hier nicht weiter betrachtet werden. Experimente mit dem Seeigelkeim enden mit der Begutachtung der Pluteuslarve.

3.1.3
Bedeutsame Experimente 1: Aus halbierten Embryonen gehen zwei
vollständige Tiere hervor; Embryonen sind folglich keine Maschinen
und fähig zur Regulation – aber man muss richtig halbieren

Trennt man im Zweizellstadium die beiden ersten Blastomeren, so liefert jede einen zwar verkleinerten, aber durchaus vollständigen und harmonisch gegliederten Pluteus; man erhält eineiige Zwillinge (Abb. 3.1). Nach

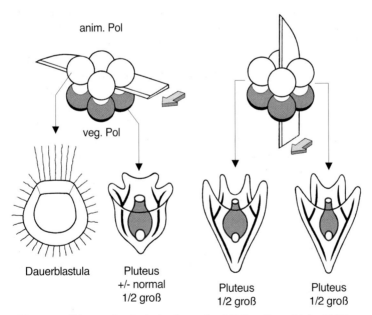

Abb. 3.1. Halbierung des Seeigelembryos im 8-Zellstadium. *Links:* Halbierung quer zur animal-vegetativen Achse. *Rechts:* Halbierung entlang der animal-vegetativen Achse. Experimente von H. Driesch (1892) und Hörstadius (1935)

Trennen der Blastomeren im Vierzellenstadium kann man harmonisch ver-
kleinerte, eineiige Vierlinge erhalten. Auch nach Halbierung einer Blastula
kann man noch vollständige, eineiige Zwillingsplutei zu sehen bekommen,
sofern man vor dem Beginn der Gastrulation halbiert und sofern die
Schnittebene entlang der animal-vegetativen Eiachse geführt wird. Hans
Driesch, der als erster um 1890 solche Experimente machte, schloss daraus, dass entgegen der Auffassung der Mechanizisten (Box K1) lebende
Keime keine Maschinen seien; denn kein Teil einer zerlegten Maschine er-
gänze sich selbsttätig zum Ganzen. In der Sprache Driesch's ist die *„prospektive Potenz eines Keimesteiles größer als seine prospektive Bedeutung"*.
Dies besagt: was ein Keimesteil potentiell werden kann, ist mehr als was er
normalerweise tatsächlich hervorbringt. Nach später gewonnener Erkenntnis ist die Regulation möglich, weil alle Zellen mit dem vollständigen Satz
an genetischer Information ausgerüstet werden, und weil bei der Halbierung entlang der animal-vegetativen Achse beide Hälften alle Sorten von
cytoplasmatischen Komponenten erhalten. Die Herausforderung an die
heutige Entwicklungsbiologie ist, zu erklären, wie *„die prospektive Potenz
auf die prospektive Bedeutung eingeengt wird"*, weshalb also die einzelnen
Teilbezirke und Zellen eines Keims jeweils ihrem Ort gemäß nur einen Teil
des genetischen Programms verwirklichen.

Ab dem 8-Zellstadium ist es technisch möglich, den Keim in der Äquatorebene auch quer zur Eiachse zu halbieren. Nun ist das Ergebnis ein anderes:
Die animale Hälfte formt zwar eine Blastula-ähnliche Hohlkugel, die jedoch
nicht in der Lage ist, einen Urdarm zu bilden (**Dauerblastula**). Umgekehrt
kann zwar die vegetative Hälfte einen Urdarm bilden, der entstehende Pluteus zeigt jedoch erhebliche Defizienzen; er ist z. B. mundlos und hat zu kurze Arme (Abb. 3.2). Durch Verlagerung von Cytoplasma durch Druck erhiel-
ten Theodor Boveri, Hans Driesch und Thomas Hunt Morgan (Box K1) Hinweise, dass für die unterschiedlichen Entwicklungspotenzen **cytoplasmatische** Komponenten verantwortlich sind. Theodor Boveri findet Hinweise,
dass bestimmte, für die weitere Entwicklung bedeutsame Komponenten im
Cytoplasma in Form eines Gefälles (**Gradient**) vorliegen dürften. Driesch
schloss, ohne sich auf diese Gradiententheorie einzulassen, das Schicksal
einer Zelle sei *„eine Funktion ihrer Lage im Ganzen"*.

Aus heutiger Sicht kommt es im Seeigelkeim zu einer frühen Regionalisierung, welche die Blastulakugel in Zonen unterschiedlicher Entwicklungspotenzen gliedert (s. Abb. 3.3). Vor oder während dieser Zonierung kommt
es zum Austausch von Signalen, die den Zellen ein ortsgemäßes Verhalten
ermöglichen. Bei der Ausbreitung der Signalsubstanzen dürften Konzentrationsgradienten von diffusionsfähigen Substanzen von Bedeutung sein.
Darauf weisen die nachfolgend beschriebenen Versuche hin.

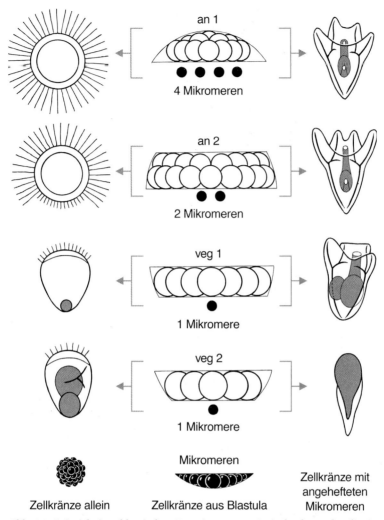

Abb. 3.2. Beispiel eines klassischen Experiments am Seeigelembryo, das die Gradiententheorie stützte. Experimente von Hörstadius (1935, 1939)

3.1.4
Bedeutsame Experimente 2: Es gibt Wechselwirkungen zwischen den Zellen des Embryo; sie gaben Anlass, die jahrzehntelang kontrovers diskutierte Gradiententheorie weiter zu entwickeln

Isoliert man im 64-Zellstadium die animale Kappe *an1* (Abb. 3.2), entsteht daraus eine zur Gastrulation unfähige Blastula, die bei genauerer Betrachtung eine seltsame Anomalie erkennen lässt: Die langen Cilien (Apikalorgan, Scheitelplatte) sind nicht auf einen Schopf am animalen Pol konzentriert; die ganze Blastula trägt solche langen Cilien. Sogar der Kranz *an2*, dessen Abkömmlinge normalerweise nur mit kurzen Cilien ausgestattet sind, wird nach seiner Isolierung zu einer Blastula, die weitgehend mit langen Cilien bedeckt ist. Die Fähigkeit, ein Apikalorgan zu bilden, hat sich räumlich ausgedehnt (**Animalisierung**). Im intakten Keim muss diese Potenz zurückgedrängt oder kompensiert werden durch Einflüsse aus dem vegetativen Keimesteil.

Diese Einflüsse sind systematisch von skandinavischen Forschern, insbesondere von John Runnström und Sven Hörstadius, durch handwerklich diffizile Transplantationsstudien untersucht worden. Man kann durch Hinzufügen von Mikromeren, also von Zellen des vegetativen Pols, zu den isolierten Zellkränzen der animalen Hemisphäre die übersteigerte animale Potenz kompensieren. Indem man die Zahl der hierzu nötigen Mikromeren bestimmt, kann die Stärke der animalen Entwicklungspotenz titriert werden (Abb. 3.2). Der Kranz *an1* wird durch Hinzufügen von 4 Mikromeren normalisiert; das Konglomerat wird zu einem weitgehend normalgestalteten Pluteus. Beim Kranz *an2* genügen 2 Mikromeren; beim Kranz *veg1* genügt 1 Mikromere, wobei in diesem Fall, als Indiz einer zu schwachen animalen Komponente, ovoide Larven mit zu kurzen Armen und weiteren Defekten entstehen. Es muss also auch eine animale Komponente in ausreichender Stärke vorhanden sein, damit eine normale Entwicklung möglich ist. Dies zeigt sich noch deutlicher bei der systematischen Fortsetzung des Experiments: Der Kranz *veg2*, der ohne Hinzufügen einer Mikromere ein rudimentäres Pluteus-ähnliches Gebilde liefert, wird durch Hinzufügen von Mikromeren **vegetalisiert**, d.h. er verliert die Fähigkeit, Arme zu bilden und formt, gemessen an der Größe des Restkörpers, einen zu großen Darm, der gar nicht mehr eingestülpt werden kann (**Exogastrula**).

Diese und weitere Beobachtungen gaben Anlass zu einer Theorie der Entwicklungssteuerung, die als **Gradiententheorie** bekannt geworden ist: Von den Mikromeren gehe eine **vegetalisierende** Wirkung aus, die sich Richtung animaler Pol ausbreite und dabei eine vom animalen Pol ausstrahlende **animalisierende** Wirkung kompensiere. Weil sich beide entgegengesetzten Wirkungen wechselseitig neutralisierten, nähme die Stärke beider Wirkungen mit der Distanz von ihren Ursprungsorten ab. Die Entwicklungspotenz eines Keimbezirkes werde vom Verhältnis beider Wirkungen bestimmt.

Die am häufigsten vorgetragene Hypothese ist, die genannten Wirkungen seien auf **Konzentrationsgefälle** zweier Substanzen (oder komplexerer Komponenten) zurückzuführen. Solche Substanzen, die ungleichförmig verteilt und für eine geordnete räumliche Differenzierung zuständig sind, nennt man nach einem Vorschlag von A. Turing **Morphogene** (Box K12; Kap. 12.7). Damit ein Morphogen am rechten Ort erzeugt werden kann, muss der Embryo erst einmal ortsgerecht die Potenz zur Erzeugung erworben haben. Hierfür sind im Seeigelembryo wie auch im Embryo von *Drosophila* und der Amphibien maternale Faktoren maßgeblich, die unterschiedlich im Ei deponiert sind.

3.1.5
Im Ei gespeicherte cytoplasmatische Information ist für die Ausrichtung der Körperachsen von Bedeutung; mRNAs von Transkriptionsregulatoren liegen schon im Ei in Form von Gradienten vor und lenken das Schicksal der Keimesregionen

Mit dem Ziel, entwicklungssteuernde Faktoren zu finden, die bereits während der Oogenese im Ei deponiert werden, ist mittels molekularbiologischer Verfahren nach mRNA gesucht worden, die für Proteine mit DNA-bindenden Domänen codiert. Solche Proteine kommen als Regulatoren von Genaktivitäten in Betracht. Es ergab sich folgendes Bild (Abb. 3.3):

Ähnlich wie bei *Drosophila* (Kap. 3.6) und *Xenopus* (Kap. 4.1) liegen auch beim Seeigel schon im ungefurchten Ei maternale, d. h. während der Oogenese transkribierte mRNAs vor, die für Transkriptionsregulatoren codieren. Sie werden in der befruchteten Eizelle translatiert und liegen entlang der animal-vegetativen Achse in gegenläufigen Konzentrationsgradienten vor:

- In der oberen, animalen Eihälfte findet man verschiedene *„animalizing transcription factors"*, ATFs;
- in der unteren, vegetativen Hälfte findet man den Transkriptions-Cofaktor β-CATENIN. In der Blastula findet sich β-CATENIN in den Kernen der unteren Hemisphäre, am meisten in den Kernen im Umfeld des vegetativen Pols, wo sich die Mikromeren befinden und sich bald der Urmund zu bilden beginnt.

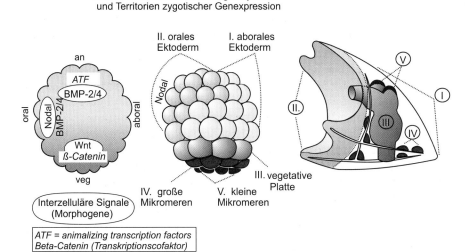

Frühe Gradienten-bildende Signalsysteme
und Territorien zygotischer Genexpression

Abb. 3.3. *Links:* Verteilungsmuster regionalspezifisch deponierter maternaler Genprodukte in der Blastula des Seeigels und *rechts:* die aus diesen Regionen hervorgehenden Bereiche der Pluteuslarve. *In der Mitte:* Signalsysteme in der Blastula entlang der animal-vegetativen Achse

β-CATENIN ist als wichtiges Element einer Signalkaskade bekannt, die im Normalfall mit einem von außen herankommenden Signal namens WNT beginnt (Kap. 20; s. Abb. 20.1). Wird durch ein solches WNT-Signal die Kaskade aktiviert, dann wird β-CATENIN in den Kern aufgenommen und wird zum Transkriptions-Cofaktor. Im frühen Amphibienembryo gelangt maternales β-CATENIN jedoch schon in die Kerne, bevor ein WNT-Signal eintrifft. So könnte es auch beim Seeigel sein. Bis zum 16 Zellenstadium befindet sich β-CATENIN noch im Cytoplasma, in höchster Konzentration in den Mikromeren, zwischen dem 16- und 60-Zellenstadium dringt es dann in die Kerne der vegetativen Hemisphäre ein.

Von allen bisher gefundenen Determinanten ist β-CATENIN die wirksamste; in die Mikromeren eingebaut befähigt β-CATENIN diese, unabhängig von ihrer Umgebung zu skelettogenen Zellen zu werden (autonome Entwicklung). Möglicherweise schaltet β-CATENIN in Kooperation mit dem Transkriptionsfaktor TCF Gene ein, die zur Erzeugung und Freisetzung von WNT-Signalen benötigt werden (s. folgenden Abschnitt).

β-CATENIN hat auch fundamentale Bedeutung in der räumlichen Organisation und Aufgliederung des Embryos der Amphibien. Wir sehen eine bemerkenswerte Kongruenz: **Im Seeigelembryo ebenso wie im Amphibienembryo entsteht der Urmund in dem Gebiet, in dem gespeicherte mRNA für β-CATENIN lokalisiert ist. Zugleich werden Zellen, die diesen Faktor in sich bergen, befähigt, Signalmoleküle zu erzeugen, die man Induktoren nennt. Diese werden ausgesandt und bestimmen das Schicksal benachbarter Zellen.**

3.1.6
Man ist lang vermuteten Morphogenen auf der Spur:
Von besonderer Bedeutung sind Signale der TGF-β-Klasse (BMP, Nodal) und das WNT-Signalsystem, die auch im Wirbeltier von zentraler Bedeutung sind

Die Existenz von Morphogengradienten war lange umstritten. Morphogene sind als biologische Signalsubstanzen nur in winzigen Spuren vorhanden und erzeugen die erwartete Wirkung nur, wenn sie in Form eines Gradienten oder eines anderen ungleichförmigen Verteilungsmusters vorliegen. Morphogengradienten sind erst in jüngerer Zeit (nach 1980) bei *Drosophila* (Kap. 3.6) und *Xenopus* (Kap. 4.1) identifiziert worden.

Bei *Drosophila* und bei Amphibien werden wir zwei antagonistisch wirkende, vom dorsalen bzw. ventralen Keimbereich ausstrahlende Morphogene kennenlernen, die vergleichbare Wirkungen wie die hypothetischen Seeigelmorphogene haben. Beim Amphibienembryo sind dies die Morphogene BMP-4, ein Mitglied der TGF-β-Familie, das im ventralen Keimbereich erzeugt und sezerniert wird, und CHORDIN, das im dorsalen Bereich erscheint. Diese beiden von dorsal bzw. ventral ausstrahlenden Morphogene bilden gegenläufige Konzentrationsgradienten (s. Abb. 4.19 und 12.4). CHORDIN bindet und inaktiviert das BMP. Parallel zum BMP/CHORDIN-

System kommen im Amphibienembryo die Morphogen-Angagonisten WNT-8 (posterior, ventral) und mehrere Anti-WNTs (anterior, dorsal) zum Einsatz (s. Abb. 4.19). Die Morphogene WNT und BMP breiten sich in der Zellpopulation aus und werden von den angesprochenen Zellen mittels membranständiger Rezeptoren aufgefangen. Durchaus Vergleichbares mit homologen Morphogenen könnte sich im Seeigelkeim abspielen:

- Man fand Transkripte (mRNA) für Signalproteine für ein BMP2/4-ähnliche Protein, in den animalen Kränzen der Blastula, und man entdeckte mRNA für ein **WNT-8** homologes Protein in der vegetativen Hemisphäre (Abb. 3.3). Darüber hinaus fand man weitere Elemente der WNT-Signaltransduktionskaskade. Ein solches, auch im Seeigelkeim wie im Amphibienkeim gefundenes Element, ist das Enzym **GSK-3** (Glycogen-Synthase-Kinase, s. Abb. 20.1).
- Frühe Seeigelkeime, die sich in mit **Lithiumchlorid**-angereichertem Seewasser entwickeln, werden **vegetalisiert**. Der Ausdruck „vegetalisiert" will besagen, dass die Oralarme zu klein geraten, der Darm hingegen zu groß ausfällt. Animale Hemisphären werden nicht nur von Mikromeren, sondern auch von Lithium-Ionen normalisiert, bei hohen Lithiumkonzentrationen sogar bis zur Exogastrula vegetalisiert, deren zu großer Darm nicht im Keimesinneren Platz hat und nach außen gestülpt ist. (Auch bei Amphibien können mittels Lithium Missbildungen hervorgerufen werden, z.B. die Entwicklung eines zweiten Kopfes vorne ventral.) Von Lithium ist u.a. bekannt, dass es durch Hemmung des besonders Lithium-empfindlichen Enzyms GSK-3 den Empfang eines WNT-Systems simuliert. (Darüber hinaus blockiert Lithium bei längerer Anwendung auch das PI-Signaltransduktionssystem; s. Kap. 9; Box K9.) Signaltransduktion ist immer dann im Spiel, wenn externe Signalmoleküle durch membrangebundene Rezeptoren aufgefangen werden.
- Parallel zum Gradienten von kernresidentem β-CATENIN läuft ein Gradient in der Konzentration intrazellulärer Calcium-Ionen. Auch dieser Gradient, der wiederum in den Mikromeren sein Maximum hat, trägt zur Spezifizierung des Zellenschicksals bei.

Bevor sich ein Urmund bildet, besetzen Mikromeren den vegetativen Pol; sie müssen den Platz räumen. Die Mikromeren unterhalten sich kurz vor ihrem Auswandern in das Blastocoel mit ihren Nachbarn über ein NOTCH-Signalsystem. Dieses wurde zwar bei *Drosophila* entdeckt, erwies sich aber dann als universell im Tierreich benutztes Verständigungsmittel, wenn es darum geht, sich von Nachbar abzusondern. Wir besprechen es am Beispiel der Entwicklung von Nervenzellvorläufern im Kapitel 12 (s. Abb. 12.2).

3.1.7
Als bilateralsymmetrischer Organismus benötigt der Seeigelembryo eine zweite, eine oral-aborale Asymmetrieachse; bei ihrer Etablierung spielen von Mitochondrien und das von Wirbeltieren bekannte Morphogen NODAL eine tragende Rolle

Auch wenn der adulte Seeigel radiärsymmetrisch ist, die Pluteuslarve ist es nicht; sie ist bilateralsymmetrisch. Vorgegeben ist in der Struktur des Eies nur die animal-vegetative Achse. An ihrem unteren Ende bildet sich der Urmund. In der Gastrula biegt sich der Urdarm mit seiner Spitze zur äußeren Körperwand. Dort wo die Urdarmspitze die Wand berührt, bildet sich der definitive Mund. Nun lässt sich eine zweite Achse ausmachen: eine oral-aborale Achse, die in etwa senkrecht zur animal-vegetativen Achse verläuft.

Schon zuvor in der frühen Blastula ist das künftige Mundfeld markiert, wenn man durch *in-situ*-Hybridisierung (Kap. 13) den Expressionsbereich des Gens *nodal* sichtbar macht. Wird die Expression des Gens unterdrückt, gibt es keinen Mund. Das vom Gen *nodal* codierte NODAL Protein ist wie BMP ein Signalmolekül aus der TGF-β-Familie. Wir werden ihm bei Wirbeltieren wieder begegnen, wo es eine unverzichtbare Rolle in der Etablierung der Rücken-Bauchachse spielt.

Die mRNA von *nodal* liegt noch nicht als maternales Transkript im Ei bereit. Welche Faktoren bestimmen nun wieder, dass im Oralfeld das Gen *nodal* eingeschaltet wird? Es sind maternal ererbte Faktoren ganz anderer Art: Im Bereich des künftigen Oralpols haben sich mehr Mitochondrien angesammelt als auf der gegenüberliegenden Seite. Die hohe oxidative Aktivität dieser Mitochondrien sorgt dafür, so wird angenommen (Coffman et al. 2004), dass eben hier der Genschalter für *nodal* (wie auch für eine Reihe anderer Gene) auf on gestellt wird.

Ausgehend von den primären Gradienten in der Verteilung maternal codierter Transkriptionsregulatoren (im animalen Bereich: ATFs, im vegetativen: β-CATENIN) und vermittelt durch Gradienten von Morphogenen (im animalen Bereich: BMP; im vegetativen: WNT, NOTCH, im Oralbereich NODAL) wird die Blastula zunehmend mehr in Regionen unterschiedlicher Bestimmung aufgegliedert.

Nach der 6. Furchungsteilung, wenn 64 Zellen vorliegen und das Wirken der Gradienten allmählich zum Stillstand kommt, ist die Blastula in fünf Territorien mit unterschiedlicher Ausstattung an Transkriptionsfaktoren gegliedert (Abb. 3.3):

1. Ein erstes Territorium umfasst jene Zellen, die später orales Ektoderm mit seinem Wimpernband bilden.
2. Ein zweites Territorium wird das aborale, Cilien-freie Ektoderm bilden.
3. Das dritte Territorium, die unterhalb des Äquators gelegene **vegetale Platte**, wird den Urdarm und seine Derivate (z. B. Coelom, sekundäres Mesenchym) formen.

Überraschend exprimiert diese Zone ein Gen, das dem Chordatengen *Brachyury* homolog ist. Dieses Gen wird in den Embryonen der Chordaten erst im gesamten frühen Mesoderm und später noch in der Chordaanlage exprimiert. Echinodermen und Chordaten sind aus gemeinsamen Vorfahren hervorgegangen, doch haben die Echinodermen keine Chorda.

4. Das vierte Territorium kennzeichnet jene Zellen, die später in der Gastrula das larvale Skelett bilden.

5. Das fünfte Territorium umfasst die kleinen Mikromeren, die, wie im folgenden Abschnitt erläutert, die Urdarmbildung auslösen.

3.1.8
Mikromeren sind Ursprung eines induktiven Signals mit Nahwirkung, das die Bildung des Urdarms einleitet

Die Mikromeren sind nicht nur Quelle von Morphogenen, die in die Ferne wirken. Kurz bevor oder während die Mikromeren ins Keimesinnere einwandern, erteilen sie mit einem induktiven Signal ihren unmittelbaren Nachbarn, den über ihnen liegenden Zellen der vegetalen Platte, den Befehl, den Urdarm zu bilden. Transplantiert man Mikromeren an die Flanke einer Blastula, lösen sie dort die Bildung eines zweiten Urdarms aus. Vergleichbare Phänomene werden wir beim Amphibienkeim wiederfinden. Man spricht dort von einer **Organisatorwirkung** und dieser Begriff wird auch hier gebraucht, wenn man die Parallelität (Homologie?) der Ereignisse betonen will. Im Falle des Seeigels ist noch nicht bekannt, ob diese induktiven Signale mit identifizierten Morphogenen (z. B. WNT) identisch sind oder ob das NOTCH-System diese Signale vermittelt.

3.1.9
Der relative Anteil, in dem die verschiedenen Zelltypen vertreten sein werden, unterliegt einer Regelung; laterale Hemmung ist an der Regelung beteiligt

Entfernt man in der späten Blastula die Mikromeren, die später die larvalen Skelettnadeln sezernieren würden, springen Zellen des Kranzes *veg2*, welche sich normalerweise an der Bildung des Darmes beteiligen, in die Bresche ein und übernehmen die Aufgabe der ausgefallenen Mikromeren. Anders betrachtet: sind ausreichend skelettogene Mikromeren vorhanden, hindern sie die benachbarten künftigen Darmzellen, ihre Potenz zur Skelettbildung zur Geltung zu bringen.

Die den Zellen der verschiedenen Territorien zugeteilten maternalen Faktoren bewirken also, vom 5. Territorium abgesehen, noch keine irreversible Festlegung des Schicksals und erlauben noch keine unabhängige Entwicklung. Vielmehr tauschen die Zellen der verschiedenen Territorien Signale aus: Es werden Induktoren und Inhibitoren an die Nachbarschaft gerichtet, und es kommt zu Wechselwirkungen über weite Distanzen mittels Morphogenen. Dadurch erfährt ihr Determinationszustand eine Feinabstimmung und Stabilisierung, und es wird die relative Häufigkeit, in der die verschiedenen Zelltypen hergestellt werden, geregelt. Diese Prinzipien findet man bei allen tierischen Organismen verwirklicht.

3.2
Dictyostelium discoideum: Wechsel von Zuständen

3.2.1
Kooperation hilft dem Überleben der Art:
von amöbenhaften Einzelzellen zum vielzelligen Verband

Dictyostelium ist in mehrfacher Hinsicht ein Sonderfall: 1. Der Organismus wird in Lehrbüchern der Botanik als zellulärer Schleimpilz, in Lehrbüchern der Zoologie als Amöbe aus der Gruppe der sozialen Amöben *(Acrasiales,* Acrasea) eingestuft (z.B. in: W. Westheide, R. Rieger, 1996). Diese scheinbar unterschiedliche Klassifizierung ist kein Widerspruch; denn die zellulären Schleim„pilze" lassen keinen phylogenetischen Bezug zu den echten Pilzen, eher zu anderen Gruppen von Amöben erkennen. 2. Der Entwicklungszyklus (Abb. 3.4) geht im Regelfall des Labors nicht von einer befruchteten Eizelle aus, sondern von keimenden „Sporen". Der gesamte Zyklus ist bei den gängigen Laborkulturen rein asexuell. 3. In die-

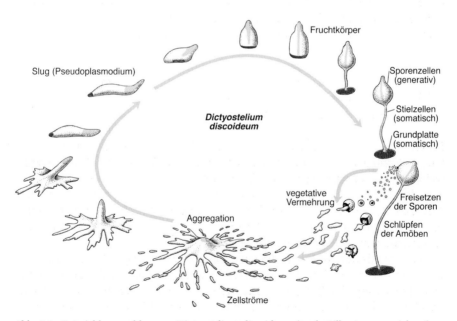

Abb. 3.4. Entwicklungszyklus von *Dictyostelium discoideum* (nach Gilbert, umgezeichnet)

Dictyostelium Aggregation

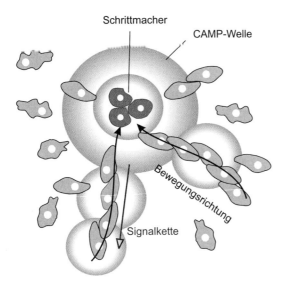

Abb. 3.5. *Dictyostelium*: Aggregation. Amöben im Schrittmacherzentrum (exemplarisch 3 von ca. 100 gezeigt) senden synchron cAMP in Abständen von 2,5– 5 min aus. Das von Amöben der Umgebung aufgefange cAMP-Signal regt diese an, (1) sich Richtung Signalzentrum zu bewegen und (2) selbst ebenfalls cAMP auszusenden. Während sich das Signal vom Zentrum in die Peripherie fortpflanzt, bewegen sich die Amöben in Gegenrichtung von der Peripherie ins Zentrum

sem Entwicklungszyklus kommt es zu einem Wechsel vom einzelligen zum vielzelligen Zustand, und zwar dadurch, dass sich viele Individuen, die zuvor als Einzeller lebten, zusammenfinden, um als vielzellige Gemeinschaft Vorsorge für das Überleben ungünstiger Umweltbedingungen zu treffen.

Dictyostelium lebt in humusreichen Böden, vor allem in Waldböden, auch Zentraleuropas. Aus den Hüllen der Sporen schlüpfen Amöben, die zunächst getrennt leben und sich durch Zellteilung vermehren (**vegetative Lebensphase**). Erst später, wenn die Nahrung (Bakterien, Hefen) erschöpft ist oder der Untergrund auszutrocknen droht, strömen die Amöben zu großen, dichten Ansammlungen zusammen (**Aggregation**, Abb. 3.5), um einen vielzelligen, geschlossenen Verband (**Aggregat, Pseudoplasmodium**) zu bilden. Dieser Verband (Fachausdruck: **Migrationsplasmodium**) nimmt die äußere Gestalt einer Nacktschnecke (Abb. 3.6) an und wird daher in englischsprachigen Artikeln als ,slug‘ bezeichnet. Dieser ,slug‘ sucht phototaktisch einen hellen Standort. Dort wandelt er sich in einen **Fruchtkörper** um, der aus einer Bodenplatte und einem Stiel besteht, und der an der Spitze dieses Stiels eine kugelförmige Ansammlung neuer Sporen trägt. Bodenplatte und Stiel bestehen aus **somatischen Zellen**, die sich mit **Cellulosewänden** umgeben und **absterben**. Die Sporenzellen sind der Fortpflanzung dienende, asexuelle, **generative Zellen**. Damit erfüllt der Fruchtkörper wesentliche Kriterien eines vielzelligen Organismus: Es gibt eine Sonderung zwischen generativen, potentiell unsterblichen Zellen und sterblichen somatischen Zellen, und es gibt eine Arbeitsteilung unter den somatischen Zellen (Bodenplatte versus Stiel).

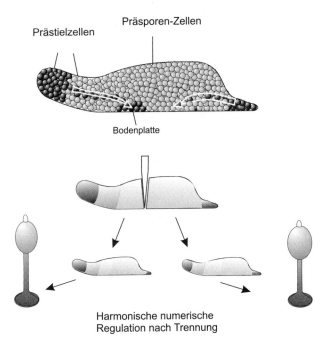

Dictyostelium
Migrationsplasmodium ("slug")

Prästielzellen

Präsporen-Zellen

Bodenplatte

Harmonische numerische
Regulation nach Trennung

Abb. 3.6. *Dictyostelium.* Position der künftigen Stiel- und Sporenzellen im Migrationsplasmodium. Nach frühzeitiger Teilung des Plasmodiums ist noch eine weitgehende numerische Nachregelung des Verhältnisses von Stiel- zu Sporenzellen möglich

Obwohl also der Entwicklungsgang, anders als der des Seeigels, ganz und gar nicht Referenzmodell einer typisch tierischen Entwicklung sein kann, beobachtet man doch Vorgänge, die als experimentell leicht zugängliche Modellfälle für ähnliche Vorgänge in vielzelligen, tierischen Lebewesen dienen können. Im Labor sind es vor allem zwei Ereignisse, die modellmäßig untersucht werden: die Aggregation und die Zelldifferenzierung.

3.2.2
Bei der Aggregation werden von Schrittmacherzellen im Sammelzentrum rhythmisch chemotaktische Signale in Form von cAMP-Molekülen ausgesandt; die Signale werden von Amöben der Umgebung verstärkt und im Staffetenverfahren in die Peripherie geleitet

Im Zentrum des Sammelplatzes senden hungernde Zellen einen Lockstoff aus; bei *D. discoideum* ist es **cyclisches Adenosinmonophosphat**, das alle 2,5–5 min in synchronen Pulsen ausgesandt wird. cAMP breitet sich durch Diffusion im Wasserfilm des feuchten Lebensraumes aus (Abb. 3.5). Das

Signalmolekül wird von benachbarten Zellen mittels membranständiger Rezeptoren aufgefangen. Diese Rezeptoren gehören dem Serpentintyp an: Sieben membrandurchspannende Domänen sind mit einer Signaltransduktionskaskade gekoppelt, welche Elemente enthält, die man von tierischen Zellen kennt (Elemente des Adenylatcyclase-PKA-Systems und des Phosphatidylinositol-PKC-Typs; s. Kap. 20). Ein erster Effekt des Signalempfangs ist, dass eng benachbarte Zellen ihren Senderhythmus synchronisieren. Etwa 100 synchronisierte Zellen bedeuten eine 100fache Signalverstärkung; eine solche Hundertschaft wird zum **Schrittmacher**.

Weit würden die Signale dennoch nicht reichen, hätte *D. discoideum* nicht einen zweiten, sehr effizienten Trick erfunden. Um sowohl die Ausbreitungsgeschwindigkeit als auch die Reichweite des Signals zu erhöhen, wird eine Signalstaffette (signal relay) eingerichtet: Amöben, die außerhalb des Schrittmacherzentrums liegen und mit ihren membranständigen Rezeptoren das Signal empfangen, senden nach einer Latenzzeit von einigen Sekunden selbst cAMP aus. So wird die lokale Konzentration erhöht, das Signal verstärkt, die Diffusion beschleunigt. Damit das Signal stets vom pulsierenden Zentrum in die Peripherie des Aggregationsfeldes weitergegeben wird und nicht auch wieder zurück zum Zentrum, ist jede Amöbe nach der eigenen Signalemission für 1 bis 2 min taub (**refraktär**), so dass sie durch ihr eigenes Signal und das ihrer peripher gelegenen Nachbarn nicht irritiert wird. Erst wenn in 3 min das von der Staffette weitergetragene Signal unhörbar in der Ferne verklungen ist, wird die Amöbe wieder empfänglich für ein vom Zentrum herankommendes Signal.

Jeder Puls von cAMP löst eine ruckartige Bewegung der Amöben Richtung Signalquelle, letztlich Richtung Zentrum aus. Nach jeder Signalwelle richtet man sich neu aus und bewegt sich rasch ein Stück Richtung Sammelplatz. Treffen Amöben auf ihrem Marsch andere, so heften sie sich mittels Zelladhäsionsmolekülen mit ihrem Vorderende ans Hinterende der voranmarschierenden Amöbe und ziehen als geschlossene Karawane weiter. Karawanen von Amöben strömen von allen Seiten zum Zentrum, um sich hier zum Aggregat zu vereinigen. Es umfasst schließlich an die 100 000 oder mehr Zellen.

3.2.3
Im Zuge der Aggregation kommt es zu einer Zelldifferenzierung, die eine wechselseitige Absprache erfordert

Spätestens im Verband des ‚slug' spaltet sich die genetisch einheitliche Zellpopulation in mehrere Subpopulationen auf, in die künftigen **Stielzellen**, die etwa 20% der Zellpopulation umfassen und im wandernden ‚slug' die Spitze einnehmen (und sich ihrerseits in Untertypen gliedern), in die künftigen **Sporenzellen**, und schließlich in die künftigen Zellen der **Bodenplatte**, die zwar den Stielzellen ähnlich sind, aber im ‚slug' die vorderste Spitze aus auch die posteriore Schleppe bilden (Ab. 3.6).

Zwei Hypothesen werden diskutiert, wie diese Aufgliederung bewerkstelligt und zugleich eine **Musterbildung** derart erreicht wird, dass die drei Zelltypen eine bestimmte Position im Gesamtverband einnehmen:

1. Die Hypothese der **Positionsinformation** (s. Box K12; Kap. 12), nach der die Position im ‚slug‘ für das Schicksal der Zellen maßgeblich sei, und
2. die Hypothese der **Aussonderung** (sorting out), nach der die Zellen schon vor oder während der Aggregation unterschiedlich werden und dann entsprechend ihrer künftigen Rolle ihren Platz im ‚slug‘ aufsuchen.

Beide Hypothesen müssen zusätzlich erklären, wie ein bestimmtes Zahlenverhältnis zwischen den verschiedenen Zelltypen hergestellt und nach experimenteller Störung wieder einreguliert werden kann. Entfernt man die vorderen ‚prestalk‘-Zellen oder die hinteren ‚prespore‘-Zellen eines ‚slug‘, so kommt es zu einer teilweisen Revision der Entwicklungswege; welche Zellen auch immer sich am Vorderende wiederfinden, sie werden zu Stielzellen. Welche Zellen auch immer am Hinterende sind, sie werden zu Sporenzellen oder Bodenplattenzellen. Am Ende liegen doch wieder Stiel- und Sporenzellen in angemessenen Verhältnissen vor (Abb. 3.6). Eine solche numerische Regelung ist so lange möglich, bis im entstehenden Fruchtkörper die Zelldifferenzierung irreversibel geworden ist. Viele Indizien sprechen dafür, dass kombinierte Hypothesen den besten Erklärungswert haben.

Die Bereitschaft der Zellen, zu aggregieren, hängt nicht nur vom unzulänglichen Ernährungszustand ab, sondern auch von einer **kritischen Zellendichte**. Die Zellen scheiden einen **Proteinfaktor** aus; die Konzentration dieses Faktors ist ein indirektes Maß der Zellendichte; denn je höher die Zellendichte ist, desto höher wird die Konzentration des Faktors. Ausreichende Zellendichte und Zellenzahl gewährleisten, dass ein vollständiger Fruchtkörper gebildet werden kann.

Experimentell nachgewiesen ist, dass darüber hinaus von den Zellen freigesetzte niedermolekulare **Signalstoffe** für die geregelte Aufgliederung in Stiel- und Sporenzellen und für ihre ortsgerechte Platzierung im ‚slug‘ maßgeblich sind. Unter diesen Faktoren befinden sich der **differentiation-inducing factor DIF**, der die Bildung von Stielzellen stimuliert, sowie **Adenosin** und **Ammoniak**. DIF ist ein chloriertes Hexaphenon.

DIF wird wie cAMP von aggregierenden Zellen ausgeschieden, und nachfolgend weiterhin im ‚slug‘. Zellen werden zu **Stielzellen**, wenn eine hohe Dosis von **cAMP** und **DIF** und eine niedere Konzentration von NH_3 vorliegt – Verhältnisse, wie sie an der Spitze des ‚slug‘ zu herrschen scheinen. Induziert DIF die Stielzellenbildung, so hemmt er andererseits die Sporenbildung. Ammoniak entsteht, wenn überschüssiges Protein abgebaut wird, beispielsweise in den künftigen Stielzellen, die dem Tod entgegengehen, aber zuvor die N-freie Cellulose synthetisieren müssen, um eine stabile Cellulose-haltige Zellwand aufbauen zu können. Es gibt Hinweise, dass neben den genannten Signalmolekülen weitere Moleküle freigesetzt werden und als billige Träger von Information bei der wechselseitigen Absprache zwischen den sich differenzierenden Zellen von Bedeutung sind.

Beispielsweise wird an der Spitze des wandernden ‚slug‘ aus dem Abbau von cAMP das Nukleosid **Adenosin**, das am Entstehungsort die Bildung von Sporenzellen unterdrückt. Andererseits fördert die Verdunstung des Ammoniaks an der emporgehobenen ‚slug‘-Spitze die Entwicklung von Stielzellen. Es gibt also Faktoren, die an der Spitze die Bildung von Stielzellen begünstigen (viel cAMP und DIF, entweichender Ammoniak) und Faktoren, die dort die Bildung von Sporenzellen unterdrücken (Adenosin). Sowohl chemische wie physikalische Bedingungen bestimmen den Entwicklungsweg und nehmen Einfluss auf die Entscheidung, wo was geschieht.

Dictyostelium ist zu einem Modellorganismus zum Studium von Chemotaxis, Signalausbreitung und Aggregation geworden. Der Organismus steht auch Modell für die Herstellung von Zellkontakten mittels Zelladhäsionsmolekülen, für ortsgerechte Zelldifferenzierung und für die numerische Kontrolle der relativen Mengen, in denen verschiedene Zelltypen hergestellt werden.

3.3
Hydra: der unsterbliche Süßwasserpolyp

3.3.1
Mit Regenerationsstudien an *Hydra* begann um 1740 die experimentelle Entwicklungsbiologie

Mit systematisch angelegten und in meisterlichen Kupferstichen dokumentierten Regenerationsexperimenten an *Hydra* (Abb. 3.7), durchgeführt von dem Genfer Gelehrten Abraham Trembley, begann um 1740 das Zeitalter systematisch geplanter Experimente in der Entwicklungsbiologie. Trembley hatte aus dem Genfer See grüne Hydren gefischt. Um zu prüfen, ob es sich um Pflanzen oder Tiere handle, zerschnitt er die Gebilde mit einem Skalpell in Teile; denn nach Aristoteles sollten nur Pflanzen regenerieren können. Trotz des beobachteten, schier unbegrenzten Regenerationsvermögens kam Trembley zu dem Schluss, dass es sich um Tiere handle und nannte sie Süßwasserpolypen (Linné gab ihnen später wegen ihres Regenerationsvermögens in Erinnerung an die neunköpfige Wasserschlange Hydra der griechischen Sage, die jeden abgeschlagenen Kopf rasch nachwachsen ließ, den Namen *Hydra*). Transplantationsstudien (nach Art von Abb. 3.10 und 12.14) führten 1909 zur Entdeckung des Induktionsphänomens (Kap. 12) durch die Amerikanerin Ethel Brown.

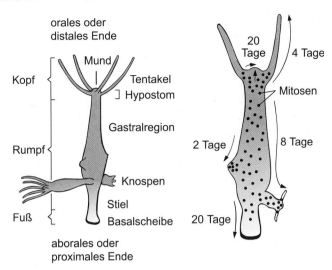

Abb. 3.7. *Hydra vulgaris* mit Knospen. Die *Pfeile* geben die Richtung der Verschiebung an, welche die epithelialen Zellen erfahren, weil in den terminalen Körperregionen (Tentakel, Fuß) Zellen absterben und nach und nach durch Zellen ersetzt werden, die aus der Körpermitte kommend in die terminalen Körperregionen nachrücken. Überschüssige neue Zellen werden als Knospen exportiert

3.3.2
Man kann Hydren in einzelne Zellen zerlegen; Aggregate solcher Zellen können sich selbst zu ganzen Tieren reorganisieren

Hydra ersetzt mühelos verlorene Körperteile. Mit einer Regeneration ist jedoch das Potential zur Wiederherstellung eines ganzen Polypen noch keineswegs erschöpft. Man kann Polypen in Einzelzellen zerlegen (**dissoziieren**). Die Zellen sinken zu Boden, kriechen wie Amöben umher, nehmen wieder Kontakt zueinander auf und bilden zunächst unförmige und ungeordnete Zellklumpen: **Reaggregate**. Diese Reaggregate **reorganisieren** sich im Verlauf von Tagen oder Wochen zu neuen, lebensfähigen Polypen (s. Abb. 3.9).

Aussonderung (*sorting out*): Zuerst sondern sich Entoderm- von Ektodermzellen zu einer Blastula-ähnlichen Hohlkugel (*sorting out*). An diesem Sortierungsvorgang sind amöboide Zellwanderung und selektive Zellhaftung beteiligt. Entodermale Zellen haften untereinander stark aneinander und werden von den schwächer haftenden, sich flächenhaft ausdehenden Ektodermzellen umhüllt.

Musterbildung: Nach der Rekonstitution der epithelialen Organisation kommt im Aggregat durch Selbstorganisation ein Musterbildungsprozess in Gang, der chaotisch beginnt und mit Ordnung endet (s. Abb. 3.9). Zuerst entwachsen den Aggregaten Büschel von Tentakeln in zunächst unregelmäßiger Anordnung. Zwischen die Tentakel schieben sich Mundkegel, umso mehr, je größer ein Aggregat ist, und um jeden Mundkegel ordnen sich die Tentakel zu einem Kreis. Überschüssige Tentakel werden reduziert, neue füllen Lücken. Jeder so geformte Kopf wird zum Organisator einer neuen Körperachse, die aus dem Aggregat herauswächst und den Kopf an ihrem Ende emporträgt. Schließlich bilden sich auch Füße, und Füße können sich aufspalten. So lösen sich aus dem vielköpfigen Monster einköpfige Polypen ab. Am Ende hat man mehrere normalgestaltete Hydren. Man nennt diesen gesamten Reorganisationsprozess auch **Rekonstitution**.

3.3.3
Obzwar *Hydra* Nervenzellen besitzt, ist sie potentiell unsterblich; denn sie kann alle gealterten und verbrauchten Zellen aus einem Reservoir aus Stammzellen ersetzen

Hydra ist eine Vertreterin des Stammes der Cnidarier (Stammgruppe Coelenteraten), der am einfachsten gebauten und evolutionsgeschichtlich wohl ältesten Tiergruppe, die mit einem **Sinnes-Nerven-System** und mit **Muskelzellen** ausgestattet ist. Eine besondere Fähigkeit der Hydren (und vermutlich auch anderer Hydroidpolypen) ist, zeitlebens durch Zellproliferation und Zelldifferenzierung alle gealterten Zellen einschließlich der Nervenzellen durch neue ersetzen zu können.

Eine Hydra besteht aus zwei Hauptkategorien von Zellen (s. Abb. 3.8):

1. **Epithelzellen**, die als Ektoderm und Entoderm ein doppelwandiges Rohr bilden und damit die Grundarchitektur des Körpers aufbauen, und
2. **Interstitielle Zellen**, die sich (meistens) in den Zwischenräumen (Interstitien) zwischen den Epithelzellen aufhalten. Es sind dies: Sinnesnervenzellen, ganglionäre Nervenzellen, vier Typen von Nesselzellen, bestimmte Drüsenzellen, und Geschlechtszellen.

Alle diese Zellen können bei Verlust (durch Verletzung, Verbrauch oder Alterung) aus **Stammzellen**, welche die Fähigkeit zur mitotischen Teilung bewahren, bei Bedarf jederzeit neu hergestellt werden.

Neue Epithelzellen, auch die des Kopfes und des Fußes, entstehen aus Epithelzellen der Körpermitte, die stets ihre Teilungsfähigkeit bewahren und als **unipotente**, einen Zelltyp liefernde **Stammzellen** angesprochen werden können. Die in der Körpermitte geborenen Epithelzellen erfahren nach und nach eine Verlagerung entweder in die Tentakel oder den Mundkegel, oder sie werden in Richtung Fuß verschoben. Bei gut genährten Polypen wird eine Überschussproduktion an Epithelzellen zur **Bildung von Knospen** benutzt und so exportiert; durch die sich ablösenden Knospen **klonen** sich die Tiere selbst.

Während neue Epithelzellen passiv in Richtung Kopf, Fuß oder Knospe verschoben werden, wandern die Zellen der interstitiellen Linie, d. h. Nematoblasten und Neuroblasten (s. Abb. 3.8), auch aktiv durch die Zellzwischenräume zu ihren finalen Bestimmungsorten. Im Mundfeld, in den

I. Epithel (-muskel-)zellen

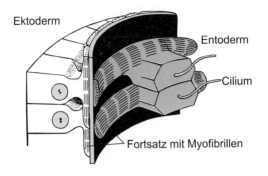

II. Interstitielle Zellen

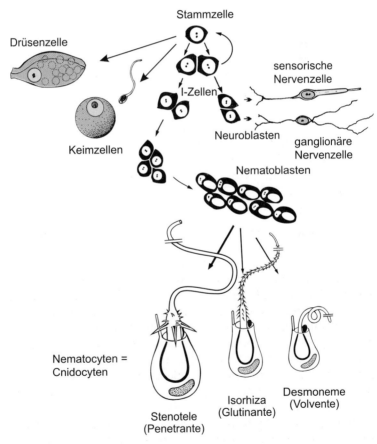

Abb. 3.8. *Hydra.* Zelltypen (Auswahl der wichtigsten) einer *Hydra.* Nicht maßstabgerecht

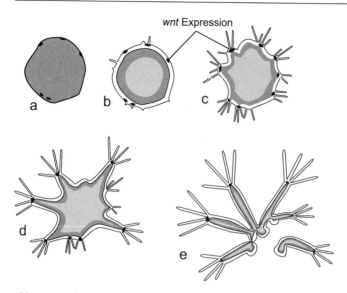

Abb. 3.9. *Hydra:* Reorganisation in einem Aggregat aus dissoziierten Zellen. Am Ende des mehrere Tage oder Wochen dauernden Prozesses lösen sich durch Aufspalten der Fußscheiben vollständige Polypen unterschiedlicher Größe voneinander. Nach einem Präparat des Verfassers. Wnt-Expression nach Hobmayer et al. 2000. Weiteres zum Prozess der Reorganisation im Haupttext

Tentakeln und im Fuß durchlaufen sowohl die Epithelzellen als auch die Abkömmlinge der interstitiellen Stammzellen eine letzte terminale Differenzierung oder Umdifferenzierung (Transdifferenzierung). Beispielsweise werden aus (teilungsfähigen) Epithelzellen der Körperwand im Fuß (teilungsunfähige) Drüsenzellen, mittels derer die Hydren sich auf einer Unterlage festheften können. Die terminal differenzierten Zellen sterben bald, werden abgestoßen oder von Nachbarn phagocytiert, und müssen durch frischen Nachschub, den der unerschöpfliche Jungbrunnen der Körpermitte liefert, ersetzt werden (s. Abb. 3.7). *Hydra* ist daher ein „immerwährender Embryo", und obwohl jede einzelne ausdifferenzierte Körperzelle irgendwann stirbt, ist der Organismus als Ganzes **potentiell unsterblich.**

Die Fähigkeit einer Hydra, immerwährend ihren Bestand an Zellen erneuern zu können, ist ein erstes Schwerpunktthema der Forschung. Epithelzellen gehen aus unipotenten epithelialen Entoderm- oder Ektodermzellen hervor. Eine zweifelsfreie Umwandlung von Ektoderm- in Entodermzellen, oder umgekehrt, ist noch nie beobachtet worden. Die Zellen der interstitiellen Kategorie gehen aus **pluripotenten interstitiellen Stammzellen (I-Zellen)** hervor. Dabei müssen Zahl und Art der neu hergestellten Zellen exakt geregelt sein: Die Süßwasserpolypen im Besonderen und Coelenteraten im Allgemeinen sind eine Tiergruppe, in der bis jetzt **noch nie Tumore oder andere krebsartige Fehlregulationen** beobachtet worden sind.

3.3.4
Hydren ohne Nerven(zellen): Sie leben und gedeihen, wenn sie fürsorglich behandelt werden

Die Forschung an *Hydra* hat ein kurioses, bislang ohne Beispiel dastehendes Resultat ergeben: Man kann mittels verschiedener Agentien, z.B. mittels Hydroxyharnstoff, selektiv die interstitiellen Stammzellen abtöten. Als Folge davon können die Polypen keine Nesselzellen mehr herstellen, und es sterben nach und nach auch alle Nervenzellen ab. Trotzdem sterben die Tiere als solche nicht, sofern man in den Gastralraum der unbeweglich gewordenen Polypen künstlich Nahrung einführt und anschließend die unverdauten Reste wieder herausholt. Nervenzell-freie Hydren können Kopf und Fuß regenerieren und durch Knospung weitere Nervenzell-freie Nachkommen erzeugen. Führt man über transplantiertes Spendergewebe fremde Stammzellen ein, erscheinen nach und nach wieder Nerven- und Nesselzellen, und die Tiere normalisieren sich.

3.3.5
Die laufende Zellerneuerung verlangt Positionsinformation; sie wird auch bei der Regeneration benötigt, um Kopf und Fuß ortsgerecht wiederherstellen zu können

Je nachdem, wo sich die Zellen befinden, organisieren sie sich zu einem Hypostom („Kopf"), zu einer Gastralregion („Rumpf") oder zu einer Basalscheibe („Fuß") (Abb. 3.10 A). Wie aber bekommen die Zellen mit, wo sie sich befinden? Woher eine **Positionsinformation** kommen mag, und wie das Körpermuster im Falle einer Störung korrigiert werden könnte, wird in Kap. 12.9 diskutiert (s. auch Box K12). Hier sei zusammenfassend auf einige Erkenntnisse hingewiesen:

- Der Kopf (Hypostom) hat die Funktion eines **Organisators**, vergleichbar dem Spemann-Organisator im Amphibienembryo (s. Kap. 4.1 und Kap. 12). In die Rumpfregion implantierte Fragmente eines Kopfes beeinflussen die umgebenden Rumpfzellen so, dass sie sich an der Bildung eines neuen, zusätzlichen Kopfes beteiligen (Abb. 3.10 B, s. auch Abb. 12.13).
- Die Fähigkeit, einen Kopf zu bilden und Kopfbildung zu organisieren, nimmt entlang der Körpersäule gradientenhaft von oben nach unten ab; die Fähigkeit, Fußgewebe zu bilden, nimmt zu. Diese reziproke Fähigkeit ist relativ stabil in der Körpersäule einprogrammiert, aber dennoch im Falle einer Regeneration veränderlich, und wird **Positionswert** genannt. Ein hoher Positionswert bedeutet gute Fähigkeit zur Kopfbildung verbunden mit geringer Fähigkeit zur Fußbildung. Doch nicht allein die Fähigkeit, selbst Kopfstrukturen zu formen, ist eine Eigenschaft der Zellen mit hohem Positionswert; Zellen mit hohem Positionswert haben darüber hinaus die Fähigkeit, an anderen Orten Kopfstrukturen zu in-

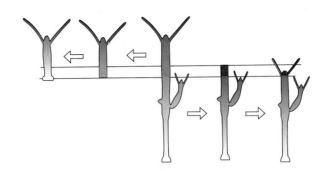

A   Positionsinformation

B   Positionswert

0 h

4 h

12 h

30 h

Nötige Regenerationszeit
zur Erlangung der vollen
Induktionspotenz

Abb. 3.10. *Hydra*: Positionsinformation und Positionswert. A) Einfaches Regenerationsexperiment, das die Existenz von Positionsinformation belegt: Ein- und dieselbe Zellgruppe bildet je nach ihrer Lage im Körper Gastralregion, Kopf oder Fuß. B) Der Positionswert drückt sich in der positionsabhängigen Fähigkeit aus, Kopfstrukturen zu bilden, und ebenso in der Fähigkeit einer Gewebeprobe, die Bildung eines Kopfes zu induzieren, wenn sie in einen anderen Polypen an einem tiefer liegenden Ort implantiert wird. Im Hypostom und dicht unterhalb des Tentakelkranzes ist diese Fähigkeit am höchsten. Je tiefer unten der obere Teil eines Polypen chirurgisch entfernt wurde, desto länger dauert es, bis das apikale Gewebe die volle Induktionspotenz erlangt

duzieren, das heißt, Zellen ihrer Umgebung dazu zu bewegen, sich an der Kopfbildung zu beteiligen (Abb. 3.10B). Wenn Rumpfgewebe veranlasst wird, Kopfstrukturen zu regenerieren, steigt am apikalen, kopfregenerierenden Ende der durch Transplantation messbare Positionswert an. Je weiter unten der Körper geschnitten wird, desto länger dauert es, bis der maximale Wert erreicht wird (Abb. 3.10 B). Weiteres zu dieser Eigenschaft und diesem Begriff wird in Kap. 12.9 und Kap. 24.3 erläutert.

- Es gibt Fernwirkungen zwischen den Körperregionen: Ein vorhandener Kopf unterdrückt die Bildung eines weiteren Kopfes in der restlichen Körpersäule und fördert zugleich die Bildung eines Fußes an ihrem unteren Ende. Worin diese Fernwirkung besteht, darüber gibt es gegenwärtig einige konkurrierende Hypothesen aber nur wenig gesichertes Wissen.

- Durch Eingriffe in Prozesse der Signaltransduktion kann man die Entwicklung überzähliger Köpfe oder Füße hervorrufen. Zusätzliche Kopfstrukturen und sogar die Umwandlung des ganzen Körpers in ein tentakeltragendes Gebilde erreicht man, wenn man durch Hemmung der Glykogen-Synthase-Kinase GSK-3 das WNT-Signalsystem stimuliert (s. nachfolgenden Abschnitt und Abb. 20.2) oder wenn man wiederholt das PI-PKC-Signaltransduktionssystem (Abb. Box K9 und Abb. 20.2) aktiviert, beispielsweise mit Diacylglycerol. Mutmaßlich imitiert man, wenn man zusätzliche Kopfstrukturen hervorruft, das Wirken natürlicher Morphogene.

- In Aggregaten herrscht anfänglich Chaos. Bald aber entmischen sich Ektoderm- und Entodermzellen und reorganisieren die beiden epithelialen Zell-Lagen. Wo dann Kopfstrukturen und wo Fußscheiben gemacht werden, dafür sind mutmaßlich andere Mechanismen der Musterbildung zuständig.

3.3.6
Bei der Etablierung des Kopfes und der Körperachse sind Signalsysteme beteiligt, die man von Wirbeltieren kennt

Mit molekularbiologischen Methoden wird nach Signalsystemen gesucht, die bei der Achsendetermination und Kopfbildung und im Zuge der Knospung oder im Reaggregat beteiligt sind. Die Suche (mittels „reverser Genetik", Kap. 13) hat u.a. Elemente des WNT-Signalweges aufgespürt (Abb. 3.11). Dieser Signalweg ist erstmals bei *Drosophila* identifiziert worden, wo er der Abgrenzung von Territorien dient (WINGLESS-Faktor, s. Abb. 3.32) und ist dann bei Wirbeltieren und beim Seeigel als wichtiges organisatorisches System zur Festlegung der Körperachsen (Wirbeltiere, Kap. 4.1) ausgemacht worden. Der Signalweg umfasst u.a. das sezernierte Signalmolekül WNT, das intrazelluläre Enzym GSK-3, den Kern-residenten Transkriptionsfaktor TCF, sowie den Co-Transkriptionsfaktor β-CATENIN (s. Abb. 4.20 und 20.1). In der Knospe und im Aggregat aus dissoziierten Zellen und bei der Regeneration eines enthaupteten Polypen erscheint als erstes Indiz einer bevorstehenden Kopfbildung mRNA für β-CATENIN und TCF,

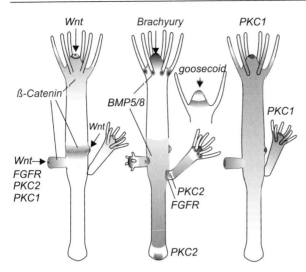

Abb 3.11. *Hydra*: Expression von Genen, die bei der Konstruktion des Körpers während der Knospung und der Rekonstruktion während eine Regeneration eine wichtige Rolle spielen. Es sind nur Gene berücksichtigt, die in homologer Form auch in Vertebraten vorkommen

dann taucht im künftigen Mundfeld mRNA für WNT auf. Die spezielle Funktion dieser Signalelemente bei der Kopfbildung muss noch herausgefunden werden.

Es sind weitere Signalmoleküle und membranständige Rezeptoren für Signalmoleküle (z. B. ein FGF-R) entdeckt worden, die gemäß ihrem Expressionsort und funktionellen Studien bei der Organisation der Kopfbildung beteiligt sind. Es sind jedoch auch Peptide gefunden worden, denen man die Funktion von Signalmolekülen zubilligt (z. B. das Peptid HEADY) und die in dieser Form in anderen Organismen noch nicht gefunden worden sind.

Überraschenderweise ist in den Zellkernen im Umfeld des Mundes (= Urmundes) der Transkriptionsfaktor BRACHYURY (Abb. 3.11) zugegen, den man bei Wirbeltieren als spezifisch für mesodermale Anlagen ansieht, und der besonders stark in der Chordaanlage exprimiert wird. Frage: Kann man den Kopf einer *Hydra* mit dem Kopf der Wirbeltiere gleichsetzen, oder entspricht er der Urmundregion, das heißt dem Hinterpol, der Wirbeltiere? Dies ist eine Frage, die gegenwärtig lebhaft und kontrovers diskutiert wird. Es mehren sich jedoch die Hinweise, dass der Mund der Cnidarier eher dem primären Urmund als dem sekundären Mund der Deuterostomier gleichzusetzen ist.

3.3.7
Was sonst noch mit Hydrozoen gemacht wird:
Morphogenetisch aktive Neuropeptide, weitere Regulatoren,
Transdifferenzierung

Das im vorigen Abschnitt erwähnte HEADY ist eines der über 800 Peptide, dis bisher aus Hydren isoliert worden sind, deren Funktion jedoch noch aufgeklärt werden muss. Die große Zahl der isolierten Peptide lässt erahnen, dass selbst bei einem so „primitiven" Vielzeller wie *Hydra* unzählige Signalmoleküle im Gebrauch sind, von deren Existenz oder Funktion noch niemand weiß. Bei anderen Hydrozoen, so bei *Hydractinia*, sind **Neuropeptide** an der inneren Synchronisation der Metamorphose beteiligt, speziell veranlassen sie die Bildung eines Polypenkopfes aus larvalem Material.

Hydractinia ist ein weiterer Modellorganismus aus dem Stamm der Cnidarier. Kolonien von *Hydractinia* finden sich im Nordatlantik einschließlich der Nordsee. Sie bewachsen bevorzugt Schneckenschalen, die von Einsiedlerkrebsen bewohnt sind. Der Lebenszyklus (Abb. 3.12) führt über eine im freien Wasser ablaufende Embryonalentwicklung zu einer Planulalarve, die sich im Zuge einer Metamorphose in einen Primärpolypen, den adulten Phänotyp, verwandelt. Der Primärpolyp ist Gründer einer neuen Kolonie, die schließlich aus mehreren hundert Polypen, einschließlich einer großen Zahl von Geschlechtspolypen besteht.

Im Gegensatz zu *Hydra*, welche Geschlechtszellen nur bei ungünstigen Umweltbedingungen und in kleiner Zahl produziert und deren Embryonen bis zum Schlüpfen eines kleinen Polypen in einer undurchsichtigen, derben Hülle verborgen sind kann man von *Hydractinia* täglich befruchtete Eier in großer Zahl gewinnen; die Embryonalentwicklung kann beobachtet, die Metamorphose der Planula zum Primärpolypen zum beliebigen Zeitpunkt künstlich ausgelöst werden.

Wie bei *Dictyostelium* versucht man auch bei *Hydra* und anderen Hydrozoen Signalsubstanzen zu finden und zu identifizieren, die bei der Kontrolle von Proliferation, Musterbildung und Differenzierung beteiligt sind. Bei *Hydractinia* sind neben den erwähnten, die Metamorphose koordinierenden Neuropeptiden weitere mutmaßliche Signalsubstanzen identifiziert worden, beispielsweise niedermolekulare, eine transferierbare Methylgruppe tragende Substanzen wie **N-Methylpicolinsäure** und **N-Methylnicotinsäure**. Sie halten mutmaßlich die Larve im Larvenzustand, bis die Metamorphose durch externe Signale ausgelöst wird, haben aber auch nach der Metamorphose eine Funktion im Dienste der Musterbildung. Auch ist ein Glykoprotein **SIF** isoliert worden, das im Stolosystem (vernetzte Röhren nach Art von Blutgefäßen) die Bildung von Seitenzweigen induziert und Polypen in Stolone verwandeln kann.

Der Status der Differenzierung ist bei Coelenteraten nicht immer irreversibel festgelegt. **Transdifferenzierungsvorgänge** (Kap. 24) werden an iso-

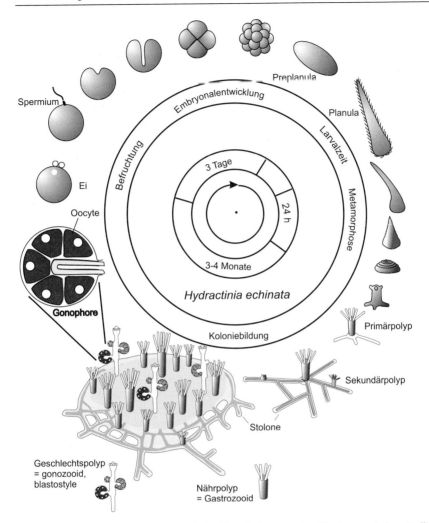

Abb. 3.12. *Hydractinia echinata*, ein koloniales Hydrozoon der Nordsee und des nördlichen Atlantik, das in freier Natur Einsiedler-bewohnte Schneckenschalen bewächst, im Labor jedoch auf beliebigen Substraten gezüchtet werden kann

lierten quergestreiften Muskelzellen von Medusen, z.B. der Art **Podocoryne carnea** (Mittelatlantik, Mittelmeer) gemacht (s. Abb. 24.1).

   Nematostella vectensis. Neben den genannten Hydrozoen, *Hydra, Hydractinia* und *Podocoryne* beginnt sich ein weiterer Cnidarier als Modellorganismus in den Vordergrund zu schieben. Es ist die kleine, ca. 2 cm lange Seeanemone *Nematostella vectensis*, die eingegraben im Sediment in brakkigen Flussmündungen Englands und Amerikas lebt und auch im Labor geschlechtsreif wird. Seeanemonen gehören wie die Korallen zur Klasse der Anthozoen. Die Anthozoen, welche keine Medusen (quallenhafte Schwimmformen) hervorbringen, gelten als die urtümlichsten Vertreter des Tier-stammes der Cnidarier (zu kontroversen Auffassungen s. Kap. 7.6.4). Die Embryonalentwicklung ist „normgerecht"; die Gastrulation erfolgt nach dem Urtypus der Invagination (s. Abb. 2.3) – entgegen der extremen Viel-falt an Gastrulationstypen bei Hydrozoen. Allerdings erfolgt diese Invagi-nation an dem Pol der Blastula, an dem zuvor die reifende Oocyte die Pol-körper abgeschnürt hatte, und nicht wie beim Seeigel am gegenüberliegen-den Pol. Definitionsgemäß müsste folglich bei *Nematostella* der Gastrulati-onspol „animaler" Pol genannt werden. Ungeachtet dieser definitorischen Unstimmigkeit wird auch bei *Nematostella* wie beim Seeigel im Umfeld des Urmundes β-CATENIN in die Kerne aufgenommen und WNT exprimiert. Der Urmund der Planulalarve wird zum definitiven Mund des fertigen Anemonenpolypen.

3.4
Caenorhabditis elegans: ein Beispiel für invariante Zellstammbäume

3.4.1
Ein kleiner Fadenwurm (Nematode) mit äußerst präzise programmiertem Entwicklungsgang macht Karriere im Labor

Es war der Molekularbiologe Sydney Brenner, der Mitte der 60er Jahre den kleinen, ca. 1 mm langen Wurm aus der Gruppe der Nematoden (Abb. 3.13) zu einem anerkannten Referenzmodell der Entwicklungsbiologie wer-den ließ. *Caenorhabditis elegans*, meistens *C. elegans* abgekürzt, ist zum Untersuchungsobjekt der Genetiker, Molekularbiologen, Zellbiologen und Neurobiologen geworden dank einer Reihe erwünschter Eigenschaften:

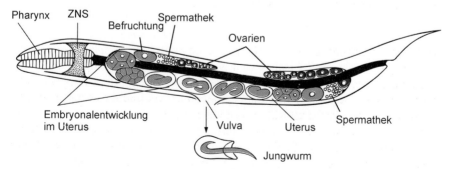

Abb. 3.13. *Caenorhabditis elegans (C. elegans)*, ein Nematode

C. elegans ist leicht in großer Menge zu züchten, die Generationsfolge ist kurz (ca. 3,5 Tage), der Wurm ist transparent und seine innere Anatomie einfach; genetische Analysen sind möglich, Mutanten leicht zu gewinnen.

Die nur 12 Stunden (bei 25 °C) während Embryonalentwicklung läuft mit der Präzision eines Uhrwerks und nach einem festgelegten Muster ab. Ausgehend von der befruchteten Eizelle kann bei genauer Betrachtung ein Stammbaum aller somatischen Zellen erstellt werden, den ein nachfolgender Forscher als Referenz für seine eigenen Untersuchungen heranziehen kann. Die **Zellgenealogie** (cell lineage) von *C. elegans* ist komplett aufgeklärt. Voraussetzungen dafür waren, dass bei Nematoden

- der Zellstammbaum weitgehend invariant, d. h. bei jedem Individuum und von Generation zu Generation (bis auf gelegentliche minimale Variationen) gleich ist, und damit
- die Entwicklung stets mit einer definierten Zahl von Zellen endet (**Zellkonstanz**).

3.4.2
C. elegans erlaubt eine ausgeklügelte Genetik. Ein kurzer Lebenslauf führt zu Zwittern oder zu Weibchen und Männchen; man kann Mutanten herstellen und kreuzen

C. elegans lebt in freier Natur in ähnlichem Milieu wie die Amöben von *Dictyostelium*. Feuchte Böden mit viel verrottendem Material und reicher Bakterienflora sind dem Würmchen wie den Amöben eine Freude. Im Labor zieht man erst in Agarschalen Bakterienrasen heran und lässt diese dann von *C. elegans* abweiden. Die abgelegten „Eier" sind Eischalen, in denen sich Embryonen oder schon schlüpffähige Jungwürmer befinden. Die geschlüpften Jungwürmer durchlaufen vier durch Häutungen getrennte Larvalstadien und sind nach der vierten Häutung im Alter von nur 4 Tagen geschlechtsreif. Nach 2–3 Wochen ist ihr Leben zu Ende.

Die Würmchen sind im Regelfall Hermaphroditen (Zwitter). In ihren Geschlechtschromosomen repräsentieren diese Zwitter den XX-Typ, in ihrem Habitus und ihrer Anatomie sind sie weiblich, doch produzieren sie in ihren schlauchförmigen Gonaden neben Eiern, die aus einem syncytialen Ovar hervorgehen, auch Spermien. Passiert ein Ei die Spermathek, fusioniert es mit einem Spermium. Diese Selbstbesamung führt zu Inzucht; deshalb ist die genetische Varianz zwischen den Nachkommen sehr gering. Durch gelegentliche Non-Disjunction (fehlende Aufteilung) in der Meiose der Keimzellen treten Spermien mit XX und Spermien gänzlich ohne X (0-Spermien) auf. Fusioniert ein 0-Spermium mit einer Eizelle (die stets ein X Chromosom mitbringt), entstehen Individuen mit einer X0-Konstitution, und diese werden zu Männchen. Dies tritt bei 1 von ca. 700 Nachkommen auf. (Die komplementären XXX-Individuen sind letal.) Die Männchen paaren sich mit Zwittern, die dabei als ♀ fungieren. So lassen sich auch fremde Allele einkreuzen.

Mutanten können mittels mutagener Substanzen hergestellt werden oder mittels transposabler Elemente, die man in die syncytiale Gonade injiziert und die bei Insertion in ein Gen oder in die Promotorregion eines Gens dessen Funktion zerstören können (s. Kap. 13). Eine rezessive Mutation, die in einem Hermaphroditen heterozygot vorliegt, wird nach Selbstbefruchtung in der übernächsten Generation (F2) bei einem Viertel der Individuen homozygot vorhanden sein und daher phänotypisch zum Vorschein kommen.

3.4.3
In der Embryonalentwicklung entstehen über exakt festgelegte Zellstammbäume Individuen mit stets gleicher Zellenzahl; zur Zellkonstanz trägt auch programmierter Zelltod bei

Die Embryonalentwicklung findet im Uterus der Zwitter statt. Da die Elterntiere wie die Embryonen durchsichtig sind und die Embryonen ohne Schaden auch aus dem Uterus herausgeholt werden können, war eine genaue Beobachtung der Zellteilungsfolge möglich. Eine für solche Studien gern benutzte Hilfsmethode war die Injektion fluoreszierender Farbstoffe. Heutzutage werden gerne Reportergene (s. Kap. 13) in Blastomeren eingeschleust, womit nicht nur diese Blastomeren selbst, sondern auch ihre Abkömmlinge markiert werden. Zum Ausschalten einzelner Zellen kann der Laser-Mikrostrahl eingesetzt werden. Ergänzt wurde die deskriptive Analyse durch die sorgfältige Untersuchung zahlreicher Mutanten, die in ihrer Zellgenealogie gestört sind.

Ein Wurm schlüpft nach Beendigung der Embryonalentwicklung mit 556 somatischen Zellen und 2 Keimzellen. Nach der letzten Larvalhäutung hat der fertig entwickelte, geschlechtsreife Wurm 959 somatische Zellen und etwa 2000 Keimzellen, wenn er zwittrig ist, oder 1031 somatische Zellen und etwa 1000 Keimzellen, wenn er ♂ ist. Das Nervensystem besteht aus 302 Nervenzellen. Sie gehen aus 407 Vorläuferzellen hervor. Für die Reduktion der Zahl von definitiven Nervenzellen gegenüber der Zahl der Vorläufer ist **programmierter Zelltod (Apoptose)** verantwortlich. Programmierter Zelltod wird auch in anderen Zell-Linien beobachtet.

3.4.4
Besondere Beachtung verdient ein Stammbaum, der zu den Urkeimzellen führt: die Keimbahn

Die Zellteilungen im frühen Embryo sind häufig **asymmetrisch**; d. h. die beiden Tochterzellen einer Gründerzelle gehen unterschiedlichen Schicksalen entgegen. Besonders eindrucksvoll bei Nematoden ist die **Keimbahn**, d. h. jene Folge von Zellgenerationen, die von der befruchteten Eizelle hinführt zu den Keimzellen (Abb. 3.14). Die Zellen, die direkt in dieser Linie liegen, heißen P_0 bis P_4; die Zelle P_4 ist die Stammzelle aller Keimzellen.

Die bei den asymmetrischen Teilungen erzeugten Geschwisterzellen werden **Somazellen**, d. h. Zellen, die zum Aufbau des Körpers und seiner Gewebe benutzt werden. Die Keimbahnzellen erhalten ein besonderes Erbe: Nur ihnen werden die cytoplasmatischen **P-Granula** (Keimbahn-Granula) zugeteilt; die somatischen Zellen gehen leer aus.

Bei etlichen anderen Nematoden, so bei den Spulwürmern *Parascaris univalens* und *Ascaris suum*, bleiben nur in der Keimbahn die Chromosomen völlig intakt, während im Zuge der asymmetrischen Teilungen die jeweilige Somazelle einen Teil des Chromosomenmaterials verliert (**Chroma-**

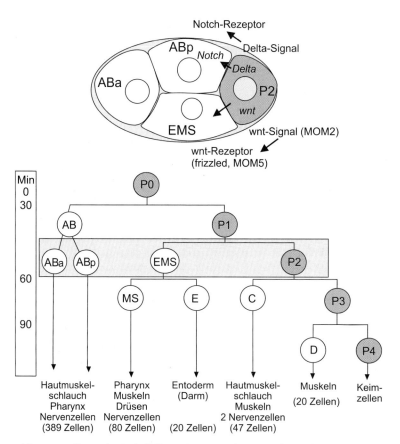

Abb. 3.14. Zellgenealogie (*cell lineage*) von *C. elegans* und Signalsysteme, die im 4-Zellenstadium wirksam sind. Die P2-Zelle wirkt auf ihren ABp-Nachbarn ein mittels des Membrangebundenen DELTA-Signals, das von der ABp-Zelle mittels eines NOTCH-Rezeptors empfangen wird. Auf die Zelle EMS richtet P2 ein WNT-Signal; der das Signal auffangende Rezeptor von EMS ist als FRIZZLED bekannt. Die Literatur zu *C. elegans* benutzt allerdings aus Tradition meistens andere Namen. DELTA heißt auch APX-1, NOTCH auch GLP-1; WNT heißt MOM-2, FRIZZLED MOM-5. Die Signale bestimmen das weitere Schicksal der angesprochenen Zellen

tindiminution). Die mögliche Bedeutung dieses seltsamen Schauspiels wird in Kap. 14.2.2 diskutiert.

Wir kehren zurück zu *C. elegans*, wo Chromatindiminution nicht vorkommt. Die Analyse des Zellstammbaums und aller seiner Verzweigungen hat ergeben, dass der Darm von einer einzigen somatischen Gründerzelle, der E-Zelle, hervorgebracht wird. Im Zuge der Differenzierung bilden die Darmzellen Rhabditingranula (unbekannter Funktion), die im Polarisationsmikroskop aufleuchten und den sich entwickelnden Darm hervorheben.

Rekonstruiert man aber die Stammbäume aller somatischen Zellen, so findet man, dass eine Zuordnung eines bestimmten Organs, Gewebes oder Zelltyps zu einer einzelnen Gründerzelle, wie sie in der zum Darm führenden E-Linie beobachtet wird, nicht die Regel ist. Nerven- und Muskelgewebe sind, wie es in der Fachsprache heißt, **polyklonalen Ursprungs**: Nervenzellen gehen zurück auf Gründerzellen, deren Abkömmlinge teilweise auch Muskelzellen werden. Die Muskeln des Hautmuskelschlauches gehen ihrerseits auf drei verschiedene Gründerzellen zurück, die jeweils auch noch andere Gewebe liefern (Abb. 3.14).

Zur Nomenklatur: Die Fachsprache gebraucht hier in der Regel den Ausdruck „**Gründerzellen**" und nicht „Stammzellen", weil von den zwei Tochterzellen einer Stammzelle, die der üblichen Definition gehorcht, eine Tochterzelle Stammzelle bleibt und nur die andere der Differenzierung entgegengeht. Die Tochterzellen von Gründerzellen können jedoch beide den Weg zur Differenzierung einschlagen. Außerdem behalten die Stammzellen einer *Hydra* oder der Wirbeltiere auch im adulten Tier ihre Teilungsfähigkeit und können deshalb zeitlebens neuen Nachschub an Zellen erzeugen. Bei *C. elegans* sind nur die Urkeimzellen Stammzellen solcher Art (zu Stammzellen s. Kap. 19).

3.4.5
Nicht allein die Genealogie der Zellen ist entscheidend; vielmehr gibt es Wechselwirkungen zwischen benachbarten Zellen

Wegen der Präzision, mit der in *C. elegans* Zellstammbäume rekonstruiert werden können, glaubte man lange, dieser Nematode gehöre mit Recht zu jenen Organismen, denen die klassische Entwicklungsbiologie eine „autonome" oder Mosaikentwicklung zugeschrieben hatte (darüber mehr in Kap. 11). Schon im ungefurchten Ei lägen sichtbare cytoplasmatische Komponenten (wie die P-Granula) oder unsichtbare Determinanten in einem präzisen Muster vor und würden im Zuge der Furchung den Gründerzellen zugeteilt; ihr Schicksal und das ihrer Nachkömmlinge sei damit festgelegt. Unterstützt wurde diese Auffassung durch erste Experimente: Werden bestimmte Blastomeren gezielt abgetötet, bleiben irreparable Schäden.

Mittlerweile weiß man jedoch, dass das Schicksal der Zellen nicht allein von ihrer Genealogie bestimmt wird, sondern in hohem Maße von, allerdings sehr frühen und sehr präzisen, Zellinteraktionen. Diese beruhen (überwiegend oder vollständig) auf membranständigen Signalmolekülen, die an Rezeptormoleküle der Nachbarzellen binden. Zwei solche, bereits im 4-Zellstadium eingerichtete, Signalsysteme seien genannt, weil sie im ganzen Tierreich verbreitet sind: das **NOTCH/DELTA** System und das **WNT/FRIZZLED** System (Abb. 3.14). DELTA (bei *C. elegans* auch APX-1 genannt) und WNT (bei *C. elegans* MOM2) bezeichnen die Signale, NOTCH (GLP-1) und FRIZZLED (MOM5) die zugehörigen Rezeptoren. (Näheres zu diesen vielfach in der Embryonalentwicklung zur Steuerung der Differenzierung benutzten Signalsystemen s. Abb. 4.20, Abb. 12.2; Abb. 20.1 und 20.2.)

Verschiebt man die Position einer Blastomere von einem Ort an einen anderen, so kann diese Blastomere in Abhängigkeit von ihrer neuen Umgebung sehr wohl einen anderen Lebensweg einschlagen. Jedoch ist schon im 28-Zellstadium das Schicksal der Zellen festgelegt. Dann kann eine abgetötete Zelle nicht mehr verschmerzt werden. Erstaunlicherweise kommt es vor und nach dem 28-Zellstadium zu ausgedehnten Verschiebungen in der Position der einzelnen Zellen, wobei Zellen gleichen Schicksals sich in Gruppen zusammenfinden.

3.4.6
C. elegans ist der erste tierische Organismus, dessen Genom vollständig sequenziert worden ist; und er ist für Genmanipulationen mancherlei Art zugänglich

C. elegans ist klein und vergleichsweise einfach gebaut, und die Gesamtmenge an DNA beträgt nur ca. 1/38 des menschlichen Genoms. Deshalb wurde früh die Sequenzierung des Genoms in Angriff genommen; das Projekt wurde 1998 abgeschlossen – damit war erstmals das Genom eines tierischen Organismus vollständig sequenziert. Die Suche nach potentiellen Genen (Startcodons mit anschließendem offenen Leseraster) hat ergeben, dass der kleine Nematode mit 19 000 Genen augenscheinlich mehr, jedenfalls nicht weniger, Gene hat als die Fliege *Drosophila*, und halb so viele wie der Mensch. Man kann Gene ausschalten, indem in die syncytiale Kammer der Gonade Transposons injiziert werden, die (in unkontrollierbarer Weise) in Gene einspringen und ihr Leseraster zerstören.

Eine andere Möglichkeit, Genfunktionen auszuschalten, ist die Injektion doppelsträngiger RNA (dsRNA), welche eine Kopie des ins Visier genommenen Gens enthält. Diese RNA-Interferenz (RNAi)-genannte Methode bewirkt in einem komplexen Mechanismus die Zerstörung der entsprechenden zelleigenen mRNA (s. Kap. 13; Abb. Box K13.4). Durch Einschleusen neuer Gene können auch transgene Tiere hergestellt werden. In die syncytiale Gonade injizierte Genkonstrukte werden als extrachromosomale Elemente in die Oocyten aufgenommen. Freilich sind solche Transgene nicht stabil; doch kann eine vorübergehende Aktivität des eingeführten Gens ausreichen, wichtige Hinweise auf seine Funktion zu gewinnen. Nun konzentriert sich das Bemühen der Forscher darauf, herauszufinden, wann welche Proteine im Lauf der

Entwicklung exprimiert werden und welche Funktion diese Proteine erfüllen. Nach dem Genom wird nun also das „**Proteom**" (Proteomics) analysiert.

3.5
Spiralier: ein in der Natur oft benutztes Furchungsmuster

3.5.1
Spiralfurchung kennzeichnet mehrere wirbellose Tierstämme

Spiralfurchung (s. Abb. 2.2; Abb. 3.15) kommt in mehreren Tierstämmen vor: im Stamm der **Plathelminthen** bei den acoelen Turbellarien, im Stamm der **Nemertinen**, der **Anneliden** und der **Mollusken** (mit Ausnahme der Tintenfische). Man fasst diese Stämme als **Spiralier** zusammen. Oft mündet die Embryonalentwicklung der Spiralier in der **Trochophora** (Abb. 3.16) oder einer der Trochophora ähnlichen Larve.

3.5.2
Die Gründerzelle 4d lässt das Mesoderm hervorgehen

Wie bei dem Nematoden *C. elegans* kann auch bei den typischen Spraliern eine strenge Zellgenealogie rekonstruiert werden. Besonderes Interesse hat stets die Zelle **D** des Vierzellstadiums (Zellen A, B, C, D) bean-

linksgewunden

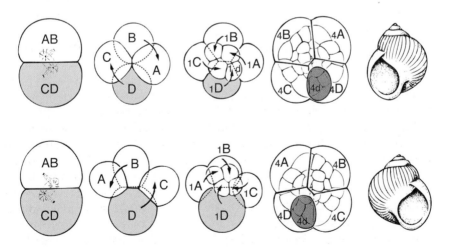

rechtsgewunden

Abb. 3.15. Spiralfurchung bei rechts- und linksgewundenen Schnecken. Nach Morgan (1927)

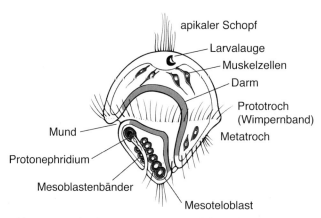

apikaler Schopf

Larvalauge

Muskelzellen

Darm

Prototroch
(Wimpernband)

Mund

Metatroch

Protonephridium

Mesoblastenbänder

Mesoteloblast

Abb. 3.16. Trochophora-Larve eines Anneliden, schematisiert

sprucht und ihr späterer Abkömmling **4d**. Die Zelle **4d** ist der **Urmesoblast** (Abb. 3.15) oder Mesoteloblast (Abb. 3.16), aus dem die mesodermalen inneren Organe hervorgehen. Bei vielen Muscheln und Schnecken, und besonders auffällig beim Scaphopoden *Dentalium* (Meerzahn), wird im Rhythmus der Furchungsteilungen nahe dem vegetativen Pol periodisch ein blasenförmiger **Pollappen** ausgestülpt und wieder eingezogen. Diese pulsierende Blase hängt an den Zellen der Linie von D bis d und enthält (chemisch noch nicht identifizierte) Komponenten, die für die spätere Mesodermbildung essentiell und bestimmend sind. Wird der Pollappen abgetrennt und mit der Zelle A zur Fusion gebracht, so verliert die D-Zelle die Fähigkeit, das Mesoderm hervorzubringen, stattdessen hat die mit dem Pollappen verschmolzene Zelle A die Fähigkeit zur Mesodermbildung erhalten.

3.5.3
Platynereis dumerilii: ein Ringelwurm mit Modellcharakter

Unter den Spiraliern beginnt der Polychaet (Vielborstenwurm) *Platynereis dumerilii* (Abb. 3.17) aus dem Stamm der Anneliden und der Familie der Nereiden die Rolle eines dominierenden Modellobjekts zu übernehmen. Er ist damit zugleich ein Exponent der Stammesgruppe der Lophotrochozoa (s. Abb. 7.8). *Platynereis* ist im marinen Bereich zu Hause, ist aber, wie es sich für einen guten Modellorganismus gehört, gut im Labor zu halten und zu züchten. Die transparenten, im erwachsenen Zustand 5–6 cm langen Würmchen sind mit vielen Paddelfüßchen (Parapodien) ausgestattet. Im hinteren Teil des Körpers werden die Parapodien zu Schwimmpaddeln, wenn die Würmchen geschlechtsreif werden und sich anschicken, in einer Neumondnacht an die Wasseroberfläche zu emporzusteigen, um dort, lebhaft in Kreisen schwimmend, ihre Eier oder Spermien ins freie Wasser zu entlassen. Das geschieht allerdings nur einmal im Leben. Nach dem Ablai-

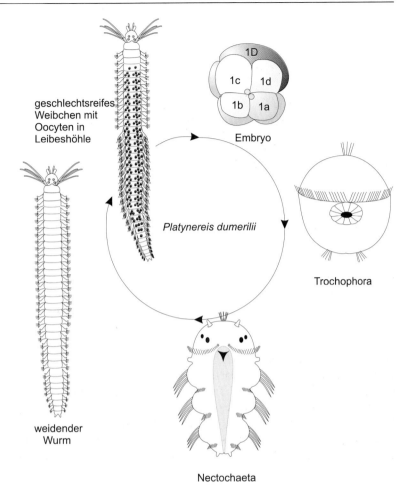

geschlechtsreifes
Weibchen mit
Oocyten in
Leibeshöhle

Embryo

Platynereis dumerilii

Trochophora

weidender
Wurm

Nectochaeta

Abb. 3.17. Lebenszyklus von *Platynereis dumerilii*, einem Polychaeten (Vielborstenwurm) aus dem Stamm der Anneliden

chen sterben die Tierchen ab. Sie haben aber zuvor viele Eier freigesetzt. Diese furchen sich nach dem Spiraltypus; der langgestreckte Urmund der Gastrula gibt Ursprung sowohl für den definitive Mund wie für den After, wie dies Theoretiker für die hypothetischen Urbilateria postulieren (s. Abb. 7.9). Die Gastrula entwickelt sich zu einer Trochophoralarve. Wie bei allen Modellorganismen werden auch bei *Platynereis* umfangreiche Studien zur Expression entwicklungsrelevanter Gene gemacht. Ein Ziel ist es, den hypothethischen Urbilaterier zu rekonstruieren und den Bestand an Genen und deren Expressionsmuster mit denen der Wirbeltiere zu vergleichen. Es wurden bereits überraschende Übereinstimmungen in der Entwicklung der Lichtrezeptoren der Augen und neurosekretorischen Zellen des Gehirns gefunden (s. Literaturliste).

Andere, allerdings stärker abgeleitete und nicht so leicht züchtbare Vertreter der Anneliden, die Herberge in entwicklungsbiologischen Labors fanden, sind der Röhrenborstenwurm *Chaetopterus* und die tropischen, blutsaugenden Egel *Helobdella* und *Haementeria*. Bei Egelkeimen ist es durch Injektion von Markierungssubstanzen (Fluoreszenzfarbstoffe, Meerrettich-Peroxidase) gelungen, den Stammbaum des ganzen Nervensystems zu rekonstruieren. Von den ersten 4 Zellen liefern die Blastomeren A, B, C das Entoderm, also den Darm; die Zelle D ist Ursprung eines Zellklons, der zum Mesoderm wird, und eines zweiten, der sich in die Subklone für Ektoderm und für das Nervensystem spaltet. Man hat auch die neuronale Verschaltung über die auswachsenden Nervenfasern beobachtet.

Von Mollusken werden gern die Keime der Süßwasserschnecke *Lymnea*, der marinen Schnecken *Littorina* und *Ilyanassa*, der Land-Nacktschnecke *Bithynia*, des Scaphopoden *Dentalium* und der Muschel *Spisula* untersucht. Bei *Spisula* fand wie beim Seeigel die Eiaktivierung besonderes Interesse.

3.5.4
Einheit und Vielfalt: Trotz gleichartiger frühembryonaler Entwicklung läßt die spätere Entwicklung eine große Vielfalt an Formen entstehen

Die Spiralier im Allgemeinen und die Anneliden im Besonderen wären vorzüglich geeignet, um einer interessanten evolutionsgeschichtlichen Frage nachzugehen: wie aus einheitlichen Ursprüngen **biologische Diversität** entsteht. Trotz einer gleichartigen frühen Embryonalentwicklung entwickeln sich im weiteren Verlauf recht unterschiedlich konstruierte und gegliederte Formen.

Andererseits gibt es Formgruppen, die mit sehr unterschiedlicher Embryonalentwicklung beginnen, aber doch am Ende einen gemeinsamen Grundbauplan erkennen lassen. Es sind dies beispielsweise die Anneliden und Arthropoden. Bei den Arthropoden sieht man keine Spiralfurchung. Ist ihr Körper aber erst einmal in seinen Grundzügen hergestellt, entdeckt man viel Gemeinsames: Beide Gruppen haben nicht nur die Segmentierung gemeinsam, sondern beispielsweise auch die Grundkonstruktion des Nervensystems.

Dass der segmentierte Körperplan der Anneliden und Arthropoden auf gemeinsame Vorfahren zurückzuführen sei, wird neuerdings in Frage gestellt. In beiden Gruppen kann die Art, wie die Segmentierung erreicht wird, sehr verschieden sein. Beispielsweise werden bei vielen Anneliden und Krebsen in der postembryonalen Entwicklung durch eine Sprossungszone nahe dem Hinterende neue Segmente hinzugefügt. Im Gegensatz hierzu werden bei *Drosophila* (Kap. 3.6) alle Segmente simultan in der frühen Embryonalentwicklung angelegt. Die „reverse Genetik" (Box K13) nutzt Gensonden von *Drosophila*, z.B. Sonden des Gens *engrailed*, um die Entstehung der Segmentierung vergleichend zu untersuchen.

3.6
Drosophila melanogaster: Referenzorganismus der genetischen und molekularbiologischen Entwicklungsbiologie

3.6.1
Eine kleine Fliege, deren Genom immerhin fast halb soviele Gene enthält wie das Genom des Menschen, macht Geschichte

Mancher Laie fragt sich: Wie kann ein(e) Forscher(in) sich zeitlebens mit einer kleinen Fliege beschäftigen und dafür auch noch den Nobelpreis für Medizin bekommen (1933: Morgan; 1995: Lewis, Nüsslein-Volhard, Wieschaus), wenn öffentlich geförderte Forschung doch dem Menschen zugute kommen sollte? Es hat selbst Genetiker und Entwicklungsbiologen verblüfft, dass viele der in *Drosophila* identifizierten entwicklungssteuernden Gene in ähnlicher (homologer) Form auch im Menschen wirksam sind.

Obzwar bereits T. H. Morgan die Taufliege *Drosophila melanogaster* zum erfolgreichsten Modell der Genetik eines eukaryotischen Organismus gemacht und E. B. Lewis schon 1978 die Komplexe der homöotischen Gene (s. Abschnitt 3.6.15) vorgestellt hatte, haben erst Forschungsprojekte neueren Datums *Drosophila* auch zum bedeutsamsten Referenzmodell der Entwicklungsbiologie werden lassen. Zwei komplementäre Forschungsansätze waren besonders erfolgreich: die Suche nach spezifischen, entwicklungssteuernden Genen mittels Mutagenese durch Christiane Nüsslein-Volhard und Eric Wieschaus sowie die molekularbiologischen Studien von David S. Hogness, Matthew Scott, Walter J. Gehring, Bill McGinnis, Gary Struhl und vielen anderen, die sich bemühten, solche entwicklungssteuernden Gene zu identifizieren, zu klonieren, zu sequenzieren und die Funktion der von diesen Genen codierten Proteine aufzuklären.

Nun ist nach dem Genom von *C. elegans* auch das von *Drosophila* vollständig durchsequenziert. Es enthält nach Computer-gestütztem Durchmustern der Gesamtsequenz 13 601 Gene, von denen ca. 5000 für die Entwicklung unerlässlich sind. Wenn beide Allele eines dieser 5000 Gene defekt sind, entsteht keine lebensfähige Fliege; der Embryo oder die Larve stirbt ab. Ausgesprochen entwicklungssteuernd sind indes nur ca. 100 Gene. Bevor weiter auf entwicklungssteuernde Gene eingegangen wird, sei zuerst der Lebenslauf der Taufliege (neuerdings meistens Fruchtfliege genannt, weil sie im Englischen fruit fly heißt) vorgestellt.

3.6.2
Ein kurzer Lebenslauf:
In 24 Stunden ist die Embryonalentwicklung abgeschlossen

Der gesamte Entwicklungszyklus der Taufliege (Abb. 3.18) von Eiablage zu Eiablage dauert bei 25 °C ca. 2 Wochen: Nur einen Tag beansprucht die Embryonalentwicklung, in fünf bis sechs Tagen werden die drei durch

DROSOPHILA I

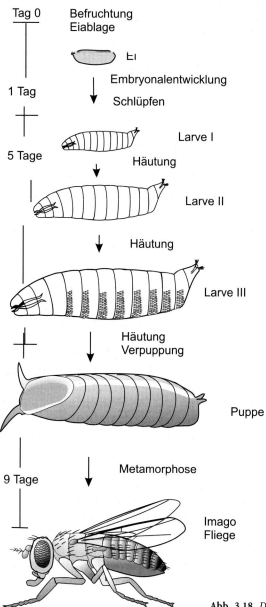

Tag 0   Befruchtung
         Eiablage

                    Eı

                    Embryonalentwicklung
1 Tag
                    Schlüpfen

                         Larve I
5 Tage
              Häutung

                         Larve II

         Häutung

                         Larve III

         Häutung
         Verpuppung

                         Puppe

         Metamorphose
9 Tage

                         Imago
                         Fliege

Abb. 3.18. *Drosophila melanogaster.* Lebenslauf

Häutungen getrennten Larvenstadien durchlaufen, fünf Tage dauert die innerhalb der Puppenkutikula ablaufende Metamorphose zur Fliege. Im Labor lebt dann die Fliege einige Wochen, wenn es das Laborpersonal gestattet. Viele Besonderheiten der Entwicklung sind Ausdruck des ‚Bemühens', die Embryonalentwicklung so rasch wie möglich ablaufen zu lassen. *Drosophila* hat ein besonders effektives Verfahren entwickelt, in großer Schnelligkeit entwicklungsfähige Eizellen herzustellen.

3.6.3
In der Oogenese füttern Ammenzellen die Oocyte, und es wird detaillierte Vorsorge für die Zukunft getroffen

Schon bei der Herstellung der Eizelle werden Vorbereitungen für eine rasante Embryonalentwicklung getroffen. So mancher Befund der entwicklungsbiologischen Genetik, speziell die herausragende Bedeutung der maternalen (maternellen, mütterlichen) **Information**, wird nur verständlich, wenn man weiß, dass die Fliegenmutter bei der Herstellung des Eies in der Oogenese für den künftigen Embryo besonders umfangreiche Vorsorge trifft.

Die Eier werden in Schläuchen hergestellt, den **Ovariolen** (Abb. 3.19), die durch Querwände in Kammern gegliedert sind. Die Zellen der Kammerwände heißen **Follikelzellen**, in Analogie zu den Follikelzellen im Ovar der Säuger. In jeder Kammer befindet sich eine weibliche Urkeimzelle = **Oogonium** oder Oogonie. Die Oogonie teilt sich in vier mitotischen Teilungsschritten in 16 Zellen, die durch cytoplasmatische Schläuche, **Fusome** genannt, miteinander verbunden bleiben. Zwei der im Inneren der 16-er Gruppe liegenden Zellen sind über 4 Fusome mit 4 Geschwisterzellen verbunden; eine dieser zwei Zellen wird zur **Oocyte**, der Ei-Vorläuferzelle; ihre 15 Geschwisterzellen werden zu **Nährzellen = Ammenzellen** und gruppieren sich an einem Pol der Oocyte zum „Nährfach". Während die Oocyte zunächst diploid bleibt und später im Zuge der Meiose haploid wird, werden die 15 Nährzellen **polytän**, d.h. die DNA der Chromosomen wird durch wiederholte Replikationsrunden multipliziert (ohne dass die vervielfältigten DNA-Stränge auf verschiedene Chromosomen verteilt würden). Diese Polytänisierung spiegelt die besondere Versorgungsfunktion der Nährzellen wider: Sie sind transkriptionell besonders aktiv, produzieren in großer Menge rRNA zur Herstellung zahlreicher **Ribosomen**, und erzeugen viele unterschiedliche **mRNA**-Transkripte, die in **RNP-Partikeln** verpackt werden. Ribosomen und RNP-Partikel werden aus den Nährzellen ausgeschleust, über die Fusome in die Oocyte verfrachtet und so dem Ei für die rasche Bewältigung der Embryonalentwicklung zur Verfügung gestellt.

In der späten Oogenese werden der Oocyte auch **Dottermaterialien, Vitellogenine** und **Phosphovitine** zugeführt. Diese Materialien werden im Fettkörper des mütterlichen Organismus produziert, in die Hämolymphe entlassen, von den Follikelzellen aufgenommen und der Oocyte weitergereicht. Diese nimmt diese Materialien per Endocytose auf und lagert sie in

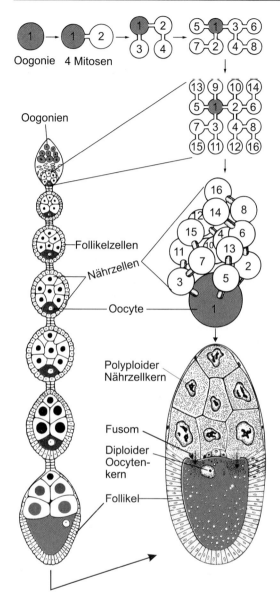

Abb. 3.19. *Drosophila.* Oogenese in einem Ovariolschlauch

die **Dottergranula** ein, um einen Vorrat an Protein (und damit an Amino-säuren), an Phosphat und Energie anzulegen. Zum Schluss sezernieren die Follikelzellen das mehrschichtige **Chorion**, d. h. die derbe Eihülle.

Die Oocyte selbst ist bloßer Abnehmer; ihr Kern ist transkriptionell in-aktiv. Sofern Nährzellen, Fettkörperzellen und Follikelzellen genetische In-formation benötigen, um all die Materialien herzustellen, die in die Oocyte exportiert werden sollen, müssen sie auf ihre eigenen Gene zurückgreifen.

Diese entsprechen denen des übrigen mütterlichen Organismus: Die Genprodukte sind folglich **maternal,** die betreffenden Gene heißen „**Maternaleffekt-Gene**".

Am Vorderende wird im Chorion ein Kanal, die **Mikropyle,** ausgespart, durch den später das Spermium Zutritt zur Eizelle erhält. Die Besamung erfolgt wie bei den landlebenden Vertebraten im letzten, als Eileiter dienenden Abschnitt der Ovariole, wobei gespeicherter Samen aus einer Vorratskammer (Receptaculum seminis) hinzugezogen wird.

3.6.4
Im Zuge der „superfiziellen Furchung" werden zunächst in rascher Folge Kerne hergestellt, die erst später mit Zellmembranen umhüllt werden.
Die ersten Zellen, die Polzellen, werden zu den Urkeimzellen

Die Embryonalentwicklung (Abb. 3.20) startet sogleich nach der Befruchtung und Eiablage und führt in rasantem Tempo binnen eines Tages zur schlüpffähigen Larve. Die Furchung, man nennt sie **superfiziell,** ist ungewöhnlich. Erst werden in rascher Folge nahezu alle 9 Minuten die Kerne dupliziert: 2, 4, 8, 16 etc., bis nach 13 Replikationsrunden ca. 6000 Kerne vorliegen. Ist das 256 Kernstadium überschritten, beginnen die Furchungskerne in die Peripherie zu wandern und sich in der Eirinde = **Eicortex** anzusiedeln. Als erste gelangen am Hinterpol des Eis Kerne ans Ziel. Dort hatten sich (unter dem organisierenden Einfluss des maternalen Gene *oskar*) im Zuge der Oogenese **Polgranula** angesammelt. Diese Polgranula enthalten außer Protein mehrere Sorten von RNA, einschließlich RNA mitochondrialen Ursprungs, sowie die maternal erzeugte RNA des Gens *vasa*, dem eine entscheidende Rolle bei der Determination von Keimzellen zufällt (s. Kap. 8.1.2).

Die zugewanderten Kerne werden mitsamt einer Portion Polgranula von Zellmembranen umhüllt und als **Polzellen** abgeschnürt. Diese ersten embryonalen Zellen werden als **Urkeimzellen** determiniert; sie gelangen später in den Darm, verlassen ihn und dringen in die Gonaden ein.

Entnimmt man von einem Spender-Ei posteriores Polplasma und deponiert es am Vorderpol eines noch ungefurchten Empfänger-Eies, entstehen dort ebenfalls Urkeimzellen. Diese finden jedoch den Weg in die Ovarialschläuche nicht und können sich nicht zu Keimzellen weiterentwickeln. Bringt man sie jedoch mittels einer Pipette ans Hinterende, finden sie den weiteren Weg in die Schläuche und können Ursprung für Eizellen oder Spermien werden.

Die nicht in Polzellen integrierten Furchungskerne ordnen sich, wenn sie in der Peripherie angekommen sind, in einer corticalen Schicht unterhalb der Eimembran an. Man spricht jetzt von einem **syncytialen Blastoderm,** obwohl es sich nach korrekter Definition um ein **plasmodiales Blastoderm** handelt; denn Syncytien enstehen durch nachträgliches Verschmelzen von zuvor eigenständigen, Membran-umschlossenen Zellen. Als-

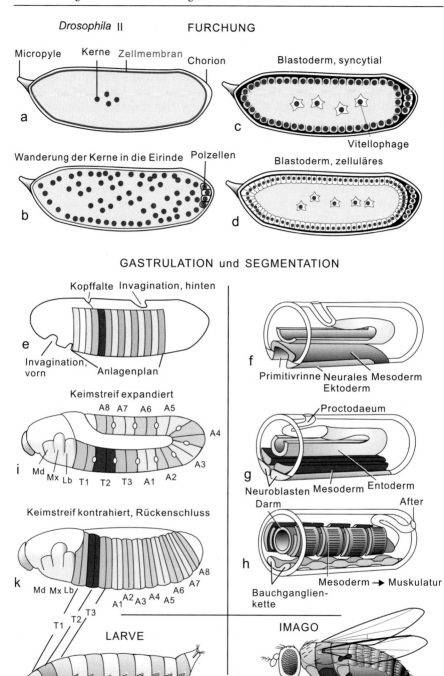

Abb. 3.20. *Drosophila.* Embryonalentwicklung

dann werden von der Eioberfläche aus zwischen den Kernen Falten aus Zellmembranen abgesenkt. Die abgesenkten Zellmembranen hüllen die Kerne mitsamt umgebendem Cytoplasmahof ein; es entstehen reguläre Zellen, und es wird das Stadium des **zellulären Blastoderms** erreicht. Einige Kerne bleiben im Dotter zurück. Später werden auch diese mit Zellmembranen umhüllt. Man nennt sie **Vitellophagen** (Dotterfresser). In mehreren Gruppen von Insekten sollen diese Vitellophagen am Aufbau des Mitteldarms teilnehmen, nicht aber bei *Drosophila*.

Der Körper wird nun von der Bauchseite her geformt. Zuerst drängen sich auf der künftigen Ventralseite die Zellen des Blastoderms zu einem **Keimstreif (Keimband,** germ band) zusammen.

3.6.5
In der Gastrulation wird von vorn und hinten her der künftige Verdauungskanal eingestülpt, während Mesoderm und die Neuroblasten der Bauchganglienkette über eine ventrale Primitivrinne eingesenkt werden

Es folgt die **Gastrulation.** In dieser Phase werden jene Zellverbände ins Innere verlagert, die den Oesophagus und Magen-Darm-Trakt, die Muskulatur und das Nervensystem bilden werden. Diese Einwärtsverlagerung geschieht an mehreren Orten.

1. Der Oesophagus und Magen-Darmkanal (Abb. 3.21). Ventral vorne und dorsal hinten werden Taschen invaginiert, die sich zu Schläuchen erweitern. Beide Schläuche wachsen aufeinander zu und verschmelzen, wenn sie sich treffen, zum Mitteldarm. Er repräsentiert das Endoderm. Beim Einstülpen der Taschen wird weiteres Blastoderm ins Innere gezogen, das vorn zum **Stomodaeum** (später Oesophagus) wird, hinten zum **Proctodaeum** (später Enddarm); Stomodaeum und Proctodaeum werden nach alter Tradition dem Ektoderm zugerechnet.

2. Bildung des Mesoderms und des ventralen Nervenstrangs (Abb. 3.20, Abb. 3.21).

- **Mesoderm.** Entlang der Mittellinie der Ventralseite wölbt sich eine Rinne, die **Primitivrinne,** hoch und taucht ins Innere des Eies. Das Dach der Rinne löst sich ab; es wird zum Mesoderm. Im Inneren gliedert sich das Mesoderm in segmentale Pakete, die sich bald in kleinere Zellgruppen auflösen. Aus ihnen wird die larvale **Muskulatur** hergestellt.
- **Ventrales Nervensystem.** Zwei Bänder von Zellen, die vor der Gastrulation das ventrale Band des künftigen Mesoderms links und rechts begleitet hatten, werden zu **neurogenen Zellen.** Diese trennen sich von ihren Nachbarn, den Epidermoblasten, und rücken in der Primitivrinne ins Keimesinnere ein (s. auch Kap. 12.2.1 und Kap. 17.2, Abb. 17.8). Dort gruppieren sich die neurogenen Zellen in sich segmental wiederholende paarige Aggregate. Aus den neurogenen Zellen werden **Neuroblasten**

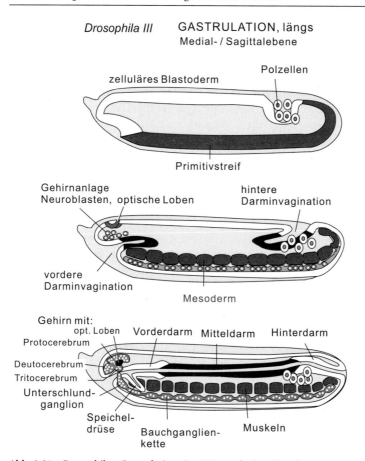

Drosophila III GASTRULATION, längs
Medial- / Sagittalebene

zelluläres Blastoderm Polzellen

Primitivstreif

Gehirnanlage
Neuroblasten, optische Loben hintere
Darminvagination

vordere
Darminvagination Mesoderm

Gehirn mit:
opt. Loben Vorderdarm Mitteldarm Hinterdarm
Protocerebrum
Deutocerebrum
Tritocerebrum
Unterschlund-
ganglion
Speichel-
drüse Muskeln
Bauchganglien-
kette

Abb. 3.21. *Drosophila.* Gastrulation im Längsschnitt. Streckung und Rekontraktion des Keims sind im Schema nicht berücksichtigt

und aus den paarigen Aggregaten von Neuroblasten die paarigen Ganglien des **ventralen Nervenstrangs** (Bauchganglienkette, Strickleiternervensystem, „Bauchmark").

3. Das Gehirn. Im vorderen dorsalen Blastoderm lösen sich Neuroblasten, dringen in die Tiefe und bilden die inneren Komponenten des Oberschlundganglions. Es gliedert sich, wie bei anderen Insekten, in (mindestens) drei Abschnitte: Proto-, Deuto- und Trito-Cerebrum. Ergänzt wird das Cerebrum durch die mächtigen optischen Loben, über denen in der späteren Fliege die Augen liegen werden. Die optischen Loben werden aus paarigen **Plakoden** hergestellt, d.h. aus plattenartigen Verdickungen des Blastoderms, die invaginieren und sich in die Tiefe absenken.

3.6.6
Nur kurz erwähnt: Rückenschluss, Bewegungen des Keimstreifs

Anfänglich ist der Keimstreif dorsal „offen", wenn auch von der Eihülle, dem Chorion, umschlossen. Der Darmkanal (Abb. 3.20) und die Epidermis bleiben noch lange Zeit dorsal offen. Wenn die Ränder der Darmwand und der Epidermis hochgewachsen sind und sich in der Mittellinie treffen, werden reißverschlussartig zusammengeführt und verschmelzen (**Rückenschluss**). Noch bevor dies geschehen ist, dehnt sich der Keim derart in die Länge, dass er sich am hinteren Eipol nach dorsal und vorne umbiegen muss und sein hinteres Ende schließlich fast den Kopf berührt (Keimstreif-Elongation; Abb. 3.20 i). Später zieht er sich wieder auf Eilänge zusammen (Keimstreif-Verkürzung). Diesen Vorgängen soll hier keine weitere Beachtung geschenkt werden.

3.6.7
Der Körper wird in Segmente gegliedert, die sich anfänglich wenig unterscheiden, in der fertigen Fliege aber sehr

Schon im jungen Embryo wird die spätere **Segmentierung** vorbereitet, d. h. die Gliederung des Körpers in periodisch sich wiederholende Einheiten. Die Segmentierung beginnt, wie unten (Abschnitte 3.6.13 bis 3.6.15) erläutert, auf der Ebene der Genexpression bereits im syncytialen Blastoderm, wird aber morphologisch erst später durch die periodische Aufgliederung des Mesoderms in Pakete und durch das Einsenken von Rinnen als Segmentgrenzen im Ektoderm sichtbar. Die Segmente sind anfänglich weitgehend gleichförmig, **homonom**, werden dann aber ungleichartig, **heteronom**. Ihre Zahl wird, je nach Literaturquelle, mit 17 bis 20 angegeben, äußerlich erkennbar sind so viele nicht.

Bereits der Keimstreif gliedert sich in drei Hauptgruppen (**Tagmata**) von Segmenten. An der Larve sind die diversen Segmente und Segmentgruppen äußerlich nur anhand feiner Cuticularstrukturen unterscheidbar, nach der Metamorphose an der fertigen Fliege werden sie jedoch deutlich sichtbar. Aus der Verschmelzung des terminalen **Akron** mit sehr wahrscheinlich 7 Segmenten entsteht der

- **Kopf.** Die Zahl 7 wird aus dem Expressionsmuster der Segmentpolaritätsgene *engrailed* und *wingless* (s. folgende Abschnitte), der Struktur des Nervensystems und Ausfällen in Deletionsmutanten abgeleitet. Alle 7 Kopfsegmente, die 4 prägnathalen (vor den Mundwerkzeugen liegenden) und die 3 gnathalen (die Mundwerkzeuge tragenden), liefern Neuroblasten zur Bildung der Ober- und Unterschlundganglien. Die drei gnathalen Kopfsegmente bilden als Mandibular-, Maxillar- und Labialsegment (Mb, Mx, Lb) die Mundwerkzeuge aus. Bei der Larve ist freilich der Kopf weitgehend ins Innere eingestülpt. Bei ihr beginnt der Körper äußerlich mit dem

- **Thorax**, bestehend aus den drei Segmenten **T1 = Prothorax, T2 = Mesothorax, T3 = Metathorax**. Bei der fertigen Fliege trägt jedes Thoraxsegment ein Paar Beine, der Mesothorax dazu ein Paar Flügel und der Metathorax das zu Schwingkölbchen (Halteren) umgeformte zweite Flugelpaar. Das
- **Abdomen** besteht aus 8 Segmenten (A1–A8); das abschließende **Telson** (es enthält mutmaßlich ein rudimentäres 9. Segment) zählt ebenso wie das Akron am Vorderende nicht als (vollständiges) Segment.

3.6.8
Entwicklungssteuernde Gene: Meistergene beherrschen andere Gene

Durch umfangreiche Mutagenese- und Kreuzungsexperimente ist es gelungen, bei *Drosophila* ein nahezu vollständiges Kompendium der entwicklungssteuernden Gene zu erstellen. Hat man früher viel mutagene Agentien verfüttert, führt man heute bevorzugt transposable P-Elemente ein, die in Gene inserieren, das Leseraster unterbrechen und die Gene dadurch zerstören können (s. Kap. 13).

Die Frühentwicklung, auf die sich unser Überblick beschränkt, wird beherrscht von einigen wenigen Schlüsselgenen (**Meistergene = Selektorgene**), die über ihre Proteinprodukte Einfluss auf den Funktionszustand weiterer Gene nehmen. Diese Genprodukte enthalten DNA-bindende Domänen und wirken als Transkriptionsregulatoren: sie schalten andere Gene ein oder aus. Es werden drei Klassen entwicklungssteuernder Gene unterschieden (s. Abb. 3.26):

1. **Maternale Koordinatengene,**
2. **Segmentierungsgene,**
3. **Homöotische Segmentidentitätsgene.** Segmentierungsgene und homöotische Gene werden auch als **zygotisch** klassifiziert. Zygotisch will besagen, dass hier die Produkte der Gene des Embryo selbst, und nicht seiner Mutter, zum Zuge kommen.

3.6.9
Anfänglich hat die Mutter das Sagen:
Maternale Gene sind für die Festlegung der Körperkoordinaten
(Achsendetermination) zuständig

Die Fliege ist ebenso wie der Mensch in ihrer Grundarchitektur **bilateralsymmetrisch** konstruiert: Wir sehen eine von der Stirn bis zum Körperende ziehende **anterior-posteriore Polaritätsachse** und eine senkrecht zu ihr verlaufende **dorso-ventrale Polaritätsachse**. Diese Architektur scheint bereits in der Form des Eies vorgezeichnet zu sein. Man kann leicht einen Vorderpol von einem Hinterpol und eine Rückenseite von einer Bauchseite unterscheiden. Mutanten belehren aber den Beobachter, dass die äußere Eiform und die innere Architektur des entstehenden Embryos gänzlich disharmonieren können.

Bei *Drosophila* werden die Koordinaten des künftigen Embryos unter dem Einfluss spezifischer Gene etabliert, deren Produkte (mRNA, Protein) in einem bestimmten räumlichen Muster in der Eizelle deponiert werden. Es sind jedoch nicht Gene, die in den Kernen des Embryos selbst aktiv werden, sondern Gene der Mutter, die hier bestimmend sind! Die Bedeutung solcher **maternaler Gene** (oder **Maternaleffekt-Gene**) wird erkennbar, wenn Mutationen dieser Gene zu einer Fehlleistung in der fundamentalen Körperarchitektur des Embryos führen und die genetische Analyse zeigt, dass die Mendelsche Reziprozitätsregel außer Kraft gesetzt ist. Der Samenspendende Vater ist für die Ausprägung eines solchen Merkmals bedeutungslos und auch der Genotyp des Embryos selbst ist nicht von Belang. Es sind defekte Gene der Mutter für diese Fehlleistungen verantwortlich. Mutante Weibchen erzeugen Eier, die meistens äußerlich normal aussehen, aber Embryonen hervorbringen, denen bestimmte Körperregionen fehlen oder die korrekte Strukturen am falschen Platz erzeugen.

Beispielsweise kann statt eines Abdomens ein zweiter Kopf zum Vorschein kommen, der spiegelbildlich zum ersten angeordnet ist (Mutante *bicephalic*), oder es kann umgekehrt statt eines Kopfes ein zweites Abdomen entstehen (Mutante *bicaudal*). Öffnet man das Ovar der Mutter einer *bicephalic* Fliege, beobachtet man Verräterisches. Die Oocyte wird nicht nur am Vorderpol, sondern auch an ihrem Hinterpol von Ammenzellen versorgt (Abb. 3.22).

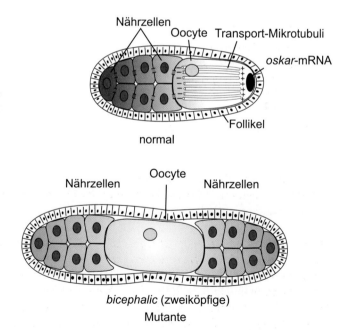

Abb. 3.22. *Drosophila*. Kammer einer Ovariole im Wildtyp (links) und in der maternalen Mutante *bicephalic*

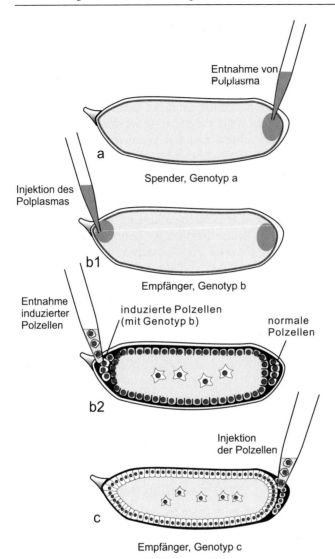

Entnahme von
Polplasma

a

Spender, Genotyp a

Injektion des
Polplasmas

b1

Empfänger, Genotyp b

Entnahme
induzierter
Polzellen

induzierte Polzellen
(mit Genotyp b)

normale
Polzellen

b2

Injektion
der Polzellen

c

Empfänger, Genotyp c

Abb. 3.23. *Drosophila.* Transplantation von Polplasma vom Hinterpol eines Spenderkeims in den Vorderpolbereich eines Empfängerkeims. Es entstehen Polzellen, die zu funktionsfähigen Keimzellen werden können, wenn sie in den Hinterpolbereich eines weiteren Empfängers transplantiert werden

Wie man entwicklungssteuernde Faktoren im Ei aufspürt und ihre Bedeutung in Erfahrung bringt. Wir fragen: Welche der Materialien, die in die Oocyte gelangen (oder von ihr selbst hergestellt werden), sind schicksalsbestimmend; welche Gene und Genprodukte sind maßgeblich; wo wird die mRNA hergestellt; wohin gelangt sie; wann wird das Protein hergestellt und welche Funktion hat es?

Dass überhaupt lokale cytoplasmatische Determinanten schicksalbestimmend sein können, kann im Einzelfall auch ohne Genetik nachgewiesen
werden. Wird am Hinterpol des frisch abgelegten Eies Cytoplasma abgeso-
gen und in den Vorderpolbereich eines anderen Eies injiziert, entstehen
dort Polzellen, Urkeimzellen also (Abb. 3.23). Zieht man am Vorderpol Cytoplasma ab oder bestrahlt den vorderen Eibereich mit hartem UV-Licht,
entstehen Larven ohne Kopf. Um jedoch herauszufinden, welche Komponenten maßgeblich sind, und wie sie normalerweise an den Hinterpol oder
Vorderpol gelangen, wären Versuche solcher Art zu undifferenziert. Im Cytoplasma des Hinterpols beispielsweise mögen Hunderte, wenn nicht Tausende, verschiedene Substanzen vorliegen; welche von ihnen bestimmen
das Schicksal der Zellen? Studien mit Mutanten haben in diesem Fall eine
besondere Funktion des Gens *oskar* erkennen lassen. Die mRNA dieses
maternal in den Ammenzellen transkribierten Gens enthält eine Signalsequenz, welche nicht in eine Aminosäuresequenz translatiert wird, sondern
als postalischer Leitcode fungiert und den Transport der mRNA zum Hinterpol vermittelt. Der Transport erfolgt entlang von Mikrotubuli und wird
von Motorproteinen bewerkstelligt. Am Hinterpol angekommen organisiert
das *oskar*-Genprodukt die Rekrutierung und Akkumulation weiterer RNA-
Spezies, z. B. der mRNA der maternalen Gene *vasa* und *nanos*. Ist das Genprodukt von *vasa* defekt, entstehen keine Keimzellen. Ist das Genprodukt
von *nanos* defekt oder nicht am Hinterpol konzentriert, entsteht eine Larve ohne Hinterleib (Abb. 3.24). Unter dem organisierenden Einfluss von *oskar* akkumulieren am Hinterpol nicht nur Keimzelldeterminanten, sondern
auch Substanzen, die für die Programmierung eines Abdomens benötigt
werden.

Bei der Begutachtung von Tausenden von Mutanten kann man auch das
Gegenstück finden: Larven ohne Kopf und Thorax. Bei manchen Defektallelen dieses Gens findet sich anstelle des Kopfes ein Abdomen-ähnliches
Gebilde; daher erhielt das Gen die Bezeichnung *bicoid* (= *bicaudal*-ähn-
lich). Stammt also die Larve von einer *bcd–/–* Mutter, fehlt ihr der Vorderkörper mit Kopf und Thorax.

Mit *bicoid* und *nanos* sind zwei wichtige Gene genannt, die offenbar an
der Organisation der **Grundarchitektur des Körpers** beteiligt sind. Zunächst
aber sind solche Gene nur Namen; mit einer klassischen genetischen Analyse
hat man Gene noch nicht als materielle DNA-Sequenzen im Griff. Doch waren das Interesse und der Ehrgeiz so mancher molekularbiologisch arbeitenden Arbeitsgruppe geweckt. Es ging eine mühselige, aber durch den Erfolg
belohnte Suche nach den realen Genen und ihren Produkten los. Ein Gen
muss kartiert, kloniert (vermehrt), sequenziert und exprimiert (in Protein
umgesetzt) werden (s. Kap. 13). Durch *in situ*-Hybridisierung mittels Antisense-RNA lässt sich in Erfahrung bringen, wo im Ei die verschiedenen
mRNA's deponiert werden. Antikörper gegen das exprimierte Protein, zur
Immunfluoreszenz-Färbung eingesetzt, machen sichtbar, wann die entsprechenden Proteine im Embryo auftauchen und wo sie hingelangen.

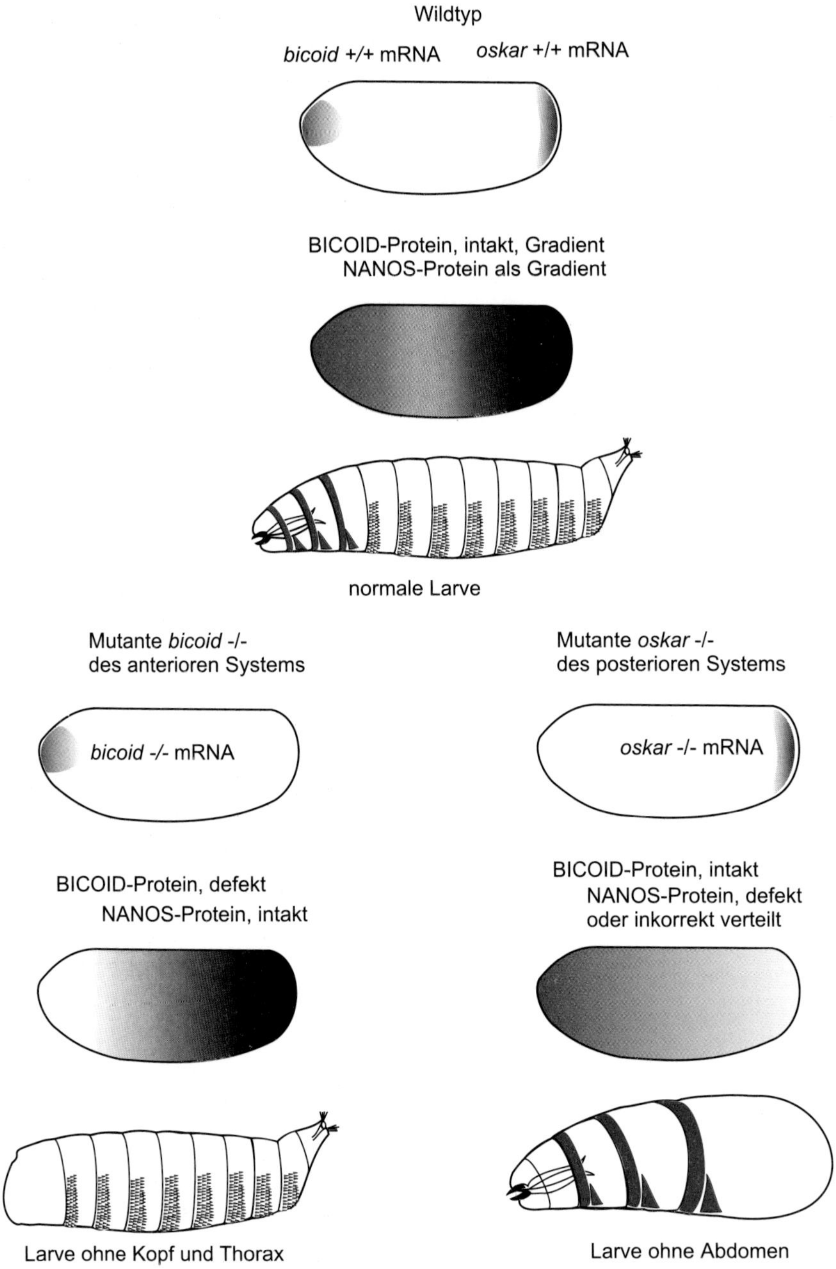

Abb. 3.24. *Drosophila.* Mutanten der Körperarchitektur im Vergleich zum Wildtyp (Mitte). Dargestellt sind die Verteilung der (defekten) maternalen mRNA, die Verteilung der von dieser RNA codierten (defekten) entwicklungssteuernden Proteine und der daraus resultierende (mutierte) Phänotyp

Das Ergebnis sah vielversprechend aus. In den ersten Minuten der embryonalen Entwicklung werden die mRNAs in Protein translatiert, wobei sich im Eicortex Gradienten in der Verteilung dieser Proteine einstellen. Der BICOID-Protein-Gradient hat sein Konzentrationsmaximum am Vorderpol, der NANOS-Gradient am Hinterpol.

Hatte man aber auch wirklich das richtige Gen gefunden und im mikroskopischen Präparat die richtige mRNA und das richtige Protein zu sehen bekommen? Nehmen wir *bicoid.* Der definitive Beweis, dass wir ein die Kopfbildung beherrschendes Gen in die Hände bekommen haben, ist erst dann gelungen, wenn durch Injektion von Wildtyp (*bicoid+/+*)-mRNA am Vorderpol das defekte Ei einer *bicoid–/–* Mutter geheilt werden kann, oder wenn nach Injektion von (*bicoid+/+*)-mRNA am Hinterpol eines (normalen) Eies dort ein (zusätzlicher) Kopf entsteht (Abb. 3.25).

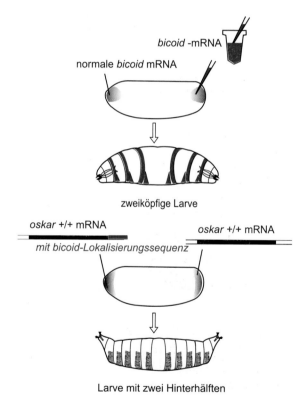

Abb. 3.25. *Drosophila.* Spiegelbildliche Verdoppelung des Vorderkörpers durch ektopische Expression des *bicoid*-Gens und des Abdomens durch ektopische Expression von *oskar.* Eine ektopische Expression von *bicoid* wurde durch Injektion von Wildtyp-*bicoid* mRNA am Hinterpol eines frisch abgelegten Eies erreicht, eine ektopische Expression von *oskar* dadurch, dass die Fliegenmutter mit einem *oskar*-Gen versehen wurde, dem die Lokalisierungssequenz von *bicoid* vorangestellt worden war

Eine geschickte Strategie kann es mit molekularbiologischen Tricks erreichen, dass die Natur selbst eine mRNA an den falschen Ort lenkt. Tauscht man beispielsweise im Labor die Signalsequenz von *oskar* gegen die von *bicoid* und schleust solche Konstrukte in das Genom weiblicher Fliegen, können solche transgenen Fliegen Eier legen, die *oskar* dank der *bicoid*-Signalsequenz auch am Vorderpol ablegen, während die mRNA ihres normalen *oskar* Gens dank seiner *oskar*-Signalsequenz an den Hinterkopf geführt wird. Ergebnis sind kopflose Larven mit einem zweiten, spiegelbildlich angeordneten Abdomen (Abb. 3.25), wie sie auch die Eier *bicaudal*-mutierter Mütter hervorbringen. Die *oskar*-mRNA an beiden Eipolen erzeugt also eine Phänokopie (Imitation) des *bicaudal*-Maternaleffekts.

Gene die für die Verwirklichung der basalen Körperarchitektur zuständig sind. Hier fassen wir die Befunde der Gensuche zusammen. Die maternalen, die Körperachse bestimmenden Gene sind im Ovar der Mutter, in den Ammenzellen der Nährfächer oder in den Follikelzellen tätig. Die Genprodukte werden in der Mehrzahl in Form von RNP-Partikeln in die Oocyte geschleust und nach der Befruchtung in Protein translatiert. Die von diesen Genen codierten Proteine werden nicht direkt als Baumaterial zum Aufbau des Embryo verwertet, sondern steuern die Aktivität von Genen des Embryos (zygotische Gene) oder sind Elemente von Signalsystemen, die im frühen Embryo eingerichtet werden und ortsgerechte Reaktionen der Zellen des Embryos ermöglichen.

Es sind vier Genklassen, deren Produkte die Körpergrundarchitektur in der Längsrichtung bestimmen (Abb. 3.26):

1. Gene, welche die anterior-posteriore Polarität festlegen:
   - die anteriore Gruppe mit *bicoid (bcd)*; Embryonen, die von mutanten *bcd–/–*Müttern abstammen, fehlt der Vorderkörper mit Kopf und Brust
   - die posteriore Gruppe mit *nanos (nos)*; Embryonen, die von Müttern mit gestörtem posteriorem System abstammen, haben keinen Hinterleib
   - die terminale Gruppe mit *torso* und *caudal*. Mütter, die im Gen *torso*, dem Schlüsselgen der terminalen Gruppe, defekt sind, haben als Nachkommen Larven, denen das Akron und Telson fehlt.
2. Gene, welche die dorso-ventrale Polarität festlegen:
   - *dorsal (dl)* und *Toll (Tl)*.

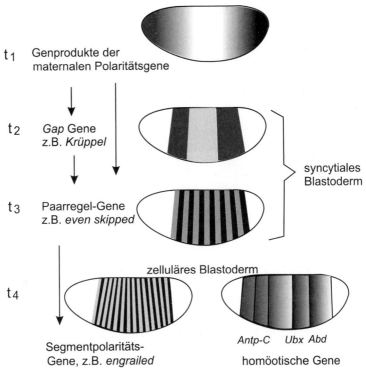

t₁   Genprodukte der
     maternalen Polaritätsgene

t₂   *Gap* Gene
     z.B. *Krüppel*

t₃   Paarregel-Gene
     z.B. *even skipped*

syncytiales
Blastoderm

zelluläres Blastoderm

t₄

Segmentpolaritäts-
Gene, z.B. *engrailed*

Antp-C   *Ubx Abd*
homöotische Gene

Abb. 3.26. *Drosophila:* Genklassen der embryonalen Musterbildung. Zeitliche Folge in der Expression von Meistergenen (Selektorgenen), welche die Musterbildung kontrollieren. Die Streifen zeigen die Verteilung der von diesen Genen codierten Proteine. Das Körpermuster wird spezifiziert (1) durch die maternalen Gene (maternal effect genes), welche die Körperachsen festlegen und die Expression der (2) zygotischen Gap Gene in die Wege leiten; diese definieren breite Territorien und schalten (3) die Paarregelgene (pair rule genes) ein, welche in alternierenden Streifen exprimiert werden und die künftigen Segmente ankündigen. (4) Die Segmentpolaritätsgene (segment polarity genes) leiten die morphologische Segmentierung ein und die Unterteilung der Segmente in kleinere Einheiten. (5) Die homöotischen Gene (homeotic genes) bestimmen letztendlich die besondere Identität der Segmente. (Nach Gilbert, umgezeichnet und korrigiert)

3.6.10
Das *bicoid*-Gen macht Wissenschaftsgeschichte: Das BICOID-Protein gilt als das erste identifizierte Morphogen und ist zugleich Beispiel eines Transkriptionsfaktors mit Homöodomäne

BICOID, seine mannigfaltigen Funktionen gibt folgender Stichwortkatalog wieder:

- **Lokalisation:** Weil die *bicoid (bcd)*-mRNA am Vorderpol deponiert worden war und auch hier für einige Zeit translatiert wird, und weil dieses schon sehr früh geschieht, wenn das Ei noch einen einheitlichen Raum

Anterior-posteriore Polarität

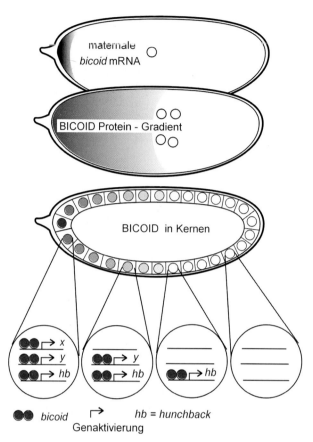

Abb. 3.27. *Drosophila*: Rolle der Produkte des maternalen *bicoid*-Gens bei der Spezifikation der vorderen Körperregion. Das Protein wandert in die Kerne und wirkt dort, konzentrationsabhängig, als Aktivator oder Repressor anderer, zygotischer Gene, z.B. als Aktivator des Gap Gens *hunchback*

darstellt, kann sich das BICOID-Protein im ganzen Ei ausbreiten (Abb. 3.27). Es hat jedoch eine kurze Lebenszeit – seine Halbwertszeit ist 30 min – und deshalb formt sich ein **Konzentrationsgradient** mit Maximum am Vorderpol und Minimum am Hinterpol.

- **Transkriptionsfaktor:** Das Produkt des *bicoid*-Gens ist ein Transkriptions-regulierendes Protein. Das BICOID-Protein wandert in die Kerne des Blastoderms. Es ist mit einer **Homöodomäne**, die sich von der **Homöobox** des *bicoid*-Gens ableitet, ausgestattet. Die Homöodomäne wird ihrer räumlichen Struktur halber auch **helix-turn-helix-Domäne** genannt. Mit dem helix-turn-helix-Motiv bindet das BICOID-Protein an die Promotoren bestimmter Gene (z.B. von *hunchback*), und leitet als

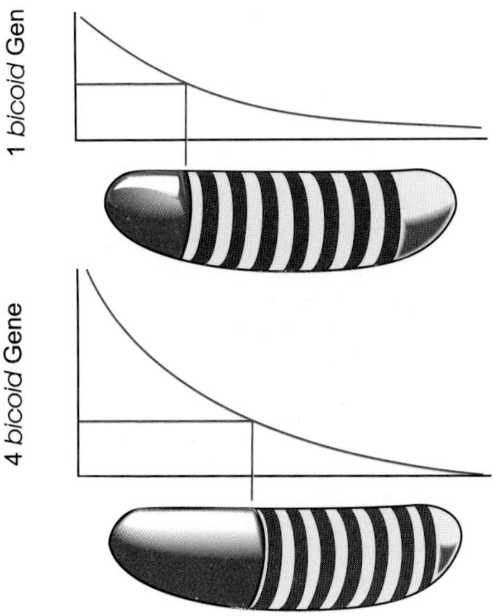

Abb. 3.28. *Drosophila.* Gradient in der Verteilung des BICOID-Proteins. Der Gradient spezifiziert die Position und Dimension der Kopf-Thoraxregion. Wenn in der Oogenese auf Grund einer genetischen Manipulation der Eltern mehr *bicoid*-Gene als normal aktiv waren, sind in der Eizelle Höhe und Bereich des Gradienten vergrößert. Als Folge verlängert sich die Kopf-Thoraxregion

Aktivator deren Expression ein. Die eingeschalteten Gene sind Gene des Embryos; es sind **zygotische Gene.**

- **RNA-bindender Faktor:** Das BICOID-Protein bindet die mRNA von *caudal;* dadurch wird dies aus dem Verkehr gezogen (s. folgender Abschnitt 3.6.11).
- **Morphogen:** Dem Gradienten der BICOID-Protein-Konzentration wird **Positionsinformation** zugesprochen: Viel BICOID-Protein schaltet andere Gene ein als wenig. BICOID hat die Funktion eines **Morphogens.** Definitionsgemäß ist ein Morphogen eine Substanz, die dank ihres Konzentrationsprofils hier diese, dort jene Entwicklung ermöglicht (s. Box K12). Bei *Drosophila* bestimmt das Konzentrationsprofil von BICOID die räumliche Dimension der Kopf- und Thoraxregion. Durch genetische Manipulation wurden Mütter erzeugt, die mehr oder weniger *bicoid*-Gene enthielten und ihren Eier mehr oder weniger *bicoid* mRNA als Mitgift zuteilten. Reicht bei erhöhter BICOID-Gesamtkonzentration ein bestimmter Konzentrationsschwellenwert weiter nach posterior, wird die Kopf-Thoraxregion länger (Abb. 3.28). Allerdings bewerkstelligt BICOID nicht für sich allein eine ortsgerechte Weiterentwicklung; denn es interagiert mit anderen regulatorischen Proteinen wie CAUDAL.

3.6.11
Nicht alles läuft über Transkriptionskontrolle; auch Hemmung der Translation trägt zur regionspezifischen Verteilung von wichtigen Proteinen bei. Beispiele: NANOS und auch BICOID

Anders als das BICOID-Protein wandert das NANOS-Protein nicht in die Kerne, sondern wirkt indirekt auf die Genaktivität, indem es im posterioren Eibereich die Translation der *hunchback* mRNA verhindert. Das HUNCHBACK-Protein reprimiert nämlich die Expression von Genen, die man zur Konstruktion des Hinterleibs benötigt, und soll folglich nur im vorderen Eibereich seine Funktion erfüllen dürfen.

Positiv wird die Entwicklung eines Abdomens durch Genprodukte ermöglicht, die sich von den Maternaleffektgenen *oslat, pumilio* und *caudal* ableiten. Das BICOID-Protein fängt *caudal* mRNA ab und verhindert dadurch die Translation der im ganzen Ei gleichförmig verteilten *caudal*-mRNA in CAUDAL-Protein. Weil nun aber die Konzentration des hemmenden BICOID von vorn nach hinten abfällt, etabliert sich für das CAUDAL-Protein ein inverser, von vorne nach hinten ansteigender Gradient. Dies ist ein Prinzip, das sich in der Entwicklungsbiologie oft wiederfindet: **Ein Gradient, der in der einen Richtung abfällt, bedingt die Ausbildung eines zweiten Gradienten, der in der Gegenrichtung abfällt.** Es sei verwiesen auf die Embryonen von Seeigel (Abschnitt 3.1.4) und Amphibien (Abschnitt 4.1.14 und Kap. 12.5). Wie Gradienten umgesetzt werden können in gegliederte Strukturen mit scharfen Grenzen – hier in verschiedene Körpersegmente – kann hier nicht diskutiert werden.

3.6.12
Die Rücken-Bauchachse wird von einem externen Signal vorherbestimmt, das über eine Signaltransduktionskaskade den Transkriptionsfaktor DORSAL in ventrale Kerne lenkt

Für die korrekte Erstellung **ventraler** Strukturen ist das maternale Gen *dorsal* unentbehrlich. Man beachte: da Gene in aller Regel nach dem Phänotyp von (Defekt-)Mutanten benannt werden, ist die Nomenklatur leicht irreführend. Mit einem defekten Protein kann der Embryo keine ventralen Strukturen (z. B. keine Bauchganglienkette) herstellen; statt dessen wird die Bauchseite wie die Rückenseite gemacht, der Embryo ist **dorsalisiert**. Das **normale** *dorsal*-Produkt bewirkt **ventrale** Strukturen!

Das mittels der maternalen *dorsal*-mRNA gefertigte DORSAL-Protein soll in die Kerne der Bauchseite wandern und, vergleichbar dem BICOID-Protein, als Transkriptionsfaktor wirksam werden, der konzentrationsabhängig verschiedene zygotische Gene einschaltet. Im Gegensatz zu BICOID ist DORSAL jedoch anfänglich gleichförmig verteilt und in einem Zustand, der seine Aufnahme in Kerne nicht zulässt. DORSAL wird sogleich nach seiner Translation von einem Protein CACTUS abgefangen und zunächst in

Dorso-ventrale Polarität

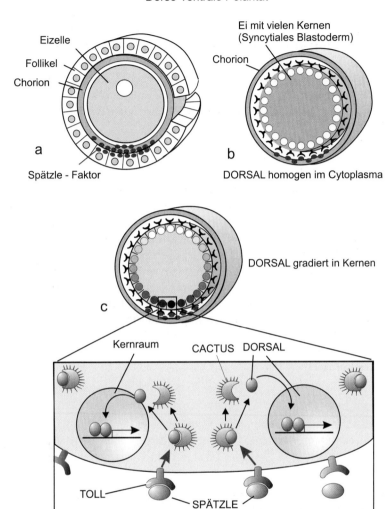

Abb. 3.29. *Drosophila.* Spezifikation der dorso-ventralen Polaritätsachse. Auslösend ist der SPÄTZLE-Faktor, der im extrazellulären Perivitellinraum deponiert ist, von einer Protease freigesetzt und von den TOLL-Rezeptoren aufgefangen wird. Eine Signaltransduktionskaskade bewirkt, dass im ventralen Keimbereich das DORSAL-Protein vom CACTUS-Partner getrennt wird und in den Kern aufgenommen werden kann. DORSAL wirkt dort, konzentrationsabhängig, als Transkriptionsfaktor und aktiviert Gene, die für die Herstellung ventraler Strukturen gebraucht werden

einem DORSAL/CACTUS-Heterodimer gefangen gehalten. DORSAL muss befreit werden, aber nur auf der Ventralseite des Keims und dafür bedarf es eines Signals, das sagt, wo denn die Ventralseite ist.

Die Ventralseite wird durch ein externes Signalmolekül markiert, das in einem Proteinkomplex in der Eihülle deponiert ist und mittels einer Protease aus diesem Komplex freigesetzt wird. Das freie Signalprotein trägt den liebenswerten Namen SPÄTZLE (was je nach Geschmack als kleiner Spatz oder als Nudeln nach schwäbischer Hausfrauenart gedeutet werden kann).

Das freigesetzte SPÄTZLE-Protein ist Ligand für einen Rezeptor, den die Eizelle in den ersten Minuten ihrer Entwicklung aus der maternalen mRNA des Gens *toll* herstellt und in die Eizellmembran einbaut. Dieser TOLL-Rezeptor ist eine Rezeptor-Protein-Tyrosinkinase (ähnlich dem Insulin-Rezeptor). Hat der TOLL-Rezeptor sein SPÄTZLE an oder in den ‚Mund' gekriegt, löst er eine Signaltransduktions-Kaskade aus. Sie führt dazu, dass CACTUS phosphoryliert und alsdann von Proteasen zerstört wird. DORSAL ist frei und wird in die Kerne aufgenommen. Weil nun aber das Signaltransduktionssystem nur auf der Bauchseite aktiviert wird, wird DORSAL überwiegend auf der Ventralseite von CACTUS gelöst und kann in die Kerne einwandern. Als Folge wird in den Kernen des (noch syncytialen) Blastoderms ein Konzentrationsgradient an aufgenommenem DORSAL-Protein sichtbar (Abb. 3.29 und 3.30). In den Kernen wird DORSAL zum Transkriptionsfaktor; er ist dem Faktor NF-kappa-B der Wirbeltiere homolog.

3.6.13
Bei der Untergliederung des Keims entlang der Rücken-Bauch-Strecke in Ektoderm, Neuralbereich und Mesoderm spielen zwei Morphogene eine Rolle, die in ähnlicher Form auch in Wirbeltieren vorkommen

Der DORSAL-Gradient wird eingesetzt, um von der Bauchseite her über die Flanken hinweg bis zur Rückenseite das nun zellulär gewordene Blastoderm in mehrere Zonen zu gliedern, in denen unterschiedlich Sätze von embryoeigenen Genen zum Zuge kommen. Diese Zonen kündigen vier Schicksalsbereiche an (Abb. 3.30):

- Der ventrale Streif (in dem die Gene *twist* und *snail* eingeschaltet werden) wird zum Mesoderm, das in der Primitivrinne ins Keimesinnere eindringen wird.
- Die folgenden Streifen links und rechts enthalten künftige Nervenzellen (Neuroblasten) und künftige Epidermiszellen (Epidermoblasten). Diese beiden Zelltypen werden sich später voneinander trennen (zum Mechanismus s. Kap. 12.2 und Abb. 12.2). Die Neuroblasten werden in den Keim einwandern und die Bauchganglienkette bilden. Die nächsten beiden Streifen werden die Epidermis bilden.

- Ein letzter Streif entlang der dorsalen Mittellinie bildet ein vergängliches Häutchen (Amnioserosa), das nach dem Rückenschluss verschwindet.

Bei dieser Untergliederung spielen Proteine eine Rolle, die von Zellen der dorsalen oder ventralen Hälfte erzeugt und als Morphogene in die extrazellulären Räume sezerniert werden.

- Dorsale Zellen produzieren und sezernieren das Morphogen **Decapentaplegic DPP** (Abb. 3.30; s. auch Abb. 7.9). Ihm entspricht bei Vertebraten das **BMP-4**. (Beide, DPP und BMP-4, gehören zudem einer Proteinfamilie an, die nach einem weiteren Mitglied dieser Familie, dem Tumorwachstum-fördernden Protein TGF-β, benannt ist; Kap. 20.)
- Ventrale Zellen produzieren das Protein **SOG** (codiert vom Gen *short gastrulation, sog*). Ihm entspricht bei Vertebraten das Protein **CHORDIN** (CHD).

Das in *Drosophila* von dorsal nach ventral diffundierende DPP und das von ventral nach dorsal diffundierende SOG treffen sich und vereinigen sich zu DPP/SOG-Dimeren. Entsprechend werden wir im Amphibienkeim BMP-4/ CHD-Dimere finden. Die mögliche Bedeutung dieses Systems der Doppelgradienten werden wir am Beispiel des Amphibienkeims diskutieren.

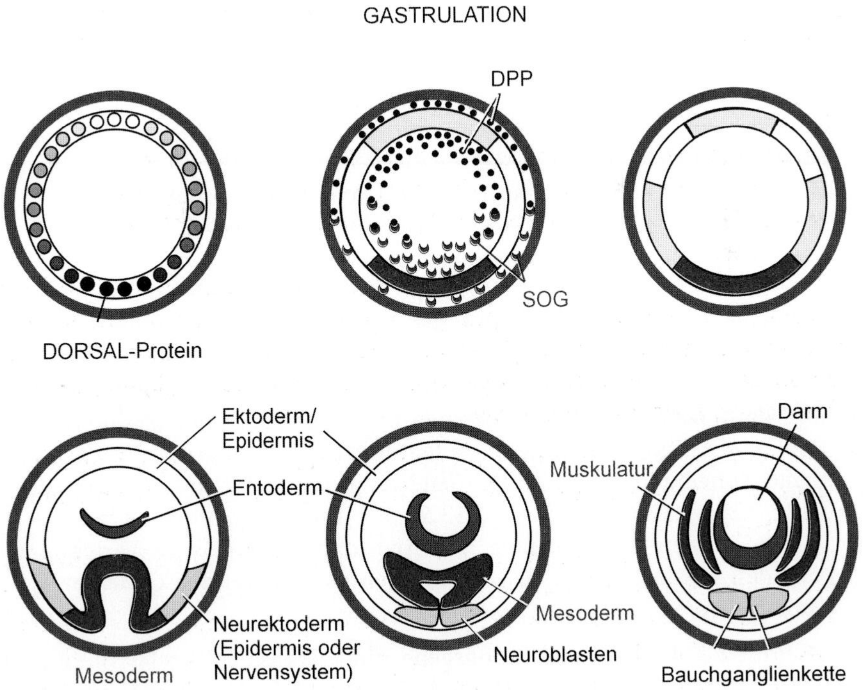

Abb. 3.30. *Drosophila.* Gastrulation im Querschnitt

3.6.14
In der Längsrichtung des Keims bereiten ganze Kaskaden von Genaktivitäten die Segmentierung vor

Die über die Produkte der maternalen Koordinatengene eingeschalteten embryoeigenen, „zygotischen" Gene haben eine Funktion bei der Aufgliederung des Embryos in sich wiederholende Einheiten, in Segmente (**Metamerie**).

> Die frühembryonalen Segmente, man nennt sie **Parasegmente**, sind nicht exakt deckungsgleich mit den definitiven Segmenten der Larve. Ein definitives Segment bildet sich gegen Ende der Embryonalentwicklung aus der hinteren Hälfte eines Parasegmentes und der vorderen Hälfte des folgenden Parasegmentes. (Eine solche Phasenverschiebung wird bei anderen Arthropoden nicht beobachtet.)

Die Segmentierung erfolgt in Etappen: neue Genprodukte erscheinen zunächst in breiten Zonen; später exprimierte Produkte erscheinen in Streifen, die an Zahl zunehmen und enger und enger werden (Abb. 3.31). *Drosophila* präsentiert dem Forscher wunderschöne, exakt gegliederte Muster, die aber nach kurzer Zeit wieder verschwinden und durch neue ersetzt werden.

Im morphologisch noch ungegliederten Blastoderm tauchen als erstes die Produkte der

1. **Lücken-Gene** (gap genes) in breiten, sich überlappenden Zonen auf: In breiten Zonen werden neben dem schon erwähnten Gen *hunchback (hb)* die Gene *Krüppel (Kr)* und *knirps (kni)* exprimiert. Defekte Genprodukte in den namensgebenden Mutanten haben den Ausfall breiter Bereiche in der Larve zur Folge. Bei homozygoten *hb–/–* Mutanten fehlen Kopf- und Thorax-Segmente sowie die Segmente A7 und A8. Bei *Kr–/–* und *kni–/–* Mutanten fehlt ein mittlerer bzw. ein hinterer Körperabschnitt. Auf die Expression der gap-Gene folgen Genprodukte der

2. **Paarregel-Gene** (pairrule genes), zu denen so smarte Gene gehören wie *fushi tarazu (ftz,* „zu wenig Segmente") und *even skipped (eve,* „die geradzahligen ausgelassen"). Sind die betreffenden Genprodukte defekt, fällt jedes zweite Thorax- und Abdomen-Segment aus und die Larve schlüpft mit 7 statt mit 14 Segmenten. Schließlich untergliedern die

3. **Segmentpolaritätsgene** die einzelnen Segmente in vordere, mittlere und hintere Abschnitte. Besondere Bedeutung bei der Abgrenzung der Segmente voneinander haben die Gene *engrailed (en)* und *wingless (wg)* (Abb. 3.31, 3.32, s. auch Abb. 12.5), die mit entsprechender Funktion auch bei anderen Organismen, wie Arthropoden aber auch Vertebraten, gefunden werden. (Die dem *wingless*-Gen entsprechenden Gene der Vertebraten heißen *Wnt*-Gene.)

Viele Proteine der Segmentierungsgene sind Transkriptionsfaktoren und mit DNA-bindenden Domänen ausgestattet, z. B. einer doppelten **Zink-Finger-Domäne** *(hunchback)* oder einer **helix-turn-helix-Domäne**, die sich

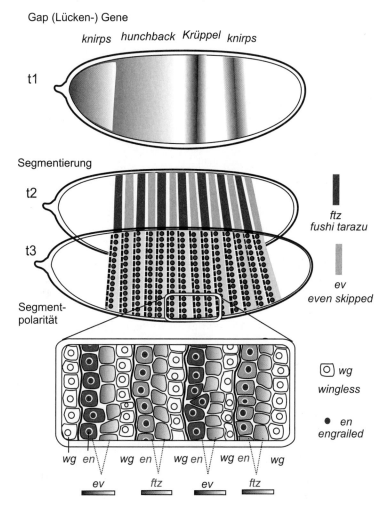

Abb. 3.31. *Drosophila.* Abfolge (t$_1$, t$_2$, t$_3$) im Streifenmuster exprimierter, zygotischer Gene. Ausschnitt: Der Transkriptionsfaktor ENGRAILED ist nur in einer Zellreihe pro Segment zugegen; die Proteine EVEN SKIPPED und FUSHI TARAZU bilden steile Gradienten über wenige (ca. 3) Zellstreifen hinweg

von der **Homöobox** des entsprechenden Gens ableitet (*fushi tarazu, even skipped, engrailed*). Dank dieser DNA-bindenden Domänen fungieren diese Proteine ihrerseits als Regulatoren, die andere, nachgeordnete Gene in ihrer Aktivität steuern. Es ist eine bemerkenswerte Erkenntnis, dass in der frühen Entwicklung eine **hierarchische Kaskade von Genaktivierungen in Gang kommt, wobei frühe Gene ganze Batterien späterer Gene einschalten (oder ausschalten).** Diese Kaskade ist noch nicht zu Ende.

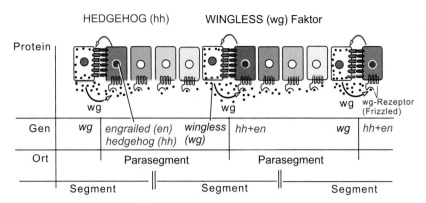

Abb. 3.32. *Drosophila.* Ausschnitt, die Expression verschiedener Gene in (Para-)Segmenten und an deren Grenzen zeigend. Beachte, dass die definitiven Segmente gegenüber den früh-embryonalen Parasegmenten phasenverschoben sind: Ein definitives Segment entsteht aus der posterioren Hälfte eines Parasegments X und der anterioren Hälfte des folgenden Paraseg-ments Y. HEDGEHOG ist bei der Segmentbildung als membranständiges Signalmolekül betei-ligt, WINGLESS als sezerniertes, diffusibles Molekül. Der Transkriptionsfaktor ENGRAILED ist stationär in den Kernen der Zellreihe, welche die vordere Grenze eines Parasegments definiert

3.6.15
Homöotische Gene der *Antennapedia*- und der *bithorax*-Klasse verleihen den Segmenten ihre unverwechselbare Identität

Homöotische Gene (früher: homoiotisch; Engl.: homeotic), was ist das? Es geht hier nicht um all die Gene, die **auch** eine Homöobox (homeobox) ha-ben wie z. B. das *bicoid*- oder das *engrailed*-Gen. Es geht hier um die ho-möotischen Gene im engeren und ursprünglichen Sinn. Sie bestimmen, welcher besondere Charakter einem Segment zukommen soll, ob ein Seg-ment beispielsweise zu Pro-, Meso- oder Metathorax werden soll. Ohne diese Gruppe homöotischer Gene wären die Segmente der Fliege ähnlich gleichförmig (homonom) wie die eines Regenwurms. Bei *Drosophila* sind viele dieser homöotischen Gene auf dem 3. Chromosom untergebracht und in zwei Genkomplexe (cluster) zusammengefasst, dem

* *Antennapedia*-Komplex (*Antp*-C) und dem
* *bithorax*-Komplex (*BX*-C).

Gene des *Ant*-C werden überwiegend in den Kopf- und Thoraxsegmenten, Gene des *BX*-C in den Thorax- und Abdominalsegmenten exprimiert (Abb. 3.33). Defekte in diesen Genen führen zu bisweilen spektakulären **homöoti-schen Transformationen**: Es wird eine durchaus korrekt gestaltete Struktur am falschen Ort gemacht, z. B. schlüpfen bei bestimmten *Antennapedia* (*Antp*)-Mutanten Fliegen aus der Puppenhülle, die anstelle der Antennen ein Beinpaar tragen (zur Interpretation dieses Effekts s. Kap. 13.3.1). Eine *loss-of-function*-Mutation des *Antp*-Gens führt zur Umwandlung des Meso-

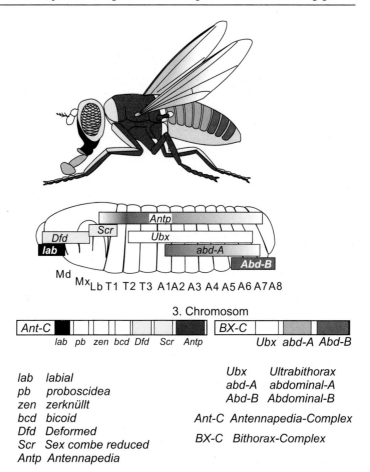

Abb. 3.33. *Drosophila.* Wirkungsbereich der Gene des *Antennapedia*-Komplexes und des *bithorax*-Komplexes

thorax in einen Prothorax; die Fliege ist flügellos. Andererseits macht das Einkreuzen anderer Mutationen den Metathorax zum Mesothorax, die Halteren werden zu Flügel, und die Fliege präsentiert uns den evolutionsgeschichtlichen Ausgangszustand des vierflügeligen Insekts (Abb. 3.34). Diese Beispiele zeigen auch, dass das Wirken dieser klassischen (von Edward B. Lewis entdeckten) homöotischen Gene erst nach der Metamorphose der Larve zur Fliege augenfällig wird. Ein Modell, wie man sich die Ursache einer homöotischen Transformation vorstellen kann, wird in Kap. 13, Abb. 13.5, vorgestellt.

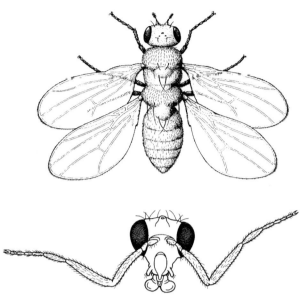

Abb. 3.34. *Drosophila.* Homöotische Transformationen verursacht durch das Einkreuzen mutierter homöotischer Gene des *Antennapedia*-Komplexes (unten: nach einer Fotografie von Lawrence) oder des *bithorax*-Komplexes (oben: nach einer Fotografie von Lewis). In der vierflügeligen Fliege sind im hinteren Brustsegment die Halteren in Flügel verwandelt

3.6.16
Die Metamorphose ist eine dramatische zweite Embryogenese

Schon im Embryo werden Zellen abgesondert, die nicht wie die larvalen Zellen polyploid oder polytän werden, sondern diploid bleiben und deren Aufgabe es ist, im Zuge der Metamorphose unter der Puppenhülle die **Imago**, d. h. die Fliege, aufzubauen. Man findet im Inneren der Larve zwischen ihren Organen in epitheliale Säckchen eingepackte **Imaginalscheiben** (Abb. 3.35), die sich in der Erstlarve von der Epidermis abgelöst hatten und ins Innere verlagert worden waren (bei anderen Insekten, wie den Schmetterlingsraupen, bleiben die Imaginalscheiben an der Oberfläche). Man findet auch in den inneren Organen der Made, z. B. im Darm und in den Malpighischen Gefäßen, zwischen den polyploiden larvalen Zellen eingestreut diploide **Imaginalzellen**, auch **Histoblasten** genannt. Im Zuge der Metamorphose werden die Imaginalscheiben entfaltet (s. Abb. 22.2). Sie dehnen sich, differenzieren sich scheibenspezifisch zu lange schon programmierten Strukturen der Fliege, beispielsweise zu Augen plus Antennen, zu Flügeln oder Beinen, und setzen mosaikartig das Integument der Fliege zusammen.

Die vielfältigen Vorgänge der Metamorphose werden durch **Hormone** gesteuert, deren Freisetzung der Kontrolle durch das Gehirn unterliegt.

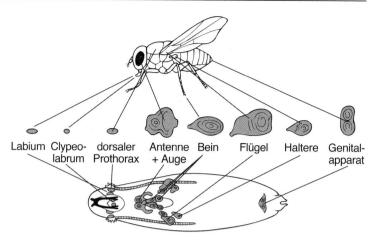

Labium Clypeo-   dorsaler   Antenne Bein   Flügel   Haltere Genital-
       labrum Prothorax   + Auge   apparat

Abb. 3.35. *Drosophila.* Imaginalscheiben in der Larve und die aus ihnen hervorgehenden Strukturen der Fliege (nach Alberts et al., umgezeichnet)

Dies und die Wirkungsinterferenz von **Juvenilhormon** und **Ecdyson** wird in Kapitel 22 näher ausgeführt.

3.6.17
Mit transplantierten Imaginalscheiben entdeckte man das Phänomen der Transdetermination und die Heredität des Determinationszustandes

Für das Verständnis bekannter Experimente an Imaginalscheiben ist bedeutsam, dass Juvenilhormon in der adulten Fliege erneut produziert wird, dabei zwar als Gonaden-steuerndes **gonadotropes** Hormon fungiert, aber auf implantierte Imaginalscheiben noch ebenso wirkt, wie es in der Larve gewirkt hat: Es erlaubt das Wachstum solcher Scheiben, verhindert aber ihre Metamorphose in die Adultstrukturen (daher Juvenilhormon). Die angesprochenen Experimente machen sich diese Wirkung zunutze, um Scheiben regenerieren zu lassen und zu vermehren (Abb. 3.36). Es werden Imaginalscheiben aus Larven herausoperiert, in Teile geschnitten und in die Leibeshöhle adulter weiblicher Fliegen implantiert. Hier proliferieren die Teilstücke, regenerieren und wachsen zur normalen Größe heran. So kann man z. B. aus einer Beinscheibe einen Klon vieler Beinscheiben züchten.

Will man prüfen, ob sich der Determinationszustand der Scheiben geändert hat, was selten beschieht, werden sie aus den adulten Fliegen herausgeholt und in Metamorphose-bereite Drittlarven überführt. Nimmt in der Wirtslarve die Konzentration des Juvenilhormons ab und die des Ecdysons zu, so setzt in den transplantierten Gastscheiben ebenso wie in den Imaginalscheiben des Wirtes die Metamorphose ein. Das aus der Imaginalscheibe entstandene fertige Produkt, ein Bein, ein Flügel oder eine andere Struktur, wird aus der Leibeshöhle herausoperiert und begutachtet. Durch

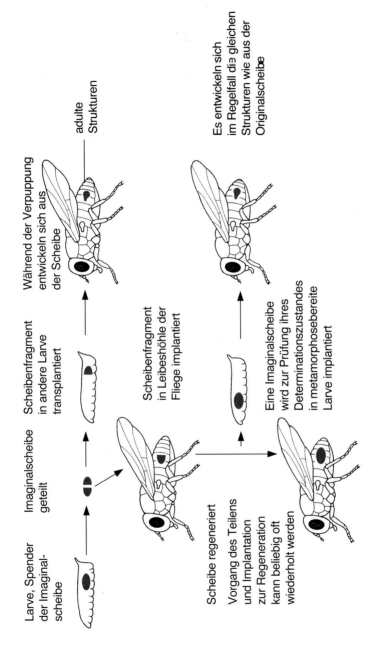

Abb. 3.36. *Drosophila.* Transplantation und Vermehrung der Imaginalscheiben und Test ihres Determinationszustandes. Experimente von Hadorn (1966)

Versuche solcher Art wurde von Ernst Hadorn die **Heredität der Determination** und das gelegentlich auftretende Phänomen der **homöotischen Transdetermination** entdeckt.

- **Heredität:** Der Determinationszustand bleibt bei der Vermehrung der Scheiben (durch Teilen und Regeneration) in aller Regel unverändert und wird an die Tochterscheiben weitergegeben; man erhält Klone gleichartig determinierter Scheiben.

- **Transdetermination:** In seltenen Fällen erntet man statt eines erwarteten Beins einen Flügel, statt eines erwarteten Flügels eine Antenne, statt einer Antenne einen Flügel. Transdetermination tritt nach gegenwärtigem Kenntnisstand nur nach wiederholter Regeneration auf, wenn also wieder und wieder Zellteilungen erzwungen werden. Auch wenn Transdetermination plötzlich wie eine Mutation auftritt, ist ungewiss, ob sie von einer Mutation ausgeht. Jedenfalls hat sich das Determinationsprogramm geändert, bei dem homöotische Gene im Spiel sind. Es kommt zu gleichen Transformationen nach dem Einkreuzen mutierter homöotischer Gene.

3.7
Tunikaten: „Mosaikentwicklung" im Stamm der Chordaten?

3.7.1
Tunikaten sind marine Organismen, die – obzwar wirbellos – doch zum Stamm der Chordaten gehören

Dem zoologischen Laien können Tunikaten (Manteltiere) ins Gesichtsfeld geraten, wenn er Seeaquarien betrachtet. Da mag er Seescheiden (**Ascidien**) zu Gesicht bekommen, die er kaum als Tier, geschweige denn als „höheres" Tier, ansehen wird. Die festsitzenden, klumpenförmigen Seescheiden gleichen in Lebensweise (Filtrierer) und Aussehen Schwämmen. Ihre aus den Eiern schlüpfenden, winzigen, Kaulquappen-ähnlichen Larven (Abb. 3.37) jedoch haben eine Chorda, einen dorsalen Nervenstrang und einen Kiemendarm: Attribute, die den Tierstamm (oder die Stammesgruppe) der Chordaten kennzeichnen. Die Larven repräsentieren den Phylotyp des Chordaten (zur Bedeutung dieses Begriffes s. Kap. 7).

Im Labor (meeresbiologischer Institute) entnimmt man reifen Seescheiden Eier oder Sperma und setzt die Befruchtung wie beim Seeigel nach Bedarf an. *Styela plicata* (Atlantik, USA) und *Halocynthia roretzi* (Pazifik, Japan) sind viel untersuchte Arten.

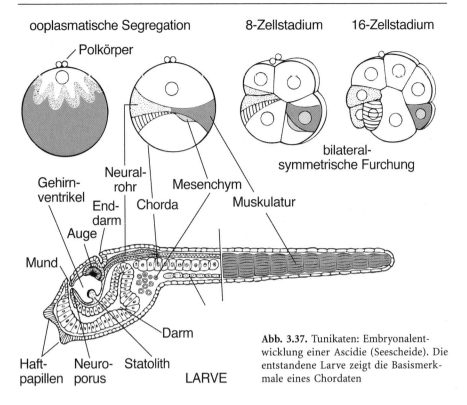

Abb. 3.37. Tunikaten: Embryonalentwicklung einer Ascidie (Seescheide). Die entstandene Larve zeigt die Basismerkmale eines Chordaten

3.7.2
Ein Muster an maternalen Determinanten bereitet eine frühe Determination vor; doch haben auch Zellinteraktionen Bedeutung

Mit dem Ausdruck Mosaikentwicklung verbindet sich die historisch alte (s. Box K1) Vorstellung, das Ei sei in Bezirke unterschiedlicher Qualitäten gegliedert. Im Zuge der Furchungsteilungen würden diese verschiedenen Qualitäten jeweils anderen Zellen zugeteilt; die Blastomeren würden daraufhin zu autonomer, individueller Weiterentwicklung befähigt und determiniert.

Diese Auffassung etablierte sich aufgrund von Isolations- und Ausschaltungsexperimenten an Tunikaten. Anders als beim Seeigel (anders auch als bei Amphibien und Säugern) bringen im 2- und 4-Zellstadium getrennte Blastomeren keine ganzen Larven hervor. Defekte, mit Nadel oder Laser gesetzt, werden in der Regel nicht korrigiert.

Tatsächlich enthält das Ascidienei wie das Ei des Seeigels oder Amphibs Komponenten, die nach der Befruchtung im Zuge eines Entmischungsvorgangs (**ooplasmatische Segregation**) in einem bestimmten räumlichen Muster angeordnet werden und als **cytoplasmatische Determinanten** differenzierungsbestimmend sein können. So enthält das gelbliche **Myoplasma** eine Komponente, die eine muskelspezifische Entwicklung einleitet. Acht Zellen im vegetativen-posterioren Bereich des 64-Zellembryos bekommen diese Komponente zugeteilt. Diese Zellen erlangen früh eine muskelspezifische molekulare Ausstattung (z. B. Acetylcholinesterase, muskelspezifisches F-Aktin und Myosin) und bringen als primäre Muskelzellen den größten Teil der quergestreiften larvalen Schwanzmuskulatur (Abb. 3.37) hervor. Isolierte Zellen mit Myoplasma entwickeln sich **autonom** zu Muskelzellen. Aber es gibt auch sekundäre Muskelzellen, die nur entstehen, wenn ihre Stammzellen Kontakt zu anderen Zellen haben.

Es liegen ähnliche Verhältnisse vor wie beim Seeigel und bei *Caenorhabditis elegans* und *Drosophila*: **Das Wirken cytoplasmatischer Determinanten muss ergänzt werden durch Zell-Zell-Interaktionen.** Solche stehen bei den Amphibien im Vordergrund (Kap. 4.1).

ZUSAMMENFASSUNG DES KAPITELS 3

In den Kapiteln 3 und 4 wird die Entwicklung sogenannter Modell- oder Referenzorganismen beschrieben, und es werden wichtige Experimente vorgestellt, die mit den jeweiligen Organismen gemacht worden sind. Kapitel 3 stellt bedeutsame **wirbellose** Modellorganismen vor.

- Der **Seeigel** ist ein Musterbeispiel für tierische Entwicklung überhaupt; darüber hinaus wurden besonders die Befruchtung und der embryonale Zellzyklus zu viel untersuchten Musterfällen. Am Beispiel des Seeigelkeims wurde ferner die Gradententheorie und, damit zusammenhängend, die Morphogenhypothese entwickelt.

- *Dictyostelium*, oft als „zellulärer Schleimpilz" bezeichnet, ist eine Amöbe, die als Einzeller oder als vielzelliger Verband existiert. Es wird die chemotaktisch gesteuerte Aggregation einzelner Amöben zu einem vielzelligen Verband (Plasmodium, ‚slug') untersucht und die Differenzierung verschiedener Zelltypen (Sporen, Stielzellen) in diesem Verband, der zum „Fruchtkörper" wird.

- *Hydra*, der Süßwasserpolyp, ist der einzige bisher bekannte Vielzeller, der potentiell immortal ist, weil er zeitlebens gealterte und verbrauchte Zellen durch neue ersetzt, die aus stets teilungsfähigen Stammzellen hervorgehen. Es wird die Zelldifferenzierung, insbesondere die Entwicklung von Nervenzellen aus multipotenten Stammzellen untersucht. Regenerations- und Transplantationsversuche gelten der Analyse von Musterbildung und Positionsinformation. Musterbildung umfasst die Gliederung des Körpers in Kopf, Rumpf und Fuß als Ausdruck einer Selbstorganisation, bei der langreichweitige Interaktionen zwischen den Körperregionen stattfinden. Kontinuierlich entlang der Körpersäule abfallende „Positionswerte" vermitteln ein Positionsgedächtnis, das ortsgerechte Regeneration ermöglicht. Die große Fähigkeit eines vielzelligen Verbandes zur Regeneration und Selbstorganisation ermöglicht es anfänglich chaotisch zusammengesetzten Aggregaten aus Einzelzellen, in die man Hydren zerlegen kann, sich selbst wieder zu ganzen Tieren zu reorganisieren. Im Tierstamm der Cnidarier haben neben *Hydra* auch das Hydrozoon *Hydractinia* und die Seeanemone *Nematostella* Modellcharakter gewonnen.

- *Caenorhabditis elegans* ist ein kleiner Nematode, mit dem klassische Genetik betrieben werden kann und dessen Genom sequenziert ist. Es enthält ca. 19 100 Gene. Seine präzise, stets gleich ablaufende Embryonalentwicklung, die mit einer konstanten Zellenzahl von 556 somatischen Zellen endet, hat eine vollständige Rekonstruktion aller Zellstammbäume ermöglicht. Frühe Zellinteraktionen erwirken eine frühe Determination, nach der die weitere Zellentwicklung weitgehend autonom abläuft.

- **Spiralier** (Schnecken, Borstenwürmer), deren Kennzeichen die Spiral-furchung ist, sind ebenfalls für exakt reproduzierbare Zellgenealogien bekannt: Das Mesoderm geht stets aus der Gründerzelle 4d hervor. Zu einem Modellorganismus aus der Gruppe der Anneliden ist *Platynereis dumerilii* geworden.
- **Drosophila melanogaster**, die Taufliege (Fruchtfliege), ist das Haupt-objekt der genetischen und molekularbiologischen Entwicklungsbio-logie. Ihr sequenziertes Genom umfasst ca. 13 600 Gene. Die Embryo-nalentwicklung führt binnen eines Tages über eine superfizielle Fur-chung und eine atypische Gastrula zu einer Larve, die nach drei Häutungen und ihrer Verpuppung im Zuge der Metamorphose zur Fliege wird.

  Bei *Drosophila* wurden erstmals spezielle entwicklungssteuernde Gene identifiziert. Beispielhaft ist **bicoid**. Es ist ein Gen, das nicht in der Eizelle oder im Embryo selbst aktiv ist, sondern in den Nährzel-len des Ovars; damit gehört es zum maternalen (mütterlichen) Ge-nom. Die maternale mRNA wird in die Eizelle geschleust und am Vorderpol fixiert. Das fertige BICOID-Protein liegt in Form eines Konzentrationsgradienten vor; dessen Form ist mitbestimmend für die Dimension von Kopf und Thorax. BICOID ist daher ein Morpho-gen. Es ist auch ein Transkriptionsfaktor; denn es wandert in die Kerne, bindet mittels einer Homöodomäne, die sich von der Homöo-box des *bicoid*-Gens ableitet, an die Promotoren embryoeigener (zy-gotischer) Gene, deren Expression BICOID steuert.

  Die entwicklungsbestimmenden Gene gliedern sich in drei Haupt-kategorien:

1. **Maternale Koordinatengene** mit *bicoid, nanos* und *dorsal*;
2. **Segmentationsgene** und
3. **die homöotischen Gene** im engeren Sinn, welche die besondere Quali-tät der Körpersegmente bestimmen. Mutationen solcher Gene (wie *Antennapedia*) bewirken beispielsweise, dass statt einem Antennenpaar ein Beinpaar entsteht. Die homöotischen Gene sind auf dem Chromo-somen zu zwei Gruppen (cluster) zusammengefasst, dem **Antennape-dia**-Komplex (*Antp*-C) und dem **bithorax**-Komplex (*BX*-C). Erstaunli-cherweise findet man Homologe zu den bei *Drosophila* gefundenen Ge-nen bei vielen eukaryotischen Vielzellern, auch beim Menschen.

  In der Metamorphose gehen die äußerlich sichtbaren Teile der Fliege aus Imaginalscheiben hervor; diese können vereinzelt eine Transdeter-mination (Umlenkung ihres Schicksals) erfahren.
- **Ascidien** (Seescheiden, Chordata). Anders als der adulte, festgewach-sene Organismus zeigt die kaulquappenähnliche Larve die typischen Chordatenmerkmale. Im Cytoplasma der Eizelle liegen maternale Fak-toren vor, welche die Zellen, denen sie zugeteilt werden, u. a. zu Muskel-zellen determinieren.

4 Entwicklung bedeutsamer Modellorganismen II: Wirbeltiere

4.1
Xenopus: Referenzmodell der Wirbeltierentwicklung

4.1.1
Amphibien, und mit ihnen der Krallenfrosch, gelten als Prototypen der Wirbeltierentwicklung, und die Keime sind gut zu handhaben

Amphibien repräsentieren den Archetyp der Wirbeltierentwicklung, auf die sich die abgewandelte Entwicklung der Reptilien, Vögel und Säuger zurückführen lässt. Die Eier sind zwar dotterreich und groß – oft 1 bis 2 mm im Durchmesser –, doch furchen sie sich, von Sonderfällen abgesehen, holoblastisch (was heißt, dass die Eizelle durch reguläre Zellteilungen vollständig in Tochterzellen zerlegt wird), und die Furchung führt über eine typische Blastula zu einer lehrbuchmäßigen Gastrula. Darüber hinaus haben Amphibienkeime den Vorzug, dass sie sich im freien Wasser und innerhalb einer durchsichtigen Hülle, die leicht entfernt werden kann, entwickeln. Daher sind sie dem Zugriff experimentierfreudiger Hände leicht zugänglich. Herausgetrennte Stücke von Keimen (**Explantate**) lassen sich in einfachen Salzlösungen (Holtfreter-Lösungen) ohne Zusätze von Nährsubstanzen kultivieren; denn die Zellen bringen einen internen Dottervorrat mit. Operative Eingriffe, z. B. Transplantationen, lassen sich mit selbstgefertigten mikrochirurgischen Instrumenten (z. B. Glasnadeln) mit freier Hand durchführen und erfordern keine absolut sterilen Bedingungen. Aufwendige Gerätschaften und Brutschränke sind nicht erforderlich.

Zur Startzeit der experimentellen Embryologie waren es Froschkeime (*Rana temporaria* in Europa, *Rana pipiens* in Amerika), die experimentelle Eingriffe noch grober Art ertragen mussten (s. Abschnitt 4.1.9). Unter dem späteren Nobelpreisträger Hans Spemann wurden es dann Molchkeime (Gattung *Triturus*), die zu den Hauptakteuren der klassischen Entwicklungsbiologie wurden. Zwischen 1950 und 1970 wechselten die Hauptdarsteller erneut. Seither werden die Keime des südafrikanischen Krallenfrosches (Krallenkröte) *Xenopus laevis* (Abb. 4.1; Abb. 4.3) bevorzugt. Zwar sind operative Eingriffe schwieriger, doch kann der stets im Wasser lebende Krallenfrosch im Labor gezüchtet werden; man muss nicht in die natürlichen Populationen eingreifen (Artenschutz!), und die Krallenfrösche kön-

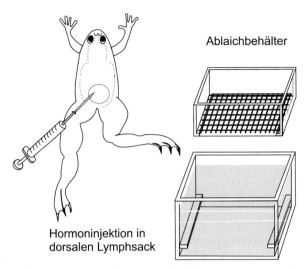

Abb. 4.1. *Xenopus*. Hälterung und Injektion gonadotroper Hormone zur Auslösung des Ablaichens

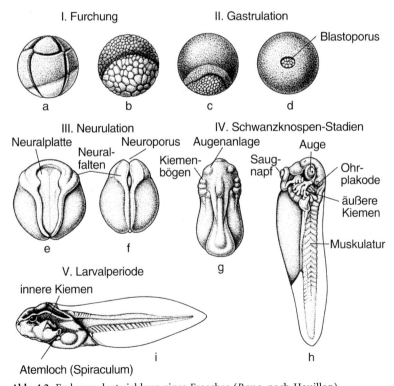

Abb. 4.2. Embryonalentwicklung eines Frosches (*Rana*, nach Houillon)

Xenopus laevis

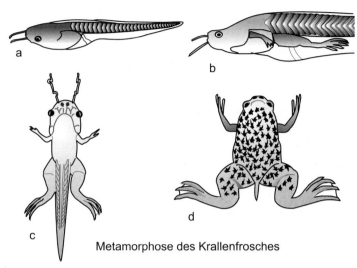

Metamorphose des Krallenfrosches

Abb. 4.3. Larvalentwicklung und Metamorphose des Krallenfrosches *Xenopus laevis*

nen zu jeder Jahreszeit durch Injektion von gonadotropen Hormonen (Abb. 4.1) zum Ablaichen ihrer Eier bzw. Spermien veranlasst werden. (Auch humanes Gonadotropin ist geeignet; darauf beruhte der erste Schwangerschaftstest: Injektion von Urin einer Schwangeren, kann Ablaichen auslösen.) Nach der Befruchtung kann die Gallerthülle des Eis chemisch entfernt werden (z.B. mit 2.5% Cystein-HCl, pH 7,4).

Xenopus laevis hat eine unerwünschte Eigenheit. Die Art ist tetraploid. Wollte man Mutationen erzeugen und die mutierten Allele in einen homozygoten Zustand bringen, müsste man in äußerst umfangreichen und langwierigen Inzuchtkreuzungen nicht nur 2, sondern 4 mutierte Allele in einem einzigen Individuum zusammenbringen. Dies ist schier unmöglich. Daher wird mehr und mehr auch auf die ostafrikanische, diploide Art **Xenopus borealis** zugegriffen, wenn Genetik gefragt ist.

Eine äußerst delikate Methode kann jedoch auch in *Xenopus laevis* Transgene einführen. Mit viralen Sequenzen und dem Wunschgen beladene Plasmide werden zusammen mit einem Restriktionsenzym in permeabel gemachte Spermienkerne eingebracht. Manchmal führt dies dazu, dass in die vom Restriktionsenzym geschnittene DNA des Spermiums das Plasmid eingebaut wird. Einzelne Spermien werden dann in Eizellen injiziert. – Alles Methoden, die für ein Praktikum mit Anfängern nicht empfohlen werden können. Das Methodenspektrum, das dem professionellen Forscher für experimentelle Eingriffe zur Verfügung steht, wird laufend erweitert.

4.1.2
Die Oogenese von *Xenopus* hat als Modellfall grundlegende, auch für den Menschen gültige Erkenntnisse geliefert

Man würde die Oogenese beim Menschen (s. Abb. 6.1) kaum verstehen, wäre nicht zuvor eingehend die Oogenese von *Xenopus* studiert worden. 1958 fanden Forscher der Universität Oxford eine Mutante, in deren somatischen Zellen nur ein Nucleolus zu sehen war statt der zwei Nucleoli, die man in normalen Wildtypzellen findet. Nucleoli sind die Fabriken, in denen die Ribosomen hergestellt werden. Diese Fabriken werden an jenem Chromosom errichtet, in dem mehrere ribosomalen Gene (18S-, 5,8S-, 28S-rDNA) zum „Nucleolus-Organisator" zusammengefasst sind. Die heterozygote Mutante, genannt *1-nu* (1 Nucleolus), war lebensfähig, weil ein Satz intakter ribosomaler Gene genügt, um Ribosomen in ausreichender Menge herzustellen. Durch Inzuchtkreuzen (*1-nu* × *1-nu*) erhielt man

- homozygote Wildtypen *2-nu* (2 Nucleoli),
- heterozygote *1-nu* (1 Nucleolus) und
- homozygote *0-nu* (kein Nucleolus)

im Mendelschen Verhältnis 1:2:1.

Die homozygoten *0-nu*-Nachkommen, die keine Nucleoli und damit auch keine Ribosomen herstellen konnten, waren naturgemäß nicht lebensfähig – auf lange Sicht. Überraschenderweise durchliefen die *0-nu*-Keime jedoch eine normale Embryonalentwicklung und erreichten sogar das Kaulquappenstadium. Dann erst starben sie ab. Dieser überraschende Befund führte zu der Arbeitshypothese, die Oocyten hätten schon vor der Meiose einen Vorrat an Ribosomen angelegt. Vor der Meiose herrschte ja die heterozygote *1-nu*-Konstitution, und es war noch ein Satz intakter Gene verfügbar. (Während der Meiose geriet dieser Satz in einen Richtungskörper (Polkörper) und ging deshalb verloren; und da das *0-nu*-Spermium auch keinen Satz intakter Gene mitbrachte, wurde die befruchtete Eizelle homozygot *0-nu/0-nu*.) Der in der frühen Oogenese angelegte Vorrat an Ribosomen habe, so wurde vermutet, für die Bewältigung der Embryonalentwicklung ausgereicht. Die folgenden Untersuchungen bestätigten die Hypothese. Allerdings werden in der normalen Entwicklung nicht erst in der Kaulquappe, sondern schon in der Blastula (**midblastula transition**) die embryoeigenen Gene eingeschaltet, um den Vorrat an Ribosomen und anderen Genprodukten aufzufrischen.

In Amphibien-Weibchen beginnt die Oogenese bald nach der Metamorphose und dauert mehrere Monate. Die Prophase der Meiose schreitet voran bis zum Diplotän. Dann wird die Prophase längere Zeit unterbrochen, während der die Oocyte zur riesigen Eizelle heranwächst. Im Kern der Oocyte setzt eine hohe transkriptionelle Aktivität ein. Die setzt voraus, dass zuvor die Chromosomen wieder dekondensiert werden. Es erscheinen **Lampenbürstenchromosomen,** und als Ausdruck einer **rDNA-Amplifikation** erscheinen bis zu **1000 (multiple) Nucleolen** (Kap. 8; s. Abb. 8.3 und 8.4). Weiterhin liefert die Leber maternale **Vitellogenine** (Proteine), die über den Blutstrom den Oocyten zugeführt werden. Die gefräßigen Oocyten nehmen die Vitellogenine per Endocytose auf und speichern sie in den Vesikeln, die man Dottergranula oder Dotterplättchen nennt. Die Oogenese der Vertebraten wird näher beschrieben im Abschnitt 6.1 (Mensch) und in Kap. 8.

4.1.3
Bei der Festlegung der Körperkoordinaten, und damit der Bilateralsymmetrie, wirken äußere Richtungsgeber mit: Schwerkraft und Spermium

Bildung des Achsenplans, Symmetrisierung: Bereits vor Einsetzen der Furchungsteilungen kommen Prozesse in Gang, die zur Etablierung der Raumkoordinaten, d. h. der Bilateralsymmetrie, führen. Anders als bei *Drosophila* wird bei den Amphibien den Eiern nicht schon eine so umfassende mütterliche Mitgift mitgegeben, dass sie die Bilateralsymmetrie vollständig vorherbestimmen könnte. Äußerlich sieht man eine von Melaninpigmenten dunkel gefärbte animale Halbkugel und eine helle vegetative Halbkugel. Es gibt also eine vorgegebene animal-vegetative Polarität. Die Pigmente sind in die Eirinde eingelagert und radiär um die animal-vegetative Polaritätsachse angeordnet. Eine weitere Polaritätsachse ist nicht erkennbar. Als bilateral-symmetrischer Organismus braucht das Wirbeltier aber **zwei** Polaritätsachsen: eine anterior-posteriore Achse und eine dorso-ventrale. Wie kommen sie zustande, welche Beziehung gibt es zwischen der animal-vegetativen Achse und den beiden endgültigen Körperkoordinaten?

Betrachtet man den Keim als Erdkugel und projiziert den späteren Embryo auf diese Kugel, so wird der Kopf in der Nähe des animalen „Nordpols" zu liegen kommen – bei anderen Amphibien eher auf dem nördlichen Wendekreis – und die Kopf-Rücken-Schwanzlinie wird entlang eines Meridians über

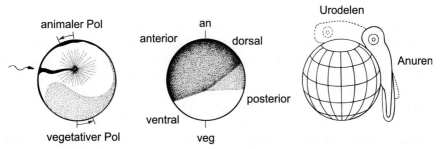

Abb. 4.4. Amphibien: Determination der Bilateralsymmetrie. Der künftige dorsal-posteriore Pol des Embryo (Schwanzknospe) liegt diagonal entgegengesetzt zur Eintrittstelle des Spermiums. Die Projektionen der Embryonen auf die Eikugel lassen die Zellbewegungen während der Gastrulation außer acht und repräsentieren deshalb keinen echten Anlagenplan. Die Projektionen superponieren lediglich das Bild der anfänglichen Eikugel und die Abbilder der Embryonen am Schluss der Embryonalentwicklung

die animale Hemisphäre hinab bis unterhalb des Äquators ziehen (Abb. 4.4). Es ist jedoch nicht von vornherein festgelegt, auf welchem der 360 Meridiane diese Linie verlaufen soll.

Die Festlegung dieser Linie („Nullmeridian"), d. h. der künftigen Rükkenseite, geschieht durch mehrere miteinander verschränkte Ereignisse. Neben der vorgegebenen **animal-vegetativen Eiachse** sind entscheidend: (a) **der Eintrittsort des Spermiums** und (b) **die Schwerkraft**.

Das Spermium kann sich nur auf der animalen Hemisphäre anheften; der genaue Ort (und damit auch der Meridian) ist dem Zufall überlassen. Durch die Fusion von Spermien- und Eimembran wird eine lokale Kontraktion der Eirinde und das Abheben der Befruchtungsmembran (erläutert in Kap. 9) ausgelöst. Das Ei kann nun frei in seiner Hülle rotieren und orientiert sich im **Schwerefeld** so, dass sich die dotterbepackte, helle vegetative Hälfte nach unten kehrt. Bald darauf kommt es zur **corticalen Rotation**. Als Cortex (Eirinde) wird die mit der Zellmembran assoziierte, massendichte periphere Schicht des Cytoplasmas bezeichnet. Sie ist von einem Aktinnetz und Bündeln von Mikrotubuli durchzogen. Die parallel zur Eioberfläche verlaufenden Mikrotubuli können durch **Kinesinmotoren** gegeneinander verschoben werden. Die koordinierte Bewegung des Mikrotubulisystems bewirkt, dass der Eicortex um einen Betrag von $30°$ um die innere Cytoplasma-Masse rotiert (Abb. 4.4). Im Zuge dieser **Rotationsbewegung verlagern sich cytoplasmatische Komponenten einschließlich maternaler RNA. Am vegetativen Pol befindliches Cytoplasma gerät in den Bereich, in dem sich der Urmund bilden wird. Insgesamt ist nun die Bilateralsymmetrie festgelegt: vorne und hinten, dorsal und ventral sind definiert.** Ein vereinfachendes mechanisches Modell, das verständlich machen soll, wie das Spermium im Zusammenwirken mit der Schwerkraft eine solche bilateralsymmetrische Verteilung innerer Eikomponenten auslösen kann, wird im Rahmen des Kap. 11 mit Abb. 11.1 vorgestellt.

Bei manchen Fröschen macht die Rotation des Eicortex jenen Bezirk, in dem sich der Urmund bilden wird, teilweise frei von Melaninpigmenten und es erscheint der sogenannte **graue Halbmond** (bei *Xenopus* leider nicht erkennbar!). Der Ort, an dem dies geschieht, liegt im Regelfall diagonal gegenüber dem Eintrittsort des Spermiums unterhalb des Äquators. Im Bereich des grauen Halbmondes wird künftig die Gastrulation einsetzen und damit der Urmund = After zu liegen kommen. Zieht man vom Mittelpunkt des grauen Halbmondes eine Linie zum animalen Nordpol, so fährt man der künftigen Rückenlinie entlang. Das Kopfende dieser Rückenlinie liegt im Umfeld des Nordpols.

Solche **Projektionen** dürfen aber **nicht als Anlagenplan** missverstanden werden; denn das Material, das entlang dieses dorsalen Meridians liegt, wird später im Zuge der Gastrulation teilweise ins Innere verlagert. Areale, die in der Blastula in der Nähe des künftigen Urmundes liegen, geraten dabei in den Kopfbereich; Areale, die anfänglich näher bei den Polen liegen, geraten in den Schwanzbereich.

4.1.4
Furchung und Gastrulation verlaufen lehrbuchmäßig.
Bei der Involution des Urdarms gelangt auch Zellmaterial ins Innere,
das zunächst das Urdarmdach und später Chorda und Mesoderm bildet

Die radiäre, holoblastische Furchung (Abb. 4.5) führt zu einer Blastula. Die Gastrulation (Abb. 4.6, Abb. 4.7) setzt im Zentrum des Areals ein, das dem grauen Halbmond echter Frösche entspricht. Hier senkt sich ein **Urmund** (**Blastoporus**) ein. Im geschlossenen Verband strömen nun die Zellen des Blastoderms zum Urmund und dringen durch den Urmund in die Tiefe. Der Entwicklungsbiologe spricht von **Invagination**, wenn das Halbmond-areal des Blastoderms sich zum Urmund eindellt und der Rand des Ur-mundes entsteht; man spricht von **Involution**, wenn anschließend weitere Zellkohorten den Urmundrand umrollen, um ins Keimesinnere einzudrin-gen. Die ins Keimesinnere eingedrungenen Zellverbände breiten sich ent-lang der Innenseite des Blastoderms als blasenförmiger **Urdarm (Archen-teron)** aus. Bei diesem Gleitvorgang spielen Zelladhäsivitäten und Pseudo-podienbildung eine Rolle. Diese aktive **Involution** wird unterstützt durch eine **Epibolie** des Blastoderms: Obwohl von der Wandung der Blastula mehr als die Hälfte im Inneren verschwindet, wird der Umfang des Keims nicht geringer; denn die Zellen der Außenwand dehnen sich aus und kom-pensieren flächenmäßig den Verlust.

Keimblattbildung: Gastrulation bedeutet auch Keimblattbildung. Der Urdarm kann als Mesentoderm bezeichnet werden; denn er ist Ursprung für das Entoderm und das Mesoderm. Bei vielen Amphibien, z. B. bei Mol-chen, löst sich vom Urdarm das ganze Dach ab und wird insgesamt zum Mesoderm (Abb. 4.7). Die dachlose Urdarmschale schließt sich wieder und wird zum rohrförmigen Urdarm. Bei *Xenopus* ist das Urdarmdach mehrere Zellschichten mächtig. Die dorsale Schicht wird zum Mesoderm, die vent-rale Schicht wird zum Dach des Urdarms und wird damit Teil des Ento-derms (Abb. 4.6, Abb. 4.7).

Es sind nun die drei klassischen „Keimblätter" ausgesondert:

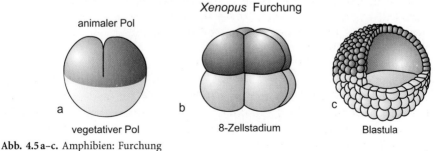

Xenopus Furchung

animaler Pol

a   b   c

vegetativer Pol   8-Zellstadium   Blastula

Abb. 4.5 a–c. Amphibien: Furchung

Xenopus   Gastrulation

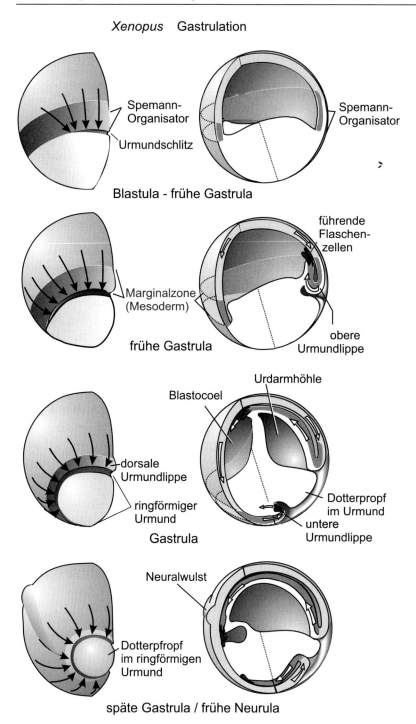

Abb. 4.6. *Xenopus:* Gastrulation

Gastrulation im Vergleich

Molch (*Triturus*)   *Xenopus*

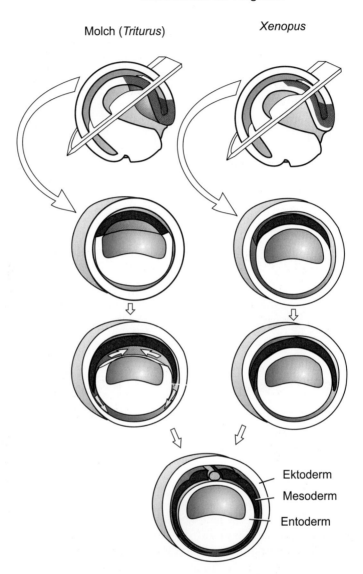

Ektoderm

Mesoderm

Entoderm

Abb. 4.7. Gastrulation der Embryonen von Molch und Krallenfrosch im Vergleich. Die Gastrulae sind quer zur Vorn-hinten-Achse geschnitten; die vordere Hälfte wird um 90° zum Zuschauer hin gedreht (es könnte auch die hintere sein); man blickt im weiteren auf die Schnittfläche. Beachte, dass beim Molch das Mesoderm aus dem abgelösten Dach des Urdarms entsteht; nach Ablösen des Urdarmdaches schließt sich der Urdarm wieder. Bei *Xenopus* ist das Urdarmdach von vornherein mehrschichtig und in Mesoderm (rot) und entodermales Urdarmdach (weiß) gegliedert

Xenopus Neurulation - phylotypisches Stadium

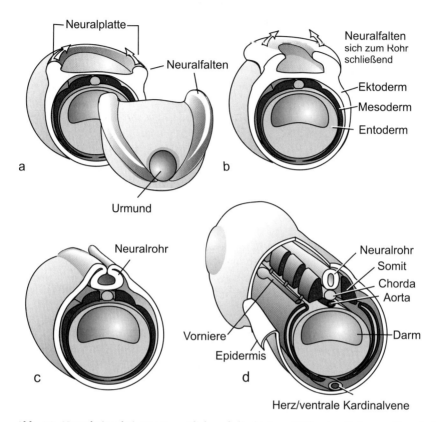

Abb. 4.8. Neurulation bei *Xenopus*. Blick auf die hintere Hälfte des Embryos. Neuralrohr, Chorda und Somiten werden als Achsenorgane zusammengefasst

- Das **Entoderm** (Endoderm) ist nach der Ausgliederung des Mesoderms identisch mit dem Urdarm.
- Das **Mesoderm** ist jene zuerst flächige, vom Urdarmdach ausgegliederte Zellschicht, die nun auf der dorsalen Seite des Keims zwischen Urdarm und Außenwand liegt. Der Mittelstreifen des Mesoderm formt sich sogleich zur **Chorda dorsalis**, die Seitenstreifen formen anschließend die Somiten (s. Abschnitt 4.1.6).
- Das **Ektoderm** ist die außen verbliebene Zellschicht; sie wird im animalen Bereich auch als **Neuroektoderm** bezeichnet, weil sich aus diesem Bereich in der nun folgenden Entwicklungsetappe die Anlage des Nervensystems herausbilden wird.

4.1.5
Neurulation: Die Anlage von Gehirn und Rückenmark
wird als Neuralrohr herausgeformt

Während sich im Mesoderm die Chorda ausgliedert, bildet sich darüber in der Außenschicht des Keims die **Neuralplatte** (Abb. 4.8). Deren Ränder bilden die Neuralfalten (Neuralwülste), die sich hochwölben und in der Mittellinie des Keims treffen. Hier schließen sich die Falten zum **Neuralrohr,** das in die Tiefe absinkt und sich von der Oberfläche ablöst. Über dem Rohr schließt sich das Ektoderm wieder. Restliche Zellgruppen entlang des Neuralrohrs, die **Neuralleisten,** werden das Nervensystem vervollständigen durch Bildung der **Spinalganglien** und des **vegetativen, autonomen Nervensystems** (s. Abb. 17.7). Über weitere Bildungspotenzen der faszinierenden Neuralleistenzellen berichten die Kapitel 16.2 und 17.4.

4.1.6
Aus dem Mesoderm gehen besonders viele innere Organe und Gewebe
hervor: Chorda, Skelett, Muskulatur, Herz, Blut, Nieren und manches mehr

Das ausgesonderte Mesoderm gliedert sich in einem Prozess der Selbstorganisation in fünf Teile auf (Abb. 4.8 bis Abb. 4.10).

• Entlang der Mittellinie formt sich der runde Stab der **Chorda dorsalis** =Notochord. Er ist ein steifes, physikalisch knorpelähnliches Element, das zur Streckung des Keims in der Längsachse beiträgt.

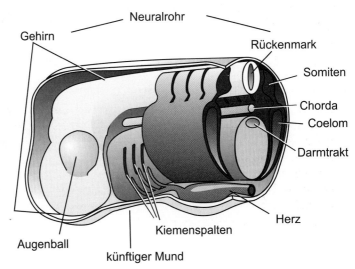

Abb. 4.9. Amphib/Wirbeltier: Phylotypisches Stadium, Körpergrundgestalt (nach Waddington)

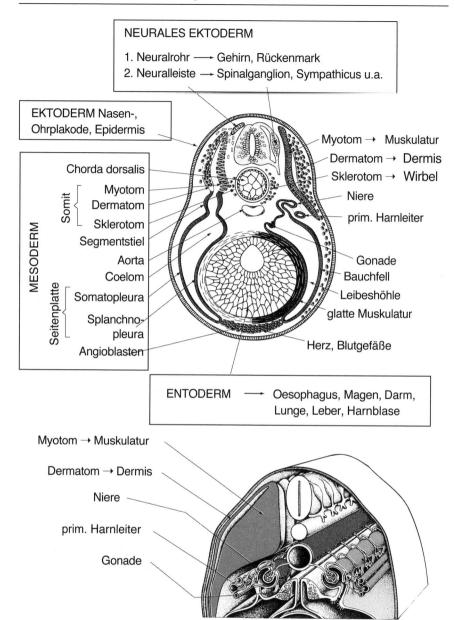

NEURALES EKTODERM

1. Neuralrohr ⟶ Gehirn, Rückenmark
2. Neuralleiste ⟶ Spinalganglion, Sympathicus u.a.

EKTODERM Nasen-,
Ohrplakode, Epidermis

Myotom → Muskulatur
Dermatom → Dermis
Sklerotom → Wirbel
Niere
prim. Harnleiter

MESODERM

Somit
Chorda dorsalis
Myotom
Dermatom
Sklerotom
Segmentstiel
Aorta
Coelom

Seitenplatte
Somatopleura
Splanchno-
pleura
Angioblasten

Gonade
Bauchfell
Leibeshöhle
glatte Muskulatur

Herz, Blutgefäße

ENTODERM ⟶ Oesophagus, Magen, Darm,
Lunge, Leber, Harnblase

Myotom → Muskulatur

Dermatom → Dermis

Niere

prim. Harnleiter

Gonade

Abb. 4.10. Amphib/Wirbeltier: Entwicklung nach der Neurulation, Keimblatt-Derivate (oben: nach Portmann; unten: nach Huettner, aus Siewing)

- Links und rechts von der Chorda gruppieren sich die Zellen in die metameren, d. h. periodisch sich wiederholenden, Pakete der **Somiten** (Abb. 4.8, Abb. 4.9, Abb. 4.10).
- Die beidseitig anschließenden Reste des abgelösten Urdarmdaches werden zu den flächenhaften **Seitenplatten**, die sich zwischen Ektoderm und Urdarm ausdehnen.

Die umfangreichste Entwicklungspotenz haben die **Somiten**. Sie lösen sich erst in zwei Hauptgruppen von Zellen auf: **Sklerotom** und **Myodermatom**. Das Myodermatom gliedert sich weiter in **Myotom** und **Dermatom** (Abb. 4.10).

- **Sklerotom:** Die Zellen der Sklerotome wandern aus, umschließen die Chorda und bauen die Wirbelkörper auf. Die zwei Reihen der Somiten bilden gemeinsam die unpaare Wirbelsäule. (Der einzelne Wirbelkörper wird vom posterioren Teil eines Sklerotompaares und dem anterioren Teil des folgenden Sklerotompaares gebildet, s. Abb. 7.6.)
- **Myotom:** Die Pakete der Myotome dehnen sich aus und werden zur quergestreiften **Körpermuskulatur**. Ein Teil der Myoblasten wird später in die Extremitätenknospen auswandern.
- **Dermatom:** Die Zellen des Dermatoms breiten sich, an der Innenfläche des Ektoderms entlanggleitend, weiträumig aus, um später teils weitere Muskulatur, teils die **Dermis** zu bilden. Die Herkunft weiterer **Skelett**strukturen und der Bindegewebe ist schwer zu verfolgen; sie haben ihren Ursprung teils in der Dermis („Hautknochen"), teils in den Seitenplatten.

Seitenplatten: Die Seitenplatten sparen einen Hohlraum aus. Sie werden zu abgeflachten Blasen, die das **Coelom (= sekundäre Leibeshöhle)** umhüllen. Das Coelom wird sich später in **Perikardhöhle**, die das Herz beherbergt, und die **große Leibeshöhle (Pleuroperitonealhöhle)** gliedern. Bei Säugern wird sich die große Leibeshöhle weiter untergliedern in **Pleuralhöhle** (Lungenraum) und **Peritonealhöhle** (um den Magen-Darmtrakt). Die Wandung der Seitenplatte, die sich dem Ektoderm anschmiegt (**Somatopleura, parietales Mesoderm**) wird Rippen- und Bauchfell bilden, die Wandung, die sich dem Urdarm anschmiegt (**Splanchnopleura, viscerales Mesoderm**), wird die muskulären Außenschichten des Darms und seine Aufhängeeinrichtung (Mesenterien) hervorbringen. Somiten und Seitenplatten sind durch die **Ursegmentstiele** miteinander verbunden, aus denen das frühembryonale **Urogenitalsystem (Pronephros)** hervorgeht. Vorn ventral, wo sich linke und rechte Seitenplatte unterhalb des Urdarms einander nähern, sammeln sich Wanderzellen (Hämangioblasten und Myocardioblasten), die sich zu **Herz und Gefäßen** organisieren (s. Abb. 18.2, Kap. 18).

4.1.7
Aus dem Entoderm gehen hervor: Magen-Darmtrakt, Lunge, Leber, Pancreas und Harnblase

Der Urdarm bildet die Speiseröhre und den **Magen-Darmtrakt** mit An-hangsorganen wie **Kiemen, Lunge, Leber, Gallenblase, Pancreas (Bauch-speicheldrüse)** und **Harnblase.** Es ist aber nur die innere Schicht dieser Organe, die entodermalen Ursprungs ist. Die Muskulatur des gesamten Traktes und seiner Anhangsorgane entstammt dem Mesoderm; die Nerven-netze und neurosekretorischen Zellen gehen aus eingewanderten Neuralleis-tenzellen hervor.

4.1.8
Berühmte Experimente am Amphibien-Frühkeim I: Kerntransplantationen, Klonen, eineiige und siamesische Zwillinge und Chimären

Kerntransplantationen: Berühmt wurden die Experimente, die zur **Herstel-lung geklonter Krallenfrösche** führten (s. Kap. 5). Konzipiert waren die Experimente (von R. Briggs, T. J. King, J. B. Gurdon u.a.), um zu prüfen, ob somatische Kerne im Zuge der Entwicklung totipotent bleiben oder ob ge-netische Information irreversibel verloren geht bzw. inaktiviert wird (s. Kap. 14).

Eineiige Zwillinge und Chimären: Eines der ersten, zur damaligen Zeit vielbeachteten Experimente der Entwicklungsbiologie wurde 1888 von Wil-helm Roux, Halle, gemacht. Es liegen Froschkeime im 2-oder 4-Zellensta-dium unter der Lupe. Mit einer heißen Nadel tötet Roux die eine oder an-dere Blastomere ab. Da er die abgetötete Zelle nicht entfernt, erhält er Krüppelembryonen, die nur eine heile Hälfte haben.

Roux deutete die Beobachtung so, dass bereits früh jede Blastomere auf ihr Schicksal festgelegt sei und unabhängig von den anderen ihre Entwick-lung durch „Selbstdifferenzierung" fortsetze. Seine Vorstellung ging als „Mosaiktheorie" in die Lehrbücher ein. (Allerdings sah Roux auch manche Indizien für späteres, nachfolgendes Regulationsvermögen.)

Hans Spemann, Freiburg i. Brsg., der später mit dem Nobelpreis geehrt werden sollte, überprüfte um 1920 die Befunde mit anderer Technik. Er nahm Haarschlingen, um Embryonen des 2-Zellenstadiums, und auch wei-ter entwickelte Keime, entlang der animal-vegetativen Achse ganz oder teil-weise durchzuschnüren. Ergebnis waren bei vollständiger Trennung **eineii-ge Zwillinge**, bei partieller Trennung partiell verdoppelte, im restlichen Körper miteinander verwachsene **„siamesische"** Zwillinge (Abb. 4.11; s. auch Abb. 5.1). Durch Aufeinanderpressen zweier Frühkeime erhielt er Fu-sionskeime, die zu Chimären wurden, d.h. zu Individuen, die aus einem Mosaik genetisch unterschiedlicher Zellen bestanden.

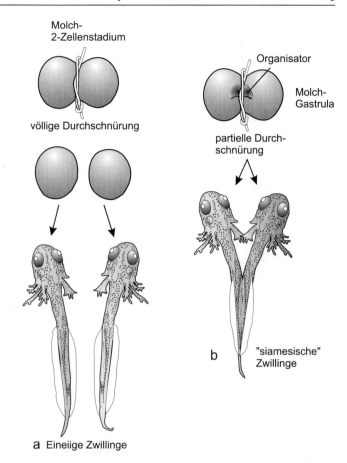

Abb. 4.11. Amphib: Schnürungsexperimente von H. Spemann am Molchkeim. Vollständige Durchschnürung führt zu eineiigen Zwillingen, teilweise Durchschnürung zu partieller Verdoppelung des Körpers („siamesische Zwillinge" im Volksmund). Durchschnürung einer Blastula oder frühen Gastrula führt nur dann zu einer (ganzen oder teilweisen) Verdoppelung des Körpers, wenn beide Keimeshälften etwas von der Region des „Spemann-Organisators" erhalten

4.1.9
Berühmte Experimente II: Transplantationen führten zur Entdeckung der embryonalen Induktion

Zur Frage, wie Determination abläuft, und zur Positionsinformation: An Amphibien, vor allem an Molchen, wurden zwischen 1920 und 1940 in der Schule von Hans Spemann, Freiburg i. Brsg., aufsehenerregende Experimente über Signalwirkungen zwischen Teilen des Embryos (embryonale **Induktion**) durchgeführt. Die Experimente bestanden darin, dass mittels handgefertigter, mikrochirurgischer Instrumente Stücke von Spenderkei-

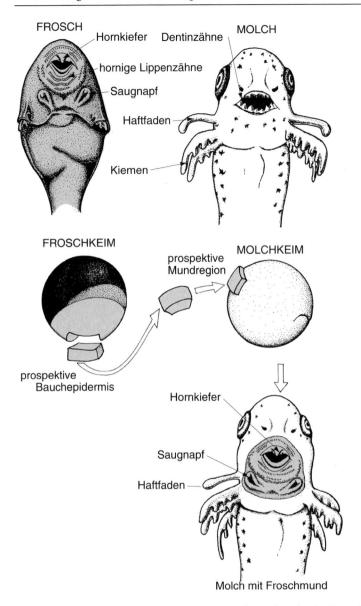

Abb. 4.12. Amphib: Nachweis einer Positionsinformation durch Transplantation. Künftige („präsumptive", „prospektive") Bauchepidermis wird, wenn sie noch nicht determiniert ist, in der Mundregion des Molches nicht „herkunftsgemäß" Bauchepidermis, sondern „ortsgemäß" Froschmund. Experiment aus der Spemann-Schule

men entnommen und in Empfängerkeime an anderer Stelle transplantiert wurden (Abb. 4.12, Abb. 4.13, Abb. 4.14). Ziel der Versuche war es herauszufinden, ob die Gewebestücke sich am neuen Ort **ortsgemäß** verhalten würden, also noch gemäß ihrer neuen Position umprogrammiert werden könnten, oder ob sie sich **herkunftsgemäß** verhalten würden, also bereits **determiniert** seien. Mit anderen Worten formuliert war die Frage: Wann wird die anfänglich umfangreiche Entwicklungspotenz der Zellen auf das **prospektive Schicksal** (prospektiv = gemäß der normalen künftigen Bestimmung) eingeengt?

Ein bekanntes Experiment zur Frage der **Positionsinformation** (Spemann hat diesen Begriff noch nicht gebraucht, sondern von „ortsgemäß" gesprochen): Noch nicht determinierte, prospektive Bauchhaut des Frosches bildet in der Mundregion des Molches ortsgemäß Zähne (aber Hornzähne wie es der genetischen Potenz der transplantierten Zellen entspricht; denn Kaulquappen der Frösche tragen Hornzähne! Abb. 4.12). Im Zuge solcher Experimente wurde das Induktionsphänomen entdeckt.

4.1.10
Induktion: Ein Sender schickt entwicklungssteuernde Signale in die Nachbarschaft; besonders wirkungsvoll ist ein Signalzentrum, das man heute Spemann-Organisator nennt

Die systematischen Transplantationen führten zur Entdeckung der **embryonalen Induktion**. Schulbeispiel: das obere Urdarmdach induziert im darüberliegenden Ektoderm die Bildung der Neuralplatte und damit des Zentralnervensystems (sogenannte „primäre" oder neurale Induktion).

Spektakulärer Höhepunkt:

Die obere Urmundlippe als „Organisator": Transplantation der oberen Urmundlippe durch die Mitarbeiterin von Hans Spemann, Hilde Mangold, hatte um 1920 eines der aufregendsten Ergebnisse der experimentellen Biologie geliefert. In die Wand einer Blastula eingesetzt an einem Ort, wo sich später Bauchhaut gebildet hätte, oder einfach ins Blastocoel hineingesteckt, induzierte die obere Urmundlippe einen nahezu vollständigen Zweitembryo, der mit dem Erstembryo einen siamesischen Zwilling bildete (Abb. 4.13, s. auch Abb. 4.17). Der Zweitembryo, der einen Kopf, Achsenorgane (Neuralrohr, Chorda), Somiten etc. besaß, war zum geringeren Teil aus dem Transplantat, zum größeren Teil aus Zellen des Wirtsembryo hervorgegangen.

Für die Entdeckung dieser „Organisatorwirkung" erhielt Hans Spemann 1935 als zweiter Biologe nach Thomas H. Morgan den Nobelpreis für Medizin. Der Bereich der Blastula/Gastrula, in dem sich die obere Urmundlippe formt, heißt **Spemann-Organisator**.

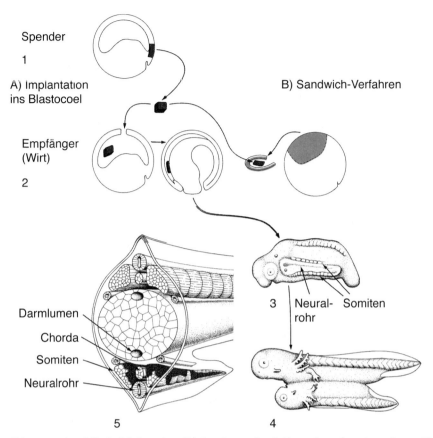

Abb. 4.13. Amphib: Induktion eines Zweitembryos durch Transplantation einer oberen Urmundlippe (Organisator). *Rot* kennzeichnet das Transplantat, das sich im induzierten Zweitembryo wiederfindet. Der Zweitembryo wird jedoch überwiegend vom Wirtskeim geformt. Experiment von Hilde Mangold und Hans Spemann (1924, nach Hadorn, umgezeichnet und ergänzt)

Hilde Mangold erlitt bald nach ihrer Entdeckung einen tödlichen, häuslichen Unfall. Weil nach den Regularien des Nobelkomitees posthum kein Preis verliehen wird, ist ihr Name in der Liste der Nobelpreisträger nicht aufgeführt. Allerdings war es Spemann, der die Experimente vorschlug, die große Bedeutung des experimentellen Ergebnisses erkannte und sie in einem heute noch lesenswerten Buch publik machte (s. Bibliographie).

Es sei ausdrücklich betont, dass der Spemann-Organisator keine stets gleiche Zellpopulation ist; denn die Zellen, die im jetzigen Augenblick die Urmundlippe bilden, sind im nächsten Augenblick im Keimesinneren verschwunden und durch neu angekommene Zellen ersetzt. Die obere Urmundlippe ist einem Wasserfall vergleichbar: Von der Ferne sieht man ein

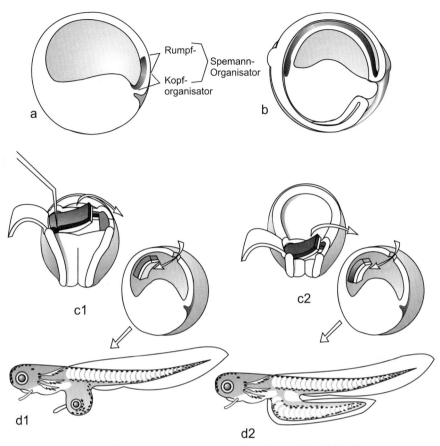

Abb. 4.14. Amphib: Aufgliederung des Spemann-Organisators in Kopforganisator und Rumpf-organisator. *Oberer Teil:* nach Experimenten von C. Niehrs (1998); *unterer Teil:* Transplantation von Teilen des Urdarmdaches nach Experimenten von Otto Mangold (1933)

statisches Gebilde, in der Nähe sieht man ein ständiges Strömen; die Ur-mundlippe ist in diesem Bild die Kante des Wasserfalls. **Der Organisator bezeichnet eine Region, durch die Zellen hindurchwandern und dabei In-formation zugeteilt erhalten (induziert werden), die ihr weiteres Schicksal festlegt.** Man kann auch sagen: der Organisator ist ein Prozess.

4.1.11
Der Organisator gliedert sich auf in Kopf- und Rumpf-Induktor

Der Spemannsche Organisator ist schon in der beginnenden Gastrula in zwei bis drei sich anfangs noch partiell überlappende Felder gegliedert, die unterschiedlich zur Induktion eines Zweitembryo beitragen:

- Ein erstes Feld ist der Bereich, der die Urmundlippe im Moment ihrer ersten Entstehung umfasst. Die Zellen dieses Feldes strömen in der Gastrulation als erste ins Innere des Keims und geraten in den Kopfbereich. Sie sind zuständig für die Induktion eines **Kopfes mit Vorder- und Mittelhirn.**
- Das zweite Feld liegt anfänglich oberhalb (animalwärts) vom ersten. Die Zellen dieses zweiten Feldes geraten zeitlich nach den Zellen des ersten Feldes ins Innere und kommen als künftige Chorda im Rumpfbereich zu liegen. Sie sind zuständig für die Induktion eines **Rumpfes.**
- Als ein drittes Feld wird neuerdings ein besonderer Schwanzorganisator als eigenständiges Gebiet vom Rumpffeld abgetrennt.

Im Zuge der Gastrulation verlängern sich die Felder und trennen sich voneinander. Entnimmt man nach Abschluss der Gastrulation vorderes bzw. hinteres Urdarmdach und transplantiert es in gleicher Weise, wie die obere Urmundlippe verpflanzt worden war (Abb. 4.14), so werden keine ganzen Zweitembryonen mehr induziert, sondern nur noch Köpfe (vom vorderen Urdarmdach) bzw. Rümpfe (vom hinteren Urdarmdach; Versuche von Otto Mangold, dem Ehemann von Hilde Mangold).

4.1.12
Induktion basiert auf Signalkaskaden; man unterscheidet mehrere frühembryonale Induktionssysteme: mesodermalisierende, dorsalisierende, neuralisierende und andere mehr

Die Organisatorwirkung ist ein komplexes Geschehen, an dem ein ganzes Bündel teils simultan, teils nacheinander wirksam werdender Signalmoleküle beteiligt ist. Nach gegenwärtiger Kenntnis setzen induktive Wechselwirkungen schon ein, lange bevor die obere Urmundlippe sich formt, und es gibt eine **Kaskade von Induktionsprozessen**, die mit der Aktivierung des Eies beginnt. Im Zuge der Rotation des Eicortex wird maternale RNA an verschiedenen Orten der Eizelle konzentriert; sie wird alsdann im Zuge der Furchung verschiedenen Blastomeren zugeteilt. Aus den sich weiter teilenden Blastomeren entstehen Zellgruppen, und wenn diese Zellgruppen die ihnen zugeteilte mRNA in Protein übersetzen (translatieren), werden sie befähigt, Induktionssignale auszusenden. Die Mehrzahl der Forscher, die sich mit Signalbildung im Amphibienembryo befassen, unterscheidet folgende Signalsysteme (Abb. 4.15):

1. **Die mesodermalisierende Induktion in der Blastula**
   Von den vegetativen Zellen der Blastula strahlen Signale aus, die eine breite, ringförmige Zone (**Marginalzone**) um den Äquator dazu befähigt und anregt, künftig mesodermale Strukturen zu entwickeln. Diese Signalfunktion wird vor allem den sezernierten Proteinen Vg-1 und NODAL zugesprochen. Die Signal-empfangende Zone exprimiert als Folge der Induk-

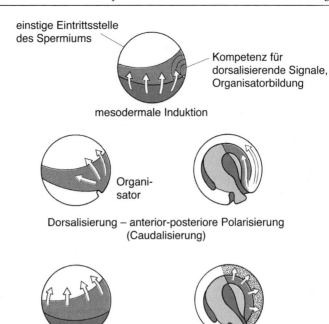

einstige Eintrittsstelle
des Spermiums

Kompetenz für
dorsalisierende Signale,
Organisatorbildung

mesodermale Induktion

Organi-
sator

Dorsalisierung – anterior-posteriore Polarisierung
(Caudalisierung)

Dorsalisierung – neurale Induktion

Abb. 4.15. Amphib: Folge von Induktionsprozessen im frühen Keim nach Maßgabe von Experimenten, in denen isolierte Keimesteile mit anderen zusammengefügt wurden

tion das Gen *Brachyury*; die Zone wird im Zuge der Gastrulation ins Innere verfrachtet und bildet dort das Urdarmdach, aus dem Chorda und Mesoderm (Somiten, Seitenplatten) hervorgehen. Das Gen *Brachyury* bleibt noch längere Zeit in der Chorda aktiv.

2. **Die dorsalisierende Induktion und die Etablierung des Spemannschen Organisators**
Im Zuge dieser Prozesse wird die künftige Rückenseite des Embryos festgelegt und der Ort, an dem der Urmund erscheinen wird. Da der Urmund zum After wird, legt die dorsalisierende Induktion zugleich den Schwanzpol fest, und damit indirekt auch den Kopfpol. Deswegen sagt man auch, die **anterior-posteriore Körperachse** werde festgelegt.
Ein entscheidender Vorgang im Gesamtgeschehen ist **die Etablierung des Spemannschen Organisators.** Dies ist wiederum ein Mehrstufenprozess:
Bereits bei der Aktivierung des Eies kommt es im Zuge der corticalen Rotation zu einer Verlagerung von **maternalen dorsalisierenden Determinanten vom vegetativen Pol ein Stück nach dorsal in Richtung des späteren Urmundes** (in den Bereich des grauen Halbmondes der Frösche), und **es etablieren sich dort Signalzentren.** Diese maternalen Determinanten können als Bestandteil des örtlichen Cytoplasmas trans-

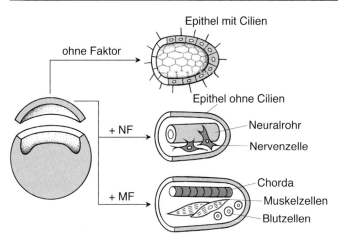

Abb. 4.16. Amphib: Test der Induktionspotenz von löslichen Faktoren. Die getesteten neuralisierenden Faktoren NF oder mesodermalisierenden Faktoren MF können autologen oder heterologen Ursprungs sein, d. h. von Amphibienembryonen selbst oder von anderen Quellen isoliert worden sein

plantiert werden, und es entsteht am Implantationsort eine zweite Körperachse. Als entscheidende Determinante wird gegenwärtig die mRNA für den Transkriptionscofaktor *β*-**Catenin** (Abb. 4.17, Abb. 4.18, Abb. 4.20, s. auch Abb. 20.1) betrachtet; denn injizierte *β*-Catenin-mRNA oder injiziertes *β*-Catenin-Protein lösen ebenso die Bildung eines Zweitembryos aus wie eine Urmundlippe. Doch auch andere Faktoren wirken synergistisch mit, beispielsweise die mRNA für den Transkriptionsfaktor SIAMOIS (s. Abb. 4.18). Diese Faktoren verleihen den Zellen dieses dorsalen Ortes die Fähigkeit, ihrerseits Signalmoleküle auszusenden.

Eine größere Zahl von Autoren ist der Auffassung, dass es zwischen Corticalrotation und der Einrichtung des Spemannschen Organisators eine Zwischenstufe gebe: Zuerst werde im Bereich des grauen Halbmondes (bzw. im äquivalenten Bezirk) ein Vorsender errichtet, das **Nieuwkoop-Zentrum**. In der 32-Zell-Blastula strahlten von diesem Zentrum Signale aus, welche die unmittelbar darüberliegenden Zellen zum Spemannschen Organisator machten. Andere Autoren betrachten Nieuwkoop-Zentrum und Spemann-Organisator als zwei aufeinanderfolgende Stadien desselben Signalzentrums.

3. Signale aus dem Spemann-Organisator

Die Zellen des Spemann-Organisators formen zu Beginn der Gastrulation die **obere Urmundlippe**. Von ihr strahlen Signale aus, welche die Zellen des künftigen Mesoderms veranlassen, in einer **Konvergenzbewegung** in Richtung des künftigen Rückenmeridians und hin zum Urmund zu strömen, um dort ins Keimesinnere einzutauchen.

Während der Urdarm sich einstülpt, und auch weiterhin nach Abschluss der Involution, gehen von der oberen Urmundlippe weiterhin Signale

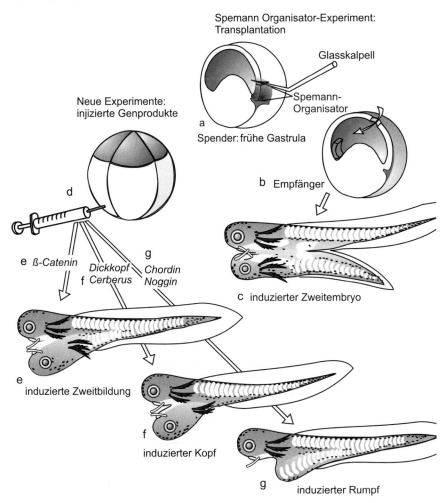

Abb. 4.17. Amphib: Verschiedene Möglichkeiten, wie Zweitköpfe, Zweitrümpfe oder ganze Zweitembryonen induziert werden können

aus, die sich einerseits im Neuroektoderm ausbreiten, andererseits im Urdarmdach und damit im Mesoderm. Man spricht von **planaren Signalen.** Den Signalträgern wird u. a. die Funktion zugesprochen, in der Neuralplatte und im Mesoderm eine **dorso-ventrale** und eine **anterior-posteriore Polarität** zu induzieren, sodass vorne und dorsal andere Strukturen (Vorderkopf) als hinten (Rumpf-Schwanz) und ventral (z. B. Herz) entstehen. In anderer Ausdrucksweise ist am Ende der Gastrulation der Organisator in Kopf- und Rumpforganisator räumlich aufgetrennt.

4. Die neuralisierende Induktion
Maternale Determinanten, beispielsweise die mRNA für den Transkriptionsfaktor xSOX3, verleihen den Zellen der animalen Hemisphäre eine

latente Vorliebe, Nervenzellen zu werden. Diese schlummernde Vorliebe muss jedoch zur rechten Zeit aktiviert werden.

Vom Mesodermring der Blastula strahlen Signale in Richtung der animalen Hemisphäre aus, die im Areal der künftigen Neuralplatte die Transkription von Genen in Gang setzen, die für **neurale Zelladhasionsmoleküle N-CAM** (s. Kap. 15, Abb. 15.4) codieren. Damit ist der erste Schritt zu einer neuralen Differenzierung eingeleitet. Sie wird fortgesetzt durch die Signale des Spemannschen Organisators. Wenn dann das künftige Mesoderm im Zuge der Gastrulation über die obere Urmundlippe hinweggerollt ist, ins Keimesinnere gelangt und als Urdarmdach am darüberliegenden Ektoderm entlang gleitet, sendet es weiterhin neuralisierende Signale aus, die schließlich zu einer endgültigen Determination führen und die Neurulation einleiten.

4.1.13
Man hat bereits eine größere Zahl von Signalmolekülen identifiziert; für manche liegt schon im Ei maternale mRNA vor

Schon vor seiner Verlagerung ins Keimesinnere beginnen Bereiche der Marginalzone (künftiges Mesoderm), die sich später in den Somiten wiederfinden, muskelspezifische Gene zu exprimieren. Eine solch typisch mesodermale Genexpression kann auch ausgelöst werden durch Baden von „jungfräulichem", der animalen Hemisphäre einer Blastula entnommenem Ektoderm in einer Lösung verschiedener **„Wachstumsfaktoren"**, die ursprünglich von *Xenopus*-Zellkulturen oder verschiedenen Säugerzellkulturen gewonnen worden sind (Abb. 4.16). Mittels solcher „Bioassays" (biologischen Tests) sind erste Faktoren isoliert und identifiziert worden. Das große, stetig wachsende Spektrum neuer molekularbiologischer Methoden (reverse Genetik, Box K13) hat eine Reihe weiterer Faktoren aufgespürt. Hier eine (unvollständige) Liste:

1. Signalsubstanzen, die von Zellen des vegetativen Bereichs ausstrahlen: Mesoderm-induzierende Faktoren. Dies sind Proteine oder Glykoproteine, die verschiedenen Proteinfamilien angehören. Nach der Corticalrotation liegt maternale mRNA für mehrere solcher Faktoren in der vegetativen Eiregion. Die bisher entdeckten Faktoren gehören folgenden Proteinfamilien an:

- der **FGF-Familie** (fibroblast growth factor family); verschiedene Mitglieder dieser Familie induzieren in unterschiedlichem Ausmaß die Bildung von „ventralem Mesoderm": Blutzellen, Mesenchym (künftiges Bindegewebe), Knorpel, Knochen, Muskulatur;
- der **TGF-β-Familie**, benannt nach dem von bestimmten Tumorzellen produzierten, die Tumorbildung fördernden **„transforming growth factor beta"**, TGF-β. Zu dieser Familie gehört das Protein **Vg-1**, das der

Embryo durch Translation einer maternalen *Vg-1* mRNA herstellt. Zur TGF-*β*-Familie gehören auch **Nodal** und die Activine. Nodal wird von den Zellen im Umfeld des vegetativen Pols erzeugt; dem Faktor wird gegenwärtig die Hauptrolle für die Induktion des Mesoderms in der angrenzenden Marginalzone zugeschrieben.

Ventralisierende Faktoren, die auch Epidermis spezifizieren. Ventralisierende Faktoren sind Faktoren, die in niederer Konzentration mesodermale Zellen dazu stimulieren, „ventrale" Mesodermderivate (Herz, Blut) herzustellen. **Im Ektoderm unterdrücken sie die dort einprogrammierte Neigung, neurales Gewebe entstehen zu lassen.** Zwei solchen, kooperativ wirkenden Faktoren wird besondere Bedeutung zugesprochen; es sind dies:

- die ebenfalls zur **TGF-*β*-Familie** gehörenden **BMP-Faktoren**. Proteine dieser Gruppe waren schon zuvor bekannt als Faktoren, die im Säugerorganismus Knochenbildung fördern; daher nennen sie sich **bone morphogenetic proteins BMPs**. Unter ihnen gilt BMP-4 als mächtiges **Morphogen**, das mit antagonistischen Faktoren, die vom Spemann-Organisator ausstrahlen, interagiert (s. Abschnitt 4.1.14) und ab der später Blastula in einem von vorn-ventral nach hinten-dorsal abfallenden Gradienten vorliegt. Als Morphogen ruft es je nach lokaler Konzentration unterschiedliche lokale Wirkungen hervor (zum Begriff des Morphogens s. Kapitel 12). Die höchste Konzentration sagt: „Hier ist Bauchepidermis zu machen"; seine geringste Konzentration erlaubt es, die Bildung von Rückenstrukturen einschließlich Rückenmark einzuleiten.
- Faktoren der **WNT-Familie** (bei *Xenopus* Xwnt bezeichnet), die mit dem *Drosophila*-Genprodukt WINGLESS sequenzverwandt ist. *Xenopus* hat eine Kollektion von mindestens 15 verschiedenen WNTs. Einzelne WNT-Faktoren haben unterschiedliche Wirkungsspektren. In seiner Funktion als Morphogen sagt WNT-8 wo hinten ist: dort, wo die Konzentration von WNT-8 am höchsten ist (Abb. 4.18; Abb. 4.19).

BMP-4 und WNT-8 bilden, von den produzierenden Zellen freigesetzt, in der späten Blastula und Gastrula **Gradienten**, die im Winkel zueinander verlaufen: Der BMP-4-Gradient verläuft von vorn-ventral nach hinten-dorsal, der WNT-8-Gradient von hinten-ventral nach vorn-dorsal (Abb. 4.18 und Abb. 4.19). **In der Konfrontation dieser Morphogene mit ihren Antagonisten, den Anti-BMPs und Anti-WNTs, wird die großräumige Architektur des Körpers programmiert:** ventral versus dorsal, posterior versus anterior. Dazu mehr in den folgenden Abschnitt.

2. Signalsubstanzen, die vom Spemann-Organisator ausstrahlen: Dorsalisierende und neuralisierende Faktoren, Kopf- und Rumpfinduktoren: Es sind dies ein Cocktail von sekretorischen Proteinen, welche von der oberen Urmundlippe erzeugt und freigesetzt werden, sich im umgebenden Gewebe ausbreiten und in ihrer Gesamtheit die induktive Wirkung der Urmundlippe vermitteln. Sie sagen, wo die Rückenpartie des Embryos mit

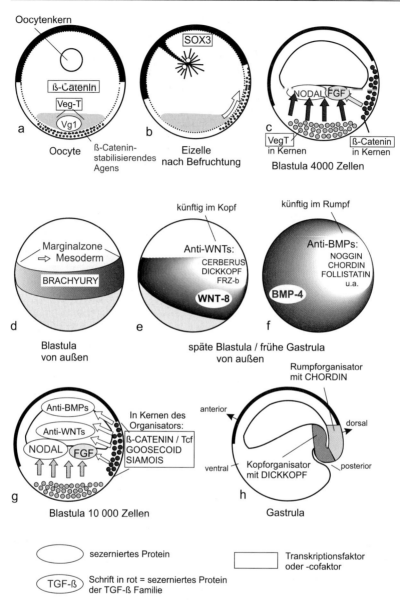

Abb. 4.18 a–h. Amphib: Frühe Ereignisse, welche die Bilateralsymmetrie des Körpers festlegen. **a** Lage maternaler Faktoren im Ei vor der Befruchtung. **b** Corticalrotation nach Eindringen des Spermiums; ein β-Catenin-stabilisierendes Agens wird in den Bereich des künftigen Urmundes verlagert. **c** Wirkungsbereiche maternaler Faktoren, Etablieren des Spemann-Organisators über dem künftigen Urmund. **d** Spemann-Organisator durch Transkriptionsfaktoren (im Rechteck aufgelistet) etabliert und wirksam. **e** Beginnende Gastrulation. **f** Marginalzone = Expressionsbereich mesodermaler Gene, z.B. von *brachyury*. **g** Expressionsbereiche des Morphogens BMP-4 (bone morphogenetic protein 4) und seiner Antagonisten CHORDIN, NOGGIN und FOLLISTATIN. **h** Expressionsbereiche des Morphogens WNT-8 und seiner Antagonisten FRIZBEE-B und DICKKOPF

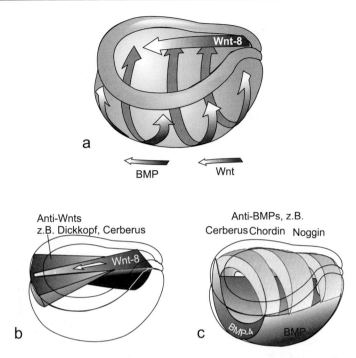

Abb. 4.19a–c. Gradienten der Morphogene BMP-4 und Wnt-8 und ihrer Antagonisten in der späten Gastrula. Um dem Betrachter die Orientierung zu erleichtern, sind die Gradienten jedoch in eine Neurula hinein projiziert. Nach einer Abbildung aus Niehrs (2004), umgezeichnet und erweitert

dem Zentralnervensystem hergestellt werden soll, später auch, wo das Gehirn und wo das Rückenmark zu gestalten sind.

Mühsame und einfallsreiche, das ganze Methodenspektrum der Molekularbiologie nutzende Forschung (s. Box K13) hat eine Reihe verschiedener Proteine identifiziert, die dorsalisierende Wirkung zeigen. Im spektakulären Biotest wird mRNA für solche Proteine in Blastomeren der prospektiven Bauchregion injiziert (Abb. 4.17). Es können siamesische Zweitembryonen an der Injektionsstelle entstehen. Einzelne Komponenten des Cocktails tragen in unterschiedlicher Weise zum Ganzen bei:

- Messenger-RNA der Gene *chordin* und *noggin* beispielsweise induziert **Rümpfe**;
  Die Proteine CHORDIN und NOGGIN zählen zu den Anti-BMPs;
- Messenger-RNA der Gene *cerberus* und *dickkopf*, oder entsprechendes CERBERUS- oder DICKKOPF-Protein, kann (mit Zusatztricks) die Bildung eines zweiten **Kopfes** hervorrufen (Abb. 4.17). Die Proteine werden in der Gastrula dort produziert, wo im Transplantationsversuch der „Kopfinduktor" oder „Kopforganisator" nachweisbar ist (s. Abb. 4.14, Abb. 4.17, 4.18 und Abb. 4.21); sie zählen zu den Anti-WNTs.

Zweitembryonen enthalten ein Zentralnervensystem, eine Chorda und Somiten. Folglich muss den Faktoren die Potenz innewohnen, direkt oder in Kooperation mit ortsansässigen Faktoren, Neuralplatte, Chorda und Somiten zu induzieren. Animale Kappen von Blastulae, in CHORDIN- oder NOGGIN-Lösung gebadet, differenzieren Nervenzellen (und bisweilen Chordazellen). CHORDIN und NOGGIN gelten als neuralisierende Faktoren. Dies schließt nicht aus, dass es weitere geben mag (beispielsweise verschiedene FGFs).

4.1.14
Die vom Spemann-Organisator ausgesandten Induktionsfaktoren binden und neutralisieren das ventrale Morphogen BMP-4 und das posteriore Morphogen WNT-8

Die dramatische vom Spemann-Organisator ausgehende Wirkung legte die Vorstellung nahe, der Organisator erzeuge Substanzen mit instruktivem Charakter; sie teilten kraft ihrer chemischen Struktur und ihrer Konzentration den umgebenden Zellen mit, was sie zu tun hätten, beispielsweise Chordazellen oder Nervengewebe zu werden. Demgegenüber wird heute ein anderes Bild gezeichnet. Hätten die vom Organisator ausgesandten Faktoren instruktiven Charakter, würde man erwarten, dass die Zielzellen mit entsprechenden Rezeptoren ausgerüstet sind, um die Instruktion auch wahrnehmen zu können. Solche Rezeptoren sind aber (noch) nicht gefunden worden (Ausnahme: es gibt einen Rezeptor, der DICKKOPF bindet). Vielmehr verbinden sich die Faktoren mit den schon genannten Morphogenen BMP-4 und/oder WNT-8 zu Heterodimeren. In dieser gebundenen Form können BMP-4 und WNT-8 nicht mehr an ihre Rezeptoren koppeln. In den Gebieten, in denen sich die Organisator-Faktoren ausbreiten, verlieren BMP-4 und WNT-8 das Sagen: es können daher dorsale Strukturen gemacht werden. Die zwei Morphogene werden von folgenden **Organisator-Induktoren abgefangen und neutralisiert:**

- **BMP-4** durch **NOGGIN, CHORDIN,** FOLLISTATIN, NODAL-related 3 und CERBEREUS;
- **WNT-8** durch **CERBERUS, DICKKOPF, FRIZBEE b** und weiteren Faktoren.

Indem der Organisator mit seinen Faktoren in seinem Wirkungsbereich die Morphogene BMP-4 und WNT-8 abfängt, sichert er deren gradierte Verteilung (Abb. 4.18, 419; s. auch Abb. 12.4). BMP-4 darf im ventralen Keimbereich wirken, wo keine Anti-BMPs vorhanden sind oder bestimmte Proteasen (Metallproteasen der TOLLOID-Klasse) die Anti-BMPs abbauen. WNT-8 bindet in Abwesenheit seiner Antagonisten an Rezeptoren, die eine WNT (Wingless)-Signaltransduktionskaskade (Abb. 4.20) in Gang setzen. Nach gegenwärtigem Wissensstand sind Anti-BMPs notwendig, damit ein Nervensystem entstehen kann. Später in der Gastrula werden sie weiter

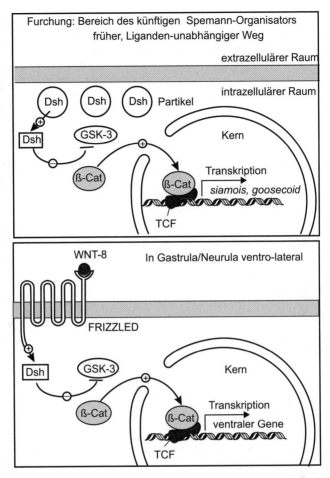

Abb. 4.20. *Xenopus:* WNT-Signalsysteme im frühen Keim. Hier sind modellmäßig die Signaltransduktions-Kaskaden gezeigt, die innerhalb von Zellen ablaufen. Im frühen Embryo beginnt die Kaskade mutmaßlich mit Granula (Vesikel) der Eirinde, die Dishevelled (Dsh) freisetzen. Die Granula entlassen Dsh als Folge der Aktivierung des Eies durch das Spermium. In der Gastrula/Neurula hingegen löst ein externes, von benachbarten Zellen ausgesandtes WNT-Signal eine solche Kaskade aus. In beiden Fällen kommt es zur Aufnahme von β-Catenin in den Kern und in Folge zum Einschalten bestimmter Gene

von der Chordaanlage erzeugt und sagen dann, wo das Rückenmark sein soll, während die Anti-WNTs mitteilen, wo das Gehirn zu gestalten ist (Abb. 4.18 h, Abb. 4.21).

4.1.15
Das dorsale Ektoderm der Blastula hat eine autonome Tendenz, Nervengewebe zu bilden; es muss davon abgehalten werden

Man hat in den Jahren zwischen 1930 und 1990 sehr viel Mühe aufgewendet, um aus Tonnen von Hühnerembryonen und anderen Quellen neuralisierende Faktoren zu isolieren. Man hat auch allerlei gefunden, doch die Spezifität dieser Faktoren war fraglich. Animale Blastulakappen von Molchen (weniger solche von *Xenopus*) haben die Neigung, auf allerlei Reize hin die in ihnen schlummernde Kompetenz, Nervengewebe zu differenzieren, offenzulegen und ohne weitere Instruktionen autonom Nervenzellen und Gliazellen hervorzubringen („default option"). Animales Blastoderm muss davon abgehalten werden, seiner Neigung nachzugehen. Die suppressive Funktion erfüllt nach derzeitiger Auffassung BMP-4 (mutmaßlich in Kooperation mit WNT-8). CHORDIN und NOGGIN, die nicht nur im Organisator, sondern auch weiterhin im axialen Mesoderm, d. h. in der Chordaanlage, exprimiert werden, lösen die Neurulation aus, indem sie BMP-4 neutralisieren. Für die Untergliederung des Nervensystems in Gehirn und Rückenmark ist es dann notwendig, dass in der vorderen Neuralplatte WNT-8 durch CERBERUS und DICKKOPF wirkungslos gemacht wird. Es gibt Indizien, dass es neben diesen permissiven (erlaubenden) Organisator-Faktoren auch instruktive neuralisierende Faktoren gibt. Im Gespräch sind verschiedene FGFs.

4.1.16
Während der Gastrulation kommt es zu einer Regionalisierung in Kopf- und Rumpfterritorien

Wie oben erwähnt, hat man sezernierbare Proteinfaktoren, CERBERUS und DICKKOPF, identifiziert, die im geeigneten Experiment einen vollständigen

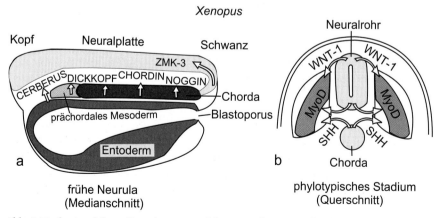

Abb. 4.21 a, b. Amphib: **a** Neurula, vom axialen Mesoderm ausgehende Induktionsfaktoren; **b** Induktion der Muskulatur

zweiten Kopf induzieren können. Die entsprechenden Gene werden in der frühen Gastrula im Spemann-Organisator, in der späten Gastrula in der Prächordalplatte und/oder im vorderen Entoderm exprimiert (Abb. 4.21).

Um aus dem Neuralrohr vorn Gehirn und weiter hinten Rückenmark entstehen zu lassen, bedarf es weiterer Signale, welche eine Regionalisierung entlang der Längsachse bewirken. Bei dieser Regionalisierung spielen verschiedene Vertreter der **WNT-Familie** und der **FGF-Familie** eine Rolle, sowie ein Nichtprotein-Faktor: **Retinsäure** (retinoic acid). Überhöhte Konzentrationen dieses Vitamin-A Derivates erzeugen Missbildungen wie kopflose Kaulquappen (oder Fische oder Hühnchen etc.).

4.1.17
Es gibt Kaskaden primärer, sekundärer, tertiärer Induktionsvorgänge

Spemann nannte die vom Organisator und Urdarmdach ausgehende neuralisierende Wirkung **primäre Induktion**; die vorausgehende mesodermalisierende und dorsalisierende Induktion ist erst später entdeckt worden. Man könnte alle bisher genannten Induktionsprozesse als primär zusammenfassen; denn sie sind zusammen an der Etablierung der Bilateralsymmetrie und der Sonderung der Keimblätter maßgeblich beteiligt.

Den primären Induktionen folgen in der Organogenese **sekundäre** und **tertiäre**, beispielsweise die **Induktion der Augenlinse** im Ektoderm durch den Augenbecher, der vom Mittelhirn gebildet wird und an das Ektoderm stößt (Abb. 4.22).

Bei *Xenopus* wird, anders als bei anderen Amphibien, auch dann eine – allerdings ziemlich kümmerliche – Linse gebildet, wenn der Augenbecher entfernt wird. Die induzierenden Signale werden in diesem Fall bereits von den zuständigen Zellen ausgesandt, bevor sie als Augenblase hervortreten, solange sie also noch Teil der Neuralplatte oder des noch ungegliederten vorderen Neuralrohrs sind. Entfernen des Augenbechers verkürzt nur die Induktionszeit.

4.1.18
Homöoboxgene und andere für Transkriptionsfaktoren codierende Gene sind an den Induktionsprozessen beteiligt

Wenn als Folge der Eirotation dorsalisierende Determinanten im Bereich des künftigen Spemann-Organisators akkumulieren und schließlich den Zellen des Gebietes zugeteilt werden, so aktivieren sie in ihren Wirtszellen Gene für Transkriptionsfaktoren, die den Zellen die Eigenschaft eines Spemann-Organisators aufprägen. Der erste bekanntgewordene Faktor wird von einem Gen exprimiert, dessen Homöobox teilweise dem *Drosophila*-Gen *bicoid*, teilweise dem *Drosophila*-Gen *goose* gleicht und daher *goosecoid* genannt wurde. Als Homöoboxgen codiert *goosecoid* nicht für einen Induktionsfaktor, der sezerniert würde, sondern sammelt sich in den Ker-

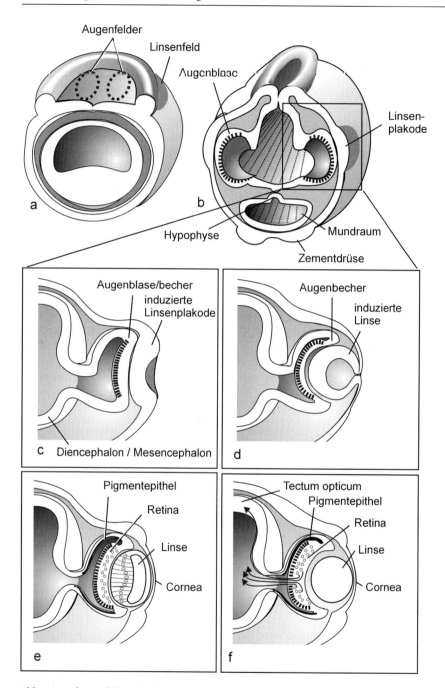

Abb. 4.22 a–f. Amphib: Induktion der Augenlinse. Das Linsenfeld hat die Kompetenz, Linse zu bilden. Diese Kompetenz wird durch Induktionssignale aus dem Augenfeld (**a**), und später vom Augenbläschen (**b–d**) wachgerufen. Die Linse ihrerseits induziert in der überlagernden Epidermis die durchsichtige Cornea (**e, f**)

nen der Zellen an. Wird die mRNA von *goosecoid* in eine vorn/ventral gelegene Blastomere eines frühen, sich furchenden Keims injiziert, werden sich dort später dorsale Achsenorgane (Chorda, Neuralrohr) formen, als ob eine Urmundlippe implantiert worden wäre (Abb. 4.17). Auch die maternal erzeugte mRNA der Gene *siamois* und *ß-catenin* codiert für Transkriptionsfaktoren mit ähnlicher Wirkung. Da Transkriptionsfaktoren (im Regelfall) nur in den Kernen wirksam sind und nicht benachbarte Zellen erreichen, ist im Einzelfall nicht leicht zu entscheiden, ob sie Zellen dazu befähigen, Signale zu produzieren oder auf Signale zu reagieren (Erlangung einer **Kompetenz**, z.B. durch Ausbildung von Rezeptoren), oder ob sie eine Reaktion auf ein bereits empfangenes Signal widerspiegeln.

In der späten Gastrula und Neurula werden viele homöotische Gene, bei *Xenopus Xhox* genannt, exprimiert, beginnend im Bereich des Urmundes und endend im späteren Kopfbereich. Näheres dazu in Kapitel 13.

4.1.19
Von der Kaulquappe zum Frosch: Die Metamorphose wird über Hormone gesteuert

Die Larve von *Xenopus* ist ein durchsichtiges Gebilde, das sich durch Einstrudeln planktischer Einzeller und Mikroorganismen ernährt. Die fundamentale Umorganisation zum adulten Krallenfrosch wird bei den Kaulquappen der anderen Amphibien über die Hormone Prolaktin und Thyroxin gesteuert (Kap. 22).

4.2
Ein neuer Liebling der Entwicklungsgenetiker: der Zebrafisch *Danio rerio*

4.2.1
Fische können viele Vorteile bieten; beispielsweise kann man Mutationen erzeugen und Genetik betreiben

Der ursprünglich aus Flüssen Pakistans und Indiens stammende Zebrabärbling *Danio rerio* (früher *Brachydanio*) wird als Adultform für toxikologische Untersuchungen eingesetzt (was ihm oft sehr übel bekommt). Der ca. 4–6 cm lange, längsgestreifte „Zebrafisch" gewinnt zunehmend auch für embryologische und entwicklungsgenetische Studien Bedeutung. Die Fische werden seit Jahren im Labor gezüchtet, natürliche Populationen bleiben unbehelligt, die adulten Fische erleiden, anders als beispielsweise weibliche Mäuse, keinen Schaden, wenn man Embryonen gewinnen will (für Experimente an Tierembryonen selbst fordern Artenschutz- und Tierschutz-Gesetze keine amtliche Genehmigung).

Für embryologische Studien sieht man folgende Vorteile:

- Der Fisch ist leicht im Aquarium zu züchten. Allmorgendlich laichen geschlechtsreife Tiere ab, wobei ein ♀ pro Laichakt bis zu 900 Eier abgibt. (Üblich: Abends 1 Weibchen mit 1 bis 2 Männchen zusammensetzen; Boden des Laichbehälters mit Gitter versehen, durch das die Eier fallen, nicht aber die gefräßigen Männchen schlüpfen können (vgl. Abb. 1.1). Das ♀ braucht dann ca. 1 Woche Erholungszeit.)
- Die Eier sind transparent und messen ca. 0,6 mm; die Embryonalentwicklung (Abb. 4.23) ist, je nach Temperatur, in 2 bis 4 Tagen abgeschlossen. Die **Transparenz** der Keime ist der eine besondere Vorteil, den *Danio* gegenüber *Xenopus* zu bieten hat; der zweite liegt in der Möglichkeit umfangreicher **genetischer** Analysen.
- Für genetische Studien können Mutationen erzeugt werden, beispielsweise dadurch, dass man die ♂ in einer Lösung des Mutagens Ethylnitrosoharnstoff schwimmen lässt oder mit Röntgenstrahlen bestrahlt. Für Studien im großen Stil werden mutagenisierte ♂ mit normalen ♀ gekreuzt. Die F1 ist deshalb hinsichtlich der betroffenen Gene heterozygot. Da die überwiegende Mehrzahl von Mutationen nicht dominant ist, kann man es in aller Regel einem F1-Nachkommen noch nicht ansehen, ob er überhaupt eine neue Mutation in sich trägt. Man muss durch weitere Kreuzung mutierte, rezessive Allele in den homozygoten Zustand bringen. Die F1- und F2-Familien werden deshalb im Inzuchtverfahren weiter gekreuzt. Homozygote Mutanten kommen dann in der F3 zum Vorschein. Für Studien in kleinerem Maßstab kann man bei Eiern von mutagenisierten ♀ durch Auslösen einer Parthenogenese haploide Keime erhalten, die sich bis zum Erreichen der Körpergrundgestalt (phylotypisches Stadium) entwickeln und, soweit es entwicklungsrelevante Gene betrifft, schon in der F1 den mutierten Phänotyp zur Schau tragen. Für eine Weiterzucht kommen Individuen in Betracht, die aus Eiern hervorgegangen sind, in denen sich, gefördert durch Tricks, die Chromosomenzahl vom haploiden Satz (25 Chromosomen) zum diploiden (2×25) aufreguliert hat. Ein solcher Trick ist eine rasche, vorübergehende Erhöhung der Temperatur um $5\,^{\circ}\mathrm{C}$ („Hitzeschock").

Neben dem Zebrafisch *Danio* ist auch der Medaka-Fisch (*Orycias latipes*, auch Killi- oder Reisfisch genannt), dessen Genom bereits vollständig sequenziert ist, ins Blickfeld der Entwicklungsbiologen und Genetiker geraten. Ob *Danio* oder *Orycias*, bei beiden Arten sind die Embryonen transparent und der Entwicklungsgang ist sehr ähnlich. Weg und Schicksal GFP-markierter Proteine und Zellen können im Leben beobachtet werden. Die Entwicklung des Nervensystems, des Auges und der haematopoietischen (Blut-bildenden) Stammzellen sind gegenwärtige Schwerpunkte der Forschung an Fischembryonen.

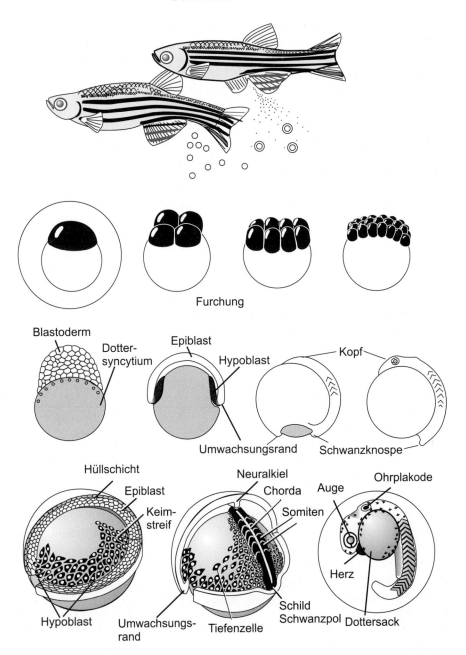

Abb. 4.23. *Danio rerio*, der Zebrafisch

4.2.2
Auf der Eikugel bildet sich im Zuge der Furchung eine Keimscheibe

Die Knochenfische (Teleosteer) haben gegenüber den Amphibien eine evolutive Sonderentwicklung durchlaufen. Im anfänglich homogen erscheinenden Ei bildet sich kurz nach der Befruchtung durch cytoplasmatische Strömungen und Umschichtungen der Komponenten eine animale Kappe mit klarem Plasma, in dem sich der Eikern befindet; darunter, im vegetativen Bereich, ist das Ei reich mit Dottermaterialien gefüllt.

Embryogenese (Abb. 4.23): Die **Furchung** ist **partiell-discoidal**. Die ersten Zellen, die sich am animalen Pol der Eikugel bilden, sind anfänglich nach unten hin zum dottergefüllten Restei offen; es wird also nicht die ganze Eizelle vollständig in Tochterzellen zerlegt (daher „partiell"). Wenn 16 und mehr Zellen vorliegen, bilden sie einen scheibenförmigen Verband (daher „discoidal" = scheibenförmig), der dem Restei aufliegt. Der Verband wird durch Zellteilungen zu einer mehrschichtigen **Keimscheibe**. Sie nimmt durch anhaltende Zellteilungen und durch Abflachung an Umfang zu und umwächst die Dotterkugel, d.h. das restliche Ei. Man spricht je nach Position des Umwachsungsrandes von z.B. 30, 50, 80 oder 100% **Epibolie**.

Die Keimscheibe wird schon im Zuge der Furchung mehrschichtig. Die Lagen nennt man:

- **Hüllschicht** (EVL = enveloping layer). Die oberste, dünne Zell-Lage nimmt als Hüllepithel (selten Periderm genannt) nur geringfügig am Aufbau des Embryos teil.
- **Tiefenzellen (deep cells).** Die unter der Hüllschicht lagernden Zellen werden summarisch Tiefenzellen genannt.
- **Epiblast:** Die oberste, direkt unter der Hüllschicht gelegene Lage der Tiefenzellen heißt Epiblast; er kann dem Blastoderm einer Amphibienblastula gleichgesetzt werden und wird nach Abschluss der **Gastrulation** zum Ektoderm.
- **Hypoblast:** Wenn sich Hüllschicht und Epiblast um die obere Dotterhemisphäre ausgedehnt haben (30–50% Epibolie) beginnt die **Gastrulation**, im Zuge derer, wie nachfolgend geschildert, der Hypoblast entsteht. Aus ihm gehen Meso- und Entoderm hervor.

4.2.3
Gastrulation und die Bildung der Achsenorgane erscheinen gegenüber den Amphibien anfangs fremdartig, führen aber zu einer ähnlichen Körpergrundgestalt

Gastrulation. Der Epiblast wird entlang des Umwachsungsrandes wie ein Kleidersaum nach innen umgeschlagen. Im Bereich dieses Saums ist die Keimscheibe nun doppellagig: Unter den Epiblasten hat sich der Saum des **Hypoblasten** geschoben. Weitere Zellen strömen vom Epiblasten zum Um-

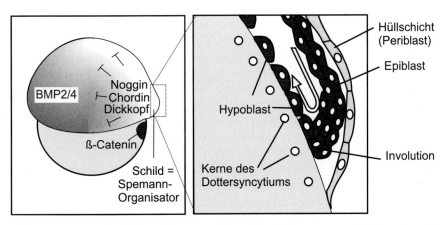

Abb. 4.24. *Danio rerio*. Links: Wirkungsbereich von Entwicklungs-steuernden Proteinen, die auch vom Xenopuskeim bekannt sind. Rechts: Struktur des Embryos am Umwachsungsrand

wachsungsrand, rollen um ihn herum (**Involution**, Abb. 4.24), und verbreitern den Hypoblastsaum. Diese Involution ist die Gastrulation.

Hat man eine Seeigel- oder eine Amphibiengastrula vor Augen, so mag im Vergleich dazu der Vorgang der Gastrulation beim Fisch befremdlich erscheinen; er hat aber durchaus Ähnlichkeit mit der Gastrulation bei Amphibien, wenn auch nicht auf den ersten Blick.

Wenn man ein mittleres bis spätes Gastrulastadium von *Xenopus* betrachtet (s. Abb. 4.5, 4.8), so sieht man einen ringförmigen Urmund, der einen „Dotterpropf" umschließt. Die ringförmige Urmundlippe der Amphibiengastrula ist ja ebenfalls ein Saum, um den die vom Blastoderm heranströmenden Zellen herumschwenken, um dann weiter ins Keimesinnere vorzudringen. Man kann den gesamten Umwachsungsrand des Fischkeimes mit dem ringförmigen Urmund des Amphibienkeims gleichsetzen und das noch nicht umwachsene Restei mit dem Dotterpropf. Der oberen Urmundlippe des Amphibienkeims entspricht bei *Danio* jener Ort, wo die Umrollung beginnt. An dieser Stelle werden denn auch Gene wie *siamois* und *goosecoid* exprimiert, die für die obere Urmundlippe bzw. den Spemann-Organisator charakteristisch sind. Der Ort heißt beim Fischembryo **Randknoten** oder **Embryonalschild** (shield) und hat ähnliche organisierende Funktionen wie der Spemann-Organisator im Amphibienkeim. Später wird sich dort wie beim Amphib die Schwanzknospe bilden.

Determination der Körperkoordinaten. In der Regel liegt das Ei mit der animal-vegetativen Achse waagrecht auf dem Boden. Im Bereich des animalen Pols wird später der Kopf liegen; die Rückenlinie verläuft auf dem obersten Meridian, der vom animalen Pol bis zum Embryonalschild zieht. Welche Gegebenheiten den Ort des Embryonalschildes spezifizieren, ist noch nicht geklärt, wiewohl ein Einfluss der Schwerkraft nachgewiesen ist.

Konvergenzbewegung, Bildung des Keimstreifens. Mit dem Erscheinen des Embryonalschildes sind epibolische Umwachsung und Gastrulation noch nicht abgeschlossen. Während sich der Umwachsungsrand in Richtung des vegetativen Südpols weiterbewegt, wandern die um den Umwachsungsrand herumgerollten Zellen umgekehrt in Richtung des animalen Nordpols. Die Hypoblastzellen wandern im wörtlichen Sinn; denn sie lösen sich voneinander oder halten nur losen Kontakt zu ihren Nachbarn, und sie kriechen wie Amöben auf der Dotterkugel. Aber die Hypoblastzellen kriechen nicht stracks zum animalen Pol, sondern weichen schräg ab, um sich in einer **Konvergenzbewegung** am Vorderrand des Embryonalschildes anzusammeln und sich dem Schild anzugliedern. Das Embryonalschild ist ein Zellaggregat, das sich durch Eingliederung neu ankommender Zellen zum animalen Pol hin verlängert. Das langgestreckte Aggregat plus dem darüberliegenden Epiblaststreif heißt nun auch **Keimstreif.** Dieser verlängert sich auch in Richtung Südpol, dem Umwachsungsrand folgend, wobei der **Randknoten/Embryonalschild** ebenfalls nach Süden rückt; er bleibt am caudalen Ende des Embryo.

Bildung der Achsenorgane und der Körpergrundgestalt. Der Embryo geht aus dem Keimstreif hervor. Von seiner Entwicklungspotenz her beherbergt er **Ektoderm** (Epiblast) sowie **Mesoderm** und **Entoderm** (Hypoblast).

Es treten keine Neuralfalten auf. Vielmehr gliedert sich vom Epiblast ein massiver **Neuralkiel** ab und wird zum Neuralstab, dem Vorläufer des **Neuralrohrs.**

Unterhalb des Neuralkiels organisieren sich die Zellen entlang der Mittellinie des Keimstreifs zur **Chorda**; beidseitig der Chorda gruppieren sich Zellen zu kompakten, sich periodisch wiederholenden paarigen Aggregaten, den **Somiten.** Die so entstandenen Achsenorgane werden ergänzt durch Seitenplatten und Urdarm: Seitlich der Somiten schließen sich weiter herankriechende Innenzellen zu den flächigen Seitenplatten zusammen; unter dem Keimstreif bilden die zutiefst gelegenen Tiefenzellen den Urdarm.

Der Neuralstab höhlt sich nachträglich zum Neuralrohr, das sich vorne zum Gehirn erweitert. Die Transparenz der Fischembryonen erlaubt es, die Entwicklung der Augen und des Innenohrs (aus Ohrplakoden) und sogar das Auswachsen von Nervenfasern, z. B. der Spinalnerven, zu beobachten.

4.2.4
Bei der Expression von entwicklungssteuernden Genen werden wieder mancherlei Übereinstimmungen zwischen Fischen und Amphibien offenkundig

Zahlreiche Gene, deren Expression schon beim *Xenopus* die Vorgänge der Embryogenese vorbereitet und begleitet hatte, sind auch in *Danio* tätig, und ihre Expression kann durch *in situ*-Hybridisierung sichtbar gemacht werden. Es seien hier beispielhaft genannt:

- *siamois* und *goosecoid*: sie codieren für Transkriptionsfaktoren, die im Organisator (Randknoten, Embryonalschild) exprimiert werden;
- *Brachyury*: ein Mesoderm-anzeigendes Gen,
- *Bmp-4* und *chordin*, Gene die für großräumig wirkende Morphogene codieren;
- *Fgf-8* als weiteres Beispiel für ein Gen, das eine Signalsubstanz hervorbringt, und zwar ein Protein aus der Familie der Fibroblastenwachstumsfaktoren FGF. Die Variante FGF-8 wirkt bei der Aufgliederung des Gehirns in Abschnitte mit;
- der *Hox A*- bis *Hox D*-Familie; sie codieren für homöotische Transkriptionsfaktoren, die in den Achsenorganen Positionen markieren.

4.3
Hühnchen, Wachtel und Chimären von beiden

4.3.1
Wir sehen nicht nur riesige Eizellen; wir haben es erstmals mit echten Landwirbeltieren zu tun, mit Amnioten

Die Größe des Eis und seine Verfügbarkeit haben es schon in alter Zeit (Aristoteles, Malpighi, Harvey, Wolff; Box K1) ermöglicht, die Entwicklung des Hühnchens (*Gallus gallus domesticus*) zu beobachten (Abb. 4.25), wiewohl in den ersten zwei Bebrütungstagen ohne Lupe nicht viel zu sehen ist. Gegenüber den Amphibien haben die Sauropsiden einige Besonderheiten entwickelt, die ihnen ein Leben vollständig an Land und unter Umgehung eines Larvenstadiums ermöglichen: Das Ei ist riesig; die eigentliche **Eizelle** ist das von einer verstärkenden, nicht-zellulären, elastischen und transparenten **Vitellinmembran** umschlossene **Gelbei**.

Um dieses Gelbei hüllen Drüsen des Eileiters nährendes Eiweiß, die Pergamenthaut und die Kalkschale. Darüber hinaus wird der Embryo später in eine flüssigkeitsgefüllte Blase, dem **Amnion** (s. Abb. 4.28 und Abb. 7.2), verpackt. Mit den Säugetieren, welche die Erfindung des Amnions beibehielten, werden die Sauropsiden als **Amnioten** zusammengefasst.

Im Supermarkt gekaufte Eier sind unbefruchtet. Befruchtete Hühnereier erhält man von Brütereien. Für Beobachtungen ohne anspruchsvolle Experimente gibt Abb. 4.25 Hinweise zur Präparation. (Tips zum Bebrüten und Fenstern: Literatur zu Abschnitt 4.3, Sander 1973.) Die Kücken schlüpfen, wenn eine konstante Bebrütungstemperatur von 37 °C eingehalten wird, 19 bis 21 Tage nach Beginn des Brütens.

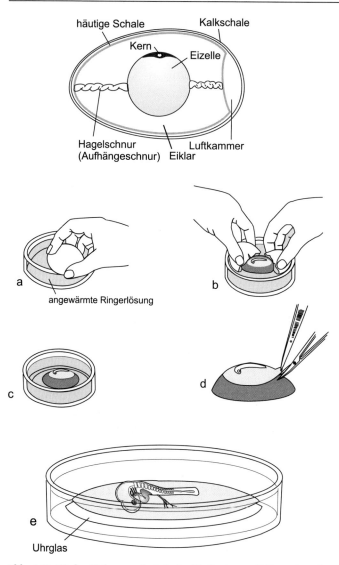

Abb. 4.25. Ei des Huhns, und einfache Methode zur Präparation der Keimscheibe. Das be-brütete Ei wird vorsichtig in eine Schale mit vorgewärmter physiologischer Salzlösung ge-schlagen, die Keimscheibe wird mit Pinzette und Schere vom Gelbei abgetrennt und auf ein gewölbtes Uhrglas gezogen. Für weitere und aufwändigere Untersuchungsmethoden s. Litera-tur (Fenstern z.B. in Sander 1973)

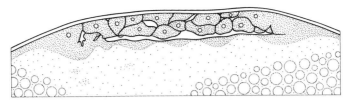

Furchung: 64-128 Zellen

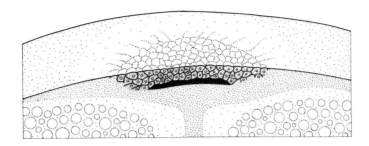

Keimscheibe-Blastoderm mit Blastocoel

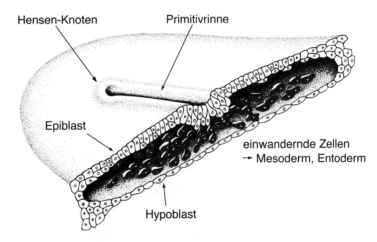

Abb. 4.26. Vogel: Furchung, Keimscheibe, Primitivrinne (aus Siewing, umgezeichnet)

4.3.2
Auf der Keimscheibe entsteht erst der Rückenteil des Embryo

Die Furchung ist wie bei *Danio* discoidal: Es entwickelt sich am animalen Pol eine Keimscheibe (Abb. 4.26), die durch fortgesetzte Zellbildung und Zellteilung peripher an Größe zunimmt, während unter dem Zentrum der Scheibe eine Furchungshöhle (Subgerminalhöhle) frei wird. Vom Dach der Höhle, dem **Epiblasten**, lösen sich Zellen ab und besiedeln als **Hypoblast** den Bo-

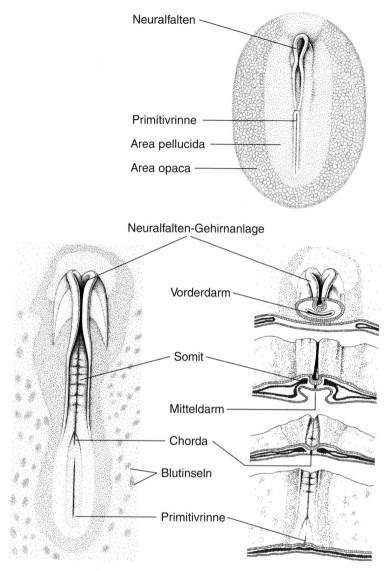

Neuralfalten

Primitivrinne

Area pellucida

Area opaca

Neuralfalten-Gehirnanlage

Vorderdarm

Somit

Mitteldarm

Chorda

Blutinseln

Primitivrinne

Abb. 4.27. Vogel: Neurulation und Gliederung des Mesoderms (aus Siewing, umgezeichnet)

den der Höhle, lagern sich also der (nicht in Zellen zerlegten) Hauptmasse des Dotters auf. Den Hypoblastzellen wird eine dirigierende Funktion bei der Einwanderung der ento- und mesodermalen Zellen zugeschrieben; am Aufbau des Embryos soll sich der Hypoblast nicht direkt beteiligen.

Entodermale und mesodermale Zellen gelangen im Zuge der Gastrulation zwischen Epi- und Hypoblast. Ort des Geschehens ist kein offener Urmund sondern eine geschlossen bleibende **Primitivrinne**, die jedoch dem

Urmund der Amphibien homolog ist. Zellen des Epiblasten strömen auf diese Rinne zu, tauchen in der Rinne in die Tiefe ab und breiten sich im Spaltraum zwischen Epi- und Hypoblast aus (Abb. 4.26). Das Hauptausbreitungsgebiet liegt vor der Primitivrinne. Hier **vor der Primitivrinne** werden die Keimblätter gesondert, hier wird der Embryo geformt. Entsprechend rückt die Primitivrinne hinter den entstehenden Embryo. Der Strom der von der Primitivrinne in die Subgerminalhöhle einwandernden Zellen gabelt sich in zwei Zweige; der eine dringt in die Tiefe, verdrängt die Hypoblastzellen und wird zum **Entoderm**; der andere Strom verbreitet sich zwischen Epiblast und Entoderm zum flächigen **Mesoderm** (auch Chordamesoderm genannt). Der über ihm lagernde Epiblast kann nun als **Neuroektoderm** angesprochen werden.

Die Herausformung der großräumigen Organanlagen geschieht durchaus ähnlich wie bei Amphibien: Der die Primitivrinne vorne begrenzende Wulst, der **Hensen-Knoten**, entspricht der oberen Urmundlippe des Amphibienkeims und produziert die gleichen oder sehr ähnliche Signalsubstanzen wie der Spemann-Organisator. (Im Amphibienkeim induziert der Hensensche-Knoten des Hühnchens die Bildung eines Zweitembryo.) Äußerlich sichtbar wölben sich vor der Primitivrinne über dem induzierenden Chordamesoderm Neuralfalten hoch, um sich zum Neuralrohr zu schließen und vom Epiblasten (Ektoderm) abzulösen (Abb. 4.27). Währenddessen gliedert sich das unterlagernde flächenhafte Aggregat der mesodermalen Zellen in Chorda, segmentale Somiten und geschlossene Seitenplatten. Das über der Dotterkugel liegende Entoderm beginnt sich wie ein Dachfirst hochzuwölben, um sich nach und nach zum Rohr des Darms zu formen.

Die Herausformung der Körperpartien im Vogelembryo geschieht nicht simultan, sondern beginnt am anterioren Pol und schreitet von vorn nach hinten fort. Äußerlich sichtbar ist dieses Voranschreiten an der Erhebung der Neuralfalten und dem sukzessiven Auftauchen neuer Somiten.

4.3.3
Zwei Neuerungen sind Dottersack und Allantois

Nach Abschluss der Neurulation hat der Embryo auf der dorsalen Seite seine Grundgestalt geschaffen. Wir sind beim phylotypischen Stadium (Kap. 7) angelangt. Noch ist der Embryo aber auf der Ventralseite offen. Ein früher Verschluss der Bauchseite wird vom Rest der ursprünglichen, riesigen und noch ungefurchten Eizelle verhindert. Entoderm, Mesoderm und Ektoderm (Epiblast) umwachsen nach und nach diesen Rest des Gelbeis; das umwachsene Restei wird zum **Dottersack**. Dieser hängt – durch Entnahme von Dotter kleiner und kleiner werdend – als gelbe Kugel am **Nabelstrang**. Der Nabelstrang entsteht dadurch, dass sich einerseits der Embryo von der Dotterkugel abhebt, andererseits Entoderm, Mesoderm und Ektoderm zwischen Embryo und Dotterkugel zu einem Schlauch zusammengeschnürt werden. Durch den Nabelstrang verbindet ein Ento-

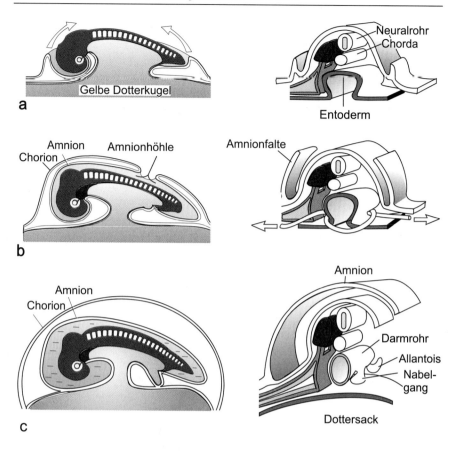

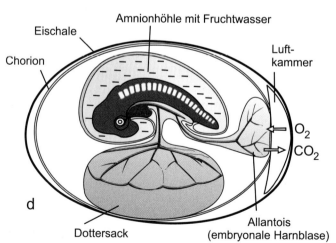

Bildung von Amnion und Dottersack beim Hühnchen

Abb. 4.28. Vogel: Entwicklung des Amnions, des Dottersacks und der Allantois

dermkanal den Dottersack mit dem Darm. Ein zweiter Kanal, der Harnleiter, führt aus dem Embryo heraus in die nach außen verlagerte, an Größe
anschwellende embryonale Harnblase, die **Allantois** (Abb. 4.28). Diese
dient allerdings nicht nur zur Aufbewahrung des Oxidationswassers, das
im Stoffwechsel anfällt; vielmehr übernimmt die Allantois mit ihren begleitenden Blutgefäßen weitere Aufgaben, z.B. die eines Atemorgans.

4.3.4
Eine weitere, bleibende Neuerung ist das Amnion

Noch während der Bildung des Neuralrohrs werden vom extraembryonalen
Epiblasten häutige Falten über den Embryo gezogen und zu einer doppelwandigen Blase verschweißt (Abb. 4.28, s. auch Abb. 7.2). Die Blasenhöhle,
die **Amnionhöhle**, wird zum Schutz des empfindlichen Embryos mit Flüssigkeit gefüllt. Das Wasser wird von den Zellen der Blasenwand, dem **Amnion**, gespendet. Die Amnionhöhle wird zum Privatteich, sodass sich die
Embryonalentwicklung auch der Landwirbeltiere im Wasser abspielt. Am-
nion- und Allantois-Flüssigkeit mischen sich zum **Fruchtwasser**, wenn
beim Schlüpfen des Kückens die dünnhäutigen Wandungen dieser extraembryonalen Flüssigkeitsbehälter reißen.

4.3.5
Experiment am Vogelkeim I: Zur Analyse der Entwicklungspotenz
der Neuralleisten erzeugt man Chimären aus Hühnchen und Wachtel

Am Beispiel der Vogelentwicklung ist besonders erfolgreich die Entwicklungspotenz der **Neuralleistenzellen** und ihre Verwendung zum Aufbau des
sympathischen Nervensystems und zur Herstellung von Chromatophoren
analysiert worden (s. Kap. 16, Abb. 16.1). Um das Schicksal der herum-
streunenden Neuralleistenzellen verfolgen zu können, wurden Neuralleisten
aus Wachtelembryonen entnommen und in Embryonen des Hühnchens implantiert. Die Wachtelzellen werden problemlos akzeptiert (jedenfalls während der Embryonalentwicklung) und beteiligen sich am Aufbau des Chi-
mären-Vogels; sie lassen sich aber im Mikroskop leicht von den Zellen des
Huhns unterscheiden, weil ihre Kerne viel dichtes Heterochromatin enthalten.

4.3.6
Experiment am Vogelkeim II: Musterbildung in der Flügelknospe
und retinotektale Projektion sind weitere Forschungsschwerpunkte

An den Extremitätenknospen, besonders an den leicht zugänglichen Flü-
gelknospen, wird besonders anschaulich Musterbildung studiert und in
diesem Zusammenhang die morphogenetische Funktion der Vitamin A-
Säure und diverser Proteinfaktoren (SONIC HEDGEHOG, FGF) untersucht

(Kap. 12.8). Ein weiterer Schwerpunkt ist die Frage, wie das Auge mit dem Gehirn nerval verkabelt wird (Retinotektale Projektion, Kap. 17.7).

4.4
Die Maus: Stellvertreter für den Menschen

4.4.1
Medizinisches Interesse, die Verfügbarkeit von Mutanten und rasche Entwicklung machen die Maus zum Modell eines Säugers; als solcher tritt er früh in enge Beziehung zu seiner Mutter

Der Entwicklungsweg eines Säugers weicht, in Anpassung an die **Viviparie**, vom Entwicklungsweg anderer Wirbeltiere stark ab. Der Embryo bezieht von der Mutter Nahrung. **Demzufolge können die Embryonen der Säuger im Verlauf ihrer Entwicklung an Masse zunehmen und wachsen.** Da die Keime von der Mutter mit Nahrung versorgt werden, brauchen die Eier als Mitgift keinen Dottervorrat mitzubringen. Sie sind sekundär dotterarm, und es ist eine totale Furchung möglich. Andererseits muss der Keim rasch intimen Kontakt mit seiner Mutter aufnehmen. Zuallererst bildet der Keim lange vor einem Embryo einen **Trophoblasten** (Griech. *trophein* = ernähren) aus. Aus einem Teilbezirk des Trophoblasten wird später die **Plazenta** des heranwachsenden Keims.

Für entwicklungsbiologische Studien sind Säuger nicht günstig. Die Embryonalentwicklung vollzieht sich im mütterlichen Leib verborgen. Für Untersuchungen und Experimente am Keim ist ein Eingriff in den mütterlichen Organismus nötig, der nach dem Tierschutzgesetz genehmigungspflichtig ist. Frühe Entwicklungsstadien bis zur Blastocyste können aus dem Eileiter herausgespült werden. Nachdem sich die Keime in die Gebärmutter eingenistet haben, können sie nur noch operativ und kaum ohne Beschädigung herausgeholt werden. Späte Embryonen der Säuger werden **Fetus (Fötus)** genannt (beim Menschen ab der 8. Woche).

Vor allem medizinisches Interesse hat die Mausentwicklung zum Paradigma der experimentellen Säugerembryologie werden lassen. Mäuse benötigen im Vergleich zu anderen Säugern nicht viel Raum, Nahrung und Pflege. Vor allem die rasche, Jahreszeiten-unabhängige Entwicklung und die Verfügbarkeit einer größeren Anzahl kartierter Mutanten hat die Maus zum Modellfall gemacht, obwohl ihre Entwicklung in mancherlei Details recht verschieden von der anderer Säuger und des Menschen ist. In der Oogenese und der frühen Embryonalentwicklung können sich schematische Darstellungen der Entwicklung von Maus und Mensch wechselseitig vertreten (vgl. deshalb Abb. 6.1). Natürlich ist bei der Maus die Zeitskala verschieden.

4.4.2
Mäuse können sich bald nach ihrer Geburt und das ganze Jahr über fortpflanzen; die Generationszeit beträgt nur neun Wochen

Oogenese, Ovulation, Generationszeit. Fünf Tage nach der Geburt eines Mäuschens haben alle Oocyten in Vorbereitung zur Meiose ihre Chromosomen dupliziert (DNA-Menge = 4C = 4 × haploide Menge) und treten in die Prophase der Meiose ein. Sie wird im Diplotän unterbrochen; es werden Lampenbürsten-Chromosomen und multiple Nucleolen sichtbar (s. Abb. 8.3 und 8.4). Von den heranwachsenden Oocyten geht zwar die Hälfte zugrunde, es bleiben jedoch ca. 10000 übrig. Schon 6 Wochen nach ihrer Geburt erreichen Mäuse die Geschlechtsreife. Der Sexualzyklus der Weibchen ist extrem kurz. Alle 4 Tage können 8 bis 12 Oocyten die erste meiotische Teilung abschließen und den ersten Polkörper abschnüren. Das eindringende Spermium liefert den nötigen Reiz, der die zweite meiotische Teilung und die Aktivierung des Eis auslöst.

Nach 19–20 Tagen Entwicklungszeit werden Mäuse geboren. Theoretisch können pro Jahr 40 Generationen das Licht der Welt erblicken. Die (minimale) Generationszeit ist 9 Wochen.

4.4.3
Die Embryonalentwicklung einer Maus ist seltsam und nicht leicht zu verstehen

Mäuse paaren sich nur, wenn sich das Weibchen im Östrus befindet, d.h., wenn ein Ei herangereift ist und vom Ovar in den Eileiter entlassen wird. Nach einem Koitus versuchen 50 Millionen Spermien das Ei zu finden. Nach der Befruchtung wird der zweite Polkörper als Ausdruck der zweiten meiotischen Teilung abgeschnürt. Die Furchung ist bei Säugern extrem langsam und benötigt Tage. Sie setzt erst ca. 18 Stunden nach der Befruchtung ein (beim Seeigel nach 1 Stunde) und ist begleitet von einer frühen Transkription der embryoeigenen (zygotischen) Gene. Eine *midblastula transition* ist von Amphibien bekannt, nicht aber von Säugern.

Bis zum frühen 8-Zellstadium sind die Blastomeren noch totipotent. Voneinander getrennt, können sie 8 genetisch identische Mäuschen liefern. Beim Übergang zum 16-Zellstadium kommt es zur **Kompaktion**, d.h. die Blastomeren werden mittels bestimmter Zelladhäsionsmoleküle (Uvomorulin = Cadherin E) eng miteinander verklebt. Auch kommt es zu einer ersten Differenzierung: Die Zellen des Trophektoderms amplifizieren ihr Genom und werden polyploid, die Zellen der **inneren Zellmasse (Embryoblast)** bleiben diploid. Im 16-Zellstadium schlüpft der Keim aus der Hülle (Zona pellucida). Bald ist das Stadium der **Blastocyste** erreicht, die befähigt ist, sich in die Wand der Gebärmutter einzugraben und sich einzunisten.

MAUS I

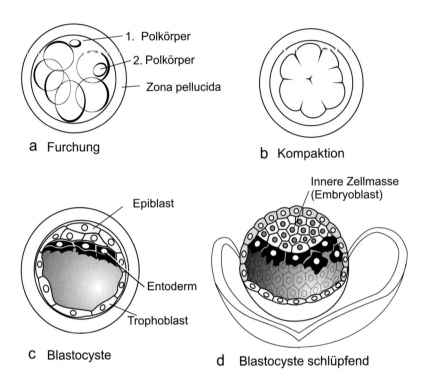

a Furchung

1. Polkörper
2. Polkörper
Zona pellucida

b Kompaktion

Epiblast

Entoderm

Trophoblast

c Blastocyste

Innere Zellmasse
(Embryoblast)

d Blastocyste schlüpfend

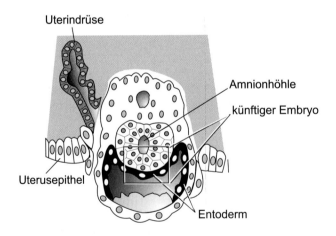

Uterindrüse

Amnionhöhle

künftiger Embryo

Uterusepithel

Entoderm

e Einnistung

Abb. 4.29. Maus I: Von der Furchung bis zur Blastocyste, die sich im Uterusepithel der Mutter einnistet

MAUS II

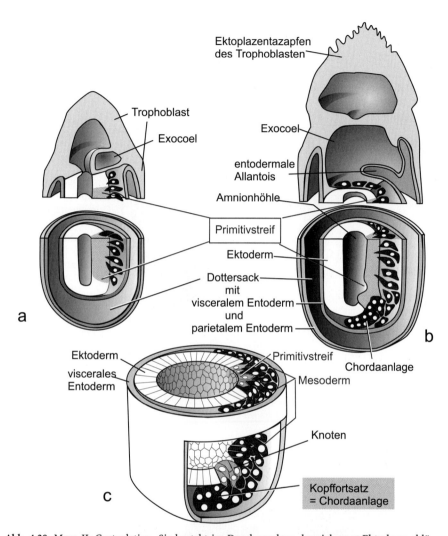

Ektoplazentazapfen
des Trophoblasten

Trophoblast

Exocoel

Exocoel

entodermale
Allantois

Amnionhöhle

Primitivstreif

Ektoderm

Dottersack
mit
visceralem Entoderm
und
parietalem Entoderm

a

b

Ektoderm

viscerales
Entoderm

Primitivstreif

Chordaanlage

Mesoderm

Knoten

Kopffortsatz
= Chordaanlage

c

Abb. 4.30. Maus II: Gastrulation. Sie besteht im Durchwandern der sich vom Ektoderm ablösenden künftigen Mesodermzellen (rot) durch die Primitivrinne in den Raum zwischen Ektoderm und Entoderm. Schon vor der Gastrulation hat sich eine Amnionhöhle gebildet, und darüber aus dem Trophoblasten der Ektoplazenta-Zapfen; dieser ist Vorläufer der Plazenta

Nach der Einnistung (**Nidation, Implantation**) formt die Blastocystenwand **Riesenzellen**; sie wird nun **Trophoblast** genannt, und dieser wird später die **Plazenta** hervorbringen.

Gegenüber anderen Säugern zeigt die Entwicklung der Maus (Abb. 4.29 bis Abb. 4.33) Besonderheiten, die irreführen können. Beispielsweise

MAUS III

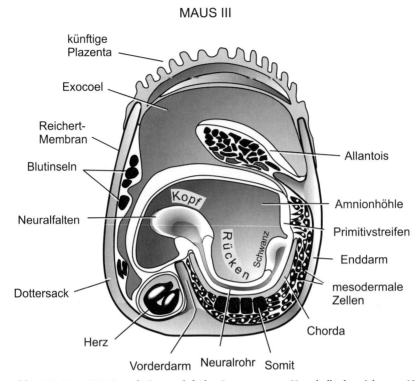

Abb. 4.31. Maus III: Neurulation und frühe Organogenese. Unterhalb der sich zum Neural-rohr schließenden Neuralfalten bilden sich aus den mesodermalen Zellen Chorda, Somiten und Herz. Die ventralen Teile des Trophoblasten lösen sich bei der Maus auf bzw. werden zur unscheinbaren Reichert-Membran, so dass faktisch Teile des Entoderms außen, das Ektoderm im Inneren des Keimes liegen (augenscheinliche Keimblattinversion in der Maus-entwicklung)

nimmt der Embryo die Gestalt eines Zylinders an („**Eizylinder**"). Dieser Zylinder umfasst den Ektoplazenta-Zapfen, der später zentraler Teil der Plazenta wird. Es treten verschiedene extraembryonale Höhlen auf, die Rückenlinie ist anfänglich extrem gekrümmt nach Art eines Hohlkreuzes, die Bauchseite ist nach der Auflösung der Reichert-Membran (sie leitet sich vom Trophektoderm ab, Abb. 4.31) lange Zeit offen. Vorübergehend ist das Entoderm teilweise außen, das Ektoderm liegt, weil der Embryo im Keimes-inneren entsteht, im Inneren des Keims (**scheinbare Keimblatt-Inversion**).

Sehr kompliziert sind die Drehbewegungen des Embryos, die aus dem frühembryonalen konkaven Hohlkreuz einen konvexen Rundrücken ma-chen und den Eintrittsort des Nabelstranges in den Bauch um 180° verla-gern (Abb. 4.32).

MAUS IV

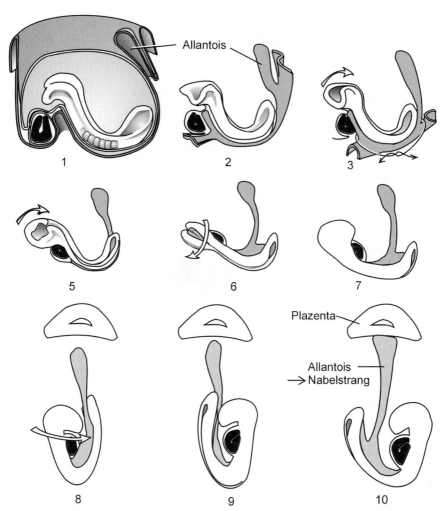

Abb. 4.32. Maus IV: Torsion des Keims während und nach der Neurulation. Die hier darge-stellte, teils von Skizzen der Literatur (Theiler, 1989), teils von Fotos von Originalpräparaten abgeleitete Drehbewegung trennt aus Gründen der Übersichtlichkeit die Torsion um die Längsachse (3–7) von der Torsion um die Dorsoventralachse (8–10)

MAUS V

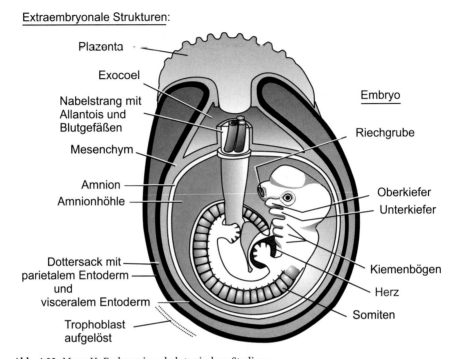

Abb. 4.33. Maus V: Embryo im phylotypischen Stadium

4.4.4
Mäuse scheinen einen Vater zu brauchen (es sei denn, sie werden geklont)

Parthenogenese? Auch ohne Befruchtung kann bisweilen die Entwicklung starten. Das kann im Eileiter oder schon im Ovar geschehen. Kommt die Entwicklung im Ovar vor dem Einsetzen der ersten meiotischen Teilung in Gang, ist der Keim diploid. Dennoch entwickelt er sich im Ovar nicht normal, sondern zu einem chaotischen Gebilde, einem **Teratom**, oder gar zu einem Tumor-ähnlichen Gebilde, einem **Teratocarcinom**.

Auch wenn das Ei seine erste meiotische Teilung regulär abgeschlossen hat und zur rechten Zeit aus dem Ovar entlassen worden ist, sind allerlei Fehlentwicklungen möglich. Beispielsweise kann es im Eileiter zu einer Scheinbefruchtung kommen, wenn statt eines Spermiums der Polkörper mit der Eizelle fusioniert und dadurch seine Chromosomen dorthin zurückbringt, von wo sie zur Erlangung eines haploiden Zustandes entfernt worden waren. Dabei kann es auch zur Aktivierung des Eies (s. Kap. 9) kommen. Solche diploiden, aber rein **maternalen Eizellen**, denen ein väterliches Genom fehlt, mögen sich sogar bis zum Beinknospenstadium entwickeln. Dann spätestens stirbt der Embryo ab.

Zwei Väter oder zwei Mütter? Ähnliche Misserfolge hat der experimentell arbeitende Forscher, wenn er in einer Eizelle zwei haploide Kerne fusionieren lässt und beide Kerne „mütterlich" sind (aus zwei Eizellen stammend) oder beide „väterlich" (aus zwei Spermien stammend). Es hat an Versuchen nicht gefehlt, solche **bimaternale** bzw. **bipaternale** (allgemein: **biparentale**) Mäuschen zu erzeugen. Nicht verwundern darf, dass zwei Spermienkerne untauglich sein können; sie sind es auf jeden Fall, wenn beide ein Y-Chromosom aber kein X-Chromosom mitbringen; denn YY-Individuen sind nicht lebensfähig. Doch auch eine XX-Konstitution ist nur dann unproblematisch, wenn ein X von einer Eizelle, das andere von einem Spermium stammt. Man bringt diese Probleme in Zusammenhang mit der **maternalen** bzw. **paternalen Prägung**, welche die DNA durch unterschiedliche Methylierung im Hoden des Vaters und im Ovar der Mutter erfahren hat. Das wird in Abschnitt 8.4 erläutert.

Sind einmal bei einer Befruchtung ein väterliches und ein mütterliches Genom zusammengeführt worden, sind die Voraussetzungen für eine Normalentwicklung erfüllt. Die Zellen haben ein vollgültiges Genom, die Hälfte der Chromosomen hat eine maternale und die andere Hälfte eine paternale Prägung erfahren, was für die Mausentwicklung notwendig zu sein scheint. Wenn nach Abschluss der Embryonal- und Jugendentwicklung Zellen übrig bleiben, deren Genom nicht irreversibel verändert oder sonstwie irreversibel stillgelegt ist, ist Klonen nach Art der Krallenfrösche möglich; denn das Prägungsmuster der befruchteten Eizelle wird auf ihre Tochterzellen übertragen, sodass auch sie sowohl maternal wie auch paternal geprägt sind (s. Kap. 8.5 und 13.5).

4.4.5
Chimärenmäuse haben eine Möglichkeit eröffnet, Mäuse genetisch zu manipulieren

Chimären sind Organismen, deren Zellen von zwei (oder mehreren) genetisch unterschiedlichen Eltern stammen. Das experimentelle Konzept zur Erzeugung von Chimärenmäusen ist die mechanische Vermischung frühembryonaler Zellen, die verschiedenen Keimen entstammen (s. Abb. 5.4). Die hieraus resultierenden Chimärenkeime haben eine schon vielfach bewährte technische Möglichkeit eröffnet, Mäuse genetisch zu manipulieren: unter Ausnutzung der Möglichkeit der homologen Rekombination gezielt Mutationen einzuführen (*targeted mutagenesis*) oder andere Genkonstrukte nach Wunsch des Forschers (s. Abb. 5.5). Wegen der besonderen Bedeutung dieser Experimente für die Medizin werden diese Verfahren gemeinsam mit dem Verfahren zum Klonen und vergleichbaren Pionierexperimenten an Amphibien nachfolgend in einem besonderen Kapitel 5 vorgestellt.

ZUSAMMENFASSUNG DES KAPITELS 4

In diesem Kapitel wird die Entwicklung von Wirbeltieren beschrieben, deren Entwicklung im besonderen Maße untersucht und im Labor experimentell analysiert wird. Die Entwicklung als solche kann in dieser Zusammenfassung nicht rekapituliert werden.

- *Xenopus*, der Krallenfrosch, und andere Amphibien sind Archetypen der Wirbeltierentwicklung. Der Abschnitt 4.1 sollte auf jeden Fall gelesen werden, wenn man die Entwicklung eines Wirbeltieres einschließlich des Menschen verstehen will; denn die Embryonalentwicklung führt über eine schulbuchmäßige Blastula und Gastrula zu einem **phylotypischen Stadium**, welches in ähnlicher Form auch bei allen anderen Wirbeltieren vorkommt und als Grundmodell eines Wirbeltieres betrachtet werden kann. Dieses Stadium ist charakterisiert durch folgende Strukturen (Nr. 1–4 = **Achsenorgane**):

  1. **Neuralrohr**, aus dem das ZNS mit Gehirn und Rückenmark hervorgeht;
  2. **Neuralleisten**, aus denen u.a. das periphere Nervensystem, Nebennierenmark, Chromatophoren der Haut und das Kiemendarmskelett hervorgehen;
  3. **Chorda dorsalis** (Notochord), dem embryonalen Platzhalter für die Wirbelsäule;
  4. **Somiten**, aus denen die Wirbelkörper, die quergestreifte Muskulatur des Körpers und die Dermis (Unterhaut) hervorgehen;
  5. **Seitenplatten**, aus denen die Coelomepithelien und Teile des Blutgefäßsystems hervorgehen;
  6. **ventrales Herz**;
  7. **Vorderdarm mit Kiementaschen** (Schlundtaschen).
     Die Strukturen (3)–(6) sind mesodermal, (7) ist entodermal.

An Amphibienkeimen wurden berühmte Experimente durchgeführt: Es gelang bei *Xenopus* erstmals das **Klonen eines Wirbeltieres**; Transplantationsexperimente an Molch- und Froschkeimen durch Spemann und Mangold führten zur Entdeckung einer Positionsinformation und der **embryonalen Induktion**, bei der bestimmte Keimbezirke durch Aussenden von Signalsubstanzen andere Keimbezirke zur Entwicklung ortstypischer Strukturen stimulieren. Ein besonders mächtiger Signalsender ist der **Spemann-Organisator** (obere Urmundlippe der frühen Gastrula), der ganze Köpfe und Rümpfe induzieren kann, und sich seinerseits in Kopfinduktor und Rumpfinduktor gliedert.

Die räumliche Koordination der Entwicklung basiert auf Kaskaden aufeinanderfolgender Induktionsereignisse, die bald nach der Befruchtung beginnen, wenn maternale mRNA für Transkriptions- und Induktionsfaktoren neu verteilt wird. Man spricht von mesodermalisierender, ▶

dorsalisierender und neuralisierender Induktion. Viele **Induktionsfakto-ren** und ihre Gene sind identifiziert. Die **Rumpfrücken-induzierenden Induktoren wie NOGGIN und CHORDIN** neutralisieren als Antagonisten das **Morphogen BMP-4**, welches dank seiner Verteilung in der Blastula und Gastrula „hier sei vorn-ventral" signalisiert. Die **Kopf-induzierenden Induktoren wie CERBERUS und DICKKOPF** kompensieren das **Morphogen WNT-8**, das dank seiner Verteilung „hier sei hinten-ventral" signalisiert. BMP-4 und WNT-8 sind als Morphogene wirksam, weil ihre gradientenhafte Verteilung im Embryo örtlich unterschiedliche Differenzierungsprozesse in Gang setzt. Beispielsweise helfen die Konzentrationsgradienten von BMP-4 und WNT-8 in Kooperation mit anderen Faktoren, das Neuralrohr in Gehirn und Rückenmark zu gliedern.

- **Zebrafisch** (*Danio rerio*) und Medaka-Fisch (*Orycias latipes*) sind zu den jüngsten Modellorganismen avanciert; denn es sind Wirbeltiere, die jederzeit ablaichen, sich rasch entwickeln und mit denen ausgiebig Genetik betrieben werden kann. Die transparenten Eihüllen und Keime lassen eine Embryonalentwicklung beobachten, die für Fische typisch ist und in mancherlei Beziehung vom Amphibienmodell abweicht. Am animalen Pol der Eizelle bildet sich eine vielzellige und mehrschichtige **Keimscheibe**, die das Restei (Dotterkugel) umwächst (Epibolie). Die Rolle des Urmundes hat der Umwachsungsrand der Keimscheibe inne. Um die Kante dieses Randes dringen Epiblastzellen von der Oberfläche ins Innere ein, um zu Hypoblastzellen zu werden. Die amöboid beweglichen Hypoblastzellen scharen sich vor dem **Embryonalschild** (eine der oberen Urmundlippe der Amphibiengastrula homologen Verdickung des Umwachsungsrandes) zum **Keimstreif** zusammen und bauen die mesodermalen Achsenorgane (Chorda, Somiten) und den entodermalen Darmtrakt auf. Sehr gut lässt sich die Entwicklung des Nervensystems der Augen und der Blut-bildenden Zellen verfolgen.
- **Hühnchen:** Die Eizelle ist das dotterreiche Gelbei. Die animale Kalotte der Riesenzelle ist die Keimscheibe, die sich bei der Furchung in Zellen zerlegt und auf der als Ausdruck der beginnenden Gastrulation eine Primitivrinne sichtbar wird. Diese ist dem Urmund der Amphibien homolog; auf diese Rinne bewegen sich Zellen der Oberfläche (Epiblast) zu und durch diese Rinne tauchen sie in die Tiefe ab. Aus den abgetauchten Hypoblastzellen, die sich unter dem Epiblasten ausbreiten, entstehen die mesodermalen und entodermalen Organe ähnlich wie bei Fischen und Amphibien. Wenn das phylotypische Stadium erreicht ist, wird eine flüssigkeitsgefüllte **Amnionhöhle** gebildet, in welcher der Embryo geschützt weiter heranwächst. Ein **Dottersack** und eine **Allantois** (embryonale Harnblase) sind weitere ▶

Gebilde, die für **Amnioten** (Reptilien, Vögel, Säuger) charakteristisch sind. An Embryonen des Huhns und der Wachtel wird besonders die Entwicklung des Nervensystems und der Neuralleisten-Abkömmlinge studiert.

- **Maus:** Die Entwicklung der **plazentalen Säuger** vollzieht sich im Eileiter und im Uterus (Gebärmutter) einer Mutter. Das sekundär dotterarm gewordene Ei vollendet erst im Eileiter nach der Befruchtung durch Abschnüren des zweiten Polkörpers die Reifeteilung, und es furcht sich holoblastisch (total). Die Furchung führt zu einer **Blastocyste**, deren äußere Wand **Trophoblast** genannt wird und einen **Embryoblasten (innere Zellmasse)** einschließt. Die innere Zellmasse bringt erst dann den Embryo hervor, wenn sich der Keim im Uterus eingenistet hat, äußere Trophoblastzotten als Vorläufer der Plazenta besitzt und inmitten der inneren Zellmasse eine **Amnionhöhle** ausgespart ist. Auf dem Boden der Amnionhöhle bildet sich eine **Keimscheibe mit Primitivrinne**, ähnlich der Keimscheibe der Sauropsiden. Bei der Maus gibt es freilich im Einzelnen Besonderheiten, die so bei anderen Säugetieren nicht vorkommen, beispielsweise starke Krümmungen und Drehungen des Embryos. Wie bei anderen plazentalen Säugern ist die **Plazenta** eine aus dem Trophoblasten hervorgehende Bildung des Keimes, über die der Embryo (in späten Stadien **Fetus** genannt) Atemgase, Nährsubstanzen und Metaboliten mit der Mutter austauscht.

  Bei der Maus können über homologe Rekombination gezielt Gene gegen künstlich veränderte (z. B. gegen gezielt mutierte Gene) ausgetauscht werden. Es können auch transgene Tiere mit (art)fremden Genen hergestellt werden. Auch können Mäuse geklont werden.

5 Anwendungsorientierte Experimente an Frühkeimen der Wirbeltiere: Klonen, Chimären, Teratome, transgene Tiere

Es werden in diesem Kapitel Experimente vorgestellt, die ursprünglich mit wissenschaftlichen Fragestellungen konzipiert worden sind, die jedoch Möglichkeiten für praktische Anwendungen erschlossen haben oder zu erschließen versprechen: Anwendungen in der Tierzucht, der Medizin, der Pharmazie oder Biotechnologie. Und wenn den Experimenten auch nicht immer Nutzbares entnommen werden kann, wie z.B. aus der Erzeugung von Teratomen, so haben solche Experimente doch das Wissen erschlossen, wie manche Fehlbildungen auch in der Entwicklung des Menschen zustande kommen können. Einige der nachfolgend vorgestellten Experimente, insbesondere die Experimente zum Klonen von Säugetieren, haben zu kontroversen Diskussionen und tiefen Besorgnissen Anlass gegeben und sind deshalb in die Schlagzeilen der Presse gelangt.

5.1 Klonen: die Herstellung genetisch identischer Kopien

5.1.1 Klonen ist in der Pflanzenwelt und bei vielen Wirbellosen in Form der vegetativen Fortpflanzung ein natürliches Ereignis; die Pflanzenzüchtung hat seit alters die natürlichen durch künstliche Verfahren erweitert

Der Begriff des Klonens wird in der heutigen Biologie zumeist im Kontext molekularbiologischer Arbeiten gebraucht. Geklonte DNA-Sequenzen sind vermehrte DNA-Sequenzen, vermehrt in einem Bakterium oder im Reagenzglas. Molekularbiologen haben den Begriff des Klonens nicht geprägt, sondern von der klassischen Biologie übernommen. In der traditionellen Biologie ist ein zellulärer oder organismischer **Klon ein Kollektiv von Zellen oder vielzelligen Organismen, die untereinander genetisch gleich sind**; unter Klonen, oder auch Klonieren, versteht man das Herstellen solcher Organismen. In der Natur kommt Klonen als **vegetative Fortpflanzung** auf der Basis mitotischer Zellteilungen bei vielen Pflanzen und ‚niederen‘ Tieren vor. Fortpflanzung über vegetativ erzeugte Knollen (z.B. Kartoffel), über Ausläufer (z.B. Erdbeeren, Korallen), über Knospen (z.B. *Bryophyllum*, eine Pflanze, oder bei *Hydra*, ein Tier) ist natürliches Klonen.

In der Pflanzenzucht werden die natürlichen Verfahren asexueller Vermehrung durch künstliche erweitert: Seit alters werden Johannisbeeren dadurch vermehrt, dass Zweige abgeschnitten und zur Bewurzelung in feuchten Boden gesteckt werden (Klonen über Regeneration). Seit alters werden Obstbäume und Weinstöcke über Propfreise vermehrt, d. h. durch Implantation kleiner knospentragender Zweige, Reise genannt, unter die Rinde einer „Unterlage" (bewurzelter Stammrest). Wenn überall in der Welt die Äpfel der Sorte Golden Delicious gleich aussehen und gleich schmecken, so deshalb, weil alle Bäume dieser Sorte mittels Propfreiser geklonte Nachkommen eines einzelnen Baumes sind, der vor Jahrzehnten aus einem Samen (also aus einer sexuellen Fortpflanzung) entstanden war.

Die genannten Beispiele zeigen zugleich, welchen Vorteil der Landwirt, Weinbauer und Gärtner vom Klonen erwarten darf: Er ist sich gewiss, **dass alle Nachkommen die gleichen Eigenschaften haben wie die Eltern:** Eine Sorte bleibt eine Sorte mit den bekannten Eigenschaften. Nicht so bei der sexuellen Fortpflanzung (über Samen): Wie auch beim Menschen, ist bei jeder normalen sexuellen Fortpflanzung ungewiss, wie die Sprösslinge ausfallen.

Viele nicht durch natürliche vegetative Fortpflanzung vermehrbare Nutz- oder Zierpflanzen werden heute dadurch vermehrt, dass man aus vorhandenen Pflanzen wandlose Zellen (Protoplasten) isoliert, welche in der Zellkultur zu vielzelligen Klumpen (Kallus) heranwachsen. Diese können dazu gebracht werden, ohne das Einschalten sexueller Prozesse vegetativ Embryonen zu bilden.

In der Tierzucht hat vegetative Fortpflanzung noch keine kommerziell nutzbaren biotechnischen Verfahren ermöglicht. Am durchaus möglichen Klonen von Schwämmen, Hydrozoen, Korallen oder von Seescheiden ist die Wirtschaft nicht interessiert. Bei Wirbeltieren sind natürlich geklonte Tiere (von der Polyembryonie des Gürteltieres abgesehen) allenfalls Ergebnis eines Unfalls, wenn frühe Keime in zwei Hälften zerfallen (Abb. 5.1). Jedoch sähe es der Tierzüchter gern, wenn er seine bewährte Hochleistungskuh oder sein erfolgreiches Rennpferd klonieren könnte. Gegenwärtig besteht besonderes Interesse, mühsam erzeugte transgene Tiere zu klonieren; warum, wird am Schluss des Abschnittes 5.3.3 gesagt.

5.1.2
Ein biotechnisch nicht besonders interessantes Verfahren des Klonens ist die Zerteilung junger Embryonen

Miniklone, bestehend aus **eineiigen Zwillingen, Vierlingen** oder **Achtlingen,** entstehen, wenn im 2-, 4-, oder 8-Zellstadium die noch relativ großen Zellen (Blastomeren) des frühen Embryos auseinanderfallen oder im Experiment voneinander getrennt werden. Stammen die Blastomeren von regulationsfähigen Embryonen (Seeigel, Amphibien, Säuger) kann jede freie Blastomere sich zu einem zwar verkleinerten, doch vollständigen Embryo

Eineiige und siamesische Zwillinge

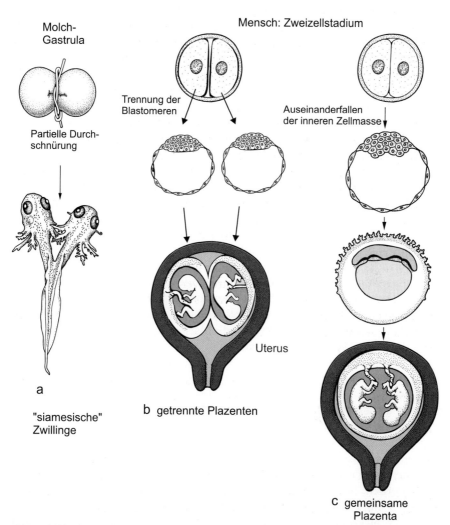

Abb. 5.1. Eineiige Zwillinge bei Amphibien und beim Menschen. Bei nur partieller Durchschnürung junger Amphibienembryonen entstehen partiell zusammengewachsene „siamesische" Zwillinge, während vollständige Durchtrennung zwei vollständige Kaulquappen hervorbrächte. Beim Menschen können die ersten beiden Blastomeren auseinanderfallen, oder es zerfällt die innere Zellmasse in zwei Portionen. Im ersten Fall wachsen eineiige Zwillinge in getrennten Hüllen heran, im zweiten Fall entwickeln sie sich in einer gemeinsamen Hülle (Chorion)

entwickeln. Bei Säugern können solche Mehrlinge im Uterus bis zur normalen Größe heranwachsen. Bei Säugern kann auch die innere Zellmasse der Blastocyste in zwei getrennte Gruppen zerfallen. Dann finden sich Zwillinge in einer gemeinsamen Trophoblastenhülle. Bei nur partieller Teilung entstehen zusammengewachsene „siamesische Zwillinge". Das Entstehen solcher natürlicher Unfälle ist durch Schnürungsexperimente an Amphibien durch H. Spemann im Prinzip aufgeklärt (Abb. 4.11 und Abb. 5.1).

5.1.3
Klonen durch Kerntransplantation: Pionierexperimente mit *Xenopus* eröffneten die Möglichkeit, zahlreiche Nachkommen mit bekannten Eigenschaften zu züchten

Klone großen Umfangs kann man beim Krallenfrosch *Xenopus* herstellen (Abb. 5.2). Eizellen werden entkernt, beispielsweise durch Bestrahlung mit einem UV-Mikrostrahl; aus geeigneten somatischen Zellen eines Spendertieres werden Kerne entnommen und in die entkernten Eizellen injiziert. Ursprünglich war das Experiment konzipiert worden, um zu prüfen, ob Kerne aus differenzierten somatischen Zellen Totipotenz bewahren können. Erste somatische Zellen, denen totipotente Kerne entnommen werden konnten, waren Darmzellen der Kaulquappe. Später wurden auch in adultem Gewebe, z.B. in der Lunge, totipotente Kerne gefunden. Hinsichtlich des Themas „Klonen" ist wichtig und entscheidend: Alle Nachkommen **ein und desselben** Spendertieres sind unter sich und mit dem Spender erbgleich.

5.1.4
Beim Klonen von Säugern gibt es besondere Probleme, so müssen Ammenmütter mitwirken

Anders als Froscheier müssen Säugereier operativ dem mütterlichen Eileiter oder Ovar entnommen werden; sie müssen in irgendeiner Weise aktiviert werden, beispielsweise durch Befruchtung mit einem Spermium, dessen Kern nachträglich wieder entfernt wird, oder durch Applikation wohldosierter elektrischer Stromstöße. Und Säugereier entwickeln sich nicht einfach im Wasser.

Ein Säugerei entwickelt sich ab dem Blastocystenstadium nur im Uterus eines weiblichen Tieres, das durch natürliche oder künstlich verabreichte Hormone auf eine Schwangerschaft vorbereitet worden ist. Das Tier, dem die Eizellen entnommen worden sind, ist in der Regel zu sehr in Mitleidenschaft genommen, als dass es selbst den Embryo übernehmen und austragen könnte. Man zieht **Ammenmütter** (Leihmütter) hinzu, die hormonell auf ihre Aufgabe vorbereitet werden (Abb. 5.3).

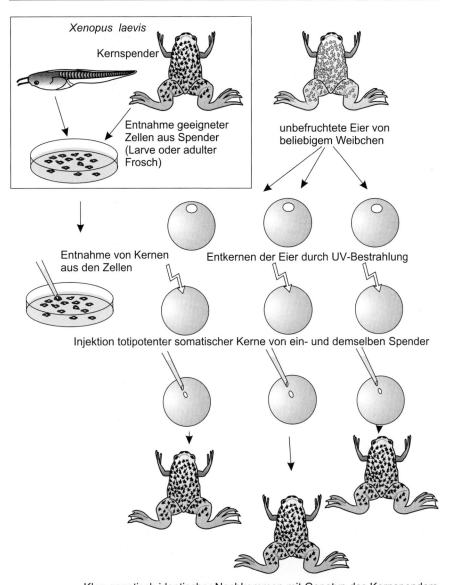

Klon genetisch identischer Nachkommen mit Genotyp des Kernspenders

Abb. 5.2. Klonen von *Xenopus*. In Oocyten, deren Kern mit einem UV-Mikrostrahl zerstört worden ist, werden totipotente Kerne aus somatischen Zellen eines Spenders injiziert. Spenderzellen können Kaulquappen entnommen sein (z. B. Darmzellen) oder einem erwachsenen Krallenfrosch (z. B. Zellen der Lunge)

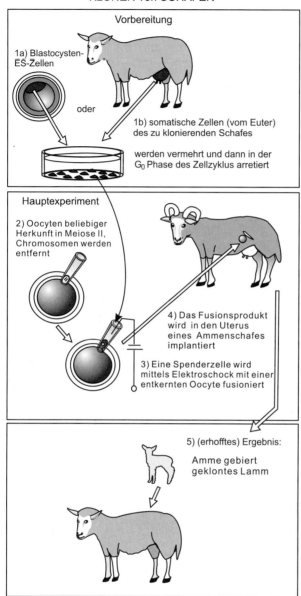

Abb. 5.3. Klonen von Schafen. Entkernte, große Oocyten werden mit kleinen somatischen Zellen eines Spenders fusioniert. Die Spenderzellen können einer Blastocyste entnommen sein oder einem Gewebe (Milchdrüsen) eines erwachsenen Tieres. Vor ihrer Fusion mit den Oocyten werden die Zellen vermehrt und anschließend in G_0 (Ruhephase des Zellzyklus) gebracht. Die Fusion wird durch einen elektrischen Spannungsimpuls eingeleitet. Das Fusionsprodukt furcht sich in einem geeigneten Medium und erreicht das Blastocystenstadium; alsdann wird die Blastocyste in die Gebärmutter einer Ammenmutter gebracht, wo sie sich einnisten und weiter entwickeln kann

5.1.5
Klonen von Säugern durch Verwendung frühembryonaler Spenderkerne ist schon vor mehreren Jahren gelungen; doch war das Wunschziel damit noch nicht erreicht

Klonen von Säugern mit der am Frosch entwickelten Technik ist lange Zeit nur dann gelungen (wenn überhaupt), wenn als Spender Zellen des frühen Embryos ausgesucht worden waren. Solche Zellen konnten sein:

- **Blastomeren**, d.h. Zellen der frühen Furchungsstadien;
- **Embryonale Stammzellen (ES-Zellen)**, d.h. Zellen, die der inneren Zellmasse einer Blastocyste entnommen worden waren.

Die schwierige Technik des manuellen Kerntransfers ließ sich durch ein vereinfachtes Verfahren ersetzen. Es gelang die Fusion einer entkernten Oocyte mit einer ES-Zelle. Eine Fusion zweier Zellen kann durch Anlegen eines kurzen Stromstoßes erreicht werden (Elektrofusion). Die geringe Menge an Cytoplasma, welche die Spenderzelle mit bringt, kann die Oocyte nicht, oder nicht in jedem Fall, in ihrer Entwicklungsmöglichkeit blockieren.

Das Verfahren, ES-Zellen als Kernspender zu nutzen, hat den Vorteil, dass solche Zellen zuvor in der Zellkultur vermehrt werden können. Wenn man genug Oocyten als Empfänger zur Verfügung hat, kann die Größe eines Klons beliebig gesteigert werden. Dennoch bringen gegenüber der viel einfacheren mechanischen Trennung von Blastomeren Kerntransplantation und Zellfusion nur dann entscheidende Vorteile, wenn es gelingt, in die Oocyten Kerne von ausgewachsenen Spendertieren einzuschleusen. Nur ausgewachsene Tiere können nach erwünschten Eigenschaften ausgesucht werden. Im 8-Zellstadium oder im Stadium der Blastocyste sind die späteren phänotypischen Eigenschaften nicht erkennbar.

5.1.6
Klonen mit Spenderkernen von ausgewachsenen Säugern ist möglich: Dolly war der erste Beweis

Es ist das erklärte Ziel der Züchter und Reproduktionstechniker, Tiere zu klonen, deren Leistungsfähigkeit (Milchkuh, Rennpferd!) man kennt. Daher war das Bestreben der Fortpflanzungstechniker darauf aus, nach dem Beispiel der Pionierexperimente an *Xenopus* zum Klonen totipotente Kerne von ausgewachsenen Säugetieren, die nach dem Willen des Auftraggebers ausgesucht werden können, zu finden. Nach langen Jahren vergeblichen Bemühens gelingt dies nun immer öfter. Für den Erfolg maßgeblich waren folgende Fortschritte:

- Als Gastzellen werden Oocyten im Stadium der Endreifung (1. Polkörper abgeschnürt) ausgesucht und als Kernspender Zellen, an denen kein Mangel herrscht, z.B. Stammzellen aus Milchdrüsen, die sich in Kultur nehmen und vermehren lassen.

- Die Kerne der Spenderzellen müssen in einen geeigneten Zustand gebracht werden. Eizellen teilen sich sehr rasch; normale somatische Zellen hingegen langsam, auch wenn sie in Kultur gehalten werden. Es hat sich bewährt, Kerne aus somatischen Zellen erst in die G_0-Phase des Zellzyklus zu bringen. Dabei kommt auch die RNA-Synthese zum Stillstand. Von dieser Ruhephase aus kann offenbar leichter ein Neubeginn mit rascher Kernteilungsfolge gestartet werden.
- Bei einem wohldosierten Stromstoß gelingt nicht nur die Fusion der Spenderzelle mit der Eizelle; es gelingt zugleich die Aktivierung des Eies.
- Es wurden Kulturmedien entwickelt, denen Eigenschaften des Uterussekretes verliehen wurden und in denen die manipulierten Eizellen bis zu ihrer Implantationsfähigkeit aufbewahrt und überwacht werden konnten. Nur augenscheinlich gelungene Blastocysten werden in Ammenmütter transplantiert.

Historisch bedeutsame Daten sind: 1997 die Klonierung des Schafes **Dolly**; Spenderzellen waren Milchdrüsenzellen aus dem Euter (Abb. 5.3) und 1998 die erste Klonierung von Mäusen; totipotent gebliebene Kerne fand man in den flockigen Cumuluszellen, die am frisch aus dem Ovar ausgestoßenen Ei kleben und Reste mütterlichen Gewebes, des Follikels, sind. Zuvor war jahrzehntelang das Klonen von Mäusen trotz vieler Versuche nicht gelungen. Klonen gelang in den auf Dolly folgenden Jahren auch bei Rind, Schwein, Ziege, Kaninchen, Katze und Rhesus-Affen, noch nicht (2004) bei Hund und Primaten.

5.1.7
Bislang gab es viele Enttäuschungen

Dass bei den Versuchen, Säugetiere zu klonen, die Erfolgsquote bislang sehr gering war – sie lag zwischen 0% und maximal 4% – war für die beteiligten Reproduktionsbiologen misslich. Misslich, und nicht bloß auf technische Unzulänglichkeiten zurückführbar, war auch, dass viele Feten früh durch Abort verloren gingen oder noch kurz vor oder bei der Geburt starben. Dass jedoch die Nachkommen keineswegs zu gänzlich identischen Kopien des Zellkernspenders wurden, war gegen alle Theorie und Erwartung. Schon Dolly alterte zu schnell. Zu hohes Geburtsgewicht, frühzeitiges Altern und Gebrechen mancherlei Art mussten diagnostiziert werden. Was könnten die Ursachen gewesen sein? Folgende werden diskutiert:

- Inkomplette Wiederherstellung des ursprünglichen Zustandes der Chromosomen. Chromosomen erfahren im Zuge der Zelldifferenzierung sekundäre Veränderungen; beispielsweise können an bestimmte Basen der DNA Methylgruppen angehängt, an die Histon-Proteine Acetylgruppen angeheftet werden. Diese sekundären Veränderungen beeinflussen die Transkribierbarkeit einer zwar kleinen aber wichtigen Gruppe von Genen. Wir kommen darauf unter den Stichworten „genomische Prägung (*imprinting*)", „*gene silencing*" und „epigenetisches Gedächtnis" zurück (Kap. 13.5). In einer Oocyte herrschen Bedingungen, die das Wiederherstellen des Ausgangszustandes begünstigen; doch ist die Reprogrammierung selten vollständig. Folge einer solchen inkompletten Reprogrammierung kann erschwerte Zugänglichkeit wichtiger Gene sein.

- Umgekehrt könnten im Cytoplasma der Spenderzelle Transkriptionsfaktoren enthalten sein, die in unzweckmäßiger Weise Einfluss auf die Genexpression nehmen. Man injiziert ja in die Oocyte in aller Regel keine nackten Spenderkerne. Bei der Fusion der (kleinen) Spenderzelle mit der (großen) Oocyte gelangt eben auch Cytoplasma der Spenderzelle in die Oocyte. Wir werden den Fall des Muskelzelle-programmierenden Transkriptionsfaktors MYO-D kennen lernen (Kap. 13.2), der in den Muskelvorläuferzellen nach jeder Zellteilung die Expression seines eigenen Gens ankurbelt. Ein solcher Transkriptionsfaktor könnte auch in der Eizelle unzeitgemäß seine eigene Expression in Gang bringen.
- Dann gibt es die etwas rätselhafte Geschichte mit dem sukzessiven Kürzerwerden der Chromosomen im Verlauf des Lebens. Stichworte hierzu „Telomerase-Theorie der Zellseneszenz" (Kap. 25.2.3).

Die Technologie des Klonens hat noch manch schwieriges Problem zu lösen, bevor sie als perfekt angesehen werden könnte.

5.1.8
Wird Klonen von Menschen möglich und erwünscht sein?

Nach gegenwärtigem Wissensstand muss die Wahrscheinlichkeit, dass Menschen geklont werden können, trotz aller eben diskutierten Schwierigkeiten als im Prinzip machbar eingeschätzt werden. Klonen würde, anders als die sexuelle Fortpflanzung, Menschen mit vorhersehbarer genetischer Veranlagung hervorbringen. Beim Klonen von Männern freilich wird die Eizelle die mitochondrialen Gene der Ei-spendenden Frau beifügen müssen, sodass das Kind keine völlig getreue Kopie des Vaters wäre. Andererseits würde es Klonen ermöglichen, rein weibliche Populationen (Amazonen) heranzuzüchten. Sieht man von diesem nicht eben wahrscheinlichen Szenario ab, so werden durchaus Motive genannt, die Klonen fallweise zu rechtfertigen scheinen:

- Ist ein Elternteil unfruchtbar oder sein Erbgut mit nicht heilbaren Defekten belastet, könnte der zweite Elternteil allein für das erwünschte Familienglück Kerne spenden. Es müsste nicht, wie heute noch, in Kauf genommen werden, dass beispielsweise ein fremder, unbekannter Samenspender das Genom der Kinder zur Hälfte in Beschlag nimmt.
- Ein Kind gänzlich ohne die Beteiligung eines Mannes bekommen zu können, könnte in der Sicht der einen oder anderen Frau (beispielsweise aus der Sicht einer vergewaltigten Frau) ein ausreichendes Motiv sein, nicht länger die ethischen Bedenken anderer Menschen zu teilen.

Wenn Frauen, die schließlich Oocyten spenden und Kinder austragen müssen, geklonte Kinder haben wollen und die finanziellen Mittel zur Verfügung stehen, werden ethische Bedenken und staatliche Gesetze dies auf lange Sicht nicht verhindern.

Als Vorbereitungsexperiment zum so genannten „therapeutischen Klonen" (s. nachfolgenden Abschnitt 5.1.10) sind 2004 von Wissenschaftlern der Seoul National University in Südkorea erstmals Blastocysten aus Oocyten erzeugt worden, die mit Kernen aus somatischen Eierstockzellen der Oocytenspenderin bestückt worden waren. Für das Experiment waren 16 Frauen insgesamt 242 Eizellen entnommen worden. Die 30 so erhaltenen Blastocysten sind die ersten geklonten menschlichen Embryonen, von deren Existenz eine seriöse Fachzeitschrift (Science) zu berichten wusste.

5.1.9
Klonen schränkt die genetische Vielfalt ein

Mag in dem einen oder anderen Fall das Klonieren erwünscht sein, so muss doch auch ein potentieller Nachteil bedacht werden. Klonieren vermindert auf lange Sicht die natürliche genetische Vielfalt. Es werden, anders als bei sexueller Fortpflanzung, keine neuen Kombinationen von Allelen geschaffen, die möglicherweise die Nachkommen mit besonders günstigen Eigenschaften ausstatten könnten. Es werden zugunsten des Bewährten oder mühsam Geschaffenen Chancen für noch Besseres vertan.

5.1.10
„Therapeutisches Klonen" hat mit Klonen im herkömmlichen Sinn
nicht viel gemein

Im Jahr 2000 ging in den Medien der Welt ein neues Schlagwort um, das selbst Parlamente in erregte Diskussionen versetzte, das „therapeutische Klonen". Es geht hier nicht um die Erzeugung genetischer Kopien von ganzen Tieren oder Menschen, sondern um die künstliche Herstellung von Ersatzgeweben und Ersatzorganen aus Stammzellen für den medizinischen Gebrauch. In diesem Buch wird das Thema deshalb in Kapitel 19 behandelt, das sich mit Stammzellen befasst. Der Ausdruck „Klonen" wird in diesem Zusammenhang insofern halbwegs berechtigt benutzt, als es ein Ziel des Mediziners ist, die Ersatzgewebe und Ersatzorgane mit dem Genom des Patienten auszustatten, um keine immunologische Abstoßung des Ersatzmaterials zu provozieren. Das Einführen des Patientengenoms kann, so die Vorstellung der Befürworter des „therapeutischen Klonens", durch Einbringen eines totipotenten Kerns, der einer Zelle des Patienten entnommen wird, in eine entkernte Eizelle einer beliebigen Spenderin erreicht werden. Diese Eizelle soll sich dann extrakorporal zur Blastocyste entwickeln, und dieser könnten dann Stammzellen mit dem Genom des Patienten entnommen werden. Alsdann sollen die Patienten-konformen Stammzellen das gewünschte Ersatzmaterial liefern. In Deutschland (des Jahres 2005) verbietet das Embryonenschutzgesetz Versuche dieser Art.

5.2
Versuche mit Chimären und Teratomen – und was solche Versuche (nicht) bringen

5.2.1
Eine Chimäre ist ein mosaikartig zusammengesetzter Organismus, dessen Teile unterschiedlicher elterlicher Herkunft und folglich erb-ungleich sind

Chimären hat man schon um 1920 in der Schule von H. Spemann hergestellt durch Fusion von Keimen aus verschiedenen Amphibienarten. Fusionierte Frühkeime (2-Zellstadium bis Blastula) können sich zu einer einheitlichen Großblastula reorganisieren und sich zu einem (vorübergehend) lebensfähigen Chimärenorganismus weiterentwickeln.

Bekannt sind die Experimente von Barbara Mintz: Blastocysten zweier reinerbiger Mäusestämme (*albino* und *black*), die durch weißes und dunkles Fell unterschieden sind, werden aus der Hüllschicht (Zona pellucida) herausgenommen und miteinander zur Fusion gebracht. Das Fusionsprodukt wird operativ in die Gebärmutter einer durch Hormoninjektion auf die Schwangerschaft vorbereiteten Ammenmutter eingesetzt. Die von der Ammenmutter zur Welt gebrachte **tetraparentale** Chimärenmaus trägt ein schwarz-weiß gestreiftes Fell (Abb. 5.4 a).

Es gibt auch Chimären zwischen Ziege und Schaf („**Schiege**"). Aus Chimären können jedoch keine neuen Arten, Rassen oder auch nur genetische Bastarde entstehen. Sofern Chimären aus A und B überhaupt fertil werden, stammen ihre Eizellen oder Spermien von Urkeimzellen des einen Chimärenpartners A **oder** des anderen Partners B ab; denn eine AB-Chimäre ist ein Mosaik von getrennt bleibenden A- und B-Zellen, die nur äußerlich aneinander haften, aber keine Gene austauschen.

Chimärenmäuse sind noch in anderer Weise hergestellt worden und werden heutzutage in vielen Labors der Welt hergestellt als ein Teilschritt zur Erzeugung transgener Mäuse (s. Abschnitt 5.3). Pionierversuche waren Versuche mit Teratomzellen.

5.2.2
Teratome sind missglückte, chaotisch disorganisierte Embryonen, die Eigenschaften eines Tumors entwickeln können

Teratome sind missgebildete, chaotisch disorganisierte Embryonen. Sie können aus unbefruchteten, diploiden Zellen der Keimbahn hervorgehen, welche voreilig eine Embryonalentwicklung beginnen. Solche Teratome findet man nicht nur im Ovar von Frauen, sondern auch im Hoden von Män-

Chimären

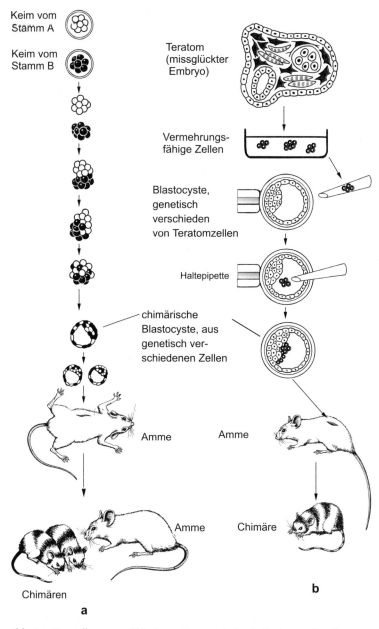

Abb. 5.4. Herstellung von Chimärenmäusen (**a**) durch Fusion zweier Blastocysten, (**b**) durch Einführen von totipotenten Zellen anderen Ursprungs – hier von einem Teratom – in eine Blastocyste. Im vorliegenden Fall ist die Chimärennatur der Nachkommen erkennbar an der Streifung des Felles

nern. Ursprung eines Teratoms kann eine noch diploide Spermatocyte oder Oocyte sein oder eine Oocyte, die nach der ersten Reifeteilung durch Fusion mit dem Polkörper wieder in den diploiden Zustand zurückkehrte.

Ein anderer Ursprung von Teratomen sind befruchtete Eizellen, die sich voreilig im Eileiter einnisten oder gar nicht erst, wie dies sein sollte, vom Trichter des Eileiters aufgefangen worden sind, sondern in die Bauchhöhle fielen und sich dort irgendwo einnisten (Bauchhöhlenschwangerschaft). Experimentell werden bei der Maus Teratome dadurch erzeugt, dass Blastocysten dem Eileiter entnommen und irgendwo in die Bauchhöhle implantiert werden.

Teratome entwickeln sich nicht selten zu malignen **Teratocarcinomen**, d.h. zu bösartigen Geschwulsten, die sogar Tochtergeschwulste (Metastasen) entstehen lassen können. Zwar haben solche Experimente keinen unmittelbaren Nutzen, doch haben sie es ermöglicht zu verstehen, wie solche schlimmen Fehlleistungen auch beim Menschen zustandekommen können. Auch haben solche Teratomcarcinome der Forschung manchen Nutzen gebracht. Teratocarcinomzellen (z.B. die murinen 3T3, F9-Zellen) sind oft **immortal** und lassen sich relativ leicht als Zellkulturen vermehren.

Teratocarcinomzellen sind (in der Regel) genetisch noch intakt. Man kann sie mittels einer Mikropipette in normale Blastocysten injizieren. Dort können sich die fremden Zellen in ihre neue Umgebung einpassen und am Aufbau des Embryos beteiligen. Da in solchen Experimenten die implantierten Teratomzellen und die Wirtsblastocyste genetisch unterschiedlich sind, ist das Ergebnis eine Chimäre (Abb. 5.4b). Chimären dieser Art lieferten eine experimentelle Handhabe, um transgene Mäuse herzustellen. Wie dies gemacht wird, wird im folgenden Abschnitt erläutert.

5.3
Genetische Manipulationen an Mausembryonen: k.o.-Mutanten und transgene Tiere

5.3.1
Mit gezielter Mutagenese auf der Basis homologer Rekombination können tierische Modelle für genetisch bedingte menschliche Krankheiten erzeugt werden

Es sind zwei Verfahren in Gebrauch, Genkonstrukte in Mäuse einzubringen:

1. direkte Injektion des Konstruktes in den Kern der Oocyte oder Eizelle; es fehlen freilich noch Konstrukte, die sich bleibend und zuverlässig in das Genom integrieren und gar einen bestimmten, vom Forscher ausgesuchten Ort im Genom besetzen würden;
2. indirekte Verfahren über manipulierte embryonale Stammzellen. Dieses Verfahren ist zeitraubend, erlaubt aber Manipulationen, wie sie gegen-

Austausch eines Gens gegen ein gezielt mutiertes Gen
oder ein ähnliches, fremdes Gen

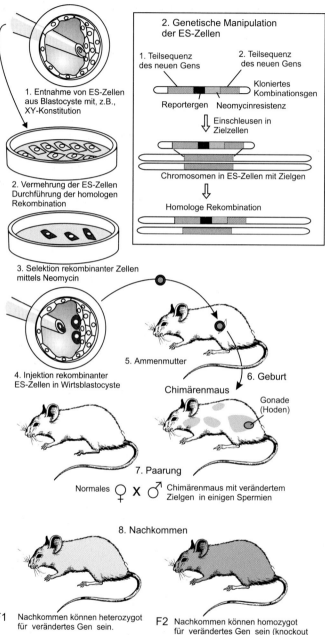

Abb. 5.5. Herstellung von knockout Mutanten und von transgenen Mäusen über das Verfahren der homologen Rekombination und über die Herstellung von Chimären aus manipulierten Spenderzellen und normalen Blastocysten. Erläuterungen im Haupttext

wärtig bei keinem anderen tierischen Organismus möglich sind. Mit diesem Verfahren kann geschultes Laborpersonal gezielt nach dem Wunsch eines Forschers ein bestimmtes Gen unbrauchbar machen (targeted mutagenesis), oder ein Gen gegen ein anderes austauschen:

a. Das Prinzip ist die homologe Rekombination.
b. Ein wichtiger Teilschritt der Methode ist die Technik zur Herstellung von Chimären.

Homologe Rekombination. Wird in eine Zelle der Maus ein Gen eingeschleust, das weitgehend sequenzgleich mit einem Gen auf den Chromosomen dieser Zelle ist, kann es in seltenen Fällen zu einer lokalen Rekombination kommen und das ortsansässige Gen wird gegen das eingeschleuste ausgetauscht (Abb. 5.5, s. auch Abb. Box K13-5). Wegen der Seltenheit solcher Ereignisse wird homologe Rekombination nicht direkt in Eizellen oder Embryonen durchgeführt, sondern in beliebig vermehrbaren embryonalen Stammzellen (ES-Zellen).

Um ein solch seltenes Ereignis erkennen und die rekombinanten ES-Zellen auswählen zu können, wird in das auszutauschende Genkonstrukt ein weiteres Gen, ein Resistenzgen und/oder Reportergen, eingebaut, beispielsweise das *neo*-Gen für Neomycinresistenz oder das bakterielle *lac-Z*. Die Produkte solcher Resistenz- oder Reportergene helfen, diese Zelle gegen ein Antibiotikum resistent zu machen (*neo* gegen Neomycin) oder diese Zelle nach einer Farbreaktion herauszuheben (*lac-Z*).

Homologe Rekombination gelingt (bisher) nicht bei allen Organismen, beispielsweise nicht bei *Drosophila*; sie gelingt aber in teilungsfähigen Zellen der Maus.

Gezielte Mutagenese. Das Zielgen auf den Chromosomen wird gegen ein Gen ausgetauscht, das künstlich im Labor verändert oder ganz unbrauchbar gemacht worden ist, unbrauchbar beispielsweise dadurch, dass das begleitende Gen für Neomycinresistenz mitten in eine codierende Sequenz inseriert wird (Abb. 5.5). Da homologe Rekombination ein seltenes Ereignis ist, wird freilich nur in sehr wenigen Zellen das mutierte Gen integriert, und es wird nur eines der beiden Allele zerstört sein.

Nach der Selektion der erfolgreich veränderten ES-Zellen werden solche Zellen in Wirtsblastocysten eingeschleust. Dort können sie auch an der Entwicklung von Hoden oder Ovar teilnehmen, und es entstehen Keimzellen mit dem zerstörten Allel. Wenn F1-Nachkommen mit solchen Defektallelen miteinander gekreuzt werden, kann sich in der folgenden F2- oder F3-Generation auch ein homozygoter Zustand einstellen. Dies besagt: beide Allele des Gens sind defekt und die Maus ist zu einer **Knockout-Mutante** geworden, auch **Nullmutante** genannt und –/– gekennzeichnet. An ihr lässt sich beispielsweise erkennen, ob ein Gen für eine erfolgreiche Embryonalentwicklung unentbehrlich ist oder ob erst nach der Geburt krankhafte Symptome erkennbar werden.

Es werden mehr und mehr Verfahren entwickelt, Gene gezielt auszutauschen oder funktionell auszuschalten (s. auch Kap. 13). Eine neue, sehr ausbaufähige Möglichkeit ist, ein Gen im Labor mit flankierenden *loxP*-Sequenzen zu versehen und dann in ES-Zellen oder direkt in Eizellen einzuführen. Ist ein solches Konstrukt über homologe Rekombination ins Genom gelangt, und hat man schließlich erfolgreich Mäuse erzeugt, die das von *loxP* eingerahmte Gen tragen, werden diese Mäuse mit einem Mäusestamm gekreuzt, der über seine Keimzellen eine **Cre Recombinase** beisteuern kann. In den Nachkommen kann diese Recombinase das Gen an den beiden *loxP*-Stellen aus dem Chromosom herausschneiden.

In mehreren Laboratorien der Welt werden auf solche Weisen **Modellorganismen für menschliche, genetisch bedingte Krankheiten erzeugt**.

Es gibt freilich kontroverse Diskussionen darüber, ob und inwieweit wir Menschen berechtigt seien, so grundlegend den Gesundheitszustand eines Tieres zu beeinträchtigen. Antworten auf solche Fragen fallen ähnlich kontrovers aus wie Antworten auf die Frage, ob überhaupt Tierversuche ethisch zu rechtfertigen seien.

5.3.2
Es gelingt auch schon der gezielte Austausch gegen funktionsfähige Gene fremder Herkunft oder willkürlicher Konstruktion

Statt einem Defektallel kann man über homologe Rekombination selbstredend auch Allele einführen, die zwar künstlich im Labor verändert worden sind, aber durchaus noch funktionsfähig sind. Auch kann man das Gen selbst unangetastet lassen, aber seine Steuerregion verändern oder gegen die Steuerregion eines anderen Gens austauschen. So kann man erreichen, dass das Gen zu einem anderen Zeitpunkt oder in einem anderen Organ exprimiert wird. Gelingt es, durch homologe Rekombination in das Genom einer ES-Zelle ein Gen einzubauen, das nicht zum normalen Allelbestand der Art gehört (und deshalb nicht durch sexuelle Kreuzung auf Nachkommen übertragen werden kann), so ist man der Herstellung transgener Tiere einen entscheidenden Schritt näher gekommen (s. folgender Abschnitt).

5.3.3
Transgene Tiere können auch extern steuerbare Gene und Gene anderer Arten tragen und zur Expression bringen

Transgene Tiere sind Tiere, in die Gene fremder Spender, auch fremder Arten, oder künstlich im Labor hergestellte Genkonstrukte bleibend eingeschleust worden sind. Bei der Maus macht man sich die Fähigkeit von ES-Zellen aus Blastocysten zunutze, sich in Wirtsblastocysten einzuordnen. Das fremde Gen, das eingeschleust werden soll, wird mit geeigneten Verfahren (retrovirale Vektoren, Mikroinjektion, Elektroporation) in die ES-Zellen eingeführt. Das Gen ist von Sequenzen begleitet, die eine Steuerung seiner Expression erlauben. Durch homologe Rekombination wird es in ein

Chromosom bleibend integriert. Die transgenen Spenderzellen werden in Wirtsblastocysten eingeschleust und die Blastocysten in die Gebärmutter von Ammenmüttern implantiert.

Wenn sich die ES-Zellen an der Bildung des Embryos beteiligen, werden bisweilen Abkömmlinge von ihnen auch zu Urkeimzellen und schließlich zu Keimzellen. Werden bei der Paarung solcher Mäuse die transgenen Keimzellen zum Ausgangspunkt einer neuen Generation, so wird diese das fremde Gen bleibend in sich tragen und ihrerseits an die nächste Generation weitergeben.

Allerdings werden nur wenige der ersten Nachkommen das Transgen tragen; denn in der elterlichen Chimäre werden nur wenige Urkeimzellen das Transgen beherbergen und es über die Meiose einem Teil ihrer haploiden Tochterzellen (Oocyten oder Spermatocyten) zuteilen können. Die wenigen transgenen Nachkommen werden zudem heterozygot sein, weil nur die Eizelle oder nur das Spermium das Transgen erhalten hatte. Ob ein Nachkomme, wie gewünscht, das Transgen trägt, wird nur sehr selten (bei einigen dominanten Genen) ohne besondere Analyse erkennbar sein. Man kann jedoch von einer kleinen Gewebsprobe einen **genetischen Fingerabdruck** anfertigen (s. Lehrbücher der Molekulargenetik) und in weiteren Kreuzungen nur Träger des Transgens paaren. Bei fortgesetzter Kreuzung werden auch homozygote Individuen auftreten.

Ist das in die Spenderzellen eingeschleuste Gen ein defekt-mutiertes Gen gewesen, wird man, wie oben schon erläutert, homozygote –/– (Nullmutanten, knockout-Mutanten) Nachkommen erhalten. Von größerem Interesse sind funktionsfähige Genkonstrukte, deren Promotoren so konstruiert sind, dass die Gene nach Wunsch des Forschers ein- oder ausgeschaltet werden können. Ist dem Gen beispielsweise ein Hitzeschock-Promotor vorgeschaltet worden, kann es durch eine kurzfristige Temperaturerhöhung um 5 °C eingeschaltet werden. Trickreich konstruierte künstliche Promotoren erlauben es, Gene durch Gabe von (körperfremden) Hormonen oder durch Füttern des Antibiotikums Tetrazyklin ein- oder auszuschalten.

Durch Kombination von homologer Rekombination und dem *Cre/loxP* System sind Verfahren entwickelt worden, die es ermöglichen, Gene nur in bestimmten Organen oder Geweben auszutauschen. Diese Verfahren sind allerdings nur bei der Maus, nicht beim Menschen, anwendbar.

Man kann auch menschliche Gene in Mäuse einschleusen und so z.B. deren Beitrag zur Entwicklung oder einer besonderen Fähigkeit studieren. An transgenen Tieren lässt sich beispielsweise studieren, welchen Anteil ein bestimmtes Gen an der Entwicklung einer Eigenschaft (z.B. Geschlecht, Gedächtnisleistung) hat.

Transgene Tiere und Tiere, die Modell für menschliche Krankheiten stehen müssen, sind nicht nur für die Grundlagenforschung von Interesse, sondern auch für die klinische Forschung und für die pharmazeutische Industrie. Versuche mit solchen Tieren werden geplant mit dem Ziel, neue Medikamente und neue Therapieverfahren zu entwickeln. Auch ist man bestrebt, weibliche transgene Säugetiere zu erzeugen, die über ihre Milch menschliche Proteine produzieren. Allerdings sollten solche Tiere über lange Zeiträume und in ausreichender Zahl zur Verfügung stehen. Nun ist es aber derzeit nicht möglich, routinemäßig solche ‚Modelltiere' mit stets den gleichen Eigenschaften zu erzeugen. Hier wird die Hoffnung auf das Klonieren gesetzt.

Zusammenfassung des Kapitels 5

Klonen ist das Erzeugen von genetisch gleich ausgestatteten Individuen. Bei Pflanzen und manchen wirbellosen Tieren ist Klonen als vegetative Fortpflanzung ein natürliches Ereignis. Bei Wirbeltieren entstehen Miniklone als eineiige Mehrlinge durch Zerfall von Furchungsstadien; dies lässt sich im Labor (ohne viel Nutzen) nachvollziehen. Klonen von Wirbeltieren in großem Maßstab und mit erwachsenen Genomspendern gelang erstmals beim Krallenfrosch *Xenopus*. Hier werden die Kerne von Eizellen durch totipotente Kerne aus somatischen Zellen ersetzt. Alle so erzeugten Individuen sind untereinander und mit dem Kernspender genetisch identisch. Mit ähnlichen, auf die Verhältnisse bei Säugern abgestimmten Verfahren gelingt auch das Klonen von Säugetieren (z.B. Schafe, Rinder, Mäuse).

Chimären sind künstlich erzeugte Individuen, deren Zellen von verschiedenen Eltern stammen und deshalb erbungleich sind. Chimären erzeugt man als Zwischenprodukte bei der Erzeugung transgener Säugetiere. In vielen Experimenten injiziert man in eine Blastocyste fremde Zellen, die von einem **Teratom** (missglückter Embryo) stammen oder von der inneren Zellmasse eines normalen Spenderkeims und dann **ES-Zellen** (ES = embryonale Stammzellen) heißen. Solche in eine Blastocyste injizierte Teratom- oder ES-Zellen können an der Embryonalentwicklung des Wirtskeimes teilnehmen und auch Keimzellen beisteuern. Hat man zuvor in die ES-Zellen **fremde Gene** eingeschleust, kann man über transgene Keimzellen auch ganze **transgene Tiere** als Nachkommen erhalten, die in all ihren Körperzellen das fremde Gen beherbergen. Homozygotie kann durch Inzuchtkreuzung erreicht werden.

Man kann bei Mäusen auch Maus-eigene Gene gegen künstlich veränderte austauschen. Solche Experimente nutzen das seltene Ereignis einer **homologen Rekombination** aus, wobei das fremde Gen von der ES-Zelle selbst gegen das Originalgen ausgetauscht wird. Das eingetauschte Gen kann gezielt mutiert worden sein und so lassen sich über Chimären **knockout-Mutanten** (auch **Nullmutanten** genannt) herstellen, denen ein funktionstüchtiges Gen fehlt. Aus dem resultierenden Defekt kann auf die Normalfunktion des Gens geschlossen werden. Oder einem funktionstüchtigen eingetauschten Gen ist ein Promotor eigener Wahl vorangestellt worden, derart, dass das Gen nach Wunsch des Forschers ein- oder ausgeschaltet werden kann (s. auch Box K13).

6   Die Embryonalentwicklung des Menschen

6.1
Der Mensch und Modellorganismen

6.1.1
Inwieweit hilft die Kenntnis der Entwicklung einer Fliege, die Entwicklung des Menschen zu verstehen?

Naturgemäß richtet sich unser Interesse in besonderem Maße darauf, zu erfahren, wie wir uns selbst entwickelt haben. Inwieweit kann die Kenntnis der Embryonalentwicklung anderer Säugetiere, oder gar des Frosches oder der Fliege, helfen, die Embryonalentwicklung des Menschen zu verstehen?

Der Zoologe weiß, dass der Mensch ein Säugetier ist und ihn wundert nicht, dass seine frühe Embryonalentwicklung zwar unübersehbare Unterschiede speziell zu der Embryonalentwicklung der Maus aufweist, aber nur äußerst geringe Abweichungen zu der Entwicklung anderer Säugetiere, besonders zu der anderer Primaten.

Die Unterschiede zur Entwicklung eines Frosches oder gar eines Insektes sind selbstredend beträchtlich. Doch gibt es auch beim Vergleich so verschiedenartiger Formen wie Mensch, Frosch und Fliege erstaunlich viele Gemeinsamkeiten. Es ist ausgerechnet die Molekulargenetik, die ganz frappierende Gemeinsamkeiten aufgedeckt hat. Dies wird in Kap. 7 und mehr noch in Kap. 13 erläutert.

Experimente an den in Kap. 3 und 4 vorgestellten Modellorganismen haben es auch ermöglicht, viele der auch in der menschlichen Entwicklung wirksamen, steuernden Mechanismen aufzudecken. Wie dies? Zum einen kennt der Mediziner Fehlentwicklungen, die in ähnlicher Weise an tierischen Modellorganismen experimentell ausgelöst werden können. Ein Beispiel war die Erzeugung sogenannter siamesischer Zwillinge bei Amphibien (s. Abb. 4.11). Weitere Beispiele sind bekannte, vererbbare Krankheitssyndrome, die in ähnlicher Form durch genetische Manipulation auch „am Tiermodell" hervorgerufen werden können (s. Abb. 5.5).

Auch wenn an menschlichen Embryonen experimentelle Eingriffe nicht erwünscht und in Deutschland auch nicht erlaubt sind, ist die Entwicklung des Menschen Thema morphologischer, histochemischer und molekularbiologischer Untersuchungen. An abortiven Embryonen lässt sich mittels *in situ*-Hybridisierung (s. Abb. 4 B in Box K13) das Muster der Genexpression studieren. Neben abortiven Embryonen stehen auch lebende, aus Teratomen herausgelöste Zellen für Untersuchungen zur Verfügung.

Sowohl auf morphologischer wie molekularbiologischer Ebene gibt es viele fundamentale Übereinstimmungen zwischen der Entwicklung des Menschen und der Entwicklung nicht nur anderer Säugetiere, sondern auch der Amphibien, aus denen schließlich einstmals die Landwirbeltiere hervorgegangen sind. Und da zwischen Amphibien und Säugetieren die Evolutionsstufe der Reptilien steht, zu denen der Embryologe auch die Vögel rechnen darf (der Zoologe vereinigt Reptilien und Vögel zur Gruppe der Sauropsiden), bietet auch deren Entwicklung vieles zum Verständnis der menschlichen Entwicklung. Aufbauend auf der Schilderung der Amphibien- und Vogelentwicklung, die man zuvor lesen sollte, sind im Folgenden Angaben zur Entwicklung des Säugers im Allgemeinen und des Menschen im Besonderen zusammengetragen.

6.2
Von den Urkeimzellen bis zur Befruchtung

6.2.1
Oogenese: Frauen haben schon lange vor ihrer Geburt genug Eizellen angelegt; Wachstum und Reifung dieser Eizellen benötigen aber noch viel Zeit

Urkeimzellen (**Oogonien**) zur Erzeugung der nächsten Generation werden schon früh im Embryo ausgesondert und in Reserve gelegt. Sie sind bereits im pränatalen Embryo in der dritten Woche seiner Entwicklung auszumachen. Die Urkeimzellen wandern vom Dottersack kommend amöboid in die Gonadenanlagen ein (s. Abb. 8.1). Im 5. Entwicklungsmonat des weiblichen Embryos beherbergt das Ovar ca. 7 Millionen Oogonien. Im 7. Monat ist die Mehrzahl zugrundegegangen. Die überlebenden 700 000 bis 2 Millionen stellen ihre mitotische Vermehrung ein und werden zu **primären Oocyten**; sie treten in die **Prophase der Meiose** ein (Abb. 6.1). Es folgt die 12 bis 45 Jahre während Zwischenphase (Diplotän/Zygotän der meiotischen Prophase), in der **Lampenbürstenchromosomen** (s. Abb. 8.2) und **multiple Nucleolen** auftreten (Abschnitt 8.3).

Nochmals gehen Oocyten zugrunde. Mit Beginn der Pubertät sind noch 40 000 vorhanden, die von nährenden **Primordialfollikeln** umhüllt werden. In jedem Ovarialzyklus beginnen 5 bis 12 der Oocyten mit ihren Follikeln auf ein hormonelles Signal hin (**FHS**, Abb. 6.2) zu wachsen. In der Regel erreicht nur ein Follikel im 28-tägigen Menstruationszyklus den Zustand des reifen **Graaf-Follikels**. In der Mitte des Ovarialzyklus, also ca. 14 Tage nach der letzten Menstruation, beendet diese eine herangereifte Oocyte die erste Reifeteilung. Bei der **Ovulation** wird die Oocyte als Ei ausgestoßen

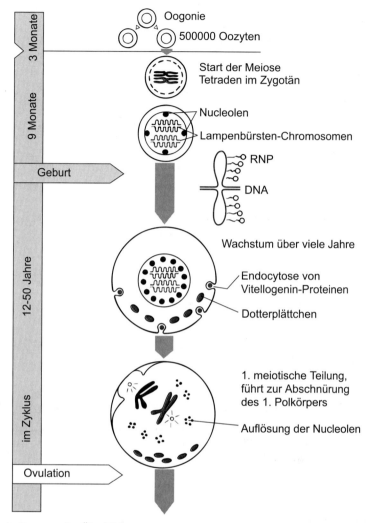

Abb. 6.1. Mensch: Oogenese im Überblick

(Abb. 6.2, Abb. 6.3). Die zweite Reifeteilung läuft beim Säuger/Menschen erst nach der Befruchtung ab.

6.2.2
Nur eines von vielen Millionen Spermien kommt zum Zug

Das ausgestoßene, von der Tube des Eileiters aufgefangene Ei ist von einer derben Hülle, der **Zona pellucida**, und einer mukösen Schicht, der **Corona radiata**, umgeben. Beide Hüllschichten sind von den Follikelzellen erzeugt worden und müssen vom Spermium durchdrungen werden.

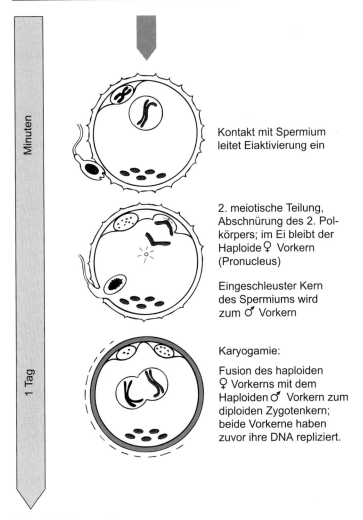

Kontakt mit Spermium
leitet Eiaktivierung ein

2. meiotische Teilung,
Abschnürung des 2. Pol-
körpers; im Ei bleibt der
Haploide ♀ Vorkern
(Pronucleus)

Eingeschleuster Kern
des Spermiums wird
zum ♂ Vorkern

Karyogamie:

Fusion des haploiden
♀ Vorkerns mit dem
Haploiden ♂ Vorkern zum
diploiden Zygotenkern;
beide Vorkerne haben
zuvor ihre DNA repliziert.

Minuten

1 Tag

Abb. 6.1 (Fortsetzung)

Von 200 bis 300 Millionen Spermien, die beim Samenerguss in die Vagina gelangen, erreichen ca. 1% das Ei. Auf dem langen Weg durch Vagina,
Uterus und Eileiter erfahren die Spermien ihre **Kapazitation**, d.h. sie erlangen ihre Befruchtungskompetenz durch Einwirkung weiblicher Sekrete.
Nur ein Spermium gelangt zur Befruchtung. Weiteres zum Befruchtungsge-
schehen ist in Kap. 8 zu lesen.

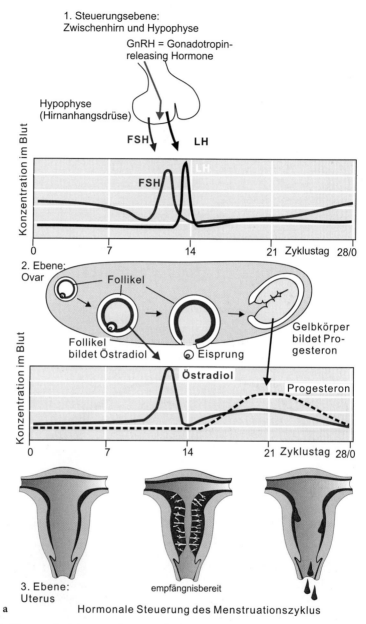

Abb. 6.2. Mensch: Hormonale Steuerung des Ovarialzyklus der Frau in Vorbereitung auf eine Schwangerschaft. Die Vorbereitung findet auf 3 Ebenen statt. Ebene I: Hypophyse; die Hypophysenhormone FSH und LH leiten im Ovar die Endreifung eines Eies und dessen Freisetzung (Ovulation) ein. Ebene II: Im Ovar werden die weiblichen Sexualhormone Östradiol (vom Follikel) und Progesteron (vom Gelbkörper) erzeugt und in den Blutkreislauf freigesetzt. Ebene III: Die Sexualhormone bewirken das Heranwachsen der nährenden Uterusschleimhaut, die allerdings am Ende des Zyklus abgestoßen wird, falls sich kein Keim einnistet (aus Müller: Tier- und Humanphysiologie, leicht verändert)

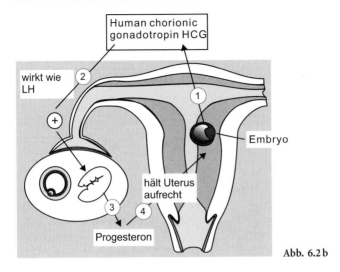

Abb. 6.2 b

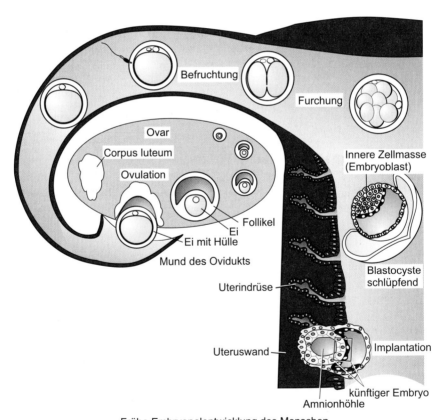

Frühe Embryonalentwicklung des Menschen

Abb. 6.3. Mensch: Von der Ovulation bis zur Einnistung

BOX K6A1 Verantwortung gegenüber dem werdenden Kind

Mit der Entscheidung zum Kind übernimmt die Mutter eine hohe Verantwortung, die sie nur teilweise mit dem Vater und der Gesellschaft teilen kann. Hier sei nur auf die Gefahren für das noch ungeborene Kind hingewiesen.

Teratogene Substanzen. Der Fall Contergan hat das brennende Problem der Öffentlichkeit in erschreckender Weise deutlich werden lassen. In den Jahren 1958/59 kamen in Deutschland ca. 4000 Kinder mit verkürzten oder fehlenden Extremitäten zur Welt. Ihre Mütter hatten in den ersten 6 Wochen der Schwangerschaft Contergan eingenommen, ein Einschlaf- und Beruhigungsmittel, das als Hauptkomponente die Substanz Thalidomid enthielt. Thalidomid gehört zu den vielen teratogenen (Missbildungen-erzeugenden) Substanzen. Der Fall zeigte, wie dies systematische Experimente an Tierembryonen schon seit langem befürchten ließen, dass Embryonen um Größenordnungen empfindlicher reagieren können als Erwachsene und dass teratogene Einflüsse (Substanzen, Strahlenbelastung) besonders in bestimmten frühen Phasen der Entwicklung (sensible Phasen) starke Defekte in bestimmten Organen hervorrufen können. Das Zentralnervensystem ist am meisten gefährdet, weil sich seine Entwicklung über die ganze vorgeburtliche Zeit hinzieht. Der Thalidomid-Fall zeigte aber leider auch die begrenzte Aussagekraft von Tierversuchen: Bei Nagern war der Effekt nicht beobachtet worden.

Die Industrie entwickelt jährlich Tausende neuer Substanzen. Die in Deutschland und anderen Ländern gesetzlich verordneten toxikologischen Tests schreiben Tests an Embryonen (Enteneier oder schwangere Mäuse) nicht zwingend vor. Selbst wenn solche Tests durchgeführt werden und keine äußerlich auffälligen Wirkungen zeigen, sind schädigende Wirkungen auf das Gehirn nicht ausgeschlossen; denn ein Mensch reagiert nicht immer wie eine Ente oder eine Maus.

Hormone und Hormon-ähnliche Substanzen. Schädigend auf die sexuelle Entwicklung einschließlich der Verhaltensprägung wirken auch Sexualhormone, beispielsweise das von manchen Sportlern und Bodybuildern als „Muskel-Aufbaumittel" verwendete männliche Sexualhormon Testosteron, sowie viele wie Sexualhormone wirkende Fremdsubstanzen (pseudoendokrine Substanzen, Xenöstrogene, endokrine Disruptoren (s. Box K23B)). Aber auch pflanzliche „Bioprodukte" können Substanzen enthalten, die Sexualhormonen ähneln oder störend in die hormonale Steuerung eingreifen, beispielsweise Flavone aus Soja oder Kohl.

▶

Leider kann auch Vorsicht Unglück nicht immer verhindern. Vor einigen Jahren wurden bei einer Reihe von ca. 20-jährigen Frauen Genitalkarzinome diagnostiziert. Das eingehende Auskundschaften ihrer Lebensgeschichte deckte auf, dass ihre Mütter ca. 20 Jahre zuvor wegen einer drohenden Fehlgeburt zur Erhaltung der Schwangerschaft mit hohen Dosen der Östrogen-ähnlichen Substanz Diethylstilbestrol (DES) behandelt worden waren.

Viren und Strahlen. Teratogen wirken auch eine Reihe von Viren, beispielsweise die, welche Röteln verursachen. Teratogen wirken schließlich Röntgenstrahlen und ionisierende Strahlen. Ein(e) Mediziner(in) wird den Unterleib einer schwangeren Frau keinen Röntgenstrahlen aussetzen.

Alkohol und andere Drogen. Umweltchemikalien, Viren und Strahlen kann die Mutter in der Regel nur bedingt meiden. Jedoch trägt die Mutter die volle Verantwortung, wenn sie während der Schwangerschaft raucht, Alkohol trinkt oder gar härtere Drogen nimmt. Wenn ein Kind mit einem Herzfehler, mit unzulänglichem Gewicht, Beeinträchtigungen seiner Psyche und eingeschränkter geistiger Leistungsfähigkeit zur Welt kommt, müssen nicht die Gene oder unzulängliche Ernährung daran schuld sein. Darüber hinaus setzen solche Mütter ihre Kinder nach der Geburt Entzugserscheinungen aus, die sie selbst nicht in Kauf nehmen wollen.

Das Alter der Eltern. Je öfter in unserer Gesellschaft Frauen erst im Alter von weit über 30 Jahren ein Kind in ihre Lebensplanung einbeziehen oder durch natürliche Umstände nicht früher erfolgreich schwanger werden, desto größer ist das Risiko, ein Kind zu gebären, das behindert ist. Neuere Studien, die Kinder junger Mütter und alter Väter mit Kindern junger Mütter und junger Väter verglichen, belegen darüber hinaus, dass auch ein erhöhtes Alter des Vaters (über 55 Jahre) ein Risikofaktor ist. Dem Alter der Frau kommt jedoch ungleich größeres Gewicht zu. Es können plausible Gründe hierfür aufgeführt werden:
Die Frau. Eine **Oocyte** hat letztmals zur Einleitung der ersten meiotischen Teilung eine vollständige Replikation ihrer DNA und damit auch deren umfassende Reparatur erfahren. Dies war, wie in Kap. 8 ausgeführt werden wird, der Fall, als die betreffende Frau selbst noch ein winziger Embryo war. In der langen Zwischenzeit von 35 bis 45 Jahren haben sich Schäden am Chromatin angehäuft, aber auch Proteine des Cytoplasmas und Cytoskeletts können eine (partielle) Denaturierung erfahren haben. Viele der Defekte kommen nicht zum Vor-

schein, weil stark gealterte Oocyten nicht mehr reifen, befruchtungs-
unfähig sind oder die aus ihnen hervorgehenden Embryonen früh
und unbemerkt absterben. Als bleibende Defekte können gewisse Aneuploidien bis zur Geburt mitgetragen werden kann. Aneuploidien:
Fehler in der Chromosomenzahl (s. unten), die bei den meiotischen
Teilungen der Eizelle entstanden sein können (Abb. Box K6A1).

Der Mann. Gelegentliche Fehlverteilungen der Chromosomen gibt
es auch in der Spermiogenese, doch laufen hier die meisten mitotischen Replikationen und die meiotischen Teilungen erst nach der Pubertät ab, beginnen also ca. 15 Jahre später als im weiblichen Geschlecht und setzen sich noch viele Jahre fort. Darüber hinaus hilft
vermutlich Selektion. Ein Spermium mit der Last eines überzähligen
Chromosoms dürfte geringere Chancen im Schwimmwettbewerb haben als normale Spermien. Bringt jedoch ein Spermium ein Chromosom zu wenig mit, wird der Embryo sehr früh absterben (außer beim
45/X0 Karyotyp; Box K23A).

Es gibt jedoch manch andere Gründe, weshalb sich Menschen in
fortgeschrittenen Alter fragen müssen, ob sie noch Eltern werden sollten. Das Kind wird bald greise Eltern haben, was es nach aller Erfahrung nicht schätzt, und es kann bald Waise sein. Der Fall eines italienischen Reproduktionsmediziners, der sich vor einigen Jahren in der
Regenbogenpresse feiern ließ, weil er fast 60-jährigen Frauen durch
Hormonbehandlungen zu einem Kind verhalf, wurde durchaus kritisch kommentiert.

Zytogenetische Studien zeigen, dass etwa 50–60% aller Spontanaborte
chromosomal auffällig sind, wobei numerische Chromosomenanomalien überwiegen. Aneuploidien im Sinne einer Trisomie (überzähliges
Chromosom) oder Monosomie (fehlendes Chromosom) werden am
häufigsten diagnostiziert. Für alle Chromosomen mit Ausnahme von
Chromosom 1 werden Trisomien beobachtet. Am häufigsten in triso-
men Aborten nachzuweisen ist die Trisomie 16 mit ca. 32%, gefolgt
von der Trisomie 22 (14%) sowie den Trisomien 13 und 21.

Lediglich die Trisomien 13, 18 und 21 sowie Aneuploidien der Geschlechtschromosomen sind mit einer Entwicklung bis zur Geburt
vereinbar. Doch selbst bei der am häufigsten ausgetragenen Trisomie
21 wird die Zahl der Lebendgeburten durch Fehlgeburten reduziert
(s. Tabelle). Für alle anderen numerischen Anomalien ist eine nahezu
vollständige natürliche Selektion bis zur Geburt gegeben. Statistisch
betrachtet nimmt die Wahrscheinlichkeit, dass ein Kind mit chromosomalen Anomalien geboren werden wird, mit zunehmender Dauer
der Schwangerschaft ab. Aborte aufgrund von Chromosomenaberra-
tionen sind als bedeutendes Regulativ der Natur anzusehen.

▶

Alter der Mutter	Risiko für Trisomie 21 (Down-Syndrom)	
	Risiko bei Geburt	Risiko in 12. Schwangerschaftswoche
20	1 von 1526	1 von 1018
25	1 von 1351	1 von 901
30	1 von 894	1 von 596
32	1 von 658	1 von 439
34	1 von 445	1 von 297
36	1 von 280	1 von 187
38	1 von 167	1 von 112
40	1 von 96	1 von 64
42	1 von 55	1 von 36
44	1 von 30	1 von 20

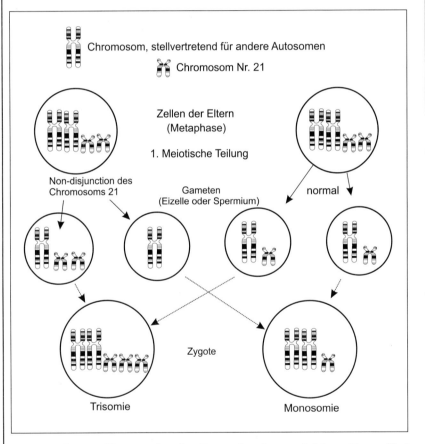

Chromosom, stellvertretend für andere Autosomen

Chromosom Nr. 21

Zellen der Eltern (Metaphase)

1. Meiotische Teilung

Non-disjunction des Chromosoms 21

Gameten (Eizelle oder Spermium)

normal

Zygote

Trisomie

Monosomie

Trisomie 21, die Ursache des **Down-Syndroms** („Mongolismus"), ist nur deshalb so bekannt geworden, weil diese Trisomie am seltensten letal ist und die Mehrzahl der betroffenen Kinder lebensfähig zur Welt kommt. (Der populäre Ausdruck „Mongolismus" sollte vermieden werden, weil sich Angehörige mongolischer Volksgruppen diskriminiert fühlen könnten.) Um Missverständnissen vorzubeugen sei betont: **Das Down-Syndrom ist keine Erbkrankheit** in dem Sinne, dass defekte Gene vorlägen, die an Nachkommen vererbt werden könnten. Vielmehr sind intakte Gene in Überzahl vorhanden, die Gendosis ist gestört. Dabei sind es nur wenige Gene, bei denen sich die erhöhte Dosis negativ bemerkbar macht. Das Down-Syndrom umfasst zwar gravierende Benachteiligungen (intellektuelle Beeinträchtigung, Fehlsichtigkeit, häufig Herzfehler, frühes Altern verbunden mit Alzheimer) ist aber für die Umwelt gänzlich ungefährlich. Die betroffenen Personen sind in der Regel sehr liebesbedürftig und anhänglich. Soziale Probleme ergeben sich, wenn die Eltern vor ihren betroffenen Kindern sterben.

Werdenden Müttern, die ihrem Kind, sich selbst oder ihrer Familie ein Leben mit Down-Syndrom nicht zumuten wollen, steht es nach unseren Gesetzen (Box K6C) frei, durch eine Pränataldiagnostik das Risiko abschätzen zu lassen und gegebenenfalls die Schwangerschaft abzubrechen.

BOX K6A2 PRÄNATALDIAGNOSTIK:
MÖGLICHKEITEN UND KONFLIKTE

Die Verantwortung der Eltern gegenüber ihrem werdenden Kind schließt nach verbreiterter Auffassung die Bereitschaft der Schwangeren ein, sich in regelmäßigen Abständen einer vorgeburtlichen Untersuchung zu unterziehen und dies im Mutterpass bestätigen zu lassen. Der Ausdruck Pränataldiagnostik (PD) fasst alle über die routinemäßige gynäkologische Betreuung hinausgehenden diagnostischen Maßnahmen zusammen, durch die morphologische, biochemische, chromosomale und genetische Störungen vor der Geburt erkannt oder ausgeschlossen werden können. Ziel der PD ist es, in Risikofällen (wie hohes Alter der Mutter) Information darüber zu gewinnen, ob ein Kind mit schweren Gebrechen, einer Behinderung oder ein gesundes Kind zu erwarten ist.

Die eine Schwangerschaft begleitenden nicht-invasiven Vorsorgeuntersuchungen (3-mal Ultraschall, Bestimmung relevanter physiologischer Marker im Serum der Schwangeren) sind keine staatlich verordneten Pflichtuntersuchungen, sondern Angebote der Gynäkologen und Gynäkologinnen, die von den Krankenkassen getragen werden. Durch Wiederholung der Untersuchungen in regelmäßigen Abständen lässt sich beispielsweise feststellen, ob das Kind gut wächst, also nicht unterversorgt ist. Es sei vorweg betont, dass in der weitaus größten Zahl der Fälle Frauen, die sich durch das Ausbleiben von 2–3 Regelblutungen ihrer Schwangerschaft gewiss geworden sind, ein gesundes Kind zur Welt bringen werden.

▶

Allerdings enden 10–15% aller Schwangerschaften vorzeitig, meist als Frühaborte vor Beendigung der 12. Schwangerschaftswoche (SSW). Diese Zahl gilt nur für klinisch erkannte Schwangerschaften, die mittels Ultraschall oder hCG-Bestimmung (humanes Chorion-Gonadotropin) festgestellt werden konnten. Studien kamen zu dem Schluss, dass bis zu 70% aller befruchteten Eizellen und frühen Embryonen schon vor dem Zeitpunkt der folgenden Regelblutung unerkannt absterben. Unter den zahlreichen bekannten Ursachen für eine Fehlgeburt (anatomische, immunologische, endokrinologische, gestörte Blutversorgung des Fetus, sowie exogene Faktoren) sind die chromosomal bedingten am häufigsten.

Nicht-invasive Methoden

Ultraschall-Untersuchung (Sonographie)

Ultraschallwellen werden je nach Dichte eines Mediums unterschiedlich stark reflektiert. Aus dem Reflexionsmuster wird mittels eines Computers ein Abbild des reflektierenden Objektes erstellt. Eine Ultraschalluntersuchung gilt als gänzlich unschädlich für Mutter und Kind.

Seit einiger Zeit bieten einige Einrichtungen/Praxen eine erste Ultraschalluntersuchung zwischen der 11. und 13. Schwangerschaftswoche (SSW) an. Während der Untersuchung wird das Kind in der Regel von der Bauchwand aus abgebildet. Gelegentlich ist die Sicht jedoch nicht klar, so dass eine ergänzende Ultraschalluntersuchung von der Vagina aus notwendig ist.

Bei dieser Untersuchung kann im Regelfall bestätigt werden, dass das Kind wohlauf ist. Weiterhin wird das Schwangerschaftsalter durch Messung der Scheitel-Steiß-Länge festgelegt. Es können gegebenenfalls Mehrlingsschwangerschaften festgestellt werden. Die Untersuchungen werden in der Regel zwischen 19.–22. SSW und 29.–32. SSW wiederholt. Es können größere körperliche Defekte ausgeschlossen und es kann die Lage der Plazenta und somit des Kindes festgestellt werden. Mit einer **Doppler-Sonographie** lassen sich die Bewegungen des Kindes deutlicher abbilden. Auch die funktionelle Kernspinresonanz-Tomographie **fMRI** (*functional magnetic resonance imaging*) wird bisweilen zu Rate gezogen.

In begründeten Verdachtsfällen kann mit hochauflösenden Ultraschallgeräten oder fMRI eine **Nackenödem-Messung (Nackentransparenz NT)** angeschlossen werden. Eine solche Ultraschalltransparenz resultiert aus der (normalen) Flüssigkeitsansammlung im Bereich des fetalen Nackens, deren Ausmaß zwischen der 10. und der 14. SSW kontinuierlich zunimmt. Ist die NT größer als normal, ist dies ein Indiz für ein erhöhtes Risiko für eine chromosomale Anomalie oder andere Erkrankungen (z. B. Herzfehler) des Kindes.

▶

Tests im Blutserum der Schwangeren, Triple-Test

Die Erkennungsrate von Kindern mit Down-Syndrom kann jedoch durch die zusätzliche Bestimmung zweier Serumwerte im mütterlichen Blut (PAPP-A und freies β-hCG) deutlich gesteigert werden. Die Kombination dieser beiden Werte mit der NT-Messung und dem mütterlichem Alter führt zu einer Steigerung der Erkennungsrate auf ca. 90%. Darüber hinaus können aufgrund von Serummarkern Risiken erkannt werden, die sich aus dem Gesundheitszustand der Schwangeren selbst ergeben (Beispiel: Diabetes mellitus, Autoimmunerkrankungen).

Triple-Test. Als weiterer nicht-invasiven Test kann die Schwangere (auf eigene Kosten) den schon länger etablierten Triple-Test in der 15.-16. Schwangerschaftswoche durchführen lassen. Es werden drei Faktorem im Serum der Schwangeren gemessen: (1) Der Spiegel an unkonjugiertem (=freien) Östriol, (2) die Konzentration einer Isoform des humanem Chorion-Gonadotropins (β-hCG) und (3) der Gehalt an Alpha-Fetoprotein AFP. Obwohl die ursächlichen Zusammenhänge unklar sind, können die Werte gemäß statistischer Korrelationen einen Hinweis auf das Vorliegen einer Trisomie geben oder mit 70%iger Wahrscheinlichkeit das Vorliegen von Neuralrohrdefekten („offener Rücken") anzeigen.
  Gynäkologen empfehlen:

- Erstes Trimenon (Trimester, erste 3 Monate): Ultraschall in der 11.-13. Schwangerschaftswoche + PAPP-A und β-HCG-Bestimmung
- Triple-Test in der 15.-16. Schwangerschaftswoche
- Zweites Trimenon: Ultraschall in der 21.-23. Schwangerschaftswoche

Geben die nicht-invasiven Verfahren Anlass zur Sorge und wünscht die Schwangere mehr Sicherheit, bietet die Medizin auch invasive Analyseverfahren an.

Invasive Methoden

Es werden durch einen chirurgischen Eingriff Fruchtwasser und/oder Zellen des Fetus gewonnen und diese zytologisch, biochemisch und molekulargenetisch untersucht.

Amniozentese, Amnionpunktation (Fruchtwasseruntersuchung): Mittels einer Kanüle wird Fruchtwasser aus der Amnionhöhle abgesaugt. Biochemische Marker im Fruchtwasser können Hinweise auf Muskel- und Stoffwechselerkrankungen geben. Solche Proben enthalten in der Regel auch Zellen, die sich irgendwie vom Fetus abgelöst haben und für zytogenetische Untersuchungen zur Verfügung stehen. In größerer Menge gewinnt man fetale Zellen bei der risikoreicheren

▶

Fetoskopie: Hier dringt die Kanüle durch die Amnionhöhle hindurch in den Fetus ein zur Entnahme von Gewebeproben.

Chorionzottenbiopsie/Plazentabiopsie: Die Chorionzotten und später die Plazenta leiten sich wie der Embryo von der befruchteten Eizelle ab; entnommene Zellen enthalten also dasselbe Genom und gegebenenfalls die gleichen Chromosomenanomalien. Der Fetus selbst wird nicht geschädigt, doch enthalten solche Proben in der Regel auch Zellen der Mutter.

Chordozentese: Mit einer Kanüle wird fetales Blut aus den Gefäßen der Nabelschnur entnommen.

Zytogenetische Untersuchungen an fetalen Zellen

Gegenwärtig stehen Untersuchungen über numerische chromosomale Anomalien im Vordergrund (Aneuploidiediagnostik in der Interphase). Eine begrenzte Zahl numerischer Chromosomenanomalien kann heute mit großer Zuverlässigkeit an Interphasezellen (z. B. Amnion- bzw. Chorionzellen) mit Hilfe der **Fluoreszenz-*in-situ*-Hybridisierung** (FISH) innerhalb kürzester Zeit festgestellt oder ausgeschlossen werden.

Bei der FISH-Technik werden fluoreszenzmarkierte DNA-Sonden benutzt, die sich auch in Interphasezellen an spezifische Chromosomenregionen anheften. Die Auszählung der je nach Sonde und verwendetem Fluorochrom verschiedenfarbigen Signale erlaubt es, die Kopienzahl der untersuchten Chromosomen im Präparat unter dem Fluoreszenzmikroskop zu bestimmen. Zur Zeit werden in der Routineanwendung Sonden für die Chromosomen 13, 18, 21, X und Y verwendet. Andere Chromosomen können bei bestimmten Fragestellungen untersucht werden.

Neben der gefürchteten Trisomie 21 können auch andere chromosomale Anomalien festgestellt werden, so Aneuploidien der Geschlechtschromosomen (47/XXY; 47/XYY) und strukturelle Aberrationen des Y-Chromosoms. Welche Konsequenzen dies für das Kind haben wird, ist in Kap. 23, BOX K23A, aufgelistet. Ob solche Anomalien den Abbruch einer Schwangerschaft rechtfertigen, ist dem Gewissen der Schwangeren und ihres Partners überantwortet.

Erbkrankheiten, ungünstige Prognosen für Lebenserwartung und Lebensqualität

Die Verfahren zur Analyse auch geringer und über das ganze Genom verstreuter Unterschiede in den Basensequenzen der DNA werden zunehmend empfindlicher (dank der PCR-basierten Techniken, s. BOX K13) und zunehmend umfassender (dank neuester Chiptechnologien). So wäre es prinzipiell möglich, Prognosen zu erstellen über die

▶

Wahrscheinlichkeit, mit der ein Kind an einer von über 30 Erbkrankheiten leiden wird, oder doch eine gewisse Disposition in sich trägt für eine Erbkrankheit, für genetisch begünstigte Krebserkrankungen, für eine Minderbegabung, für Alzheimer oder auch nur für eine Auffälligkeit im Verhalten. Wer wollte es sich zumuten, diese Informationsflut für eine irreversible Entscheidung über die Fortsetzung einer Schwangerschaft zu berücksichtigen? Eine solche Entscheidung auf der Basis einer breiten Genomanalyse in die Verantwortung der Eltern oder ihrer ärztlichen Berater zu legen, hieße beide heillos zu überfordern; denn – täuschen wir uns nicht – **wir alle sind Träger irgendwelcher Allele, die unter Umständen den Ausbruch dieser oder jener Krankheit begünstigen, den Verlauf einer erworbenen Krankheit ungünstig beeinflussen, Anlass für frühe Altersbeschwerden sein können** oder mitverantwortlich sind für eine Minderleistung in diesem oder jenem Lebenssektor. Vielleicht wünschte sich ein Elternpaar auch nur ein bestimmtes Geschlecht für ihr Wunschkind. Verantwortliche Humangenetiker raten zu invasiven Untersuchungen und Gendiagnostik allenfalls dann, wenn nicht-invasive Voruntersuchungen Anlass zur ernsten Sorgen gaben, wenn die Familien-Anamnese von gehäuft aufgetretenen Fehl- und Totgeburten oder Erbkrankheiten berichtet oder wenn die Schwangere bereits ein Kind mit genetisch bedingter Erkrankung zur Welt gebracht hat.

Bewertung der Pränataldiagnostik

Die Möglichkeiten einer Pränataldiagnostik werden keineswegs nur positiv bewertet. Für Pränataldiagnostik sprechen, so argumentieren die Anbieter der Untersuchungsverfahren:

- Sorgen der Eltern können in den meisten Fällen ausgeräumt werden.
- Manche (wenn auch nur sehr weinige und seltene) Erkrankungen des Kindes können noch im Mutterleib behandelt werden, oder es kann noch im Mutterleib Vorsorge getroffen werden gegen drohendes Unheil (z. B. Blutaustausch Transfusion bei Rhesus-Unverträglichkeit zwischen Mutter und Kind).
- Die Eltern können sich gegebenenfalls bewusst und noch freiwillig dafür entscheiden, auch ein behindertes Kind zur Welt zu bringen und für es adäquat zu sorgen, gegebenenfalls nach Beratung mit erfahrenen Selbsthilfegruppen.

Gegen Pränataldiagnostik wird vorgetragen:

- Insbesondere die invasiven Methoden können eine Fehlgeburt einleiten. Das Risiko liegt je nach Verfahren zwischen 0,1% und 5%.
- Mitunter sind die Diagnosen falsch.
- Positive Diagnosen oder auch nur ein zu erwartendes erhöhtes Risiko für eine Behinderung führen oft zur Abtreibung. Die Verhei-

▶

ßung, dass vorgeburtliche Untersuchungen ein gesundes Wunschkind garantieren, kann eben manchmal nur durch „prophylaktische Maßnahmen" eingelöst werden.

- Besonders Behinderte fühlen sich von den Argumenten für eine Pränataldiagnostik als lebensunwerter Ausschuss abgestempelt. Man spricht von „Selektion" und „vorgezogener Euthanasie".
- Eltern wird die Schuld zugeschoben, wenn ein behindertes Kind zur Welt kommt.
- Generell haben in werdenden und potentiellen Eltern durch die zunehmend zahlreicheren Möglichkeiten vorgeburtlicher Diagnosen nicht Zuversicht und frohe Erwartung, sondern Verunsicherung, Ratlosigkeit und Angst zugenommen. Die Last des Wissens erzeugt neue, bisher nicht gekannte Konflikte.

Es sei daher abschließend nochmals betont, dass in den allermeisten Fällen die Leibesfrucht, welche die 12. Schwangerschaftswoche überstanden hat und sich allmählich im Mutterleib bemerkbar macht, auch als gesundes Kind zur Welt kommen wird. Gerade die verantwortungsbewusste Schwangere, die Alkohol, Zigaretten und ähnliche vermeidbare Beeinträchtigungen meidet, darf getrost GUTER HOFFNUNG sein.

6.3 Von der Befruchtung bis zum phylotypischen Stadium

6.3.1
Der Keim entwickelt zuallererst spezielle extraembryonale Organe, um die Mutter anzuzapfen; deshalb kann der Embryo später enorm wachsen

Entwicklung vor der Implantation (Abb. 6.3). Weil der Keim früh von der Mutter mit Nährsubstrat versorgt wird, kann das Ei dotterarm sein und ist es auch. Der Keim der Säuger wächst im Zuge der Embryonalentwicklung ganz beträchtlich. Das Ei hat mit ca. 0,1 mm nur die Größe eines Seeigeleis. Die Furchung führt am dritten Tag zum 12–16 Zellstadium der **Morula**. Um den vierten Tag ist das Stadium der **Blastocyste** erreicht. Sie schlüpft aus der Zona pellucida und nistet sich am 5. oder 6. Tag in der Schleimhaut des Uterus (Gebärmutter) ein. Misslingt es dem Eileiter, das vom Ovar freigesetzte Ei aufzufangen, und nistet sich die Blastocyste in der Bauchhöhle ein (**Bauchhöhlen-Schwangerschaft**), so stirbt der Embryo ab oder entwickelt sich zum tumorähnlichen **Teratom**. (Ob der Keim stirbt, was zu schweren Blutungen führen kann, oder ob er sich zum Teratom entwickelt: die Frau trägt mit dem Keim ein hohes Risiko für die eigene Gesundheit und das eigene Leben!) Nach **extrakorporaler Befruchtung** kann sich das befruchtete Ei in geeignetem Kulturmedium *in vitro* bis zur Blastocyste entwickeln; dann muss nach gegenwärtigem Stand der Reproduktionsmedizin der Uterus einer Mutter die weitere Fürsorge übernehmen.

Embryonalentwicklung nach der Implantation (Abb. 6.4 bis Abb. 6.10). Die **Blastocyste** sieht ähnlich aus wie eine Blastula, doch schreitet der blasenförmige Keim nicht wie der des Seeigels oder Amphibs sogleich zur Urdarmbildung.

Die zellige Außenwandung der Blastocyste wird zum **Trophoblasten**, einem „extraembryonalen" Organ der Versorgung und Entsorgung. Ein Teil des Trophoblasten wird später zur **Plazenta** heranwachsen. Der Trophoblast umschließt den Hohlraum des Blastocoels und die **innere Zellmasse = Embryoblast**. Dies ist eine Gruppe von Zellen, die an einem Pol der Blastocyste zusammengeballt liegt. Mit diesem „embryonalen Pol" voraus gräbt sich die aus ihren Hüllen geschlüpfte Blastocyste in die Uteruswand ein. Im äußeren Trophoblasten fusionieren die Zellen zum vielkernigen Syncytium; der äußere Trophoblast wird zum **invasiven syncytialen Trophoblasten**. Darunter bleibt eine innere Schicht, der **Cytotrophoblast**, in Zellen gegliedert; er umschließt die Blastocystenhöhle. Später wird der Blastocystenwand von innen eine weitere Zellschicht, das **parietale Mesoderm**, aufgelagert. Die Blastocystenhöhle wird zu einem **extraembryonalen Coelom** (Exocoel), oft **Chorionhöhle** genannt.

Aus dem Cytotrophoblasten der sich immer tiefer eingrabenden Blastocyste sprossen ringsum die **primären Trophoblastzotten** aus, mit denen der Keim aus mütterlichen Blutlakunen der Decidua (Teil der Gebärmutter um den Keim) Nahrung und O_2 aufnimmt. In Abbildungen und Texten zur Embryologie des Menschen findet man nun meistens den Begriff Trophoblast ersetzt durch den Begriff **Chorion**. Das Nährorgan der Chorionzotten wird zwar vom Trophoblasten des Keims gebildet, wird aber als extraembryonal bezeichnet, was besagen will, dass die Zotten kein Organ des eigentlichen Embryos sind; dieser existiert noch gar nicht. Wenn sich dann im Keimesinneren ein Embryo gebildet und über die Nabelschnur Verbindung zu den Chorionzotten aufgenommen hat, wachsen die winzigen primären Trophoblast- oder Chorionzotten zu den mächtigen tertiären **Chorionzotten** heran (Abb. 6.5, Abb. 6.7). Dies geschieht in einem scheibenförmigen Bezirk, den man **Plazenta** nennt. In die Zotten der Plazenta wachsen über die Nabelschnur vom Embryo her Blutgefäße ein (Abb. 6.8).

6.3.2
In der Embryonalentwicklung kommen evolutiv alte Strukturen zum Vorschein: Keimscheibe, Primitivrinne, Dottersack, Amnion und Allantois

Amnion, Dottersack, Nabelstrang: Das Reptil und der Vogel haben sich als Embryonen mit einer selbstgemachten, wassergefüllten Amnionhöhle umgeben, und sie trugen einen Dottersack. Die Säuger behielten diese Erfindungen bei. Aber ihre Keime bilden in aller Regel bereits eine Amnionhöhle und einen Dottersack, bevor überhaupt ein Embryo vorhanden ist, und so ist dies auch beim Menschen. Am 9. Entwicklungstag sind in der inneren Zellmasse (im Embryoblasten) **Amnionhöhle** und **Dottersack** entstanden.

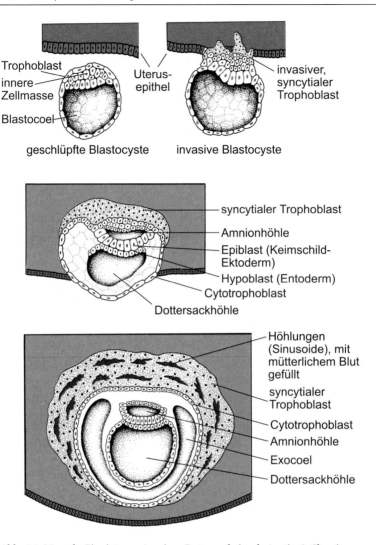

Abb. 6.4. Mensch: Einnistung, Amnion, Dottersack (nach Austin & Short)

Anders als bei der Maus, aber wie bei anderen Primaten, platzt beim menschlichen Keim der primäre Dottersack auf und wird durch den kleineren sekundären ersetzt. Schließlich wird der Dottersack von extraembryonalem Mesoderm umhüllt, von Blutgefäßen begleitet und mit dem Haftstiel zur **Nabelschnur** verdrillt. In die Nabelschnur wird auch die rudimentäre **Allantois** eingebunden. Die Allantois (embryonale Harnblase) kann rudimentär bleiben, weil der Embryo sein Oxidationswasser und seine Stoffwechselendprodukte über die Blutgefäße der Nabelschnur und die Plazenta der Mutter zur Entsorgung übergeben kann.

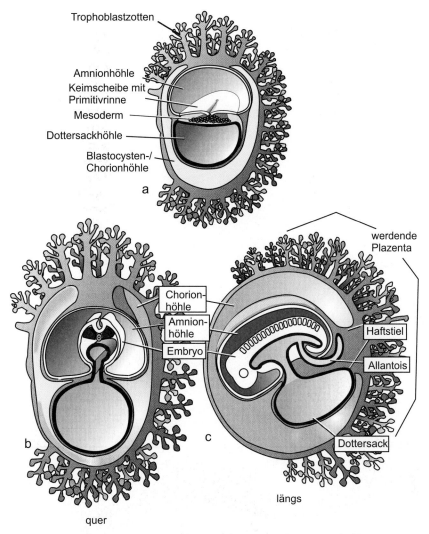

Trophoblastzotten

Amnionhöhle
Keimscheibe mit
Primitivrinne
Mesoderm
Dottersackhöhle
Blastocysten-/
Chorionhöhle

a

werdende
Plazenta

Chorion-
höhle
Amnion-
höhle
Embryo

Haftstiel

Allantois

b

c

Dottersack

längs

quer

Abb. 6.5 a–c. Mensch: Embryonalentwicklung auf dem Boden der Amnionhöhle

Embryogenese: Um den 12. Tag beginnt die Bildung des eigentlichen Embryo im Inneren des Keims. Der Gesamtkeim ist von 0,1 auf 0,75 mm Durchmesser angewachsen. Die Amnionhöhle ist nun groß genug, um einen Embryo zu beherbergen. Ein scheibenförmiger Bezirk des Amnionbodens (Epiblast) wird zur **Keimscheibe**. In ihrer Mitte senkt sich auf dem Boden der Amnionhöhle als Ausdruck der beginnenden Gastrulation eine **Primitivrinne** ein (Abb. 6.5, Abb. 6.6). Es strömen Zellen des Höhlenbodens (Epiblast) in geschlossenem Verband auf die Primitivrinne zu, dringen durch die Rinne hinab in den Spalt zwischen Amnionboden und Dach des Dottersacks und werden zum Mesoderm (anfänglich auch Hypoblast

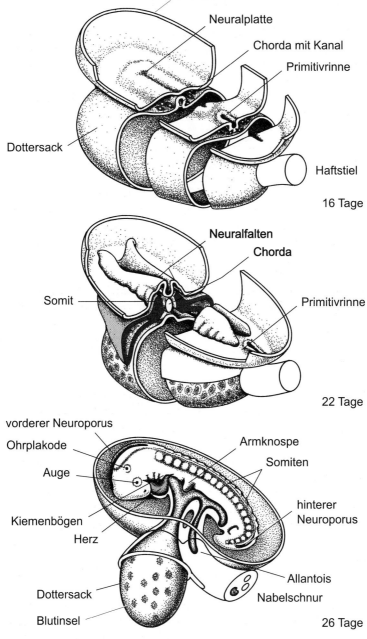

Amnion
Neuralplatte
Chorda mit Kanal
Primitivrinne
Dottersack
Haftstiel
16 Tage

Neuralfalten
Chorda
Somit
Primitivrinne
22 Tage

vorderer Neuroporus
Ohrplakode
Auge
Armknospe
Somiten
Kiemenbögen
Herz
hinterer Neuroporus
Dottersack
Allantois
Nabelschnur
Blutinsel
26 Tage

Abb. 6.6. Mensch: Neurulation, Organogenese. Das alles umhüllende Chorion und die aus den Chorionzotten hervorgegangene Plazenta sind entfernt

genannt). Das Mesoderm gliedert sich in bekannter Weise in Chorda, Somiten und Seitenplatten. Darüber formt der Epiblast Neuralfalten, welche sich zum Neuralrohr schließen (Abb. 6.5, Abb. 6.6). **Die Gastrulation (durch die Primitivrinne), Neurulation, Chorda- und Mesodermbildung folgen dem Grundmuster der Vertebratenentwicklung.** Es gibt indes einige säugerspezifische Besonderheiten: Die als „Kopffortsatz" von der Primitivrinne nach anterior wachsende Chorda stößt vorne auf eine Prächordalplatte, die teils zur **Rachenmembran** wird, teils Kopfmuskulatur liefert. Die Chorda ist anfänglich hohl. Der **Chordakanal** beginnt hinten-oben in der Primitivrinne und bricht vorübergehend vorn-unten zum Dottersack durch. Einen ähnlichen, die Amnionhöhle mit dem Dottersack verbindenden **Canalis neurentericus** findet man bei Reptilien.

Wenn sich über der Chorda die Neuralfalten zum Neuralrohr schließen, so bleibt auch dieses Rohr lange offen und über den **anterioren** und **posterioren Neuroporus** mit der Amnionhöhle verbunden. Die Poren schließen sich, wenn die Mehrzahl der **Somiten**, die Anlagen der **Augenlinsen**, die **Ohrplakoden** und die **Schlundbögen** (‚Kiemenbögen', s. Abb. 7.5) hergestellt sind und das Herz pocht.

Um den 28. Tag der Entwicklung sind auch die Blutgefäße schon soweit ausgewachsen, dass der embryonale Kreislauf über den Nabelstrang mit der Plazenta verbunden ist (s. Abb. 18.4, 18.6).

6.3.3
Das Besondere an der menschlichen Entwicklung ist das ungeheure, pränatale Wachstum des Gehirns; die Größe des Kopfes erzwingt schließlich die Geburt durch den nicht beliebig dehnbaren Geburtskanal

Der Embryologe findet in der Entwicklung des Menschen im Vergleich zur Entwicklung anderer Säugetiere wenig Besonderheiten. Eine Besonderheit ist die sehr langsame Furchung. Die Furchung ist bei allen Säugern vergleichsweise langsam, vielleicht deshalb, weil der Keim sehr früh schon seine eigenen Gene in Anspruch nimmt; Transkription braucht eben seine Zeit. Beim Menschen ist indes die Furchungsphase aus unbekannten Gründen besonders in die Länge gezogen.

Eine andere, gewichtige Besonderheit ist das enorme Wachstum der Großhirnhemisphären (s. Abb. 17.2), die ihrerseits den noch plastischen Kopf des Kindes enorm ausdehnen. Der Durchmesser des Kopfes setzt dem weiteren Verweilen des Kindes im Mutterleib Grenzen. Der Geburtskanal ist nicht beliebig dehnbar, und in nicht sehr seltenen Fällen auch zu eng, was zu chirurgischen Eingriffen (Kaiserschnitt) zwingt.

Eine weitere Besonderheit geht von der Mutter aus. In der Gebärmutter werden wandlose Blutlakunen angelegt, welche den Stoffaustausch zwischen Mutter und Kind erleichtern (s. folgende Abschnitte).

6.4
Schnittstelle Mutter/Kind: die Plazenta

6.4.1
Die Plazenta ist ein Organ, mit dem sich das Kind verankert und durch das es mit der Mutter Stoffe austauscht

Das werdende Kind liegt in einer Blase mit doppellagiger Wand. Beide Lagen der Wand stammen vom Keim selbst: Die innere Lage ist die Wand der Amnionblase, die sich vergrößert und die Chorionhöhle verdrängt; die äußere Lage ist das Chorion, das sich vom Trophoblasten ableitet (Abb. 6.5; Abb. 6.7).

Auf dem Chorion wachsen in dem Bereich, der nun Plazenta heißt, die Chorionzotten zu mächtigen Zottenbäumen heran, die in Hohlräume der Gebärmutterwand hineinwachsen (Abb. 6.7, Abb. 6.8). Hier findet der Austausch von O_2, CO_2, Harnstoff etc. statt.

Auf Seiten der Mutter löst sich die **Decidua**, die äußere Schicht der Gebärmutterwand, stellenweise auf und schafft so die **lakunären Höhlen**, in welche die Zottenbäume hineinwachsen. Worte wie **lakunär** bzw. **Lakunen** weisen darauf hin, dass sich die mütterlichen Blutkapillaren in diese Hohl-

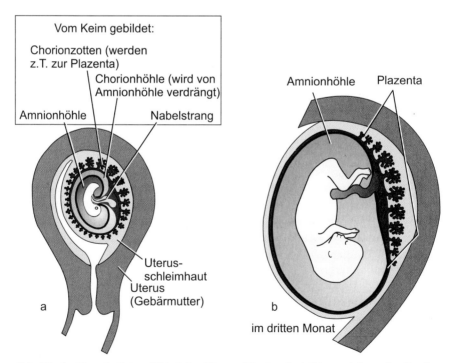

Abb. 6.7 a, b. Mensch: Fetus (Fötus) im Uterus. Die Amnionhöhle verdrängt die Chorionhöhle; die Plazentazotten konzentrieren sich auf ein scheibenförmiges Areal

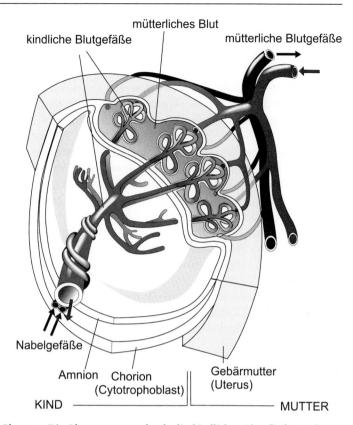

mütterliches Blut

kindliche Blutgefäße

mütterliche Blutgefäße

Nabelgefäße

Amnion Chorion
(Cytotrophoblast)

Gebärmutter
(Uterus)

KIND

MUTTER

Abb. 6.8. Mensch: Plazenta. Die Plazentazotten, durch die kindliches Blut fließt, sind von mütterlichem Blut umspült. Die mütterlichen Gefäße öffnen sich in Lakunen. Stark vereinfacht

räume öffnen und mütterliches Blut unmittelbar die Zottenbäume umspült (Abb. 6.8). So sehr dies dem Kind zugute kommt, die Mutter hat bei der Geburt ihren Blutzoll zu entrichten; denn die Lakunen schließen sich nicht so rasch. Bei anderen Säugern, namentlich bei den Nichtprimaten, die keine solchen Endothel-freien Lakunen anlegen, ist die Geburt nicht mit viel Blutverlust verbunden und für die Mutter augenscheinlich weniger schmerzhaft.

6.4.2
Der Kontakt zur Mutter kann auch gefährlich werden; ihr Immunsystem muss erfolgreich unterdrückt werden

Der Abbau von Zwischenschichten zwischen Mutter und Kind hat nicht nur Vorteile. Der Fetus kommt in gefährlichen Kontakt zum Immunsystem der Mutter; deshalb muss ein tragbarer Kompromiss gefunden werden.

Der Fetus hat in aller Regel nicht die gleiche molekulare Ausstattung wie die Mutter; denn von der Mutter hat er nur die Hälfte seiner Gene, die andere Hälfte der mütterlichen Gene ist bei der Meiose der Oocyte ausgesondert und bei der Befruchtung durch Gene des Vaters ersetzt worden. Dies betrifft auch die Gene für den auf der Oberfläche der Körperzellen exponierten **MHC I (major histocompatibility complex I)**, anhand dessen das Immunsystem fremde Zellen (z. B. Transplantate) als fremd erkennen kann. Fremdes wird durch T-Zellen zerstört, so auch die Zellen an der Grenzfläche eines Transplantates mit einem fremden MHC; das restliche Transplantat löst sich ab und wird abgestoßen. Warum nicht der Embryo?

Nach einer neuen, gut belegten Hypothese ist es der Embryo selbst, der lokal das Immunsystem der Mutter stilllegt. Aggressive T-Zellen benötigen viel Tryptophan. An der Grenze Kind/Mutter exponieren die fetalen Zellen ein Enzym, das Tryptophan abbaut. Damit wird den T-Zellen die Lebensbasis entzogen. Wird dieses Enzym gehemmt, dringen T-Zellen zum Embryo vor und besorgen seine Abstoßung. Doch auch dann, wenn die kindliche Abwehr gegen aggressive T-Zellen der Mutter erfolgreich ist, bleibt die Koexistenz von Mutter und Kind gefährdet; denn eine zuverlässige Barriere gegen Antikörper, die ja viel kleiner als T-Zellen sind, gibt es nicht, und es kann deshalb zu Unfällen kommen. Es sei auf den Rhesusfaktor verwiesen (Abb. 6.9).

Mutter-Kindchimären: In diesem Zusammenhang sei eine verblüffende Neuentdeckung erwähnt. Man fand in Frauen in verschiedenen Geweben vereinzelt Zellen, die ein Y-Chromosom trugen. Alle diese Frauen, so stellte es sich heraus, hatten einstmals einen Jungen zur Welt gebracht, in manchen Fällen schon vor vielen Jahren. Offenbar waren teilungsfähige Zellen des Fetus durch die Plazentaschranke in der Körper der Mutter gelangt, wurden vom Immunsystem aus unbekannten Gründen (gleicher Gewebeverträglichkeitstyp?) toleriert, und konnten sich durch fortgesetzte Teilung so weit jung halten, dass auch nach Jahren noch Abkömmlinge entdeckt werden konnten.

6.4.3
Das ungeborene Kind hat ein Kreislaufsystem ähnlich dem eines Fisches und seine Plazentazotten sind funktionell Kiemen

Vom Kind führen zwei Arterien (Umbilikalarterien) im Bereich des künftigen Nabels aus dem Körper, durchqueren im Nabelstrang die Amnionhöhle (wie in Abb. 4.33) und verästeln sich in den Zottenbäumen. Die Nabelvene (Umbilikalvene) führt das Blut in den kindlichen Körper zurück. Das kindliche Blut ist nun von Harnstoff und CO_2 entlastet und mit O_2 angereichert. Die Zotten haben funktionell die Rolle von Kiemen gespielt.

Das mit O_2 angereicherte Blut gelangt über die Umbilikalvene ins anfänglich ungeteilte Herz, wird vom Herzen im Körper verteilt und über die Nabelarterien auch wieder in die Zotten gepumpt. Es liegt ein Einkreis-

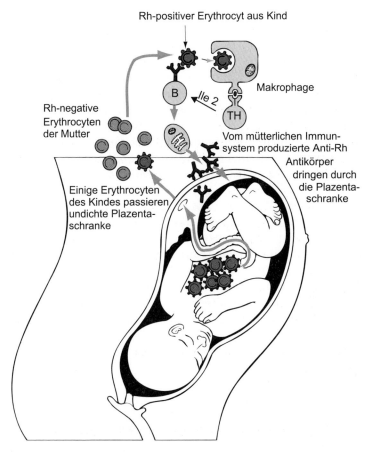

Rh-positiver Erythrocyt aus Kind

Makrophage

B

Ile 2

TH

Rh-negative
Erythrocyten
der Mutter

Vom mütterlichen Immun-
system produzierte Anti-Rh
Antikörper
dringen durch
die Plazenta-
schranke

Einige Erythrocyten
des Kindes passieren
undichte Plazenta-
schranke

Abb. 6.9. Gefahr für das Kind durch das Immunsystem der Mutter, beispielhaft angezeigt durch die vom Rhesusfaktor ausgelöste Immunabwehr. Der Rhesusfaktor ist ein Glykoproteinkomplex auf der Oberfläche der Erythrocyten, der in verschiedenen Varianten auftreten kann. Rhesus-positiven Erythrocyten (hier des Kindes) tragen Varianten, die das Immunsystem eines Rhesus-negativen Individuums (hier der Mutter) als fremd behandelt. Geraten Rhesus-positive Erythrocyten des Kindes durch eine undichte Plazentaschranke (oder bei der Geburt eines früheren Kindes) in den mütterlichen Organismus, erzeugt dieser Antikörper gegen den Rhesusfaktor des Kindes. Diese Antikörper können in den kindlichen Kreislauf gelangen, an die Rh-positiven Erythrocyten binden und Schaden anrichten. Gezeichnet unter Verwendung einer Vorlage aus Austin & Short

system wie beim Fisch vor (s. Abb. 18.4 und 18.6). Weil die Lunge des Fetus ja noch gar nicht arbeiten kann, aber sogleich nach der Geburt ihre lebenswichtige Arbeit aufnehmen muss, muss auch der Kreislauf auf eine rasche Umstellung zum Zweikreissystem (Körper- und Lungenkreislauf) gerüstet sein. Wie dieses enorme technische Problem gelöst wird, wird in Kap. 18 (s. Abb. 18.5, Abb. 18.6) erläutert.

6.4.4
Schwangerschaft und Geburt sind Ereignisse auf Leben und Tod

Schwangerschaft und Geburt sind Ereignisse auf Leben und Tod für beide, für das Kind und die Mutter!

Der **Embryo** ist zum **Fetus (Fötus)** geworden – er wird ab der 8. Woche so genannt. Der Fetus wächst weiter heran und wird im Regelfall nach 38 Wochen = 266 Tagen geboren (Abb. 6.10). **Bis dahin sind allerdings ca. 40–50% aller implantierten Keime als Folge von Fehlentwicklungen zugrunde gegangen.** Ein Teil dieser Fehlentwicklungen geht vermutlich auf das Konto des Immunsystems der Mutter. Die Geburt ist ein weiteres, schweres Lebensrisiko.

Die Mutter: Wenn die Zottenbäume der Plazenta aus der Gebärmutter gerissen werden, strömt ihr Blut aus den Lakunen. Die Mutter droht zu verbluten, wenn nicht unter dem Einfluss des Hormons Oxytocin und weiterer Faktoren die Wunden schnell verschlossen werden.

Das Kind: Kommt es unbeschadet durch den engen Geburtskanal? Und ist dies gelungen, muss im Nu die Lunge aufgebläht, muss alles Blut durch die Lunge gejagt werden. Gelingt alles rechtzeitig?

Alle diese Risiken werden statistisch wettgemacht durch die Vorteile, die das Kind dadurch gewinnt, dass es sich im schützenden und nährenden Leib einer Mutter entwickeln darf.

6.5
Hormonale Beziehungen zwischen Kind und Mutter

Innige Beziehungen zwischen Mutter und Kind werden biologisch und seelisch vorbereitet und gefestigt. Zu den biologischen Komponenten, die diese Beziehungen herstellen und stabilisieren gehören Hormone.

6.5.1
Hormone des Keimes helfen, seine physikalische Abstoßung durch Menstruationsblutung zu vermeiden

Hormon-vermittelter Aufbau einer besonderen Beziehung zwischen Mutter und Kind beginnt schon früh mit der Einnistung des Keims in die Wand der Gebärmutter (Uterus) – und dies hat einen sehr triftigen Grund. Es muss verhindert werden, dass der Keim durch das zyklische Abstoßen des Endometriums, der nährenden Schicht des Uterus, ebenfalls abgestoßen und mit der Menstruationsblutung aus dem Körper der Mutter ausgeschwemmt wird. Jedenfalls muss in der unmittelbaren Umgebung des Keims das Endometrium erhalten bleiben. Es ist der Keim selbst, der nun über ein hormonales Signal eben dies erreicht.

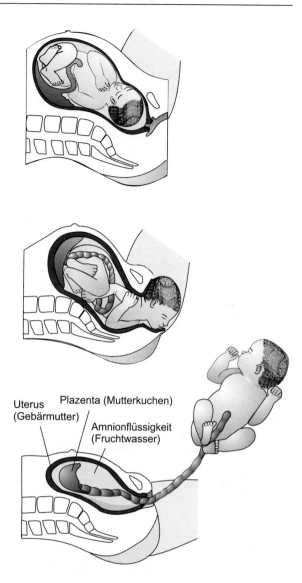

Abb. 6.10. Geburt

In Zeiten ohne Schwangerschaft geschieht die Abstoßung des Endometriums am Ende des Ovarialzyklus, wenn der Gelbkörper im Ovar nicht
weiter das Hormon Progesteron erzeugt. Der Gelbkörper stellt die Produktion von Progesteron ein, wenn er nicht mehr weiterhin vom Hypophysenhormon LH zur Produktion angehalten wird. Das Abstoßen des Endometriums könnte verhindert werden, wenn weiterhin LH im Blut der Mutter
zirkulieren und folglich der Gelbkörper weiter Progesteron erzeugen würde. Das „weiß" der Keim und liefert selbst einen LH-Ersatz (Abb. 6.11). Es

BOX K6B EINIGE NEUE ASPEKTE
DER REPRODUKTIONSMEDIZIN DES MENSCHEN

Künstliche Besamung (= *In-vitro*-Fertilisation, IVF). Wenn ein Paar
ungewollt kinderlos bleibt, kann es daran liegen, dass die Eileiter der
Frau irreparabel verschlossen sind oder gar infolge gefährlicher Eilei-
terschwangerschaften hatten entfernt werden müssen. Oft werden allerdings auch Spermien des Mannes in ungenügender Anzahl erzeugt
(Oligospermie oder Aspermie) oder die Spermien sind weitgehend
unbeweglich. In seltenen Fällen kann auch eine starke Immunantwort
der Frau auf die Spermien die Unfruchtbarkeit bedingen. Es werden
in den Kliniken zwei Wege beschritten, dem Paar zum Kind zu ver-
helfen. In beiden Fällen entnimmt der Gynäkologe durch einen chirurgischen Eingriff direkt aus dem Ovar der Frau einige Eier, die
durch eine vorausgegangene Hormonbehandlung der Frau vorzeitig
zum Reifen gebracht worden sind. Diese Eizellen werden dann extrakorporal, d.h. außerhalb des Leibes der Frau, besamt.

- Im optimalen Fall kann man ein unbewegliches Spermium des **Ehe-
  mannes** oder Partners mittels eines Elektroschocks mit der Eizelle
  zur Fusion bringen oder ein solches unbewegliches Spermium mit
  einer Mikroglaspipette in die Eizellen injizieren (Intracytoplasmati-
  sche Spermieninjektion, ILSI). Nach gelungener Befruchtung wird
  der Keim bis zum 4-Zellstadium in Kultur gehalten und dann mit einer Kanüle in die Gebärmutter der Frau eingeführt.
- Im suboptimalen Fall nimmt der Gynäkologe Samen **anonymer
  Spender.** Durch Mischen von Samen verschiedener Spender wird
  eine willkürliche Einflussnahme des Arztes ausgeschlossen. Der
  Ehemann andererseits kann dann nur Stiefvater sein. (Insoweit ist
  das Deutsche Embryonenschutzgesetz asymmetrisch: Es erlaubt Sa-
  menspende verbietet aber Eispende.) 1977 ist erstmals von einer
  künstlichen Befruchtung berichtet worden (Louise Brown) – es war
  damals eine Sensation. Heute gibt es schon viele Tausend Menschen, die auf künstlichem Weg gezeugt worden sind.

In der Tierzucht ist künstliche Befruchtung vielfach die Regel. Nur als
Hochleistungstiere anerkannte Kühe und Stiere werden zur Repro-
duktion herangezogen. Ein Bulle einer Zuchtlinie hatte ca. 50 000
Nachkommen, ohne sich verausgaben zu müssen.

Leihmütter. Manche Frauen sind körperlich nicht in der Lage, ihre
Leibesfrucht selbst auszutragen. Hier kann eine Leihmutter (Ammen-
mutter) hilfreich sein, die sich durch Hormoninjektionen auf eine
Schwangerschaft vorbereiten lässt. Der extrakorporal befruchtete
Keim der natürlichen Mutter wird dann in die Gebärmutter der Leih-

▶

mutter implantiert. Wie die extrakorporale Befruchtung ist auch die Leihmutterschaft zuerst in der Tierzucht etabliert worden. Die Reproduktionstechnik der Tierzucht spielt eine Pionierrolle auch bei der Entwicklung neuer humanmedizinischer Verfahren.

Wahl des Geschlechts? In der Tierzucht werden Verfahren entwickelt, die Spermien vor ihrer Verwendung zur künstlichen Besamung nach männlich und weiblich bestimmenden zu trennen. Basis der Trennverfahren ist der DNA-Gehalt, der in Spermien mit X-Chromosom geringfügig größer ist als in Spermien mit Y-Chromosom. Solche Trennverfahren werden in einer Klinik der USA auch für menschliche Spermien angewandt, sodass beispielsweise bei künstlicher Befruchtung die Wahrscheinlichkeit stark erhöht ist, dass das Kind das von den Eltern erwünschte Geschlecht erhalten wird. Ob Eltern es verantworten können oder wollen, das Geschlecht ihrer Kinder selbst zu bestimmen, ist eine Gewissensfrage, zu der es wohl kaum eine einheitliche und weltweit verbindliche Antwort geben wird. In Deutschland ist derzeit eine Geschlechtswahl verboten.

In anderen Ländern (z. B. USA) wird eine andere potentielle Methode der Geschlechtsselektion in die Diskussion gebracht. Es soll durch pränatale Diagnostik das zufällig zustande gekommene Geschlecht des ungeborenen Kindes festgestellt werden; nur ein Kind, dem der Zufall das gewünschte Geschlecht zuteilte, darf überleben. Es wird also das Abtreiben zwar gesunder aber doch in ihren Eigenschaften unerwünschter Kinder in Kauf genommen. Dass solche Vorschläge Perspektiven für jedwede willkürliche Selektion eröffnen, wird von den Befürwortern dieser Methode nicht als erschreckend empfunden.

Zucht und Klonen von Supermenschen? Von Journalisten, Philosophen und besorgten Laien wird immer wieder diskutiert, ob die Zucht von Menschen mit außergewöhnlichen Eigenschaften möglich oder gar schon geplant sei. Fragen zum Nachdenken: In der Entwicklung eines einzigen Organs, beispielsweise des Gehirns, sind viele Tausende von Genen beteiligt. Die Aktivität dieser Gene wechselt in unzähligen räumlichen und zeitlichen Mustern. Wie viele Musikstücke lassen sich mit 88 Klaviertasten komponieren? Wie viele raum-zeitliche Aktivitätsmuster sind mit den ca. 40 000 Genen des Menschen möglich; welche bringen einen Mozart oder Einstein hervor?

Im Gegensatz zum vorausschauenden und gezielt geplanten Zusammenstellen einer ungewöhnlichen genetischen Ausstattung hätte das Klonen einer ungewöhnlichen Persönlichkeit eine realistische Perspektive. Freilich, was wäre ein Wolfgang Amadeus Mozart geworden, der nicht in die Familie Leopold Mozart hineingeboren worden wäre; was wäre aus einem Albert Einstein geworden, dessen Interessen nicht auf die Physik gelenkt worden wären?

BOX K6C Gesetzliche Regelungen in Deutschland

I. Das Embryonenschutzgesetz

Dieses am 13.12.1990 in Kraft getretene Gesetz regelt für Deutschland die *In-vitro*-Fertilisation und den Embryonentransfer und verbietet jede Manipulation des menschlichen Keims.

- *In-vitro*-**Fertilisation** ist erlaubt, sofern es das Ziel ist, eine Schwangerschaft herbeizuführen. Mit Zustimmung einer Ethikkommission ist eine Befruchtung auch mit dem Samen anonymer Spender gestattet. Zu bloßen Forschungszwecken dürfen menschliche Eizellen nicht befruchtet werden. Es dürfen auch nur so viele Eizellen befruchtet werden, wie in den Uterus der Frau eingeführt werden sollen oder dürfen: dies sind maximal drei.
- **Leihmütterschaft** und Eizellspenden für eine andere Frau oder zu Forschungszwecken sind nicht erlaubt.
- **Manipulationen** am Embryo jeglicher Art vor seiner Einnistung,
- auch **Diagnostik möglicher Erbfehler** an einzelnen herausgelösten Zellen des Embryos sind derzeit nicht erlaubt.

Eine befruchtete Eizelle gilt nicht als Embryo, solange der Kern der Samenzelle und der Kern der Eizelle (der so genannte männliche und weibliche Vorkern) noch nicht miteinander verschmolzen sind. Deswegen darf der Polköper daraufhin untersucht werden, ob eine Anomalie in der Chromosomenverteilung vorliegt.

Der befruchtete Keim muss spätestens im 4-Zellstadium in den Uterus eingeführt werden. Eine Blastocyste für eine mögliche Pränataldiagnostik steht dem deutschen Reproduktionsmediziner nicht zur Verfügung. Es gibt jedoch Bestrebungen, das gesetzliche Verbot der pränatalen Diagnostik am frühen Embryo in definierten Fällen aufzuheben. Beim Fötus ist Pränataldiagnostik, etwa an Zellen, die mit einer Kanüle dem Fruchtwasser entnommen werden (Amnionpunktion, Amniozentese) erlaubt.

- **Geschlechtsauswahl** und **Klonieren** sind ausdrücklich verboten, ebenso jegliche Veränderungen am Erbgut.

Embryonen als Quelle von Stammzellen?

Da von Menschen ausgedachte und erlassene Gesetze keinen Ewigkeitscharakter haben und dem medizinischen Fortschritt nicht weltweit Einhalt geboten werden kann, ist die Diskussion um das Embryonenschutzgesetz nie zum Erlöschen gekommen. Die Zulässigkeit

▶

der Verwendung von Embryonen zu Forschungszwecken ist politisch und gesellschaftlich umstritten geblieben. Obwohl Einigkeit darüber besteht, dass der Schutz menschlichen Lebens ein vorrangiges moralisches und verfassungsrechtliches Gut darstellt, wird der Schutzanspruch menschlichen Lebens in seiner frühen embryonalen Entwicklung unterschiedlich beurteilt.

Totipotente Blastomeren bis zum 4-Zellstadium sind nach dem derzeit geltenden Embryonenschutzgesetz einer befruchteten Eizelle gleichgestellt. Die Stammzellen, die einer Blastocyste entnommen werden, sind jedoch keine Embryonen im Sinne des Embryonenschutzgesetzes, da die Wissenschaft heute davon ausgeht, dass ab dem 8-Zellstadium die Zellen nicht mehr totipotent, sondern nur noch pluripotent sind, d. h. sie besitzen nicht mehr die Fähigkeit, sich zu einem Menschen zu entwickeln. Es dürfen jedoch in Deutschland Eizellen nicht bis zum Blastocystenstadium in Kultur gehalten werden. Widersprüchliche Konsequenz: Unter Auflagen dürfen menschliche embryonale Stammzellen aus dem Ausland bezogen werden.

Weitere Informationen:
Gesetz: www.bba.de/gentech/eschg.htm
Website des **Nationalen Ethikrates**: www.ethikrat.org

II. Schwangerschaftsabbruch

Im Interesse einer verantwortungsvollen Familienplanung erlauben in den meisten Ländern der Erde die staatlichen Gesetze künstliche Schwangerschaftsverhütung. Künstlicher Schwangerschaftsabbruch durch den Arzt ist auch in den Staaten, die ihn unter Auflagen zulassen, wie in Deutschland, immer wieder Anlass zu konfliktbeladenen Kontroversen. Die gesellschaftlichen und privaten Konflikte spiegeln sich in den § 218, 218a und 219 unseres Strafgesetzbuches wider.

Als Schwangerschaftsabbruch gilt vor deutschem Gesetz die Entfernung des Keims, der sich bereits in die Gebärmutter eingenistet hat. Die Entfernung des Keims, der sich noch frei schwimmend im Eileiter aufhält, gilt nicht als Schwangerschaftsabbruch, doch unterliegt der Keim dem Embryonenschutz-Gesetz.

Die Bestimmungen des Strafgesetzbuches zum Abbruch sind in sich widersprüchlich, so

- verbietet § 218 den Schwangerschaftsabbruch unter Strafandrohung,
- § 218a erklärt ihn straffrei, wenn er von einem Arzt vorgenommen wird und sich die Schwangere zuvor beraten ließ.

▶

Es werden unterschiedliche Schwangerschaftswochen genannt, bis zu denen der Abbruch straffrei ist:

- nach § 218a (1) bis zu 12 Wochen nach Empfängnis; das Gesetz verlangt in diesem Abschnitt keine Angabe von Gründen,
- nach § 218a (3) bis zu 12 Wochen nach Empfängnis nach Vergewaltigung,
- nach § 218a (4) bis zu 22 Wochen nach Empfängnis, „wenn die Schwangere sich zur Zeit des Eingriffs in besonderer Bedrängnis befunden hat",
- Um eine Bedrängnis festzustellen sieht § 219 eine Beratung vor. „Die Beratung dient dem Schutz des ungeborenen Lebens" und „dass Schwangerschaftsabbruch nur in Ausnahmesituationen in Betracht kommen kann, wenn der Frau durch das Austragen des Kindes eine Belastung erwächst, die so schwer und außergewöhnlich ist, dass sie die zumutbare Opfergrenze übersteigt".

Diese Bestimmung ist im Rahmen des Schwangeren- und Familienhilfeänderungsgesetzes (SFHÄndG) vom 21.8.1995 als solche weggefallen und de facto in die so genannte medizinische Indikation integriert worden.

§ 218a Abs. 2 StGB lautet seither: **„Der mit Einwilligung der Schwangeren von einem Arzt vorgenommene Schwangerschaftsabbruch ist nicht rechtswidrig, wenn der Abbruch der Schwangerschaft unter Berücksichtigung der gegenwärtigen und zukünftigen Lebensverhältnisse der Schwangeren nach ärztlicher Erkenntnis angezeigt ist, um eine Gefahr für das Leben oder die Gefahr einer schwerwiegenden Beeinträchtigung des körperlichen oder seelischen Gesundheitszustandes der Schwangeren abzuwenden, und die Gefahr nicht auf eine andere für sie zumutbare Weise abgewendet werden kann".**

Eine zeitliche Befristung bei dieser als **medizinischen Indikation** bekannt gewordenen Regelung nennt das Gesetz nicht, und es schreibt keine Beratung nach § 219 vor.

Die Bestimmung des § 218a (2) in dieser modifizierten Fassung wird gegenwärtig in Deutschland so interpretiert, dass bei Vorliegen der im Gesetz genannten Indikation eine **Spätabtreibung bis zum Geburtstermin** möglich ist.

Wie eng oder freizügig „schwerwiegende Beeinträchtigung des Gesundheitszustandes" interpretiert wird, ist offen. Auf den Gesundheitszustand des Kindes kommt es nicht mehr entscheidend an.

Dazu die Bundesärztekammer:

„Im Hinblick auf Schwangerschaftsabbrüche nach Pränataldiagnostik kommt es durch die Neufassung des Gesetzes zu zwei wesentlichen Änderungen:

1. Wegfall der embryopathischen Indikation im Sinne des § 218 a StGB a. F., in deren Rahmen eine Frist von 22 vollendeten Wochen post conceptionem für Schwangerschaftsabbrüche vorgeschrieben war,
2. Wegfall der Beratungspflicht nach § 219 StGB, die im Rahmen der alten embryopathischen Indikation bestand, und damit Wegfall der Frist von drei Tagen nach Beratung bis zur Durchführung des Abbruchs nach Pränataldiagnostik."

Weitere Information:
Gesetz: lawww.de/Library/stgb/218.htm
www.bundesaerztekammer.de/30/Richtlinien/Empfidx/Schwanger.html

Demgegenüber hatte das Bundesverfassungsgericht in den Leitsätzen zum Urteil des Zweiten Senats vom 28.5.1993 (laut www:pro-leben.de) festgestellt:

- Menschenwürde kommt schon dem ungeborenen, menschlichen Leben zu. Die Rechtsordnung muss die rechtlichen Voraussetzungen seiner Entfaltung im Sinne eines eigenen Lebensrechts des Ungeborenen gewährleisten. Dieses Lebensrecht wird nicht erst durch die Annahme seitens der Mutter begründet.
- Rechtlicher Schutz gebührt dem Ungeborenen auch gegenüber seiner Mutter. Ein solcher Schutz ist nur möglich, wenn der Gesetzgeber ihr einen Schwangerschaftsabbruch grundsätzlich verbietet und ihr damit die grundsätzliche Rechtspflicht auferlegt, das Kind auszutragen. Das grundsätzliche Verbot des Schwangerschaftsabbruchs und die grundsätzliche Pflicht zum Austragen des Kindes sind zwei untrennbar verbundene Elemente des verfassungsrechtlich gebotenen Schutzes.

Der Gesetzgeber hat mit der Novellierung des § 218 a im Jahr 1995 diesen Forderungen nicht entsprochen.

---

ist das **Human Chorionic Gonadotropin** HCG, das zur LH-Proteinfamilie gehört, also Sequenzähnlichkeit mit LH hat.

Verblüffend ist, dass der winzige Keim, er hat einen Durchmesser von anfänglich gerade mal 0,1 mm, soviel HCG erzeugt, dass es trotz enormer Verdünnung im mütterlichen Blut seine Wirkung tun kann. Mehr noch, es treten Spuren im Harn auf. Die Ultrafilter der Niere sind wohl nicht dicht genug, um alles HCG im Blut der Mutter zurückzuhalten. Die Spuren von HCG im Harn werden im verbreiteten **Schwangerschaftstest** gemessen.

Im weiteren Verlauf der Schwangerschaft übernimmt die Plazenta des Kindes die Produktion LH-äquivalenter Hormone, so des *Human Placental Lactogen* HPL (Abb. 6.12).

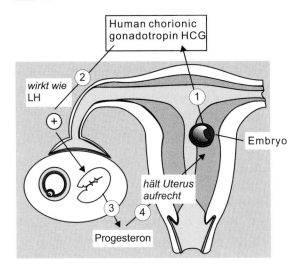

Abb. 6.11. Hormonale Steuerung der Schwangerschaft 1. Hormone, die nach dem Einnisten des Keims weitere Menstruationsblutungen und einen weiteren Eisprung verhindern. Nach Müller (2004) Tier- und Humanphysiologie

6.5.2
Eine weitere Ovulation wird durch kindliche Steroidhormone verhindert; die „Pille" ahmt dies nach

Die Plazenta des heranwachsenden Kindes sondert neben HPL auch Östrogene (Östradiol) und Gestagene (Progesteron) ab, Steroidhormone also, die im Ovarialzyklus vom Ovar der Frau im ca. 28-tägigen Rhythmus erzeugt und ins Blut freigesetzt werden. Sind beide Hormone in hoher Dosis zugegen, bleibt nicht nur das Endometrium erhalten, es wird auch ein weiterer, vorzeitiger Eisprung verhindert. Eben diese beiden Ziele werden zur Zeit einer Schwangerschaft für 9 Monate erreicht, weil die Plazenta des heranwachsenden Kindes selbst für eine hohe Produktion von Östrogenen und Gestagenen sorgt (Abb. 6.12).

Die als Mittel zur Empfängnisverhütung entwickelte und vertriebene „Pille" besteht aus Östrogenen und Gestagenen in chemischen Modifikationen und Mischungsverhältnissen, die von der jeweiligen Herstellerfirma ausgewählt werden. Die Pille täuscht dem Körper der Frau eine Schwangerschaft vor.

6.5.3
Mütterliches und väterliches Verhalten wird über Hormone verstärkt

Sehen wir erst auf Wirbeltiere unter Ausklammerung des Menschen. Bei Vögeln und Säugetieren, die unselbständige oder gar noch nackte Junge zur Welt bringen (z.B. Bären, Hamster, Mäuse), muss frühzeitig eine Höhle aufgesucht und/oder ein Nest angelegt werden. Chirurgische Eingriffe in die Hypophyse zum Ausschalten potentieller Hormonquellen, und Injekti-

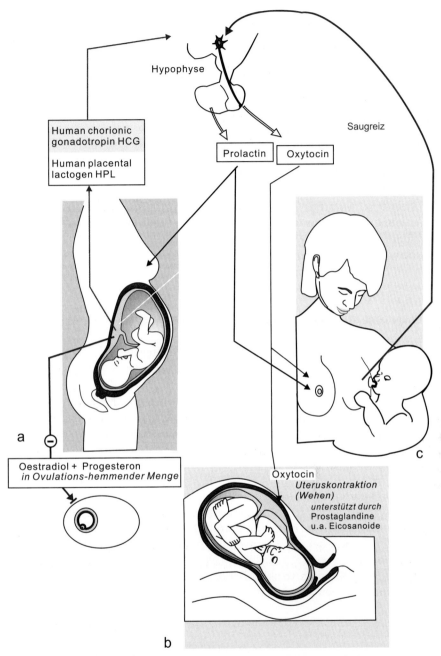

Abb. 6.12. Hormonale Steuerung der Schwangerschaft 2. Hormone des Kindes und der Mutter im Wechselspiel. Nach Müller (2004) Tier- und Humanphysiologie

on fraglicher Hormone zur Behebung beobachteter Defekte, haben die Aufmerksamkeit vor allem auf Prolaktin gelenkt. Prolaktin steuert im weiblichen Säuger das Heranreifen der Milchdrüsen (Abb. 6.12). Es verstärkt jedoch auch die Bereitschaft zum Nestbau, und es fördert nach der Geburt mütterliches Verhalten: Säuger – hier sind es meistens Hamster und Ratten, mit denen experimentiert wird – zeigten auch nach Entfernen der Hypophyse und des Ovars noch mütterliches Verhalten, doch nicht sogleich nach der Geburt der Jungen, sondern erst, wenn sie mehrere Tage ein Junges in ihrer Nähe hatten. Mischungen von Östradiol, Progesteron und Prolaktin induzieren unverzügliches Annehmen der Jungen und angemessenes mütterliches Verhalten.

Neuerdings gibt es bei Hamstern starke Indizien, dass auch die Intensität väterlicher Fürsorge eine Funktion des Prolaktinspiegels sein kann. Bewahrheitet sich dies in weiteren Experimenten, müsste die Frage, was denn Prolaktin im männlichen Geschlecht soll, nicht weiter ohne jede Antwort bleiben. Inwieweit Befunde an Säugern, die Nesthocker zur Welt bringen, auf den Menschen übertragbar sind, ist offen.

6.5.4
Pheromone stabilisieren familiäre Beziehungen

Mutter und Neugeborenes sehen sich oft und intensiv von Gesicht zu Gesicht, und man erzeugt Kontaktlaute. Manchmal treten andere Familienmitglieder hinzu. Diese visuelle und akustische Kontaktaufnahme in der frühen Lebensphase ist es nicht allein, die hilft, familiäre Bande zu knüpfen. Der Geruchssinn tritt hinzu. Bei Säugetieren mit wohlentwickeltem Vomeronasalen Organ, dem zweiten Geruchsorgan neben der Riechschleimhaut, sind es Pheromone, die helfen, einen Familiengeruch zu erzeugen. Er entfaltet seine Wirkung über das Vomeronasale Organ (s. z.B. Müller: Tier- und Humanphysiologie). Je ein Kind- und ein Mutter-spezifisches Duftgemisch sollen helfen, die Mutter-Kind Beziehung zu verstärken, die eigene Mutter von fremden Müttern, eigene Kinder von fremden Kindern zu unterscheiden. Ein familienspezifisches Duftbukett soll den Kindern helfen, später bei der Partnerwahl Träger des eigenen Nestgeruchs zu meiden.

Vieles beim Knüpfen sozialer Bande dürfte sich beim Menschen ähnlich und im Unbewussten abspielen.

ZUSAMMENFASSUNG DES KAPITELS 6

Schon im Ovar der Mutter wird die Eizelle auf ihre besonderen Aufgaben vorbereitet. In die jahrelang unterbrochene Prophase der Meiose wird ein Stadium zwischengeschaltet, in dem in der Oocyte, d.h. in der künftigen Eizelle, „Lampenbürstenchromosomen" und vervielfältigte Nucleoli von einer hohen Transkriptionsaktivität zeugen. Die Reifeteilung wird erst nach der Befruchtung abgeschlossen.

Die Befruchtung und frühe Embryonalentwicklung vollziehen sich im Eileiter, wobei die Furchung des nur 0,1 mm großen Eies wie bei anderen Säugern das Ei vollständig in Tochterzellen zerlegt. Die aus der Furchung hervorgehende **Blastocyste** nistet sich im Uterusepithel (Gebärmutter) ein. Die Außenwandung der Blastocyste, der **Trophoblast**, wuchert in die Gebärmutterwand hinein und lässt Trophoblastzotten aussprossen, die den Stoffaustausch mit der Mutter erleichtern. Wenn sich im Keimesinneren ein Embryo gebildet hat und über die **Nabelschnur** Verbindung zu den Zotten aufgenommen hat, wachsen in einem scheibenförmigen Bezirk, der **Plazenta**, die anfänglich kleinen Zotten zu den mächtigen Plazentazotten heran, welche unmittelbar vom mütterlichen Blut umspült werden.

Die **innere Zellmasse** der Blastocyste spart eine **Amnionhöhle** aus. Auf ihrem Boden bildet sich wie bei anderen Säugern, und auch schon bei den Sauropsiden, eine **Keimscheibe**. Die Gastrulation findet über eine **Primitivrinne** statt. Am Ende der Gastrulation und Neurulation erreicht auch der Mensch das phylotypische Stadium mit **Neuralrohr, Chorda, Somiten** und **Kiementaschen** (die später umgewandelt werden).

Die Entwicklung der Säuger im Allgemeinen und des Menschen im Besonderen verläuft ungewöhnlich langsam. Während die meisten Nichtsäuger in wenigen Tagen die Embryonalentwicklung vollenden, laufen im menschlichen Keim als Ausdruck einer früh einsetzenden Genexpression bereits die Furchungsteilungen sehr langsam ab, und der Mensch braucht 9 Monate bis zum „Schlüpfen". Während dieser ganzen Zeit muss sich der Embryo gegen die Abstoßung durch das Immunsystem der Mutter wehren, indem er lokal deren Immunsystem stilllegt. Andererseits kann der Embryo, anders als die Embryonen der Nicht-Plazentatiere, dank der Versorgung durch die Mutter über die Plazenta enorm wachsen. Besonders mächtig wächst das Großhirn und mit ihm der Kopf, bis schließlich der Durchmesser des Geburtskanals eine Grenze setzt und die Geburt erzwingt.

Bei der Vorbereitung und der Stabilisierung einer innigen Mutter-Kindbeziehung wirkt das Hormon Prolaktin mit, beim Knüpfen familiärer Bande sind auch Pheromone im Spiel.

Weiteres zur Entwicklung des Menschen findet sich in späteren Kapiteln, so in Kap. 7 (Späte Phasen der Embryonalentwicklung im Lichte der Evolution), Kap. 9 (Befruchtung), Kap. 17 (Nervensystem), Kap. 18 (Herz und Kreislauf) und Kap. 23 (Sexualentwicklung).

7 Ein vergleichender Rückblick: Gemeinsames, Trennendes, Aspekte der Evolution

7.1
Die phylotypische Periode der Wirbeltiere

7.1.1
Wirbeltiere durchlaufen bei aller Verschiedenheit ihrer Anfangs- und Endentwicklung ein für den Tierstamm charakteristisches, „phylotypisches" Stadium

Wenn man Embryonen von Wirbeltieren sammelt, wie es einstmals Carl Ernst von Baer (1791–1876, s. Box K1) tat, sie mit einer Lupe betrachtet und die Stadien vergleicht, in der die Extremitätenknospen der Tetrapoden gerade noch nicht erkennbar sind oder gerade zu sprossen beginnen, bemerkt man große Ähnlichkeiten (Abb. 7.1).

Karl Ernst von Baer: *„Die Embryonen der Säugethiere, Vögel, Eidechsen und Schlangen, und wahrscheinlich auch der Schildkröten, sind in früheren Zuständen einander ungemein ähnlich im Ganzen, … Je weiter wir also in der Entwicklungsgeschichte der Wirbelthiere zurückgehen, desto ähnlicher finden wir die Embryonen im Ganzen und in den einzelnen Theilen."*

Neue Strukturen tauchen in einer Zeitfolge auf, die mit der Stellung der Tiere im zoologischen System korreliert zu sein scheint: Chorda und Kiementaschen erscheinen bei Tetrapoden früher als die Extremitätenknospen; diese früher als Feder- oder Haarkleid. Solche Beobachtungen hatten Karl Ernst von Baer veranlasst, darauf hinzuweisen, *„daß das Gemeinsame einer größeren Thiergruppe sich früher im Embryo bildet als das Besondere …, bis endlich das Speziellste auftritt."* Erst treten die gemeinsamen Merkmale der Wirbeltiere zutage, dann die der einzelnen Klassen, Ordnungen, Familien, zuletzt die Besonderheiten des Individuums (Abb. 7.1). Auf diese Beobachtungen nahm Ernst Haeckel Bezug, als er sein „biogenetisches Grundgesetz" formulierte, das wir nachfolgend (s. Abschnitt 7.2) diskutieren.

Die äußere Ähnlichkeit der Embryonen einer bestimmten mittleren Entwicklungsperiode darf aber nicht darüber hinwegtäuschen, dass nicht nur die fertigen Endgestalten eines Fisches, eines Molches, einer Schildkröte, eines Huhns, eines Hausschweins und eines Menschen sehr unterschiedlich ausfallen werden, sondern auch die Anfangsentwicklung der verschiedenen Wirbeltiere sehr verschieden sein kann.

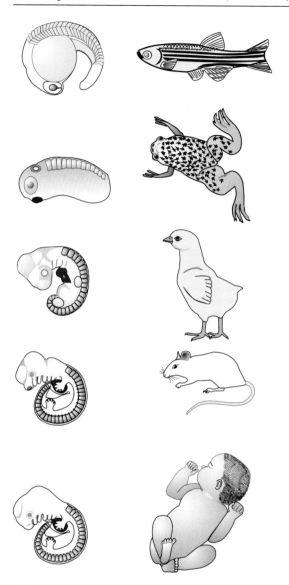

Abb. 7.1 a. Embryonen und juvenile Stadien von Wirbeltieren im Vergleich; die Embryonen veranschaulichen die Beobachtungen Carl Ernst von Baer's über die Ähnlichkeit der Embryonen verschiedener Wirbeltiere und das auf dieser Beobachtung aufbauende „Biogenetische Grundgesetz" Ernst Haeckels

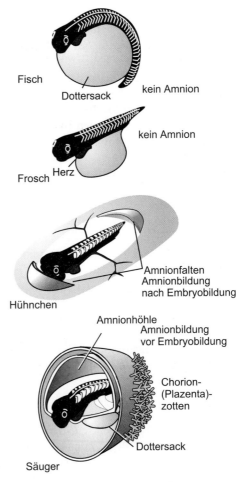

Abb. 7.1 b. Embryonen verschiedener Wirbeltiere im phylotypischen Stadium   Wirbeltiere im stammestypischen Stadium

Da ist bei der Mehrzahl der Nichtsäuger das Problem, mit dem massenreichen Dotter eines voluminösen Rieseneies fertig werden zu müssen. Fische, Reptilien und Vögel entwickeln sich meroblastisch aus einer Keimscheibe, die sich auf dem Riesenei bildet. Amphibien und Säuger hingegen können ihr Ei holoblastisch in Zellen zerlegen. Am Ende der meroblastischen Furchung wird eine zweidimensionale, auf dem Dotter schwimmende Keimscheibe, am Ende der holoblastischen Furchung eine dreidimensionale, innen mit Wasser gefüllte Blase, eine **Blastula** (Amphibien) oder **Blastocyste** (Säuger) erreicht.

Eine Blastula hatten wir auch beim Seeigel kennengelernt; sie gilt als typisch für tierische Embryonalentwicklung schlechthin und wird beispielsweise auch bei wirbellosen Chordaten wie Ascidien und *Branchiostoma*

(Amphioxus) beobachtet. Eine solche Blastula tritt aber beim Säuger nicht auf, obwohl es auf den ersten Blick so scheint!

Sind sich die Blastula und die Blastocyste der Säuger äußerlich auch ähnlich, so ist ihre weitere Entwicklung grundverschieden. Die zelluläre Wandung der Amphibienblastula, das Blastoderm, wird vollständig zur Bildung des Embryos herangezogen. Im Zuge der Gastrulation schiebt sich ein großes Areal des Blastoderms durch den Urmund in den inneren Hohlraum, um den entodermalen und mesodermalen Organen Ursprung zu geben. In der Neurulation wird weiteres Material zur Formung des Zentralnervensystems ins Innere verlagert. Die restliche Außenwandung, das verbliebene Ektoderm, wird zur Epidermis und einigen Zusatzorganen wie Riechepithel und Augenlinsen.

Völlig anders jedoch die Entwicklung einer Säugerblastocyste. Die Blastocystenwand wird nicht für die Gestaltung des Embryos herangezogen. Vielmehr wird erst einmal die ganze Außenwandung der Blastocyste gebraucht, um ein mächtiges extraembryonales Organ, den **Trophoblasten**, aufzubauen, mit dem sich der Keim in die Gebärmutterwand der Mutter eingräbt. Später lässt der Trophoblast die Plazenta heranwachsen, über die sich der Embryo von seiner Mutter versorgen lässt.

Es treten dann beim Säuger Strukturen auf, die der vom Teichwasser umgebene Embryo des Amphibs noch nicht kennt. Es wird in der **inneren Zellmasse** der Blastocyste eine flüssigkeitsgefüllte **Amnion**höhle ausgespart und es wird ein **Dottersack** geformt, der einen nicht vorhandenen Dotter umschließt (Abb. 7.1 b).

Amnion und Dottersack gibt es auch bei Reptilien und Vögeln, doch wird das Amnion der Sauropsiden erst gebildet, wenn der Embryo in seiner Grundform hergestellt ist. Beim Säuger gibt es zum Zeitpunkt der Amnionbildung in der Regel noch gar keinen Embryo.

Bemerkenswert und verwirrend ist, dass die Prozedur der Amnionbildung sogar bei den verschiedenen Säugern sehr unterschiedlich ist (Abb. 7.2). Dem Reptilienmodus am nächsten kommt die vom Systematiker als urtümlich eingestufte Spitzmaus, die ihr Amnion noch als „Faltamnion" entstehen lässt. Doch auch der Spitzmauskeim ist zum Zeitpunkt der Amniogenese noch ohne Embryo. Der entsteht bei allen Säugern aus einem kleinen Areal im Boden der Amnionhöhle (Epiblast), ergänzt durch einige darunter liegende Zellen im Dach des Dottersacks (Hypoblast). Dieses Areal wird zu einer **Keimscheibe**. Die weiteren Vorgänge verlaufen dann ganz ähnlich wie auf und unter der Keimscheibe der Reptilien und Vögel: So entsteht als Ausdruck der jetzt erst einsetzenden Gastrulation eine **Primitivrinne** (s. Abb. 4.26 und Abb. 6.5), die als Homologon des Urmundes einer Amphibiengastrula betrachtet wird.

Fazit: Beim Säuger hat gerade die früheste Embryonalentwicklung einen starken evolutiven Wandel erfahren in Anpassung an die schützende und ernährende Umwelt des mütterlichen Organismus. Andererseits zeigt die frühe Embryonalentwicklung der Säuger einige Besonderheiten, die

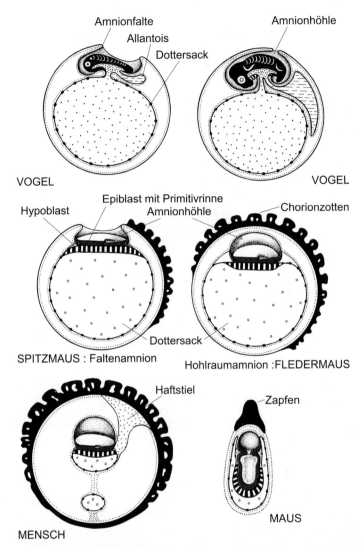

Abb. 7.2. Amnioten: Unterschiedliche Bildung der Amnionhöhle und anderer „extraembryonaler" Organe bei verschiedenen Landwirbeltieren

dem Amphibienkeim fehlen, aber die phylogenetische Herkunft der Säuger von Reptilien widerspiegeln.

Bei aller Verschiedenheit der Anfangsentwicklung eines Zebrafisches, eines Krallenfrosches, eines Hühnchens, einer Maus und eines Menschen ist es umso bemerkenswerter, dass die Frühentwicklung aller Wirbeltiere auf ein Stadium konvergiert, das zwar bei genauem Hinsehen von Tierart zu Tierart durchaus Unterschiede aufweist, das aber doch durch eine ähnliche

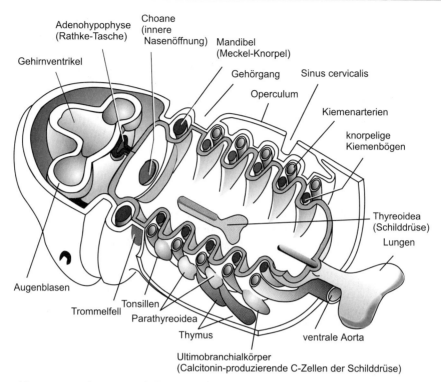

Abb. 7.3. Generalisiertes Wirbeltier im phylotypischen Stadium. I. Herkunft der branchioge-
nen Organe (Tonsillen, Parathyreoidea, Thymus, Ultimobranchialkörper) und anderer Organe (Adenohypophyse, Schilddrüse, Lunge) im Bereich des Kiemendarms. Die Schilddrüse
(Thyreoidea) geht aus dem Boden des Kiemendarms hervor und ist der Hypobranchialrinne
von Tunikaten, *Branchiostoma,* und Neunaugenlarven homolog. Das Operculum, das bei
Fischen und Kaulquappen die Kiemen bedeckt, ist bei Säugern eine transitorische Struktur

Basisorganisation gekennzeichnet ist. Dieses Stadium entspricht der in
Abb. 4.9, Abb. 7.1 und Abb. 7.3 wiedergegebenen **Körpergrundgestalt mit
Neuralrohr, Chorda, Somiten, Schlundtaschen (Kiementaschen) und ventralem Herzschlauch.** Nach einem Vorschlag des Freiburger Entwicklungsbiologen und Zoologen Klaus Sander (1983) wird diese Grundgestalt als
phylotypisches Stadium benannt, d. h. als Stadium, das für den Tierstamm
der Wirbeltiere bzw. Chordaten typisch ist.

Freilich sind die Embryonen so ähnlich nicht, wie Haeckel dies in seinen schematisierenden Zeichnungen glauben zu machen versuchte. So unterscheiden sich Wirbeltierembryonen des Schwanzknospenstadiums in ihrer Länge um bis das Zehnfache. Auch ist die Zahl der Somiten nicht konstant, sondern von Tiergruppe zu Tiergruppe verschieden. Bei der einen
Art erscheinen Beinknospen früher als bei der anderen Art. Daher gibt es
den Vorschlag, man solle nicht von einem phylotypischen Stadium, sondern von einer **phylotypischen Periode** sprechen (Richardson 1995).

Auf molekularem Niveau wird man auch von vornherein individualspezifische Unterschiede feststellen können; denn schließlich weisen die exakten Basensequenzen der einem Individuum vererbten Gene eine Reihe von Unterschieden zu den Sequenzen auf, die ein anderes Individuum geerbt hat (sieht man von eineiigen Zwillingen ab).

Das phylotypische Stadium ist somit ein typisiertes Modell, das das Gemeinsame gegenüber dem Trennenden betont. Heutzutage entdeckt der molekularbiologisch arbeitende Entwicklungsbiologe zunehmend mehr orts- und zeitspezifisch exprimierte Gene, welche die gemeinsame Basisorganisation betonen.

7.1.2
Im phylotypischen Stadium wird über zahlreiche Induktionsprozesse die Entwicklung innerer Organe in die Wege geleitet; daher sind die Entwicklungsweisen historischen Zwängen unterworfen

Man hat viel spekuliert, weshalb Wirbeltiere ein solches stammestypisches Stadium durchlaufen; denn viele Muster der Genexpression und auch manche der morphologischen Strukturen haben nur kurzfristig Bestand: Die Somiten lösen sich in Zellgruppen mit unterschiedlich bestimmtem Schicksal auf. Die Chorda muss der Wirbelsäule Platz machen.

Der molekularbiologisch und biochemisch arbeitende Entwicklungsbiologe findet mehr und mehr plausible Erklärungen für den Konservatismus der Natur. Beispielsweise wird in der frühen Chordaanlage das Gen *Brachyury* exprimiert. Ist das Gen homozygot defekt, gibt es nicht nur keine Chorda, sondern auch keine ordentliche Wirbelsäule, und es gibt weitere Defekte. Die Chorda ist Sender wichtiger Induktionssignale und wird zur Organisation der weiteren Entwicklung unverzichtbar gebraucht. Sie sendet beispielsweise SONIC HEDGEHOG-Signale aus, die zum Organisieren der Wirbelkörperbildung und der Bildung motorischer Neurone im Rückenmark benötigt werden (s. Abb. 12.6).

Man kann ohne großes Irrtumsrisiko die Behauptung aufstellen, dass evolutive Altertümlichkeiten nicht aus purer Traditionsliebe konserviert worden sind, sondern weil sie immer noch wichtige Funktionen in der Frühentwicklung zu erfüllen haben.

Auch wenn transitorische Strukturen durchaus nicht funktionslos sind, sondern zur Organisation des Entwicklungsgeschehens benötigt werden, bleibt die Frage: warum so und nicht anders? Offenbar kann ein so schwieriges Unterfangen wie die Organisation der Entwicklung nicht beliebig abgewandelt und verkürzt werden. In der Evolution entstandene und bewährte Lösungen können nicht so leicht aufgegeben und durch andere ersetzt werden. Man spricht von *„constraints"* – Zwängen, eingeschränkten Möglichkeiten.

7.1.3
In der phylotypischen Periode werden viele einzelne Organe angelegt

Betrachtet man im Stereomikroskop Embryonen verschiedener Wirbeltiere (Abb. 7.1), so sieht man Augenanlage, Ohrplakoden, Kiementaschen, Somiten. Die folgenden Abb. 7.3, 7.4 und 7.5 sind Längsschnitte, die in schematisierter Form die innere Anatomie des künftigen Wirbeltieres wiedergeben. Neben den genannten Strukturen Chorda, Neuralrohr und ventrale Herzanlage sind typisch für Wirbeltiere:

- Nervensystem: die Gliederung des Gehirns in primär drei Abschnitte, Pros-, Meso- und Rhombencephalon, und die Gliederung des Nachhirns in **Rhombomeren** sowie die segmentale Folge der **Cranial- und Spinalganglien.** Hinzu kommt der **sympathische Grenzstrang** mit seinen ebenfalls segmental wiederkehrenden Ganglien.
- Sinnessystem: **Nasen- und Ohrplakoden.**
- Vorderdarmbereich: **Schlundtaschen (Kiementaschen);** diese Taschen öffnen sich bei Fischen und Amphibienlarven zu den Kiemenspalten; die Stege zwischen den Spalten formen die Kiemen. Bei den Landwirbeltieren werden ebenfalls Taschen angelegt, doch brechen keine Öffnungen nach außen durch, oder die Öffnungen werden sekundär wieder verschlossen (die erste Spalte durch das Trommelfell).

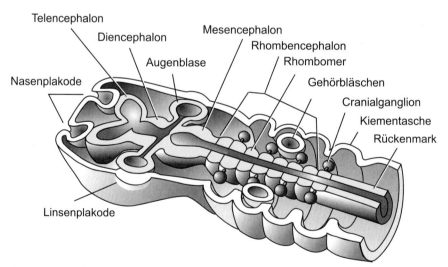

Derivate des Ektoderms und der Neuralplatte

Abb. 7.4. Generalisiertes Wirbeltier im phylotypischen Stadium. II. Schnitt durch die Kopfregion, die Derivate des Ektoderms und der Neuralplatte zeigen. Beachte die segmentale Organisation im Rhombencephalon (Rautenhirn) und der Pharynxregion mit ihren Kiementaschen

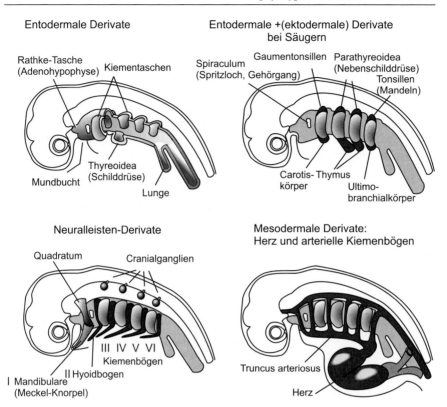

Abb. 7.5. Herkunft verschiedener Organe im Bereich des Kopfes und der Pharynxregion. Aus dem entodermalen Epithel der Pharynxregion gehen lymphatische Organe und Hormondrüsen hervor. Die cranialen Ganglien, die Spinalganglien und die knorpeligen Elemente des Visceralskeletts (Kiefer, Kiemenbogenspangen) werden von ausgewanderten Zellen der Neuralleisten gebildet. Herz und die Kiemenbogenarterien sind mesodermalen Ursprungs

- Skelett: Serie der **Wirbelkörper**, sowie die primär **knorpeligen Branchialbögen**: Das sind stabförmige Stützelemente in den Stegen zwischen den Schlundtaschen (auch Visceralskelett genannt, mit primärem Kiefer und Kiemenspangen).
- Blutkreislauf: **Kiemenbogen-(Schlundbogen-)Arterien** (meistens 4 Paare, ursprünglich 6).
- Hormonsystem: Anlage der **Adenohypophyse** (Rathke-Tasche) und der **Schilddrüse**.

7.2 Das „biogenetische Grundgesetz"

7.2.1
In ihrer Embryonalentwicklung sollen die Organismen in verkürzter Form ihre Stammesgeschichte rekapitulieren

Ernst Haeckel formulierte 1866 und 1880 das vieldiskutierte und umstrittene „biogenetische Grundgesetz". **Es besagt, die vielzelligen Organismen rekapitulierten in ihrer Ontogenie in verkürzter Form ihre Phylogenie.** Sie würden als einzelne Zellen starten und durchliefen das Stadium der Gastrula, weil es in ihrer gemeinsamen Vorfahrenreihe erst den Einzeller und später eine becherförmige **„Gastraea"** gegeben habe. Haeckel weist auf viele Eigentümlichkeiten der Entwicklung hin, die nur aus der Stammesgeschichte erklärbar seien, beispielsweise darauf, dass auch der Mensch noch eine Chorda, „Kiemen"taschen und „Kiemen"bogenarterien anlege.

7.2.2
Das „biogenetische Grundgesetz" hat viel Kritik herausgefordert, aber auch den Blick auf die Evolution der Entwicklungswege gelenkt

In seiner Argumentation unterliefen Haeckel im Einzelnen manche Fehler. So behauptete er, auch der Mensch durchlaufe ein Gastrulastadium, in dem sich durch Invagination ein Urdarm bilde. Haeckel, ein glühender Verfechter der Evolutionslehre Darwins, musste sich wiederholt von seinen Gegnern vorwerfen lassen, er schematisiere nicht nur die Abbildungen der frühen Embryonen, seine Zeichnungen hätten darüber hinaus gewollt Unterschiede unterschlagen und seien deshalb gefälscht.

Weiterhin wird in der englischsprachigen Literatur (z.B. Gilbert, 1994) Haeckel oftmals (aber zu Unrecht) vorgeworfen, er setze **Embryonalstadien** heutiger Organismen mit **Adultstadien** früherer Organismen gleich. In seinem Weltbild einer zunehmenden Vervollkommnung setzte er auf ein schon erreichtes Stadium jeweils ein neues, zusätzliches Stadium auf, um schließlich seine aufsteigende Entwicklungsskala beim Menschen enden zu lassen.

Dass beim Säuger/Mensch nicht nur die Endentwicklung einen evolutiven Wandel erfahren hat, sondern gerade auch die Frühentwicklung, und die Plazenta eine Neuerfindung ist, wusste auch Haeckel sehr wohl. Er wusste sehr wohl, dass nicht in allen Aspekten die Ontogenie als Rekapitulation der Phylogenie betrachtet werden kann. Dessen bewusst, prägte er Begriffe, die heute noch im Gebrauch sind: Urtümliche, rekapitulierte Züge werden von ihm **palingenetisch** genannt (Griech.: *palin* = erneut, nochmals), Neuerungen, die evolutionäre Adaptationen widerspiegeln, heißen **cänogenetisch** (Griech.: *kainos* = neu).

Haeckel gebührt das Verdienst, auf den evolutionären Kontext der Entwicklung hingewiesen zu haben. In korrigierter Fassung gibt sein „Biogenetisches Grundgesetz" bemerkenswerte Hinweise: Jede Ontogenie eines Lebewesens reflektiert zwar nicht eine Reihe früherer Adultstadien, wohl aber frühere Ontogenien. **In jeder Generation rekapitulieren alle Arten eine Ontogenie, die der Ontogenie sehr ähnlich ist, welche auch ihre Vorfahren durchliefen und die verwandte Arten durchlaufen. Dabei spiegelt die Reihenfolge, in der neue Strukturen in der Ontogenie erscheinen, zwar nicht stets aber doch sehr oft, die Reihenfolge wider, in der diese Strukturen in der Evolution auftauchten.**

Dies gilt auch für die Zeit nach der phylotypischen Periode. Es verblüfft immer wieder, was wir Menschen so alles in unserer eigenen Embryonalentwicklung rekapituliert haben. Wir haben schon in Abschnitt 7.1.2 diskutiert, warum dies wohl so ist. Im Folgenden werden wir einige der seltsamen, nur aus ihrer Evolution verständlichen Entwicklungswege in Augenschein nehmen.

7.3
Konservative Wege versus Neuerungen in der Entwicklung der Wirbeltiere

Der Wirbeltierembryo entwickelt sich nicht zu einem abstrakten Wirbeltierschema, sondern zu einem unverwechselbaren Individuum einer spezifischen Art, zu einem Zebrafisch der Art *Danio rerio*, zur Krallenkröte *Xenopus laevis*, zum Haushuhn *Gallus domesticus*, zur Maus *Musculus musculus*. Folglich gehen nach dem phylotypischen Stadium die Entwicklungswege der verschiedenen Klassen, Ordnungen, Gattungen und Arten zunehmend auseinander. Dabei sieht man auch scheinbar umständliche „Rekapitulationen der Phylogenie", durchaus im Sinne des biogenetischen Grundgesetzes aber gewiss nicht ohne guten Grund. Und es kommt zu bemerkenswerten Umwandlungen der Strukturen, die das phylotypische Stadium ausgezeichnet hatten.

7.3.1
Ist der Schädel, wie Goethe meinte, aus Wirbeln hervorgegangen?
– Die Embryonalentwicklung sagt: „zumindest teilweise" –
und verrät noch mehr

Mit lebhafter Anteilnahme und eigenen Diskussionsbeiträgen hat J. W. von Goethe einen Gelehrtenstreit begleitet, der im Kreise der Anatomen entbrannt war: Ist der Kopf des Menschen segmental gegliedert? Heutige Studien der Embryonalentwicklung und das Muster der Genexpression geben eine Antwort, die manchen Gelehrten des 18. und 19. Jahrhunderts in Begeisterung versetzt hätte: Das Hinterhaupt jedenfalls ist segmental gegliedert. Wir sehen dies an zwei transienten Strukturen, und wir sehen dabei auch Unerwartetes:

- **Rhombomeren und *Hox*-Gene.** Im Bereich des embryonalen Rauten-hirns sind klar segmentale Pakete, die Rhombomeren, auszumachen (Abb. 7.4). In ihnen werden Gene für Transkriptionsfaktoren der *Hox*-Gruppe (Kap. 13) und der *Pax*-Gruppe exprimiert, aber in eigenartigen Kombinationen. Beispielsweise wird das Gen *Hox B2* im 3. und 5. Rhombomer exprimiert, nicht in den übrigen Rhombomeren.
- **Wirbelkörper und Schädel.** Im vorderen und mittleren Teil des Kopfes sind die Indizien für eine einstige segmentale Gliederung nicht überzeugend: Weder eine Bejahung noch eine Verneinung bliebe ohne Widerspruch in der Fachwelt. Spiegeln die Grenzen zwischen den Gehirnabschnitten, die streifige Expressionsmuster bestimmter Gene und die Austrittsstellen der Gehirnnerven eine ursprünglich segmentale Organisation wider? Sind die knorpeligen paarigen Spangen, welche die Fundamente des Gehirn-schädels bilden, die Trabeculae und die Parachordalia, einstige Wirbel? Der Hinterhauptschädel jedenfalls leitet sich von Wirbelelementen ab.

Das zelluläre Material für die Bildung der Wirbelkörper liefern die Somi-ten mit ihren Sklerotom-Kompartimenten (Abb. 7.6). Die Sklerotome sind ihrerseits in zwei Kompartimente gegliedert: in ein vorderes (craniales) und ein hinteres (caudales) Kompartiment. Ein Wirbelkörper geht hervor aus dem hinteren Kompartiment des einen Sklerotoms und dem vorderen Kompartiment des folgenden.

Die ersten vier Somiten/Sklerotome jedoch bilden keine Wirbelkörper, sondern verschmelzen in der weiteren Embryonalentwicklung zum Hinter-hauptsbein (Os occipitale) des Schädels (Abb. 7.6).

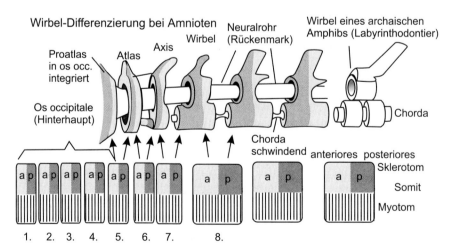

Abb. 7.6. Herkunft des Hinterhauptschädels und der Wirbel aus den Sklerotomen der Somi-ten bei Landwirbeltieren. Ein Wirbel entsteht aus dem posterioren Teil des Somiten und dem anterioren Teil des folgenden Somiten. Generalisiertes Schema

Die folgenden drei Wirbel werden bei Landwirbeltieren zu Elementen umgestaltet, welche die Beweglichkeit des Kopfes vermitteln. Die vordere Hälfte
des **Proatlas** (5./6. Somit) bildet den paarigen Gelenkhöcker (Condylus) am
Hinterhaupt, gegen den der **Atlas** (6./7. Somit) abgewinkelt werden kann; so
werden Nickbewegungen des Kopfes ermöglicht. Der Fisch muss, will er etwas vom Boden aufpicken, seine ganze Körperachse nach unten neigen (was
im Wasser nicht schwer fällt, aber an Land mühsam ist). Bei Säugern gesellt
sich der hintere Abschnitt des Proatlas zur **Axis** (7./8. Somit) und gestaltet
die Spitze des Zahnfortsatzes (Dens axis). Beim Säuger kann der Atlas auf
der Unterlage des Axis um den Kegel des Zahnfortsatzes einige Grade rotieren: Wir können unseren Kopf verneinend hin und her drehen.

7.3.2
Die Gehörknöchelchen sind viel genannte Beispiele für evolutionäre Transformationen, die sich in der Embryonalentwicklung nachvollziehen lassen

Die knorpeligen, (mindestens) zweigliedrigen Spangen, die sich von den
Neuralleisten der Kopfregion ableiten und beim Fisch und in der Kaulquappe die Stege zwischen den Kiemenspalten versteifen (knorpelige Kiemenbögen), machen in der Ontogenie der höheren Vertebraten einen dramatischen Wandel durch. Besonderes Interesse verdienen die ersten drei
Spangen:

- Die Neuralleistenzellen aus der Region des Rhombomers r1 bilden am
  Ende des Geschehens beim Säuger den knorpeligen **Tympanalring**, in
  den das Trommelfell eingespannt ist (während die äußeren Wandungen
  der ersten Schlundtasche die Ohrmuscheln formen).
- Weitere Neuralleistenzellen aus der Region der Rhombomeren r1 und r2
  bilden den ersten Bogen, der am Ende beim Säuger **Hammer und Amboss** liefert.
- Neuralleistenzellen aus der Region des Rhombomers r4 bilden anfangs
  den zweiten Bogen und am Ende den **Steigbügel**.

Das erste (evolutionsgeschichtlich mutmaßlich zweite) Paar wird bei allen
Kiefer-bewehrten Wirbeltieren mit Ausnahme der Säuger zum Kauapparat
umgewandelt. Dorsaler und ventraler Teil der knorpeligen (später ossifi-
zierten) ersten Kiemenspange bilden Ober- und Unterkiefer mit dem **primären Kiefergelenk**. Dieser primäre Kiefer hat bei Fischen, Amphibien,
den Vögeln und den nicht-säugerartigen Reptilien zeitlebens Bestand. Verknöchert heißen seine Elemente (Palato-)Quadratum und Articulare.
Auch der Säuger/Mensch legt ein primäres Kiefergelenk an (Abb. 7.7),
wird mit diesem Kiefer aber nie zubeißen. Das tut der Säuger mit dem
knöchernen, sekundären Kiefer: Das dem knorpeligen, primären Kiefer
(Meckel-Knorpel) aufgelagerte **Dentale** des Unterkiefers nimmt Kontakt auf
mit dem **Squamosum** des knöchernen Schädels; beide, Dentale und Squamosum schließen das **sekundäre Kiefergelenk** ein. Damit werden die pri-

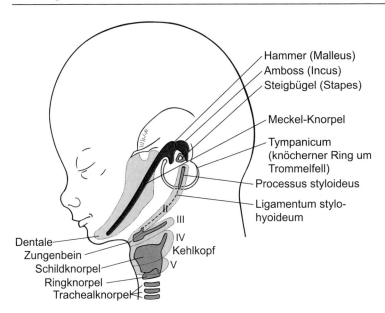

Abb. 7.7. Transformation der Kiemenbogen-Skelettelemente im menschlichen Embryo. Bogen I: Meckelscher Knorpel, Hammer, Amboss, Steigbügel. Bogen II und III: Zungenbein. Bogen IV–VI: Kehlkopf

mären Kieferelemente von ihrer alten Aufgabe befreit und können in den Dienst der Schallübertragung gestellt werden. Sie werden passend umgestaltet; der prospektive primäre Unterkiefer der Nichtsäuger wird zum **Hammer (Malleus)**, der Oberkiefer zum **Amboss (Incus)**.

Fehlt zum kompletten Trio noch der **Steigbügel (Stapes)**. Er wird vom oberen Element der zweiten Kiemenspange gebildet. Bei Fischen stützt dieses Element als **Hyomandibulare** das primäre Kiefergelenk gegen den Schädel ab. Bei Amphibien wird es in den Kanal des Spiraculums (ursprünglich 1. Kiemenspalte; bei Haien und Rochen Spritzloch, bei Säugern Paukenhöhle + Eustachische Röhre) einbezogen. Es wird zur **Columella** und übernimmt die Aufgabe, Schall vom äußeren Trommelfell auf das ovale Fenster (inneres Trommelfell) der Gehörschnecke zu übertragen. Diese Funktion behält es beim Säuger bei, doch helfen Hammer und Amboss mit ihrem primären Gelenk, die Schallwellen zu übersetzen, d.h. ihre Amplitude abzuschwächen, die Kraft pro Flächeneinheit hingegen zu verstärken (s. z.B. Müller: Tier- und Humanphysiologie, Springer, Kap. 19).

Die posterior folgenden Spangen des Kiemendarmskeletts werden beim Menschen zum **Zungenbein** und zum **Kehlkopf** (Abb. 7.7). Umgestaltungen solcher Art waren nur möglich, weil bei den Landwirbeltieren kein Kiemenapparat mehr hergestellt werden muss, der einen Stützkorb braucht.

7.3.3
Umfangreiche Umgestaltungen in den Epithelien des Kiemendarms bringen weitere „branchiogene Organe" hervor: mancherlei Hormondrüsen und lymphatische Organe

In der Evolution der Wirbeltiere, und entsprechend auch in der Embryonalentwicklung des Menschen, wird der Kiemendarm zur Fundgrube. Nicht nur die knorpeligen Elemente übernehmen neue Funktionen; auch die epithelialen Gewebe des Mund-Rachenraums sind darauf eingerichtet, vielerlei Sonderfunktionen zu übernehmen. Und sie können diese unbeschwert optimieren, wenn sie keine Kiemenlamellen mehr gestalten müssen. Wir beschränken uns hier darauf, im Zeitraffer die Entwicklung einiger Hormondrüsen und einiger lymphatischer Organe (Mandeln, Thymus) anzusehen (s. Abb. 7.3 und 7.5):

Im Boden und im Dach des Mundraumes sind schon im Fischembryo Abfaltungen des Epithels zu sehen, die sich zu Hormondrüsen weiterentwickeln.

- **Hypophyse.** Die **Rathke-Tasche** im Gaumendach streckt sich dem Zwischenhirn entgegen und wird zur **Adenohypophyse**, einer zentralen Hormondrüse. Das Zwischenhirn selbst formt einen Zapfen und streckt ihn als Neurohypophyse der Adenohypophyse entgegen.
- **Schilddrüse.** Im Boden des Mund-Rachenraums senkt sich ein epithelialer Bezirk in die Tiefe ab und wird zur **Schilddrüse (Thyreoidea).** Aus gutem Grund wird sie mit dem **Endostyl** (ventrale Flimmerrinne) der Tunikaten und des Amphioxus homolog gesetzt: Hier wie dort finden sich Zellen, die das Schilddrüsenhormon Thyroxin produzieren. Und in der Larve der Neunaugen sieht man ein mit Cilien ausgekleidetes Endostyl, das mit beginnender Metamorphose in die Tiefe sinkt, seine Cilien verliert und zur Schilddrüse wird.
- **Nebenschilddrüsen und C-Zellen.**
  - Die **C-Zellen** in den Schilddrüsen der Säuger (Hormon: Calcitonin) und ihre homologen Gegenstücke der Nichtsäuger, die **Ultimobranchialkörper,** und ebenso
  - die **Nebenschilddrüsen (Epithelkörper, Parathyreoidea**; Hormon: Parathormon) haben einen anderen Ursprung. Sie entwickeln sich aus Zellgruppen, die sich von den Schlundtaschen ablösen, sich der Schilddrüse beigesellen und von ihr ganz oder teilweise umwachsen werden.
- **Thymus und Mandeln.** Weitere von den Schlundtaschen sich ablösende Zellen bilden Nester, in denen sich später Lymphocyten ansiedeln: **Tonsillen (Mandeln)** und **Thymus.**

Die Hormondrüsen im Rumpf leiten sich nicht vom Kiemendarm ab. Bemerkenswert ist die Entwicklung der **Nebenniere:** Das „Mark" (Medulla) entsteht aus einem Aggregat von Neuralleistenzellen, die man als verhinderte sympathische Neurone ansehen darf. Die Medulla produziert das Hormon Adrenalin, ein Derivat der Aminosäure Tyrosin, das im sympathischen Nervensystem auch als Transmitter eingesetzt wird. Hingegen leitet sich die Nebennierenrinde (Cortex; Hormon: Cortisol) von einem mesodermalen Epithel ab, welches das Mark umhüllt.

7.3.4
Auch die Blutgefäße des Kiemendarms erfahren eine weitgehende Umgestaltung

Diese Umgestaltungen stehen im Zusammenhang mit der Umstellung von Kiemenatmung auf Lungenatmung. Bei Lungenfischen war für Zeiten großer Not, wenn die letzte Pfütze völlig an Sauerstoff verarmte, eine Aussackung der Speiseröhre in Gebrauch gekommen. In diesen Sack konnte statt Nahrung Luft geschluckt werden. Da dieser Luftsack nur ein zusätzliches Atemorgan war, genügte es fürs Erste, dass er im Nebenschluss von der 6. Kiemenbogenarterie mit Blut versorgt wurde. Säuger könnten damit nicht zurechtkommen; sie müssen all ihr Blut durch die Lungen treiben, um es von Kohlendioxid zu entlasten und mit Sauerstoff zu beladen. Andererseits brauchen Landwirbeltiere keine Gefäße mehr, um Kiemen zu versorgen. Es können folglich manche Gefäße aufgegeben werden, andere müssen umkonstruiert werden (s. Abb. 18.4 bis 18.6). Im Einzelnen sollen diese Umgestaltungen hier nicht beschrieben werden.

7.3.5
Auch nach der phylotypischen Periode spiegelt die zeitliche Reihenfolge, mit der Organe angelegt werden, die zeitliche Reihenfolge evolutionärer Großereignisse wider

Fehler und Unzuverlässigkeiten in den Schriften Haeckels und Abneigung gegen sein antireligiöses, philosophisches Ideengebäude hatten zur Folge, dass man seiner Vorstellung, in der Ontogenie spiegle sich die Phylogenie wider, mit harscher Kritik entgegentrat oder keine Beachtung schenkte. Wenn man andererseits die Embryonalentwicklung des Menschen im Detail verfolgt, entdeckt man erstaunlich viele Parallelen zwischen Ontogenie und Phylogenie.

- Um den 20. Tag beginnen die Neuralfalten zum Neuralrohr zu fusionieren. In der Nackenregion erscheinen die ersten drei Somiten. Die ersten Schlundtaschen sind geformt; dazwischen zwängen sich die ersten Schübe cranialer Neuralleistenzellen, aus denen Mandibularbogen und Hyoidbogen hervorgehen werden. Noch ist nicht erkennbar, ob daraus bloße Kiemenspangen werden könnten wie bei den kieferlosen Fischen (Agnatha) oder Kiefer (wie bei den Knorpelfischen, Knochenfischen, Amphibien und Reptilien) oder Gehörknöchelchen (wie bei den Säugern). Unterhalb der Pharynxregion verschmelzen zwei parallele Gefäße zum unpaaren Herzschlauch. Der Embryo nähert sich dem phylotypischen Stadium.

- Zwischen dem 23. und 26. Tag wird ein Blutkreislauf geschaffen mit einem **einfachen Herzen, bestehend aus einem Atrium und einem Ventrikel, und mit Kiemenbogenarterien und Cardinalvenen, als wolle sich ein Fisch entwickeln.** Das Gehirn ist in drei blasenförmige Abschnitte gegliedert: Prosencephalon, Mesencephalon, Rhombencephalon. Die Augenblasen beginnen aus dem Grenzbereich von Vorder- und Mittelhirn heraus zu treten. Die Ohrplakoden werden vom Ektoderm ausgegliedert und ins Innere verlagert. Dem Gehirn wölbt sich die Hypophysentasche (Rathke-Tasche) entgegen. Die Anlage der Schilddrüse sinkt in die Tiefe. Die Nasengruben beginnen sich einzusenken. Die Kiementaschen sind vollzählig (s. Abb. 7.3). Der Verdauungstrakt endet mit einer **Kloake**, in welche die Ausfuhrgänge der **Vornieren (Pronephros)** münden. Die Chorda ist als Anlage erkennbar, aber weitere Skelettelemente fehlen noch. Welche Evolutionsstufe der mutmaßliche Fisch anzustreben scheint, ob die Stufe des kieferlosen oder des kieferbewehrten Fisches, ist nicht sicher auszumachen.

- Schon um den 24. Tag beginnt der „Fisch" zum „Lungenfisch" zu werden: Es wird eine Lungenknospe sichtbar. Nun schlägt auch das schlauchförmige „Fischherz" mit **einer** Vor- und Hauptkammer.

- Auch um den 26. bis 28. Tag ist augenscheinlich ein „Lungenfisch" im Werden begriffen. Der Embryo hat eine – allerdings noch wassergefüllte – **Lunge**, die aber noch nicht in zwei Flügel getrennt ist. Im Kiemendarmbereich bilden sich Schilddrüse und Thymus. Der entodermale Kanal lässt eine Bauchspeicheldrüse ausknospen. Die Vorniere wird durch den **Mesonephros** abgelöst. Der Mandibularbogen, speziell der Meckelsche Knorpel, ist stärker als die übrigen Kiemenspangen ausgebildet und könnte zum Unterkiefer werden. Die Vorderextremitäten (Brustflossen?) haben am 28./29. Tag die Form kurzer Paddels; die Hinterextremitäten (Bauchflossen?) haben noch die Form einer Knospe. Der „Fisch" könnte, so mag man es sich einbilden, bald ähnlich wie ein Schlammspringer an Land kriechen.

- Um den 34. Tag sind die „Brustflossen" in Ober- und Unterarm gegliedert und formen eine **Handfläche**. Die „Bauchflossen" werden entsprechend zum mehrgliedrigen Bein. Augenscheinlich schickt sich ein Amphib an, zum vierfüßigen Landtier zu werden. Die Nasensäcke rücken von ihrer seitlichen Position mehr zur Mittellinie, die Augen rücken von einer dorso-lateralen in eine laterale (letztendlich werden im menschlichen Embryo die Augen nach vorn verlagert). Vom Gaumenboden hebt sich eine **Zunge** ab, die man erstmals bei Amphibien findet. Die Lunge beginnt sich in zwei Flügel zu trennen. Das Herz hat schon zwei Vorkammern aber noch einen Ventrikel. Am Ausführgang des langgestreckten Mesonephros bildet sich die Knospe des **Metanephros**, der Nachniere, die in der Evolution mutmaßlich beim Übergang zum vollständigen Landleben entwickelt worden ist.

- Um den 42. Tag ist die **Lunge in zwei Flügel** aufgegliedert. Die **Luftröhre (Trachea) wird von der Speiseröhre (Oesophagus) getrennt**. Die Kiementaschen verschwinden mit Ausnahme der ersten, die zum **Mittelohr** und zur Eustachischen Röhre wird und nach außen durch das Trommelfell verschlossen bleibt. Der menschliche Embryo hat nun einen deutlich abgesetzten **Schwanz. Hände und Füße sind einwärts gerichtet**, während Ellbogen und Knie nach außen gekehrt sind, wie dies Molche, Salamander und Reptilien so an sich haben.
- Um den 45. Tag zeigen auch Augenlider, dass ein Landwirbeltier im Entstehen begriffen ist. Die Nasensäcke brechen zum Rachenraum durch; es gibt nun **innere Nasenöffnungen (Choanen)**, eine Errungenschaft der Choanichthyes, einer Fischgruppe, aus der die Amphibien hervorgegangen sind. Der sekundäre, im späteren Leben verknöchernde Gaumen, der die Nasenhöhle vom Rachenraum trennt, ist um den 57. Tag hergestellt. Ein solch sekundärer Gaumen ist charakteristisch für Krokodile, Säuger-ähnliche Reptilien und Säuger. Das Herz ist nun weitgehend in **zwei Vor- und Hauptkammern** getrennt: Der Embryo könnte sich zu einem Krokodil, oder eben zu einem Säuger, entwickeln. Für ein Säuger-ähnliches Reptil spricht, dass nun der primäre Kiefer in die Paukenhöhle verlagert wird, um zum Hammer und Amboss der Gehörknöchelchen umgeformt zu werden.
- Das Stadium eines mutmaßlichen Reptils ist noch angezeigt durch „Klauen" (Fingernägel). Um den 60. Tag sehen wir aber auch äußerlich ein künftiges Säuger-ähnliches Reptil: Die Extremitäten werden gedreht, **die Ellbogen weisen nach hinten, die Knie nach vorn**. Die Zähne werden unterschiedlich geformt. Das Trio der **Gehörknöchelchen** ist komplett; ein **äußerer Gehörgang** buchtet sich ein.
- Schon um den 41. Tag werden die **äußeren Genitalien** angelegt. Sie bleiben lange sexuell indifferent. Penis oder Vagina mit Klitoris sind erst am Ende des vierten Monats differenziert. Amphibien und Reptilien haben solche Vorrichtungen noch nicht oder allenfalls andeutungsweise. Sexuell unterschiedliche Genitalien haben erst die Säuger erfunden. Nun werden Ei- und Samenleiter auch in ihren Endabschnitten vom Darmkanal getrennt (nur die Eier-legenden Säuger haben eine Kloake behalten).
- Andere Säugermerkmale entwickeln sich spät. Die ersten Haare sprossen im 3. Monat. Im 7. Monat ist der Mensch mit einem **Pelz aus Wollhaaren (Lanugo)** bedeckt, der bis zur Geburt größtenteils wieder abgestoßen wird. Zwischen den Haaren entwickeln sich Talg- und Schweißdrüsen. Ab dem 100. Tag kann der Fetus am Daumen nuckeln.

7.3.6
So manches passt freilich nicht in das Bild einer Rekapitulation; der Fachmann findet allerlei Heterochronien

Wenn zuvor von „Fisch-, Amphibien- oder Reptilien-Stadium" gesprochen wurde, darf dies nicht zu Missverständnissen Anlass geben. Keines dieser Stadien wäre in freier Natur als Fisch, Amphib oder Reptil lebensfähig. Vielerlei Organe sind noch nicht ausgeformt. Zellen erfahren erst spät ihre terminale Differenzierung. So gibt es in diesen Stadien noch keine funktionsfähigen Nervenzellen und keine funktionsfähigen Sinnesorgane. Darüber hinaus passt so manches nicht in das Bild einer getreuen Rekapitulation der Evolution. Beispielsweise erscheinen typische Säugermerkmale nicht synchron. Während die ersten Haare im dritten Monat sprossen, werden die Milchdrüsen (als „Milchleisten") schon im ersten Monat angelegt. Schon am 41. Tag, dem „Reptilienstadium", sind die späteren Gehörknöchelchen auszumachen. Ab dem 42. Tag wird der Schwanz verkürzt, d. h. ein Primatenmerkmal wird schon in der „Reptilienphase" vorbereitet.

Solche zeitlichen Relativverschiebungen nennt man **Heterochronien**. Die umfassendste und dramatischste Heterochronie betrifft, dies sei nochmals betont, die extrem frühe Entwicklung der extraembryonalen Organe, Trophoblast und Amnion. Ihre Bildung wird zeitlich sogar der ganzen Embryogenese vorgezogen.

7.4
Konservative Wege versus Neuerungen in der Entwicklung von Wirbellosen

7.4.1
Spiralfurchung deutet auf umfassende evolutive Zusammenhänge zwischen mehreren wirbellosen Tierstämmen; fehlende Spiralfurchung trennt aber auch die Arthropoden von ihren mutmaßlichen Vorfahren, den Anneliden

Wenn man die wirbellosen Seescheiden den Chordaten zuordnet, so deshalb, weil ihre Kaulquappen-artigen Larven nach Chordatenart konstruiert sind. Wenn Seepocken, Entenmuscheln oder gar die sackförmige, parasitäre *Sacculina* den Krebsen zugeordnet werden, so deshalb, weil deren Larven wie sonstige Krebslarven aussehen.

Auch beim großräumigen Überblick über Tierstammgrenzen hinweg beobachtet man Gemeinsames:

- Eine **Spiralfurchung** wird in mehreren protostomialen Tierstämmen (Plathelminthen, Nemertinen, Anneliden, Mollusken) beobachtet. Die Spiralfurchung ihrerseits führt nicht selten zu einer *Trochophora* (s. Abb. 3.16) oder zu einer der Trochophora ähnlichen Larve, in der das

Mesoderm aus paarigen Urmesoblasten hervorgeht, die sich von der Blastomere 4d ableiten.

- Eine **Radiärfurchung** wird in mehreren deuterostomialen Tierstämmen (Echinodermen, Acranier, Vertebraten) beobachtet. Das **Mesoderm entsteht aus dem primären Urdarm** (Enterocoel der Echinodermen und des Amphioxus, Urdarmdach bei Amphibien).

Freilich ergibt sich auch so manches vertrackte Problem, wenn die Embryonalentwicklung als Zeuge für stammesgeschichtliche Zusammenhänge aufgerufen wird.

Mancher Systematiker möchte aus gutem Grund eine Überkategorie **Articulata** beibehalten, unter die er die Tierstämme der **Anneliden** und der **Arthropoden** subsumiert. Bei Anneliden wie Arthropoden sehen wir nämlich einen segmental gegliederten Körper, dessen metamere äußere Gliederung von metameren Mesodermsäckchen (Coelomsäckchen) oder Mesodermpaketen ausgeht. Das Nervensystem komponiert sich aus einem dorsalen Oberschlundganglion und einer metameren, ventralen Bauchgangglienkette. Als *connecting link* zwischen Anneliden und Euarthropoden möchten diese Systematiker weiterhin die Stummelfüßler (Onychophora, z. B. *Peripatus*) mit ihrem Hautmuskelschlauch und metameren Nephridien diskutieren dürfen.

Andererseits gibt es nur bei marinen Anneliden Spiralfurchung und Trochophoralarve, nicht bei *Peripatus* und nicht bei den Arthropoden. Und auch in den Tierstämmen, die als Spiralia zusammengefasst werden, gibt es nicht wenige Ausreißer: die Cephalopoden (Tintenfische) beispielsweise, deren meroblastische Furchung zu einer Art Keimscheibe führt. **In vielen Tiergruppen verläuft die Embryonalentwicklung eher gruppentypisch als phylotypisch und spiegelt eher die jüngste Evolutionsgeschichte wider als die große, altehrwürdige Stammesgeschichte.** Beispiel: die Dipteren mit *Drosophila*: Bei ihnen findet man keine Spiralfurchung, keine Trochophora, keine Urmesoblasten, nicht einmal Coelomsäckchen, und im Vergleich zu vielen anderen Insekten (beispielsweise Grillen) ist die Embryonalentwicklung zeitlich extrem gerafft. Umso erstaunlicher, dass man neuerdings im Bauplan der Fliege und im Bauplan eines Wirbeltieres einen gemeinsamen Urbauplan eines hypothetischen Urbilateriers zu sehen glaubt. Darüber mehr im folgenden Abschnitt.

Der traditionelle, im deutschen Hochschulunterricht bevorzugte Stammbaum der vielzelligen Tiere (Metazoa) und ein aufgrund molekulargenetischer Daten neu in die Diskussion gekommener Stammbaum, sowie die Position der in diesem Buch behandelten Tierarten oder Tiergruppen in diesen Stammbäumen sind in Abb. 7.8 dargestellt. Wir diskutieren Gründe für diese strittige neue Einteilungsweise weiter unten im Abschnitt 7.6.

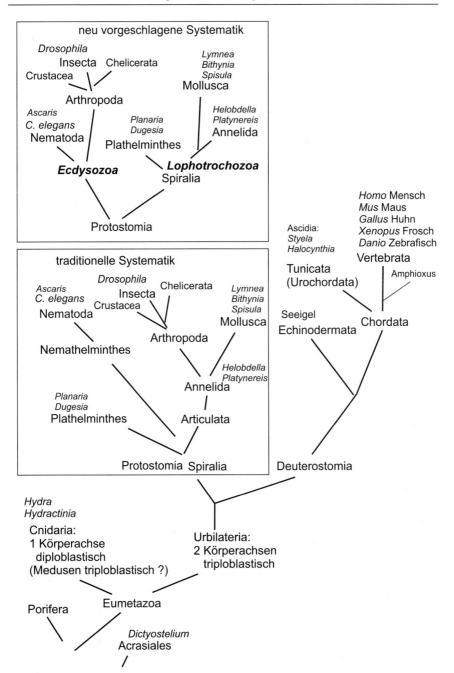

Abb. 7.8. Stammbäume des Tierreichs nach traditioneller und neu in die Diskussion gebrachter Version. Die aufgelisteten Arten (bzw. Gattungen) sind Vertreter, die in diesem Buch behandelt oder erwähnt werden

7.4.2
Sind bei Wirbeltieren und Arthropoden Bauch- und Rückenseite vertauscht?

Morphologen der alten Schule mangelte es nicht an kühner Fantasie. E. Geoffroy Saint-Hilaire publizierte 1822 eine Abhandlung, in der ein längsgeschnittener Hummer auf dem Rücken liegt. Die Abbildung sollte besagen: Seht, wenn ich den Krebs auf den Rücken lege, ist auch bei ihm das Herz der Erde und das Zentralnervensystem (in Form der Bauchganglienkette) dem Himmel zugekehrt, wie beim Wirbeltier. Die Bauchseite der Arthropoden entspricht der Rückenseite des Wirbeltiers (Abb. 7.9). Mit dem Aufkommen der Evolutionstheorie wurde bisweilen der Gedanke geäußert, vielleicht habe es tatsächlich einmal bei der einen oder anderen Tiergruppe eine Inversion der Dorsoventralachse gegeben. Im Besonderen wurde versucht, die Wirbeltiere von Anneliden herzuleiten, die mit ihrem Rücken auf dem Untergrund liegen (diskutiert und abgelehnt, z.B. in A.S. Romer: Vergleichende Anatomie der Wirbeltiere, Parey-Verlag, 1959).

Neuerdings erlebt diese scheinbar kuriose Vorstellung einer Umkehr der Rücken-Bauch-Achse eine Wiederauferstehung; sie gewinnt zunehmend Anhänger unter den molekularbiologisch arbeitenden Entwicklungsbiologen aufgrund überraschender Befunde. Zum einen ist es sehr erstaunlich, dass bei *Drosophila* wie bei *Xenopus* homologe Gene an der Etablierung der Dorsoventralachse beteiligt sind, jedoch in reziproken räumlichen Mustern. Da ist:

- das Paar ***decapentapegic (dpp)*** von *Drosophila* und **Bmp-4** von *Xenopus*. *Dpp* wie *Bmp-4* codieren für lösliche Signalmoleküle aus der Familie der TGF-β-Proteine; doch wird *Dpp* im Drosophilakeim auf der Dorsalseite entlang der Mittellinie, das homologe *BMP-4* im Xenopuskeim überwiegend auf der Ventralseite exprimiert.
- Entsprechendes gilt für das Paar ***short gastrulation (sog)*** von *Drosophila* und ***chordin*** von *Xenopus*. Sowohl *sog* als auch *chordin* codieren für Proteine (SOG bzw. CHORDIN), die DPP bzw. BMP-4 abfangen und binden. SOG-Signalmoleküle werden auf der Ventralseite des Drosophilakeims hergestellt und freigesetzt, CHORDIN-Protein im Spemann-Organisator, d.h. im dorso-caudalen Bereich des Xenopuskeims.

Ist dies schon bemerkenswert, so verblüfft: Injektion von *chordin* mRNA in Drosophilakeime führt zu deren Ventralisierung; d.h. ein Molekül, das im Amphib die Bildung dorsaler Strukturen (inklusive ZNS) fördert, fördert in der Fliege ventrale Strukturen (inklusive ZNS).

Und es gibt weitere Gene, deren Expressionsmuster als Beleg für die Inversionshypothese herangezogen wird. In Kapitel 17 erfahren wir beispielsweise, dass bei der Anlage des Zentralnervensystems beiderseits der Mittellinie je 3 Reihen primärer Neuroblasten durch 3 Sätze homologer Gene programmiert werden, bei *Drosophila* selbstredend auf der Bauchseite im Bereich des künftigen Bauchmarks, bei *Xenopus* auf der Rückenseite im Bereich des künftigen Gehirns und Rückenmarks (s. Abb. 17.10 und 17.11).

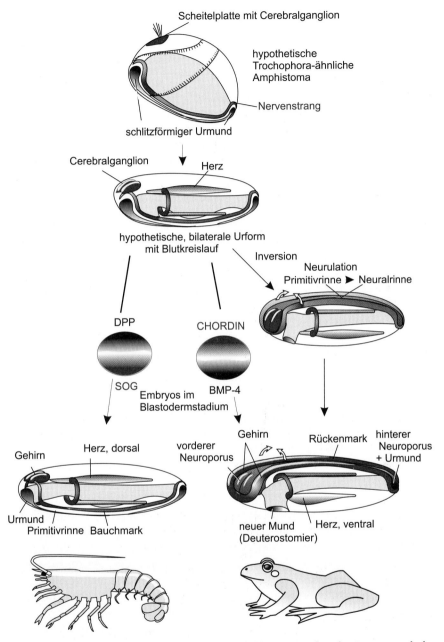

Abb. 7.9. Inversion der Dorsoventralachse der Wirbeltiere gegenüber der Dorsoventralachse der Arthropoden, wie sie nach der (umstrittenen) Vorstellung verschiedener Autoren stattgefunden haben könnte

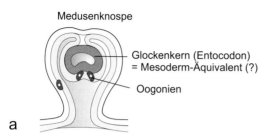

Podocoryne carnea

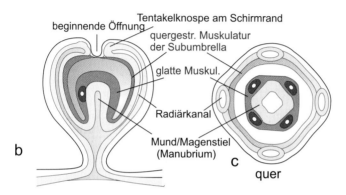

Abb. 7.10. Mesoderm-artige Strukturen bei Hydrozoen. In der Entwicklung einer Meduse bildet sich zwischen Ektoderm und Entoderm ein Glockenkern (Entocodon), der typische mesodermale Attribute aufweist. Die Zellen exprimieren Mesoderm-typische Gene wie *twist* und *snail*, und die Zellen geben Ursprung zu einer quergestreiften wie auch zu einer glatten Muskulatur. In der weiteren Entwicklung öffnet sich die Glocke, an ihren Rändern sprossen Tentakel aus, an der Spitze des Manubriums öffnet sich der Mund; die Glocke löst sich vom Mutterpolypen und schwimmt als Meduse davon. Nach Untersuchungen der Arbeitsgruppe Volker Schmid (Spring et al. 2000, Muller et al. 2003 und Seipel et al. 2004)

Freilich gibt es so manches, was nur mit weiterer kühner Fantasie in die Hypothese eingepasst werden kann. Beispielsweise liegt bei Arthropoden das Oberschlundganglion nicht ventral vom Vorderdarm, wie die Inversionshypothese erwarten lässt, sondern dorsal und die optischen Loben wachsen nicht aus dem Gehirn, sondern werden separat aus dorsalen, ektodermalen Plakoden hergestellt. Andererseits: Oberschlundganglion der Insekten und Vorderhirn der Wirbeltiere exprimieren beide mehrere homologe Gene, beispielsweise *orthodenticle* (Insekten) bzw. *Otx2* (Wirbeltiere) sowie *ems* (Insekten) bzw. *EMX* (Wirbeltiere) (s. Abb. 17.9). In den vordersten Regionen exprimieren die Gehirne beider Gruppen *six 3* und *rx*.

Man darf auch in den Naturwissenschaften nach Herzenslust spekulieren und mit Argumenten Klingen kreuzen. Man muss nur stets klarmachen, dass das Vorgetragene Hypothesen sind.

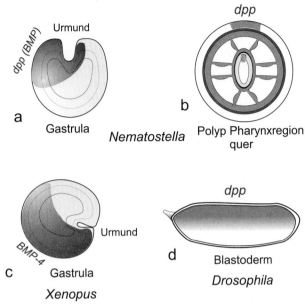

Abb. 7.11. Asymmetrische Genexpression und bilateral-symmetrische Strukturen bei einer Seeanemone im Vergleich zu anerkannten Bilateriern (*Xenopus, Drosophila*). *Ddp = decapentaplegic* ist ein Gen mit hoher Sequenzähnlichkeit zu *bmp-2/4*; sie werden als homolog (ortholog) betrachtet. Ihre Produkte, DPP und BMP-2/4, gehören zur TGF-β-Familie sezernierter Signalproteine. Die *dpp*-Expression im Pharynxbereich tritt nur kurzfristig während der Metamorphose der Larve zur Seeanemone auf. Nach Untersuchungen von Finnerty et al. 2004

Als bloße Hypothese zur Diskussion ist auch Abb. 7.9 aufzufassen, welche eine Variante der Inversionshypothese illustriert.

7.5
Homologe, orthologe und paraloge Organe und Gene

7.5.1
Homologien auf der Ebene von Organen und auf der Ebene von Genen sind nicht notwendigerweise identisch

Evolutionäre Veränderungen nahmen ihren Ursprung in Veränderungen im Genom. Verwandtschaften und Veränderungen sollten sich im Genom widerspiegeln und in dem von ihm codierten Spektrum an Proteinen. Auch die Entdeckung von Genen, die mit einer **Homöobox** ausgestattet sind, in allen bis heute untersuchten tierischen Organismen weist auf verborgene

Zusammenhänge auf molekularem Niveau bei aller Mannigfaltigkeit im morphologischen Ablauf der Entwicklung.

Morphologen sprechen von **Homologie** und meinen damit die Zugehörigkeit einer Struktur zu einer evolutionären Entwicklungsreihe: Homologe Strukturen leiten sich von der gleichen ursprünglichen Stammstruktur ab. Molekulargenetiker sprechen von Homologie und meinen damit die Sequenzähnlichkeit in Genen bzw. Polypeptiden. Niemand zweifelt, dass sich hohe Sequenzähnlichkeit von einem gemeinsamen Urgen ableitet. Lässt nicht das eine, Homologie auf der Ebene der Gene, auf das andere, Homologie auf der Ebene des Phänotyps, schließen? Leider nicht!

Wenn eine Struktur, beispielsweise ein Skelettelement, im Zuge der Evolution optimiert wird oder eine Änderung seiner Form und seiner Funktion erfährt, kann sich auch sein molekularer Bestand ändern. Ein Knorpel, der verknöchert, ändert seine ganze chemische Beschaffenheit; selbst verwandte Moleküle wie die Collagen-Isoformen werden ausgetauscht (Collagen Typ II des Knorpels gegen Typ I des Knochens). Die Linsen der Wirbeltieraugen betrachtet der Morphologe als homolog; der Biochemiker entdeckt bei seiner Analyse überraschende Verschiedenheiten in den Proteinen, die diese Strukturen aufbauen. Zum Herstellen homologer morphologischer Strukturen können sich bisweilen in der Evolution auch andere Makromoleküle als brauchbar erweisen und die zuvor benutzten Makromoleküle ersetzen.

Andererseits werden Makromoleküle, die der Molekularbiologe als homolog ansieht, sehr oft in den unterschiedlichsten Geweben und Organen gefunden, die im Verständnis der Morphologen nicht homolog sind. Das **HOX-D13-Protein** beispielsweise wird im Mausembryo in der Spitze des auswachsenden Schwanzes exprimiert, aber auch in den Spitzen der auswachsenden Arme und Beine und sogar speziell im Somit Nr. 7. **Homologie auf der Ebene der Gene und Proteine ist nicht immer deckungsgleich mit Homologie auf der Ebene der Gewebe und Organe.**

7.5.2
Es ist zwischen orthologen und paralogen Strukturen oder Genen zu unterscheiden

Der Molekulargenetiker sieht sich mehr und mehr mit ähnlichen Problemen konfrontiert, wie sie seit langem schon der Morphologe kennt. Zwei Beispiele allgemeiner Art:

- Um evolutionäre Zusammenhänge zu erfassen, darf man sich nie auf **ein** Merkmal oder **ein** Gen verlassen. Im schlimmsten Fall könnte man ein Gen betrachtet haben, das spät in der Evolution von einem Retrovirus über Artgrenzen hinweg verschleppt worden ist und einen genealogischen Zusammenhang der infizierten Arten vortäuscht.
- Es gibt Homologien zwischen verschiedenen Arten aber auch innerhalb ein und desselben Organismus. Im Vergleich verschiedener Arten, sagen

wir im Vergleich von Zebrafisch, Frosch und Vogel, sind Wirbelsäule und Vorderextremitäten (Brustflossen, Vorderbein oder Flügel) zueinander homolog. Innerhalb ein und desselben Individuums sind Somiten und Wirbelkörper homologe Wiederholungen eines Grundthemas; ebenso sind die Vorder- und Hinterextremitäten eines Tetrapoden Variationen eines gemeinsamen Themas in ein und demselben Individuum.

Bei *Hox*-Genen findet der Molekulargenetiker vergleichbare Gene in verschiedenen Arten und Tiergruppen. Er findet aber auch Wiederholungen eines Grundgens mit Variationen innerhalb des Genoms eines Individuums (*Hox*-Cluster, s. Abb. 13.4?). Die Molekulargenetiker sprechen heute von

- **paralogen Genen:** sie sind Vervielfältigungen mit Variationen eines Ausgangsgens innerhalb des Genoms einer Art; und von
- **orthologen Genen:** sie sind homologe Gene, die sich in verschiedenen Arten finden.

Diesen Aspekt, Gene und Evolution, diskutieren wir weiter in Kap. 13, wenn es um die genetische Steuerung der embryonalen Entwicklung geht. Orthologe Gene, insbesondere orthologe Selektor- bzw. Meistergene, weisen auf gemeinsame Prinzipien in den Mechanismen der Steuerung. Gemeinsame Prinzipien der Entwicklung werden in den folgenden Kapiteln herausgestellt.

7.6
Evo-Devo: Evolution of Development

7.6.1
Die Evo-Devo-Biologie erhebt molekulare Daten zur Entwicklung, um phylogenetisch relevante Fragen zu beantworten

Die bemerkenswerte Übereinstimmung von grundlegenden Entwicklungsmechanismen und Genexpressionsmustern morphologisch sehr verschiedener Organismen hat einem Gebiet Aufschwung gegeben, das als Evo-Devo-Biologie derzeit zunehmend Aufmerksamkeit erfährt. Auch wenn die Erkenntnis, dass die Ontogenie die Phylogenie zum Teil rekapituliert, schon vor langer Zeit Synergien zwischen Entwicklungs- und Evolutionsbiologie erlaubt hätte, führte erst die vergleichende Analyse von Genexpressionsmustern diese komplementären Disziplinen auf breiter Basis zusammen.

Die Evo-Devo-Biologie nutzt die Tatsache, dass morphologische Veränderungen in den Entwicklungsmechanismen wurzeln, die einen bestimmten Bauplan hervorbringen, und dass diese Mechanismen auf bewährte Gene zurückgreifen. Im Gegensatz zur reinen Entwicklungsbiologie mit ihren wenigen, aber dafür sehr gut charakterisierten Modellorganismen, analysiert die Evo-Devo-Biologie eine große Breite rezenter Taxa und Arten, die an interessanten (z.B. basalen oder umstrittenen) Positionen im Stamm-

baum der Tiere stehen. Über den Vergleich von Morphologie, Entwicklungsmechanismen und den Expressionsmustern entwicklungsrelevanter
Markergene gelingt es, Hypothesen zur Phylogenie der Tiere aufzustellen
und Eigenschaften gemeinsamer Vorfahren auf verschiedenen Stufen zu rekonstruieren. Parallel dazu werden aus dem Sequenzvergleich molekulare
Stammbäume abgeleitet, die mit bereits bestehenden Stammbäumen morphologischer Merkmale abgeglichen werden.

Am Beispiel von zwei entscheidenden Neuerungen in tierischen Bauplänen soll gezeigt werden, welchen Weg die Evo-Devo-Biologie geht. Bei den
hier gewählten revolutionären „Neuerfindungen" handelt es sich um

a) **den Wechsel von der Radiär- zur Bilateralsymmetrie** und
b) **den Wechsel von der Diplo- zur Triploblastie, also die Einführung des
    Mesoderms als drittes Keimblatt.**

Beide Merkmale scheinen eng gekoppelt zu sein. Höherentwickelte Tiere
sind bilateralsymmetrisch. Ihre rechtwinklig aufeinander stehenden antero-
posterioren und dorso-ventralen Achsen definieren eine linke und eine
rechte Körperseite. Außerdem besitzen sie ein Mesoderm, sind also triploblastisch, und nutzen das dritte Keimblatt, um ihrem Körper durch die
Differenzierung von internen Organsystemen eine große Komplexität zu
verleihen.

7.6.2
Wann ist das Mesoderm (Triploblastie) entstanden?

In der vergleichenden Entwicklungsbiologie und zoologischen Systematik
sieht man einen großen Quantensprung in den Bauplänen, als das Mesoderm auftrat. Ab diesem Zeitpunkt gibt es neben nur zwei **diploblastischen** Tierstämmen eine Vielzahl von **Triploblasten**. Als diploblastische
Tierstämme, die bei der Konstruktion ihres Körperbauplans mit zwei
Keimblättern, Ektoderm und Entoderm, vorlieb nehmen müssen, gelten die
Cnidarier (Nesseltiere) und die Ctenophoren (Rippenquallen). Demgegenüber sind alle (ursprünglich) bilateralsymmetrischen Tiere triploblastisch
und können auf drei Keimblätter als Baumaterial zurückgreifen. Es stellt
sich die Frage, wann und wie Bilateralsymmetrie und das Mesoderm entstanden sind und ob ihre „Erfindung" unmittelbar mit dem Übergang von
der Radiär- zur Bilateralsymmetrie zusammenhängt. Untersuchen wir die
Cnidaria genauer:

In ihrer Grundarchitektur sind Nesseltiere radiärsymmetrisch: Man
kann ein orales und aborales Ende unterscheiden, während die sich mehrfach wiederholenden Organsysteme wie zum Beispiel Gastraltaschen oder
die Tentakel mit Sinnesorganen an den Medusenglocken kreisförmig um
die Oral-aboral-Achse angeordnet sind. Es gibt augenscheinlich weder dorsal, noch ventral, noch rechts oder links. Bei den innerhalb der Cnidaria
oft als ursprünglich vorgestellten Anthozoen (Blumentieren, z.B. Seeane-

monen und Steinkorallen) weist die Unterteilung des Gastralraums (s. unten) aber auf eine versteckte, wenn auch nur partielle Bilateralsymmetrie hin (s. Abb. 7.11 c).

Wie erwähnt, gelten Nesseltiere diploblastisch, bilden also embryonal nur zwei Keimblätter, Ekto- und Entoderm, aus. Das Ektoderm formt wie allenthalben im Tierreich die Epidermis. Das Entoderm übernimmt im adulten Tier als Gastrodermis Verdauungsfunktion und erfüllt bei Koloniebildenden Formen und Medusen/Quallen in Form verzweigter und kontraktiler Gastrovascularkanäle zusätzlich Verteilerfunktion ähnlich einem Blutgefäßsystem. Diese beiden, meist einschichtigen, epithelialen Zelllagen, Epidermis und Gastrodermis, sind durch eine ursprünglich zellfreien Schicht aus extrazellulärer Matrix, getrennt.

Diese Schicht wird bei Cnidariern Mesogloea genannt. Sie wird von den Epithelzellen beider Epithelien sezerniert, gleicht in ihrem molekularen Bestand der Basallamina der Bilateria, nimmt bei Quallen einen Großteil des Körpervolumens ein und wird in der Quallenglocke von Zellen besiedelt. Diese bilden jedoch keinen geschlossenen Gewebeverband oder gar Organe.

Auch wenn ein Mesoderm als embryonal angelegtes drittes Keimblatt fehlt, so werden im Entoderm von Planulalarven doch Gene wirksam, die gemeinhin als Mesoderm-spezifisch gelten. So fand man Transkripte der Gene *twist* in den Planulalarven des Hydrozoons *Podocoryne carnea*, sowie von *twist* und *snail* im Entoderm der Larven von *Nematostella vectensis*, einer Seeanemone, die den Tierstamm der Anthozoen vertritt. Hat sich, wie manche annehmen, das Mesoderm aus dem Entoderm eines Diploblasten entwickelt?

Es gibt indes in der Entwicklung der Hydromedusen auch eine Struktur, die Attribute eines eigenständigen Mesoderms zeigt. Es ist der Glockenkern (Entocodon) in der Medusenknospe (Abb. 7.10). Eine Evidenz für mesodermale Eigenschaften ist die Bildung quergestreifter und glatter Muskulatur aus Zellen des Entocodon. Molekular-genetische Untersuchungen zeigen, dass auch als typisch mesodermal geltende Gene wie *Brachyury*, *snail* (codiert für Zink Finger Protein) und *twist* (bHLH Transkriptionsfaktor) tatsächlich im Glockenkern der Medusenknospen von *Podocoryne carnea* exprimiert werden, und dazu eine Reihe von Genen (*MyoD*, *Mef2*), deren Funktion für die Programmierung von Muskelzellen der Säugern bereits bekannt war.

Vergleicht man die Entstehung des Mesoderms beispielsweise bei Spiraliern (Abb. 3.15; 3.16), bei Insekten (Abb. 3.20; 3.21 und 3.30) und der Amphibien (Abb. 4.6; 4.7 und 4.8) so sieht man erhebliche Unterschiede. Sogar bei Wirbeltieren gibt es mehrere Quellen für mesodermales Gewebe. Außer der klassischen Marginalzone (Abb. 4.6) trägt auch die vordere Neuralleiste zum Inventar typisch mesodermaler Gewebe wie Muskeln und Knorpelstrukturen bei (Le Douarin et al., 2004, s. Abb. 16.1 und 16.2). In der Geschichte der Biologie hat man, intuitiv oder bewusst, jene Zellgruppen als Mesoderm bezeichnet, welche die (quergestreifte) Muskulatur hervorbringen. Da diese aus funktionellen Gründen stets im Körperinneren lokalisiert sind, müssen solche Zellgruppen auch zwischen Ekto- und Entoderm eingeschoben werden. Vielleicht wäre es besser, statt von homologen Keimblättern von homologen Zelltypen zu sprechen.

7.6.3
Echte Augen bei quallenhaften, kopflosen Medusen?

Es gibt Medusen (Kleinquallen) unter den Hydrozoen und den Cubozoen, die entlang dem Schirmrand an der Basis der Tentakel Augen tragen; manche dieser Augen sind gar mit Linsen ausgestattet. Sind das Augen, die als homolog zu unseren angesehen werden können? Bis vor kurzem hätte jeder Zoologe geantwortet: nein! Schließlich haben Medusen nicht einmal einen Kopf mit Gehirn.

In diesem Kontext sei eine alte Streitfrage aufgegriffen, die immer noch die Fachwelt in zwei Lager spaltet. Welches ist die ursprüngliche Adultform der Cnidarier, der Polyp oder die Meduse/Qualle? (Zur Nomenklatur: Große Medusen, wie sie bei Scyphozoen vorkommen, nennt man im Deutschen Quallen, während der englische Ausdruck *jellyfish* große wie kleine Medusen bezeichnet).

- Die **Polypen**partei argumentiert: Bei Anthozoen gibt es keine Medusen, und es liegen keine paläontologischen Funde vor, die auf eine ehemalige Medusenproduktion hinweisen würden. Auch molekularbiologische Daten (Sequenzen der rDNA und der mitochondrialen DNA) werden als Belege für ihre Ursprünglichkeit angeführt. Wohl gibt es vielfach bei Anthozoen und Hydrozoen Polymorphismus (Vielgestaltigkeit) unter den Polypen. Die Medusen der Hydrozoen, Scyphozoen und Cubozoen werden als besondere, zum Schweben und Schwimmen befähigte Polypen angesehen, denen zwecks weiträumiger Verbreitung der Nachkommenschaft die sexuelle Fortpflanzung übertragen wurde.
- Die **Medusen**partei argumentiert: Der kontraktile Apparat in den quergestreiften Muskelzellen der Hydromedusen ist strukturell und in seiner molekularen Ausstattung gleich dem kontraktilen Apparat in den quergestreiften Muskelzellen der höheren Tiere. Ebenso gleichen die Linsen-Becher-Augen mancher Anthomedusen (z. B. *Cladonema radiatum*), und die hochkomplexen Augen mancher Cubomedusen, strukturell und physiologisch verschiedenen Augenformen von bilateralsymmetrischen Tieren. Vor allem dies: Zur Programmierung dieser Zellen und Organe stehen homologe Gene zur Verfügung (*sine oculis*, s. Kap. 13). Es ist undenkbar, dass hier bloße Konvergenz vorliegt.

Man muss wohl annehmen, dass quergestreifte Muskelzellen und Augen zur Grundausstattung der gemeinsamen Vorfahren der Cnidarier und der Bilateria gehörten, wie auch immer diese Vorfahren aussahen (vermutlich

war der gemeinsame Vorfahre der Cnidarier und der Bilateria bilateralsymmetrisch mit Augen nahe dem Vorderpol).

7.6.4
Wie entstand die Bilateralsymmetrie?

Nicht minder spannend ist die Frage, wann und wie der Übergang zwischen radiär- und bilateralsymmetrischen Tieren stattgefunden hat. **Bilateralsymmetrie** wird oft in Zusammenhang gebracht mit dem Übergang von einer festsitzenden Lebensweise (z.b. eines Polypen) oder einer Lebensform, die sich überwiegend passiv verdriften lässt (wie Medusen), zu einer Lebensweise, in der es darauf ankommt, sich zielgerichtet über den Untergrund zu bewegen, sei es hin zu einer Beute, sei es weg von einem Räuber. Eine gewisse zielgerichtete Bewegung kennt die kleine Seeanemone *Nematostella vectensis*. Während und nach ihrer Metamorphose von der Larvenform in einen Polypen gleitet sie, von Cilien getrieben, suchend über Sedimentböden, um einen Ort zu finden, wo sie sich mit ihrem aboralen Körperbereich eingraben kann. Und siehe: In dieser Anemone wird das Gen *decapentaplegic* (*dpp*) asymmetrisch exprimiert, was auf eine Dorsoventral-Asymmetrie damit auch auf eine Bilateralsymmetrie hindeutet (Abb. 7.11). Der Befund ist nicht ganz überraschend; denn Morphologen sehen seit langem eine bilateralsymmetrische Organisation in der inneren Architektur der Anthozoen (auch der festsitzenden) und begründen dies mit der asymmetrischen Anordnung der Mesenterialfilamente und Sarkosepten im Gastralraum (Abb. 7.11 b) sowie der asymmetrischen Anordnung der Siphonoglyphe, einer wimperbesetzten Nahrungsrinne im Pharynx (die auch in Zweizahl und dann symmetrisch vorliegen kann).

Es soll nicht verschwiegen werden, dass nicht wenige Wissenschaftler, denen (auch) die vergleichende Morphologie am Herzen liegt, diese partiellen, lokalen Asymmetrien nicht als ausreichend betrachten, hier schon von Bilateralsymmetrie zu sprechen. Man möchte über den ganzen Körper hinweg senkrecht zur oral-aboralen (bzw. anterior-posterioren) Achse eine dorso-ventrale Asymmetrie und spiegelbildliche rechts-links-Symmetrie sehen, wie dies bei den anerkannten Bilateria der Fall ist. Gar in diesen lokalen Asymmetrien der Cnidarier den evolutiven Ursprung aller Bilateralsymmetrie zu sehen (wie dies z.B. Finnerty et al. 2003, 2004 tun), ist eine Extrapolation, der gewiss nicht alle Zoologen zustimmen können.

In diesem Zusammenhang ist auch die Frage von Interesse, ob oral-aborale Körperachse der Cnidarier der antero-posterioren Achse höher entwickelter Tiere entspricht, der Hydra-Kopf (Hypostom) also einem Insekten- oder Wirbeltierkopf homolog ist. Ein Vergleich von Genexpressionsdaten deutet an, dass dem nicht so ist, weil einige „Kopfgene" höher entwickelter Tiere im **Rumpf** von Hydra und einige „Rumpfgene" der Bilateria im Kopf einer Hydra zwischen dem Tentakelkranz und dem Mund exprimiert werden. Wohl könnte der Mund der Cnidarier, der in der Gastrula der Anthozoen als Blastoporus angelegt wird, dem Urmund anderer Organismen, beispielsweise des Seeigels, gleichgesetzt werden; denn im Umfeld des Urmundes verschiedener Organismen (so auch von Tunicaten und von *Branchiostoma*) werden Gene der *Wnt*-Klasse exprimiert.

7.6.5
Abermillionen Tierarten unter den Bilateria in nur drei Großgruppen untergliedert?

Zoologische Lehrbücher gliedern das Tierreich, soweit es die Bilateria betrifft, in 15–20 Stämme – je nach den Kriterien, welche die Autoren als ausreichend gewichtig halten, um eine Gruppe in den Rang eines Stammes zu heben. Wie die verschiedenen Stämme in Form eines Stammbaumes angeordnet werden könnten, war und ist an mehreren Verzweigungspunkten sehr umstritten.

Die Evo-Devo-Biologie produziert zur Zeit viele, zum Teil sehr provokative Hypothesen mit dem Ziel, weitere, konkurrierende und vielleicht besser begründete Hypothesen vorzulegen, wie sich Baupläne entwickelt haben. Sie hat ein großes Potential, strittige Fragen bezüglich der Phylogenie der Tiere zu beantworten. Beispielsweise laufen Studien, mit denen man versucht, die neuerdings postulierte und seither heiß diskutierte frühe Aufspaltung des Tierreichs in die drei Äste der (umstrittenen) **Ecdysozoa,** der **Lophotrochozoa** und der (unbestrittenen) **Deuterostomier** (Abb. 7.8) zu widerlegen oder zu beweisen. Diese Gliederung wurde erstmals von 18S RNA-Daten abgeleitet, die allerdings nicht gut aufgelöst sind. Die Protostomier (ein als solcher bestreitbarer Begriff, s. Abb. 7.9 „Amphistoma") werden nur noch in zwei große Gruppen eingeteilt, in

- die **Lophotrochozoa,** denen Spiralfurchung und Trochophora-ähnliche Larven gemeinsam sind, und
- die **Ecdysozoa.** Diese Bezeichnung erhielt die letztere Gruppe, weil bei ihnen das Wachstum regelmäßig mit einer Ecdysis = Häutung verbunden ist. Diese wird, bei Arthropoden und Nematoden jedenfalls, von einem Häutungshormon gesteuert, dem der Name Ecdyson (genauer: 20 OH-Ecdyson) verliehen wurde (s. Abb. 22.4). Ferner gibt es bei diesen Tieren keine beweglichen Cilien und die Cuticula ist dreilagig, wobei die Epicuticula von Mikrovilli der Epidermis ausgeschieden wird.

Wie in Kap. 7.4.1. begründet, ist diese Neubewertung problematisch, weil viele gute Argumente für den klassischen Stammbaum keine Berücksichtigung finden (beispielsweise die vielfache Wiederholung anatomischer Baumodule (Segmente), die Konstruktion des Nervensystems, die Ausstattung mit einem dorsalen tubulären Herzen sowie das Vorkommen von Proto- und/oder Metanephridien. Wenn es bei der Zweiteilung in Lophotrochozoa und Ecdysozoa bleibt, wird man wohl diese gemeinsamen Baumerkmale einem gemeinsamen Vorfahren zuschreiben müssen.

7.6.6
Homologie oder Nicht-Homologie komplexer Strukturen kann nicht aus dem Expressionsmuster einzelner Gene abgeleitet werden

In der Euphorie der molekulargenetischen Gründerzeit sind manche Schlüsse vorschnell gezogen worden. Die Molekulargenetik hat die gleiche Erfahrung machen müssen wie die Morphologie alter Schule: Die Rekonstruktion von Stammbäumen aufgrund eines einzigen oder weniger Merkmale, aufgrund eines einzigen oder weniger Gene kann irreführend sein. Es sei nochmals auf die im Abschnitt 7.5.1 vorgetragene Begründung hingewiesen. In der Entwicklung eines jeden Organs muss die Information zahlreicher Gene abgerufen werden, und das Spektrum der im Zuge der Entwicklung benötigten Gene wechselt laufend. Kein Morphologe wird den knöchernen Femur und seinen knorpeligen ontogenetischen Vorgänger als konvergente Strukturen bezeichnen wollen, nur weil sich im Verlauf des Lebens die biochemische Zusammensetzung des Baumaterials ändert und für diese allmähliche Umstrukturierung andere Gene in Anspruch genommen werden als für die ursprüngliche embryonale Ausführung. Er sieht im Femur aller Wirbeltiere, ob knorpelig oder knöchern, ob primär mit embryonalen Gensätzen hergestellt oder sekundär mit anderen Gensätzen zur adulten Form umgestaltet, anatomische Elemente, die in der Evolution auf einen gemeinsamen Ursprung zurückgehen.

Andererseits hilft ein Vergleich der Expressionsmuster mehrerer Gene vielfach einen vormaligen gemeinsamen Ursprung von Strukturen zu erkennen, deren Homologie strittig oder gar nicht erwartet worden war. Ein Beispiel ist die gemeinsame embryonale Grundorganisation des Zentralnervensystems der Wirbeltiere und Insekten, die im Kap. 17 (s. Abb. 17.9 bis 17.11) aufgezeigt wird. Ein anderes Beispiel sind die verschiedenen Augentypen, deren Entwicklung doch durch einige basale Meistergene in die Wege geleitet wird (Kap. 13.3.5).

Die Frage, welches valide Kriterien sind, Tierstämme zu definieren, sie in Subtaxa zu gliedern und phylogenetische Stammbäume zu rekonstruieren, kann nur durch eine umfassende Bewertung weiterer morphologischer, entwicklungsbiologischer und molekular-genetischer Daten beantwortet werden.

Der Forschungsrichtung kommt nicht nur theoretische Bedeutung zu. Wenn Gene über Jahrmillionen der Evolution in vielen oder gar allen Tierstämmen ohne große Abwandlungen überdauert haben, dürfte die Vermutung gut begründet sein, dass diesen Genen eine fundamentale Bedeutung zukommt. Dies zu wissen, kann auch für die Biotechnologie und Medizin hilfreich sein.

ZUSAMMENFASSUNG DES KAPITELS 7

Wirbeltiere durchlaufen, bei aller Verschiedenheit ihrer Anfangs- und ihrer Endentwicklung, in der mittleren Periode der Embryonalentwicklung ein phylotypisches Stadium, das bei allen Wirbeltiergruppen einen ähnlichen Grundbauplan erkennen lässt. Konservierte Charakteristika sind: dorsales Neuralrohr, Chorda, Somiten, Kiemendarm mit Kiemen-(Schlund-)taschen, knorpelige Kiemenspangen, 4–6 Kiemenbogenarterien, ventrales Herz.

Diese Ähnlichkeit, erstmals von Carl Ernst von Baer schon früh im 19. Jahrhundert festgestellt, hat zur Formulierung des „Biogenetischen Grundgesetzes" durch Ernst Haeckel geführt. Es besagt, dass die Embryonalentwicklung die Phylogenie in verkürzter Form rekapituliere. Es werden die partielle Gültigkeit und Grenzen dieses „Gesetzes" diskutiert und es wird darauf hingewiesen, dass in der phylotypischen Periode die Entwicklung vieler Organe in die Wege geleitet wird und wichtige Induktionsvorgänge stattfinden.

Nach dem phylotypischen Stadium kommt es zu bemerkenswerten Umgestaltungen, bei Säugern vor allem im Bereich des Kopfes und Kiemendarms. Aus den ersten sieben Wirbelanlagen entstehen Hinterhauptschädel, Atlas und Axis. Aus den knorpeligen Spangen des ersten Kiemenbogens, dem Mandibelbogen mit dem primären Kiefergelenk, und weiteren Elementen des Kiemendarmskeletts entwickeln sich die Gehörknöchelchen und der Kehlkopf. Die erste Kiemenspalte wird zum Gehörgang. Im Dach und Boden des Kiemendarms bilden sich Adenohypophyse und Schilddrüse; aus Teilen der Kiementaschen Nebenschilddrüsen, Mandeln und Thymus.

Konservierte Entwicklungsstadien finden sich auch in wirbellosen Tiergruppen, z. B. den Trochophora- oder den Trochophora-ähnlichen Larven bei Anneliden, Mollusken und Tentakulaten.

Kühne Hypothesen nehmen an, Arthropoden und Wirbeltiere hätten einen weitgehend übereinstimmenden Körpergrundbauplan, nur dass die Rückenseite der Wirbeltiere mit Gehirn und Rückenmark der Bauchseite der Arthropoden mit Bauchganglienkette entspräche. Es werden molekularbiologische Indizien für diese Hypothese aufgezeigt, beispielsweise dass das Signalmolekül BMP-4 bei Wirbeltieren auf der Ventralseite, das homologe Signalmolekül DPP (DECAPENTAPLEGIC) bei Insekten auf der Dorsalseite des Embryo produziert wird.

Es wird die Frage nach Homologien auf morphologischer und molekularer Ebene erörtert und darauf hingewiesen, dass morphologische und genomische Homologien oft nicht deckungsgleich sind. Bei homologen Genen ist, wie bei homologen Organen, zwischen orthologen und paralogen zu unterscheiden. Orthologe homologe Gene, wie die für BMP und DPP, finden sich in verschiedenen Organismen, paraloge Gene, z. B. die der verschiedenen *Hom/Hox*-Gruppen, in ein und demselben Organismus. ▶

„Evo-Devo" ist ein neu in Mode gekommenes Schlagwort, das Forschungsrichtungen kennzeichnet, die aus entwicklungsbiologischen und molekulargenetischen Daten versuchen, die evolutiven Verwandtschaftsverhältnisse der Tiergruppen herzuleiten, die Ausgangsformen einschließlich ihrer genetischen Ausstattung zu rekonstruieren und Abwandlungen der Baupläne mit Abwandlungen im Genom in Beziehung zu setzen. Diskutiert wird dies am Beispiel des Übergangs von Diploblasten (Ekto- + Entoderm) zu den Triploblasten (Ekto-+Ento-+Mesoderm) und am Beispiel der Divergenz Radiärsymmetrie versus Bilateralsymmetrie. Unter funktionellen und medizinischen Aspekten wird von der Vermutung ausgegangen, Genen, die in der Evolution hoch konserviert blieben, komme eine fundamentale Bedeutung zu.

8 Gametogenese: das Herstellen von Ei und Spermium und deren Ausstattung mit einer Mitgift

8.1 Keimbahn und Urkeimzellen

8.1.1
Urkeimzellen werden oft schon früh in Reserve gelegt, doch nicht stets: Maternale versus induktive Determination

Nicht selten werden schon früh in der Embryonalentwicklung Zellen beiseite gelegt, die nicht für den Aufbau des **Somas**, des Körpers, verwendet werden, sondern als **Urkeimzellen** in Reserve bleiben. Sie werden geschont; denn ihre Aufgabe ist es, in der **Keimbahn** (Abb. 8.1) noch vor dem Tod der Somazellen das Leben an die nächste Generation weiterzugeben.

Extremfälle liegen vor bei manchen Nematoden und bei *Drosophila*.

- **Nematoden.** Als Theodor Boveri 1887 die Chromosomen im sich furchenden Keim des Spulwurms *Parascaris equorum* (heute: *Parascaris univalens*) untersuchte, fiel ihm ein ungewöhnliches Verhalten dieser Chromosomen auf. Dieser Nematode hat nur zwei Paare von großen (Sammel-)Chromosomen. Nach der ersten Zellteilung zerfallen in einer der beiden Blastomeren (S1-Blastomere) die beiden Chromosomen in viele kleine Chromosomen, die später an die Tochterzellen von S1 weitergegeben werden. Beim Zerfall der Sammelchromosomen fallen viele kleine Fragmente an, die ca. 80% des ursprünglichen chromosomalen Materials umfassen. Diese Fragmente lösen sich auf. Man nennt diesen Verlust von chromosomalem Material **Chromatin-Diminution**. Die zweite Blastomere, P1, in der die Chromosomen intakt bleiben, ist die Gründerzelle der **Keimbahn**, d.h. der Zell-Linie, die früh zur Urkeimzelle P4 hinführt (vgl. Abb. 3.14). Die Urkeimzelle wird alsdann beiseite gelegt und später im adulten Wurm zur Produktion der Keimzellen herangezogen. Bis die definitive Urkeimzelle erreicht ist, wiederholt sich in der Keimbahn die Geschichte der Chromatin-Diminution bei jeder Zellteilung: Nur die Tochterzelle P, die in der Keimbahn verbleibt, behält intakte Sammelchromosomen; ihre Schwesterzelle S hingegen, deren Schicksal es ist, zu einer weiteren Somazelle zu werden, verliert Chromatin.

  Das eliminierte Chromatin enthält anscheinend überwiegend genetisch leere repetitive Sequenzen, sowie einige Gene, die in der Entwicklung der

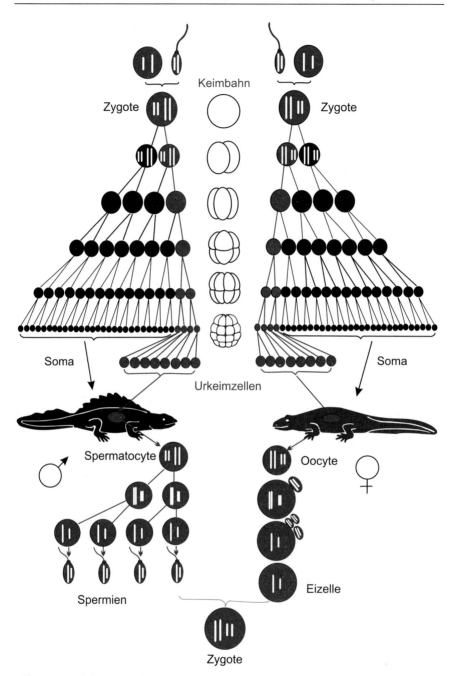

Abb. 8.1. Keimbahn (*rot*), gezeigt am Beispiel des Kammolches

Keimzellen, nicht aber in den Somazellen gebraucht werden. In *Caenorhabditis elegans*, der *Ascaris* als Modellnematode abgelöst hat, wird Chromatin-Diminution nicht beobachtet.

- **Drosophila.** Bei der Fliege sind die Urkeimzellen die ersten Zellen überhaupt, die im sich furchenden Ei gebildet werden; sie werden als **Polzellen** am posterioren Eipol gebildet (vgl.: Abb. 3.20; 3.21, Abb. 8.2). Dort, am hinteren Eipol sind besondere RNA-haltige Granula lokalisiert, denen eine Bedeutung bei der Determination der Polzellen zu Urkeimzellen zukommt. Wird mit einer Mikropipette Cytoplasma vom Hinterpol einer ungefurchten Eizelle entnommen und am Vorderpol einer anderen Eizelle injiziert, können dort Oogonien oder Spermatogonien entstehen (s. Abb. 3.23). (Diese finden freilich nicht den Weg in die Ovarien.) Die determinierenden Komponenten des Polplasmas sind noch nicht alle identifiziert, doch ist gesichert, dass den Genprodukten der maternalen Gene *vasa*, und *nanos* eine entscheidende Rolle zukommt (s. folgenden Abschnitt). Auch weitere, im Polplasma eingebettete, hier nicht aufgelistete Genprodukte sind von Belang. Eine ungewöhnliche Komponente ist RNA mitochondrialen Ursprungs, die ebenfalls benötigt wird. Ein weiteres, führendes und am Hinterpol agierendes Genprodukt ist die mRNA des Gens *oskar*. Die maternale, von den Follikelzellen des Ovars gelieferte *oskar*-mRNA enthält eine nicht-translatierte Signalsequenz, welche das *oskar*-Genprodukt zum hinteren Eipol lenkt. Es organisiert dort die Akkumulation all der weiteren Komponenten, die das Polplasma zum Keimzellen-determinierenden Polplasma machen, so auch die Akkumulation von *vasa*, und *nanos*. Wird *oskar*-mRNA an den Vorderpol dirigiert (vgl. Abb. 3.25), sammelt sich dort auch *vasa*, und es entstehen Urkeimzellen im Kopfbereich.

- **Amphibien.** Auch bei einigen Vertebraten lässt sich der Stammbaum der Urkeimzellen bisweilen bis in das ungefurchte Ei zurückverfolgen. Bei *Xenopus* spricht man nach alter Tradition von einem „Keimplasma", einem Bereich des Eiplasmas nahe dem vegetativen Pol (Abb. 8.2). Es enthält wie das „Polplasma" von *Drosophila* RNA-haltige Granula. Dieses Keimplasma ist dann in den Urkeimzellen wiederzufinden, die im Bereich des entodermalen Urdarms entstehen und über die Mesenterien in die mesodermalen Gonadenanlagen wandern.

- **Vögel, Säuger.** Im Vogelembryo und bei Säugern findet man die ersten als solche identifizierbaren Urkeimzellen an der Stelle, wo sich die Allantois zu bilden beginnt (extraembryonales Mesoderm), und anschließend im posterioren Bereich des Dottersacks. Dies ist vergleichsweise spät, und es wird **induktiven Einflüssen** ihrer Mikroumgebung zugeschrieben, dass an diesem Ort Zellen aus der Schicksalsgemeinschaft des sterblichen Somas ausscheren und zu Keimbahnzellen werden. Dazu verpflichtet, Urkeimzellen (*primordial germ cells*) zu werden, machen sie sich auf den Weg, die weit entfernten Gonaden aufzusuchen. Vom Ort ihrer Determination im Bereich der künftigen Allantois schlagen sie

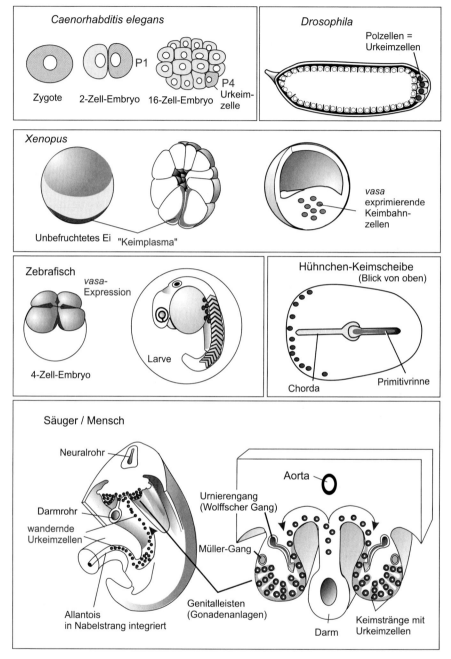

Abb. 8.2. Herkunft der Urkeimzellen bei verschiedenen Tieren. In der Keimbahn wird (bei allen Tieren?) das Gen *vasa* exprimiert. Orte, an denen *vasa*-Produkte gefunden wurden, sind rot gekennzeichnet

eine ähnliche Wanderroute ein wie im Amphibienembryo (Abb. 8.2). Teilweise benutzen sie, ähnlich den Zellen des Immunsystems, die Blutgefäße, um sich in die Nähe ihrer Bestimmungsorte treiben zu lassen. Die Bestimmungsorte senden chemotaktisch wirksame Signale aus (SDF-1 Faktor), um den Urkeimzellen das Endziel anzuzeigen.

8.1.2
Frühe Determination: Maternale Komponenten des Eiplasmas, „Keimplasma" genannt, und ein Organell namens Nuage prägen Urkeimzellen

Man hat also bei Drosophila ein „Polplasma" ausgekundschaftet, bei Amphibien ein „Keimplasma", das die Zellen, denen dieses besondere Plasma zugeteilt wird, als Stammzellen der künftigen Keimzellen kennzeichnet.

> Der Begriff „Keimplasma" war von dem Freiburger Zoologen August Weismann um 1893 geprägt worden und hat bei ihm eine ganz andere Bedeutung. Er bezeichnete mit Keimplasma die Gesamtheit der – damals noch unbekannten – materiellen Träger der Erbinformation. Weismanns Keimplasma ist also mit dem heutigen Begriff „Genom" gleichzusetzen. Allerdings nahm Weismann an, nur die künftigen Keimzellen würden mit der Gesamtheit des Erbmaterials ausgestattet, Somazellen hingegen würden nur jene Teile des Materials erhalten, die für die Zell-typische Differenzierung gebraucht würden und Ursache der Differenzierung seien.

- Das Pol- oder Keimplasma ist eine Ansammlung von Granula, die nicht von Membranen umschlossen sind. Dies gilt entsprechend für die Keimbahn-spezifischen P-Granula in der Eizelle von *C. elegans*.
- Man findet darüber hinaus, oder statt dessen, oftmals um den Kern der Urkeimzellen eine dichte Ansammlung fibröser Strukturen und von Mitochondrien. Diese Aggregate gelten als typische Organellen der Urkeimzellen, werden **Nuage** (vom französischen Wort für Wolke) genannt und wurden bislang bei über 80 Tierarten beschrieben. Keimplasma-Granula und Nuage-Organellen können, neben unterschiedlichen Komponenten, auch gleiche Genprodukte in sich bergen, so das Genprodukt VASA. In Säugern ist noch kein besonderes Keimplasma aufgefallen, wohl aber ist Keimzellen-spezifisches Nuage beschrieben.

8.1.3
Produkte des Gens *vasa* und *nanos* machen Urkeimzellen zu Urkeimzellen und kennzeichnen Zellen der Keimbahn – so auch beim Menschen

Kennt man das Polplasma vom *Drosophila*-Ei und das Keimplasma vom *Xenopus*-Embryo schon seit Dekaden, und ist immer schon vermutet worden, dass diese Plasmabereiche Keimzelldeterminanten enthalten, so ist doch erst 1999 ein Genprodukt gefunden worden, das eine entscheidende Komponente der Keimzelldeterminanten zu sein verspricht: die RNA, welche sich vom Gen *vasa* ableitet. Homologe dieses erstmals bei *Drosophila* identifizierten Gens sind gefunden worden bei dem Hydrozoon *Hydractinia*, bei Planarien, bei dem Nematoden *Caenorhabditis elegans*, bei *Drosophila*, bei Tunikaten (Ascidien), beim Zebrafisch *Danio*, beim Krallenfrosch *Xenopus*, beim Hühnchen, bei der Maus und beim Menschen. Defekte in beiden Allelen des Gens führen zu Sterilität.

Außerordentlich bemerkenswert ist, dass Produkte des Gens, speziell das VASA-Protein, oftmals die gesamte Keimbahn begleiten, vom frühen Embyo bis in die reifen, oder nahezu reifen, Spermien oder Eizellen, aus denen die nächste Generation hervorgehen soll. Schon Eizellen enthalten maternal erzeugte *vasa*-mRNA, was bedeutet, dass die Keimbahn unter der Regie maternaler Eikomponenten spezifiziert wird. Antikörper gegen das VASA-Protein entdecken es im Embryo des Zebrafisches während der ersten Furchungsteilungen entlang der Furchen (Abb. 8.1 a), im Cytoplasma der Gründerzellen der Keimbahn (z. B. P-Zell-Linie von *C. elegans*), in wandernden Urkeimzellen (Abb. 8.1 b, c) und schließlich in reifenden Spermien und Oocyten. *vasa*-mRNA oder VASA-Protein sind Marker der Keimbahn auch in Organismen, in denen morphologische Kennzeichen wie Keimbahn-spezifische Granula nicht zu sehen sind.

Nur eines betrübt den Forscher: Während der Wanderschaft setzt oftmals die Expression des Gens aus und er kann Keimbahnzellen dann nicht mehr durch *In-situ*-Hybridisierung gegen *vasa*-mRNA ausfindig machen. Dann hilft aber oft noch Immuncytochemie zur Darstellung des VASA-Proteins.

Neben VASA sind auch das Genprodukte von *nanos* und *oct-4* Indikatoren von Keimbahnzellen. Wir waren dem Gen *nanos* bei *Drosophila* begegnet, wo sein Produkt eine Rolle bei der Entwicklung des Abdomens spielt. Nun kommen zwei weitere Funktionen hinzu:

• NANOS befähigt die Urkeimzellen, in die Gonaden zu wandern.
• NANOS und VASA helfen in Kooperation mit dem Transkriptionsfaktor OCT-4 den Zellen der Keimbahn, **Stammzellencharakter** und **Totipotenz** zu bewahren. (NANOS und VASA selbst sind keine Transkriptionsfaktoren, sondern greifen steuernd in die Verwertung von RNA ein.) Knockout-Mutationen der Gene *nanos* oder *vasa* oder *oct-4* machen Mäuse unfähig, Keimzellen zu bilden.

8.1.4
Ob der Differenzierungsweg zu Eizellen oder Spermien führt, wird bei Wirbeltieren in den Gonaden entschieden

Bei Wirbeltieren können die einwandernden Urkeimzellen die Rindenschicht (**Cortex**) der sexuell noch indifferenten Gonade oder das innere Mark (**Medulla**) besiedeln (s. Abb. 23.2; Abb. 23.6). Entwickelt sich (bei der Maus untersucht) die Gonade unter dem Einfluss des vom *Sry*-Gen auf dem Y-Chromosom codierten SRY-Faktor, auch *Testis-determining factor* TDF genannt (Kap. 23), zum Hoden, gehen die Urkeimzellen der Rindenschicht zugrunde und die des Marks werden zu **Spermatogonien**. Bei ♀ gibt es kein Y-Chromosom und damit auch kein *Sry*-Gen. Nun entwickelt sich die Gonade zum Ovar; es überleben die Urkeimzellen der Rinde und werden zu **Oogonien**.

8.2
Die Oogenese: Herstellung und Bevorratung der Eizelle

8.2.1
Bei vielen Tieren, so auch bei Wirbeltieren, findet man im Kern der Oocyten Lampenbürstenchromosomen, rDNA-Amplifikation und multiple Nucleolen

Die Oogonien durchlaufen erst eine Phase mitotischer Proliferation (Abb. 8.3, s. auch Abb. 6.1). Nach Abschluss der Zellteilungsrunden heißen die Keimzellen **Oocyten**. Im Ovar eines menschlichen Fetus finden sich ca. 500 000 Oocyten. Nach der Geburt eines Mädchens wird, anders als in der Spermatogenese des Mannes, die Proliferation nicht mehr fortgesetzt, vielmehr gehen mit Beginn der Pubertät sogar 90% der Oocyten zugrunde.

Noch vor der Geburt des Mädchens, im 3.–7. Monat, treten die Oocyten in die **Prophase der Meiose** ein (s. Abb. 6.1). Schon zuvor sind die Chromosomen im Zuge einer S-Phase in sich verdoppelt worden. Im Zygotän der Prophase treten die homologen Chromosomen paarweise zu **Tetraden (Bivalente)** zusammen. Die vier parallel gelagerten Chromatiden einer Tetrade werden vom **synaptonemalen Komplex** zusammengehalten. Dann aber wird im Zusammenhang mit der beginnenden Wachstumsphase der künftigen Eizelle in den Oocyten, anders als in den Spermatocyten, **die Prophase unterbrochen. Die Chromosomen werden zu sogenannten Lampenbürstenchromosomen** (Abb. 8.3). Gleichzeitig erscheinen **multiple Nucleolen** (viele Nucleoli).

- **Lampenbürstenchromosomen.** Die Chromosomen bleiben zwar gepaart, doch lockern und strecken sie sich wieder und bilden lateral abstehende Schleifen. (Die Cytologen am Ende des 19. Jahrhunderts fühlten sich an die Bürsten erinnert, die man zum Putzen von Petroleumlampen verwendete.) An den dekondensierten Tetraden findet im großen Umfang Transkription statt. Die Transkripte, darunter viel mRNA, werden mit Protein zu **RNP-Partikeln** verpackt, ins Cytoplasma der Oocyte verfrachtet und dort zwecks Verwendung in der frühen Embryonalentwicklung gespeichert.
- **Multiple Nucleolen.** Als Ausdruck einer enormen Produktion von Ribosomen tritt eine Vielzahl von Nucleoli (multiple Nucleolen) auf. Ihrem

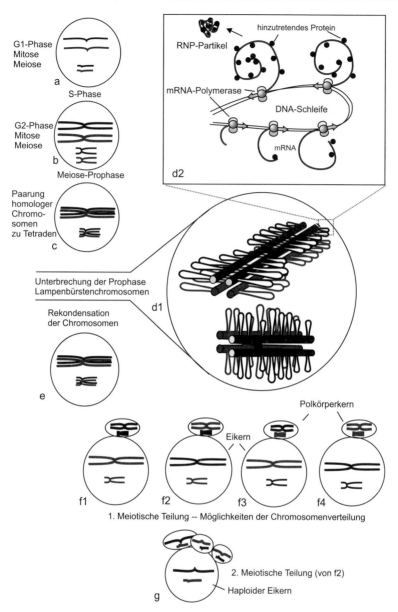

Abb. 8.3 a–g. Oogenese I. Verhalten der Chromosomen. Die Meiose wird in der Prophase unterbrochen und das Stadium der Lampenbürstenchromosomen eingeschoben. An den Schleifen der Lampenbürstenchromosomen findet Transkription statt. Polymerasen wandern über
die Schleifen und übertragen genetische Information von der DNA auf mRNA. Die mRNA
wird mit Proteinen verpackt und in Form von RNP-Partikeln ins Cytoplasma geschleust. Die
Zahl der Möglichkeiten, mit denen in den folgenden meiotischen Teilungen Chromosomen
verteilt werden können, ist eine Funktion der Zahl vorhandener Chromosomen. In jedem
Fall sind zwei Teilungsschritte erforderlich, um vom diploiden 4C-Zustand (Bild b) zum
haploiden 1C-Zustand (Bild g) zu kommen

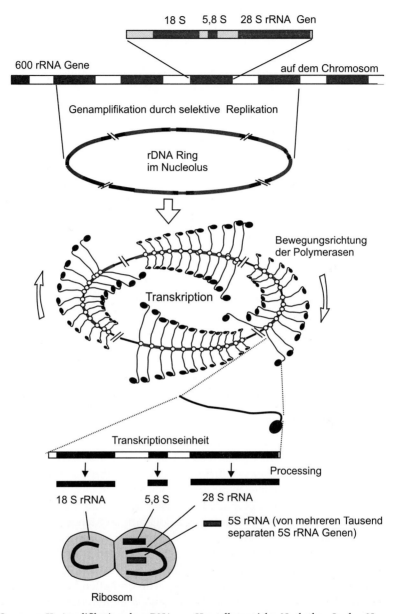

Amplifikation und Verwertung ribosomaler Gene
in der Oocyte von *Xenopus*

18 S   5,8 S   28 S rRNA Gen

600 rRNA Gene

auf dem Chromosom

Genamplifikation durch selektive Replikation

rDNA Ring
im Nucleolus

Bewegungsrichtung
der Polymerasen

Transkription

Transkriptionseinheit

Processing

18 S rRNA   5,8 S   28 S rRNA

5S rRNA (von mehreren Tausend
separaten 5S rRNA Genen)

Ribosom

Abb. 8.4. Oogenese II. Amplifikation der rDNA zur Herstellung vieler Nucleolen. In den Nucleolen wird die amplifizierte, zum Ring geschlossene rDNA benutzt, um via Transkription rRNA herzustellen, die zur Produktion von Ribosomen gebraucht wird. Da mehrere Polymerasen gleichzeitig über die rDNA wandern, um rRNA herzustellen, sieht man – als Funktion der schon abgelesenen Strecke – verschieden lange rRNA-Stücke von der rDNA abstehen („Tannenbaumstruktur")

Erscheinen geht die **selektive Amplifikation der rDNA** voraus. Im Genom von *Xenopus* liegen die Gene für die **ribosomalen** *18s-, 5,8s-* und *28s-RNA* als eine Tandem-Einheit (*rDNA cluster*) beisammen (Abb. 8.4). Diese rDNA-Einheit ist schon in der Evolution linear vervielfältigt worden. Es liegen also schon vor der selektiven Amplifikation in den geerbten Chromosomen („Keimbahn") viele Kopien dieser rDNA-Einheiten vor. Man findet 450 linear hintereinander aufgereihte Kopien der rDNA-Einheit, die von Generation zu Generation weitervererbt wird und in einem Abschnitt des Chromosoms zusammengefasst ist, der **Nucleolusorganisator** genannt wird; denn an ihm bildet sich die Ribosomenfabrik des Nucleolus. Da der Krallenfrosch tetraploid ist, können in normalen somatischen Zellen bis zu vier Nucleolen erwartet werden. In den Oocyten kommt es zu einer **zusätzlichen Vervielfältigung**, die man **Amplifikation** nennt. Durch selektive Replikation nach dem rolling-circle-Modus werden von den schon vorliegenden 4×450 rDNA-Kopien ca. 1000 Extrakopien hergestellt. Jede dieser rDNA-Kopien löst sich ab, wird zum Ring geschlossen und zum Nucleolus ausgebaut. Die ca. 1000 Nucleolen enthalten somit jeweils 450 Kopien der drei ribosomalen Gene. Die Gene für die noch fehlende *5s rRNA* liegen auf einem anderen Chromosom in 24000 linear multiplizierten Kopien bereit. Es werden in den Nucleolen ca. 10^{12} Ribosomen montiert. Ohne Genvervielfältigung bräuchte ein Amphib statt weniger Monate etwa 500 Jahre, um diese Menge zu produzieren.

8.2.2
Oft übernehmen somatische Zellen zusätzliche Ammenfunktion und helfen, Rieseneizellen heranzuziehen

Bildet die Oocyte der Wirbeltiere mRNA und Ribosomen noch selbst, so stellt sie Dotterproteine und Dotterlipide, die als Energiespeicher und Baustoffvorrat dienen, nicht selbst her. Die Vorstufen werden als **Vitellogenine** (Protein) von der **Leber** produziert, über den Blutkreislauf ins Ovar transportiert, von den Follikelzellen aufgenommen und den Oocyten überreicht (Abb. 8.5). Vitellogenine findet man nur im weiblichen Blut. Die durch Endocytose von der Oocyte aufgenommenen Vitellogenine werden in das stark phosphorylierte **Phosvitin**-Protein und das Lipoprotein **Lipovitellin** gespalten und umgebaut. In Membranen verpackt, sind diese beiden Produkte die Hauptbestandteile der **Dotterplättchen**. Darüber hinaus werden **Glykogengranula** deponiert. Die Oocyten wachsen zu den größten Zellen heran, die es gibt. Die Eizelle („Gelbei") des Haushuhns hat ein Volumen, das das Volumen einer typischen Körperzelle 9-milliarden-fach übertrifft. Das Gelbei des Straußes ist die größte tierische Zelle, die man gegenwärtig kennt.

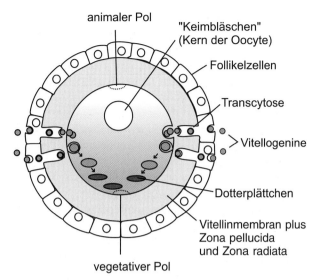

Abb. 8.5. Versorgung der Oocyte mit Vitellogeninen (Dotterprotein-Vorläufern) durch die Follikelzellen. Die Vitellogenine werden von den Follikelzellen aus dem Blut geholt und via Transcytose der Oocyte übergeben. Zum Schluss scheiden die Follikelzellen die Vitellinmembran ab

8.2.3
Bei *Drosophila* werden die Oocyten von Ammenzellen mit allem versorgt

Bei Insekten, die sich mit der Oogenese Zeit lassen, wie die Grillen, findet man ebenfalls Lampenbürstenchromosomen und multiple Nucleolen. Anders bei *Drosophila*, die nur 14 Tage lang lebt und in 12 Stunden ein Ei herstellt. Hier wird die Oocyte gänzlich von Ammenzellen versorgt; der Oocytenkern ruht.

Die Oogonien sind in Schläuchen, den **Ovariolen**, verpackt (s. Abb. 3.19). Jedes Oogonium teilt sich mitotisch viermal, und es entsteht ein Verband von 16 Zellen, die mit dünnen Schläuchen, den Fusomen, miteinander verbunden bleiben. Zwei der zentral gelegenen Zellen sind mit vier Nachbarn verbunden; eine dieser zwei zentralen Zellen wird zur Oocyte. Alle anderen 15 Geschwisterzellen werden zu **Nähr- oder Ammenzellen**. Diese amplifizieren ihr gesamtes Genom; die Chromosomen werden **polytän** und haben etwa 500–1000 Kopien des Genoms, die nun für eine gesteigerte Transkriptionsaktivität zur Verfügung stehen. Die Syntheseprodukte (RNP-Partikel, Protein und manches mehr) werden in die anschwellende Oocyte geschleust. Unter den Genprodukten befinden sich auch entwicklungssteuernde Moleküle, so z.B. die mRNA des Gens *bicoid*, die am Vorderpol des Eis deponiert wird, und die mRNAs der Gene *nanos* und *oskar*, die am Hinterpol akkumulieren. (Diese mRNAs bestimmen dann, wo Kopf und wo Abdomen entstehen (s. Abschnitt. 3.6 und Kap. 11).) Alle diese

Produkte sind **maternal**, ebenso wie die Produkte, die über die Wandung der Ovariolschläuche, den **Follikelzellen**, herbeigeschafft werden.

Ähnlich wie bei Wirbeltieren werden **Dotterproteine** in Form von Vitellogenin außerhalb des Ovars, bei Insekten im Fettkörper, hergestellt und über die Follikelzellen den Oocyten zugeleitet.

8.2.4
Oocyten werden polar, d. h. asymmetrisch, und von extrazellulären Membranen und Hüllen umschlossen

Die Dotterbestandteile werden asymmetrisch in der Oocyte deponiert. Bei *Drosophila* verbleibt der Kern zwar im Eizentrum, doch wird durch die Verteilung von Dotterkomponenten und die Form des Eies, die durch ein vom Follikelepithel abgesondertes, derbes **Chorion** stabilisiert wird, eine morphologische antero-posteriore und eine dorso-ventrale Polarität erkennbar. **Die in der äußeren Gestalt des Eis sichtbare Bilateralsymmetrie ist nicht für die Bilateralsymmetrie des Körpers maßgebend.** In bestimmten Mutanten (z. B. *bicoid, dorsal*) oder nach experimentellem Eingriff (z. B. Injektion von *bicoid*-mRNA in den hinteren Eibereich) kann, im äußerlich normal gestalteten Ei, die spätere Körperarchitektur völlig umgekrempelt werden (s. Abb. 3.25).

Die meisten tierischen Eizellen, so auch die der Wirbeltiere und des Seeigels, bleiben äußerlich kugelförmig, erhalten aber in ihrer inneren Struktur eine **animal-vegetative Polarität**: Dotterplättchen und Glykogengranula werden gehäuft in der vegetativen Hemisphäre deponiert, **der riesige Oocytenkern liegt als Keimbläschen nahe dem animalen Pol**. Ob und inwieweit die interne Architektur, die ungleiche Verteilung von Komponenten, für die spätere Entwicklung maßgebend ist, kann nur experimentell ermittelt werden (s. Kap. 11).

Zum Schluss wird die Eizelle von den Follikelzellen mit einer azellulären, verstärkenden **Vitellinmembran** umhüllt und zusätzlichen Hüllschichten unterschiedlicher Konsistenz (Abb. 8.5). Außen an der Vitellinmembran des Säugereis klebt die **Zona pellucida** sowie die Zona radiata, welche aus Resten der Follikelzellen hervorgeht. **Eiweiß**schicht und **Eischalen** der Reptilien und Vögel können erst nach der Befruchtung vom drüsigen Eileiterepithel um die langsam rotierende Eizelle gewickelt werden.

8.2.5
Bei Wirbeltieren leiten hormonelle Signale die Polkörperbildung und Endreifung ein

Wenn die Oocyte ihre Endgröße erreicht hat, was viele Jahre – beim Menschen 12–45 Jahre – dauern kann, wird die **Meiose** fortgesetzt. Die Chromosomen kondensieren zur Transportform, es kommt zur Auflösung der Membran des Oocytenkerns (*germinal vesicle breakdown*) und dann zur

Abschnürung der abortiven Miniaturzelle des ersten **Polkörpers (Richtungskörpers)**. Der zweite Polkörper wird beim Säugerei erst nach der Befruchtung abgeschnürt. Auslösend für die Wiederaufnahme der unterbrochenen Meiose sind die **Gonadotropine**

• **FSH** (Follikel-stimulierendes Hormon) und
• **LH** (luteinisierendes Hormon).

FSH und LH sind Peptidhormone, die von der Hypophyse ausgesandt werden und ihrerseits die Follikel in den Ovarien dazu anregen,

• **Östradiol** (in den Thecazellen des Follikels) und
• **Progesteron** (in den Granulosazellen des Follikels) zu erzeugen (s. Abb. 6.2). Welche Hormonkombination die Abschnürung des ersten meiotischen Polkörpers und die Freisetzung des Eies aus dem Follikel (**Follikelsprung, Eisprung**) auslöst, ist von Tierart zu Tierart verschieden. Beim Menschen wird in der ersten Hälfte des Menstruationszyklus durch das **luteinisierende Hormon LH** in ca. 10–50 Oocyten die jahrelang ruhende Meiose wieder in Gang gebracht. In der Regel wird beim Menschen nur ein Ei freigesetzt. Der **Eisprung (Ovulation)** geschieht in der Mitte zwischen zwei Menstruationen (s. Abb. 6.3), bei anderen Säugern jedoch in der Periode des **Östrus (Hitze, Läufigkeit, Brunft)**, die nicht mit der Menstruation gleichzusetzen ist, sondern die Zeit des Eisprungs und damit die Empfängnisfähigkeit anzeigt.

8.3
Die Spermatogenese: das Herstellen von Spermien

8.3.1
Bei Säugern werden Spermien laufend frisch erzeugt; die Meiose findet in einem Zug erst am Ende der Spermatogenese statt

In den Hodenkanälchen behalten die aus den Urkeimzellen hervorgehenden **Spermatogonien** ihre Teilungsfähigkeit. Sie liegen entlang der Wandung der Kanäle und gliedern Richtung Kanallumen **Spermatocyten** ab, welche die mitotische Teilung einstellen (Abb. 8.6). Anders als Oocyten wachsen Spermatocyten jedoch nur wenig. Spermien werden erst mit Beginn der Pubertät gebildet.

Auslöser für die mit Beginn der Pubertät einsetzende Spermatogenese sind wie im weiblichen Geschlecht die Hypophysenhormone **FSH** und **LH**. Sie regen die Leydig-Zwischenzellen des Hodens an, **Testosteron** zu produzieren. Unter dessen Einfluss durchlaufen die Spermatocyten die Meiose; jede Spermatocyte liefert vier gleichwertige sekundäre, haploide Spermatocyten. Diese bilden im Zuge einer terminalen Differenzierung vier Spermien. Während der ganzen Entwicklung bleiben die Abkömmlinge einer

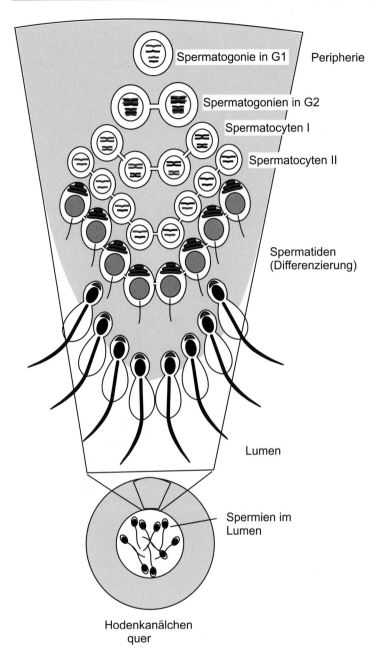

Abb. 8.6. Spermatogenese. Ausschnitt aus einem Hodenkanälchen. Die Spermatogenese läuft in der Wandung der Kanäle ab; die fertigen Spermien gelangen in das Lumen der Kanäle. Beachte: In der Spermatogenese gibt es, anders als in der Oogenese, kein Stadium mit Lampenbürstenchromosomen und alle aus der Meiose hervorgehenden Tochterzellen werden zu Geschlechtszellen (Spermien)

Urkeimzelle miteinander durch cytoplasmatische Brücken verbunden (wie die Eizelle mit ihren Nährzellen in der Ovariole von *Drosophila*). Erst die fertigen Spermien lösen sich voneinander. Während sich im Zentrum der Kanäle fertige Spermien ansammeln, wird von den Spermatogonien entlang der Kanalwand laufend (Mensch) oder während der Brunft für Nachschub gesorgt.

Während die Herstellung eines reifen Eies beim Menschen 14 bis 50 Jahre dauert, werden Spermatozoen in 64 Tagen hergestellt. Bei Säugetieren mit jahresperiodisch wiederkehrender Brunft läuft auch die Spermatogenese in jahresperiodischen Schüben ab. Rhythmusgeber sind die gonadotropen Hypophysenhormone.

8.3.2
Das fertige Spermium: Es ist nicht viel mehr als ein Genom mit Antrieb

Das typische tierische Spermium (Spermatozoon) – als solches kann das des Seeigels gelten (Abb. 8.7) – besitzt unterhalb seiner Bugspitze, dem **Akrosom**, ein **Akrosomvesikel**; es folgen der hochkondensierte **haploide Kern**, das **Mittelteil** mit dem Kraftwerk des Mitochondriums und dem Centriol, und schließlich der Propeller des **Flagellums**. Es ist gerüstet für die Befruchtung.

8.4
Weitere Mitgift: maternale und paternale Prägung

8.4.1
Spermien und Eizellen sind genetisch nicht vollständig gleichwertig; ein erster Unterschied kann im Methylierungsmuster begründet sein

Das von der Oocyte beigesteuerte „mütterliche" und das vom Spermium mitgebrachte „väterliche" Genom tragen nicht immer im gleichen Maß zur Programmierung der Eigenschaften des neuen Organismus bei. Im Keim der Maus beispielsweise kommt in den extraembryonalen Strukturen (Trophoblast, Plazenta) überwiegend das „väterliche", im Embryo selbst das „mütterliche" Genom zum Zuge. Andererseits ist beim Menschen die Ausprägung der *Chorea Huntington* stärker, wenn die (dominant autosomale) Erbkrankheit durch den Vater vererbt wird. Diese Art der **genomischen Prägung** wird auf das **Methylierungsmuster** (Abschnitt. 13.5, s. Abb. 13.9) zurückgeführt, das von Spermium oder Eizelle mitgebracht wird. Es sind jüngst noch andere, zusätzliche Mechanismen einer genomischen Prägung entdeckt worden (s. Abschnitt. 13.5.3, Abb. 13.10).

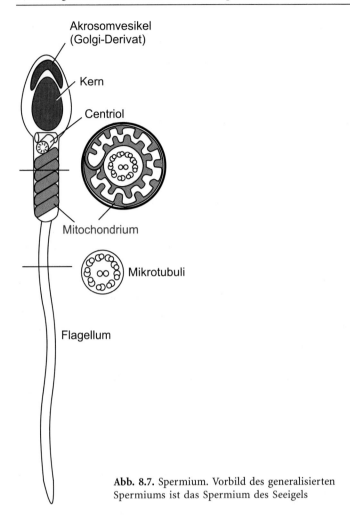

Abb. 8.7. Spermium. Vorbild des generalisierten Spermiums ist das Spermium des Seeigels

8.4.2
Mitochondrien sind eine Quelle zusätzlicher genetischer Information. Bei Wirbeltieren sollen Mitochondrien nur über die Oocyten, und damit nur über die mütterliche Linie, vererbt werden

Mitochondrien haben ihre eigene DNA. Mitochondrien sind allerdings deshalb nicht auch schon gänzlich autonom; denn eine Reihe der mitochondrialen Enzyme wird nicht von mitochondrialen Genen, sondern von Genen des Kerns codiert. Eizellen sind mit vielen Mitochondrien ausgerüstet, Spermien mit nur einem oder wenigen. Und diese spärliche Ausstattung des Spermiums mit mitochondrialen Genen soll bei der Befruchtung auch noch verloren gehen (Kap. 9). Daher gelten die mitochondrialen Gene als „rein mütterlich" und können zur phylogenetischen Analyse der Herkunft des Menschen herangezogen werden. Es gibt Hinweise, dass die heutige Menschheit von nur wenigen Urmüttern abstammt, die ein enges *„bottleneck"* in der menschlichen Entwicklungs- und Migrationsgeschichte überlebt haben.

8.5
Genetische Konsequenzen der Soma-Keimbahn-Trennung

8.5.1
Die Keimbahn trägt die genetische Information von Generation zu Generation; nur in der Keimbahn werden Mutationen und gezielt veränderte genetische Konstrukte weitergetragen

Generative Zellen, es sind dies im Regelfall der sexuellen Fortpflanzung die **Keimzellen**, übermitteln die in Jahrmillionen angesammelte genetische Information der nächsten Generation. In der Entwicklung des Vielzellers lässt sich eine Stammbaumlinie von der befruchteten Eizelle zu den neuen Keimzellen ziehen. Diese Linie ist die **Keimbahn** (s. Abb. 8.1). (Es wird gestritten, ob es überall eine „echte" Keimbahn gebe, die klar Urkeimzellen von **Somazellen** trennt; oder ob es auch Fälle gibt, wo Zellen zuerst eine somatische Funktion erfüllen und später erst zu Keimzellen werden. Unbestreitbar ist, dass es immer eine Stammbaumlinie von der Eizelle zu den Oocyten bzw. Spermatocyten gibt; und darauf kommt es hier an.)

Nur solche Mutationen, nur solche gentechnischen Maßnahmen, welche die Keimbahn betreffen, und nur solche Gene, die in die Keimbahn eingeschleust werden, gelangen in die nächste Generation und können dort zum Zuge kommen.

ZUSAMMENFASSUNG DES KAPITELS 8

Keimzellen, **Eizellen** oder **Spermatocyten (Spermien)**, gehen aus **Urkeimzellen** hervor, die oftmals früh in der Embryonalentwicklung beiseite gelegt werden und später in die Gonaden einwandern. Urkeimzellen bringen keine somatischen Zellen mehr hervor, sondern nur noch Keimzellen. Die Zell-Linie, die von der befruchteten Eizelle zu den Urkeimzellen für die nächste Generation führt, ist die **Keimbahn**. Bei *Drosophila* ist sie extrem kurz; denn die Urkeimzellen sind in Form der Polzellen die ersten kompletten Zellen des Embryos überhaupt. Ihre Determination geschieht unter dem Einfluss des (maternalen) Gens *oskar*, dessen mRNA an den posterioren Pol der Eizelle transportiert wird und dorthin weitere Keimzellen-determinierende RNA-Sorten dirigiert, darunter RNA, die sich von den Genen *vasa* und *nanos* ableitet. Diese sind entscheidende Gene, deren Aktivität die ganze Keimbahn nicht nur bei *Drosophila*, sondern bei vielen Vielzellern begleitet. *vasa*-, *nanos*- und *oct*-4-Genprodukte (RNA, Protein) sind Marker der Keimbahn, ▶

auch beim Menschen. Bei Säugern findet man erste Urkeimzellen außerhalb des Embryo im Dottersack, von wo sie in die Gonaden einwandern. Hier wird entschieden, ob die primär geschlechtsneutralen Urkeimzellen zu Stammzellen für Eier (**Oogonien**) oder für Spermien (**Spermatogonien**) werden.

Wird die Gonade zum **Ovar**, entstehen durch mitotische Teilung der Oogonien zahlreiche **Oocyten**, von denen später der größte Teil zugrunde geht. Schon im ungeborenen weiblichen Embryo treten die Oocyten in die Prophase der ersten meiotischen Teilung ein. Diese wird aber unterbrochen; die Chromosomen werden wieder dekondensiert und sind als **Lampenbürstenchromosomen** transkriptionell aktiv. Zugleich werden durch eine **Genamplifikation** ribosomale Gene vervielfältigt, und es entsteht eine Vielzahl von Nucleoli (**multiple Nucleolen**), in denen zahlreiche Ribosomen zur Speicherung im Cytoplasma hergestellt werden. Bei *Drosophila* entwickelt die Oocyte keine Lampenbürstenchromosomen und keine Nucleolen; sie lässt sich von Nährzellen mit allem versorgen.

In der abschließenden Wachstumsphase einer Eizelle werden in Dottergranula des Cytoplasmas Proteine gespeichert, die in der Regel als **Vitellogenine** im mütterlichen Organismus (Wirbeltiere: in der Leber; Insekt: im Fettkörper) hergestellt und von den Oocyten per Endocytose einverleibt werden.

Im Wirbeltier fordern hormonelle Signale die herangewachsene Oocyte auf, mit der **Meiose** fortzufahren. Diese besteht in zwei extrem inäqualen Zellteilungen, wobei jeweils eine winzige, abortive Tochterzelle als **Polkörperchen** von der groß bleibenden Oocyte abgeschnürt wird.

Im Hoden finden die Reifeteilungen und die anschließende terminale Differenzierung der Spermien erst nach der Pubertät statt. Während aus einer Oocyte nur eine haploide Eizelle hervorgeht, liefert jede Spermatocyte vier haploide Spermien. Ein fertiges Spermium ist nicht viel mehr als ein Genom mit Antrieb.

Eizellen erhalten als weitere Mitgift Mitochondrien; daher sind weibliche und männliche Keimzellen genetisch nicht voll gleichwertig. Unterschiedliche Methylierung der DNA kann als **genomische Prägung** zusätzlich Unterschiede in der Penetranz der mütterlichen und väterlichen Allele in der Nachkommenschaft bewirken. Unabhängig davon sind Mutationen oder genetische Manipulationen für die nachfolgende Generation nur dann von Belang, wenn sie in der Keimbahn (der Mutter oder des Vaters) erzeugt werden.

9 Der Start: Befruchtung und Aktivierung des Eies

9.1
Die Befruchtung

9.1.1
Wann beginnt das Leben?

Der Beginn eines zyklisch sich wiederholenden Geschehens ist nicht leicht zu definieren; und Leben von Generation zu Generation zu Generation zu Generation ... kann als eine Folge zyklischer, sich wiederholender Prozesse verstanden werden. Leben verträgt keine Unterbrechung (allenfalls einen vorübergehenden Stillstand in einem Ruhestadium). Menschliches Leben ist ein Kontinuum, das Milliarden von Jahren bereits vor der Stufe des Vielzellers begann und erst mit dem Tod des letzten Menschen enden wird. Dennoch hat jedes individuelle Leben zwei diskrete Grenzen: die Befruchtung und den Tod.

Eizelle und Spermienzelle sind nicht fähig, ein eigenständiges Leben zu führen. Wenn sie aus dem Ovar oder dem Hoden entlassen sind, ist ihre Lebensspanne auf wenige Minuten oder Stunden begrenzt. Erst aus der Fusion einer Eizelle mit einem Spermium (Spermatozoon) entsteht mit der Zygote eine Zelle, welche die Potenz hat, zu überleben, ein neues Individuum hervorzubringen und auf längere Sicht eine nächste Generation. Im Augenblick der Befruchtung ist das individuelle genetische Programm des neuen Lebewesens zusammengestellt, das ihn bis zu seinem Tod begleiten wird. In der Begrifflichkeit der Biologie ist ein Mensch *Homo sapiens* vom Augenblick der Befruchtung an bis zum Augenblick seines Todes. Jedes Stadium seiner Entwicklung gehört zu seinem Dasein.

9.1.2
Terminologische Puristen unterscheiden zwischen Besamung und Befruchtung

Mütterliches und väterliches Genom werden im Prozess der Befruchtung zusammengeführt. **Befruchtung** und **Besamung** sind zwei Ausdrücke, die nicht immer so sauber getrennt gebraucht werden, wie es terminologisch beschlagene Wissenschaftler wünschen. Nach ihrer Definition setzt die Besamung ein, wenn die Spermien vom ♂ freigesetzt werden; sie beinhaltet die Begegnung von Spermium und Eizelle und gipfelt in der Fusion der Spermienmembran mit der Eimembran. **Befruchtung** ist dann in der Terminologie der Puristen die Fusion der beiden haploiden Genome zum diploiden Zygotengenom in der Eizelle. Üblicherweise werden jedoch alle Prozesse, welche zur Begegnung von Spermium und Eizelle und zur Fusion ihrer Kerne führen, und welche die weitere Entwicklung der Eizelle in Gang setzen, unter der Überschrift „Befruchtung" (fertilization) abgehandelt.

9.1.3
Die Eizelle lockt das Spermium an; die Befähigung zur Befruchtung erlangt das Spermium erst durch einen Aktivierungsprozess, die Kapazitation

Der bestuntersuchte Befruchtungsvorgang ist der des Seeigels. Das frisch abgelaichte Ei sendet ein Pheromon, hier **Gamon** genannt, als Lockstoff aus, um die Spermien zum Ziel zu führen. Beim Säuger dürfte das auch so sein. Davon unabhängig wird das Säuger-Spermium erst befruchtungsfähig, wenn es auf seinem Weg den Eileiter hinauf eine Behandlung durch Sekrete des weiblichen Organismus erfährt. Es erlangt erst durch diese Schulung die **Kapazitation** (Befähigung) zur Befruchtung der Eizelle.

9.1.4
Akrosom: Ein chemischer Bohrer ermöglicht das Durchdringen der Eihüllen

Der Kontakt des Spermienkopfes mit Komponenten in der Hülle des Eies löst die **Akrosomreaktion** aus: Das Akrosomvesikel im Spermienkopf (Abb. 9.1, Abb. 9.2) öffnet sich und entlässt eine Kollektion von Enzymen (Hydrolasen wie Proteasen, Glykosidasen, Hyaluronidasen bei Säugern). Das von seinem Flagellum vorangetriebene Spermium besitzt einen chemischen Bohrkopf und frisst enzymatisch einen Kanal durch die Gallerthülle und Vitellinmembran. Beim Seeigelspermium verlängert sich der Bohrkopf zu einem spitzen Bohrer oder Finger: Vom Boden des geöffneten Akrosomvesikels wird eine fingerartige Struktur, das **Akrosomfilament**, durch den chemisch erbohrten Kanal in der Gallerthülle vorgestreckt. Das Vorstrecken ist ermöglicht durch die blitzartige Polymerisation von globulären G-Aktinmolekülen zu F-Aktinfilamenten im sich ausstülpenden Akrosomfinger.

9.1.5
Artspezifische Rezeptoren der Eihülle kontrollieren das eingefangene Spermium

Seeigel. Im freien Seewasser der Meere mögen Spermatozoen so mancher Echinodermen herumschwimmen und ein Ziel suchen. Es können tatsächlich auch artfremde Spermien sich durch die äußere Hülle des Eies boh-

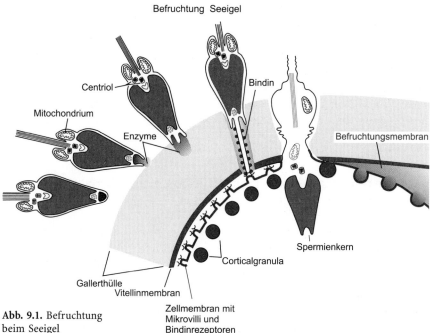

Befruchtung Seeigel

Centriol

Mitochondrium

Enzyme

Bindin

Befruchtungsmembran

Spermienkern

Corticalgranula

Gallerthülle

Vitellinmembran

Abb. 9.1. Befruchtung
beim Seeigel

Zellmembran mit
Mikrovilli und
Bindinrezeptoren

ren. Zur Kontrolle prüfen sich Ei und Spermium wechselseitig; sie zeigen sich ihre Personalausweise: Außen auf dem Akrosomfilament befinden sich als Erkennungszeichen **Bindinmoleküle**, die mit Glykoproteinen (**Bindinrezeptoren**) der Vitellinmembran in Wechselwirkung treten. Bindin und Rezeptor sind artspezifisch aufeinander abgestimmt, sodass nur arteigene Spermien mit der Vitellinmembran Kontakt aufnehmen können.

Säuger. Warum es bei Säugern überhaupt eine Kontrolle der Artspezifität gibt? Schließlich sollten es ja keine artfremden Männchen und Weibchen miteinander treiben. Wie auch immer, man findet artspezifische Rezeptoren in der **Glashaut = Zona pellucida**. Es sind Glykoproteine, die man ZP1, ZP2 und ZP3 nennt (ZP = Zona pellucida). Die drei Glykoproteine bilden einen dreidimensionalen Komplex, der nur in der Zona pellucida *un*befruchteter Eier in einer Form vorliegt, die dem Spermienkopf ein Andokken erlaubt (Abb. 9.2). Nach einer Befruchtung wird die ZP2-Komponente enzymatisch gespalten und die Spermien-bindende Kapazität des Rezeptors verschwindet. Das Gegenstück zum ZP-Rezeptor der Eihülle ist sein Ligand am Spermienkopf. Als Ligand sind mehrere Moleküle der Spermienoberfläche ins Gespräch gebracht worden; eine neutrale Terminologie spricht schlichtweg von einem **egg-binding protein EPB**.

Beim Säuger prüfen die Spermien-bindenden Rezeptoren, insbesondere der ZP-Rezeptor, nicht nur die Identität des Spermiums, sondern lösen auch die Akrosomreaktion aus. (Beim Seeigel waren für die Induktion der

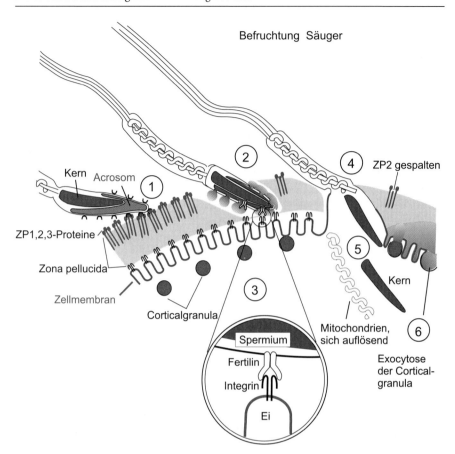

Abb. 9.2. Befruchtung beim Säuger. (**1.**) Der Spermienkopf dockt mit besonderen Rezeptoren am ZP3-Protein an; (**2.**) es öffnet sich das Akrosomvesikel und entlässt Enzyme, die einen Kanal aus der Zona pellucida herauslösen. (**3.**) Durch das Platzen des Akrosoms wird am Spermium das Fertilin exponiert, das von der Eizelle mittels ihres Fertilinrezeptors gebunden wird. (**4.**) Die Eimembran faltet sich dem Spermium entgegen und fusioniert mit der Spermienmembran; dabei wird ein Durchgang frei. (**5.**) Spermienkern und Mitochondrien sind in die Eizelle aufgenommen; die Mitochondrien werden abgebaut. (**6.**) Durch Exocytose der Corticalgranula wird quellfähiges Material (rot) in den Raum zwischen Zellmembran und Zona pellucida entlassen. Das aufquellende Material hebt die Zona pellucida als „Befruchtungsmembran" ab

Akrosomreaktion und die nachfolgende artspezifische Kontrolle/Bindung zwei verschiedene Moleküle der Eihülle zuständig.) Allerdings sind die Spermien-einfangenden Proteine der Zona pellucida, einschließlich des ZP-Komplexes, keine integralen Membranproteine, sondern Komponenten der extrazellulären Eihülle. Es muss folglich ein weiterer Prozess nachgeschaltet sein, der die Fusion des Spermiums mit der Eizelle ermöglicht.

Folgende Sequenz von Ereignissen wird vermutet: Das Spermium kommuniziert zuerst mit dem ZP-Komplex. Dieser heftet sich an den Spermienkopf und löst die Exocytose des Akrosomvesikels aus. Durch das Öffnen des Vesikels wird das Protein **Fertilin**, das mit der Vesikelmembran assoziiert ist und funktionell dem Bindin des Seeigelspermiums entspricht, nach außen gekehrt und an der Spitze des Spermiums exponiert. Dieses frisch exponierte Fertilin soll an einen **Integrin-ähnlichen Rezeptor** auf den Mikrovilli der Eizellmembran ankoppeln; dieser Rezeptor sei ein Transmembranprotein mit einer zellinternen Protein-Tyrosin-Kinase-Domäne. Die Liganden-Rezeptor-Bindung setze eine Signaltransduktionskaskade in Gang (s. Abschnitt 9.2.1) und leite die Fusion der Zellmembranen von Spermatozoon und Eizelle ein.

In elektronenmikroskopischen Aufnahmen sieht man, wie sich die mit Mikrovilli bestückte Oberfläche der Eizelle als **Befruchtungshügel** dem Spermium entgegen aufwölbt. Diese Mikrovilli fusionieren mit der Zellmembran des Spermiumkopfes. Dabei wird eine Passage freigemacht; der Kern des Spermiums, seine Mitochondrien und Centriolen (sofern vorhanden) werden aus dem Spermiumkopf ausgestoßen und durch die Passage in die Eizelle gezogen.

9.1.6
Weiteren Spermien wird in der Regel der Zutritt verwehrt

Wenn die Zellmembran des Spermiums mit der Membran der Eizelle fusioniert, ist der Punkt gekommen, an dem weiteren Spermien der Zutritt verwehrt werden sollte.

Man unterscheidet folgende Phasen:

1. Schneller erster, aber nur vorläufiger Block gegen Polyspermie, ausgelöst durch eine Depolarisation der Zellmembran und verwirklicht durch eine Inaktivierung der für die Spermienbindung zuständigen Rezeptoren, und
2. nachfolgender permanenter Block durch Aufblähen der sogenannten Befruchtungsmembran. Beim Säugerei wird dieser Block erreicht, indem die ZP (Zona pellucida)-Rezeptoren, an welche die Spermien andocken könnten, enzymatisch gespalten und damit unbrauchbar gemacht werden. Diese Sperrmechanismen werden bei der Aktivierung des Eies eingeschaltet und daher nachfolgend unter Abschnitt 9.2 näher beschrieben.

Bei vielen tierischen Organismen ist ein erster, rascher Block gegen Polyspermie lebenswichtig. Polyspermie würde zum Absterben des Keims führen. Amphibieneier und Insekteneier freilich verkraften Polyspermie; überzählige Spermien werden in der Eizelle vernichtet.

9.2
Aktivierung des Eies

9.2.1
Dornröschen wird wachgeküsst

Die noch unbefruchtete Oocyte schläft: Transkription, Proteinsynthese, Zellatmung sind auf oder nahe dem Nullpunkt. Der Kontakt des finalen Spermiumliganden (Seeigel: Bindin; Säuger: Fertilin) mit dem entsprechenden Rezeptor in der Eizellmembran (Seeigel: Bindinrezeptor; Säuger: Integrin-ähnlicher Rezeptor) löst eine Kaskade dramatischer Ereignisse aus (Abb. 9.3, Abb. 9.4):

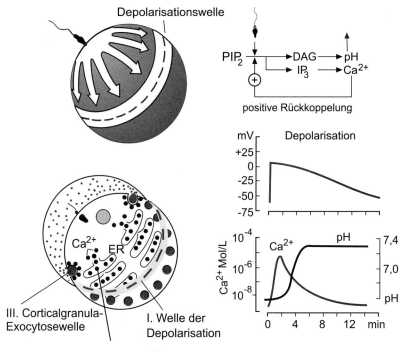

Abb. 9.3. Aktivierung des Eies bei der Befruchtung. In der rechten Spalte sind zeitliche Verläufe dargestellt. PIP_2 ist eine Ausgangssubstanz des PI-Signaltransduktionssystems (s. Abb. 9.4). Die positive Rückkoppelung deutet an, dass Calcium-Ionen die Freisetzung weiterer Ca^{2+}-Ionen fördern. Während die Depolarisation vermutlich unmittelbar vom Spermium ausgelöst wird, sind die Veränderungen in der Konzentration des cytosolischen Ca^{2+} und des pH Folge der durch die Signaltransduktion ausgelösten Ereignisse

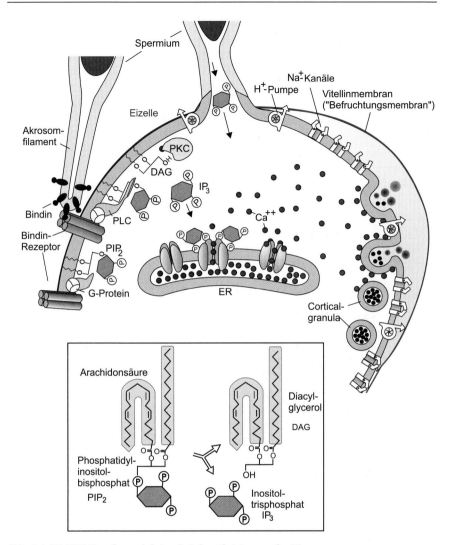

Abb. 9.4. PI-PKC-Signaltransduktion bei der Aktivierung des Eies

- An der Kontaktstelle fusionieren die Membranen von Spermium und Eizelle. Es wird eine Passage freigemacht, durch die nicht nur der Kern und das Centrosom des Spermiums geschleust werden, sondern auch ein vom Spermium geliefertes besonderes Protein, das die Aktivierung des Eies einleitet.
- Die Eimembran erfährt eine **elektrische Depolarisation**, die sich vergleichbar einem Aktionspotential über die Oberfläche des Eies ausbreitet. Beim Seeigel soll durch eine Spannungs-gesteuerte allosterische Konformationsänderung der Bindinrezeptor so modifiziert werden, dass

weitere Spermien nur mehr schlecht an die Eimembran ankoppeln können (**erster, rascher Block gegen Polyspermie**).

- Es wird am Ort des Spermium-Eintritts das **PI-PKC-Signaltransduktions-System** (Abb. 9.4, s. auch Abb. 20.2) aktiviert (Auslöser könnte bei Säugern die Koppelung vom Fertilin der Spermienmembran mit dem Integrin der Eimembran sein), und es entstehen in Sekundenschnelle die second messenger IP_3 und Diacylglycerol (DAG).

- Über einen second messenger (z. B. **IP$_3$**, cGMP, cyclische ADP-Ribose) oder über das vom Spermium eingeschleustes Aktivierungsprotein wird aus dem endoplasmatischen Reticulum (ER) der Eizelle **Ca^{2+}** freigesetzt. Eine positive Rückkoppelungsschleife sorgt dafür, dass das freigesetzte Ca^{2+} seinerseits in der Nachbarzone weiteres Ca^{2+} freisetzt. Der Vorgang der Ca^{2+}-Freisetzung breitet sich explosionsartig über das Ei aus. Da das ausgestoßene Ca^{2+} blitzartig wieder ins ER zurückgepumpt wird, breitet sich vom Einschlagsort des Spermiums eine an- und abschwellende Ca^{2+}-Welle aus (Abb. 9.3). Im Ei des Hamsters, und ähnlich im Ei der Maus, folgen der ersten Ca^{2+}-Welle in Intervallen von 1 bis 10 min weitere Ca^{2+}-Oszillationen.

- Ca^{2+} wiederum ermöglicht im Seeigelei und Amphibienei eine explosionsartige **Exocytose der Corticalgranula** (Corticalvesikel). Sie entlassen stark quellfähige Proteoglykane (**Hyalin**) zwischen Eimembran und der extrazellulären, elastischen Vitellinmembran. Durch Wasseraufnahme quillt das Hyalin mit explosiver Geschwindigkeit zu einer Gallertschicht. Die elastische Vitellinmembran wird wie ein Airbag plötzlich gewaltig gedehnt und wird nun „**Befruchtungsmembran**" genannt. Beim Säuger wird bei dem explosiven Aufplatzen der Corticalgranula das Enzym frei, das die Spermien-bindenden Rezeptoren der Zona pellucida zerstört. In jedem Fall büßt die Eihülle ihre Spermien-bindende Kapazität ein und die gesamte Hüllschicht fungiert als zweite, permanente Barriere gegen Polyspermie.

- Das Ca^{2+}-Signal unterstützt darüber hinaus die **metabolische Aktivierung der Eizelle**. Diese Aktivierung wird weiterhin durch das in der Eimembran verbleibende **Diacylglycerol** (DAG) vermittelt. Es wird eine **Proteinkinase C (PKC)** an DAG angedockt und aktiviert. Sie wiederum stimuliert durch Phosphorylierung einen Na^+/H^+-Antiport. Durch die Aktivität dieses membranständigen Ionenaustauschers wird H^+ nach draußen geschleust; das Ei-Cytosol wird somit alkalisiert und im Austausch gegen H^+ mit Na^+ angereichert. Es wird angenommen, dass der **pH-Anstieg** Bedingungen schafft, unter denen die in den RNP-Partikeln gespeicherte mRNA zur **Translation** frei wird. Unter den neu hergestellten Proteinen befinden sich u. a. Histone, die zur Vervielfältigung der Chromosomen im Zuge der Furchungsteilungen benötigt werden.

- Ein anderer von der Proteinkinase C ausgehender, im Einzelnen noch nicht bekannter Aktivierungsweg führt zum **Start der DNA-Replikation** im eingeschleusten haploiden Spermienkern, den man ♂ **Vorkern** nennt, und im haploiden Kern der Oocyte, dem ♀ **Vorkern**. (Bei Säugern gibt der Oocytenkern zuvor noch den 2. Polkörper ab.) Der ♂ Vorkern wandert, geführt von einem Centriol, zum ♀ Vorkern und fusioniert mit ihm zum **diploiden Zygotenkern**. Der Befruchtungsvorgang ist abgeschlossen.

9.3
Selbstbefruchtung und Parthenogenese

Es sei hier nochmals ein Thema aufgegriffen, das schon in Kapitel 1 angesprochen worden ist: Bei einer Reihe wirbelloser Organismen kann eine Embryonalentwicklung starten und zu Ende kommen, ohne dass zwei Eltern Gelegenheit hatten, mit ihren Genen zur Hälfte die genetische Ausstattung der Nachkommen bestimmen zu können. Ergänzend zu dem vormals in Kap. 1 Gesagten listen wir hier systematisch einige der Möglichkeiten uniparentaler (ein-elterlicher) Fortpflanzung auf. Drei Grundtypen seien hier diskutiert:

- Selbstbefruchtung (Endogamie) bei Zwittern
- Haploide Parthenogenese
- Diploide Parthenogenese

Bei Endogamie, haploider Parthenogenese und einer bestimmten Form der diploiden Parthenogenese kommt es zu einer rigorosen Elimination von Trägern defekten Erbgutes.

9.3.1
Zur Selbstbefruchtung fähige Zwitter können sich uniparental fortpflanzen; wenn solche Inzucht sich wiederholt, werden die Nachkommen von Generation zu Generation zunehmend in ihrem Genotyp einander gleich

Zwittrige Arten, wissenschaftlich auch als **Hermaphroditen** bezeichnet (nach dem griechischen Halbgott Hermes und nach der weiblichen Schönheit Aphrodite), können definitionsgemäß sowohl Eizellen wie Spermien erzeugen. Vielfach jedoch ist Selbstbefruchtung nicht möglich, sei es, dass die anatomischen Gegebenheiten es den Spermien unmöglich machen, im selben Organismus Eizellen aufzusuchen, sei es dass Spermien und Eier nicht zur selben Zeit produziert werden, sei es, dass Eizellen und Spermien nicht miteinander fusionieren können (Inkompatibilität). In seltenen Fällen allerdings ist **Selbstbefruchtung (Endogamie)** möglich. Bekanntes Beispiel ist einer unserer Modellorganismen, der Fadenwurm *Caenorhabditis elegans*. In der Gonade greift die reife Eizelle beim Passieren der Spermienkammer (Spermathek) ein Spermium auf und entwickelt sich gleich anschließend noch im Muttertier zur Larve.

Bei wiederholter Inzuchtkreuzung, etwa nach 6–7 Fortpflanzungszyklen, liegen nahezu 100% der Allele homozygot vor. Defektmutationen sind dann in den meisten Fällen letal. Das hat die Elimination solcher Individuen und damit auch die Elimination solcher Defektallele zur Folge. Dieser ‚erwünschte' Effekt wird allerdings durch das Risiko erkauft, dass eine ganze Population aussterben könnte. Durch gelegentliches Einschieben einer biparentalen sexuellen Fortpflanzung wird das Risiko gemildert.

9.3.2
Haploide Parthenogenese: so erzeugte Männchen bei Insekten sind in besonderem Maße dem Fitnesstest unterworfen

Bei Bienen und anderen Hautflüglern (Hymenopteren: Bienen, Wespen, Ameisen) liegt es oftmals im Ermessen der Königin, zu entscheiden, welches Geschlecht ein Nachkomme haben soll. Bei Insekten gibt es wie bei Wirbeltieren eine innere Besamung, d. h., das Ei wird besamt und befruchtet, bevor es den mütterlichen Körper verlässt. Dazu benutzt ein Weibchen Samen, das es nach der Begattung im Receptaculum seminis gespeichert hat. Eine Bienenkönigin, und ebenso eine Ameisenkönigin, kann ein Ei aber auch unbefruchtet lassen, und trotzdem entwickelt sich das abgelegte Ei. Aus der Puppenhülle schlüpft später dann ein haploider Drohn ($\female$).

Drohnen müssen im Hochzeitsflug ihre Fitness beweisen. In haploiden Organismen wird jedes beschädigte Allel die Fitness des Trägers reduzieren. Drohnen mit Defektallelen haben kaum eine Chance, bei der Begattung zum Zuge zu kommen. Das Defektallel wird von der Population eliminiert.

9.3.3
Diploide Parthenogenese: das Ergebnis kann eine Art natürlichen Klonens sein

Es gibt drei Möglichkeiten, wie Mütter, ohne ein Spermium zuzulassen, diploide Nachkommen hervorbringen können:

- Modus 1: Oocyten entwickeln sich bevor eine Meiose in Gang kommt; die Nachkommenschaft ist ein Klon des mütterlichen Organismus. Beispiel ist die Heuschrecke *Pycnoscelus surinamensis*.
- Modus 2: Nach Abschluss der ersten meiotischen Teilung vereinigt sich der Polkörper wieder mit der Eizelle und bringt dabei wieder einen Chromosomensatz und ein Centriolenpaar zurück. Diese Fusion kann auch eine Aktivierung der Eizelle auslösen. Auch hier sind die Nachkommen eines Individuums Mitglieder eines Klons.
- Modus 3: Eizellen durchlaufen beide meiotischen Teilungen, werden also haploid, doch kommt es zu einer nachträglichen Aufregulierung, sei es dass der zweite Polkörper mit der Eizelle verschmilzt, sei es, dass nach der ersten Replikation der Chromosomen Kern- und Zellteilung unter-

bleiben. (In diesem dritten Fall würden alle Allele homozygot vorliegen, und die Individuen kämen in die Prüfung eines rigorosen Fitnesstests wie bei der oben besprochenen haploiden Parthenogenese.)

Diploide Parthenogenese (nach Modus 1 oder 2) ist bekannt von einer Reihe von Wirbellosen, insbesondere von Blattläusen, bei denen im Frühjahr eine rein weibliche Population rasch eine Vielzahl von Nachkommen hervorbringen kann (s. Abb. 1.4). Doch selbst einigen Wirbeltieren ist Parthenogenese nicht fremd. Einige ,Kaltblüter', speziell einige Fischarten, können auf Sexpartner verzichten. Auch ein Landwirbeltier hat dank seiner parthenogenetischen Entwicklung Aufsehen erregt: es ist die amerikanische Eidechsenart *Cnemidophorus uniparens*. (Noch mehr Aufsehen erregt diese Art freilich durch ihr Sexualverhalten. Obwohl die Population aus lauter Weibchen besteht, verzichtet man nicht auf Sex. Eine Partnerin benimmt sich wie ein ♀, das andere wie ein ♂. Von Zeit zu Zeit werden die Rollen getauscht.) In einer Population, die sich so fortpflanzt, werden bald diese oder jene Allele verloren gehen, weil nun mal nicht alle Individuen Nachkommen haben werden, und die, welche Nachkommen haben, haben sie nicht alle in gleicher Zahl. Die genetische Vielfalt sinkt wie im Fall der Endogamie.

Wenn es schon Parthenogenese bei Wirbeltieren gibt, fragt man sich neugierig: Gibt es Parthenogenese auch bei Säugern, vielleicht gar beim Menschen? Wir diskutieren diese Frage in Box K 9.

9.3.4
Säuger: Für eine Normalentwicklung ist ein Spermium, und damit ein Vater, unentbehrlich – solange nicht Klonen die natürliche Fortpflanzungsweise ersetzt

Bei Säugern, und damit auch beim Menschen, gibt es vorab drei Gründe, weshalb unter natürlichen Bedingungen nur dann ein Kind zur Welt kommt, wenn zuvor ein Vater seinen Beitrag geleistet hat:

1. Das Spermium muss mit seinem haploiden Genom das haploide Genom der Eizelle zum diploiden Genom der Zygote vervollständigen. Ein haploides Genom reicht nicht, um ein Wesen entstehen zu lassen, das die Embryonalentwicklung schadlos übersteht und auf längere Sicht lebensfähig ist.
2. Das Spermium sollte zur Aktivierung des Eies ein Aktivierungsprotein in die Eizelle einschleusen.
3. Sogleich nach der Aktivierung des Eies werden die Chromosomen verdoppelt, und es wird die erste Furchungsteilung eingeleitet. Um eine ordentliche Verteilung der Chromosomen zu sichern, muss ein bipolarer Spindelapparat aufgebaut werden. Zu dessen Organisation braucht die Zygote, wie jede sich teilende eukaryotische Zelle, zwei **Centrosomen**

BOX K9 Geboren aus einer Jungfrau?

In vielen Kulturen und Religionen berichten Legenden und heilige Schriften von Halbgöttern, Stammesgründern, Königen, Weisen und Religionsstiftern, die ohne Beteiligung eines Mannes dem Schoß einer Jungfrau entstammt seien. Diese Jungfrauen hätten ihre Leibesfrucht unmittelbar von einem göttlichen Wesen empfangen (Buddha von einem Elefanten). Göttlicher Herkunft und von einer Jungfrau geboren seien beispielsweise Gilgamesch, der mythische Held und König des alten babylonischen Reiches, die späten Pharaonen und Jesus von Nazareth. Den Pharaonen wurde die Ehre zuerkannt, vom Sonnengott Re abzustammen, und als der römische Kaiser Augustus sich zum Pharao des eroberten Ägyptens erklärte, wurde auch bald die Legende in Umlauf gesetzt, er sei Sohn des Sonnengottes und von einer Jungfrau zur Welt gebracht worden.

In Sonderfällen kann bei Säugetieren eine parthenogenetische Entwicklung in Gang kommen, wenn eine unreife Keimzelle vor der Reifeteilung (Meiose) die Embryonalentwicklung beginnt oder wenn nach der ersten meiotischen Teilung der Polkörper wieder mit der Eizelle verschmilzt und sie dabei auch aktiviert. Aus solchen parthenogenetischen Embryonen werden oftmals Teratome; dies sind chaotisch disorganisierte Embryonen, welche sich wie Tumoren verhalten. (Sogar im Hoden können sich aus männlichen Urkeimzellen solche Teratome entwickeln.) Manchmal werden parthenogenetische Eizellen aus dem Ovar entlassen, gelangen in den Eileiter und beginnen eine scheinbar normale Embryonalentwicklung. Dies wird beispielsweise bei Mäusen beobachtet, bei denen eine parthenogenetische Entwicklung künstlich ausgelöst werden kann. Allerdings sterben solche Embryonen noch vor der Geburt ab (Abschnitt 9.3.4).

Doch selbst dann, wenn ausnahmsweise eine Entwicklung bis zur Geburt und darüber hinaus möglich sein sollte, gäbe es weiteren Erklärungsbedarf: Eine Frau könnte parthenogenetisch nur ein Mädchen gebären; woher sollte auch ein Y-Chromosom kommen (s. Kap. 23 Sexualentwicklung)? Auch wäre ein solch diploid-parthenogenetisches Mädchen eine Kopie (Klon) ihrer Mutter. Dies steht im Widerspruch zu all diesen Legenden und Schriften, die stets von der außernatürlichen Geburt eines **Mannes** berichten.

Wer an die jungfräuliche Geburt eines Mannes glaubt, muss auch an ein göttliches Wunder glauben (wie auch in der neutestamentlichen Bibel die jungfräuliche Geburt Jesus' als besondere Fügung Gottes dargestellt wird).

(die bei Tieren jeweils ein Centriolenpaar einschließen). Bei der Mehrzahl der Wirbeltiere, und so wahrscheinlich auch beim Menschen, steuert die Eizelle das eine Centrosom bei, das Spermium das zweite. (Vor
den weiteren Zellteilungen werden diese dann jeweils verdoppelt.)

Dennoch ist auch bei Säugern in seltenen Fällen ein parthenogenetischer
Frühstart der Entwicklung möglich. Es sind folgende Möglichkeiten bekannt:

- Noch diploide Keimzellen im Ovar, aber auch im Hoden, beginnen sich
  zu entwickeln. In diesen Fällen entstehen jedoch keine normalen Embryonen, sondern Teratome mit chaotisch disorganisierten Geweben und
  Organen, oder gar Tumor-artige Teratocarcinome („Hodenkrebs").
- Oocyten werden aus dem Ovar ausgestoßen; in seltenen Fällen beginnen
  sie sich auch ohne Zutun eines Spermiums zu entwickeln, und es entstehen haploide oder diploide Embryonen. Sie sind
  - haploid, wenn sie die Meiose zu Ende bringen und den zweiten Pol-
    körper abschnüren;
  - diploid, wenn der erste Polkörper in die Eizellen zurückfindet.

Bei der Maus (und auch anderen Säugern) kann Parthenogenese künstlich
ausgelöst werden, beispielsweise indem aus dem Ovar entlassene Oocyten
aufgefangen und im Kulturgefäß durch elektrische Reize oder mit 7%
Ethanol aktiviert werden. Haben die Keime das Blastocystenstadium erreicht, werden sie in den Uterus von Ammenmüttern eingeführt. Bisheri-
ges Ergebnis: Ob haploid oder diploid, die Entwicklung kommt nach 10
Tagen im 10–13 Somitenstadium zum Stillstand und der Keim stirbt ab.
Bis zum Frühjahr 2005 ist noch nie ein lebensfähiges Mäuslein oder ein
anderes Säugetier geboren worden, das sich nachweislich parthenoge-
tisch entwickelt hätte.

Eine Ursache für das frühzeitige Absterben der Embryonen ist, dass der
Keim ohne väterliches Genom keine ordentliche Plazenta bilden kann. Dafür wird die **genomische Prägung**, die wir im vorigen Kapitel 8 anspra-
chen, verantwortlich gemacht. Bei der Maus wird ein paternal geprägtes
Genom im Trophoblasten, und damit auch in der Plazenta, gebraucht; ein
ausschließlich maternal geprägtes Genom ist da nicht so recht tauglich.
Werden zwei Genome vereinigt, die beide in einer weiblichen Keimbahn
geprägt worden sind, so bildet der Keim nur eine kümmerliche Plazenta,
die den Embryo nicht ausreichend versorgen kann.

Im Jahr 2004 allerdings ging eine Sensationsmeldung durch die Welt-
presse, die auf den ersten Blick dem zuvor Gesagten zu widersprechen
schien. Erstmals sind in einem koreanischen Labor parthenogenetisch erzeugte Mäuse lebend geboren worden, und sie wurden sogar geschlechtsreif (Kono T et al., NATURE 428: 860–864). Was war geschehen? Es war
das Ergebnis eines Laborexperiments, das so von der Natur nicht durchgeführt werden kann. Dem Ovar neugeborner mutanter Mäuse wurde eine
unreife haploide Oocyte entnommen und ihr Kern statt eines Spermien-

kerns in eine haploide reife Wildtyp-Oocyte eingebracht. Diese wurde folglich diploid. Solche diploiden Oocyten wurden mehrfach hergestellt und in den Uterus von Ammenmüttern implantiert, die alsdann parthenogenetisch erzeugte Nachkommen (Engl.: *parthenotes*) zur Welt brachten. Die unreifen Oocyten, deren haploider Kern einen Spermienkern ersetzten, trugen in einem bestimmten Gen namens H19 eine Mutation, die eine paternale Prägung eben dieses Gens unmöglich gemacht hatte. Zwar waren andere Gene, die vom Vater der Kernspenderinnen stammten, durchaus paternal geprägt, nicht aber dieses Gen H19. Normalerweise bewirkt dieses Gen, wenn es denn paternal geprägt ist, dass die Föten nicht zur Geburtsreife heranwachsen. Die Autoren kommen zu dem Schluss, das normalerweise paternale Prägung eben dieses Gens eine Geburt lebensfähiger parthenogenetischer Nachkommen verhindert.

Genomische Prägung bringt keine Probleme, wenn Klonen mittels somatischer Kerne gelingt (Kap. 5). Somatische Kerne enthalten ja ein „väterliches" und „mütterliches" Genom, die einstmals in der Spermatogenese bzw. Oogenese ihre unterschiedliche Prägung erfahren hatten und diese Prägung (und ebenso ihre Centrosomen) den Zellen des werdenden Kindes weiter vermitteln können. Falls Klonen beim Menschen ebenso wie bei Schafen, Rindern und Mäusen gelingt (s. Kap. 5), wird ein Vater nicht mehr gebraucht (es sei denn, man wollte Männer klonen, wozu freilich auch das Y-Chromosom einer kultivierten männlichen Zell-Linie genügte). Über Klonen ließe sich eine vater- und mannlose Gesellschaft herstellen (Kap. 5).

Lassen wir vorerst beiden, Mutter und Vater, ihr Recht auf natürliche Funktion. Dann kann mit einem ordentlich aktivierten Ei, einem vollständigen Centrosom und einem garantiert diploiden Genom nun die Furchung beginnen.

ZUSAMMENFASSUNG DES KAPITELS 9

Mit der **Befruchtung, der Fusion eines Spermiums mit einer Eizelle zur Zygote,** beginnt das neue Leben. Ein Spermium wird durch Lockstoffe, **Gamone,** zur Eizelle geführt und in der Eihülle festgehalten. Hier wird das Spermium auf die korrekte Artzugehörigkeit kontrolliert. Die Moleküle der Eihülle, welche Spermien artspezifisch binden, bei Säugern ist es das ZP3-Protein, lösen beim Spermium die **Akrosomreaktion** aus. Das Akrosomvesikel setzt Enzyme frei, die dem Spermium den Weg durch die Eihüllen freimachen. Um die Fusion der Zellmembranen von Spermium und Eizelle einzuleiten, exponiert die Spermienspitze einen Liganden, Bindin beim Seeigel, Fertilin beim Säuger, der mit Integrin-ähnlichen Rezeptoren der Eimembran interagiert. Durch Fusion der Zellmembranen von Ei- und Spermazelle wird eine Passage frei, durch die der Kern des Spermiums in die Eizelle gelangt. Mit der Fusion des vom Spermium gelieferten haploiden, „väterlichen Vorkerns" mit dem haploiden, „mütterlichen Vorkern" der Eizelle zum **diploiden Zygotenkern** ist die Befruchtung abgeschlossen.

Der Kontakt von Spermium und Eizelle triggert in der Eizelle eine elektrische **Depolarisation** und eine **Signaltransduktionskaskade (PI-PKC-System),** die ihrerseits eine wellenförmig sich ausbreitende Freisetzung von Calcium, das Abheben der Vitellinmembran von der Eioberfläche (Seeigelei, Amphibienei) oder den enzymatischen Abbau der Spermien-bindenden Rezeptoren der Eihülle (Säuger) sowie die **Aktivierung** der bis dahin metabolisch ruhenden Eizelle auslösen. Depolarisation und das Aufblähen der Vitellinmembran zur „Befruchtungsmembran" oder die Zerstörung der Rezeptoren bewirken eine Sperre gegen das Eindringen weiterer Spermien.

Es werden Fälle von **Parthenogenese** („Jungfernzeugung"), d.h. Entwicklung ohne Beteiligung eines Spermiums, bei Wirbellosen und Wirbeltieren vorgestellt. Abschließend wird diskutiert, ob man nicht auf das Spermium und damit auf einen Mann verzichten kann: Bei Säugern geht das normalerweise nicht, weil manche für die Entwicklung einer vollwertigen Plazenta benötigten Gene aufgrund einer „genomischen Prägung" nur aktivierbar sind, wenn sie vom Vater stammen.

10 Furchung und MPF-Oszillator

10.1
Das zeitliche Muster der Furchungsteilungen

10.1.1
Weil der Embryo auf seine mütterliche Mitgift zurückgreifen kann, lässt sich der frühembryonale Zellzyklus auf die S- und M-Phase verkürzen

Es soll ein vielzelliger Organismus aufgebaut werden, und zwar so rasch wie möglich; denn der tierische Embryo kann keinem Feind entfliehen und wird sich bald selbst ernähren müssen (sieht man vom Säugerembryo ab). Nun kommt dem Ei zugute, dass es auf vielfältigen **maternalen** Vorrat zurückgreifen kann. Der frühe Keim kann, in der Regel bis kurz vor der Gastrulation, darauf verzichten, genetische Information in mRNA zu überschreiben; denn alle nötige mRNA liegt in den maternalen RNP-Partikeln bereit. Daraus wird die mRNA befreit und zu den Ribosomen geführt; durch Translation werden die benötigten Proteine hergestellt. Die Chromosomen brauchen nicht für eine Transkription in Anspruch genommen zu werden.

Wir erinnern uns: der Zellzyklus, d. h. die Spanne von einer Zellteilung bis zur nächsten Zellteilung, gliedert sich im Regelfall in vier „Phasen" (Abschnitte): **G1, S, G2 und M** (M = Mitose). In der S-Phase (Synthese-Phase) wird die DNA repliziert; in der M-Phase werden die Zellen geteilt. In G1 und besonders in G2 wird bei Bedarf Information von Genen auf mRNA umgeschrieben (transkribiert).

Transkription ist indes anfänglich nicht nötig. Nur der Säugerkeim fängt schon früh mit zygotischer Transkription an, und bei ihm ist der embryonale Zellzyklus ungewöhnlich lang. Im Regelfall jedoch können die Zellen der Furchungsphase sich darauf konzentrieren, ihre DNA zu replizieren, mit Proteinen zu beladen und dadurch ihre Chromosomen zu verdoppeln (Chromosomen mit zwei Chromatiden sind in sich verdoppelte Chromosomen). Da die mRNA für Histone und andere Chromatinproteine in vielen Kopien schon im Cytoplasma vorliegt und daher die Anlieferung solcher Proteine rasch geschehen kann, ist die Replikation der Chromosomen in 20–30 min abgeschlossen. Sogleich werden die Chromosomen in die Transportform kondensiert. Es kann gleich die Mitose folgen: die verdoppelten Chromosomen werden auf Tochterzellen verteilt. Zug um Zug folgen S-Phase = Replikation, und M-Phase = Mitose; G1- und G2-Phase fehlen zunächst, jedenfalls bei den bevorzugten Untersuchungsobjekten: Seeigel, *Xenopus*, und *Spisula* (einer Muschel). Die entstehenden Zellen werden immer kleiner.

Bei *Xenopus* werden im Blastulastadium während der **midblastula transition**, wenn neue Transkriptionsprodukte von den **zygotischen** Genen benötigt werden, nach und nach G1- und G2-Phase eingeschoben. Nun werden die Zellzyklen länger und die Teilungen der verschiedenen Zellen zunehmend asynchron. Der Start eines Zellzyklus beginnt mehr und mehr **von extrazellulären Signalen abhängig** zu werden.

10.1.2
Die Furchungsteilungen werden von einem molekularen Oszillator angetrieben

Der interne Oszillator, der den frühembryonalen Zellzyklus antreibt, benutzt die gleichen molekularen Komponenten, die dem Steuerungsapparat eines jeden Zellzyklus zugrunde liegen (Abb. 10.1). Kontinuierlich wird das Protein Cdc2 (frühere Bezeichnung p34^{cdc2}) hergestellt, periodisch in Vorbereitung auf die Mitose das Protein **Cyclin B** (*Xenopus*: Cyclin B1 und B2). Die Menge des Cyclin B war in der Oocyte hoch und sank während der Befruchtung ab. Nun wird Cyclin B periodisch im Rhythmus der Zellzyklen jeweils neu hergestellt und wieder abgebaut. Daher die Bezeichnung „Cyclin". Kurz vor dem Eintritt der Zellen in die Mitose (M-Phase) ist die Menge an Cyclin B am höchsten. Beide genannten Komponenten, Cdc2 und Cyclin B, müssen kooperieren, um funktionsfähig zu werden und gemeinsam als Heterodimer die Mitosen in Gang setzen zu können.

Vor dem Eintritt der Mitose assoziieren Cdc2 und Cyclin B zum, freilich noch inaktiven, **Mitosis-promoting factor (MPF)** (synonym: M-phase-promoting factor, **meiosis-promoting factor**, oder **maturation-promoting factor**; weil der MPF auch in der Reifeteilung wirksam ist und als Initiator der Reifeteilung entdeckt worden ist).

Der MPF unterliegt regulatorischen Modifikationen. Vor allem kommt es zu Phosphorylierungen sowohl an der Cdc2- wie an der Cyclin-Komponente; und das Phosphorylierungsmuster wechselt mehrfach. Die regulatorischen Modifikationen werden von Kinasen bewerkstelligt, die im Dienste verschiedener Kontrollsysteme stehen. Beispielsweise muss ein besonderes Kontrollsystem sicherstellen, dass die Zellteilung erst dann gestartet wird, wenn die DNA vollständig repliziert ist und die Chromosomen in die Transportform (Metaphase-Chromosomen) gebracht sind.

Der MPF wird zum aktiven MPF, wenn in der Cdc2-Einheit die Aminosäure Thr-161 (sprich: Threonin an der Position 161 der Cdc2-Sequenz) mit Phosphat beladen ist: Ser/Thr-Proteinkinasen bewirken eine positive Aktivierung. Zusätzlich müssen Phosphatasen die Aminosäuren Thr-14 und Tyr-15 von Phosphat entlasten: Protein-Phosphatasen heben eine Hemmung auf. Nun liegt der wahre Mitose-fördernde Faktor vor.

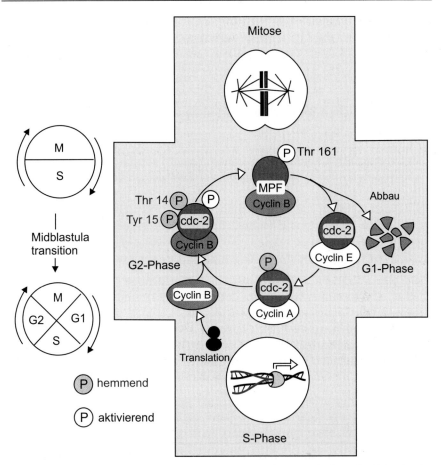

Abb. 10.1. Embryonaler Zellzyklus (links) und MPF-Oszillator. Nicht berücksichtigt ist das periodische An- und Abkoppeln weiterer Kinasen und Phosphatasen an cdc2 bzw. Cyclin

MPF erfüllt seine Aufgabe, indem der Komplex selbst zur Kinase wird. Der aktive MPF ist das Urbeispiel einer **Cyclin-dependent Kinase (CDK)**. MPF heißt daher auch „M-phase CDK".

Am ganzen Uhrwerk, das ja nicht nur die Mitose einläuten soll, sondern den ganzen Zellzyklus zu steuern hat, ist eine Vielzahl von Cyclinen (z.B. Cyclin A, mehrere Cyclin B-Isoformen, Cyclin E) beteiligt. Es gibt entsprechend eine Vielzahl von Cyclin-abhängigen Kinasen. Es gibt weitere Protein-Kinasen, z.B. die **Mitogen-associated protein kinase (MAPK)**, die ein großes Spektrum von Zellproteinen mal hier mal dort mit Phosphat beladen. Und es gibt eine Vielzahl von Phosphatasen, die Phosphat wieder abkoppeln. Dazu kommt eine Vielzahl verschiedener Aktivatoren und Inhibitoren. In der **midblastula transition** tauchen neue Kinasen auf.

Die ganze Maschinerie des Oszillators ist sehr komplex und keineswegs vollständig aufgeklärt. Auf Ausführungen der Fachliteratur einzugehen, hieße, ein einführendes Lehrbuch mit fragmentarischem Wissen zu überlasten. Es wird auf die Literaturliste verwiesen.

10.2
Zum räumlichen Muster der Zellteilungen

10.2.1
Zellteilungsfolgen können nach starren Mustern vonstatten gehen, sodass artspezifische Zellstammbäume erstellt werden können

Bei kleinen Keimen, die sich zu kleinen Organismen entwickeln, kann man durch exakte Beobachtung feststellen, dass die Zellteilungen in der Regel nach einem festen zeitlichen und räumlichen Muster erfolgen. Die Genealogie führt stets zu den gleichen Zellentypen, Geweben oder Organen.

- Bei den Spiraliern sieht man oft eine kreuzförmige Figur in der Anordnung der Blastomeren („Kreuz der Mollusken"), und sehr früh führt die D-Linie zur Urmesodermzelle 4 d (s. Abb. 3.15).
- Bei Nematoden, so auch bei *Caenorhabditis elegans*, führt die P-Linie zu den Urkeimzellen (s. Abb. 3.14).
- Bei den Tunikaten führt ein bestimmter Zellstammbaum zur Schwanzmuskulatur, ein anderer zur Chorda (Notochord, s. Abb. 3.37).

Ein von Generation zu Generation exakt reproduzierter Stammbaum sagt wenig Zuverlässiges darüber aus, wann in der Entwicklung das Schicksal der Zellen tatsächlich programmiert wird und wann es irreversibel festgelegt ist (s. Kap. 11). Die Erfahrung zeigt jedoch, dass exakte Genealogie mit früher Determination korreliert ist.

10.2.2
Bei anderen Keimen, so beispielsweise bei den Keimen der Wirbeltiere, ist viel Variabilität erlaubt

Verfolgt man den Furchungsverlauf am Amphibienkeim im Zeitraffer, sagen wir beim Bergmolch, und vergleicht Keim mit Keim, so gewahrt man viel individuelle Variabilität. Auch am unteren Ende der systematischen Skala des Zoologen, bei Schwämmen und Cnidariern, gibt es viele Abweichungen von Keim zu Keim selbst beim Vergleich von Geschwisterkeimen, die von denselben Eltern stammen (z.B. bei *Hydractinia echinata*, s. Abb. 3.12). Hohe Flexibilität in der Ausführung der Furchung ist mit hohem Regulationsvermögen bei experimentellem Eingriff korreliert. Trotz dieser fehlenden Präzision am Beginn wird letztlich ein hochkomplexer Organismus in wunderbarer Ordnung entstehen. Wie dies möglich ist, versuchen wir in den folgenden Kapiteln zu ergründen.

10.2.3
Bei asymmetrischer Zellteilung wird die Spindelstellung auch von externen Signalen dirigiert

In den Zellteilungen der frühembryonalen Furchungsphase kommt es oftmals darauf an, welche der im Ei gespeicherten cytoplasmatischen Faktoren den neu gebildeten Zellen zugeteilt werden. Bei der Verteilung dieser Komponenten ist wichtig, wie die Mitosenspindeln orientiert sind. Je nach ihrer Orientierung können in der Anaphase der Mitose die beiden Chromosomensätze in Cytoplasmabereiche gleicher oder verschiedener Zusammensetzung transportiert werden. Auch später in der Entwicklung ist oftmals die Spindelorientierung ein wichtiges Moment für die Zuweisung eines Entwicklungsprogramms (Determination). Wir verweisen auf die asymmetrische Zellteilung bei der Entscheidung, ob ein Abkömmling einer sich teilenden Stammzelle Stammzellencharakter beibehalten soll oder ob er sich Richtung terminale Differenzierung weiterentwickeln soll. Bei solchen Entscheidungen können externe Signale mitbestimmen, wie die Mitosespindel auszurichten ist. Beispiele für asymmetrische Teilungen stellen wir in verschiedenen Kapiteln vor (Kap. 11, Abb. 11.4; Kap. 17, Abb. 17.12).

ZUSAMMENFASSUNG DES KAPITELS 10

Furchung ist eine rasche Folge von Zellteilungen. Weil der Keim auf maternale, gespeicherte mRNA zurückgreifen kann, ist anfänglich Transkription nicht nötig und der **Zellzyklus** ist auf S- und M-Phase verkürzt. Kurz vor der Gastrulation, beim Säugerkeim schon früher, werden G1- und G2-Phase eingeschoben, damit der Keim nun seine eigenen (zygotischen) Gene in Anspruch nehmen kann. Die Zellzyklen werden durch ein inneres Uhrwerk angetrieben. Eine Schlüsselrolle kommt dabei einer **Cyclin-abhängigen Protein-Kinase** (CDK) zu, die als **MPF (mitosis-promoting factor, M-phase-promoting factor** oder **maturation-promoting factor)** bekannt geworden ist und die im Rhythmus der Zellteilungen periodisch hergestellt, aktiviert und abgebaut wird.

Das raumzeitliche Muster der Zellteilungsfolgen ist bisweilen präzis und artspezifisch festgelegt. Bei einer asymmetrischen Zellteilung, bei der die zwei Abkömmlinge einer Zelle unterschiedliche Schicksale zugewiesen erhalten, kommt auch der Orientierung der Mitosespindel eine wichtige Rolle zu.

11 Frühe Determinationsereignisse: Spezifikation der Körperachsen und das Starten ortsgerechter Entwicklungsprogramme

11.1
Das Problem: ortsgerechte Entwicklung bei genomischer Äquivalenz

11.1.1
Die anfängliche genetische Gleichwertigkeit und Totipotenz der Zellen verlangt Entscheidungen, welche genetischen Teilprogramme in einer Zelle zum Zuge kommen sollen

Im Zuge der Embryonalentwicklung erhalten alle durch Zellteilung neu entstehenden Zellen, von seltenen Ausnahmen abgesehen, das gesamte Genom zugeteilt; denn die Zellteilungen basieren auf mitotischen Zellzyklen. In der S-Phase des Zellzyklus wird die DNA getreulich repliziert; die zwei Töchter einer Mutterzelle erhalten in der Mitose das exakt gleiche Erbe und beide erhalten das vollständige Erbe; denn auch Mitochondrien erhalten beide Tochterzellen zugeteilt. Es herrscht anfänglich **genomische Äquivalenz**: d.h. die Zellen eines Embryos sind anfangs genetisch gleichwertig und **totipotent** (Nachweis: z.B. **Kerntransplantationen**, Kap. 5).

Nun sind jedoch die Aufgaben, welche die Nachkommen der Gründerzellen (Blastomeren) übernehmen sollen, keineswegs gleich: die einen sollen Epidermis bilden, um uns gegen die Umwelt abzugrenzen und abzuschirmen, andere sollen Sinnesorgane und das Nervensystem aufbauen, damit wir über Reize externe Information aufnehmen und auswerten können, wieder andere sollen Muskeln aufbauen, damit wir beweglich werden und auf externe Reize reagieren können. Verschiedene Aufgaben verlangen das Einschalten verschiedener Gene; denn schließlich braucht jeder Zelltyp seine besondere Ausstattung an Proteinen.

11.1.2
Determination, Spezifikation, Commitment: Die Zellen werden auf verschiedene Aufgaben programmiert; dabei wird zugleich ihre weitere Entwicklungsmöglichkeit eingeschränkt

Die Prozesse, durch welche Zellen ihre Aufgabe zugewiesen erhalten und für einen bestimmten Entwicklungsweg programmiert werden, heißen in der Tradition der Entwicklungsbiologie **Determination**. Ein neu in Mode gekommener Begriff hierfür ist **commitment** (Verpflichtung). **Spezifikation** ist ein Wort (in der Entwicklungsbiologie erstmals von H. Driesch gebraucht und von L. Wolpert populär gemacht), das ebenfalls Aufgabenzuweisung meint, ohne schon eine strikte Programmierung zu implizieren.

Viele wissenschaftliche Begriffe kommen in Mode, ohne je verbindlich definiert worden zu sein. Dies gilt auch für die drei genannten Begriffe, wiewohl es Versuche gab, nachträglich Definitionen zu geben und Vorschläge für den Gebrauch solcher Begriffe zu machen (z. B. Slack 1991). Es gibt indes kein Gremium, das verbindliche Vorschriften machen könnte (anders als bei der Festlegung von Gattungs- und Artnamen). Man muss versuchen, bei der Lektüre einschlägiger Artikel wahrzunehmen, in welchem Kontext gerne dieser oder jener Begriff gebraucht wird.

Spezifikation und „spezifizieren" liest man oft im Zusammenhang mit Musterbildung in Zellarealen (Kap. 12), aber auch in anderen Kontexten. Im Sinnzusammenhang meint Spezifikation das richtungsweisende Hindirigieren auf ein bestimmtes Schicksal, doch noch keine irreversible Festlegung.

Commitment meint ebenso wie der klassische Begriff Determination eine verbindliche Festlegung. Der Begriff wird meist (nur) gebraucht, wenn ein besonderer Zelltyp betrachtet wird.

Determination, allgemein als Bestimmung des Schicksals definiert, bleibt ein brauchbarer Überbegriff, wenn Spezifikation als die Einleitung eines spezifischen Entwicklungsprogramms, Commitment als die definitive Festlegung verstanden wird. Wer den Ausdruck Determination für den fertigen Zustand reservieren will, kann für den Prozess des Festlegens den – sprachlich unschönen – Ausdruck **Determinierung** verwenden. Wie man experimentell bestimmt, ob eine Zellgruppe bloß „spezifiziert" oder schon definitiv „determiniert" ist, wird in Abschnitt 11.4.2 gesagt.

Determination ist wie die Berufswahl nach der Schule: **Mit der Entscheidung für einen speziellen Beruf, mit der Zuweisung einer speziellen Aufgabe, werden zugleich alternative Entwicklungspotenzen eingeschränkt oder ganz ausgeschlossen.** Seltene Ausnahmen sind unter den Begriffen **Transdetermination** (Abschnitt 11.4.4, Imaginalscheiben von *Drosophila*) und **Transdifferenzierung** (Kap. 24, Regeneration) zu finden.

11.1.3
Vor ihrer definitiven „Berufswahl" benötigen die
Zellen Information über ihre Lage im Embryo. Teratome zeigen es:
Bei gestörter Koordination entsteht Chaos

Bei Säugern, so auch beim Menschen, kann es vorkommen, dass eine befruchtete Eizelle nicht in die Gebärmutter gelangt, wo sie sich – mittlerweile zur Blastocyste entwickelt – einnisten sollte, sondern sich verfrüht schon im Eileiter einnistet oder gar nicht erst in den Eileiter gelangt, sondern in die Bauchhöhle fällt, wo sich die Blastocyste an allen möglichen, aber immer falschen, Orten festheften kann. Solche Keime entwickeln sich zum **Teratom:** einem chaotisch disorganisierten Embryo. Man findet allerlei Zelltypen: Epidermiszellen, Nervenzellen, Muskelzellen, Knorpelzellen, Haare. Zelldifferenzierung hat stattgefunden, aber im chaotischen Durcheinander.

Im Genom der Zellen ist Wissen enthalten, wie man bestimmte Proteine herstellen kann. Darüber hinaus ist das Genom so organisiert, dass ganze Programme abgerufen werden können, z. B. Programme, wie Muskelfasern oder Nervenzellen hergestellt werden (s. Kap. 13.2). Eine Zelle kann aber nicht in ihren Kern blicken, um herauszufinden, wo sie sich befindet und was sie ortsgerecht machen sollte; schließlich ist ja die genomische Information in allen Zellen gleich (anfänglich jedenfalls), unabhängig vom Ort, wo sich jede einzelne Zelle befindet. Die Zelle braucht, um sich ortsgerecht verhalten zu können, Positionsinformation, die nicht direkt der genetischen Information entnommen werden kann.

11.1.4
Wo ist vorn, wo hinten, wo ist oben, wo unten?
Arbeitshypothesen über mögliche Quellen primärer Positionsinformation

Da nun mal ein Zelle in ihrem Kern keine Landkarte und keinen Kompass besitzt, mit denen sie ihre Position selbst bestimmen könnte, muss positionsgerechte Zelldifferenzierung von außen angestoßen werden; von außen heißt hier: von aktivierenden Einflüssen, die außerhalb des Zellkerns ihren Ursprung haben. Als Arbeitshypothesen können wir uns folgende Möglichkeiten ausdenken:

- **Externe Orientierungshilfen.** Die Information kommt aus der äußeren Umwelt: Schwerkraft, Licht etc. könnten erste Orientierungshilfen geben.
- **In der Eizelle befindliche Muster maternaler cytoplasmatischer Determinanten.** Maternale cytoplasmatische Determinanten (z. B. Transkriptionsfaktoren), die den Furchungszellen als Fahrscheine zugeteilt werden, bestimmen das Reiseziel, so wie ein Flugticket Route und Zielort der Reise nennt und bestimmt. Allerdings müssten die verschiedenen Tickets erst wohlgeordnet verteilt werden, damit sie nicht chaotisch gemischt, sondern als gut sortierte, individuell zusammengestellte Reiseunterlagen den verschiedenen Zellen zuverlässig ihr individuelles Reiseziel anzeigen könnten.
- **Zellinteraktionen und konzertiertes Verhalten.** Man darf erwarten, dass sich Zellen an ihren Nachbarn orientieren, und dass sie sich wechselseitig beeinflussen und absprechen. Schließlich kann auch eine Ballettgruppe oder eine Gymnastikriege durch wechselseitige Absprache, durch Austausch von Winken und Blicken, koordiniert allerlei schöne Muster erzeugen. Diesem faszinierenden Problem, wie man durch wechselseitige Einflussnahme geordnete Muster erzeugen kann, werden wir ein eigenes Kapitel (nachfolgendes Kap. 12) widmen.

11.2
Festlegung der Raumkoordinaten

11.2.1
Erst müssen die Raumkoordinaten (oben-unten; vorn-hinten) festgelegt werden; dazu werden auch externe Orientierungshilfen benutzt

Erst muss festgelegt werden, wo oben und unten, vorn und hinten sein soll. Die überwiegende Mehrzahl der Tiere ist **bilateralsymmetrisch** gebaut. Auf einer **anterior-posterioren Achse** steht senkrecht eine **dorso-ventrale Achse**. Man nennt solche Asymmetrieachsen oder Anisotropieachsen in der Entwicklungsbiologie in der Regel **Polaritätsachsen**.

Eizellen sind stets polar strukturiert. Oft sind Oocyten im Ovar nicht allseits gleichförmig von nährenden Ammenzellen umgeben. Die Oocyte wird bevorzugt an einer Seite gefüttert (s. Abb. 3.19; Abb. 3.22). Auch die physikalischen Eigenschaften der Substanzen können mitbestimmen, wo in der Oocyte bestimmte Komponenten zu liegen kommen; beispielsweise scharen sich in einem wässrigen Medium hydrophobe (wasserscheue) Moleküle zu Lipidaggregaten zusammen. Bei *Drosophila* ist man speziellen Transportsystemen auf die Spur gekommen, die verschiedene Produkte an verschiedene Orte transportieren. Jedenfalls werden in der Oocyte die verschiedenen, teils von außen aufgenommenen, teils von der Oocyte selbst hergestellten Materialien nicht gleichförmig deponiert. Dottergranula akkumulieren oft am künftigen vegetativen Pol; der voluminöse Oocytenkern („Keimbläschen") kommt nahe dem animalen Pol zu liegen, wo dann auch im Zuge der meiotischen Teilungen die Polkörper abgegeben werden. (Aktuell ist der animale Pol als der Pol definiert, an dem die Polkörper abgeschnürt werden.)

Kann man im Mikroskop auch meistens unschwer eine animal-vegetative Asymmetrie ausmachen, so fehlt jedoch – von Ausnahmen wie *Drosophila* abgesehen – dem Ei eine ausgeprägte Bilateralsymmetrie. Die vorgegebene **animal-vegetative Polaritätsachse** fällt oftmals mit der **dorso-ventralen Achse** des Embryo zusammen, wohingegen die **anterior-posteriore Achse** noch spezifiziert werden muss. Die Zuordnung der Eiachse zur definitiven Rücken-Bauchachse ist allerdings nur als Faustregel aufzufassen. Die Regel trifft zu für Mollusken, Ascidien und Vögel.

11.2.2
Bei manchen Keimen, so auch bei Wirbeltieren, sind für eine der beiden Raumachsen externe Richtungsgeber maßgeblich

Ein externer Richtungsgeber kann das Spermium sein: Beim Fadenwurm *Caenorhabditis elegans* markiert der Ort des Spermieneintrittes den Kopfpol. Auch bei Amphibien ist die Spermienbahn richtungsweisend.

Bei **Amphibien** ist durch die **animal-vegetative Eipolarität** vorgegeben, dass der Kopf im Umkreis des animalen Pols geformt werden wird und folglich die Rückenlinie über die animale Hemisphäre bis unter den Äquator ziehen wird. Es ist jedoch noch nicht festgelegt, auf welchem der 360 möglichen Meridiane die Kopf-Rücken-Schwanz-Linie – nennen wir sie „Nullmeridian" – verlaufen wird.

Der „Nullmeridian" wird im Moment der Befruchtung spezifiziert. Zwei externe Orientierungshilfen werden in Anspruch genommen: die Schwerkraft und der Eintrittsort des Spermiums. Zufällig irgendwo auf der nördlichen Halbkugel dringt das Spermium in die Eizelle ein (auf der Südhalbkugel kann das Spermium nicht andocken); der Spermienkern bahnt sich, geleitet von einem Centrosom, seinen Weg zum Eikern. Mit der Eiaktivierung kommen Umwälzungen im Cytoplasma der Eizelle in Gang. Diese Umwälzungen können im Einzelnen noch nicht beschrieben werden, enden aber damit, dass Ei-intern eine Bilateralsymmetrie entsteht. Ein mechanisches Modell (vom Autor dieses Buches entworfen) soll verständlich machen, wie Spermium und Schwerkraft zusammen eine solche Ungleichverteilung bewirken könnten (Abb. 11.1).

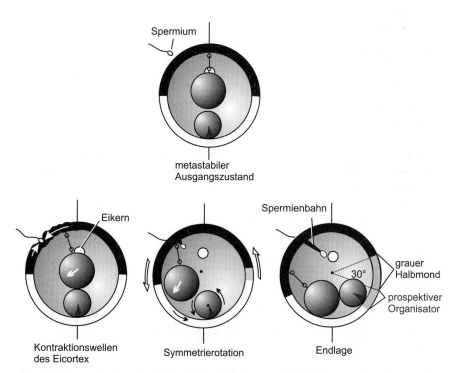

Abb. 11.1. Determination der Bilateralsymmetrie im Amphibienkeim. Mechanisches Modell, das verständlich machen soll, wie die lokale Kontraktion der Eirinde am Eintrittsort des Spermiums im Zusammenwirken mit der Schwerkraft eine Symmetriebrechung hervorruft. Wo immer auf der nördlichen Hemisphäre das Spermium andockt, die rote Kugel wird auf der gegenüberliegenden Seite zu liegen kommen, wo sich der Spemann-Organisator etablieren wird

Als Folge der Rotation der Eirinde, die von Kinesin-Mikrotubulimotoren (s. Müller: Tier- und Humanphysiologie, Kap. 3) angetrieben wird, werden peripher gelegene Pigmentgranula teilweise verschoben und es erscheint unterhalb des Äquators und diagonal gegenüber der Eintrittsstelle des Spermiums der **graue Halbmond** (der nur bei bestimmten Fröschen, nicht aber bei *Xenopus*, mit bloßem Auge zu sehen ist). Im Inneren des Keims werden in den Bereich des grauen Halbmondes bestimmte maternale Faktoren verlagert, die den Bezirk befähigen, zum Spemann-Organisator zu werden (Abschnitt 4.1.10 und Abschnitt 12.3).

Der graue Halbmond, bzw. die ihm entsprechende Region, enthält auch die Stelle, wo sich der Urmund bilden wird. Da der Urmund bei Deuterostomiern, zu denen die Wirbeltiere zählen, zum After wird, liegt also der Schwanzpol diagonal zur Eintrittsstelle des Spermiums. Mit dem Urmund (= After) ist auch die künftige Rückenseite festgelegt; denn die Achsenorgane (Neuralrohr, Chorda) ziehen schließlich vom Kopf bis in den Schwanz der Kaulquappe und zwar dorsal des Afters. Die künftige Kopf-Rücken-Schwanz-Linie verläuft entlang dem so definierten Nullmeridian vom animalen Nordpol (*Urodelen*) bzw. dem nördlichen Wendekreis (*Anuren*) über den Äquator hinweg zum unteren Rand des grauen Halbmondes, der in etwa auf dem südlichen Wendekreis liegt (s. Abb. 4.4). Eine interne Organisation, die animal-vegetative Asymmetrie der Eizelle, definiert in Kooperation mit externen Richtungsgebern (Eintrittsort des Spermiums und Schwerkraft) die Bilateralsymmetrie.

Beim **Zebrafisch** (*Danio*) liegt das Ei gewöhnlich waagrecht; die animal-vegetative Achse ist horizontal orientiert (Abb. 11.2). Die Kopf-Rückenlinie verläuft entlang dem mittleren Meridian, der die höchste Wölbung beschreibt.

Beim **Vogelei** ist es die Rücken-Bauchpolarität, welche durch die Struktur des Eies vorgeprägt ist. Der animale Pol markiert das Zentrum der

Achsendetermination

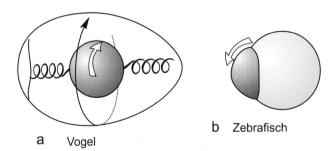

a   Vogel

b   Zebrafisch

Abb. 11.2 a, b. Determination der Kopf-Schwanz-Achse beim Ei des Vogels und des Zebrafisches. Beim Vogelei ist die Richtung maßgebend, in der das Ei beim Transport durch den Eileiter in Rotation versetzt wird. Beim waagrecht liegenden Zebrafischei ist der oben liegende Meridian maßgebend

Keimscheibe und definiert die Rückenseite. Die Richtung der Kopf-Rücken-Schwanz-Achse, die auf der kreisförmigen Keimscheibe beliebig orientiert sein könnte, wird durch die vereinte Wirkung von Eirotation und Schwerkraft bestimmt: Während das Vogelei im Eileiter transportiert wird, wird es in langsame Rotation versetzt; dabei wird das Gelbei von Eiklar umwickelt und von den Eischalen umhüllt. Das Gelbei rotiert indes zum Schluss nicht mehr mit dem Restei mit (weswegen die Aufhängeschnüre verdrillt werden). Die Keimscheibe bleibt oben, aber um 45° gegen die Horizontale gekippt. Deshalb wirken dank der Schwerkraft Scherkräfte auf die Keimscheibe ein und diese sollen die Richtung der Kopf-Schwanz-Achse bestimmen.

Das Ei der **Maus** ist bislang das einzige tierische Ei, von dem Material am animalen oder vegetativen Pol entfernt werden kann, ohne dass es zu starken Störungen der Entwicklung kommt. Augenscheinlich ist in der cytoplasmatischen Struktur des **Säugereis** nur wenig Schicksal vorprogrammiert. Es gibt Indizien dafür, dass es dem Zufall überlassen ist, wo sich die innere Zellmasse absondert. Deren Lage jedenfalls definiert die Rückenseite. Wie die Kopf-Schwanz-Polarität festgelegt wird, ist unbekannt.

11.2.3
Bei *Drosophila* nimmt die Mutter dem Kind alle Entscheidungen ab und legt im voraus die Raumkoordinaten fest; dabei werden die Entscheidungen von Genen der Mutter abhängig

Bei *Drosophila* ist die gesamte Bilateralsymmetrie vollständig unter die genetische Kontrolle des mütterlichen Genoms gebracht. Da die kleine Taufliege eine dominante Stellung in der Entwicklungsbiologie innehat, hält man Besonderheiten von *Drosophila* allzu leicht als paradigmatisch für das ganze Tierreich. Auch intuitiv hält man es allzu leicht für selbstverständlich, dass so fundamentale Entscheidungen wie die, wo Kopf und Fuß (bzw. Abdomen), Rückenseite und Bauchseite sein sollen, unter genetischer Kontrolle stehen. Bei genauerem Hinsehen wird man jedoch gewahr, dass selbst bei *Drosophila* die entscheidenden Faktoren ihren Ursprung außerhalb der Eizelle haben und keinesfalls vom Kern der Eizelle selbst geliefert werden.

Die anterior-posteriore Polaritätsachse wird durch die räumliche Verteilung von Partikeln bestimmt, die maternal erzeugte mRNA enthalten. Am Vorderpol lagert die mRNA von *bicoid* (s. Abb. 3.24; Abb. 3.27), am Hinterpol die mRNA *oskar*; das OSKAR-Protein seinerseits hilft, die mRNA von *nanos* am Hinterpol zu fixieren. Von der Oocyte aus betrachtet sind diese eingeschleusten Genprodukte Außenfaktoren; in die Oocyte aufgenommen und deponiert sind sie nun internalisierte Determinanten. Wenn die *bicoid*-mRNA in das BICOID-Protein übersetzt ist, erfüllt BICOID die Funktion eines Transkriptionsfaktors und wandert in die Kerne der vorderen Eihälfte, um dort (in Kooperation mit anderen Faktoren) solche Gene zu steuern, die für die Konstruktion von Kopf und Thorax benötigt werden, während die mRNA von *nanos* und *oskar* für die Organisation des Hinterleibes benötigt werden (s. Kap. 3.6.8 bis 3.6.11). Darüber hinaus fertigt der Keim mittels maternal erhaltener *torso*-mRNA die TORSO-Rezeptoren, die in der Zellmembran eingebaut werden und mit denen am hinteren und am vorderen Eipol **externe** Schlüsselfaktoren aufgefangen werden. Diese externen Faktoren sind von den Follikelzellen sezerniert und zwischen der derben Eihülle (Chorion) und der Eizellmembran deponiert worden.

Dorso-ventrale Polaritätsachse. Auch bei der Spezifikation der dorsoventralen Polaritätsachse sind Signalmoleküle beteiligt, die von Follikelzellen sezerniert werden und zwischen Eioberfläche und der Eihülle zu liegen kommen. Diese Signalmoleküle sind von den Follikelzellen mittels des maternalen Gens *spätzle* hergestellt worden. Die deponierten Signalmoleküle werden von Proteasen freigesetzt und von Rezeptoren der Eimembran, die von eingeschleuster mRNA des maternalen Gens *Toll* codiert worden sind, aufgefangen. Die empfangenen Signale führen über eine Signaltransduktionskaskade zur Aktivierung des Transkriptionsfaktors DORSAL. Auch dieser Faktor leitet sich von einer importierten, maternalen mRNA ab. DORSAL wandert in die Kerne der Ventralseite (Abb. 11.3, s. auch Abb. 3.29), unterdrückt dort „dorsale Gene" und aktiviert „ventrale".

Alle molekularen Komponenten, die zur Etablierung der Raumkoordinaten beitragen, z.B. die von der Eizelle an ihrer Oberfläche in Stellung ge-

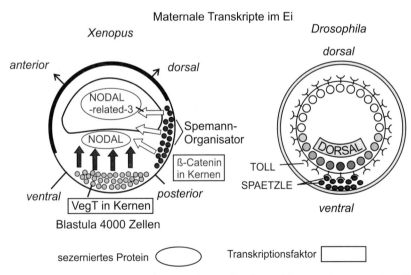

Abb. 11.3. Bedeutung maternaler Transkripte für die Etablierung der Körperkoordinaten (Polaritätsachsen). Nach der Umverteilung maternaler Transkripte (mRNA) im Anschluss an die Befruchtung ist im Froschei die künftige Bilateralsymmetrie spezifiziert. Für das Fliegenei ist beispielhaft die Etablierung der Dorsoventralachse skizziert

brachten Rezeptoren (TORSO, TOLL) und die im Cytoplasma deponierten mRNAs von *bicoid* und *dorsal* (beide codieren für Transkriptionsfaktoren) sowie von *nanos*, sind selbstverständlich Produkte von Genen. Daher ist bei *Drosophila* das Genom bei der Etablierung der Koordinaten direkt involviert. Es ist jedoch das **maternale** Genom, das involviert ist. Von der Oocyte aus betrachtet kommen die entscheidenden Richtungsgeber von außen, von den Nähr- und Follikelzellen des Ovars.

11.3
Determination als Prozess alternativer Entscheidungen und der Aufspaltung von Entwicklungswegen

11.3.1
Im Cytoplasma des Eies können maternale Determinanten enthalten sein, die richtungsweisend für die künftige Entwicklung von Körperpartien, Organen, Geweben und Zelltypen sind

Es sind nicht nur globale, Körperkoordinaten spezifizierende Orientierungshilfen, welche einer Eizelle als Mitgift mitgegeben sein können. Man kann auch spezifische, Zelltyp-determinierende Faktoren finden. Es sei beispielhaft hingewiesen auf die **Polzellen-Determinanten** am Hinterpol des Eies von *Drosophila*, welche den dort entstehenden Zellen mitteilen, dass sie künftig Urkeimzellen werden sollen. In Kapitel 8 erfuhren wir, dass Urkeimzellen-Determinanten auch in der Eizelle von *Caenorhabditis elegans* und in Wirbeltieren gefunden werden, und dass entscheidende Komponenten die maternal erzeugten RNAs des Gens *vasa* und *nanos* (hier *nos-2*) sind (Abb. 11.4). Hingewiesen sei auch auf die myogenen Determinanten im Ei der Ascidien, die den Zellen, denen sie zugeteilt werden, sagen, dass sie die Schwanzmuskulatur herstellen sollen. Oder auf die Bezirke im Seeigelkeim, wo lokal verteilte maternale Genprodukte augenscheinlich richtungsweisend (– aber nicht irreversibel bestimmend –) für die Entwicklung von Mundfeld, Urdarm oder larvalem Skelett sind (s. Abb. 3.3). Oder auf die maternal transkribierten mRNAs für bestimmte Transkriptionsfaktoren wie β-CATENIN und SIAMOIS, die im Wirbeltierkeim den Bezirk kennzeichnen, wo sich der Urmund bilden wird. Oder auf die maternale mRNA für früh wirksame Induktionsfaktoren im Amphibienkeim (Kap. 4.1.13; Kap. 12).

11.3.2
Man unterscheidet zwei basale Mechanismen der Determination: asymmetrische Zellteilung und Zellinteraktion

1. **Asymmetrische Zellteilung und autonome Entwicklung.** Im Cytoplasma einer Ausgangszelle (Eizelle, Blastomere, spätere Zelle) sind cytoplasma-

Caenorhabditis elegans

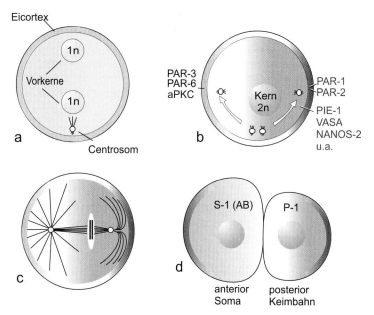

Abb. 11.4a–d. Asymmetrische Zellteilung bei der ersten Furchungsteilung des Eies von *C. elegans*. Die erste Teilung gibt die Richtung der Vorn-hinten-Achse vor und trennt zugleich die erste Somazelle von der Keimbahnzelle P1. PAR (= partitioning-defective proteins, bezeichnet nach Defektmutanten); diese sind im Eicortex lokalisiert und dirigieren von hier aus in Kooperation mit weiteren Faktoren die Centrosomen an ihre Orte und richten damit auch die Mitosespindel aus. Die Teilung trennt anteriore von posterioren cytoplasmatische Determinanten. Zu den posterioren gehören Produkte der Gene *vasa* and *nanos-2*, welche die Keimbahn begleiten

tische Determinanten lokalisiert; sie werden bei der Zellteilung ungleich auf die Tochterzellen übertragen. Aus einer Zellteilung gehen folglich zwei unterschiedlich programmierte Zellen hervor. Paradefall einer asymmetrischen Zellteilung in der frühen Entwicklung ist die Sonderung der Keimbahn (P-Zellen) von den Somazellen (S-Zellen) bei Nematoden (Abb 11.4). Bei jeder Teilung einer P-Zelle entstehen zwei unterschiedliche Zellen: eine Somazelle S und eine Zelle, die P-Zellqualität behält. Sie bewahrt P-Zellqualität, weil sie, und nur sie, die Keimbahn-bestimmenden P-Granula mit eingebauter *vasa*-RNA erhalten hat. Zugleich wird bei dieser Teilung die Vorn-hinten-Achse des Nematoden festgelegt.

Asymmetrische Zellteilung kann, muss aber nicht, von maternalen cytoplasmatischen Determinanten ausgehen. Es gibt asymmetrische Zellteilungen auch in späten Lebensphasen, wenn cytoplasmatische Determinanten der Eizelle längst keine Rolle mehr spielen. Man kann sich wohl vorstellen, dass beispielsweise entscheidende, genregulatorische Faktoren

(Transkriptionsfaktoren), die von einer Gründerzelle selbst produziert worden sind, nicht gleichmäßig auf ihre beiden Tochterzellen verteilt werden. Nicht alle Erbstücke müssen gleichmäßig auf die Kinder verteilt werden. Ursache für eine Ungleichbehandlung der beiden Tochterzellen könnte in einer schon bestehenden asymmetrischen Struktur der sich teilenden Ausgangszelle liegen. Eine asymmetrische Struktur haben beispielsweise die auf der Basallamina aufsitzenden Zellen eines Epithels wie etwa die Stammzellen, welche unsere Haut erneuern (s. Abb. 19.1).

Wird der Entwicklungsweg einer Zelle und ihrer Abkömmlinge allein von der Mitgift an inneren Determinanten festgelegt, so werden Zellen ihre terminale Form und Funktion unabhängig von ihrer Nachbarschaft erlangen können. Ist eine Zelle einmal auf eine Aufgabe verpflichtet (committed), ist ihre weitere **Entwicklung autonom**, d.h.: wenn eine solche Zelle in eine andere Umgebung versetzt oder in Zellkultur gehalten wird, führt sie ihr Programm unbeeinflusst von ihrer Umgebung durch.

2. **Zellinteraktionen.** Die Tochterzellen sind anfänglich nicht nur genetisch, sondern auch in ihren entwicklungsbestimmenden Komponenten (mehr oder weniger) äquivalent. Sie werden verschieden, indem sie sich wechselseitig beeinflussen. Man spricht von **abhängiger Entwicklung**; denn sie ist abhängig von Einflüssen der Umgebung. Zellinteraktionen sind vielfältig (Kap. 12 und 20). Gründerzellen, deren Schicksal durch Nachbarschaftsbeziehung (mit)bestimmt wird, sind in ihrer Reaktion flexibel; Zellen der animalen Hälfte des Amphibienkeims können je nach dem Einfluss, dem sie unterliegen, Epidermis, Nervengewebe oder Muskulatur entstehen lassen (s. Abb. 4.16).

11.3.3
„Mosaikkeime" und „Regulationskeime" unterscheiden sich im zeitlichen Ablauf der Determination

Vermeintliche Mosaikkeime. Der Ascidien-, Nematoden- und Spiralierkeim kann den Verlust bestimmter Gründerzellen nur selten durch Umprogrammieren anderer Zellen kompensieren. Die Entwicklungswege der verschiedenen Zellen des frühen Keims sind früh autonom. Von der Vorstellung ausgehend, in den Eiern dieser Tiere läge ein detailreiches Mosaik an Determinanten vor, wurde der Ausdruck „Mosaikkeim" geprägt. Die vielfältigen im Ei von *Drosophila* gefundenen maternalen mRNA-Partikel für entwicklungsrelevante Faktoren können solche Vorstellungen unterstützen. Bei genauer Analyse stellt sich allerdings heraus, dass es auch in diesen Keimen in nicht geringem Umfang Zellinteraktionen gibt; sie sind jedoch schon sehr früh wirksam.

Caenorhabditis elegans, jener kleine Nematode, der seine Embryonalentwicklung stets mit 556 somatischen Zellen beendet und bei dem die Stammbäume aller Zellen im Computer gespeichert werden konnten, weil sich die Verzweigungen in jeder Generation präzise wiederholen, galt neben dem Ascidienkeim als Beleg für Mosaikentwicklung. Schon im unge-furchten Ei lägen, so vermutete man, sichtbare cytoplasmatische Komponenten (wie die P-Granula) oder unsichtbare Determinanten in einem präzisen Muster vor und würden im Zuge der Furchung den Gründerzellen zugeteilt; ihr Schicksal und das ihrer Nachkömmlinge sei damit festgelegt. Mit dem Laserstrahl erzwungener künstlicher Zelltod führte zu lokalen Ausfällen.

Inzwischen hat eine sehr präzise, Computer-gestützte Untersuchung aber nachgewiesen, dass das weitere Schicksal der Furchungszellen nicht allein von ihrer Genealogie bestimmt wird, sondern in hohem Maße von – allerdings sehr frühen – Zellinteraktionen. Verschiebt man die Position einer Blastomere von einem Ort an einen anderen, so kann die Blastomere sehr wohl noch ihren Lebensweg ändern und sich der neuen Umgebung anpassen. Während der frühen Furchung sprechen sich die Zellen mit ihren unmittelbaren Nachbarn ab. Diese Absprachen werden von membranständigen Signalmolekülen vermittelt, die an Rezeptormoleküle der Nachbarzellen binden (nach Art des NOTCH/DELTA-Systems, s. Abb. 12.2). Solche frühen Absprachen zwischen direkten Nachbarn bestimmen die weiteren Entscheidungen. Die genealogischen Zellstammbäume spiegeln früh getroffene Entscheidungen wider. Jedoch ist schon im 28-Zellstadium das Schicksal der Zellen festgelegt, und es liegt nun ein Verband verschieden programmierter Gründerzellen vor. Bei so geringer Zellenzahl kann eine abgetötete Gründerzelle nicht so leicht verschmerzt werden.

Nach Abschluss der Furchung spricht man zu Recht von **zellautonomer Entwicklung**; denn was der Nachbar tut, kümmert nun nicht mehr. Das unerbittlich determinierte Schicksal kann sogar in manchen Zell-Linien den Lebenslauf frühzeitig mit programmiertem Zelltod beenden; unbekümmert verspeisen die Nachbarn die Zellreste, ohne selbst dem Tod zu verfallen.

Regulationskeime. Im Hydrozoen-, Seeigel- und Wirbeltierkeim geschieht die Determination vorwiegend durch Zellinteraktion (Kap. 12). Darüber hinaus zieht sich die Phase der Programmierung lange hin. Entsprechend lang bleibt eine **Regulationsfähigkeit** erhalten. Bestimmte Stammzellen, z. B. die Stammzellen des blutbildenden Knochenmarks, behalten sogar zeitlebens **Pluripotenz**, d. h. die Fähigkeit, mehrere verschiedene Zelltypen aus sich hervorgehen zu lassen.

Andererseits werden auch im Seeigel- und Wirbeltierei zunehmend mehr maternal deponierte Genprodukte gefunden, die den Zellen, die diese Produkte zugeteilt bekommen, früh schon eine besondere Aufgabe zuweisen (s. Abschnitt 11.3.1) oder welche doch eine Vorliebe für einen bestimmten Beruf wecken. Beispielsweise haben die Zellen der animalen Hemisphäre der Amphibienblastula eine durch maternale Transkriptionsfaktoren geweckte Vorliebe, Nervenzellen zu werden. Unterschiede zwischen den verschiedenen tierischen Keimen sind also nur graduell.

11.4
Progression, Stabilität und Heredität der Determination

11.4.1
Determinationsmodus und -zustand müssen experimentell ermittelt werden; manch alte und neue Begriffe nehmen Bezug auf den experimentell geprüften Determinationszustand

Die Beobachtung, dass manche Blastomeren bestimmte cytoplasmatische Komponenten erhalten, andere hingegen nicht, sagt noch nichts Zuverlässiges über den Modus der Determination aus. Das Froschei beherbergt in der animalen Rindenschicht schwarze Pigmentgranula; nur animale Blastomeren erhalten sie zugeteilt. Diese Granula sind jedoch für die Determination bedeutungslos; denn Albinoeier entwickeln sich normal.

Ob entwicklungsbestimmende Komponenten vorliegen, muss im Experiment geprüft werden: Man verlagert plasmatische Komponenten durch Druck oder Zentrifugation. Oder man saugt mit der Mikropipette fragliches Plasma ab und injiziert es an anderen Orten (s. Abb. 3.23, Abb. 4.17).

Der Determinationszustand wird mit folgenden Verfahren getestet:

- **Isolationstest.** Embryonale Zellen oder Zellverbände können in Kulturmedien passender Zusammensetzung kultiviert werden. Entwickeln sie sich autonom (oder nach Zugabe bzw. dem Entzug bestimmter, die terminale Differenzierung auslösender bzw. hemmender Substanzen) zu stets den gleichen terminal differenzierten Zellen, gelten sie als determiniert. Man kann in fetalem Kälberserum – es enthält vielerlei Wachstumsfaktoren – über Jahre und kilogrammweise Myoblasten (C2/C12-Zellen) züchten. Die Silbe **Myo-** weist auf Muskelzelle; die Endsilbe **-blast** kennzeichnet die determinierten, oft aber noch teilungsfähigen Vorläuferzellen. Sie differenzieren sich stets zu Muskelzellen, wenn man ihnen das Kälberserum entzieht. Wie dieses Beispiel belegt, kann in proliferierenden Zellkulturen der Determinationszustand unverändert von Zellgeneration zu Zellgeneration weitergegeben werden. Man spricht von **Zellheredität.**
  Terminologischer Hinweis. Nach Jonathan Slack (1991) sollte man in den Fällen, in denen Zellen **in neutraler Umgebung** ihrer Bestimmung treu bleiben, sagen, solche Zellen seien **spezifiziert.**
- **Transplantationstest.** In der von Hans Spemann entwickelten mikrochirurgischen Technik werden Zellen, Zellverbände oder größere Teile eines Keims in andere Keime und an einen anderen Ort verpflanzt. Man kann die **Spender**-Zellen in **Wirts**-Keime (Empfängerkeime) der gleichen Art einpflanzen (**autologe** oder **homoplastische Transplantation**) oder, zumeist ohne besondere Komplikationen, in Wirtskeime einer fremden Art (**heterologe** oder **heteroplastische Transplantation**, z.B. zwischen Frosch und Molch, Haushuhn und Wachtel).

Sind die Transplantate bereits irreversibel determiniert, verhalten sie sich „**herkunftsgemäß**", d. h. ihrem mitgebrachten Programm entsprechend, und **autonom**, d. h. ohne sich von der neuen Umgebung von ihrem eingeschlagenen Entwicklungsweg abbringen zu lassen. Zellen, die noch nicht (irreversibel) determiniert sind, können sich hingegen „**ortsgemäß**" entwickeln, wenn von ihrer neuen Umgebung determinierende Signale auf sie einwirken. Die Adjektive „herkunftsgemäß" und „ortsgemäß" hat Hans Spemann geprägt.

Berühmtes Experiment aus der Spemann-Schule: Ein ektodermales Stück aus einer Froschgastrula, das an seinem Herkunftsort zu Bauchhaut geworden wäre, aber in die künftige Mundregion eines Molches implantiert worden ist, bildet dem neuen Ort gemäß Zähne (freilich Hornzähne, wie es der genetischen Potenz der Froschzellen entspricht; s. Abb. 4.12). Die Einpassung an den neuen Ort gilt als Kriterium, dass das transplantierte Gewebe nicht (irreversibel) determiniert war, und ist zugleich Beleg für das Wirken einer **Positionsinformation** (Kap. 12 und Box K 12).

Die Ergebnisse des Isolations- und des Transplantationstests sind nicht immer konform; denn eine noch instabile Determination (**Spezifikation**) kann nach Transplantation noch umgestimmt werden.

Terminologischer Hinweis: Nach Slack (1991) gelten Zellen, die sich nach Transplantation auch **in der fremden Umgebung** herkunftsgemäß und autonom verhalten, als **determiniert**.

- **Potenzprüfung durch Kerntransplantation.** Mit der Determination, der Verpflichtung auf eine bestimmte Aufgabe, geht in der Regel die Fähigkeit verloren, sich zu anderen Zellformen entwickeln zu können. Die **Entwicklungspotenz wird eingeschränkt.** Ob dies mit einer irreversiblen Veränderung des genetischen Programms einhergeht, kann durch **Kerntransplantation** (Kap. 5) geprüft werden.

Berühmtes Experiment, durchgeführt von R. Briggs, T. J. King, J. B. Gurdon, an *Xenopus*: In entkernte Eizellen implantierte Kerne aus somatischem Gewebe, z. B. aus Darmzellen der Kaulquappe oder aus Lungenzellen des Frosches, ermöglichten in einer beträchtlichen Zahl der Fälle eine komplette Entwicklung: es entstanden Krallenfrösche. Die Kerne der erfolgreich benutzten Spenderzellen waren **totipotent** (omnipotent); die Determination hatte in diesen Zellen nicht zu einem irreversiblen Verlust der genetischen Potenz geführt (s. Abb. 5.2). Wenn die verwendeten Kerne alle von ein und demselben Individuum stammen, sind die erzeugten Labornachkommen mit dem Spender und untereinander erbgleich. Sie sind **geklont** (Kap. 5).

11.4.2
Bei der Determination können Selektorgene in den Zustand anhaltender Aktivität oder Inaktivität gebracht werden; dieser Zustand ist stabil und hereditär, d.h. über Zellteilungen hinweg vererbbar

Am Beispiel des Muskel-spezifischen Selektorgens *myoD1* sind Vorstellungen entwickelt worden, wie eine Zelltyp-spezifische Determination erreicht und über Zellteilungen hinweg aufrechterhalten werden kann. Darüber mehr in Kapitel 13.5. Unter den Stichworten „Zellheredität" und „zelluläres Gedächtnis" kann dort einiges über Hypothesen nachgelesen werden, wie ein einmal eingerichteter Determinationszustand von einer Gründerzelle auf ihre Nachkommen übertragen werden kann.

11.4.3
Verlust der Determination und Transdetermination: Der Determinationszustand kann bei krebsartiger Entartung der Zellen verloren gehen oder er erfährt – so z.B. bei Imaginalscheiben von *Drosophila* – einen unerwarteten, sprunghaften Wechsel, eine Transdetermination

So stabil ein einmal einprogrammierter Determinationszustand normalerweise ist, so kennt man doch Fälle, in denen der Zustand verloren geht oder eine nachträgliche Neuentscheidung stattfindet. Krebsartig entartete Zellen verlieren oft ganz oder teilweise die Fähigkeit, sich auszudifferenzieren, und fallen in einen Zustand embryonalen Daseins zurück (Kap. 21).

Bei *Drosophila* ist man dem Phänomen der **Transdetermination** begegnet. Darüber ist in Kapitel 3.6.17 berichtet worden. Hier eine Zusammenfassung des Wichtigsten:

In der Larve findet man scheibenförmige Gebilde, die Imaginalscheiben, aus denen im Zuge der Metamorphose mosaikartig die adulte Fliege zusammengebaut wird. Die in der Larve gespeicherten Scheiben sind bereits determiniert, aber noch nicht terminal differenziert. Man kann sie vermehren: die Scheiben werden zerteilt, die Teilstücke lässt man regenerieren, und so erhält man Klone von Scheiben. Um ihren Differenzierungszustand zu testen, werden geklonte Scheiben in die Leibeshöhle metamorphosebereiter Larven verbracht. Dort machen sie mit der Larve die Metamorphose durch, und man kann alsdann das Produkt der Leibeshöhle entnehmen: Es ist ein Bein, oder ein Flügel, oder ein Auge, je nachdem, welche Scheibe man zum Klonen der Larve entnommen hatte. Die Nachkommen dieser einen Originalscheibe haben deren Determinationsprogramm geerbt.

Mitunter passiert es aber, dass die Determination verloren geht und irgend ein anderes Programm verwirklicht wird: Statt des erwarteten Beins erntet man beispielsweise einen Flügel. Dieser Umschlag des Determinationsprogramms, **Transdetermination** genannt, beruht vermutlich darauf, dass beim Zerschneiden der Scheiben und ihrem anschließenden Verheilen bisweilen Zellgruppen aufeinander treffen, die normalerweise getrennt sind. Diese Konfrontation kann zu Induktionsphänomenen führen. Dies besagt: die Zellgruppen beeinflussen sich in einer Weise, dass ein neues Entwicklungsprogramm eingeschaltet wird. Induktionsphänomene werden im folgenden Kapitel 12 besprochen.

ZUSAMMENFASSUNG DES KAPITELS 11

Früh in der Entwicklung muss bestimmt werden, wo im Körper vorn und hinten, dorsal und ventral sein soll. Die Festlegung der Körperkoordinaten, auch Körper- oder Polaritätsachsen genannt, erfolgt teils auf der Basis von strukturellen Komponenten des Eies, teils aufgrund von externen Orientierungsgebern wie Schwerkraft oder Ort des Spermieneintritts, so in der Entwicklung der Amphibien. Mit der Festlegung der Achsen ist eine erste unterschiedliche Programmierung der Entwicklungsschicksale eingeleitet. Diese Programmierung führt über eine erste richtungsweisende **Spezifikation** schließlich zu einer stabilen **Determination** (bei einzelnen Zelltypen auch **Commitment**, Verpflichtung, genannt).

Bei *Drosophila* legt bereits der mütterliche Organismus für den künftigen Embryo die Koordinaten fest, indem die Nähr- und Follikelzellen des Ovars mRNA für entwicklungsbestimmende Faktoren in die Eizelle einschleusen, wo sie an bestimmte Orte gelenkt und am Cytoskelett verankert werden. Da diese mRNA von Zellen geliefert wird, die mit dem mütterlichen Genom ausgestattet sind, nennt man solche Genprodukte **maternal**.

Die anterior-posteriore Achse wird bei *Drosophila* determiniert durch die vorn verankerte mRNA des Transkriptionsfaktors *bicoid* und durch die mRNA der Gene *oskar* und *nanos*, die am Hinterpol verankert werden. (Zusätzlich bindet am Vorderpol und Hinterpol ein extrazellulärer Faktor an TORSO-Rezeptoren.)

Die dorso-ventrale Körperachse wird festgelegt durch den extrazellulären, zwischen Eizelle und Eihülle gelagerten maternalen SPÄTZLE-Faktor; er wird unterhalb der Ventralseite des Eies freigesetzt, bindet an maternal codierte TOLL-Rezeptoren der Eizelle und verursacht das Einwandern des maternalen Transkriptionsfaktors DORSAL in die Kerne der Ventralseite des Embryos, wo er „ventrale" Gene aktiviert.

Auch die Spezifikation bestimmter Zelltypen wie Urkeimzellen *Caenorhabditis*, *Drosophila*, *Xenopus* oder larvaler Zellformen (beim Seeigel und bei Ascidien) kann von **cytoplasmatischen Determinanten** ausgehen. Eine **asymmetrische Zellteilung** kann solche Determinanten unterschiedlich auf die Tochterzellen verteilen. Dies ist eine Art der Determination. Eine andere beruht auf **Zellinteraktionen**. Bei Keimen, die einstmals als **Mosaikkeime** klassifiziert wurden (Nematoden, Spiralier, z. T.

Insekten, Ascidien), erfolgt Determination früh, die Zellen entwickeln sich dann **autonom** und sind unersetzlich. Bei **Regulationskeimen** (Hydrozoen, Seeigel, Wirbeltiere) hingegen können Störungen leichter korrigiert werden; denn die endgültige Determination erfolgt spät und die Entwicklung der Zellen ist lange **abhängig** von ihrer Umgebung.

Eine einmal vollzogene Determination ist in der Regel sehr stabil und wird bei Zellteilungen von der Gründerzelle auf ihre Tochterzellen übertragen (**Zellheredität**). Der Determinationszustand kann allerdings mitunter einen sprunghaften Wechsel, eine **Transdetermination**, erfahren (in Imaginalscheiben von *Drosophila*) oder bei Krebszellen teilweise verloren gehen.

12 Positionsinformation, Musterbildung und embryonale Induktion

12.1
Positionsinformation und epigenetische Erzeugung neuer Muster

12.1.1
Was ermöglicht es Zellen, sich wohlgeordnet und ihrem Platz gemäß zu differenzieren? – Wir entwickeln Arbeitshypothesen

Wir halten uns nochmals ein Problem vor Augen, das schon im vorigen Kapitel angesprochen worden war: Zellen müssen sich ortsgerecht verhalten; hier sollen sie Nervengewebe aufbauen, da einen Muskel formen, dort ein Skelettelement herstellen. Die DNA des Kerns enthält aber keine Information darüber, wo sich eine Zelle gerade befindet.

Grundsätzlich gibt es zwei Mechanismen, die dafür sorgen, dass am Ende der Entwicklung die richtigen Zellen am rechten Platz gefunden werden:

1. Die Zellen werden auf ein Differenzierungsprogramm eingeschworen (committed, determiniert); während sie sich differenzieren, oder auch erst nach Abschluss ihrer Differenzierung, suchen sie aktiv den Ort auf, an dem sie sich zeitweilig oder auf Dauer niederlassen. Das finden wir beispielsweise bei den Chromatophoren der Haut, bei den Zellen des Immunsystems und bei Keimzellen. Kapitel 16 berichtet mehr darüber.
2. Häufiger jedoch ist, dass Zellen bereits vor ihrer Determination in Erfahrung bringen, wo sie sich befinden, um sich dann dem Ort gemäß einen „Beruf" zu wählen und sich entsprechend zu differenzieren. Oder anders betrachtet: die Umgebung teilt einer Zelle mit, was sie zu tun hat. Wie man es auch betrachtet: Positionsgerechte Zelldifferenzierung wird von außen angestoßen; von außen heißt hier: von **aktivierenden** oder **permissiven** Einflüssen, die außerhalb des Zellkerns ihren Ursprung haben.

Wir hatten schon in Kapitel 11 folgende Möglichkeiten erwogen und kennengelernt:

- **Externe Orientierungshilfen.** Die Information kommt aus der äußeren Umwelt: Schwerkraft, Licht etc. könnten erste Orientierungshilfen geben – aber gewiss nur erste.

- **In der Eizelle befindliche Muster maternaler cytoplasmatischer Determinanten.** Maternale cytoplasmatische Determinanten, beispielsweise in der Oocyte gespeicherte mRNA für Transkriptionsfaktoren, sind nicht homogen verteilt.
- **Zellinteraktionen und konzertiertes Verhalten.** Von Nachbarn angebotene Signale, die das Schicksal der empfangenden Zellen nachhaltig bestimmen, werden wir in diesem Kapitel als **Induktionssignale (Induktoren)** oder als **permissive (erlaubende) Signale** kennenlernen.

12.1.2
Ooplasmatische Segregation: Im Cytoplasma des Eies kann es zu einer ersten neuen Musterbildung durch physikalisch bedingte Umverteilung von Determinanten kommen

Bei *Drosophila* steuern maternale Genprodukte (wie die Produkte von *bicoid, oskar* und *nanos*) maßgeblich die Lokalisation entwicklungsbestimmender, cytoplasmatischer Determinanten in der Eizelle. Die Determinanten werden ortsfest am Cytoskelett fixiert. Bei anderen Eiern, so bei Spiraliern, bei Tunikaten, Amphibien, Fischen und Vögeln, z. T. aber auch bei *Drosophila*, liegt im frisch abgelegten Ei noch kein definitives Muster in der Verteilung solcher Determinanten vor; vielmehr setzen nach der Befruchtung cytoplasmatische Strömungen und Transportprozesse ein, welche maternale Genprodukte neu verteilen. Da kann dann auch pure Physik – Konvektion, Diffusion, elektrostatische Anziehung oder Abstoßung, Gravitation, Lipophilie oder Hydrophilie – mit dazu beitragen, wo am Ende die eine oder andere cytoplasmatische Komponente zu liegen kommt. Es kommt im Ei zu einer Entmischung (**ooplasmatische Segregation**) und damit zu einer **physikalisch bedingten, Ei-internen Musterbildung** (Abb. 12.1). Ein Beispiel hierfür ist die Verlagerung der Determinante β-Catenin, der mRNA des Transkriptionsfaktors Siamois und mutmaßlich von weiteren Faktoren nach der Befruchtung in den Bezirk des Spemann-Organisators der Wirbeltier-Keime. Im Einzelnen können solche Prozesse derzeit noch nicht physikalisch beschrieben und mathematisch berechnet werden.

12.1.3
Beim Aufbau der Körperarchitektur werden epigenetisch neue Muster geschaffen, die noch nicht im Ei vorgeprägt sind

Musterbildung als epigenetischer Vorgang: was ist damit gemeint? Das Muster cytoplasmatischer Determinanten kann nur eine erste Orientierungshilfe geben (Abb. 12.1). Man denke sich eine *Hydra*, die durch Knospung über Jahrtausende Abermillionen weiterer Polypen hervorbringen kann. Diese können auch noch, wenn sie zerstückelt werden, zu neuen vollständigen Polypen regenerieren. Wie sollte die Gestalt all dieser Hydren in einer vor langen, langen Jahren erzeugten Eizelle vorgeprägt wor-

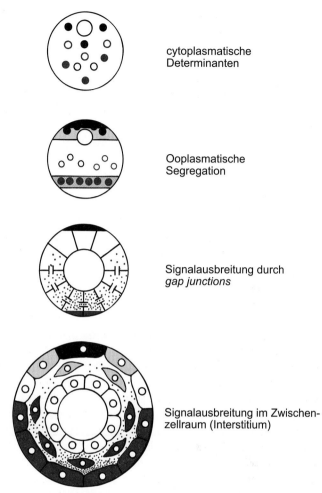

cytoplasmatische
Determinanten

Ooplasmatische
Segregation

Signalausbreitung durch
gap junctions

Signalausbreitung im Zwischen-
zellraum (Interstitium)

Abb. 12.1. Determinationsfolge in einem generalisierten tierischen Embryo. Eine erste orts-
abhängige Spezifikation des künftigen Schicksals geschieht durch cytoplasmatische Determinanten, die im Zuge einer Ei-internen Musterbildung (ooplasmatischen Segregation) geord-
net und dann verschiedenen Blastomeren zugeteilt werden. Später beruhen Determination
und Musterbildung auf dem Signalaustausch zwischen Zellen

den sein? Oder man denke sich alle Apfelbäume der Sorte *Golden Delicious*. Alle diese durch Pfropfreise vegetativ erzeugten (geklonten) Apfelbäume gehen auf eine einzige befruchtete Eizelle zurück. Das Muster der
cytoplasmatischen Determinanten in diesem Ei kann nicht die exakte
Form all dieser Bäume mit all ihren Verzweigungen vorherbestimmen.

Musterbildung ist eine reproduzierbare epigenetische Leistung. Epigenetisch heißt: von Vorgängen oberhalb der Ebene genetischer Information
bestimmt. **Die für die Musterbildung entscheidenden Vorgänge sind**

Wechselwirkungen der Zellen mit anderen Zellen (Abb. 12.1, siehe auch Box K 12) oder mit extrazellulären Substraten (extrazelluläre Matrix). Genetische Information wird gebraucht, um die Proteine herzustellen, die diese Wechselwirkungen vermitteln; z.B. die Moleküle, die auf der Zelloberfläche exponiert oder in die Umgebung ausgeschieden werden und als Signale dienen. Genetische Information wird auch gebraucht, um die Signalrezeptoren herzustellen und die Signaltransduktionssysteme einzurichten. Doch die Art der Interaktion wird auch wesentlich von nicht-genetischen Gesetzmäßigkeiten und Rahmenbedingungen bestimmt, bei löslichen Signalen beispielsweise vom Grad der Hydrophilie bzw. Lipophilie und von den physikalischen Gesetzen der Diffusion.

12.1.4
Im Embryo ermöglicht Positionsinformation ortsgemäßes Verhalten; ein klassisches Transplantationsexperiment belegt ihr Wirken

Positionsinformation ist ein Begriff der heutigen Entwicklungsbiologie (geprägt von Lewis Wolpert, s. Box K 1). Inhaltlich ist die Vorstellung einer Positionsinformation schon von Hans Driesch (s. Kap. 3.1 Seeigel und Box K 1) entwickelt worden. Ein experimenteller Nachweis für das Wirken einer Positionsinformation ist von Hans Spemann mit einem klassischen Transplantationsexperiment erbracht worden: Ein Stück einer Froschblastula, das an seinem Heimatort bloß Bauchhaut geliefert hätte, wird zum Mund, wenn es in eine andere Blastula an die Stelle gebracht wird, wo sich später der Mund ausbilden soll. Das Transplantat bekommt mit, dass es an einen anderen Ort gebracht worden ist. Der besondere Reiz des Experimentes lag darin, dass das Transplantat vom Frosch stammte, der Empfänger jedoch ein Molchkeim war. Die auf das Transplantat wirkende Positionsinformation ist folglich nicht ausgesprochen artspezifisch. Wohl jedoch ist die Reaktionsmöglichkeit artspezifisch. Das Froschtransplantat macht im Molch einen Froschmund mit Hornzähnen; denn nur hierfür hat das Transplantat die erforderliche genetische Ausstattung (s. Abb. 4.12).

Worin Positionsinformation besteht, darüber gibt es noch keine einheitliche, allgemein akzeptierte Theorie, wohl schlichtweg deshalb, weil es nicht nur ein System gibt, das Positionsinformation vermitteln kann. Modellmäßige Vorstellungen werden in Box K 12 diskutiert. Gegenüber solch spekulativen Modellen zeigen die nachfolgenden Beispiele, dass Positionsinformation tatsächlich aus verschiedenen Quellen bezogen wird.

12.2
Musterbildung durch Signalaustausch zwischen direkten Nachbarn: laterale Inhibition und laterale Hilfe

Mit Abschluss der ersten Furchungsteilung, bei *Drosophila* mit der Bildung des zellulären Blastoderms, beruht weitere Musterbildung auf dem Austausch von Signalen zwischen den Zellen, die sich wechselseitig absprechen: „Einigen wir uns: wenn ich dies mache, machst du das". Eine solche Absprache zwischen direkten Nachbarn gibt es selbst bei den klassischen „Mosaikentwicklern" *Caenorhabditis elegans* (Kap. 3.4) und Ascidien (Kap. 3.7). Hier sei auf zwei Beispiele aus der Entwicklung von *Drosophila* hingewiesen. Von allgemeiner Bedeutung sind Nachbarschaftswirkungen, die mit Begriffen wie **laterale Inhibition** (einem Begriff, welcher der Neurophysiologie des Auges entlehnt ist) oder **laterale Hilfe** bedacht werden. Beispiele werden in den folgenden Abschnitten vorgestellt (s. auch Box K 12).

12.2.1
Nervenzelle oder Epidermis, das ist hier die Frage; das NOTCH/DELTA-System trägt zur Entscheidungsfindung nach dem Prinzip der lateralen Inhibition bei

Wenn das Ei von *Drosophila* das Stadium des zellulären Blastoderms erreicht hat und die Gastrulation einsetzt, gliedern sich die Zellen in drei Gruppen:

- Entlang der ventralen Mittellinie wissen die Zellen, wenn die Gene *twist* und *snail* eingeschaltet sind, dass sie in die Tiefe des Embryos eintauchen und mesodermale Gewebe (z. B. Muskeln) bilden müssen.
- Die links und rechts anschließenden Zellen entlang den Flanken des Keims haben ebenfalls die Tendenz, ins Keimesinnere abzutauchen. Dort sollen sie dann aber **Neuroblasten** werden und die Bauchganglienkette aufbauen.
- Die restlichen Zellen des Blastoderms sollen draußen bleiben und als **Epidermoblasten** die Epidermis bilden.

Die Sonderung von Neuroblasten und Epidermoblasten erfordert einen Prozess der Entscheidung; denn insbesondere im Grenzbereich sind die Zellen anfänglich unentschieden und wissen nicht so recht, was sie nun werden sollen.
    Primär haben die Zellen des ventro-lateralen Blastoderms allesamt die autonome Tendenz, Neuroblasten zu werden, aber die Determination der beiden Zellgruppen ist längst noch nicht abgeschlossen. Nach Transplantation von Epidermoblasten in eine Gruppe von Neuroblasten richten sich die transplantierten Zellen nach den am neuen Ort geltenden sozialen Regeln und werden selbst Neuroblasten. Auch das Umgekehrte gilt. Beide Gruppen, Neuroblasten und Epidermoblasten, sondern sich endgültig voneinander nach dem wechselseitigen Austausch von Signalen. Dabei spielen

Signalmoleküle eine wichtige Rolle, die in der Zellmembran verankert sind und den Nachbarn präsentiert werden. Diese Membranproteine werden von den Genen *Notch* und *Delta* codiert. (Beide Proteine sind sich ähnlich und tragen in ihren extrazellulären Domänen Motive, sogenannte EGF-repeats, wie sie auch im epidermalen Wachstumsfaktor EGF gefunden werden.) Die extrazellulären Domänen der NOTCH- und DELTA-Proteine benachbarter Zellen binden aneinander und vermitteln einen lockeren Zusammenhalt; sie dienen aber auch der Unterdrückung der basalen neurogenen Tendenz in den Soll-Epidermoblasten. Dabei gilt DELTA als hemmendes Signal, NOTCH als Rezeptor für dieses Signal (Abb. 12.2).

Werdende Neuroblasten hindern mittels des DELTA-Signals die Nachbarn daran, ihrer Neigung folgend selbst ebenfalls Neuroblasten zu werden. Man spricht von **lateraler Inhibition**. Nach einer *loss-of-function*-Mutation von *Delta* oder von *Notch* kann in den Soll-Epidermoblasten die neurogene Basistendenz nicht mehr unterdrückt werden. Es gibt viel zu viele Neuroblasten (neurale Hyperplasie) und zu wenig Epidermiszellen.

Die neurogene Option ist allerdings nur erfüllbar, wenn in den Zellen der *achaete scute*-Genkomplex (*AS-C*) eingeschaltet wird. Nach einer *loss-of-function*-Mutation in diesem Komplex kann eine Zelle nicht mehr Nervenzelle werden, wohl aber noch Epidermiszelle. Hierzu muss sie andererseits den *Enhancer of split*-Komplex *(Espl-C)* einschalten. Ein Genkomplex, der den einen Differenzierungsweg ermöglicht, blockiert den anderen Weg. Die Klassifizierung von NOTCH als Rezeptor liegt darin begründet, dass nach Bindung von DELTA an NOTCH vom NOTCH-Protein der Soll-Epidermiszelle eine intrazelluläre Domäne abgespalten wird, die in den Kern wandert und als Transkriptionsfaktor den *Espl-C* einschaltet.

Noch haben wir uns um die Antwort auf die Frage gedrückt, wie denn entschieden wird, welche Zellen ihrer Neigung folgen und Neuroblasten bleiben dürfen? Die Hypothese, die zur Erklärung angeboten wird, beruft sich auf ein **Grundprinzip biologischer Musterbildung: Anfängliche geringe Unterschiede verstärken sich durch Konkurrenz zwischen den beteiligten Zellen; laterale Inhibition schafft Sieger und Verlierer.**

Im ventro-lateralen Grenzbereich, wo sich die vielen noch unentschiedenen Zellen befinden, sind anfänglich alle Zellen (fast) gleich. Sie exprimieren allesamt sowohl NOTCH wie DELTA. Nun kommt es zu einer Konkurrenzsituation. Manche Zellen, die künftigen Neuroblasten, bilden – vielleicht aus bloßem Zufall – etwas mehr DELTA als andere. DELTA aber ist das hemmende Signal. In den Nachbarn wird als Folge der leicht verstärkten Hemmung die Expression von DELTA herabgedrosselt, während NOTCH-Rezeptoren zum Empfang des hemmenden Signals erhalten bleiben. Es kommt zu einem Teufelskreis: Die Nachbarn bleiben empfänglich für Hemmsignale (weil sie NOTCH behalten), können aber selbst immer weniger solche Hemmsignale produzieren (weil die DELTA-Expression gedrosselt wird). Sie werden zu den Verlierern. Im vorliegenden Fall müssen sie draußen bleiben und Epidermis bilden (Abb. 12.2).

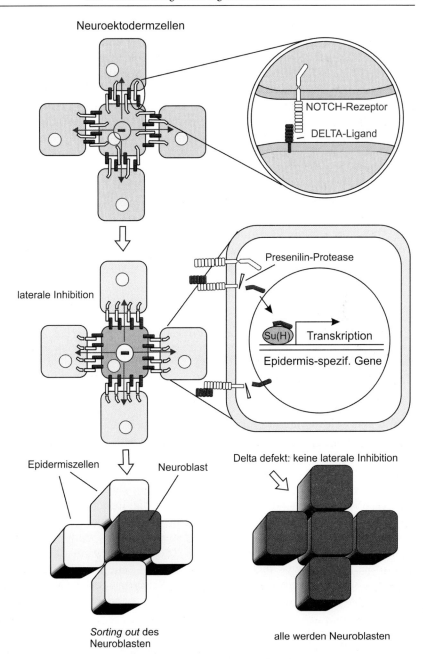

Abb. 12.2. Laterale Inhibition zwischen direkten Nachbarn über das NOTCH/DELTA-System. Die Inhibition führt dazu, dass in einer Gruppe ursprünglich (nahezu) gleicher Zellen nur eine Zelle zum Neuroblasten wird und sich absondert, ihre Nachbarn hingegen im äußeren Blastoderm verbleiben und zu Epidermiszellen werden. Versagt die laterale Inhibition, weil das hemmende DELTA-Signal und/oder der NOTCH-Rezeptor defekt sind, wird die ganze Gruppe zu Neuroblasten

Das NOTCH/DELTA-System wird auch bei Wirbeltieren gefunden. Auch im Wirbeltier müssen sich am Rande der Neuralplatte künftige Neuroblasten und Epidermoblasten entscheiden und diesen oder jenen Weg wählen. Das NOTCH/DELTA-System spielt jedoch nicht nur eine Rolle bei der Sonderung künftiger Nervenzellen von Epidermiszellen, sondern auch bei vielen anderen alternativen Entscheidungsprozessen, so etwa, wenn es gilt, Grenzlinien zwischen zwei Territorien zu ziehen. Sowohl NOTCH als auch DELTA existieren in verschiedenen Isoformen.

12.2.2
Hier ist die Frage: Photorezeptor Nr. 7 oder *sevenless*; ein Positionssignal gibt laterale Hilfestellung

Das Auge von *Drosophila* enthält ca. 800 Ommatidien, jedes **Ommatidium** enthält 20 Zellen. Vier davon werden zum dioptrischen Apparat (Linse und Kristallkegel, zusammen im Folgenden kurz Linse genannt), acht zu Photorezeptoren (Abb. 12.3).

> Im Querschnitt des Fliegenauges sind immer nur 7 Photorezeptoren zu sehen. Die Photorezeptoren R1 bis R6 sind immer zu sehen; sie bilden einen Kreis. Die Photorezeptoren R7 und R8 liegen tandemartig hintereinander und bilden mit ihren Mikrovillisäumen (Rhabdomeren) den Mittelpunkt des Kreises. Photorezeptor R7 stößt an die Linse, reicht jedoch in der Längsachse nur ein Stück weit; dann folgt an seiner Stelle R8 (Abb. 12.3).

Alle Zellen eines Ommatidiums sind in einem exakten Muster angeordnet und erscheinen nach einem festgelegten zeitlichen Programm. Die erste Photorezeptorzelle erscheint im Zentrum des Ommatidiums; es ist R8. R8 ist die *boss*-Zelle; *boss* meint das Gen *bride of sevenless*. Das von diesem Gen erzeugte Protein wird als **membranständiges Positionssignal** der über R8 liegenden Nachbarzelle R7 gezeigt. Diese hat ihrerseits ein membranständiges Rezeptorprotein, mit dem sie das Signal abtastet. Dieses Rezeptormolekül ist eine Transmembran-Tyrosinkinase, die vom Gen *sevenless* codiert wird. Wenn nun Photorezeptor R8 nach Mutation des *boss*-Gens kein ordentliches Signal mehr anbietet oder die Zelle Nr. 7 nach Mutation des Gens *sevenless* kein funktionstüchtiges Rezeptorprotein hat, wird Zelle Nr. 7 nicht ordnungsgemäß Photorezeptor R7, sondern eine überzählige Linsenzelle.

Die beiden eben aufgezeigten Beispiele einer direkten Nachbarschaftswirkung ließen sich auch, wenn man wollte, als Induktionsphänomene klassifizieren. Solche werden im folgenden Kapitel behandelt.

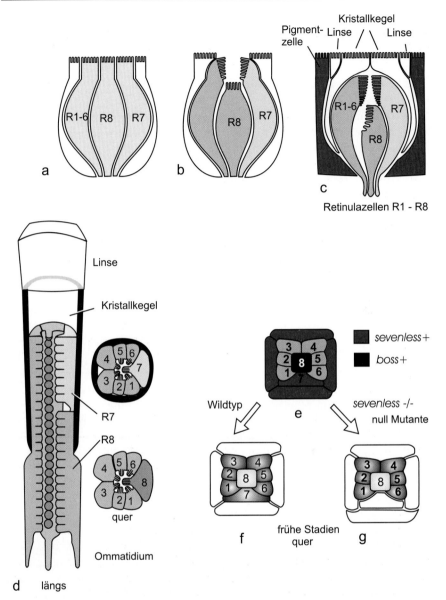

Abb. 12.3 a–g. Laterale Hilfe zwischen direkten Nachbarn am Beispiel des Fliegenauges. **a, b, c** Frühe Stadien in der Entwicklung eines einzelnen Ommatidiums. Schnitt durch die Epidermis der Augenimaginalscheibe. Die zentrale Retinulazelle R8 sinkt in die Tiefe. **d** Fertiges Ommatidium. Die Retinulazelle R7 liegt über R8. **e, f, g** Interaktion zwischen R8 und R7. Ohne die laterale Hilfe durch R8 wird R7 keine Retinulazelle. Die Hilfe geschieht über das BOSS-Signal von R8 und den SEVENLESS-Rezeptor von R7. Versagt die Hilfe, wird R7 zu einer überzähligen Zelle des Linsensystems

12.3
Embryonale Induktion

12.3.1
Induktion: Sender schicken Signale an ihre Nachbarn

Induktion meint das Aussenden eines entwicklungssteuernden Signals von (induzierenden) Senderzellen und dessen Beantwortung durch benachbarte (reagierende) Zellen. Induktion ist eines der grundlegenden Geschehnisse, die zur Organisation von Zellen zu Geweben und Organen führen. Zur Unterscheidung von anderen Prozessen, bei denen das Wort Induktion ebenfalls gebraucht wird (z. B. Induktion eines Enzyms = Start der Transkription zur Herstellung des Enzyms) spricht man auch von **embryonaler Induktion**, wiewohl induktive Wirkungen nicht nur in der Embryonalentwicklung vorkommen. Durch Ausschalten, vor allem aber durch Transplantation von Zellen oder Zellverbänden, hat man induktive Wechselwirkungen bei allen tierischen Organismen gefunden, bei denen entsprechende Experimente gemacht worden sind, von Schwämmen und Hydrozoen bis hin zu Säugern. Selbst bei Embryonen, die zuvor als ausgeprägte Mosaikentwickler galten, wie *Caenorhabditis elegans*, findet man zunehmend mehr induktive Wechselwirkungen zwischen benachbarten Zellen.

Der erste Induktionsvorgang war schon um 1909 bei *Hydra* gefunden worden: Ein kleines Gewebestück, das man von der Subtentakelzone in die untere Rumpfregion pflanzt, organisiert dort die Bildung eines zusätzlichen Kopfes oder einer zweiten, kopfgekrönten Körperachse (s. Abb. 12.13). Seit langen Jahren viel untersucht sind die Induktionsprozesse im Amphibienkeim, die sich als beispielhaft für ähnliche Prozesse bei anderen Wirbeltieren herausstellen sollten (Abschnitte 12.4 und 12.5).

12.3.2
Der Empfänger muss kompetent sein

Die Beantwortung eines induktiven Signals setzt voraus, dass die Empfänger **kompetent** geworden sind. Das Erlangen von Kompetenz kann beispielsweise darin bestehen, dass die Zielzellen **Rezeptoren** für den Signalempfang herstellen und in Stellung bringen. Das setzt wiederum eine Programmierung voraus, damit das Gen für den Rezeptor eingeschaltet wird. Kompetenz ist oft auf ein Zeitfenster von wenigen Stunden oder Minuten begrenzt.

12.4
Induktion von Köpfen und Rümpfen im Wirbeltierembryo mit transplantiertem Organisatorgewebe

12.4.1
Kleine Transplantate aus dem dorso-caudalen Bereich der frühen Gastrula (Spemann-Organisator, Hensen-Knoten) können die Entwicklung komplexer Strukturen wie Köpfe und Rümpfe auslösen

Induktion eines zusätzlichen Kopfes: was bei *Hydra* möglich ist, ist auch im viel komplexeren Wirbeltierembryo möglich. Es gibt in der späten Blastula und frühen Gastrula einen kleinen Bezirk, der später selbst nur den vorderen Abschnitt der Chorda hervorbringen wird, der jedoch, an einen fremden Ort verpflanzt, die Entwicklung eines überzähligen, **ektopischen Kopfes und Rumpfes auslösen kann** (ektopisch = außerhalb des normalen Ortes). Es ist dies im Amphibienkeim der **Spemann-Organisator**, benannt nach seinem Entdecker, dem Freiburger Zoologen Hans Spemann (1869–1941). Der Organisator ist ein Bezirk in der späten Blastula in der Region, wo sich der Urmund bildet. Wenn sich der Urmund gebildet hat, entspricht der Organisatorbezirk der **oberen Urmundlippe**. Die Bezeichnung „Organisator" wählte Spemann wegen der Wirkung, den eine transplantierte obere Urmundlippe zeigt: Sie fordert ihre Umgebung auf, einen zweiten Gastrulationsprozess in Gang zu setzen, der seinerseits in der Entwicklung eines zweiten Embryos (siamesischen Zwillings) mit Kopf und Rumpf gipfelt (s. Abb. 4.13).

> Entscheidende Experimente wurden nach Vorarbeiten Spemanns von seiner Doktorandin, Hilde Mangold, 1921/22 durchgeführt. Spemann erkannte die Bedeutung der Befunde und veröffentlichte die epochemachende Entdeckung (Spemann u. Mangold, 1924). Er erhielt für diese Organisatorexperimente, die noch heute zu den am meisten zitierten Experimenten der Entwicklungsbiologie zählen, 1935 den Nobelpreis.

Der Organisatorbezirk gliedert sich in zwei überlappende Unterbezirke,

- einen **Kopforganisator,** welcher in der frühen Gastrula in und nahe der Urmundlippe auszumachen ist, und
- einen **Rumpforganisator,** welcher oberhalb des Kopforganisators auszumachen ist (s. Abb. 4.14).

Die Wirkung des Kopforganisators wird vermittelt durch ein Cocktail an sezernierten, Cystein-reichen Proteinen mit CERBERUS, DICKKOPF-1, FRIZBEE-b und weiteren sekretorischen Proteinen als Komponenten.

Die Wirkung des Rumpforganisators wird hervorgerufen durch eine Mischung anderer Cystein-reicher Proteine. Die Mischung enthält NOGGIN, CHORDIN, FOLLISTATIN und NODAL-related 3, sowie weitere Komponenten.

Nachdem das Zellmaterial, das über die obere Urmundlippe ins Keimesinnere einrollt, zum Mittelstreifen des Urdarmdaches und damit zur Chordaanlage geworden ist, sind diese beiden Wirkungsprofile räumlich gut getrennt: Die vordere Chordaanlage induziert Köpfe, die hintere Rümpfe.

Auch bei anderen Wirbeltieren findet man einen Bezirk im Bereich der künftigen Schwanzbasis bzw. des Afters, der funktionell einem Spemann-Organisator entspricht:

- Bei Fischen ist es der **Embryonalschild** (s. Abb. 4.23; 4.24) am Rande des Blastoderms, wo sich besonders viele Zellen ins Innere bewegen, um die Achsenorgane (Chorda, Somiten) aufzubauen.
- Bei Amnioten (Reptilien, Vögeln und Säugern), wo sich auf einer Keimscheibe als Homologon zum Urmund eine Primitivrinne bildet, entspricht der **Hensen-Knoten (Primitivknoten)** am Vorderrand der Primitivrinne (s. Abb. 4.26 und Abb. 6.5) dem Spemann-Organisator. (In der englischsprachigen Literatur zur Entwicklung der Säuger wird dieser Bezirk oft nur **node** = Knoten genannt.) Man kann sogar den Hensen-Knoten des Hühnchens benutzen, um im Amphibienembryo einen Zweitembryo zu induzieren. Die vom Organisator ausstrahlenden Signale sind offenbar nicht ausgesprochen artspezifisch.

Der Organisator kann auch dadurch lokalisiert werden, dass man durch *In-situ*-Hybridisierung die mRNA des Gens *goosecoid* sichtbar macht. Diese mRNA codiert für einen Transkriptionsfaktor, und ektopische Expression von GOOSECOID nach ektopischer Injektion der *goosecoid*-mRNA kann einen neuen Spemann-Organisator hervorbringen (s. Abb. 4.17).

Ein Transkriptionsfaktor jedoch ist als solcher kein Induktionssignal; denn ein Transkriptionsfaktor sitzt und wirkt ortsfest im Kern, ein Induktionsfaktor hingegen muss die Senderzelle verlassen. Im Embryonalschild des Fischembryos (s. Abb. 4.24), im Hensen-Knoten des Huhnembryos und im Knoten des Mausembryos werden Faktoren erzeugt, die denen des Spemann-Organisators homolog sind und als heterologe Faktoren im Xenopusembryo ebenso Köpfe oder Rümpfe induzieren wie die autologen (d. h. von *Xenopus* selbst produzierten) Faktoren.

12.4.2
Die Entwicklung eines Embryos beruht auf Kaskaden nacheinander ablaufender Prozesse der Musterbildung und Induktion

Weshalb ein kleines Transplantat oder eine einzelne Substanz die Entwicklung einer komplexen Struktur, etwa die Entwicklung eines Kopfes, auslösen kann, ist unter anderem dadurch zu erklären, dass man mit Induktionsfaktoren oftmals eine ganze Lawine von Ereignissen auslöst.

Spemann sprach noch von „primärer Induktion", wenn als Ergebnis einer Induktion ein Kopf, ein Rumpf und, darin eingebettet, ein Zentralnervensystem auftauchte. Er sprach von sekundärer Induktion, wenn die vom Gehirn gebildete Augenblase eine Linse induzierte (s. unten 12.4.3). Heute wissen wir, dass Signalsubstanzen schon in der frühen Blastula wirksam werden. Für manche der schon früh gebrauchten Signalsubstanzen liegt gar maternale mRNA im Cytoplasma der Eizelle gespeichert vor (s. Kap. 4.1).

Man kann die im *Xenopus*-Ei vorrätige mRNA für Induktionsfaktoren durch UV-Bestrahlung vernichten. Injiziert man dann mRNA von z.B. *noggin* in die prospektive Bauchregion des Keims, entwickelt der Embryo am Injektionsort Rückenstrukturen mit Chorda und Neuralrohr, fast so, als ob ein Organisator (= obere Urmundlippe) eingepflanzt worden wäre. Injiziert man die mRNA von z.B. *dickkopf* (und unterdrückt gleichzeitig die Wirkung des hemmenden BMP-4), erscheint ein kompletter Kopf (s. Abb. 4.17). Wenn eine einzelne Substanz die Entwicklung komplexer Strukturen auslösen kann, so ist dies deswegen möglich, weil Induktionssignale in der Regel ganze Kaskaden weiterer Folgeprozesse starten.

12.4.3
Die Induktion der Augenlinse ist ein Schulbeispiel eines nachgeordneten Induktionsprozesses

Klassisches Beispiel einer nachgeordneten Induktion ist die Induktion der Augenlinse (von H. Spemann noch vor den berühmten Organisatorexperimenten entdeckt). In seinem inneren Kern ist das Auge ein Teil des Gehirns. Die Netzhaut mit ihren Photorezeptoren und den nachgeschalteten Nervenzellen geht aus der Augenblase (optischer Vesikel) hervor, die aus dem Zwischenhirn (Diencephalon) herausquillt (s. Abb. 4.22; Abb. 17.3) und sich dann zum Augenbecher eindellt. Die innere Wandung des Augenbechers wird zur Netzhaut (Retina) mit ihren Stäbchen und Zapfen und den nachgeschalteten Neuronen. Die äußere Wandung wird zum Pigmentepithel. Zusätzlich hinzukommende mesodermale Schichten umhüllen den Augenbecher und bilden die Aderhaut (Chorioidea) und Lederhaut (Sclera). Es fehlen noch Linse und Hornhaut.

Die Linse wird vom Ektoderm gebildet, mit dem der Augenbecher Kontakt gewinnt. Der Becher sorgt durch induktive Signale selbst dafür, dass zur rechten Zeit und am rechten Ort eine Linse entsteht. Als Folge der Induktion wird in einem kreisförmigen Bezirk des Ektoderms ein Linsenspezifischer Transkriptionsfaktor (L-MAF) exprimiert, der seinerseits die Gene für die Linsenproteine (Kristalline) einschaltet. Es bildet sich eine kreisförmige Linsenplakode, die in die Tiefe sinkt und sich vom Ektoderm ablöst. Wenn sich das Ektoderm wieder über der Linse geschlossen hat, induziert die Linse ihrerseits in einem weiteren nachgeordneten Prozess die Bildung der Hornhaut (Cornea).

Um die Linseninduktion gab es eine lange wissenschaftliche Kontroverse, weil bei einer Reihe von Amphibien eine Linse auch entsteht, wenn der Augenbecher entfernt wird. Auch *Xenopus* macht ohne Augenbecher eine, freilich kümmerliche, Linse. Man nimmt heute an, dass die Gehirnanlage schon früh Induktionssignale aussendet, noch bevor die Augenblasen sichtbar hervortreten. Bei manchen Amphibien genügt das, bei anderen müssen die Signale länger einwirken und diese Nachinduktion leistet die Augenblase.

Die Natur der Signale, welche die Bildung von Linse und Hornhaut auslösen, ist noch unbekannt, wiewohl es Hinweise dafür gibt, dass der Faktor FGF-2, ein Protein, an diesen Vorgängen beteiligt ist.

12.5 Proteine als Induktionsfaktoren

12.5.1
Induktive Substanzen sind äußerst schwer zu identifizieren;
Biochemie und Molekularbiologie in Verbindung mit geeigneten Biotests haben den Durchbruch gebracht

Ob zwar Induktionen bei vielen Organismen nachgewiesen worden sind, hat sich die Identifikation der Signale als extrem schwierig herausgestellt. Embryonen sind winzig, Eingriffe technisch schwierig, und die Signalmoleküle selbst sind nur in äußerst geringen Mengen vorhanden, sodass Tonnen von Material extrahiert werden müssten, um mit herkömmlichen Extraktions- und Trennungsmethoden chemisch identifizierbare Spuren der Signalmoleküle zu erhalten.

Am weitesten fortgeschritten ist die Analyse der Induktionssubstanzen bei Vertebraten, vor allem bei *Xenopus* und dem Vogelembryo, wo äußerst mühselige, sich über Jahrzehnte hinziehende biochemische Arbeiten erste Erfolge ankündigten und dann glückliche Zufälle sowie das Methodenspektrum der Molekularbiologie zu Hilfe kamen.

Die entscheidende Basis für den Erfolg war die Entwicklung geeigneter Biotests. Große praktische Bedeutung hatte, und hat noch, der **Animale-Kappen-Test**: Man trennt von *Xenopus*-Blastulae die animale Kappe ab und bringt sie in ein Schälchen, das neutrale Pufferlösung enthält. Ohne die Einwirkung von Induktionsfaktoren bildet die animale Kappe nur ein mit Cilien besetztes Epithel (s. Abb. 4.16). Der Niederländer P. Nieuwkoop positionierte in die Nähe der Kappe Explantate aus dem ventralen Bereich der Blastula. Nun bildete die animale Kappe mesodermale Zellen wie Muskelzellen, Blutzellen, Nierenzellen, Knorpelzellen und dergleichen mehr. Offenbar gingen von den vegetativen Zellen Substanzen aus, die Mesoderm-induzierende Kapazität hatten. In mühseliger, jahrzehntelanger Arbeit extrahierte man (H. Tiedemann, Berlin) aus Hühnerembryonen eine Proteinfraktion, die gleiche Wirkung hatte. (Jahrzehntelange Bemühungen, neuralisierende Faktoren zu isolieren, hatten zwar wirksame Fraktionen geliefert, doch konnten die wirksamen Substanzen nicht rein dargestellt und sequenziert werden.) Die besonderen Eigenschaften (Bindung an Heparin) teilte dieses Mesoderm-induzierende Material mit manchen bekannten „Wachstumsfaktoren", besonders mit Wachstumsfaktoren der FGF-Familie und der TGF-β-Familie. Eine partielle Sequenzierung wies auf ein Activin-ähnliches Protein. Activin seinerseits ist verwandt mit dem von Blutplättchen produzierten „transformierenden Wachstumsfaktor" TGF-β.

Das brachte viele Arbeitsgruppen auf die Idee, schlichtweg bereits bekannte **Wachstumsfaktoren** zu testen. Wachstumsfaktoren sind Proteine, die von tierischen oder humanen (Mensch) Zellkulturen produziert oder aus Blutplasma gewonnen werden und als Stimulantien der Zellvermehrung verschiedenen Zellkulturmedien zugesetzt werden. Erfolge ließen nicht lange auf sich warten: Mancherlei Faktor hatte mancherlei interessante Wirkung auf die explantierten animalen Kappen.

Es lag nahe, nach ähnlichen Molekülen bei Amphibien zu suchen. Man fand auch im Kulturüberstand einer *Xenopus*-Zell-Linie einen Faktor mit Mesoderm-induzierender Potenz, XTC-MIF genannt. Schließlich erlaubten es ab etwa 1990 molekularbiologische Methoden, in Embryonen selbst nach der Anwesenheit solcher Faktoren zu suchen. Man isoliert aus einer Genbank die entsprechende cDNA, bringt sie in einen Expressionsvektor (Box K 13 und Fachbücher) und kann aus diesem die translatierten Proteine in solchen Mengen gewinnen, dass in Biotests ihre induktive Wirksamkeit geprüft werden kann.

In einem anderen Biotest injiziert man in ungefurchte Eier oder in frühe Furchungsstadien an einer passenden Stelle die mRNA von vermuteten Induktionsfaktoren. Wenn die injizierte mRNA vom Keim akzeptiert und in Protein umgesetzt wird, können die Faktoren an der gewünschten Stelle wirksam werden. Schließlich gibt es mancherlei Möglichkeiten, die natürlichen, ortsansässigen Faktoren auszuschalten (z. B. mittels Antikörpern, *anti-sense*-RNA oder RNAi, Box K 13).

12.5.2
Auch isolierte Induktionsfaktoren können die Entwicklung von vielerlei ortsspezifischen Zelltypen auslösen; so können komplexe mesodermale und neurale Strukturen gebildet werden

Eine bemerkenswerte Beobachtung, die so kaum erwartet werden konnte, ist die, dass nicht nur transplantierte Zellen, sondern auch einzelne isolierte Faktoren nicht etwa nur die Entwicklung eines bestimmten einzelnen Zelltyps auslösen, sondern einer **Kollektion von verschiedenen, für eine Körperregion charakteristischen Zelltypen.**

Wir versuchen die bisher identifizierten Faktoren nach ihrer Wirkung zu klassifizieren und durchstreifen dabei den Keim von der Rückenseite zur Bauchseite:

- **Neuralisierende Faktoren** lösen die Entwicklung von Neuronen und von Gliazellen aus. Es kann zu Strukturen kommen, die einem Rückenmark oder Gehirn ähnlich sind. Solche Faktoren sind z.B. NOGGIN und CHORDIN, die im Bereich des Spemann-Organisators produziert werden und die, wie man annimmt, ihre Wirkung dadurch entfalten, dass sie den Wirkungsbereich ventralisierender Faktoren wie BMP-4 zurückdrängen und damit als permissive Faktoren die basale proneurale Entwicklungstendenz animaler Zellen zur Entfaltung kommen lassen.
- **Dorsal-mesodermale Strukturen** wie Chordagewebe und quergestreifte Muskelzellen (Derivate der Somiten) werden von dorsalisierenden Faktoren hervorgerufen. Zu diesen Faktoren zählen wiederum
  - NOGGIN, CHORDIN (daher sein Name),
  - NODAL aus der TGF-β-Familie, und
  - einige Mitglieder der WNT-Familie.

  Ob man mit Faktoren wie CHORDIN Nervengewebe oder Chorda oder beides erhält, kann u.a. eine Frage der Konzentration des Faktors sein oder der Kompetenz der reagierenden Zellgruppe, oder es liegt eine Induktionsfolge vor: Der getestete Faktor induziert dorsales Mesoderm (mit Chorda), dieses seinerseits induziert Nervengewebe.
- **Ventrale mesodermale Strukturen** wie Herzzellen (ventral, anterior), Blutzellen, oder Nierenzellen (ventral, posterior) werden induziert von
  - diversen Mitgliedern der FGF-Familie,
  - Vg 1 aus der TGF-β-Familie,
  - BMP-2, BMP-4 und BMP-7, das sind weitere Mitglieder der TGF-β-Familie, in niedriger Konzentration.
- **Entodermale Strukturen,** d.h. Komponenten des Verdauungstraktes, können gefunden werden, wenn bestimmte Mitglieder der WNT-Familie (insbesondere WNT-8) oder der TGF-β-Familie (insbesondere BMP-4 und BMP-7) in hoher Konzentration eingesetzt werden.

12.5.3
Konzentrationsabhängigkeit, Synergie, Antagonismus und Redundanz sind häufige Prinzipien der Induktion und Musterbildung

Für regionalspezifische Wirkungen, ob z.B. Herzmuskelzellen oder Skelettmuskelzellen induziert werden, kann mancherlei verantwortlich sein:

- Das **Konzentrationsprofil** eines Faktors. Wenn ein punktuell produzierter Faktor in die drei Raumdimensionen der Umgebung diffundiert, entstehen **Konzentrationsgradienten**. Für manche Faktoren, beispielsweise für Activine, BMP-4 und DORSAL, ist gezeigt worden, dass die Art der Zellen, die sich entwickeln, abhängt von der Konzentration des Faktors.
- **Synergie.** Mehrere Faktoren können ähnliche Wirkungen haben und sich in ihrer Funktion unterstützen. Mehrere Vertreter der FGF-Familie haben ein weitgehend gleiches Wirkungsspektrum. Es ist jedoch nicht immer so, dass synergistisch wirkende Faktoren auch der gleichen Pro-

teinfamilie angehören. Es sind fünf Faktoren bekannt, welche BMP-4 binden und damit die Entwicklung dorsaler Strukturen ermöglichen: NOGGIN, CHORDIN und FOLLISTATIN, NODAL-related 3 und CERBERUS. Sie gehören zu unterschiedlichen Proteinfamilien.

- **Antagonismus.** Die eben genannten Beispiele können nochmals angeführt werden, um das Prinzip des Antagonismus zu erläutern. **Bei der Musterbildung der dorso-ventralen Achse des Wirbeltieres und des Insekts sind homologe antagonistische Systeme im Spiel** (Abb. 12.4 u. Abb. 7.9):

  Auf der einen Seite des Embryo (Wirbeltier anterior-ventral, Insekt dorsal) wird ein Faktor der TGF-β-Familie exprimiert:
  - **BMP-4** (bone morphogenetic protein) im Wirbeltier,
  - **DPP** (DECAPENTAPLEGIC) im Insekt.

  Diesen Faktoren diffundieren andere entgegen, welche die erstgenannten binden und neutralisieren:
  - **CHORDIN** beim Wirbeltier,
  - **SOG** (SHORT GASTRULATION) in *Drosophila*.

Ein weiteres antagonistisches System sich wechselseitig neutralisierender Faktoren ist das System **WNT-8** kontra **FRZ-b** (FRIZBEE-b) und DICKKOPF in *Xenopus* (Abb. 12.4, s. auch Abb. 4.18; Abb. 4.19).

Bei diesen Systemen sind auch noch Enzyme im Spiel, welche von bestimmten Zellen ausgeschieden werden. Beispielsweise werden CHORDIN bzw. SOG von einer TOLLOID-Protease gespalten, nicht aber BMP-4 oder DPP. An den Orten, wo Tolloid aktiv ist, kann die Konzentration von BMP-4 bzw. DPP ansteigen, weil geringe Konzentrationen dieser Proteine von CHORDIN oder SOG als Dimere abgefangen werden. Wenn dann auch noch die Rezeptoren für die freien Faktoren wie BMP-4 und CHORDIN nicht gleichförmig verteilt sind und das räumliche Verteilungsmuster solcher Rezeptoren sich im Laufe der Zeit ändert, wird es schwer, Vorhersagen über die erzeugbaren Muster zu machen. Auch mathematische Modelle für Computersimulationen sind da nicht leicht zu entwickeln.

- **Redundanz.** Das Prinzip der Synergie ist bisweilen so gut entwickelt, dass mancher Forscher enttäuschende, jedenfalls unerwartete, Erfahrungen machen kann. Man hat mit einem Faktor, sagen wir Faktor A, in einem spektakulären Experiment einen zusätzlichen Kopf oder Rumpf induziert. Nun erwartet man einen völligen Entwicklungsstopp, wenn man über eine gezielte Mutagenese den Faktor A ausschaltet. Aber es ist ja vielleicht noch Faktor A2 mit ähnlicher Funktion da, der den Ausfall von A weitgehend oder gar vollständig kompensieren kann. Solche Redundanz kann den Embryo vor den Folgen so mancher Mutation absichern und auch sonst helfen, Fehler zu korrigieren. Allerdings ist diese Sicherung durch Redundanz nicht perfekt, sonst gäbe es nicht einfach mendelnde mutierte Allele, die zu schweren Missbildungen führen oder letal sind.

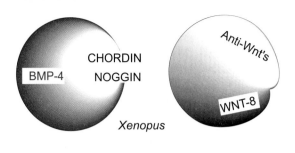

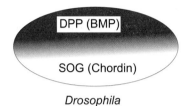

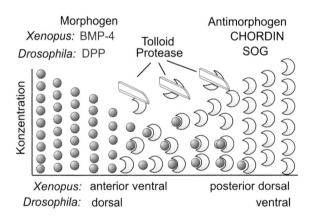

Abb. 12.4. Morphogene im frühen Keim (kurz vor dem Beginn der Gastrulation) von *Xenopus* und *Drosophila* im Vergleich. Die antagonistisch wirkenden Morphogene BMP-4 und CHORDIN in *Xenopus* sind sequenzhomolog zu den entsprechenden antagonistischen Morphogenen DPP und SOG in *Drosophila*. Darüber hinaus gibt es im Amphibienkeim ein zweites, paralleles System antagonistisch wirkender Morphogene. Im unteren Teilbild ist die Vorstellung dargestellt, dass die antagonistischen Morphogene aufeinander zu diffundieren und sich im Überlappungsbereich zu Heterodimeren verbinden. Proteasen tragen zum Verteilungsmuster bei. BMP = Bone morphogenetic protein; es ist homolog zu DPP = DECAPENTAPLEGIC; SOG = SHORT GASTRULATION ist homolog zu CHORDIN; FRZ-B = FREEZE-B; WNT = WINGLESS-homologes Protein

12.5.4
Auch das Fehlen induzierender Substanzen könnte ein Signal sein: Nach einer verbreiteten Hypothese werden ektodermale Zellen von selbst zu Nervenzellen, wenn sie nicht daran gehindert werden

Die Entwicklung des Zentralnervensystems stand immer im Mittelpunkt des Interesses der experimentell arbeitenden Embryologen. Spemann nannte die von der oberen Urmundlippe und dann weiter vom Urdarmdach ausstrahlende neurale Induktion „primäre Induktion". Bei der langen, mühsamen Suche nach neuralisierenden Faktoren war man mit der Erfahrung allein gelassen, dass es, insbesondere bei Molchen, bisweilen schwieriger ist, die Entwicklung von Nervenzellen aus animalen Kappenzellen zu verhindern als auszulösen.

Bei *Xenopus* passiert eine solche, augenscheinlich spontane neurale Entwicklung nicht so leicht. Und man kennt nun Faktoren, die eine neurale Differenzierung unzweifelhaft und stark fördern: NOGGIN und CHORDIN. Dies sind nun aber die Faktoren, die BMP-4 (und BMP-2) binden und neutralisieren. BMP-4 seinerseits bewirkt für sich allein, dass die Kappenzellen, statt nur Cilien auszubilden, zu regulären Epidermiszellen werden. Die neuralisierenden Faktoren sollen eben diese Wirkung des BMP-4 aufheben, und dies soll wieder genügen, dass die Kappenzellen ihrer inhärenten Tendenz folgen können und zu Nervenzellen werden. Im Hühnchenkeim freilich ist die Entwicklung eines ZNS nicht so leicht auszulösen, und es sollte nicht sehr überraschen, wenn künftig neben permissiven neurogenen Faktoren auch positiv induzierende entdeckt werden sollten. Im Gespräch sind verschiedene FGFs.

12.5.5
Viele Signalmoleküle, beispielsweise SONIC HEDGEHOG oder Retinsäure, werden mehrfach in der Entwicklung zu unterschiedlichen Zwecken eingesetzt

Die Natur macht es dem Forscher und dem Lernenden nicht eben leicht. Einerseits kann eine biologische Wirkung von mehreren synergistisch wirkenden Faktoren ausgelöst werden, andererseits kann ein und derselbe Faktor vielfältige und unterschiedliche Funktionen erfüllen, je nachdem, wann und wo im Embryo dieser Faktor als Signalträger eingesetzt wird. Lehrreiche Beispiele sind der Faktor, der vom Gen *Sonic hedgehog (Shh)* codiert wird, und das Lipid Retinsäure.

- **Sonic hedgehog.** Die gegenwärtige Entwicklungsbiologie profitiert viel von der sogenannten **reversen Genetik** (Box K 13). Hat man in einem Organismus, sagen wir in *Drosophila*, ein interessantes Gen gefunden, kann man über Methoden der molekularen Hybridisierung und der PCR (s. Fachbücher) nach ähnlichen Genen in anderen Organismen suchen. Solche Mühen können überraschende Ergebnisse bringen, so beim Gen *hedgehog* von *Drosophila* und einer Familie homologer Gene in Vertebraten mit *Sonic hedgehog* als bekanntestem Vertreter.

Die Mutation *hedgehog* macht aus der Fliegenmade einen „Igel" (Engl. hedgehog); der Rücken ist dicht mit Cuticulaborsten besetzt. Im *Drosophila*-Embryo wird das Gen in verschiedenen Streifen und Feldern exprimiert. Zuerst wird *hedgehog* am Vorderrand der Parasegmente exprimiert in Zellen, in deren Kern der Transkriptionsfaktor ENGRAILED zu finden ist. HEDGEHOG selbst ist kein Transkriptionsfaktor, sondern ein membrangebundenes Protein, das der Nachbarzelle gezeigt wird (Abb. 12.5). Die Nachbarzelle antwortet auf das ortsfeste HEDGEHOG-Signal mit dem Aussenden eines löslichen Signalmoleküls, genannt WINGLESS. Dieses wiederum erreicht per Diffusion benachbarte Zellen, die es mittels Rezeptoren auffangen. Die aneinandergrenzenden Sender der Signale HEDGEHOG und WINGLESS stimulieren sich wechselseitig, ihren Charakter zu bewahren und mit der Präsentation ihrer Signalmoleküle fortzufahren.

In anderen Regionen der larvalen Fliege, so in den Imaginalscheiben, wird eine andere Variante von HEDGEHOG produziert. Diese Variante löst sich von der Zellmembran ab. HEDGEHOG ist dabei enzymatisch selbsttätig; denn das HEDGEHOG-Protein ist auch ein proteolytisches Enzym, das sich selbst spaltet. Eine Domäne des gespaltenen Moleküls verbleibt in der Membran, die andere flottiert weg, um in die Umgebung zu diffundieren. Beide Varianten, die sessile und die vagabundierende, werden auch im Wirbeltier gefunden.

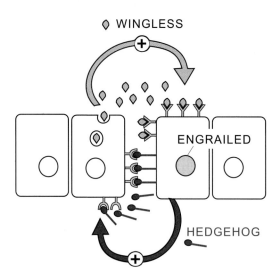

Abb. 12.5. Wechselseitige Stimulation und Stabilisierung zweier Signalsysteme an der Grenze zweier Territorien, hier an der Grenze zweier Parasegmente von *Drosophila*. Das Signalmolekül HEDGEHOG induziert in den Grenzzellen des benachbarten Territoriums die Produktion des Signalmoleküls WINGLESS; dieses induziert seinerseits die Produktion von HEDGEHOG

Im Wirbeltierembryo wird *Sonic hedgehog* in der oberen Urmundlippe exprimiert und weiterhin in ihrem Abkömmling, der Chorda dorsalis (Abb. 12.6). Die Chorda präsentiert SONIC HEDGEHOG (SHH) über direkten Kontakt dem über ihr liegenden Neuralrohr. In Antwort auf dieses Signal bilden die Zellen entlang der ventralen Mittellinie des Neuralrohrs die sogenannte **Bodenplatte**. Die Bodenplatte übernimmt die Produktion von SHH. Diese ortsansässigen SHH-Signale werden wiederum gebraucht, damit sich die künftigen Motoneurone im ventralen Neuralrohr ansiedeln.

Die lösliche, diffusible Variante von SONIC HEDGEHOG erreicht die Somiten. Das Signal stimuliert die Zellen jenes Somitenbereichs, den man Sklerotom nennt, sich abzulösen, zur Chorda zu kriechen, sich um die Chorda zu scharen und die Wirbelkörper herzustellen (Abb. 12.6).

Auch bei der Einstellung von links-rechts-Asymmetrien im Inneren unseres Körpers ist SONIC HEDGEHOG beteiligt (Abschnitt 12.6, Abb. 12.7).

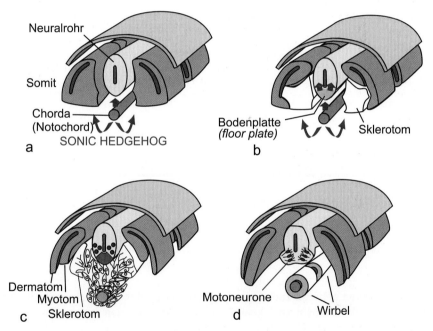

Abb. 12.6 a–d. SONIC HEDGEHOG (SHH)-Signale im Wirbeltierembryo. Das vom Gen *sonic hedgehog* codierte Protein kann in einer Membran-assoziierten Form exprimiert werden oder in einer Form, die sich von der Oberfläche der produzierenden Zelle ablöst und in die Zellzwischenräume diffundiert, wo es entfernte Ziele erreichen kann. SHH, das von der Chorda direkt dem darüberliegenden Neuralrohr präsentiert wird, induziert die Bildung der Bodenplatte (floor plate) im Neuralrohr (**a**). Anschließend produziert die Bodenplatte selbst ein SHH-Signal (**b**), das Neuroblasten stimuliert, zu Motoneuronen zu werden (**c, d**). SHH, das von der Chorda in die umgebenden Räume entlassen wird, stimuliert die Zellen des Sklerotoms, aus den Somiten auszuwandern (**b**) und sich um die Chorda zu scharen (**c**). Hier bilden sie den zentralen Teil der Wirbelkörper (**d**)

SONIC HEDGEHOG erhält eine weitere Gelegenheit, seine Vielseitigkeit zu demonstrieren, wenn die Extremitäten, die Arme und die Beine, sich entwickeln. Am Hinterrand der Knospe des Vogelflügels oder des Vorderbeins der Maus wird *Sonic hedgehog* in einer Region exprimiert, die man **ZPA (zone of polarizing activity)** nennt. Wenn Zellen, die SONIC HEDGE-HOG produzieren, am Vorderrand eingepflanzt werden, erscheinen dort überzählige Finger (Abschnitt 12.8, s. Abb. 12.12).

Retinsäure. Die Extremitätenknospe ist auch einer jener Orte, wo **Retinsäure (Vitamin A-Säure,** *retinoic acid*) bei der Steuerung der Entwicklung beteiligt ist. Retinsäure wird an intrazelluläre Rezeptoren gebunden, die alsdann in den Zellkern gelangen und zu Gen-steuernden Transkriptionsregulatoren werden. Der Rezeptor entspricht den Rezeptoren, die für Steroidhormone zuständig sind (s. Abb. 20.2). Oft kooperieren solche DNA-bindenden Hormonrezeptoren mit anderen Transkriptionsfaktoren.

Es gibt kaum ein Organsystem, an dessen Entwicklung Retinsäure nicht beteiligt wäre. Es spielt beispielsweise eine unverzichtbare Rolle

- in der Entwicklung des **Zentralnervensystems**, etwa in der Untergliederung des Neuralrohrs in Gehirn und Rückenmark,
- in der Entwicklung der **Netzhaut** im Auge,
- in der Entwicklung der **Gliedmaßen**,
- in der Entwicklung von Schuppen und Federn bei Vögeln.

Vitamin A, aus dem der Organismus durch Oxidation der endständigen Aldehydgruppe zu einer Carboxylgruppe Retinsäure herstellt, hat in hohen Dosen **teratogene Effekte**. Mütter können bei Überdosierung (z.B. hochdosierte Aknebehandlung) mit Vitamin-A-Säure Kinder zur Welt bringen, deren Extremitäten verkrüppelt sind oder die noch schlimmere Missbildungen aufweisen.

12.6
Das Herz am rechten Fleck: links-rechts-Asymmetrien

12.6.1
Asymmetrien gehören zum Grundbauplan eines jeden bilateralsymmetrischen Tieres; doch es gibt noch lokale links-rechts-Asymmetrien im Inneren

Als bilateralsymmetrische Organismen haben wir Menschen wie die Mehrzahl aller Tiere einen Körpergrundbauplan, der zwei Asymmetrieachsen (Polaritätsachsen) aufweist: (1) Kopf-Fuß-Achse (anterior-posteriore Achse) und (2) Rücken-Bauch-Achse (dorso-ventrale Achse). Links und rechts der anterior-posterioren Achse sind wir spiegelbildsymmetrisch organisiert. Im Allgemeinen. Es gibt jedoch eine Reihe von Ausnahmen, vor allem im Inneren unseres Körpers: Jedermann weiß es: Das Herz bevorzugt eine linke Position (der rechte Fleck des Herzens ist also links!), die Leber sitzt rechts. Der Magen, und manch andere Innereien, sind auch nicht symmetrisch.

Es gibt seltene Abweichungen. Der Normalfall ist der

- **situs solitus.** Sehr selten (1 : 9000) findet der Arzt einen
- **situs inversus.** Die Verhältnisse sind spiegelbildlich zum Normalfall: Das Herz ist nach rechts geneigt, die Leber sitzt links. Noch seltener und für das Individuum mit Beschwerden verbunden ist
- **Heterotaxie.** Asymmetrien sind regellos verteilt. Für Abweichungen von der Norm kann man meistens das eine oder andere mutierte Gen verantwortlich machen.

12.6.2
Schon in der Gastrula/Neurula kündigt eine asymmetrische Genexpression die künftige Asymmetrie an; und man kann sie dirigieren

Die Fähigkeit der Molekularbiologen, immer mehr entwicklungssteuernde Gene zu identifizieren und ihr Expressionsmuster darzustellen, hat Erstaunliches sichtbar gemacht. Bereits im 16-Zellstadium des Krallenfrosches wird die maternale mRNA für den Faktor **VG-1**, einem Mitglied der TGF-β-Familie, in einer linken Zelle entdeckt. Warum links und nicht rechts, ist derzeit noch nicht bekannt. Seine asymmetrische Expression lässt Zweifel aufkommen, ob der im nächsten Abschnitt 12.6.3 vorgestellte Erklärungsversuch die primäre Ursache erfasst.

Später in der Entwicklung des Embryos, wenn das phylotypische Stadium erreicht ist, werden die Expressionsbezirke von Genen für mehrere (uns zum Teil schon vertraute) Signalmoleküle vorübergehend asymmetrisch:

- Das Gen *nodal*, das für ein weiteres Mitglied der TGF-β-Familie codiert, und das Gen für *Sonic hedgehog* werden vorübergehend nur in der linken, nicht in der rechten Hälfte der Gastrula exprimiert.
- Das Expressionsmaximum für das ebenfalls zur TGF-β-Familie gehörende Signalmolekül Activin-βB und der Expressionsbezirk für den dazugehörenden Aktivinrezeptor (cAc-RIIa) liegen hingegen auf der rechten Seite der Gastrula/Neurula.

Die *Vg1*-exprimierende Zelle des 16-Zellstadiums ist als ein **links-rechts-Koordinator** bezeichnet worden. Wird experimentell die mRNA von *Vg1* in die entsprechende rechte Zelle transferiert, beobachtet man später in der Kaulquappe einen *situs inversus*, d.h. eine spiegelbildliche links-rechts-Vertauschung der asymmetrisch gelagerten inneren Organe. Auch mit seitenverkehrter Expression von *nodal* oder *Sonic hedgehog* lässt sich noch ein *situs inversus* hervorrufen.

Auf der Keimscheibe des Hühnchens und im Primitivstreifen der Maus (s. Abb. 4.30) ist eine *nodal*-Expression ebenfalls nur auf der linken Seite

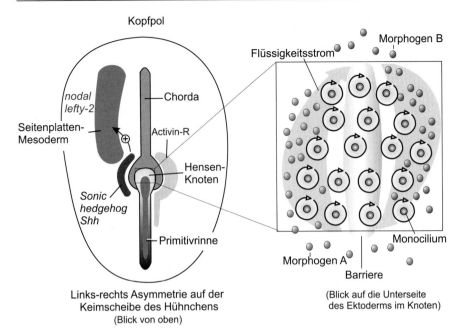

Kopfpol

nodal
lefty-2

Chorda

Seitenplatten-
Mesoderm

Activin-R

Sonic
hedgehog
Shh

Hensen-
Knoten

Primitivrinne

Flüssigkeitsstrom

Morphogen B

Monocilium

Morphogen A

Barriere

Links-rechts Asymmetrie auf der
Keimscheibe des Hühnchens
(Blick von oben)

(Blick auf die Unterseite
des Ektoderms im Knoten)

Abb. 12.7. Asymmetrische Expression von SONIC HEDGEHOG und NODAL auf der Keimscheibe des Hühnchens und Drehsinn der Monocilien

sichtbar geworden, und zwar links vor dem Hensen-Knoten (Maus: node),
dem Äquivalent des Spemann-Organisators (Abb. 12.7). Zeitlich geht der
nodal-Expression ein Schwinden der Expression von *Sonic hedgehog* auf
der Gegenseite voraus (dort, wo andererseits der Activin-βB-Rezeptor exprimiert wird). Im Mesoderm vor dem Knoten ist die Expression von *Sonic hedgehog* anfänglich symmetrisch; doch bleibt sie links länger bestehen
als rechts.

Es gibt weitere Gene für Signalmoleküle, die asymmetrisch exprimiert
werden, beispielsweise *lefty-1* in der linken Wand des Neuralrohrs, *lefty-2*
in der linken Seitenplatte. Auch Gene für einige Transkriptionsfaktoren erfahren eine einseitige Expression, beispielsweise das Gen für *PitX2*. Dieser
Transkriptionsfaktor wird zuerst in der linken Seitenplatte des Mesoderms
exprimiert und später in der linken Herzanlage sowie in linken Bezirken
des Urdarms.

12.6.3
Ursache könnten molekulare Motoren sein, deren Drehrichtung festgelegt ist

Eine neue Hypothese hat eine unerwartete Erklärung bereit für das Auftreten von links-rechts-Asymmetrien. Auf der Keimscheibe des Vogels sind
die ektodermalen Zellen des Hensen-Knotens mit Cilien einer besonderen

Art (9 + 0 Monocilien) ausgestattet. Diesen besonderen Cilientyp findet man auch an entsprechenden Stellen des Amphibienkeims (obere Urmundlippe) und des Mausembryos (Knoten, *node*). In all diesen Fällen sind die Cilien nicht, wie man erwarten wird, auf der apikalen Seite der Zellen zu finden und nach oben/außen gerichtet, sondern ragen ventralwärts nach unten in den Spaltraum zwischen Ektoderm und Mesoderm.

Die 9 + 0 Monocilien schlagen kreisförmig und bringen die Flüssigkeitschicht im Spaltraum ins Rotieren. Die Rotationsrichtung ist im Normalfall links herum, bei Situs-inversus-Mutanten rechts herum. Wird der Flüssigkeitsstrahl bei Mausembryonen des Wildtyps künstlich nach rechts gerichtet, entsteht ein künstlicher Situs-inversus. Eine auf dieser Beobachtung beruhende Hypothese meint, der Flüssigkeitsstrom schwemme gelöste Morphogene auf eine, z.B. die linke, Seite (Abb. 12.7 b).

Freilich bleibt Erklärungsbedarf: Warum ist im Froschkeim bereits im 16-Zellenstadium eine Asymmetrie in der Verteilung der maternalen *Vg-1* mRNA erkennbar? Diskutiert wird eine gemeinsame Ursache für die frühe Asymmetrie in der Verteilung cytoplasmatischer Komponenten (ooplasmatische Segregation) und für die festgelegte Rotationsrichtung von Monocilien. Nach dem Eintritt des Spermiums rotiert der Eicortex des Amphibienkeims um 30° (s. Abb. 4.4). Auch bei der Verschiebung der Eirinde gegenüber dem zentralen Cytoplasma sind molekulare Dynein- und Kinesin-Motoren am Werk wie in Cilien. Vielleicht ist die Rotation nicht symmetrisch, sondern hat einen Linksdrall und zieht manche cytoplasmatischen Bestandteile auf die linke Seite.

So abenteuerlich solche Erklärungsversuche anmuten: Kleine Ursachen, große ferne Wirkungen sind in der Entwicklungsbiologie kein seltenes Prinzip.

12.7
Morphogene, morphogenetische Felder und Gradiententheorie

12.7.1
Induktoren können auch Morphogene sein; der Begriff Morphogen wird im Folgenden definiert

Viele Induktionsfaktoren und ebenso Retinsäure haben nicht nur in Territorien, die an den Sender angrenzen, eine musterbildende Funktion, sondern auch in dem Territorium selbst, in dem sie produziert werden, und ihre Wirkung ist konzentrationsabhängig. Dies ist bei mehreren mesodermalisierenden und dorsalisierenden Induktionsfaktoren im Experiment mit den animalen Kappen der Fall. Damit gehorchen solche Faktoren auch der Definition eines Morphogens.

Definition: Morphogene sind Substanzen, welche die Entwicklung unterschiedlicher Strukturen und Zelltypen in Abhängigkeit von ihrer Kon-

zentration in die Wege leiten und durch ihr räumliches Konzentrationsmuster eine räumlich geordnete Differenzierung ermöglichen. Eine hohe Konzentration am Ort 1 bewirkt die Entwicklung des Zelltyps oder der vielzelligen Struktur A, eine geringe Konzentration am Ort 2 bewirkt die Entwicklung des Zelltyps oder der Struktur B.

Beispiel eines Morphogens ist BICOID im Ei von *Drosophila*. Wo hohe Konzentration herrscht, wird später der Kopf geformt, am Ort geringerer Konzentration werden die Thoraxsegmente hergestellt. Ein anderes Beispiel eines Morphogens ist **DECAPENTAPLEGIC** im dorsalen Bereich des *Drosophila*-Embryos und sein homologes Gegenstück **BMP-4** in der Blastula bzw. Gastrula von *Xenopus* (s. Abb. 12.4). Es dürfte kaum eine „Induktionssubstanz" geben, die man nicht auch als Morphogen klassifizieren könnte.

Wenn man in der Entwicklungsbiologie der Amphibien den Begriff Induktor oder Induktionssubstanz bevorzugt und nur allmählich auch den Begriff Morphogen verwendet, so hat dies historische Gründe; denn was die Transplantate der klassischen Experimente so augenfällig hervorriefen, waren Reaktionen in der Umgebung des Wirtskeimes. In der neueren Literatur, auch in der Literatur zur Amphibienentwicklung, taucht der Begriff Morphogen immer öfter auf.

12.7.2
Das morphogenetische Feld: Es hat nichts Transzendentes an sich, aber beachtenswerte Eigenschaften

In der Entwicklungsbiologie taucht nicht selten der Begriff des **morphogenetischen Feldes** auf. Dieser Begriff stieß bei Naturwissenschaftlern mitunter auf Skepsis oder Ablehnung, weil er bisweilen als außernatürliches Wirkfeld (miss)verstanden worden ist. Der Begriff ist jedoch naturwissenschaftlich definierbar, und er ist durchaus nützlich, ebenso wie der Begriff des Feldes in der Physik nützlich ist.

- **Definition 1. Ein morphogenetisches Feld ist ein Areal, aus dem in einem Prozess der Selbstorganisation eine komplexe Struktur, z.B. eine Extremität, hervorgeht.**
- **Definition 2. Ein morphogenetisches Feld ist ein Areal, in dem Signalsubstanzen, seien sie nun Induktor, Morphogen oder Faktor genannt, wirksam werden und zur Aufgliederung des Feldes in Unterregionen beitragen. Diese Aufgliederung ist ein Prozess der Musterbildung.**

Warum zwei Definitionen? Wenige Worte genügen nicht, den Begriffsinhalt zu fassen. Ein morphogenetisches Feld hat folgende Eigenschaften:

- Es geht aus ihm eine komplexe Struktur hervor, z.B. der Flügel, das Auge oder das Herz.
- Es hat anfänglich die Fähigkeit zur Selbstregulation. Nach experimenteller Auftrennung kann aus jedem Teilareal, wenn es nicht zu klein ist,

Morphogenetische Felder
nach ganzer oder partieller Aufteilung

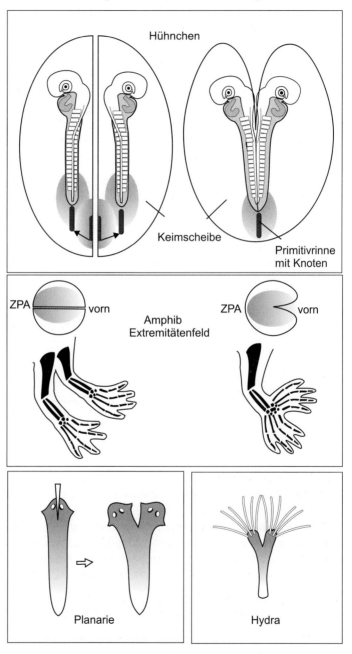

Abb. 12.8. Partielle oder vollständige Verdoppelung von Strukturen nach partieller oder vollständiger Trennung des morphogenetischen Feldes, aus dem diese Strukturen hervorgehen. Oft sind die Duplikaturen spiegelbildlich symmetrisch zueinander

eine ganze Struktur entstehen. Ein morphogenetisches Feld großen Ausmaßes ist beispielsweise die Keimscheibe auf dem Ei des Hühnchens nach der Furchung und vor der Gastrulation. Teilt man eine solche Scheibe in mehrere Areale, kann sich aus jedem Areal ein kompletter Embryo entwickeln (Abb. 12.8).

- Trennt man Felder auf, zeigt es sich, dass das Feld, das eine bestimmte Struktur hervorbringen kann, anfänglich größer ist als das Feld, aus dem letztendlich die Struktur tatsächlich hervorgeht.
- Im Laufe der Zeit hat sich herausgestellt, dass ein morphogenetisches Feld kongruent ist mit dem Areal, in dem Morphogene wirken. Ihr Wirkbereich ist anfänglich oft größer als später, wenn Prozesse der lateralen Inhibition das Feld eingrenzen.

In der Organbildung tauchen immer wieder Felder sekundärer und tertiärer Art auf. Modellfall eines organspezifischen morphogenetischen Feldes ist das kreisförmige Areal in der Rumpfwand, in dem das Morphogen FGF-10 wirksam ist und in dem die Wirbeltierextremität entsteht; ein sekundäres Feld wäre das Handfeld.

12.7.3
Die Gradiententheorie: Eine alte, lange umstrittene Theorie der Entwicklungsbiologie ist heute durch mehrere Beispiele bestätigt

Der Begriff des morphogenetischen Feldes ist eng verbunden mit der Gradiententheorie, die erstmals aus klassischen Versuchen an Seeigelkeimen abgeleitet worden ist (Kap. 3.1) und zu den grundlegenden Theorien der Entwicklungsbiologie zählt. Definitionsgemäß liegt ein Gradient vor, wenn eine messbare Größe (Y-Größe), beispielsweise die Quantität eines Faktors, über eine Strecke (X-Achse) abfällt.

Die Gradiententheorie besagt, dass die Qualität der Differenzierung von der jeweiligen lokalen Quantität eines gradiert vorliegenden Faktors spezifiziert werden kann. Qualität der Differenzierung meint: die Art der Zelltypen, die gebildet werden, aber auch Art und Umfang ganzer Organe und Körperregionen (z. B. Umfang des Urdarms im Seeigelkeim, Größe der Kopfregion bei *Drosophila*). Quantität eines Faktors meint **im einfachsten Fall: lokale Konzentration eines Morphogens, das in einem Konzentrationsgefälle vorliegt.** So hat man sich vorgestellt, dass beim Seeigelkeim (Ei, Blastula) am animalen Pol ein animales Morphogen seine höchste Konzentration habe, am vegetativen Pol ein vegetatives Morphogen. Beide Morphogene würden von den Polen Richtung Äquator diffundieren und sich dort wechselseitig neutralisieren.

Als die Gradiententheorie aufgestellt wurde (Boveri um 1910, Runnström, Hörstadius, Child, Sander u.a., s. Box K 1) waren die biochemischen und molekularbiologischen Methoden noch nicht entwickelt, um die hypothetischen Morphogene nachzuweisen oder sonstige entwicklungsbestimmende Komponenten der Keime chemisch-physikalisch zu identifizieren und zu quantifizieren. Auch heute sind speziell beim Seeigel die vorgeschlagenen Morphogene noch nicht eindeutig und vollzählig identifiziert, wiewohl BMP2/4 in der animalen Hemisphäre und WNT-8 in der vegetativen Hemisphäre vielversprechende Kandidaten sind. Mit größerer Berechtigung kann auf *Xenopus* und *Drosophila* verwiesen werden. Die gegenwärtigen Vorstellungen über den Wirkungsantagonismus von

- BMP-4 versus CHORDIN,
- DPP versus SOG,
- WNT-8 versus CERBERUS und DICKKOPF

entsprechen genau den Vorstellungen der traditionellen Gradiententheorie (s. Abb. 4.19). Und am Beispiel mehrerer Faktoren der TGF-β-Familie (z.B. der Activine) und der FGF-Familie ist experimentell nachgewiesen, dass die Qualität der Differenzierung eine Funktion der Morphogenkonzentration sein kann.

Man darf jedoch die Gradiententheorie nicht auf die Vorstellung von Konzentrationsgradienten diffusibler Morphogene reduzieren. „Quantität eines Faktors" kann vielerlei bedeuten, auch Menge strukturgebundener Moleküle, Menge an Energieträgern, Menge der Mitochondrien oder anderer Organellen, Anzahl eines bestimmten Zelltyps und manches mehr. Das erste nachgewiesene Morphogen, BICOID bei *Drosophila* (nachgewiesen von Christiane Nüsslein-Volhard u.a., 1988) ist hier ein lehrreiches Beispiel. Das BICOID-Protein, dessen Konzentrationsprofil die Dimension der Kopf- und Thoraxregion in der Larve bestimmt (s. Abb. 3.28), liegt unmittelbar nach seiner Translation in diffusibler Form vor, und es bildet sich im Ei ein Konzentrationsgradient. Dann aber wird BICOID in die Kerne aufgenommen, bindet an die DNA und verliert damit seine Diffusionsfähigkeit. Und erst in dieser gebundenen Form erfüllt es als Transkriptionsfaktor seine Funktion. Die Menge an Faktor, die in den Kern aufgenommen wird, bestimmt die Zahl und Art der aktivierbaren Gene (s. Abb. 3.27).

12.7.4
Wie man ein morphogenetisches Feld unterteilt und einen Punkt darin definiert: Imaginalscheiben als Beispiel

Wenn wir an der Wand unseres Zimmers einen Punkt aussuchen, wo wir zielgenau einen Dübel zum Aufhängen eines schweren Gegenstandes einsetzen wollen, tun wir gut daran, erst mit waagrechten und senkrechten Strichen ein Fadenkreuz aufzuzeichnen und dann den Bohrer im Mittelpunkt des Kreuzes anzusetzen. Ähnlich verfährt die Natur, wenn sie dem Insekt am rechten Platz Flügel oder Beine machen will.

Im Embryo von *Drosophila* wird die Entwicklung des künftigen Fliegenbeins früh vorbereitet. Eine kreisförmige Gruppe von Zellen des Blastoderms wird als **Imaginalscheibe** ausgesondert, ins Körperinnere verlagert und verpackt. Bis zum Zeitpunkt der Metamorphose darf die Scheibe noch wachsen; dann wird sie teleskopartig zum Bein ausgezogen (s. Abb. 22.2).

Wie wird im Blastoderm der Ort definiert, wo sich eine Beinscheibe ausgrenzen soll? Das Blastoderm ist bereits in Kompartimente unterteilt, in die Parasegmente.

Entlang der Grenze zwischen zwei Parasegmenten produzieren zwei vertikale Streifen von Zellen die Signalmoleküle HEDGEHOG und WINGLESS (s. Abb. 3.32 und Abb. 12.5). Dank eines weiteren Prozesses der Musterbildung, dessen molekulare Natur noch unbekannt ist, unterteilt eine weitere, horizontale Linie die Parasegmente der Brustregion in ein dorsales und ein ventrales Areal. Der Zellstreifen, der HEDGEHOG exprimiert, induziert im dorsalen Areal des Parasegments die Expression eines weiteren, uns schon bekannten Signalmoleküls DECAPENTAPLEGIC (DPP).

Der Ort, an dem die drei Kompartimente (hinteres, vorderes dorsales und vorderes ventrales Kompartiment) zusammenstoßen (Abb. 12.9), ist die einzige Stelle, an der die Zellen, die DPP und WINGLESS exprimieren, di-

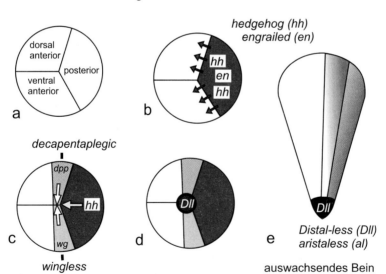

Aufgliederung eines morphogenetischen Feldes

Bein-Imaginalscheibe eines Insektes

Abb. 12.9 a–e. Spezifikation eines morphogenetischen Feldes in einem kreisförmigen Areal des Blastoderms von *Drosophila*, dessen Bestimmung es ist, eine Bein-Imaginalscheibe zu werden. Die Scheibe wird dort angelegt, wo die Expressionsbereiche verschiedener Gene aneinander grenzen. Im Zentrum ist ein kleiner Bereich, wo *wingless*-exprimierende Zellen direkt an Zellen stoßen, die *decapentaplegic* exprimieren. Hier an dieser Stelle werden die Homöobox-Gene *aristaless* und *Distal-less* exprimiert, die für die Verlängerung der Scheibe in der Längsachse benötigt werden

rekten Kontakt miteinander haben. In einem kleinen Kreis um diesen Mittelpunkt werden die Gene *Distal-less (Dll)* und *aristaless (al)* eingeschaltet; sie kennzeichnen die künftige distale Spitze der Extremität, den Tarsus beim Insektenbein. *Distal-less* wird anfänglich auch proximal exprimiert, *aristaless* stets nur an der Spitze. Eine Hypothese besagt, dass diese Zellen ein weiteres Morphogen erzeugen, das zur Spezifikation des künftigen Tarsus im Zentrum der Scheibe gebraucht wird.

Es gibt Indizien, dass auch bei Wirbeltieren die Felder, aus denen die Extremitätenknospen hervorgehen, im Grenzbereich von Kompartimenten entstehen.

12.7.6
In flächigen Zellverbänden bildet sich oftmals eine planare Zellpolärität aus, die beispielsweise Haare, Borsten und Sensillen ausrichtet

Auch ohne die Nachhilfe durch eine Bürste sind die Haare eines Fells gruppenweise in bestimmte Richtungen ausgerichtet, desgleichen Federn im Vogelbalg, Borsten, Schuppen und Sensillen (kleine Mechano- und Chemo-Sinnesorgane) in der Cuticula-überzogenen Epidermis der Insekten. Parallel zur Oberfläche sind mechanische Kräfte und/oder Signalsysteme am Werk, die den Anlagen zu diesen Gebilden und auch dem ganzen Epithel eine gemeinsame Orientierung geben. Vielfach sind es Signalwellen, die sich von einem Rand aus im Epithel ausbreiten und dabei den Zellen den Sollvektor zuweisen. Gegenwärtig richtet sich die Aufmerksamkeit der Forschung vor allem auf ein Signalmolekül, das nach einer Drosophilamutante Wingless genannt wurde und in anderen Organismen, von *Hydra* bis zum Menschen **WNT** heißt. Es wirkt über einen Membran-verankerten Rezeptor namens **Frizzled**, der auf der Innenseite der Membran mit Elementen des Cytoskeletts in Verbindung steht (s. Abb. 20.1). Eine planare WNT-Welle ist begleitet von einer Welle erhöhter intrazellulärer Calcium-Konzentration.

12.7.8
Es gibt viele und unerwartete Möglichkeiten, wie sich Induktoren und Morphogene über größere Gebiete verbreiten können

Wie kann sich eine Signalsubstanz in einem Gebiet ausbreiten, in welchem Zellen an Zellen dichtgedrängt zusammengepfercht sind? Sind Zellen nur hier und da punktuell miteinander verklebt und lässt das Maschenwerk der nur locker gepackten Zellen große Zwischenräume frei, so fällt es nicht schwer, sich

- schlichte Diffusion als physikalisches Prinzip der Ausbreitung vorzustellen. Gewiss nutzt die Natur, wo es möglich ist, das Diffusionspotential von Signalmolekülen aus, um sie ohne großen Energieaufwand in der

Umgebung eines Signalsenders auszubreiten. Theoretiker, die mathematische Modelle der Ausbreitung entwerfen, arbeiten auch bevorzugt mit Termen der Diffusion (Box K12).

- Problematisch wird es, wenn die Zellzwischenräume mit Makromolekülen (Fachausdruck: extrazelluläre Matrix) ausgefüllt sind. Noch schwieriger wird es, wenn die Zellen zu Epithelien organisiert und mit besonderen Adhäsionsgürteln (*adhesion belts*) dicht miteinander verklebt sind. In solchen epithelartigen Verbänden können zwar noch bestimmte kleine Moleküle wie O_2, CO_2 und Retinsäure direkt über die Zellmembranen oder über **Gap junctions** von Zelle zu Zelle diffundieren. Wie aber sollten Proteine wie WNT oder andere Makromoleküle weite Strecken überwinden können? Die Mehrzahl der bekannten Signalmoleküle sind Proteine, Glykoproteine oder Lipoproteine. Man ist anderen und nicht eben erwarteten Mechanismen auf der Spur. Noch nahe an bekannten Mechanismen sind
- **Signalstafetten:** Eine Zelle zeigt ihrer Nachbarin ein Signalmolekül, diese wiederum präsentiert alsdann der Nachbarin auf ihrer anderen Seite in solches Signalmolekül, usw. Ähnlich verläuft **Transcytose**, die Weitergabe von Vesikel-verpackten Molekülen (Argosomen) von Zelle zu Zelle.
- Doch dünne **Nanoröhrchen** (Cytoneme, TNT = *tunneling nano tubes*), die Signalmoleküle wie Rohrpost von Zelle zu Zelle schicken, sind eine Neuentdeckung.

Wir betrachten die verschiedenen Ausbreitungsmöglichkeiten näher im Kap. 20, das sich speziell mit Signalsubstanzen befasst.

12.8
Modellfelder: die Knospen für Vogelflügel und Mäusebein

Nach Abschluss der Neurulation erscheinen in den Flanken der Embryonen jener Wirbeltiere, die mit vier Extremitäten ausgestattet sind, vier kreisförmige Areale, in denen die Morphogene FGF-10 und FGF-8 erzeugt werden, und die zu den Anlagen der beiden Arme und Beine werden (Abb. 12.10).

Die Entwicklung des Flügels im Hühnerembryo wird viel untersucht. Die Ergebnisse der Musterbildungsprozesse werden am Muster der Skelettelemente abgelesen.

Als dreidimensionales Gebilde hat der Flügel drei Polaritätsachsen (Koordinaten):

1. Die **proximo-distale Achse** von der Schulter bis zur Fingerspitze,
2. die **anterior-posteriore Achse** vom zweiten zum vierten Finger (Daumen und fünfter Finger fehlen im Flügel), und
3. die **dorso-ventrale Achse** von der Oberseite zur Unterseite (sie bleibt hier außer Betracht).

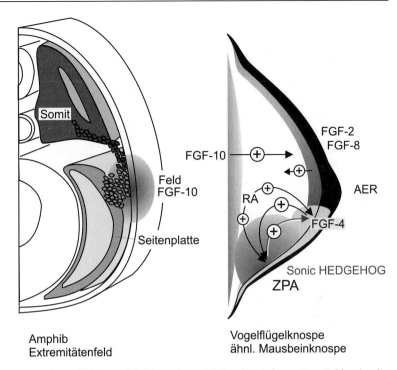

Abb. 12.10. Extremitätenfeld im Wirbeltierembryo. Links die Anlage eines Feldes in der Flanke eines Amphibienembryos. Unterhalb des Feldes sammeln sich Zellen, die aus den Somiten auswandern und in der Extremität das Skelett und die Muskulatur entstehen lassen. Die weitere Aufgliederung des Feldes, dargestellt für eine Flügelknospe, geht von verschiedenen Signalsubstanzen aus, die wechselseitig ihre Produktion stimulieren. Ein bedeutsames Signalzentrum ist die ZPA, die Zone polarisierender Aktivität. AER = apical epidermal ridge (apikaler epidermaler Kamm); FGF = fibroblast growth factor; RA = retinoic acid (Retinsäure)

12.8.1
Ein Morphogen, FGF-10, kennzeichnet in der Flanke des Embryos ein Feld, aus dem die Extremitätenknospe auswächst

Um eine Extremität herzustellen, braucht man Material. Zuerst werden Zellen rekrutiert, die aus mesodermalen Gebilden, den Somiten und den Seitenplatten, abgeworben und zu den passenden Orten gelotst werden. Dort versammelt, heißen diese Zellen **Mesenchym**. Die Mesenchymzellen und die sie überdeckenden Zellen der Epidermis werden mittels Wachstumsfaktoren zur Proliferation stimuliert.

Was bringt die Mesenchymzellen an ihren Ort? Was regt sie zur Proliferation an? Schon lange war man den *fibroblast-derived growth factors* FGF auf der Spur, schließlich sind Fibroblasten ebenfalls mesenchymartige Zellen, aus denen Knorpel oder Knochen entstehen können. Das gegenwärtige

Bild einer jungen Knospe verzeichnet mehrere Mitglieder der FGF-Familie (Abb. 12.10).

In den mesodermalen Seitenplatten kann man zur gegebenen Zeit kreisförmige Areale ausmachen, in denen der Faktor **FGF-10** exprimiert wird. Diese Areale stimmen mit den morphogenetischen Feldern überein, aus denen bald darauf die Extremitäten auswachsen. FGF-10 (oder auch andere FGFs), lokal auf die Flanke eines Hühnerembryos aufgebracht, **löst dort die Entwicklung einer zusätzlichen Extremität** aus. Eine erste Reaktion des stimulierten Bezirks ist, dass dort ein zweites Mitglied der FGF-Familie, FGF-8, produziert wird. Während FGF-10 im Mesoderm (Mesenchym) erzeugt wird, wird FGF-8 im darüberliegenden Ektoderm gebildet. Damit beginnt ein munteres Wechselspiel gegenseitiger Stimulation. Beide Faktoren sind nun echte Wachstumsfaktoren: Die Knospe wächst aus.

12.8.2
In der proximo-distalen Achse von der Schulter bis zu den Fingern wird ein Zeitprogramm in ein räumliches Muster übersetzt

Die Flügelknospe ist von einer ektodermalen Kappe bedeckt, über die eine firstförmige Leiste, die AER (apical ectodermal ridge; Abb. 12.10) zieht. Die Leiste produziert Wachstumsfaktoren der FGF-Familie, darunter den im vorigen Abschnitt eingeführten **FGF-8**. Wird die Leiste entfernt, hört das Auswachsen der Knospe sogleich auf. Die unter dem Einfluss der AER durch Proliferation gebildeten Zellen werden nach und nach aus dem Schutzraum der Kappe herausgeschoben. Die Zellen, die als erste den Kappenraum verlassen, bilden den

- Oberarm mit dem Humerus, die nächste Gruppe bildet
- Unterarm mit Radius und Ulna, die dritte Gruppe bildet
- Carpalia und die letzte die
- Phalangen. Verschiedene Experimente mit transplantierten Knospenfragmenten haben gezeigt, dass hierbei ein Zeitprogramm abläuft. Eine junge Knospe auf den Stumpf einer älteren transplantiert, beginnt programmgemäß mit Humerus, auch wenn der Stumpf schon zu Humerus programmierte Zellen hat (Abb. 12.11). Die Natur des Zeitprogramms ist noch nicht bekannt, doch impliziert es, wie unten erläutert, die sequenzielle Aktivierung von Homöobox (*Hox*)-Genen.

12.8.3
Die Reihenfolge 2. bis 4. Finger wird von einem Morphogensender spezifiziert

Am Hinterrand der Knospe (wo bei unserer Hand der kleine Finger erscheinen würde) sitzt ein Sender, **ZPA (Zone polarisierender Aktivität)** genannt (Abb. 12.10, Abb. 12.12). Er sendet Signale aus, deren Intensität

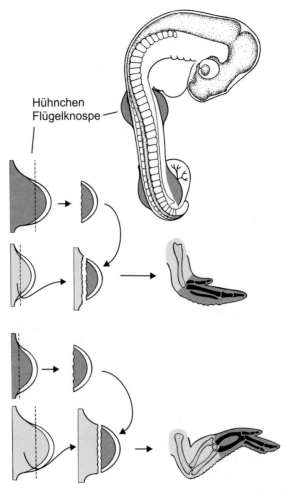

Hühnchen Flügelknospe

Abb. 12.11. Flügelknospe I. Experimente zur Spezifikation der proximo-distalen Achse. Wird eine Knospe gekappt, und auf den restlichen Stumpf eine Kappe von einer anderen Knospe aufgepropft, so läuft in der neuen Kappe das von ihr selbst noch nicht erledigte Entwicklungsprogramm ab, unbeschadet von den Strukturen, die im Extremitätenstumpf noch fehlen oder schon vorhanden sind (nach Alberts et al. 1994, verändert)

nach vorne hin abnimmt. Dieser Gradient der Signalstärke spezifiziert die Reihenfolge der Finger. Wird eine zusätzliche ZPA an den Vorderrand gepflanzt, wird die Reihenfolge der Finger spiegelbildlich wiederholt. Das komplette Muster heißt dann **432 234** oder **43 34**.

Vitamin-A-Säure (Retinsäure) liefernde Implantate wirken wie ein Sender. Poröse Kunststoffkügelchen, die mit Retinsäure getränkt sind, können eine ZPA ersetzen. Da man im Bereich der Flügelknospe natürlich vorkommende Retinsäure, Retinsäure-Derivate und Retinsäure-Rezeptoren findet und sich auch eine gradierte Verteilung von gebundener ^{3}H-Retinsäure

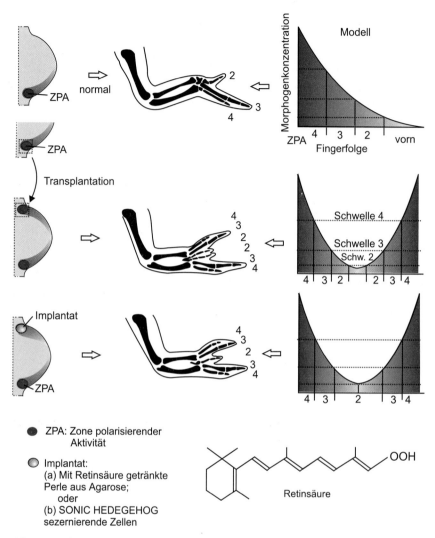

Abb. 12.12. Flügelknospe II. Experimente zur Spezifikation der anterior-posterioren Achse. *Oben*: Normalsituation. Art und Reihenfolge der Finger werden bestimmt von Signalen, die von der ZPA, der Zone polarisierender Aktivität, am Hinterrand der Knospe ausgehen. Beachte, dass der Vogelflügel auch im Normalfall nur drei rudimentäre Finger hat; Finger I und IV fehlen. *Mitte*: Eine an den Vorderrand der Knospe transplantierte, zusätzliche ZPA bewirkt eine spiegelbildlich symmetrische Verdoppelung der Hand. *Unten*: Ähnlich wie eine ZPA wirkt auch ein mit Retinsäure getränktes Implantat oder ein Klumpen von Zellen, die lösliches SONIC HEDGEHOG sezernieren. (Nach Wehner u. Gehring, 1995, verändert und erweitert)

nachweisen ließ, wurde die Auffassung vertreten, Retinsäure sei ein Morphogen und sei das erste überhaupt identifizierte Morphogen.

Eine konträre Auffassung argumentierte jedoch, ein Retinsäure-getränktes Implantat veranlasse Zellen des Vorderrandes, das natürliche Signal, das nicht Retinsäure sei, zu produzieren. Man hat dann auch entdeckt, dass von einer Zellgruppe in der ZPA ein anderes Signalmolekül erzeugt wird, ein Protein, das sich vom Gen *Sonic hedgehog* ableitet.

Kultivierte Zellen können dazu gebracht werden, lösliches SONIC HEDGEHOG zu erzeugen und freizusetzen. Verpflanzt man solche Zellen in den Vorderrand einer Knospe, erscheinen ebenso wie nach der Implantation einer Retinsäure-getränkten Kunststoffperle überzählige Finger, die spiegelbildlich zu den normalen angeordnet sind.

Nach gegenwärtigen Modellen (Abb. 12.10) interagieren die Produzenten von Retinsäure, SONIC HEDGEHOG und verschiedene Wachstumsfaktoren der FGF-Familie miteinander so, dass sie sich wechselseitig stimulieren, mit der Produktion ihrer Signalmoleküle fortzufahren. Andererseits hat diese wechselseitige Abhängigkeit auch zur Folge, dass die Expression solcher Faktoren räumlich auf das Feld der wechselseitigen Interaktionen begrenzt bleibt (Prinzipien der lateralen Hilfe und der lateralen Inhibition).

12.8.4
Im Zuge der Musterspezifikation werden nach und nach Gene der *Hox*-Klasse aktiviert

Startend von der hinteren Flanke einer Flügelknospe des Hühnchens (ZPA) oder der hinteren Flanke einer Extremitätenknospe der Maus werden nach und nach Gene mit Homöoboxen exprimiert. Sie heißen *HOX*-Gene und codieren allesamt für Transkriptionsfaktoren, schalten also andere Gene ein oder aus. Die Expressionszonen breiten sich wellenförmig aus. Am Ende gibt es ein anterior-posteriores Muster und ein proximo-distales Muster.

- **Von hinten nach vorn.** Bei der Etablierung des anterior-posterioren Musters kommen die Gene der *Hox-D*-Gruppe zum Zuge, und zwar der Reihe nach, beginnend mit *Hox-D11* (s. Abb. 13.4). Alle Expressionszonen starten am Hinterrand (ZPA) im Bereich des künftigen vierten Fingers, ziehen dann aber unterschiedlich weit nach vorn: *Hox-D11* zieht bis zum Vorderrand der Knospe, *-D12* bis zur Mitte, *-D13* bleibt auf das Feld der ZPA beschränkt.
- **Von der Knospenspitze zur Knospenbasis.** Das proximo-distale Expressionsmuster umfasst die Sequenzen:
  - *Hox-A9, -A10, -A11, -A12, -A13,* sowie
  - *Hox-D9, -D10, -D11, -D12, -D13.*

Die *Hox-D*-Gruppe kommt also nochmals zum Zuge und zwar vollständig. Die Expression dieser Gene startet wieder im Bereich der ZPA und es beginnt das Gen mit der kleinsten Nummer. Während die Knospe auswächst,

BOX K 12 MODELLE ZUR
BIOLOGISCHEN MUSTERBILDUNG

Hypothesen, Computermodelle

Musterbildung ist ein zentrales Thema der Entwicklungsbiologie. Muster meint nicht-zufallsbedingte, geometrisch regelhafte Anordnung überzellulärer Strukturen und meint räumlich geordnete Spezifikation der Zelldifferenzierung. Ein Muster ist das Zeichnungsmuster auf dem Schmetterlingsflügel, aber auch die Position von Kopf, Rumpf und Extremitäten. Komplexe Muster sind das synergistische Endergebnis vieler interagierender Moleküle und Zellen. Da die Komplexität der Wirklichkeit oft unser Vermögen übersteigt, die Konsequenzen einer Änderung am musterbildenden System intuitiv vorherzusehen, sind vereinfachte Modelle entwickelt worden, die mathematisch formuliert sind und Computersimulationen ermöglichen. Es werden hier nur zwei sehr einfache, historisch besonders einflussreiche Modelle erörtert.

K 12.1
Positionsinformation nach Wolpert

Ein Sender entlässt ein Signal in Form eines **Morphogens S**: Die Konzentration von S nimmt mit der Entfernung zur Quelle ab (Abb. Box K 12 A). Ein gleichförmiger und beständiger Konzentrationsgradient kann sich beispielsweise zwischen einer Quelle und einem Abfluss einstellen (**source-sink-Modell**). In einer Reihe von Zellen soll die erste Zelle das S-Morphogen erzeugen und freisetzen; durch die anderen Zellen diffundiere S hindurch; am Ende der Reihe werde S von der letzten Zelle abgebaut. Alternativ könnten alle Zellen der Reihe das Morphogen S abbauen; in diesem Fall stellte sich ein exponentiell abfallender Gradient ein.

Der S-Gradient liefert **Positionsinformation**. Zellen sind in der Lage, die lokale Konzentration zu messen und als Lageinformation zu nutzen. Sie stellen daraufhin einen ihnen zukommenden **Positionswert P** ein, einen relativ stabilen Zustand, der für ihre Position kennzeichnend ist. Die lokale Konzentration an S bestimmt die am Ort maximal mögliche Höhe von P; **S wirkt als Inhibitor oder oberer Sollwertgeber für den Positionswert P.**

Wird die Quelle von S entfernt, steigt P automatisch an. Die Zellen, die als erste den maximalen P-Wert erreichen, senden wieder S aus und unterdrücken andernorts den weiteren Anstieg von P.

▶

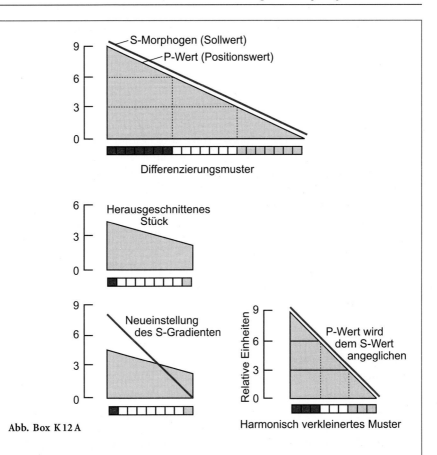

Abb. Box K 12 A

S (oder P) kann zur Musterbildung genutzt werden. Wenn es einen bestimmten kritischen Schwellenwert gibt, oberhalb dessen die Zellen beispielsweise das Gen *rot* einschalten und unterhalb dessen sie auf das Gen *weiß* umschalten, wird trotz Gradient eine scharfe, übergangslose Sonderung von roten und weißen Zellen möglich sein.

Im Bedarfsfall fungiert der P-Wert als **Positionsgedächtnis**. Wird operativ aus der Gesamtreihe der Zellen eine Teilreihe herausgeschnitten, gibt der relative Positionswert an, ob eine Zelle vorn, in der Mitte oder am Ende der Teilreihe steht. Mit anderen Worten: Die Zelle, die den relativ höchsten P-Wert hat, wird am ehesten den höchstmöglichen P-Wert erreicht haben und alsdann durch erneutes Aussenden von S im Restkörper den weiteren Anstieg des P-Wertes verhindern.

Die Hypothese macht keine Aussagen darüber, wie erstmals ein S-Gradient eingerichtet wird und weshalb beim Wegfall der S-Bremse der P-Wert automatisch ansteigt.

K 12.2
Reaktions-Diffusionsmodelle nach Turing

Primäres Ziel dieser Kategorie von Modellen ist es, Vorstellungen zu entwickeln, wie aus homogenen oder chaotischen Anfangszuständen eine Musterbildung vonstatten gehen könnte.

Vorstellungen, wie in einem ursprünglich homogenen Areal genetisch gleicher Zellen ein geordnetes Muster unterschiedlich angeordneter und differenzierter Zellen zustande komme, wurden und werden vor allem von Mathematikern (z. B. Turing, Murray, Othmer) und Physikern (z. B. Prigogine, Gierer, Meinhardt, Haken) entwickelt. Grundannahme der Reaktions-Diffusionsmodelle ist, in dem betreffenden Areal, dem **morphogenetischen Feld, werde durch eine Verschaltung mehrerer biochemischer Vorgänge ein Vormuster (prepattern)** in der Konzentrationsverteilung von **Morphogenen** erzeugt. Diesem Vormuster sollen dann Determination und Differenzierung der Zellen folgen.

Im einfachsten Fall lassen sich stabile, ungleiche Konzentrationsverteilungen erzeugen, wenn die Produktion **von mindestens zwei miteinander wechselwirkenden Substanzen** passend miteinander verschränkt wird. In einem bekannten Grundmodell (Turingmodell in der Version von Gierer und Meinhardt) unterliegt die Erzeugung eines **Aktivators a** einer **Autokatalyse,** d. h. einem Prozess der nichtlinearen Selbstverstärkung. Dem explosionsartigen Anstieg der a-Konzentration werden Grenzen gesetzt durch den Zerfall von **a,** durch seine Diffusion in benachbarte Areale und durch die von **a** via **Heterokatalyse** ausgelöste Produktion eines **Inhibitors i.** Der Inhibitor wirkt hemmend auf die Produktion von **a.** Weitere Annahmen sind: der Aktivator **a** habe eine kurze, der Inhibitor eine lange Reichweite und unterdrücke daher in der Nachbarschaft eines Aktivatorpeaks die Entstehung eines konkurrierenden Peaks **(laterale Inhibition).**

Das Verhalten der beiden Substanzen in der Zeit und im Raum wird durch zwei partielle Differentialgleichungen beschrieben, welche auch die Grundlage von Computersimulationen sind (Abb. Box K 12 B). Durch die Wahl geeigneter Parameter (basale Produktionsraten, Zerfallsraten, Diffusionskonstanten, Dimension des Feldes etc.) lassen sich in der Computersimulation eine Vielzahl von Mustern erzeugen, beispielsweise von **Gradienten,** die – einmal erzeugt – stabil bleiben und sich nach experimenteller Störung regenerieren (Abb. Box K 12 C), oder von **periodischen Mustern** (Borstenfelder, Streifenmuster, Verzweigungsmuster). Ein periodisches Muster kommt beispielsweise zustande, wenn die Reichweite des Inhibitors geringer ist als die Länge des Feldes und eine relativ hohe basale Aktivator-

▶

Abb. Box K 12 B

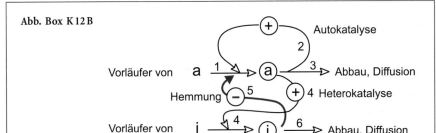

$$\frac{\delta a}{\delta t} = \varrho_a + \frac{a^2}{i} - \mu a + D_a \frac{\delta^2 a}{\delta x^2} \; ;$$

$$\frac{\delta i}{\delta t} = \varrho_i + a^2 - \nu i + D_i \frac{\delta^2 i}{\delta x^2} \; ;$$

produktion angenommen wird, die außerhalb des gehemmten Bezirks einen neuen, sich autokatalytisch verstärkenden Peak initiiert. Vielfältige Muster sind simuliert worden, z.B. Zeichnungsmuster auf Schneckenschalen (Abb. Box K 12 D).

K 12.3
Grenzen der vorgestellten Modelle, erweiterte und alternative Denkansätze

Gemäß der Vielzahl physikalischer Kräfte und Prozesse, die zu Musterbildung und Morphogenese führen können, gibt es vielerlei Modelle, beispielsweise **mechanische und mechanochemische Modelle** (Murray, 1989). Vielen Modellen sind formale Grundeigenschaften gemeinsam: Sie enthalten

- **Prozess der Selbstverstärkung (Autokatalyse, positive Rückkoppelung)** und
- einen Vorgang, welcher **der Selbstverstärkung Grenzen setzt** (z.B. Produktion eines Inhibitors, Verarmung an einem Substrat, Sättigungsverhalten). Die Modelle der biologischen Musterbildung ▶

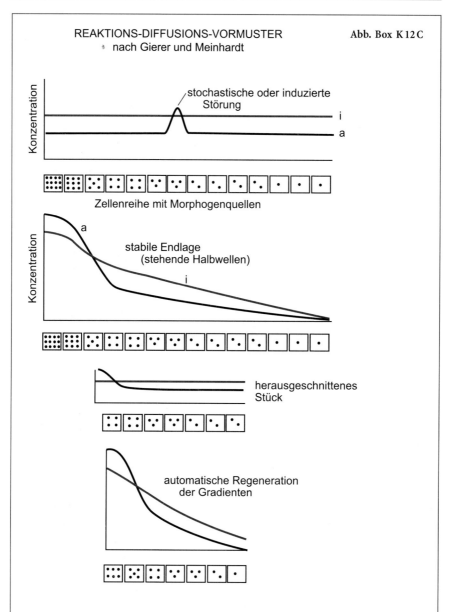

REAKTIONS-DIFFUSIONS-VORMUSTER   Abb. Box K 12 C
nach Gierer und Meinhardt

ähneln formal denen zur Simulation von Populationsentwicklungen in der Ökologie (z. B. Räuber-Beute-Beziehungen, Ausbreitung von Epidemien).

Gegen viele der Modelle werden Einwände erhoben. Beispielsweise wird in Hinblick auf Reaktions-Diffusionsmodelle bezweifelt, ob sich das konzertierte Verhalten Tausender von Zellen, von denen jede ein-

Borstenfeld

Muster auf
Molluskenschalen

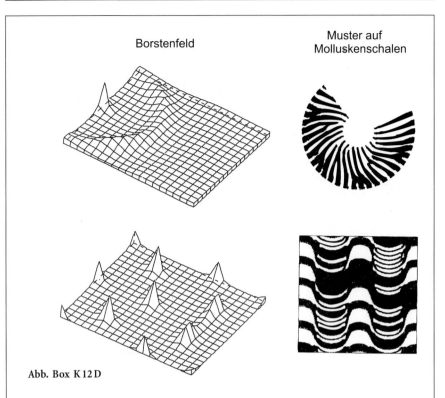

Abb. Box K12D

zelne ihrerseits Hunderttausende verschiedener Substanzen produziert, auf die chemische Reaktion zweier oder weniger Substanzen zurückführen lässt. Homogene Diffusionsverhältnisse gibt es im Computer, nicht in lebenden Systemen. Die Mechanismen, die zur Ausbreitung von Signalen führen, sind vielfältig (s. Kap. 20). Die Modelle der ersten Generation (wie das vorgestellte Gierer-Meinhardt-Modell) produzieren nur Muster von freien Substanzen und lassen Rezeptoren, die ja nicht diffusibel sind und deren Zahl pro Zelle sich in Raum und Zeit ändert, außer acht. Viele weitere Einwände könnten vorgebracht werden. Andererseits ist es in den Naturwissenschaften guter und bewährter Brauch, erst einmal mit sparsamen Minimalmodellen zu beginnen, um dann unter dem Diktat experimenteller Befunde (– ein vermeintlicher „Aktivator" beispielsweise kann sich als komplexer Prozess der Aktivierung herausstellen –) die Modelle zu erweitern oder durch ganz andere Modelle zu ersetzen.

breiten sich die Expressionszonen aus, und es erscheinen, jeweils in der ZPA beginnend, immer höhere Nummern. Am Schluss erstrecken sich die *Hox-A9-* und *Hox-D9*-Zonen von der Fingerspitze bis zur Schulter; *Hox*-Gene mit höheren Nummern breiten sich weniger weit aus (*Hox-A11*-Zone bis zum Ende des Unterarms, *Hox-A13* bis zum Ende der Hand). An der Spitze der künftigen Hand sind alle, von *Hox-A9* bis *-A13* und von *Hox-D9* bis *-D13* aktiv.

Was die Ausbreitung der Hox-Expressionszonen bewirkt und begrenzt, ist nicht bekannt; denn funktionell tätige Transkriptionsfaktoren sitzen im Kern fest, wo sie an DNA gebunden sind. Mutmaßlich folgt die Ausbreitung der *Hox*-Expression löslichen Signalen (z. B. SONIC HEDGEHOG), die sich per Diffusion ausbreiten können.

Im Zuge der Expression der *Hox*-Gene erhalten die Zellen sich kontinuierlich ändernde **Positionswerte** (Box K 12), die bei Störungen eine Musterkorrektur (z. B. bei Urodelen eine korrekte Regeneration) ermöglichen.

12.9
Musterkontrolle und Positionsgedächtnis bei *Hydra*

12.9.1
Die Zellen einer *Hydra* benötigen ständig Positionsinformation

Beim Süßwasserpolypen *Hydra* ist unablässig Positionsinformation nötig; denn ständig werden gealterte und verbrauchte Zellen durch neue ersetzt, die jedoch nicht am Ort ihrer endgültigen Bestimmung entstehen, sondern aus Stammzellen, die anderswo lokalisiert sind. So entstehen die Nervenzellen und Nesselzellen, die im Kopf mit seinen Tentakeln benötigt werden, aus sogenannten interstitiellen Stammzellen im Rumpf. Die Abkömmlinge der Stammzellen, die zur Verjüngung des Polypen gebraucht werden, müssen ihren Bestimmungsort finden.

Auch wenn nach einer exzessiven Verletzung ganze Körperteile verloren gehen, muss Positionsinformation zur Verfügung stehen, um eine ortsgerechte Regeneration des Verlorenen zu ermöglichen (s. auch Kap. 24). Wo immer man die Körpersäule quer durchschneidet, wird vom unteren Fragment der verlorene Kopf, vom oberen der verlorene Fuß wiederhergestellt. So macht das Regenerationsexperiment deutlich, dass überall in der Körpersäule zwischen Kopf und Fuß die **Potenz** zur Kopf- und Fußbildung vorhanden ist. Dafür, dass diese Potenz im intakten Tier nicht zum Zuge kommt, werden **Hemmsignale (laterale Inhibition)** bzw. **Positionsinformation** (Box K 12) verantwortlich gemacht, die vom existierenden Kopf (und Fuß?) ausgehen. Das Körpermuster wird durch ein unbekanntes Kontrollsystem auf seine Vollständigkeit hin überprüft; bei Bedarf wird korrigiert (**Musterkontrolle**).

12.9.2
Die Musterkontrolle umfasst weit reichende Interaktionen zwischen den Körperteilen

Schon beim Süßwasserpolypen *Hydra* entdeckt man in Regenerations- und Transplantationsstudien Prinzipien der Entwicklungskontrolle, wie sie in ähnlicher Form in animalen Systemen immer wieder gefunden werden.

- **Prinzip einer Organisatorwirkung.** Ein kleines Fragment eines Gewebes mit Organisatoreigenschaft, hier ein kleines Stück des Kopfes (Hypostoms), kann im Rumpf die Entwicklung eines ganzen Kopfes und darüber hinaus einer zweiten Körperachse induzieren (Abb. 12.13). Auch Gewebestücke des Rumpfes zeigen eine latente Potenz zur Kopfinduktion, wenn sie unterhalb ihres Heimatortes und möglichst weit von ihm entfernt in die Körperwand implantiert werden. Ein Teil der Organisatorwirkung ist anscheinend auf WNT-Signale zurückzuführen.
- **Prinzip der lateralen Inhibition.** Die Induktion eines solchen ektopischen Kopfes wird erleichtert, wenn der schon vorhandene Kopf des Wirtspolypen entfernt wird (Abb. 12.13). Ein vorhandener Kopf hemmt die Entwicklung eines möglichen weiteren Kopfes.
- **Prinzip der lateralen Hilfe.** Zugleich fördert ein Kopf die Bildung eines Fußes am anderen Ende der Körpersäule; er gibt eine langreichweitige Hilfestellung. Bei dieser Fernwirkung kommt es nicht auf die Distanz an, vielmehr wird die Körperregion, die den relativ tiefsten Positionswert hat, durch den Kopf (oder durch Köpfe) veranlasst, ihren Positionswert weiter bis auf Null abzusenken; dieser Nullwert vermittelt dann die Fähigkeit zur Fußbildung. Ein Beispiel gibt Abb. 12.14 wieder.

12.9.3
Relativ stabile Positionswerte vermitteln ein Positionsgedächtnis

Die empfangene Positionsinformation, woher sie auch kommen mag, wird in *Hydra* benutzt, um entlang der Körpersäule von oben nach unten abnehmende **Positionswerte** einzustellen. Diese Positionswerte sind relativ stabile Gewebeeigenschaften und stellen ein **Positionsgedächtnis** dar, das bei einem aus der Körpersäule herausgeschnittenen Stück sicherstellt, dass ein Kopf am oberen, eine Fußscheibe am unteren Ende regeneriert wird. Die relativen Positionswerte entlang der Körperachse können in zwei Versuchen gemessen werden:

1. **Dissoziation-Reaggregation:** Zellen werden aus dem Rumpf herausgenommen, voneinander gelöst (**dissoziiert**) und in neuer Ordnung wieder zusammengefügt (**aggregiert**). Im Aggregat formen Zellen, die im intakten Tier **relativ** weiter oben lagen, Kopfstrukturen; Zellen, die weiter unten positioniert waren, bilden Fußstrukturen aus (Abb. 12.15). Darüber hinaus zeigt das Experiment, dass die oben-unten-**Polarität** von einem

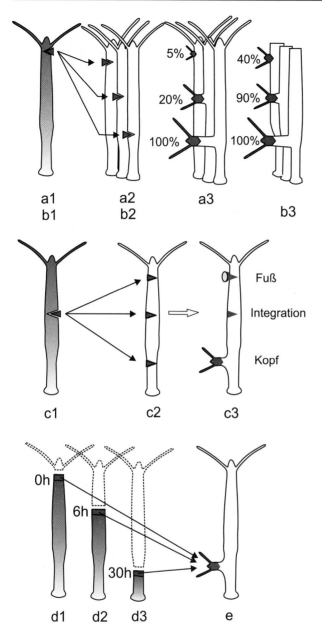

Abb. 12.13 a–e. Induktion von Köpfen oder Füßen bei *Hydra*. **a, b** Induktion ektopischer Köpfe. **a1, b1** Spender der Transplantate. **a2, b2** Empfänger (mit eigenem Kopf). Die Höhe der Differenz in den Positionswerten von Implantat und dem umgebenden Empfängergewebe spiegelt sich in der Häufigkeit wider, in der in vielfach wiederholten Experimenten Köpfe (**a3**) gebildet werden. Im Experiment der Serie **b** wurde nach der Implantation des Spendergewebes (**b2**) der Kopf der Spendertiere entfernt. Dies fördert die Bildung ektopischer Köpfe durch Implantate (**b3**). Die Transplantation von kopfnahem Gewebe in tiefere Körperregionen wiederholt das älteste Induktionsexperiment in der Biologiegeschichte (durchgeführt

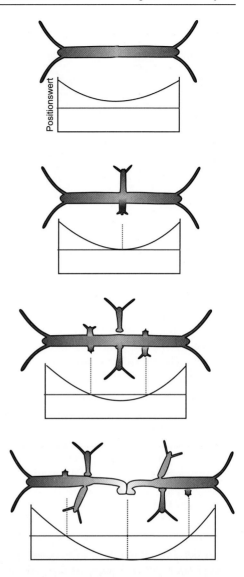

Abb. 12.14. Musterkorrektur in einer spiegelbildlich verdoppelten oberen Hälfte einer *Hydra*. Die doppelköpfige Hydra kann durch Transplantation (oder durch andere Verfahren, Müller 1989) hergestellt werden. Durch die helfende Aktivität der beiden Köpfe sinkt in der Mitte der Positionswert immer tiefer ab, bis der Wert Null eine Fußbildung auslöst, die ihrerseits eine Auftrennung der verdoppelten Tiere ermöglicht. Die Fähigkeit zur Knospung ist einem bestimmten mittleren Positionswert zugeordnet. Experimente von Müller (1989)

u. a. von Ethel Browne, 1909). **c** Entscheidend ist der Positionswert des Implantates im Vergleich zum Positionswert seiner neuen Umgebung. Ein höherer Positionswert im Implantat führt zur Kopfbildung, ein tieferer zur Fußbildung; ein gleicher erlaubt ortsgemäße Integration ohne weitere Reaktion. **d–e** Anstieg des Positionswertes, und damit der Fähigkeit zur Kopfinduktion, vor einer Kopfregeneration. Ganz oben (**d1**) hat das Gewebe bereits einen sehr hohen Wert; es muss keine Zeit abgewartet werden, bis es in **e** Kopfbildung induzieren kann. Je tiefer unten geschnitten wird (**d2, d3**), desto länger muss gewartet werden, bis die volle Induktionspotenz erreicht ist

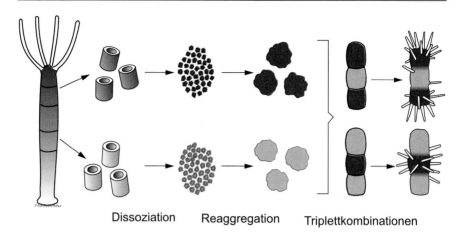

Dissoziation   Reaggregation   Triplettkombinationen

Abb. 12.15. Bedeutung der relativen Positionswerte für die Musterbildung in Aggregaten dissoziierter Zellen von *Hydra*. Die Zellen mit den vergleichsweise höchsten Positionswerten bilden Kopfstrukturen (Tentakel). Experimente von Gierer et al. (1972)

Gradienten bestimmt wird, d.h. von einem **mehr oder weniger** an einer Eigenschaft, die **Positionswert** genannt wird, aber molekular noch nicht beschrieben werden kann.

2. **Transplantation:** Zellgruppen werden in eine fremde Umgebung gebracht. In einer Umgebung mit gleichem Positionswert ordnen sie sich ein, ohne ihren Charakter zu verändern. Werden Zellen in eine tiefere Position gebracht, bilden sie, wie oben erwähnt, Kopfstrukturen, und sie tun dies umso häufiger, je höher ihr Positionswert im Vergleich zu dem ihrer Umgebung ist. In eine höhere Position verpflanzt, wo der Positionswert des Transplantats geringer als der Positionswert seiner neuen Umgebung ist, differenziert das Transplantat hingegen Fußgewebe (s. Abb. 12.13).

12.9.4
Bei der Einstellung des Positionswertes, und damit bei der Fähigkeit, Kopf oder Fuß zu bilden, ist Signaltransduktion von Bedeutung

Die molekulare Natur der hier zuständigen Positionsinformation und der molekulare Code des Positionsgedächtnisses (Box K 12) sind noch weitgehend unbekannt. Es dürften jedoch Signalsubstanzen nach Art von Morphogenen oder Hormonen beteiligt sein, weil es langreichweitige Wirkungen gibt. Für die Beteiligung extrazellulärer Signalmoleküle spricht auch, dass bei der Einstellung des Positionswertes das **PI-Signaltransduktionssystem** (s. Kap. 20.3) eine besondere Rolle spielt. Wiederholte Stimulation des Schlüsselenzyms PKC mit Diacylglycerol führt (bei bestimmten Hydra-Stämmen) zur Entwicklung **ektopischer Köpfe** (ektopisch = am falschen

Ort), langdauernde Hemmung des PI-Systems mit Lithiumionen zur Entwicklung ektopischer Füße.

12.9.5
Die experimentellen Ergebnisse haben zur Formulierung verschiedener Modelle Anlass gegeben

Mangels ausreichender Kenntnis der aktuellen Vorgänge werden, wie es in den Naturwissenschaften Brauch ist, Hypothesen diskutiert und Computermodelle zur Simulation der Befunde entworfen.

• Ein traditionelles Modell leitet Positionsinformation von Morphogengradienten (Box K 12) ab. Morphogene konnten allerdings bei *Hydra* noch nicht isoliert und identifiziert werden, auch wenn homologe Gene zu allgemein im Tierreich verbreiteten Wachstumsfaktor-Rezeptoren und Signalkaskaden vorhanden sind. Verbreitete Hypothesen gehen von zwei (oder mehr) Morphogenen aus, einem „Kopf-Aktivator" und einem „Kopf-Inhibitor", die beide vor allem im Kopf produziert werden sollen, in den Rumpf diffundieren und nach und nach abgebaut werden. Dabei soll der Inhibitor weiter reichen als der Aktivator. Ein gegenläufiges Aktivator-Inhibitor-System soll vom Fuß ausgehen.
• Ein alternatives Modell (vom Autor dieses Buches) betrachtet den Kopf als überlegenen Kompetitor in der Konkurrenz um bestimmte Resourcen und Faktoren, die in nur begrenzter Quantität zur Verfügung stehen. Kopfnahe Zellen sollen mehr Rezeptoren zum Einfangen der Faktoren haben als kopfferne. Gebundene Faktoren werden internalisiert und damit dem Zugriff anderer Zellen, die nur wenig Rezeptoren haben, entzogen. Zellen, die viel Faktor einfangen, exprimieren noch mehr Rezeptoren (positive Rückkoppelung), solche, die wenig Faktor binden, verlieren auch diese wenigen noch (biblisches Prinzip: „Wer viel hat, dem wird noch mehr gegeben werden, wer wenig hat, dem wird auch das Wenige noch genommen").

Das Modell berücksichtigt, dass ein vorhandener Kopf einerseits die Entwicklung eines Konkurrenzkopfes unterdrückt, andererseits – durch Abfangen der Faktoren – die Entwicklung eines Fußes am anderen Ende der Körpersäule fördert.

12.10
Musterkorrektur durch Interkalation

12.10.1
Fehlende Positionswerte können durch Interkalation eingeschoben werden; das Hydrozoon *Hydractinia* als Beispiel

Bei *Hydra*, viel deutlicher jedoch beim marinen Hydrozoon *Hydractinia*, kann als Ausdruck einer Musterkontrolle eine Reaktion beobachtet werden, die an die spektakulären Experimente mit dem Spemann-Organisator erinnert: Bringt man Gewebe mit stark unterschiedlichen Positionswerten in direkten Kontakt zueinander, im Extremfall Kopfgewebe mit Fuß- bzw. Stologewebe, so wird eine Rumpfsäule zwischengeschoben (**interkaliert**), welche die fehlenden Positionswerte verwirklicht (Abb. 12.16). Aus dem harten Sprung 10/1 wird die kontinuierliche Reihenfolge 10, 9, 8, 7, 6, 5, 4, 3, 2, 1 (willkürlich gewählte Zahlenwerte).

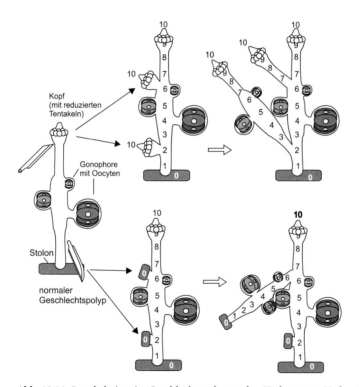

Abb. 12.16. Interkalation in Geschlechtspolypen des Hydrozoons *Hydractinia*. Bei künstlich (durch Transplantation) erzeugten Sprüngen zwischen benachbarten Positionswerten kommt es zu einer Wachstumsreaktion und in derem Gefolge zur Interkalation (Einschub) der fehlenden Körperregionen, bis die Reihenfolge der Positionswerte komplett ist. Experimente von Müller (1964, 1982)

12.10.2
Auch im Insektenbein ermöglichen gradierte Positionswerte, die Vollständigkeit des Hergestellten zu kontrollieren

Wenn eine Fliege nach ihrer holometabolen Metamorphose (Definition in Kap. 22) aus ihrer Puppencuticula schlüpft, sind ihre Extremitäten fertige Strukturen, an denen nichts mehr korrigiert werden kann. Das ist nicht so bei den sogenannten hemimetabolen Insekten, die schon als kleine Wesen Beine haben und deren Beine im Zuge einer jeden Häutung wachsen müssen. Bei solchen Insekten (speziell bei Schaben) kann man ebenfalls Interkalation von Fehlendem auslösen.

Wird aus einem Beinsegment ein Stück herausgeschnitten, und wird das distale Reststück auf den proximalen Stumpf aufgepropft, so „merken" an der Kontaktstelle die Zellen, die ursprünglich weit voneinander entfernt waren, dass etwas zwischen ihnen fehlt. Sie reagieren mit lokalen Zellteilungen, und das neu hergestellte Material wird verwendet, das Fehlende zu ergänzen (Abb. 12.17). Durch Interkalation werden Diskontinuitäten in der Abfolge der Strukturen ausgeglichen.

Wie ist das möglich? Aufgrund solcher und anderer Befunde, die hier im Einzelnen nicht referiert werden sollen, wurde die Hypothese formuliert, dass entlang eines Beinsegments den Zellen molekular codierte Positionswerte zugeordnet sind, die ihre Normalposition kennzeichnen. Dieser molekulare Code werde von solchen Molekülen der Zelloberfläche repräsentiert, welche auch die Zelladhäsion vermitteln (s. Kap. 15 und Abb.

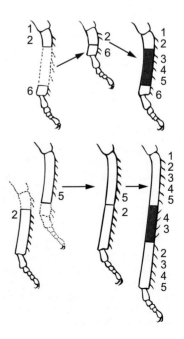

Abb. 12.17. Interkalation im regenerationsfähigen Bein einer Schabe. Disparitäten in den Positionswerten, erzeugt durch Herausnahme eines Stückes oder Insertion eines von einem anderen Bein entnommenen Stückes, evozieren Ausgleichswachstum im Zuge der Häutungen. Beachte im unteren Experiment die Polaritätsinversion im Ausgleichsstück. Experimente von Bohn (1976)

15.4) und die ihrerseits unter der Kontrolle von *HOM/Hox*-Genen stehen. Wenn wir nach molekularen Positionsmarkern im Zentralnervensystem suchen (Kap. 17), werden wir Moleküle dieser Art finden (Kap. 17.5).

Von besonderer Bedeutung ist, dass diese Positionswerte gradiert sind und durch eine Zahlenfolge (etwa 1, 2, 3, 4, 5, 6) wiedergegeben werden können. Die Zahlenfolge muss komplett sein; Diskontinuitäten werden ausgeglichen. Die Richtung der Abfolge (1 bis 6, oder 6 bis 1) bestimmt die Polarität des Segments; sie kann an der Orientierung der Cuticularzähnchen abgelesen werden. Wer experimentiert, kann kuriose Ergebnisse erhalten – ein Beinstück mit inverser Polarität – (Abb. 12.17); denn das Kontrollsystem sieht nur lokale Diskontinuitäten der Positionswerte, überblickt aber, anders als bei *Hydractinia*, nicht das Ganze.

12.11
Periodische Muster

12.11.1
Bei der Mehrzahl der vielzelligen Organismen findet man Bauelemente, die in Form gleichartiger Module wiederholt hergestellt werden

Muster mit Musterelementen, die in regelmäßigen Abständen wiederkehren, sind häufig, z.B.:

- Polypen in Kolonien von Hydrozoen oder Korallen,
- Segmente der Articulaten,
- segmentale Gebilde im Wirbeltier (z.B. Somiten im Embryo, Spinalganglien, Wirbelkörper),
- in großer Zahl hergestellte Strukturen wie Borsten, Schuppen, Federn, Haare.

Drei Mechanismen, die auch in Kombination auftreten, können solche Muster erzeugen:

1. **Umsetzung einer zeitlichen in eine räumliche Periodik.** In wachsenden Systemen lassen endogene **Oszillatoren** in regelmäßiger Folge neue Module entstehen (Abb. 12.18). Immer dann, wenn ein Zyklus oder eine bestimmte Zahl von Zyklen abgelaufen ist, wird ein neues Modul hergestellt. Solche Oszillatoren könnten z.B. an den Zellzyklus angekoppelt sein. Ein besonders faszinierendes oszillierendes System wird unten in Abschnitt 12.11.2 vorgestellt.
2. Von entstehenden Strukturen gehen **Hemmsignale aus, deren Stärke mit der Entfernung abnimmt** (laterale Inhibition). Außerhalb der Reichweite der Signale können wieder gleiche Strukturen entstehen. Hemmhöfe halten gleichartige Strukturen auf Distanz. Das nehmen ja auch die Botaniker an, wenn sie beispielsweise die verstreute Verteilung der Spaltöffnungen auf einem Blatt oder die Stellung von Blattanlagen am Vegetati-

Erzeugung periodischer Muster

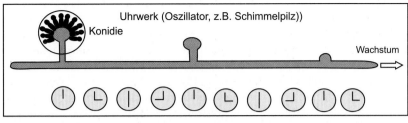

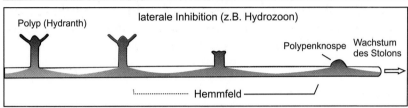

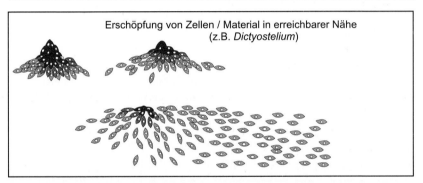

Abb. 12.18. Periodische Muster: Möglichkeiten, wie sie zustande kommen können.

Oben: Oszillatormodell. Neue Strukturen werden in regelmäßigen Zeitintervallen hergestellt. Ein Beispiel ist die Bildung der Sporenträger (Conidiophoren) beim Pilz *Neurospora*; ein weiteres Beispiel zeigt Abb. 12.19.

Mitte: Hemmhofmodell. Abstandskontrolle bei der Bildung neuer Hydranthen (Polypen) in einem kolonialen Hydrozoon. Bestehende Hydranthen üben einen hemmenden Einfluss aus, dessen Stärke mit der Entfernung abnimmt. Nach Experimenten von Müller und Plickert (1982).

Unten: Depletionsmodell. Die Abstände von Aggregaten, beispielsweise von Aggregaten aus Amöben des „Schleimpilzes" *Dictyostelium discoideum*, sind (teilweise) bedingt durch die Verarmung (depletion) der Umgebung an Zellen. Ein Aggregat sendet anlockende Signale aus. Der Abstand zwischen benachbarten Aggregaten ist eine Funktion der Strecke, den das diffundierende Signal mit ausreichender Stärke überwinden kann. Außerhalb dieses Signalbereichs kann sich ein weiteres Aggregationszentrum etablieren. Ein solches bildet sich aufgrund spontaner Signalbildung durch Schrittmacherzellen

onskegel erklären wollen (s. auch Box K 12). Bei den Federanlagen der Vögel ist als Träger des hemmenden Signals BMP-4 identifiziert worden (wohingegen SONIC HEDGEHOG und FGF-4 als Aktivatoren der Federbildung genannt werden).

3. Entstehende Strukturen verbrauchen essentielle Substanzen oder unersetzbare Vorläuferzellen (**Erschöpfung**, *depletion*). Weiter weg stehen solche Ressourcen wieder zur Verfügung. Wenn beispielsweise Amöben von *Dictyostelium* sich von chemischen Signalen des Sammelzentrums anlocken lassen und zu Aggregaten zusammenscharen, dann gibt es eben bald im nahen Umfeld eines Aggregates keine Zellen mehr, die angelockt werden könnten. Weiter weg, wo die Signale des ersten Sammelzentrums nicht mehr gehört werden, kann sich ein weiteres Sammelzentrum etablieren und es bildet sich ein weiteres Aggregat (Abb. 12.18).

12.11.2
Eine „haarige" aber spannende Angelegenheit: Oszillierende Aktivitäten eines Gens der *hairy*-Familie helfen, Somiten zu erzeugen und ihre Zahl abzuzählen

Auf der Keimscheibe des frühen Hühnerembryos sieht man eine Primitivrinne (homolog zum Urmund der Amphibien), die vorn mit dem Primitivknoten (Hensen-Knoten, homolog zur oberen Urmundlippe) abschließt (s. Abb. 4.26). Vor der Primitivrinne und unterhalb der obersten Zellschicht (Epiblast) formen sich aus den Mesodermzellen, welche durch die Primitivrinne in die Tiefe eingewandert und unter den Epiblasten gekrochen waren, drei Zellstreifen: Der mittlere Streifen bildet die Chorda, die beiden seitlich vom Mittelstreifen liegenden Streifen (paraxiales Mesoderm) sollen nun die Somiten bilden und zwar in einer Anzahl, die einem Haushuhn angemessen ist.

Die Somitenbildung setzt vorne in der künftigen Brustregion ein, weitab vom Primitivknoten. Während der Primitivknoten – relativ zum entstehenden Embryo – weiter nach posterior rückt, und dabei die Mesodermstreifen durch neu einwandernde und sich teilende Zellen verlängert werden, wird am Vorderende der Streifen Somit um Somit herausgeformt und von den noch ungegliederten jüngeren Streifen abgetrennt (Abb. 12.19). Sobald die für das Huhn typische Somitenzahl erreicht ist, wird Schluss gemacht. Wie werden Somiten ausgegliedert, wie werden sie gezählt?

Man erfährt Erstaunliches. Periodisch wird ein Gen aktiviert, das homolog zum *Drosophila*-Gen *hairy* ist, und beim Huhn *chairy* heißt. Vor dem Hensen-Knoten tritt periodisch *chairy*-mRNA auf und verschwindet wieder. Diese Aktivierung der *chairy*-Transkription bleibt aber nicht lokal; sie beginnt zwar am Primitivknoten, wandert aber dann wie eine Welle über die Mesodermstreifen. Kommt eine Welle am Vorderende der Streifen an, verharrt dort eine Weile die Genexpression. Unter der Mitwirkung der erzeugten *chairy*-Produkte wird der erste Somit ausgegliedert. Dann startet

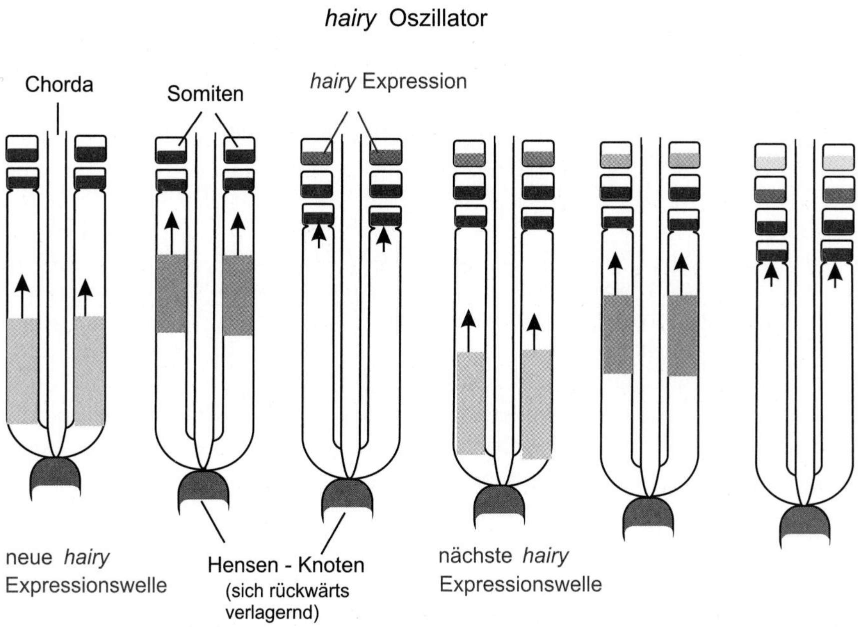

hairy Oszillator

Chorda   Somiten   *hairy* Expression

neue *hairy*
Expressionswelle

Hensen - Knoten
(sich rückwärts
verlagernd)

nächste *hairy*
Expressionswelle

Abb. 12.19. Funktion des *hairy*-Oszillators bei der Somitenbildung. Auf der Keimscheibe des Hühnchens bilden sich in der Nähe des Hensen-Knotens am Vorderrand der Primitivrinne Expressionswellen des Gens *hairy*. Diese Wellen breiten sich kopfwärts im noch ungegliederten paraxialen Mesoderm aus. Bei ihrer Wanderung verlangsamen und verkürzen sich die Expressionszonen und bleiben schließlich als Banden eine Zeit lang stehen. Im Bereich der stehenden Bande gliedert sich ein neuer Somit vom noch ungegliederten Mesoderm ab. Es folgt eine neue Expressionswelle, die zur Abgliederung eines nächsten Somiten führt. Untersuchungen von Palmeirim et al. (1997)

eine neue Welle am Primitivknoten. Vorn angekommen, wird der zweite Somit ausgegliedert, und das setzt sich so fort, bis der Oszillator am Primitivknoten zum Stillstand kommt. Am Ende entspricht die Zahl der Somiten der Anzahl zuvor am Hensen-Knoten gestarteter mRNA-Synthesezyklen.

Bei der Sonderung der Somiten voneinander hilft auch das NOTCH-DELTA-System, bevor die einzelnen Somitenpakete sich physikalisch voneinander trennen.

ZUSAMMENFASSUNG DES KAPITELS 12

Im Zuge der Entwicklung werden Systeme der **Positionsinformation** aufgebaut, die es den Zellen erlauben, sich ortsgerecht zu verhalten, und es werden durch Zellinteraktionen epigenetisch neue Muster erzeugt (pattern formation).

Im Ei schon findet man cytoplasmatische Determinanten, die Orte kennzeichnen, z.B. die mRNA von entwicklungssteuernden Transkriptionsfaktoren wie *bicoid* bei *Drosophila* oder *Siamois* bei *Xenopus*, die in der Oogenese an bestimmten Orten der Eizelle deponiert oder nach der Befruchtung durch eine **ooplasmatische Segregation** in einem neuen räumlichen Muster verteilt werden. Auch mRNA für Signalmoleküle liegt schon maternal vor. Ein solches Signalmolekül, der Faktor **Vg1**, ist im 16-Zellstadium des Krallenfrosches nur in einer linken Blastomere zu finden. Er bestimmt die spätere links-rechts-Asymmetrie in der Lage des Herzens und anderer innerer Organe.

Bei *Drosophila* wird die maternale mRNA von *bicoid* in der Oocyte am Vorderpol deponiert und der translatierte BICOID-Faktor, der den Kopf-/Thoraxbereich spezifiziert, wird von vornherein im vorderen Eibereich gefunden; hingegen ist der maternale DORSAL-Faktor, der die Ventralseite spezifiziert, ursprünglich homogen verteilt und wird nachträglich asymmetrisch in den Kernen der Ventralseite konzentriert.

Sobald mehrere Zellen vorliegen, tauschen die Zellen Signale aus, um jene Orte zu markieren, an denen bestimmte Organe und Zelltypen herzustellen sind, und um geordnete **Muster** verschieden differenzierter Zellen hervorzubringen. Wir erfahren am Beispiel der Neurogenese und der Augenentwicklung von *Drosophila*, am Beispiel der links-rechts-Asymmetrie der inneren Organe und am Beispiel der Kopf-Fuß-Asymmetrie von *Hydra* von den Prinzipien der **lateralen Inhibition** durch Konkurrenz und der **lateralen Hilfe**.

Laterale Hilfe ist verwandt mit der **embryonalen Induktion**, bei der Zellgruppen Signale an Nachbarn senden, um diese zu einer bestimmten Reaktion aufzufordern. Im Wirbeltierembryo (u. a. *Xenopus*) kann mittels kleiner, induzierender Transplantate oder mittels identifizierter Induktionsfaktoren die Entwicklung ganzer Köpfe (z. B. mit den Faktoren DICK-KOPF oder CERBERUS) oder Rümpfe ausgelöst werden. Eine besonders mächtige Induktionswirkung geht vom **Spemann-Organisator** im dorsocaudalen Bereich der frühen Gastrula (obere Urmundlippe der Amphibiengastrula, Embryonalschild des Fisches, Hensen-Knoten auf der Keimscheibe des Vogels oder Säugers) aus. Der Spemann-Organisator induziert ± vollständige Zweitembryonen. Mehrere sezernierte Proteine sind identifiziert, die als **Induktor** oder **Morphogen** an der Auslösung von Kopf- und Rumpfbildung beteiligt sind; beispielsweise Faktoren des Organisators wie CHORDIN, NOGGIN und deren Gegenspieler im ventro-anterioren Keimbereich, BMP-4. Diese antagonistisch wirkenden Faktoren (CHORDIN ▶

und NOGGIN in der hinteren dorsalen Blastulahälfte, BMP-4 in der vorderen, ventralen Blastulahälfte) diffundieren aufeinander zu und binden und neutralisieren sich wechselseitig. Bei *Drosophila* haben die sequenzverwandten Faktoren SOG (CHORDIN homolog) und DECAPENTAPLEGIC (BMP-4 homolog) vergleichbare Funktion. Ein anderes antagonistisches Faktorenpaar ist WNT-8 und DICKKOPF im Wirbeltierembryo. Allgemein wirken Induktionsfaktoren synergistisch oder antagonistisch und lösen Kaskaden von Folgeprozessen aus. Die Induktion der Augenlinse ist klassisches Schulbeispiel einer Folgeinduktion.

Am Beispiel von SONIC HEDGEHOG erfahren wir, dass ein und dasselbe Signalmolekül für die verschiedensten Zwecke eingesetzt werden kann, beispielsweise, um Wirbelkörper um die Chorda anzulegen oder die Reihenfolge der Finger festzulegen. Ein anderes, oftmals und zu den verschiedensten Zwecken eingesetztes Signalmolekül ist Retinsäure.

Wenn sezernierte Faktoren nicht nur in benachbarten Bezirken, sondern auch im Produktionsareal selbst wirksam werden, wie z.B. BMP-4, WNT oder DECAPENTAPLEGIC, heißen sie auch **Morphogene**; das Areal, in dem sie wirksam sind, heißt **morphogenetisches Feld**. Die **Gradiententheorie** nimmt an, dass vielfach Morphogene (oder andere Faktoren) in Form eines Konzentrationsgefälles vorliegen, und die Art der ausgelösten Differenzierung eine Funktion der lokalen Konzentration eines Morphogens sei. In flächigen Organen wie der Haut breiten sich vielfach **planare Signale** aus, die Haaren, Federn oder Borsten eine gemeinsame Ausrichtung vorgeben.

Bei der Entwicklung der Vorderextremität aus einem morphogenetischen Feld und bei der Festlegung der Reihenfolge der Finger in der Hand sind mehrere miteinander wechselwirkende Morphogene von Bedeutung, u.a. Retinsäure, FGF-10, FGF-8, FGF-4 und SONIC HEDGEHOG.

Am Beispiel der Musterregulation bei *Hydra* und *Hydractinia*, und am Beispiel des Schabenbeins wird auf die Existenz von kontinuierlich abnehmenden **Positionswerten**, die ein **Positionsgedächtnis** vermitteln, und auf das Phänomen der **Interkalation** hingewiesen: Zum Ausgleich experimentell herbeigeführter Sprünge in den Positionswerten werden fehlende Werte dazwischengeschoben (interkaliert).

Abschließend wird diskutiert, welche drei Mechanismen bei der Herstellung **periodisch sich wiederholender Muster** von Bedeutung sind; es sind dies Zeitzyklen, Hemmfelder (z.B. BMP-4-Hemmhöfe bei Federanlagen) und Konkurrenz um erschöpfbare Faktoren. Ein eindrucksvolles Zeitprogramm löst (beim Hühnerembryo) die fortschreitende Bildung von Somiten aus und bestimmt deren Anzahl. Im Primitivknoten am Hinterrand des Embryos starten Zyklen in der Aktivierung des Gens *chairy*.

Diese periodischen Aktivierungsphasen wandern wellenförmig zum Vorderrand der paarigen Mesodermstreifen, welche nach Ankunft einer Welle jeweils einen Somiten bilden und abtrennen. Die Zahl der Zyklen korreliert mit der Zahl zu formender Somiten.

Die Thematik der Positionsinformation und Musterbildung wird ergänzt durch Box K 12, wo einflussreiche Pionier-Computermodelle der biologischen Musterbildung vorgestellt und erörtert werden.

13 Entwicklung und Gene

Bevor wir das Thema aufrollen, erst einige Hinweise zur Nomenklatur, die sich eingebürgert hat und in der wissenschaftlichen Literatur verbindlich geworden ist.

- Die **Namen von Genen** werden *kursiv* geschrieben. Oft werden drei Buchstaben zur Abkürzung benutzt (z. B. *bcd* für *bicoid*); doch das ist bloßes Brauchtum, keine Vorschrift.
- **Allele** (verschiedene, irgendwann in der Vergangenheit durch Mutation entstandene Varianten eines Gens), die sich im Kreuzungsexperiment in der heterozygoten Konstitution im Regelfall als dominant erweisen, werden durch einen großen Anfangsbuchstaben gekennzeichnet (z. B. *Antennapedia*), rezessive Allele, die erst im homozygoten Zustand (voll) zur Geltung kommen, mit Kleinbuchstaben (z. B. *bicoid*).
- Die von den Genen abgeleiteten Proteine werden in gerader Normalschrift geschrieben.

Näheres zur Schreibweise von Proteinnamen ist nicht festgelegt; doch scheint es sich in der englischsprachigen Literatur einzubürgern, den Anfangsbuchstaben groß zu schreiben; so lassen sich „Wingless" und „Eyeless" proteins leichter von wingless und eyeless flies unterscheiden. In diesem Buch werden, wie in manchen Übersichtsartikeln neueren Datums, Proteine ganz in Großbuchstaben geschrieben, wenn sich ihr Name nicht vom Namen ihrer Gene unterscheidet.

- Kürzel für die genetische Konstitution eines Organismus sind nach dem Brauchtum der Genetiker **plus** (+) für funktionstüchtige Wildtypallele, **minus** (–) für Defektallele (**loss-of-function-Allele**). Daraus ergeben sich die Konstitutionen: +/+ homozygot Wildtyp; +/– heterozygot; –/– homozygot defekt. Im speziellen Fall besagt beispielsweise *bcd*/+, dass ein defektes Allel und ein normales vorhanden sind; –/– heißt auch k.o. **Mutante**. Dominante Mutanten erzeugen hingegen **gain-of-function-Allele**.

Beachte auch: Die **Namen von Genen** leiten sich in der Regel vom **Phänotyp (Erscheinungsbild) von Mutanten** ab. Deswegen kann die Bezeichnung sehr irreführend sein, wenn man aus der Bezeichnung auf die Normalfunktion schließen will. Das Gen *dorsal* von *Drosophila* und das von ihm codierte Protein DORSAL werden nicht zur Entwicklung dorsaler, sondern

BOX K 13 Genetische und molekularbiologische Methoden der Entwicklungsbiologie

K 13.1
Aufspüren entwicklungsrelevanter Gene

Als entwicklungsrelevant sollen Gene bezeichnet werden, deren Produkte wesentlich zur Steuerung der Entwicklung beitragen, sowie auch Gene, deren Produkte einen Entwicklungspfad kennzeichnen und als spezifische Marker der Zelldifferenzierung dienen können. Im Falle eines Muskelgewebes beispielsweise sind die Gene der *myoD/ myogenin*-Familie entwicklungssteuernd, während das Auftauchen von muskelspezifischem Aktin und Myosin eine in Gang gekommene terminale Differenzierung anzeigt.

Es gibt drei strategische Verfahren, solche Gene aufzuspüren:

1. Mutagenese und Analyse der Mutanten
2. Reverse Genetik
3. Rückschluss auf ein codierendes Gen von einer mRNA aus, deren Transkription regionalspezifisch, stadienspezifisch oder zelltypspezifisch geregelt ist.

K 13.1.1
Wie man Mutanten gewinnen und analysieren kann

Die Analyse von Mutanten ist nur möglich und mit vertretbarem Aufwand durchführbar bei Organismen, die sich sexuell fortpflanzen, eine kurze Generationszeit haben und nicht viel Platz und Ressourcen beanspruchen. Das Verfahren wurde und wird erfolgreich angewendet bei der Fliege *Drosophila*, dem kleinen Nematoden *Caenorhabditis elegans*, beim Zebrafisch *Danio rerio* und, mit erheblich größerem Aufwand, bei der Maus.

Chemische Mutagenese. Dies ist das klassische Verfahren: Dem Futter oder Trinkwasser männlicher Tiere werden mutagene Agenzien beigemischt, die Fische müssen in einer Lösung solcher Agenzien schwimmen. Die Nachkommenschaft wird sehr sorgfältig untersucht. Nachkommenschaft bedeutet hier nicht nur die F1-Generation. Da eine Mutation nach aller Wahrscheinlichkeit nur das eine Allel eines homologen Allelpaares trifft, sind Mutationen in der Regel rezessiv und kommen erst in der F2- oder F3-Generation zum Vorschein, wenn das mutierte Allel in einigen Individuen homozygot vorliegt (Abb. Box K 13.1). ▶

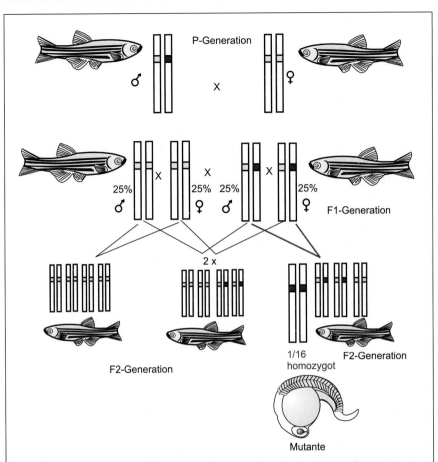

Abb. Box K 13.1. Kreuzungsschema, um eine neue Mutation (rot), die anfänglich heterozygot vorliegt, in einigen Nachkommen in den homozygoten Zustand zu bringen

Die besondere Kunst liegt darin, ein Gespür dafür zu entwickeln, welche Mutation entwicklungsrelevant ist. Eine Defektmutation in einem Gen, das für ein Produkt der allgemeinen Zellausstattung oder des Zellstoffwechsels codiert („Haushaltsgene"), wird große, oftmals letale Störungen hervorrufen, die aber nicht entwicklungsspezifisch sind. Indizien für Entwicklungsrelevanz sind beispielsweise lokalisierte Defekte oder Stopp der Entwicklung in einem bestimmten Stadium. Ein starkes Indiz kann auch aus der Genetik abgeleitet werden: Ist die Mendelsche Reziprozitätsregel verletzt und die genetische Konstitution der Mutter maßgebend, ist hohes Interesse gerechtfertigt.

Klassische Kreuzungsgenetik muss dann helfen, die von der Mutation betroffenen Chromosomenorte einzugrenzen.

Von der Mutation zum Gen. Die Suche nach dem betroffenen Gen ist langwierig, seine eindeutige Identifikation schwierig. Bezüglich erfolgreicher Suchstrategien muss auf Lehrbücher der molekularen Genetik verwiesen werden. Stichworte: Kopplungsgruppen, *chromosomal walk*, Positionsklonierung, AFLP (*amplified fragment length polymorphism*).

Das gesuchte Gen ist erst dann identifiziert, wenn eine Funktionsanalyse gelingt:

● Das Gen wird zur rechten Zeit und am richtigen Ort exprimiert.
● Der Defekt ist durch Injektion von mRNA oder Protein, die mit dem Wildtypgen hergestellt wurden, heilbar (**rescue-Experiment**).
● Anti-sense-RNA gegen die Wildtyp-mRNA hingegen oder RNA-Interferenz (RNAi, Abb. Box K 13.2) erzeugt im Wildtypembryo einen mutanten Phänotyp (Phänokopie).
● Genprodukte (mRNA oder das abgeleitete Protein) erzeugen zusätzliche Strukturen am falschen Ort oder verändern Entwicklungsschicksale einer Körperregion in dramatischer Weise, in dem sie

Transposon-vermitteltes Einschleusen eines Gens

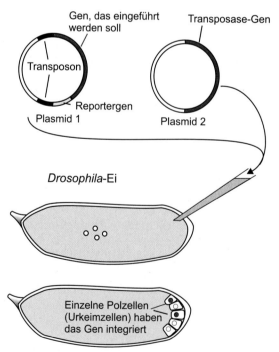

Abb. Box K 13.2

beispielsweise Kopfbildung am Hinterende auslösen (s. Abb. 3.21), oder das Geschlecht umstimmen.

P-Element-Mutagenese. Bei *Drosophila melanogaster* (und ähnlich bei *Caenorhabditis elegans*) bringt eine andere Art der Mutagenese eine erhebliche Erleichterung bei der Suche nach dem betroffenen Gen. Dieses Verfahren ist die **P-Element-Transformation.** P-Elemente sind natürlich vorkommende, virusähnliche **Transposons,** die in zwei Formen vorliegen können: (1) als ringförmige Plasmide oder (2) linear in die DNA des Wirtes inseriert. Das Transposon kann an vielen Stellen in das Wirtsgenom hineinspringen (und wieder ausscheren). Es ist dafür mit flankierenden Sequenzen ausgerüstet, welche die Insertion vermitteln, doch braucht es noch die Hilfe einer **Transposase,** eines Enzyms, dessen Gen normalerweise Teil des Plasmids ist. Intakte Transposons mit integrierter Transposase sind lebensgefährlich für eine *Drosophila*-Population, weil bei ständiger Anwesenheit einer Transposase Transposons immer wieder in irgendwelche Genorte einspringen und dadurch Gene zerstören können.

Man konnte aus bestimmten *Drosophila*-Stämmen Plasmide gewinnen, die defekt sind, sich aber wechselseitig unterstützen können (Abb. Box K 13.2). Ein Plasmid enthält das eigentliche Transposon, aber kein Transposase-Gen, das andere enthält die Transposase-Information, aber keine Transposonsequenzen, die inseriert werden könnten.

Beide Plasmide werden in frisch abgelegte Eier nahe dem Hinterpol injiziert. Aufgrund des aufgenommenen Plasmids kann eine Polzelle (Urkeimzelle) Transposase herstellen. Hat die Polzelle auch das andere Plasmid mit dem Transposon aufgeschnappt, wird das eingeschleppte Transposon in einigen der Polzellen in die Wirts-DNA einspringen und mit einiger Wahrscheinlichkeit Gene unterbrechen.

In einer anderen Variante des Verfahrens injiziert man das Transposon-Plasmid in die Eier eines *Drosophila*-Stammes, der eine Transposase in seinem Genom enthält. Später muss diese Transposase wieder herausgekreuzt werden; denn die ständige Anwesenheit eines Transposons und einer Transposase kann wiederholtes Umspringen des Transposons und damit genetische Instabilität der Zellen in einem Individuum und der ganzen Fliegenzucht zur Folge haben.

Man wird nun von den Nachkommen (auch den heterozygoten) DNA extrahieren und nach dem Zerschneiden mittels Restriktionsenzymen genomische Banken herstellen. Diese wird man nach Sequenzen absuchen, die teils Transposon-spezifisch, teils Wirts-spezifisch sind. Die wirtsspezifischen müssen von dem Gen stammen, in welches das Transposon inseriert worden war. Man hat damit schon eine Teilsequenz des betroffenen Gens und kann diese Teilsequenz (nach

▶

ihrer Klonierung und Markierung) als Sonde (probe) bei der Suche nach weiteren überlappenden Gensequenzen benutzen. Mit Fleiß und dem nötigen Glück kann man schließlich über all diese Teilsequenzen das ganze Gen mitsamt Promotor in die Hand bekommen.

Cre/loxP-**System.** Für Mäuse ist ein Verfahren entwickelt worden, das dem P-Element-Verfahren ähnlich ist. Ein Gen wird im Labor mit flankierenden *loxP*-Sequenzen versehen und dann in Mäuse eingeführt. (Das Verfahren, Gene in Mäuse einzuschleusen, ist sehr aufwendig und wird in Kap. 5 erläutert.) Ist ein solches Konstrukt über homologe Rekombination ins Genom gelangt, und hat man schließlich erfolgreich Mäuse erzeugt, die das von *loxP* eingerahmte Gen tragen, werden diese Mäuse mit einem Mäusestamm gekreuzt, der über seine Keimzellen eine **Cre-Rekombinase** beisteuern kann. In den Nachkommen kann diese Recombinase das Gen an den beiden *loxP*-Stellen aus dem Chromosom herausschneiden. In eleganten Varianten des Systems wird dem Gen für die Cre Rekombinase ein gewebe- oder organspezifischer Promotor vorangestellt. Dann wird nur in den betreffenden Geweben oder Organen Rekombinase hergestellt, und nur an diesen Orten wird das Zielgen ausgeschnitten (s. Abb. Box K 13.6).

K 13.1.2
Wie man mit reverser Genetik Gene aufspürt

Es gibt nur wenige Organismen, bei denen man durch Mutagenese und anschließende Kreuzungsanalyse ein größeres Spektrum entwicklungsrelevanter Gene identifizieren und mit molekularbiologischen Methoden klonen und sequenzieren konnte.

Man möchte natürlich auch bei anderen Organismen, z.B. bei *Xenopus* oder *Hydra*, die Möglichkeit haben, entwicklungsrelevante Gene aufzuspüren und ihre Expression zu studieren. Wenn nun in dem betrachteten Organismus, z.B. in *Xenopus*, Gene vorhanden sind, die schon bekannten Genen von z.B. *Drosophila* ähnlich sind (100–70% Sequenzübereinstimmung), hilft die *reverse Genetik* weiter. Man wählt ein kloniertes Stück des *Drosophila*-Gens, beispielsweise die konservierte Homöobox des *Antennapedia*-Gens, markiert es radioaktiv oder mit einem nicht-radioaktiven Verfahren, und setzt es als heterologe (nicht-arteigene) Sonde (probe) ein, um im Hybridisierungsverfahren eine genomische oder cDNA-Bank (Bibliothek) von *Xenopus* nach ± übereinstimmenden, autologen (arteigenen) Sequenzen abzusuchen (screen). Findet man eine solche Sequenz, wird man sie isolieren, über molekularbiologisches Klonen oder über PCR (polymerase chain reaction) vermehren, und sequenzieren.

Reverse Genetik kann aber nichts völlig Neues aufspüren. Das gelingt mit anderen Verfahren.

K 13.2
Von der mRNA über die cDNA zu unbekannten Genen und dem Studium ihrer Expression

K 13.2.1
Die Suche nach differentiell exprimierten Genen mittels cDNA Subtraktion

Eine Standardmethode, mit der differentiell exprimierte Gene isoliert werden, ist die cDNA-Subtraktion, bei der eine Identifikation und Anreicherung zell- oder stadienspezifisch exprimierter mRNA erreicht wird. Nach Isolation der mRNA aus zwei Zellpopulationen (z.B. frühe Gastrula vs. späte) kann während der cDNA-Synthese durch reverse Transkriptase die nicht interessierende cDNA (z.B. der späten Gastrula) mit Biotin markiert werden. Gibt man nun eine geringere Menge der zu untersuchenden cDNA Population zu (z.B. aus der frühen Gastrula) und trennt die Doppelstränge voneinander, finden alle cDNAs, die in beiden Populationen vorhanden sind, einen Partner und hybridisieren zu Doppelsträngen. Diese binden an Streptavidin-beschichtete Kügelchen (Streptavidin bindet Biotin) und können entfernt werden. Da nur unmarkierte DNA-Stränge, die für die interessante Zellpopulation (z.B. frühe Gastrula) spezifisch sind, übrig bleiben, spricht man von einer cDNA-Subtraktion. Die verbleibenden spezifischen cDNA-Moleküle lassen sich in einen Vektor einklonieren und schließlich molekular charakterisieren.

Bei Subtraktionen bleibt naturgemäß Genexpression verborgen, die überlappend vonstatten geht, z.B. sowohl in frühen als auch in späten Stadien; die betreffenden mRNAs gehen verloren.

K 13.2.2
Die Suche nach differentiell exprimierten Genen mit DDRT-PCR

1992 wurde die Methode der **DDRT-PCR** (differential display – reverse transcription – polymerase chain reaction) von cDNA entwickelt. Die DDRT-PCR ermöglicht den Vergleich von cDNA-Bandenmustern, aus verschiedenen Zellpopulationen, und damit das Erkennen differentiell exprimierter Gene. Voraussetzung ist, dass für die cDNA-

▶

Erststrang-Synthese (reverse Transkription) sogenannte 12-mer Primer verwendet werden, die am poly(A)-Schwanz der mRNA verankert sind. Ein solcher 12-mer-Primer besteht aus einem Abschnitt von 10 Thymidinen, denen in 3′-Richtung zwei Basen folgen, die spezifisch nur auf 1/12 der mRNA-Population passen, z. B. $dT_{12}CG$, $dT_{12}CA$, $dT_{12}GG$... Nach der cDNA-Synthese dient dieses Oligonukleotid, zusammen mit einem zweiten nach dem Zufallsprinzip ausgewählten 10-mer dazu, in einer PCR (polymerase chain reaction), Genfragmente zu erzeugen, die in einem Acrylamid-Gel nach ihrer Länge aufgetrennt und als Banden sichtbar gemacht werden können. Solche Genfragmente liefern für jeden Zelltyp, jedes Stadium etc. ein charakteristisches Bandenmuster. Banden, die für eine bestimmte Zellpopulation kennzeichnend sind, können isoliert und weiter charakterisiert werden, ratsamerweise erst dann, wenn sich die betreffenden mRNAs auch in einem Northern Blot als differentiell exprimiert erwiesen haben.

K13.2.3
WISH: Screening durch whole mount in-situ-Hybridisierung macht zelltyp- und stadienspezifische Genexpression in ganzen Tieren sichtbar

Eine ins Volle zielende Strategie, als *in situ* screening oder **Expressionsscreening** bezeichnet, hat sich in den letzten Jahren u. a. bei *Xenopus* bewährt. Aus induziertem oder induzierendem Gewebe, beispielsweise der oberen Urmundlippe, wird mRNA isoliert und aus ihr eine Plasmid-cDNA-Bank hergestellt, in der die Orientierung der einklonierten Gene bekannt ist. Der verwendete Plasmid-Vektor besitzt am 3′-Ende einen einklonierten Promotor, an den eine T3 RNA-Polymerase binden, und am 5′-Ende einen weiteren einklonierten Promotor, an den eine T7 RNA-Polymerase andocken kann. Diese Promotoren ermöglichen somit die *In-vitro*-Synthese von markierter (z. B. Digoxygenin- oder Biotin-markierter) *sense-* und *antisense-RNA*. (Antisense-RNA läuft antiparallel zur mRNA und kann mit dieser zu einem RNA-RNA-Doppelstrang hybridisieren.) Die antisense-RNA wird dann in einem Verfahren, das man *in situ*-**Hybridisierung** nennt, eingesetzt, um endogene mRNAs, die an unterschiedlichen Orten des Embryo und/oder zu unterschiedlichen Zeiten exprimiert werden, nachzuweisen und sichtbar zu machen (Abb. Box K13.3 und Farbtafel K13.7).

Wenn irgend möglich, führt man die *In-situ*-Hybridisierung an intakten Embryonen oder Tieren durch (**whole mount-Präparate**), sodass die dreidimensionale Anordnung der markierten Zellen erhalten bleibt. Wenn Embryonen zu groß und undurchsichtig sind, kann man sie in mikroskopische Schnitte zerlegen, und die dreidimensionale

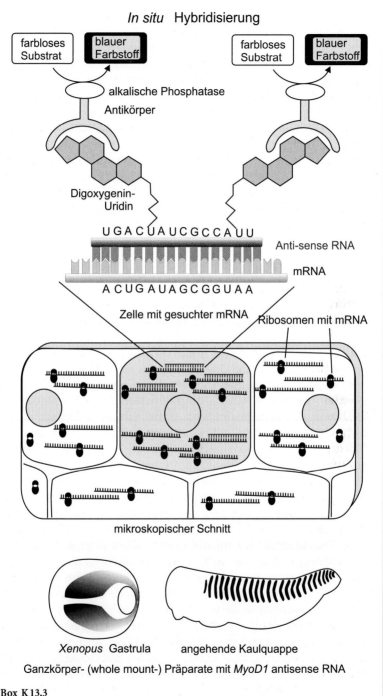

In situ Hybridisierung

Ganzkörper- (whole mount-) Präparate mit MyoD1 antisense RNA

Abb. Box K 13.3

Anordnung nachträglich wieder rekonstruieren (z. B. am Computer mit Bildverarbeitungsprogrammen).

Messenger-RNAs, die differentiell exprimiert werden (z. B. regiospezifisch, stadienspezifisch oder zelltypspezifisch) können weiter untersucht werden. Diese Strategie hat gegenüber cDNA-Subtraktion und DDRT-PCR (s. oben) den Vorteil, dass auch RNAs von Genen, die in mehreren der zu vergleichenden Zellpopulationen oder Entwicklungsstadien exprimiert werden, nicht verborgen bleiben. Die gezielte Suche nach Gruppen von Genen, die in gleichen oder ähnlichen räumlichen und zeitlichen Mustern exprimiert werden (**Synexpressionsgruppen**) und deswegen mutmaßlich in funktioneller Beziehung zueinander stehen, hat bereits zu aufregenden Ergebnissen geführt.

Es gibt weitere Verfahren, Genexpession zu studieren, darunter ein „leuchtendes Vorbild". Da hierbei ein „Reportergen" besonderer Art im Spiele ist, wird dieses Verfahren in der folgenden Teilbox (K13.3.3) vorgestellt.

K13.2.4
Die Schrotschusstechnik von Genom- und EST Projekten hilft, wenn man schnell ein Gen oder seine Verwandten isolieren will

Mit der Möglichkeit, unbekannte DNA-Sequenzen (also die Abfolge der Nukleotidbasen) maschinell in unglaublich kurzer Zeit zu ermitteln wurde in vielen Fällen auch die Suche nach Genen sehr stark vereinfacht. Angenommen, man möchte wissen, ob es bei *Drosophila* außer den beiden bekannten FGF-R Heartless und Breathless, die jeweils die Bildung von Herz und Tracheensystem steuern, einen weiteren FGF-R gibt, so kann man auf *Drosophila*-spezifische Datenbanken zurückgreifen und nach ähnlichen Genen suchen. Für viele Modellobjekte der Entwicklungsbiologie und für wirtschaftlich interessante Tiere und Pflanzen stehen mittlerweile solche Datenbanken zur Verfügung, die entweder einem Genomprojekt entstammen oder einem EST-Projekt.

In **Genomprojekten** wird das gesamte Genom eines Organismus in Zufallsstücke zerhäckselt, in geeignete Vektoren kloniert und sequenziert. Die Bioinformatik stellt dann die Werkzeuge, um aus diesem babylonischen Sequenzgewirr das Genom durch überlappende Sequenzabschnitte zu rekonstruieren. Da vor allem große Genome (wie die des Menschen) riesige Abschnitte enthalten, die offenbar nicht für Gene codieren, ist der Aufwand groß und die Ausbeute eher gering, wenn man nur an den codierenden Sequenzen interessiert ist. (Unter genregulatorischen Aspekten ist es aber hoch interessant, die gesamte Gensequenz zu kennen!).

▶

Anders die **EST-Projekte,** deren Name das Kürzel für „expressed sequence tag" ist. In EST-Projekten wird das Transkriptom eines Organismus, eines Gewebes oder eines Entwicklungsstadiums analysiert. Man geht also von mRNA aus, übersetzt diese in cDNA, kloniert die cDNA in einen Vektor, legt eine Genbank an und sequenziert nachfolgend. Enthalten sind dann nur Sequenzen von Genen, die im jeweiligen mRNA Pool vorhanden waren, also mit hoher Wahrscheinlichkeit auch genutzt wurden und für die entsprechenden Zellen von hoher Relevanz sind. Gekoppelt an WISH ergibt sich die Möglichkeit, in kurzer Zeit große Expressions- und Sequenzdatenmengen zu gewinnen und zu analysieren.

Allerdings stellt sich hier das Problem der Arbeits- und Materialkapazität; denn wie sortiert und untersucht man Zig-Tausende von Klonen sinnvoll? Hier helfen Multiwell Platten mit 384 (16x24) kleinen Vertiefungen weiter, in denen man einzelne Bakterienklone der Genbank wachsen lassen (und nach Zugabe von Glycerin als Gefrierschutz auch bei 80 °C für Jahre lagern) kann. Die Vertiefungen sind waagrecht mit 1-24 und senkrecht von A-P nummeriert, sodass jedem Klon eine eindeutige Signatur zugeordnet werden kann. Der weiteren Untersuchung mittels WISH oder Arrays (siehe K13.2.5) steht dann nichts mehr im Weg.

K13.2.5
DNA-Arrays

Unter Arrays im Sinne der Molekularbiologie versteht man Filter oder speziell beschichtete Glasplättchen, auf denen hochdicht angeordnete DNA-Pröbchen in einem bestimmten Raster aufgebracht wurden. Das Auftragen solcher Pröbchen (z.B. von cDNAs aus den in K13.2.4 erwähnten 384-er Platten oder von differenziell exprimierten Genen einer cDNA Subtraktion) geschieht heute maschinell. Jede DNA-Probe wird doppelt aufgetragen. Die so entstehenden Arrays enthalten z.B. 10 000 Gene oder cDNAs. Nun möchte man beispielsweise wissen, ob in dem Zellenextrakt, aus dem man die RNA für die cDNA-Bank gewonnen hatte, auch mRNAs von Onkogenen (Krebsgenen) enthalten sind. Man hybridisiert mit Sonden, die Onkogene sichtbar machen. Nach der Hybridisierung lassen sich positiv hervortretende Proben aufgrund des vorgegebenen Auftragsschemas ihren Klonen jederzeit wieder zuordnen. Darüber hinaus kann die Hybridisierungsstärke wegen des Doppelauftrages jeder Probe quantifiziert werden.

Die Anwendungsmöglichkeiten sind vielfältig: Aus Arrays, die eine ganze Genbank enthalten, können durch Hybridisierung gezielt interessierende Gene isoliert werden. Oder man trägt die wenigen cDNAs auf, die man in einer cDNA-Subtraktion (K13.2.1) gewonnen hat und

▶

hybridisiert sie mit so genannten komplexen cDNA-Sonden. Hierfür wird die cDNA aus zwei verschiedenen Zellpopulationen, z. B. einer Gastrula und einer Neurula, als Sonde markiert und getrennt auf jeweils einen der Filter hybridisiert. Da jeder Filter jede cDNA doppelt erhalten hat, lässt sich durch digitale Auswertung die Hybridisierungsstärke bestimmen und damit, welche der Gene in welchem Stadium hochreguliert wurden. Dasselbe Schema wird auch angewandt, wenn man z. B. nach krankheitsbedingt hochregulierten Genen sucht. In diesem Fall wird dann ein Array hergestellt, auf den besonders krankheitsrelevante Gene aufgetragen wurden. Eine weitere Einsatzmöglichkeit besteht in der Nutzung von Arrays, die mit Oligonukleotiden als Erkennungssequenzen, z. B. für ein „gesundes" und ein entartetes Krebsgen, beschickt wurden. Da in diesen Fällen oft nur eine einzige (oder wenige) Basen in der Sequenz verändert sind, kann durch Hybridisierung an die kurzen Oligonukleotide, die jeweils verschiedene bekannte Sequenzvarianten anbieten, festgestellt werden, ob ein Krebsrisiko besteht. Und schließlich können solche Oligonukleotid-Arrays als Baukastensystem auch für die Erstellung eines individuellen Expressionsprofils für bestimmte, vorher ausgesuchte krankheitsrelevante Gene verwendet werden, eine Möglichkeit, die, wenn nicht strikt indiziert eingesetzt, aus Gründen des erwünschten oder gesetzlich geregelten Datenschutzes bedenklich ist.

K 13.3
Studien zur Funktion von Genen, Anwendungen:

K 13.3.1
Wie man die Funktion eines Gens testen kann,
ohne Genetik zu betreiben

Inhibition durch antisense-Oligonukleotide. Die Translation einer mRNA in der lebenden Zelle lässt sich durch Hybridisierung (annealing) von kurzen, einzelsträngigen, komplementären DNA-Stückchen (antisense-Oligonukleotide) blockieren, wenn diese in der Nähe des Translationsstartcodons (ATG) hybridisieren. Das Fehlen des daraufhin nicht mehr produzierten Proteins kann zu einem Erscheinungsbild führen, das einer Defektmutante gleicht (Fachausdruck: Phänokopie der Mutante). Synthetisch hergestellte einzelständige antisense Oligonukleotide werden in Lipidmizellen verpackt, die mit der Zellmembran fusionieren können und dabei ihren Inhalt in die Zelle entlassen (Lipofektion), oder sie werden aus einer konzentrierten Lösung in die Zellen gebracht, indem diese durch einen Puls hoher elektri-

▶

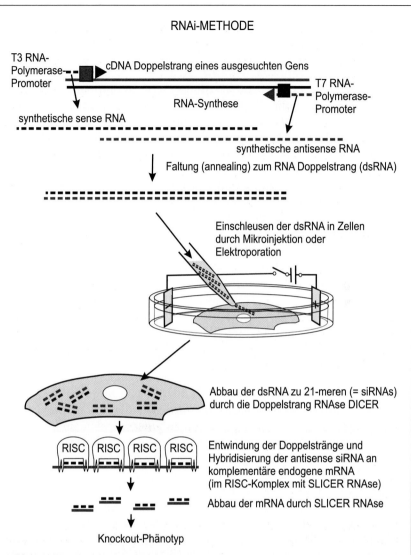

RNAi-METHODE

T3 RNA-Polymerase-Promoter

cDNA Doppelstrang eines ausgesuchten Gens

T7 RNA-Polymerase-Promoter

RNA-Synthese

synthetische sense RNA

synthetische antisense RNA

Faltung (annealing) zum RNA Doppelstrang (dsRNA)

Einschleusen der dsRNA in Zellen durch Mikroinjektion oder Elektroporation

Abbau der dsRNA zu 21-meren (= siRNAs) durch die Doppelstrang RNAse DICER

RISC RISC RISC RISC

Entwindung der Doppelstränge und Hybridisierung der antisense siRNA an komplementäre endogene mRNA (im RISC-Komplex mit SLICER RNAse)

Abbau der mRNA durch SLICER RNAse

Knockout-Phänotyp

Abb. Box K 13.4

scher Spannung kurzfristig permeabel gemacht werden (Elektroporation). Oligonukleotide natürlicher Art würden in der Zelle rasch abgebaut, deshalb verwendet man für antisense-Experimente künstliche, chemisch modifizierte Nukleotide (Phosphorothioate, Morpholinos). So hergestellte Oligonukleotide sind gegenüber Nukleasen (weitgehend) resistent.

Inhibition durch RNA-Interferenz (RNAi). Ein anderer, vielversprechender Ansatz zum Ausschalten einer Genfunktion ohne gezielte Mutation ist die RNA-Interferenz-Methode (RNAi, Abb. Box K 13.4). Wiederum wird eine vom sequenzierten Gen abgeleitete, synthetische RNA hergestellt, bei der nun allerdings die sense und antisense Stränge miteinander zum Doppelstrang (dsRNA) hybridisiert werden. Diese dsRNA wird durch Mikroinjektion oder Elektroporation in die Zelle eingebracht. Über einen zellinternen, natürlichen Prozess wird die dsRNA in 21 bis 25 Nukleotide lange Stückchen zerlegt und einzelsträngig gemacht. Diese siRNAs (short inhibiting RNAs) lagern sich an die endogene mRNA an und verursachen deren Abbau, wobei wiederum 21–25-mere entstehen. Der Abbauprozess läuft somit autokatalytisch ab: Die Primärreaktion lässt neue Reaktionspartner entstehen, die ihrerseits weitere RNA-Moleküle angreifen. Schließlich ist alle endogene mRNA zerstört, und es kann kein ihr entsprechendes Protein mehr hergestellt werden. Der erzeugte Phänotyp entspricht wie bei Verwendung von antisense-Oligonukleotiden einem genetischen Knockout. RNAi-Wirkungen können bis zu 5 Tage nach dem Einbringen der dsRNA nachgewiesen werden und sind bei Organismen mit sehr kurzer Generationszeit, beispielsweise bei *Caenorhabditis elegans*, über 1–2 Generationen „vererbbar". Gute Effekte erzielt man auch, wenn statt der langen doppelsträngigen RNA ohne Umschweife gleich kurze siRNAs in die Zellen eingeführt werden. Problematisch sind bei der RNAi-Methode allerdings schwer kontrollierbare unspezifische Hemmwirkungen, die oftmals äußerlich nicht oder nur sehr schwer von spezifischen Effekten zu unterscheiden sind.

Überexpression oder ektopische Expression nach Mikroinjektion synthetisch hergestellter, gecappter mRNA. Hat ein Gen, dessen Expression räumlichen und zeitlichen Veränderungen unterliegt, eine Bedeutung für die Steuerung der Entwicklung, oder ist sie nur Ausdruck einer im Gang befindlichen Differenzierung? Ausgewählte, aus mRNA von Embryonen gewonnene cDNAs, oder die aus ihnen hergestellten synthetischen mRNAs, werden in Zellen eines lebenden Keims injiziert, z. B. in eine bestimmte Zelle (Blastomere) des 4- oder 8-Zellstadiums, um ihre Wirkung zu studieren. Als Ort der Injektion sucht man sich eine Stelle, wo diese mRNA normalerweise nicht vorkommt (**ektopische Expression**); oder es wird durch die Injektion zusätzlicher mRNA am normalen Ort eine **Überexpression** hervorgerufen. Beim Krallenfrosch wird RNA-Injektion routinemäßig zur Charakterisierung der Genfunktion eingesetzt.

Es hat sich sogar bewährt, mit Mischungen von mRNAs zu beginnen, die synthetisch aus gepoolten cDNA-Klonen hergestellt worden sind. Beobachtet man eine interessante Wirkung, kann man durch ▶

wiederholte Aufgliederung der Mischung (**sib selection**) schließlich die wirksame mRNA isolieren. In analoger Weise kann man Mischungen von Proteinen, die man aus der mRNA mittels Expressionssystemen herstellen ließ, auf ihre Wirkung prüfen und das wirksame Protein identifizieren. Unter Verwendung solcher Strategien wurden beispielsweise die Induktionsfaktoren NOGGIN und DICKKOPF entdeckt.

K 13.3.2
Wie man Gene gegen mutierte Varianten austauschen und fremde Gene einführen kann

Ziel solcher Versuche ist es, Genvarianten oder fremde Gene bleibend in das Genom einzuführen, um Wirkungen in allen Entwicklungsetappen und auch in nachfolgenden Generationen studieren zu können. Wie geht man vor?

    Zum Beispiel Injektionen oder Elektroporation. Vielfach werden Genkonstrukte oder mRNA-Präparate direkt in Eizellen oder andere Zellen eingeführt, beispielsweise durch Injektion mit Mikrokanülen, durch blitzschnelles, vorübergehendes Durchlöchern der Zellmembran mittels Elektroschock (Elektroporation) oder mit viralen Vektoren. Leider wird so eingeführte DNA nur in seltenen Einzelfällen und an unvorhersehbaren Orten in die Chromosomen eingebaut. Viele Laboratorien in aller Welt sind dabei, Verfahren zu entwickeln, die einen gezielten Einbau der eingeführten DNA ermöglichen. Die zwei nachfolgend genannten Verfahren bringen erste Teilerfolge.

    Zum Beispiel Transposons. Transposons werden bei *Drosophila* auch als Vektoren für veränderte oder fremde Gene benutzt. Man kann inmitten eines Transposons ein Gen eigener Wahl einbauen, sei es die im Labor gezielt mutierte Variante eines *Drosophila*-Gens, sei es ein fremdes Gen, beispielsweise aus der Bäckerhefe oder der Maus. Das Transposon wird, unterstützt von einer Transposase, das Konstrukt in die DNA des Wirtes einfügen.

    Gegenwärtig ist es (noch) nicht möglich, mit diesem Verfahren den Einbauort in den Chromosomen selbst zu bestimmen. Die Erfahrung zeigt aber, dass das Transposon bevorzugt Chromosomen an Orten heimsucht, wo Gene aktiv sind, vielleicht weil dort das Chromatin aufgelockert und deshalb leicht zugänglich ist. Falls der glückliche Zufall das Transposon nicht in ein Gen hinein einbaut, sondern zwischen der Steuersequenz und der codierenden Region eines Gens, kann das eingeführte Fremdgen auch gewebs- oder stadienspezifisch exprimiert werden. Das traf zu bei dem in Abb. 13.7 gezeigten Konstrukt, mit dem vieläugige Fliegen (Abb. 13.6) erzeugt worden sind.

▶

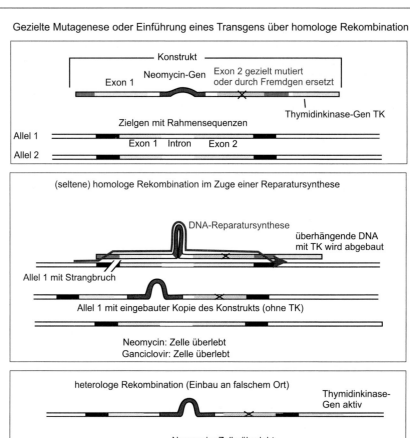

Gezielte Mutagenese oder Einführung eines Transgens über homologe Rekombination

Abb. Box K13.5. Einführen einer gezielten Mutation oder eines Transgens (Fremdgen) über ein Konstrukt in Stammzellen. Das Konstrukt wird durch Injektion oder Elektroporation in gezüchtete Stammzellen eingeführt, wie in Abb. K13.4 gezeigt. Das Konstrukt enthält außer dem mutierten Teilstück oder dem Transgen noch ein Gen – hier *Neomycin* – das es ermöglicht, jene Stammzellen auszuwählen, in die das Konstrukt aufgenommen und korrekt eingebaut worden ist. Der Austausch gegen das zelleigene Gen kann im Zuge einer Reparatur-Replikation vorkommen. Nach einem Doppelstrangbruch sucht die Reparaturmaschinerie der Zelle eine intakte Basensequenz, die normalerweise auf dem homologen Chromosom gefunden werden kann, und kopiert sie. Vereinzelt kommt es vor, dass das Konstrukt als Vorlage benutzt wird und eine Kopie seiner Basensequenz in den Reparatur-bedürftigen Strang eingebaut wird. Hierbei wird das Thymidinkinase-Gen, das keinen homologen Partner hat und über die (schwarze) Rahmensequenz überhängt, im Regelfall abgebaut. Kommt es zum Einbau mit diesem TK-Gen, etwa an einem falschen Ort, wird eine Thymidinkinase das zugefügte Ganciclovir zu einem tödlichen Produkt machen.

Wunschgemäß genetisch veränderte Stammzellen der Maus können selektiert und in Maus-Blastocysten eingeführt werden. Wenn die Nachkommen dieser Stammzellen zu Keimzellen werden, tragen sie die genetische Veränderung in die nächste Mausgeneration. Es wird allerdings nur eines der beiden Allele wunschgemäß verändert sein. Bei fortgesetzter Inzuchtkreuzung sind aber auf lange Sicht auch homozygote Nachkommen zu erwarten.

Zum Beispiel homologe Rekombination. Bei der Maus kann gezielt nach dem Wunsch eines Forschers ein bestimmtes Gen unbrauchbar gemacht (**gezielte Mutagenese**, targeted mutagenesis) oder ein Gen gegen ein anderes ausgetauscht werden. Die Methode stützt sich auf das seltene Ereignis der **homologen Rekombination**: Ein in eine Zelle eingeführter linearer Genvektor kann von der Zelle selbst bisweilen gegen ein bestimmtes zelleigenes Gen ausgetauscht werden, falls der Vektor passend konstruiert ist. Für die Maus ist das Verfahren in seinen Grundzügen in Kap. 5 vorgestellt. Hier sei nur kurz wiederholt, was zum Verständnis dieses Abschnittes unerlässlich ist: Ein Austausch eines ursprünglichen Gens gegen ein anderes, neues Gen ist möglich, wenn das neue Gen von Sequenzen eingerahmt wird, die exakt den Start- und Endsequenzen des ursprünglichen Gens entsprechen. Die Zelle nimmt den Austausch im Zuge einer DNA-Reparatur bei Heilung von Doppelstrangbrüchen vor. Damit man Zellen mit ge-

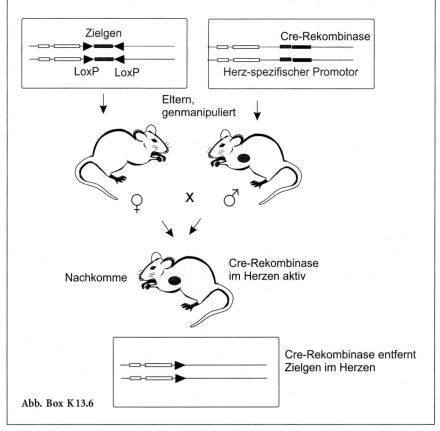

Abb. Box K 13.6

glückter Rekombination finden und isolieren kann, wird in das Konstrukt zusätzlich das Gen für Neomycinresistenz integriert. Zellen mit gelungener Rekombination sind gegen Neomycin resistent, andere nicht und sterben ab.

Homologe Rekombination wird mitunter von heterologer Rekombination begleitet. Darunter versteht man den unerwünschten Einbau des neuen Gens an einer fremden Stelle. Um eine zusätzliche Kontroll- und Korrekturmöglichkeit zu schaffen, kann an das Konstrukt jenseits der homologen Rahmensequenzen das Gen für Herpesvirus Thymidinkinase (TK) angehängt werden (Abb. Box K13.5). Bei homologer Rekombination bleibt die TK-Sequenz außen vor, wird also nicht eingebaut. Bei heterologer Rekombination wird auch die TK-Sequenz in das Chromosom integriert. Behandelt man nun aber die Zellen mit dem antiviralen Medikament Ganciclovir, sterben diejenigen mit integrierter TK-Sequenz ab. Es bleiben nur Zellen erhalten, die Neomycin- und Ganciclovir-resistent sind, und das sind die mit geglückter homologer Rekombination.

In Kombination mit dem *Cre/loxP*-System (K13.1.1) ermöglicht homologe Rekombination das Ausschneiden eines Gens in einem bestimmten Gewebe oder Organ (Abb. Box K13.6).

Transgene Tiere sind Tiere, in die Gene fremder Spender, auch fremder Arten, bleibend eingeschleust worden sind. Zur Herstellung transgener Säuger s. Kap. 5.

K 13.3.3
Bleibende Markierung lebender Zellen und ihrer Abkömmlinge mit Reportergenen

Es gibt viele Gründe, lebende Zellen bleibend zu markieren, z.B. um Zellstammbäume rekonstruieren, wandernde Zellen verfolgen und auswachsende Nervenfasern auch dann noch identifizieren zu können, wenn sie in ein unübersichtliches Fasernetz eindringen.

Markierungen mit Farbstoff sind vergänglich, selbst wenn der Farbstoff als solcher stabil sein sollte, weil bei jeder Zellteilung die Farbstoffkonzentration halbiert wird. Anders **Reportergene**, die man in Zellen einschleust (z.B. durch Injektion, Lipofektion oder Elektroporation, s. K13.3.2). Gut konstruierte Reportergene werden repliziert und daher im Verlauf von Zellteilungen nicht oder nur wenig ausgedünnt, und sie werden exprimiert. Reportergen-Konstrukte enthalten die regulatorische Sequenz (den Promotor) eines zelltyp-, gewebe-, oder stadienspezifisch exprimierten Gens vor der ausgesuchten Reportersequenz. (Diese kann direkt dem Promotor folgen oder sie ist an das ursprünglich regulierte Gen angehängt und wird mit ihm exprimiert.)

▶

Beliebt sind das bakterielle

- *β*-Galactosidase-Gen *lacZ*, das mit einem eukaryotischen Promotor versehen wird, und das
- **Luciferase**-Gen.

Nach der Expression der Gene können diese Reporterenzyme durch Farb- bzw. Lichtreaktionen nachgewiesen werden (s. Farbtafel K13.7). Noch eindrucksvoller ist das

- **GFP (green-fluorescent protein)**. Dessen Gen stammt aus leuchtfähigen Coelenteraten. Das von diesem Gen codierte GFP-Protein bildet spontan durch Umgestaltung von drei Aminosäuren ein Chromophor, das nach Einstrahlen von Blaulicht grün fluoresziert. Man braucht also kein besonderes, zusätzliches Chromophor, und kein ATP oder Calcium, um ein leuchtfähiges Produkt zu erzeugen. Der besondere Reiz ist, dass man das Leuchten des GFP im Fluoreszenzmikroskop mit bloßem Auge im lebenden Tier sehen kann, falls man dem Gen einen passenden Promotor vorangestellt hat und das Tier durchsichtig ist (s. Farbtafel K13.7). Im Mikroskop kann man wandernde Zellen, differenzierende Gewebe oder auswachsende Fasern von Nervenzellen „live" beobachten.

K13.3.4
Induzierbare Promotoren: Wie man Gene gezielt ein- und ausschalten kann

Eingriffe in das Expressionsgeschehen sind möglich, wenn eingeschleuste Gene mit induzierbaren Promotoren ausgestattet werden, beispielsweise mit dem Promotor des „Hitzeschockgens" *hsp-70* oder mit dem Promotor eines Steroidhormonrezeptors. Dann lässt sich das Gen nach Wunsch durch Hitzeschock oder durch das Steroidhormon einschalten. Da freilich ein Hitzeschock oder ein Steroidhormon auch manch andere Gene in der Zelle einschalten kann, sucht man nach spezifischeren Lösungen.

Der Promotor eines Steroid-abhängigen Gens des Säugers kann beispielsweise gegen den Promotor für das Insekten-spezifische Steroidhormon Ecdyson ausgetauscht werden. Dann kann dieses Gen, und nur dieses Gen, durch Verabreichen von Ecdyson aktiviert werden.

Viele Laboratorien sind bemüht, künstliche Promotoren zu konstruieren, die nur dem Willen des Forschers gehorchen. Beispiel eines erfolgreichen Konstrukts ist eine Chimäre aus einem prokaryotischen und einem eukaryotischen Promotor. Der prokaryotische, von einem bakteriellen Plasmid herausgetrennte Teil des Chimärenpromotors er-

▶

möglicht es, das dem Promotor unterstellte Gen mittels des Antibiotikums **Tetracyclin** abzuschalten. (Normalerweise reagieren eukaryotische Zellen auf Tetracyclin nicht mit veränderter Genexpression.) Eine andere Variante dieses **Tet-Systems (tetracycline resistance system)** ermöglicht es, ein Gen mit Tetracyclin einzuschalten. Es ist zu erwarten, dass bald weitere induzierbare Genkonstrukte dem Forscher und dem Produzenten biologischer Produkte zur Verfügung stehen werden.

K13.3.5
Nachweis von Proteinen ohne Gentechnik

Für viele Proteine stehen Antikörper zur Verfügung, sodass der indirekte Nachweis des Proteins im fixierten Gewebe mittels „Immuncytochemie" oder „Immunhistochemie" möglich ist. Die Antikörper entstammen entweder der Immunisierung von größeren Tieren mit dem gewünschten Protein (polyklonale Seren, weil das Tier gegen viele verschiedene immunogene Bereiche (Epitope) des fremden Proteins Antikörper herstellt) oder sie werden als monoklonale Seren aus Zellkulturen gewonnen. Das Gewinnen von monoklonalen Antikörpern beginnt mit der Immunisierung von Mäusen mit dem gewünschten Protein. Anschließend werden potentiell Antikörper-bildende B-Lymphozyten der Mäusemilz entnommen und mit Lymphomzellen (zu Krebszellen entartete Lymphoblasten) fusioniert. Bisweilen entsteht die eine oder andere Fusionszelle (Hybridomazelle), die sich wie eine Krebszelle in Kultur vermehren lässt und gleichzeitig wie eine B-Lymphocyte Antikörper produziert. Aus der Fusionszelle entsteht eine unsterbliche Zellpopulation, in der jede Zelle (der von ihr abgeleitete Klon) jeweils nur eine Antikörperspezies gegen ein einziges Epitop bildet (siehe hierzu Lehrbücher der Immunologie).

Ob polyklonale oder monoklonale Antikörper, in beiden Fällen handelt es sich um (spezifische, aber unsichtbare) primäre Antikörper, die wiederum mit markierten sekundären Antikörpern nachgewiesen werden. Die sekundären Antikörper (z. B. aus der Ziege) richten sich generell gegen artspezifische Epitope der primären Antikörpern (z. B. aus der Maus). Sie sind entweder an einen Fluoreszenzfarbstoff gekoppelt oder an ein Enzym, das eine Farbreaktion vermittelt.

Für die Detektion von fluoreszenzmarkierten Antikörpern werden neben den „einfachen" Fluoreszenzmikroskopen vielfach Laserscanning Mikroskope verwendet, die eine Computer-gestützte scheibchenweise Detektion erlauben. Hierbei entstehen Bilder von phantastischer Klarheit, auf denen beispielsweise komplexe Nervengeflechte, fusionierende Muskelzellen oder sich entwickelnde Organe sichtbar gemacht werden können. Durch Nutzung verschiedener Fluoreszenzfarbstoffe ▶

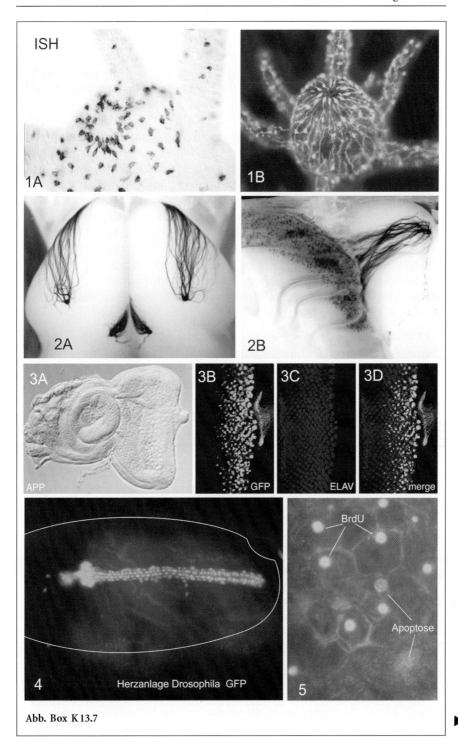

ISH

1A

1B

2A

2B

3A   APP

3B   GFP

3C   ELAV

3D   merge

4   Herzanlage Drosophila GFP

5   BrdU   Apoptose

Abb. Box K 13.7

ist es bei guter Planung der Immunreaktivitäten möglich zwei oder drei verschiedene Proteine gleichzeitig nachzuweisen und durch eine Computer-vermittelte Überlagerung zu untersuchen, ob diese in den gleichen oder in verschiedenen Zellen vorkommen (s. Farbtafel 13.7).

Methoden der molekularen Zellforschung in der Entwicklungsbiologie

F 1 A *In-situ*-**Hybridisierung.** Mittels einer markierten Anti-sense-Sonde wird die Anwesenheit einer bestimmten mRNA in Zellen sichtbar gemacht. Hier macht die Sonde Nervenzellen sichtbar, die mRNA für solche Neuropeptide enthalten, welche nach ihrer Prozessierung den C-Terminus RFamid (Arginin-Phenylalanin-amid) tragen. (Die Peptide selbst sind in Abb. F 1B zur Darstellung dieser Nervenzellen markiert.) Das gezeigte Objekt ist ein Ganzkörperpräparat (*whole-mount*) eines Polypen des Hydrozoons *Hydractinia echinata*. Die Aufnahme zeigt ein Detail aus der Mundregion. Präparat von Prof. Günter Plickert, Zoologisches Institut der Uni Köln.

F 1 B Immuncytochemie. Nervenzellen in der Mundregion (Hypostom) eines Polypen von *Hydractinia echinata* sind mittels Antikörper sichtbar gemacht, welche Neuropeptide mit C-terminalen Ende RFamid (Arginin-Phenylalanin-amid) enthalten. Die Antikörper wurden von C. Grimmelikhuijzen (damals Zoologisches Institut Heidelberg, heute Kopenhagen) zur Verfügung gestellt. Die selbst nicht fluoreszierenden ersten Antikörper (Anti-RFamid-Kaninchen IgG) sind mit einem sekundären Antikörper (Anti-Kaninchen IgG) verbunden, an den ein Fluoreszenzfarbstoff (Alexafluor 488) gekoppelt ist. Präparat vom Autor dieses Buches.

F 2 A, B Geruchsrezeptoren, Reportergen und gezielte Mutagenese. Es geht um die Frage, wie die Axone der Riechzellen die richtigen Glomeruli, d.h. die ersten Stationen der Datenverarbeitung, im Bulbus olfactorius (Riechhirn) finden. Diese Axone enthalten in ihrer Zellmembran molekulare Rezeptoren, die mit denen identisch sind, welche später die Cilien der ausdifferenzierten Riechzellen zum Einfangen von Duftmolekülen benutzen. Mit dem Experiment soll u.a. die Vorstellung geprüft werden, dass in den auswachsenden Axonen eben diese molekularen Rezeptoren mit zur Zielfindung beitragen. In einem raffinierten, mehrstufigen Verfahren wurde erst in Mäusen durch homologe Rekombination ein Gen für einen solchen Rezeptor gegen ein mutiertes mit integrierter Neomycin-Kassette ausgetauscht, ähnlich wie in Abb. Box K13.5 gezeigt. Dann wurde die Neomycin-Kassette mittels Cre-vermittelter Rekombination (ähnlich wie in Abb. Box K13.6) gegen ein LacZ-Konstrukt ausgetauscht. Wenn das so eingeführte Gen exprimiert

▶

wird, kann die Anwesenheit des LacZ-Proteins (= bakterielle β-Galacto-sidase) mittels einer Farbreaktion sichtbar gemacht werden. Bild 2 A zeigt vorwachsende Axone, Bild 2 B zeigt, wie diese Axone im Zielge-biet Synapsen bilden. Ergebnis des Experiments (s. Kap. 17.7.4): Ein einzelner Aminosäureaustausch kann genügen, um die Axone gebün-delt in einem anderen Glomerulus enden zulassen (Feinstein u. Mom-baerts, 2004, Cell 117(6):817–831; sowie Feinstein et al. 2004, Cell 117(6):833–846). Die Bilder wurden freundlicherweise von Peter Mom-baerts, Rockefeller University New York, zur Verfügung gestellt.

F 3 *Drosophila*, Alzheimer und Markergene. In der Zellmembran von Nervenzellen steckt u. a. ein APP genanntes Protein. Zwei Proteasen können es angreifen; eine setzt die extrazelluläre Domänen frei, die bei Alzheimer-Patienten dank ihrer besonderen Aminosäuresequenz zu den charakteristischen Plaques aggregieren; die zweite Protease setzt die intrazelluläre Domäne frei, die alsdann in den Kern wandert. Dieses kann auch in Neuronen von Drosophila vorkommen. Im vorlie-genden Versuch wurde an das APP-Gen das Gen für GFP (*green fluore-scent protein*) angehängt und in Fliegenembryonen eingeschleust. Ein zuvor in die Embryonen eingeführtes GAL4-UAS-Konstrukt sicherte eine gewebespezifische Expression des APP-GFP-Fusionsproteins, ähn-lich wie in Abb. 13.7 für das *eyeless* Gen gezeigt. Hier wurde eine Ex-pression in der Augenimaginalscheibe erreicht. Das GFP-Signal blieb auf den posterioren Augenabschnitt beschränkt (3 A, B). Die gleichzeiti-ge Färbung mit dem neuronalen Marker ELAV zeigt, dass es sich bei diesen Zellen um Neurone handelt (3 C). Merge in 3 D bedeutet: hier sind die Bilder von GFP und ELAV übereinandergelagert. Das Bild ist veröffentlicht in: Bilic VM et al. (2004) Drosophila und humane Krank-heitsgene. Bioforum 27. Jg, H5 und wurde freundlicherweise von Prof. Renato Paro, ZMBH Heidelberg, zur Verfügung gestellt.

F 4 Das Herz von *Drosophila* und leuchtendes GFP
Die Zellen des sich entwickelnden Herzens von lebenden *Drosophila* Embryonen fluoreszieren, weil das GFP Reporterprotein unter Kontrol-le des *hand*-Promoters steht. Das *hand*-Gen kodiert für einen im Tier-reich hochkonservierten Transkriptionsfaktor der bHLH-Proteinfami-lie. Der Promotor des *hand*-Gens wird im Lauf der Entwicklung des Her-zens in allen Kardiomyoblasten, in den mit dem Herzen assoziierten Perikardzellen sowie den Zellen der Lymphdrüsen angeschaltet. Sobald das GFP gereift ist, beginnt es in lebenden Embryonen zu fluoreszieren, und der Herzschlag sowie die weitere Entwicklung der Zellen (in ande-ren Fällen auch deren Wanderung) kann *live* beobachtet werden. Das Bild wurde freundlicherweise von Achim Paululat und Julia Sellin, Os-nabrück zur Verfügung gestellt.

▶

F5 **Zellgeburt und Zelltod** in einem weitgehend durchsichtigen, doppellagigen Epithel. Ein wesentlicher Moment der Zellproliferation ist die S-Phase des Zellzyklus, in der die DNA repliziert wird. Eine im Gang befindliche Replikation wird sichtbar gemacht, indem den Zellen das Nukleotid BrdU angeboten wird, das sie mit Thymidin verwechseln und in die neuen DNA-Stränge einbauen. BrdU-markierte DNA wird mittels Antikörper sichtbar gemacht, wie oben für Abb. F1B beschrieben. Zugleich wurden hier mittels Propidiumjodid die Zellkerne absterbender Zellen angefärbt. In intakte Zellen dringt dieser Farbstoff nicht ein, wohl jedoch in apoptotische und nekrotische Zellen. Präparat vom Verfasser dieses Buches.

zur Entwicklung **ventraler** Strukturen gebraucht. In der Mutante (*dorsal –/–*) fehlt das Protein oder ist funktionsuntauglich, weswegen, aus welchen Gründen auch immer, dorsale Strukturen anstelle ventraler gebildet werden.

Bei anderen Namen liefert die Bezeichnung zwar einen Hinweis auf den Phänotyp, nicht aber auf die Funktion des Proteins. Beispielsweise können Mutationen im Gen *Antennapedia* zu Fliegen führen, die statt Antennen Beine tragen. Welche Funktion das Protein ANTENNAPEDIA hat, war lange völlig rätselhaft und musste in mühsamer Analyse erschlossen werden.

13.1
Differentielle Genexpression als Basis der Differenzierung

13.1.1
Ursprünglich sind Zellen genetisch äquivalent; ihre Differenzierung basiert auf differentieller Genexpression, die bei der Determination programmiert wird

Alle Zellen eines vielzelligen Organismus leiten sich durch Mitosen von der befruchteten Eizelle ab. Ihr Genbestand ist primär, d.h., solange nicht nachträglich etwas verändert wird, qualitativ und quantitativ gleich (**genomische Äquivalenz**). In jeder Zelle wird aber nur ein Teil des Genoms exprimiert. Welcher Teil zum Zuge kommt, wird im Prozess der Determination programmiert. Dieses Programm muss nun keinesfalls auch gleich ausgeführt werden. Oft werden sich determinierte Zellen sogar noch mehrfach teilen, ohne schon äußerlich erkennen zu lassen, was aus ihnen werden soll. Die Tochterzellen übernehmen dabei das Programm ihrer Stammzelle (**Zellheredität**).

Oftmals erst in beträchtlichem zeitlichen Abstand zum Zeitpunkt der Determination folgt eine Zeit, in der die programmierten Zelltypen ihre **terminale Differenzierung** durchlaufen, während der das Programm verwirklicht wird und die Zellen ihre charakteristische molekulare Ausstattung, ihre Form und Funktion gewinnen.

- **Myoblasten** fusionieren mit mehreren anderen Myoblasten, synthetisieren muskeltypische Moleküle, wie α-sarcomerisches Aktin, Myosin, Tropomyosin und Troponine, und bauen mit diesen Molekülen den kontraktilen Apparat einer Muskelfaser auf.
- **Erythroblasten** werden mit Hämoglobin, Carboanhydrase und Spectrin ausgestattet und werden dabei zu Erythrocyten, den roten Blutkörperchen.
- **Neuroblasten** produzieren, wenn sie sich zu Neuronen entwickeln, u. a. α- und β-Tubulin, Microtubuli-assoziiertes Protein MAP, Neurofilamentproteine, für Synapsen-Funktionen erforderliche Proteine und neurale Zelladhäsions- und Zellerkennungsmoleküle. Die Zahl identifizierter zelltypspezifischer Proteine ist unüberschaubar groß und nimmt ständig zu.

Potentiell kann der Erwerb einer zelltypspezifischen molekularen Ausstattung an vielen Stellen der zellulären biochemischen Maschinerie geregelt sein. Die Ausstattung an aktiven Enzymen beispielsweise kann auf drei Stufen gesteuert werden:

- **Transkription** (Transkriptionskontrolle: Aktivierung oder Silencing = dauerhafte Suppression);
- **Translation** an den Ribosomen – beispielsweise muss im Cytoplasma der Eizelle gespeicherte maternale mRNA erst aus den RNP-Partikeln befreit werden;
- **posttranslationale Modifikation** der Enzyme, z. B. **Phosphorylierung durch Proteinkinasen**, Methylierung, Acetylierung, Glykosylierung.

Es müssen jedoch Ereignisse von bleibender Wirkung sein, wenn es zu einer Differenzierung kommen soll. Einmal installierte Programme und einmal erreichte fertige Differenzierungszustände werden in aller Regel stabil und zeitlebens beibehalten. **Transdetermination** (Änderung des Programms) und **Transdifferenzierung** (Änderung des ganzen Differenzierungszustandes) sind seltene Ereignisse (Kap. 14; Kap. 24).

Für den Entwicklungsbiologen besonders bedeutsam sind die Fragen:

- Wie wird der Satz der jeweils zu exprimierenden Gene gemeinsam angesteuert, wie werden andere Gene stillgelegt?
- Worin ist die Heredität des Determinationszustandes (Weitergabe des Determinationsprogramms an beide Tochterzellen bei einer Zellteilung) begründet?
- Ist die Differenzierung begleitet von sekundären, qualitativen oder quantitativen Veränderungen im Genbestand der Zellen?

13.1.2
Das Puffingmuster in den Riesenchromosomen: Man sieht wechselnde Muster der Genexpression, aber auch eine irreversible Genomamplifikation

Es war einmal, da Lehrbücher und Dozenten die Geschichte von den Riesenchromosomen in den Speicheldrüsen der Dipteren (Fliegen, Mücken, Schnaken) und der sichtbaren „Puffaktivität" (**Puffing**-Aktivität) entlang dieser Chromosomen zu erzählen wussten und diese Aktivität als Beleg für **differentielle Genaktivität** präsentierten. Riesig sind die Chromosomen immer noch, und das stellenweise Aufblähen ist auch tatsächlich augenfälliger Ausdruck von Genaktivität. Die Frage ist freilich, inwieweit diese Aktivität mit Differenzierung und Entwicklung zu tun hat und ob sie nicht bloß den momentanen physiologischen Funktionszustand des betreffenden Organs widerspiegelt.

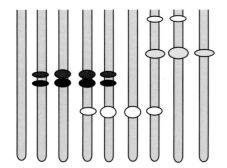

Puffing Muster

3.Chromosom, linker Arm
in Speicheldrüse des
3. Larvalstadiums von
Drosophila

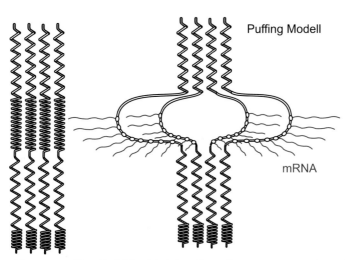

Puffing Modell

mRNA

Abb. 13.1. Puffing (Aufblähen) bei den Riesenchromosomen von *Drosophila.* Das Puffing ist Ausdruck einer lokalen Genaktivität; das Muster des Puffing ändert sich im Laufe der Entwicklung, ausschnittweise dargestellt für das 3. Larvenstadium

Die Riesenchromosomen sind riesig, weil sie **polytän** geworden sind. Erst paaren sich je zwei homologe Chromosomen, wie zu Beginn einer Meiose, nun aber auf Dauer. Dann wird ihre DNA vielfach repliziert, bis sie etwa 1000fach vermehrt vorliegt, doch bleiben die replizierten DNA-Stränge alle beisammen. Polytäne Chromosomen bleiben langgestreckt, wie es sich für Interphasechromosomen gehört, sind aber doch so dicht gepackt und dick als wären es kondensierte Metaphasechromosomen. Wenn Gene aktiviert werden sollen, müssen zuvor die DNA-Stränge entdrillt werden. Diese Entflechtung ist als **Puffing (Aufblähen)** im Mikroskop sichtbar.

Man findet polytäne Chromosomen in den (oftmals für die Produktion von Spinnfäden zuständigen) Speicheldrüsen der Larven, aber auch in anderen Organen der Dipteren, wenn auch nicht überall in spektakulärer Größe. Vergleicht man das Puffingmuster in den verschiedenen Organen und zu verschiedenen Zeiten der Entwicklung der Larven und der Puppe, so sieht man, dass dieses Muster sich im Zuge der Entwicklung ändert, und es ist verschieden z. B. in den Speicheldrüsen (Abb. 13.1) und den Exkretionsorganen (Malpighische Gefäße).

Unabhängig davon, ob dieses Muster wechselnder Genaktivität nun mit Differenzierung oder nur mit wechselnder physiologischer Funktion der Organe zu tun hat, bleibt festzuhalten: Riesenchromosomen sind polytän, d. h. es kommt in der Entwicklung dieser Zellen zu einer **Genomamplifikation** und damit zu quantitativen Veränderungen im Genbestand. Grundsätzlich muss damit gerechnet werden, dass es **im Verlauf einer Differenzierung zu qualitativen und quantitativen Veränderungen im Genbestand kommen kann.**

13.1.3
Kerntransplantationen bei *Xenopus* galten der Frage, ob Kerne im Zuge der Zelldifferenzierung totipotent bleiben; diese Transplantationen haben eine Technik des Klonens erschlossen

Die Frage, ob und inwieweit Zellen ihre volle genetische Potenz behalten oder ob sie im Zuge der Differenzierung eine irreversible Änderung ihrer genetischen Ausstattung erfahren, wird in Kapitel 14 wieder aufgegriffen. Diese Frage war auch der Ausgangspunkt für jene berühmten Experimente mit dem Krallenfrosch *Xenopus*, in denen Kerne aus differenzierten, somatischen Zellen in entfernte Eizellen übertragen wurden. Können solche Kerne noch eine vollständige Entwicklung unterstützen, sind sie noch **totipotent?** – das war die Frage. Die ersten, mittels Kernen aus differenzierten Zellen geklonten Wirbeltiere waren das Ergebnis (s. Kap. 5). Dies besagt: Differenzierung führt nicht in jedem Fall zu einem Verlust genetischer Information oder zum Verlust ihrer Abrufbarkeit. Wohl jedoch müssen faktisch in den verschiedenen Zelltypen unterschiedliche genetische Informationen abgerufen werden. Hierzu laufen besondere genetische Programme ab, wie im folgenden Abschnitt erläutert wird.

13.2 Gene zur Programmierung von Zelltypen

13.2.1
Der Paradefall eines zelltypspezifischen Steuergens:
Die *MyoD/myogenin*-Familie programmiert einen Myoblasten;
dessen Abkömmlinge übernehmen das Programm

Bei einem Zelltyp hat man mehr als bei jedem anderen Einblick in die molekularen Mechanismen der Programmierung gewonnen: bei der quergestreiften Muskelfaser. Die Fasern der Skelettmuskulatur sind vielkernige Syncytien, die durch Fusion mehrerer Myoblasten entstehen. Myoblasten sind Zellen des Mesoderms, die eine erste Programmierung bereits in der Blastula durch mesodermalisierende Induktion erfahren (Kap. 3.8 und Kap. 12). Die Programmierung setzt sich in den Somiten unter dem Einfluss weiterer Induktionsfaktoren fort. Dabei wird ein zentrales **myogenes Schlüsselgen** eingeschaltet oder eine Kollektion eng miteinander verwandter myogener Schlüsselgene.

Das erste Gen dieser Familie, das entdeckt wurde, ist das *myoblast-determining gene 1: MyoD1*. Dieses Gen ist ein **Meistergen**, auch **Selektorgen** genannt, das untergeordnete **Effektorgene**, die zur terminalen Differenzierung benötigt werden, unter seiner Herrschaft hält. Verschiedene in Zellkultur gehaltene Fibroblasten (Vorläufer verschiedener mesodermaler Zellen, z. B. von Bindegewebszellen) und Adipoblasten (Vorläufer von Fettzellen) können durch Transfektion mit *MyoD1*-mRNA noch so umprogrammiert werden, dass sie zu Myoblasten werden (**gain-of-function Experiment**).

Um andere Gene kontrollieren zu können, ist das Protein MYOD1, das vom Gen *MyoD1* codiert wird, mit einer **basic helix-loop-helix Domäne, bHLH** (Abb. 13.2) ausgestattet, mit der es sich an eine Steuerregion (E-Box des Promotors) der zu kontrollierenden Gene heftet. Man spricht von **downstream-Genen**, die als Effektorgene dem Selektorgen nachgeschaltet sind. MYOD1 wirkt als **Transkriptionsregulator** (in Kooperation mit verschiedenen Cofaktoren). Der MYOD1-Faktor kontrolliert aber nicht nur andere Gene, er wirkt auch **autokatalytisch** auf seine eigene Produktion, und darin liegt der besondere Pfiff der Sache: MYOD1 besetzt die Steuerregion seines eigenen Gens, das ebenfalls mit einer E-Box ausgestattet ist, hält dieses Gen aktiv und hält so seine eigene Produktion in Schwung. (Statt Autokatalyse kann man auch positive Rückkoppelung sagen.) Wenn nun nach einer DNA-Replikation bzw. einer Zellteilung die von der DNA abgesprungenen Transkriptionsfaktoren wieder in den Kern eindringen und ihre Promotoren suchen, wird auch MYOD1 dabei sein und seine eigene Neuproduktion wieder anwerfen (Abb. 13.3). Deshalb wird MYOD1 nicht ausgedünnt; beide Tochterzellen bleiben Myoblasten; der Determinationszustand überdauert Zellteilungen. Die Muskelzelle ist stabil auf ihre Aufgabe festgelegt.

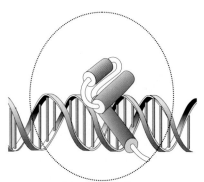

Homöodomäne
mit Helix-turn-helix Motiv

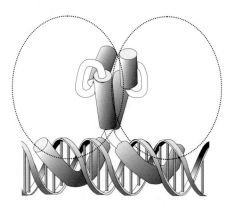

Abb. 13.2. DNA-bindende Domänen von
Transkriptionsfaktoren. Auswahl. Die Domäne (rot) ist Teil eines größeren Proteins
(punktierter Kreis)

basic Helix-loop-helix, Dimer

Bei einem so bedeutsamen Gen erwartet man, dass eine **loss-of-function
Mutation** (k.o. Mutation) zu lebensunfähigen Nachkommen ohne Muskulatur führen würde. Gezielte Mutagenese (targeted mutagenesis, Kap. 5) hatte
zur Enttäuschung der am Projekt beteiligten Wissenschaftler eben nicht
diesen Effekt, auch nicht, wenn das defekte Gen nach Inzucht homozygot
(*MyoD1–/–*) vorlag. Aus Enttäuschung kann überraschende Erkenntnis er-
wachsen. Vielleicht weil das Gen so wichtig ist, gibt es nicht nur ein myogenes Schlüsselgen, sondern mehrere einander ähnliche, die sich wechselseitig ergänzen können (**genetische Redundanz**). Darüber hinaus könnten
die verschiedenen myogenen Schlüsselgene bei der Programmierung von
Untertypen der Muskulatur von Bedeutung sein.

Man kennt derzeit 4 myogene Schlüsselgene: *MyoD1, myf-5, MRF-4,
myogenin.* Alle diese Gene codieren für DNA-bindende Transkriptionsfaktoren, die ihrerseits alle mit der bHLH-Domäne ausgestattet sind und im
Experiment nach Injektion in Fibroblasten das Muskel-Differenzierungs-
programm anwerfen können.

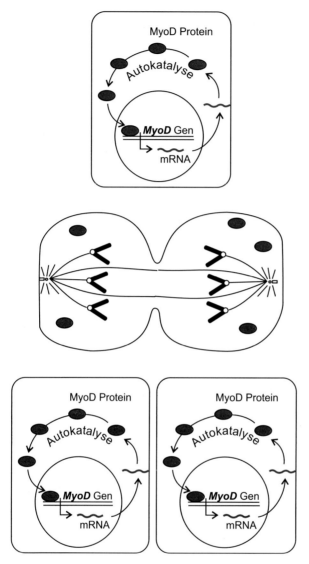

Abb. 13.3. Autoregulatorische Selbstaktivierung eines Transkriptionsfaktors, dargestellt am Beispiel von MyoD. Der Faktor schaltet sein eigenes Gen ein und erhält dadurch seine eigene Synthese aufrecht. Nach einer Zellteilung führt diese positive Rückkoppelung (Autokatalyse) zur Wiederaufnahme der MyoD-Synthese, sodass die Zellteilungs-bedingte Verdünnung wieder kompensiert wird

In der Embryonalentwicklung werden erst *myf-5* und *MRF-4* exprimiert, aber nur vorübergehend, dann folgen *MyoD1* und *myogenin*. Das MYOGE-NIN Protein fällt hier aus dem Rahmen. Es erscheint erst, wenn Myoblasten zur Muskelfaser fusionieren und ihren kontraktilen Apparat aufbauen. Dann freilich wird es laufend weiter hergestellt, und es ist unverzichtbar. *Myoge-*

nin–/– Mutanten sind letal. Insoweit ist das oben genannte Argument, Mitglieder einer Genfamilie könnten sich wechselseitig ersetzen, der Organismus sei durch **genetische Redundanz** abgesichert, nur eingeschränkt gültig.

13.2.2
NeuroD und die Verwandtschaft von Genen, die Nervenzellen und Muskelzellen programmieren

Selbstredend hat man sich nach der Entdeckung muskelzell-spezifischer Steuergene auf die Suche gemacht, um Meistergene auch für andere Zelltypen zu finden. Wie sollte es anders auch sein, das Hauptinteresse galt und gilt den Nervenzellen. Die mühsame Suche hat auch zu der Identifikation von Genen geführt, die in der Entwicklung von Nervenzellen essentielle Funktionen erfüllen. Man nennt solche Gene allgemein **neurogene** oder **proneurale Gene** und gab den ersten identifizierten proneuralen Genen in Analogie zu *Myod1* und *myogenin* Namen wie *NeuroD* oder *neurogenin*. Die Gene codieren wie die muskelspezifischen Gene für Transkriptionsfaktoren mit einem bHLH-Motiv als DNA-Bindungsdomäne.

In *Drosophila* entspricht der *achaete scute*-Genkomplex *(AS-C)* funktionell den *NeuroD/neurogenin*-Genen der Vertebraten. Auch Gene dieses *AS-C* codieren für Transkriptionsfaktoren mit bHLH-Motiv, ohne jedoch in anderen Bereichen des Moleküls größere Übereinstimmungen mit den *NeuroD/neurogenin*-Genen erkennen zu lassen.

Es tritt immer deutlicher zutage, dass eine ganze Kaskade von Genaktivierungen abläuft, bis schließlich entschieden ist, dass neuronale Zellen als solche und welche Untertypen im Einzelnen (Neurone oder Gliazelle eines definierten Typs) hergestellt werden (darüber mehr in Kap. 17).

Je mehr Gene identifiziert werden, die bei der Programmierung von Zellen des Nervensystems von Bedeutung sind, desto deutlicher wird, dass eine Reihe dieser Gene in der Entwicklung sowohl der Sinnes-, Nerven- und der Muskelzellen beteiligt ist (Beispiele: die Zinkfinger-Proteine codierenden Gene der *zic/odd-paired* Klasse). Dies erscheint im Nachhinein nicht überraschend. Alle diese Zellen sind „erregbar", leiten also elektrische Signale über ihre Zellmembran, und in der Frühzeit der Eumetazoa dürften diese Zellen eine Coevolution durchgemacht haben. Denn nur wenn Bewegungen koordiniert und zielgerichtet sind, versprechen sie große Vorteile im harten Spiel des Überlebens.

13.3
Gene zur Spezifikation von Körperregionen und Organen

Ein erstaunliches, jedenfalls unerwartetes Ergebnis der Entwicklungsgenetik und der auf ihr aufbauenden Molekularbiologie ist, dass manche Gene in bestimmten Körperregionen unabhängig von deren zellulärer Zusammensetzung exprimiert werden können. **Augenscheinlich markieren ihre Produkte Positionen.**

13.3.1
Historische Paradefälle: die Fliege mit den Beinen am Kopf und das *Antennapedia*-Gen

Homöotischen Genen ist man über spektakuläre mutierte Monsterfliegen auf die Spur gekommen (Lewis, 1948). Plötzlich hat eine Fliege statt zwei Antennen zwei Beine am Kopf (s. Abb. 3.34): **korrekt gestaltete Strukturen am falschen Platz!** Verantwortlich für diese **homöotische Transformation** waren Mutationen in einem Gen, das den Namen *Antennapedia (Antp)* erhielt. Es ist eines von den Genen, die von Bedeutung sind, wenn spezifiziert wird, wo was entsteht. **Die Expression nur eines Gens am falschen Ort führt zu (in sich korrekten) Körperstrukturen am falschen Ort!**

Die Funktion des vom *Antp*-Gen abgeleiteten ANTP-Proteins war lange rätselhaft. Erst 1998, lange nachdem die Funktion anderer homöotischer Gene erschlossen war, konnten gut begründete Hypothesen vorgetragen werden. Danach wird die Kopf- und Thoraxregion von einer **Hierarchie von Selektorgenen** kontrolliert.

- **Normalfall.** Es gibt Selektorgene, die über die Kontrolle nachgeordneter Effektorgene ein Beinprogramm einschalten, und es gibt ein weiteres Selektorgen, *homothorax (hth)*, das ein Zusatzprogramm aktiviert, welches das Beinprogramm zum Antennenprogramm modifiziert. Das funktionstüchtige Wildtyp-ANTP unterdrückt speziell im Mesothorax, dem mittleren Brustsegment, das Antennen-determinierende *hth*-Selektorgen. Ohne dass ANTP eingreifen müsste, lässt dann der Mesothorax sein Bein-Grundprogramm ablaufen.
- **Beine werden zu Antennen.** Fällt *Antp* ganz aus und steht folglich kein funktionsfähiges ANTP zur Repression des Antennen-determinierenden Selektorgens zur Verfügung, kommt im Mesothorax zum Beinprogramm das Antennenzusatzprogramm zum Zuge und der Mesothorax verleiht fälschlicherweise seinen Beinen Antennencharakter.
- **Antennen werden zu Beinen.** Normalerweise wird das *Antennapedia*-Gen im Kopf gar nicht exprimiert. Das Antennen-determinierende *hth*-Selektorgen schaltet, wenn es nicht durch ANTP gehindert wird, zum Bein-Grundprogramm das zusätzliche Antennenprogramm ein. Bei der dominanten gain-of-function-Mutante wird fälschlich ANTP im Kopf exprimiert, deshalb das Antennen-Zusatzprogramm ausgeschaltet, und es läuft bloß das Bein-Grundprogramm ab.

Ein vereinfachendes Modell zum Verständnis homöotischer Transformationen ist in Abb. 13.5 wiedergegeben.

Antp gehört zur Klasse der *Hom/Hox*-Gene, und *hth* hat eine Homöobox. Mit solchen Genen werden wir uns im Weiteren beschäftigen.

13.3.2
Die homöotischen Gene der *Hom/Hox*-Klasse helfen, Orte zu kennzeichnen und die Eigenheiten von Körperregionen festzulegen

Eine Begriffsbestimmung vorweg, um Missverständnissen vorzubeugen: Viele entwicklungssteuernde Gene enthalten eine Teilsequenz, die man **Homöobox** nennt; diese codiert für einen besonderen Bereich des Proteins, die **Homöodomäne**. Mit dieser Homöodomäne bindet das Protein an die DNA und wirkt als Transkriptionsfaktor. Das wird nachfolgend unter 13.4 näher ausgeführt. Nicht alle diese Gene gehören jedoch in die Kategorie der **homöotischen Gene** im engeren Sinn. Beispielsweise ordnet man bei *Drosophila* das „Koordinatengen" *bicoid* und das „Segmentierungsgen" *fushi tarazu* nicht in die Kategorie der kanonischen homöotischen Gene, wiewohl auch sie eine Homöobox enthalten. Trotzdem gilt auch für diese beiden genannten Gene, was in diesem Abschnitt für die homöotischen Gene im engeren Sinn gesagt wird.

In der Entwicklung von *Drosophila*, in der Entwicklung der Wirbeltiere und, soweit es heute zu überblicken ist, in der Entwicklung aller vielzelligen Eumetazoa (echten Tiere) spielen solche homöotischen Gene (*Hom* bei *Drosophila* genannt, *Hox* bei anderen Tieren) eine unverzichtbare Rolle. In *Drosophila* bestimmen sie die besondere Qualität der ursprünglich gleichförmigen Segmente, ob sie zu Teilen eines Kopfes, eines Thorax oder eines Abdomens geformt und entsprechend abgewandelt werden müssen. Homöotische Gene werden jedoch in der Regel nicht in einzelnen Segmenten, sondern in großen Bereichen des Körpers exprimiert. Das Gen *Ultrabithorax (Ubx)* beispielsweise wird von der Mitte des ersten Thoraxsegmentes (mit abnehmender Intensität) bis zum posterioren Ende des Abdomens exprimiert, das Gen abd-A von der Mitte des Abdominalsegments A2 bis zum Ende und das Gen Abd-B von der Mitte des Segments A4 bis zum Ende des Abdomens. Alle diese Gene werden in allen Zellen ihrer jeweiligen Expressionsbezirke (Expressionsdomänen) aktiviert, ob diese Zellen nun künftig Epidermis oder Muskeln oder Nervengewebe hervorbringen. Gleiches gilt beispielsweise für die Gene der *HOX-A-* und der *Hox-D*-Familie im Körper und den Extremitäten der Wirbeltiere.

Allgemein werden *Hox*-Gene in bestimmten Körperregionen exprimiert, und dort in mehreren unterschiedlichen künftigen Gewebearten. Hierin unterscheiden sie sich von *MyoD1*. Sowohl künftige Knorpel- als auch Muskel- und Nervenzellen exprimieren ein bestimmtes *Hox*-Gen, sofern diese Gewebe in der gleichen Körperregion liegen. Andererseits ist jede Körperregion durch eine besondere **Kombination** im Expressionsmuster von Selektorgenen ausgezeichnet.

13.3.3
Meistergene der *Hox*-Klasse sind auf den Chromosomen in Gruppen zusammengefasst und zwar in einer Reihenfolge, die mit dem räumlichen und zeitlichen Expressionsmuster im Körper korreliert

Bei *Drosophila* liegt die Mehrzahl der Gene, welche eine Homöobox enthalten und die besondere Eigentümlichkeit einer Körperregion spezifizieren, in einem Komplex zusammengefasst auf dem 3. Chromosom. Der Komplex, *Hom-C* genannt, ist in zwei Gruppen gegliedert, den **Antennapedia-Komplex** (*Antp*-C) und den **Bithorax-Komplex** (*BX*-C). Von einigen kleineren Inversionen abgesehen, **entspricht die Reihenfolge der Gene auf dem Chromosom der Reihenfolge, in der die Gene entlang der anterior-posterioren Körperachse aktiviert werden. Es besteht Kolinearität in den Positionen der Gene auf dem Chromosom und den Orten ihrer Expression** (Abb. 13.4). Gleiches findet man überraschenderweise bei Wirbeltieren.

Bei Vertebraten und anderen Tieren spricht man von **Hox-Genen** (zur Nomenklatur: *Drosophila* HOM, Maus *Hox*, Mensch *HOX*, *Xenopus XHox*, *Hydra* und andere Cnidarier *cnHox = cnidarian Hox*).

In der Evolution der Säuger ist durch zweifache Duplikation des ganzen Clusters ein vierfacher Satz entstanden: *HoxA, HoxB, HoxC, HoxD*.

Alle Gene in diesen Clustern sind in jenem Bereich ihrer Basensequenz, der Homöobox heißt, in sehr hohem Maße übereinstimmend (konserviert). Es wird deshalb angenommen, dass alle Homöoboxen evolutionsgeschichtlich aus einer gemeinsamen Ursequenz hervorgegangen und als Module über Rekombination mit den restlichen Sequenzen der heutigen Gene ligiert worden sind. Die *Hox*-Gene sind insoweit **paraloge Gene** (auch außerhalb der Homöobox können die Gene homolog sein, müssen es aber nicht).

Diese 4 *Hox*-Cluster sind auf 4 Chromosomen verteilt:

- *HoxA-1 bis A-13:* Mensch Chromosom 7, Maus Chromosom 6
- *HoxB-1 bis B-13:* Mensch Chromosom 17, Maus Chromosom 11
- *HoxC-1 bis C-13:* Mensch Chromosom 12, Maus Chromosom 15
- *HoxD-1 bis D-13:* Mensch Chromosom 2, Maus Chromosom 2
  (Es sind nicht jeweils 13 Gene zu finden, manche Gene können deletiert sein.)

Besonders bemerkenswert ist, dass es entlang eines jeden Clusters Gene gibt, deren Homöobox eine besonders hohe Sequenzübereinstimmung zu den entsprechend lokalisierten homöotischen Genen des *Antennapedia/Bithorax*-Komplexes von *Drosophila* aufweist (Abb. 13.4). Solche Sequenz-homologen Gene in **verschiedenen** Tierarten sind **orthologe Gene** (die Begriffe paralog und ortholog werden in Abschnitt 7.5 definiert).

In beiden Tiergruppen, den Insekten und den Vertebraten, und darüber hinaus auch in anderen Tiergruppen, findet man die gleiche Kolinearität zwischen der physikalischen Reihenfolge der Einzelgene eines Clusters auf den Chromosomen und dem raum-zeitlichen Expressionsmuster im Kör-

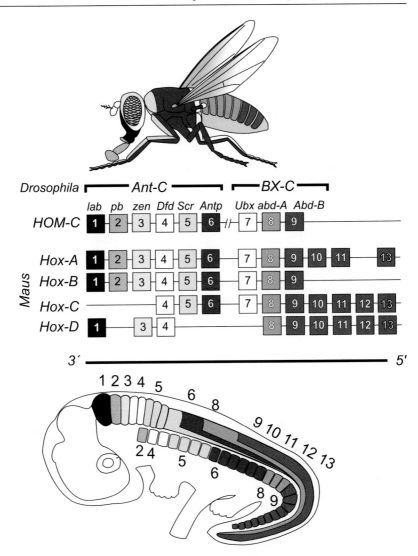

Abb. 13.4. Organisation der homöotischen Gencluster und ihre Konservierung in der Evolution. In *Drosophila* findet sich ein Cluster (Komplex), der in zwei Untergruppen, den *Antennapedia*-Komplex und den *bithorax*-Komplex, aufgegliedert ist. Die (nummerierten) Mitglieder eines Clusters sind paralog; ihre Homöoboxen gehen auf Genduplikationen in der Evolution zurück. In der Maus ist der gesamte Komplex vervierfacht. Einander entsprechende Nummern bzw. Farben kennzeichnen orthologe Gene, die eine besonders hohe Sequenzübereinstimmung in ihren Homöoboxen aufweisen (nach McGinnis u. Krumlauf)

Homöotische Transformationen

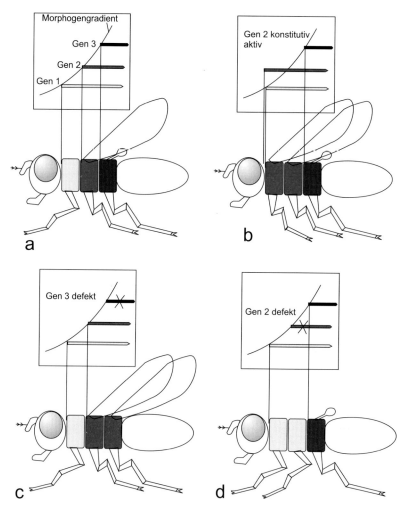

Abb. 13.5. Modell zur Erklärung homöotischer Transformationen. Angenommen ist, dass ein Morphogen mit steigender Konzentration ein Gen des *Hom/Hox* Clusters nach dem anderen einschaltet. Das Gen 1 ist in der *Hom/Hox*-Gruppe weiter vorn lokalisiert als 2 und 3 und wird durch eine geringe Morhogenkonzentration, wie sie im vorderen Thoraxbereich herrscht, eingeschaltet. Das aktivierte Gen 1 organisiert die Entwicklung des Segments zum Prothorax. Das bei höherer Morphogenkonzentration eingeschaltete Gen 2 steuert die Entwicklung des Segments zum Mesothorax, Gen 3 organisiert Metathorax und so fort. Es gilt die Regel, ein Gen mit höherer Nummer dominiert über die Gene mit niedrigerer Nummer. Fällt ein Gen wegen einer Defektmutation aus, behält das anteriore Gen in den nachfolgenden Segmenten das Sagen (c,d), bis ein Gen mit höherer Nummer die Herrschaft übernimmt. Wird ein Gen konstitutiv exprimiert, bedarf es also zu seiner Aktivierung keines (oder eines nur schwachen) Morphogensignals, so wird zu weit vorn ein Segment mit posteriorer Charakteristik hergestellt (b)

per: Die 3'-nahen Gene werden früh und weiter vorn, die 5'-nahen Gene werden später und weiter hinten im Körper exprimiert. Die Übereinstimmung zu den Verhältnissen bei *Drosophila* ist frappierend:

- Der Expressionsbereich der meisten Gene beginnt mit einer scharfen vorderen Grenze und zieht von da bis zum Hinterende des Tieres; dabei nimmt die Intensität der Expression von vorn nach hinten ab.
- Die vorderen Grenzen sind gestaffelt; die Expression des nächsten Gens einer paralogen Gruppe beginnt jeweils ein Stück weiter Richtung Hinterende. Das Gen *Ultrabithorax (Ubx)* des Bithorax-Komplexes wird von der Mitte des ersten Thoraxsegments (T1) bis zum posterioren Ende des Abdomens exprimiert, das im Komplex folgende Gen *abd-A* von der Mitte des Segments A2 und das Gen *Abd-B* von der Mitte des Segments A4 bis zum Ende des Abdomens. Sowohl das *Abd-B*-Gen von *Drosophila* als auch das mit ihm sequenzverwandte *Hox-B9*-Gen der Maus sind im posterioren Territorium ihres Embryos aktiv.

Im Wirbeltier sieht man wechselnde Expressionsmuster, die sich wellenartig über große Bereiche des Embryos ausbreiten:

1. Longitudinale Körperachse. Alle Vertreter der vier *Hox*-Sätze (*Hox cluster*) werden exprimiert mit scharfen vorderen Grenzen; doch sind diese Vordergrenzen nicht für alle einander entsprechenden (orthologen) Gene der vier Sätze gleich, und die Expressionsmuster sind im Neuralrohr und in der Serie der Somiten verschieden (Abb. 13.4, Abb. 13.6). Es sei nochmals darauf hingewiesen, dass aus diesen embryonalen Strukturen verschiedene Zelltypen hervorgehen: Nervenzellen, Gliazellen, Muskelzellen, Bindegewebszellen, Knorpel- und Knochenzellen.

Wie in *Drosophila* so kann auch im Wirbeltier **eine Mutation in den homöotischen Genen zu einer Transformation einer Struktur in eine andere** führen, die meist zu einem vorhergehenden oder nachfolgenden Segment gehört.

Für homöotische Transformationen gilt die in Modell Abb. 13.5 illustrierte Grundregel: Ein in der *Hom/Hox*-Gruppe nachfolgendes und entsprechend weiter hinten im Körper exprimiertes Gen dominiert über seine Nachbargene, die ihren Platz weiter vorn in der Gruppe haben und weiter vorn im Körper exprimiert werden. Fällt ein Gen wegen einer Defektmutation aus, behält das weiter anterior gelegene Gen das Sagen, bis es durch das nächste intakte posteriore Gen zum Schweigen gebracht wird.

- Bei der Fliege beispielsweise kann sich der Metathorax, in dem normalerweise die Flügel in Halteren (Schwingkölbchen) umgeformt sind, in einen Mesothorax umwandeln, der nun ortsgerecht reguläre Flügel trägt (Abb. 13.5c; s. auch Abb. 3.34).
- Bei der Maus kann sich beispielsweise am oberen Ende der Wirbelsäule, wo die ersten drei Wirbelkörper normalerweise zu Proatlas, Atlas und Axis werden, der Atlas in einen zusätzlichen Proatlas oder in eine zusätzliche Axis verwandeln.

Hox-Genexpression
im Mausembryo

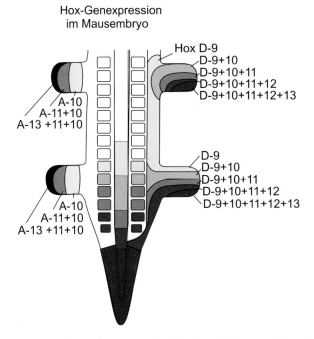

Abb. 13.6. Expressionsmuster der *Hox-A-* und der *Hox-D-*Gene im Rumpf und in den Extremitäten des Mausembryos. Die Gene mit den niedrigsten Nummern werden zuerst, die mit den höchsten Nummern zuletzt exprimiert. Die Expressionszonen sind dynamisch: Sie breiten sich wellenförmig aus, wobei die Ausbreitungsstrecken mit steigender Nummer zunehmend kürzer werden. In den Extremitätenknospen starten die Expressionswellen der *Hox-A-*Gene an oder nahe der Knospenspitze, die Expressionswellen der *Hox-D-*Gruppe am Knospenhinterrand

2. **Extremitätenknospe, anterior-posteriore Achse** (Abb. 13.6). Am Hinterrand bildet sich ein Zentrum, wo die Expression der *Hox*-Gene *D-9* bis *D-13* startet. Dieses Zentrum ist weitgehend deckungsgleich mit dem Signalsender **ZPA** (zone of polarizing activity), der das extrazelluläre Signalprotein **SONIC HEDGEHOG** aussendet. Die Expressionszonen breiten sich wellenförmig aus, die von *D-9* am weitesten, die von *D-13* nur eine kurze Distanz. Manche Expressionszonen breiten sich in zwei aufeinanderfolgenden Wellenzügen aus (z.B. *HoxD-11*). Allerdings sind die von den *Hox*-Genen codierten Proteine Transkriptionsfaktoren, die in den Kernen sitzen. Man wird deshalb annehmen wollen, dass sie selbst sich gar nicht ausbreiten können; vielmehr mag ihre Expression (noch unbekannten) extrazellulären Signalmolekülen folgen. Doch das alles ist noch ungewiss (s. nachfolgender Abschnitt 13.3.4).

3. **Extremitätenknospe, proximo-distale Achse** (Abb. 13.6). Hier ist das Auswachsen der Knospen begleitet von der wellenförmigen Ausbreitung der *HoxA*-Gene. Wieder startet ihre Reihenfolge nach steigender Nummer:

A-9, A-10 bis *A-13*, und die Expressionszonen werden zunehmend kleiner.

Man könnte nun meinen, die *Hox*-Gene würden eben regionspezifische Genaktivitäten in Gang setzen. Das ist wohl so, doch darf man nicht schlichten Gemütes bestimmte fertige Strukturen bestimmten Genen zuordnen. So werden die Gene *HoxD-1* bis *HoxD-13* sowohl im Rumpf als auch in den vorderen und hinteren Gliedmaßen zur Programmierung der weiteren Entwicklung gebraucht. *HoxD-13*-Genprodukte finden sich nicht nur in der wachsenden Schwanzspitze, sondern auch an der Spitze einer Armknospe und einer Beinknospe. *Hox-A*- und *Hox-C*-Gene werden kolinear auch im Darm eingeschaltet. **In der Reihenfolge der Hox-Gene** und ihrer cis (also auf dem selben Strang liegenden) regulatorischen Sequenzen **ist ein zeitliches Expressionsprogramm codiert**, dessen molekulare Niederschrift noch weitgehend ungeklärt ist.

Ein weiterer bemerkenswerter Befund: Sowohl bei der Entwicklung des Zentralnervensystems und der Achsenorgane des Körpers als auch in den auswachsenden Arm- und Beinknospen steht das Expressionsmuster verschiedener *Hox*-Gruppen unter der Kontrolle organisatorischer Zentren, die induktive Signale aussenden, als da sind (in zeitlicher Reihenfolge):

- Spemann-Organisator (obere Urmundlippe in der Gastrula der Amphibien, Primitivknoten auf der Keimscheibe der Reptilien, Vögel und Säuger);
- der FGF-10-Sender im Zentrum des Extremitätenfeldes in der Flanke des Embryo;
- die ZPA am Hinterrand der Extremitätenknospe, die SONIC HEDGEHOG aussendet. Gewiss wirken noch mehr Organisationszentren auf das Muster der Hox-Expression ein.

13.3.4
Eine Überraschung: Manche Hox-Proteine sind wohl nicht nur Transkriptionsfaktor, sondern können auch die Funktion eines extrazellulären Signalmoleküls wahrnehmen

Erstmals beim Produkt des Gens *engrailed,* das bei der Fliege wie auch bei der Maus zur Abgrenzung von Segmenten und anderen Kompartimenten des Körpers (z.B. Hirnregionen) aktiviert wird, haben französische Forscher eine unerwartete Entdeckung gemacht: Das Protein ENGRAILED kann von produzierenden Zellen in die Umgebung entlassen und von benachbarten Zellen anderen Typs aufgenommen werden. Ohne intrazellulär in Endosomen verdaut zu werden, findet ENGRAILED in den neuen Wirtszellen den Weg in den Kern. Die Bedeutung dieser Beobachtung ist noch unklar, doch ist sie potentiell sehr hoch.

13.3.5
Eine Monsterfliege mit 14 Augen zeigt, dass Augen tierischer Organismen mehr gemeinsam haben, als dem Morphologen erkennbar ist

Die Analyse von Genen, die für die Entwicklung des Auges benötigt werden, gipfelte in einem der spektakulärsten Experimente der gegenwärtigen Entwicklungsbiologie: in der durch genetische Manipulation hervorgerufenen Entwicklung vieler zusätzlicher Augen an den Antennen, Beinen, Flügeln oder Halteren einer Fliege (Abb. 13.7).

Es sind in *Drosophila* mehrere Mutationen bekannt, die eine Verkrüppelung oder den vollständigen Verlust der Augen zur Folge haben. Zu diesen gehört das Gen *eyeless (ey)*. Das Gen ist homolog (ortholog) zum Gen *small eye (Sey)* der Maus, das besser als *Pax-6* der Wirbeltiere bekannt geworden ist, und zum Gen *Aniridia* des Menschen. Hat ein menschlicher Keim das mutierte (–/–) Allel *Aniridia* doppelt erhalten (ist er also homozygot in diesem Gen), stirbt er vorzeitig ab. Heterozygote (–/+) Menschen, die neben einem kranken auch ein gesundes Allel tragen, fehlt die Iris.

Die genannten Gene sind Elemente eines regulatorischen Netzwerkes aus Transkriptionsfaktoren, die allesamt mit einer Homöodomäne, manche darüber hinaus mit einer weiteren DNA-bindenden Domäne, der paired Box, ausgestattet sind und die synergistisch Augenentwicklung steuern. In diesem Netzwerk haben einzelne Gene eine führende Rolle. Bekannt geworden sind die Gene der *sine-oculis*-Familie und **Pax6**. Diese werden allerdings nicht nur in den Augenanlagen, sondern auch in weiteren Regionen des Gehirns, des Kopfes und einige sogar in Organen des Rumpfes exprimiert.

Obwohl viele Gene zu einem regulatorischen Netzwerk verschaltet sind, kann es sein, dass der Ausfall eines Gens die Augenentwicklung massiv stört. Das ist nicht so sehr erstaunlich wie der umgekehrte Fall: Ektopische Expression auch nur eines dieser Gene kann Augenentwicklung am falschen Ort in Gang setzen. Dies zeigt das folgende Experiment:

Eine Arbeitsgruppe in Basel um Walter Gehring hat das Gen *eyeless* kloniert und in Fliegen eingeschleust, und zwar in einer Weise, dass das Gen speziell in Imaginalscheiben gemeinsam mit anderen Genen, die dort normalerweise eingeschaltet werden, exprimiert wurde. Die Methode der Manipulation ist in Abb. 13.7 B skizzenhaft wiedergegeben. Das in den Imaginalscheiben produzierte EYELESS-Protein programmierte Zellgruppen der Scheibe so um, dass sie zu Augenvorläuferzellen wurden. Diese veränderten Imaginalscheiben entwickelten im Zuge der Metamorphose Augenstrukturen, die außen auf der Körperoberfläche exponiert wurden. Auf den Antennen lokalisierte Augen waren sogar an das Gehirn angeschlossen (W. Gehring: „Vielleicht riechen sie mit diesen Augen Licht“).

Erstmals war die ektopische Entwicklung eines Organs nicht durch Transplantation von induzierendem Gewebe oder über Induktionsfaktoren, sondern durch genetische Manipulation hervorgerufen worden. Ein weite-

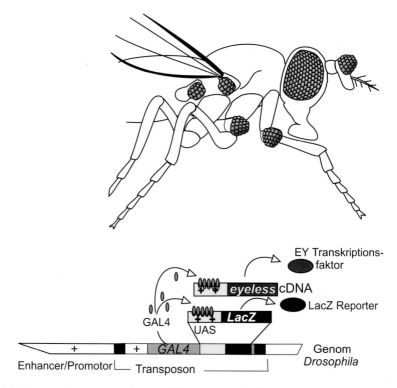

Abb. 13.7 A, B. Ektopische Augen bei *Drosophila*. **A** Die zusätzlichen, ektopischen Augen wurden hervorgerufen durch ektopische Expression des Wildtyp *eyeless*⁺ Gens in den Imaginalscheiben der Beine, der Flügel, der Halteren oder der Antennen. Experimente von Halder et al. (1997). **B** Genetische Manipulation, die zur Entwicklung der ektopischen Augen (Abb. 13.6) führte. Im Vorfeld des Hauptexperiments war mittels Transposons (P-Elemente) das aus der Hefe stammende Gen für den Transkriptionsfaktor GAL4 in das Genom von Fliegen eingeschmuggelt worden (Verfahren s. Box K13). In seltenen, aber erkennbaren Fällen setzte sich das Transposon so in das Genom, dass das *Gal4* in bestimmten Imaginalscheiben exprimiert wurde. Der erzeugte GAL4-Faktor aktivierte über einen UAS-Promotor das in Eizellen injizierte Reportergen *LacZ*, dessen Produkt die Bildung eines blauen Farbstoffes ermöglicht. Fliegen mit blauen Imaginalscheiben wurden weiter manipuliert. In einer zweiten Stufe des Experiments wurde in Eier solcher Fliegenstämme das *eyeless*⁺ Gen eingeführt, das ebenfalls mit einem UAS-Promotor bestückt worden war und daher ebenfalls von GAL4 aktiviert werden konnte

res aufregendes Resultat war dies: Statt des *Drosophila*-Gens *eyeless* kann man auch das Maus-Gen *Pax-6* dazu benutzen, solche überzähligen Augen an falschen Orten hervorzuzaubern. Umgekehrt kann das Drosophila-*eyeless*-Gen im Wirbeltier (*Xenopus*) Augenentwicklung in Gang setzen.

Es ist schon erstaunlich genug, dass in der Entwicklung von Augen, die so verschieden sind wie die Komplexaugen der Arthropoden und die Kameraaugen der Wirbeltiere, gleichartige, orthologe Gene am Werke sind. Es handelt sich bei *eyeless* bzw. *Pax-6* oder *Aniridia* um Selektorgene, die für einen Transkriptionsregulator codieren. Das *eyeless*-Gen enthält als besondere Teilsequenzen eine Homöobox und eine *paired box*, die dem fertigen EYELESS-Protein eine DNA-bindende Homöodomäne und eine DNA-bindende Pax-Domäne verleihen. Augenscheinlich haben sie Zielgene unter ihrer Kontrolle, die im Insekt und/oder im Wirbeltier für Augenentwicklung nötig sind, auch wenn die Augen morphologisch so grundverschieden ausfallen.

Weitere genetische Analysen ergaben, dass dem *eyeless/small-eye/aniridia*-Gen mindestens ein Gen mit noch höherer Stellung in der Hierarchie der Steuerungssysteme voransteht, das Gen *sine oculis*. Es sorgt dafür, dass die Fliege nicht nur mit Komplexaugen, sondern auch mit den kleinen Ocelli (Stirnaugen) ausgestattet wird. Dieses Gen, *sine oculis*, wird sogar schon im Stamm der Cnidaria gefunden und steuert dort in den mit Augen ausgestatteten Medusen (z. B. in der Anthomeduse *Cladonema* und der Cubomeduse *Tripedalia*) die Entwicklung der am Schirmrand lokalisierten Augen.

Was ist den genannten Augentypen, und allen anderen tierischen Augen gemeinsam? Es sind die **Rhodopsin**-Sehpigmente, für deren Herstellung Opsingene gebraucht werden, und darüber hinaus mutmaßlich auch Komponenten einer Signaltransduktionskaskade, die nach dem Einfangen von Lichtquanten in Gang kommt. Es gibt tatsächlich Indizien dafür, dass die Opsingene und Elemente der Signaltransduktion zu den Zielgenen des SINE OCULIS bzw. PAX-6-Transkriptionsregulators gehören. Andere für die Augenentwicklung nötige Gene, wie die Gene für die Linsenproteine, und auch Gene, die für Arthropoden- oder Wirbeltierauge spezifisch sind, mögen in der Evolution nach und nach in die Obhut dieses Steuerungssystems genommen worden sein.

13.4
Entwicklungssteuernde Gene und Transkriptionskontrolle: ein Resumé

13.4.1
Entwicklungssteuernde Gene sind oft Meistergene (Selektorgene), die ganze Batterien nachgeordneter Gene unter Kontrolle halten

Viele entwicklungssteuernde Gene sind, wie das oben vorgestellte *MyoD1* oder das *eyeless/Pax-6* **Meistergene = Selektorgene**. Sie liefern Proteine, die ihrerseits transaktivierende genregulatorische Funktion haben und mittels besonderer Bindungsdomänen an Steuersequenzen der ihnen unterstellten Gene binden. Man ordnet diese genregulatorischen Proteine in die Kategorie der **Transkriptionsfaktoren** ein. Manche der von diesen regulatorischen Proteinen kontrollierten downstream-Gene werden ein-, andere ausgeschaltet. Die Steuersequenzen vor oder in der Promotorregion der kontrollierten Gene heißen **Enhancer** oder **Responsive elements RE** (oder XYZ-Box).

13.4.2
Meistergene und viele andere entwicklungssteuernde Gene codieren für Transkriptionsfaktoren; diese enthalten eine besondere, DNA-bindende Domäne

In der Entwicklung des Grundbauplans von *Drosophila* und der Maus, wahrscheinlich in der Entwicklung aller vielzelligen Tiere, haben **homöotische Gene** eine zentrale Funktion. Diese Gene, und auch noch manch andere Gene wie das Koordinatengen *bicoid*, enthalten, so unterschiedlich sie sonst sein mögen, eine

- **Homöobox**, kurz *HOM* (oder *Hox*) genannte Teilsequenz aus 180 bp. Die *HOM*-Sequenz wiederum verleiht dem Protein eine charakteristische, DNA-bindende **helix-turn-helix-Domäne (HTH)**, **Homöodomäne** genannt. Die Homöodomäne ist 60–70 AS groß und birgt zwei gegeneinander abgewinkelte Alphahelix-Subdomänen in sich, die in die große Grube der DNA eingreifen. Die Homöodomänen je zweier solcher Transkriptionsfaktoren können **symmetrische Dimere** bilden. (Äußerlich sehen solche an DNA andockende HOM-Dimere ähnlich aus wie die in Abb. 13.2 gezeigten Dimere der bHLH-Transkriptionsfaktoren.)

  Diese HOM-Dimere binden aber nicht wahllos überall an die DNA; vielmehr werden mit dem HTH-Motiv die Steuersequenzen vor den zu kontrollierenden Genen gesucht und gebunden. Geringe Verschiedenheiten in den Homöodomänen der Proteine einerseits und den Steuersequenzen auf der DNA (RE- = reponsiv-Elementen) andererseits bestimmen, wo auf der DNA eine Bindung möglich ist, d. h. welcher Transkriptionsfaktor welche subalternen Gene kontrollieren kann.

  Bei *Drosophila* sind bereits mehr als 30 Proteine aufgespürt worden, die bei der Konstruktion der Körpergrundgestalt eine kontrollierende Funktion haben. Fast alle haben DNA-bindende Domänen, viele, aber nicht alle, eine Homöodomäne. Diese sollte nicht verwechselt werden mit einer DNA-bindenden Domäne, die

- **Basic helix-loop-helix bHLH** heißt (Beachte: Helix-**loop**-Helix hier, Helix-**turn**-Helix dort bei der Homöodomäne). Die bHLH sieht in ihrer räumlichen Struktur ähnlich aus wie die Homöodomäne, hat aber eine andere Aminosäurenzusammensetzung. Auch bHLH-Domänen bilden Dimere. bHLH-Domänen besitzen u. a. die zelltypspezifischen Transkriptionsfaktoren **MyoD, Myogenin, NeuroD** und **Neurogenin**.
  Manche genregulatorischen Steuerproteine sind mit

- **Zinkfingerdomänen** ausgestattet, so hat bei *Drosophila* das vom Segmentierungsgen *hunchback* codierte Protein ein Zinkfinger-Motiv vom Cys_2-His_2-Typ. Zinkfinger hat auch der in Abb. 13.7 B eingetragene GAL-4-Faktor, während EYELESS als DNA-Bindungsmotive neben einer Homöodomäne auch noch eine

- **Pax-Domäne** besitzt, die von einer *paired box*-Sequenz der DNA codiert wird. Dem *eyeless*-Gen von *Drosophila* entspricht das *Pax-6*-Gen der Vertebraten. Auch Pax-6 kann ja in der Fliege Augenentwicklung auslösen und selbstredend hat der Faktor eine Pax-Domäne. *Pax*-Gene sind ähnlich weit verbreitet wie *Hox*-Gene.

Das auf dem Y-Chromosom der Säuger befindliche zentrale Steuergen *Sry(r)* das ♂-bestimmende Gene beherrscht (Kap. 23), codiert für einen Transkriptionsfaktor namens **testis-determining factor TDF**; dieser hat eine

- **High mobility group (HMG-Box)** als DNA-bindende Struktur.
  Zu den Proteinen, die mit Zinkfingerdomänen ausgestattet sind, gehören auch die in den Zellkern eindringenden
- **Rezeptoren der Steroidhormonfamilie** (s. Abb. 20.2). Diese Familie umfasst die Rezeptoren für Steroidhormone, für das Hormon **Thyroxin (T3, T4)**, für **Retinsäure** und für **Vitamin D3**. Alle diese genregulierenden Rezeptoren besitzen zwar unterschiedliche Liganden-Bindungsdomänen für die Hormonbindung, aber sehr ähnliche Zinkfingerdomänen und Domänen für die DNA-Bindung. Die von der DNA-bindenden Domäne erkannten Sequenzen vor den regulierten Genen heißen **Hormon-sensitive Elemente HSE** oder **Hormone Responsive Elements HRE**, im Falle der Retinsäure **Retinoic Acid Responsive Element RARE**. Diese „Elemente" liegen in der Promotorregion vor der Protein-codierenden Region der betreffenden Gene.

Lehrbücher der Molekularbiologie und Genetik nennen noch manch andere DNA-bindende Strukturen (z. B. **Leucin-Zipper, POU-Domäne**).

In diesem einführenden Buch geht es nicht um eine komplette Auflistung. Es soll vielmehr ein Prinzip allgemeiner Art deutlich werden: **Viele Gene, die grundlegende Prozesse der Entwicklung kontrollieren und Gene, die maßgeblich an der Programmierung eines Zelltyps beteiligt sind, wirken, indem sie mittels der von ihnen codierten Transkriptionsfaktoren ganze Batterien nachgeschalteter Gene unter Kontrolle halten.**

13.4.3
Andere entwicklungssteuernde Gene codieren für Signalsubstanzen, Rezeptoren, Elemente der Signaltransduktion oder extrazelluläre Enzyme

Aus der großen Zahl möglicher Beispiele sei auf wenige Musterfälle hingewiesen.

- **Spezifikation der Ventralseite bei** *Drosophila*: **Spätzle-Faktor, Spätzle-Protease, Toll-Rezeptor.** Es bedarf eines externen Signals, um den Transkriptionsfaktor DORSAL aus dem Cytoplasma der Eizelle in die Kerne der Ventralseite des Embryos zu lotsen. Das Signal leitet sich von einem extrazellulären, zwischen Eihülle und Eizelle deponierten Vorläuferprotein ab. Nach der Eiablage setzt eine extrazellulär wirkende Protease aus diesem Vorläuferprotein den Faktor SPÄTZLE frei, der als extrazelluläre Signalsubstanz an den TOLL-Rezeptor bindet. Daraufhin startet eine Signaltransduktionskaskade (ähnlich der WNT-Kaskade, s. Abb. 20.1), die dafür sorgt, dass letztendlich das DORSAL-Protein in die Kerne der Ventralseite aufgenommen wird (s. Abb. 3.29). DORSAL seinerseits ist ein Transkriptionsfaktor.

- **Induktionsfaktoren, Morphogene bei _Xenopus_:** _dickkopf_ und _cerberus_ sind Gene, deren Produkt die Entwicklung eines ganzen Kopfes induzieren kann. Beide Gene sind jedoch keine Meister- oder Selektorgene, die für Transkriptionsfaktoren codieren würden. In beiden Fällen wird das fertige Protein von den produzierenden Zellen in die Umgebung entlassen, wo es als Induktionsfaktor wirksam wird. Es ließen sich viele Induktionsfaktoren, Morphogene und Peptidhormone als weitere Beispiele anführen. Genannt seien nur: BMP-4 und CHORDIN, und dazu TOLLOID als Beispiel für ein extrazellulär wirksames Enzym (s. Abb. 12.4).

13.4.4
Gene für Signalsubstanzen und Gene für Transkriptionsfaktoren können gekoppelt sein

Im Keim der Wirbeltiere markiert der Expressionsbereich der Gene _siamois_ und _goosecoid_ den Ort, der zum Spemann-Organisator, einem bedeutsamen Signalsender, wird. Beide Gene codieren für Transkriptionsfaktoren. Wird _siamois_- oder _goosecoid_-mRNA andernorts in frühe Furchungsstadien injiziert und zur Expression gebracht, entsteht dort ein zweiter Spemann-Organisator. Ein Transkriptionsfaktor veranlasst die Produktion von Induktionsfaktoren. Umgekehrt werden in Arealen, auf die Induktionsfaktoren wirken, als Reaktion auf das empfangene Signal Gene mit Homöoboxen eingeschaltet, beispielsweise Gene der _Hox-D_-Familie.

13.4.5
Entwicklungssteuernde Gene sind zu interaktiven Netzwerken verschaltet; Kombinatorik schafft Vielfalt

Es gibt Gene, die durch eine **positive Rückkoppelungsschleife (Autokatalyse)** ihren eigenen Aktivitätszustand steigern und stabilisieren. Beispiele: _MyoD1, myogenin_ (Kap. 13.2) und das Segmentierungsgen _fushi tarazu_ _(ftz)_ von _Drosophila_. Andere Gene schalten sich über eine negative Rückkoppelungsschleife selbst wieder aus. Es gibt viele Fälle, in denen Meistergene Gene an anderen Orten der Chromosomen einschalten (**Transaktivierung**), und es gibt Fälle, in denen Meistergene andere Gene ausschalten (**Suppression**). Umgekehrt können an die Steuersequenz mancher Gene mehrere Transkriptionsfaktoren binden. So können an die _HRE_-Regionen mancher Gene Heterodimere zwischen dem Rezeptor für Thyroxin und dem Rezeptor für Cortisol ankoppeln (s. Abb. 20.5).

In bestimmten Körperregionen ist jeweils ein bestimmtes Muster von Selektorgenen wirksam, die wiederum verschiedene subalterne Genbatterien unter Kontrolle halten. Damit kommen Kaskaden von Genaktivierungen in Gang (**Domino-Effekt**). Dazwischengeschaltete extrazelluläre Signalmoleküle ermöglichen eine räumliche Ausbreitung solcher Kaskaden: Sie werden zu Lawinen.

Die Frage, warum ein Organismus mit relativ wenigen Genen auskommt, findet ihre partielle Antwort darin, dass in jeder Körperregion und jedem Gewebetyp eine besondere Kombination von Genen zum Zuge kommt und dabei die Kombinationen im Laufe der Zeit wechseln. Es kommt zu wechselnden raum-zeitlichen Mustern der Genexpression, vergleichbar den raum-zeitlichen Mustern der Aktivierung von Musiknoten in einem Orchester. Bei einem Schatz von vielleicht 19 100 (*C. elegans*), 13 600 (*Drosophila*) oder ca. 40 000 (Mensch) Genen ist eine unerschöpflich große Kombinationsvielfalt möglich.

13.5
Das epigenetische zelluläre Gedächtnis

13.5.1
Der Determinationszustand ist über Zellteilungen hinweg auf Tochterzellen übertragbar; man spricht von einem epigenetischen zellulären Gedächtnis

Wenn Zellen zu einem bestimmten Entwicklungsweg programmiert werden, werden bestimmte Gene abrufbereit gehalten, andere stillgelegt. Es gibt Hinweise darauf, dass die Programmierung (**Determination,** commitment) häufig kurz vor oder im Zuge der DNA-Replikation in der S-Phase des Zellzyklus geschieht. In anderen Fällen ist die Programmierung unabhängig vom Zellzyklus, geschieht schrittweise und über einen langen Zeitraum hinweg. Vielfach durchlaufen die **Blasten** (Myoblasten, Neuroblasten, Erythroblasten etc.) noch mehrere Zellteilungsrunden, bis die terminale Differenzierung einsetzt und das zelltypspezifische Programm der Proteinsynthese vollständig abgearbeitet wird.

In determinierten, aber noch teilungsfähigen Zell-Linien wird der Determinationszustand in der Folge der Zellteilungen jeweils von der Ausgangszelle auf ihre beiden Tochterzellen übertragen. Die Zellen haben über das im Genom gespeicherte Wissen hinaus ein Gedächtnis für das, was sie im Zuge ihrer Determination erlernt haben. Man spricht von **epigenetischem Gedächtnis und epigenetischer Zellheredität (Vererbbarkeit)**. Diese epigenetische Vererbung des Determinationszustandes lässt Klone gleichartig determinierter Zellen entstehen. Schulbeispiel sind die künstlich durch Fragmentierung und anschließender Regeneration vermehrten Klone von Imaginalscheiben von *Drosophila* (s. Kap. 3.6, Abb. 3.36). Aber auch zahlreiche in der Zellkultur gezüchtete Zell-Linien belegen die Vererbbarkeit des Determinationszustandes. Von bestimmten Myoblasten sind schon Abermilliarden Nachkommen gezüchtet worden. Entzieht man ihnen Wachstumsfaktoren, fusionieren sie und werden zu Muskelfasern.

In den folgenden Abschnitten werden Mechanismen zusammengestellt, die zum Zellgedächtnis beitragen können. Allerdings sind die molekularen Details dieser Mechanismen noch unzulänglich bekannt.

13.5.2
Manche Gene können sich selbst in einen Zustand der Daueraktivität versetzen und dies nach jeder Zellteilung wiederholen

Es sei hier nochmals auf die **autokatalytische Selbstaktivierung** nach dem Modell des Muskelzell-determinierenden Gens *MyoD1* (Kap. 13.2) hingewiesen. Bestimmte Meister- (Selektor-)gene codieren für Proteine, die in den Kernraum zurückgelangen und als Transkriptionsfaktoren ihre eigenen Gene aktivieren. Da die Faktoren auch im Cytoplasma vorhanden sind, wo sie an den Ribosomen hergestellt werden, erhalten beide Tochterzellen solche Faktoren zugeteilt. Durch positive Rückwirkung auf ihre Gene kurbeln die den Tochterzellen zugeteilten Faktoren ihre eigene Produktion wieder an; so wird teilungsbedingte Verdünnung wieder korrigiert. Beispiel einer solchen autokatalytischen, dauerhaften Selbstaktivierung ist, neben dem *MyoD1*-System der Myoblasten (s. Abb. 13.3), das *fushi tarazu (ftz)* Gen von *Drosophila*.

13.5.3
Methylierung und Heterochromatisierung können zu einer Stilllegung von Genen führen, die auch über Zellteilungen hinweg dauerhaft ist

Schon länger sind zwei Mechanismen bekannt, die zu einer dauerhaften Stilllegung von Genen führen können, Heterochromatisierung (Abb. 13.8) und Methylierung (Abb. 13.9). Der Zustand der Blockierung kann in beiden Fällen im Zuge einer mitotischen Zellteilungsfolge an die Tochterzellen vererbt werden.

- **Methylierung der DNA.** In der DNA der Eukaryoten kann Cytosin zu **5-Methyl-Cytosin** methyliert sein. Eine solche Methylierung erfolgt nur bei **CG-Nucleotiden**, denen die inverse Sequenz **GC** gegenübersteht (Abb. 13.9). Diese Konstitution erlaubt es Methyltransferasen, im Zuge einer DNA-Replikation in beiden Tochtersträngen ein einmal erzeugtes Methylierungsmuster zu kopieren, sodass beide Tochterzellen mit dem gleichen Muster ausgestattet sind. Obzwar damit eine **Heredität** des Methylierungsmusters möglich ist, kann eine Theorie der Determination nicht auf Methylierung als alleinigem Mechanismus aufbauen, weil außer Methylierung der DNA auch Acetylierung der Histonproteine und die Dekoration des Chromatins mit vielerlei Proteinen von Bedeutung sind (Abb. 13.10).

Abb. 13.8. Inaktivierung eines X-Chromosoms im weiblichen Säuger. In den Blastomeren wird durch Heterochromatisierung wahllos eines der beiden X-Chromosomen inaktiviert; der einmal gewählte Zustand wird auf die Tochterchromosomen übertragen. Der Embryo wird zu einem Mosaik aus Zellarealen, in denen das eine X, und Arealen, in denen das andere X inaktiviert ist. Rot-schwarze Katzen tragen das Ergebnis auf ihrem Fell zur Schau. Das X-Chromosom ist Träger von Genen, die zur Melanin-Synthese benötigt werden. Die gezeigte Katze ist heterozygot. Kommt das eine Allel auf dem (z. B.) „väterlichen" X zum Zug, wird komplettes schwarzes Melanin synthetisiert, kommt das andere Allel auf dem (z. B.) „mütterlichen" X zum Zug, kann nur inkomplettes, rotes Melanin hergestellt werden

Welche Konsequenzen Methylierung für die Genexpression hat, ist im Einzelfall nicht voraussagbar. Doch zeigt die Erfahrung, dass reichliche Methylierung in der Regel zu einer Erschwerung der Transkription führt.

Bei der Keimzellenbildung wird das Methylierungsmuster (weitgehend) ausradiert und die DNA erneut methyliert. Dabei wird Spermien-DNA stärker methyliert als Oocyten-DNA, vielleicht zur Erleichterung einer dichten Verpackung im Spermienkopf. Da jedoch das Methylierungsmuster die Befruchtung überdauert, ist die Transkribierbarkeit der vom Spermium und der von der Oocyte mitgebrachten Gene nicht gleich (**väterliche oder mütterliche genomische Prägung**, Kap. 8).

- **Heterochromatisierung und Inaktivierung eines der beiden X-Chromosomen im ♀ Säuger.** Bei der Heterochromatisierung werden große Bereiche von Chromosomen oder gar ganze Chromosomen in einen Zustand stärkerer Kondensation gebracht. Die Überführung von Euchromatin in

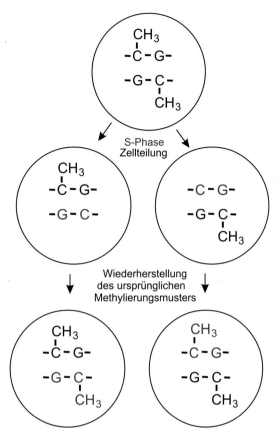

Abb. 13.9. Kopierbare chemische Modifikation der DNA, veranschaulicht am Beispiel einer Methylierung des Cytosins. Bei der gezeigten Konstellation der Basen G und C kann nach Abschluss der S-Phase ein Enzymsystem das ursprüngliche Methylierungsmuster wiederherstellen, wobei der konservierte DNA-Strang mit seinen Methylgruppen als Orientierungshilfe dient

Heterochromatin blockiert oder erschwert eine Transkription, lässt aber eine Verdoppelung der Chromosomen zu, wobei die Tochterzellen das Muster der Heterochromatisierung übernehmen können.

Bei weiblichen Säugern sind die Zellen mit **2 X-Chromosomen** ausgestattet, während die Zellen männlicher Säuger die **XY**-Konstitution haben. Gene der X-Chromosomen sind folglich im männlichen Geschlecht nur einmal, im weiblichen hingegen zweimal vertreten. Die Natur sorgt nachträglich für ausgleichende Gerechtigkeit: Zur Kompensation der doppelten Gendosis wird im weiblichen Embryo eines der beiden X-Chromosome durch Heterochromatisierung funktionell stillgelegt. Im Interphasekern wird dieses kondensierte Chromosom als intensiv färbbarer **Barr-Körper** sichtbar (s. Abb. 13.8).

Das Ereignis der Heterochromatisierung tritt ein, wenn sich die Eizelle schon mehrfach geteilt hat. Es ist nun dem Zufall unterworfen, ob in einer Blastomere das „väterliche", d.h. vom Spermium mitgebrachte, oder das „mütterliche", von der Eizelle mitgebrachte, X-Chromosom von der Heterochromatisierung betroffen ist. In allen von einer Blastomere abstammenden Abkömmlingen wird es aber dann stets das gleiche X-Chromosom sein, das heterochromatisiert ist. Eine Frau, wie jeder weibliche Säuger, wird zu einem **Mosaik aus Zellklonen, in denen das „väterliche" X stillgelegt ist, und Klonen, in denen das „mütterliche" X stillgelegt und zum Barr-Körper geworden ist.**

Rot-schwarz gefleckte Katzen – es gibt keine rot-schwarz gefleckten Kater, es sei denn, sie hätten die seltene XXY-Klinefelter-Konstitution! – tragen das Resultat sichtbar zur Schau. Das eine X trägt ein Gen, das zur Synthese von hochpolymerem, schwarzem Melanin befähigt, das andere X trägt ein Allel, mit dem nur unvollständiges, rotes Melanin synthetisiert werden kann (Abb. 13.8). Die Melaninsynthese geschieht übrigens in Chromatophoren, die sich von Neuralleistenzellen (s. Abb. 16.1) ableiten.

Heterochromatin enthält sich wiederholende Proteine mit einer **Chromo-Domäne (Chromatin-Organization-Modifier).** Es wird vermutet, dass diese Proteine mit den Nucleosomen, die die DNA-Stränge perlschnurartig begleiten, (reversible) Bindungen eingehen, wodurch die Perlenkette enger zusammengeschoben wird. Unklar ist, wie ein solcher Zustand bei einer Zellteilung gemeinsam mit der DNA (oder nach der DNA) repliziert werden kann.

Der Heterochromatisierung verwandt ist ein mehr spezifischer Effekt, der im folgenden Abschnitt kurz vorgestellt wird.

13.5.4
Es gibt besondere Gene, deren Produkte in spezifischer Weise Abschnitte auf den Chromosomen zugänglich oder unzugänglich machen; einmal hergestellt, bleiben diese Zustände über Zellgenerationen hinweg erhalten

Wieder einmal ist es *Drosophila* gewesen, die verriet, wie ein Determinationszustand in spezifischer Weise eingestellt und vererbbar gemacht werden könnte. Determinationszustand meint hier einen Zustand, bei dem viele ausgewählte Genorte auf einem Chromosom selektiv in einen dauerhaften Zustand der Aktivierbarkeit oder der Inaktivierbarkeit versetzt werden.

Homöotische Gene und auch andere Selektorgene können **in ihrem Expressionszustand bleibend fixiert werden.** Hierzu eignen sich Proteine, die als Verpackungselemente chromosomale Abschnitte begleiten und die Zugänglichkeit der Gene in diesen Abschnitten erschweren oder erleichtern (Abb. 13.10).

- Gene der **Polycomb-Gruppe (PcG)** codieren für Proteine, die in bestimmten Abschnitten der Chromosomen den Verpackungszustand verdichten

Promotor-Bereich *Polycomb*-regulierter Gene

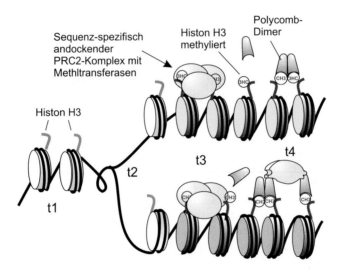

a

b   DNA-Replikation und Rekonstitution des Memory-Komplexes

Abb. 13.10 a, b. Stark vereinfachendes, spekulatives Modell zum *„gene silencing"* und epigenetischen Gedächtnis. **a** Bestimmte *Hom/Hox* Gene, die über Zellteilungen hinweg stillgelegt werden sollen, besitzen in ihrem Promotor-/Enhancer-Bereich eine Nukleotidsequenz, die Cellular Memory Modul CMM genannt wird. In bestimmten Phasen der Entwicklung tritt an die CMM ein Komplex von Proteinen (PRC2) heran, der Methyltransferasen enthält. Diese übertragen an bestimmte Lysinreste des seitlich abstehenden Histons H3 der Nucleosomen eine Methylgruppe und markieren so das CMM. Die Methylgruppen werden von Polycomb-Proteinen erkannt. Es treten weiter Proteine heran und es bildet sich ein PRC1-Komplex, der verhindert, dass die RNA-Polymerase das Gen transcribieren kann. Indem Polycomb-Proteine Dimere bilden, tragen sie zur Kondensation des betreffenden Chromatinabschnittes bei. **b** Nach einer Replikation der DNA findet der PRC2 Komplex das CMM wieder und erneuert in jedem Tochterstrang das Methylierungsmuster. Damit können in beiden Tochterzellen die so markierten Gene wieder stillgelegt werden. Nach Ringrose u. Paro (2001), sowie Lund u. van Lohuizen (2000)

und damit die Aktivierbarkeit der Gene herabsetzen. Besonders betroffen sind die Promotor-Regionen entwicklungssteuernder Hox-Gene, die zum Schweigen gebracht werden sollen. Die Proteine haben eine Region (**Chromo-Domäne**), mit der sie an DNA-Sequenzen binden, die **Cellular Memory Modules (CMM)** genannt wurden. Mit anderen Worten: Die stillzulegenden chromosomalen Abschnitte sind durch CMM markiert. Von den CMM aus breiten sich Polycombproteine über die Promotoren der Gene aus, deren Aktivität über lange Zeit oder auf Dauer gedrosselt werden soll (Abb. 13.10). Mit Antikörpern gegen eine Chromo-Domäne der CMM ließen sich auf einem Riesenchromosom der Speicheldrüsen über 100 solche Markierungsstellen sichtbar machen (darunter Positionen in den *Antp*- und *BX*-Komplexen). Auch ein in die Fliegen eingeschleustes Reportergen, dem ein Cellular Memory Module vorangestellt worden war, ließ sich in einen Schlafzustand versetzen, der Zellgenerationen überdauerte.

- Gene der **trithorax-Gruppe (trxG)** liefern Proteine, welche Chromosomenorte öffnen und dauerhaft offen halten. Auch die Proteine dieser Gene binden an Cellular Memory Modules, erzeugen aber einen anderen Zustand, der die Gene zugänglich macht. Ein Reportergen mit einem vorangestellten CMM kann in den Zustand schlafloser Daueraktivität versetzt werden.

Drei weitere Befunde sind in diesem Zusammenhang bemerkenswert:

- Bisweilen kann der eingestellte Zustand auch über die Eizelle der nächsten Generation übermittelt werden. Auch das kann zur maternalen Prägung von Merkmalen führen.
- Man hat neuerdings ähnliche Gene in der Maus gefunden.
- Da die Produkte der genannten Gene auch in proliferierenden Zellen den Determinationszustand aufrechterhalten können, tragen sie dazu bei, dass ein Organismus wachsen kann, ohne dass seine Zusammensetzung an verschieden programmierten Zelltypen wesentliche Änderungen erfährt. Verlust des Zellgedächtnisses könnte eine Ursache für entartetes Wachstum sein (neben manch anderen, s. Kap. 21).

Wie nach einer Zellteilung das Muster der Proteinbestückung kopiert wird, ist nicht bekannt. Eine spekulative Vorstellung ist in Abb. 13.10 enthalten. Sie nimmt an, das Mehtylierungsmuster bilde eine Art Matrize. Im Grunde jedoch weiß man nicht, was wirklich abläuft. Es ist auch noch zu klären, wie das CMM-System mit den homöotischen Genen kooperiert, um beispielsweise eine Bein-Imaginalscheibe zu programmieren, und mit zelltypspezifischen Selektorgenen, um beispielsweise ein Bein mit Muskelzellen auszustatten.

ZUSAMMENFASSUNG DES KAPITELS 13

Differenzierung geht von genetisch gleichwertigen Zellen aus (anfängliche **genomische Äquivalenz**) und basiert auf **differentieller Genexpression**, durch welche die verschiedenen Zelltypen ihre besondere Ausstattung an spezifischen Proteinen erhalten. Im Zuge der Differenzierung kann es jedoch zu einer Änderung im Genbestand kommen, z.B. durch Genomamplifikation, wenn polytäne Riesenchromosomen hergestellt werden, oder durch Verlust an genetischem Material. Das Programm zur Zelltyp- oder Region-spezifischen Genexpression wird in der Determination festgelegt; dabei spielen Gene eine besondere Rolle, die als **Meister-** oder **Selektorgene** Batterien nachgeschalteter Effektorgene unter Kontrolle halten.

- Beispiel für **Zelltyp-spezifische Selektorgene** sind die Gene der *MyoD/myogenin*-Familie, die Muskelzellen determinieren.
- Beispiele für Gene, die **Positionen spezifizieren** und ortsgemäße Entwicklungsprogramme einschalten, sind die **homöotischen Gene** der *Hom/Hox*-Familie. Mutationen in diesen Genen können zu **homöotischen Transformationen** führen, bei denen normal gestaltete Strukturen am falschen Ort erzeugt werden. So lassen **loss-of-function-Mutationen** des Gens *Antennapedia* Fliegen entstehen, deren Beine am Mesothorax in Antennen verwandelt sind, während bei anderen, **gain-of-function Mutationen** eine fälschliche (ektopische) Expression des funktionstauglichen ANTP-Proteins im Kopf Fliegen hervorbringt, die anstelle der Antennen Beine tragen.
- Beispiel eines Gens, mittels dessen man die Entwicklung von **überzähligen Organen** auslösen kann, ist *eyeless* von *Drosophila*. Expression dieses Gens an falschen Orten lässt zusätzliche Augen an falschen Orten entstehen. Das Sequenz-homologe Gen *Pax-6* der Maus kann das *Drosophila*-Gen ersetzen.

Viele entwicklungssteuernde Gene codieren für **Transkriptionsfaktoren**, die mit ihrer DNA-bindenden Domäne (z.B. **Homöodomäne, bHlH** oder **Paxmotiv**) die Steuerregion (Promotor, Enhancer) nachgeschalteter Gene besetzen. Dies gilt für die Gene der *MyoD/myogenin*-Familie, für Nervenzell-spezifische Selektorgene wie *neuroD* und *neurogenin*, für das maternale *bicoid*-Gen, dessen Produkt in den Nachkommen einer Fliegenmutter den Kopf-Thoraxbereich definiert, und für die homöotischen Gene. Andere entwicklungssteuernde Gene codieren für Proteine, die als **Signalsubstanzen** dienen oder eine Funktion bei der Signaltransduktion haben.

Die homöotischen Gene der *Hom/Hox*-Familie, welche die charakteristischen Eigenschaften einer Körperregion bestimmen (Segment-Identitätsgene) und für Transkriptionsfaktoren mit Homöodomänen codieren, sind auf den Chromosomen in einer geschlossenen Gruppe konzentriert ▶

(*Drosophila*: *Antennapedia*-Komplex plus *Bithorax*-Komplex). Bei Säugern ist die gesamte Gruppe vervierfacht. Die Reihenfolge der Gene auf den Chromosomen stimmt überein mit der Reihenfolge, in der die Gene zeitlich aktiviert werden, und mit den Körperregionen, in denen sie der Reihe nach zum Zuge kommen. Am Anfang einer Gruppe stehende Gene werden vorn im Körper, am Ende der Gruppe stehende werden am Körperende exprimiert (**Kolinearität** zwischen den Positionen der Gene auf den Chromosomen und ihrer Expressionsdomänen im Körper). Normalerweise überlagert das im Laufe der Entwicklung posterior exprimierte *Hox*-Gen funktionell das anterior liegende und unterdrückt es.

Das zeitliche und räumliche Muster der Expression für solche Gene wechselt. Ein Vergleich der *Hox*-Expression im Körper und in den Gliedmaßen zeigt, dass die gleichen Gene in verschiedenen Körperregionen zur Programmierung der Entwicklung eingesetzt werden.

Ein Netzwerk von Genen, die allesamt für Transkriptionsfaktoren mit DNA-bindender Homödomäne codieren, steuert auch die Augenentwicklung. Das Gen *Pax6* der Maus kann in der Fliege Komplexaugen am falschen Ort hervorrufen, entsprechende Gene der Fliege (*eyeless* und *sine oculis*) Kameraaugen in der Maus. Es scheint, dass darüber hinaus die Entwicklung aller Augen im Tierreich, so unterschiedlich sie sind, von homologen Regulatorgenen gesteuert wird, sogar die Augen von Medusen.

Ein einmal eingestellter Determinationszustand ist zu einem Teil des **Zellgedächtnisses** geworden und kann in der Folge von Zellteilungen aufrechterhalten und auf die Tochterzellen übertragen werden. Diese **epigenetische Zellheredität** (epigenetische Vererbung) kann darauf basieren, dass ein beherrschender Transkriptionsfaktor über eine positive Rückkoppelung sein eigenes Gen aktiviert. Nach einer Zellteilung dringt der Faktor aus dem Cytoplasma in die Tochterkerne und schaltet sein eigenes Gen wieder ein. Beispiele sind die Gene der *MyoD/myogenin*-Familie oder das Segmentierungsgen *fushi tarazu* von *Drosophila*.

Determination bedeutet auch Stilllegung von Genen, deren Information nicht verwendet werden soll. Zwei bekannte Mechanismen einer dauerhaften und auf Tochterzellen übertragbaren Stilllegung sind: **Methylierung** und **Heterochromatisierung**. Durch Heterochromatisierung wird bei Frauen eines der beiden X-Chromosomen zum **Barr-Körper** kondensiert und weitgehend stillgelegt. Auch diese Stilllegung ist Teil des epigenetischen Zellgedächtnisses.

Zum Zellgedächtnis tragen bei *Drosophila* (und wahrscheinlich auch bei Säugern) besondere Steuergene bei, deren Produkte viele ausgewählte Orte auf den Chromosomen in einen Zustand bleibender Unzugänglichkeit oder Zugänglichkeit versetzen, in dem sie den lokalen Kondensationsgrad des Chromatins nachhaltig verändern. Die betreffenden Chromosomenorte sind durch DNA-Sequenzen markiert, die **Cellular Memory Modules (CMM)** genannt wurden. Proteine der *Polycomb*-Gengruppe machen durch Bindung CCM-markierte Gene unzugänglich, Proteine der *thrithorax*-Gengruppe versetzen CCM-markierte Gene in Daueraktivität. Die Dauerhaftigkeit und Heredität solcher Zustände ermöglichen, dass eine einmal eingestellte Determination auch in proliferierenden Zellen bewahrt bleibt. Dies ist eine Voraussetzung für geordnetes Wachstum.

14 Irreversible Veränderungen und programmierter Zelltod

14.1
Reversible und irreversible Differenzierungszustände

14.1.1
Ein reversibler Determinations- und Differenzierungszustand macht mancherlei Regenerationsleistungen möglich

Wenn die Kanalisierung der Zellen in verschiedene Entwicklungswege abgeschlossen ist, erreichen die Zellen einen Zustand stabiler Determination. Er kann über viele Zellteilungsrunden hinweg epigenetisch vererbt werden. Epigenetisch in diesem Kontext meint: Es ist der Proteinbestand des Chromatins in den Chromosomen differenzierungsspezifisch verändert, insbesondere ist die Bestückung der DNA mit Transkriptionsfaktoren gegenüber dem Zustand vor der Determination und Differenzierung der Zelle verändert; die DNA selbst ist jedoch unverändert geblieben. In solchen Fällen kann die Determination bisweilen aufgehoben werden. Man unterscheidet **Transdetermination**, bei der determinierte, aber noch nicht terminal differenzierte Zellen schlagartig ihren Determinationszustand wechseln, von **Transdifferenzierung (Metaplasie)**, bei der bereits vollständig differenzierte Zellen re-embryonalisieren und anschließend neue Differenzierungswege einschlagen. Beide Phänomene wurden im Zuge von Regenerationsprozessen beobachtet und werden in Kap. 24 durch Beispiele erläutert.

14.1.2
Vielfach ist die Zelldifferenzierung irreversibel und führt zum Tod der Zelle; ein früher Zelltod kann auch vorprogrammiert sein

Die Schwierigkeit, für das Klonen von Wirbeltieren geeignete Spenderkerne zu finden, ist vor allem darin begründet, dass die terminale Differenzierung somatischer Zellen zu irreversiblen Änderungen in der genetischen Ausstattung, nicht selten sogar zum Verlust genetischer Information führen kann. Solche Zellen werden früher oder später sterben. Der vorprogrammierte frühe Zelltod, die Apoptose, wird Thema eines eigenen Abschnittes (14.3) sein. Im Folgenden befassen wir uns erst mit irreversiblen Veränderungen in der Verfügbarkeit genetischer Information.

14.2
Verlust der vollständigen Verfügbarkeit genetischer Information

14.2.1
Bei der Entwicklung der Lymphocyten kommt es zu einer irreversiblen somatischen Rekombination

Rekombination, ein Neuarrangement von Genen, ist ein Charakteristikum der sexuellen Fortpflanzung und geschieht dort im Zuge der Meiose. Überraschenderweise gibt es einen ähnlichen Prozess in der Entwicklung der Lymphocyten, wenn ein Lymphoblast das genetische Programm für die künftige Produktion seiner Antigenrezeptoren bzw. seiner Antikörper zusammenstellt. Dies geschieht an den Heimatorten dieser Zellen (Abb. 14.1), wo sie auf ihren besonderen Beruf vorbereitet werden.

Ein rekombinatorisches Zufallsspiel fügt verschiedene DNA-Sequenzen in wechselnden Kombinationen aneinander und schafft so die (wichtigste) Möglichkeit, die Antigenrezeptoren – und damit die von ihnen abgeleiteten Antikörper – mit variablen Antigenbindungsdomänen zu versehen (Abb. 14.2). In jedem B- oder T-Lymphoblasten wird eine beliebige Kombination probiert. Nach der Auswanderung der Lymphoblasten aus dem Knochenmark werden dann in der Grundschule des ersten Wohnorts, beispielsweise im Thymus, durch strenge negative Selektion all jene Lymphocyten aussortiert, deren Rezeptoren körpereigene Substanzen binden. Wer übrig

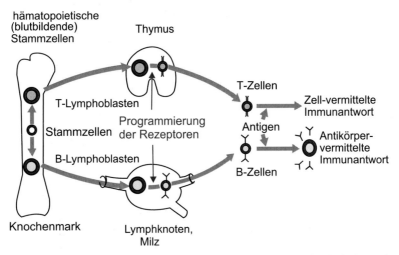

Abb. 14.1. Herkunft und Wege der Lymphocyten. Die Stammzellen befinden sich im Knochenmark. Über die Blutbahn gelangen sie in den Thymus (T-Lymphoblasten) oder in Lymphknoten bzw. die Milz (B-Lymphoblasten). In den Lymphoblasten läuft die in Abb. 14.2 gezeigte somatische Rekombination ab, die der Expression der T-Zell- bzw. B-Zell-Rezeptoren vorausgeht. Sind die Rezeptoren exprimiert und auf der Zelloberfläche exponiert, können die T- bzw. B-Zellen durch Antigen stimuliert werden

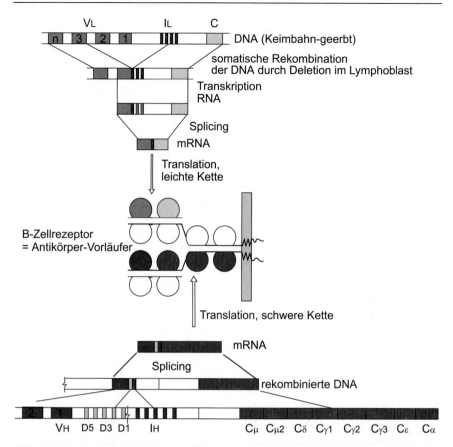

Abb. 14.2. Programmierung eines B-Zell-Rezeptors bzw. des vom B-Zell-Rezeptor abgeleiteten Antikörpers in einem Lymphoblasten. Die Programmierung umfasst (1) somatische Rekombination auf der Ebene der DNA, (2) Transkription und Spleißen des Transkripts zur mRNA, (3) Translation. Zufall spielt bei (1) und (2) eine wichtige Rolle. Das zusätzliche Zufallsmoment der Hypermutation kann auf der gewählten Skala nicht dargestellt werden

bleibt, hat Rezeptoren, die potentiell Nicht-Körpereigenes, also Fremdes, erkennen können. Solche Lymphocyten werden aus der Schule entlassen und siedeln sich an anderen Wohnorten (Lymphknoten, Milz) an, wo sie als fertige T-Lymphocyten bzw. Plasmazellen (Antikörper-sezernierende Abkömmlinge der B-Lymphoblasten) ihrem Beruf nachgehen.

Somatische Rekombination, im Säugerorganismus bisher nur für die Lymphoblasten nachgewiesen, führt zu irreversiblen Veränderungen in der genetischen Konstitution der Zelle.

14.2.2
Quantitative Veränderungen im Genbestand:
Genamplifikation, Genomamplifikation, Chromatinelimination

1. **Selektive Genamplifikation.** Wenn auch beim Entscheidungsprozess, welchen Entwicklungsweg eine Zelle oder Zell-Linie einnehmen soll, noch genomische Äquivalenz herrscht, so kann es doch im Verlauf der Differenzierung zu quantitativen Veränderungen im Genbestand einer Zelle kommen. Als Spezialfalle sieht man die **selektive Amplifikation** bestimmter Gene durch zusätzliche selektive Replikation der betreffenden DNA-Abschnitte an. Schulbeispiel ist die selektive Amplifikation der ribosomalen 18s, 5,8s und 28s rRNA in den Kernen vieler Oocyten (s. Kap. 8; Abb. 8.4). Sie wird dort sichtbar im Auftreten zahlreicher Nucleolen (= Fabrikationsorte der Ribosomen).

   Die Amplifikation der ribosomalen Gene in den Oocyten ist allerdings reversibel. Selektive Genamplifikation ist sehr selten, ob sie nun reversibel oder irreversibel ist. Eine irreversible Genamplifikation wurde in den Follikelzellen der Ovariolen von *Drosophila* gefunden, wo die Gene für die Proteine der Eihülle (Chorion) amplifiziert werden.

2. **Genomamplifikation.** Häufig kommt es im Zuge einer Entwicklung bestimmter Gewebe zu einer Genomamplifikation durch Polyploidisierung oder Polytänisierung.

   * **Polyploidie** liegt vor, wenn der ganze Chromosomensatz vervielfacht wird. Die vergrößerten Kerne enthalten statt dem normalen diploiden (zweifachen, 2n) Satz einen vierfachen (4n) oder gar achtfachen (8n) Satz an Chromosomen. In der Entwicklung der Säuger sind es im frühen Keim, in der Blastocyste, die Zellen des Trophoblasten und im älteren Embryo viele Drüsenzellen, die eine Genomamplifikation durch Polyploidisierung erfahren. Es handelt sich hierbei um metabolisch sehr aktive Zellen, die ein amplifiziertes Genom gut gebrauchen können, weil sich an vervielfachten Genen mehr Transkripte pro Zeiteinheit herstellen lassen.

   * **Polytänie** liegt vor, wenn die DNA der Chromosomen wiederholt repliziert wird, ohne dass sich die Tochterstränge (Chromatiden) hernach voneinander trennen und gesonderte Chromosomen bilden würden (Endoreplikation). Wiederholte Endoreplikation erzeugt das Bild von **Riesenchromosomen**. In der Entwicklung von *Drosophila* sind es anfänglich Chromosomen der larvalen Zellen, welche polytän werden, während die künftigen imaginalen Zellen noch diploid bleiben. In der fertigen Fliege enthalten nahezu alle Zellen polytäne Chromosomen. Die größten findet man in den Speicheldrüsen, doch werden beispielsweise auch die Nährzellen (Ammenzellen) im Ovar polytän.

3. **Chromatin- und Kernelimination.** Der Gen- und Genomamplifikation steht der Verlust an genetischem Material gegenüber. Schulbeispiel ist der von Theodor Boveri in berühmten Studien untersuchte frühe Em-

bryo des Nematoden *Parascaris equorum* (Pferdespulwurm, heute: *Parascaris univalens*). Im Verlauf der ersten Furchungsteilungen erhalten nur die Zellen der Keimbahnlinie die beiden (Sammel-)Chromosomen intakt und in voller Länge zugeteilt. In den somatischen Zellen jedoch werden die großen Sammelchromosomen in kleine Einzelchromosomen fragmentiert, und dabei geht in den somatischen Zellen ein Teil des Chromatins verloren. Bei *Ascaris suum* (Schweinespulwurm) sind es 20%, bei *Parascaris univalens* gar 85% der DNA, die enzymatisch abgebaut werden. Gewiss, bei dieser **Chromatin-Diminution** wird überwiegend überschüssige DNA, die keine Proteine codiert oder redundante Sequenzen enthält, beiseite geräumt; doch scheinen sich die somatischen Zellen auch einiger Gene zu entledigen, die nur unmittelbar nach der Befruchtung vor der ersten Zellteilung oder nur in der Entwicklung der Keimzellen gebraucht werden.

Chromatinelimination kommt auch bei anderen Organismen in bestimmten Zellen vor. In der Mücke *Wachtliella persicariae* verlieren viele Kerne 38 ihrer ursprünglich 40 Chromosomen. Doch das ist keineswegs Weltrekord. Den halten mehrere Körperzellen der Säugetiere: Bekanntestes Beispiel sind die **Erythrocyten**, die im Zuge ihrer terminalen Differenzierung ihre Chromosomen fragmentieren und schließlich den Kern verlieren (Ausnahme: Kamele) ebenso wie die **Keratinocyten** der Haut, Federn und Haare.

14.3
Apoptose: der programmierte Zelltod

14.3.1
Programmierter Zelltod ist Teil der normalen Entwicklung, auch im Nerven- und Immunsystem

Bei allen vielzelligen Tieren – sogar bei dem kleinen Nematoden *Caenorhabditis elegans*, der für die konstante Zahl seines Zellinventars bekannt ist (Kap. 3.4) – ist ein (genetisch) programmierter Zelltod (**Apoptosis**) Teil der normalen Entwicklung, insbesondere in der Entwicklung des Nervensystems. Ein Teil der Neuroblasten stirbt ab. Im Nematoden *C. elegans* wird die Apoptose durch zwei Gene (*ced-3, ced-4*) in die Wege geleitet. Loss-of-function-Mutationen in dem einen oder anderen dieser beiden Gene lassen überschüssige Neuroblasten am Leben.

Auch bei Wirbeltieren sterben während bestimmter Phasen in der Entwicklung des Nervensystems mehr als 70% der Neuroblasten ab, vor allem solche, die nicht ordentlich mit ihren korrekten Zielzellen verknüpft sind (Kap. 17). Auch viele Lymphoblasten und Keimzellen sterben. In der Entwicklung der Hand besorgt programmierter Zelltod die Auftrennung der paddelförmigen Handanlage in getrennte Finger (Abb. 14.3).

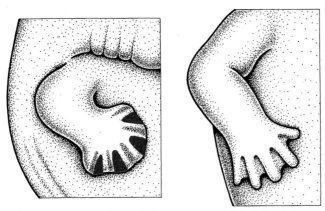

Abb. 14.3. Programmierter Zelltod (rote Areale) bei der Auftrennung des Handpaddel in Finger

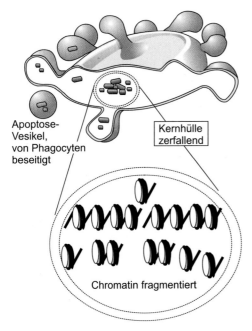

Abb. 14.4. Apoptose einer Zelle. Sie schnürt bis zur Selbstauflösung Vesikel ab, die von Phagocyten (im Wirbeltier Makrophagen) beseitigt werden. Die Kernhülle löst sich auf, das Chromatin kondensiert und wird von Nukleasen zerlegt. Da die Nucleasen zuerst zwischen den Nucleosomen spalten, ergeben sich vorübergehend DNA-Fragmente, die einer, zwei, drei usw. Nucleosomenwindungen entsprechen und nach elektrophoretischer Auftrennung gemäß ihrer Größe im Polyacrylamidgel (PAGE) ein Leiterbandenmuster liefern. Chromatinreste gelangen in die apoptotischen Vesikel und werden in den Phagocyten zuende verdaut

Apoptose ist ein Selbstmord, der die Züge einer wohlgeplanten Tat hat. Dem Suicid geht eine aktive Synthese von Proteasen und anderer Apoptose-spezifischer Proteine voraus. Die Zelle zerlegt sich selbst in Vesikel, kleine Häppchen, die von den Nachbarzellen (später im Leben von den Makrophagen des Immunsystems) problemlos verspeist werden können (Abb. 14.4). Es kommt zu keinen nekrotischen Komplikationen (Nekrose = nicht-programmierter Zelltod durch Beschädigung).

Der programmierte Zelltod kann durch externe Faktoren ausgelöst, durch andere verhindert werden. So sichert beispielsweise der **Nervenwachstumsfaktor NGF** das Überleben von Neuronen des sympathischen Nervensystems (Kap. 17).

14.3.2
Bei Lymphoblasten steht der Zelltod im Dienste eines Lernprozesses

Dies klingt skurril, hat aber gewichtige Gründe: Wenn Lymphoblasten, die künftigen B- oder T-Zellen des Immunsystems, ihr Zufallsspiel bei der Programmierung ihrer Rezeptoren ablaufen lassen (Abschnitt 14.2.1), lässt es sich nicht vermeiden, dass auch Rezeptoren und Antikörper – das sind freigesetzte B-Zell-Rezeptoren – herauskommen, die körpereigene Antigene binden würden. Es wäre fatal, würden nicht solche Lymphoblasten alsbald eliminiert; denn das Immunsystem ist äußerst aggressiv. Autoimmunkrankheiten zeigen, dass das Immunsystem den eigenen Körper umbringen kann. Noch bevor die Immunantwort eines jungen Lebewesens voll heranreift, müssen alle solche potentiell autoaggressiven Lymphoblasten sterben. Dies geschieht beim Menschen im großen Maßstab bald nach seiner Geburt, wenn die Antikörper, die wir über die Muttermilch in uns aufnehmen, nicht mehr ausreichen und unser Immunsystem selbstständig werden muss. Überleben dürfen nur die Lymphoblasten, deren Rezeptoren nicht-körpereigene Antigene binden. Eben daher erkennt das Immunsystem später leidlich zuverlässig, was fremd ist. Wie das alles geregelt wird, muss in Fachbüchern der Immunologie nachgelesen werden, die freilich auch noch keine zuverlässigen Aussagen machen können. Kenntnisse darüber wären für das Verständnis von Autoimmunkrankheiten sehr wichtig.

Mutmaßlich geht so manche Autoimmunkrankheit im späteren Leben darauf zurück, dass in unserem frühen Leben autoreaktive Lymphocyten-Stammzellen dem Zelltod entgangen sind. Steroidhormone der Nebennierenrinde – im Besonderen **Cortisol** – fördern den kollektiven Selbstmord von T-Lymphocyten im Thymus. Geburt und Tod im Immunsystem unterstützen das Leben der ganzen Zellengemeinschaft, aus der unser Körper besteht.

ZUSAMMENFASSUNG DES KAPITELS 14

In der Entwicklung verschiedener Zelltypen kann es zu irreversiblen Änderungen im Genbestand oder der Abrufbarkeit genetischer Information kommen. Irreversible Veränderungen gehen beispielsweise zurück auf

- **somatische Rekombination** (in den Lymphoblasten bei der genetischen Programmierung der Antikörpervarianten),
- **Genamplifikation** (selten, die Amplifikation ribosomaler Gene in den Oocyten ist reversibel),
- **Genomamplifikation** (Polyploidie der Trophoblastzellen, Polytänie der Riesenchromosomen), oder auf
- **Elimination von Chromatin.** Manche Zellen, wie unsere Erythrocyten, verlieren sogar ihren ganzen Zellkern; sie fallen einem baldigen Tod anheim.

Apoptose, genetisch vorprogrammierter früher Zelltod, ist ein charakteristisch ablaufender Vorgang und Teil der normalen Entwicklung. Durch Apoptose werden unsere Finger voneinander getrennt; durch Apoptose werden unkorrekt vernetzte Nervenzellen und autoreaktive Immunzellen eliminiert.

15 Gestaltbildung durch Zellbewegung und differentielle Zelladhäsion

15.1
Aktive Zellbewegung und Ortsveränderung

15.1.1
Anders als bei Pflanzen spielt in der Entwicklung der Tiere aktive Zellbewegung eine wichtige Rolle

Als Ergebnis von Zellteilung und Zelldifferenzierung treten Zellen in verschiedenartiger Gestalt und molekularer Ausstattung auf, und es entstehen Aggregate von Zellen, die gemeinsam einer Funktion dienen. Solche morphologischen und funktionellen Einheiten nennt man **Gewebe**, wenn ihre Komposition aus einem einheitlichen Zelltyp oder wenigen Zellformen im Blickpunkt steht; man nennt sie **Organe**, wenn die funktionelle Rolle der Zellengemeinschaft im Dienste des ganzen Organismus im Vordergrund steht. Naturgemäß werden Zahl, Größe und Form der Zellen die Gestalt des Ganzen bestimmen. Anders als in der Entwicklung der Pflanzen werden in der Entwicklung tierischer Organismen jedoch in großem Umfang auch **aktive Verformungen** von Zellen beobachtet. Aktive Verformung ist möglich über

- intrazelluläre, in ihrer Länge variable Elemente des Cytoskeletts (Mikrotubuli, Intermediärfilamente),
- intrazelluläre Motorproteine wie Aktin/Myosin, Kinesin, Dynein und Dynamin (darüber informiert z.B. Müller: Tier- und Humanphysiologie, Kap. 3), und
- über selbstgesteuerte, variable Kräfte der Kohäsion und Adhäsion.

Darüber hinaus kommt es in der tierischen Entwicklung zu umfangreichen Wanderungen einzelner, freibeweglicher Zellen.

15.1.2
Verlagerung und Migration von Zellen erlauben es, Gewebe und Organe im Keimesinneren und an entfernten Orten herzustellen – ein erster Überblick

Gastrulation, im Zuge derer die Herstellung innerer Organe eingeleitet wird, besteht darin, dass Zellverbände sich ins Keimesinnere hineinwölben oder gar wie ein Strom ins Fließen kommen und durch den Urmund ins Keimesinnere einströmen. Isolierte Verbände kriechen auf geeigneter Unterlage ähnlich wie eine Karawane wandernder Amöben oder wie das Plasmodium bei *Dictyostelium*. Darüber hinaus können Zellen sich aus ihrem Verband lösen und die Freiheit individueller Beweglichkeit erlangen. Beim Seeigel beispielsweise beginnt die Gastrulation dadurch, dass sich am vegetativen Pol der Blastula Abkömmlinge der Mikromeren aus dem epithelialen Verband des Blastoderms lösen (**dissoziieren**), aktiv ins Blastocoel einwandern, um sich an bestimmten Plätzen wieder zu sammeln (**reaggregieren**) und das larvale Skelett herzustellen (s. Abb. 2.1).

In der Gastrula des Seeigels, und ähnlich in der Gastrula der Amphibien, befinden sich an der Spitze des invaginierenden Urdarms Zellen, die zwar im Zellverband bleiben aber mit ihren Pseudopodien Leitfunktion übernehmen (bei *Xenopus* Flaschenzellen genannt; Abb. 15.1). Im Zuge der Gastrulation gleitet das Urdarmdach aktiv am (Neuro-)Ektoderm entlang. Eine Fibronectinschicht, die am Ektoderm haftet, dient als Gleitlager.

Frei wandernde Zellen kann man in transparenten Embryonen sehr viele sehen, so z.B. die **Tiefenzellen** im Fischembryo (s. Abb. 4.23). Ähnlich verhalten sich die Zellen, die im Vogel- oder Säugerembryo durch die Primitivrinne in die Tiefe dringen und sich als Mesodermschicht im Blastocoel (Subgerminalhöhle) ausbreiten (s. Abb. 4.26, Abb. 6.5, Abb. 6.6).

Die **Neuralleistenzellen** (Kap. 16.2, s. Abb. 16.1) der Wirbeltiere sind in besonderem Maße wanderungsaktiv. Schließlich gehen auch die **Urkeimzellen** auf ausgedehnte Wanderschaft (s. Abb. 8.2).

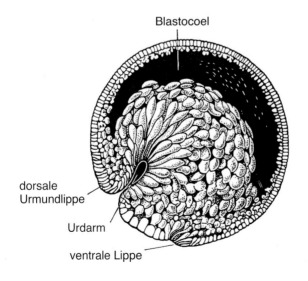

Blastocoel

dorsale
Urmundlippe

Urdarm

ventrale Lippe

Abb. 15.1. Amöboide „Flaschenhalszellen" in der Amphibiengastrula

15.2
Faltung, Invagination und konvergente Extension von epithelialen Zellverbänden

15.2.1
Faltung und Invagination: Zellen in geschlossenem Epithelverband entwickeln kohärente Biegemomente

Bei der Invagination des Urdarms, bei der Neurulation und ähnlichen Vorgängen vergrößern die im Epithelverband zusammengefassten Zellen auf der einen (z. B. der basalen) Seite ihre Oberfläche, auf der gegenüberliegenden (z. B. der apikalen) Seite wird die Oberfläche verringert (Abb. 15.2), oder umgekehrt. Durch Flächenverringerung auf der einen Seite, Flächenvergrößerung auf der gegenüberliegenden Seite entstehen Biegemomente, die zur Faltenbildung oder Invagination führen. Für die Verringerung der Oberfläche auf einer Seite kann die Zelle ihr Cytoskelett umgestalten und ihre molekularen Motoren zur Erzeugung mechanischer Kräfte einsetzen. Beispielsweise könnten ATP-getriebene, hin- und herschwingende Kinesin- oder Dyneinarme Mikrotubuli gegeneinander verschieben und so das Cytoskelett räumlich ausdehnen. Oder es werden wie in Muskelfasern Mikrofilamente aus Aktin und Myosin eingesetzt, um Zugkräfte zu entfalten.

15.2.2
Konvergente Extension: Streckung und Verlängerung eines Zellenverbandes nach der Reißverschlussmethode

Wenn in der Gastrula des Amphibienkeims der als Mesoderm vorprogrammierte Zellverband sich um die obere Urmundlippe gerollt hat, streckte er sich, der Innenseite des Ektoderms entlang gleitend, nach vorn in Richtung Kopfpol. Dieser Prozess der Streckung geschieht nach neuesten Ana-

Neurulation

Verformungskräfte

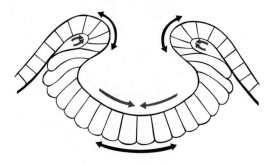

Abb. 15.2. Biegemomente bei der Neurulation, erzeugt durch Expansion der Zellen auf der Basalseite und Kontraktion auf der Apikalseite. An der Morphogenese sind aber auch Gleitvorgänge beteiligt (wie in der Gastrula Abb. 15.1)

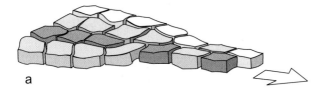

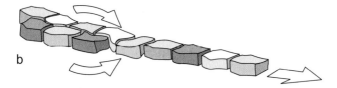

Abb. 15.3. Konvergente Extension und Reißverschlussverfahren bei der Gastrulation des Xenopuskeims

lysen jeder einzelnen Zellbewegung in einer Weise, wie man sie nicht erwartet hat. Man stelle sich folgende Situation vor: Zwei Straßen laufen aufeinander zu und vereinigen sich zu einem einzigen Hauptverkehrsweg, dazu kämen über Brücken zwei Straßen von höheren Ebenen hinzu, eine münde links, eine rechts in den Hauptverkehrsweg. Natürlich gibt es an der Einmündungsstelle Stau. Wie löst man das Problem so, dass jeder Autofahrer eine Chance hat, sich einzureihen, auch ohne Ampelschaltung? Die Straßenverkehrsordnung schreibt vor: einer von links, einer von rechts, nach dem Reißverschlussverfahren.

Der mehrschichtige mesodermale Zellverband, den wir jetzt wieder in Augenschein nehmen, macht es ähnlich: Die Zellen reihen sich, mal von links oder links oben kommend, mal von rechts oder rechts oben kommend, nach dem Reißverschlussverfahren so ein, dass sich ein einschichtiger verschmälerter Verband ergibt, der sich aber in die Länge strecken muss (Abb. 15.3). In der Fachsprache der Entwicklungsbiologen heißt das Verfahren **konvergente Extension**. Das Verfahren wird auch in anderen Streckungsprozessen durchgeführt. Der Urdarm des Seeigels hat anfänglich 20–30 Zellen im Umfang, nach seiner Streckung noch 6 bis 8. Beim Ineinandergleiten (Intercalation) der Zellen spielen wechselnde Zelladhäsionskräfte eine entscheidende Rolle.

15.2.3
Adhäsionskräfte können Zellen und Zellverbände gegeneinander verschieben

Ein Öltropfen zieht sich auf einem hydrophilen Substrat zu einer Kugel zusammen, breitet sich auf einer hydrophoben (=lipophilen) Fläche aus. Ein Wassertropfen verhält sich umgekehrt. Maßgebend sind **Benetzungsspan-**

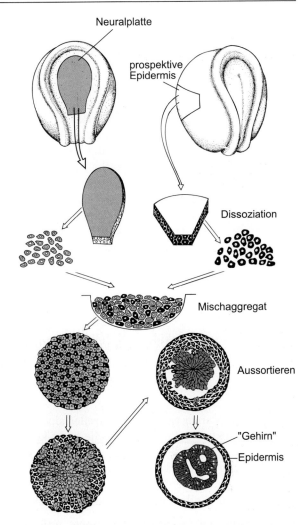

Abb. 15.4. Entmischung (sorting out) von Zellen verschiedener Herkunft. Beachte: Nach der Entmischung bilden die Epidermiszellen eine Außenhaut, die Zellen der Neuralplatte ein Gebilde, das an Neuralrohr bzw. Gehirnblase denken lässt (u. a. nach Townes & Holtfreter)

nungen, die sich an den Grenzflächen entwickeln und beträchtliche Kräfte freisetzen. Zellen können die Hydrophilie oder Hydrophobie ihrer äußeren Membran gesteuert verändern, z. B. durch Insertion verschiedener Membranproteine und durch deren Glykosylierung oder Deglykosylierung. Physikalische Grenzflächenkräfte sind von Bedeutung, wenn im Zuge der Gastrulation Schichten wie Entoderm, Mesoderm und Ektoderm aneinander vorbeigleiten. Auch wenn sich Zellen und Zellverbände nicht aktiv bewegen, können schiere **Kräfte der Adhäsion und Kohäsion** Ursache dafür sein, dass Zellschichten sich auf einer Oberfläche ausbreiten oder sich zwei

Zellschichten gegeneinander verschieben. Diese Verschiebungen minimieren die Oberflächenspannung. **Entmischung (sorting out)** in Aggregaten von Zellen verschiedener Herkunft (Abb. 15.4) wird ebenfalls auf die Minimierung von Grenzflächenkräften zurückgeführt.

In der Entwicklung der Vertebraten strömen kohärente Gruppen von Zellen zu ihren Bestimmungsorten ähnlich wie sich Flüssigkeiten ausbreiten. Gemäß der **Hypothese der differentiellen Adhäsion** (Steinberg 1970) werden solche Bewegungen getrieben durch Oberflächenspannungen, die durch differentielle Zelladhäsionen erzeugt werden. Solche Spannungen gleichen den Benetzungsspannungen, welche nichtmischbare Flüssigkeiten sich ausbreiten oder zusammenziehen lassen. Eine Flüssigkeit mit geringerer Oberflächenspannung gleitet über einen Flüssigkeitsfilm mit höherer Spannung; ein solcher Film zieht sich seinerseits zusammen und lässt sich einhüllen.

Im Embryo von Tier und Mensch ist das Sichausbreiten von Zellpopulationen über die Oberfläche anderer Zellgruppen eine häufige Art der **Gestaltungsbewegung.**

15.3
Zelladhäsionsmoleküle und Zellerkennung

15.3.1
Spezifische Adhäsionsmoleküle dienen auch der Zellerkennung

Die Zellmembranen tierischer Vielzeller sind mit Proteinen und Glykoproteinen bestückt, die durch spezifische nicht-kovalente Bindung mit entsprechenden Molekülen der Nachbarzelle dem physikalischen Zusammenhalten der Zellen im Gewebeverband dienen, darüber hinaus der wechselseitigen Zellerkennung. Es werden gegenwärtig mehrere Kategorien von **Zelladhäsionsmolekülen (Cell Adhesion Molecules CAM)** unterschieden:

- Die **Cadherine** (= Calcium-abhängige **Adherine**), zu denen die Adhäsionsmoleküle L-CAM (liver cell adhesion molecules) gehören. Sie vermitteln nicht nur in der Leber den Zusammenhalt der Zellen. Sie sind die ersten neuen CAM, die in der Entwicklung eines Säugers in Funktion treten. Im 16-Zellstadium des sich furchenden Embryo verkleben L-CAMs (hier auch Uvomorulin genannt) die Blastomeren großflächig miteinander, und es kommt zur **Kompaktion** (s. Abb. 4.29). Je zwei gleiche Moleküle benachbarter Zellen haften aneinander und gehen eine „homophile" Bindung ein.

Die Ausdrücke homophil und heterophil werden tatsächlich in der wissenschaftlichen Literatur der Zellbiologen gebraucht. Wem solche Begriffe unsympathisch sind, der kann stattdessen die Termini **homotypisch** und heterotypisch verwenden.

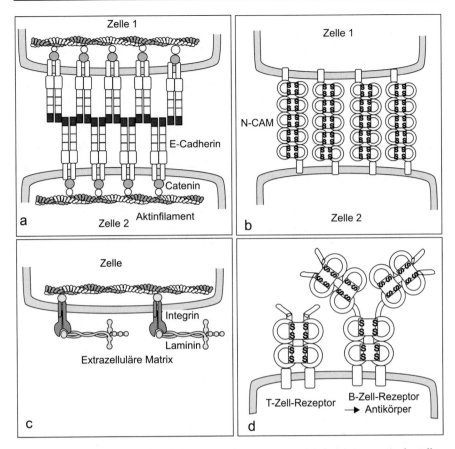

Abb. 15.5 a–d. Zelladhäsionsmoleküle CAM (cell adhesion molecules). Sie vermitteln Adhäsion und Zellerkennung

Bei den Cadherinen wird eine Bindung allerdings nur in Gegenwart von Ca^{2+} eingegangen und aufrechterhalten. Die abgestufte Homophilie verschiedener Cadherine erlaubt eine Entmischung.

- Die **CAMs der Immunglobulin-Superfamilie**, zu denen die **N-CAMs** gehören (Abb. 15.5 b). N-CAM finden sich auf der Oberfläche neuronaler Zellen (N = neuronal), werden aber, vor allem in der frühen Embryonalentwicklung, auch auf anderen Zellen gefunden. N-CAMs sind Sialinsäure-haltige Glykoproteine, die mittels einer eigenen Transmembrandomäne direkt in der Zellmembran verankert oder über eine Glykanbrücke an Inositolphospholipide der Membran gekoppelt sind. Alle N-CAMs zeigen Verwandtschaft zu den **Immunglobulinen**, d. h. den **Antikörpern**, den **Antigen-Rezeptoren der B- und der T-Lymphocyten** und zu den Molekülen des **MHC (major histocompatibility complex)** (Abb. 15.5 d). Die Bindung ist in der Regel homophil, d.h. die N-CAMs einer Zelle binden an die N-CAMs der Nachbarzelle. Calcium-Ionen werden nicht benötigt.

- Die **Integrine**; es sind Heterodimere, deren beide Untereinheiten in die Zellmembran integriert sind. Mittels ihrer Integrine nehmen Zellen nicht nur Kontakt zu anderen Zellen auf, sondern auch zu Molekülen der extrazellulären Matrix **ECM (extracellular matrix)**, d.h. zur Fibrillen-durchzogenen Füllmasse zwischen den Zellen des Bindegewebes und der Stützgewebe (s. Abb. 15.5c und Box K20).

- Die **Selektine** und **Lektine** werden auf Blutzellen und auf den Wandungen der Blutgefäße, den Endothelien, gefunden. Es sind Proteine, die bestimmte Kohlenhydrate an sich binden. Durch heterophile Interaktion zwischen den Selektinen der Blutzellen und der Endothelien können Lymphocyten und Makrophagen Kontakt zur Gefäßwandung aufnehmen, um dann die Gefäße zu verlassen.

- **Glykosyltransferasen.** Es sind Enzyme, die auf der äußeren Zelloberfläche ihr Werk verrichten; denn ihre katalytische Domäne ist nach außen gekehrt (Ektoenzym). Das Enzym überträgt aktivierte Zucker auf Substrate, und diese Substrate können ihrerseits Komponenten der Zellmembran einer Nachbarzelle sein. Beispielsweise kann eine **Galactosyltransferase** Galactose auf ein Akzeptormolekül einer Nachbarzelle übertragen. Solange keine freie Galactose im extrazellulären Raum zur Verfügung steht, bleibt die Transferase mit ihrem Akzeptormolekül in Verbindung. Transferase und unbeladener Akzeptor sind Zelladhäsionsmoleküle. Sobald jedoch Galactose angeliefert wird, hängt die Transferase dem Akzeptor Galactose an. Nun kann sich die Transferase vom Akzeptor lösen, die Zelladhäsion wird gelockert oder gar aufgelöst.

15.3.2
Zelladhäsionsmoleküle vermitteln Haften und Ablösen, ziehen Grenzen, setzen Signale und vermitteln noch manches mehr

Zelladhäsionsmoleküle vermitteln viele wichtige Ereignisse in der tierischen Entwicklung:

- Sie vermitteln permanentes **Aneinanderhaften** von Zellen oder das Anhaften an die extrazelluläre Matrix; oder sie erlauben ein **Sich-Ablösen**.

- Sie erzeugen über differentielle Adhäsion und differentielle physikalische Oberflächenspannungen **Grenzen** zwischen Geweben und erleichtern eine Segmentation, wie etwa die Untergliederung von Zellassoziationen in repetitive Einheiten (Beispiel: Somiten).

- Sie bereiten die Bildung von **Zelljunctions** vor, speziellen Verbindungsstrukturen in Form durchlässiger **gap junctions** oder dichter und fester **tight junctions.**

- Sie wirken als **Signalmoleküle** (Beispiel: das NOTCH/DELTA-System, s. Kap. 12, Abb. 12.2).

- Sie **lenken die Wanderung von Neuroblasten** und das Auswachsen der Nervenfasern (Wachstumskegel der Axone, Kap. 17).

ZUSAMMENFASSUNG DES KAPITELS 15

Anders als in der Entwicklung einer Pflanze kommt es in der Entwicklung eines Tieres zu umfangreichen **Zellwanderungen** und aktiven **Zellverformungen** mittels intrazellulärer Motorproteine (Aktin/Myosin, Dynein, Kinesin u.a.). Über aktive Zellverformung werden Biegemomente erzeugt und Epithelien gefaltet. Bei der **konvergenten Extension** verlängern und verschmälern sich Zellverbände, indem Zellen sich nach dem Reißverschlussverfahren abwechselnd von links und von rechts kommend in einer Reihe anordnen. Bei Gestaltungsbewegungen aller Art spielen **Zelladhäsionsmoleküle (CAM, cell adhesion molecules)** eine große Rolle. CAMs, wie die Cadherine, die CAMs der Immunoglobulin-Superfamilie, die Integrine, Selektine und Glykosyltransferasen, ermöglichen selektives Aneinanderhaften, aber auch das Sich-Ablösen von Zellen, und dienen darüber hinaus der wechselseitigen Erkennung. In Mischaggregaten zuvor dissoziierter Zellen können sich die Zellen nach ihrer Gewebszugehörigkeit aussortieren (**sorting out**) und zu neuen Verbänden zusammenschließen. Verantwortlich für das Aussortieren sind in erster Instanz differentielle physikalische Oberflächenspannungen, die ihrerseits von der molekularen Struktur der CAMs abhängig sind.

16   Zellen auf Wanderschaft

In der Entwicklung der Tiere kommt es, anders als bei Pflanzen, oft zu umfangreichen Zellwanderungen. Dies trifft insbesondere auf den Wirbeltierembryo zu. Sogar die Keimzellen und die Zellen des peripheren Nervensystems gehen auf ausgewanderte Vorläuferzellen zurück.

In der Gastrula bilden die Zellen des Mesoderms keine „Haut" (*derma*) und kein Keim„blatt". Wenn sie im Zuge der Gastrulation die Räume zwischen Ektoderm/Epiblast und Entoderm/Hypoblast besiedeln, kriechen die mesodermalen Zellen wie Amöben umher (s. Abb. 4.10; Abb. 4.23; Abb. 4.26). Später, wenn sich die Somiten auflösen, wandern die Zellen des Sklerotoms und Dermatoms aus (s. Abb. 4.10). Besonders weite Wanderrouten schlagen Urkeimzellen, Blutzellen und Neuralleistenzellen ein.

16.1
Urkeimzellen und Blutzellen

16.1.1
Beispiel Urkeimzellen; sie wandern oftmals lange Wege, um in die Gonaden zu gelangen

In aller Regel entstehen die Urkeimzellen nicht in den Gonaden (Hoden, Ovarien) selbst, sondern andernorts und wandern dann in die Gonaden ein.

Bei dem Hydrozoon *Hydractinia* gehen Oocyten oder Spermatocyten aus multipotenten, **interstitiellen Zellen** hervor, die in die Gonophore einwandern (s. Abb. 3.12). Verwachsen eine männliche und eine weibliche Kolonie miteinander, so können herumstreunende männliche Stammzellen in die weibliche Kolonie eindringen und dort allmählich die weiblichen Keimzellen verdrängen. Das kommt allerdings nur sehr selten vor; denn eine genetisch determinierte Gewebeunverträglichkeit verhindert in der Regel das Verwachsen zweier Kolonien und damit das Eindringen fremder, parasitärer Urkeimzellen. Diese würden ja nicht das Genom des Wirtes, sondern ihr eigenes in die Nachkommen übertragen. Genetisch fixierte Gewebeunverträglichkeit gibt es auch bei anderen (allen?) sessilen Organismen; beispielsweise bei kolonialen Tunikaten. Es gibt die Hypothese, dass eben deswegen in der Evolution Gewebeunverträglichkeit entwickelt worden sei, um ein Eindringen parasitärer Keimzellen mit fremdem Genom zu verhindern.

Bei *Drosophila* sind die Stammzellen der Keimzellen die ersten Zellen, die überhaupt hergestellt werden. Von einer Gonade gibt es da folglich noch keine Spur. Die Stammzellen liegen als **Polzellen** am Hinterpol des Embryos (s. Abb. 3.20; Abb. 3.21). Ihnen wird das Polplasma zugeteilt, das reich mit RNA-haltigen Granula bestückt ist und in dem auch Polzellendeterminanten eingeschlossen sind. (Diese sind Produkte der Gene *oskar*, *vasa* und *nanos* oder von diesen Genen abhängig.)

Auch im *Xenopus*-Ei lässt sich ein lokalisiertes „Keimplasma" ausmachen, das RNA-reiche Granula enthält und mit einem Fluoreszenzfarbstoff sichtbar gemacht werden kann. Es wird den Zellen des Keimzellen-Stammbaums mitgegeben und kann als Marker genutzt werden, um die Wanderroute der Urkeimzellen verfolgen zu können (s. Abb. 8.2). Man findet sie erst im ventralen Urdarmbereich; amöbenhaft wandern sie allmählich die Mesenterien hoch, mit denen der Darm aufgehängt ist, und kriechen schließlich in die Genitalleisten, die Anlagen der Gonaden.

Keineswegs bei allen tierischen Organismen gibt es granuliertes „Keimplasma" als leicht identifizierbares Reisegepäck. Schon nicht bei Molchen, nicht bei Vögeln, nicht bei Säugern. Man braucht hier andere Marker, beispielsweise monoklonale Antikörper, die sich an Keimzellen-spezifische Oberflächenmoleküle heften, oder Methoden, welche die Expression des Keimbahn-spezifischen Gens *vasa* (s. Abschnitt 8.1) sichtbar machen.

Im Mauskeim hat man Urkeimzellen zuerst im extraembryonalen Mesoderm entdeckt, dann im embryonalen Mesoderm des Keimstreifs in dem Bereich, in dem sich die Allantois formt (s. Abb. 4.31). An dem Allantois-Darmrohr entlang kriechen sie in die Genitalleisten (s. Abb. 8.2).

Beim Vogel findet man Urkeimzellen am Vorderrand der Keimscheibe zur Zeit der Neurulation. Sie lassen sich teilweise vom Blutstrom tragen und gleichen so in vielerlei Hinsicht den Blutzellen.

16.1.2
Blutzellen entstehen im Wirbeltierembryo in verstreuten Blutinseln

Blutzellen entstehen aus multipotenten Stammzellen des Mesoderms. Diese wiederum findet man in den Blutinseln, die sich beim Vogel- und Mausembryo zuerst außerhalb des Embryo bilden. Solche Blutinseln entdeckt man im mesodermalen Überzug des Dottersacks, bei der Maus auch im mesodermalen Umfeld der Allantois an Orten, wo auch aus **Hämangioblasten** die ersten Blutgefäße entstehen (s. Abb. 4.31). Später wandern die hämatopoietischen (blutbildenden) Stammzellen in die Leber, die Milz, den Thymus und ins Knochenmark. Beim Menschen bleibt das Knochenmark der einzige Ort, wo zeitlebens neue Blutzellen hergestellt werden. Dies wird in Kapitel 19 näher betrachtet.

16.2 Neuralleisten-Abkömmlinge

16.2.1
Die Zellen der Neuralleisten wandern aus und haben vielfältige Entwicklungspotentiale

Wenn sich bei der **Neurulation** die Neuralplatte zum Neuralrohr einrollt und sich das Neuralrohr vom Ektoderm ablöst, bleiben beidseitig des Neuralrohrs Reihen von Zellen übrig, die **Neuralleisten**. Diese Zellen gehen auf Wanderschaft, kolonisieren die verschiedensten Gebiete des Körpers und liefern ein erstaunlich großes Spektrum verschiedener Zelltypen und Gewebe (Abb. 16.1; Abb. 16.2; Abb. 16.3):

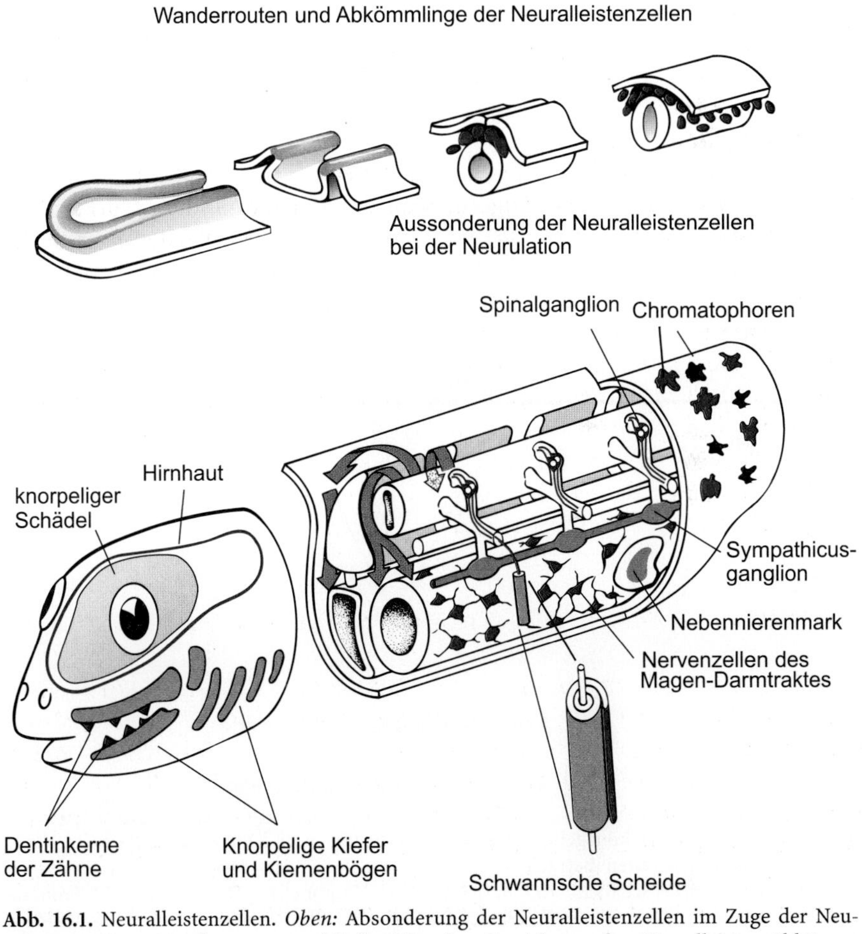

Abb. 16.1. Neuralleistenzellen. *Oben:* Absonderung der Neuralleistenzellen im Zuge der Neurulation. *Unten:* Wanderrouten und Zellen/Gewebe, die sich von den Neuralleisten-Abkömmlingen, die den Zielort erreicht haben, ableiten

1. die **Pigmentzellen** der Haut, der Federn oder Haare; es zählen dazu die schwarzen **Melanophoren** (**Melanocyten**) unserer Haut;
2. die **Nervenzellen der Spinalganglien**; diese speisen Information von Sinnesorganen (z.B. Hautsinne, Muskelspindeln) über die dorsalen Wurzeln der Spinalnerven in das Rückenmark ein;
3. das **periphere Nervensystem PNS**, oft auch **vegetatives Nervensystem** genannt (stellvertretend für das Ganze; denn vegetative Funktionen werden primär vom ZNS gesteuert). Das vegetative Nervensystem steu-

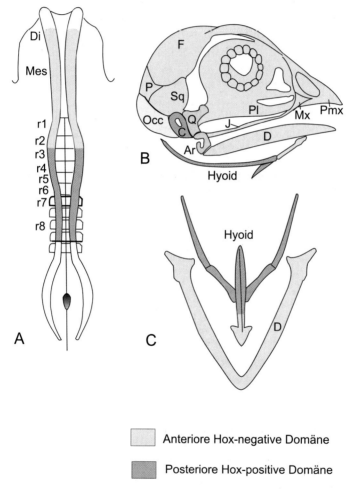

□ Anteriore Hox-negative Domäne

■ Posteriore Hox-positive Domäne

Abb. 16.2. Herkunft der knorpeligen Elemente des Schädels und Visceralskeletts beim Vogel. A) Neuralleisten von oben betrachtet. Di = Diencephalon; Mes = Mesencephalon; r1 bis r8: Rhombomeren. B) Schädel: Ar = Articulare, C = Columella, D = Dentale, F = Frontale, J = Jugale, Mx = Maxillare, Occ = Occipitale, P = Parietale, Pl = Palatinum, Pmx = Prämaxillare, Q = Quadratum, Sq = Squamosum. C) Visceralskelett: Hyoid = Zungenbein; D = Dentale = Unterkiefer. Nach Le Douarin et al., 2004

ert die Funktionen unserer inneren, „vegetativen" Organe wie Herz, Atemorgan, Magen-Darmtrakt und Niere. **PNS** ist Sammelbegriff für diejenigen Nervenzellen des vegetativen Nervensystems, deren kernhaltiger Zentralleib (Perikaryon) außerhalb von Gehirn und Rückenmark liegt. Es zählen hierzu u. a.

- der **Grenzstrang des Sympathicus,**
- **sympathische Eingeweideganglien,**
- ein Teil der **parasympathischen Neurone,**
- **die Nervennetze des Magen-Darmtraktes** (Myenterischer Plexus = Auerbach-Plexus, und Submucosaler = Meissner-Plexus); diese werden heute auch als enterisches Nervensystem ENS zusammengefasst.

4. Von Neuralleisten stammen auch **Hormonproduzenten** ab, die sich von Nervenzellen ableiten, z. B. die **chromaffinen Zellen des Nebennierenmarks** (Adrenalin!), und **neuroendokrine Zellen des Magendarmtraktes** (z. B. Cholecystokinin).

5. Weitere Abkömmlinge sind die Nervenzellen begleitenden Hilfszellen wie die **Schwannschen Scheiden** und die Zellen der **peripheren Glia;**

6. die **Hirnhäute;**

7. **der knorpelige Schädel** (mit Ausnahme der Occipitalregion und einiger kleinerer Elemente im Inneren);

8. **die knorpeligen Elemente des Kiemendarmbereichs,** z. B. die **Knorpelspangen des Kiemendarms** (s. Abb. 7.3; Abb. 7.5) und die aus solchen

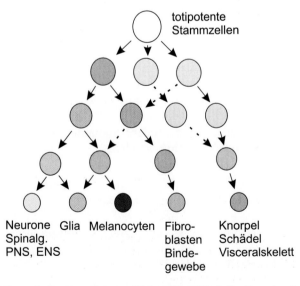

Neuralleisten-Abkömmlinge

totipotente Stammzellen

Neurone   Glia   Melanocyten   Fibro-   Knorpel
Spinalg.   blasten   Schädel
PNS, ENS   Binde-   Visceralskelett
                                   gewebe

Abb. 16.3. Stammbaum (*cell lineage*) der Neuralleisten-Abkömmlinge. Nach Le Douarin et al., 2004, vereinfacht

Spangen hervorgehenden, Schall-übertragenden **Gehörelemente Columella bei Sauropsiden, Hammer, Amboss** und **Steigbügel** bei Säugern sowie die knorpeligen Elemente des Kehlkopfes (s. Abb. 7.7);

9. die **Dentinkerne der Zähne**, d.h. Knochengewebe;
10. sowie **glatte Muskelzellen, Bindegewebe** und **Blutgefäße** des Kopf-Halsbereichs.

16.2.2
Die Zielgebiete werden auf bevorzugten Wanderrouten angestrebt

Herkunft und Wanderwege dieser Zellen sind durch **xenoplastische Transplantation** von Neuralleistenmaterial in fremde Arten ermittelt worden. Klassische Transplantationen zwischen den Molchen *Triturus torosus* und *Triturus rivularis* sind ergänzt worden durch Transplantation von Neuralleistenzellen der **Wachtel** *(Cortunix cortunix)* in Embryonen des **Hühnchens** *(Gallus gallus)*. Wachtelzellen fügen sich problemlos in die Hühnchenumgebung ein, sind aber an ihrer Kernstruktur (auffälliges Heterochromatin) leicht zu identifizieren.

Die Neuralleistenzellen bevorzugen **zwei Wanderrouten:**

1. Die **ventrale Route:** Ein größerer Teil der Zellen dringt im vorderen Bereich der Somiten durch einen Spalt zwischen Myotom und Sklerotom nach ventral. Die Zellen reaggregieren an bestimmten Orten und bilden die Spinalganglien, die Ganglien des vegetativen Nervensystems und die Adrenalin-produzierenden Zellen des Nebennierenmarks.
2. Die **dorsolaterale Route:** Zellen, die sich im hinteren Bereich der Somiten zwischen dem Dermatom und dem Ektoderm ausbreiten, werden überwiegend Pigmentzellen.

Aus Versuchen, die Wanderung der Zellen in der Petrischale zu stimulieren und auszurichten, ergaben sich Hinweise, dass sich wandernde Neuralleistenzellen orientieren (a) an **Komponenten der extrazellulären Matrix** (Fibronectin, Laminin, Collagen IV, Hyaluronsäure), (b) an **Oberflächensubstanzen** (z.B. Cadherine) der Zellen, die die Wanderroute säumen und (c) an Zellen, die besondere Signalmoleküle auf ihrer Oberfläche tragen und Wegweiserfunktion erfüllen.

16.2.3
Sogar im ZNS wandern viele Zellen

Überraschend gibt es umfangreiche Zellwanderungen auch im Zentralnervensystem. Generell gliedert sich der frühe Lebensabschnitt der Neurone und Gliazellen in drei Phasen:

1. Spezifikation und Einschalten Zelltyp-spezifischer Gene am Heimatort der Stammzellen

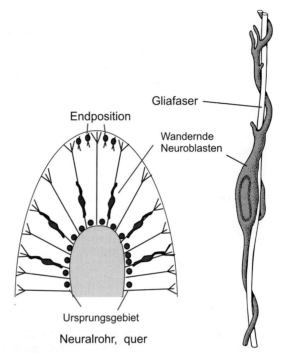

Abb. 16.4. Zielfindung durch Kontaktführung. Ein Neuroblast im ZNS wandert von seinem Geburtsort nahe dem Rückenmarkskanal bzw. Gehirnventrikel in sein peripher gelegenes Zielgebiet entlang von Gliafasern (nach Rakic)

2. Wanderphase
3. Terminale Differenzierung zum Neuron oder zur Gliazelle am endgültigen Bestimmungsort (Kap. 17).

Im ZNS begegnen uns weitere Leitstrukturen, die von Gliazellen gebildet werden. Im Vorgriff sei auf Gliazellen des Rückenmarks verwiesen, die sich lang und dünn machen und so zu Leitfäden werden, denen entlang Neuroblasten ihren Weg von ihrer Geburtstätte zum Ziel ihrer Wanderschaft finden (Abb. 16.4). Man spricht von **Kontaktführung.**

16.2.4
Herkunftsort, Wegstrecke und Zielort bestimmen das Schicksal der Emigranten

Ein faszinierender Aspekt der Wanderschaft ist neben der Lenkung zu einem bestimmten räumlichen Ziel die damit korrelierte Programmierung des künftigen, speziellen Zelltyps. Am Ursprungsort sind die Neuralleistenzellen überwiegend noch **pluripotent.** Allerdings gibt es bereits am Ursprungsort Ungleichwertigkeiten: Nur die Neuralleistenzellen der künftigen Kopf-Nacken-Region haben die Potenz, die knorpeligen Elemente des Kie-

mendarms zu liefern. Hingegen haben die Zellen im Nacken- und Rumpfbereich noch mehrere Optionen offen. Sie erfahren ihre **Determination** auf
dem Wege zum Zielgebiet, manche ihre definitive Bestimmung auch erst
am Ankunftsort (s. folgendes Kap. 17).

Zusammenfassung des Kapitels 16

Viele Zellformen des tierischen Organismus gehen aus Vorläuferzellen
hervor, die vor ihrer terminalen Differenzierung, und manche auch
noch danach, beweglich sind und ihre Form und Position aus eigener
Kraft verändern. Durch koordinierte, aktive Bewegung erzeugen Zellen
epithelialer Verbände eigenständig Biegemomente und formen Falten
und Röhren.

Manche Zellen machen sich selbstständig und gehen auf Wanderschaft. Weite Wanderungen unternehmen im Wirbeltierembryo die Urkeimzellen, die **Stammzellen der Blutzellen** und die **Abkömmlinge der
Neuralleisten.**

Neuralleisten sind Zellreihen entlang des Neuralrohrs, aus denen die
Chromatophoren der Haut, das periphere Nervensystem, das Nebennierenmark, der embryonale knorpelige Schädel und das knorpelige Skelett
des Kiemendarms einschließlich der Gehörknöchelchen hervorgehen.
Auf ihrem Weg in die Zielgebiete bewegen sich die Neuralleistenzellen
entlang bestimmter Wanderrouten, die molekulare Kennzeichen tragen.

17 Zur Entwicklung des Nervensystems: wandernde Zellen, Zielfindung und Selbstorganisation bei der Synapsenbildung

Das Zentralnervensystem des Menschen ist das komplexeste Organ, das je ein Lebewesen entwickelt hat; es ist, gemessen an seiner Größe, gewiss das komplexeste System in unserem Erfahrungsbereich. Das Gehirn soll nach Zählung überschaubarer Ausschnitte und anschließender Hochrechnung 100 bis 1000 Milliarden (10^{11} bis 10^{12}) Nervenzellen und bis zu 1000 Milliarden (10^{12}) weitere Zellen (Gliazellen, Zellen des Immunsystems) enthalten. Jede Nervenzelle ist jeweils mit 100 bis 10000 anderen synaptisch verknüpft. Die Gesamtstrecke der Nervenfasern wird auf 500000 km geschätzt.

Die Entwicklung des Nervensystems zu beschreiben und zu verstehen, ist die derzeit wohl größte Herausforderung an die biologischen Naturwissenschaften. In diesem Kapitel beschränken wir uns darauf, einige Grundzüge der Entwicklung des Nervensystems der Wirbeltiere aufzuzeigen (mit einem Seitenblick auf die Insekten). Wir betrachten die Formung des Neuralrohres, der Anlage des **Zentralnervensystems ZNS**; wir verfolgen wandernde Zellen, die das **periphere Nervensystem PNS** einschließlich des enterischen Nervensystems ENS herstellen; wir beobachten, wie Neurone ihre informationsleitenden Fortsätze ausbilden und synaptischen Kontakt zu anderen Zellen suchen. Wir stellen die Frage, wie diese ungeheuer komplexe Ordnung organisiert werden kann.

17.1
Ursprung und Gliederung des Nervensystems

17.1.1
Das Nervensystem geht aus Zellen der Blastula (bei Amphibien) hervor, die durch maternale mRNA neuralisierender Faktoren auf ihre Aufgaben vorbereitet sind; Induktionsfaktoren erlauben dann das Einschalten Nervenzell-spezifischer Selektorgene

Die Embryonen der Amphibien sollen wieder einmal Modell stehen für Wirbeltiere allgemein. Spätestens in der späten Blastula, wenn der Spemann-Organisator seinen Sendebetrieb aufnimmt, gehen von diesem Sender Signale aus, die den Zellen der animalen Hemisphäre die Möglichkeit

eröffnen, später Nervenzellen zu werden. Solche Signale werden von Induktionsfaktoren wie den Proteinen NOGGIN und CHORDIN repräsentiert. Eine jahrzehntealte Hypothese meint jedoch, die Zellen der animalen
Kappe trügen zuvor schon eine autonome Tendenz in sich, Nervenzellen
zu werden, seien jedoch zunächst daran gehindert, ihrer Neigung nachzugehen. Diese Hypothese hat in jüngster Zeit durch molekularbiologische
Befunde und Experimente eine starke Stütze erfahren. Bereits in der Eizelle liegt maternal erzeugte mRNA für Transkriptionsfaktoren vor, z. B. für

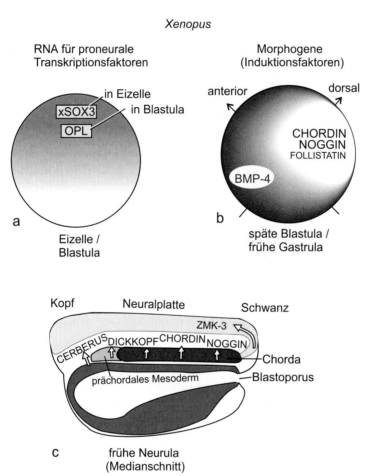

Abb. 17.1 a–c. Faktoren, welche die Entwicklung des Zentralnervensystems spezifizieren und
determinieren. An der Spezifikation haben intrazelluläre Transkriptionsfaktoren teil, die
schon in der Eizelle deponiert sind (z. B. maternales xSOX3) oder nach der Befruchtung
nachweisbar werden (z. B. OPL), und es haben daran teil verschiedene Induktionsfaktoren,
d. h. Proteine, die von bestimmten Zellgruppen sezerniert werden und in benachbarte Gebiete diffundieren. Besonders bedeutsam sind Induktionsfaktoren, die vom axialen Mesoderm
ausgesandt werden

den mit einer HMG-Box ausgestatteten Faktor xSOX3 und weiteren Faktoren, die Zellen befähigen, Nervenzellen zu werden (Abb. 17.1).

Diese als mütterliche Mitgift ererbten Faktoren können ihrerseits in den Zellen der animalen Hemisphäre die Expression zelleigener (zygotischer), Nervenzell-determinierender Transkriptionsfaktoren einschalten. In der Blastula taucht der Faktor OPL auf. In die Bauchregion injiziert, kann **OPL** die Entwicklung von neuralem Gewebe am falschen Ort in Gang setzen. Bald sind in den Kernen des Neuroektoderms auch die **proneuralen Transkriptionsfaktoren NeuroD, Neurogenin und NEX** (s. Abschnitt 17.2.3) nachweisbar. Zunächst jedoch hindern Faktoren wie BMP-4 und WNT-8 die Zellen daran, das Nervenzell-Programm zu verwirklichen. Wenn nun aber die vom Spemann-Organisator ausgesandten Induktionsfaktoren wie CHORDIN und NOGGIN den „anti-dorsalisierenden" BMP-4-Faktor binden und neutralisieren, wird das Programm realisiert. Parallel hierzu werden die ventralisierenden WNT-8-Moleküle durch die Faktoren DICKKOPF und CERBERUS neutralisiert. Neben **permissiven (erlaubenden) Faktoren wie CHORDIN und NOGGIN** bewirken oder begünstigen auch positiv induzierende Signalmoleküle das Einschalten Nerven-spezifischer Gene. Darauf weisen Befunde am Hühnchenembryo.

17.1.2
Das Zentralnervensystem geht aus dem Neuralrohr hervor, während das periphere Nervensystem von Neuralleistenzellen hergestellt wird

1. Das Zentralnervensystem ZNS

Wir erinnern uns an entscheidende Prozesse, aus denen schließlich das **Neuralrohr**, die Anlage des Zentralnervensystems, hervorgeht. In der Gastrula ist äußerlich noch nichts zu sehen, was als Anlage des Nervensystems erkennbar wäre, doch sind induzierende Faktoren am Werk, welche die Entwicklung des künftigen Zentralnervensystems in die Wege leiten. Während im Zuge der Gastrulation das Mesoderm über die obere Urmundlippe (Amphibien) oder die Primitivrinne (Sauropsiden, Säuger) in das Innere des Keims eindringt und entlang dem dorsalen Ektoderm nach vorn in die künftige Kopfregion gleitet, sendet es Signale zum darüber lagernden dorsalen Ektoderm. Es sind Proteine wie NOGGIN, CHORDIN, DICKKOPF und CERBERUS (Abb. 17.1), und mutmaßlich noch weitere Signalsubstanzen, welche teils vom axialen Mesoderm, der späteren Chorda, teils vom prächordalen Entoderm ausstrahlen und dem dorsalen Ektoderm mitteilen, dass es Zeit sei, die Neuralplatte zu formen.

Die **Neuralplatte** formt im Zuge der **Neurulation** Neuralfalten; die Neuralfalten schließen sich zum Neuralrohr (Abb. 17.2); das Neuralrohr bildet das Gehirn und das Rückenmark (Abb. 17.2; Abb. 17.3; Abb. 17.4; Abb. 17.5; Abb. 17.6).

Was jetzt noch hinzukommt, ist

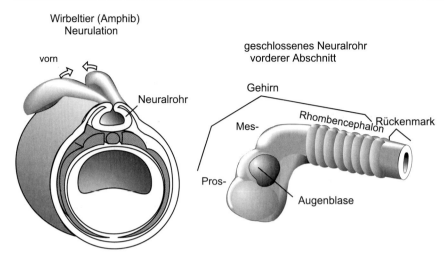

Abb. 17.2. Bildung der Anlage des Zentralnervensystems am Beispiel des Amphibienembryos

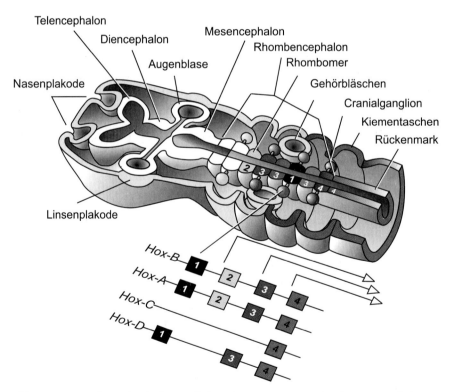

Abb. 17.3. Längsschnitt durch die Kopf-Pharynx-Region eines generalisierten Wirbeltieres. Beachte die segmentale Gliederung des Rautenhirns (Rhombencephalon), der Cranialganglien und der ganzen Pharynxregion mit ihren Kiementaschen

2. Das periphere Nervensystem, PNS (Abb. 17.6; Abb. 17.7). Es umfasst:

- **die Spinalganglien,**

- **das vegetative, sympathische und parasympathische Nervensystem,** soweit die kernhaltigen Zellkörper (Perikaryen) außerhalb des ZNS liegen. Sympathische Neurone finden sich in Umschaltstationen des Grenzstrangs und der Eingeweideganglien; parasympathische unmittelbar an oder in den angesteuerten Zielgeweben und Organen,

- **das autonome Nervennetz des Magen-Darm-Traktes.** Es wird heute bisweilen durch die Bezeichnung **ENS, enterisches Nervensystem,** in den Rang eines eigenständigen Nervensystems gehoben, gehört jedoch auch als solches zum PNS.

Das periphere Nervensystem wird von ausgewanderten **Neuralleistenzellen** hergestellt (Abschnitt 17.5 und 17.7).

17.1.3
Das Gehirn der Wirbeltiere gliedert sich erst in drei, dann in fünf Abschnitte

Auch wenn es kurios klingt, so trifft es dennoch zu: Anfangs ist das Gehirn in seinem größten Volumenanteil ein wassergefüllter Hohlraum. An seinem Vorderende bläht sich das Neuralrohr zu drei blasenförmigen Erweiterungen auf: Prosencephalon (Vorderhirn), Mesencephalon (Mittelhirn) und Rhombencephalon (Hinterhirn). In einem zweiten Schritt gliedern sich das Vorder- und das Hinterhirn jeweils in zwei Bereiche, und wir sehen die fünf klassischen Regionen des Wirbeltiergehirns (s. Abb. 17.4; Abb. 17.5):

- Vorderhirn: **Prosencephalon,**
  1. **Telencephalon** (Endhirn, cerebrale Hemisphären, Neocortex)
  2. **Diencephalon** (Zwischenhirn)
- Mittelhirn: **Mesencephalon,**
  3. **Mesencephalon** (Mittelhirn)
- Nachhirn: **Rhombencephalon,**
  4. **Metencephalon** (Kleinhirn, Cerebellum),
  5. **Myelencephalon** (Nachhirn, Medulla oblongata).

Beim Menschen werden diesen Teilen des Gehirns folgende Hauptfunktionen zugeordnet:

- **Telencephalon.** Auswertung der von den Hauptsinnesorganen (Geruchs- und Geschmacksrezeptoren; Innenohr mit Bogengängen, Gleichgewichtsorganen und Gehörschnecke; Auge) gelieferten Information (Auswertung optischer Information bei niederen Wirbeltieren im Mesencephalon). Herstellung von Assoziationen. Speicherung von Information im Langzeitgedächtnis.

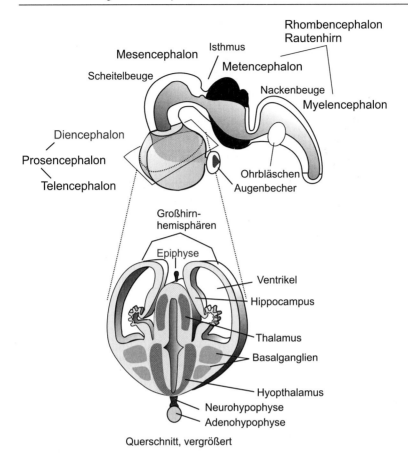

Mensch, 14 mm

Abb. 17.4. Entwicklung des Gehirns beim Menschen. Das herausgegriffene Segment zeigt im Zentrum das Diencephalon (Zwischenhirn) und links und rechts davon Schnitte durch die Hemisphären des sich nach caudal ausdehnenden paarigen Telencephalon (Großhirn). Die paarigen Hemisphären, welche die Gehirnventrikel I bzw. II enthalten, umhüllen schließlich das Diencephalon vollständig

- **Diencephalon.**
  - **Thalamus:** Umschaltstelle für optische und akustische Bahnen. Tor für sensorische Eingänge vom Rückenmark, Umschaltstation zum Kleinhirn.
  - **Epithalamus** und **Hypothalamus:** Oberste Kommandozentrale für basale vegetative Funktionen. Kontrollzentrum für die gezielte Verstellung der Regelkreise für Körpertemperatur, Blutzuckergehalt, Titer von Hormonen. Ankoppeln des Hormonsystems an das Nervensystem; um für diese Aufgabe gerüstet zu sein, bildet der dorsale Epithalamus das **Pinealorgan (Epiphyse, Zirbeldrüse)** und der ventrale

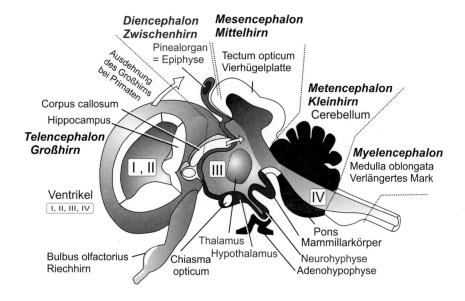

Säugergehirn - Grundschema

Abb. 17.5. Generalisiertes Säugergehirn. Der Schnitt ist median geführt, doch ist zusätzlich eine der beiden Großhirnhemisphären, die wegen ihrer Paarigkeit von einem Medianschnitt nicht getroffen werden, durch gesonderte Schnitte geöffnet

Hypothalamus das **Infundibulum,** eine zunächst epitheliale Aussak-kung, in die aus dem Hypothalamus neurosekretorische Fasern ein-wachsen. Das Infundibulum wird damit zum Hypophysenhinterlappen HHL, auch **Neurohypophyse** genannt.

Die Hypophyse wird ergänzt durch eine Struktur, die sich nicht vom Neuralrohr ableitet, sondern von einer Ausbuchtung des Gaumenda-ches, der **Rathke-Tasche.** Diese Tasche formt sich zum Hypophysen-vorderlappen HVL, der **Adenohypophyse.**

- **Mesencephalon.** Sein Dach (Tectum und Tegmentum) bildet bei Nichtsäu-gern das **Tectum opticum**, die Auswertzentrale für optische Information. Beim Säuger werden diese Informationen weitergeleitet zum primären Sehzentrum (V1) im Neocortex der Hinterhauptregion und weiter zum sekundären Zentrum im Neocortex der Stirnregion. Das dorsale Mesence-phalon, auch Vierhügelplatte genannt, ist aber weiterhin Umschaltstation für optische und akustische Reflexe.
- **Cerebellum.** Programmierung und Koordination komplexer Bewegungen.
- **Myelencephalon.** Reflex- und Kontrollzentrum für Atmung und weitere vegetative Funktionen.

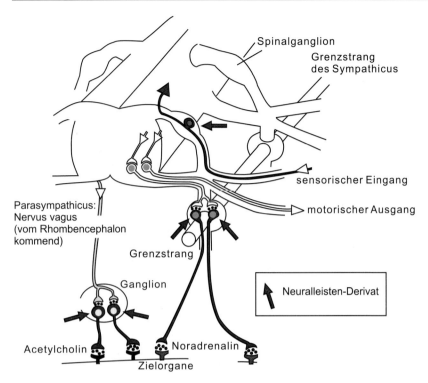

Abb. 17.6. Übergang vom Zentralnervensystem zum peripheren Nervensystem. Die Spinalnerven speisen über die dorsalen Wurzeln (sensorische Fasern) Information von Sinnesorganen in das Rückenmark und leiten über die ventralen Wurzeln (motorische Fasern) Befehle
in die Peripherie, z. B. zu den Muskeln oder in das vegetative Nervensystem

17.1.4
Seit den Tagen Goethes diskutiert: Ist das Gehirn, segmental gegliedert? – In seinem letzten Abschnitt ja!

Seit den Tagen eines J. W. Goethe (1749–1832) und Lorenz Oken (1779–
1851) wurde diskutiert, ob der Kopf des Wirbeltieres und mit ihm das Gehirn segmental gegliedert sei. Nicht nur morphologische Einschnürungen,
sondern das Expressionsmuster einer Reihe von *Hox*-Genen sprechen eine
klare Sprache: das Nachhirn ja (weniger klar: das Prosencephalon).

Das Nachhirn ist gegliedert in acht sich wiederholende Kompartimente,
Rhombomeren genannt (s. Abb. 17.2; Abb. 17.3). An diese Rhombomeren
werden die Cranialganglien angeschlossen, welche die die Spinalganglien
des Kopfbereichs repräsentieren und sich wie die Spinalganglien des
Rumpfes von den Neuralleisten ableiten. Die ersten Cranialganglien werden
an die geradzahligen Rhombomeren angeschlossen; dann erst werden die
ungeradzahligen Rhombomeren mit Cranialganglien verbunden.

Peripheres Nervensystem

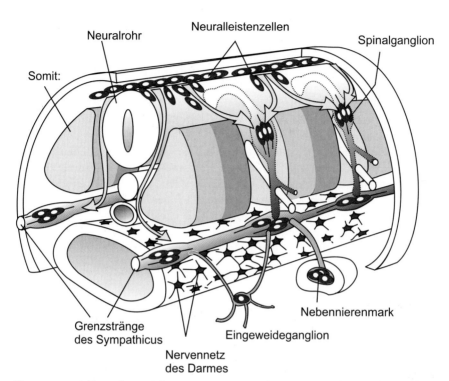

Abb. 17.7. Entwicklung des peripheren Nervensystems aus ausgewanderten Neuralleistenzellen. Das periphere Nervensystem umfasst die Spinalganglien und das autonome Nervensystem mit Sympathicus, Parasympathicus und den Nervennetzen des Magendarmtraktes. Auch Zellen der Glia wie die Schwannschen Scheiden um lange Axone und die Adrenalin-produzierenden chromaffinen Zellen des Nebennierenmarks leiten sich von Neuralleistenzellen ab

17.1.5
Der Anschluss der Fernsinnesorgane: Das Gehirn bildet selbst den zentralen Teil des Auges, während Geruchsorgan und Innenohr separat entstehen

Das Gehirn wird umgeben und ergänzt von Sinnesorganen, die für die Fernorientierung und die Kontrolle der Nahrung gebraucht werden.

- Das **Auge** ist in wesentlichen Teilen ein Ableger des Gehirns selbst. Es entsteht unter der organisierenden Herrschaft des Meistergens Pax 6 (Kap. 13). Aus dem posterioren Bereich des Prosencephalon, also dem späteren Diencephalon, treten seitlich die **Augenblasen (optische Vesikel)** hervor und blähen sich auf (s. Abb. 17.3). Die Blase formt sich zum doppelwandigen Augenbecher um, dessen innere Wandung zur Netzhaut, dessen äußere zum Pigmentepithel wird. Die Linse des Auges wird von einer **Linsenplakode** geliefert, einer ektodermalen Verdickung, die sich bildet, wenn induzierende Signale der Augenblase das Ektoderm erreichen (s. Abb. 4.22). Schon der Bezirk des Neuralrohrs, aus dem die Augenblase hervorgeht, beginnt solch induzierende Signale auszusenden. Die Linse löst sich vom Ektoderm ab, das sich über der Linse wieder schließt und alsdann über der Linse zur durchsichtigen Hornhaut (Cornea) wird.

- **Ektodermale Plakoden**, die invaginieren und Kontakt zum Gehirn gewinnen, geben das Material ab für die Konstruktion weiterer bedeutender Sinnesorgane.
    - **Nasenplakoden** dehnen sich zu den paarigen **Riechepithelien** aus;
    - die **Ohrplakoden** erfahren eine sehr komplexe Umgestaltung zum **Vestibularapparat**, dessen **Bogengänge** den Sinn für Drehbeschleunigung und dessen **Maculae sacculi** und **Maculae utriculi** den Sinn für Linearbeschleunigung, Gravitation und Gleichgewicht vermitteln. Der dritte Teil des Vestibularapparates wird lang ausgezogen und zur Gehörschnecke, der **Cochlea**, aufgerollt.

17.2
Positionsabhängige genetische Programmierung der neuralen Zellen

17.2.1
Neurone und Gliazellen gehen aus gemeinsamen Stammzellen hervor; kooperativ erfüllen sie die Aufgaben des Nervensystems

In alter Tradition vermitteln Lehrbücher oftmals den Eindruck, die Aufnahme, Verarbeitung und Speicherung von Information sei alleinige Aufgabe der Nervenzellen (Neurone), Gliazellen hingegen hätten nur unterstützende Funktion, indem sie den Stoffwechsel des Nervengewebes unterstützten. Man fragt sich nun aber, warum es im Gehirn des Menschen zehnmal mehr Gliazellen als Neurone gibt, und hört erstaunt, dass Gliazellen 90% der Gehirnmasse ausmachen. Die Auffassung, der Glia komme nur Hilfsfunktion zu, muss heute revidiert werden. Es bleibt zwar dabei, dass Fernleitung gequantelter Information mittels Serien von Aktionspotentialen die spezifische Funktion der Neurone ist, und reine Hilfsfunktionen, wie die Formung von Leitfasern für wandernde Neuroblasten (s. Abb. 16.24; Abb. 17.12; Abb. 17.14), die spezifische Aufgabe von Gliazellen. Deren Funktion ist jedoch mit solch untergeordneten oder transitorischen Hilfestellungen nicht erschöpft; auch bei der Verarbeitung und Speicherung von Information sind Gliazellen beteiligt. Dies trifft insbesondere auf die **Astrocyten** zu, weniger auf die **Oligendrocyten**, hingegen gar nicht auf die **Mikroglia**, die keine neuralen Gliazellen sind, sondern eingewanderte Zellen des Immunsystems. Zur Aufwertung der Gliazellen trägt bei, dass sie, ebenso wie Neurone, aus gemeinsamen **neuroepithelialen Stammzellen** hervorgehen. In der wissenschaftlichen Literatur werden die gemeinsamen Stammzellen meistens unterschiedslos als **Neuroblasten** und nicht als Neuroglioblasten bezeichnet. Wenn bekannt ist, dass gewisse Vorläuferzellen im Regelfall nur Glia hervorbringen, spricht man von **Glioblasten**. Verwirrend ist, dass nach neuesten Befunden fertige Glia (beispielsweise die in Abb. 17.12 und Abb. 17.14 gezeigten Radialglia) sich in Neurone umwandeln können (Transdifferenzierung); dies unterstreicht die nahe Verwandtschaft dieser Zelltypen.

Wenn im Weiteren von Neuroblasten die Rede ist, ist noch offen, welche speziellen neuralen Zellen aus ihnen hervorgehen werden. Nach Ort und Zeitpunkt ihrer Genese unterscheidet man **primäre** und **sekundäre Neuroblasten**. Die primären erscheinen auf der Neuralplatte, die sekundären werden beim Wachstum des ZNS generiert (Abschnitte 17.2.3 und 17.3.1).

17.2.2
Proneurale Gene programmieren neurales Schicksal; doch Neuroblasten müssen sich noch mittels des Notch-Delta-Systems von ihrer Umgebung abgrenzen

Künftige neurale Zellen (Neurone und Gliazellen) werden bei Wirbeltieren, und ebenso bei *Drosophila*, von mehreren **proneuralen (neurogenen) Selektorgenen** auf ihr Schicksal vorbereitet (Abb. 17.8). Die proneuralen Gene codieren für Transkriptionsfaktoren, die zwar nicht im ganzen Tierreich einheitlich, doch alle mit DNA-bindenden Domänen des bHLH-Typs (s. Abb. 13.2) ausgestattet sind. Bei *Drosophila* sind die proneuralen Gene auf einem Chromosom zum ***achaete scute*-Komplex, *As-C*,** vereinigt. Bei Wirbeltieren werden Homologe dieses *As-C*-Genclusters nur in einer Unterklasse der Neurone exprimiert; zum Einschalten eines neuralen Differenzierungsprogramms allgemein sind die Proneuralgene *Neurogenin*, *NeuroD*, und *NEX* zuständig; sie werden in der Neuralplatte transkribiert. Es könnte noch weitere solche schicksalsbestimmenden Gene geben.

An den Rändern der Neuralplatte, aber auch innerhalb der Neuralplatte (erläutert im nachfolgenden Abschnitt), müssen sich die primären Neuroblasten von ihrer Umgebung abgrenzen. Dies geschieht mittels des **Notch/Delta-Systems**, dessen Funktion zur Vermittlung einer **lateralen Inhibition** in Abschnitt 12.2.1 vorgestellt worden ist. Im Prinzip präsentiert eine hemmende Zelle, hier ein künftiger Neuroblast, seinen Nachbarn ein stärker hemmendes Delta-Signal, als diese ihrerseits hemmende Delta-Signale dem Neuroblasten entgegenstrecken. Mit den Rezeptoren verhält es sich umgekehrt: Der in der Hemmkraft überlegene Neuroblast wird gegenüber der Hemmung durch seine Nachbarn zunehmend unempfindlich; denn er zieht seine Rezeptoren für Delta zurück. Seine Nachbarn können dies aufgrund ihrer stärkeren Ge-

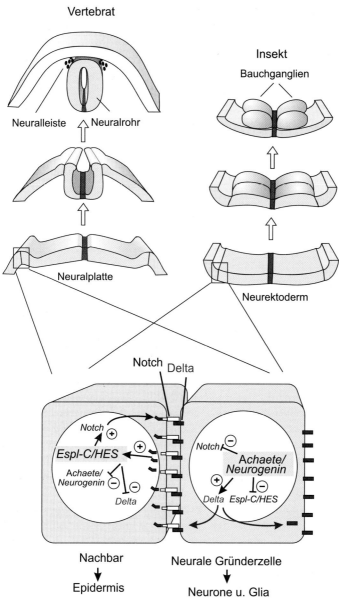

Abb. 17.8. Rolle des NOTCH/DELTA-Systems und der proneuralen Gene bei der Entscheidung für das Schicksal Neuroblast oder Epithelzelle am Rande des künftigen ZNS. Anfänglich waren beide herausgegriffenen Zellen einander sehr ähnlich; sie produzierten beide hemmendes DELTA-Signal und besaßen Rezeptoren des NOTCH-Typs zum Empfang des DELTA-Signals. Dank eines geringen Startvorteils dominierte der künftige Neuroblast mehr und mehr, in dem er mehr und mehr DELTA erzeugte, andererseits seine NOTCH-Rezeptoren abbaute. In der linken, grauen Zelle spalteten die NOTCH-Rezeptoren im Zellinneren ein Stück ab, das in den Kern der Zelle gelangte und als Transkriptionsfaktor Epidermis-spezifische Gene einschaltete. Sie heißen bei Drosophila *Enhancer of split*, bei Vertebraten *HES*. Der Neuroblast hingegen kann ungehindert proneurale Gene, Gene des *Achaeta-scute*-Komplexes bei Drosophila, Gene der *Neurogenin*-Gruppe bei Vertebraten, zur Geltung bringen

hemmtheit nicht. Nach und nach wird die Richtung der Hemmung immer einseitiger, und schließlich ist der Neuroblast definitiv der Gewinner.

Seinerseits von der anfänglichen Hemmung durch seine Nachbarschaft befreit, kann der Neuroblast Proneuralgene wie *Neurogenin* voll aktivieren (Abb. 17.8), während in den Nachbarn Neurogenin supprimiert wird; stattdessen schalten die Nachbarn andere Genkomplexe ein (künftige Epidermiszellen von *Drosophila* den **Epidermis-spezifischen** *Enhancer of split-***Komplex,** *Espl-C,* den Gegenspieler des neurogenen *achaete scute*-Komplexes *As-C*).

Später bei der Sonderung von künftigen Neuronen von Gliazellen tritt das Notch/Delta-System nochmals in Aktion. Der Sieger in diesem nochmaligen Zweikampf wird zum Neuron, der Verlierer zur Gliazelle (Abb. 17.8).

17.2.3
Die primären Neuroblasten erscheinen auf der Neuralplatte in 6 Streifen; dabei entdeckt man eine verblüffende Übereinstimmung zur Anlage des ZNS bei Insekten

Auch wenn in der ganzen Neuralplatte anfänglich proneurale Gene eingeschaltet werden, bedeutet dies nicht, dass sogleich alle Zellen zu Neuroblasten werden. Als man Neuroblasten-spezifische Gene entdeckt hatte und ihr Expressionsmuster durch *In-situ*-Hybridisierung sichtbar machte, bekam man Unerwartetes zu Gesicht: Es wurden auf der Neuralplatte **je drei Reihen von primären Neuroblasten** beiderseits der Mittellinie sichtbar (Abb. 17.9; Abb. 17.10; Abb. 17.11). Die zwei der Mittellinie direkt benachbarten Reihen enthalten künftige Motoneurone, die folgenden Reihen künftige Interneurone (und Glia); die lateralen Neuroblastenreihen geraten beim Verschluss des Neuralrohrs auf die Außenseite des Rohrs und werden so Teil der Neuralleisten; sie wandern später ab, um die Spinalganglien zu bilden und die periphere Glia zu liefern (Abb. 17.10; s. auch Abb. 17.7).

Das Genom von *Drosophila* enthält, nicht sehr überraschend, homologe Neuroblasten-spezifische Gene; sie werden, ganz und gar überraschend, in der Anlage des ZNS ebenfalls in 6 Längsstreifen exprimiert – das stärkste Argument zugunsten einer Homologie dieser in ihrer Endstruktur so verschiedenen Zentralnervensysteme (Abb. 17.9; Abb. 17.11). Auch wenn es um die Gliederung des Nervensystems in Gehirn und Rückenmark bzw. Bauchmark geht und deren weitere Regionalisierung entlang der Längsachse des Embryo, sieht man homologe Gene in sehr ähnlichen Mustern exprimiert, beispielsweise die Gruppe der *Hom/Hox B*-Gene (Abb. 17.9).

Expressionsmuster von Genen zur regionalen Aufgliederung
der ZNS-Anlage

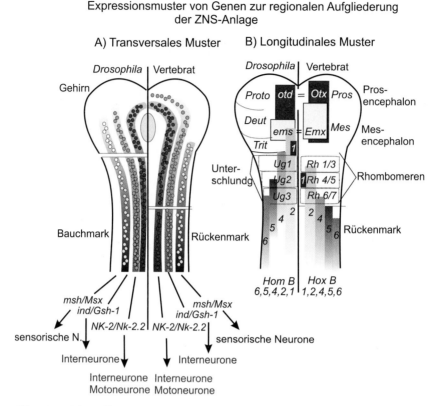

Abb. 17.9. *Links*: Reihen von Genexpressionsstreifen, welche die ersten Reihen von Neuroblasten programmieren. Die durch einen Schrägstrich verbundenen Gene von Drosophila und der Vertebraten sind in ihrer Nukleotidsequenz sehr ähnlich, gelten demzufolge als homolog. *Rechts*: Muster der Expression homologer Gene in der Längsachse des künftigen ZNS

17.3
Das wachsende ZNS: eigenartige Produktion und Migration der sekundären Neuroblasten

17.3.1
Neue, sekundäre Neuroblasten werden in rasantem Tempo durch asymmetrische Teilung von Stammzellen erzeugt

Wenn aus dem Neuralrohr im Kopfbereich das Gehirn und im Rumpfbereich das Rückenmark wird, müssen erst noch die vorhandenen Neuroblasten vermehrt werden. **Ein menschliches Gehirn wächst in der Embryonalentwicklung mit einer durchschnittlichen Geschwindigkeit von ca. 250 000 neuen Nervenzellen pro Minute auf mehrere Milliarden Nervenzellen heran.** Hinzu kommt eine noch zehnfach größere Zahl unterstützender Glia-

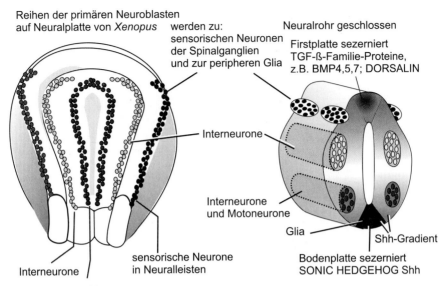

Reihen der primären Neuroblasten
auf Neuralplatte von *Xenopus*   werden zu: Neuralrohr geschlossen

sensorischen Neuronen   Firstplatte sezerniert
der Spinalganglien   TGF-ß-Familie-Proteine,
und zur peripheren Glia   z.B. BMP4,5,7; DORSALIN

Interneurone

Interneurone
und Motoneurone

Glia   Shh-Gradient

Interneurone   sensorische Neurone   Bodenplatte sezerniert
in Neuralleisten   SONIC HEDGEHOG Shh

Interneurone u. Motoneurone

Abb. 17.10. *Links:* Reihen primärer Neuroblasten auf der Neuralplatte einer Frosch-Neurula. *Rechts:* Aus der Neuralplatte hervorgegangenes Neuralrohr

zellen. Auch nach der Embryonalphase nimmt das Gehirn mit neu hergestellten Nerven- und Gliazellen an Masse und Volumen zu, bis mit dem Abschluss der Pubertät die maximale Größe mit 10^{11} bis 10^{12} Nervenzellen und 10^{12} unterstützenden Zellen erreicht ist.

Die Vermehrung der neuralen Zellen (Neurone und Gliazellen) geht von Stammzellen aus, die als **Neuroepithel** (auch **Ependym** genannt) das Lumen des Rückenmarkkanals und der Gehirnventrikel auskleiden. Dieses Neuroepithel bleibt als geschlossene Fläche zurück, wenn sich die 6 Streifen primärer Neuroblasten ausgegliedert haben. Es enthält Stammzellen, aus denen weitere Populationen von Neuron- und Glia-Vorläuferzellen hervorgehen.

Die Vorgänge der sekundären Neurogenese sind eigenartig. Die Kerne in den langgestreckten Stammzellen wandern zyklisch von der lumennahen Zellbasis zur Zellspitze, durchlaufen dort die S-Phase und kehren zur Basis zurück, wo die Mitose stattfindet (Abb. 17.12). Die Mitose kann symmetrisch oder asymmetrisch sein.

- Bei **symmetrischen Mitosen** werden bestimmte Zellkomponenten, beispielsweise das Protein NUMB, gleichförmig auf die beiden Tochterzellen verteilt. Ergebnis ist eine Vermehrung der Stammzellen.
- Bei der **asymmetrischen Mitose** werden diese Komponenten ungleich verteilt. Ergebnis: Die Zelle, welche NUMB behält, bleibt Stammzelle, die andere, NUMB-verarmte Zelle wird zum **postmitotischen Neuroblasten.** Postmitotisch besagt, dass er sich nicht mehr teilen wird, sondern der terminalen Differenzierung zum Neuron zugeht. Zuvor muss er aber seinen

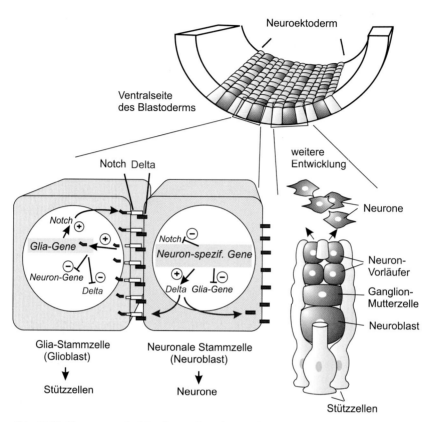

Abb. 17.11. Neurogenese bei Insekten: Absonderung der primären Neuroblasten von den zur Glia zählenden Stützzellen. Bei dieser Sonderung kommt nochmals das NOTCH/DELTA System zum Einsatz

Geburtsort verlassen, in periphere Schichten auswandern und sich dort niederlassen (Abb. 17.13).

Auf ihrem Weg in die Peripherie können die Neuroblasten entlang von radialen Gliafasern kriechen (Abb. 17.12; Abb. 17.14; auch Abb. 16.4). Am Zielort verlassen sie den Ariadnefaden und ordnen sich ein in die Schar schon angekommener Neuroblasten, die nun dabei sind, zu Neuronen auszureifen.

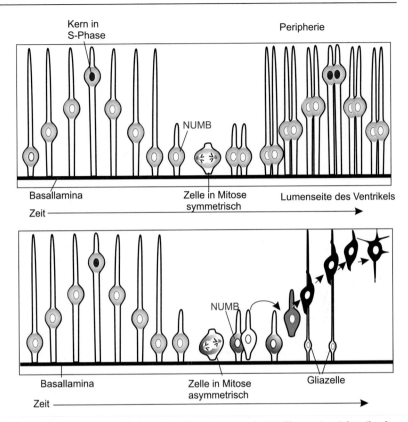

Kern in S-Phase

Peripherie

NUMB

Basallamina

Zeit

Zelle in Mitose symmetrisch

Lumenseite des Ventrikels

NUMB

Basallamina

Zeit

Zelle in Mitose asymmetrisch

Gliazelle

Abb. 17.12. Neurogenese im Wirbeltier: Wanderbewegung des Zellkerns in sich teilenden neuralen Stammzellen; Produktion weiterer Stammzellen durch symmetrische Zellteilung, Produktion von sekundären Neuroblasten und Glioblasten durch asymmetrische Zellteilung. Bei der asymmetrischen Teilung werden schicksalsbestimmende Proteine, beispielsweise NUMB, ungleich auf die Tochterzellen verteilt

17.3.2
Die emigrierten Neuroblasten ordnen sich in sechs laminaren Schichten an oder sammeln sich in Kerngebieten, und sie differenzieren sich in zahlreiche Neuron- und Gliatypen

Im Cortex des Telencephalon und im Cerebellum ordnen sich die wandern-den Neuroblasten in mehreren Schichten übereinander an. Wie sie wissen, wohin sie gehen und wo sie sich niederlassen sollen, gehört zu den zahllo-sen ungelösten Rätseln der Neurobiologie. Unklar ist auch noch, wo und wie die Entscheidung fällt, welchen speziellen Subtyp von Neuron ein jeder Neuroblast letztendlich verwirklicht. Möglicherweise sind es örtliche Gege-benheiten, die bei solchen Entscheidungen schicksalsbestimmend sind.

Ist das Gehirn in seiner Grundarchitektur fertiggestellt, sind im Cortex der Primaten **sechs oberflächenparallele Schichten** auszumachen. Die erst-

CORTEX

Oberfläche

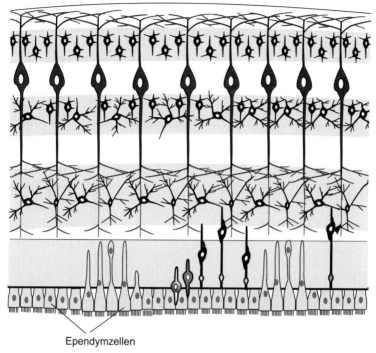

Ependymzellen

Ventrikellumen

Abb. 17.13 A. Organisation des Cortex im Gehirn eines Wirbeltieres

geborenen Neurone lassen sich in einer marginalen Zone nahe der peripheren Oberfläche nieder (erste **„Körnerschicht"**, Körner = Zellkerne). Die
Nachgeborenen durchwandern in einer zweiten Wanderwelle die erste Be-
siedlungsschicht und lassen sich weiter draußen in einer zweiten Schicht
nieder. Damit wird auch die Oberfläche des Gehirns ausgedehnt und mehr
in die Peripherie verschoben. Dies wiederholt sich, bis von innen nach
außen fortschreitend alle sechs Schichten aufgebaut sind (**inside-out-layer-
ing**). Die postmitotischen Neuroblasten durchlaufen alsdann die terminale
Differenzierung. Die Hauptmasse der neuralen Zellen in den 6 laminaren
Schichten gehört zum Typ der **Sternzellen** (**Interneurone**, morphologisch
den Astrocyten ähnlich; Abb. 17.13 B).

Die großflächigen 6 Schichten von Sternzellen werden zu **funktionellen
Modulen**, denen die Fähigkeit zur **parallelen Datenverarbeitung** zugesprochen wird. Zwischen den 6 Schichten vermitteln die großen **Pyramidenzel-
len** (**Projektionsneurone**, im Cerebellum **Purkinjezellen**).

Auch in vertikaler Richtung senkrecht zur Oberfläche lässt sich in einigen Gebieten des Telencephalon ein modularer Aufbau ausmachen, wenn

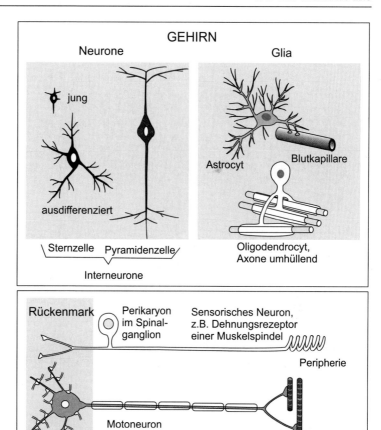

Abb. 17.13 B. Zelltypen im ZNS

man funktionelle Kriterien mit heranzieht. Beispiel sind die **Dominanzbänder** im Sehzentrum V1 (Abb. 17.14; s. auch Abb. 17.21).

Im Gehirn kommt es auch hier und dort zur Aggregation von Neuroblasten zu sogenannten **Kerngebieten.** Bei dieser Aggregation spielen **Zelladhäsionsmoleküle** wie bestimmte Cadherine eine wichtige Rolle.

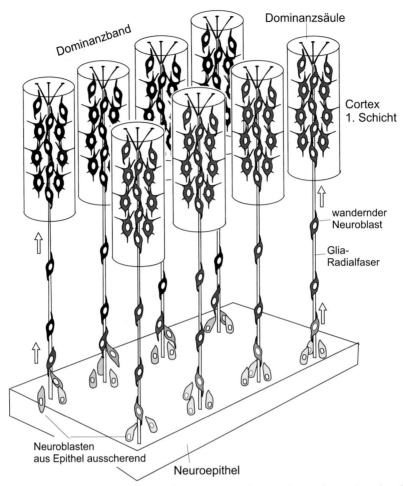

Abb. 17.14. Hypothese zur Entstehung von Dominanzsäulen und Dominanzbändern im visuellen Cortex

17.4
Das periphere Nervensystem und Zellmigration über weite Strecken

17.4.1
Das periphere Nervensystem mit dem sympathischen System und dem Nervennetz des Magen-Darm-Traktes wird von ausgewanderten Neuralleistenzellen aufgebaut; Weg und Zielort bestimmen ihr Schicksal

Ursprungsgebiet aller Zellen des Nervensystems ist die Neuralplatte einschließlich ihres Randes, den man Neuralleiste nennt. Die Neuralleiste enthält die Gründerzellen vielerlei verschiedener Zelltypen und Gewebe: Außer Nervenzellen und Gliazellen gehen auch die Pigmentzellen der Haut, die Knorpelzellen des Kopf-Halsbereichs und manch anderer Zelltyp aus der Neuralleiste hervor (Kap. 16). Geburtsort der Zellen und ihr definitiver Platz im Organismus können weit voneinander entfernt sein. Die Zellen müssen auf Wanderschaft gehen, bevor sie ihre terminale Differenzierung erfahren und ihren spezifischen Beruf aufnehmen. Da fragt man sich, wie im Einzelfall entschieden wird, was aus einer Zelle werden soll, und wie die Zellen ihre weit verstreuten Kolonisationsorte finden.

Es gibt die Vorstellung, dass die Determination der wandernden Neuralleistenzellen bestimmt werde:

a) von der Abkunft der Zellen, mit der eine basale Prädisposition verbunden sein kann,

b) von Einflüssen, denen die Zellen auf ihrer Wanderschaft ausgesetzt sind und schließlich

c) von Gegebenheiten am Zielort. Die Determination sei nach Art eines **Ereignisbaumes** organisiert:

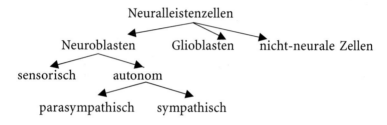

17.4.2
Die endgültige Festlegung der Transmitterproduktion erfolgt erst am Bestimmungsort

Ein Experiment: Cervicale Neuralleistenzellen im Bereich des Nackens werden normalerweise zu parasympathischen, cholinergen Nervenzellen und produzieren den Transmitter **Acetylcholin**. Thorakale Zellen im Bereich der Brust hingegen werden zu sympathischen, adrenergen Ganglien und produzieren den Transmitter **Noradrenalin**. Werden die Zellen vor Beginn ihrer Wanderschaft experimentell ausgetauscht, so besiedeln die ursprünglich cervicalen Zellen den Brustbereich und werden ortsgerecht adrenerg statt cholinerg. Umgekehrt werden die ins Genick verpflanzten thorakalen Neuralleistenzellen nach ihrer Wanderschaft in das ihnen normalerweise nicht zugängliche Zielgebiet nun ortsgerecht zu cholinergen parasympathischen Neuronen.

Ein zweites Beispiel für den Einfluss der Umgebung: Die sympathisch spezifizierte Zellpopulation gliedert sich auf in zwei Subtypen (Abb. 17.15):

1. sympathische Neurone und

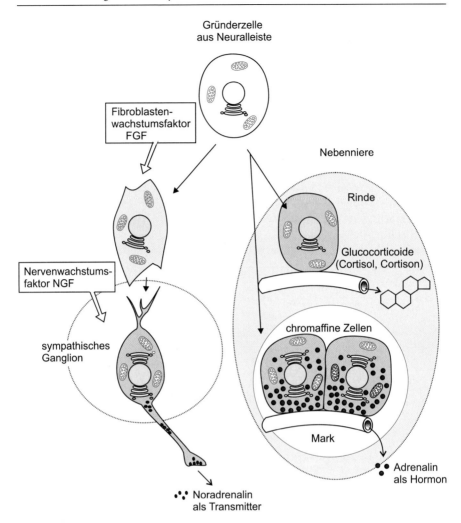

Abb. 17.15. Schicksal von Neuralleistenzellen. Auf ihrem Wanderweg können sie durch Signalsubstanzen, die auf sie einwirken, schicksalbestimmend beeinflusst werden. Durch FGF werden sie empfänglich gemacht für NGF, den sie als sympathische Neurone zum Überleben benötigen. Im Nebennierenmark angesiedelte Zellen erhalten über die von der Nebennierenrinde gelieferten Hormone (Glucocorticoide) die Anweisung, zu Produzenten des Stresshormons Adrenalin zu werden

2. Adrenalin-produzierende „chromaffine" Zellen des Nebennierenmarks; dieser zweite Typ entsteht unter dem Einfluss der Glucocorticoid-Hormone der Nebennierenrinde, die das Mark umhüllt.

17.5
Navigation der Nervenfortsätze und Vernetzung der Nervenzellen

17.5.1
Die Vernetzung der Nervenzellen untereinander ist ein Prozess der Selbstorganisation

Wenn Neuroblasten an ihrem Zielort angelangt sind, durchlaufen sie ihre terminale Differenzierung und bilden an einem Zellpol die **Informations-empfangenden Dendriten**, am anderen Pol das **Informations-weiterleitenden Axon** aus. Axone müssen in Richtung ihrer Zielzellen (andere Nervenzellen, Muskelzellen, Sinneszellen oder andere Effektorzellen) auswachsen und synaptischen Kontakt mit deren Dendriten oder Perikaryen (zentrale Zellkörper) knüpfen. Eine Aufgabe unvorstellbarer Komplexität!

Jede der 10^{11} Nervenzellen des adulten menschlichen Gehirns ist mit 100 bis 10 000 anderen synaptisch verknüpft. Es ist schier unmöglich, dass in der DNA ein exakter Plan der Verkabelung verborgen wäre; denn dafür würde die Speicherkapazität des gesamten Genoms (ca. 40 000 Gene) bei weitem nicht ausreichen.

Die Verschaltung ist eine **epigenetische Leistung**, die auf der Wechselwirkung der neuronalen Zellen mit ihresgleichen und mit Hilfsstrukturen (z. B. der Glia) beruht. Genetische Information erlaubt es den beteiligten Zellen, **Signalmoleküle** herzustellen sowie **Rezeptoren** und Transduktionssysteme zum Empfang und zur Beantwortung der Signale aufzubauen.

17.5.2
Auswachsende Axone haben mit ihrem Wachstumskegel eine mit Sensoren ausgestattete motile Führungsstruktur

An der Spitze der auswachsenden Nervenfortsätze findet sich ein sogenannter **Wachstumskegel**, eine mit dünnen, langen Filopodien, und dazwischen breiten, flachen Lamellipodien ausgestattete Struktur (Abb. 17.16). Der Wachstumskegel kann sich eigenständig bewegen wie eine Amöbe; abgeschnitten kriecht er seiner Ursprungszelle davon. Man beobachtet kleine Wachstumskegel an der Spitze der Dendriten, große an der Spitze der Axone, und auf diese konzentriert sich die forschende Gesellschaft der Neurobiologen.

Die Pseudopodien sind mit **membranständigen Rezeptoren** als molekularen Fühlern ausgestattet. Die Pseudopodien werden ausgestreckt, eingezogen, ausgestreckt, und erkunden die Umgebung. Sie haben Pfadfinderfunktion. Die molekularen Rezeptoren auf den Wachstumskegeln nehmen Signale der Umgebung auf. Diese Signale sind entweder **attraktiv** oder **repulsiv**: Der Wachstumskegel wird vom Signalgeber angezogen oder abgestoßen (Abb. 17.16, s. auch Abb. 17.22). Signalgeber sind die Endziele oder

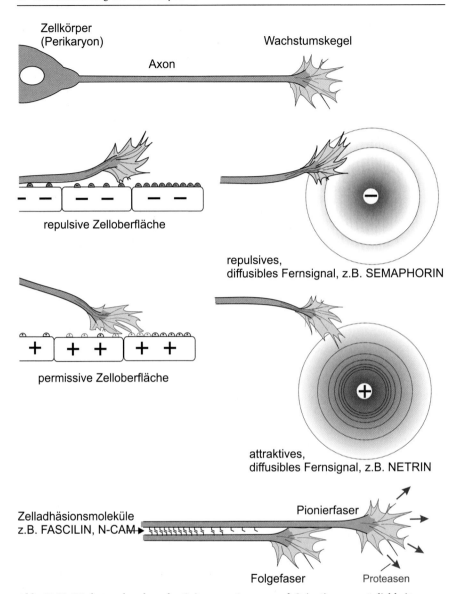

Abb. 17.16. Wachstumskegel an der Spitze von Axonen und Orientierungsmöglichkeiten

wegweisende Zwischenposten auf dem Weg zum Endziel. Als Signale kommen in Betracht:

- **diffusible Substanzen**, die von den Zielzellen oder den Zwischenposten ausgesandt werden;
- **festverankerte molekulare Strukturen des Substrats**, auf dem die Wachstumskegel vorankriechen; dieses Substrat kann die extrazelluläre

Matrix oder die Oberfläche von Zellverbänden sein. Wenn solche molekularen Strukturen an Dichte (Zahl pro Flächeneinheit) zunehmen, können sie nicht nur die Straße als solche kennzeichnen, sondern auch die Richtung zum Ziel anzeigen. Gradiert verteilte, membrangebundene Signalmoleküle sind zuerst im visuellen System entdeckt worden. Sie heißen **Ephrine**, aktivieren spezielle **Ephrin-Rezeptoren (Eph-RPTK = Ephrin-Rezeptor-Protein-Tyrosinkinasen)** auf den Wachstumskegeln der von der Netzhaut ins visuelle Zentrum hineinwachsenden Axone (s. Abschnitt 17.7.2);

- Moleküle auf der Oberfläche von speziellen **Wegweiserzellen** und auf der **Oberfläche der Zielzellen**.

Molekulare Strukturen auf Zelloberflächen, die Straßen und Ziele kenntlich machen, sind insbesondere **Zelladhäsionsmoleküle (cell adhesion molecules CAM)** verschiedener Art. Immer mehr neue Namen für Signalmoleküle aller Art tauchen auf, wie beispielsweise **Netrine, Semaphorine** (Abb. 17.17), **Collapsine** und die schon genannten **Ephrine**, die in einer größeren Zahl von Varianten vorkommen.

- Zum Empfang solcher Signalsubstanzen hat der Wachstumskegel Rezeptoren, die oftmals in die Kategorie der **Transmembran-Tyrosinkinasen** gehören.

17.5.3
Ein erstes Beispiel: Axone der Kommissuralneurone im Rückenmark werden durch attraktive und repulsive Fernsignale dirigiert

Eines der am besten untersuchten Beispiele für eine Führung über (relativ) lange Distanz ist das gezielte Auswachsen der Axone von Kommissuralneuronen im Rückenmark. Deren künftige Aufgabe ist es, Information von dorsal gelegenen Neuronen zu ventral und auf der gegenüberliegenden (kontralateralen) Seite positionierten Neuronen zu leiten. Die Axone kriechen einem attraktiven **Netrin-2-Gradienten** entgegen, dem zum Schluss ein **steilerer und höherer Netrin-1-Gradient** zu Hilfe kommt. **Sender** der Netrinsignale ist die **Bodenplatte** des Rückenmarks (deren Zellen zu Glia werden). Die Sender müssen nicht notwendigerweise laufend Netrine nachliefern, um die Gradienten aufrechtzuerhalten; denn, einmal ausgeschieden, werden die Netrinmoleküle an die extrazelluläre Matrix gekoppelt und so ortsfest gemacht.

Wenn Axone die Seite gegenüber erreicht haben, werden sie zu Netrin-Vermeidern und durch **repulsive Semaphorinsignale** nach dorsal abgelenkt (Abb. 17.17).

Rückenmarksausschnitt

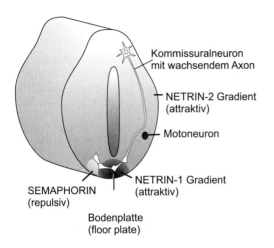

Kommissuralneuron
mit wachsendem Axon

NETRIN-2 Gradient
(attraktiv)

Motoneuron

NETRIN-1 Gradient
(attraktiv)

SEMAPHORIN
(repulsiv)

Bodenplatte
(floor plate)

Abb. 17.17. Navigation von Axonen im Rückenmark, angelockt
durch Gradienten von Netrinen,
abgestoßen von Semaphorinen

17.5.4
Nervenwachstumsfaktoren können chemotaktische Orientierungshilfe geben und dienen als Überlebensfaktoren

Das erste identifizierte, auf Distanz wirkende Signalmolekül ist der von Ri-
ta Levi Montalcini und Stanley Cohen entdeckte **NGF (Nerve Growth Factor)**. Das Glykoprotein wird von Zielgebieten ausgesandt und wirkt auf **spi-
nale und sympathische Neuroblasten**, aber nicht, wie zuerst vermutet und
durch den Namen angedeutet, als zellteilungsförderndes (mitogenes) Sti-
mulans. NGF wirkt vielmehr als **wegweisendes Signal**, welches auch das
Auswachsen der Axone fördert und die Wachstumskegel der Axone zum
Ziel lockt. NGF wirkt darüber hinaus als **Überlebensfaktor**; in der Nähe einer NGF-Quelle bleiben mehr Neurone übrig als von ihr entfernt.

NGF ist ein Polypeptid, das aus einem Vorläuferkomplex herausgeschnitten wird. Der Komplex besteht aus 6 Untereinheiten; biologisch aktiv
ist die β-Untereinheit; sie bildet mit ihresgleichen ein Dimer.

Der vom Zielgewebe freigesetzte NGF wird vom Wachstumskegel mit
membranständigen **NGF-Rezeptoren** aufgefangen. Er löst eine Signaltransduktionskaskade aus und wird anschließend durch Endocytose internalisiert. Durch retrograden Transport gelangt der NGF in das Perikaryon,
d.h. den kernhaltigen Hauptbereich der Zelle. NGF sichert in noch nicht
bekannter Art das **Überleben** des Neurons.

Es gibt mehrere NGF-Untertypen und NGF-ähnliche Faktoren. Sie ermöglichen das Überleben unterschiedlicher Subpopulationen von Nervenzellen und werden unter dem Begriff **Neurotrophine** zusammengefasst.
Man spricht im Hinblick auf ihre Funktion als Überlebensfaktor, nicht
eben glücklich, von einer „trophischen" („ernährenden") Funktion, obwohl

biologische Signalmoleküle nur in Spuren zugegen sind und nicht der Ernährung dienen.

17.5.5
Festverankerte Adhäsions- und Erkennungsmoleküle weisen Pionierfasern den Weg und markieren das Ziel

Substrat- und zellgebundene Wegweiser. Diffusible Fernsignale nach Art des NGF können keine präzise Orientierung vermitteln, wenn Abermillionen und Abermilliarden von Axonen mit bestimmten, entfernten Zielzellen verknüpft werden müssen.

Eine ausgeklügelte Technik stellt mittels Siliconmatrizen auf neutraler Unterlage (Glas, Filtermaterial) Felder oder Streifen biologischen Materials her, das auf die Orientierung Einfluss nehmen könnte. Dieses biologische Material sind Beläge aus extrazellulärer Matrix oder aus Vesikeln von Zellmembranen, die aus Zielgebieten oder Nicht-Zielgebieten stammen. Man lässt Axone auf solchen Substratmustern wachsen (s. Abb. 17.22) und nimmt mit Mikroskopkamera und Videorekordern ihr Verhalten auf. Werden die Axone vom Substrat, auf das sie beim Vorwachsen treffen, angezogen oder abgestoßen, oder hat das Substrat überhaupt keinen Einfluss auf Geschwindigkeit und Richtung des Vorwachsens? Aus solchen und ähnlichen Versuchen können Rückschlüsse über die Quellen von Information gezogen werden, welche die Wachstumskegel zu ihren Zielgebieten hin dirigieren:

- Rinnen, Falten und Kanäle im Substrat können physikalische Hilfen geben oder Hindernisse darstellen (**Haptotaxis**).
- Die chemisch-physikalische Beschaffenheit der **extrazellulären Matrix** (Fibronektin, Laminin, Kollagene) fördert oder hemmt das Vorwachsen in eher genereller Weise.
- Die molekulare **Oberflächenausstattung** der am Wege liegenden Zellen liefert spezifische Information über die Richtung, die einzuschlagen ist. Neurone verschiedener Herkunft können solche Informationen unterschiedlich interpretieren. Ein Zelladhäsionsmolekül, das für Neuron A attraktiv ist, kann für Neuron B repulsiv sein und es veranlassen, seine Wachstumskegel zurückzuziehen und in eine andere Richtung weiterkriechen zu lassen.

17.5.6
Vom Pionieraxon zum Nervenstrang:
Zelladhäsionsmoleküle dienen als Bindemittel

In vielen Bereichen des ZNS sind Millionen von Fasern zu Faserbündeln vereinigt; ein besonders mächtiges Bündel ist der Balken (Corpus callosum), der die beiden Hemisphären des Großhirns überbrückt. Auch „Nerven", die vom ZNS in die Peripherie hinaus- oder von der Peripherie ins

ZNS hineinführen, bestehen in der Regel aus zahlreichen, gebündelten Axonen (und begleitenden Gliahüllzellen). Zuerst sucht ein Pionieraxon den Weg zum Ziel. Ihm entlang gleiten die Wachstumskegel später folgender Axone. Parallel orientierte Fasern werden durch **CAM** (N-CAM, Cadherine) zusammengehalten. Man nennt die Verklebung zum Axonbündel **Faszikulation**. Eines der CAMs heißt entsprechend **Fasciclin** (Fasciclin II entspricht N-CAM).

17.6
Hinaus in die Peripherie: Innervation der Muskulatur

17.6.1
Motorische Pionieraxone wissen, welches Ziel sie erreichen müssen

Muskeln werden von motorischen Neuronen des Rückenmarks innerviert. Die Motoneurone schicken Axone aus, deren Wachstumskegel den Weg beispielsweise in eine Extremität finden müssen. Einem erfolgreichen Pionieraxon folgend haben bald viele weitere Axone, zum Nerven gebündelt, den Weg gefunden. In der Extremität selbst muss sich der Kabelstrang wieder auffasern, und die Axone müssen sich aufgabeln; denn jeder einzelne Wachstumskegel hat ein anderes Muskelfaserbündel zum Ziel. Ein Axon innerviert, sich aufspaltend, ca. 1000 Muskelfasern.

Hühnchen: Innervation der Beinmuskulatur

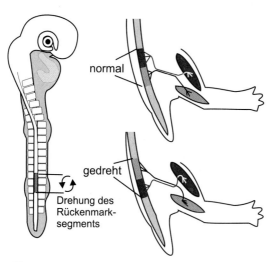

Abb. 17.18. Innervation eines Beins durch motorische Fasern, die aus dem Rückenmark auswachsen. Wird das für die Innervation der Beinmuskeln zuständige Rückenmarkssegment vor dem Auswachsen der Fasern um $180°$ gedreht, finden die Fasern dennoch den Muskel, den sie normalerweise innervieren sollten

Klassische Experimente aus der Pionierzeit der Neurobiologie zeigen, dass motorische Nerven ihr Ziel finden, auch wenn die Zielsuche experimentell erschwert wird. Noch bevor die motorischen Axone ausgewachsen waren, wurden kleine Stücke des Neuralrohrs ausgeschnitten und um 180° gedreht an derselben Stelle wieder eingesetzt. Die Wachstumskegel der motorischen Fasern fanden trotzdem ihre Muskelfasern (Abb. 17.18). Dass hierbei Irrtümer vorkommen, ist nicht nur Folge des Experiments; Irrtümer und ihre Korrektur spiegeln eine Strategie des Systems der Selbstorganisation wider (wie nachfolgend in Abschnitt 17.6.2 erläutert wird).

Werden Neuralrohrstücke weiter von ihrem Herkunftsort entfernt wieder eingepflanzt, wird das Ziel nicht mehr gefunden. Die Wachstumskegel der Fasern irren umher, falsche Ziele ansteuernd. Falls es von den Muskelfasern ausgehende Fernsignale gibt, reichen sie nicht sehr weit.

17.6.2
Überschüssige und inkorrekte Verknüpfungen werden nachträglich abgebaut

Muskelfasern werden häufig zunächst von zu vielen Axonen und synaptischen Terminals erreicht (Abb. 17.19). Erhalten bleiben Axone und Synapsen, die – weil korrekt verknüpft – auch regelmäßig benutzt werden, d.h. über die wiederholt Nervenimpulse vom Motoneuron zur Muskelfaser gefeuert werden. Wenn ein Embryo oder Fetus immer wieder zuckende Bewegungen macht, testet er mittels Aktionspotentialen, die er vom ZNS in die Muskulatur schickt, die korrekte Verknüpfung. Dem Abbau überschüssiger, ungenutzter Synapsen scheint ein Konkurrenzkampf vorauszugehen. Es gibt Indizien dafür, dass Synapsen, die in Anspruch genommen werden, untätige Synapsen in ihrer Nachbarschaft unterdrücken. Wichtiger jedoch ist ein wechselseitiger Informationsaustausch zwischen Präsynapse und postsynaptischer Zielzelle, hier der Muskelfaser.

- Die aus dem Wachstumskegel des Axons hervorgehende Präsynapse regt die Muskelfaser an, vermehrt Rezeptoren für den von der Präsynapse freigesetzten Transmitter herzustellen und die Rezeptoren in Position unterhalb der Präsynapse zu bringen.
- Andererseits sichern besondere, von der Muskelfaser sezernierte **Überlebensfaktoren** (z.B. HGF/SF, entsprechend dem NGF) den Fortbestand der korrekt verknüpften nervalen Faser.

Neurone, die keine synaptischen Verbindungen knüpfen oder aufrechterhalten können, werden durch programmierten Zelltod (Apoptose) eliminiert.

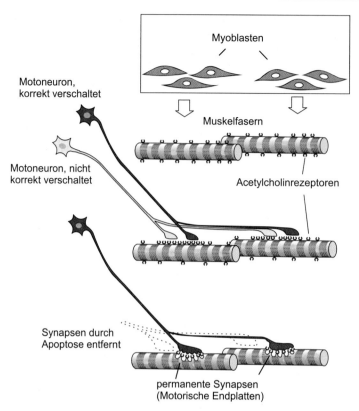

Abb. 17.19. Korrektur überflüssiger und falscher nervaler Bahnen bei der Innervation von Muskelfasern. Anfänglich wachsen mehr Fasern auf die Muskelfasern zu als dienlich ist. Nur korrekt verschaltete Fasern, über die regelmäßig Aktionspotentiale geschickt werden, können den synaptischen Kontakt zur Faser auf Dauer aufrechterhalten. Unter solchen regelmäßig in Anspruch genommenen Synapsen sammeln sich die anfänglich verstreuten Rezeptoren für den Transmitter Acetylcholin. Im oberen Teilbild wird zusätzlich darauf hingewiesen, dass quergestreifte Muskelfasern durch die Fusion mehrerer Myoblasten entstehen

17.6.3
Regeneration von Nervenfasern erlaubt in günstigen Fällen eine Rehabilitation

Zugrunde gegangene Nervenzellen und primäre Sinneszellen (d. h. Sinneszellen mit eigenem Axon) des Menschen können im Allgemeinen nicht aus Stammzellen regeneriert werden (Ausnahmen: Riechzellen in der Nase, einige restliche Stammzellen im Gehirn, s. Abschnitt 17.7.7). Wohl jedoch können einzelne Nervenzellen, deren Perikaryon (zentraler Zellleib mit Kern) intakt ist, abgetrennte Dendriten und Axone nachsprossen lassen. (Natürlich geht das Umgekehrte nicht: Ein distales Axonfragment kann nicht seine verlorene Mutterzelle mitsamt ihrem Zellkern regenerieren.) Auch bei der Innervation der Muskulatur ist Regeneration möglich; denn die Perikaryen sitzen ja nicht in der Muskulatur selbst, sondern im Rückenmark (Motoneurone) oder in den Spinalganglien (sensorische Neurone, s. Abb. 17.6). Ein Unterarm sei stark gequetscht; die Nervenfasern seien unterbrochen; die von ihrem Perikaryon abgetrennten distalen Teile der Fasern sterben ab; die Hand ist gelähmt, über lange Zeit. Die proximalen Axonreste im Arm können an ihrem Ende wieder Wachstumskegel ausbilden. Über Wochen und Monate können die aus dem intakten Bereich des Arms nachwachsenden Axone wieder in die Hand einwachsen. Neurochirurgen versuchen, Leitstrukturen für die Wachstumskegel der regenerierenden Axone einzupflanzen. Manchmal gelingt eine Rehabilitation: Gefühl (über die sensorischen Fasern) und Motorik (über die motorischen Axone) kehren zurück.

17.7
Wegfindung der Axone vom Auge und den Riechzellen ins Gehirn

17.7.1
Retinotektale Projektion, die Verschaltung des Auges mit dem Gehirn, ist ein großes Thema der Entwicklungsneurobiologie

Die Retina (Netzhaut) des Auges ist, dies sei nochmals gesagt, Teil des Gehirns. Die Netzhaut des Menschen enthält nicht nur die Photorezeptoren, die Stäbchen und Zapfen, sondern auch einige Millionen von Nervenzellen für eine erste Datenverarbeitung. Die ausgewerteten Primärdaten müssen weiter an Auswertstationen höherer Ordnung gemeldet werden. Daher verlassen retinale Axone gebündelt am blinden Fleck das Auge und wachsen mit ihren Wachstumskegeln in das Gehirn ein. Das gesuchte Gebiet ist

- das **Tectum opticum** bei Fischen, Amphibien, Reptilien und Vögeln;
- bei Säugern hingegen erreichen die Axone der retinalen Ganglienzellen nur den **seitlichen Kniehöcker** (Corpus geniculatum laterale). Dieser ist aber nicht Endstation, sondern eine Umschaltstation. Weitere Neurone übernehmen hier die Daten und senden sie weiter an das
  - **Primäre Sehzentrum V1** im Neocortex des Hinterhauptes. Von dort werden weiter prozessierte Daten an die
  - **Sekundären Sehzentren (V2–V5)** im Neocortex der Stirnregion gesandt.

Bei Nichtsäuger-Wirbeltieren erreichen alle Axone des linken Auges gemeinsam das rechte Tectum, und umgekehrt alle Bahnen des rechten Auges das linke Tectum (Abb. 17.20). Bei Primaten hingegen splittet sich die von einem Auge kommende Axonpopulation zur Hälfte in kontralaterale und zur anderen Hälfte in ipsilaterale Fasern auf (Abb. 17.21). Bedenkt man noch, dass sich am Säugerembryo im Mutterleib nur mit größten Schwierigkeiten experimentieren ließe, ist klar, dass Forscher allüberall Embryonen von Nichtsäugern (Fische, Amphibien, Vögel) als Modellobjekte wählen, wiewohl bei der neuropsychologischen Untersuchung der Sehvorgänge Makaken die meistuntersuchten Modellobjekte sind.

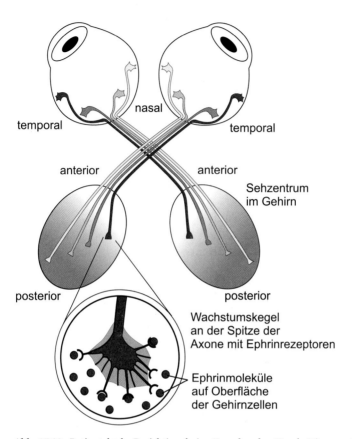

Abb. 17.20. Retinotektale Projektion beim Frosch oder Vogel. Die zum Nervus opticus gebündelten Axone der retinalen Neurone werden auf das kontralaterale Tectum opticum geführt. Die Wachstumskegel der Axone finden ihr Zielgebiet durch Abtasten der Oberfläche der Zellen im Zielgebiet. Die Oberflächenmoleküle (z.B. Ephrine) im Zielgebiet bilden Dichtegradienten, welche eine Groborientierung ermöglichen. Ephrine, von denen es mehrere Varianten (Isoformen) gibt, gebieten in der Regel dem Vorwachsen der Axone als Stoppsignale Halt. Axone verschiedener Herkunft werden durch verschieden hohe Ephrinkonzentrationen zum Anhalten gebracht. Zur Ruhe gekommene Wachstumskegel werden reduziert; an ihrer Stelle werden von den Axonen Synapsen mit ortsansässigen Neuroblasten gebildet

Die unterschiedliche Führung der Sehbahnen bei Nichtsäugern und bei Primaten lässt sich in Verbindung bringen mit der unterschiedlichen Ausrichtung der Sehfelder. Bei Nicht-Säugern (aber auch bei Steppen-bewohnenden Säugern) sitzen die Augen seitlich am Kopf und sehen zwei (weitgehend) getrennte Welten; die vom linken und rechten Auge gelieferte Information kann getrennt im rechten und linken Tectum ausgewertet werden.

Retinotektale Projektion
Säuger / Mensch

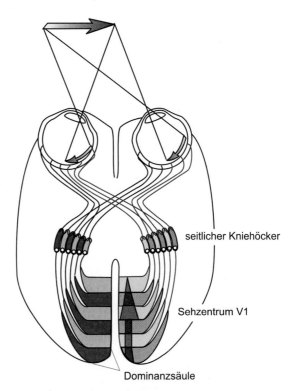

seitlicher Kniehöcker

Sehzentrum V1

Dominanzsäule

Abb. 17.21. Retinotektale Projektion beim Menschen. Es kommt zu einer partiellen Überkreuzung der Bahnen derart, dass die in den beiden linken Augenhälften gesammelte Information dem linken Sehzentrum, die in den rechten Augenhälften gesammelte Information dem rechten Sehzentrum zugeleitet wird. In den Sehzentren laufen (über die Zwischenstation der seitlichen Kniehöcker) abwechselnd Bahnen vom linken und rechten Auge ein, wo die Information von Neuronenverbänden, Dominanzsäulen genannt, aufgegriffen und verarbeitet wird. Dadurch wird ermöglicht, dass ein Gegenstand, der in einer Gesichtshälfte erscheint und von beiden Augen (getrennt) rezipiert wird, von beiden Sehzentren (V1) vergleichend analysiert werden kann

Bei Primaten hingegen sind beide Augen nach vorne gerichtet und erfassen ein weitgehend deckungsgleiches Gesichtsfeld. Es ist deshalb zweckmäßig, die vom linken und rechten Auge gelieferten Daten miteinander zu vergleichen und gemeinsam auszuwerten. Damit dies auch geschehen kann, müssen die vom linken und rechten Auge einlaufenden Daten zusammengeführt werden, und zwar so, dass die vom gleichen Gesichtsfeldausschnitt kommenden Daten im selben (oder im benachbarten) Areal des Sehzentrums ausgewertet werden können (s. Abb. 17.21).

Verfolgt man den Kabelstrang des **Nervus opticus** (beim Fisch, Frosch oder Vogel), so sieht man, dass er im Endareal (**Projektionsgebiet**), dem Tectum opticum, sich wieder auffasert und sich die Einzelfasern auf ein breites Gebiet verteilen. Die Fasern enden auf definierten Neuronen in tieferen tektalen Schichten und bilden dort mit ihnen Synapsen. Je nach ihrem Ursprungsort in der Retina münden die Axone in verschiedenen, eng umschriebenen Arealen des Tectums. Man spricht von **retinotektaler Projektion**. Anders gesagt: Einer Landkarte auf der Retina entspricht eine Kopie dieser Karte auf dem Tectum. Die Fasern verbinden punktgenau einander entsprechende Gebiete auf den beiden Karten (s. Abb. 17.20).

17.7.2
Wie wird das Projektionsgebiet erkannt?

Die **Theorie der neuralen Spezifität** (auch: **Chemoaffinitäts- oder Neurotropismustheorie**) nahm an, dass die Zielzellen durch besondere Markermoleküle ihrer Oberfläche als Ziel für die ankommenden Wachstumskegel gekennzeichnet seien. Man spricht auch von der **Area code-Hypothese** (**Postleitzahlen-Hypothese**). Da es jedoch Milliarden von Nervenzellen gibt, werden mutmaßlich nicht einzigartige Moleküle, sondern spezielle Kombinationen von Oberflächenmolekülen zur Kennzeichnung der Ziele benutzt werden.

Theoretische Überlegungen und Experimente haben zur Vorstellung eines relativ einfachen Koordinatensystems geführt, das mittels Konzentrationsgradienten erstellt wird und den Wachstumskegeln ermöglicht, ihre jeweilige momentane Position zu bestimmen:

- Auf den Zelloberflächen des Tectums gibt es Erkennungsmoleküle, beispielsweise die **Ephrine**, deren Dichte einen richtungsweisenden Gradienten ergeben. Es gibt mehrere Ephrin-Varianten; sie sind entweder Mitglieder der Ephrin-A-Klasse oder der Ephrin-B-Klasse. Ephrin-A-Moleküle wirken in der Regel abstoßend, Ephrin-B-Moleküle anziehend. Der Wachstumskegel prüft, in welche Richtung die Dichte dieser Moleküle auf den Zelloberflächen zu- bzw. abnimmt. Wir betrachten zuerst die Dichteverteilung der Ephrin-A-Moleküle. Ihre Dichte nimmt in der horizontalen Fläche des Tectums von anterior nach posterior zu. Der Wachstumskegel kriecht voran, bis er im Ephrin-A-reichen Gebiet gestoppt wird und zur Ruhe kommt (Abb. 17.20).

  Zur Prüfung der Ephrinwirkung ist ein raffiniertes Mikrosystem entwickelt worden (Abb. 17.22.) Auf Silikonplättchen wurde eine Lamininschicht aufgebracht und über dieser eine Lage von Membranvesikeln, die Ephrinrezeptoren enthielten. Über diese Unterlage konnten die Wachstumskegel vorangleiten. Über die Teststrecke hinweg nahm die Konzentration der Ephrinmoleküle zu. Sie hatten in diesem Experiment, in dem Ephrine der A-Familie die Unterlage bedeckten, repulsive Wirkung. Da-

Axonales Wachstum auf beschichteten Chips

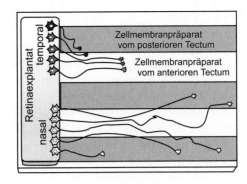

Zellmembranpräparat
Dichtegradient

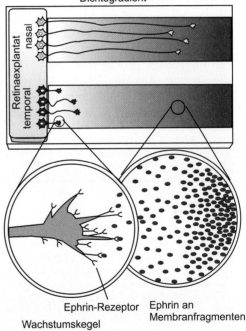

Abb. 17.22. Orientierung der Wachstumskegel auswachsender Axone auf dem Substrat, das aus einer Schicht extrazellulärer Matrix, bestehend z. B. aus Laminin, und Membranbestandteilen der Zielzellen im Gehirn besteht. Ein Chip wurde mit Membranbestandteilen unterschiedlicher Herkunft beschichtet; sie enthalten u.a. unterschiedliche Mengen an Ephrinen. Die Axone werden durch eine Unterlage aus Laminin zum Vorwachsen stimuliert, durch repulsive Membranbestandteile abgelenkt, und beim Erreichen einer ihnen gemäßen Membranbeschaffenheit (z.B. einer hohen Ephrindichte) zum Halten veranlasst

her wird angenommen, Ephrine der A-Familie wirkten vor allem als Stopsignal. Seien genug Ephrinrezeptoren des Wachstumskegels mit Ephrinliganden der Tectumzellen in Kontakt gekommen, stelle der Wachstumskegel seine Vorwärtsbewegung ein und bilde mit den sich differenzierenden Neuroblasten des Tectums Synapsen.

- Die Wachstumskegel ihrerseits sind untereinander nicht gleich, sondern unterschiedlich vorprogrammiert. Axone, die aus dem temporalen (Schläfen-nahen) Retinabezirk kommen, haben eine höhere Ausstattung an Rezeptoren der A-Klasse als die Axone, die aus der nasalen Retina herausgewachsen sind. Je mehr Rezeptoren ein Wachstumskegel hat, desto leichter ist er durch eine gegebene Ephrin-A-Konzentration zu stoppen.

- In der Netzhaut ist ein zweiter Gradient von Ephrin-Rezeptoren gefunden worden, der rechtwinklig zum nasal-temporalen Gradienten verläuft. Die vom Auge auswachsenden Axone sind nicht nur mit Ephrin-A-, sondern auch mit Ephrin-B-Rezeptoren ausgestattet; die vom ventralen Gebiet der Netzhaut kommenden Axone haben mehr Rezeptoren zur Verfügung als die von der dorsalen Netzhaut kommenden. Dem ventral-dorsalen Gradienten der Ephrin-B-Rezeptoren im Axonbündel entspricht ein von ventral nach dorsal orientierter Gradient der Ephrin-B-Rezeptoren im Tectum (Mann et al. 2004). Er liefert eine zweite Koordinate für die Ortung. Aus den lokalen Werten des ersten und des zweiten Gradienten, und vermutlich anhand von weiteren Orientierungshilfen, kann der Wachstumskegel seine Position bestimmen.

Die Untersuchungen auf diesem Gebiet werden erschwert durch den Umstand, dass es im Tectum mehrere Varianten von Ephrin-A- und Ephrin-B-Signalmolekülen mit überlappenden Verteilungsmustern gibt. Eine detaillierte Karte, die das Verteilungsmuster von allen Varianten und weiteren wegweisenden Molekülen enthielte, kann noch nicht gezeigt werden. Außerdem benehmen sich Axone nicht gleich; verschiedene retinale Axone können je nach ihrer Herkunft und ihrer Ausstattung mit Rezeptoren unterschiedlich reagieren. Dabei ist die Dichte der Ephrinbelegung von großer Bedeutung. Eine geringe Konzentration eines Ephrins kann attraktiv, eine hohe Konzentration kann „Halt!" bedeuten oder gar repulsiv sein.

Bei Millionen von Axonen und Abermillionen möglicher Zielzellen ist es ein kaum zu bewältigendes Unterfangen, die Zielgebiete für alle Axone genau zu beschreiben und die Bedeutung der örtlichen molekularen Ausstattung experimentell herauszufinden.

Die allgemeine Annahme ist die: Eine spezifische, vom Ursprungsort des Axons in der Retina geprägte Kombination von Oberflächenrezeptoren auf den Wachstumskegeln muss mit einer bestimmten Kombination von Oberflächenmolekülen des Tectums zur Deckung gebracht werden. Bei optimaler Kongruenz hört der Wachstumskegel zu kriechen auf und sucht stattdessen, synaptischen Kontakt zu Zielzellen herzustellen.

17.7.3
Nach experimenteller Störung kann das Ziel erneut gefunden werden

Berühmtes Experiment am Frosch: das Auge wird herausgetrennt und um 180° verdreht wieder eingesetzt. Die Retinaneurone des Frosches regenerieren Axone, die mit ihrem Wachstumskegel das ursprüngliche, ihnen vorbestimmte Zielgebiet wieder finden. Da nun

- die alten Gebiete wiedergefunden werden,
- das Gehirn visuelle Information nach dem Herkunftsgebiet der Fasern auf der Retina auswertet, aber
- das Auge gedreht ist, was das Gehirn nicht weiß,

„sieht" der Frosch die Fliege, die über ihm fliegt, unten und schnappt nach unten (Abb. 17.23).

> Beim Menschen hat das ausgereifte visuelle System noch große Flexibilität. Setzt man eine Prismen-bestückte Umkehrbrille auf, ist die gesehene Welt anfänglich verdreht und man hat enorme Orientierungsprobleme. Über Tage und Wochen gelingt es aber dem Gehirn in einem Lernprozess, die gesehene Welt zurückzudrehen.

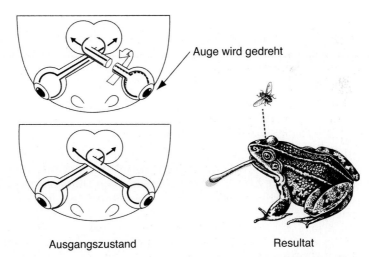

Auge wird gedreht

Ausgangszustand   Resultat

Abb. 17.23. Experimentell verdrehte Augen beim Frosch. Im Froschembryo wird der Augapfel, nach Durchtrennung des Opticus, um 180° gedreht wieder in die Augenhöhle eingesetzt. Die Neurone der Retina lassen die abgetrennten Axone regenerativ nachwachsen. Die Axone finden ihre normalen Zielgebiete im Tectum opticum; doch fällt das Bild einer über dem Frosch fliegenden Fliege nicht wie im Normalfall auf die ventrale Augenhälfte, sondern auf die dorsale. Da der Frosch Bilder der dorsalen Hälfte so auswertet, als stamme der Reiz von ventral, schnappt er nach unten statt nach oben (nach Sperry aus Reichert, umgezeichnet)

17.7.4
Riechsinneszellen haben molekulare Duftrezeptoren in ihren Axonen; was tun sie damit?

Das Riechepithel der Nase des Säugers ist mit Millionen Sinneszellen besetzt, die zu 500–1000 verschiedenen Klassen gehören. Jede Klasse von Riechzellen ist auf eine bestimmte Klasse von Duftstoffen spezialisiert. Die molekularen Rezeptoren zum Einfangen der Duftstoffe sind in der Zellmembran der Cilien verankert. Alle gehören zum Typ der G-Protein-gekoppelten Siebentransmembran-Rezeptoren (= Serpentinrezeptoren, zu denen beispielsweise auch der β-Rezeptor für Adrenalin gehört). Die Rezeptoren verschiedener Klassenzugehörigkeit sind einander ähnlich, doch eben nicht identisch, und es werden entsprechend 500–1000 Gene benötigt, um sie alle herstellen zu können (Nobelpreis 2004).

Riechsinneszellen sind primäre Sinneszellen mit einem eigenem Axon, das seinen Weg ins Riechhirn, den Bulbus olfactorius, finden muss. Alle Sinneszellen einer Geruchsklasse lassen ihre Axone an ein und derselben Auswertstation enden (Abb. 17.24). Eine solche Auswertstation heißt Glomerulus (nicht mit den Glomeruli der Niere zu verwechseln). Nicht nur in der Embryonalentwicklung stellt sich diese Aufgabe. Riechsinneszellen sind kurzlebig; nach ca. zwei Wochen muss eine Zelle gegen eine neue, die von Stammzellen geliefert wird, ausgetauscht werden. Auch diese muss den rechten Weg finden.

Es hat sich zum Erstaunen aller herausgestellt, dass die molekularen Duftrezeptoren nicht nur in die Membran der sensorischen Cilien eingebaut werden, sondern in die Membran der Axone. Welche Funktion haben sie? Es ist wohl kaum anzunehmen, dass die Zielgebiete 500–1000 verschiedene Duftmoleküle aussenden, um die Axone zum Zielgebiet zu locken. Eine experimentell begründete Hypothese meint, die molekularen Rezeptoren wirkten wie homotypische Zelladhäsionsmoleküle und ermöglichten es Axonen der gleichen Klasse, sich mit ihresgleichen zusammen zu tun (Abb. 17.24; Feinstein u. Mombaerts, 2004). Eben dies bedeutet ja homotypisch: Moleküle gleichen Typs heften sich aneinander nach Art von Dimeren und benachbarte Zellen ballen sich zusammen (*coalesce*).

Ein Fernziel müsse in der Embryonalentwicklung gar nicht gesucht werden. Ein Teil der Zellen, die einen bestimmten Duftstoffrezeptor exprimierten, würden sich an coaleszierende Axonbündel anheften und zu den Neuronen eines Glomerulus werden. *„In this model, axons do not look for targets – they are the targets"* (Feinstein u. Mombaerts, 2004). Später im Leben können Axone einfach an ihresgleichen entlang wachsen und finden so unschwer ihren Glomerulus.

Bei den genannten Experimenten kamen transgene Mäuse zum Einsatz, die einen ganz bestimmten Duftstoffrezeptor gekoppelt an einen Reporterprotein herstellten. Das Reporterprotein war das grün leuchtende GFP oder das bakterielle Lac-Z. Das Ergebnis einer solchen Markierung ist auf der Farbtafel zu Kap. 13, Bild 2 A und 2 B, zu sehen.

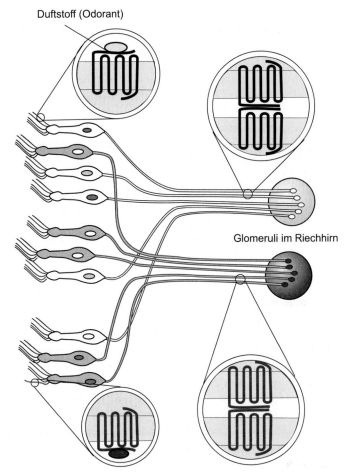

Abb. 17.24. Künftige Riechzellen der Nasenschleimhaut suchen mit ihren Axonen ihr Ziel. Jeder Typ von Riechzellen – es gibt im Säugetier 350–1000 davon – exprimiert einen eigenen molekularen Rezeptor, der in die Membran der Cilien eingebaut wird und eine bestimmte Klasse von Duftstoffen einfangen kann. Der Rezeptor gehört dem 7-Transmembrantyp an. Zwei von 500–1000 sind beispielhaft herausgegriffen. Alle Rezeptoren des gleichen Typs lassen ihre Axone gebündelt an die für sie zuständige Auswertstation (Glomerulus) des Riechhirns sprossen. Überraschend enthalten die Membranen der Axone ebenfalls solche Riechrezeptoren, und zwar vom gleichen Typ wie die Cilien. Diese molekularen Rezeptoren sind nach einer experimentell begründeten Hypothese zugleich Zelladhäsionsmoleküle CAM. Indem sich die homotypischen CAM benachbarter Zellmembranen zusammenlagern, dienen sie der Zusammenführung und dem Zusammenhalt der zusammengehörenden Axone. Vergleiche hierzu Bild 2 A, B von der Farbtafel

17.8
Plastizität: Korrekturen, Ausbau, Reserven

17.8.1
Nachträgliche Korrektur unpräziser Verknüpfungen
ist ein allgemeines Prinzip der Selbstorganisation im Nervensystem

Nicht immer finden die Wachstumskegel präzise ihr Zielgebiet. Oder die **Positionsinformation**, die auf den Zielzellen codiert ist, ist nicht immer korrekt. Das muss keine Katastrophe zur Folge haben; denn es sind nachträgliche Korrekturen möglich. Auch bei der retinotektalen Projektion sterben zahlreiche, nicht korrekt verknüpfte Neurone ab. Sie unterwerfen sich einer Apoptose. Gliazellen oder Makrophagen-ähnliche Zellen (Mikroglia) beseitigen die Reste. Wie durchgecheckt wird, was korrekt und was inkorrekt verknüpft ist, ist noch Geheimnis der Herstellerfirma „Gehirn".

17.8.2
Noch nach der Geburt werden – unter dem Einfluss von
Umweltinformationen – Bahnen neu erstellt, andere reduziert

Kein Vogel und kein Mensch kommt mit einem Gehirn zur Welt, dessen Verschaltungsplan schon in allen Einzelheiten feststeht und ein für allemal festgelegt ist. Minutiöse morphologische Untersuchungen weisen darauf hin, dass bei Vögeln besonders während Phasen der **Prägung** manche Synapsen neu geknüpft, viele andere abgebaut werden. Auch für das Säugergehirn ist eine zunehmende Komplexität des Dendriten- und Neuritengeflechts nach der Geburt beschrieben worden.

Wird beim neugeborenen Säuger eines der beiden Augen verschlossen (Versuche an Katzen und Affen von D.H. Hubel und T.N. Wiesel u. a.) fallen die diesem Auge zugeordneten Projektionsgebiete, die sogenannten Dominanzbänder, im visuellen Cortex des Gehirns (s. Abb. 17.14, Abb. 17.21) schmal aus, wohingegen die dem offenen Auge zugeordneten Dominanzbänder kompensatorisch verbreitert werden. Dominanzbänder sind Auswertbezirke, die mit Neuronen bestückt sind, welche aus den vom Auge angelieferten Daten bestimmte Merkmale in der gesehenen Welt (z.B. Richtung von Linien und Konturen) detektieren (Näheres z.B. in Müller: Tier- und Humanphysiologie, Kap. 23). Werden während der nachgeburtlichen Prägephase dem Auge überwiegend senkrechte Linien gezeigt, sind hernach die Merkmalsdetektoren für senkrechte Linien vermehrt. **Visuelle Erfahrung führt zu langanhaltenden Veränderungen im visuellen Cortex; sie ermöglicht eine Feinabstimmung der Synapsenbildung in Adaptation an die Umwelt.** Bleibt ein Auge des Versuchstieres während der Prägephase nach der Geburt längere Zeit verschlossen, verkümmern die diesem Auge zugeordneten Dominanzbänder und die Katze bleibt dauernd blind, obwohl das Auge selbst in Ordnung ist.

17.8.3
Lernen und Langzeitgedächtnis könnten auch Ausdruck einer fortwährenden Neu- und Umbildung von Synapsen sein

Auch wenn nach Abschluss des körperlichen Wachstums nur noch in einigen kleineren Arealen des Gehirns neue Nervenzellen aus Stammzellen hergestellt werden können (siehe nachfolgender Abschnitt), bedeutet dies nicht, dass nun ein für allemal Ruhe eingekehrt sei und keine Veränderungen mehr stattfänden. Bei Vögeln und Säugern werden zeitlebens von vorhandenen Neuronen aus neue Zellfortsätze gebildet und neue Synapsen geknüpft; vorhandene Synapsen werden durch wiederholten Gebrauch konsolidiert, andere werden aufgegeben. Man bringt diese Vorgänge mit assoziativem Lernen (inklusive Prägung) und Langzeitgedächtnis in Beziehung.

17.8.4
Neues: Gibt es erschließbare zelluläre Reserven im und fürs Gehirn?

Bisher galt das Dogma: Ab dem Alter von 20 Jahren stürben im Gehirn des Menschen täglich Hunderte von Nervenzellen; Ersatz werde nicht gebildet. Das Dogma, ein adultes Gehirn könne keine Nervenzellen mehr herstellen, galt allerdings für Singvögel schon seit Jahren nicht mehr. Ein Kanarienvogelmann beispielsweise erwirbt Jahr für Jahr sein Gesangsrepertoire neu; er wird von Jahr zu Jahr diese oder jene Strophe aus seinem Konzertprogramm nehmen, andere Strophen einfügen. Im Vorderhirn befinden sich zwei Zentren (*Hyperstriatum ventrale pars caudale* und *Robustus archistriatalis*), die beim Erwerb und Einüben des neuen Jahresrepertoires besondere Aktivität entfalten. Vor und während dieser produktiven Zeit liefern Stammzellen in der Wandung der Ventrikel (subventrikulären Zone SVZ) neue Nervenzellen. Andererseits gehen im Herbst, wenn die Konzertsaison zu Ende geht, in diese Zentren viele Neurone zugrunde.

In jüngster Zeit, in der sich viele Forscher auf die Suche nach Stammzellen machen, gilt die traditionelle Lehrmeinung auch für Säuger nicht mehr; jedenfalls sind Nager dem Dogma nicht mehr unterworfen. Es wird immer öfter berichtet, dass in bestimmten Regionen des Gehirns teilungsbereite Stammzellen bereit lägen, um vielleicht Ersatz für funktionsuntaugliche Neurone zu liefern oder bei Bedarf die Kapazität eines Gehirnareals zu erhöhen. Bei Mäusen liefert die subventrikuläre Zone des Telencephalon Nachschub für verbrauchte Nervenzellen des Bulbus olfactorius. Die Abkömmlinge der Stammzellen wandern wie eine nimmer endende Karawane zum Einsatzort. Auch an der Basis des Hippocampus adulter Säuger, dem eine besondere Bedeutung zukommt, wenn eine Erfahrung in das Langzeitgedächtnis überführt werden soll, finden sich teilungsfähige Zellen (Seri et al. 2004). Bei Mäusen, denen eine erlebnisreiche Umgebung geboten wird und die veranlasst werden, ihr Lernvermögen zu nutzen und zu trainieren, werden aus diesem Reservoir zusätzliche Neurone gebildet. Überraschend haben diese Stammzellen das Aussehen von voll differenzierten Gliazellen (Astrocyten) (Alvarez-Buylla et al. 2001).

Darüber hinaus können, jedenfalls im Experiment mit Nagern, bisweilen sogar Stammzellen aus dem Knochenmark, die normalerweise Blutzellen liefern, über den Blutkreislauf in das Gehirn gelangen und dort Neurone hervorbringen. Die folgenden Kapitel widmen sich diesen Themen ausführlicher.

ZUSAMMENFASSUNG DES KAPITELS 17

Es wird die Entwicklung des **Nervensystems bei Wirbeltieren** zusammenfassend betrachtet. Im Embryo der Amphibien, die für die frühen Schritte der Neurogenese Modell stehen, erhalten die Zellen im Umfeld des animalen Pols maternale mRNA zugeteilt, die ihnen eine basale Tendenz verleiht, Nervenzellen zu werden. Diese Tendenz wird zunächst durch Signale, die vom vegetativen Bereich ausstrahlen, wie BMP-4, unterdrückt. Vom Spemann-Organisator ausstrahlende, **neuralisierend wirkende Induktionsfaktoren** wie NOGGIN und CHORDIN neutralisieren ihrerseits BMP-4, sodass die neurale Basistendenz zum Durchbruch kommen kann. In den Zellen der animalen Hemisphäre werden alsdann Gene für **proneurale (neurogene) Transkriptionsfaktoren** wie *Neurogenin* und *NeuroD* eingeschaltet.

Morphologisch hat das Nervensystem seinen Ursprung aus zwei Bereichen der Neurula:

1. Über dem induzierenden axialen Mesoderm (später Chorda und Somiten bildend) formt sich im Ektoderm eine **Neuralplatte**, diese zum **Neuralrohr** und dieses bildet das **Zentralnervensystem, ZNS,** bestehend aus **Gehirn und Rückenmark**. Das Gehirn seinerseits gliedert sich erst in drei Abschnitte (Pros-, Mes-, Rhomb-encephalon); der letzte Abschnitt, das Rhombencephalon, ist segmental gegliedert. Durch Aufgliederung des Prosencephalons in Tel- und Diencephalon, und des Rhombencephalons in Cerebellum und Medulla oblongata entstehen fünf Abschnitte.

   - **Primäre Neuroblasten** werden in der Neuralplatte der Wirbeltiere, und ebenso in der ZNS-Anlage der Insekten, in **je drei Streifen** beiderseits der Mittellinie ausgesondert. Die Bildung der Streifen geschieht in beiden Fällen unter dem Einfluss homologer Neuroblasten-spezifischer Gene. Die äußeren Streifen liefern sensorische Neurone, die inneren Motoneurone die mittleren Interneurone.
   - **Sekundäre Neurone** werden im wachsenden ZNS der Wirbeltiere in großer Zahl von **Stammzellen des Neuroepithels**, welches das Lumen der Gehirnventrikel und des Rückenmarkkanals auskleidet,

▶

nachgeliefert. Die von den Stammzellen durch eine asymmetrische Teilung abgegebenen Neuroblasten wandern Gliafasern entlang in die Peripherie und ordnen sich in **oberflächenparallelen Schichten** an, bei Primaten in sechs Schichten.

2. **Das periphere Nervensystem, PNS,** hingegen, bestehend aus den **Spinalganglien und dem autonomen vegetativen Nervensystem** mit sympathischen und parasympathischen Ganglien, und dem ENS, dem enterischen Nervennetz des Magen-Darm-Traktes, geht aus Zellen hervor, die erst als **Neuralleisten** die Neuralplatte umranden, dann aber auswandern. Herkunftsort, Weg und Endziel bestimmen das genaue Schicksal dieser Wanderzellen.

Im Zuge ihrer terminalen Differenzierung lassen Nervenzellen Fortsätze aussprossen: Dendriten zum Signalempfang, Axone zur Signalweiterleitung. An der Spitze der Axone befindet sich ein **sensorischer Wachstumskegel**, der Pfadfinderfunktion erfüllt. Er kriecht mit Lamelli- und Filopodien voran und orientiert sich dabei an attraktiven oder repulsiven molekularen Signalen der Umgebung. Diese Signale können sein:

- diffusible, von den Zielzellen ausgesandte, attraktiv wirkende Substanzen wie **NGF (nerve growth factor)** und andere **Neurotrophine**. Solche Neurotrophine wirken nicht nur als Chemoattraktantien, sondern auch als **Überlebensfaktoren** für die angelockten Nervenzellen;
- molekulare Komponenten der extrazellulären Matrix;
- Oberflächenmoleküle besonderer Wegweiserzellen oder von Zellverbänden, an denen entlang der Wachstumskegel vorankriecht, und des endgültigen Zielgebietes.

Das **Ziel** wird an einem **molekularen Code** erkannt: Die Zielzellen exponieren auf ihrer Oberfläche eine bestimmte Kombination an **Erkennungsmolekülen**, z. B. Glykoproteine der **Ephrin**-Proteinfamilie, während die Wachstumskegel mit dazu passenden Rezeptoren, oft vom Typ der **Rezeptor-Tyrosinkinasen**, ausgestattet sind. Bei jeweils optimaler Passung von attraktiven Erkennungsmolekülen und Rezeptoren, und minimaler Dichte von repulsiven Oberflächenmolekülen, kommen die Wachstumskegel zum Stillstand, und es werden **Synapsen** gebildet. Die Zielfindung wird demonstriert am Beispiel der Kommissuralneurone des Rückenmarks, der **Innervation von Muskelfasern** und am Beispiel der **retinotektalen Projektion,** der Verkabelung des Auges mit dem Tectum opticum des Mesencephalons (Mittelhirn, Sehzentrum der Nicht-Säuger) und am Beispiel der **Riechsinneszellen,** die ihre Duftrezeptoren nicht nur in ihre sensorischen Cilien, sondern auch in die Membran ihrer Axone einbauen.

▶

Oftmals werden anfänglich zu viele und z. T. falsche Kontakte geknüpft. Die nachträgliche **Korrektur** erfolgt u. a. unter dem Einfluss von
nervalen Testimpulsen (Aktionspotentialen bei Axonen). Überschüssige
Synapsen werden abgebaut, falsch verknüpfte Nervenzellen sterben
durch programmierten Zelltod (Apoptose) ab.

Auch nach dem Schlüpfen aus dem Ei oder nach der Geburt werden
weitere Synapsen hergestellt, andere wieder aufgegeben. Diese Feinabstimmung geschieht nun aber unter dem Einfluss von externen Sinnes-
informationen und kann die strukturelle Basis für nachgeburtliche **Prägung** und für Langzeitgedächtnis sein.

18 Herz und Blutgefäße

18.1
Vom scheinbaren Chaos zur Ordnung

18.1.1
Herz und Gefäße entstehen in vielen räumlich getrennten Entwicklungslinien und bilden am Ende doch ein geschlossenes System

Seltsam: das Herz entsteht aus Wanderzellen, die sich zu zwei getrennten Herzanlagen zusammenfinden; Blutkapillaren entstehen weitab und getrennt vom Herzen an Orten, deren Lage keineswegs genau definiert ist. Dennoch: aus dem anfänglichen Chaos entsteht ein einheitliches System der Versorgung und Entsorgung, das zeitweilig höchst konservativ evolutionär alte Strukturen wiederholt. Aus vielerlei separaten Anfängen entsteht ein geschlossenes System des Blutkreislaufs. Offensichtlich ist auch hier wie im Nervensystem eine Selbstorganisation am Werk, die über vielfältige Zellinteraktionen zuletzt hochgradige und reproduzierbare Ordnung schafft.

18.1.2
Blutgefäße und Herz werden von wandernden Vorläuferzellen gebildet

Sowohl die sich überall ausbreitenden Blutgefäße wie auch das massive Herz werden in ihren Anfängen von amöbenhaften Wanderzellen hergestellt, die sich hier und dort zu röhrenförmigen Aggregaten zusammenfinden (Abb. 18.1). Diese migratorischen Startzellen haben folgenden Stammbaum (amöboid bewegliche Vorläuferzellen kursiv):

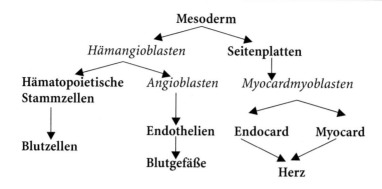

18.2
Das Herz

18.2.1
Der „springende Punkt" des Aristoteles, das Herz, entsteht aus herbeigewanderten Angioblasten und Myoblasten

Aristoteles sah, als er bebrütete Vogeleier öffnete, auf der Keimscheibe einen springenden Punkt (s. Box K1). Er war sich dessen bald klar: das ist das schlagende, winzige Herz des entstehenden Embryos.

Die Herzentwicklung wird nach wie vor gern am Vogelembryo untersucht; die hier gesehenen Vorgänge laufen in ähnlicher Weise bei anderen Wirbeltieren ab. Durch den Urmund/Primitivrinne eingedrungene, mesodermale Zellen kriechen nach Art von Amöben über das Entoderm nach vorn und versammeln sich links und rechts des sich formenden Vorderdarms zu zwei Aggregaten: den **Herzfeldern**.

Die beiden Herzfelder enthalten Zellen, die zur Konstruktion der inneren Herzschicht gebraucht werden.

- **Endocard.** Die Zellen der beiden Herzfelder kriechen unter den Vorderdarm und aggregieren zu zwei Strängen, die sich zu zwei Endothelschläuchen organisieren. Im Bereich des künftigen Herzens fusionieren die beiden Schläuche zum einheitlichen Endocardschlauch, aus dem die Innenschicht des Herzens hervorgeht.
- **Myocard.** Das kraftentfaltende, aus quergestreiften Muskelfasern bestehende Myocard des Herzens geht aus Vorläuferzellen hervor, die vermutlich aus der Splanchnopleura der Seitenplatten auswandern und sich um den Endocardschlauch scharen (Abb. 18.2).
- **Pericard.** Währenddessen wird der nun doppelwandige Herzschlauch von den epithelialen Seitenplatten des Mesoderms eingehüllt.

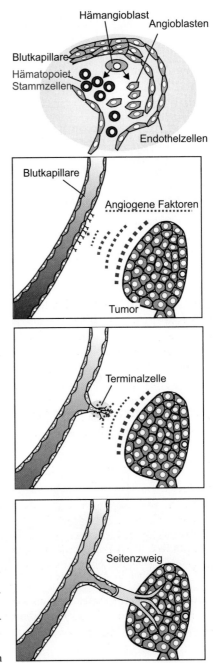

Abb. 18.1. Vasculogenese und Angiogenese. In der Vasculogenese (oberer Bildteil) entstehen aus Hämangioblasten Blutgefäße; in der Angiogenese entstehen neue Seitenzweige. Zielgebiete, hier als Beispiel ein Tumor, senden angiogene Faktoren aus, welche die Bildung von Seitenzweigen anregen und die Terminalzellen an der Spitze der Seitenzweige ins Zielgebiet leiten

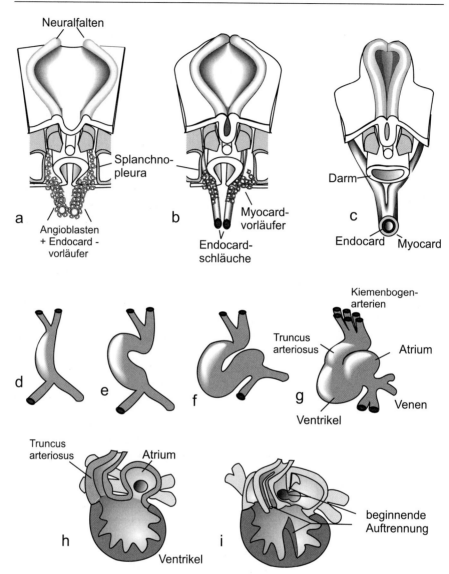

Abb. 18.2 a–i. Entwicklung des Herzens. Die anfängliche Herzanlage entsteht aus zuwandern-den Angioblasten und Myocardvorläuferzellen, die sich zu einem paarigen Schlauch gruppie-ren (**a, b**), wobei die Angioblasten die Innenwandung der Schläuche, das Endocard, und die Myocardvorläufer die muskuläre Außenwand, das Myocard, bilden (**c**). Die beiden paarigen Schläuche fusionieren bald zum unpaaren Herzschlauch. Dieser legt sich in Schlingen (**d, e, f**) und gliedert sich in die Abschnitte Sinus venosus, Vorkammer, Hauptkammer und Truncus arteriosus (**g, h, i**)

18.2.2
Vom sich krümmenden Schlauch zum gekammerten Herzen

Bald schon beginnt der Herzschlauch zu schlagen. Die ständige Bewegung stört die weitere Entwicklung nicht. Der sich verlängernde und erweiternde Herzschlauch krümmt sich S-förmig. In seiner Längsrichtung gliedert er sich in

- Atrium, den Vorhof, der das venöse Blut sammelt,
- Ventrikel, die kraftentfaltende Pumpe, und
- Truncus arteriosus (Conus arteriosus, Bulbus cordis), der das ausgeworfene Blut zu den Verteilern, den Kiemenbogenarterien, leitet. Ein solch einfaches Herz mit nur **einer kraftentfaltenden Pumpkammer** genügt dem Fisch zeitlebens, aber auch den Landwirbeltieren während der frühen Embryonalentwicklung; denn ein separater Lungenkreislauf wird zunächst nicht benötigt. Das Doppelherz entsteht durch das Einwachsen von Querwänden. Bei Amphibien und Reptilien bleiben diese Scheidewände unvollständig; bei Vögeln und Säugern werden sie ganz durchgezogen (vom Foramen ovale zunächst einmal abgesehen, s. Abschnitt 18.4.2). Dies geschieht in Vorbereitung auf die Lungenatmung nach der Geburt; denn für den Lungenkreislauf und den großen Körperkreislauf braucht man eine doppelte Pumpe. Es genügt freilich nicht, das Atrium und den Ventrikel mit einer Scheidewand in zwei Kammern aufzuteilen. Auch die venösen Eingänge und die arteriellen Ausgänge des Herzens müssen aufgespalten werden und die verdoppelten Schläuche über Kreuz gelegt werden:

- Der Eingang muss aufgespalten werden in zwei Eingänge:
  1. einen Eingang, der das über die Hohlvenen aus dem Körper kommende venöse Blut in das rechte Herz führt, von wo es in die Lunge gepumpt werden kann, und
  2. einen zweiten Eingang, welcher das aus der Lunge kommende (nach der Geburt arterielle) Blut in das linke Herz führt, von wo es in den Körper gepumpt werden kann.
- Entsprechend muss der Ausgang aufgespalten werden in
  1. einen Ausgang, der aus dem rechten Ventrikel zur Lunge führt, und
  2. einen Ausgang, der aus dem linken Ventrikel in den Körper herausführt. Wie das im Einzelnen bewerkstelligt wird, ist in humanembryologischen Spezialwerken beschrieben (z.B. Hinrichsen, K.V.: Humanembryologie, Springer-Verlag, 1990).

18.3
Blutgefäße: Vasculogenese und Angiogenese

18.3.1
Vasculogenese: Die Blutgefäße entstehen unabhängig voneinander an vielen verschiedenen Orten

Angiogenese. Der Begriff fasst alle Prozesse zusammen, die die Blutgefäße entstehen lassen (Griech.: *angeion* = Gefäß; *genesis* = Erzeugung, Entstehung, Genese). Die erste Phase der Angiogenese ist die:

Vasculogenese, die Erstentstehung der (größeren) Gefäße in der Embryonalentwicklung:

- **Große Blutgefäße** wachsen vom Herzen aus, aber nicht nur. An mehreren Orten im Embryo und im extraembryonalen Mesoderm, das Dottersack und Allantois umgibt, entstehen doppelwandige Schläuche ähnlich dem Herzschlauch. Sie sind nur dünner und die Zellen der äußeren Wandung werden nicht wie beim Herzen zu quergestreiften Muskelfasern, sondern zu glatten Muskelzellen. Nach und nach fusionieren die Schläuche zu den großen Venen und Arterien. Wie das alles wohl koordiniert wird?
- Kleine Gefäße und Kapillaren: Aufregend ist, wie und wo das Netzwerk der kleineren Gefäße und Kapillaren entsteht. Völlig getrennt vom Herzen und den großen Gefäßen entstehen Kapillaren an vielen Orten, den **Blutinseln,** aus **Hämangioblasten.** Diese gliedern sich in zwei Zellpopulationen auf, in die blutbildenden (hämatopoietischen) Stammzellen und in die **Angioblasten.** Die Angioblasten werden zu Endothelzellen und bilden Netzwerke von Kapillaren.

Die Begriffe **Angiogenese** und **Vasculogenese** werden in der Literatur nicht einheitlich gebraucht. Übereinstimmend mit der hier gegebenen Definition versteht man allgemein unter Vasculogenese die erste Bildung größerer Gefäße aus aggregierenden Angioblasten. Angiogenese wird hier generell als Bildung von Gefäßen einschließlich ihrer weiteren Verlängerung und ihrer späteren Verzweigungen verstanden, während neuerdings manche Autoren unter Angiogenese nur noch die nachträgliche Erweiterung des Gefäßsystems durch neue Seitenzweige verstehen. Die Herkunft des Begriffs **Angiogenese** lässt zwar auch eine eingeschränkte Deutung zu; hier wird aber der ursprünglichen, weiten Bedeutung der Vorzug gegeben.

18.3.2
Angiogenese: Blutgefäße werden durch angiogene Faktoren zu Wachstum und Verzweigung stimuliert

Blutkapillaren verlängern und verzweigen sich und finden den Weg in die Zielgebiete, die mit Blut versorgt werden müssen. **Arteriolen** finden zu **Venolen;** beide finden zu den großen Blutgefäßen. Wie wachsen sie und wie finden sie ihre Zielgebiete?

Wachstum und Erweiterung des Kapillarennetzwerks geht von **Endothel-zellen** der vorhandenen Kapillaren aus. Insbesondere in den jungen Ab-schnitten der Gefäße sind die Endothelzellen noch teilungsfähig.

- **Vorwachsen.** An der Spitze von Blutkapillaren befindet sich eine **motile Terminalzelle**, die auf der Unterlage vorankriecht; hinter ihr teilen sich die Endothelzellen und verlängern so die Kapillare. Die Proliferation muss dem Wachstum des Organismus angepasst sein. Mit Blutgefäßen unterversorgte Gebiete senden **angiogene Faktoren** aus, welche die Ver-mehrung der Endothelzellen und darüber hinaus die Bildung von Sei-tenzweigen stimulieren (in Abb. 18.1 exemplarisch für Tumorgewebe ge-zeigt).
- **Seitenzweige** entstehen aus Endothelzellen, die zu neuen Terminalzellen werden (s. Abb. 18.1); hinter ihnen setzt Proliferation ein. Die Zahl neu entstehender Seitenzweige ist eine Funktion der Konzentration angioge-ner Faktoren.

Es sind vielerlei angiogene Faktoren gefunden worden. Es gehören zu ihnen

- **VEGF (vascular endothelial growth factor)** in mehreren Isoformen;
- **Angiopoietine**, sowie verschiedene Mitglieder der
- **bFGF** (basic fibroblast growth factor)-Familie, ferner **TGF-alpha** (transforming growth factor alpha) und der **Hepatocyten-Wachs-tumsfaktor** (hepatocyte growth factor);
- **Interleukine**, speziell IL-8;
- manch andere exotische Faktoren wie das dem Physiologen als Sätti-gungshormon bekannte Hormon **Leptin**. Wie andere Hormone auch hat es offenbar in der Embryonalentwicklung eine andere Funktion als im erwachsenen Organismus.

18.3.3
Wachsende Kapillaren finden ihr Zielgebiet ähnlich wie Nervenfasern: Sensorische, motile Terminalzellen haben Pfadfinderfunktion

Angiogene Faktoren regen nicht nur das Wachstum von Kapillaren und ihre Verzweigung an, sondern lenken darüber hinaus vorwachsende Kapil-laren in das Zielgebiet. Bei der Zielsuche gibt es erstaunliche Parallelen zur Zielsuche der Nervenfasern. Die an der Spitze der Blutkapillaren befind-lichen **Terminalzellen** sind mit Filopodien ausgestattet und erfüllen Pfad-finderfunktion (s. Abb. 18.3). Sie orientieren sich wie die Wachstumskegel der Nervenfasern

- an **diffusiblen Signalen**, die entfernte Ziele aussenden und **angiogene Faktoren** genannt werden;
- an Zelladhäsions- und Zellerkennungsmolekülen, die sie lokal vorfinden, beispielsweise – wieder in Parallele zur Orientierung der Wachstums-

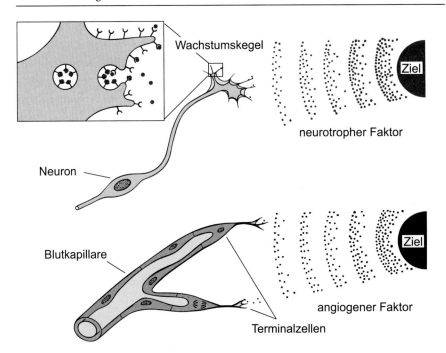

Abb. 18.3. Zielweisung durch chemotaktische Signale. Oben: Das auswachsende Axon eines sympathischen Neurons findet das Zielgebiet, das Neurotrophine (hier NGF) aussendet, mithilfe von Sensoren auf seinem Wachstumskegel. Der aufgefangene NGF wird dann internalisiert (oben links) und fungiert als Überlebensfaktor. Unten: Die Terminalzelle einer Blutkapillare ist ebenfalls mit Filopodien und Sensoren ausgestattet, um das Zielgebiet zu suchen. Dieses sendet angiogene Faktoren aus

kegel von Nervenfasern – an Erkennungsmolekülen der **Ephrin**-Klasse. Um diese aufspüren zu können, sind die Terminalzellen der Kapillaren wie die Wachstumskegel der Axone mit Rezeptoren ausgestattet, die zur Kategorie der Transmembran-Protein-Tyrosinkinasen vom Typ der Ephrinrezeptoren gehören.

Unter dem Einfluss der von entfernten Zielgeweben ausgesandten angiogenen Faktoren entstehen zusätzlich weitere Terminalzellen an den Flanken der vorwachsenden Kapillaren; sie werden zum Ursprung von **Seitenzweigen** (s. Abb. 18.1). Es kann ein weites Territorium ausreichend mit Blut versorgt werden.

18.3.4
Tumoren sorgen für ihre gute Versorgung, indem sie angiogene Faktoren aussenden; es gibt jedoch auch anti-angiogene Faktoren und damit Hoffnung

Historisch ist man angiogenen Faktoren (speziell den VEGF) auf die Spur gekommen, indem man transplantierte Tumore beobachtete. Sie werden bald von vielerlei Blutkapillaren erreicht und durchzogen (s. Abb. 18.1) und dadurch gut mit Nährstoffen und Sauerstoff versorgt, allzugut; denn das fördert ihr schnelles Wachstum. Tumoren senden angiogene Faktoren aus. Mühsame Forschung über Jahrzehnte (durch Folkman) hat aber auch zur Entdeckung von anti-angiogenen Faktoren geführt. Im Tiermodell kann mit ihrer Hilfe nicht nur das Wachstum frisch transplantierter Tumoren begrenzt werden; auch das Schrumpfen und Verschwinden schon gewachsener Tumoren ist erreicht worden.

18.4
Anpassung des Kreislaufs vor und nach der Geburt

18.4.1
Der frühe Embryo hat einen Kreislauf ähnlich dem eines Fisches

Der Kreislauf wird nicht geradewegs so konstruiert, wie es dem späteren Eigenleben des werdenden Menschen und Tieres angemessen ist. Der embryonale Kreislauf ist an spezielle Erfordernisse des Embryos angepasst, lässt aber auch unnötig erscheinende Remineszenzen an die evolutive Vergangenheit erkennen. Als solche Remineszenzen betrachtet man beispielsweise die 4–6 „Kiemen"bogenarterien (Schlundbogenarterien) der embryonalen Landwirbeltiere, die keine Kiemen mehr zu versorgen haben und bald erheblich umkonstruiert werden müssen (Abb. 18.4 und Abb. 18.5). Auch wenn die Bögen, so wie sie angelegt werden, nur transitorisch sind, dürften sie nicht nutzlos sein. Die vermutete Funktion bei der Organisation der Entwicklung im visceralen Kopf-Halsbereich muss freilich noch bestimmt werden.

Die Kiemenbogenarterien werden bei allen Wirbeltieren von einem Herzen versorgt, das in drei lineare Abschnitte gegliedert ist: Atrium, Ventrikel (Hauptkammer), Truncus arteriosus (s. Abb. 18.2 und Abb. 18.4). Funktionell ist dies eine einheitliche Pumpe, und es ist der Endzustand beim Fisch.

Funktionell ist der Kreislauf des Landwirbeltieres aber auch dann noch dem eines Fisches ähnlich, wenn seine Vor- und Hauptkammern fast vollständig in je zwei Kammern geteilt und die Kiemenbogenarterien weitgehend umkonstruiert sind; denn noch funktioniert die Lunge nicht. Der Fetus bezieht Sauerstoff über die Nabelvene, und er leitet im Austausch Kohlendioxid über die zwei Nabelarterien ab (Abb. 18.4; Abb. 18.6). Ort des Gasaustausches sind die Zotten der Plazenta. **Funktionell sind die Plazentazotten Kiemen:** Sie tauchen ja in eine wässrige Flüssigkeit, das mütterliche Blut, dem sie O_2 entnehmen und dem sie CO_2 überantworten.

Arterielle Blutversorgung im Säugerembryo

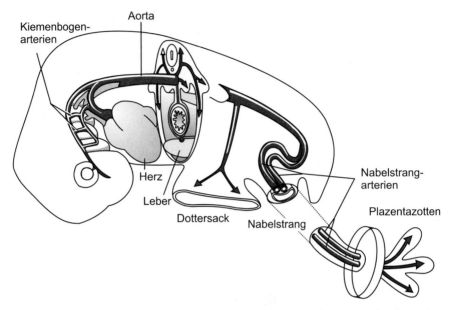

Abb. 18.4. Arteriensystem im Säugerembryo (nach Tuchmann-Duplessis). Um der Übersichtlichkeit willen ist das venöse System nicht eingezeichnet

18.4.2
Die Umstellungen nach der Geburt sind dramatisch und müssen vorbereitet werden

Die Umkonstruktionen der Blutgefäße, die als Arterien vom Herzen wegführen oder als Venen zum Herzen hinführen, sind Vorbereitungen, die der Embryo treffen muss, um rechtzeitig auf Luftatmung umschalten zu können. Im Fetus führt die Nabelvene, die das Sauerstoff-reiche Blut herbeischafft, über die großen Hohlvenen ins rechte Herz, von wo nach der Geburt venöses Blut in die Lunge gepumpt wird. Noch aber ist die Lunge kollabiert; es wäre nicht zweckmäßig und wegen des hohen hydrodynamischen Widerstandes kaum möglich, das gesamte Blut durch die funktionslose, kompakte Lunge zu jagen. Will nun aber der Embryo den über den Nabelstrang besorgten Sauerstoff dem Kopf und Rumpf zuleiten, muss das Blut erst vom rechten zum linken Herzen umgeleitet werden. Es gibt eine Passage zwischen den Vorhöfen, das **Foramen ovale** (ovales Loch; Abb. 18.6).

Nach der Geburt müssen unverzüglich die Lungen aufgebläht, die Blutgefäße durch die Lunge aufgeweitet und die Passage zwischen den Herzen geschlossen werden (Abb. 18.6). Der erste Atemzug ist ein lebensgefährliches und doch lebensrettendes Unterfangen.

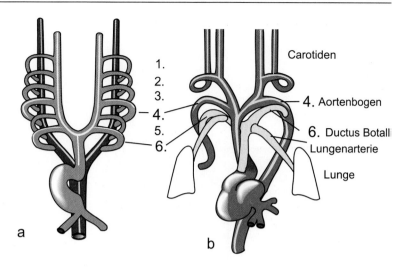

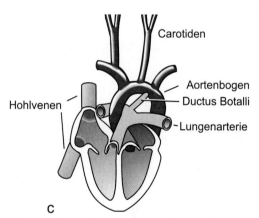

Abb. 18.5 a–c. Umkonstruktion der vom Herzen abgehenden arteriellen Gefäße im Zuge der Embryonalentwicklung eines Säugers. **a** Erste Gefäße in der Embryonalentwicklung (nicht immer alle angelegt); **b** Umkonstruktion noch vor der Geburt; **c** nach der Geburt

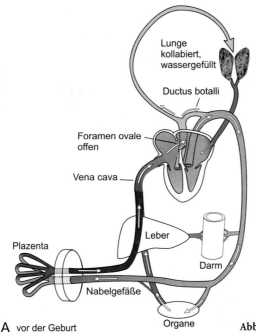

Lunge
kollabiert,
wassergefüllt

Ductus botalli

Foramen ovale
offen

Vena cava

Plazenta

Leber

Darm

Nabelgefäße

A vor der Geburt

Organe

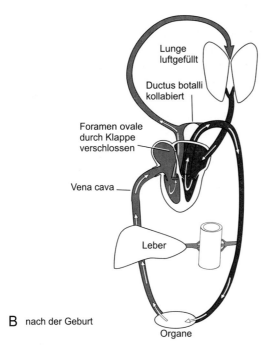

Lunge
luftgefüllt

Ductus botalli
kollabiert

Foramen ovale
durch Klappe
verschlossen

Vena cava

Leber

B nach der Geburt

Organe

Abb. 18.6 a–c. Umschaltung des embryonalen Blutkreislaufs von der Plazentaatmung auf die Lungenatmung nach der Geburt. **a** Da die noch funktionslosen Lungen nur gering durchblutet sind, liegt funktionell ein Einkreissystem vor wie beim Fisch. Die Plazentazotten funktionieren als Kiemen. Durch die Öffnung des Foramen ovale kann von der Plazenta kommendes, mit Sauerstoff angereichertes Blut ins linke Herz gelangen und von hier über den Aortenbogen in den Körper. Funktionell ist das Herz noch eine einzige Pumpe. **b** Nach der Geburt wird ein zweites, zur Lunge führendes Kreissystem geöffnet: Dem (großen) Körperkreislauf steht nun der (kleine) Lungenkreislauf zur Seite. Die Lunge kann in Funktion treten. Durch den Verschluss des Foramen ovale und dem Kollabieren des Ductus botalli sind Lungen- und Körperkreislauf getrennt und das Herz ist zur Doppelpumpe geworden

ZUSAMMENFASSUNG DES KAPITELS 18

Herz und Blutgefäße entstehen aus amöboid wandernden Vorläuferzellen. **Blutgefäße** entstehen in der frühembryonalen **Vasculogenese** (Gefäßbildung) und **Angiogenese** (Kapillarenbildung) unabhängig voneinander an vielen Orten aus **Angioblasten** der Blutinseln. Bei der Verlängerung und Verzweigung der Blutkapillaren suchen motile Terminalzellen an der Spitze der wachsenden Blutkapillaren die Zielgebiete. Diese werden wie bei Nervenfasern gefunden, indem die Terminalzellen Oberflächenmoleküle (z. B. **Ephrine**) der Umgebung abtasten oder sich von **angiogenen Faktoren** anlocken lassen, die von den Zielorten ausgesandt werden. Solche Faktoren können zugleich das Wachstum und die Verzweigung der Kapillaren stimulieren. Besonders reichlich produzieren Tumoren solche Faktoren.

Das Herz entsteht aus Vorläuferzellen, die unter den Vorderdarm kriechen und dort zu einem Herzschlauch aggregieren. Angioblasten, die von einem paarigen Herzfeld beiderseits der Achsenorgane zuwandern, bilden das Endocard des Schlauches, von den Seitenplatten zuwandernde Myoblasten das Myocard. Der Herzschlauch krümmt sich S-förmig und gliedert sich in Vorkammer, Ventrikel und Truncus arteriosus. Funktionell ist das so entstandene Herz eine einzige Pumpe; sie treibt das Blut in 4–6 Kiemenbogenarterien. Dies ist der Endzustand beim Fisch. Bei Landwirbeltieren werden in Vorbereitung auf die Lungenatmung durch Einziehen von Scheidewänden die Kammern sekundär zweigeteilt, bei Vögeln und Säugern vollständig. Die so angestrebte Verdoppelung der Pumpe erzwingt auch eine Umkonstruktion der Blutgefäße.

Der Kreislauf des fetalen Säugers zeigt Besonderheiten in Anpassung an das Leben im Mutterleib. Seine Plazentazotten sind funktionell Kiemen; ein Loch (Foramen ovale) zwischen den beiden Vorkammern des Herzens ermöglicht die Weiterleitung des über den Nabelstrang bezogenen sauerstoffreichen Blutes zum Gehirn und in den übrigen Körper.

19 Stammzellen

19.1
Stammzellen: Reservoir für Wachstum und Erneuerung

19.1.1
Kurzlebige Zellen müssen durch neu erzeugte Zellen ersetzt werden; Ersatz liefern stets teilungsbereite Stammzellen

Die in der frühen Embryonalentwicklung hergestellten Zellen, Gewebe und Organe müssen in der Regel im Zuge des larvalen oder juvenilen Wachstums vergrößert werden. Doch selbst nach Abschluss des äußerlich wahrnehmbaren Wachstums kommen bei vielen Organismen, bei Vertebraten ebenso wie bei *Hydra*, Proliferationsprozesse nicht generell zum Stillstand, weil viele Zellen eine nur kurze Lebensdauer haben und laufend durch neue ersetzt werden müssen.

Bisweilen sind auch voll differenzierte Zellen noch teilungsfähig. Beispiel hierfür sind die **Hepatocyten** der Leber. Vielfach verlieren jedoch Zellen im Zuge ihrer Differenzierung ihre Teilungsfähigkeit oder gar ihren gesamten Kern, wie die **Keratinocyten** der Haut und die **Erythrocyten** des Blutes. In solchen Fällen müssen für Wachstum und Erneuerung Zellen bereitstehen, welche die Teilungsfähigkeit bewahrt haben und erst nach ihrer Vermehrung ihre Differenzierung beenden dürfen. Solche Zellen nennt man **Stammzellen**.

Geben solche Stammzellen zeitlebens nie ihren „embryonalen Charakter" auf und lassen sie sich gar unbegrenzt in der Zellkultur züchten, heißen sie auch **immortale Stammzellen**. Im lebenden Organismus allerdings dürfen keineswegs alle Tochterzellen von Stammzellen selbst Stammzellen bleiben, sonst würde eine exponentielle Wachstumsrate rasch Tumoren entstehen lassen.

Stammzellen im Organismus sind durch zwei Eigenschaften gekennzeichnet:

1. Sie bleiben zwar stets teilungsfähig, teilen sich jedoch langsam und in der Regel nur bei Bedarf.
2. Sie teilen sich asymmetrisch (s. Abb. 11.4): Nur eine der beiden Tochterzellen bleibt Stammzelle (jedenfalls im statistischen Mittel), die ande-

re muss einen Differenzierungsweg einschlagen. Je nachdem, ob die Abkömmlinge einer Stammzelle alle überhaupt möglichen Differenzierungswege einschlagen können, oder viele verschiedene, aber nicht alle, oder nur einen einzigen Weg, spricht man von **totipotenten** (=**omnipotenten**), **pluripotenten** (=**multipotenten**), oder **unipotenten** Stammzellen.

In der medizinischen Literatur tauchen neuerdings weitere Unterscheidungsversuche auf (z. B. Schöler 2003); danach solle bedeuten:

- **Totipotenz (Omnipotenz):** Fähigkeit einer einzelnen Zelle, einen vollständigen Organismus hervorzubringen, oder Fähigkeit einer Stammzelle, alle Zelltypen hervorzubringen einschließlich Keimzellen und Zellen des Trophoblasten bzw. der Plazenta.
- **Pluripotenz:** Fähigkeit von Stammzellen, Zellen verschiedenster Art hervorzubringen, die jedem der drei Keimblätter zugehören können. Beispiel: embryonale Stammzellen. Keimzellen jedoch brauchen nicht im Programm zu sein.
- **Multipotenz:** Fähigkeit einer Zelle, Abkömmlinge hervorzubringen, die sich in eine Vielzahl verschiedener Zellen differenzieren können. Alle gelten als Derivate eines Keimblattes, in der Regel des Mesoderms. Beispiel: die blutbildenden Stammzellen des Knochenmarks (s. Abb. 19.3).
- **Oligopotenz** haben Stammzellen, die nur noch zwei oder wenige verschiedene Zelltypen liefern, beispielsweise die lymphoide Stammzelle (s. Abb. 19.3).
- **Unipotenz:** Fähigkeit einer Stammzelle, einen einzigen differenzierten Zelltyp zu liefern, z. B. die Stammzellen der Epidermis der Haut (Abb. 19.1).

In der Praxis wird jedoch diese Einteilung nicht durchgehalten, und sie ist, weil auf Säugetiere zugeschnitten, nicht allgemein auf andere Lebewesen übertragbar. Auch ist diese Gliederung sprachlich nicht angeraten; denn es werden synonyme Begriffe unterschiedlich definiert. Beispielsweise bedeuten pluri und multi (lateinisch) dasselbe, nämlich mehr, viel.

19.1.2
Das Prinzip der Stammzellen ist evolutionsgeschichtlich uralt

Bereits bei Schwämmen, den urtümlichsten Metazoen, gibt es omnipotente Stammzellen, die **Archaeocyten**. Bei Hydrozoen findet man pluripotente I-Zellen (interstitielle Stammzellen), aus denen zeitlebens Urkeimzellen, Nesselzellen und sogar Nervenzellen neu rekrutiert werden können (*Hydra* Kap. 3.3, s. Abb. 3.8), dazu gibt es Epithel-Stammzellen, mittels derer der Polyp seinen Körperschlauch verlängern und verjüngen kann. Bei Turbellarien (Planarien) findet man pluripotente **Neoblasten**. Hingegen gibt es in Nematoden und Arthropoden nach der letzten Häutung, von Urkeimzellen und (vielleicht einigen Coelomocyten) abgesehen, vermutlich keine Stammzellen mehr.

19.2
Unipotente und pluripotente Stammzellen

19.2.1
Unipotente Stammzellen haben nur eine Option; wir finden solche beispielsweise in Haut und Muskel

Die Haut wächst und wird ständig erneuert durch die Teilungsfähigkeit unipotenter Stammzellen, die der **Basallamina** aufsitzen und deren asymmetrisch erzeugte Abkömmlinge nach außen hin zu **Keratinocyten** differenzieren, dabei absterben und schließlich nach 2–4 Wochen abgestoßen werden (Abb. 19.1). Stammzellen behalten ihren teilungsfähigen Zustand nur in Kontakt zum **Laminin** der Basallamina. Stimulierende Wachstumsfaktoren, z. B. **KGF** (keratinocyte growth factor), **EGF** (epidermal growth factor) und **TGF-α** (transforming growth factor), und hemmende Signalsubstanzen, z. B. das Stresshormon **Adrenalin**, sind an der Kontrolle einer angemessenen Proliferation beteiligt.

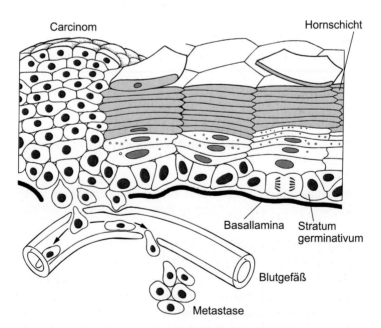

Abb. 19.1. Stammzellen der Haut; ihre normgerechte Differenzierung zu Keratinocyten und Carcinombildung durch inkomplette terminale Differenzierung (nach Alberts et al. umgezeichnet und erweitert)

Die Muskeln des Skeletts werden nicht regelmäßig erneuert, sondern nur in Notsituationen, wenn der Muskel verletzt ist. Aus der Embryonalentwicklung übrig gebliebene Myoblasten, die dem Muskel als **Satellitenzellen** beigepackt sind, werden im Bedarfsfall vermehrt. Nach ihrer Fusion zu vielkernigen Muskelfasern (Myotuben) füllen sie sich mit Actin- und Myosinfilamenten und übernehmen die Aufgabe der zerstörten Muskelfasern.

19.2.2
Pluripotente Stammzellen können mehrere Zelltypen hervorbringen; sie liefern beispielsweise Ersatz für Zellen der Darmzotten, die im Dienste der Verdauung lysieren

An der Spitze der Dünndarmzotten (**Villi**) opfern sich Zellen durch Selbstmord, um vielerlei Enzyme zur Verdauung freizusetzen (Abb. 19.2). Auch die Produzenten der Schleimschicht, die den Darm vor Verdauung schützen, halten nicht lange durch. Nachschub liefern Stammzellen in Gruben (**Krypten**) zwischen den Zotten, deren Abkömmlinge nach oben geschoben werden und die Zotten von unten her erneuern. Da die Zotten aus mehreren Zelltypen bestehen, braucht man für ihre stetige Regeneration pluripotente Stammzellen. Neue Forschungen haben im Knochenmark pluripotente Stammzellen aufgespürt, die man **mesenchymale Stammzellen** nennt und aus denen Bindegewebe, Knorpelzellen, quergestreifte und glatte Muskelzellen, Herzmuskelzellen und Gefäßendothelien hervorgehen können. Ob der erwachsene Organismus dieses Potential zur Regeneration auch nutzt, muss noch erforscht werden. Musterbeispiel für pluripotente Stammzellen des Knochenmarks sind indes die blutbildenden Zellen; sie werden nachfolgend vorgestellt.

19.3
Die hämatopoietischen (blutbildenden) Stammzellen

19.3.1
Hämatopoietische Stammzellen entstehen im Embryo in Blutinseln; ins Knochenmark einwandernde Stammzellen bleiben zeitlebens erhalten

Die **Hämatopoiese (Hematopoese)**, die Bildung der Blutzellen, geschieht in der Embryonalentwicklung in mesodermalen **Blutinseln**. In diesen Blutinseln finden sich zunächst

- **Hämangioblasten**, Gründerzellen, die
  - **angiogene Zellgruppen** und
  - **hämatopoietische (hämatopoetische, blutbildende) Stammzellen** aus sich hervorgehen lassen (s. Abb. 18.1). Aus den angiogenen Zellen entstehen in verstreuten Blutinseln die ersten Blutgefäße; in ihrer un-

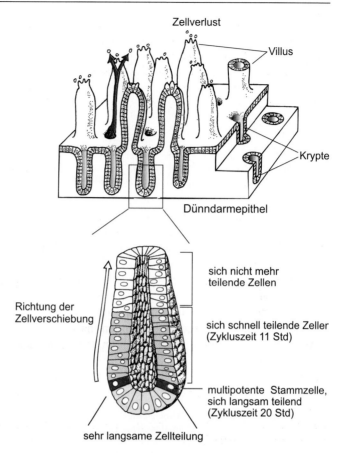

Abb. 19.2. Erneuerung der Dünndarmvilli aus Stammzellen; diese befinden sich an der Basis der Krypten. Die Abkömmlinge der Stammzellen geraten in die Villi und werden schließlich an der Spitze der Villi abgestoßen (nach Alberts et al. 1994). Die abgestoßenen Zellen setzen bei ihrem Zerfall Enzyme frei, die sich an der Verdauungsarbeit beteiligen

mittelbaren Nachbarschaft entstehen auch die ersten Blutzellen. Die ersten Blutinseln findet man beim Hühnchen im extraembryonalen Mesoderm, das den Dottersack überzieht, beim menschlichen Embryo im **Dottersack** und in der **Nabelschnur**. Später wandern hämatopoietische Stammzellen in die **Leber**, die Milz, den Thymus und ins Knochenmark. Im postnatalen Säugetier sind hämatopoietische Stammzellen in nennenswerter Zahl nur noch im **Knochenmark** zu finden. Dort werden zeitlebens pluripotente Stammzellen gezüchtet, die Nachschub für **alle** Blutzellen liefern (Abb. 19.3).

Nachgewiesen wurde die Existenz pluripotenter Stammzellen durch Versuche an Mäusen, deren blutbildendes System durch hohe Dosen von Röntgenstrahlen völlig zerstört wurde, die jedoch durch Injektion von Knochen-

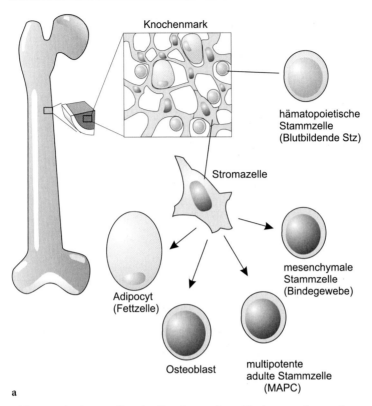

Abb. 19.3 a,b. Stammzellen des Knochenmarks. **a** Pluripotente Stroma-Stammzelle. **b** S. Seite 525, Bildung der Blutzellen (Hämatopoiese, Hämatopoese) aus Stammzellen des Knochenmarks. Der Stammbaum der natürlichen Killerzellen ist im Einzelnen noch nicht bekannt. Dendritische Zellen (im Bild nicht enthalten) gelten als eine Erscheinungsform der Makrophagen

markzellen in die Blutbahn wieder geheilt werden konnten. Bis die Stammzellen selbst, die weniger als 0,1% der Knochenmarkzellen ausmachen, identifiziert und isoliert waren, musste viel Mühe aufgebracht werden. Wichtige Werkzeuge waren monoklonale Antikörper, die helfen, zelltypspezifische Oberflächenstrukturen zu erkennen.

Einen ersten Hinweis, ob eine Biopsieprobe aus dem Knochenmark Stammzellen enthält und wie viele, gibt ein Färbeversuch: Stammzellen können einen zuvor aufgenommenen, nichttoxischen Farbstoff (Hoechst 33342) wieder exportieren; sie entfärben sich von selbst. Zum Herausholen von Stammzellen und ihrer Abkömmlinge werden die Zellen des Knochenmarks vereinzelt und mit monoklonalen Antikörpern beladen, welche Oberflächenstrukturen binden. Diese Oberflächenstrukturen werden in der Regel mit CDx bezeichnet, wobei x für eine Zahl steht. Beispielsweise tragen pluripotente Stammzellen das Oberflächenmerkmal CD34; B-Vorläuferzellen die Kennzeichen CD34 + CD19, T-Vorläuferzellen CD34+CD7+CD5,

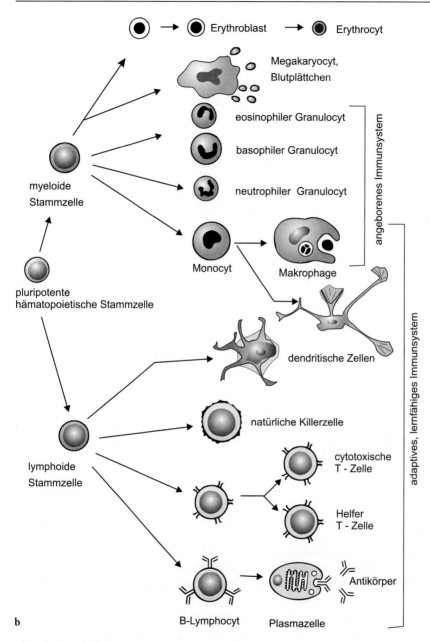

Abb. 19.3 b. Erläuberung S. 524, Legende zu Abb. 19.3

während reife T-Zellen durch das Oberflächenmerkmal CD3 gekennzeichnet sind. Ein bestimmter Antikörper bindet an ein bestimmtes CD. Die Antikörper sind mit einem Fluoreszenzfarbstoff gekoppelt, verschiedene Antikörper mit verschiedenen Fluoreszenzfarbstoffen. Anschließend werden die mit leuchtenden Antikörpern dekorierten Zellen in einem FACS Gerät nach Leuchtfarbe getrennt. FACS steht für fluorescence-activated cell sorting.

19.3.2
Der Umsatz ist gewaltig; pro Sekunde sterben 6 Millionen Erythrocyten und müssen durch neue ersetzt werden

Ohne Knochenmarkstammzellen ist das Leben bald zuende; denn die Lebensdauer der Blutzellen ist auf Stunden, Tage oder Wochen beschränkt. Die Halbwertszeit beträgt bei den

- Neutrophilen Granulocyten 7–14 Stunden,
- Makrophagen 5–7 Tage,
- **Erythrocyten** 120 Tage. Eine solche Lebensdauer scheint nicht gering zu sein. Rechnet man jedoch auf die Zahl der vorhandenen Blutzellen hoch, errechnet sich ein erstaunlich hoher Umsatz. Pro Sekunde sterben im Menschen 6 Millionen Erythrocyten ab und werden durch ebensoviel neue ersetzt. Gealterte und abgestorbene Erythrocyten werden in den lymphatischen Organen, insbesondere in der Milz, ausgesondert und von Makrophagen aufgefressen. Aussondern heißt auch **sequestrieren** (beschlagnahmen).

Eine lange Lebensdauer haben nur die **Gedächtniszellen** aus der Gruppe der **Lymphocyten**.

19.3.3
Die Nachkommen der Stammzellen werden alternativ wieder zu Stammzellen oder sie werden zu Blutzellen determiniert
und hernach in Amplifikationsteilungen vermehrt

Weniger als 0,1% der Knochenmarkzellen sind pluripotente Stammzellen (Abb. 19.3); als solche bleiben sie stets teilungsfähig. Ihre Abkömmlinge werden teils wieder pluripotente Stammzellen (self renewal, **Selbsterneuerung**), teils erfahren sie eine **Determination** (auch **commitment**, Verpflichtung, genannt) und werden dann zu **Progenitorzellen (Vorläuferzellen)** mit eingeschränkter Entwicklungspotenz. Die mit dem Wortstamm -**blast** gekennzeichneten Vorläuferzellen sind in der Regel noch teilungsfähig, doch ist die Zahl der erlaubten Teilungsrunden begrenzt. Die Vermehrung der Vorläuferzellen (**Amplifikationsteilungen**) ist nicht unbegrenzt und dient der Mengenregulation. Nach der letzten Teilung durchlaufen die Zellen ihre **terminale Differenzierung**. Die Zahl erlaubter Zellteilungen zwischen Determination und terminaler Differenzierung ist bei vielen Zelltypen festgelegt.

19.3.4
Ein Ereignisbaum führt beim Säuger/Menschen zu acht Haupttypen von Blutzellen

Ausgehend von **einem** multipotenten Typ von Stammzellen (genannt **colony forming unit CFU-M, L**), werden im Zuge mehrerer Entscheidungsprozesse (mindestens) 8 Zelltypen hergestellt (Abb. 19.3):

• Der **myeloische Stammbaum** liefert
1. mit Hämoglobin gefüllte **Erythrocyten** (rote Blutkörperchen), welche bei Säugern kernlos werden,
2. **neutrophile Granulocyten** und
3. **Makrophagen**, die beide vielerlei infektiöse Eindringlinge und Müllprodukte auffressen. Die im Blut zirkulierenden **Monocyten** gelten als Modifikationsform der Makrophagen, die man im Gewebe und in den lymphatischen Organen (Lymphknoten, Tonsillen, Milz u. a.) antrifft und die in der Milz nicht nur eingedrungene Bakterien, sondern auch die gealterten Erythrocyten phagocytieren,
4. **dendritischen Zellen**, soweit sie wie die Makrophagen Abkömmlinge der Monocyten sind. (Andere Subtypen der dendritischen Zellen scheinen sich von einer lymphoiden Stammzelle abzuleiten, die auch B-Zellen hervorbringt.) Gemeinsam ist den dendritischen Zellen eine strauchartig verzweigte Gestalt und eine ausgeprägte Fähigkeit, Antigene zu verspeisen, Antigenreste (Peptide) in den MHC-Komplex auf ihrer Zelloberfläche einzubinden und den T-Zellen zur Kontrolle anzubieten. Dendritische Zellen sind die Hauptpopulation der **APC**, der antigen-presenting cells. Man findet dendritische Zellen in großer Zahl im Thymus; sie sind jedoch darüber hinaus vielerorts anzutreffen und sind, noch bevor ihre Funktion bekannt war, mit verschiedenen Bezeichnungen bedacht worden. Beispielsweise nennen sich die dendritischen Zellen der Leber **Kupffersche Zellen**,
5. **basophile Granulocyten**, die bei Entzündungen Alarmsubstanzen wie Histamin, Leukotriene und Prostaglandine aussenden,
6. **eosinophile Granulocyten,** die ebenfalls Funktionen bei Entzündungen und allergischen Reaktionen haben,
7. **Megakaryocyten**, die **Blutplättchen** abschnüren und damit eine Komponente des Gerinnungssystems erzeugen.
• Der **lymphoide Stammbaum** liefert
8. weitere dendritische, Antigen-präsentierende Zellen,
9. **B-Lymphocyten**, die als **Plasmazellen** Antikörper produzieren und freisetzen, und
10. **T-Lymphocyten**, die ihrerseits in mindestens zwei Subklassen ($T_4 =$ T-Helfer; $T_8 =$ cytotoxische T-Zellen) zerfallen und in ihrer Gesamtheit im Immunsystem helfen, zwischen Körperfremdem und Körpereigenem zu unterscheiden und die Abwehrreaktion den jeweiligen Anforderungen anzupassen.

Mutmaßlich gehören auch die
11. **natürlichen Killerzellen** zur lymphoiden Stammgruppe; auch sie erfüllen Funktionen im Immunsystem.

Die Nicht-Erythrocyten werden oft auch summarisch als **Leukocyten (weiße Blutkörperchen)** bezeichnet.

Enthält das Blut als Folge einer Erkrankung zu wenig Erythrocyten, spricht der Mediziner von **Anämie**. Reichert sich das Blut mit ungewöhnlich vielen aber unreifen Leukocyten an, spricht man von **Leukämie**.

19.3.5
Determination und Menge der Blutzellen werden über Cytokine bzw. Hormone gesteuert

Es sind bereits viele Faktoren isoliert worden, die Einfluss darauf nehmen, welche Blutzellen hergestellt werden und in welcher Menge. Sind solche Faktoren zur rechten Zeit und in geeigneter Konzentration zugegen, können sie entscheidenden Einfluss nehmen auf die Art des Zelltyps, der entsteht. Hernach, oder in anderer Konzentration, nehmen sie nur noch Einfluss auf die Menge, in der ein bestimmter Zelltyp nachgeliefert wird.

Ein Ausdruck, der allgemein solche Faktoren benennt, ist **Cytokin**. Cytokine sind beispielsweise:

- der **stem cell factor SCF**, der Stammzellen des myeloischen Stammbaums zur Proliferation anregt. Weiter oben im Geäst des Stammbaums greifen ein: der
- **GM-CSF** (granulocytes and macrophages colony-stimulating factor); dieser Faktor regt die gemeinsamen Vorläuferzellen von Granulocyten und Makrophagen zur Teilung an. Der Faktor (Protein) wird u.a. von den Endothelzellen der Blutgefäße und von T-Lymphocyten erzeugt.
- **G-CSF** (granulocytes colony-stimulating factor), ein die Bildung von Granulocyten stimulierendes Protein, und der
- **M-CSF** (macrophages colony-stimulating factor), der die unmittelbaren Vorläufer von Makrophagen zur Teilung und Reifung anregt.

Cytokine, die Vorläufer von Lymphocyten zur Proliferation anregen, werden oftmals **Interleukine** genannt. Dieser Ausdruck deutet an, dass Quelle solcher Faktoren in der Regel andere Leukocyten sind. Interleukine sind Botenstoffe, die zwischen Leukocyten (z.B. zwischen Lymphocyten und Makrophagen oder zwischen B- und T-Lymphocyten) ausgetauscht werden.

Das wohl bekannteste Cytokin ist das hormonale **Erythropoietin (EPO)**, ein Glykoprotein, das bei O_2-Mangel in den Nieren produziert wird, über die Blutbahn in das Knochenmark gelangt und die **Proerythroblasten** anregt, sich vermehrt zu teilen. Auf diese Weise wird speziell die Produktion von Erythrocyten angeregt und damit die O_2-Bindekapazität des Blutes gesteigert.

Solche Faktoren, von denen mehr und mehr aufgespürt werden, werden in der Literatur häufig auch als Hormone angesprochen, wenn sie in der Blutbahn aufgespürt worden sind.

19.4
Medizinisches: Stammzellen für Gewebeersatz und „therapeutisches Klonen"

19.4.1
Man hofft, aus Stammzellen Ersatz für verschlissene oder erkrankte Gewebe und Organe gewinnen zu können

Die Entwicklungsbiologie kommt neuerdings in zunehmendem Maße der Medizin zu Hilfe. Im Jahr 2001 berichteten die Medien erstmals im großen Stil von Plänen verschiedener (zumeist amerikanischer) Laboratorien, lebende Ersatzteile für Patienten mit degenerativen Erkrankungen oder für Unfallopfer aus Stammzellen zu gewinnen, und man begann auch in Deutschland durch Institutionen der Forschungsförderung einschlägige Forschungsprogramme finanziell zu fördern.

Die hier zum Ausdruck kommende Hoffnung, man könne im Labor Ersatzteile für beschädigte oder verlorene Gewebe und Organe heranzüchten, gründet auf Erfahrungen, die man mit Stammzellen seit Jahrzehnten schon hat sammeln können. Es gibt schon seit langem die Möglichkeit, aus dem Knochenmark – auch erwachsener – Personen multipotente Stammzellen zu gewinnen, aus denen die verschiedenen Blutzellen hervorgehen können. Solche Stammzellen werden klinisch zur Therapie von Leukämien eingesetzt. Die Verfahren zur Isolierung sind allerdings äußerst schwierig; denn echte multipotente Stammzellen sind nur eine winzige Subpopulation der Knochenmarkzellen. Glücklicherweise können sie jedoch durch ein einfaches Färbeverfahren kenntlich gemacht und anhand von Stammzell-typischen Oberflächenantigenen (CD34 + CD19) mittels FACS-Maschinen isoliert und eingesammelt werden (s. oben unter 19.3.1 Kleindruck-Einschub).

19.4.2
Embryonale Stammzellen und embryoid bodies: Hoffnungsträger mit unbeschränktem Potential?

Wie man aus zahlreichen Versuchen mit Mausembryonen weiß, enthält das als Blastocyste bezeichnete frühe Embryonalstadium nicht nur multipotente, sondern sogar totipotente Zellen, aus denen alle (geschätzten) 205 Zellsorten entstehen können, einschließlich neuer Keimzellen. (Dass es totipotente Stammzellen geben müsse, war vorherzusehen; denn schließlich entwickeln sich in jedem normalen Embryo Urkeimzellen.) Große Hoffnungen werden deshalb auf **embryonale Stammzellen (ESC, ES-Zellen)** gesetzt. Ein technisches Verfahren, mit solchen Stammzellen umzugehen, ist es, erst einmal in der Kulturschale aus solchen Stammzellen Zellaggregate entstehen zu lassen, die sich dann nach Zugabe eines geeigneten Cocktails aus Nähr- und Signalstoffen bereits in der Kulturschale in solide Gewebearten differenzieren. Man nennt solche Aggregate **embryoid bodies**. Ein spektakulärer Erfolg: Es werden in Videofilmen Aggregate von Cardiomyocyten gezeigt, die sich autonom periodisch im Rhythmus eines Herzens kontrahieren. In einer Petrischale, die dicht mit Cardiomyocyten bewachsen ist, kreisen regelmäßige Kontraktionswellen um einen Mittelpunkt. Allerdings sind für eine Kultivierung von Stammzellen in größeren Mengen und über längere Zeiträume sowie für eine zuverlässige Induktion einer bestimmten Differenzierungsrichtung noch viele und hohe Hürden zu überwinden.

Sollte es gelingen, beispielsweise Hautregenerate, Knorpelscheiben, Knochengewebe oder Lebergewebe herzustellen, könnte vielen Unfallopfern geholfen werden und ließe sich manche Beschwernis des Alterns lindern.

Allerdings: Zellen und Gewebe aus embryonalen Stammzellen sind und bleiben Fremdkörper. Das Immunsystem des Empfängers wird alles daran setzten, solches Fremdmaterial wieder loszuwerden.

Auch die **Nabelschnur,** früher achtlos in den Müll geworfen, hat sich als ergiebige Quellen von Stammzellen mancherlei Art herausgestellt. Allerdings gilt für diese Zellen das Gleiche wie für ES-Zellen: In einem heterologen Empfänger sind sie Fremdkörper; nur bei engverwandten Empfängern kann auf Immuntoleranz gehofft werden. Für jeden Menschen vorsorglich seine eigene Nabelschnur aufzubewahren, wäre derzeit kein zukunftsträchtiger Vorschlag: Nabelschnüre altern selbst in tiefgefrorenen Zustand, und ihre Kryokonservierung und Aufbewahrung in flüssigem Stickstoff ist mit sehr hohen Kosten verbunden.

19.4.3
„Therapeutisches Klonen" soll helfen, die immunologische Abwehr gegen Körperfremdes in den Ruhestand zu versetzen

Gelänge es, Ersatzgewebe in ausreichender Qualität und Quantität herzustellen, wäre allerdings noch das Problem der Gewebeverträglichkeit zu lösen: Zellen tragen auf ihrer Oberfläche einen individualspezifischen Ausweis, der dem Immunsystem verrät, dass solches Spendergewebe von einem fremden Individuum stammt. Würde es genügen, in die Spenderzellen jene Gene (MHC-Gene) einzuschleusen, welche den Zelloberflächen den individualspezifischen Ausweis des Patienten verleihen? Es gibt leider Tausende von möglichen Varianten dieser MHC-Gene (Polymorphismus der Allele), und sie können noch nicht gezielt synthetisch hergestellt oder aus den Kernen von Zellen des Patienten isoliert werden. Daher wird der Vorschlag diskutiert, Eizellen einer zur Spende bereiten Frau heranzuziehen, den Kern der Eizelle zu entfernen und durch den Kern einer totipotenten

Zelle des Patienten zu ersetzen. So beginnt ein Verfahren zum Klonieren von Säugern (s. Kap. 5). Nach dem Starten der Embryonalentwicklung durch einen elektrischen Stromstoß, der das Eindringen eines Spermiums simuliert, ließe man das Ei sich in der Kulturschale zur Blastocyste entwikkeln. Aus ihr würden sich embryonale Stammzellen und aus diesen schließlich die gewünschten Gewebe gewinnen lassen (Abb. 19.4). Deren Genom entspräche dem des Patienten und deren Oberflächenausweis trüge dessen individuelle Kennzeichen; es käme also nicht zu einer Abstoßung des implantierten Materials durch das Immunsystem.

Als Vorbereitungsexperiment zum sogenannten „therapeutischen Klonen" sind 2004 von Wissenschaftlern der Seoul National University in Südkorea erstmals Blastocysten aus Oocyten erzeugt worden, die mit Kernen aus somatischen Eierstockzellen der Oocytenspenderin bestückt worden waren. Für das Experiment waren 16 Frauen insgesamt 242 Eizellen entnommen worden. Die 30 so erhaltenen Blastocysten sind die ersten geklonten menschlichen Embryonen.

Die Verwendung von Eizellen oder frühen Embryonen, aus denen schließlich Menschen werden können, nur zu dem Zweck, Ersatzmaterial zu züchten, wird von vielen Menschen aus ethischen und religiösen Gründen als verwerflich betrachtet und ist in vielen Ländern, so auch in Deutschland, gesetzlich verboten (Embryonenschutzgesetz). Ein Gegenvorschlag ist, geeignete somatische Kerne des Patienten nicht in Eizellen, sondern in schon vorhandene embryonale Stammzellen zu übertragen und diese dann zu vermehren und in die gewünschte Richtung differenzieren zu lassen. Die Zellen sollten dann, so die Hoffnung, auf der Basis des ausgetauschten Genoms im Laufe der Zeit die Gewebeverträglichkeitsmerkmale (MHC-Komplexe) des Patienten exprimieren.

Allerdings bleiben auch dann, wenn die immunologische Barriere überwunden ist, große Probleme: Spenderkerne des Patienten können selbst die Ursache der Krankheit als genetischen Defekt in sich tragen. Aus dem frühen Embryo entnommene Stammzellen wären erst dann für eine Therapie geeignet, wenn es gelänge, in ihnen durch gezielten Genaustausch den Defekt zu beheben. Kerne von älteren Menschen verlieren an Qualität, weil sie beispielsweise Mutationen ansammeln oder die Telomere ihrer Chromosome zu kurz geworden sind (s. Kap. 25).

19.4.4
Ist alles seriös? Was ist erlaubt?

Versuche mit menschlichen embryonalen Stammzellen dürfen nach dem Embryonenschutzgesetz gegenwärtig (2004) in Deutschland nicht durchgeführt werden. Es gibt indes Wissenschaftler, die für ein Aufheben dieses Verbotes eintreten. Meldungen der Medien lassen allerdings auch erken-

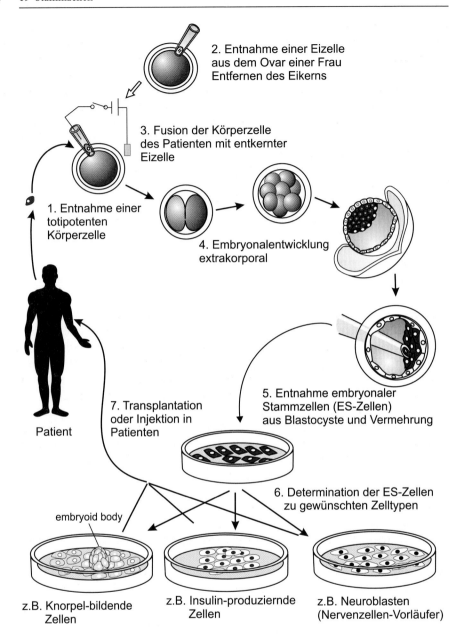

2. Entnahme einer Eizelle
aus dem Ovar einer Frau
Entfernen des Eikerns

3. Fusion der Körperzelle
des Patienten mit entkernter
Eizelle

1. Entnahme einer
totipotenten
Körperzelle

4. Embryonalentwicklung
extrakorporal

Patient

7. Transplantation
oder Injektion in
Patienten

5. Entnahme embryonaler
Stammzellen (ES-Zellen)
aus Blastocyste und Vermehrung

6. Determination der ES-Zellen
zu gewünschten Zelltypen

embryoid body

z.B. Knorpel-bildende
Zellen

z.B. Insulin-produziernde
Zellen

z.B. Neuroblasten
(Nervenzellen-Vorläufer)

Abb. 19.4. Hypothetisches „therapeutisches Klonen". Embryonale Stammzellen werden einer Blastocyste entnommen, in Zellkulturmedien vermehrt und durch Zusatz geeigneter Faktoren dazu gebracht, sich in eine bestimmte, vorausgeplante Richtung zu differenzieren (Ein hier nicht gezeigtes Zwischenstadium könnte die Bildung solider *„embryoid bodies"* sein). Die zur Differenzierung gebrachten Zellen werden zur Therapie von Schäden des Patienten eingesetzt; beispielsweise könnten bei einem Herzinfarkt beschädigte Herzmuskelzellen durch frische Cardiomyocyten ersetzt werden. Damit diese Spenderzellen jedoch nicht vom ▶

nen, dass so manche verfrühte Hoffnung und manche Illusion in Umlauf gesetzt worden ist. Es soll nicht bloß bei Parkinson-Mäusen, sondern auch in menschlichen Patienten nach Injektion von Stammzellen zu einer Linderung des Parkinson-Syndroms gekommen sein. Allerdings wird auch von Fällen mit unerwarteten und schlimmen Nebenwirkungen berichtet. Versuche, die naturwissenschaftlichen Kriterien standhalten, sind mit Menschen aus ethischen und anderen Gründen nicht machbar. (Es müssten zwei große Gruppen von Patienten gefunden werden, alle gleichen Alters, gleichen Geschlechts, gleicher Symptomatik etc.; die eine Gruppe würde mit Stammzellen behandelt, die andere zur Kontrolle nur scheinbehandelt; – Scheinbehandlung mit garantiert untauglichen Zellen wäre ethisch untragbar.)

Versuche mit „Parkinson-Mäusen" lastet an, dass die Vergleichbarkeit mit dem Parkinsonsyndrom des Menschen in Frage gestellt werden muss.

19.4.5
Implantierte embryonale Stammzellen können leicht zu Tumoren werden

Mit Mäusen lässt sich viel experimentieren. Man kann embryonale Stammzellen in eine schon geborene Empfängermaus implantieren, an jedem beliebigen Ort, oder die Stammzellen schlichtweg in die Blutbahn injizieren, die sie dann verlassen, um sich eigenständig in irgendwelche Geweben anzusiedeln. Wo immer sie implantiert werden oder sich niederlassen: wenn es totipotente Stammzellen sind, werden sie zu **Teratomen** oder gar bösartigen **Teratocarcinomen**. Sie verhalten sich wie befruchtete Eizellen, die sich nicht in der Gebärmutter eingenistet haben, sondern „ektopisch" an fremden Orten. Will man die Entwicklung eines Teratoms oder Tumors vermeiden, dürfen nur sorgfältig ausgewählte Zellen, die keine Totipotenz mehr haben, in einen Empfänger übertragen werden.

19.4.6
Auch Zellen von adulten Organismen können mehr, als man bisher vermutete

Potenz adulter Stammzellen. Beispiel 1: Es werden hämatopoietische Stammzellen der Maus isoliert, genetisch markiert, z.B. durch Einbau ei-

---

Immunsystem des Empfängers zerstört und eliminiert werden, ist daran gedacht, eine aktivierte Eizelle zu entkernen und mit einem Kern aus einer Zelle des Patienten zu bestücken. Wenn sich dann aus dieser Eizelle eine „geklonte" Blastocyste entwickelt und ihr Stammzellen entnommen werden, sollten diese Zellen und die daraus hergestellten Ersatzgewebe die Gewebeverträglichkeitsklasse des Patienten besitzen und von dessen Immunsystem nicht als Fremdkörper behandelt werden. Im Gegensatz zum „reproduktiven Klonen" wäre der Rest der Blastocyste nicht Ursprung eines neuen Menschen, sondern Abfall

nes GFP-Reportergens (s. Kap. 13) in das Genom, und werden dann in die Blutbahn von eben geborenen Rattenbabies eingeführt. (Neugeborene, deren Immunsystem eben erst dabei ist, zwischen körpereigen und körperfremd unterscheiden zu lernen, nehmen solche Zellen als körpereigen an.) Abkömmlinge dieser Spenderzellen leuchten im Fluoreszenzmikroskop grün auf, wenn sie mit kurzwelligem Blaulicht angeregt werden.

Beispiel 2: Man nimmt hämatopoietische Stammzellen einer männlichen Maus, um ihre Abkömmlinge in weiblichen Empfängern anhand des Y-Chromosoms als Spenderzellen-Derivate identifizieren zu können. Die Stammzellen werden in Blastocysten injiziert; dann lässt man die Embryonen von Ammenmüttern austragen. (Auch in Individuen, die aus chimärischen Blastocysten hervorgehen, gibt es keine immunologischen Abstoßungsreaktionen.)

In beiden Versuchsanordnungen zeigte sich, dass die eingeführten Stammzellen nicht nur Blutzellen generieren können, sondern manch andere Zelltypen, wie beispielsweise Knorpelzellen, Muskelzellen und sogar Nervenzellen, wenn sie ins Gehirn gelangen.

Neue Stammzellen durch Reembryonalisierung von differenzierten Zellen? Manch neuer Bericht klingt erstaunlich und hoffnungsvoll. Immer mehr Stammzellen aus adulten Gebweben werden entdeckt, die sich noch aktivieren und umprogrammieren lassen. Die entscheidende Hürde, die überwunden werden muss, ist die epigenetische Einschränkung des Entwicklungspotentials. Sie muss aufgehoben werden, und es muss eine vollständige Reprogrammierung mit neuem Ziel gelingen: Immerhin: sogar **vielkernige quergestreifte Muskelfasern der Wirbeltiere**, die in der Embryonalentwicklung durch Fusion mehrerer Myoblasten entstehen, haben sich wieder in einkernige Einzelzellen zerlegt, ihren kontraktilen Apparat verloren und dedifferenzierten sich zu Zellen, die embryonalen Charakter an den Tag legten: Sie konnten sich wieder teilen und ihre Abkömmlinge ließen sich in neue Differenzierungswege leiten. Bei Experimenten mit Muskelfasern des Molches gelang das Auslösen der Dedifferenzierung durch Einschalten eines Suppressorgens *msx-1* (mittels des TET-Systems, Box K 13, letzter Abschnitt), welches in den noch teilungsfähigen Vorläuferzellen das Einschalten muskelspezifischer Gene blockiert. Mit dem Wiedereinschalten von *msx-1* wurde das muskelspezifische, terminale Differenzierungsprogramm gelöscht. Bei Myotuben der Maus genügte die Zugabe gewisser Purine oder von Extrakten aus regenerierenden Extremitäten des Molches, um sie zu ähnlichem Verhalten anzuregen (NATURE 414: 388–390, 2001).

Noch ist die tumorbildende Kapazität solcher Zellen nicht erforscht.

Perspektiven: Im selben Maß, wie es gelingt, aus den körpereigenen Stammzellen eines Patienten im Labor Ersatzzellen und Ersatzgewebe nach Wahl und in ausreichender Menge zu gewinnen, lässt sich das therapeutische Ziel ohne immunologische und ethische Konflikte erreichen.

Vielversprechende Pionierversuche sind gemacht, erste Produkte sind auf dem Markt: Adulte Stammzellen, aus der Haut des Patienten gewonnen, in Cremes suspendiert und auf Trägermaterialien aufgebracht, werden bereits von Firmen der Biotechnologie für Kliniken hergestellt. Es werden mit den lebenden Pflastern großflächige Brandwunden und Beingeschwüre bedeckt, die nun rasch heilen können. Allerdings dauert es ca. 3 Wochen, bis ein Präparat einsatzfähig ist.

Im Mai 1998 erteilte erstmals die FDA (Food & Drug Administration) einem solchen Produkt („Apligraf") in den USA die Zulassung für eine klinische Anwendung. Die Entwicklung geht, vor allem im Ausland, so rasch voran, dass kein Lehrbuch Schritt halten kann (Stichworte zur www-Suche: u.a. tissue engineering). Einschlägige Firmen (z.B. cytonet.de; ticeba.de) empfehlen besorgten und gefährdeten Mitbürgern, vorsorglich Stammzellkulturen anlegen und in flüssigem Stickstoff tiefgefroren speichern zu lassen, selbstredend nicht kostenlos.

Auch gibt es erste klinische Studien zur Behebung von Herzmuskelschäden nach einem Infarkt. In der in Deutschland durchgeführten TOPCARE-AMI Studie wurden körpereigene Herzmuskelzellen in das betroffene Areal des Herzens injiziert, offenbar mit einigem Erfolg; denn die Herzleistung verbesserte sich um 10 Prozent. Vorausgegangene erfolgreiche Versuche an Mäusen hatten zu dieser Studie ermutigt.

Für eine Therapie genetisch-bedingter oder altersbedingter Krankheiten gelten jedoch die oben unter 19.4.3 genannten Einschränkungen: Auch das körpereigene Genom kann Ursache einer Krankheit sein, sei es dass es krankheitsverursachende Mutationen trägt oder dass es im Laufe der Zeit ungünstige und irreversible epigenetische Modifikationen erfahren hat. Da können auch adulte Stammzellen des Patienten nicht (wie bei einer *Hydra*) Quelle eines immerwährenden Jungbrunnens sein. Noch ist der Mensch sterblich.

ZUSAMMENFASSUNG DES KAPITELS 19

Das Wachstum und die Erneuerung von Geweben und Organen beruht vielfach auf der fortgesetzten Teilungsaktivität von **Stammzellen**, die Merkmale embryonaler Zellen, vor allem deren Teilungsfähigkeit, bewahrt haben. Solche Stammzellen gibt es beim Menschen ebenso wie schon bei Schwämmen und Süßwasserpolypen. Stammzellen liefern auch Nachschub für eine Reihe terminal differenzierter Zellen, deren Lebensdauer kürzer als die des gesamten Organismus ist. Beispielsweise sichern im menschlichen Körper unipotente Stammzellen, die laufend neue Keratinocyten hervorbringen, die fortwährende Erneuerung der Oberhaut, während multipotente Stammzellen des Darmes die Darmzotten nachwachsen lassen. Multipotente, **hämatopoietische Stammzellen** des Knochenmarks sichern die beständige Erneuerung aller Typen von Blutzellen. Die verschiedenen Blutzellen gehen dabei aus den Stammzellen nach Art eines sich verzweigenden Stammbaums hervor. Art und Menge an Ersatzzellen, die von den Stammzellen hergestellt werden, werden mittels spezieller, hormonähnlicher Faktoren (**Cytokine, Interleukine**) geregelt.

Es wird von den zunehmend erfolgreichen Versuchen der medizinisch orientierten Forschung berichtet, aus embryonalen oder adulten menschlichen Stammzellen Ersatz für beschädigte, verschlissene oder erkrankte Gewebe und Organe zu züchten, und es wird erläutert, was mit dem Ausdruck „**therapeutisches Klonen**" gemeint ist. Es wird darauf hingewiesen, dass das Entwicklungspotential auch adulter Stammzellen weit größer ist als bisher vermutet. Es wird aber auch auf die Gefahr hingewiesen, dass aus transplantierten Stammzellen Tumore hervorgehen können, und es werden Grenzen für regenerative Therapien aufgezeigt.

20 Signalsubstanzen und Signaltransduktion

Wenn Abertausende und Abermilliarden Zellen gemeinsam einen Organismus mit seinen komplexen Geweben und Organen aufbauen sollen, sind vielfältige, wechselseitige Absprachen unter den Zellen und Zellgruppen nötig. Übergeordnete Instanzen, beispielsweise die Organisatorregionen in frühen Keimen, müssen koordinierende Steuersignale aussenden. Es werden schließlich auch überprüfende Kontrollen nötig sein. Es muss gesteuert und kontrolliert werden,

- wo und wann welche Zelltypen sich differenzieren sollen;
- wie viele Exemplare von jedem Zelltyp hergestellt werden sollen, dies heißt auch, wann die Proliferation der Vorläuferzellen zu begrenzen oder ganz einzustellen ist, und
- wann und wo programmierter Zelltod Räume frei machen muss.
- Wandernde Zellen, auswachsende Nervenfasern und sprießende Blutkapillaren müssen in ihr Zielgebiet geleitet werden.

Welche Möglichkeiten der Zellkommunikation es generell gibt, darüber gibt Box K20 einen Überblick. Im Folgenden werden entwicklungssteuernde Signalsubstanzen, die von Produzentenzellen ausgesandt, über extrazelluläre Räume verbreitet oder von Zelle zu Zelle weitergereicht werden und die in früheren Kapiteln mal hier mal dort zur Sprache kamen, nach verschiedenen Gesichtspunkten zusammengefasst.

20.1
Morphogene, Induktoren, Wachstumsfaktoren, Chemokine

20.1.1
Zahlreiche „Morphogene", „Induktoren" oder sonstige „Faktoren" steuern Entwicklung und Wachstum

Ein Blick zurück auf die Induktionsprozesse im Amphibienkeim, die Musterbildung im Vogelflügel, die Entwicklung des Nerven- und Blutgefäßsystems und die Regelung des Blutzellennachschubs lässt deutlich werden, dass in der Entwicklung von Geweben und Organen eine Vielzahl von Molekülen Signalcharakter gewinnen kann und zur Steuerung eingesetzt wird.

BOX K20   Wie Zellen miteinander
                  kommunizieren und interagieren

Geordnete Zelldifferenzierung, gerichtete Zellwanderung und Gestaltbildung, an der sich mehrere Zellen beteiligen, setzen Kommunikati-
on und Interaktion zwischen den Zellen voraus. In einem Organismus
werden vielerlei Moleküle als Signalträger eingesetzt. Die Weitergabe
einer Information von Zelle zu Zelle ist **Signaltransmission** oder **Si-
gnalpropagation,** die Weiterleitung einer Botschaft vom Zelläußeren
ins Zellinnere ist **Signaltransduktion** (Abb. 20.1 bis 20.4). In dieser
Box hier geht es um Transmission.

Die Übertragungsmöglichkeiten für Signale von den Sendezellen zu
den Empfängern (Zielzellen) sind sehr vielfältig. Wir benutzen hier
für einen ersten Überblick eine Gliederung, die sich an den Mechanismen und Reichweiten der Signaltransmission orientiert.

Übertragungswege und Reichweite der Signale (Abb. Box 20K)

1. **Signalübergabe an den direkten Nachbarn.** Zellen können mit ihren unmittelbaren Nachbarn mittels **Signalen, die in ihrer Zellmembran verankert** sind, in Wechselwirkung treten. Signalcharakter können alle bekannten Zelladhäsionsmoleküle, die CAM (cell
   adhesion molecules) haben (Kap. 15). Mit ihnen eng verwandt sind
   Membran-verankerte Signal-Rezeptorsysteme nach Art des DELTA-
   NOTCH-Systems: Nicht nur der Rezeptor NOTCH, sondern auch
   der Ligand DELTA ist membranverankert. Das System dient dazu,
   geringe Unterschiede zwischen Nachbarn zu verstärken, beide
   Nachbarn auf unterschiedliche Differenzierungswege zu leiten und
   sie schließlich so weit voneinander abzugrenzen, dass sie sich auch
   physikalisch voneinander lösen können.

2. **Freigesetzte, zur Diffusion freigegebene Signalmoleküle.** DELTA
   gehört aber auch zu den Signalmolekülen, die mittels Membran-assoziierten Proteasen von der Oberfläche abgelöst werden können,
   um per Diffusion oder auf anderem Weg (s. unten) weiter entfernte
   Zielzellen zu erreichen. SONIC HEDGEHOG wäre ein anderes Beispiel. Auch Signalmoleküle, die per Exocytose in den Außenraum
   entlassen werden, können entfernte Ziele per Diffusion erreichen.
   Allerdings ist freie Diffusion an Voraussetzungen gebunden:

   • **Kleine, lipophile Moleküle** können direkt über Zellmembranen
     hinweg von Zelle zu Zelle diffundieren. Signalfunktion haben
     z.B. **Arachidonsäure** und deren Derivate wie **Leukotriene, Pro-
     staglandine** und **Hydroxyfettsäuren** (mit der Arachidonsäure als

Signale von und zu direkten Nachbarn

Homotypische / heterotypische Zelladhäsionsmoleküle CAM

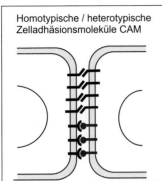

Ligand-Rezeptor-Interaktion

Ligand= Signal

Rezeptor
Signaltransduktion

Transkription

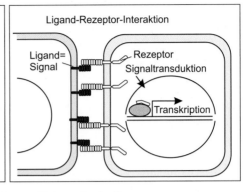

Diffusionsgetriebene Ausbreitung

Abgelöste Oberflächensignale oder sezernierte Substanzen

Inter-
stitium

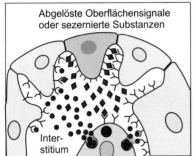

Kanalisierte Diffusion durch Gap junctions

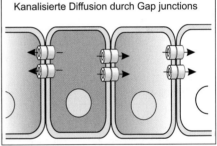

Transport entlang der Oberfläche und gelenkte Diffusion

Oberflächentransport durch Lipid-Flöße und Internalisierung durch Endocytose

Zweidimensionales Gleiten entlang von Heparansulfat-Proteoglykanen

Lipophile Signalsubstanz

Hydrophile Signalsubstanz

Zunehmende Lipophilie der Oberfläche

Zunehmende Hydrophilie der Oberfläche

Intrazellulärer Rezeptor

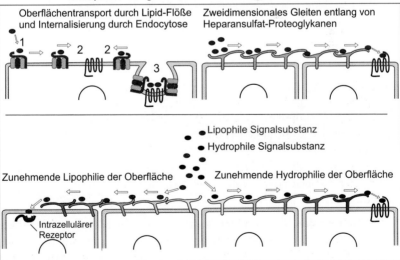

Abb. Box K20 A

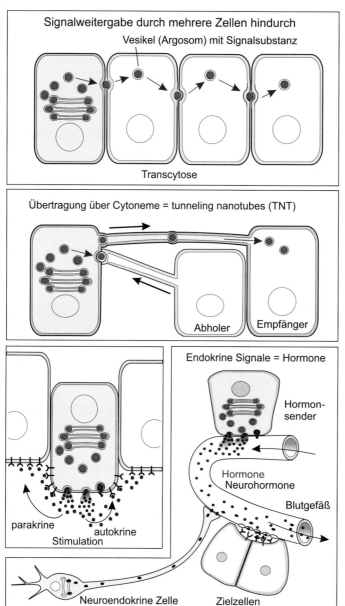

Signalweitergabe durch mehrere Zellen hindurch

Vesikel (Argosom) mit Signalsubstanz

Transcytose

Übertragung über Cytoneme = tunneling nanotubes (TNT)

Abholer   Empfänger

Endokrine Signale = Hormone

Hormon-sender

Hormone
Neurohormone

Blutgefäß

parakrine   autokrine
Stimulation

Neuroendokrine Zelle   Zielzellen

Abb. Box K20 B

Eicosanoide zusammengefasst). Da es allerdings in der Regel nicht genügt, dass solche Moleküle in die Membran benachbarter Zellen eindringen, sondern das Signalmolekül ins wässrige Cytosol der Zielzelle weitergeleitet werden muss, werden solche

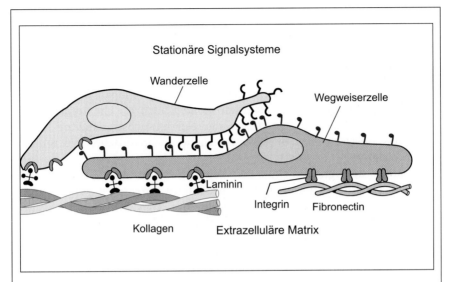

Abb. Box K20 C

lipophilen Moleküle im Regelfall von membranständigen Rezeptoren der Zielzelle gebunden und dann internalisiert. Die Bedeutung niedermolekularer Signale für die Embryonalentwicklung ist noch wenig erforscht, da es äußerst schwierig ist, solche Signale zu identifizieren, an Ort und Stelle zu quantifizieren und ihre Ausbreitung zu verfolgen.

- **Größere, +/– apolare (=lipophile) Moleküle wie Retinsäure, Thyroxin und Steroidhormone** (s. Abb. 20.2) sollen nach augenblicklich vorherrschender Meinung Zellmembranen durchdringen können und erst im Cytoplasma an Rezeptoren gebunden werden. Es ist jedoch anzunehmen, dass es der Hilfestellung durch Shuttle-Proteine mit hydrophoben und hydrophilen Domänen bedarf, um sie aus der Lipidschicht der Zellmembran heraus ins Cytosol weiter zu leiten.
- **Größere hydrophile Moleküle wie Polypeptide** können erstaunlicherweise recht weit gelangen. Die Mehrzahl der heute bekannten Signalmoleküle sind Peptide/Proteine wie z. B. die WNTs, die FGFs die BMPs und andere Mitglieder der TGF-β-Familie. Nach der traditionellen Auffassung, die auch den meisten Computersimulationen über Signalausbreitung und biologische Musterbildung zugrunde liegt (Box K12), basiert die Ausbreitung auf Diffusion. (Andere Möglichkeiten der Propagation werden weiter unten unter Punkt 3–5 diskutiert.)

▶

Eine reine diffusionsgetriebene Verbreitung von solch großen und überwiegend hydrophilen Molekülen setzt allerdings voraus, dass ein wassergefülltes Interstitium (Zellzwischenraum) den nötigen Freiraum für Diffusion bietet. Ist diese Voraussetzung erfüllt, kann das Ausbreitungsgebiet zwischen wenigen Nanometern und einigen Millimetern groß sein. Manche dieser Faktoren können auch als **chemotaktische Signale** (Chemokine) dienen, wie der **Nervenwachstumsfaktor NGF,** der das Auswachsen von Nervenfasern bei sympathischen Neuroblasten dirigiert.

Haben die Signalmoleküle mit Peptidcharakter ihre Zielzellen erreicht, werden sie mittels membranständiger Rezeptoren aufgefangen und aktivieren **Signaltransduktionssysteme.** Dies besagt aber auch, dass Peptide/Proteine nur den Zellen Botschaften überbringen können, die mit spezifisch auf diese Signalträger abgestimmten Rezeptoren ausgestattet sind. Die Ausstattung mit Rezeptoren ist eine unerlässliche Voraussetzung für die Kompetenz einer Zelle, auf ein gegebenes Signalmolekül reagieren zu können.

Zur Nomenklatur: Die Adjektive **parakrin, autokrin** und **endokrin** werden in wechselnder Kombination mit Substantiven gebraucht, um Hinweise auf die kompetenten Zielzellen zu geben. Wenn die Signale per Diffusion **Nachbarn** erreichen, spricht man beispielsweise von **parakriner** Stimulation. Wenn die Signale im Sinne einer negativen oder positiven Rückkoppelung **auf die produzierende Zelle selbst zurückwirken,** von **autokriner** Stimulation. Über eine negative Rückkoppelung erreicht der Sender nach einer gewissen Sendezeit eine Selbstabschaltung, über eine positive Rückkoppelung wird eine Selbstverstärkung der Signalemission in Gang gebracht.

Wenn der interstitielle Raum nicht ausreicht, um weit **entfernte Ziele** zu erreichen und statt bloßer Diffusion Ferntransport über umgewälzte Flüssigkeiten in Gefäßen (Konvektion, Perfusion) in Anspruch genommen werden muss, spricht man von **endokriner** Steuerung. Gelangen Signalmoleküle in die Lymph- oder Blutbahn, können sie als **Hormone** der zeitlichen Koordination von Entwicklungsprozessen dienen (Kap. 20, 22, 23), aber nicht mehr als Morphogen oder lokaler Induktor Positionsinformation vermitteln.

3. **Kanalisierte, eingeschränkte und erleichtere Diffusion.** Freie Diffusionsräume sind in Geweben, in denen Zellen dicht gedrängt zusammengeschart sind, rar oder fehlen ganz. Zellen in Epithelien beispielsweise kleben mittels Adhäsionsgürteln (adhesion belts) dicht aneinander.

▶

- **Kanalisierte Diffusion via gap junctions.** Injektion von fluoreszierenden, niedermolekularen Farbstoffen oder von Isotopen in einzelne Zellen haben jedoch Möglichkeiten der Diffusion auch in manchen epithelialen Zellverbänden aufgezeigt. Elektrolyt-Ionen (Na^+, K^+, Ca^{2+}, Cl^-) und kleine polare (= hydrophile) Moleküle, wie z. B. Inositoltrisphosphat (IP_3), cAMP und cGMP, können von Zelle zu Zelle diffundieren, wenn die Zellmembranen benachbarter Zellen durch **gap junctions** (röhrenförmige Transmembrankanäle) überbrückt sind.
- **Diffusion entlang von Oberflächen und Gleitbahnen der extrazellulären Matrix.** In Zellmembranen sind oftmals Makromoleküle verankert, welche die physikalischen Eigenschaften der Zelloberfläche verändern, sie beispielsweise hydrophiler machen, oder ihr streckenweise lipophilen Charakter belassen und diesen sogar verstärken. Darüber hinaus gibt es theoretisch Effekte, die im Einzelnen noch wenig erforscht sind, aber mit großer Sicherheit als sehr bedeutsam vorhergesagt werden können. So sind Grenzflächenenergien, welche in der Physik unter Begriffen wie Oberflächenspannung, Benetzungsspannung, Adsorption und Kohäsion behandelt werden, noch wenig in Computersimulationen über Signalausbreitung berücksichtigt worden. Beispiel: Eine hydrophobe Umgebung stößt hydrophile Substanzen ab und zieht lipophile (=hydrophobe) Substanzen an und umgekehrt, eine hydrophile Umgebung stößt hydrophobe Substanzen ab.
- Effekte der **Chromatographie und Elektrophorese.** Stichworte wie Hydrophilie und Hydrophobie erinnern den Biochemiker an bekannte Mechanismen der Chromatographie und stimulieren neue Hypothesen. Ein Gemisch hydrophiler und lipophiler Substanzen kann, wie bei der hydrophoben Interaktionschromatographie und der ihr ähnlichen reversed-phase-Chromatographie, an einer +/– hydrophoben Unterlage (Matrix) aufgetrennt werden und die einzelnen Komponenten können gemäß ihrem Grad an Hydrophilie oder Lipophile in unterschiedliche Richtungen und in verschieden entfernte Zielgebiete geleitet werden.

  Ähnlich wie graduiert abgewandelte Hydrophobie wirkt eine Kette von Bindungsstellen mit abnehmender oder zunehmender Bindungsstärke. Auch ein solcher Mechanismus hätte sein Gegenstück in der Chromatographie, in diesem Fall der Ionenaustausch-Chromatographie oder der Affinitätschromatographie.

  Schließlich gibt es Hinweise und Theorien über **elektrophoretische Effekte:** Eine elektrisch positiv geladene Zelloberfläche würde beispielsweise Proteine, die durch Phosphorylierung negativ aufgeladen sind, anziehen und binden.

▶

4. Transport mit Hilfe von Gleitbahnen über Zellreihen und auf Lipid-Flößen in der fluiden Zellmembran

In den meisten Geweben sind die Zellzwischenräume mit vernetzten Makromolekülen gefüllt, die man als extrazelluläre Matrix ECM zusammenfasst und die der freien Diffusion von Signalmolekülen Grenzen setzt oder die Diffusionsrichtung beeinflusst. Andererseits benötigen so manche bekannten Signalmoleküle wie FGF, WNT und TGF-β die mithilfe von extrazellulären **Heparansulfat-Proteoglykanen**, um voll wirksam werden zu können (Review: Nybakken und Perrimon 2002). Solche Proteoglykane können, so wird vermutet, wie Stege die fluiden (halbflüssigen) Zellmembranen von Zellreihen überbrücken und **ein zielgerichtetes Gleiten des Signalmoleküls über die überbrückte Zellenreihe hinweg** vermitteln. Inwieweit dieser Transport andere Energiequellen als Diffusionsdruck benötigt, etwa ATP-getrieben ist, ist noch nicht bekannt. Am Ende der Gleitbahn können Proteoglykane als Cofaktoren synergistisch mit den spezifischen Signalrezeptoren Signaltransduktionssysteme aktivieren.

Neuerdings haben weiterhin Molekülkomplexe viel Beachtung gefunden, die als **lipid rafts** bezeichnet werden (*raft* = **Floß**, Schlauchboot). Es sind Komplexe aus Sphingolipiden, Cholesterin und Proteinen, die in der fluiden Zellmembran wie Flöße auf einem See flottieren. Sie können, wie man annimmt, Signalmoleküle schwach binden, als Fracht mitführen und mittels des Signalmoleküls als Bindeglied an Signalrezeptoren andocken, beispielsweise an Rezeptoren des Serpentintyps (s. Abb. 20.1). Die angedockten Lipidflöße können mitsamt dem Rezeptor durch Endocytose ins Zellinnere verfrachtet werden. Damit ist auch das Signalmolekül internalisiert. Ein internalisiertes Signalmolekül kann abgebaut und damit dem Diffusionsgleichgewicht entzogen werden. Internalisierung kann aber auch eine neuartige Weise einer Signaltransduktion sein (z. B. für FGFR1, Stachowiak et al. 2003).

5. Planare Transcytose

Signalmoleküle können in Komplexen mit Heparansulfat-Proteoglykanen oder Lipid-rafts durch Endocytose ins Zellinnere gelangen. In der Regel werden Endosomen durch bestimmte Moleküle, vor allem die Rab-Proteine, markiert, sodass sie Lysosomen zugeführt und die mitgeführten, internalisierten Rezeptoren darin verdaut werden. Muss das aber stets so sein? Nach Markierung mit anderen Rab-Proteinen fusionieren die Endosomen mit Recycling-Vesikeln, die oftmals phosphorylierten Rezeptoren werden darin von Phosphat entladen, damit wieder ansprechbar gemacht und als-

▶

dann zur Zellmembran zurück transportiert (Seachrist et al. 2003). Es gibt aber noch eine dritte Möglichkeit: internalisierte Rezeptoren mitsamt der gebundenen Signalsubstanz an Nachbarzellen weiter zu reichen.

Die Zellen der Imaginalscheiben von *Drosophila* produzieren in einem bestimmten (in Abb. 12.9c gezeigten) Areal das Signalmolekül DPP, das *Drosophila*-Homologon des BMP-2/4 der Wirbeltiere. Es standen transgene Fliegen zur Verfügung, bei denen das DPP-Gen mit dem Gen für das fluoreszierende GFP fusioniert (s. Box K13) und so in das Genom von *Drosophila* integriert worden war, dass das DPP-GFP-Gen in diesem Areal der Imaginalscheiben exprimiert wurde. Die Ausbreitung dieses recht großen DPP-GFP-Proteins konnte im lebenden Gewebe unter dem Mikroskop beobachtet und mit Videokameras verfolgt werden (Kruse et al. 2004). Da die Ausbreitung blockiert war, wenn in thermosensitiven *Drosophila*-Mutanten durch Erwärmung Endocytose oder Exocytose gestört wurde, wird angenommen, die Signalsubstanzen würden durch **planare Transcytose** weitergereicht. Ein Teil der mit Endosomvesikeln aufgenommenen Signalmoleküle verbleibe in einer gegebenen Zelle und werde schließlich in ihr abgebaut, der andere Teil gelange in die nächste Zelle. Dies wiederhole sich von Zelle zu Zelle und so bildeten sich **interzelluläre Gradienten** aus.

Von einer anderen Arbeitsgruppe (Greco et al. 2001) war GFP mittels eines langkettigen Lipids (Glycophosphatidylinositol) direkt in der Zellmembran von Imaginalscheiben-Zellen verankert worden. Während diese Zellen WINGLESS sezernierten, tauchten kleine GFP-markierte, fluoreszierende Vesikel erst in den Nachbarzellen, dann in entfernteren Zellen auf. Sie wurden als Transportvesikel, hier für WINGLESS, interpretiert. Die offenbar mit der griechischen Mythologie vertraute Arbeitsgruppe gab den Transcytosevesikeln den Namen **Argosomen**.

6. Rohrpost-Transport durch Nanoröhren, immunologische Synapse
Experimente mit GFP-markierten Substanzen haben eine weitere, unerwartete Weise möglicher Signaltransmission ins Blickfeld der Zellbiologen gebracht. So sah eine Arbeitsgruppe in Imaginalscheiben von *Drosophila*-Zellen, die über einen zellfreien Zwischenraum feine Fortsätze zu anderen Zellen ausstreckten. Diese Gruppe nannte diese Fortsätze **Cytoneme** und meint, sie dienten dem Ferntransport von Vesikeln. Besser ist ein vergleichbares Phänomen an Säugerzellen (Rustom et al. 2004) untersucht. Die Beobachtungen waren die folgenden:

▶

Verschiedene, locker verstreute Zellen in Gewebekultur streckten feine röhrenförmige Fühler nach Art von Filopodien aus. Diese erreichten, sich ungewöhnlich lang durch das Kulturmedium strekkend, ferne Zellen. Eine Subpopulation der Zellen konnte ein fluoreszierendes Synaptophysin-GFP-Produkt herstellen (Synaptophysin ist ein für Vesikel charakteristisches Protein). Dieses Produkt und auch andere fluoresziernde Membrankomponenten, gelangten in kleinen Portionen von den Produzenten in jene Nichtproduzenten, mit denen der Produzent mittels dieser feinen Röhrchen verbunden war. Die sehr dünnen Röhrchen (50–200 nm Durchmesser) wurden **tunneling nano tubes (TNT)** genannt. Entgegen der Erwartung passierten niedermolekulare Substanzen diese Röhrchen nicht. Sind sie, wie diese Forscher vermuten, ein Rohrpostsystem für spezielle Verpackungsvesikel?

Immunologen haben neuerdings ein ähnliches Phänomen beobachtet. B-Lymphocyten streckten feine Filopodien aus und nahmen Kontakt auf zu Antigen-präsentierenden dendritischen Zellen. Die Filopodien tragen an ihrer Spitze Antigen-erkennende Rezeptoren, BC-R (B-cell receptors) genannt. (BC-R sind in der Zellmembran verankerte Prototypen der Antikörper.) Auf Seiten der dendritischen Zelle wird den BC-R MHC-gebundenes Antigen angeboten. Die Kontaktstruktur zwischen B-Zelle und dendritischer Zelle wird **immunologische Synapse** genannt. Die B-Zelle extrahiert dann an dieser Synapse von der Membran der dendritischen Zelle das Antigen, internalisiert es und präsentiert es dann auf ihrem eigenen MHC einer T-Zelle. Betrachtet man das Antigen als Signal, so liegt hier eine Signalstafette von der dendritischen Zelle über die B-Zelle zur T-Zelle vor. Ein Antigen als Signalmolekül zu betrachten, ist voll gerechtfertigt. Das Antigen stimuliert die B-Zelle, sich zu teilen. Die Tochterzellen wandern in Lymphknoten und Milz, um hier Antikörper in großer Zahl zu produzieren und zu sezernieren oder um dort als Gedächtniszellen zu verharren. Ebenso teilen sich Antigen-stimulierte T-Zellen und gründen eine Subpopulation von T-Gedächtniszellen.

Wenn es, wie es scheint, die Möglichkeit gibt, dass Zellen röhrenförmige Fortsätze zu anderen Zellen auswachsen lassen, um mit ihnen Kontakt aufzunehmen, fragt man sich, wie diese Fortsätze ihre Zielzellen finden. Dem gleichen Problem sahen wir uns gegenüber, als wir die Frage stellten, wie die **Wachstumskegel an der Spitze auswachsender Nervenfasern** und die **Terminalfühler der Blutkapillaren** ihre Ziele finden und erkennen (Kap. 17). Dort waren es diffusible Fernsignale aber auch stationäre Signale auf Wegweiserstrukturen, die den Weg wiesen. Für die neu entdeckten

Transportsysteme, TNT bzw. Cytoneme und die Fühler der B-Zellen, können wir noch keine Antwort geben.

7. **Stationäre extrazelluläre Signale**
In den extrazellulären Raum entlassen werden, wie schon mehrfach erwähnt, auch makromolekulare Substanzen, Proteine, Glykoproteine und Proteoglykane, die als **extrazelluläre Matrix ECM** keineswegs nur als Füll- und Verfestigungsmaterial, sondern auch wandernden Zellen, auswachsenden Nervenfasern und sprossenden Blutkapillaren als Richtungsweiser dienen (Kap. 15, 17, 18). **Kollagen IV, Fibronectin, Laminin und Heparansulfat-Proteoglykane** sind bekannte Moleküle der ECM, die mitunter Signalfunktion übernehmen können. Vielfach werden von Senderzellen freigesetzte Signalmoleküle an die ECM gebunden, z.B. **Netrin** (Kap. 17.5.3). Sie dienen hier als ortsfeste extrazelluläre Signalsubstanzen.

Da biologische Signalmoleküle in Spuren wirksam und nur in Spuren zugegen sind, ist ihre Identifizierung schwierig. Trotzdem wächst die Zahl solcher Moleküle ständig. Ihre Anwesenheit verraten sie zunächst nur durch ihre Wirkung. Da vielfach ihre chemische Natur erst einmal unklar ist, hat sich die unverbindliche Benennung **Faktor** eingebürgert, und wenn eine Substanz erst einmal mit der Bezeichnung „Faktor" etikettiert worden ist, bleibt dieses Etikett meistens auch dann noch haften, wenn die Substanz identifiziert ist. Man kann jedoch davon ausgehen, dass ein „Faktor" in aller Regel ein Polypeptid ist.

Ergiebige Quellen löslicher Signalmoleküle sind oft Zellen, die in Kultur vermehrt werden und ins Medium Wachstumsfaktoren abgeben (**konditionierte Medien**). Solche Faktoren tun den produzierenden Zellen selbst oder anderen Zellkulturen gut. Die meisten bisher identifizierten Faktoren sind Polypeptide mit 500 bis 1000 Aminosäuren. Als die Sequenzen in der Datenbank (z.B. EMBL-Bank) mit bereits bekannten verglichen wurden, stellte sich oft heraus, dass ein und derselbe Faktor von verschiedenen Forschergruppen mit unterschiedlichen Nachweismethoden entdeckt und mit jeweils anderem Namen bezeichnet worden war. Wohl alle Faktoren werden im Organismus für die unterschiedlichsten biologischen Zwecke eingesetzt.

• Die **bone morphogenetic proteins BMP** beispielsweise stimulieren das Wachstum von Chondroblasten (Knorpelvorläufer) und Osteoblasten (Knochenvorläufer), und sie haben eine Funktion bei der Knochenbildung. Man findet jedoch Vertreter dieser Gruppe schon im frühesten Embryo (Blastula) lange bevor Skelettelemente hergestellt werden. Ihre Funktion hier ist die von Morphogenen, die helfen, den Grundbauplan des bilateralsymmetrischen Tieres zu entwerfen (s. Abb. 4.18, 4.19; Abb. 12.4; Kap. 12).

- Das **Insulin,** das man als Blutzucker-regulierendes Hormon kennt, wird schon im Embryo gefunden, noch bevor die Langerhans'schen Inseln des Pankreas, welche das Lehrbuch der Physiologie als Ort der Insulinbildung nennt, ausgebildet sind.

Versuche, die Vielzahl der biologischen Signalmoleküle zu klassifizieren, gibt es manche.

20.1.2
Nach dem biologischen Einsatzbereich lassen sich Determinationsfaktoren, Morphogene, Induktoren, Differenzierungsfaktoren und Chemokine unterscheiden

Eine Möglichkeit ist, entwicklungssteuernde Signalsubstanzen nach ihrer Funktion in der frühen Embryonalentwicklung einzuteilen:

Determinationsfaktoren bestimmen das künftige Schicksal einer Zelle oder einer Gruppe von Zellen. Zu den Determinationsfaktoren gehören auch die Morphogene und Induktoren.

Morphogene wirken in morphogenetischen Feldern, aus denen komplexe Gebilde, wie z. B. Arme oder Beine, hervorgehen, und sind an der Musterbildung in diesen Feldern beteiligt; ihre jeweilige besondere lokale Wirkung ist eine Funktion ihrer lokalen Konzentration.

Induktoren werden von Senderzellen produziert und wirken auf Nachbarzellen.

Wachstumsfaktoren, Cytokine sind vor allem bei der Proliferationskontrolle (Zellteilungskontrolle) beteiligt.

Differenzierungsfaktoren leiten die terminale Differenzierung zuvor schon determinierter Zellen ein.

In der Praxis freilich ist diese Aufgliederung selten durchzuhalten. Je nach Dosis und Einsatzort der Signalsubstanz und Kompetenz der Zielzellen, aber auch je nach Tradition und Lehrmeinung, die einen Forscher geprägt haben, kann dieser oder jener Effekt im Vordergrund stehen, und diese oder jene Bezeichnung bevorzugt werden. Die „Induktoren" im *Xenopus*-Embryo sind alles zugleich.

Chemokine sind Signalsubstanzen, die von Sendern ausgesandt werden und chemotaktisch wandernde Zellen zum Zielort führen. Wir verweisen auf Chemokine, die Urkeimzellen (Kap. 8), Neuralleistenzellen (Kap. 16), Neuroblasten (Kap. 17) oder Zellen des Blutes und Immunsystems (Kap. 18) zu ihren Zielorten hinführen.

20.1.3
Nach Empfänger und Reichweite lassen sich autokrine, parakrine und endokrine Faktoren (Hormone) unterscheiden

Eine andere Einteilungsweise berücksichtigt Reichweite und Ziel der Signalmoleküle:

1. **Endokrine Faktoren = Hormone** werden über die Blutbahn vermittelt. Beispiele: **Erythropoietin**, das die Menge roter Blutkörperchen reguliert (Kap. 19.3.5) und die wachstumsfördernden **IGFs** (insulin-like growth factors) im Fetus, die auch als **Somatomedine** bezeichnet und als Hormone klassifiziert werden, wenn die Leber ihre Produktion übernommen hat.
2. **Parakrine Faktoren** diffundieren in Zellzwischenräumen zu Nachbarzellen. Hier wären in frühen Embryonen wieder die Morphogene und Induktoren zu nennen, in postnatalen Säugern beispielsweise der PDGF (platelet-derived growth factor), der bei der Regeneration verletzter Blutgefäße und verletzten Gewebes eine Rolle spielt.
3. **Autokrine Faktoren** wirken auf die Produzenten selbst zurück. Die Senderzelle hat Rezeptoren für ihre eigenen Signale. Die Signale können hemmend oder stimulierend auf die Bereitschaft der Zelle zurückwirken, sich zu teilen und/oder weiterhin Signalsubstanz freizusetzen. Über autokrine Stimulation können beispielsweise manche Mitglieder der TGF-Familien (transforming growth factors) Tumorbildung fördern.

20.1.4
Proteinfaktoren werden nach Übereinstimmungen in der Aminosäuresequenz in Familien zusammengefasst

Eine dritte Einteilungsweise geht von der chemischen Struktur der Faktoren aus. Da es sich bei den derzeit bekannten Signalmolekülen überwiegend um Polypeptide handelt, kann der Vergleich der Aminosäuresequenzen Proteinfamilien aufdecken, deren Mitglieder eine Sequenzübereinstimmung (Sequenzhomologie) aufweisen, die nicht zufällig ist.

Es gibt eine unüberschaubare Fülle von Proteinfamilien, und jede Familie dürfte Mitglieder haben, die in der Embryonalentwicklung eine bedeutende Funktion erfüllen. In diesem einführenden Buch können nur einige, in der gegenwärtigen Literatur oft genannte Proteinfamilien aufgelistet werden. Man fand in Embryonen beispielsweise Vertreter folgender Proteinfamilien:

- **TGF-β-Familie** (transforming growth factor beta). Es ist eine Großfamilie mit über 20 Mitgliedern, die besonders viele bedeutende Führungspersönlichkeiten hervorgebracht hat. Es zählen zu dieser Familie viele Faktoren, die in Kap. 12 als Induktoren oder Morphogene vorgestellt wurden, beispielsweise:

- **Vg-1**, dessen maternal erzeugte mRNA bereits in der Eizelle von *Xenopus* vorliegt und zwar am vegetativen Pol. Der Faktor fördert die Entwicklung von Strukturen, die dem vegetativen Pol gemäß sind.
- **NODAL** ein Faktor der ebenfalls von den Zellen im Umfeld des vegetativen Pols erzeugt wird und nach oben in Richtung des animalen Pols diffundiert. Er programmiert die Zellen im Äquatorbereich der Blastula so, dass sie künftig mesodermale Gewebe bilden können. Unterstützt wird NODAL von weiteren Mitgliedern der TGF-β-Familie, den ACTIVINEN. Das so spezifizierte Mesoderm liegt zunächst, bevor es im Zuge der Gastrulation ins Keimesinnere verlagert wird, im Äquatorbereich als ringförmige Marginalzone vor und exprimiert das Gen *brachyury* (s. Abb. 4.18).
- Später ist NODAL nochmals von Bedeutung, wenn eine links-rechts-Asymmetrie (s. Abb. 12.7) geschaffen wird, die später beispielsweise durch die linksseitige Lage des Herzens wahrnehmbar wird.
- Im Seeigelkeim ist NODAL maßgeblich bei der Einrichtung einer Dorsoventral-Polarität beteiligt. Seine Anwesenheit markiert den Bereich des künftigen, definitiven Mundes.
- **BMP-4** ist ein ventralisierend wirkendes Morphogen im frühen Wirbeltierembryo (ist im Seeigelkeim jedoch im animalen Bereich in höchster Konzentration zu finden), während
- **DPP (DECAPENTAPLEGIC)**, das homologe (orthologe) Gegenstück zu BMP-4 in *Drosophila*, im Insekt die Entwicklung dorsaler Strukturen bedingt.
- **AMDF**: Dieser Vertreter der Familie tritt in der späteren Entwicklung als **negativer Wachstumsfaktor** auf, nämlich als anti-Müllerian duct factor **AMDF**, der im männlichen Geschlecht die Reduktion des Müllerschen Gangs, d. h. des potentiellen Eileiters, auslöst.

Nicht alle Mitglieder der TGF-β-Familie kommen ihren Aufgaben zu unserem Wohle nach; schließlich weist ihr Familienname auf die Fähigkeit mancher TGFs hin, Tumorwachstum zu fördern. Der namensgebende Prototyp der Familie, der transforming growth factor TGF-β1, brachte bestimmte in Kultur gehaltene Zellen dazu, sich wie Tumorzellen zu benehmen.

Die TGF-β werden aus großen Vorläuferproteinen herausgeschnitten. Nach ihrem Processing aggregieren die meisten TGF-β-Isoformen mit ihresgleichen zu Dimeren und werden als solche zu Liganden für Transmembran-Rezeptoren des Typs der Serin/Threonin-Kinasen (Abb. 20.2).

FGF-(fibroblast growth factor-)**Familie.** Es ist eine zweite bedeutende Großfamilie entwicklungssteuernder Faktoren, deren erste Vertreter entdeckt wurden, weil sie in der Zellkultur das Wachstum von Fibroblasten fördern (Fibroblasten sind Vorläuferzellen, aus denen Bindegewebe, Knorpelgewebe oder auch Muskelfasern hervorgehen können). Es zeigte sich dann, dass es kaum einen frühembryonalen Entwicklungsprozess gibt, in dessen Verlauf nicht der eine oder andere FGF als Signalmolekül erzeugt würde. Es seien genannt:

- Spezifikation mesodermaler Entwicklungsmuster (mesodermale Induktion) in der Blastula,
- Stimulation der Zellteilung in Fibroblasten, aus denen u.a. Bindegewebe und Knorpelzellen hervorgehen,
- Gliederung des Gehirns in verschiedene Abschnitte,
- Auswachsen von Extremitäten und Musterbildung innerhalb der Extremitäten,
- Auswachsen von Blutgefäßen: verschiedene FGFs, insbesondere FGF-2, wirken als angiogene Faktoren,
- Bildung der Wirbeltier-Nieren,
- Ausbildung des Tracheensystems und Dorsalgefäßes (Herzens) bei *Drosophila*,
- Steuerung der Knospung bei *Hydra*.

Bei Säugern kommen mindestens 19 Vertreter der FGF-Familie vor; eine Unterfamilie heißt **bFGF** (basic fibroblast growth factor), ein schwacher mesodermaler Induktionsfaktor); alle sind auch **Heparin-bindende** Faktoren. Ihre Rezeptoren gehören zur Klasse der Rezeptor-Tyrosinkinasen (s. Abb. 20.4).

Wingless-(WNT-)Familie. Namensgebend war eine flügellose Mutante von *Drosophila*. Sie kann kein korrektes Signalprotein WINGLESS herstellen. WINGLESS und sequenzverwandte Proteine werden nicht nur von vielerlei Produzenten in Insekten hergestellt (s. z.B. Abb. 3.32), sondern auch von Produzenten im Wirbeltierembryo und als Signalmoleküle exportiert. Bei Wirbeltieren heißen die Proteine **WNT** (sprich wint); die ihnen zugeordneten Rezeptoren FRIZZLED (Abb. 20.1). Für Signalmoleküle der WNT-Familie werden drei hauptsächliche Einsatzbereiche genannt:

1) **Etablierung von Körperachsen und Musterbildung entlang dieser Achsen:** Eine bedeutsame Funktion haben WNT-Signalmoleküle schon früh in der *Xenopus*-Blastula, wenn die Dorsoventral-Achse definiert und untergliedert wird. Dabei haben verschiedene Mitglieder der WNT-Familie sehr unterschiedliche Wirkungen.
   - Injektion von mRNA für WNT-1 auf der Bauchseite der *Xenopus*-Blastula führt am Injektionsort zur Etablierung eines Spemannschen Organisators und damit einer zweiten Körperachse. Augenscheinlich hat WNT-1 bei der **Einrichtung jener Körperachse, die durch den Urmund führt**, eine Funktion, und diese kann als konservative Tradition eines uralten Rollenspiels gedeutet werden: Schon bei *Hydra* und, evolutionsgeschichtlich näher liegend, beim Seeigel und Amphioxus (wie das Amphib Deuterostomier), **liegen WNT-erzeugende und -sezernierende Zellen rings um den Mund bzw. Urmund** (nicht aber bei *Drosophila*).

– **WNT-8** hingegen wird in der Amphibienblastula und -gastrula im po-
sterior-ventralen Bereich exprimiert; es sorgt in Kooperation mit anderen Faktoren dafür, dass der posteriore Teil der Neuralplatte später
zum Rückenmark wird. Im Spemann-Organisator, speziell in seinem
als Kopforganisator dienenden Abschnitt, werden Proteine hergestellt
namens FRZ-b (sprich: *frizbee*), CERBERUS und DICKKOPF, die ex-
trazelluläres WNT-8 abfangen. Wenn im Zuge der Gastrulation der
Kopforganisator in den vorderen, dorsalen Bereich des Keimes gelangt, machen diese WNT-8-Antagonisten den künftigen Kopfbereich
frei von WNT-8 und ermöglichen damit die Entwicklung von Gehirn
und Kopf (Abb. 20.1, s. auch Abb. 4.18; Abb. 4.19; Abb. 4.21).
Die für Achsen- und Musterbildung zuständigen WNT-Systeme schließen einen in Abb. 20.1. verkürzt wiedergegebenen Signaltransduktions-
weg ein, der vielfach als „kanonischer Weg" angesprochen wird (kano-
nisch = der Norm oder dem Dogma entsprechend).

2) Der zweite Einsatzbereich ist die **planare Polarisierung von Epithelien.**
In Epithelien lässt sich vielfach eine Vorzugsrichtung ausmachen, beispielsweise die der Richtung, in der Hautgebilde wie Borsten, Schuppen
oder Haare ausgerichtet sind. Hierfür wird ein WNT-Signalsystem verantwortlich gemacht, das in der Ebene wirkt und als nicht-kanonisches,
Ca^{2+}-abhängiges System bezeichnet wird.

3) Ein dritter, sehr vielfältig modifizierter Einsatzbereich ist die **Kontrolle
von Stammzellen** vielerlei Art. Während manche Forschergruppen die
Proliferation von Stammzellen von WNT-Signalen abhängig sehen, meinen andere, dass WNT-Signale Stammzellenabkömmlinge Richtung terminale Differenzierung lenken. Ob nun dieser oder jener Effekt in den
Vordergrund gerückt wird, sehr oft und mit vielerlei Belegen wird darauf hingewiesen, dass mangelhafte Kontrolle der Stammzellen Tumorbildung zur Folge haben kann. Ein bekanntes Tumorsuppressorgen codiert für ein Protein namens APC (adenomatous polyposis coli), das bei
der Regelung der kanonischen Signaltransduktionskaskade beteiligt ist
und im defekten Zustand Darmkrebs verursachen kann.

EGF-Familie mit EGF (epidermal growth factor) selbst. Weitere Familienmitglieder sind der KGF (keratinocyte growth factor) und der TGF-α
(transforming growth factor-alpha).

EGF stimuliert die Proliferation und damit auch die Ausbreitung epithelialer Gewebe. Das EGF-Molekül ist ein aus 53 AS bestehendes Peptid, das aus
einem 1200 AS langen Vorläuferprotein abgespalten wird. Dieses Vorläuferprotein ist an der **Zelloberfläche** der produzierenden Zellen gebunden und
enthält das EGF-Motiv vielfach wiederholt. EGF-Motive werden wie Salami-
scheiben mithilfe extrazellulärer Proteasen abgespalten.

Notch/Delta-System. Zur weiteren Verwandtschaft der eben genannten
EGF-Familie gehören die Zellmembran-assoziierten **NOTCH-** und **DELTA-
Transmembranproteine,** die bei Wirbeltieren ebenso wie in *Drosophila*

„laterale Inhibition" zwischen benachbarten Zellen vermitteln und dadurch beispielsweise die Sonderung des Nervensystems von der Epidermis ermöglichen (Abb. 20.2; s. auch Abb. 12.2; Abb. 17.8 und Abb. 17.11). Das NOTCH/DELTA-System vermittelt aber auch bei vielen anderen alternativen Entscheidungen die Absprache zwischen benachbarten Zellen, und es hilft Zellgruppen, wie z. B. die Somiten, voneinander abzugrenzen. Beide Moleküle, NOTCH und DELTA, sind einander ähnlich und können auch als Zelladhäsionsmoleküle klassifiziert werden; denn sie sind beide in der Zellmembran verankert und binden sich wechselseitig. Wenn benachbarte Zellen eine DELTA/NOTCH-Bindung eingegangen sind, wird die intrazelluläre Domäne von NOTCH proteolytisch abgetrennt; sie gelangt in den Kern und wird Transkriptions-(Co)faktor (Abb. 20.2). Weil die Abspaltung der intrazellulären NOTCH-Domäne und ihre Aufnahme in den Kern als Signaltransduktion betrachtet werden kann, wird in der neueren Literatur NOTCH als Rezeptor, DELTA als dessen Ligand und damit als Signalmolekül bezeichnet.

Bisweilen kann das NOTCH/DELTA-System auch für Signalübertragung über größere Distanzen eingesetzt werden. In diesem Fall wird von DELTA die extrazelluläre Domäne abgespalten und erreicht per Diffusion oder per Transcytose (s. Box K20) weiter entfernte Nachbarn. Gleiches gilt für einzelne Vertreter der

HEDGEHOG-Familie. Vertreter dieser Familie sind bei der dorso-ventralen Untergliederung des Neuralrohrs beteiligt und an der Musterbildung in der Wirbeltierextremität (Kap. 12.5.5 und 12.8.3). Eine bemerkenswerte Eigenschaft des Proteins ist seine Fähigkeit, als Autoprotease tätig zu werden und einen Teil seiner selbst abzuspalten, der sich alsdann durch Diffusion oder Transcytose im Gewebe ausbreiten und so zum Fernsignal werden kann.

Ephrine und Ephrin-Rezeptoren. Ephrine sind von Bedeutung als Wegweisermoleküle für wachsende Nervenfasern und Blutgefäße, oder sie kennzeichnen den Zielort. Ephrine (Eph) werden auf der Oberfläche von Wegweiser- oder Zielzellen exponiert und sind in der Zellmembran dieser Zellen verankert, die Moleküle der Eph-A-Klasse mittels eines angehängten Lipids (Phosphoinositol-Glycerol), die Moleküle der Eph-B-Klasse mittels einer eigenen Transmembrandomäne. Die Sensoren zur Wahrnehmung der Wegweisermoleküle sind die Ephrin-Rezeptoren auf den Zellmembranen des zielsuchenden Wachstumskegels (Nervenfasern) oder der Terminalzelle (Blutkapillaren). Ephrin-Rezeptoren gehören zur Klasse der Transmembran-Tyrosinkinasen (Abb. 20.3), ebenso wie die nachfolgend aufgelisteten Rezeptoren für Insuline. Fallweise sind die Positionen der Ephrine (Eph) und der Ephrin-Rezeptoren (Eph-R) vertauscht: Das Eph sitzt auf der suchenden Zelle und der zugehörige Eph-R auf dem Wegweiser oder Ortsschild.

Insulinfamilie mit IGF (insulin-like growth factor I, IGF II). Die Insulinähnlichen Wachstumsfaktoren werden im Embryo an vielen Orten produziert; sie lösen lokale Wachstumsprozesse aus. Die IGFs binden wie die Ephrine an Rezeptoren der Transmembran-Tyrosinkinase-Klasse (Abb. 20.4).

20.2
Hormone

20.2.1
Reguläre Hormone greifen spät in die Entwicklung ein; sie wirken als Synchronisatoren für umfangreiche Umgestaltungsprozesse

Wann und wo greifen Hormone ein? In der Human- und Tierphysiologie sind Hormone als Signalstoffe definiert, die von besonderen Sendeorganen, den Hormondrüsen, freigesetzt und über eine **zirkulierende Körperflüssig-keit**, Blut, Lymphe oder Hämolymphe, im Körper verteilt werden (**endo-krines System**). Auf hormonelle Signale sprechen Zellen an, die mit entsprechenden **Hormonrezeptoren** ausgestattet sind. **Wie** die Zielzellen reagieren, ist eine **Funktion vorangegangener Programmierung**, d. h. eine Funktion des Typs der Zielzelle und ihrer Vorgeschichte. Zellen können unterschiedlich auf ein und dasselbe hormonelle Signal reagieren.

Hormone, welche dieser klassischen Definition entsprechen, können erst ins Spiel kommen, wenn Hormondrüsen entwickelt und Zellen mit Hormonrezeptoren ausgestattet sind. Da Hormone klassischer Art über Körperflüssigkeiten verteilt werden, können sie, anders als parakrine Faktoren, keine Positionsinformation vermitteln, sondern nur **Zeitsignale** setzen. Sie können aber potentiell **viele Empfänger** erreichen, eignen sich also besonders dazu, solche Entwicklungsprozesse zeitlich zu steuern, bei denen viele Zellen und Organe umstrukturiert werden sollen. Es sind vor allem **Metamorphose** (Kap. 22) und **Sexualentwicklung** (Kap. 23), die durch Hormone spezieller Hormondrüsen koordiniert und gesteuert werden.

Dies bedeutet nicht, dass Substanzen, die in den Lehrbüchern der Biologie unter dem Begriff Hormon aufgelistet sind, nicht schon früher entwicklungssteuernd eingreifen können.

20.2.2
Zunächst kann die Mutter das Sagen haben

Bei *Drosophila* wird das als Häutungshormon bekanntgewordene **Ecdyson** (Kap. 22) im Zuge der Oogenese in die Oocyte eingeschleust, dort an Dotterproteine gekoppelt und im Zuge der Embryogenese wieder freigesetzt. Es dürfte die Synthese einer Cuticula für die Larve in Gang setzen.

Bei Wirbeltieren, aber auch beim Seeigel, wird die Reifung der Oocyten, die mit dem Abschnüren der Polkörper im Zuge der meiotischen Teilungen ihren sichtbaren Ausdruck hat, durch hormonelle Signale ausgelöst, die von endokrinen Zellen der Mutter ausgesandt werden. Das bei Wirbeltieren für die Eireifung zuständige hormonale System ist im Kapitel über die Entwicklung des Menschen (Kap. 6, s. Abb. 6.2) vorgestellt worden. Stichworte zum Nachlesen: Hypothalamus, Adenohypophyse, gonadotrope Hormone (FSH, ICSH = LH), Sexualhormone des Ovars: Östrogene, Progesteron.

Bei *Xenopus* wird die Reifeteilung durch **Progesteron** ausgelöst (bei Seesternen durch das Hormon **1-Methyladenin**).

Nicht nur die körpereigene, heranreifende Eizelle, sondern auch das werdende Kind wird durch Hormone der Mutter beeinflusst. Steht die Mutter unter Dauerstress und ist ihr Blut deshalb mit dem Langzeit-Stresshormon Cortisol beladen, dürfte dies nicht ohne Einfluss auf das Kind sein. Dass auch weibliche Sexualhormone die Plazentaschranke überqueren, sollte indes dem Kind nicht zum Schaden sein. Zum Glück für ein männliches Kind dominieren seine eigenen androgenen Sexualhormone (Kap. 23) über die weiblichen Sexualhormone, die ihm ungewollt von seiner Mutter zufließen.

20.2.3
Umgekehrt beeinflusst das werdende Kind die Mutter

Der Säugerembryo ist bis zu seiner Geburt dem Einfluss mütterlicher Hormone ausgesetzt. Die Einflussnahme ist jedoch nicht einseitig. Der Trophoblast des Embryo und die sich von ihm ableitende Plazenta produzieren Steroide, beispielsweise die „weiblichen Sexualhormone" **Oestradiol (Östradiol)** und **Progesteron**. Das tut auch ein männlicher Embryo. Oestradiol und Progesteron wirken auf die Mutter und hemmen in ihren Ovarien eine weitere Ovulation, d.h. die Freisetzung weiterer Eizellen. So kann ein Kind ungestört durch nachwachsende Konkurrenz Platz von der Uterushöhle ergreifen.

20.2.4
Physiologisch sind Hormonsysteme hierarchisch gegliedert; neurosekretorische Zellen vermitteln zwischen Führungsinstanzen im Gehirn und den hormonproduzierenden Drüsen

Diese Aussage gründet auf Forschungsbefunden, wonach bei allen näher untersuchten tierischen Organismen, oft konvergent, eine bemerkenswert ähnliche funktionelle Gesamtorganisation entwickelt worden ist. Es soll genügen, wenn auf Parallelen zwischen dem Hormonsystem der Wirbeltiere und dem der Insekten hingewiesen wird (s. Abb. 22.3; Abb. 22.4). Oberste Instanz ist das Gehirn; denn es soll bei der Steuerung von Metamorphose und Geschlechtsreife Umweltinformation berücksichtigt werden, beispielsweise über Tageslänge, Temperatur, Anwesenheit von Geschlechtspartnern und manches mehr.

Die Brücke zum Hormonsystem schlagen **neurosekretorische (neuroen-dokrine) Zellen**, die über Synapsen Befehle des Nervensystems empfangen. Man findet sie im Hypothalamus-Neurohypophysen-Ast der Wirbeltiere bzw. Pars intercerebralis-Corpora cardiaca-Ast der Insekten. Die durchweg Peptidhormone produzierenden (peptidergen) neuroendokrinen Zellen ent-lassen am Ende ihrer Axone in den Neurohämalorganen (Neurohypophyse/ Corpora cardiaca) ihre chemischen Signale in zirkulierende Flüssigkeit (Blut/Hämolymphe). Oder sie leiten ihre Signale als **releasing Hormone** an Hormondrüsen 1. Ordnung (Adenohypophyse/Corpora allata) weiter. Diese senden steuernde („... **trope**") Hormone an Hormondrüsen 2. Ordnung (u.a. Schilddrüse, Gonaden/Prothoraxdrüse). Die Hormondrüsen 2. Ord-nung setzen dann die Hormone frei, die schließlich die finalen Empfänger-zellen erreichen sollen.

20.3
Signaltransduktion und Steuerung der Genaktivität

20.3.1
Signaltransduktion ist nicht Signaltransmission

Der Begriff **Signal*transduktion*** bedarf einer Erläuterung; denn er wird nicht selten missverstanden. Es geht nicht um die Weiterleitung eines Si-gnals von Zelle zu Zelle – hier spräche man von Signal*transmission* oder Signal*propagation* –, sondern **um die Weiterleitung eines Signals vom Zelläußeren über eine Zellmembran hinweg ins Zellinnere.** Das externe Signal erreicht einen membranständigen molekularen Rezeptor. Die Bin-dung der Signalsubstanz an den Rezeptor (oder an ein Rezeptordimer) be-wirkt im intrazellulären Teil des Rezeptors eine Konformationsänderung und dadurch dessen Aktivierung. Nach Bindung diverser regulatorischer Proteine an die intrazelluläre Domäne des Rezeptors werden zwecks Über-mittlung der Botschaft in die Tiefen des Zellinneren **second messenger** er-zeugt, welche das Signal verstärken, die Botschaft weitertragen und in die verschiedenen Kompartimente der Empfängerzelle leiten.

Eine wesentliche Funktion erfüllen in diesen Systemen **Protein-Kinasen**; dies sind Enzyme, welche von ATP Phosphat abkoppeln und auf Proteine übertragen (Phosphorylierung). Es sind vornehmlich drei Aminosäuren, an die Phosphat angekoppelt werden kann: Serin, Threonin und Tyrosin (gemeinsamer Nenner ist das Vorliegen einer freien OH-Gruppe im Ami-nosäurerest). Jede einzelne Proteinkinase sucht sich in ihren Substraten be-stimmte Ser, Thr oder Tyr aus, um sie mit Phosphat zu beladen. Mit jeder Phosphatgruppe erhält das Protein eine doppelt negative Ladung aufgebür-det, und über die Gesamtheit aller angehängten Phosphate wird eine Kon-formationsänderung des Proteins bewirkt. Ist das Substratprotein beispiels-weise eine Komponente eines Ionenkanals, kann der dadurch geöffnet oder geschlossen werden; ist das Substratprotein ein Enzym oder ein Transkriptionsfaktor, kann es in den aktiven Zustand umklappen, oder in den inaktiven Zustand zurückfalten.

20.3.2
Bei aller Vielfalt möglicher Transduktionssysteme dominieren doch einige Systeme mit Schlüsselfunktion

Von membranständigen Rezeptoren werden **Polypeptide** wie auch andere polare (wasserlösliche) Signalmoleküle (z. B. Neurotransmitter, Adrenalin) aufgefangen und gebunden. Es werden jedoch zunehmend mehr ‚nichtklassische' Fälle bekannt, in denen lipophile, oder vermeintlich lipophile Signalsubstanzen an membranständige Rezeptoren binden, z. B. verschiedene Steroidhormone und Prostaglandine. Es dominieren folgende Klassen von Rezeptoren mit angeschlossenen Transduktionssystemen:

- **Serpentinrezeptoren mit 7 Transmembrandomänen** ohne eigene Kinasefunktion. Solche sind dem Physiologen geläufig als Rezeptoren für die Blutzucker-mobilisierenden Hormone Glukagon und Adrenalin, und als molekulare Rezeptoren der Sinneszellen unserer Geruchsorgane, wo sie Duftstoffe einfangen. Rezeptoren dieses Typs können aber auch dem Entwicklungsbiologen begegnen. Schon in den Riechzellen selbst erfüllen diese Rezeptoren auch eine entwicklungsbiologische Funktion: Sie helfen, die auswachsenden Axone von denjenigen Riechzellen, die ein und dieselbe Klasse von Duftstoffen wahrnehmen können, zusammenzuführen und zu bündeln (s. Abb. 17.24).
  Rezeptoren des Serpentintyps sind zuständig beispielsweise auch für das Einfangen von Signalmolekülen der WNT-Klasse und verschiedener Zellteilungs-stimulierender Wachstumsfaktoren. Oftmals sind intrazellulär an solche Rezeptoren Schalterproteine angeschlossen, die aus drei Untereinheiten zusammengesetzt sind und als G-Proteine bezeichnet werden (Abb. 20.1). Das PI-PKC-System hatte uns auch gute Dienste geleistet, als wir im Zuge der Befruchtung das schlafende Ei aktivierten (s. Abb. 9.4).
- **Transmembranrezeptoren mit intrazellulärer Serin/Threonin-Kinasefunktion.** Liganden für solche Rezeptoren sind die Vertreter der TGF-β-Familie. Funktionelle Rezeptoren mit eingefangenen Liganden finden sich zu Heterotetrameren zusammen (Abb. 20.2).
- **Transmembranrezeptoren mit intrazellulärer Tyrosin-Kinasefunktion.** Rezeptoren dieses Typs binden beispielsweise die epidermal growth factors EGF, Ephrine, Neurotrophine wie den nerve growth factor NGF, die fibroblast growth factors FGFs, Insulin oder IGF. Die Rezeptoren liegen als Dimere vor (Insulin-R) oder lagern sich, nachdem sie Liganden eingefangen haben, paarweise zu Dimeren zusammen und phosphorylieren sich wechselseitig an Tyrosin-Resten. An das phosphorylierte Dimer

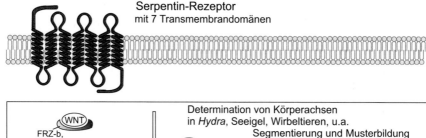

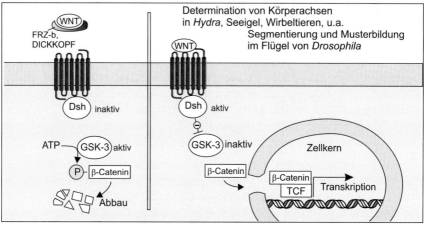

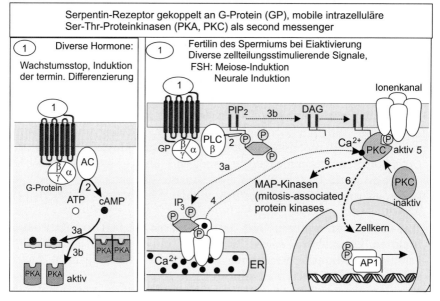

Abb. 20.1. Signaltransduktion 1, Systeme mit Serpentin-Rezeptoren; die Bezeichnung weist auf die sieben Transmembrandomänen der Rezeptoren

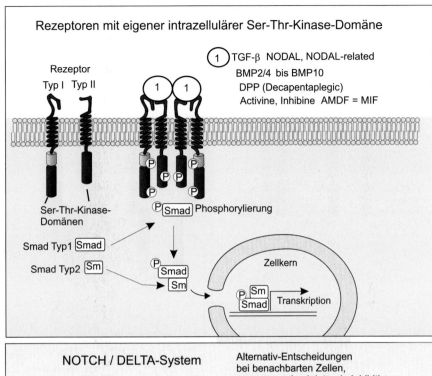

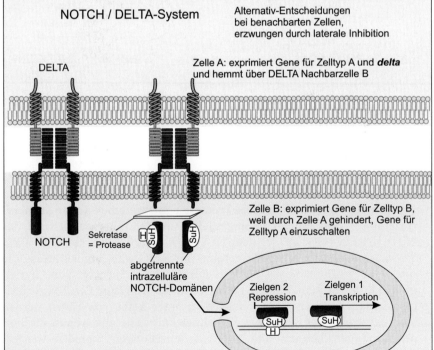

Abb. 20.2. Signaltransduktion 2

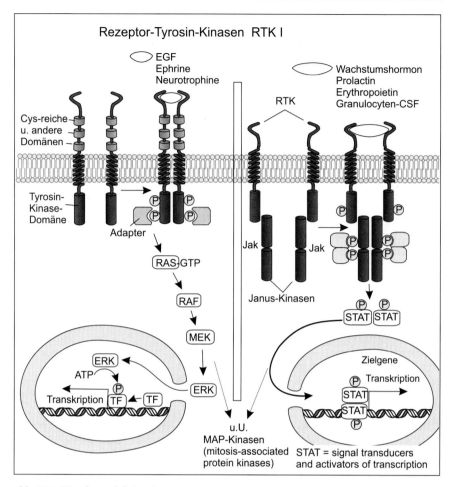

Abb. 20.3. Signaltransduktion 3

können sich mancherlei Enzyme (z. B. Phospholipase C-gamma) ankoppeln, die ihrerseits second messenger erzeugen.

• **Rezeptoren, von denen mittels Proteasen intrazelluläre (oder auch extrazelluläre) Signalmoleküle abgespalten werden.** Hier nennen wir das NOTCH/DELTA-System. Ist dem NOTCH-Rezeptor einer Zelle das DELTA-Molekül der Nachbarzelle gezeigt worden, spaltet eine Protease die intrazelluläre Domäne des NOTCH-Rezeptors ab. Sie wird zum Signalmolekül, das in den Zellkern gelangt und als Regulator der Transkription wirksam wird (Abb. 20.2 unten). In einer Reihe von Fällen werden vom extrazellulären Teil eines Signalmoleküls Teile abgetrennt, die nun abdiffundieren können und zu zwischenzellulären Signalen werden. Beispiele sind der EGF-Rezeptor, HEDGEHOG und das eben erwähnte DELTA.

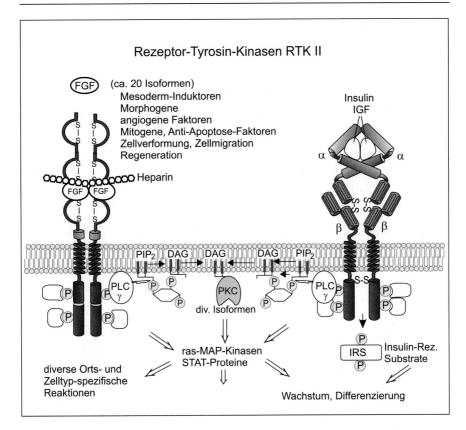

Abb. 20.4. Signaltransduktion 4

Zwischen diesen Systemen gibt es Netzwerkinteraktionen. Ein und dieselbe Zelle kann mit mehreren Systemen ausgestattet sein. Durch phosphorylierte Transmembran-Tyrosinkinase-Rezeptoren kann über Phospholipase C auch ein PI-PKC-System aktiviert werden (z. B. bei FGF-R). Auch die Wingless-Kaskade, zuständig für Antworten auf Signalmoleküle der WNT-Klasse, ist mit dem PI-System vernetzt. Am Ende vieler Signalwege werden Transkriptionsfaktoren aktiviert, die ihrerseits Genaktivitäten kontrollieren.

20.3.3
Retinoide, Steroidhormone und Thyroxin steuern
über nukleäre Rezeptoren Genaktivitäten

Apolare (lipophile) Signalträger und Signalmoleküle geringer Polarität wie Retinsäure, Steroidhormone oder Thyroxin, dringen in die Zellmembran, können dort schon Enzyme und Ionenkanäle aktivieren, werden aber schließlich von cytosolischen Rezeptoren abgeholt. Diese gelangen in den Kern und wirken dort als dimere Transkriptionsfaktoren.

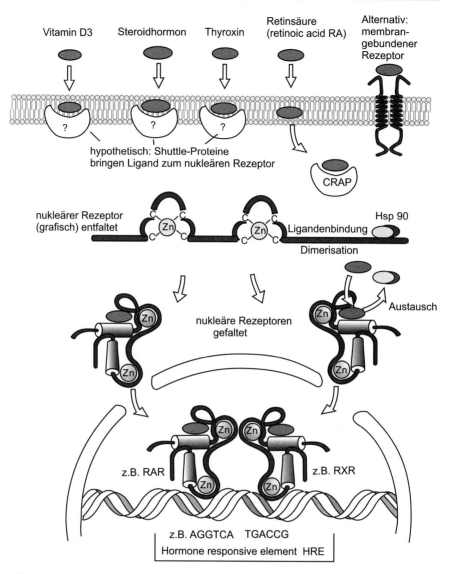

Abb. 20.5. Eine Reihe von biologischen Signalmolekülen, insbesondere Moleküle mit (überwiegend) lipophilem Charakter, dringen in die Zellmembran ein. In noch nicht bekannter Weise gelangen sie (vielleicht durch besondere Shuttle-Proteine mit lipophiler Bindungsstelle abgeholt) ins Cytosol, wo sie an intrazelluläre Rezeptoren binden. Die Signalmoleküle verdrängen einen inhibitorischen Proteinliganden (Hsp90) und befähigen so ihren Rezeptor, in den Kern aufgenommen zu werden und dort an Steuerregionen von Genen zu binden. Die Rezeptoren für die im Bild aufgelisteten hormonalen Signalsubstanzen haben alle sehr ähnliche Struktur und gehören der gleichen Proteinfamilie an. An den (mit HRE-Sequenzen markierten) Steuerregionen der ihnen unterstellten Gene bilden je zwei Rezeptoren Dimere. Es sind oftmals Heterodimere, wobei beide Partner mit verschiedenen Hormonsubstanzen beladen sind. Damit ist eine synergistische Steuerung der Genaktivität durch zwei Hormone möglich

Alle diese Signalmoleküle werden trotz ihrer unterschiedlichen chemischen Struktur und ihres unterschiedlichen biologischen Einsatzbereiches von den Zielzellen in sehr ähnlicher Weise empfangen und lösen ähnliche Mechanismen der Signalbeantwortung aus (Abb. 20.5). Dies sei erst am Beispiel der Retinoide erläutert.

Die sich vom Carotin ableitenden Retinoide liegen in drei Oxidationsstufen vor: als Retinol (Vitamin A), als Retinal (Vitamin A-Aldehyd) und als **Retinsäure** (retinoic acid RA, **Vitamin A-Säure**). Retinsäure ihrerseits liegt als gestreckte all-trans-Retinsäure vor, oder in Form ihrer metabolischen Derivate 9-cis-Retinsäure oder 3,4-Didehydroretinsäure. Alle drei Varianten erfüllen in der Embryonalentwicklung vielfältige Funktionen als Signalsubstanzen (Kap. 12.5.5 und 12.8.3).

- Stufe 1: Als lipophile Substanz dringt Retinsäure in die Zellmembran, wird vom cellular RA-binding protein, **CRABP,** abgeholt und ins Cytoplasma getragen, kann eine Funktion als Cofactor bei der Glykosylierung von Proteinen übernehmen oder auf weitere Rezeptoren übertragen werden.
- Stufe 2: Diese **zweiten Rezeptoren** liegen in zwei einander ähnlichen, doch nicht miteinander identischen Formen vor, (1) **RAR** (retinoic acid receptor) und (2) **RXR** (retinoid X receptor). Beide haben eine Ligandenbindungsregion, zwei Zinkfingerdomänen, die ihre dreidimensionale Struktur stabilisieren, und eine DNA-Bindedomäne.

Wenn die RAR-Rezeptoren mit all-trans-Retinsäure beladen sind und die RXR-Rezeptoren beispielsweise mit 9-cis-Retinsäure, werden beide in den Kernraum aufgenommen und binden mittels ihrer DNA-Bindungsdomänen an bestimmte Steuersequenzen (**RA-responsive elements, RARE**) in der Promotorregion der Gene, die unter ihrer Kontrolle stehen. Dabei lagern sich in der Regel je zwei verschiedene Rezeptoren zum Heterodimer RAR/RXR zusammen. An das Dimer können sich weitere Faktoren ankoppeln. Das Aggregat gewinnt genregulatorische Funktion.

Gleichartig wirken **Steroidhormone** und **Thyroxin.** Auch sie dringen in die Zellmembran ein und finden sich nach einiger Zeit im Kern an dimeren Rezeptoren (auf welche Weise sie von der Membran abgelöst werden, ist noch nicht bekannt). Erstaunlich ist: **die Rezeptoren für Retinsäure, Steroide und Thyroxin gehören der gleichen Familie von Zinkfingerproteinen an.** Es gibt sogar Heterodimere zwischen zwei Zinkfingerrezeptoren, von denen nur einer mit einem Retinoid, der andere jedoch mit einem Nicht-Retinoid beladen ist. So können beispielsweise die Rezeptoren für Retinsäure (RXR) und für Thyroxin (TR) ein Heterodimer RXR/TR bilden. Beide Signalmoleküle schalten über das Heterodimer gemeinsam bestimmte Gene ein. Die Funktion anderer Retinsäure- und Hormon-abhängiger Gene wird mit Dimeren anderer Zusammensetzung kontrolliert.

Ganz anders jedoch sind die Wirkungen auf organismischem Niveau; denn der biologische Kontext, in dem Retinsäure, Steroide und Thyroxin eingesetzt werden, sind recht verschieden.

- **Retinsäure** nimmt starken Einfluss auf Musterbildung und Differenzierung in den Extremitäten (Kap. 12, s. Abb. 12.12), im Zentralnervensystem, im Auge und bei der Differenzierung der Hautorgane (Schuppen, Haare, Federn). Überdosierung hat starke teratogene (missbildende) Effekte. Am Vogellauf beispielsweise können nach Behandlung der Embryonen mit einer Überdosis von Retinsäure statt Schuppen Federn gebildet werden.
- **Thyroxin** wird, außer zum Ankurbeln des allgemeinen Energiestoffwechsels, von der Schilddrüse zur Steuerung der Metamorphose (Amphibien, Kap. 22) und der Mauser (Vögel) freigesetzt.
- **Steroide** haben eine tragende Rolle u.a. bei der Metamorphose der Insekten (Kap. 22) und bei der sexuellen Entwicklung der Wirbeltiere (Kap. 23).

ZUSAMMENFASSUNG DES KAPITELS 20

Während Box K20 verschiedene Möglichkeiten zusammenfasst, wie Zellen generell miteinander kommunizieren und interagieren, legt Kapitel 20 den Schwerpunkt auf lösliche Signalsubstanzen, die von Zellen in Form von Proteinen hergestellt und exportiert werden, wiewohl auch membranassoziierte Signalmoleküle zur Sprache kommen. Lösliche lassen sich je nach Einsatzbereich als

- Determinationsfaktoren: Morphogene, Induktoren,
- Differenzierungsfaktoren und
- Wachstumsfaktoren klassifizieren.

Nach Reichweite und angesprochenen Zielen unterscheidet man

- autokrine,
- parakrine und
- endokrine Faktoren.

Proteinfamilien, die besonders viele wichtige Signalmoleküle hervorgebracht haben, sind

- die **WNT** (WINGLESS und WINGLESS-ähnliche Proteine), welche bei verschiedenen Tiergruppen (Seeigel, Wirbeltiere) bei der Festlegung der Körperachsen von Bedeutung sind, aber auch bei der Entscheidung, ob Abkömmlinge von Stammzellen Stammzellen bleiben oder zur terminalen Differenzierung übergehen,
- die **TGF-β** (*transforming growth factor beta*)-Familie, zu der wichtige, die basale Körperarchitektur bestimmende Morphogene (BMP-4, DECAPENTAPLEGIC, NODAL und der anti-Müllerian duct factor AMDF) gehören,
- die **FGF** (*fibroblast growth factor*)-Familie, mit 22 Mitgliedern, die unterschiedlichste Funktionen in der Organbildung wahrnehmen, ▶

- die **EGF** (epidermal growth factor)-Familie, die Epithelbildung fördert,
- die **Ephrin**-Familie, die hilft, Nervenfasern und Blutgefäße in ihre Zielgebiete zu führen,
- die **NOTCH/DELTA**-Familie, die als membranständige Proteine wie die Zelladhäsionsmoleküle CAM den Signaltransfer zu benachbarten Zellen vermitteln und bei der Sonderung der Neuroblasten und künftigen Epidermiszellen von Bedeutung sind,
- die **HEDGEHOG**-Familie, die bei verschiedenen Musterbildungsprozessen zum Zuge kommt, und die
- Insulinfamilie mit den IGF (Insulin-ähnlichen Wachstumsfaktoren, Somatomedinen).

Der Übergang von Wachstumsfaktoren zu den klassischen Hormonen ist fließend. Eine Zwischenposition nehmen z. B. **Erythropoietin** ein, das die Bildung von roten Blutkörperchen stimuliert, und die **IGFs** (insulin-like growth factors). Die Hormone des Physiologielehrbuchs kommen ins Spiel, wenn die Hormondrüsen entwickelt sind; doch manche Hormone werden schon früher an verschiedenen Orten des Embryos gebildet. Zwischen Hormonsystem und dem übergeordneten Nervensystem vermitteln neurosekretorische Zellen.

Bei aller Vielfalt der Signalmoleküle werden doch beim Signalempfang ähnliche Grundmuster der Signaltransduktion aktiviert.

- Proteinfaktoren werden wie alle polaren Signalsubstanzen von membranverankerten Rezeptoren aufgefangen. Eine Reihe dieser Rezeptoren besitzt 7 Transmembrandomänen, andere nur eine, doch lagern sich vielfach solche Rezeptoren zu Dimeren oder Tetrameren zusammen. Die **Transduktion des Signals** ins Zellinnere geschieht über Transmembranrezeptoren, deren intrazelluläre Domäne Serin/Threonin- oder Tyrosin-Kinasefunktion besitzt, oder sie geschieht über das PI-PKC-System, die WINGLESS/WNT-Kaskade oder über andere Signaltransduktionssysteme, die aus der Physiologie des erwachsenen Organismus bekannt sind.
- Apolare Signalmoleküle wie Retinsäure, Steroide und Thyroxin werden von intrazellulären Rezeptoren in Empfang genommen. Mit dem Signalmolekül beladen, gelangen die Rezeptoren in den Kern und werden zu Regulatoren der Genfunktion (**nukleäre Rezeptoren**). Die Rezeptoren für diese apolaren Liganden sind mit Zinkfingern ausgestattet und gehören alle der gleichen Proteinfamilie an. Sie bilden an der Steuerregion der Gene, die unter ihrer Kontrolle stehen, häufig Heterodimere, sodass beispielsweise Retinsäure und Thyroxin zusammen ein genaktivierendes Signal bilden können.

21 Wachstumskontrolle und Krebs

21.1
Wachstumskontrolle

21.1.1
Vielzellige Lebewesen als Ganze wie auch die Größe all ihrer Organe unterliegen einer Wachstumskontrolle

In vielzelligen Organismen unterliegen die einzelnen Zellen einer sozialen Kontrolle; denn sie müssen, anders als freilebende Einzeller, ihre Vermehrung zur rechten Zeit und am rechten Ort einschränken oder ganz einstellen. Wachstum ist hier in diesem Kapitel verstanden als Steigerung der Zellenzahl, nicht der Zellgröße oder der individuellen Zellmasse.

Terminale Zelldifferenzierung allein schon führt zur Verlangsamung des Zellzyklus, d.h. zur Verlangsamung der Zellproliferation (Proliferation = fortgesetzte Zellteilungen), und vielfach zum völligen Stillstand des Wachstums. Bei Säugern verlieren beispielsweise die Blut- und Nervenzellen ihre Teilungsfähigkeit völlig.

Apoptose, der programmierte Zelltod, beendet bei vielen Zellformen das individuelle Leben. Von diesem programmierten Zelltod hatte bereits Kap. 14 (Irreversible Folgen der Differenzierung) berichtet. Apoptose wird weiterhin in Kap. 25 (Altern und Tod) diskutiert, ist aber auch in Theorien zur Krebsentstehung zu berücksichtigen.

Neben solchen in den Entwicklungsverlauf einer Zelle einprogrammierten Endpunkten kontrollieren aber auch Zellen, die potentiell teilungsfähig bleiben, ihre Vermehrungsrate selbsttätig, oder diese wird von außen durch die Nachbarschaft reguliert.

21.1.2
Zellpopulationen in vielzelligen Lebewesen üben eine Vermehrungs-Selbstkontrolle aus

Ein einfaches Modell gibt uns eine plausible Vorstellung, wie eine Zellpopulation ihre Vermehrung selbst einschränken kann. Es sei angenommen, die Zellen eines noch kleinen, lockeren Zellverbandes produzierten hemmende Substanzen, seien es triviale Stoffwechselprodukte oder spezifische „negative" Wachstumsfaktoren; die Substanzen werden nach außen abgegeben, der zwischenzelluläre Diffusionsraum (Interstitium) sei begrenzt. Ist die Population der Zellen gering, bleibt die Konzentration der Substanzen im Diffusionsraum gering. Bei steigender Zellenzahl wird mehr Hemmsubstanz produziert und zugleich wird der Diffusionsraum um jeden einzelnen Produzenten kleiner; folglich steigt die Konzentration der Hemmsubstanz an und erreicht schließlich einen Schwellenwert, bei dem das Wachstum zum Erliegen kommt. Bei massiven Organen, z.B. einer Leber, verringert sich zudem mit zunehmender Masse der Diffusionsabfluss nach außen, weil sich die Oberfläche des Organs relativ zur Zellenzahl verringert.

21.1.3
Auch die Nachbarschaft greift steuernd ein

Wenn man derzeit nur selten von Signalsubstanzen hört, die Wachstum unterbinden, so deshalb, weil klare Unterscheidungen oft nicht möglich sind. Nicht wenige Wachstumsfaktoren stimulieren in niederer Konzentration die Vermehrung bestimmter Zellen, hemmen sie jedoch bei höherer Konzentration. Bei vermehrungsfähigen Vorläuferzellen („-blasten"), z.B. bei den blutbildenden Hämangioblasten, Erythroblasten und Myeloblasten (Kap. 19), können manche dieser Faktoren in niedriger Konzentration die Proliferation fördern, in hoher Konzentration jedoch die terminale Differenzierung auslösen. Daher heißen solche Proteine auch **Differenzierungsfaktoren** oder **Differenzierungshormone**. Es ist im Einzelfall auch schwierig bis unmöglich, eine spezifische von einer unspezifischen Hemmung zu unterscheiden.

Wachstumsstoppende Signalsubstanzen müssen nicht in jedem Fall lösliche Faktoren sein. Im Gegenteil: in den meisten Geweben werden **Zelladhäsionsmoleküle CAM** und Komponenten der extrazellulären Matrix solche Signale darstellen. Darauf weist das Verhalten von dissoziierten (aus dem Verband herausgelösten) Zellen in der Zellkultur und das abweichende Verhalten von Krebszellen hin.

21.2
Krebs: Wesenszüge, Vorkommen, Begriffe

„Krebs" ist Sammelbegriff für über 200 verschiedene Krankheiten; deren gemeinsamer Nenner ist übermäßiges Wachstum des einen oder anderen Zelltyps. Entstehende Wucherungen können die Versorgung anderer Gewebe abdrosseln, Nervenfasern zerreißen, Blutgefäße zerstören oder gar Organe aufbrechen lassen. Etwa 25% der Bevölkerung der Industrieländer werden im Laufe des Lebens Beschwerden ertragen müssen, die von offenkundigen oder verborgenen Krebsgeschwulsten verursacht werden. Das Verhalten von Krebszellen kann auch in der Petrischale beobachtet werden.

21.2.1
Krebs basiert auf gestörter Wachstums- und Differenzierungskontrolle

Krebs entsteht, wenn Grundregeln der zellimmanenten oder der sozialen Proliferationskontrolle außer Kraft gesetzt sind. Es kann zur übermäßigen Vermehrung in folgenden Situationen kommen:

1. Vorläuferzellen vermehren sich zu rasch; es können nicht genug der Abkömmlinge durch Differenzierung rechtzeitig aus dem vermehrungsfähigen Pool abgezogen werden. Ein zu rascher Zellzyklus scheint allerdings keine häufige Krebsursache zu sein.
2. Auch wenn der Zellzyklus nicht beschleunigt ist, kann es zu unkontrollierter Vermehrung kommen,
   - wenn beide Tochterzellen einer Stammzelle ihren Stammzellcharakter beibehalten. Normalerweise behält – im statistischen Mittel – nur eine der beiden Tochterzellen Stammzellcharakter, während die zweite den Weg Richtung Differenzierung einschlägt;
   - wenn die Abkömmlinge auf dem Weg zur Differenzierung ihre Teilungsaktivität nicht rechtzeitig drosseln oder einstellen. Zellteilungen gehen unbegrenzt weiter, selbst wenn das Differenzierungsprogramm sonst abgeschlossen ist (z.B. **Melanome,** die sich aus Neuralleistenderivaten, den Melanocyten der Haut, entwickeln);
   - wenn Zellen nicht rechtzeitig durch programmierten Zelltod eliminiert werden; dies gilt besonders für mutierte Zellen wie Krebsvorläuferzellen.

21.2.2
Die Terminologie des Krebsforschers lässt erkennen, welche Zelltypen zur krebsartigen Entartung neigen

Transformation: Die Umwandlung einer normalen Zelle in eine „entartete" heißt **canceröse** oder **neoplastische Transformation,** oder auch schlicht **Cancerogenese,** Krebsentstehung. Agenzien, die dies bewirken, sind **cancerogen = carcinogen** (lat. Termini) = **onkogen** (griechisch, adjektivisch).

Ein **Onkogen** (Substantiv!) hingegen ist ein Gen im Sinne eines DNA-Abschnitts, das Krebs verursachen kann.

Ein **Tumor (die Geschwulst)** ist eine Ansammlung entarteter Zellen, die im Regelfall auf eine einzige transformierte Zelle zurückgeht. Der Tumor kann **benigne** („gutartig") oder **maligne** („bösartig") sein. Maligne wird ein Tumor, wenn Zellen auswandern und andernorts **Metastasen** (Tochtergeschwulste) bilden (s. Abb. 19.1).

Je nach Herkunft der transformierten Zellen spricht man von:

- **Carcinom,** ein maligner Tumor, entstanden aus Epithelstammzellen, z.B. der Haut (s. Abb. 19.1), der Lunge, des Magendarmtrakts oder der Prostata;

- **Adenom**, ein benigner Tumor epithelialen Ursprungs, der drüsenartig aussieht und sich auch von Hautdrüsen ableiten kann;
- **Adenocarcinom**, ein maligner Tumor epithelialen Ursprungs von drüsenartigem Aussehen;
- **Sarcom**, abgeleitet von Bindegewebszellen;
- **Hepatom**, **Hepatocarcinom** aus Hepatocyten oder anderen Leberzellen entstanden;
- **Melanom** (schwarzer Hautkrebs), entstanden aus Melanoblasten bzw. Melanocyten, den braunen bis schwarzen Pigmentzellen der Haut;
- **Neuroblastom**, entstanden aus embryonalen Neuroblasten;
- **Gliom**, abgeleitet aus Gliazellen (die meisten Gehirntumoren sind Gliome);
- **Myome**, abgeleitet von Myoblasten, häufig als Gebärmutterkrebs;
- **Myelom**, abgeleitet von Vorläufern der myeloiden Blutzellen (s. Abb. 19.3);
- **Lymphom**, abgeleitet von Lymphoblasten;
- **Leukämien**, Sammelbegriff für verschiedene Formen von Blutkrebs, die sich von unterschiedlichen Blutvorläuferzellen ableiten.

Es fällt auf, dass besonders häufig Gewebe betroffen sind, die sich **aus Stammzellen regenerativ erneuern** können. Unter diesen sind wiederum die aus Epithelstammzellen hervorgehenden Carcinome die häufigsten Tumoren. Gründe hierfür mögen sein: Epithelien beherbergen viele Stammzellen, in denen Mutationen die Kontrolle stören können, und Epithelien sind carcinogenen Umwelteinflüssen besonders stark ausgesetzt.

21.3
Besondere Eigenschaften von Krebszellen und Tumoren

21.3.1
Krebszellen sind oft immortal, von Wachstumsfaktoren unabhängig und entziehen sich einem nötig gewordenen Selbstzerstörungsprogramm

In der Zellkultur zeigen Krebszellen ein Verhalten, das ihre mangelnde Kontrollierbarkeit offenbart und Grundregeln des sozialen Lebens außer acht lässt.

1) **Immortalität.** Die Zellen einer **etablierten Zellkultur** vermehren sich so lange, als Verarmung an Nährstoffen und verfügbarer Raum oder die Ansammlung von hemmenden Stoffwechselendprodukten keine Grenzen setzen. Die Zellen altern nicht und behalten ihre Teilungsfähigkeit. Das gilt jedoch nicht nur für Krebszellen. In vivo bleiben auch nicht-transformierte **Stammzellen** unbegrenzt teilungsfähig, und manche etablierte Zell-Linie dürfte sich von Stammzellen ableiten oder von Zellen, die Stammzelleigenschaften zurückgewonnen haben. In Versuchstiere über-

tragen, müssen immortale Zellen keineswegs unkontrolliertes Wachstum an den Tag legen. So ist Immortalität als solche noch kein ausreichendes Kriterium für eine krebsartige Entartung.

2) **Unabhängigkeit von Wachstumsfaktoren.** Manche Zellen produzieren ihre eigenen Wachstumsfaktoren (autokrine Stimulation); oder sie werden gänzlich unabhängig von Wachstumsfaktoren, wie es die Zellen früher Embryonalstadien waren. Stammen solche Zellen aber nicht aus Embryonen, sondern aus verdächtigen Wucherungen, so kann diese Unabhängigkeit schon ein Kriterium einer cancerogenen Transformation sein. Wie eine solche Unabhängigkeit erreicht werden kann, wird im nächsten Abschnitt 21.4 erläutert.

3) **Umgehung des Selbstzerstörungsprogramms.** Bei oft sich wiederholenden Zellteilungen kommen die DNA-Reparatursysteme mitunter ihrer Aufgabe nicht mehr vollständig nach. Es sammeln sich Schäden an der DNA an; oder es kommt zu Ungleichverteilungen der Chromosomen bei einer Zellteilung (Aneuploidie). In solchen Fällen sollten die Zellen ein Selbstmordprogramm (Apoptose) einschalten oder vom Immunsystem zur Selbstzerstörung gezwungen werden. Krebszellen entziehen sich dem, oder anders ausgedrückt: Zellen, die dem Selbstzerstörungsprogramm wegen irgendwelcher Zufälle (meist wohl Mutationen) entkommen, vermehren sich trotz innerer Schäden.

4) **Fehlende Kontaktinhibition.** In Kultur genommene Zellen sind oft beweglich und können auf dem Boden herumkriechen. Auch diese Eigenschaft teilen Krebszellen mit vielen nicht-transformierten Zellen, beispielsweise mit Fibroblasten und den Zellen des Immunsystems. Normale Fibroblasten unterliegen jedoch der Kontaktinhibition. Berührt man als normaler, sozial eingestellter Bürger eines Zellenstaates einen Nachbarn, so stellt man an der Kontaktzone die Bewegung ein; man kriecht nicht über Nachbarn. Und ist man allseitig von Nachbarn umgeben, nimmt man mit ihnen über Zelladhäsionsmoleküle innigen und anhaltenden Kontakt auf und stellt auch seine Vermehrung ein. Aus dem lockeren Zellverband wird ein **konfluenter, einlagiger Zellverband (Monolayer).**

Krebszellen halten sich nicht an diese Regeln: Man kriecht über andere Zellen, vermehrt sich weiter, und es bilden sich **Foci**, kleine Zellklümpchen, über dem Monolayer. Solche Foci sind für den Krebsforscher ein sicheres Indiz, dass sich in der Zellkultur neben normalen Zellen auch Krebszellen befinden. Fehlende Kontaktinhibition ist auch eine Voraussetzung für die Invasion eines Tumors in gesundes Gewebe und für die Bildung von Metastasen.

21.3.2
Metastasen bilden zu können, ist eine besonders gefährliche Eigenschaft vieler Krebszellen

Das Fehlen fester Kontakte zu ihren Nachbarn und die ungehemmte Beweglichkeit mancher Krebszellen ermöglichen es ihnen, aus dem Gewebeverband auszuscheren, wie die Zellen des Immunsystems („weiße Blutkörperchen") in die Blutgefäße einzudringen, andernorts die Gefäße wieder zu verlassen und Tochtergeschwulste, **Metastasen**, zu bilden (s. Abb. 19.1). Auf ihrem Weg durch gesundes Gewebe setzen sie fallweise **Proteasen** frei, um sich einen Weg durch die extrazelluläre Matrix zu bahnen. Diese Eigenschaft teilen Krebszellen mit den herumwandernden Neuralleistenzellen, und canceröse Melanocyten bilden denn auch gern und viele Metastasen (besonders in der Lunge).

21.3.3
Viele Tumoren können deshalb besonders schnell wachsen, weil sie sich eine besonders gute Blutversorgung sichern

In vivo zeigt sich der Egoismus einer Geschwulst in noch anderer Weise: Tumoren setzen **angiogene Faktoren** frei, die das Wachstum von Blutgefäßen anregen und vorwachsende Blutkapillaren zum und in den Tumor hineinführen (s. Abb. 18.1). Man setzt derzeit viel Hoffnung auf **anti-angiogene Faktoren**, die eine Rückbildung von Blutkapillaren bewirken und damit den Tumor von der Blutversorgung abkoppeln. Versuche an Labormäusen sind vielversprechend.

Andere Forschungsprogramme versuchen, durch Erforschung der Ursachen canceröser Transformationen Strategien zur Heilung oder doch zur Prävention abzuleiten.

21.4
Ursachen einer Cancerogenese

21.4.1
Die Mehrzahl der Krebserkrankungen wird von exogenen Agenzien ausgelöst; diese sind in aller Regel mutationsauslösend

Krebs wird ausgelöst durch (mindestens) vier Klassen von Agenzien:

1. **Eine Vielzahl von Chemikalien.** Nicht nur die Zahl der krebsauslösenden Chemikalien ist unüberschaubar groß, auch ihre chemischen Strukturen sind schier unendlich vielfältig. Es sind keineswegs nur Kunstprodukte der chemischen Industrie, die in der langen Liste nachgewiesener cancerogener Agenzien aufgeführt sind, sondern auch Substanzen biolo-

gischen Ursprungs, wie die von Pilzen erzeugten Aflatoxine oder die im Tabak enthaltenen Cancerogene. Die meisten dieser Substanzen sind DNA-schädigende Mutagene. Bemerkenswerte Ausnahmen sind feinste, kurze Asbest- und Glasfasern, die, wenn sie inhaliert worden sind, wiederholt Miniaturverletzungen in der Lunge erzeugen.

Die krebsfördernde Wirkung mineralischer Fasern wird so gedeutet: In der stets sich bewegenden Lunge beschädigen die spitzen, starren Fasern immer wieder Zellen; solche beschädigten Zellen müssen regenerativ durch mitotisch erzeugte Zellen ersetzt werden. Es dürfte eine lokale, verletzungsbedingte Produktion von Wachstumsfaktoren einsetzen. Bei den erzwungenen, allzu häufigen regenerativen Zellteilungen kommen die Reparaturmechanismen nicht mehr nach, welche normalerweise Fehler bei der Replikation nachträglich korrigieren. Es können sich also Mutationen akkumulieren, ob sie nun spontan entstanden oder durch exogene, mutagene Agenzien ausgelöst worden sind. Die lokale Akkumulation von Wachstumsfaktoren könnte eine beschleunigte Proliferation solcher mutierter Zellen bewirken. Auch rein mechanische Störung der Chromosomenverteilung durch feinste Asbestnadeln wird als Ursache diskutiert.

2. **Ionisierende Strahlung** (alpha-, beta-, gamma-Strahlung, Röntgenstrahlung, kurzwelliges UV).
3. **Viren**, seien es DNA-Viren oder RNA-Retroviren. Solche Viren können mittels ihrer Gene Zellen so beeinflussen, dass sie sich (zum Wohle des Virus) häufiger als normal teilen, oder sich am Ende ihrer Karriere nicht mehr dem programmierten Zelltod unterwerfen. Viele Retroviren haben im Zuge ihrer Evolution eukaryotische **Onkogene** aufgegriffen, welche sie seither mitschleppen. Retro- und DNA-Viren integrieren ihr Genom mitsamt dem mitgeschleppten Onkogenin das Genom der Wirtszelle.
4. **Krebserzeugende Gene** können auch über die Keimbahn vererbt werden, d.h. sie werden bei der Fortpflanzung über die Eizelle oder das Spermium von Generation zu Generation weitergegeben. Der Verdacht auf eine solche Erblast ist groß
- wenn ein bestimmter Krebstyp in einer Familie überdurchschnittlich häufig ist;
- wenn ein Krebs sich schon früh im Leben entwickelt.
Paradebeispiele sind:
- *rb-1 (retinoblastom-1)*, ein Defektallel eines sonst normalen und notwendigen Gens. Erhält man sowohl vom Vater wie von der Mutter ein defektes Allel, so kann das schauerliche Konsequenzen haben: Es entwickelt sich früh ein Retinoblastom, das ist ein Tumor der Netzhaut; Kinder, ja schon Babies, sterben mit einem übergroßen, unheilbaren Tumor in ihrem Auge. Auch schon ein defektes Allel erhöht das Krebsrisiko; denn wenn das zweite Allel durch Umwelteinflüsse ebenfalls geschädigt wird oder durch Methylierung geschwächt ist, steht kein Normalallel zur Kompensation des Mangels mehr zur Verfügung.

- *APC (adenomatous polyposis coli)* und Darmkrebs. In manchen krebsanfälligen Familien entwickeln sich im Dickdarm (Colon) oder Enddarm (Rectum) bei Männern wie Frauen im jungen Erwachsenenalter Hunderte kleiner Geschwulste, „Polypen" genannt, die früher oder später entarten (familiäre adenomatöse Polyposis). Verantwortlich hierfür sind defekte Allele des Tumorsuppressor-Gens *APC*. Das APC-Protein ist ein regulatorisches Element der WNT-Signaltransduktionskaskade; diese ist in vielen Fällen eingeschaltet, wenn Abkömmlinge von Stammzellen durch WNT-Signale zur Differenzierung angeregt werden sollen (Kap. 20). Oft (in ca. 75% der Fälle) ist ein weiteres defektes Tumorsuppressor-Gen, das Gen für das Protein p53, am malignen Ausbruch der Krankheit beteiligt (s. Abschnitt 21.4.3).

In der Regel werden Tumor-induzierende Gene, wie die meisten Gene, mit einem Dreibuchstaben-Code gekennzeichnet. Beispielsweise wird das erste identifizierte virale Onkogen gemäß seiner Potenz, Sarcoma-Tumoren zu verursachen, als *src* (sprich: sarc) bezeichnet. Das normale Allel (Protoonkogen), das keine Tumoren verursacht, wird zusätzlich mit einem c (c = cellular) gekennzeichnet: *c-src*.

21.4.2
Die traditionelle Krebsforschung unterscheidet zwei Klassen von Tumorerzeugenden Genen: Onkogene und defekte Tumor-Suppressor-Gene

Genvarianten, die Zellen einer angemessenen Wachstums- und Differenzierungskontrolle entziehen, können, wie eben erwähnt, über die Keimbahn geerbt worden sein; vielfach werden sie jedoch außerhalb der Keimbahn über Viren eingeschleppt. Alternativ erzeugen mutagene Agenzien solche Genvarianten in einzelnen Zellen eines Organismus selbst. Bemerkenswerterweise sind alle krebsauslösenden Gene in ihrer intakten Ursprungsform (Wildtypallel) keineswegs cancerogen; vielmehr werden sie zur normalen Wachstums- und Differenzierungskontrolle benötigt. Nur wenn solche Gene

- an bestimmten Positionen ihrer Basensequenz mutieren
- oder überexprimiert werden
- oder an einen Chromosomenort transloziert werden, wo sie der normalen Kontrolle entzogen sind,
- oder wenn bei solchen Genen ein epigenetisches Stilllegungsprogramm fehlschlägt, werden sie gefährlich.

Gene, deren Mutation oder Fehlregulation zu Krebs führt, lassen sich in zwei Klassen gruppieren:

1. **Onkogene** im engeren Sinn. Sie leiten sich von normalen (nicht-cancerösen) **Protoonkogenen** ab, wenn eine Mutation ein gain-of-function-Allel hervorbringt. Diese neu erworbene Funktion ist die **positive Stimulation der Zellvermehrung** durch

- **Steigerung der Zellteilungsrate** und/oder durch
- **Blockierung des programmierten Zelltodes.**
  Onkogene in diesem Sinn sind nicht selten **dominant:** Es genügt, wenn eines der beiden Allele des Protoonkogenes eine Proteinvariante hervorbringt, welche die betroffene Zelle zur Vermehrung anregt. Die meisten viralen Tumorgene gehören zu dieser Klasse. Das vom Virus eingeschleppte Onkogen kann eine ruhende Zelle stimulieren, wieder in den Zellzyklus einzutreten und sich mitotisch zu teilen, oder es verhindert, dass eine Zelle am Ende ihrer individuellen Entwicklung oder nach einer irreparablen Schädigung sich dem programmierten Zelltod unterwirft.

Besonders RNA-Retroviren wie das AIDS-verursachende HIV, die ihr Genom in das Genom der Wirtszelle integrieren lassen, gewinnen von dieser Wachstumsstimulation; denn mit der Wirtszelle wird auch das virale Genom vervielfältigt. Die hierauf basierende positive natürliche Selektion dürfte der Grund sein, weshalb Viren nicht selten Onkogene mit sich führen. DNA-Tumorviren wiederum haben oftmals die Fähigkeit, zellteilungsfördernde Gene der Wirtszelle selbst einzuschalten.

2. **Tumorsuppressor-Gene.** Wie der Begriff Tumor-Suppressor-Gen andeutet, gehört es zu den Aufgaben des vom Normalgen codierten Proteins,
- **Zellvermehrung zu unterdrücken** und/oder
- **Apoptose zu fördern.**

Krebszellen und Tumoren entstehen, wenn Mutationen einen Funktionsverlust (loss-of-function) des Proteins zur Folge haben und beide Allele defekt sind; denn Tumor-Suppressor-Gene sind in der Regel **rezessiv**, weil ein intaktes Gen (gerade) noch ausreichend Normalprotein zur Unterdrückung des Wachstums liefern kann. Heterozygote Individuen, die ein defektes Allel in einfacher Dosis erhalten haben, sind mit einem erhöhten Krebsrisiko belastet, doch ist ihr Risiko geringer als das homozygoter Individuen.

Zu den Tumor-Suppressor-Genen gehört das oben erwähnte Retinoblastom-induzierende *rb-1*-Gen, das Darmkrebs-induzierende *APC*-Gen, sowie das *p53*-Gen, über dessen Funktion mehr im folgenden Abschnitt gesagt wird.

Potentielle epigenetische Ursachen: Unabhängig davon, ob nun ein mit der Wachstumskontrolle befasstes Gen dieser oder jener Kategorie zugeordnet wird, sind neuerdings als weitere mögliche Ursachen einer Tumorbildung auch Veränderungen am Erbgut im Gespräch, die nicht der Definition einer Mutation entsprechen, aber ähnliche Wirkungen wie eine Mutation haben können. In Kap. 13.5.3 hatten wir uns mit enzymatisch gesteuerten „epigenetischen" Veränderungen des Chromatins befasst, durch welche die Zugänglichkeit von Genen reguliert werden kann. Wenn nun beispielsweise Gene, die in der Wachstumsphase des Organismus für Zellproliferation benötigt, doch nach Abschluss des Wachstums epigenetisch stillgelegt wurden, nach Verlust der epigenetischen Blockade wieder aktiv werden, kann dies Krebswachstum fördern.

21.4.3
Viele der von krebsauslösenden Genen codierten Proteine sind mit der Kontrolle des Zellzyklus befasst

Obzwar in keinem einzigen Fall die ganze Kausalkette entschlüsselt ist, lässt sich ein allgemeiner Erklärungsrahmen abstecken: Krebs basiert auf einer gestörten Kontrolle des Wachstums oder einer unzureichenden Umsteuerung von Proliferation auf terminale Differenzierung oder Apoptose. Defekte sind bei allen Gliedern des Steuerungssystems möglich.

Onkogene codieren beispielsweise für

- **Wachstumsfaktoren,** die zuviel produziert oder nicht rasch genug abgebaut werden. Nicht wenige Tumorzellen produzieren in Kultur unablässig Wachstumsfaktoren wie PDGF (platelet-derived growth factor) oder TGF-α (transforming growth factor alpha), mit denen sie sich selbst zur Teilung anregen (autokrine Stimulation).
- **Rezeptoren für Wachstumsfaktoren,** und zwar für daueraktive Varianten solcher Rezeptoren. Manche Onkogene (z.B. *Erb-B2, RET*) codieren für Rezeptoren, die konstitutiv, d.h. ohne Wachstumsfaktor gebunden zu haben, aktiv und nicht abschaltbar sind.
- **Elemente der Signaltransduktion,** die ihrer Funktion nicht ordnungsgemäß nachkommen. Viele Onkogene codieren für nachgeschaltete Elemente der Transduktionskette. Beispielsweise findet sich bei etwa 1/4 der Tumoren des Menschen ein defektes Gen *ras*. Dessen normales Produkt (c-RAS) ist Glied einer Signalkette, welche ein Zellteilungs-stimulierendes Signal vom membranverankerten Rezeptor in den Zellkern weiterleitet. Das defekte RAS feuert unablässig und nicht bloß kurzfristig nach Signalempfang. Ein anderes Element einer Signaltransduktionskette ist das (oben erwähnte) APC-Protein; es ist ein regulierendes Element im „kanonischen" WNT-Signalübertragungsweg und oftmals beteiligt, wenn Stammzellen sich teilen und ihre Abkömmlinge auf den Weg zur Differenzierung geschickt werden sollen.
- **Transkriptionsfaktoren.** Letzten Endes ist es der Zellkern, der sich entscheiden muss, ob er seine DNA replizieren und eine Zellteilung vorbereiten, oder ob er den Zellzyklus ganz stoppen und in einer G_0-Phase ruhend verharren soll. Nicht wenige Onkogene (z.B. *myc, myb, jun, fos*) codieren für Transkriptionsfaktoren, die in der Kontrolle des Zellzyklus involviert sind. So formen die Proteine JUN und FOS Heterodimere namens **AP-1**, welche die DNA-Replikation einleiten.

Tumorsuppressor-Gene. Für manche von ihnen lässt sich eine analoge Hypothese formulieren:

- **Wachstumsstopp-Signale**, Differenzierungshormone oder die Rezeptoren für solche Signale sind defekt. Der in diesem Buch (Kap. 12; Kap. 20) oft genannte **TGF-β** (transforming growth factor beta) kann Abkömmlinge von Stammzellen des Magendarmtraktes dazu bewegen, den Zellzyklus zu verlassen und sich terminal zu differenzieren. Manche Formen von Magen- und Darmkrebs gehen auf defekte Rezeptoren für solche Stopp- und Differenzierungssignale zurück.

21.4.4
DNA-Reparatur und Qualitätskontrolle sind weitere Aufgaben von Tumorsuppressor-Protein

In jeder Runde einer DNA-Replikation passieren Fehler. DNA-Reparatursysteme kontrollieren die neu synthetisierte DNA und korrigieren Fehler mit erstaunlicher Effizienz. Fallen diese Systeme aus oder können sie allzu große Schäden nicht beheben, akkumulieren DNA-Strangbrüche und andere Mutationen. Prüfsysteme erkennen solch gefährliche Defekte und entscheiden, ob eine Zelle sich weiter teilen darf oder besser vollständig aus dem Verkehr gezogen wird. Gefährliche, weil unkontrollierbar gewordene Zellen unterwerfen sich in der Regel einem Selbstmordprogramm und lösen sich durch **Apoptose** auf. Eine führende Rolle bei dieser Umsteuerung wird dem **Protein p53** zugeschrieben. Ist das Protein defekt, bleiben entartete Zellen am Leben. In der Mehrzahl (ca. 75%) der bösartigen Darmtumoren des Menschen ist p53 defekt.

Das Protein p53 ist ein Transkriptionsfaktor, der auf die Aktivität vieler Gene Einfluss nimmt. Überraschenderweise überlebten jedoch Mäuse, deren beide p53-Allele durch eine gezielte k.o.-Mutation (s. Abb. 5.5) eliminiert worden waren. Die Mäuse entwickelten aber schon im juvenilen Alter allerlei Tumoren, mutmaßlich, nachdem sich weitere Mutationen eingestellt hatten.

21.4.5
Zu unserem Glück führen in der Regel erst mehrere Mutationen zu Krebs; die Hypothese der Mehrstufen-Carcinogenese postuliert darüber hinaus eine Stimulation des Tumorwachstums durch nicht-mutagene Tumor-Promotoren

Wenn man mit mutagenen Agenzien bei Mäusen oder anderen Versuchstieren Tumorwachstum zuverlässig auslösen will, muss nach der Applikation eines mutagenen Agens mehrfach mit **Tumor-Promotoren** nachgeholfen werden. Darunter versteht man Substanzen, die für sich allein keine Tumorbildung auslösen, aber das Wachstum latenter Krebszellen beschleunigen. Bekannte Tumor-Promotoren sind **Phorbolester**, polycyclische Verbindungen, die von Euphorbien (Wolfsmilchgewächsen) extrahiert werden können und als tumorfördernde Komponenten mittelamerikanischer Tees entdeckt worden sind. Solche Phorbolester greifen in die Signaltransduktion des PI-Systems ein: Sie verursachen eine überlange Stimulation des Schlüsselenzyms PKC (s. Abb. 20.1) und imitieren bei ihrer wiederholten Applikation die Wirkung von wiederholt angebotenen Wachstumsfaktoren.

Die Hypothese der **Mehrstufen-Carcinogenese** nimmt an:

- Auslösend sind **Mutationen** oder mutationsäquivalente Defekte in Protoonkogenen, Tumorsuppressorgenen oder sonstigen Genen, die bei der Regulation von Wachstum, Differenzierung oder Apoptose eine essentielle Rolle spielen;
- alsdann müssen **Wachstumsfaktoren** oder **exogene Tumor-Promotoren** ihre Proliferations-fördernde Wirkung entfalten,
- oder die Zellen müssen **immortal und unabhängig von Wachstumsfaktoren** werden, also in einen Zustand zurückfallen, der für frühembryonale Zellen während der Furchungsphase charakteristisch ist. Auch wiederholte Verletzungen können Tumor-promovierend wirken; darauf beruht wohl unter anderem die krebsfördernde Wirkung von Asbestfasern in der Lunge.

In vielen Versuchen, in denen man gesunde Zellen mit bestimmten Onkogenen (wie *src, ras*) bestückt hat, wurde klar, dass eine einzige Mutation in der Regel ausreichen kann, die Entwicklung gutartiger Tumoren einzuleiten, die dann von Tumor-Promotoren zur sichtbaren Größe gebracht werden können. Eine einzelne Mutation reicht aber nicht aus, um bösartigen Krebs entstehen zu lassen, auch nicht, wenn man mit Tumor-Promotoren nachhilft. Bis zu sechs Mutationen mussten im Einzelfall eingeführt werden. Dies dürfte einer der Gründe sein, weshalb Krebs oft erst im Alter ausbricht. Auch wenn der menschliche Körper aus 30 Trillionen Zellen bestehen mag, so ist doch die Wahrscheinlichkeit, dass sich in ein und derselben Zelle mehrere passende Mutationen ereignen, nicht sehr hoch. Wenn freilich schon Onkogene ererbt oder durch Viren eingeschleppt sind, erhöht sich das Risiko um ein Vielfaches.

21.4.6
Es gibt auch Tumoren, die mutmaßlich nicht auf Mutationen zurückzuführen sind: die aus Keimzellen hervorgehenden Teratocarcinome

Schon unter 21.4.2 war darauf hingewiesen worden, dass auch fehlgeschlagene epigenetische Modifikation von Chromosomenorten Effekte haben kann, die den von echten Mutationen erzeugten Effekten gleichen können. Hier sei auf eine andere Fehlentwicklung hingewiesen, die den betroffenen Menschen, vor allem Frauen, zum Verhängnis werden kann.

Teratome sind, dies sei hier wiederholt, missglückte, chaotisch organisierte Embryonen, die bisweilen aus unbefruchteten Keimzellen des Ovars hervorgehen oder aus normalen befruchteten Keimen, die sich jedoch nicht im Uterus, sondern am falschen Ort eingenistet haben, beispielsweise im Eileiter oder in der Bauchhöhle. Manche dieser Teratome werden zum Teratocarcinom und verhalten sich wie ein Tumor, bilden gar Metastasen. Man kann aus solchen Teratocarcinomen Zellen freisetzen und in Zellkultur nehmen. Sie benötigen Wachstumsfaktoren und bilden keine Foci über Monolayerschichten.

In Wirtsblastocysten injiziert, haben Teratocarcinomzellen der Maus an einer normalen Entwicklung teilgenommen. Es entstanden Chimärenmäuse, die keine Tumoren entwickelten (s. Abb. 5.4). Diese Befunde belegen, dass Tumorbildung auf gestörter Kontrolle der Proliferation und Differenzierung basiert; Mutationen können eine solche Kontrolle stören oder unwirksam machen, doch kann das Kontrollsystem auch in anderer Weise durcheinandergeraten: wenn Zellen an einen falschen Platz geraten sind, wo die normale Nachbarschaft keine Kontrollfunktion ausüben kann. Sogar im Hoden können Urkeimzellen sich unprogrammgemäß teilen und Teratome hervorgehen lassen. Das Thema Krebs bleibt ein Thema der Entwicklungsbiologie.

Zusammenfassung des Kapitels 21

Im vielzelligen Organismus unterziehen sich die Zellen einer Selbstbeschränkung in ihrer Vermehrung oder werden durch ihre Nachbarschaft in Schach gehalten. Ist die Vermehrungs- und Differenzierungskontrolle gestört, kann Krebs die Folge sein, wenn beispielsweise bei der terminalen Differenzierung das Programm zum Abschalten des Zellzyklus nicht ausgeführt wird oder geschädigte Zellen sich nicht dem programmierten Zelltod unterwerfen.

Krebszellen sind wie Stammzellen immortal, darüber hinaus oft unabhängig von Wachstumsfaktoren, entziehen sich einer Kontaktinhibition durch Nachbarzellen und sind oftmals amöboid beweglich. Dies ermöglicht es ihnen, Metastasen zu bilden.

Krebs wird vor allem von mutagenen Agenzien (Chemikalien, ionisierender Strahlung) ausgelöst, wenn diese Gene schädigen, welche für die Vermehrungskontrolle gebraucht werden. Krebs kann auch von Viren ausgelöst werden, die krebsauslösende Gene eukaryotischen Ursprungs mit in die Wirtszelle einschleppen (RNA-Retroviren) oder entsprechende Gene der Wirtszelle selbst aktivieren (DNA-Tumorviren). Schließlich können krebsauslösende Gene auch über die Keimbahn, d.h. über die Eizelle oder das Spermium, geerbt werden.

Krebsauslösende Gene werden traditionellerweise in zwei Klassen eingeteilt:

1. **Onkogene**, die zumeist dominant sind und sich von nicht-krebserzeugenden Normalgenen (Protoonkogenen) ableiten. Die von den aberranten Onkogenen codierten Proteine regen in vielfältiger Weise die Zellvermehrung an. Sie tun dies, indem sie die Zelle in einen Zustand versetzen, der die unablässige Zufuhr von Wachstumsfaktoren simuliert.

2. **Tumorsuppressor-Gene**, die normalerweise die Zellvermehrung unterdrücken, in Krebszellen jedoch defekt sind. Sie werden in der Regel rezessiv vererbt.

Es können weitere Gene krebsauslösend werden, wenn die von ihnen codierten Proteine ihre Funktion nicht erfüllen. Dies betrifft

3. **Gene, die für DNA-Reparaturenzyme codieren** und/oder
4. **Gene, die zur Einleitung und Durchführung eines Selbstzerstörungsprogramms benötigt werden.** Ein solches Programm (Apoptose) sollte in Gang kommen, wenn sich Schäden am Erbgut nicht mehr beheben lassen.

Nicht allein eine echte Mutation, sondern auch eine nach Abschluss des Wachstums **erfolglos eingeleitete epigenetische Stilllegung** solcher Gene kann Ursache einer Krebserkrankung werden.

Tumorbildung wird als ein Mehrstufenprozess gedeutet: Ausgang sind Mutationen (oder mutationsäquivalente Veränderungen) in Genen, die eine Funktion bei der Kontrolle des Zellzyklus haben, das soziale Verhalten der Zellen begründen oder die Apoptose gefährlich gewordener Zellen regulieren. Sekundäre Faktoren, wie Zufuhr von Wachstumsfaktoren, von Tumor-promovierenden Fremdsubstanzen und verstärkte Blutversorgung fördern dann das beschleunigte Wachstum eines Tumors.

Es gibt jedoch auch Tumoren, bei denen mutmaßlich Mutationen nicht im Spiel sind. Es sind dies die Teratocarcinome, die sich von Teratomen, d.h. extrem missgebildeten Embryonen, ableiten. Auch ein unpassender Platz in einer chaotischen Umgebung kann Zellen einer Vermehrungskontrolle entziehen.

22 Metamorphose und ihre hormonale Steuerung

22.1
Metamorphose: ein zweiter Phänotyp aus einer „zweiten Embryogenese"

22.1.1
Die meisten Amphibien und wirbellosen Tiere wandeln sich von einem ersten in einen zweiten Phänotyp um

Metamorphose (Griech.: Umgestaltung) bedeutet die Aufgabe eines ersten, larvalen Phänotyps (Griech.: Erscheinungsform) und die gleichzeitige Entwicklung eines neuen Phänotyps, der eine neue ökologische Nische besetzt und ein anderes Habitat besiedelt. Larve und Adultform sind in aller Regel keine Nahrungskonkurrenten. Im marinen Bereich dienen Larven auch der geografischen Verbreitung der Art, leben häufig **planktisch** und gehen im Zuge ihrer Metamorphose zum Bodenleben über oder werden gar **sessil**. Planktisch leben

- die Larven der **Echinodermen**, z. B. der **Pluteus des Seeigels** (s. Abb. 2.1),
- die **Trochophora** der **Anneliden** (s. Abb. 3.16),
- die **Veligerlarve** der **Mollusken**,
- die **Actinotrocha** der **Phoroniden** (schlauchförmige Tentaculaten),
- die **Naupliuslarve** der **Krebse**.
- Freilebend sind auch die **Planulalarven** der **Coelenteraten**, die eine Metamorphose zu sessilen **Polypen** durchlaufen (s. Abb. 3.12) und die mit einer Chorda ausgestatteten Larven der sessilen **Tunikaten** (Seescheiden, s. Abb. 3.37).

Auch bei **Insekten** und **Amphibien** ist der Erwerb eines neuen Phänotyps mit dem Wechsel des Lebensraums und/oder der Nahrungsgrundlage gekoppelt. Metamorphose beinhaltet

- Abbau spezifisch larvaler Strukturen, z. B. Epidermis, Nachschieber von Raupen, Kiemen und Schwanz der Kaulquappe,
- adaptive Umgestaltung der Gewebe, die vom Larvenleben ins imaginale übernommen werden sollen (z. B. Nervensystem, Exkretionsorgane), und

- Neuentwicklung spezifisch imaginaler Strukturen (z. B. Flügel der Insekten, Lungen).

Bei **Insekten** sind Änderungen der Organisation stets an **Häutungen** geknüpft. Verzichtet man auf eine detaillierte Klassifizierung, lassen sich zwei Hauptmodi der Metamorphose unterscheiden:

1. **Hemimetabole (paurometabole) Entwicklung** (Griech.: *hemi* = halb; *pauro* = wenig; *metabole* = Umwandlung): Die Larve ist in ihrer Grundorganisation bereits der Imago ähnlich, wächst sprunghaft von Häutung zu Häutung, nähert sich schrittweise der Endgestalt und gewinnt als spezifisch imaginale Neubildungen **Flügel** und **Genitalapparat** (Abb. 22.1).

Bei einer Reihe von Insekten sind nur geringe Umkonstruktionen des larvalen Körpers nötig: **Paurometabolie.** Beispiele: Flügellose Insekten *(Apterygota)*, Heuschrecken *(Saltatoria)*, Ohrwürmer *(Dermaptera)*, Schaben *(Blattodea)*, Termiten *(Isoptera)*, Tierläuse *(Phthiraptera)*, Wanzen *(Heteroptera)*.

Mitunter sind auffällige larvale Organe abzubauen (Kiemen der Eintagsfliegen- *(Ephemeroptera)* und Köcherfliegenlarven *(Trichoptera)*;

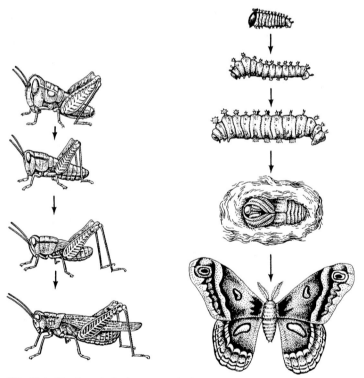

Abb. 22.1. Hemimetabole (paurometabole) Entwicklung der Heuschrecke (nach Hegner aus Saunders) und holometabole Metamorphose eines Schmetterlings (*Attacus cecropia*, nach Gilbert, umgezeichnet)

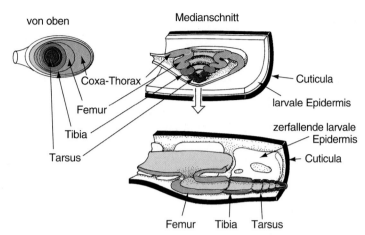

Abb. 22.2. Holometabole Entwicklung einer Bein-Imaginalscheibe bei der Fliege; ihre Entfaltung im Zuge der Metamorphose

Fangmaske der Libellenlarve *(Odonata)*. Das vorletzte Larvenstadium kann als **Nymphe** eine sprunghafte Annäherung an die Imago sichtbar werden lassen, eine Puppe kommt aber nicht vor. Sie definiert die

2. **Holometabole Entwicklung** (Griech.: *holos* = ganz, vollständig): Die Umwandlung führt in einem Vorgang dramatischer Umgestaltung innerhalb einer **Puppenhülle** vom larvalen Phänotyp des Engerlings, der Raupe oder Made zum gänzlich verschiedenen Phänotyp des Käfers *(Coleoptera)*, des Schmetterlings *(Lepidoptera*, Abb. 22.1), der Ameise, Biene oder Wespe *(Hymenoptera)*, oder der Fliege *(Diptera)*. Die Adultstrukturen gehen bei dieser vollständigen Umwandlung aus Zellarealen hervor, die man **Imaginalscheiben** (Abb. 22.2) nennt.

Es sei hier, wie schon in Kapitel 1, darauf hingewiesen, dass alle die verschiedenen Erscheinungsformen, Embryonalstadien, Larve, Puppe und Imago, sich von ein und demselben Genom ableiten. Es ist gegenwärtig unvorstellbar, dass aus der Reihenfolge der Basenpaare entlang der DNA logisch abgeleitet werden könnte, in welchen Erscheinungsformen ein Organismus existieren kann.

22.1.2
Während der Metamorphose kommt es zu dramatischen Umgestaltungen und zu einer molekularen Neuaustattung

Metamorphose erfordert Umgestaltung auf jedem organismischen Niveau: von der äußeren Morphologie über die Physiologie bis zu Änderungen in der Enzymausstattung der Zellen. Auf die Änderungen des Hormontiters

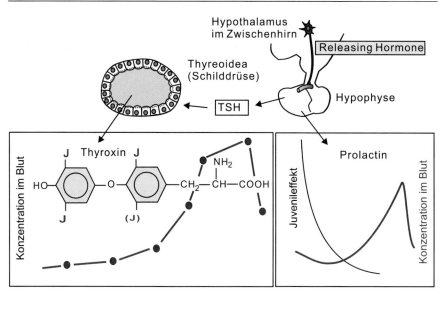

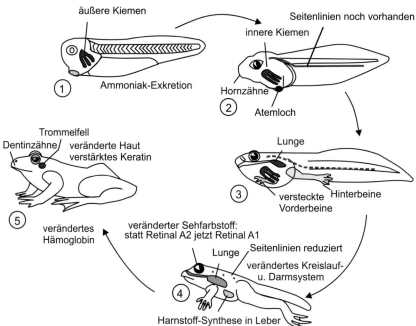

Abb. 22.3. Metamorphose des Frosches und ihre hormonale Kontrolle (aus Müller: Tier- und Humanphysiologie, leicht verändert)

(Hormonkonzentration im Blut bzw. in der Hämolymphe) reagieren die verschiedenen Gewebe und Organe höchst unterschiedlich, je nachdem, wie sie zuvor programmiert worden sind. Wieder soll beispielhaft die Metamorphose von Amphibien und Insekten (genauer: Frosch und *Drosophila*) betrachtet werden.

Frosch: Destruktive und konstruktive Prozesse gehen Hand in Hand und ziehen sich über Wochen hin (Abb. 22.3).

Destruktive Prozesse:

- Die Kaulquappen resorbieren den Ruderschwanz.
- Die Hornzähne und Kiemen verschwinden.
- Die für die Wahrnehmung von Wasserströmungen zuständigen Seitenlinienorgane werden reduziert.

Konstruktive Prozesse und Umwandlungen:

- Extremitäten werden entwickelt, die eine Fortbewegung auch auf dem Land ermöglichen.
- Die Haut wird stärker keratinisiert.
- Die Lunge wird arbeitsfähig.
- Blutgefäße werden umkonstruiert. Wenn der Frosch von der **Kiemen- auf Haut- und Lungenatmung** umschaltet, werden die Kiemenbogenarterien umgebaut, die Kardinalvenen durch neue Gefäße ersetzt.
- In den Erythroblasten wird durch Expression anderer Globinformen ein neues, an die Luftatmung angepasstes **Hämoglobin** hergestellt.
- Die Leber wird in ihrer enzymatischen Ausstattung auf den Wechsel von der **ammoniotelischen** (Ammoniak) zur **ureotelischen** (Harnstoff) Stickstoffexkretion vorbereitet.
- Aus der ersten Kiementasche wird eine **Mittelohrhöhle**, die nach außen durch ein Trommelfell verschlossen bleibt und innen die **Schall-leitende Columella** aufnimmt.
- In der Retina wird der Sehfarbstoff vom fischähnlichen **Porphyropsin** (Opsin + Retinal A2) auf **Rhodopsin** (Opsin + Retinal A1) umgestellt, wie es Landwirbeltiere haben.

Drosophila: Die Larve macht eine holometabole Verwandlung durch. Erst streift sie die larvale Cuticula ab und umgibt sich mit der derben **Puppencuticula**. Unter dieser Schutzhülle werden die meisten larvalen Zellen aufgelöst. Die Fliege wird mosaikartig aus den übrig bleibenden Imaginalscheiben und Imaginalzellen (Histoblasten) aufgebaut.

Die **äußeren**, Cuticula-bedeckten epidermalen Strukturen werden aus **Imaginalscheiben** (Abb. 22.2) hergestellt. Diese Scheiben werden bereits im Blastoderm des Embryos durch einen Prozess der Determination als kleine, ca. 20 Zellen umfassende Areale diploid bleibender Zellen aus dem larvalen Umfeld ausgesondert, in ein dünnes Häutchen verpackt und ins Körperinnere versenkt (s. Abb. 3.35). Im Zuge des larvalen Lebens wachsen sie heran; während der Metamorphose werden sie in einem Prozess der

Evagination ausgepackt und teleskopartig zu Antennen, Beinen, Flügeln ausgestreckt (Abb. 22.2). Schildartige Erweiterungen an der Basis dieser Gebilde werden mosaikartig zur Kopfkapsel, zu Thoraxsegmenten etc. zusammengefügt.

Innere Organe werden mittels verstreut vorrätig gehaltener **Histoblasten** umgestaltet. Das Zentralnervensystem wird in seiner essentiellen Konstruktion übernommen.

22.2
Hormonale Steuerung der Metamorphose

22.2.1
Bei der inneren Steuerung der Metamorphose durch Hormone gibt es viele Analogien zwischen Insekten und Amphibien

In beiden Gruppen ist das Prinzip einer dualen, antagonistischen Steuerung verwirklicht (Abb. 22.3; Abb. 22.4). Es gibt Hormone, die das Wachstum begünstigen, aber die Umwandlung des Körpers in die Adultform bremsen, und es gibt Hormone, die das Wachstum drosseln und die Umwandlung fördern. Beide Steuerungssysteme stehen unter der Kontrolle von neurosekretorischen **Zellen** im Gehirn. Ihre **Neurohormone** kontrollieren die Freisetzung entwicklungssteuernder Hormone aus nachgeordneten endokrinen Drüsen.

1. **Lösen der Bremsen.** Sowohl bei den Larven der Insekten wie bei den Kaulquappen der Amphibien wird die Metamorphose ermöglicht durch Absenken des Titers eines Hormons, das die Differenzierung imaginaler/adulter Gewebe hemmt – oder sie wird ermöglicht durch eine veränderte Ansprechbarkeit der Gewebe auf ein hemmendes Hormon.
   - Bei **Insekten** ist dies das von den **Corpora allata** produzierte **Juvenilhormon (JH)**, ein Terpenoid, das in der Larve die Funktion eines Wachstumshormons erfüllt, jedoch im letzten Larvenstadium verschwindet und so die Metamorphose ermöglicht. Das Juvenilhormon taucht aber später in der Imago wieder auf und steuert als gonadotropes Hormon die Entwicklung und Reifung der Gonaden.
   - Auch bei Amphibien ist ein Hormon bekannt, das im Experiment das Wachstum der Kaulquappen fördert und den Eintritt der Metamorphose hinauszögert. Es ist das von der **Adenohypophyse** gelieferte Hormon **Prolactin** (das seinen Namen – „für Milch" – erhielt, weil es im erwachsenen weiblichen Säugetier in der späten Schwangerschaftsphase die Milchproduktion in Gang setzt). Aufgrund solcher experimenteller Befunde ist dem Prolactin der Amphibienlarve die Funktion eines Juvenilhormons zugeschrieben worden. Allerdings nimmt bei Ampibien die Konzentration des Prolactin im Blut im Verlauf der

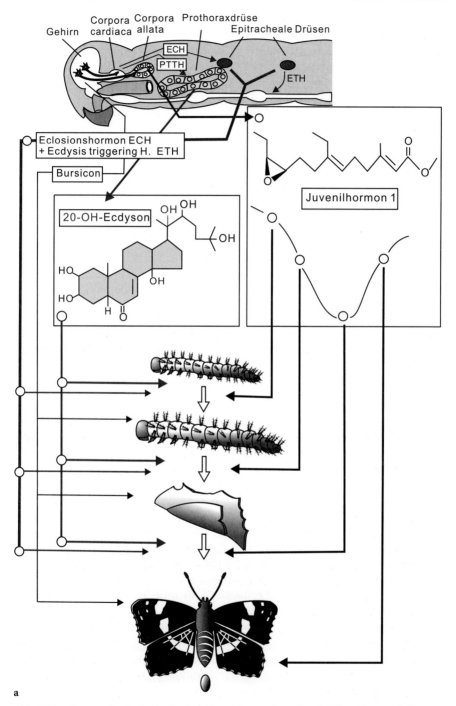

Abb. 22.4. Hormonale Kontrolle der Insektenmetamorphose (aus Müller: Tier- und Human-physiologie)

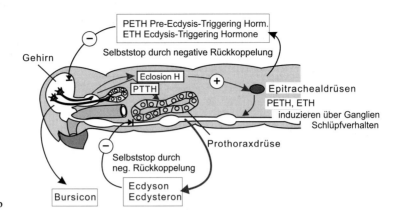

Abb. 22.4 b

Metamorphose nicht ab, sondern bis zu einem Klimaxpunkt zu, und ebenso die Bestückung verschiedene Gewebe mit Prolactin-Rezeptoren. Dies wird mit weiteren Funktionen des Hormons in Beziehung gebracht, beispielsweise:

- Verschiedene Gewebe und Organe, die auch im künftigen Leben auf dem Land gebraucht werden, müssen während der langen Wochen der Metamorphose weiterhin heranwachsen. Prolactin gehört zur Familie der Wachstumshormone und künftige Adultorgane reagieren anders als solche, die nicht mehr gebraucht werden.
- Prolactin bereitet manche Gewebe vor, damit diese besser auf Thyroxin reagieren können, und es unterstützt in der ersten Phase der Metamorphose Thyroxin, indem es parallel mit Thyroxin Proteasen (Collagenasen) induziert, die zum Abbau larvaler Strukturen gebraucht werden.

Metamorphosen sind hochkomplexe Ereignisse und entsprechend sind es auch die Systeme der Steuerung:

2. **Stimulation der Weiterentwicklung.** Für das zeitgerechte Einschalten zahlreicher Genorte im Zuge der Weiterentwicklung zum imaginalen/ adulten Phänotyp ist bei Amphibien eine Signalkette zuständig, die

   a. mit einem Neurohormon beginnt, das im Hypothalamus produziert wird und als **thyreotropin-releasing hormone TRH** auf die Drüsenzellen der Adenohypophyse zielt (bei Amphibien allerdings scheint TRH funktionell durch ein anderes releasing-Hormon vertreten zu werden).

   b. Die Signalkette setzt sich fort mit einem Hormon der Adenohypophyse, das **TSH (Thyreoidea-stimulierendes Hormon, Thyreotropin)**, welches das Signal zum Start der Metamorphose an die **Schilddrüse** weitergibt.

   c. Die Schilddrüse ihrerseits sendet das Metamorphose-induzierende **Thyroxin T4** über die Blutbahn in den ganzen Körper aus. Sekundär durch Dejodierung in das wirksamere **Trijodthyronin T3** überführt, steuert Thyroxin in den Zielzellen die Aktivität einer Reihe von Genen, deren Information zur Bewältigung der Metamorphose abgerufen werden muss (s. Abb. 20.5).

Bei Insekten startet die Signalkette (Abb. 22.4) mit

1. dem Neurohormon **PTTH = prothorakotropes Hormon**, das über die **Corpora cardiaca** in die Hämolymphe gelangt und
2. die Prothoraxdrüse zur Freisetzung von **Ecdyson** anregt, das in verschiedenen Zielgeweben zum wirksamen **20-Hydroxy-Ecdyson** (Ecdysteron) umgewandelt wird.

Thyroxin und Ecdyson sind für den Eintritt und Fortgang der Metamorphose unerlässlich. Von ihrer molekularen Natur her sind sie so verschieden, dass ein gleichartiger Wirkungsmechanismus nicht erwartet werden konnte. Dennoch gibt es diese Wirkungsparallele.

22.2.2
Auch in den molekularen Wirkungsmechanismen gibt es Parallelen und sogar Homologien

Die Parallelen in den molekularen Mechanismen, über die das **Ecdyson/Ecdysteron** der Insekten und das **Thyroxin** der Wirbeltiere wirksam werden, gehen bis in die molekularen Details. Denn beide, Ecdyson und Thyroxin wirken, wie auch die Steroidhormone der Wirbeltiere und Vitamin A-Säure (Retinsäure), über **intrazelluläre Rezeptoren**, die auch noch der gleichen Proteinfamilie angehören und mit einer **DNA-Bindungsdomäne vom Zinkfingertyp** ausgestattet sind (Abb. 20.5). Mit Blick auf die konservierten Strukturen dieser Rezeptorfamilie kann man mit Fug und Recht von Homologie auf molekularem Niveau sprechen. Die Parallelen gehen noch weiter:

• Die Rezeptoren für Thyroxin, Retinsäure und Steroidhormone besetzen die Steuerregionen der ihnen unterstellten Gene in der Regel als Dimere (Abb. 20.5), nicht selten als Heterodimere, und eben dies gilt auch für die 20OH-Ecdyson-Rezeptoren (EcR). Ein Partner von EcR kann USP (Ultraspiracle) sein, und dieses ist homolog zum RXR der Wirbeltiere (s. Kap. 20.2.3).
• Auch gilt für 20OH-Ecdyson wie für Thyroxin, dass sie Zielzellen zur verstärkten Synthese von EcR bzw. Thyroxin-Rezeptoren anregen. Damit steigert sich die Reaktionsbereitschaft der Zielgewebe. Wer nach weiteren Parallelen sucht, kann sie darin sehen, dass diese Rezeptoren, wenn sie in den Kern der Zelle aufgenommen sind, neben der Steuerregion für das eigene Gen vor allem die Steuerregionen von Genen besetzen, welche für Transkriptionsfaktoren codieren.

Solche weit reichenden Parallelen gibt es nicht zwischen Juvenilhormon und Prolactin. Als Proteinhormon wirkt Prolactin über membranständige Rezeptoren und aktiviert eine Signaltransduktionskaskade, die mit einem Tyrosin-Kinase-Rezeptor startet (Abb. 20.3). Wie Juvenilhormon wirkt ist ungeklärt oder doch strittig, jedenfalls anders.

Juvenilhormon ist als Terpenoid, bestehend aus drei Isopreneinheiten, ein im Tierreich bisher einzig dastehendes niedermolekulares Lipid. In Pflanzen finden sich solche Moleküle oft und haben, wie nachfolgend im Abschnitt 22.2.5 erläutert, u.a. eine Rolle bei der biologischen Abwehr von Insekten-Schädlingen. Man hat viel Mühe darauf verwandt, in Insekten und Pflanzen Rezeptoren für Terpenoide zu identifizieren. Ein Rezeptor nach klassischer Vorstellung ist ein Protein (oder ein Mitglied einer Familie homologer Proteine), das seinen Liganden hochspezifisch und mit hoher Affinität bindet. Man fand jedoch eine Reihe ganz verschiedener Proteine, die Juvenilhormon binden, doch nicht mit der erwarteten sehr hohen Affinität. Muss dies aber so sein? Immerhin, unter diesen Bindepartnern fand sich beispielsweise der oben erwähnte Ultraspiracle-Transkriptions-Cofaktor sowie ein Transkriptionsfaktor mit der vielsagenden Bezeichnung BROAD, sowie Protein-Kinase C (PKC), ein Lipid-aktiviertes Schlüsselenzym der PI-PKC-Signaltransduktionskaskade (Abb. 20.1). JH kann dieses Enzym aktivieren. Deshalb wurde die Vorstellung vorgetragen, die Vielfalt von Bindepartnern ermögliche die hohe Vielfalt der Wirkungen, die Juvenilhormon zu haben scheint (Wheeler u. Nijhout, 2003). Dem JH wird beispielsweise eine Rolle zugeschrieben bei der Reifung der Gonaden im adulten Insekt, bei der Auslösung von Wanderverhalten bei Zuginsekten, bei der Diapause von Insekten, die eine Entwicklungspause einlegen, sowie bei der Kastendetermination in den Staaten sozialer Hymenopteren und Termiten.

22.2.3
Hormonelle Signale werden von den verschiedenen Zielgeweben verschieden beantwortet

Ein Beispiel aus der Amphibienentwicklung: Eine Beinknospe wird in den Schwanzbereich einer Kaulquappe transplantiert. Hier sollten beide Organe, Schwanz und Bein, der gleichen Thyroxindosis ausgesetzt sein. Im Zuge der Metamorphose wird der Schwanz reduziert, die Beinknospe hingegen wächst aus.

Diese unterschiedliche Programmierung spiegelt sich vielfach in einer unterschiedlichen Ausrüstung der Zielgewebe mit Rezeptorvarianten und/oder Transkriptionsregulatoren wider. Auf Juvenilhormon unterschiedlich reagierende Gewebe sind beispielsweise mit unterschiedlichen Varianten des BROAD-Transkriptionsfaktors ausgestattet.

22.2.4
Es greifen noch weitere Hormone steuernd ein

Beim Vergleich Amphib und Insekt findet man neben Parallelen natürlich auch Spezifisches, und es greifen weitere Hormone steuernd ein, für die es in beiden Gruppen keine Parallelen gibt. Bei Amphibien beispielsweise sind die Hormone der Nebennierenrinde, **Cortisol** und **Aldosteron**, daran beteiligt, den werdenden Frosch auf die neuen Umweltgegebenheiten einzustellen. Cortisol hat unüberschaubar viele Aufgaben, u. a. hilft es, den Organismus auf lange Zeiten der Entbehrung einzustellen; Aldosteron steuert Nierenfunktionen (s. Müller: Tier- und Humanphysiologie).

Bei Insekten wird das Ablösen der alten und der Erwerb einer neuen Cuticula nicht nur durch die oben genannten „Klassiker", Ecdyson und Juvenilhormon, gesteuert, sondern durch ein Spektrum weiterer Hormone, so durch ein vom Gehirn geliefertes Neuropeptid mit Namen **Eclosionshormon**. Dieses stimuliert die Inca-Zellen verstreuter Epitrachealdrüsen, nacheinander zwei Hormone freizusetzen, welche die **Ecdysis**, das Schlüpfen aus der Nymphen- oder Puppenhülle auslösen. Es sind dies die Peptidhormone PETH (Pre-Ecdysis-triggering hormone) und **ETH (Ecdysis-triggering hormone)**.

Schlüpfen ist auch ein Ereignis des Verhaltens. PETH und ETH lösen über das Zentralnervensystem eine vorprogrammierte Bewegungsfolge aus, mit die Panzerrüstung der Cuticula gesprengt und verlassen werden kann. Das Zentralnervensystem liefert zum Schluss noch selbst ein Hormon, das Neuropeptid **Bursicon**. Dieses kontrolliert nach dem Schlüpfen die Sklerotisierung und Ausfärbung der neuen Cuticula.

22.2.5
Falsche Hormone: Pflanzen wehren sich

Von Europa in ein amerikanisches Forschungslabor gebrachte Feuerwanzen (*Pyrrhocoris apterus*) machten zu viele larvale Häutungen durch und starben als unreife Riesennymphen. Nach langem Rätseln fiel der Verdacht auf die Papierschnitzel, auf denen diese pflanzensaugenden Wanzen gehalten wurden. Schnitzel der ehrwürdigen britischen Zeitschrift *Nature* taten so etwas Unziemliches nicht, wohl aber Schnitzel der amerikanischen Konkurrenz *Science*. Amerikanisches Papier enthielt Holz der Balsamfichte, und diese enthält eine Imitation des Juvenilhormons. Die Bäume wehren sich gegen Fraßinsekten mittels Substanzen mit hormon-ähnlicher Wirkung (Pseudohormone). In manchen Zypressen findet sich sogar echtes Juvenilhormon (JH III) (Bede et al. 2001). Solche Substanzen herzustellen, bedarf bei Pflanzen keines sehr großen Aufwandes. Sie stellen ja auch „Pflanzenhormone" in Form ähnlicher Terpenoide her, beispielsweise die Abscisinsäure.

Manche Asteraceen enthalten **Precocene**, die bei einer Reihe hemimetaboler Insekten die Corpora allata absterben lassen und eine vorzeitige Metamorphose auslösen. Der indische Niembaum (*Azadirachta indica*) und verwandte afrikanische Bäume enthalten eine große Zahl von Polyterpenen, kollektiv **Azadirachtine** genannt, die bei Insektenlarven die Häutung stören und Entwicklungsstopp verursachen oder die Fortpflanzungsfähigkeit der Imagines reduzieren. Manche dieser Komponenten stören Ecdyson-abhängige Prozesse. Darüber hinaus können pflanzliche Inhaltsstoffe einen Fraßstopp auslösen.

22.3
Auslösung der Metamorphose

22.3.1
Auslöser der Metamorphose sind oft externe Faktoren

Ein Wechsel der ökologischen Rolle muss eingepasst werden in die herrschenden Umweltbedingungen. Die freilebenden Larven mariner, bodenbewohnender und sessiler Organismen müssen geeignete Standorte ausfindig machen; die Metamorphose der Insekten und Amphibien muss in den Wechsel der Jahreszeiten eingepasst werden.

Daher wird die Metamorphose, wenn das Wachstum weit genug gediehen ist, oft erst durch **externe Umweltsignale** ausgelöst. Die Larven sessiler, mariner Organismen sind mit Sinnesorganen zur Erkundung der Umwelt ausgestattet. Vielfach sind es chemische Schlüsselreize, die vom Substrat oder von Substrat-gebundenen Bakterien ausgehen, welche den Start der Metamorphose stimulieren. Dies gilt z.B. für das Hydrozoon *Hydractinia echinata* (Abb. 22.5). Die Planulalarve ist das einzige frei lebende, motile Stadium im Entwicklungszyklus. Ihr kommt folglich die Aufgabe zu, einen neuen Lebensraum ausfindig zu machen. Da ihr Sinnesinventar aber sehr bescheiden ist, kann sie sich nur an wenigen Schlüsselreizen orientieren. Die Larve lässt sich zur Metamorphose anregen durch eine Substanz, die bestimmte Bakterien erzeugen. Die geeigneten Bakterien sitzen normalerweise auf jenem Substrat, das diesen Hydrozoen besonders willkommen ist (von Einsiedlerkrebsen bewohnte Schneckenschalen). Auch Larven von Anneliden, Tentaculaten, Seepocken, Austern, Seeigeln und Tunikaten reagieren auf Bakterienpopulationen der Umwelt.

Bei **Amphibien** gilt die Metamorphose als intern gesteuert. Wenn die Kaulquappe den entsprechenden Entwicklungsstand erreicht hat, soll die Metamorphose unabhängig von Umweltgegebenheiten ablaufen. Das Wasser des Teiches muss jedoch eine Mindesttemperatur von 7–10 °C überschritten haben. Steigende Temperatur, zunehmende Tageslänge und sinkender Wasserspiegel beschleunigen die Metamorphose erheblich.

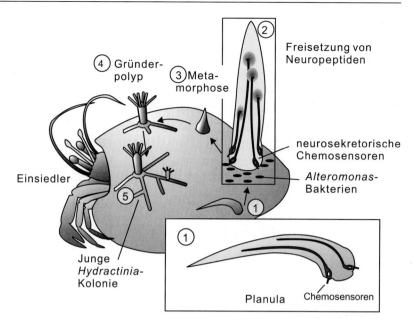

Abb. 22.5. Metamorphose des Hydrozoons *Hydractinia echinata.* Die Larve verankert sich mittels besonderer Nesselfäden an einem vorbeigeschleppten Schneckengehäuse. Die Metamorphose der Planulalarve zum sessilen Primärpolypen wird ausgelöst durch Bakterien der Gattung *Alteromonas,* die auf der Schneckenschale siedeln. Die Anwesenheit solcher Bakterien wird von der Planulalarve mittels neurosensorischer Zellen wahrgenommen, die alsdann ein Neuropeptid als internes, hormonales Triggersignal freisetzen (nach Untersuchungen von Müller u. Leitz 2002; Schmich et al. 1998)

Bei Insekten kann die **Photoperiode** den Startzeitpunkt bestimmen. Damit all die mit einer Metamorphose verbundenen Umstellungen zeitgerecht und koordiniert vonstatten gehen, werden die **externen**, auf das Sinnes-Nervensystem wirkenden Signale umgesetzt in **interne Signale**, die an viele Empfänger, gegebenenfalls an alle Körperzellen, verteilt werden können. Solche internen Signale können Neurotransmitter oder (Neuro-) Hormone sein.

22.3.2
Bei Insekten hat oft die Tageslänge Einfluss auf Beginn, Verlauf und Resultat der Metamorphose, und es kann eine Entwicklungspause (Quieszenz, Dormanz/Diapause) eingeschaltet werden

Besonders mannigfache Koppelungsmechanismen zwischen Umweltgegebenheiten, Hormonsystem und Entwicklung sind bei Insekten bekannt. Zwar wird oft die Lehrmeinung vertreten, bei Insekten wie bei Amphibien setze die Metamorphose ein, wenn das letzte Larvenstadium ausreichend Masse angefressen hat. Ausreichende Masse ist gewiss ein wichtiges Kriterium, und im Labor kann es auch das einzig wichtige sein. Doch ein im

Freien lebendes Amphib oder Insekt darf die äußeren Bedingungen nicht außer acht lassen: Herrscht vielleicht ungünstige Witterung? Steht gar die kalte Jahreszeit bevor?

Ist es zu heiß oder zu kühl, oder gilt es eine Jahreszeit ohne ausreichendes Nahrungsangebot zu überleben, kann eine Phase der Entwicklungsruhe eingeschoben werden. Der Ökophysiologe unterscheidet:

- **Quieszenz.** Eine Ruheperiode, die unmittelbar von den herrschenden Gegebenheiten (z.B. Temperatur) ausgelöst und wieder beendet wird, und die auch graduell sein kann.
- **Dormanz oder Diapause.** Eine anhaltende Ruhephase, die **prospektiv** in Vorsorge vor einer bevorstehenden unwirtlichen Zeit begonnen wird.

Steht der Winter bevor, muss man sich vorbereitend darauf einstellen; denn das Amphib oder Insekt hat, von seltenen Ausnahmen abgesehen (Bienenstock), keine Möglichkeit, eine Körperheizung einzuschalten, um Erfrieren zu vermeiden.

Eine winterfeste, gegen Erfrieren resistente Entwicklungsruhe heißt bei Insekten **Diapause** (zu den Mechanismen einer Frostresistenz s. Müller: Tier- und Humanphysiologie, Kap. 26, Ökophysiologie). Eine solche Diapause kann bei hemimetabolen Insekten auf jeder Entwicklungsstufe eingeschoben werden, bei holometabolen nur in bestimmten Stadien, und zwar auf der Entwicklungsstufe

- des Eies,
- der Puppe oder
- der fertigen Imago.

Diapause wird eingeleitet durch

- langanhaltende schlechte Witterung und/oder
- sich verkürzende Hellperiode, z.B. Übergang vom Langtag zum Kurztag bei der Herbstsonnwende (um den 21. September).

Eine Diapause wird aufgehoben,

- wenn nach einer obligatorischen Kühlzeit die Temperatur wieder ansteigt, und/oder
- wenn die Hellperiode wieder eine kritische Länge übersteigt, z.B. Übergang vom Kurztag zum Langtag bei der Frühjahrsonnwende (um den 21. März).

Abschließend sollen zwei Beispiele zeigen, wie die Insektenwelt in mannigfacher und auch überraschender Weise auf Umweltgegebenheiten reagieren kann.

- Beim **Landkärtchen** *Araschnia levana*, einem einheimischen Schmetterling, gibt es zwei Saisonformen. Aus den überwinternden Diapausepuppen schlüpfen im Frühjahr Falter mit roten Flügeln. Diese erzeugen Eier, aus ihnen schlüpfen Raupen, die Raupen des Frühsommers werden zu

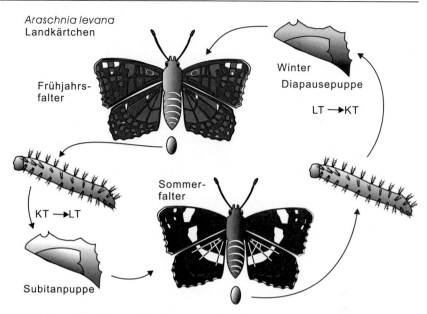

Abb. 22.6. Lebenszyklus des Landkärtchens *Araschnia levana*. Diese einheimische Schmetterlingsart tritt in zwei Farbvarianten auf, wobei zu- oder abnehmende Tageslänge über die Variante entscheidet, die in der Puppenhülle entsteht (aus Müller: Tier- und Humanphysiologie)

Nicht-Diapausepuppen. Bestimmend ist die Verlängerung der Hellperiode über 12 Stunden hinaus. Aus diesen Nicht-Diapausepuppen schlüpfen im Hochsommer Falter mit schwarz-weiß gemusterten Flügeln (Abb. 22.6). Deren Nachkommen geraten als Raupen im Herbst in den Kurztag mit einer Hellperiode kürzer als 12 Stunden und verwandeln sich in überwinternde Diapausepuppen. Der Kreislauf ist geschlossen. Die Flügelfärbung wird über den Zeitpunkt der 20 OH-Ecdysteronwirkung determiniert, die ihrerseits von der Photoperiode abhängt.

- Die Imagines der **marinen Zuckmücke** *Clunio marinus* schlüpfen aus der Puppenhülle in Abhängigkeit von der Mondphase. Die Rhythmik ist in Anpassung an den Gezeitenwechsel semilunar, d. h., alle 14,77 Tage ist ein Schlüpftermin angesagt. Eine erste Kohorte von Mücken schlüpft in der dunklen Neumondnacht aus ihrer Puppenhülle; eine zweite Kohorte schlüpft in der hellen Vollmondnacht und erhebt sich in die Lüfte. Eine amerikanische *Clunio*-Art schlüpft nur bei Vollmond. Bei der zeitlichen Programmierung des Schlüpftermins ist das Hormon 20OH-Ecdysteron involviert.

ZUSAMMENFASSUNG DES KAPITELS 22

Metamorphose ist eine Art zweite Embryonalentwicklung, die einen ersten, larvalen Phänotyp in einen zweiten, adulten oder imaginalen Phänotyp umkonstruiert, der eine andere ökologische Nische besiedelt. Bei marinen Lebewesen dient die Larve auch der geografischen Verbreitung.

Bei Amphibien geschehen der Abbau larvaler Strukturen und die Herstellung neuer, adulter Strukturen Zug um Zug. Bei Insekten kann sich die Umkonstruktion in kleinen Schritten vollziehen (**hemimetabole Entwicklung**) oder in zwei dramatischen, totalen Umgestaltungsphasen von der Larve zur Puppe und von der Puppe zur Imago (**holometabole Entwicklung**).

Da in jeder Metamorphose in einem abgestimmten Zeitprogramm zahlreiche Strukturen umgebaut und physiologische Funktionen umgestellt werden müssen, werden Steuersignale benötigt, die viele Empfänger erreichen. Hierfür eignen sich Hormone. Bei Amphibien und Insekten hat sich ein duales System der hormonalen Steuerung etabliert:

- Es gibt ein Hormon, das Zellteilung und damit larvales Wachstum ermöglicht, das andererseits eine vorzeitige Umgestaltung der Larve in die Adultform verhindert. Bei Insekten ist dies das von den Corpora allata gelieferte **Juvenilhormon**: Eine absinkende Konzentration von Juvenilhormon ermöglicht die Metamorphose. Bei Amphibien wird dem von der Adenohypophyse produzierten Hormon **Prolactin** eine vergleichbare Funktion zugesprochen, doch sinkt seine Konzentration in der Metamorphose nicht sogleich ab, sondern steigt vorübergehend an, was auf weitere und neue Funktionen hindeutet.

- Positiv vorangetrieben wird die Metamorphose durch das Steroidhormon **Ecdyson** (bzw. 20-Hydroxy-Ecdyson = Ecdysteron) bei Insekten und durch das jodhaltige Schilddrüsenhormon **Thyroxin** bei Amphibien. Ecdyson wie Thyroxin benutzen den gleichen Typ von intrazellulären Rezeptoren, um Genaktivitäten umzusteuern (s. Abb. 20.5). Mit welchen Genaktivitäten und physiologischen Umstellungen einzelne Gewebe und Organe reagieren, ist eine Funktion ihrer vorausgegangenen Programmierung.

Das Hormonsystem sowohl der Amphibien wie der Insekten steht unter der Kontrolle des Gehirns. **Neurosekretorische Hormone** geben Befehle des Nervensystems an die Hormondrüsen weiter; deshalb können externe Reize und Umweltgegebenheiten wie Tageslänge Einfluss nehmen auf den Beginn und Verlauf der Metamorphose.

23 Determination und Entwicklung des Geschlechts

23.1
Wesen der Sexualität

23.1.1
Sex dient der Weitergabe neu kombinierter genetischer Information über Gameten an Nachkommen; dabei steuern im Regelfall weibliche und männliche Individuen über ihre Gameten Gene bei, über deren Auswahl der Zufall waltet

Wir fassen hier Wesentliches aus dem Grundunterricht (und Kapitel 1) zusammen: Sex im Sinne des Genetikers ist primär ein Vorgang, bei dem neue Genkombinationen zusammengestellt und den Nachkommen zugeteilt werden. Bei eukaryotischen Organismen geben in aller Regel je zwei verschiedene Individuen über ihre **Gameten (Keimzellen, Geschlechtszellen)** je einen Satz von Genen (haploides Genom) an die nächste Generation weiter.

Die meisten vielzelligen Organismen, darunter nahezu alle vielzelligen Tiere, sind diploid (Ausnahme: Bienendrohn). In allen ihren Zellen ist jedes zum kompletten Satz gehörende Chromosom doppelt vertreten. Da aber jeder Geschlechtspartner dem Nachkommen nur ein Chromosom eines jeden Chromosomenpaares zuteilen darf, entscheidet ein Zufallsspiel, welches der beiden zur Auswahl stehenden homologen Chromosomen im Einzelfall in eine Keimzelle befördert wird. Der Zufall waltet bei den Zellteilungen der **Meiose** (Reifeteilungen).

Bei der ersten meiotischen Teilung werden ganze (in sich bereits verdoppelte) Chromosomen auf zwei Tochterzellen verteilt. Im Ovar einer Frau beispielsweise erhält bei der ersten meiotischen Teilung einer Oocyte die künftige Eizelle vom Chromosomenpaar Nr. 12 das „mütterliche", vom Paar Nr. 13 ebenfalls das „mütterliche", vom Paar Nr. 14 das „väterliche". Dem Polkörper hingegen werde jeweils das homologe Gegenstück zugeteilt. „Väterlich" meint: Dieses Chromosom war zum Lebensbeginn dieser Frau einstmals von ihrem Vater über das Spermium beigesteuert worden, „mütterlich" meint: Ihre Mutter war Trägerin dieses Chromosoms gewesen und hatte es ihrem Kind über die Eizelle weitergegeben.

Zufall ist auch schon vor der Verteilung der Chromosomen im Spiel, wenn in der Prophase der Meiose je zwei homologe Chromosomen durch

Crossover Gene austauschen. Ein weiteres Mal kommt der Zufall ins Spiel, wenn im Zuge der Befruchtung zwei Gameten fusionieren: Welche Gameten treffen sich?

Die Neukombination genetischer Information läuft also im Kontext der Produktion von Nachkommen ab, und man spricht von **sexueller Fortpflanzung.** Jeder Nachkomme ist mit einer neuen, aber zufällig zusammengestellten Kombination jener Gene ausgestattet, die der mütterliche und der väterliche Genträger beitragen durfte, und die Nachkommen müssen diese Kombination dem Prüfverfahren der natürlichen Selektion unterwerfen.

Gameten treten in Form zweier, sehr spezialisierter Zellen auf: der **Eizelle** und – bei Tieren – dem **Spermium** (Spermatozoon). In einer Reihe von wirbellosen Tieren und Fischen kann ein Individuum beide Typen von Gameten erzeugen, und man spricht dann von Zwittertum, im wissenschaftlichen Sprachgebrauch von **Hermaphroditismus** (von den mythologischen Gestalten Hermes und Aphrodite der griechischen Antike abgeleitet). Organismen, die eine zwittrige Potenz haben, heißen auch **monöcisch** (Griech.: *mono* = ein, ein einziges; *oikos* = Haus). Ein uns von der Lektüre des Kap. 3.4 her bekanntes Beispiel ist *Caenorhabditis elegans*. Eine Population dieses Nematoden besteht nur aus Hermaphroditen, oder sie besteht aus Hermaphroditen und einigen seltenen Männchen, die sich mit Hermaphroditen paaren.

In der Mehrzahl der Tiere ist die Aufgabe, Eizellen oder Spermien zu erzeugen, auf zwei verschiedene Individuen verteilt. Solche Arten sind **diöcisch** oder **heterosexuell.**

Um die Produktion solcher Zellen zu optimieren, werden nicht nur die Gonaden, sondern mehr und mehr auch andere körperliche Organe verschieden gestaltet. Dieser **Sexualdimorphismus** dehnt sich auf Schmuckstücke (wie Farbkleid), Bewaffnung (wie Geweih) und Verhalten aus.

Zwittertum belegt für sich schon **bisexuelle Potenz.** Bei Geschlechtsdimorphismus muss diese jedoch keineswegs verloren gehen. Sie bleibt grundsätzlich erhalten.

23.1.2
Vielzellige Organismen besitzen grundsätzlich bisexuelle Potenz; doch ein Schlüsselgen oder Umweltgegebenheiten treffen eine Entscheidung

Im Regelfall sind in jedem Individuum die Gensätze vorhanden, die zur Entfaltung sowohl des weiblichen wie des männlichen Geschlechts gebraucht werden. Das trifft auch für den Menschen zu. Wäre dies nicht so, könnte eine Frau nicht „männliche" Gene ihres Vaters auf ihre Söhne übertragen, und ein Mann nicht „weibliche" Gene von seiner Mutter auf seine Töchter. „Männliche" und „weibliche" Gene meint in diesem Kontext das Kompendium von Genen, das zur Verwirklichung des einen oder anderen Geschlechts benötigt wird. Mit anderen Worten: wir alle sind über die Eizelle und das Spermium mit dem ganzen Inventar von Genen ausgestattet worden, das benötigt wird, um Mann oder Frau zu werden – mit wenigen Ausnahmen, wie nachfolgend erläutert wird.

Außer der basalen genetischen Grundausstattung für sexuelle Entwicklung gibt es noch (mindestens) ein **Schlüsselgen** (Schaltergen, Selektorgen, Meistergen), das alternativ den „männlichen" oder den „weiblichen" Gensatz zum Zuge kommen lässt.

- Bei **phänotypischer Geschlechtsbestimmung** sind auch die Selektorgene zur Kontrolle der „weiblichen" und der „männlichen" Gensätze, immer präsent und Umweltbedingungen treffen die Entscheidung.
- Bei **genotypischer** Geschlechtsbestimmung wird ein „männliches" (selten ein „weibliches") Selektorgen nur der einen Hälfte der Nachkommen vererbt.

23.2
Geschlechtsbestimmung

23.2.1
Bei phänotypischer Geschlechtsbestimmung treffen Umweltfaktoren die Entscheidung

Und gerade darin erweist es sich, dass eine bisexuelle Potenz vorliegt.

Bei dem marinen Anneliden *Ophryotrocha puerilis* wird erst der männliche Phänotyp realisiert, später im Leben der weibliche (**proterandrischer Hermaphrodit**). Wenn der Zufall jedoch zwei Weibchen zusammenführt, wird mittels Pheromonen ein Duell ausgetragen. Das schwächere der beiden Würmchen muss sich zum Männchen zurückverwandeln. Treffen sich zwei Männchen, darf sich nur eines der beiden zum Weibchen fortentwickeln.

Bei **Krokodilen**, vielen Schildkröten (z. B. der europäischen Sumpfschildkröte *Emys orbicularis*) und einigen Echsen kommt es auf die Umgebungstemperatur an, unter welcher der Embryo im Ei bebrütet wird (er wird in der Regel von der Sonne bebrütet). Über einer kritischen Temperatur kommt in der Regel das männliche Geschlecht zum Zuge, unter dieser Temperatur das weibliche. Ohne vollgültige bisexuelle Potenz wäre eine solche Alternativentscheidung nicht möglich.

Der Mississipi-Alligator lässt die Bebrütungswärme von Mikroorganismen erzeugen, für die er einen Komposthügel errichtet. Bei 30°C entwickeln sich 100% Weibchen, bei 33°C zu 100% Männchen. Bei Temperaturen zwischen 32°C und 33°C entwickeln sich Weibchen und Männchen in unterschiedlichen Verhältnissen (Deeming u. Fergusen 1988). Wie ein eierlegendes Krokodil es schafft, sein Gelege im Kompost so anzuordnen, dass ca. die Hälfte der Eier über, die andere Hälfte unter der kritischen Temperatur sein wird, ist nicht bekannt.

Zoologen mit Sinn für ironischen Humor weisen gern auf weitere Beispiele phänotypischer Geschlechtsbestimmung. Ausgewachsene Anglerfische der Tiefsee sind stets Weibchen. Um einen garantiert treuen Sexpartner zu bekommen, fangen sie eine Larve der eigenen Spezies ein. Diese verwächst mit dem Weibchen und wird zum Minimännchen, das auf Abruf durch seine dominante Ehepartnerin als Samenspender fungiert. Das Minimännchen braucht sich nicht um Nahrung zu kümmern, bleibt aber zeitlebens gefangen. Entgeht eine Larve diesem Schicksal, weil sie sich nicht einfangen lässt, wird sie selbst zum Weibchen und damit zum Angler. Einer ähnlichen Schicksalsentscheidung unterliegen die Larven des Anneliden *Bonellia viridis*.

23.2.2
Bei genotypischer Geschlechtsbestimmung treffen besondere Schaltergene (Selektorgene) die Entscheidung; diese können auf besonderen „Geschlechtschromosomen" liegen

Bei **genotypischer Geschlechtsbestimmung** führen besondere Schlüssel- oder Schaltergene die Alternativentscheidung ♂ versus ♀ herbei. Solche Schlüsselgene wird man auf jenen Chromosomen suchen, die im weiblichen und männlichen Geschlecht nicht in gleicher Form oder gleicher Zahl vorliegen. Diese nennt man

- **Heterosomen.** Ihnen stehen die
- **Autosomen** gegenüber, von denen keine geschlechtsspezifischen Unterschiede bekannt sind.

Die Heterosomen nennt man, etwas irreführend, auch **Geschlechtschromosomen**, irreführend insofern, als der Begriff Geschlechtschromosom nicht erkennen lässt, dass es nur auf ein Geschlechts-**entscheidendes** Schaltergen ankommt. Geschlechtschromosomen beherbergen nie alle für die Geschlechtsentwicklung erforderlichen Gene.

Wenn ein dominierendes Schaltergen den Weg zum **männlichen** Geschlecht öffnet, wird das Heterosom, das dieses Gen trägt, in der Regel **Y-Chromosom** genannt, sein ungleicher Partner, dem dieses Gen fehlt, heißt dann **X-Chromosom.**

Wenn ein dominierendes Schaltergen den Weg zum **weiblichen** Geschlecht öffnet, wird das Heterosom, welches dieses Schaltergen trägt, in der Regel **W-Chromosom** genannt; sein Partner **Z-Chromosom.**

Über das Vorkommen von Heterosomen und weitere Begriffe informiert Tabelle 23.1.

Beim Menschen liegt die Mehrzahl der Gene, die für die Entwicklung geschlechtlicher Merkmale gebraucht werden, auf den 44 Autosomen. Das entscheidende Schlüsselgen jedoch liegt auf dem Y-Chromosom (wo sich zusätzlich noch einige Gene befinden, die speziell für die Spermienentwicklung benötigt werden).

Tabelle 23.1. Heterosomenkonstitution

Tiergruppe	Das homogame- tische Geschlecht	wird	Das heterogame- tische Geschlecht	wird
Säuger, Mensch	XX	♀	XY	♂
Drosophila	XX	♀	XY	♂
Schmetterlinge	ZZ	♂	WZ	♀
Vögel	ZZ	♂	WZ	♀

Genotypische Geschlechtsbestimmung geschieht im Tierreich keineswegs nach einem einheitlichen Muster, auch nicht, wenn die Bezeichnung der Heterosomen dies nahe legt, wie folgender Vergleich zeigt:

- **Der Nematode** *Caenorhabditis elegans*:
  Chromosomen: XX → Hermaphrodit;
  rein weibliche Individuen gibt es nicht.
  X0 → männlich (X0 durch Verlust eines X
  in der Gametogenese bei der Meiose).

Nur in X0-Individuen ist das Gen *lethal* eingeschaltet, das seinerseits das Hermaphroditen-determinierende Gen *transformer-1 (tra-1)* abschaltet.

- **Die Taufliege** *Drosophila*:
  Bei *Drosophila* kommt es primär darauf an, wie viele X-Chromosomen dem Autosomensatz (Nicht-Geschlechtschromosomen) gegenüberstehen.
  XX: A → weiblich,
  X: A → männlich (das Y-Chromosom zählt nicht).

Von Genen der X-Chromosomen und der Autosomen leiten sich wiederum Faktoren ab, die sinnigerweise **Numeratoren** (Zähler) und **Denominatoren** (Nenner) genannt werden. Überwiegen die sich vom X-Chromosom ableitenden Numeratoren, kommt es zum Einschalten des ♀ bestimmenden *Sexlethal (Sxl)*-Gens. Die ♂ Entwicklung ist hier die „default option", d.h. sie kommt von selbst zum Tragen, wenn das *Sxl*-Gen schweigt.

- **Gynander.** Im Einzelnen sind die Prozesse der Geschlechtsbestimmung in *Drosophila* sehr kompliziert und sollen hier nicht vertieft referiert werden. Erwähnt werden soll aber eine besondere Kuriosität, die bei Insekten möglich ist. Es gibt bei Insekten keine Sexualhormone, die eine einheitliche Entwicklung geschlechtsspezifischer Merkmale im ganzen Körper erzwingen könnten, wie das bei Säugern der Fall ist. Passiert nun während der Embryonalentwicklung eines XX-Individuums bei einer Zellteilung eine Fehlverteilung, sodass eine Tochterzelle die Konstitution XXX, die andere X0 erhält, so werden alle Nachkommen der X0-Zelle zellautonom männliche Charakteristika entwickeln. Solche Fliegen (oder Schmetterlinge) bestehen dann aus Mosaiken von Zellklonen, die ♀ sind (XX oder XXX) und Zellklonen, die ♂ sind (X0). Das kann für

Papilio dardanus

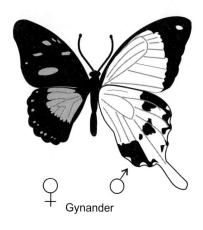

Gynander

Abb. 23.1. Gynander bei einem sexualdimorphen Schmetterling

den Kenner auch äußerlich sichtbar sein. Man spricht von **Gynandern** (Griech.: „Weibmänner", Abb. 23.1).

- **Säugetiere/Mensch.** Ein auf dem Y-Chromosom liegendes Gen, *Sry* (*sex-determining region of the Y-Chromosome*), dirigiert die Entwicklung in die männliche Richtung. Eine weibliche Entwicklung kommt von selbst in Gang, wenn das *Sry*-Gen fehlt. Bei Säugetieren verhält es hinsichtlich der „default option" also umgekehrt wie bei *Drosophila*. Näheres zur Geschlechtsbestimmung und Geschlechtsentwicklung des Menschen wird nachfolgend ausgeführt.

23.3
Die Sexualentwicklung bei Säugern und dem Menschen

23.3.1
Sexualentwicklung ist ein Vielstufenprozess, bei dem ein indifferenter Ausgangszustand in divergente Bahnen gelenkt wird, die bei geschlechtsspezifischen Verhaltensweisen enden

Die basale bisexuelle Potenz, die uns allen im Erbgut mitgegeben worden ist, kommt in der Embryonalentwicklung auch morphologisch zum Ausdruck. Anfänglich sind alle somatischen Merkmale, die Gonaden inbegriffen, in beiden künftigen Geschlechtern gleich. In den Gonaden ist dieser bisexuelle Ausgangszustand dadurch dokumentiert, dass anfänglich sowohl Oogonien als auch Spermatogonien vorliegen (Abb. 23.2). Auch die Anlagen der weiteren Organe, die im Dienste der sexuellen Fortpflanzung stehen, werden für beide Geschlechter vorbereitet oder sind in ihrer Struktur zunächst indifferent (Abb. 23.3; Abb. 23.4). Ausgehend von der Aktivität

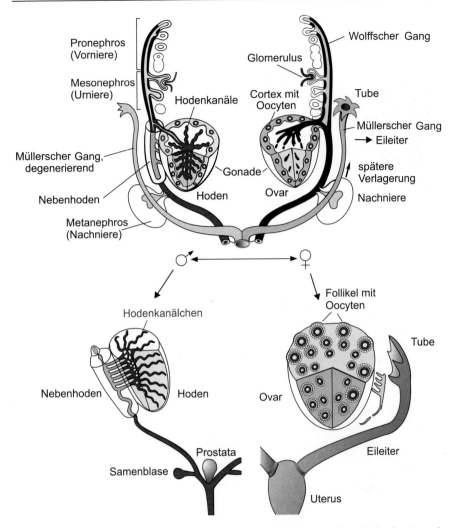

Abb. 23.2. Entwicklung der inneren Sexualorgane beim Säuger/Menschen. Links: beginnende Entwicklung in männliche Richtung, rechts: Entwicklung in weibliche Richtung

eines Schaltergens, das im Verlauf der Embryonalentwicklung in den Gonaden eingeschaltet wird, oder das fehlt, wird eine Alternativentwicklung in die Wege geleitet, die in mehreren Stufen männliche oder weibliche Züge verwirklicht. Die Stufen der sexuellen Entwicklung sind:

1. **Genetisches Geschlecht**
2. **Gonadales Geschlecht (Hoden versus Ovar)**
3. **Somatisches Geschlecht (körperliche Morphologie)**
4. **Psychisches Geschlecht.**

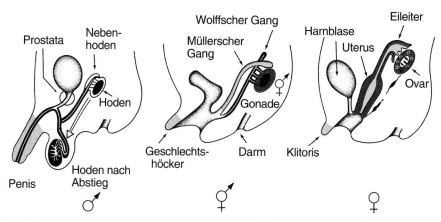

Abb. 23.3. Entwicklung der Sexualorgane aus einem indifferenten Anfangsstadium heraus

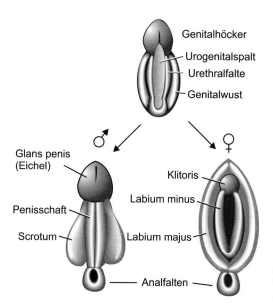

Abb. 23.4. Entwicklung der äußeren Genitalien aus einem indifferenten Anfangsstadium heraus

Gonadales, somatisches und psychisches Geschlecht des Menschen entwickeln sich ihrerseits in zwei Phasen:

a. einer embryonalen Phase, welche die **primären Geschlechtsmerkmale** ausprägt, und

b. **Endreifung in der Pubertät**, in der Hoden Spermien produzieren, Ovarien ihre Eier zur Reife bringen, und in der die **sekundären Geschlechtsmerkmale** zum Vorschein kommen (z.B. Bart) oder zur Reife gelangen (z.B. Brust).

23.3.2
Das genetische Geschlecht: Ein einzelnes, dominierendes Gen bestimmt, ob man Mann oder Frau wird

Die erste Grundentscheidung fällt im Augenblick der Befruchtung: Welches Spermium erreicht als erstes die Eizelle, um mit ihr zu fusionieren? Da alle Oocyten gleichermaßen mit einem X-Chromosom ausgestattet sind, kommt es auf das jeweilige Spermium an: Bringt es ebenfalls ein X-Chromosom mit, wird der Embryo XX (homogametisch), und es wird im Regelfall ein Mädchen geboren werden. Bringt das Spermium ein Y-Chromosom mit, wird der Embryo XY (heterogametisch), und es wird ein Junge geboren werden. Entscheidend ist, ob ein **Y-Chromosom** zugegen ist; denn es trägt ein dominantes, Sex-determinierendes Selektorgen *Sry* (*sex-determining region of the Y chromosome*). Dieses Gen codiert für den Faktor SRY, der vor der Identifizierung des *Sry*-Gens **testis-determining factor TDF** genannt wurde. SRY hat eine DNA-bindende Domäne, die von der *HMG*-Box (*HMG = high mobility group*) des Gens codiert wird. Ein 14 kb-Fragment dieses Gens, das die HMG-Gruppe umfasste, in XX-Eizellen der

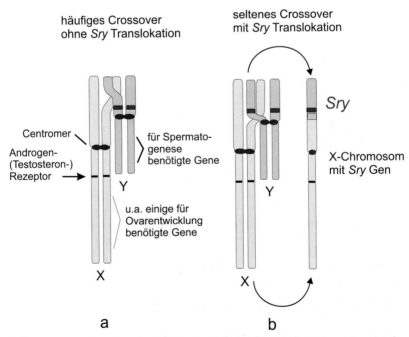

Abb. 23.5. a Crossover zwischen homologen Bereichen von X- und Y-Chromosomen ohne Überwechseln des *SRY*-Locus vom Y- auf ein X-Chromosom; **b** Translokation der bestimmenden *SRY*-Region vom Y-Chromosom auf ein X-Chromosom im Zuge eines seltenen Crossovers

Maus eingebracht, machte aus XX-Embryonen ♂ Mäuse. **Ein einziges Schaltergen kann bestimmen, ob man Mann oder Frau wird!**
Dem Mechanismus der genetischen Geschlechtsbestimmung war man auf die Spur gekommen durch genetisch bedingte Fehlsyndrome.

- Die besondere Bedeutung des Y-Chromosoms ließ sich ableiten vom
  - **XXY-Klinefelter-Syndrom.** Solche Individuen sind phänotypisch männlich.
  - **X0-Turner-Syndrom.** Fehlt das Y-Chromosom (0 heißt Fehlen eines Chromosoms), wird der Phänotyp weiblich (doch bleiben X0-Individuen unfruchtbar).

Klinefelter- und Turner-Syndrom kennt man nicht nur vom Menschen, sondern auch von anderen Säugern (z. B. Katzen).

- Dem *Sry*-Gen im Besonderen war man auf die Spur gekommen durch seltene sexuelle Fehlentwicklungen, in denen augenscheinlich das körperliche Geschlecht nicht in Einklang mit dem chromosomalen stand.
- **Translokation, XX und dennoch männlich:** X- und Y-Chromosom waren vor Urzeiten mutmaßlich zwei homologe Chromosomen; denn sie sind es heute noch am Ende der kurzen Chromosomenarme (Abb. 23.5). Wenn sich in der Prophase der Meiose die homologen Chromosomen paaren und durch Crossover Chromosomenstücke austauschen, können auch die X- und Y-Chromosomen mit ihren homologen Enden Kontakt miteinander aufnehmen und Stücke austauschen. Das *Sry*-Gen liegt knapp unterhalb dieser Region, aber in seltenen Fällen wechselt es doch einmal vom Y- zum X-Chromosom (Abb. 23.5). Dann können Individuen geboren werden, die chromosomal XX sind, aber auf Grund des *Sry*-Gens auf einem ihrer beiden X-Chromosomen männlich werden. Translokationen der genannten Art waren auch bei Mäusen beobachtet worden, und dies ermöglichte die Suche nach dem entscheidenden Gen auf der verdächtigen Region des Chromosoms (mit der sehr aufwändigen Methode der Positionsklonierung).

  Translokation nur des *Sry*-Gens auf ein X hat zwar zur Folge, dass der Empfänger eines solchen X-*Sry* Chromosoms männlich wird mit allen äußerlich erkennbaren Attributen und seinem Verhalten. Ein solches Individuum mit XX-*Sry* Konstitution wird aber selbst nicht fertil werden, weil das Y-Chromosom auch Gene trägt, die für die **Spermiogenese** benötigt werden, aber nicht transloziert wurden. Siehe dazu Abb. 23.5 und auch Abschnitt 23.3.8. (Allerdings sind nicht alle für die Spermiogenese benötigten Gene auf dem Y-Chromosom konzentriert, andere liegen auf dem X-Chromosom.)
- **Nullmutation, XY und dennoch weiblich.** Das weibliche Geschlecht ist bei Säugern einschließlich des Menschen der Grundzustand. Er stellt sich ein, wenn das *Sry*-Gen defekt ist; denn als Y-gekoppeltes Gen hat es keinen intakten homologen Partner (zweites Allel), der den Defekt kom-

pensieren könnte. Nach dem Chromosomenbild wird zwar eine XY-Konstitution diagnostiziert, doch das Fehlen der *Sry*-Funktion genügt, um die Entwicklung in weibliche Richtung zu lenken.

Nach Untersuchungen an genetisch manipulierten Mäusen kann es für eine weibliche Entwicklung trotz maskuliner XY-Konstitution auch einen anderen Grund geben: Es gibt auf dem X-Chromosom ein Gen, *Dax1*, dessen Produkt dem SRY-Faktor entgegenwirkt. *Dax1* scheint allerdings kein Selektorgen zu sein, das feminine Gene zur Transkription freigeben würde, und insofern ist *Dax1* kein gleichrangiger Widersacher zu *Sry*. Bei der normalen maskulinen XY-Konstitution ist das DAX1-Produkt zu schwach, um die beherrschende Stellung des SRY gefährden zu können. Nur in Fällen, in denen ein durch lineare Genduplikation verdoppeltes *Dax1* einem durch Mutation geschwächten *Sry* gegenüberstand, gewann das *Dax1*-Doppel die Oberhand. Das abgeschwächte *Sry* war völlig neutralisiert, und es setzte sich, trotz cytologischer XY-Konstitution, die feminine Basisoption durch.

Ein weiterer Grund für eine feminine Entwicklung trotz eines XY-Chromosomenbildes kann, wie unter 23.2.3 erläutert, der Ausfall des Hormons Testosteron oder der Ausfall des Rezeptors für Testosteron sein.

23.3.3
Das gonadale Geschlecht: Aus einer zwittrig angelegten Gonade wird alternativ ein Hoden oder ein Ovar

Die Gonade ist zunächst indifferent. Urkeimzellen besiedeln sowohl als potenzielle Oogonien die Rindenschicht, als auch als potenzielle Spermatogonien die zentrale Medulla (s. Abb. 23.2). Bei der XY-Konstitution wird nun aber das *Sry*-Gen eingeschaltet, beim Menschen in der siebten Schwangerschaftswoche für ein paar Stunden. Das vom *Sry-Gen* codierten **SRY-Protein (= TDF, testis-determining factor)** nimmt die Rolle als Transkriptionsfaktor wahr, schaltet eine Reihe von Genen ein, die für die männliche sexuelle Entwicklung erforderlich sind, und schaltet andere Gene aus. Als Folge gehen die Urkeimzellen des Cortex (potenzielle Oogonen) zugrunde. Die Gonade wird zum **Hoden** (s. Abb. 23.2; Abb. 23.5); die Stützzellen (supporting cells) der Gonade werden zu

- **Sertoli-Zellen** und beginnen, den hormonellen Faktor **anti-Müllerian duct factor AMDF** zu erzeugen; die Steroid-Vorläuferzellen werden zu den
- **Leydigschen Zwischenzellen** und produzieren das ♂ Sexualhormon **Testosteron** (Abb. 23.6).

Ist das *Sry*-Gen nicht zugegen oder defekt, wird aus der Gonade ein **Ovar**:

- In diesem Fall werden die Stützzellen zu **Follikelzellen**,
- die Steroid-Vorläuferzellen zu den **interstitiellen Zellen (Thecazellen)** und produzieren als ♀ Sexualhormone **Oestrogene (Östrogene)**, besonders **Oestradiol (Östradiol)** (Abb. 23.7; Abb. 23.8).

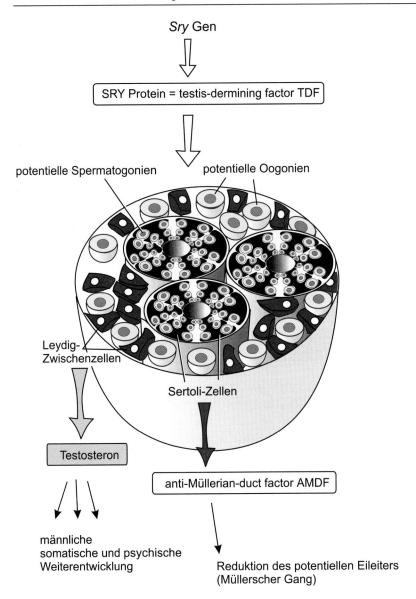

Abb. 23.6. Wirkung des vom *SRY*-Gen codierten TDF (testis-determining factor) auf die noch indifferente Gonade. Die Sertoli-Zellen werden angeregt, den hormonalen Faktor AMDF (anti-Müllerian duct factor) auszusenden, die Leydig-Zwischenzellen werden angeregt, das männliche Sexualhormon Testosteron zu produzieren und freizusetzen

23.3.4
Das somatische Geschlecht: Hormone dirigieren eine indifferente Anlage für Sexualorgane in eine alternative Fortentwicklung; dabei kommt dem Testosteron besondere Bedeutung zu

Die Entwicklung der inneren und äußeren Sexualorgane, welche die biologische Funktion von Hoden und Ovar unterstützen, geht ebenfalls von einem indifferenten Anfangsstadium aus (s. Abb. 23.3; Abb. 23.4). So sind vorsorglich sowohl ein potentieller Eileiter, der **Müllersche Gang**, als auch ein potentieller Samenleiter, der **Wolffsche Gang**, angelegt, und auch in den äußeren Genitalien lässt die phänotypisch indifferente Ausgangsmorphologie eine Entwicklung sowohl in feminine Richtung als auch in maskuline Richtung zu. Bei der XY-Konstitution atrophiert der Müllersche Gang, vermittelt durch den **AMDF**, während **Testosteron** die Weiterentwicklung des Wolffschen Ganges zum Samenleiter sowie die Entwicklung der äußeren Genitalien zu Scrotum und Penis ermöglicht.

Das von den Leydig-Zellen produzierte, über die Blutbahn verteilte Testosteron wird in den Zielorganen in die wirksame Endform überführt. In der frühembryonalen Anlage der äußeren Genitalien (Genitalleisten) ist eine 5α-Reductase exprimiert, die das Testosteron in das aktive **5α-Dihydrotestosteron** umwandelt (Abb. 23.7).

Ausfall von Testosteron, mangelnde 5α-Reductase oder defekte Testosteronrezeptoren führen trotz XY-Konstitution zu einer **phänotypischen Verweiblichung** (**testiculäre Feminisierung**). Testiculäre Feminisierung ist das Gegenstück zu den Fällen, in denen trotz einer XX-Konstitution ein männlicher Phänotyp entsteht (bei XX, weil eines der beiden X-Chromosomen ein transloziertes *Sry* trägt und folglich die Leydig-Zellen Testosteron produzieren).

Die Aussage, die weibliche Entwicklung komme beim Fehlen von SRY oder Testosteron von selbst in Gang, darf nicht so verstanden werden, als spielten die weiblichen Sexualhormone in der weiblichen Sexualentwicklung keine unverzichtbare Rolle. Nur: es genügt das Fehlen eines funktionstüchtigen SRY, damit die Produktion von Östrogenen und Gestagenen in Gang kommt.

Östradiol ist in der Tat wichtig. Fällt (bei weiblichen Mäusen) Östradiol aus (oder der Östradiol-Rezeptor, oder die Aromatase), können im Ovar sogar „männliche" somatische Zellen einschließlich Sertoli- und Leydigzellen entdeckt werden. Umgehrt beeinträchtigen manche Fremdsubstanzen, die wie Östradiol wirken, die Fertilität männlicher Individuen stark (s. Box K23B).

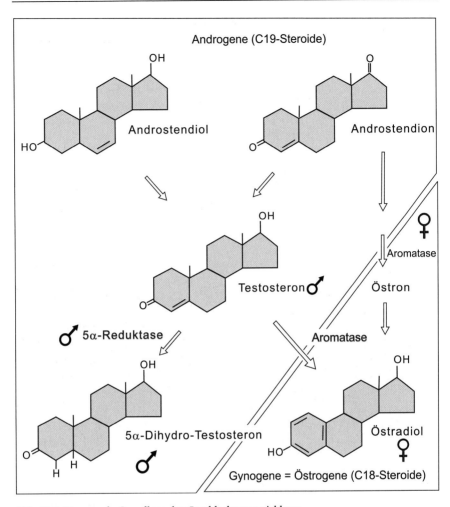

Abb. 23.7. Hormonale Grundlage der Geschlechterentwicklung

23.3.5
Androgene und Östrogene gibt es in beiden Geschlechtern

Bedeutsamste anatomische Quelle der Sexualhormone sind die Gonaden. Doch auch die Nebenniere liefert solche Hormone, besonders zu Beginn der Pubertät, wenn auch in weit geringerem Maße. Mit steigender Empfindlichkeit der Nachweismethoden wurden verstreut weitere kleine Syntheseorte für Sexualhormone entdeckt, überraschenderweise sogar im Gehirn (Simpson 2003). Die Bedeutung dieses Befundes kann gegenwärtig nicht oder nur ansatzweise abgeschätzt werden.

Überraschend mag auch dies sein: Wichtigste **biochemische Quelle des weiblichen Sexualhormons Östradiol ist das androgene Sexualhormon Te-**

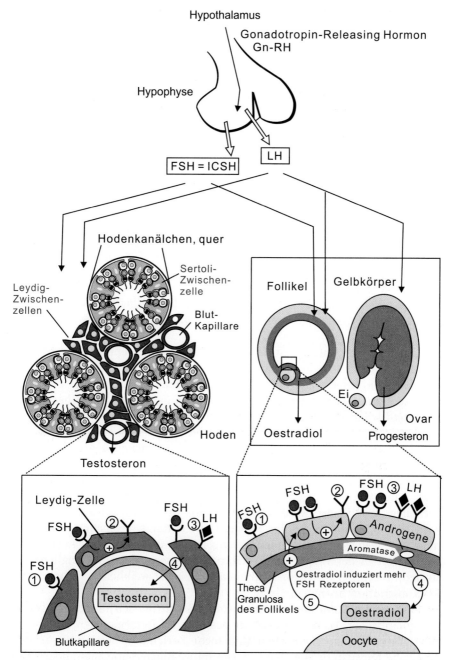

Abb. 23.8. Überblick über Hormone, welche die Sexualentwicklung eines Säugers/Menschen steuern (aus Müller: Tier- und Humanphysiologie, dort weitere Erläuterungen)

stosteron. Testosteron wird im weiblichen Organismus an mehreren Orten mittels einer Aromatase in Östradiol umgewandelt (Abb. 23.7), außer im Ovar (Abb. 23.8) beispielsweise auch im Fettgewebe der Brust und in Knochen. Solche Umwandlungen sind in aller Regel nicht 100%ig, und so lassen sich auch im Blut der Frauen Spuren von Testosteron nachweisen. Umgekehrt wird im männlichen Geschlecht in gewissem Umfang auch Aromatase exprimiert und entsprechend finden sich Spuren von Östrogenen auch im männlichen Geschlecht.

Androgene sollen bei Frauen die Libido fördern. Der „Pille" wird Progestin, Derivat des 19-Nortestosterons, beigemischt, um die Libido-dämpfende Wirkung der Östrogene zu kompensieren. Östradiol wiederum soll im Mann in Gemeinschaft mit dem Hypophysenhormon Prolactin fürsorglich väterliches Verhalten fördern. Prolactin ist als Hormon der Frau bekannt geworden; denn es fördert während einer Schwangerschaft das Heranwachsen der Milchdrüsen; doch mehren sich die Indizien, dass dieses Hormon nicht ohne biologische Funktion auch im Mann produziert wird.

23.3.6
Das psychische Geschlecht: Nach Befunden an Tieren sind auch die Struktur bestimmter Gehirnareale und die Verhaltensdisposition Testosteron-abhängig

Werden trächtige Ratten mit Testosteron behandelt, benehmen sich nicht nur ihre XY-Nachkommen, sondern auch ihre XX-Nachkommen wie ♂. Bei Mäuseartigen zeigen paarungsbereite Weibchen ein Verhalten, das man Lordose nennt. Sie krümmen ihren Rücken so, dass ihre Vagina nach oben zeigt, und wenden den hinderlichen Schwanz beiseite. Mit Testosteron behandelte Tiere zeigen dieses Verhalten nicht; statt dessen versuchen sie, auf Weibchen aufzuspringen, und sie sind gegen Männchen aggressiv. Ähnliche Beobachtungen wurden bei anderen Säugern gemacht.

Die Prägephase liegt generell noch vor der Geburt, wenn auch bei manchen Säugern mit Hormonspritzen auch noch nach der Geburt das spätere Verhalten modifiziert werden kann. Wenn die Geschlechtsreife erreicht wird (beim Menschen in der Pubertät) wird durch vermehrte Ausschüttung von Testosteron die Prägung aufgefrischt und verstärkt. Ausfall von Testosteron in der Präge- und Verstärkungsphase, oder unzulängliche Testosteronrezeption im Gehirn, könnten umgekehrt weibliches Verhalten bei XY-Konstitution bedingen.

Prägung im Sinne der Verhaltensbiologie dürfte sich in der Feinstruktur synaptischer Verknüpfungen in bestimmten Gehirnarealen widerspiegeln. Man bekommt auch mehr und mehr Berichte zu lesen über sexuell dimorphe feinstrukturelle Unterschiede im weiblichen und männlichen Gehirn, so im Riechhirn und in einem Gebiet des optischen Zentrums der Ratte. Bei Singvögeln hat man Testosteron-abhängige feinstrukturelle Unterschiede in Arealen diagnostiziert, die für die Programmierung des männlichen Werbegesangs zuständig sind.

Auch beim **Menschen** werden mehr und mehr Unterschiede in der Struktur des Gehirns von Mann und Frau oder im Expressionsmuster geschlechtsbezogener Gene beschrieben.

- Das Gesamtgehirn des Mannes ist im statistischen Mittel voluminöser und schwerer als das der Frau. Dies betrifft jedoch nicht, oder nur geringfügig, den Präfrontalen Cortex (Stirnrinde), dem eine besonders große Bedeutung für kognitive Prozesse und Langzeitgedächtnis zugeschrieben wird (Goldstein et al. 2001). Darüber hinaus sind die Windungen in der Stirnrinde und der Schläfenrinde der Frau komplexer als beim Mann (Luders et al. 2004). Diese Komplexität spiegelt die Zahl der Neurone in den peripheren Schichten des Cortex wider und wird mit kognitiven, musikalischen und sprachlichen Fähigkeiten in Beziehung gebracht. Größeres Gesamtvolumen und Gewicht des männlichen Gehirns bedeuten also nicht eine größere Anzahl von Nervenzellen in jenen Gehirnregionen, die in der Evolution parallel mit den geistigen Fähigkeiten des Menschen eine so enorme Entfaltung erfuhren. In einzelnen Regionen scheint es jedoch durchaus Korrelate zu Begabungsschwerpunkten zu geben. So ist das in Relation zum gesamten Gehirnvolumen gesetzte Volumen des Sprachzentrums der Frauen größer als das der Männer (Rademacher et al. 2001), und es liegt nahe, dies mit der größeren verbalen Gewandtheit der Frauen in Beziehung zu bringen.
- Der Psychologe und Kognitionswissenschaftler findet durchaus weitere bemerkenswerte kognitive Leistungsunterschiede, für die jedoch noch kein materielles Korrelat gefunden wurde (und das zu finden auch extrem schwierig sein dürfte). Dies betrifft beispielsweise die bessere Fähigkeit von Frauen, Gesichter zu erkennen und soziale Beziehungsgeflechte im Gedächtnis zu behalten, oder das bessere räumliche Vorstellungsvermögen der Männer.
- Hier und dort finden sich jedoch lokale Gruppen von Zellen, die auf dem X- oder Y-Chromosom befindliche Gene unterschiedlich exprimieren, ohne dass gegenwärtig die Bedeutung diese Befunde offenkundig wäre (Vawter et al. 2004).

Signifikante und bemerkenswerte Unterschiede finden sich in evolutionsgeschichtlich älteren Regionen des Gehirns, die mit eher instinktiven, geschlechtsbezogenen Verhaltensmustern korrelieren. Im Folgenden zwei Beispiele:

- Eine kleine Ansammlung von Neuronen in der vorderen Region des Hypothalamus (INAH3 = Interstitial Nuclei of the Anterior Hypothalamus No 3) ist bei heterosexuellen (= nicht-homosexuellen) Männern doppelt so groß wie bei Frauen (leVay u. Hamer 1998). Der Hypothalamus gilt als Zentrum sexueller Instinkte. Die spezifische Funktion dieser INAH Neuronengruppe ist allerdings nicht bekannt. Im Hypothalamus findet sich auch 5α-Reductase, die lokal Testosteron in seine aktive Form überführt (Negri-Cesi et al. 2004). Erotische Filmszenen aktivierten diese Areale bei Männern deutlich stärker als bei Frauen (Karama et al. 2002).

- Eine weitere Neuronengruppe, die bei Frauen kleiner als bei Männer ist, wurde in der Stria terminalis gefunden. Diese Gruppe heißt **BSTc** (Bed nucleus of the Stria Terminalis, part centralis) bezeichnet. Diese Stria verbindet die für Affekte zuständigen Amygdala (Mandelkern) mit dem Hypothalamus. Die Neurone erzeugen Neuropeptide wie Somatostatin, deren Bedeutung an diesem Ort nicht bekannt ist (Kruijver et al. 2000; Chung et al. 2002). Es überraschte wohl kaum, wenn sich umgekehrt Frauen-spezifische Neurone in jenen Regionen finden ließen, die sich mit fraulichem und mütterlichen Verhalten und Befinden in Beziehung bringen lassen.

Transsexuelle Menschen haben das unabweisbare Gefühl, mit dem falschen körperlichen Geschlecht auf die Welt gekommen zu sein (zu möglichen Ursachen s. Box K 23). Bei der Obduktion transsexueller Individuen sollen in bestimmten Gehirnarealen „weibliche" Charakteristika zu sehen gewesen sein. Beispielsweise hatte die Zahl der Neurone im eben erwähnten BSTc einen Wert ähnlich dem, der bei Frauen ermittelt worden war (Kruijver et al. 2000).

Es muss jedoch betont werden, dass das psychische Geschlecht nicht ausschließlich hormonal geprägt wird, sondern auch durch postnatale Einflüsse der Umgebung.

23.3.6
Pubertät ist eine Art Metamorphose, im Zuge derer die sexuelle Entwicklung vollendet wird

Im Verlauf der Pubertät kommt es zu vielerlei Umgestaltungen: „Larvale" knorpelige Elemente werden ossifiziert, viele neue Strukturen und Funktionen entwickelt. Sichtbarer Ausdruck ist der Erwerb der **sekundären Geschlechtsmerkmale**; auch dies ist ein Prozess der Entwicklung. Man vermutet die Existenz eines **reifehemmenden Hormons**, das in Analogie zum Prolactin bzw. Juvenilhormon eine vorzeitige pubertäre Metamorphose verhindert. Nimmt die Produktion dieses Hormons ab, sendet die Hypophyse verstärkt die Gonadotropine **FSH** (Follikel-stimulierendes Hormon) und **LH** (luteotropes Hormon) aus, auch beim pubertierenden Jungen! Die Gonaden, aber besonders auch die Nebennierenrinde, erzeugen verstärkt Testosteron bzw. Östrogene und Gestagene. Deren Hauptfunktion ist es, im Hoden die Spermatogenese in Gang zu setzen bzw. im Ovar die Oogenese voranzutreiben (Abb. 23.6).

Besonders dramatisch verläuft die Pubertät beim Jungen/Mann. Androgene, insbesondere lokal wirkendes Dihydro-Testosteron, bewirken im Zusammenspiel mit Wachstumshormon:

- Wachstumsschub im Alter von 12,5–16 Jahren, Abschluss des Längenwachstums der Knochen,

- Entwicklung der sekundären Geschlechtsmerkmale mit Bartwuchs, Stimmbruch durch Vergrößerung des Kehlkopfes und Verstärkung der Stimmbänder,
- Steigerung des Muskelwachstums und der Eiweißsynthese allgemein (anabole Wirkung des Testosterons),
- Verstärkte Talgproduktion (u. U. Akne),
- Aggressives Verhalten,
- Produktion von Spermien, Fähigkeit zur Libido und Ejakulation.

Östrogene im Zusammenspiel mit Wachstumshormon und Prolactin bewirken:

- Wachstumsschub im Alter von 10–14 Jahren, also ca. 2 Jahre früher einsetzend und endend als bei Jungen, Abschluss des Knochenwachstums,
- Entwicklung der sekundären Geschlechtsmerkmale mit Brust, verbreitertem Becken, Fettdepots an bekannten Stellen (wo sie optische Hinweise auf Fruchtbarkeit täuschend vergrößern),
- Verstärkte Talgproduktion (u. U. Akne),
- Einsetzen der Menstruationszyklen,
- Im Vergleich zum Testosteron nur geringer Einfluss der Östrogene auf das Verhalten.

23.3.7
Periodische Hormonzyklen koordinieren Zyklen der sexuellen Entwicklung

Das Thema „periodische Fortpflanzungszyklen" ist bei Wirbellosen so variantenreich, dass auf Lehrbücher der speziellen Zoologie oder Monographien verwiesen werden muss. Jedem aufmerksamen Naturbeobachter sollten Hochzeitstrachten bei männlichen Molchen oder Fischen aufgefallen sein. Dass es auch bei Säugern sexbezogene, sich periodisch wiederholende Entwicklungsprozesse gibt, weiß der Geweihsammler. Über die hormonelle Steuerung der Menstruationszyklen bei der Frau informieren viele Lehrbücher (z. B. Müller, W.: Tier- und Humanphysiologie, Kap. 11).

Zyklen sexueller Fortpflanzung sind in aller Regel innerhalb einer Population synchronisiert, erfassen beide Geschlechter und sind in den Jahresgang eingepasst. In den geografischen Breiten Europas ist dies allenthalben augenfällig, und der Sinn einer solchen Synchronisation ist evident: Vögel beispielsweise müssen allesamt zeitig im Frühjahr mit dem Brutgeschäft beginnen, damit der Nachwuchs vor Einbruch des Winters zugfähig ist oder genug Reserven zum Überwintern hierzulande angesammelt hat.

Der Mensch ist in dieser Beziehung eine Ausnahme: Auch wenn der Sexualzyklus der Frau eine Periodenlänge hat, die annähernd einem Mondmonat entspricht, sind die Zyklen nicht an eine bestimmte Mondphasen gekoppelt und die Zyklen verschiedener Frauen nicht synchron, sie sind freilaufend (zum Begriff „freilaufende Rhythmik" s. Müller: Tier- und Humanphysiologie, Kap. 13 Biorhythmik).

BOX K 23 A Störungen der Sexualentwicklung
beim Menschen und mögliche Ursachen

Es werden hier einige Begriffe erläutert, die im medizinischen Schrifttum gebraucht werden, und einige der Fälle gestörter Sexualentwicklung vorgestellt, denen der Mediziner nicht allzu selten begegnet.

K23.1 Genetische und andere nicht-umweltbedingte Störungen

Unfruchtbarkeit der Frau

Körperlich bedingte Ursache können rudimentäre Ovarien ohne Oozyten sein (medizinisch: *Gonadendysgenesie*). Liegt dieses Symptom vor, treten in aller Regel keine Menstruationsblutungen auf, auch wenn das entsprechende Alter erreicht ist (*primäre Amenorrhoe*). Primäre Ursache können numerische oder morphologische Anomalien im Chromosomensatz sein, beispielsweise

- **Triplo-X-Syndrom.** Chromosomenbestand 44 Autosomen plus 3 X-Chromosomen (wegen Non-Disjunction in der Meiose der Eizelle). **Karyotyp** nach der üblichen Notierung: 47/XXX. Dies besagt, dass in einer Gesamtzahl von 47 Chromosomen drei X enthalten sind. Die Frauen sehen normal aus, doch sind sie infertil und haben Menstruationsstörungen. Relativ häufig (3:2000).
- **Ullrich-Turner-Syndrom.** Kleinwüchsige Frauen mit 44 Autosomen und einem einzelnen X (Karyotyp 45/X0). Es fehlt also ein zweites X oder ein Y. Häufigkeit: 1 Turner-Syndrom auf 2000–2700 neugeborene Mädchen.
- **XX-Gonadendysgenesie.** Bei augenscheinlich normalem weiblichen Karyotyp (46/XX) und normalem weiblichen Äußeren sind die Gonaden leer und Monatsblutungen bleiben aus. Die Ursachen sind im Einzelfall unbekannt, doch könnten bestimmte X-gebundene Gene, die für eine normale Ovarienentwicklung benötigt werden (s. Abb. 23.5), defekt sein.
- **Swyer-Syndrom.** Männlicher Karyotyp (46/XY), doch weiblicher Phänotyp. Mutmaßlich ist das *SRY*-Gen auf dem Y-Chromosom defekt, oder es fehlt (Deletion).

Unfruchtbarkeit beim Mann

Mögliche Ursachen:

- **Klinefelter-Syndrom.** Karyotyp: 47 Chromosomen insgesamt, darunter 2 X und 1 Y (47/XXY). Die Hoden bilden keine Spermien

▶

(*Azoospermie*); die Figur hat nach der Pubertät bisweilen durch ±
vergrößerte Brust ein partiell weibliches Erscheinungsbild.

- **Infertilität** (früher meistens Sterilität genannt) kann zahlreiche Ursachen haben. Primäre Ursache kann verminderte Bildung von Androgenen (Testosteron, Dihydrotestosteron) sein, oder verminderte Ansprechbarkeit auf Androgene, z.B. wegen unzulänglicher Zahl oder Qualität der Androgenrezeptoren. Folgeursachen können sein: Fehlende oder verminderte Spermienproduktion (*Oligozoospermie* oder *Azoospermie*), fehlende oder verminderte Produktion von Sperma-Begleitsubstanzen in den Nebenhoden oder der Prostata, unzulängliche Qualität der Spermien.

- **Xenöstrogene und endokrine Disruptoren.** In den letzten 5 Jahren ist wiederholt berichtet worden, in den Industrieländern sei die Zahl der Spermien pro Ejakulat im Mittel auf die Hälfte zurückgegangen. Es werden dafür exogene Substanzen verantwortlich gemacht, die sehr unterschiedliche chemische Struktur haben können, aber störend in das Hormonsystem eingreifen, wenn sie über die Nahrung, die Atemluft oder über die Haut in unseren Körper gelangen. Zu diesen summarisch als endogene Disruptoren bezeichneten Substanzen zählen die Chemikalien, die in Box K6A (Verantwortung gegenüber dem werdenden Kind) unter „Hormone und Hormon-ähnliche Substanzen" aufgelistet sind, aber auch die schwer abbaubaren Östrogenderivate in der „Pille". Zahlreiche dieser Substanzen vermindern auch bei Haustieren die Fertilität und führen gar bei Fischen, Amphibien und Vögeln zur Verweiblichung auch des genetisch männlichen Nachwuchses. Manche Fisch- und Amphibienpopulationen sind mutmaßlich deshalb ausgestorben, weil keine fertilen Männchen mehr ihren Dienst tun konnten.

Intersexualität. Unter diesem Überbegriff werden alle Befunde zusammengefasst, bei denen die inneren und/oder äußeren Sexualorgane eine Mittelstellung zwischen der weiblichen und der männlichen Norm einnehmen. Beispiel: Die Gonaden werden als Ovarien diagnostiziert, die äußeren Genitalien hingegen gleichen mehr dem männlichen Phänotyp. Oder umgekehrt: Ein (in der Bauchhöhle verbliebener) Hoden ist mit einer weiblichen Figur assoziiert. Primäre Ursachen sind in der Regel hormonale Störungen während der Embryonal- und Fetalentwicklung. Mitunter ist es schwierig, dem Neugeborenen ein Geschlecht zuzuordnen. Manchmal kann nachträglich während der Pubertät das eine oder das andere Geschlecht die Oberhand gewinnen. Es sind erschütternde Fälle bekannt geworden, in denen die Entscheidung der Eltern bei der Namensgebung, bei der Wahl der Bekleidung und in der geschlechtsbezogenen Erziehung sich als falsch her-

►

ausstellte und die Heranwachsenden während und nach der Pubertät in große seelische Konflikte trieb.

In Lehrbüchern der Medizin (vor allem der Gynäkologie) werden regelmäßig folgende Formen der Intersexualität beschrieben:

- **„Echtes Zwittertum"** (Hermaphroditismus verus). Der Biologe muss diese in der medizinischen Literatur übliche Bezeichnung zurückweisen; denn für ihn bedeutet echtes Zwittertum, dass ein Organismus gleichzeitig oder nacheinander sowohl fertile Spermien als auch befruchtungsfähige Eizellen hervorbringt und auch beide Funktionen, die maskuline ebenso wie die feminine, erfolgreich wahrnehmen kann. Das ist beim Menschen natürlicherweise (ohne chirurgische Nachhilfen) nie der Fall, auch wenn beim (sehr seltenen) „echten Zwittertum" der medizinischen Fachliteratur die Gonaden Oocyten und Spermatocyten enthalten (oder eine Gonade sich zum Ovar, die andere zum Hoden entwickelt hat). Aus den Spermatocyten gehen jedoch keine fertilen Spermien hervor. In den äußeren Genitalien überwiegen meistens weibliche Züge, doch ist die Klitoris ungewöhnlich groß. Chromosomal findet man entweder die XX- oder die XY-Konstitution.

- **Weibliches Scheinzwittertum = Adrenogenitales Syndrom** (AGS). Solche Menschen werden zumeist als Mädchen angesehen und erzogen; auch sind sie genetisch weiblich (Karyotyp normal 46/XX), doch es finden sich in der Bauchhöhle statt Ovarien Hoden (Virilisierung). Ein solches Symptom bildet sich, wenn ein heranwachsender weiblicher Fetus im Mutterleib Androgenen ausgesetzt ist. Das kann geschehen, wenn im Ovar der Mutter oder des Kindes selbst mangels ausreichender Aromataseaktivität die androgenen Vorläufersteroide nicht, oder nur unvollständig, in weibliche Sexualhormone umgewandelt werden.

  Auch sind Mädchen mit AGS geboren worden, nachdem Schwangere Androgen-haltige Medikamente oder Kontrazeptiva eingenommen hatten. Steroidhormone durchdringen die Plazentaschranke und können die körperliche Sexualentwicklung und ebenso die psychische Prägung des Kindes beeinflussen.

  In den äußeren Genitalien können graduelle Zwischenformen zwischen rein femininen Formen, über ein Genitale mit übergroßer Klitoris bis hin zu weitgehend maskulinen Penisbildungen es bisweilen schwierig machen zu entscheiden, welches Geschlecht in die Geburtsurkunde einzutragen ist. Auch später im Leben kann Zweifel bestehen bleiben. Die Häufigkeit eines AGS wird für Mitteleuropa mit 1:7500 angegeben.

  Die Androgen-bedingte Virilisierung kann auch die Verhaltensdisposition des betroffenen Mädchens betreffen (s. unten).

▶

- **Männliches Scheinzwittertum und testikuläre Feminisierung.** Das Individuum ist genetisch normal männlich (Karyotyp 46/XY). Störungen der Testosteronsynthese während der sexuellen Entwicklung des Fetus, unzureichende Umwandlung von Testosteron in das final wirksame Dihydrotestosteron im Zielgewebe oder Androgenresistenz wegen mangelhafter Androgenrezeptoren führen zu partiell femininen Ausprägungen unterschiedlichen Grades. Die Gonaden werden histologisch als Hoden diagnostiziert; das äußere Genitale ist weiblich oder intersexuell. Das Syndrom ist nicht häufig (1:20 000 bis 1:60 000). Zum Syndrom kann auch eine kurze, blind endende Vagina gehören. Wenn die Hoden in der Bauchhöhle verbleiben und nicht in den (fehlenden oder zu kleinen) Hodensack herabwandern, spricht der Mediziner von **testikulärer Feminisierung**.

Psychische Intersexualität

Transsexualität. Transsexuelle Individuen haben das nicht abweisbare Gefühl, mit dem falschen körperlichen Geschlecht auf die Welt gekommen zu sein. Man ist körperlich Mann, doch fühlt man sich als Frau und möchte Frau sein. Oder man ist ein Mädchen, möchte aber unbedingt zur Gruppe der Jungen gehören. Mögliche Ursachen sind hypothetisch leicht auszudenken:

- **Der Genotyp sei XY.** Alles in der Embryonal- und Fetalentwicklung verläuft normal. Es wächst ein Junge heran. Am Ende der Fetalperiode bis zum Einsetzen der Pubertät wird die Testosteronproduktion heruntergefahren. Kurz vor und nach der Geburt sollte aber, noch bevor der Testosteronspiegel unter einen kritischen Wert sinkt, hormonabhängig die Prägung des psychischen Geschlechts stattfinden. Sind aber im Fetus in den zuständigen Gehirnregionen keine oder zu wenig Androgenrezeptoren exprimiert, oder wird die Testosteronproduktion zu früh heruntergefahren, verläuft die Prägung automatisch zur Etablierung von weiblichen Verhaltensmustern (Grundzustand).
- **Der Genotyp sei XX.** Wie beim Adrenogenitalen Syndrom ist der Fetus einem Zuviel an Androgenen ausgesetzt, jedoch tritt dieses Zuviel erst spät in der Fetalperiode ein, wenn die Entwicklung schon ein körperlich normales Mädchen hervorgebracht hat. Dessen Psyche erfährt nun aber eine eher maskuline Orientierung: Es wird „boyisches" Verhalten vorprogrammiert, das Mädchen wird sich voraussichtlich künftig nicht viel aus Puppen machen, jungentypische Spielsachen bevorzugen und gern herumtoben. Ursache kann eine zu hohe Androgen-Produktion in Organen (z.B. Nebennierenrinde) der schwangeren Mutter oder des Kindes selbst sein.

▶

Der häufigste genetische Defekt, der eine Anreicherung von Androgenen im weiblichen Organismus zur Folge hat, ist ein Mangel an 21-Hydroxylase, eines Basisenzyms der Steroidhormon-Synthese. Mangel an Steroidhormonen, besonders Mangel an Cortisol, veranlasst in einer Rückkoppelungsschleife die Hypophyse, vermehrt das Hormon ACTH (Adrenocorticotropes H.) auszuschütten. Als Folge der permanenten ACTH-Stimulierung kommt es zu einer kompensatorischen Vergrößerung der Nebennieren und im Gefolge dieser Hyperplasie zu einem hohen Anstieg auch an Androgenen im Blut. Die Aromatasen in den verschiedenen Geweben können das hohe Angebot nicht mehr vollständig in Östrogene umwandeln. Viel und langanhaltender Stress, der mit einem erhöhten Cortisolspiegel im Blut einhergeht, kann ähnliche Wirkungen haben.

Transvestiten. Ein Transvestit ist ein psychisch intersexuelles Individuum, das gemäß seinem psychischen Geschlecht Kleider anzieht, die seinem körperlichen Geschlecht widersprechen. Männliche Transvestiten sind auffällig, weibliche hingegen zur Zeit nicht, weil die Mode es derzeit Frauen ohnedies gestattet, ursprünglich für Männer entworfene Kleidung zu tragen.

Homosexualität. Wenn keine psychische Intersexualität vorliegt, Männer sich im Allgemeinen als Männer, Frauen als Frauen fühlen, sind Neigung und Bedürfnis zu homosexuellen Beziehungen schwer zu erklären. Die spekulative Hypothese, das Gehirn eines homosexuellen Mannes sei hormonal partiell weiblich geprägt, das Gehirn einer lesbischen Frau partiell männlich, ist durch anatomische, physiologische oder psychologische Befunde nicht, oder nicht überzeugend, untermauert und deshalb sehr umstritten (W. Byne, 1998).

Eine genetische Prädisposition für Homosexualität darf unterstellt werden; denn die Neigung speziell der Homosexualität beim Mann tritt in manchen Familien gehäuft auf, und es gibt Indizien, dass hierbei der Endabschnitt des X-Chromosoms eine besondere Rolle spielt. Auch betrifft Homosexualität mehr Linkshänder als Rechtshänder (Lippa 2003), und auch Untersuchungen an eineiigen Zwillingen legen eine genetische Prädisposition nahe. Insoweit eine solche vorliegt, ist sie jedoch nicht auf ein einzelnes Gen zurückführbar, sondern polygen bedingt (Miller 2000; Pillard u. Bailey 1998). Andererseits berichten einige Studien, nachgeborene Söhne seien anfälliger als erstgeborene (z.B. Miller 2000; Westernhausen et al., 2004), und dies weist auf nicht-genetische Einflüsse hin.

Es muss abschließend betont werden, dass die sexuelle Orientierung wohl nicht nur von Genen und Hormonen abhängig ist, sondern mutmaßlich auch von prägenden Einflüssen der Umwelt und von leidvollen Erfahrungen im Umgang mit dem anderen Geschlecht.

BOX K 23 B STÖRUNGEN DER SEXUALENTWICKLUNG
UND FERTILITÄT DURCH HORMON-ÄHNLICHE
FREMDSUBSTANZEN

Bereits in Box K6A1 (Verantwortung gegenüber dem werdenden Kind) war unter den Stichworten „Hormone und Hormon-ähnliche Substanzen" darauf hingewiesen worden, dass es eine Reihe von Umweltchemikalien gibt, die hormonartige Wirkungen haben oder störend in den Hormonhaushalt eingreifen, wenn sie in den Körper tierischer Organismen und des Menschen gelangen. Weil solche Substanzen endokrine Regelkreise unterbrechen können, werden sie als **endokrine Disruptoren** bezeichnet. Nicht wenige haben im Besonderen Östrogen-artige Wirkungen; sie nennt man **Xenöstrogene** (Xenestrogene) oder, wenn sie von Pflanzen stammen, **Phytestrogene**. Daneben gibt es anti-östrogen, androgen und anti-androgen wirkende Substanzen.

Endokrine Disruptoren werden mit unterschiedlich gewichtigen Argumenten verantwortlich gemacht für

- Abnahme der Spermienzahl bei Männern in manchen Industrieländern (u.a. Dänemark, Deutschland, Norwegen, Japan); im Zeitraum von 1950–2000 Abnahme von 40 Mio./mL auf 20 Mio./mL Ejakulat
- Zunahme von Brustkrebs und Osteoporose bei Frauen (im Verdacht u.a. DDT)
- Zunahme von Hodencarzinomen und von Prostatacarzinomen (unsichere Indizien)
- Vielerlei Fehlbildungen der Sexualorganen bei Wildtieren und vielleicht auch beim Menschen, z.B. das Auftreten einer Harnröhrenspalte (Hypospadie)
- Verfrühte Pubertät (unsichere Indizien).

Zahlreiche Substanzen aus der langen Liste endokriner Disruptoren und östrogener Umweltchemikalien (s. unten) vermindern nicht nur bei Labormäusen, sondern auch bei Haustieren die Fertilität und führen bei Fischen, Amphibien und Vögeln zur Verweiblichung des genetisch männlichen Nachwuchses. Im Labor gut nachvollziehbar und quantitativ erfassbar ist die Induktion von Vitellogeninen in Männchen durch Xenöstrogene. Vitellogenine sind Phospholipoproteine, die normalerweise im weiblichen Organismus erzeugt werden (bei Wirbeltieren in der Leber), im Blut zirkulieren und schließlich als Dottervorrat von Eizellen aufgenommen und gespeichert werden (Kap. 8.2.2). Es ist bereits die Vermutung geäußert worden, manche ▶

Fisch- und Amphibienpopulationen seien deshalb ausgestorben, weil die Zahl fertiler Männchen unter einen kritischen Wert gesunken sei. Bei marinen Vorderkiemen-Schnecken wie der Wellhornschnecke *Buccinum* und Strandschnecken der Gattung *Littorina* bewirken solche Substanzen hingegen eine Vermännlichung. In diesen Organismen hemmen die fraglichen Substanzen die Aromatase und damit die Umwandlung von Testosteron in Östradiol (Abb. 23.7)

Beispiele

I. Phytestrogene finden sich beispielsweise als Flavone in Soja, Hopfen und Kohl. Ein in Katalogen für Laborbiochemikalien angebotenes Flavon ist der Tyrosinkinase-Inhibitor Genistein.

II. Umweltchemikalien, die als endokrine Disruptoren identifiziert oder doch in starken Verdacht geraten sind, gibt es zuhauf, so z. B.

Kunstoffkomponenten, Weichmacher

- **Bisphenol A,** eine Ausgangssubstanz zur Produktion von Epoxidharzen und Polycarbonaten, aus denen Gehäuse der Elektronik, Brillengläser, Lacke und Kleber hergestellt werden. Bisphenol A ist allgegenwärtig. Es vermindert die Fertilität im Test mit Nagern.
- **PCB (polychlorierte Biphenyle)** in gummiartigen Dichtmassen, Kabelummantelungen, Weichmacher in Kunststoffen, allgegenwärtig. In offenen Systemen zwar mittlerweile verboten, in geschlossenen Systemen jedoch noch weit verbreitet. Bewirken Feminisierung männlicher Tiere.

Waschaktive Tenside, Gleitmittel

- Alkyl-phenole (**Nonylphenol,** Octylphenol, Pentylphenol) als Ethoxylate in zahlreichen Produkten wie Reinigungsmittel, PVC-Folien, Farben, Textilien, Leder, Papier und Spritzmitteln. Reichern sich in der Nahrungskette an, auch in der Muttermilch, und werden in Kläranlagen nur unvollständig abgebaut. Vermindern die Fertilität von Fischen und haben teratogene Effekte auf Embryonen. Ein bekanntes Octylphenol in unseren Laboratorien ist **Triton-X.**

Weitere Industriechemikalien und deren Abbauprodukte

- **Bromierte Flammschutzmittel** wie polybromierte Diphenylether (PBDE) und Tetrabromphenol A (TBBA) in Textilien, Elektrogeräten, Baustoffen. Wirken ähnlich wie PCBs feminisierend.
- **Tributylzinn.** Früher viel verwendetes Schiffsanstrichmittel, das die Besiedlung durch sessile Meeresorganismen verhindert sollte. Hat

stark teratogene und vermännlichende Wirkung auf Fische und ebenfalls vermännlichende Wirkung auf marine Vorderkiemen-Schnecken (*Buccinum, Littorina*). In Deutschland mittlerweile für Schiffe über unter 25 m Länge verboten.

Pestizide

- **DDT** (Dichlor-Diphenyl-Trichlorethan). Das Breitband-Insektizid ist seit 1972 in den USA und in Deutschland verboten, wird jedoch weltweit noch viel eingesetzt zur Bekämpfung der Malaria-übertragenden Stechmücke *Anopheles*. Hat neben vielen anderen Nebeneffekten auch schwach östrogene Wirkungen, sein metabolisches Abbauprodukt DDE hingegen androgene.
- Das Insektizid **Lindan** (Hexachlorcyclohexan), das in hierzulande viel verwendeten Holzschutzmitteln (Xylamon, Xyladecor) vorkam, ist mehr als Carcinogen denn als Östrogen in Verruf geraten. Neuerdings in Deutschland als Reinsubstanz verboten, aber in Kombipräparaten noch im Umlauf.

Arzneimittel und weitere Angebote der pharmazeutischen Industrie

- **Diethylstilbesterol DES, ein lehrreiches Beispiel für herbe Erfahrungen.** Es gibt nicht wenige Frauen, die ihre Leibesfrucht nicht bis zur regulären Geburt des Kindes halten können. Zu früh einsetzende Wehen führen zu Früh- oder gar Fehlgeburten. Millionen solcher Frauen konnte geholfen werden durch Verabreichung des künstlichen Östrogens DES. Etwa 20 Jahre später traten bei vielen von ihnen Genitalcarcinome auf. Darüber hinaus wirkt DES in Tierversuchen schädigend auf Funktionen des ZNS.
- „Die Pille" mit ihren chemisch modifizierten, schwer abbaubaren Östrogenen, Gestagenen und Androgenen. Diese modifizierten Steroide, so vor allem 17a-Ethinylestradiol, können selbst von den Mikroorganismen der Kläranlagen nur schwer abgebaut werden und sind in den Abflüssen, ja sogar im Trinkwasser nachweisbar geworden. 17a-Ethinylestradiol bewirkt eine Verweiblichung von Fischen mit noch höherer Effektivität als das physiologische Hormon 17β-Estradiol. Viele dieser Substanzen vermindern potentiell die Fertilität des Mannes.

Nachgewiesene oder vermutete biochemische und physiologische Wirkungen
Endokrine Disruptoren blockieren in vielerlei Weise hormonale Regel- und Steuersysteme oder stören doch stark. Sie können

- wie Hormone wirken. Östrogene Effekte zeigen: DES, DDT; androgen wirkt DDE, ein Stoffwechselprodukt des DDT,

▶

- die Synthese oder Freisetzung von Hormonen blockieren (Beispiel: Organozinnverbindungen),
- Hormonrezeptoren blockieren oder Signaltransduktionsketten unterbrechen,
- den Transport oder die Elimination von Hormonen stören (Beispiel: PCBs),
- feminisierend vor allem als Substanzen mit anti-androgener Potenz wirken (PCBs, auch diskutiert für Abbauprodukte von DDT).

Östrogene und Androgene sind nicht nur Sexualhormone. Sie nehmen auch Einfluss auf Muskelmasse, Knochendichte und das Immunsystem. Daher sind negative Auswirkungen endokriner Disruptoren auch über Sexualfunktionen und Fruchtbarkeit hinaus zu befürchten.

BOX K 23 C MÄNNER:

EIN AUSSTERBENDES GESCHLECHT?

Nach aller Evidenz ist das Y-Chromosom ein verkürztes Relikt eines X-Chromosoms. In genüsslich vorgetragenen Artikeln diverser Journale, aber auch in Diskussionsbeiträgen wissenschaftlicher Zeitschriften, wird neuerdings mitunter die Auffassung vertreten, das Y-Chromosom sei ein verkrüppeltes X-Chromosom, Männer hätten deshalb weniger Gene als Frauen, sie seien folglich das minderbemittelte Geschlecht („Männer dagegen erscheinen als genetisch verkorkste Frauen" Spiegel 38/2003, S. 151). Diese Argumentation ist jedoch, feministischen Ansprüchen zum Trotz, nicht richtig, im Gegenteil: Zum einen hat auch der Mann ein X-Chromosom und damit alle Gene einer Frau. Quantitative Unterschiede in X-Chromosom-residenten Allelen werden durch die Heterochromatisierung eines der beiden X-Chromosomen im weiblichen Geschlecht weitgehend nivelliert. Zum anderen trägt das Y-Chromosom ca. 78 Gene, die dem X-Chromosom fehlen, so das *SRY*-Gen und einige Spermiogenese-Gene. Darüber hinaus ist, wenn Befunde an Nagern auch auf den Menschen zutreffen sollten, ein väterlich geprägter Chromosomensatz zur Entwicklung einer funktionsfähigen Plazenta unerlässlich.

Allerdings sind Frauen in einer Hinsicht gegenüber Männern genetisch doch im Vorteil. Auch wenn pro Zelle jeweils ein X-Chromosom weitgehend inaktiviert wird, so stehen im Bedarfsfall potentiell eben doch von allen X-Genen zwei Allele zur Verfügung. Und ist in dieser Zelle das paternale X-Chromosom inaktiviert, so in einer anderen Zelle das maternale. In einem Organ, beispielsweise in der Leber, könnte es genügen, wenn ein Teil der Zellen ein funktionsfähiges Enzym herstellen kann, im Auge könnte es genügen, wenn ein Teil der Stäbchen die zur Farbenunterscheidung erforderlichen Opsine enthält. Beim Mann ist ein defektes Allel ohne einen hilfreichen Partner. Das Ergebnis kann beispielsweise Rot-Grünblindheit sein, oder der Defekt ist gar letal. Besorgnis könnte auch der Befund auslösen, dass viele der Gene auf dem X-Chromosom für die Entwicklung des Gehirns benötigt werden. Hier fehlen dem heranwachsenden männlichen Embryo im Bedarfsfall Alternativen. Möglicherweise ist dies einer der Gründe, weshalb männliche Embryonen häufiger absterben als weibliche. Es werden zwar mehr Jungen geboren als Mädchen (105:100), bei Embryonen ist aber die Überzahl der XY-Konstitution gegenüber XX mit 120:100 noch größer. (Nach verbreiteter Meinung basiert dieses Ungleichgewicht darauf, dass die gegenüber den X-Spermien geringfügig leichteren Y-Spermien etwas schneller schwimmen.)

Durchaus seriös ist die Diskussion, ob die auf dem Y-Chromosom liegenden Gene der Gefahr einer Degeneration unterliegen. Das Y-Chromosom enthält zwar von vielen seiner 78 Gene in einer palindromen Tandemanordnung Sicherheitskopien, doch ein Austausch von Genen zwischen Y-Chromosomen unterschiedlicher Herkunft gibt es nicht. Mehr noch: Das Y-Chromosom ist anfällig für Deletionen (Repping et al. 2002) und die Verkürzung des Y-Chromosoms könnte weiter gehen bis schließlich (wie bei bestimmten, sich parthogenetisch fortpflanzenden Eidechsen) das männliche Geschlecht ausstirbt. Der weibliche Teil der Menschheit könnte fortbestehen mittels Kliniken, die sich auf das Klonen verstehen (wobei eine paternale Prägung eines der beiden Chromosomensätze von Generation zu Generation erhalten bleiben müsste).

Die heutige und gewiss auch noch manch kommende Generation darf nach unserer Prognose dem Aussterben des männlichen Geschlechts ebenso gelassen entgegen sehen wie dem oft vorausgesagten baldigen Ende der Welt.

Zusammenfassung des Kapitels 23

Vielzellige Organismen besitzen generell bisexuelle Potenz: sie tragen, auch wenn sie als männliche und weibliche Formen auftreten, im Regelfall das ganze Inventar von Genen, das für die Entwicklung beider Geschlechter benötigt wird. Bei **phänotypischer Geschlechtsbestimmung** entscheiden Außenfaktoren, welche Gensätze, die ♂- oder die ♀-spezifischen, zum Zuge kommen. Bei **genotypischer Geschlechtsbestimmung** trifft ein zusätzliches **Schaltergen** die Entscheidung; es wird nur einem

Geschlecht vererbt oder nur in einem Geschlecht aktiviert. Solche Schaltergene sind in der Regel auf „Geschlechtschromosomen" lokalisiert, d.h. auf Chromosomen, die in unterschiedlicher Form (Y versus X) oder unterschiedlicher Zahl (X0 versus XX) den Geschlechtern zugeteilt werden.

Bei *Drosophila* kommt es auf die Zahl der X-Chromosomen an, die den Autosomen gegenüber stehen (XX → ♀, XY oder X0 → ♂).

Beim Menschen (und anderen Säugern) bedeuten XX (und X0) → ♀, und XY → ♂. Trotz unterschiedlicher genetischer Konstitution von Anfang an kommt die bisexuelle Potenz (auch) dadurch zum Ausdruck, dass die Anlagen für die inneren und die äußeren Geschlechtsorgane anfänglich in beiden Geschlechtern ununterscheidbar sind. In einem Mehrstufenprozess werden klare Verhältnisse geschaffen.

- Das Schaltergen, das beim Säuger die primäre Entscheidung über den Weg der weiteren Entwicklung trifft, ist das ♂-determinierende *Sry*-Gen. Es liegt auf dem Y-Chromosom und ist in der XY-Konstitution dem antagonistisch wirkenden *Dax1*-Gen des X-Chromosoms überlegen. *Sry* codiert für einen Transkriptionsfaktor SRY, auch **testis-determining factor TDF** genannt.
- Unter dem Einfluss des SRY wird die indifferente Gonade zum Hoden, und dieser produziert die Hormone **AMDF (anti-Müllerian duct factor)** und das Steroidhormon **Testosteron.** Während AMDF die Regression des Müllerschen Ganges (Anlage des Eileiters) bewirkt, lenkt Testosteron die weitere somatische und schließlich auch die psychische Geschlechtsentwicklung in maskuline Richtung.

Die weibliche Entwicklung ist die „default option". Sie kommt von selbst in Gang, wenn ein Y-Chromosom und damit das *Sry*-Gen fehlt, das *Sry* defekt ist oder aus irgendwelchen Gründen eine Testosteronwirkung nicht eintritt. Beim Fehlen einer *Sry*-Aktivität wird ‚automatisch', d.h. ohne besonderen genetischen Anstoß, aus Testosteron mittels einer Aromatase das weibliche Sexualhromon Östradiol hergestellt.

Eine sexuell dimorphe Entwicklung kann auch bestimmte Areale des Gehirns erfassen. Diese Unterschiede betreffen die anatomische Feinstruktur, die Anzahl bestimmter Neurone und/oder das Expressionsmuster geschlechtsbezogener Gene. So finden sich geschlechtsspezifische Unterschiede in bestimmten Kernen des Hypothalamus und des limbischen Systems; sie korrelieren mit unterschiedlichen sexuellen Verhaltensweisen. Abweichungen in der sexuellen Entwicklung von der Norm sind nach gegenwärtigem Erkenntnisstand in verschiedenen Fällen ursächlich erklärbar, wenn auch beim Menschen nur hypothetisch (s. Box K23A).

24 Erneuerung und Regeneration

24.1
Die stetige Grunderneuerung des Organismus

24.1.1
Ein Organismus muss im Mindestfall laufend seinen Bestand an Makromolekülen erneuern

Der Begriff Regeneration wird gewöhnlich mit dem Ersetzen verlorener Körperteile gleichgesetzt. Eine solche **reparative** oder **kompensatorische** Wiederherstellung des Verlorenen ist indes nur ein spezielles, wenn auch auffälliges, regeneratives Ereignis.

„**Re-Generation**" heißt „**Wieder-Erzeugen**". In diesem allgemeinen Sinn gibt es Regeneration auf allen Ebenen des Lebens, auch auf der Ebene der Makromoleküle. Proteine erfahren im Laufe der Zeit irreversible Veränderungen (**Denaturierung**) und müssen immer wieder durch neu synthetisierte ersetzt werden. Ohne Erneuerung kommt es zu Funktionsverlust der Proteine und damit zum Tod der Zelle. Experimentelle Erfahrung lehrt, dass Erneuerung des molekularen Bestandes, und damit Verjüngung, vor allem im Zuge von Zellteilungen geschieht. Zellteilungskorrelierte Verjüngung ermöglicht der Einzelzelle potentielle Immortalität. Terminal differenzierte, teilungsunfähige Zellen sterben früher oder später. Diese Beobachtung werden wir im Schlusskapitel 25 näher untersuchen und begründen.

24.1.2
Ohne fortlaufende Erneuerung auch des Zellenbestandes durch beständige Regeneration neuer Zellen wäre das Leben bald zu Ende

Wer länger als ein paar wenige Wochen leben will, muss gealterte und verbrauchte Zellen durch neue ersetzen. Neue Zellen gehen durch Teilung aus Stammzellen hervor (Kap. 19), welche embryonalen Charakter behalten haben. Die neu erzeugten Zellen sind noch jugendlich frisch, wenigstens für eine gewisse Zeit, bis sie selbst altern. In diesem Sinn gibt es Regeneration bei vielen tierischen Organismen, Nematoden und andere kleine und kurzlebige Organismen ausgenommen. Im Sinne von Zellerneuerung, gibt es Regeneration in großem Umfang auch beim Menschen, wiewohl man ihm wenig Regenerationsvermögen zuspricht; denn amputierte Glieder ersetzt er ja nicht. Ohne unablässige Erneuerung des Zelleninventars aus teilungsfähigen Stammzellen wäre aber das Leben des Menschen und der meisten Tiere auf wenige Wochen beschränkt.

Die Erneuerung des Zellenbestandes ist bisweilen als **physiologische Regeneration** bezeichnet worden im Kontrast zur **reparativen Regeneration**, in der verlorene Körperteile wieder hergestellt werden.

24.1.3
Auch asexuelle Fortpflanzung ist eine Regeneration

Ein Prozess des Wieder-Erzeugens ist auch die asexuelle Fortpflanzung, das natürliche **Klonen**

- durch Querteilung des Körpers (**Fission**) bei verschiedenen Coelenteraten, Turbellarien und Anneliden,
- durch **Knospung** (z. B. bei *Hydra*, s. Abb. 3.7), oder
- über vielzellige **Überdauerungsorgane** (**Gemmulae** bei Süßwasserschwämmen, **Statoblasten** bei Bryozoen).

24.2
Reparative Regeneration und Rekonstitution

24.2.1
Die Fähigkeit, verlorene Körperteile regenerieren zu können, ist nicht klar mit dem Evolutionsniveau korreliert

Vollständige Ersatzstücke für verlorene Körperteile können viele Invertebraten herstellen. Ein enormes Regenerationsvermögen besitzen in der Regel Schwämme, Cnidarier und Turbellarien. Die sich aufdrängende Meinung, es spiegle sich hier die „primitive" evolutionsgeschichtliche Stellung dieser Organismen wider, wird durch Einzelbeobachtungen gestört. So regeneriert unter den Turbellariern *Mesostoma* nicht, während andere Gattungen (*Dugesia, Planaria, Polycelis*) mit einem vorzüglichen Regenerationsvermögen ausgestattet sind. Nematoden mit ihrer schlechten Regenerationsleistung sind auch kaum höher organisiert als die mit gutem Regenerationsvermögen ausgestatteten Planarien. Neben den Nematoden galten die Tunikaten in ihrer Embryonalentwicklung als Prototyp des „Mosaikentwicklers" mit früher Determination und nur geringer regulatorischer Flexibilität. Larven regenerieren gar nicht gut; adulte Seescheiden hingegen sehr gut. Es gibt also keine eindeutige Korrelation zwischen reparativem Regenerationsvermögen und der Stellung eines Tieres in der Hierarchie des zoologischen Systems. Das fehlende Vermögen der meisten Wirbeltiere, amputierte Teile regenerativ ersetzen zu können, dürfte eher durch ihre Größe bedingt als von ihrem Evolutionsniveau bestimmt sein. Immerhin können manche Organe, wie die Leber, noch recht ordentlich regenerieren.

- Unter den **Amphibien** besitzen nach der Metamorphose noch die **Urodelen** (Salamander, Molche) ein augenfälliges reparatives Regenerationsvermögen. Sie können amputierte Extremitäten, den Schwanz, die Augenlinse, den Ober- und Unterkiefer, das Rückenmark und die Herzkammer regenerieren.
- **Arthropoden** können verlorene Extremitätenteile regenerativ ersetzen, solange noch Häutungen bevorstehen.
- **Autotomie** ist das selbsttätige Abwerfen eines verzichtbaren Körperteils (Schwanz bei Eidechsen, Gliedmaßen bei Arthropoden), den man dem zupackenden Räuber zum Fraß überlässt. Die Fähigkeit, solche Teile wieder regenerieren zu können, lässt eine solche partielle Selbstopferung zu, ohne dass ein Dauerschaden erlitten werden müsste.

24.2.2
Lokal sind Regenerationen auch im Wirbeltier einschließlich des Menschen möglich

Bei der Auflistung von Regenerationsleistungen wird allzu leicht Wohlbekanntes und Alltägliches vergessen. Es sei beispielsweise erinnert

- an den Ersatz der Milchzähne durch das (hoffentlich) bleibende Gebiss beim Menschen,
- an die jahresperiodisch sich wiederholende Mauser der Vögel und den jahresperiodischen Wechsel des Haarkleides der meisten Säugetiere in hohen geografischen Breiten,
- an den jährlichen Wechsel des Geweihs bei Hirschen und Rehböcken,
- an das Nachwachsen von Klauen und der Nägel,
- an die Heilung von Wunden und Knochenfrakturen.
- Schließlich hat die Leber, falls ihr aufgrund eines Tumors ein Teil entfernt werden muss, ein ausgesprochen gutes Regenerationsvermögen (was der grausame Adler ausnutzte, der täglich ein Stück der Leber des an einen Felsen gefesselten Prometheus heraus riss und fraß). Im Falle der Leber nehmen alle Zelltypen die ausgesetzte Proliferationsaktivität wieder auf. Woher die Signale zur Wiederaufnahme des Wachstums und dann wieder zu seiner Beendigung kommen, ist nicht bekannt, wenn auch ein Signalmolekül identifiziert ist. Es ist der Hepatocyte Growth Factor **HGF.**
- Die vielfältige, immerwährende Regeneration der Blutzellen, der Haut, der Dünndarmzotten, der Geruchsrezeptoren der Riechschleimhaut und anderer Gewebe war Thema des Kap. 19. Dass diese Fähigkeit zur Selbsterneuerung allerdings seine Grenzen hat, darauf wird unter 24.4.4 hingewiesen.

24.2.3
Epimorphose oder Morphallaxis, Stammzellen oder Dedifferenzierung?

Regenerationsprozesse stellen an die Forschung aufregende Fragen:

1. Wie erkennt ein Organismus, dass etwas fehlt und wieviel fehlt? Diese ist die Frage nach der **Auslösung** einer Regeneration und der **Musterkontrolle** während einer Regeneration.

2. Woher kommt das Material für den Ersatz? Dies ist die Frage, ob sich das Regenerat von undifferenzierten **Stammzellen** oder aus differenzierten Zellen ableitet, die sich durch eine Art Reembryonalisierung **dedifferenzieren** und dabei die Teilungsfähigkeit zurückgewinnen. Vielfach hat man das hohe Regenerationsvermögen „niederer" Tiere darauf zurückgeführt, dass sie besondere embryonal bleibende **Reservezellen (Neoblasten)** in ihren Geweben beherbergen sollen. Diese sollten als **multipotente Stammzellen** jede Art verlorener Zellen nachliefern können. Tatsächlich gibt es multipotente, wenn auch nicht immer totipotente Stammzellen; sie gibt es bei Schwämmen, Hydrozoen, Turbellarien, Tunikaten und Säugern inklusive Mensch! (Kap. 19).

3. Falls (auch) Dedifferenzierung stattfindet, wird weiter gefragt: Gehen neue differenzierte Zellen stets aus ihresgleichen hervor, neue Knorpelelemente stets nur aus reembryonalisierten Knorpelzellen, neue Muskeln stets aus reembryonalisierten Muskelzellen, oder gibt es auch **Transdifferenzierung**, etwa der Art, dass eine reembryonalisierte Knorpelzelle auch zur Stammzelle neuer Muskelzellen werden könnte? Eine Transdifferenzierung, auch **Metaplasie** genannt, schlösse jeweils auch eine **Transdetermination** (s. Kap. 14) ein.

4. Mit diesen Fragen ist eine weitere verknüpft: Wird der ursprüngliche Zustand durch Umorganisation des vorhandenen Zellmaterials wiederhergestellt, ohne dass in nennenswertem Umfang Zellteilungen stattfänden **(Morphallaxis)**, oder wird das Regenerat aus wenigen in Reserve liegenden Stammzellen oder reembryonalisierten Gründerzellen gewonnen, die sich im Wundbezirk befinden oder in den Wundbezirk einwandern, sich vermehrt teilen und die neue Struktur nachwachsen lassen **(Epimorphose)**?

   Als Beispiel für Morphallaxis wird in langer Lehrtradition der Süßwasserpolyp *Hydra* genannt, als Beispiel für Epimorphose die Gliedmaßenregeneration bei Arthropoden und Amphibien.

   Morphallaxis und Epimorphose sind jedoch gedankliche Grenzfälle (Die Begriffe stammen von T.H. Morgan; s. Box K1). Auch bei einer Epimorphose (s. Abb. 24.3) gehen oftmals die ersten teilungsfähigen Stammzellen durch Reembryonalisierung aus schon vorhandenen, (weitgehend) differenzierten Zellen hervor. Umgekehrt wird kein Organismus ohne Zellteilung auskommen, wenn er umfangreiche Strukturen wiederherstellen muss. Aktuelle Regenerationsleistungen gründen in unterschiedlichem Ausmaß auf Transdifferenzierung, Zellwanderung und Zellproliferation.

24.2.4
Rekonstitution: In-Zellen zerlegte Gewebe können sich reorganisieren

Rekonstitution ist ein experimenteller Sonderfall, der eine erstaunliche Selbstorganisation vielzelliger Verbände dokumentiert: Embryonen (z. B. Seeigelblastulae) oder isolierte Organe (z. B. Auge einer Kaulquappe) oder gar ganze Individuen (z. B. *Hydra*, s. Abb. 3.9) werden in Einzelzellen zerlegt. Aus der Zellsuspension können die Ausgangsobjekte +/– vollständig zurückgewonnen werden. Das machen die Zellen ohne große Hilfe von außen selbst, wie für *Hydra* in Kap. 3.3.2 beschrieben. In freier Natur ist eine solche Rekordleistung nicht gefragt.

24.3
Fallbeispiel *Hydra* und andere Wirbellose

24.3.1
Hydra besitzt unter den echten vielzelligen Tieren das wohl größte Regenerationsvermögen

Regeneration verlorener Körperteile. Die griechische Sage erzählt von einer riesigen Wasserschlange, die in den lernäischen Sümpfen des Peloponnes hauste und für jeden abgeschlagenen Kopf mehrere neue Köpfe regenerieren konnte (Herkules erlegte sie, indem er mit einem glühenden Pfahl die Wunden ausbrannte und so das Nachwachsen der Köpfe verhinderte). Der ca. 5 mm große Süßwasserpolyp, der heutigen Tages den Namen des Ungeheuers tragen muss, kann ebenfalls einen abgeschnittenen Kopf durch einen neuen ersetzen; er wird aber im Regelfall naturgetreu nur einen einzigen Kopf regenerieren. Wird aus der Körpermitte ein Ring herausgeschnitten, der nur 1/20 der Körperlänge umfasst, so regeneriert der Ring am oberen Ende einen Kopf, am unteren einen Fuß.

Was nützt dem Polypen sein Regenerationsvermögen in freier Natur? Es kann schon passieren, dass ein Beutetier beim Versuch, sich ruckartig loszureißen, seinen Fänger zerreißt. Vor allem die marinen Vertreter der Cnidarier (Hydrozoenkolonien, Korallen) verlieren immer wieder ihre Köpfe, wenn Nacktschnecken oder Fische sie abweiden. *Hydra* teilt mit ihren Verwandten die Fähigkeit zur Regeneration des Kopfes.

Laufende Musterkontrolle. Das hohe Regenerationspotential von *Hydra* gründet auch auf dem Umstand, dass der Polyp ohnedies ständig sein ganzes Inventar an Zellen erneuert und deshalb zeitlebens ein System der Mu-

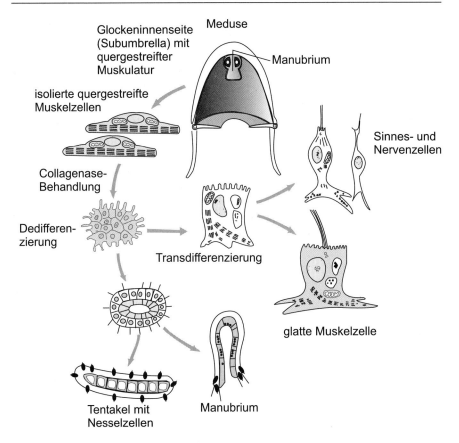

Abb. 24.1. Transdifferenzierung der isolierten quergestreiften Muskulatur einer Meduse (*Podocoryne carnea*). Die aus der Schirmunterseite (Subumbrella) isolierten quergestreiften Muskelzellen werden durch Behandlung mit Collagenase (zur Entfernung der Haftunterlage) oder mit Tumorpromotoren destabilisiert. Isolierte, destabilisierte Muskelzellen verlieren ihren Differenzierungszustand und können sich, gegebenenfalls nach Zellteilungen, in verschiedene andere Zelltypen umwandeln. Noch lange sind in den transdifferenzierten Zellen Relikte des kontraktilen Filamentsystems (rot) zu finden. Die neu entstandenen Zelltypen können durch Selbstorganisation einzelne Organe einer Meduse (z. B. Tentakel, Manubrium) bilden (nach Schmid V et al. in: Regulatory Mechanisms in Developmental Processes. Elsevier, 1988)

sterkontrolle am Werk sein muss, das den Zellenaustausch ortsgemäß qualitativ und quantitativ steuert. Experimentell sind folgende Eigenschaften des Systems der Musterkontrolle ermittelt worden:

- Vorhandene Strukturen, insbesondere der Kopf oder eine Knospe, unterdrücken die potentiell mögliche Entstehung gleicher Strukturen an anderer Stelle (**apikale Dominanz, laterale Inhibition**).
- Zwar kann grundsätzlich an jeder Stelle ein Kopf (oder jede andere Körperpartie) gebildet werden, die Potenzen hierzu sind jedoch nicht gleich

verteilt. Sie werden bestimmt vom **Positionswert** des Gewebes: Ein hoher Positionswert verleiht eine hohe Potenz zur Kopfbildung und gleichzeitig eine geringe Potenz zur Fußbildung (s. auch Kap. 12.9).

- **Die Positionswerte sind entlang der Körperachse gradiert verteilt und dieser Gradient bestimmt die Polarität:** Diese Aussage ist in Kap. 12.9 und den zugehörigen Abb. 12.13, 12.14 und 12.15 begründet worden. Das Ende mit dem höchsten Positionswert wird die WNT-Signalkaskade (s. Abb. 3.11 und Abb. 20.1) einschalten und den Kopf regenerieren; das Ende mit dem niedrigsten Positionswert den Fuß. Die Natur des Positionswertes ist noch unbekannt; doch handelt es sich um eine Größe, die sich messen lässt und zunimmt, wenn nach Entfernen des oberen Polypenteils am apikalen Rumpfende eine Kopfregeneration in Gang kommt. Zur Messung des Positionswertes eignet sich die Fähigkeit des Gewebes, im Transplantationsexperiment eine zweite Körperachse mit einem Kopf an ihrem apikalen Ende zu induzieren; Messgröße ist die Häufigkeit, mit der dies in wiederholten Experimenten geschieht (Abb. 12.13).

Die WNT-Kaskade ist gemäß sich häufender Indizien bei vielen tierischen Organismen beteiligt, wenn sich eine Körperachse herausheben soll mit einem Mund an ihrer Spitze.

Im Falle von *Hydra* liegen folgende Evidenzen vor:

- Gene der WNT-Kaskade werden dort exprimiert, wo eine neue Achse entsteht und sich ein neuer Mund bildet: am oberen Ende eines Rumpfes, der sich anschickt, einen Kopf zu regenerieren, an der Spitze einer Knospe, in Aggregaten dort, wo sich Kopfstrukturen ankündigen (Hobmayer et al. 2000; s. auch Abb. 3.9).
- Man kann gegenwärtig (Anfang 2005) noch nicht die artspezifischen (und schwer löslichen) WNT-Moleküle selbst isolieren und lokal applizieren, um ektopische Kopfbildung auszulösen, doch gibt es die Möglichkeit, die WNT-Kaskade indirekt zu stimulieren, indem man ein Element der Kaskade, das Enzym GSK-3, blockiert, beispielsweise mit Lithium oder bestimmten Pharmaka (Paullone). Tut man dies in geeigneter Dosierung, entstehen entlang des Rumpfes zusätzliche Tentakel oder auch ganze Köpfe (Hassel und Bieller 1996; Reinhardt et al. 2004).
- Beim Aufbau eines hohen Positionswertes, der die Fähigkeit zur Kopfbildung vermittelt, ist auch das PI-System der Signaltransduktion (s. Abb. 20.1) beteiligt; denn Aktivatoren der Proteinkinase C wie Diacylglycerol und tumorpromovierende Phorbolester können ebenfalls die Bildung zusätzlicher, **ektopischer Köpfe** auslösen (Müller 1989).

Regenerationsstudien mit Hydren hatten Pioniercharakter bei der Entwicklung theoretischer Konzepte und mathematisch formulierter Computermodelle zur Erklärung der spezifischen Regenerationsleistungen dieser Tiere und darüber hinaus zur Erklärung biologischer Musterbildung im Allgemeinen. Die Modelle (s. Box K12) sollten erklären, wie in Zellverbänden mit gleicher genetischer Ausstattung aus homogenen Ausgangszuständen geordnete Differenzierung zustande kommt. Die experimentellen Befunde, die zu solchen Modellvorstellungen Anlass gaben, sind in Kap. 12.9 (und Kap. 12.10) geschildert. Es muss freilich gesagt werden, dass die Lücke zwischen solch hypothetischen Konstrukten und der biologischen Wirklichkeit noch enorm groß ist, vor allem, weil das Wissen über die beteiligten Signalmoleküle und über die Mechanismen ihrer Ausbreitung noch sehr lückenhaft ist.

Positionswerte können auch den Körperregionen der Planarien (nachfolgend Abschnitt 24.3.3), den Imaginalscheiben und Gliedmaßen der Insekten, sowie den Extremitäten der Wirbeltiere (Abschnitt 24.4.1) zugeordnet werden. In all diesen Fällen wird oder wurde vermutet, dass der Positionswert im Expressionsmuster von **Hox**-Genen codiert sei. Da jedoch Zellen nach einer Transplantation an einen Ort mit anderem Positionswert die neue Nachbarschaft erspüren und auf sie reagieren (s. Abb. 12.13 und Abb. 12.16), muss angenommen werden, dass der Positionswert (auch) in Molekülen codiert ist, die auf Zellmembranen exponiert werden (s. auch Kap. 12.10.2).

Positionswerte geben eine globale Orientierung, wo welche Struktur, Kopf oder Gastralregion oder Fuß, hergestellt werden soll, sei es im Zuge einer Regeneration oder einer Knospung. Sie sagen jedoch nichts darüber aus, woher neue Zellen rekrutiert werden können und welche Zellsorten für Neubildungen oder Ersatzleistungen zur Verfügung stehen.

Bei *Hydra* kennt man die interstitiellen Zellen=**I-Zellen**, kleine Zellen, die sich in den Zwischenräumen (Interstitien) der Epithelzellen aufhalten. Unter ihnen gibt es multipotente Stammzellen; ihre Abkömmlinge sind Nervenzellen, Nesselzellen, bestimmte Drüsenzellen und die Geschlechtszellen (s. Abb. 3.8). Bemerkenswert ist hierbei, dass *Hydra* auch Nervenzellen ersetzen kann (Säuger können dies in nur sehr begrenztem Umfang, z. B. im Hippocampus). Der Besitz von Stammzellen als Jungbrunnen für jede Art von alternden und verbrauchten Zellen ist ein wesentlicher Grund dafür, dass Hydra **potentiell unsterblich** ist.

Jedoch können nicht alle Zellen aus den I-Zellen hergestellt werden. Die ektodermalen und entodermalen Epithelzellen, die den Körperschlauch aufbauen, entstehen aus ihresgleichen. In der Körpermitte (Gastralregion) sind **auch differenzierte Epithelmuskelzellen teilungsfähig** und haben insoweit Stammzellcharakter bewahrt. Darüber hinaus können Epithelmuskelzellen, wenn sie in den Kopf- oder Fußbereich gelangen, sich in Batteriezellen der Tentakel oder Drüsenzellen des Fußes verwandeln. Sicher trägt diese **Plastizität des Differenzierungszustandes** maßgeblich zum hohen Regenerationsvermögen bei. Ein noch höheres Entwicklungspotential ist für Zellen anderer Hydrozoen nachgewiesen worden (Abschnitt 24.3.3).

24.3.2
Planarien: Pluripotente Stammzellen und Prinzipien der Musterkontrolle erinnern an *Hydra*

Planarien (Strudelwürmer) als Vertreter des Tierstammes der Plathelminthen haben Augen, Gehirn, einen aus einer Scheide vorstülpbaren Pharynx mit Mund, und mancherlei innere Organe, die einer Hydra fehlen. Trotz der größeren Komplexität gibt es erstaunliche Parallelen im Regenerationsvermögen und der Musterkontrolle zwischen Planarien und Hydren. Ein vorzügliches Regenerationsvermögen besitzen Arten der Gattungen *Planaria, Dugesia* und *Polycelis*. Die Parallelen, die zwischen Hydrozoen und Planarien aufgezeigt wurden, betreffen a) den Besitz von multipotenten oder gar totipotenten Stammzellen, bei Planarien Neoblasten genannt, b) die Bedeutung eines Gradienten von Positionswerten und des Prinzips der lateralen Inhibition im System der Musterkontrolle.

Man kann Planarien mit dem Skalpell quer oder längs durchtrennen, und jeder Teil wird das zum Ganzen Fehlende ergänzen (Abb. 24.2 a, b, e). Anders als bei *Hydra*, bildet sich an der Schnittfläche ein **Blastem** aus Zellen, die sich am Ort dedifferenzieren, und zu denen sich zuwandernde Neoblasten gesellen. Dieses Blastem bildet den fehlenden Teil (Abb. 24.2 a, b). Doch nach und nach wird auch der Restkörper umgestaltet: Die

Planarien (z.B. *Dugesia tigrina*)

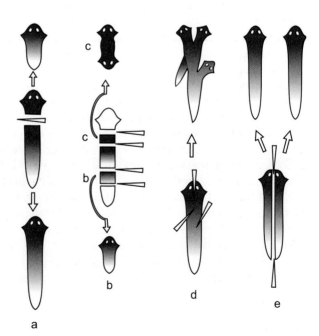

Abb. 24.2 a–e. Klassische Regenerationsversuche an Planarien

restlichen Körperregionen werden verkleinert, bis wieder harmonische Proportionen hergestellt sind.

Schräge Schnitte können zur Bildung zusätzlicher Köpfe oder Schwanzenden führen, je nachdem ob ein Gewebezipfel nach vorn oder nach hinten weist (Abb. 24.2 d). Werden durch zwei parallele Schnitte quer zur Körperlängsachse sehr kurze Stücke aus dem Rumpf herausgeschnitten, kann sich an einem solchen Stück sowohl am vorderen (anterioren) wie auch am hinteren (posterioren) Ende ein Kopf bilden. Bei kurzen Stücken ist der Gradient der Positionswerte nicht steil genug, um dem anterioren Ende einen Entwicklungsvorsprung zu geben, und diesen Vorsprung braucht das vordere Ende, um über laterale Inhibition die Bildung eines konkurrierenden Kopfes andernorts unterdrücken zu können. Bei vielen Hydrozoen, wenn auch nicht bei *Hydra*, kann man Gleiches beobachten.

Um die Musterkontrolle mit formalen Vorstellungen zu erklären oder in Einklang zu bringen, könnte nun das über Gradienten, Positionswerte und Interkalation Gesagte (Kap. 12.9) wiederholt werden. Statt zu wiederholen, sei auf Ergänzendes und Erhellendes aus der neueren Planarienforschung hingewiesen:

In einem Regenerationsblastem wird ein ganzer Satz von *Hox*-Genen eingeschaltet und zwar anfänglich gleichermaßen, ob aus dem Blastem ein Vorderende mit Kopf oder ein Hinterende mit Schwanz hervorgehen wird. Erst nach und nach entsteht ein Expressionsmuster entlang dem Körper, das in etwa dem entspricht, das in einem *Drosophila*- oder Maus-Embryo zu sehen ist (s. Abb. 13.4). Man kann daraus ableiten, dass dieses Expressionsmuster Folge neu eingestellter Positionswerte ist, nicht aber diese Werte selber primär codiert. Bemerkenswert ist auch, dass im Kopf ein *otx* Gen, im Auge ein *Pax6* Gen zum Zuge kommen, ganz wie in der Fliege oder im Wirbeltier (s. Kapitel 13).

Statt Parallelen und Homologien weiter zu betonen, sei noch auf die Rolle der Planarien in einer fruchtlosen Phase der Gedächtnisforschung hingewiesen.

Es war einmal, so um 1960 bis 1980, als viele Forscher auf der Suche nach „**Gedächtnismolekülen**" waren, die das Gelernte speichern sollten. Planarien spielten dabei eine unfreiwillige Rolle. Von ihren menschlichen Laborgenossen nicht eben liebevoll dressiert, sollten sie lernen, grellem Licht oder peinvollen elektrischen Schlägen durch Kontraktion oder Abwenden ihres Körpers auszuweichen. Wenn anschließend die Versuchstiere quer durchtrennt wurden, sollte nicht nur die vordere Körperhälfte mit dem Gehirn die Lektion behalten haben, sondern auch die hintere Hälfte, die mit einem Kopf auch Gedächtnisinhalte regeneriert haben müsste. Als Gedächtnisträger glaubte man Nukleinsäuren dingfest gemacht zu haben (codiert von welchen Genen?). Mehr noch, nachdem Stücke aus dressierten Würmern ungelernten Genossen zum Fraße geboten worden waren, soll das Gelernte auf den Kannibalen übergegangen sein.

„Verspeise Deinen Professor" war die Devise einer Zeitung. Als die Hypothese der Gedächtnismoleküle keine Anhänger mehr rekrutieren konnte, kam auch das Interesse an der Planarienregeneration zum Erliegen. Würmer (und auch Professoren) können nun wieder ohne die Sorge leben, von lernunwilligen Zeitgenossen kannibalisch verspeist zu werden.

24.3.3
Multipotente oder totipotente Stammzellen und Flexibililtät durch Transdifferenzierung ermöglichen nicht nur einer *Hydra* unerschöpfliches Regenerationsvermögen

Ein noch größeres Entwicklungspotential als die I-Zellen einer *Hydra* haben die Stammzellen eines weiteren Cnidariers, die wanderungsaktiven I-Zellen des marinen, koloniebildenden Hydrozoons *Hydractinia echinata*. Dessen I-Zellen sind totipotent. Der Nachweis beruhte auf folgendem Experiment: Die I-Zellen einer Kolonie wurden mittels alkylierender Cytostatica eliminiert und durch I-Zellen von gewebeverträglichen mutanten Klonen ersetzt. Die gespendeten neuen I-Zellen konnten aus einem Transplantat in die I-Zellen-freie Kolonie einwandern. Spender und Empfänger unterschieden sich in der Wachstumsform (z. B. vielköpfige Polypen einer Mutante) und im Geschlecht. Im Laufe von Wochen nahm der Empfänger nach und nach den Phänotyp des Stammzellen-Spenders wie auch dessen Geschlecht an. Umgekehrt wandelten sich nach dem Austausch ihrer Stammzellen weibliche Kolonien mit mutantem Phänotyp in Männchen des Normaltyps um (Müller et al. 2004).

Das Postulat, auch die Neoblasten der Planarien seien, jedenfalls in ihrer Gesamtheit, totipotent, ist wieder in die Diskussion gebracht worden (Peter 2004). Ein hohes Regenerationspotential haben die Arten *Dugesia gonocephala* und *Dugesia tahitiensis*, und diese haben auch besonders viele Neoblasten. Als weiterer Träger totipotenter Stammzellen ist überraschend sogar ein Vertreter des Tierstammes der Chordaten vorgestellt worden. Es ist der koloniale Tunikat *Botryllus schlosseri*. Isolierte Blutzellen ballten sich zu einem Blastula-ähnlichem Gebilde zusammen, und aus diesen gingen binnen einer Woche vollständige Organismen hervor (Rinkevich et al. 1995).

In all den hier zusammengetragenen Fällen galt das Prädikat „totipotent" für eine Gruppe von Zellen, die in ihrer Gesamtheit Totipotenz vermitteln. Dass auch ein einzelner Zelltyp, und sogar ein voll ausdifferenzierter, totipotent sein kann, zeigt der folgende Abschnitt.

24.3.4
Bisheriger Rekord: Totipotente Stammzellen entstanden aus quergestreiften Muskelzellen von Medusen

Wenn bei *Hydra* eine Epithelmuskelzelle zu einer Epitheldrüsenzelle wird, kann dies als Modifikation des Differenzierungszustandes angesehen werden. Bei Hydromedusen ist jedoch auch eine erstaunliche Fähigkeit zur **Transdifferenzierung** nachgewiesen worden. Aus der Muskulatur des glockenförmigen Schirms isolierte quergestreifte Muskelzellen können dedifferenzieren, Teilungsfähigkeit zurückgewinnen und nach ihrer Teilung eine Vielzahl verschiedener Zelltypen, inklusive Nervenzellen und Keimzellen, hervorbringen (Abb. 24.1).

In der gärtnerischen und landwirtschaftlichen Züchtung werden zunehmend mehr Pflanzen, die nicht durch traditionelle Methoden vegetativ vermehrt werden können, dadurch geklont, dass man Zellen des Phloems oder der Blätter nach Entfernung der Zellwand – solche Zellen heißen dann Protoplasten – zum Zellhaufen (Kallus) heranwachsen lässt, in dem sich dann durch Selbstorganisation neue Embryonen bilden. Ähnliches ist bei Tieren noch nicht gelungen. Die hier geschilderte multiple Transdifferenzierung isolierter Muskelzellen von Hydrozoen (Abb. 24.1) lässt jedoch vermuten, dass bei diesen Organismen eine der Pflanzenzüchtung entsprechende Methode des Klonens entwickelt werden könnte. Freilich fehlt daran jedes ökonomische Interesse.

Mediziner und Biotechnologen merken jedoch auf, wenn sie von neuesten Befunden (erstmals 2001 berichtet) erfahren: Durch genetische Manipulation konnten sogar vielkernige Muskelfasern von Molchen dazu gebracht werden, sich in einzelne einkernige Zellen aufzugliedern, die ihren kontraktilen Apparat abbauten, sich zu teilen begannen und Stammzellcharakter erlangten. Wir kommen darauf im Abschnitt 24.4.2 zurück.

24.4
Regeneration und Transdifferenzierung bei Wirbeltieren

24.4.1
Die Regeneration der Extremitäten der Amphibien ist abhängig von der Zufuhr von Neurotrophinen

Urodelen (Molche, Salamander, Axolotl) können amputierte Extremitäten zeitlebens regenerieren. Anuren (Frösche, Kröten) können im Larvenzustand Arm- und Beinknospen regenerativ ergänzen; mit dem Alter der Larven sinkt die Regenerationsfähigkeit und verschwindet nach der Metamorphose ganz. Die Regeneration vollzieht sich am Extremitätenstumpf der Urodelen in mehreren Schritten:

1. Zuerst wird die Wunde von auswandernden Zellen der Epidermis überdeckt und verschlossen.
2. Unter dieser Deckschicht werden beschädigte Zellen durch Enzyme lysiert. Angrenzende lebende Zellen, insbesondere Zellen des Bindegewebes und der Muskulatur, erfahren eine partielle Dissoziation und **dedifferenzieren** zu mesenchymalen Vorläuferzellen, aus denen die neue Extremität hervorgeht. Die Ansammlung solcher mesenchymaler Zellen heißt **Blastem**.
3. In den Zellen des Blastems wird die Aktivität Zelltyp-spezifischer Gene gedrosselt und stattdessen in allen Zellen das Gen für den Transkriptionsfaktor *msx-1* eingeschaltet. Dieses bleibt während der folgenden

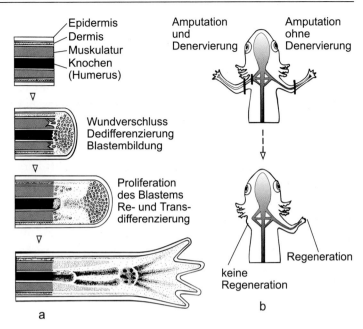

Abb. 24.3 a, b. Regeneration (Epimorphose) eines Amphibienbeins (Molch, Salamander oder Axolotl). Aus dedifferenzierenden Zellen bildet sich ein Blastem; dieses bringt im Normalfall genau jene Strukturen wieder hervor, die entfernt worden sind. Die Fähigkeit zur Regeneration ist abhängig von der Zufuhr neurotropher Faktoren durch nervale Leitungen bzw. durch die diese Leitungen begleitenden Gliazellen (Schwannsche Scheiden)

Wachstumsphase aktiv und wird mit dem Abschluss des Wachstums wieder ausgeschaltet.

4. Stimuliert durch Wachstumsfaktoren, wächst das Blastem zu einer Beinknospe heran. Anders als die Extremitätenknospe des Embryos hängt aber das Wachstum des Blastems auch von Faktoren ab, den **Neurotrophinen**, die von Nerven oder von Gliazellen, die nervale Axone begleiten, geliefert werden (Abb. 24.3). Im Gegensatz zu den Neurotrophinen, von denen im Kapitel 17 (Nervensystem) die Rede war, sind die hier von den Forschern ebenfalls als Neurotrophine bezeichneten Faktoren nicht definiert als Überlebensfaktoren **für** Nervenzellen, sondern sind Produkte **von** Nervenzellen oder Gliazellen. Der Faktorencocktail, der die Regeneration einer Extremität ermöglicht, enthält u. a. das von Gliazellen gelieferte **Neuregulin** und diverse Fibroblasten-Wachstumsfaktoren (**FGFs**). Die FGF-produzierenden Zellen stimulieren sich wechselseitig, ebenso wie in der embryonalen Extremitätenknospe (Abb. 12.10). Die Parallele zur embryonalen Knospenentwicklung geht weiter: So kommt im Blastem ebenso wie in der embryonalen Knospe zur Koordinierung der Musterbildung das Signalmolekül SONIC HEDGEHOG zum Einsatz, und es werden Abkömmlinge von Vitamin A, speziell 11-trans

Retinsäure (*retinoic acid*), erzeugt sowie Retinsäurerezeptoren exprimiert.

5. Während des Auswachsens des Blastems werden der Reihe nach jene Strukturen spezifiziert, die normalerweise distal von der Schnittstelle liegen, und zwar vollständig und in der korrekten Reihenfolge. Entwicklungsbiologen haben, um dies anzusprechen, die Regel der „distalen Transformation" formuliert: Nur was normalerweise distal folgen sollte und entfernt wurde, kann im Regenerationsprogramm verwirklicht werden. Den Zellen werden steigende Positionswerte zugeteilt und diese bestimmen, welches Skelettelement am jeweiligen Ort hergestellt wird. Molekular sind diese Positionswerte wahrscheinlich durch von proximal nach distal zunehmend stärkere Adhäsionskräfte zwischen den Zellen bedingt sowie durch die zeitliche und räumliche Reihenfolge der Expression der Gene der *Hox-A* und *Hox-D* Gruppe (s. Abb. 13.6).

Wird das Blastem des amputierten Unterarms mit Vitamin A-Säure (**Retinsäure**) behandelt, erfahren die Zellen eine **Zurückstufung** ihres Posititionswertes und der Stumpf entwickelt im Anschluss an die noch vorhande-

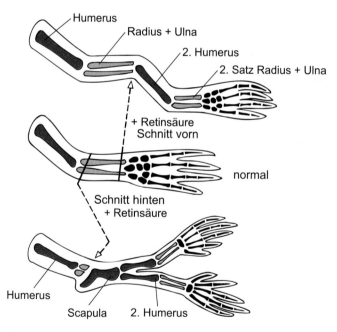

Abb. 24.4. Beinregeneration beim Salamander ohne und mit Behandlung des Regenerationsblastems mit Retinsäure. Nach Behandlung des Blastems mit Retinsäure (Vitamin A-Säure) kann es in der proximo-distalen Achse zur Rückstellung des Positionswertes auf Schulterniveau kommen; es werden noch einmal Humerus, Radius/Ulna und Hand hergestellt (oben), bisweilen sogar auch noch einmal das Schulterblatt (unten). In der anterior-posterioren Achse kann es zur spiegelbildlichen Verdoppelung kommen (unten). Mitte: Normalfall. Experimente von Maden

nen Skelettelemente nochmals Schultergürtel, Humerus, Radius/Ulna, Hand (Abb. 24.4). Kerngebundene Rezeptoren für Retinsäure (RAR) sind vorhanden.

24.4.2
Bekanntester Fall einer Transdifferenzierung bei Wirbeltieren ist die Linsenregeneration; doch gibt es auch Transdifferenzierung aus quergestreiften Muskelfasern heraus

Transdifferenzierung kann bisweilen auch bei Wirbeltieren beobachtet werden. Ein seit langem bekanntes Beispiel ist die **Linsenregeneration** beim Molch. In der Embryonalentwicklung entsteht die Linse aus **ektodermaler Epidermis,** nachdem der unterlagernde Augenbecher ein induktives Signal ausgesandt hat. Wird später die Linse entfernt, kann sie regenerativ ersetzt werden. Dann ist es jedoch der obere **Irisrand,** der die Linse liefert. Die Iriszellen sind mesodermale, pigmenthaltige, glatte Muskelzellen. Nicht der Wundreiz sondern das Fehlen der Linse scheint den Prozess der Transdifferenzierung einzuleiten (Abb. 24.5). Im Verlauf der Linsenregeneration werden Gene aktiviert, die auch in der embryonalen Augenentwicklung eine führende Rolle spielen, so die Gene für die Transkriptionsfaktoren Pax6 und SOX2, sowie die Gene für Signalmoleküle aus der TGF-β- und der FGF-Familie (Lang 2004; Kondoh et al. 2004; Tsonis et al. 2004).

Die Möglichkeiten einer Transdifferenzierung sind lange unterschätzt worden; verständlicherweise; denn schließlich gibt es zahlreiche differenzierte Zelltypen, die durch quantitative und qualitative Veränderungen ihres Genoms ganz gewiss nicht mehr in einen embryonalen Zustand zurückversetzt werden können (siehe Kap. 14.2). Wer hätte geahnt, dass jedoch **vielkernige, quergestreifte Muskelfasern** eine solche **Reembryonali-**

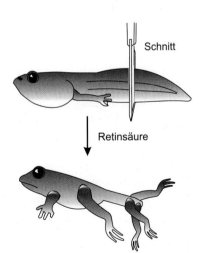

Schnitt

Retinsäure

Abb. 24.5. Homeotische Transformation eines Regenerationsblastem am Schwanz in ektopische Beinstrukturen nach Einwirkung von Retinsäure (*retinoic acid*). Versuch von Maden (1993) an *Rana temporaria*

sierung durchlaufen können? Solche vielkernigen Muskelfasern entstehen in der Embryonalentwicklung durch Fusion mehrerer Myoblasten. Vor und im Zuge der Differenzierung verschwindet der in 24.4.1 erwähnte, mit einer Homöodomäne ausgestattete Transkriptionsrepressor MSX-1; stattdessen werden muskelspezifische Selektorgene wie *MyoD* und *myogenin* aktiviert. Wurde nun aber *msx-1* reaktiviert, lief die Entwicklung rückwärts. Die Pegel von MyoD und MYOGENIN sanken, die vielkernigen Myotuben zerlegten sich in Einzelzellen, verloren ihren kontraktilen Apparat und wurden zu einkernigen, wieder teilungsfähigen Zellen. Aus ihnen ließen sich nach Zugabe geeigneter Faktoren Zellen ableiten, deren molekularer Bestand charakteristisch für Fettzellen, Knorpelzellen, Knochenzellen und auch wieder Muskelzellen war. Es waren freilich Muskelfasern des Molches, die genetisch so manipuliert waren (TET-System, Box K13, letzter Abschnitt), so dass das Suppressorgen *msx-1* in den On-Zustand geschaltet und damit das muskelspezifische Differenzierungsprogramm wieder gelöscht werden konnte. Doch auch Myotuben der Maus – Myotuben sind die bereits vielkernigen Vorläufer der fertigen Muskelfasern – konnten dazu gebracht werden, sich wieder in Einzelzellen zu zerlegen; in diesem Fall ohne genetische Manipulation, sondern durch Applikation von niedermolekularen Purinen oder von Extrakten aus regenerierenden Molchextremitäten (McGann et al. 2001).

24.4.3
Vitamin-A-Säure kann im Säugetier verborgene Fähigkeiten zur Regeneration zum Vorschein bringen

Die Lunge zählt normalerweise nicht zu den Organen, denen ein Regenerationsvermögen zukommt. Mittels Vitamin-A-Säure ließ sich jedoch eine vollständige Regeneration der Alveolen, die durch verschiedene Noxen zerstört worden waren, erreichen. Im Rückenmark ließ sich das regenerative Auswachsen von Nervenfasern induzieren, allerdings erst, nachdem das betreffende Rückenmarkssegment durch Transfektion mit dem zuständigen Gen befähigt worden war, den Rezeptor RARβ2 zu exprimieren (Maden u. Hind 2002). Normalerweise kann im ZNS das Gen für diesen Rezeptor nicht mehr eingeschaltet werden und dies gilt als ein Hauptgrund, weshalb das adulte ZNS kein Regenerationsvermögen mehr besitzt. Andererseits ermöglicht fehlendes Regenerationsvermögen die Etablierung stabiler Instinktprogramme und stabiles Langzeitgedächtnis über Jahrzehnte.

24.4.4
Regeneration aus Stammzellen beim Menschen: Die beschränkte Fähigkeit zur regenerativen Erneuerung führt zum Tod

Von Schwämmen und dem Süßwasserpolypen *Hydra* abgesehen, können vielzellige Tiere, so auch der Mensch, nicht alle Zelltypen regenerativ er-

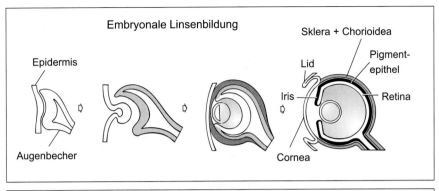

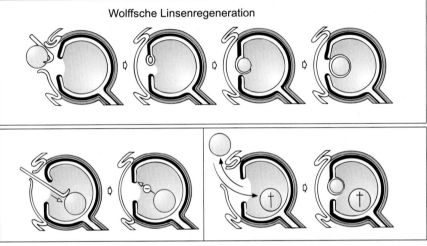

Abb. 24.6. Wolffsche Linsenregeneration bei einem Amphib. Während in der normalen Embryonalentwicklung die Linse vom ektodermalen Epithel gebildet wird, wird sie im Regenerationsfall durch Transdifferenzierung vom mesodermalen Irisrand gebildet. Eine nicht denaturierte Linse kann die regenerative Bildung einer Linse durch die Iris verhindern, auch wenn die Originallinse in den Augenhintergrund verschoben wird; eine denaturierte Linse hat diese Hemmwirkung nicht mehr

neuern. So können gealterte Nervenzellen im Regelfall nicht durch neue Nervenzellen ersetzt werden. Stabile neuronale Netzwerke ermöglichen, wie eben angedeutet, das Encodieren stabiler Instinktprogramme und stabiler Langzeitgedächtnis-Engramme. Fehlende Selbsterneuerung hat andererseits das Altern und Absterben der Nervenzellen zur Folge. Ausnahmen sind die Nervensinneszellen der Riechschleimhaut, die Photorezeptoren des Auges, Zellen des Hippocampus, und bei manchen Singvögeln die Neurone bestimmter Gehirnareale, die jahreszeitlichen Umkonstruktionen unterworfen sind. Schon um das 20. Lebensjahr beginnen beim Menschen mehr Nervenzellen verloren zu gehen als neue geboren werden. Neue Forschungen an Stammzellen des blutbildenden Systems der Nager (Maus, Ratte) haben den überraschenden Befund erbracht, dass solche Stammzellen das Knochenmark verlassen, über den Blutkreislauf ins Gehirn gelangen, dort eine **Transdetermination** erfahren und neue Nervenzellen nachliefern können (s. Kap. 19.4.5). Steht also ein unerschöpflicher Jungbrunnen zur Verfügung? Abgesehen davon, dass Entsprechendes beim Mensch noch nicht nachgewiesen ist, haben die Jahrmillionen menschlicher Evolution deutlich genug gezeigt, dass der tägliche Verlust an verbrauchten Nervenzellen durch möglicherweise nachgelieferte nicht ausgeglichen wird. Im Gehirn gibt es ganz offensichtlich keine nachhaltige Wirtschaft, keine ausgeglichene Bilanz zwischen Verbrauch und Nachschub. Der fortschreitende Verlust an Nervenzellen im Gehirn und Zellalterung in weiteren lebenswichtigen Organen führen unaufhaltsam zum Tod des Individuums.

ZUSAMMENFASSUNG DES KAPITELS 24

Regenerative Erneuerung kann auf mehreren Ebenen stattfinden: Innerhalb der Zellen wird der Bestand an Makromolekülen erneuert; vielfach werden gealterte und verbrauchte Zellen durch neue Zellen ersetzt, welche von Stammzellen nachgeliefert werden. Viele wirbellose Tiere können ganze Körperteile ersetzen, besonders gut der Süßwasserpolyp *Hydra* und Planarien, in beschränktem Umfang auch die geschwänzten Amphibien (Schwanz, Extremitäten, Augenlinsen). Asexuelle Fortpflanzung kann mit Regeneration gleichgesetzt werden.

Grundlage eines vorzüglichen Regenerationsvermögens ist nicht allein das Vorliegen teilungsfähiger Stammzellen, sondern mehr noch die Fähigkeit mancher differenzierter Zellen, ihren Differenzierungszustand aufzugeben und neue Differenzierungswege einzuschlagen (**Transdifferenzierung**). So können Molche eine Augenlinse aus Irismuskeln nachbilden. Besonders umfangreiche Transdifferenzierungsfähigkeiten haben quergestreifte Muskelzellen von Hydrozoen an den Tag gelegt, doch selbst die vielkernigen quergestreiften Muskelfasern von Molchen können sich wieder in einkernige Zellen zerlegen und den Charakter von multipotenten Stammzellen annehmen. In regenerierenden Extremitäten der Amphibien ermöglicht das für einen Transkriptionsfaktor codierte Gen *msx-1* die Reembryonalisierung und Transdifferenzierung der Zellen im Wundbereich.

Ganze Tiere sind aus einer einzelnen Körperzelle noch nicht zurückgewonnen worden, im Gegensatz zu entsprechenden Erfolgen der Pflanzenzüchter. Jedoch können aus vielzelligen Aggregaten anfänglich chaotisch angeordneter Zellen, die aus dissoziierten (in ihre Einzelzellen zerlegten) Süßwasserpolypen hergestellt werden, durch Selbstorganisation neue, ganze Polypen hervorgehen. Bei der Steuerung regenerativer Prozesse sind die gleichen oder ähnliche Prozesse der Musterbildung und Musterkontrolle am Werk, die auch die normale Entwicklung dirigieren.

Die begrenzte, unzureichende Möglichkeit des Körpers, verbrauchte Zellen, vor allem verbrauchte Nervenzellen, aus Stammzellen ersetzen zu können, bedingt den Tod des Individuums.

25 Unsterblichkeit oder Altern und Tod: Was will die Natur?

25.1
Möglichkeit und Unmöglichkeit einer Immortalität

25.1.1
Es gibt Leben ohne Tod; es ist jedoch an fortwährende Zellteilungen gebunden

Schon 1881 äußerte August Weismann, Professor für Zoologie in Freiburg im Breisgau, Ansichten, die für unser Verständnis von Altern und Tod grundlegend sind: Altern sei dem Leben nicht grundsätzlich inhärent, sondern ein Ereignis, das erst im Zuge der Evolution der Vielzeller Bestandteil der Entwicklung geworden sei. Nur der Vielzeller falle unausweichlich dem Tode anheim; das Altern sei der Weg zu diesem Ziel.

Ein Einzeller, eine Amöbe beispielsweise, nimmt bei gutem Nahrungsangebot an Masse zu und teilt sich in zwei Zellen. Bedeutet die Teilung das Ende des individuellen Lebens? Man mag spitzfindige semantische Diskussionen darüber führen, ob die Verdoppelung eines Individuums auf zwei Individuen das Leben des ursprünglichen Individuums beendet oder nicht; eine Leiche bleibt jedenfalls nicht zurück. Üblicherweise spricht man Einzellern **potentielle Immortalität** zu; nur Gefressenwerden, Befall durch Parasiten oder Unbill der Umwelt setzen dem Leben des Einzellers ein Ende, nicht aber natürliches Altern.

Beim Einzeller, so führt Weismann aus, wäre es gar nicht möglich, regelhaft das individuelle Leben mit dem Tod beenden zu lassen; denn die individuelle Zelle ist zugleich die **generative Zelle**, die den Fortbestand der Art zu sichern hat. Im Vielzeller hingegen hat sich im Zuge der frühen Evolution eine Auftrennung in generative und **somatische Zellen** vollzogen. Somatische Zellen können sich auf Einzelfunktionen konzentrieren und diese optimal in Angriff nehmen, da sie nicht alle Lebensfunktionen einschließlich der Fortpflanzung bewältigen müssen. Sie optimieren diese Funktionen im Dienste des gesamten Zellenverbandes; die einen Zellen sezernieren Enzyme und optimieren die Erschließung von Nahrung, die anderen Zellen optimieren sensorische Funktionen zur Erschließung der Umwelt und zum Erkennen von Gefahren.

Sich auf besondere Fertigkeiten zu konzentrieren war den Zellen des Eumetazoons möglich, weil sich die generativen Zellen stellvertretend für alle Zellen des Verbandes durch Teilung fortpflanzen und, ohne alle Berufe selbst ausüben zu müssen, ihren Tochterzellen doch die Potenz vermitteln, sich zu differenzieren und viele spezielle Berufe zu ergreifen. Universelle Potenz und Optimierung von Einzelfunktionen schließen sich aus. Ein Einzeller bleibt dem Kompromiss verhaftet.

Tod ist ein Phänomen, das regelhaft beim metazoischen Vielzeller dessen somatische Zellen erfasst. Aber auch hier gibt es, überraschend und anscheinend, Ausnahmen: In Zellkultur gehaltene Zellen von Vielzellern, auch Zellen des Menschen, sind oftmals wie der Einzeller potentiell immortal. Nur deshalb lassen sich solche Zellen über Jahrzehnte am Leben erhalten und vermehren. Und der Süßwasserpolyp *Hydra* ist als Ganzes potentiell immortal.

Zellen in Gewebekultur allerdings sind selektionierte Zellen: Es sind Stammzellen, die von Haus aus teilungsfähig sind und bleiben, oder es sind Zellen, die auf der Vorstufe zu einer cancerösen Transformation ihre Immortalität zurückgewonnen haben. *Hydra* ist ein anderer und besonderer Fall: Ihre terminal differenzierten Zellen sterben sehr wohl alle ab, aber jede sterbende Zelle wird durch eine neu geborene ersetzt (Kap. 24.3.3). **Nur Zellen, die selbst ihre Teilungsfähigkeit bewahren, sind immortal.** Offenbar ist fortlaufende Zellteilung eine Voraussetzung der Immortalität, führt fehlende Zellteilung zum Tod.

25.1.2
Man kennt viele molekulare und organismische Ursachen des Alterns, z.B. DNA-Schäden

Enzyme und andere Proteine befinden sich, solange sie biologisch aktiv und tauglich sind, in ihrer dreidimensionalen Sekundär- und Tertiärstruktur in einem **metastabilen Zustand**, in den sie etwa mithilfe von Chaperonen (Hilfsproteinen) gebracht worden sind. Vielerlei Einflüsse wie thermische Energie, wechselnde Ionenstärken und pH-Werte im Lösungsmittel, können solche Proteine aus dem metastabilen Zustand herauswerfen; sie fallen auf ein tieferes Energieniveau: sie **denaturieren**. Die Wahrscheinlichkeit, dass sie spontan renaturieren, d.h. ihren ursprünglichen metastabilen Zustand zurückgewinnen, ist minimal. Unbrauchbar gewordene Proteine müssen abgebaut und durch neu synthetisierte ersetzt werden.

In einer terminal differenzierten Zelle wird es schwierig sein, alle Proteine laufend auszutauschen. Wie soll eine Herzmuskelzelle, die nie ihre Kontraktionsrhythmik unterbrechen darf, ihren kontraktilen Apparat mitsamt angeschlossenen Enzymfunktionen austauschen können? Wie soll eine Nervenzelle des Gehirns ihre zahlreichen dendritischen Fasern und Hunderte von synaptischen Strukturen ausbessern, ohne Fehler zu machen? Wie soll sie sich, eingepfercht in einen Verband von Milliarden anderer Nervenzellen, die notwendigen Baustoffe besorgen?

Vor allem aber stößt die intrazelluläre Regeneration der Proteinkomponenten deswegen an Grenzen, weil die Informationsquelle zur Resynthese der Proteine, **die DNA, selbst Schäden erleidet.**

- Thermische Kollisionen mit Molekülen des Lösungsmittels,
- ionisierende und UV-Strahlung,
- aggressive Sauerstoffradikale (s. Kap. 25.3.1) und Fremdstoffe
- nicht korrigierte Fehler der DNA Polymerase

und manches mehr führen zu Mutationen und Strangbrüchen. Täglich verliert eine menschliche Zelle ca. 5000 Purinbasen (A oder G) wegen induzierter **Depurinisierung**, täglich werden ca. 100 Cytosinbasen durch **Deaminierung** in Uracil verwandelt.

Die Zelle hat vielfältige Mechanismen der DNA-Reparatur entwickelt. Sie funktionieren, solange einer der beiden DNA-Stränge intakt ist und als Vorlage des korrekten Basenmusters dienen kann. **Möglicherweise ist aber eine umfassende Fehlerkorrektur nur im Zuge einer vollständigen DNA-Replikation möglich. Dies würde erklären, dass nur Zellen, die sich immer und immer wieder teilen, immortal sind.** Es gibt bei Säugern eine Korrelation zwischen der Kapazität der DNA-Reparatursysteme und der artspezifischen Lebensspanne.

Auf zellulärem und organismischem Niveau sind zahlreiche weitere altersbedingte, irreversible Veränderungen beschrieben worden. Erwähnt werden sollen nur einige Beispiele:

- Akkumulation respiratorisch defizienter Herzzellen,
- Zerfall des Thymus und Verschwinden funktionstüchtiger Lymphocyten, und damit zunehmende Schwäche des Immunsystems,
- Abbau von Proteoglykanen, insbesondere von Hexuronaten, und von elastischen Fasern in den extrazellulären Matrizes von Knorpel, Unterhaut und Blutgefäßen. Dieser Abbau führt zum Verlust von gebundenem Wasser, d.h. zum Schrumpfen der Haut und der Knorpel, und begünstigt Atherosklerose.
- Der renale Blutfluss und die glomeruläre Filtrationsrate sinken um ca. 1% pro Jahr. Folglich ist schon aus diesem Grund die maximale Lebenszeit des Menschen auf ca. 100 Jahre begrenzt. Der Tod ist zu erwarten.

25.2
Theorien des Alters

25.2.1
Die Mitochondrien-Theorie, Sauerstoffradikale und der Nutzen des Fastens

In allen eukaryotischen Organismen und Geweben werden mit zunehmendem Alter auch zunehmend mehr gestörte **Mitochondrienfunktionen** registriert; man führt dies auf irreversible Schäden durch toxische Sauerstoff-radikale zurück. Hochreaktive Sauerstoffspezies (reactive oxygen species, ROS) sind das Superoxid-Ion $^{\bullet}O_2^{minus}$, Wasserstoffperoxid $^{\bullet}H_2O_2$. und das freie Hydroxylradikal $^{\bullet}OH$. Diese können oxidative Schäden an Lipiden und der Mitochondrien-DNA anrichten, wenn sie nicht unverzüglich und vollständig durch Katalasen und Peroxidasen unschädlich gemacht werden.

Neuere Studien belegen übereinstimmend, dass asketische Lebensweise bei ständiger Schmalkost die durchschnittliche Lebenserwartung verlängert, beim Wurm *Caenorhabditis elegans,* bei der Fliege *Drosophila* und der Maus ebenso wie beim Menschen. Anders als wir vielleicht erwarten, bewirkt jedoch viel anstrengende körperliche Aktivität nicht ein Hinauszögern des Alterns, sondern dessen Beschleunigung. Gegenwärtige Hypothesen bringen dies alles mit mitochondrialen Funktionen in Verbindung. Wenn die mitochondriale Atmungskette bei hoher Nahrungszufuhr und hohem ATP-Bedarf auf Hochtouren läuft, entstehen als unvermeidliche Nebenprodukte auch mehr reaktive Sauerstoffverbindungen, und diese wirken schädigend auf die Zelle.

25.2.2
Die Theorie der molekularen Telomeren-Uhr

Sieht man von bestimmten Stammzellen und Krebszellen ab, so zeigen Zellen in Gewebekultur in aller Regel keine Neigung, sich unaufhörlich zu teilen, auch wenn für beste Nahrung und beste Randbedingungen gesorgt wird. Nach einer für den Zelltyp charakteristischen Zeitspanne kommen Teilungen zum Stillstand, und die Zellen sterben. Eine blutbildende Zelle,

- die einem menschlichen Foetus entnommen wurde, kann den Zellzyklus 50 mal durchlaufen;
- ist sie einem 40-Jährigen entnommen worden, mag sie sich noch 40 mal teilen;
- stammt sie von einem 80-Jährigen, hat sie vielleicht noch 30 Teilungs-runden vor sich.

Man nennt diese alterskorrelierte Begrenzung der Teilungsfähigkeit nach einem ihrer Entdecker Hayflick-Zahl. Die abnehmende Bereitschaft oder Fähigkeit zur Teilung ist korreliert mit dem Verlust von Nukleotiden an den Enden der Chromosomen.

Eukaryotische Chromosomen haben eine besonders strukturierte Endregion, **Telomer** genannt (Abb. 25.1). Diese Region enthält repetitive Sequenzen. Bei Wirbeltieren findet sich übereinstimmend die Sequenz TTAGGG und im komplementären Strang entsprechend AATCCC. In menschlichen Zellen enthält das Telomer der Chromosomen jeweils einige hundert bis zu 2000 Wiederholungen (Repeats) dieser Sequenzen. Diese wurden im Laufe der Embryonalentwicklung mittels einer Telomerase an das Chromosomen-ende ansynthetisiert. Bei jeder Replikationsrunde der DNA geht jedoch

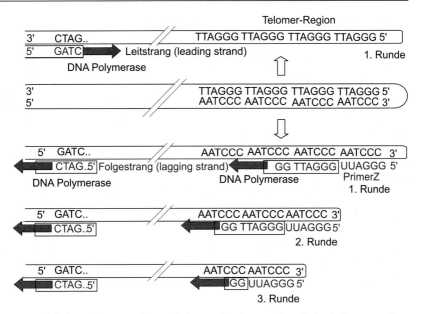

Abb. 25.1. Modell der Telomeren-Uhr. Bei jeder Replikationsrunde geht im Folgestrang (*lagging strand*) mindestens eine Wiederholungssequenz des Telomers, die zum Ansynthesieren des Primers benötigt wurde, verloren; denn der neue DNA Strang kann nach dem Ablösen des Primers von der Polymerase nur von 5′ nach 3′, nicht aber in umgekehrter Richtung, verlängert werden

mindestens ein solches Repeat verloren (Abb. 25.1). Das Telomer wird zu einem Zählwerk der Teilungsrunden, das schließlich bei Null stoppt (Sanduhrprinzip).

Die im Telomer zusammengefassten, nicht-codierenden Überhangsequenzen werden für die vollständige Replikation der linearen DNA, wie sie in den Chromosomen vorliegt, benötigt. Während der 3′–5′-Leitstrang im Vorwärtsgang in einem Zuge repliziert wird, kann der 5′–3′-Folgestrang nur Stück für Stück in kleinen Fragmenten repliziert werden, indem die Polymerase zum nächsten RNA-Starter vorausspringt und dann das Zwischenstück „rückwärts" in gewohnter 5′–3′-Richtung zu einem DNA-Doppelstrang komplementiert. Für jedes Fragment (Okazaki-Fragment) wird als Starter erst ein RNA-Primer an den DNA-Einzelstrang ansynthetisiert, der später gegen ein entsprechendes DNA-Fragment ausgetauscht wird. Auf die Telomersequenzen kann der RNA-Primer für das letzte Okazakifragment aufgeladen werden, damit auch der letzte codierende Abschnitt des 5′–3′-Stranges doppelsträngig gemacht werden kann. Der allerletzte RNA-Primer kann aber nicht gegen eine entsprechende DNA-Sequenz ausgetauscht werden, weil die DNA-Polymerase nicht in diese Richtung arbeiten kann. Folglich geht diese Überhangsequenz verloren. Näheres hierzu ist in Lehrbüchern der Zell- und Molekularbiologie ausgeführt.

Die Telomerase ist nur in Keimbahnzellen (und immortalen Tumorzellen) daueraktiv. In gewöhnlichen Somazellen verschwindet im Laufe der Zeit das Enzym nach und nach; die Telomeren werden kürzer und kürzer und schließlich gehen auch codierende Sequenzen verloren. Wenn dieser Punkt erreicht ist, unterwerfen sich die Zellen dem Selbstvernichtungsprogramm, der **Apoptose**. Mit jeder Teilungsrunde läuft das Uhrwerk ein Stück mehr dem Ende zu. Keimzellen und Krebszellen beweisen andererseits, dass dies nicht so sein müsste! Daher fragt man sich: Gibt es weitere, zwingendere, vielleicht genetisch festgelegte Gründe für unaufhaltsames Altern?

25.3
Der Tod als genetisch vorprogrammiertes Ereignis

25.3.1
Artspezifische Lebenserwartung ist ein erstes Indiz dafür, dass der Tod ein genetisch vorprogrammiertes Ereignis ist

Auch wenn man auf molekularem und organismischen Niveau Gründe für unaufhaltsames Altern auflisten kann, bleibt doch zu klären, warum die Lebensspanne ein artspezifisches Maximum kennt (Hayflick-Limit), und warum beim Menschen beispielsweise Seneszenz und Absterben schleichend und graduell voranschreiten, beim Lachs und bei der Eintagsfliege aber schlagartig vonstatten gehen.

Hydra ist immortal, *Caenorhabditis elegans* lebt 3 Wochen, *Homo sapiens* ist mit 95 Jahren Rekordhalter unter den Primaten und gehört zu den langlebigsten Lebewesen überhaupt.

Artspezifische maximale Lebensspanne in Jahren						
Primaten		Andere Säugetiere		Nicht-Säuger-Wirbeltiere	
Tupaja	7	Maus	3,5	Haussperling *Passer domesticus*	13
Seidenäffchen	15	Hausratte	5	Paradiesvogel	12
Meerkatze	21	Kaninchen	13	Bussard *Buteo buteo*	25
Rhesusaffe	29	Schaf	20	Felsentaube *Columbia livia*	35
Pavian	36	Katze	28	Weißstorch *Ciconia ciconia*	30–35
Gibbon	32	Rind	30	Alpenmolch *Triturus alpestris*	3
Orang-Utan	50	Hund	34	Europ. Feuersalamander	6
Gorilla	40	Braunbär	37	Japan. Riesensalamander	55
Schimpanse	45	Pferd	62	Sumpfschildkröte *Emys orbicularis*	30–120
Mensch	95	Ind. Elefant	70	Landschildkröte *Testudo graeca*	120
Mensch, Rekord	122	Finnwal	80	Galapagos-Riesenschildkröte	150

Die Lebensspanne der Säuger ist augenscheinlich mit ihrer Körpergröße korreliert. Kleine Lebewesen, die viel Energie umsetzen, deren Stoffwechsel mit hoher Geschwindigkeit abläuft und deren Herz entsprechend schnell schlägt, erreichen früher ihr Lebensende als große Tiere mit ihrer gemächlichen Lebensart.

25.3.2
Es gibt Gene, deren Mutation rasches Altern bedingt, und – bei Pilzen – Gene, deren Ausfall unsterbliches Leben beschert

Apoptose, programmierter Zelltod, erreicht schon früh in der Embryonalentwicklung eine Reihe definierter Zellgruppen (Kap. 14). Auch später im Leben sterben viele Zellen, so die Blutzellen (Kap. 19), wenige Tage oder Wochen nach ihrer „Geburt" (= letzte Zellteilung). Da sie freilich aus dem Reservoir der Stammzellen ersetzt werden (Kap. 19), sind es nicht so sehr die kurzlebigen, sondern die langlebigen, nicht ersetzbaren Zellen, die das artspezifische Lebensalter begrenzen.

Schon seit man Zellkulturen hält, weiß man, dass Zellen unterhalb einer bestimmten Zellendichte absterben. Diese alten Erfahrungen erhalten derzeit eine neue Interpretation: **Zellen überleben nur in sozialen Gemeinschaften; vereinsamte Zellen begehen Selbstmord.** Der sachliche Grund: Zellen scheiden **Überlebensfaktoren** aus, mit denen sie sich wechselseitig hindern, das Suizidprogramm einzuschalten; nur in dichten Zellkulturen erreichen diese Überlebensfaktoren eine ausreichend hohe Konzentration. Man fand dies beispielsweise in Kulturen von Oligodendrocyten, Augenlinsenzellen und Nierenzellen.

Doch im Körper sollten ja die nötigen Überlebensfaktoren alle da sein. Gibt es für den Körper als Ganzes eine **genetisch fixierte** maximale Lebensspanne?

Dass diese Fragen bejaht werden muss, zeigen seltene, autosomal-rezessive Erbkrankheiten des Menschen, die vorzeitiges Altern und Tod zur Folge haben und kollektiv Progeria genannt werden.

- Bei der **Progeria adultorum (Werner-Syndrom)** beginnt die Seneszenz mit 15 Jahren; die Lebenserwartung ist 47 Jahre.
- Bei der **Progeria infantium (Hutchinson-Gilford-Syndrom)** beginnt der sichtbare Alterungsprozess schon mit 3 Jahren; die Betroffenen sterben im Alter von 12 bis 18 Jahren mit allen Attributen eines Greises: Die Betroffenen ergrauen, das Haar wird schütter, ihre Haut wird runzelig, sie erblinden am grauen Star und leiden an Gefäßverkalkung.

Das für das Werner-Syndrom zuständige Gen codiert für eine **Helikase**. Deren Aufgabe ist es, die DNA aufzudrillen und zu entflechten. Nur so kann die DNA vollständig repliziert, nur so können Schäden repariert und Transkripte zur Synthese frischer Proteine hergestellt werden. Das WERNER-Protein ist auch in *Caenorhabditis elegans* gefunden worden und trägt, so es mutiert ist, zum vorzeitigen Altern der Würmchen bei.

Ein weiteres bei *Caenorhabditis elegans* entdecktes Gen für Langlebigkeit sorgt dafür, dass der Wurm in Inaktivität verfällt und hungert. Asketische Lebensweise verlängert, wie oben gesagt, die Lebensspanne. Es sind mittlerweile über 100 weitere Gene identifiziert worden, welche die Länge der Lebensspanne beeinflussen, darunter 50, deren Mutation das Leben verlängern. Unklar ist jedoch noch immer, ob es ganz spezifisch Altern-in-duzierende Gene gibt.

Zum Modellfall genetisch determinierten Alterns ist ein Pilz aus der Gruppe der Ascomyceten geworden, *Podospora anserina*. Der Wildtyp lebt 25 Tage. Die Seneszenz wird aber verhindert, wenn (nur) zwei Mutationen eingekreuzt werden: die Doppelmutante ist unsterblich! Diese erworbene Immortalität ist wie bei Krebszellen mit der neu gewonnenen Fähigkeit korreliert, sich unaufhörlich zu teilen. Daraus ist, wie nachfolgend diskutiert wird, eine Hypothese über die Ursachen genetisch determinierten Alters abgeleitet worden.

25.3.3
Es werden mehrere Mechanismen diskutiert, wie Tod genetisch programmiert sein könnte

Es sollen hier nur beispielhaft zwei Hypothesen vorgetragen werden, wie genetisch programmierte Selbstzerstörung in die Wege geleitet werden könnte.

1. **Es existiere eine genetisch programmierte Lebensuhr,** die nach einer artspezifischen Lebensspanne ein „Aus" einläutet. Ein solcher Mechanismus wird beim oben erwähnten Pilz *Podospora anserina* diskutiert. Die zwei Gene, deren Aktivität normalerweise das Leben beenden, codieren für Faktoren, welche den Zerfall mitochondrialer DNA und damit rasches Altern herbeiführen. Die Gene werden von einer inneren Uhr, deren molekulare Konstruktion noch nicht bekannt ist, nach der artspezifischen Lebensspanne von 25 Tagen eingeschaltet.

   Beim Menschen könnte nach dem Hinweis, den uns die Progeria-Syndrome geben, ein programmiertes Abschalten eines Helikase-Gens die DNA-Reparaturmechanismen außer Kraft setzen und so den Organismus dem Zerfall preisgeben.

2. Die **Telomerase Hypothese der Zellseneszenz.** Hier wäre, ergänzend zu den Ausführungen in 25.1.4, jetzt die Frage zu beantworten, ob es besondere Gene gibt, die in somatischen Zellen das Abschalten der Telomeraseaktivität erzwingen und damit das Telomeren-Uhrwerk zum Stillstand bringen. Knockout-Mutationen bei Pflanzen (*Arabidopsis*) weisen jedoch darauf hin, dass nicht in jedem Fall fehlende Telomeraseaktivität dem Leben auch schon ein Ende setzt.

Vielleicht verhält es sich mit dem Alterungsprozess von Organismen aber auch ähnlich wie beim Alterungsprozess eines Autos: Wenn es nicht der Rost der Karosserie und abgeschabte Kolbendichtungen sind, dann eben undichte Bremsschläuche, defekte Stoßdämpfer und Ölverlust, die das TÜV-konforme Leben beenden.

25.3.4
Der Tod hat eine wichtige biologische Bedeutung

Wenn nun aber ein Organismus potentiell unsterblich sein könnte, was soll dann ein genetisch programmierter Tod?

Lebewesen sollen ihren Nachfahren, Menschen ihren Kindern Platz machen. Aber warum nicht potentiell ewiges Leben, und Nachkommen nur im begrenzten Umfang, etwa durch asexuelle Knospung wie bei *Hydra*, um Verluste durch Unfälle auszugleichen und Kolonisten für neue Lebensräume zu erzeugen?

Hydra ist zwar über die Jahrmillionen erstaunlich zählebig gewesen, hat es aber in der Evolution so arg weit nicht gebracht. In der Geschichte des Lebens hat die sexuelle Fortpflanzung Oberhand gewonnen. Sie ermöglicht das Einschleusen von Mutationen in eine Population, sie ermöglicht vielfältige Rekombination der allelischen Varianten. Sexuelle Fortpflanzung ermöglicht es den Lebewesen, der Natur immer neue Varianten zur Selektion anzubieten. Sexuelle Fortpflanzung fördert Anpassung an veränderte Umweltgegebenheiten, fördert die Optimierung von Lebensentwürfen auch bei gleichbleibender Umwelt.

Der Tod schafft Raum für **neues** Leben, neu nicht nur im Sinne von **erneut,** sondern auch im Sinn von **neuartig.** Eine unaufhörliche Sequenz von Ontogenien, eine Sequenz von Geburt, Tod und erneuter Geburt, hat in der Evolution den Menschen hervorgebracht.

ZUSAMMENFASSUNG DES KAPITELS 25

Zellen müssen laufend ihren Proteinbestand erneuern, weil Proteine mit der Zeit denaturieren. Hierfür wird intakte DNA-Information benötigt. Die DNA erleidet jedoch laufend Schäden, beispielsweise durch Sauerstoffradikale und ionisierende Strahlung. Diese Schäden sind nur während einer DNA-Replikation reparierbar. Daher ist Immortalität an unaufhörliche Zellteilungen gebunden.

Bei Vielzellern sind gealterte Zellen ersetzbar aus teilungsfähigen Stammzellen; doch kann nur *Hydra* alle ihre somatischen Zellen einschließlich der Nervenzellen durch frische ersetzen. Daher ist eine *Hydra* potentiell unsterblich, während alle anderen Vielzeller, die ihre Nervenzellen oder andere Somazellen nur unvollständig erneuern können, unweigerlich dem Tode anheim fallen.

Darüber hinaus gibt es mutmaßlich Gene und molekulare Mechanismen, die dem Leben nach einer artspezifischen Lebensspanne aktiv ein Ende setzen. Diskutiert werden die Existenz einer Lebensuhr und zunehmender Verlust von DNA-Sequenzen an den Enden (Telomeren) der Chromosomen.

Tod als programmiertes Ereignis hat eine biologische Funktion. Sexuelle Fortpflanzung bringt laufend neue Genotypen hervor, die möglicherweise leistungsfähigere Lebewesen entstehen lassen. Dieser Chance dürfen die im Augenblick lebenden Organismen nicht auf Dauer entgegen stehen.

Literatur, WEB Ressourcen

Elektronische Datenbanken

zugänglich u. a. über die Universitätsbibliotheken
Medline advanced
Medline + Biosis
Current Contents (Biology, Medicine)

WEB Ressourcen

Entwicklung allgemein
http://www.luc.edu/depts/biology/dev.htm
http://www.sdb.bio.purdue.edu/index.html
http://www.elsevier.com/homepage/sah/isdb
http://www.zygote.swarthmore.edu
http://sdb.bio.purdue.edu/Other/VL_DB.htm

Review Journals, Allgemeine Biologie

Annual Review of Cell and Developmental Biology
BioEssays
Current Biology
Current Opinion in Genetics & Development
Current Topics in Developmental Biology
Nature (London)
Science (Washington/DC)
Scientific American
Seminars in Cell and Developmental Biology
Trends in Biochemicals Sciences
Trends in Cell Biology
Trends in Genetics
Trends in Neurosciences

Zeitschriften der Entwicklungsbiologie

Anatomy and Embryology (Springer, Berlin Heidelberg)
Cell (Cell Press, Cambridge/MA)
Development (The Company of Biologists, Cambridge)
Development, Genes and Evolution (Früher: Roux's Archives of Developmental Biology; Springer, Berlin Heidelberg)
Developmental Biology (Academic Press, New York)

Developmental Genetics (Wiley-Liss, John Wiley & Sons, New York)
Differentation, Ontogeny, Neoplasia, Differentation Therapy (Springer, Berlin Heidelberg)
Evolution & Development, Blackwell, Oxford
The International Journal of Developmental Biology, UBC-Press
Mechanisms of Development, Elsevier

Zeitschriften der Reproduktionsbiologie

Journal of Reproduction and Fertility, Soc Repr Fert, Portland-services, Colchester
Human Reproduction, Oxford Univ Press
Reproduktionsmedizin, Springer, Berlin, Heidelberg

Monographien und Lehrbücher der Entwicklungsbiologie

Balinsky BI (1981) An introduction to embryology. 5th edn. Holt-Saunders, Philadelphia
Drews U (1993) Taschenatlas der Embryologie. Thieme, Stuttgart
Gilbert SF (2000) Developmental biology. 6th ed. Sinauer, Sunderland/MA
Gilbert SF, Raunio AM (1997) Embryology. Constructing the organism. Sinauer, Sunderland MA
Hadorn E (1970) Experimentelle Entwicklungsforschung, im besonderen an Amphibien. Verständliche Wissenschaft, Bd 77, Springer, Berlin Heidelberg New York 1970
Hinrichsen KV (1990) Human embryology. Springer, Berlin Heidelberg New York Tokyo
Huettner AF (1949) Comparative embryology of Vertebrates. Macmillan, New York
Kühn A (1965) Vorlesungen über Entwicklungsphysiologie; 2. Aufl. Springer, Berlin Heidelberg
Langman J (1989) Medizinische Embryologie. Thieme, Stuttgart
Moody SA (ed) (1999) Cell lineage and fate determination. Academic Press, London New York
Morgan TH (1927) Experimental embryology. Columbia Univ Press, New York
Sadler TW (1998) Medizinische Embryologie. Thieme, Stuttgart
Saunders JW, Jr (1970) Patterns and principles of animal development. Macmillan, New York
Siewing R (1969) Lehrbuch der vergleichenden Entwicklungsgeschichte der Tiere. Parey, Hamburg 1969
Slack JMW (2001) Essential developmental biology. Blackwell Science, Oxford
Spemann H (1936) Experimentelle Beiträge zu einer Theorie der Entwicklung. Springer, Berlin 1936, Nachdruck 1968
Spemann H (1938) Embryonic development and induction. Yale Univ Press, New Haven (Reprinted by Hafner, New York, 1962)
Starck D (1975) Embryologie. 3. Aufl. Thieme, Stuttgart
Waddington CH (1956) Principles of Embryology. Allen & Unwin, London
Wolpert L (1998) Principles of development. Oxford Univ Press, Oxford

Sonstige Lehrbücher, auf die Bezug genommen wird

Alberts B, et al (1994) Molecular biology of the cell. 3rd edn. Garland, New York London
Austin CR, Short RV (1977) Fortpflanzungsbiologie der Säugetiere. Parey, Berlin Hamburg
Buselmaier W, Tariverdian G (1999) Humangenetik, 2. Aufl. Springer, Berlin Heidelberg New York
Müller W (2004, 2006) Tier- und Humanphysiologie. Springer, Berlin Heidelberg New York Tokyo
Reichert H (1990) Neurobiologie. Thieme, Stuttgart
Storch V, Welsch U (1994) Kurzes Lehrbuch der Zoologie, 7. Aufl. G. Fischer, Stuttgart Jena

Storch V, Welsch U (1997) Systematische Zoologie, 5. Aufl. G. Fischer, Stuttgart Jena
Wehner R, Gehring W (1995) Zoologie. 23. Aufl. Thieme, Stuttgart
Westheide W, Rieger R (1996) Spezielle Zoologie. Fischer, Stuttgart

Praktische Hinweise:
Tuan RS, Lo CW (eds) Developmental biology protocols, Vol I, II, III. Humana Press, Totowa/NJ

Zu Box 1 Wissenschaftsgeschichte

Aristoteles: Biologische Schriften. Herausgegeben von Heinrich Balss. Ernst Heimeran Verlag, München 1943
Aristotle: De anima. Generation of animals. In Barnes J (ed) The complete works of Aristotle, Bollington series LXXI, Princeton Univ Press, Princeton/CT (revised Oxford translation) 1994
Baer KE von (1828) Über Entwickelungsgeschichte der Thiere. Königsberg
Baltzer F (1962) Theodor Boveri. Wiss Verlagsges, Stuttgart
Boveri T (1904) Ergebnisse über die Konstitution der chromatischen Substanz. Fischer, Jena
Boveri T (1910) Die Potenzen der *Ascaris*-Blastomeren bei abgeänderter Furchung. Festschrift für Richard Hertwig, Bd 3. Fischer, Jena
Buddenbrock W von (1951) Biologische Grundprobleme und ihre Meister. Naturwiss Verlag, Berlin
Driesch H (1892) The potency of the first two cleavage cells in echinoderm development. Experimental production of partial and double formations. In: Willer BH, Oppenheimer JM (eds) Foundations of experimental embryology. Hafner, New York, pp 38–50
Driesch H (1908) The science and philosophy of the organism. I. Gilford Lectures 1907; II. Gilford Lectures 1908. Schwarz, London
Fäßler PE (1996) Hans Spemann and the Freiburg school of embryology. Int J Dev Biol 40:49–57
Gardner EJ (1965) History of biology. Burgess, Minneapolis
Gould SJ (1977) Ontogeny and phylogeny. Belkamp, Harvard Univ Press, Cambridge/MA
Haeckel E (1911, 1868) Natürliche Schöpfungsgeschichte. 11. Aufl. Reimer, Berlin
Hamburger V (1988) The heritage of experimental embryology: Hans Spemann and the organizer. Oxford Univ Press, New York
Harvey W (1651) De generatione animalium. (Englische Übersetzung durch R. Willis in: Encyclopedia Brittanica, 1952)
Jahn I (1998) Geschichte der Biologie. 3. Aufl. Fischer, Stuttgart
Mangold O (1953) Hans Spemann. Wissenschaftl Verlagsges, Stuttgart
Moritz KB, Sauer H (1996) Boveri's contributions to developmental biology – a challenge for today. Int J Dev Biol 40:27–47
Müller WA (1996) From the Aristotelian soul to genetic and epigenetic information. Int J Dev Biol 40:21–26
Sander K (1997) Landmarks in developmental biology 1883–1924. Historical Essays from Roux's Archives. Springer, Berlin Heidelberg New York Tokyo
Sander K (1996) On the causation of animal morphogenesis: concepts of German-speaking authors from Theodor Schwann (1839) to Richard Goldschmidt (1927). Int J Dev Biol 40:7–20
Spemann H (1938) Embryonic development and induction. Yale Univ Press, New Haven (reprinted by Hafner, New York, 1962)

Zu Kapitel 1.2 Reproduktion

Miura T et al (2003) A comparison of parthenogenetic and asexual embryogenesis of the pea aphid. J Exp Zool Part B Mol Dev Evol 295:59–81

Zu Kapitel 3:
Modellorganismen I: Wirbellose

3.1
Seeigel

Bücher:
Billet FS, Wild AE (1975) Practical studies of animal development, echinoderms and ascidians. Chapman & Hall, London
Czihak G (1975) The sea urchin embryo. Springer, Berlin Heidelberg New York
Hardin J (1994) The sea urchin. In: Bard JBL (ed) Embryos, color atlas of development. Wolfe, London, pp 37–53
Hörstadius S (1973) Experimental embryology of echinoderms. Clarendon, Oxford

Artikel:
Angerer LM, Angerer RC (2000) Review: Animal-vegetal axis patterning mechanisms in the early sea urchin embryo. Dev Biol 218:1–12
Angerer LM et al (2000) A BMP pathway regulates cell fate allocation along the sea urchin animal-vegetal embryonic axis. Development 127:1105–1114
Angerer LM, Angerer RC (2003) Patterning the sea urchin embryo: gene regulatory networks, signalling pathways, and cellular interactions. Curr Top Dev Biol 53:159–198
Arenas-Mena C, Cameron AR, Davidson EH (2000) Spatial expression of Hox cluster in the ontogeny of the sea urchin. Development 127:4631–4643
Brandhorst BP, Klein WH (2002) Molecular patterning along the sea urchin animal-vegetal axis. Int Rev Cytol 213:183–232
Coffman JA, Davidson EH (2000) Oral-aboral axis specification in the sea urchin embryo. I. Axis entrainment by respiratory symmetry. Dev Biol 230:18–28
Coffman JA et al (2004) Oral-aboral axis specification in the sea urchin embryo. II. Mitochondrial distribution and redox state contribute to establishing polarity in *Strongylocentrotus purpuratus*. Dev Biol 273:160–171
Davidson EH, Cameron RA, Ransick A (1998) Specification of cell fate in the sea urchin embryo: summary and some proposed mechanisms. Essay in Development. Development 125:3269–3290
Di-Bernadini et al (2000) Homeobox genes and sea urchin development. Int J Dev Biol 44:637–643
Duboc V et al (2004) Nodal and BMP2/4 signaling organizes the oral-aboral axis of the sea urchin embryo. Dev Cell 6:397–410
Emily-Fenouli F et al (1998) GSK3β/shaggy mediates patterning along the animal-vegetal axis of the sea urchin embryo. Development 125:2489–2498
Ettensohn CA, Sweet HC (2000) Patterning the early sea urchin embryo. Curr Top Dev Biol 2000:501–544
Ferkowicz MJ, Stander MC, Raff RA (1998) Phylogenetic relationships and developmental expression of three sea urchin Wnt genes. Mol Biol Evol 15:809–819
Ferkowicz MJ, Raff RA (2001) Wnt gene expression in sea urchin development: heterochronies associated with the evolution of developmental mode. Evol Dev 3:24–33

Harada Y, Yasuo H, Satoh N (1995) A sea urchin homologue of the chordate *Brachyury* (T) gene is expressed in the secondary mesenchyme founder cell. Development 121:2747–2754

Lowe CJ, Wray GA (2000) Rearing larvae of sea urchins and sea stars for developmental studies. In: Tuan RS, Lo CW (eds) Developmental biology protocols, Vol I. Humana Press, Totowa/NJ, pp 9–16

McClay DR et al (2000) A micromere induction signal is activated by beta-catenin and acts through notch to initiate specification of secondary mesenchyme cells in the sea urchin embryo. Development 127:5113–5122

McDougall A et al (2000) The initiation and propagation of the fertilization wave in sea urchin eggs. Biol of the Cell 92:205–214

Popodi E, Raff RA (2001) Hox genes in a pentameral animal. Bioessays 23:211–214

Ransick A, Davidson EH (1993) A complete second gut induced by transplanted micromeres in the sea urchin embryo. Science 259:1134–1138

Stenzel P et al (1994) The *univin* gene encodes a member of the transforming growth factor beta superfamily with restricted expression in the sea urchin embryo. Dev Biol 166:149–158

Vonica A et al (2000) TCF is the nuclear effector of the β-catenin signal that patterns the sea urchin animal-vegetal axis. Dev Biol 217:230–243

Wikramanayake AH, Huang L, Klein WH (1998) Beta-catenin is essential for patterning the maternally specified animal-vegetal axis in the sea urchin embryo. Proc Natl Acad Sci USA 95:9343–9348

Yazaki I (2001) Ca^{2+} in specification of vegetal cell fate in early sea urchin embryos. J Exp Biol 204:823–834

3.2
Dictyostelium

Bücher:

Bard JBL (ed) (1994) Embryos, color atlas of development. Wolfe, London. Darin: Kay R, Insall R: *Dictyostelium discoideum*, pp 23–35

Kessin H et al (2001) *Dictyostelium:* Evolution, cell biology, and the development of multicellularity (Development and Cell Biology Series) Cambridge Univ Press, Cambridge

Loomis WF (1975) *Dictyostelium discoideum*. A Developmental System. Academic Press, New York

Artikel:

Arkowitz RA (1999) Responding to attraction: chemotaxis and chemotropism in *Dictyostelium* and yeast. Trends Cell Biol 9:20–27

Aubry L, Firtel R (1999) Integration of signaling networks that regulate *Dictyostelium* differentiation. Annu Rev Cell Dev Biol 15:469–517

Brookman JJ, Jermyn KA, Kay RR (1987) Nature and distribution of the morphogen DIF in the *Dictyostelium* slug. Development 100:119–124

Chen G et al (2004) Tissue-specific G1-phase cell-cycle arrest prior to terminal differentiation in *Dictyostelium*. Development 131:2619–2630

Chung CY, Firtel RA (2002) Signaling pathways at the leading edge of chemotactic cells. J Muscle Research & Cell Motility 23:773–779

Dorman D et al (2002) Becoming multicellular by aggregation; the morphogenesis of the social amoebae *Dictyostelium discoideum*. J Biological Physics 28:765–780

Early A (1999) Signalling pathways that direct prestalk and stalk cell differentiation in *Dictyostelium*. Seminars in Cell Dev Biol 10:587–595

Falcke M, Levine H (1998) Pattern selection by gene expression in *Dictyostelium discoideum*. Phys Rev Letters 80:3875–3878

Firtel RA (1996) Interacting signaling pathways controlling multicellular development in *Dictyostelium*. Curr Opin Gen Dev 6:545–554

Firtel RA, Chung CY (2000) The molecular genetics of chemotaxis: sensing and responding to chemoattractant gradients. Bioessays 22:603–615

Konijin TM et al (1967) The acrasin activity of adenosine-3′,5′-cyclic phosphate. Proc Natl Acad Sci USA 58:1152–1154

Meima M, Schaap P (1999) Dictyostelium development – socializing through cAMP. Seminars in Cell Dev Biol 10:567–576

Mohanty S, Firtel RA (1999) Control of spatial patterning and cell-type proportioning in *Dictyostelium*. Seminars Cell Dev Biol 10:597–607

Ohmori T, Maeda Y (1987) The developmental fate of *Dictyostelium discoideum* cells depends greatly on the cell-cycle position at the onset of starvation. Cell Differ 22:11–18

Saran S et al (2002) cAMP signaling in Dictyostelium. Complexity of cAMP synthesis, degradation and detection. J Muscle Research & Cell Motility 23:793–802

Takeuchi I et al (1994) Regulation of cell differentiation and pattern formation in *Dictyostelium* development. Int J Dev Biol 38:311–319

Weijer CJ (1999) Morphogenetic movement in *Dictyostelium*. Seminars in Cell Dev Biol 10:609–619

3.3
Hydra und andere Cnidarier

Bücher Hydra:
Feretti P (ed) (1998) Cellular and molecular basis of regeneration from invertebrates to humans. Wiley, Weinheim. Darin: Bosch TCG: Hydra, pp 111–134

Lenhoff SG, Lenhoff HM (1986) Hydra and the birth of experimental biology – 1744. Abraham Trembley's memories concerning the polyps. The Boxwood Press, Pacific Grove/CA

Artikel, Hydra:
Bode HR (1996) The interstitial cell lineage of hydra: A stem cell system that arose early in evolution. J Cell Sci 109:1155–1164

Bode HR (2003) Head regeneration in *Hydra*. Devopmental Dynamics 226:225–236

Bosch T, David C (1987) Stem cells of *Hydra magnipapillata* can differentiate into somatic cells and germ line cells. Dev Biol 121:182–191

Bosch TC, Fujisawa T (2001) Polyps, peptides and patterning. Bioessays 23:420–427

Bosch TCG (2003) Ancient signals: Peptides and the interpretation of positional information in ancestral metazoans. Comp Biochem Physiol B 136:185–196

Broun M, Bode HR (2002) Characterization of the head organizer in hydra. Development 129:875–884

Broun M et al (1999) *Cngsc*, a homologue of goosecoid, participates in the patterning of the head, and is expressed in the organizer region of *Hydra*. Development 126:5245–5254

Fröbius AC et al (2003) Expression of developmental genes during early embryogenesis of *Hydra*. Dev Genes Evol 213:445–455

Galliot B, Miller D (2000) Origin of anterior patterning. How old is our head? Trends in Genetics 16:1–5

Gauchat et al (2000) Evolution of *Antp*-class genes and differential expression of *Hydra Hox/paraHox* genes in anterior patterning. Proc Natl Acad Sci USA 97:4493–4498

Gierer A et al (1972) Regeneration of hydra from reaggregated cells. Nature New Biology 239:98–101

Groger H, Schmid V (2001) Larval development in Cnidaria: a connection to Bilateria? Genesis 29:110–114

Hassel M (1998) Upregulation of *Hydra vulgaris* cPKC gene is tightly coupled to the differentiation of head structures. Dev Genes Evol 207:489–501

Hassel M et al (1998) The level of expression of a protein kinase C gene may be an important component of the patterning process in *Hydra*. Dev Genes Evol 207:502–514

Herold M et al (2002) Cloning and characterisation of PKB and PRK homologs from *Hydra* and the evolution of the protein kinase family. Dev Genes Evol 212:513–519

Hobmayer B et al (2000) WNT signalling molecules act in axis formation in the diploblastic metazoan *Hydra*. Nature 407:186–189

Hobmayer B et al (2001) Quantitative analysis of epithelial cell aggregation in the simple metazoan *Hydra* reveals a switch from homotypic to heterotypic cell interactions. Cell Tissue Res 304:147–157

Lindgens D, Holstein TH, Technau, U (2003) *Hyzic*, the *Hydra* homolog of the *zic/odd-paired* gene, is involved in the early specification of the sensory nematocytes. Development 131:191–201

Lohmann JU, Bosch TC (2000) The novel peptide heady specifies apical fate in a simple radially symmetric metazoan. Genes Dev 14:2771–2777

Meinhardt H (2002) The radial-symmetric hydra and the evolution of bilateral body plan: an old body became a young brain. Bioessays 24:185–191

Miller MA et al (2000) Oocyte development in *Hydra* involves selection from competent precursor cells. Dev Biol 224:326–338

Mochizuki K et al (2000) Expression and early conservation of *nanos*-related genes in *Hydra*. Dev Genes Evol 210:591–602

Mochizuki K et al (2001) Universal occurrence of *vasa*-related genes among metazoans and their germline expression. Dev Genes Evol 211:299–308

Müller WA (1989) Diacylglycerol induced multihead formation in Hydra. Development 105:306–316

Müller WA (1991) Stimulation of head-specific nerve cell formation in *Hydra* by pulses of diacylglycerol. Dev Biol 147:460–463

Müller WA (1996) Pattern formation in the immortal *Hydra*. Trends Genet 11:91–96

Müller WA (1996) Head formation at the basal end and mirror-image pattern duplication in *Hydra vulgaris*. Int J Dev Biol 40:1119–1131

Müller WA (1996) Competition-based head versus foot decision in chimeric hydras. Int J Dev Biol 40:1133–1139

Reinhardt B et al (2004) HyBMP5-8b, a BMP5-8 orthologue acts during axial patterning and tentacle formation in hydra. Dev Biol 2004:43–59

Shimizu H, Fujisawa T (2003) Peduncle of *Hydra* and the heart of higher organisms share a common ancestral origin. Genesis 36:182–186

Steele R (2002) Developmental signaling in hydra: what does it take to build a "simple" animal? Dev Biol 248:199

Sudhop S et al (2004) Signalling by the FGF-R-like tyrosine kinase, Kringelchen, is essential for bud detachmant in *Hydra vulgaris*. Development 131:4001–4011

Technau U, Bode HR (1999) *HyBra1*, a *Brachyury* homologue, acts during head formation in *Hydra*. Development 126(5):999–1010

Technau U et al (2000) Parameters of self-organization in *Hydra* aggregates. PNAS 97:12127–12131

Thomsen S et al (2004) Control of foot differentiation in *Hydra*; in vitro evidence that the NK.2 homeobox factor CnNK-2 autoregulates its own expression and uses pedibin as target gene. Mech Dev 121:195–204

Zeretzke S, Berking S (2002) In the multiheaded strain (mh-1) of *Hydra magnipapillata* the ectodermal epithelial cells are responsible for the formation of additional heads and the endodermal cells for the reduced ability to regenerate a foot. Dev Growth Diff 44:85–93

Cnidaria allgemein, Hydractinia, Nematostella, Podocoryne:

Aerne BL, Baader C, Schmid V (1995) Life stage and tissue-specific expression of the homeobox gene *cnox1-Pc* of the hydrozoan *Podocoryne carnea*. Dev Biol 169:547–556

Berking S (1986) Transmethylation and control of pattern formation in hydrozoa. Differentiation 32:10–16

Berking S (1998) Hydrozoa metamorphosis and pattern formation. Curr Top Dev Biol 38:81–131

Ferrier DE, Holland PW (2001) Ancient origin of the *Hox* gene cluster. Nat Rev Genet 2:33–38

Finnerty JR et al (2004) Origins of bilateral symmetry: *Hox* and *Dpp* expression in a sea anemone. Science 304:1335–1337

Finnerty JR, Martindale (1997) Homeoboxes in sea anemones (Cnidaria:Anthozoa): a PCR-based survey of *Nematostella vectensis* and *Metridium senile*. Biol Bull 193:62–76

Finnerty JR et al (2003) Early evolution of a homeobox gene: the parahox Gsx in the Cnidaria and the Bilateria. Evolution & Development 5:331–345

Frank U, Leitz T, Müller WA (2001) My favorite model organism: *Hydractinia echinata*. Bioessays 23:963–971

Fritzenwanker JH, Technau U (2002) Induction of gametogenesis in the basal cnidarian *Nematostella vectensis* (Anthozoa). Dev Genes Evol 212:99–103

Galliot B, Schmid V (2002) Cnidarians as a model system for understanding evolution and regeneration. Int J Dev Biol 46:39–48

Hand C, Uhliger KR (1992) The culture and asexual reproduction, and growth of the sea anemone *Nematostella vectensis*. Biol Bull 182:169–176

Hassel M, Leitz T, Müller WA (1996) Signals and signal-transduction systems in the control of development in *Hydra* and *Hydractinia*. Int J Dev Biol 40:323–330

Holstein TW, Hobmayer E, Technau U (2003) Cnidarians: An evolutionarily conserved model system for regeneration? Developmental Dynamics 226:257–267

Hoffmann U, Kroiher M (2001) A possible role for the cnidarian homologue of serum response factor decision making by undifferentiated cells. Dev Biol 236:304–315

Lange RG, Müller WA (1991) SIF, a novel morphogenetic inducer in hydrozoa. Dev Biol 11:17–58

Leitz T (1997) Induction of settlement and metamorphosis of Cnidarian larvae: signals and signal transduction. Invertebrate Reproduction and Development 31:1–3

Martindale MQ, Finnerty JR, Henry JQ (2002) The Radiata and the evolutionary origins of the bilaterian body plan. Mol Phylogenetics Evol 24:358–365

Martindale MQ, Pang K, Finnerty JR (2004) Investigating the origins of tribloblasty: 'mesodermal' gene expression in a diploblastic animal, the sea anemone *Nematostella vectensis* (phylum Cnidaria; class Anthozoa). Development 131:2463–2474

Müller WA, Leitz T (2002) Metamorphosis in the Cnidaria. Canadian J of Zool 80:1755–1771

Müller WA (2002) Autoaggressive, multi-headed and other mutant phenotypes in *Hydractinia echinata* (Cnidaria: Hydrozoa) Int J Dev Biol 46:1023–1033

Müller WA, Teo R, Möhrlen F (2004) Patterning a multi-headed mutant in *Hydractinia*: enhancement of head formation and its phenotypic normalization. Int J Dev Biol 48:9–15

Müller WA, Teo R, Frank U (2004) Totipotency of migratory stem cells in a hydroid. Dev Biol, in press

Seipel K, Schmid V (2005) Jellyfish and the origin of triploblasty: a monophyletic descent of striated muscles in Cnidaria and Bilateria? Dev Biol 282:14–26

Schmich J, Trepel S, Leitz T (1998) The role of GLWamides in metamorphosis of *Hydractinia echinata*. Dev Genes Evol 208:267–273

Scholz CB, Technau U (2003) The ancestral role of *Brachyury*: expression of *NemBra1* in the basal cnidarian *Nematostella vectensis* (Anthozoa). Dev Genes Evol 212:563–570

Spring J et al (2002) Conservation of *Brachyury, Mef2*, and *snail* in the myogenic lineage of jellyfish: a connection to the mesoderm of bilateria. Dev Biol 244:372–384

Primus A, Freeman G (2004) The cnidarian and the canon: the role of Wnt/beta-catenin signaling in the evolution of metazoan embryos. Bioessays 26:474–478

Ryan JF, Finnerty JR (2003) CnidBase: The Cnidarian evolutionary database. Nucleic acid research 31:159–163

Wikramanayake AH et al (2003) An ancient role for nuclear beta-catenin in the evolution of axial polarity and germ layer segregation. Nature 426:446–450

Yanze N et al (2001) Conservation of Hox/ParaHox-related genes in the early development of a cnidarian. Dev Biol 236:89–98

Wissenschaftliche Filme:

Müller WA (1974) *Hydractinia echinata* Hydrozoa. Organisation des Stockes, Nahrungsaufnahme. Encyclopaedia Cinematographica, E 2079, Inst für den Wiss Film, Göttingen

Müller WA (1975) *Hydractinia echinata* Hydrozoa. Ablaichen, Embryonalentwicklung, Metamorphose. Encyclopaedia, Cinematographica, E 2080, Inst für den Wiss Film, Göttingen

Müller WA (1996) Abwehr artgleicher Raumkonkurrenten bei *Hydractinia echinata*. Film C1907, Inst für den Wiss Film, Göttingen

Müller WA (1996a) Defense of conspecific habitat competitors in *Hydractinia echinata*. VHS-Video C 1907. Institut für den Wissenschaftlichen Film, Göttingen

3.4
Caenorhabditis elegans

Bücher:

Bard JBL (ed) (1994) Embryos, color atlas of development. Wolfe, London. Darin: Hope IA: *Caenorhabditis elegans*, pp 55–75

Hodgkin J (ed) (1999) Practical Approach Series vol 213: C. elegans. MRC Laboratory of Molecular Biology, Cambridge. Darin u.a.:

Hodgkin J: Conventional genetics, 245–270;

Johnstone I: Molecular biogy, 201–225;

Hope, IA: Gene expression patterns, 181–199;

Schnabel R: Microscopy, 119–141,

Jin Y: Transformation, 69–96;

Stiernagle T: Maintainance of C. elegans, 51–67;

Thierry-Mieg et al: C. elegans and the web, 39–50

Wood WB (1988) The nematode *Caenorhabditis elegans*. Cold Spring Harbor Lab Press, New York (Monographs series 17)

Artikel:

Bossinger O, Schierenberg E (1992) Cell-cell communication in the embryo of *Caenorhabditis elegans*. Dev Biol 151:401–409

Bossinger O, Schierenberg E (1996) The use of fluorescent marker dyes for studying intracellular communication in nematode embryos. Int J Dev Biol 40:431–439

Bowerman B (1998) Maternal control of pattern formation in early *Caenorhabditis elegans* embryos. Curr Top Dev Biol 1998:3973–4117

Bowerman B, Shelton CA (1999) Cell polarity in early *Caenorhabditis* embryo. Curr Opin Genet Dev 9:390–395

Fraser AG (1999) Programmed cell death in *C. elegans*. Cancer Metastasis Rev 18:285–294

Greenwald I (1998) LIN-12/Notch signalling: lessons from worms and flies. Genes & Dev 12:1751–1762

Hubbard EJ, Greenstein D (2000) The *Caenorhabditis elegans* gonad: a test tube for cell and developmental biology. Developmental Dynamics 218:2–22

Ikenishi K (1998) Germ plasm in Caenorhabditis elegans, Drosophila and Xenopus. Dev Growth Differ 40:1–10

Kaletta T, Schnabel H, Schnabel R (1997) Binary specification of the embryonic lineage in *Caenorhabditis elegans*. Nature 390:294–295

Kuwabara PE (1999) Developmental genetics of *Caenorhabditis* sex determination. Curr Top Dev Biol 1999:4199–5132

Labbe JC et al (2003) PAR proteins regulate microtubule dynamics at the cell cortex in *C. elegans*. Curr Biol 13:707–714

Labouesse M, Mango SE (1999) Patterning the C.elegans embryo: moving beyond the cell lineage. Trends Genet 15:307–313

Molin L et al (1999) Complexity of developmental control: analysis of embryonic cell lineage specification in *Caenorhabditis elegans* using pes-1 as an early marker. Genetics 151:131–141

Pichler S et al (2000) OOC-3, a novel putative transmembrane protein required for establishment of cortical domains and spindle orientation in the P(1) blastomere of C. elegans embryos. Development 127:2063–2073

Pit JN et al (2000) P granules in the germ cells of *Caenorhabditis elegans* adults are associated with clusters of nuclear pores and contain RNA. Dev Biol 219:315–333

Plasterk RHA (1999) The year of the worm. Bioessays 21:105–109

Puchta GV, Johnson EM JR (2004) Men are but worms: neuronal cell death in *C. elegans* and vertebrates. Cell Death & Differentiation 11:38–48

Rose LS, Kemphues KJ (1998) Early patterning of the C-elegans embryo. Ann Rev Genet 32:521–545

Schierenberg E (1987) Vom Ei zum Organismus. Die Embryonalentwicklung des Nematoden *Caenorhabditis elegans*. BIUZ 4:97–102

Schierenberg E, Cassada R (1986) Der Nematode *Caenorhabditis elegans*. Biol unserer Zeit 1:1–7

Schisa JA et al (2001) Analysis of RNA associated with P granules in germ cells of *C. elegans* adults. Development 128:1287–1298

Schnabel R (1996) Pattern formation: regional specification in the early *C. elegans* embryo. Bioessays 18:591–593

Shelton CA, Bowerman B (1996) Time-dependent responses to glp-1-mediated inductions in early C. elegans embryos. Development 122:2043–2050

Sengupta P, Bargmann CI (1996) Cell fate specification and differentiation in the nervous system of *Caenorhabditis elegans*. Dev Genet 18:73–80

Seydoux G, Schedl T (2001) The germline in *C. elegans*: origins, proliferation, and silencing. Int Rev Cytol 2001:203139–203185

Seydoux G, Strome S (1999) Launching the germline in *Caenorhabditis elegans*: regulation of gene expression in early germ cells. Development 126:3275–3283

Subramaniam K, Seydoux G (1999) *Nos*-1 and *nos*-2 geneses related to *Drosophila nanos*, regulate primordial germ development and survival in *Caenorhabditis elegans*. Development 126:4861–4871

Van Auken et al (2000) *Caenorhabditis elegans* axial patterning requires two recently discovered posterior-group Hox genes. Proc Natl Acad Sci USA: 97:4499–4503

Whangbo J et al (2000) Multiple levels of regulation specify the polarity of an asymmetric cell division in C. elegans. Development 127:4587–4598

3.5
Spiralier

Bücher:

Anderson DT (1973) Embryology and phylogeny in annelids and arthropods. Pergamon, Oxford

Bard JBL (ed) (1994) Embryos, color atlas of development. Wolfe, London. Darin: Biggelaar JAM, van den Dictus WJAG, Serras F: Molluscs, pp 77–91; und Weisblat DA: The leech, pp 93–112

Harrison W, Cowden RR (1982) Developmental biology of freshwater invertebrates. Alan R Liss, New York

Raven CP (1966) Morphogenesis: the analysis of molluscan development. Pergamon, Oxford

Reverberi G (1971) Experimental embryology of marine and fresh-water invertebrates. North-Holland, Amsterdam

Artikel:

Arendt D, Wittbrodt J (2001) Reconstructing the eyes of Urbilateria. Philosophical Transactions of the Royal Society, London, Series B: Biol Sci 356:1545–1563

Arendt D et al (2002) Development of pigment-cup eyes in the polychaete *Platynereis dumerilii* and evolutionary conservation of larval eyes in Bilateria. Development 129:1143–1154

Atkinson JW (1987) An atlas of light micrographs of normal and lobeless larvae of the marine gastropood *Ilyanassa obsoleta*. Int J Invert Reprod Dev 9:169–178

Dorrestejin A et al (1993) Molecular specification of cell lines in the embryo of *Platynereis* (Annelida). Roux's Arch Dev Biol 202:260–269

Dorresteijn AWC (1997/1998) How do spiralian embryos accomplish cell diversity? Zoology 100:307–319

Fischer A (1999) Reproductive and developmental phenomena in annelids: a source of exemplary research problems. Hydrobiologia 402:1–20

Fischer A, Dorresteijn AC (2004) The polychaete *Platynereis dumerilii* (Annelida): A laboratory animal with spiralian cleavage, lifelong segment proliferation and a mixed benthic/pelagic life cycle. Bioessays 26.3:314–325

Freeman G, Lundelius JW (1982) The developmental genetics of dextrality and sinistrality in the gastropod *Lymnea peregra*. Roux's Arch Dev Biol 191:69–83

Gourrier P et al (1978) Significance of the polar lobe for the determination of dorsoventral polarity in *Dentalium vulgare* (da Costa). Dev Biol 53:233–242

Hauenschild C, Fischer A (1996) *Platynereis dumerilii*. Mikroskopische Anatomie, Fortpflanzung, Entwicklung. Großes Zoologisches Praktikum. Fischer, Stuttgart

Laat SW de, et al (1980) Intercellular communication patterns are involved in cell determination in early molluscan development. Nature 287:546–548

Prud'homme B et al (2003) Arthropod-like expression patterns of *engrailed* and *wingless* in the annelid *Platynereis dumerilii* suggest a role in segment formation. Curr Biol 13:1876–1881

Raible F, Arendt D (2004) Metazoan evolution: some animals are more equal than others. Curr Biol 14:R106–108

Tessmar-Raible K, Arendt T (2003) Emerging systems: between vertebrates and arthropods, the Lophotrochozoa. Curr Opin Genet Dev 13:1–10

3.6
Drosophila

Bücher:

Ashburner M (1989) *Drosophila*. A laboratory handbook. Cold Spring Harbor Lab, New York

Bard JBL (ed) (1994) Embryos, color atlas of development. Wolfe, London. Darin: Leptin M: *Drosophila*, pp 113–134

Campos-Ortega JA, Hartenstein V (1997) Embryonic development of *Drosophila melanogaster*. 2nd ed. Springer, Berlin Heidelberg New York

Lawrence PA (1992) The making of a fly. The genetics of animal design. Blackwell Scientific, Oxford

Artikel:

Anderson KV (1998) Pinning down positional information: dorsal-ventral polarity in the *Drosophila* embryo. Cell 95:439–442

Ashe HL, Levine M (1999) Local inhibition and long-range enhancement of DPP signal transduction. Nature 398:427–431

Brendza RP (2000) A function for kinesin 1 in the transport of *oskar* mRNA and Staufen protein. Science 289:2120–2122

Burz DS et al (1998) Cooperative DNA-binding provides a mechanism for threshold-dependent gene activation in the *Drosophila* embryo. EMBO-J 17:5998–6009

Campos-Ortega JA, Knust E (1992) Genetic mechanisms in early neurogenesis of *Drosophila melanogaster*. In: Russo V et al (eds) Development: the molecular genetic approach. Springer, Berlin Heidelberg New York Tokyo, pp 343–354

Cha B et al (2001) In vivo analysis of Drosophila *bicoid* mRNA localization reveals a novel microtubule-dependent axis specification pathway. Cell 106:35–46

Cooperstock RL, Lipshitz HD (2001) RNA localization and translational regulation during axis specification in the *Drosophila* oocyte. Int Rev Cytol 2001:203541–203566

Cummins M et al (2003) Comparative analysis of leg and antenna development in wild-type and homeotic *Drosophila melanogaster*. Dev Genes Evol 213:319–327

Deng W, Lin H (2001) Asymmetric germ cell division and oocyte determination during Drosophila oogenesis. Int Rev Cytol 2001:20393–20438

Driever W, Nüsslein-Volhard C (1988) The *bicoid* protein determines position in the *Drosophila* embryo in a concentration-dependent manner. Cell 54:95–104

Driever W, Siegel V, Nüsslein-Volhard C (1990) Autonomous determination of anterior structures in the early *Drosophila* embryo by the bicoid morphogen. Development 109:811–820

Entchev EV et al (2000) Gradient formation of the TGF-β homolog Dpp. Cell 103:981–991

Ephrussi A, St-Johnston D (2004) Seeing is believing: the bicoid morphogen gradient matures. Cell 116:143–152

Govind S, Steward R (1991) Dorsoventral pattern formation in *Drosophila*. Trends Genet 7:119–124

Hadorn E (1968) Transdetermination in cells. Sci Am 219:110–120

Harbecke R et al (1996) Larval and imaginal pathways in early development of *Drosophila*. Int J Dev Biol 40:197–204

Hatini V, Di Nardo S (2001) Divide and conquer: pattern formation in *Drosophila* embryonic epidermis. Trends Genetics 17:574–579

Houchmandzadeh B, Wieschaus E, Leibler S (2002) Establishment of developmental precision and proportions in the early Drosophila embryo. Nature 415:798–802

Huynh JR, St-Johnston D (2004) The origin of asymmetry: early polarisation of the Drosophila germline cyst and oocyte. Curr Biol 14:R438–449

Jaeger J et al (2004) Dynamic control of positional information in the early Drosophila embryo. Nature 430:368–371

Lewis EB (1978) A gene complex controlling segmentation. Nature 276:565–570

Lopez-Schier H (2003) The polarisation of the anteroposterior axis in Drosophila. Bioessays 25:781–791

Mahowald AP (2001) Assembly of the *Drosophila* (germ plasm. Int Rev Cytol 2001:203187–203213

Marques G et al (1997) Production of a DPP activity gradient in the early Drosophila embryo through the opposing actions of the SOG and TLD proteins. Cell 91:417–426

Nüsslein-Volhard C (1996) Gradienten als Organisatoren der Embryonalentwicklung. Spektrum der Wissenschaften 10/1996:38–46

Pfeiffer S, Vincent JP (1999) Signalling at a distance: transport of Wingless in the embryonic epidermis of *Drosophila*. Seminars Cell Developmental Biology 10:303–309

Riechmann V, Ephrussi A (2001) Axis formation during Drosophila oogenesis. Curr Opin Genet Dev 11:374–383

Rivera-Pomar R et al (1996) RNA binding and translational suppression by bicoid. Nature 379:746–749

Rongo C, Lehmann R (1996) Regulated synthesis, transport and assembly of the *Drosophila* germ plasm. Trends Genet 12:102–109

Schmidt-Ott U et al (1994) Number, identity, and sequence of Drosophila head segments as revealed by neural elements and their deletion patterns in mutants. PNAS 91(18):8363–8367

Schnorrer F et al (2000) The molecular motor dynein is involved in targeting *swallow* and *bicoid* RNA to the anterior pole of *Drosophila* oocytes. Nature Cell Biol 2:185–190

Snee MJ, Macdonald PM (2004) Live imaging of nuage and polar granules: evidence against a precursor-product relationship and a novel role for Oskar in stabilization of polar granule components (2004) J Cell Sci 117:2109–2120

Stauber M et al (1999) The anterior determinant *bicoid* is a derived *Hox class 3* gene. Proc Natl Acad Sci USA 96:3786–3789

Struhl G, Struhl K, MacDonald PM (1989) The gradient morphogen bicoid is a concentration-dependent transcriptional activator. Cell 57:1259–1273

Tautz D (1992) Genetic and molecular analysis of early pattern formation in *Drosophila*. In: Russo VEA et al (eds) Development: the molecular genetic approach. Springer, Berlin Heidelberg New York Tokyo, pp 308–327

Urbach R, Technau GM (2003) Segment polarity and DV patterning gene expression reveals segmental organization in the *Drosophila* brain. Development 130:3607–3620

Vanzo NF, Ephrussi A (2002) Oskar anchoring restricts pole plasm formation to the posterior of the Drosophila oocyte. Development 129:3705–3714

Williamson A, Lehmann R (1996) Germ cell development in *Drosophila*. Ann Rev Cell Dev Biol 1996:12365–12391

Wreden V et al (1997) *Nanos* and *pumilio* establish embryonic polarity in *Drosophila* by promoting posterior deadenylation of hunchback mRNA. Development 124:3015–3023

3.7
Tunikaten: Ascidien

Bücher:

Sawada H, Yokosawa H (2001) The biology of ascidians. Springer, Berlin Heidelberg New York

Artikel:

Bates WR, Jeffery WR (1987) Localization of axial determinants in the vegetal pole region of ascidian eggs. Dev Biol 124:65–76

Cameron CB et al (2000) Evolution of the chordate body plan: new insights from phylogenetic analyses of deuterostome phyla. Proc Natl Acad Sci USA 97:4469–4474

Conklin EG (1905) Mosaic development in ascidian eggs. J Exp Zool 2:145–223

Meedel TH, Crowthier RJ, Wittaker JR (1987) Determinative properties of muscle lineages in ascidian embryos. Development 100:245–260

Meedel TH, Farmer SC, Lee JJ (1997) The single MyoD family gene of *Ciona intestinalis* encodes two differentially expressed proteins: implications for the evolution of chordate muscle gene regulation. Development 124:1711–1721

Nishida H (1997) Cell lineage and timing of fate restriction, determination and gene expression in ascidian embryos. Seminars in Cell Dev Biol 8:359–365

Nishida H, Sawada K (2001) *macho-1* encodes a localized mRNA in ascidian eggs that specifies muscle fate during embryogenesis. Nature 409:724–729

Nishino A et al (2001) *Brachyury (T)* gene expression and notochord development in Oikopleura longicauda (Appendicularia, Urochordata). Dev Genes Evol 211:219–231

Sardet C et al (1989) Fertilization and ooplasmic movements in the ascidian egg. Development 105:237–249

Shimauchi Y, Yasuo H, Satoh N (1997) Autonomy of ascidian *fork head/HNF-3* gene expression. Mech Dev 69:143–154

Wada S et al (1996) *Hroth*, an *orthodenticle*-related homeobox gene of the ascidian, *Halocynthia roretzi*: its expression and putative roles in the axis formation during embryogenesis. Mech Dev 60:59–71

Whittaker JR (1979) Cytoplasmic determinants of tissue differentiation in the ascidian egg. In: Subtelny S, Konigsberg IR (eds) Determinants of spatial organization. Academic Press, New York, pp 29–51

Whittaker JR (1987) Cell lineages and determinants of cell fate in development. Am Zool 27:607–622

Yamada A, Nishida H (1996) Distribution of cytoplasmic determinants in unfertilized eggs of the ascidian *Halocynthia roretzi*. Dev Genes Evol 206:297–304

Yasuo H, Satoh N (1998) Conservation of the developmental role of *Brachyury* in notochord formation in a urochordate, the ascidian *Halocynthia roretzi*. Dev Biol 200:158–170

Zu Kapitel 4:
Modellorganismen II: Wirbeltiere

4.1
Xenopus, Amphibien

Bücher:

Bard JBL (ed) (1994) Embryos, color atlas of development. Wolfe, London. Darin: Slack JMW *Xenopus*, pp 149–166

Bernardini G et al (1999) Atlas of Xenopus development. Springer, Berlin Heidelberg New York

Billet FS, Wild AE (1975) Practical studies of animal development, amphibians. Chapman & Hall, London

Grunz H (ed) (2004) The vertebrate organizer. Springer, Berlin Heidelberg New York
- Darin u.a.: Kofron M et al: Maternal Veg-T and β-catenin: 1–9
- Blitz IL, Cho KWY: Short- versus long-range effects of Spemann's organizer: 11–24
- DeRobertis EM, Wessely O: The molecular nature of Spemann's organizer
- Niehrs C: Wnt signals and antagonists: The molecular nature of Spemann's head organizer: 127–150
- Chen Y et al: Organizer activities mediated by retinoic acid: 173–186
- Shi D-L: Wnt signalling and regulation of gastrulation movements: 187–200
- Vignali R et al: Organizing the eye: 257–278
- Carrasco AE, Blumberg B: A critical role of retinoic acid receptors in axial patterning and neural differentiation: 279–298
- Bell E; Brivanlou AH: Molecular patterning of the embryonic brain: 299–314
- Moreau M et al: Epidermal, neuronal and Glial cell fate choice in the embryo: 315–342

Hadorn E (1970) Experimentelle Entwicklungsforschung, im besonderen an Amphibien. Verständliche Wissenschaft, Bd 77. Springer, Berlin

Hausen P, Riebesoll M (1991) The early development of *Xenopus laevis*. Springer, Berlin Heidelberg New York Tokyo

Houillon C (1972) Embryologie. Vieweg, Braunschweig

Michael JC, Smith J (1999) An overview of *Xenopus* development. In: Sharpe PT, Mason I (1999) Methods in Molecular Biology, Molecular embryology: Methods and Protocols. Humana Press, Totowa/NJ, pp 331–340

Nieuwkoop PD, Faber J (1975) Normal table of *Xenopus laevis* (Daudin), 2nd ed. North-Holland, Amsterdam

Rugh R (1962) Experimental Embryology. Burgess, Minneapolis

Sharpe PT, Mason I (1999) Methods in Molecular Biology, Molecular embryology: Methods and Protocols. Humana Press, Totowa, NJ
Darin mehrere Artikel über Manipulation und Untersuchungsmethoden von Xenopusembryonen

Spemann H (1936) Experimentelle Beiträge zu einer Theorie der Entwicklung. Springer, Berlin, Nachdruck 1968

Spemann H (1938) Embryonic development and induction. Yale Univ Press, New Haven (reprinted by Hafner, New York, 1962)

Wischnitzer S (1975) Atlas and laboratory guide for vertebrate embryology. McGraw-Hill, New York

Artikel:

Agius E et al (2000) Endodermal Nodal-related signals and mesoderm induction in *Xenopus*. Development 127:1173–1183

Ariizumi T et al (2000) Bioassays of inductive interactions in amphibian development. In: Tuan RS, Lo CW (eds) Developmental biology protocols, Vol I. Humana Press, Totowa, NJ, pp 89–112

Bafico A et al (2001) Novel mechanisms of Wnt signalling inhibition mediated by Dickkopf-1 interaction with LRP6/Arrow. Nat Cell Biol 3:683–686

Baker JC et al (1999) Wnt signaling in *Xenopus* embryos inhibits bmp4 expression and actives neural development. Genes and Development 13:3149–3159

Barth KA et al (1999) Bmp activity establishes a gradient of positional information throughout the entire neural plate. Development 126:4977–4987

Chan AP, Etkin LD (2001) Patterning and lineage specification in the amphibian embryo. Curr Top Dev Biol 51:1–67

Chang P et al (1999) Organisation of *Xenopus* oocyte and egg cortices. Microscopy Research and Technique 44:415–429

Daerdorff M et al (1998) *Frizzled-8* is expressed in the Spemann organizer and plays a role in early morphogenesis. Development 125:2687–2700

Dale L, Jones CM (1999) BMP signalling in early Xenopus development. Bioessays 21:751–760

Dale L, Wardle FC (1999) A gradient of BMP activity specifies dorsal-ventral fates in early Xenopus embryos. Seminars in cell and developmental biology 10:311–317

DeRobertis EM et al (2000) The establishment of Spemann's organizer and patterning of the vertebrate embryo. Nature Rev Gental 3:171–181

DeRobertis EM et al (2001) Molecular mechanisms of cell-cell signaling by the Spemann-Mangold organizer. Int J Dev Biol 45:189–197

DeSouza FS, Niehrs C (2000) Anterior endoderm and head induction in early vertebrate embryos. Cell Tissue Res 300:207–217

Dosch R et al (1997) BMP-4 acts as a morphogen in dorsoventral mesoderm patterning in *Xenopus*. Development 124:2325–2334

Dosch R, Niehrs C (2000) Requirement for anti-dorsalizing morphogenetic protein in organizer patterning. Mech Dev 90:195–203

Farr GH et al (2000) Interaction among GSK-3, GBP, axin, and APC in Xenopus axis specification. J Cell Biol 148:691–702

Faure S et al (2000) Endogenous patterns of TGF(beta) superfamily signaling during early *Xenopus* development. Development 127:2917–2931

Ferrel JE (1999) *Xenopus* oocyte maturation: new lessons from a good egg. Bioessays 21:833–842

Fetka I, Doederlin G, Bouwmeester T (2000) Neuroectodermal specification and regionalization of the Spemann organizer in *Xenopus*. Mechanisms of Development 93:49–58

Fredieu JR et al (1997) Xwnt-8 and lithium can act upon either dorsal mesodermal or neuroectodermal cells to cause a loss of forebrain in *Xenopus* embryos. Dev Biol 186:100–114

Gamse J, Sive H (2000) Vertebrate anteroposterior patterning: the *Xenopus* neurectoderm as a paradigm. Bioessays 22:976–986

Gerhart J et al (1986) Amphibian early development. BioScience 36:541–549

Gerhart J et al (1989) Cortical rotation of the *Xenopus* egg: consequences of the antero-posterior pattern of embryonic dorsal development. Development Suppl: 37–51

Gerhart J (2001) Evolution of the organizer and the chordate body plan. Int J Dev Biol 45:133–153

Glinka A et al (1998) Dickkopf-1 is a member of a new family of secreted proteins and functions in head induction. Nature 391:357–362

Grainger RM, Henry JJ, Henderson RA (1988) Reinvestigation of the role of optic vesicle in embryonic lens induction. Development 102:517–526

Gritsman K et al (2000) Nodal signaling patterns the organizer. Development 127:921–932

Grunz H (1997) Neural induction in amphibians. Curr Top Dev Biol 35:191–228

Grunz H (1999) Gene expression and pattern formation during early embryonic development in amphibians. J Biosciences 24:515–518

Harland RM (2000) Neural induction. Curr Opin Genet Dev 10:357–362

Harland RM, Gerhart J (1997) Formation and function of Spemann's organizer. Ann Rev Cell Dev Biol 13:611–667

Henry JJ, Grainger RM (1990) Early tissue interactions leading to embryonic lens formation in *Xenopus laevis*. Dev Biol 141:149–163

Hoppler S et al (1998) BMP-2/4 and WNT-8 cooperatively pattern the *Xenopus* mesoderm. Mech Dev 71:119–129

Katsumoto K et al (2004) Cytoplasmic and molecular reconstruction of *Xenopus* embryos: synergy of dorsalizing and endo-mesodermalizing determinants drives early axial patterning. Development 131:1135–1144

Keller RE et al (2000) Mechanisms of convergence and extension by cell intercalation. Philosophical transactions of the Royal Society London, Ser B Biol Sci 355:897–922

Kessler DS, Melton DA (1995) Induction of dorsal mesoderm by soluble, mature Vg1 protein. Development 121:2155–2164

Kroll KL, Amaya E (1996) Transgenic *Xenopus* embryos from sperm nuclear transplantations reveal FGF signalling requirements during gastrulation. Development 122:3173–3183

Mayor R et al (1999) Development of neural crest in *Xenopus*. Curr Top Dev Biol 1999:4385–4413

Medina A, Wendler SR, Steinbeisser H (1997) Cortical rotation is required for correct spatial expression of NR3, SIA and GSC in *Xenopus* embryos. Int J Dev Biol 41:741–745

Niehrs C (1999) Head in the WNT, the molecular nature of Spemann's head organizer. Trends in Genetics 15(8):314–319

Niehrs C et al (2001) Dickkopf-1 and the Spemann-Mangold head organizer. Int J Dev Biol 45:237–240

Niehrs C (2004) Regionally specific induction by the Spemann-Mangold organizer. Nature Rev Genetics 5:425–434

Nieuwkoop PD (1977) Origin and establishment of embryonic polar axes in amphibian development. In: Moscona AA, Monroy A (eds) Pattern development. Curr Top Dev Biol 11:115–132

Nieuwkoop PD (1999) The neural induction process; its morphogenetic aspects. Int J Dev Biol 43(7 Spec No):614–623

Ninomiya H et al (2004) Antero-posterior tissue polarity links mesoderm convergent extension to axial patterning. Nature 430:364–367

Otte AP et al (1988) Protein kinase C mediates neural induction in *Xenopus laevis*. Nature 334:618–620

Penzel R et al (1997) Characterization and early embryonic expression of a neural specific transcription factor XSOX3 in *Xenopus laevis*. Int J Dev Biol 41:667–677

Piccolo S et al (1997) Dorsoventral patterning in *Xenopus:* inhibition of ventral signals by direct binding of chordin to BMP-4. Cell 86:589–598

Piccolo S et al (1997) Cleavage of chordin by xolloid metalloprotease suggests a role for proteolytic processing in the regulation of Spemann organizer activity. Cell 91:407–416

Pfeiffer DC, Gard DL (1999) Microtubules in *Xenopus* oocytes are oriented with their minus-ends toward the cortex. Cell Motility and the Cytoskeleton 44:34–43

Sasai Y et al (1994) *Xenopus* chordin: a novel dorsalizing factor activated by organizer-specific homeobox genes. Cell 79:779–790

Sasai Y et al (1995) Regulation of neural induction by the *Chd* and *Bmp-4* antagonistic patterning signal in *Xenopus*. Nature (London) 376:333

Schier AF, Shen MM (2000) Nodal signalling in vertebrate development. Nature 403:385–389

Schneider S, Steinbeisser H, Warga RM, Hausen P (1996) β-Catenin translocation into nuclei demarcates the dorsalizing centers in frog and fish embryos. Mech Dev 57:191–198

Sokol SY (1999) Wnt signaling in dorso-ventral axis specification in vertebrates. Curr Opin GEnet Dev 9:405–410

St.-Amand AL, Klymkowsky MW (2001) Cadherins and catenins, Wnts and SOXs: Embryonic patterning in *Xenopus*. Int Review Cytol 2001:203291–203355

Steinbeisser H et al (1993) *Xenopus* axis formation: induction of *goosecoid* by injected *Xwnt-8* and activin mRNAs. Development 118:499–507

Tiedemann H et al (2001) Pluripotent cells (stem cells) and their determination and differentiation in early vertebrate embryogenesis. Develop Growth Differ 43:469–502

Wallingford JB, Fraser SE, Harland RM (2002) Convergent extension: the molecular control of polarized cell movement during embryonic development. Developmental Cell. 2:695–706

Weinstein DC, Hemmati-Brivanlou A (1999) Neural induction. Ann Rev Cell Dev Biol 1999:15411–15433

Xu Q, D'Amore PA, Sokol SY (1998) Functional and biochemical interactions of Wnts and FrzA, a secreted Wnt antagonist. Development 125:4767–4776

Yasuo H, Lemaire P (2001) Generation of the germ layers along the animal-vegetal axis in *Xenopus laevis*. Int J Dev Biol 45:229–235

Zoltewics JS, Gerhart JC (1997) The Spemann organizer of *Xenopus* is patterned along its anteroposterior axis at the earliest gastrula stage. Dev Biol 192:482–491

Zorn A (1997) Cell-cell signalling: frog frizbees. Curr Biol 7: R501–R504

4.2
Danio rerio (Zebrafisch)

Bücher:

Bard JBL (ed) (1994) Embryos, color atlas of development. Wolfe, London. Darin: Metcalfe WK: The zebrafish, pp 135–147

Nuesslein-Volhard C, Dahm R (2002) Zebrafish: A practical approach. Oxford Univ Press, Oxford

Ostrander G, Bullock GR, Bunton T (2000) The laboratory fish. Elsevier Academic Press, New York

Westerfield M (ed) (1998) The zebrafish book. A guide for the laboratory of the zebrafish (*Brachydanio rerio*). University of Oregon Press, Eugene

Artikel:

Bernhardt RR (1999) Cellular and molecular bases of axonal pathfinding during embryogenesis of the fish central nervous system. J Neurobiol 38:137–160

Brand M (1996) Development and genetics, zebrafish. Encyclopedia of Neuroscience 762:1–12

Brand M, Granato M (1999) Keeping and raising zebrafish (*Danio rerio*). A practical approach. IRL Press, Oxford Washington

Dodd A et al (2000) Zebrafish: bridging the gap between development and disease. Human molecular genetics 9:2443–2449

Dooley K, Zon LI (2000) Zebrafish: a model system for the study of human disease. Curr Opin Genet Dev 10:252–256

Driever W et al (1996) A genetic screen for mutations affecting embryogenesis in zebrafish. Development 123:37–46

Furutani-Seiki M, Widtbrodt J (2004) Medaka and zebrafish, an evolutionary twin study. Mech Dev 121:629–637

Hisaoka KK, Battle HI (1985) The normal developmental stages of the zebrafish *Brachydanio rerio* (Hamilton-Buchanan). J Morphol 102:311–328

Holley SA, Nüsslein-Volhard C (2000) Somitogenesis in zebrafish. Curr Top Dev Biol 2000: 47247–47277

Kelly C et al (2000) Maternally controlled β-catenin-mediated signaling is required for organizer formation in the zebrafish. Development 127:3899–3911

Kelly PD et al (2000) Genetic linkage mapping of zebrafish genes and ESTs. Genome research 10:558–567

Kimmel CB et al (1995) Stages of embryonic development of the zebrafish. Dev Dynamics 203:253–310

Laale HW (1977) The biology and use of zebrafish, *Brachydanio rerio* in fisheries research. J Fish Biol 10:121–173

Metscher BD, Ahlberg PE (1999) Zebrafish in context: uses of a laboratory model in comparative studies. Dev Biol 210:1–14

Nasevicius A, Ekker SC (2000) Effective targeted gene 'knockdown' in zebrafish. Nature Gen 26:216–220

Prince VE et al (1998) Zebrafish *hox* genes: genomic organization and modified colinear expression patterns in the trunk. Development 125:407–420

Ruvinsky I et al (2000) The evolution of paired appendages in vertebrates: T. box genes in the zebrafish. Dev Genes Evol 210:82–91

Saude L et al (2000) Axis-inducing activities and cell fates of the zebrafish organizer. Development 127:3407–3417

Schier AF (2001) Axis formation in zebrafish. Curr Opin Genet Dev 11:393–404

Schima A, Mitami H (2004) Medaka as a research organism: past, present and future. Mech Dev 211:599–604

Udvadia AJ, Linney E (2003) Windows into development: historic, current, and future perspectives on transgenic zebrafish. Developmental Biology 256(1):1–17

Warga RM, Kimmel CB (1990) Cell movements during epiboly and gastrulation in zebrafish. Development 108:569–580

Wilson SW et al (1997) Analysis of axon tract formation in the zebrafish brain: the role of territories of gene expression and their boundaries. Cell Tiss Res 290:189–196

4.3
Vogel

Bücher, Methodisches:

Bard JBL (ed) Embryos, color atlas of development. Wolfe, London, pp 167–182

Billet FS, Wild AE (1975) Practical studies of animal development, birds. Chapman & Hall, London

Houillon C (1972) Embryologie. Vieweg, Braunschweig

Mason I (1999) The avian embryo: An overview. In: Sharpe PT, Mason I (eds) Methods in Molecular Biology; Molecular embryology: Methods and protocols: 215-220. Series Information: Methods in Molecular Biology. Vol. 97

Mason I (1999) Chick embryos: Incubation and isolation. In: Sharpe PT, Mason I (eds) Methods in Molecular Biology; Molecular embryology: Methods and protocols: 221–224. Series Information: Methods in Molecular Biology. Vol 97

Romanoff AL (1960) The avian embryo. McMillan, New York

Rugh R (1962) Experimental embryology. Burgess, Minneapolis

Schoenwolf GC (1995) Laboratory studies of vertebrate and invertebrate embryos: Guide and atlas of descriptive and experimental development. Prentice Hall

Sharpe PT, Mason I (eds) (1999) Methods in Molecular Biology; Molecular embryology: Methods and protocols. Series Information: Methods in Molecular Biology Vol 97 Darin mehrere Artikel über moderne Methoden

Wischnitzer S (1975) Atlas and laboratory guide for vertebrate embryology. McGraw-Hill, New York

Artikel:

Boettger T et al (2001) The avian organizer. Int J Dev Biol 45(1 Spec No):281–287

Darnell DK, Schoenwolf GC (2000) The chick embryo as a model system for analyzing mechanisms of development. In: Tuan RS, Lo CW (eds) Developmental biology protocols, Vol I, Humana Press, Totowa, NJ, pp 25–30

Darnell DK, Schoenwolf GC (2000) Culture of avian embryos. In: Tuan RS, Lo CW (eds) Developmental biology protocols, Vol I, Humana Press, Totowa/NJ, pp 31–38

Dupin E, Ziller C, LeDouarin NM (1998) The avian embryo as a model in developmental studies: chimeras and in vitro clonal analysis. Curr Top in Dev Biol 36:1–35

Erickson CA, Reedy MV (1998) Neural crest development: the interplay between morphogenesis and cell differentiation. Curr Top Dev Biol 1998:40177–40209

Hamburger V, Hamilton HL (1951) A series of normal stages in the development of a chick. J Morph 88:49–92

Kochav S, Eyal-Giladi H (1971) Bilateral symmetry in chick embryo: determination by gravity. Science 171:1027–1029

Ono T (2000) Ex ovo culture of avian embryos. In: Tuan RS, Lo CW (eds) Developmental biology protocols, Vol I. Humana Press, Totowa/NJ, pp 39–46

Sander K (1973) Das Experiment: Einfache Beobachtungen an lebenden Hühnerembryonen. Biol unserer Zeit 3:14–19

Stern CD, Canning DR (1990) Origin of cells giving rise to mesoderm and endoderm in chick embryo. Nature 343:273–275

Stockdale FE, Nikovits W, Christ B (2000) Molecular and cellular biology of avian somite development. Dev Dynamics 219:304–321

Viebahn C (2001) Hensen's node. Genesis 29:96–103

4.4
Maus

Bücher:

Bard JBL (ed) (1994) Embryos, color atlas of development. Wolfe, London. Darin: Bard JBL, Kaufmann MH: The mouse, pp 183–206

Bürki K (1986) Experimental embryology of the mouse. Karger, Basel

Goffinet AM, Rakic P (2000) Mouse brain development. Springer, Berlin Heidelberg

Hedrich H (ed) (2004) The laboratory mouse. Elsevier Academic Press, New York

Hogan B, Constantini F, Lacy E (1986) Manipulating the mouse embryo. Cold Spring Harbor, New York

Kaufman MH, Bard JBL (1999) The anatomical basis of mouse development. Academic Press, New York

Nagy A et al (2002) Manipulating the mouse embryo: A laboratory manual, 3rd ed. Cold Spring Harbor Lab Press

Rugh R (1967) Experimental embryology. Burgess, Minneapolis

Sharpe PT, Mason I (1999) Methods in Molecular Biology, Molecular embryology: Methods and Protocols. Humana Press, Totowa/NJ
    Darin mehrere Artikel über Manipulation und Untersuchungsmethoden von Mausembryonen

Theiler K (1989) The house mouse. Atlas of embryonic development. Springer, Berlin Heidelberg New York Tokyo

Wischnitzer S (1975) Atlas and laboratory guide for vertebrate embryology. McGraw-Hill, New York

www-Quellen:

Emap Edinburgh mouse atlas project. Tutorial Imp Coll London. http://genex.hgu.mrc.ac.uk

Mouse genome informatics: www.informatics.jax.org

Muritech Internet atlas of mouse development: www.muritech.com

Artikel:

Beddington RSP (1994) Induction of a second neural axis by the mouse node. Development 120:613–620

Beddington RSP, Robertson EJ (1998) Anterior patterning in mouse. Trends Genet 14:277–283

Doherty AS, Schultz RM (2000) Culture of preimplantation mouse embryos. In: Tuan RS, Lo CW (eds) Developmental biology protocols, Vol I. Humana Press, Totowa, NJ, pp 47–52

Edwards RG (2003) Aspects of the molecular regulation of early mammalian development. Reproductive Biomedicine Online 6(1):97–113

Erickson RP (1996) Mouse models of human genetic disease: which mouse is more like man? Bioessays 12:993–998

Huelsken J et al (2000) Requirement for beta-catenin in anterior-posterior axis formation in mice. J Cell Biol 148:567–578

Mullins LJ, Wilmut I, Mullins JJ (2004) Nuclear transfer in rodents. J of Physiol 554(1):4–12

Surani MAH, Barton SC, Norris ML (1986) Nuclear transplantation in the mouse: hereditable differences between parental genomes after activation of the embryonic genome. Cell 45:127–136

Thomson JA, Solter D (1989) The developmental fate of androgenetic, parthenogenetic, and gynogenetic cells in chimeric gastrulating mouse embryos. Genes Dev 2:1344–1351

Wakayama T, Yanagimachi R (1999) Cloning the laboratory mouse. Sem Cell Dev Biol 10:253–258

Zernicka-Goetz M (2002) Patterning of the embryo: the first spatial decisions in the life of a mouse. Development. 129(4):815–829

Zu Kapitel 5:
Klonen, Chimären, transgene Tiere

Bücher:
Jackson IJ, Abbott CM (2002) Mouse genetics and transgenetics: A practical approach. Oxford Univ Press, Oxford

Joyner AL (2002) Gene targeting: A practical approach. Oxford Univ Press, Oxford

Nagy A et al (2003) Manipulating the mouse embryo: A laboratory manual. 3rd ed. Cold Spring Harbor Press

Pinkert CA (2002) Transgenic animal technology. Academic Press, New York

Sharpe PT, Mason I (1999) Methods in Molecular Biology, Molecular embryology: Methods and Protocols. Humana Press, Totowa/NJ
    Darin mehrere Artikel über Manipulation und Untersuchungsmethoden von Xenopus und Mausembryonen

Artikel:
Branda CS, Dymecki SM (2004) Talking about a revolution: The impact of site-specific recombinases on genetic analyses in mice. Dev Cell 6:7–28

Briggs R, King TJ (1952) Transplantation of living nuclei from blastula cells into enucleated frog eggs. Proc Natl Acad Sci USA 38:455–463

Brun RB (1978) Developmental capacities of *Xenopus* eggs, provided with erythrocyte or erythroblast nuclei from adults. Dev Biol 65:271–284

Campbell KHS et al (1996) Sheep cloned by nuclear transfer from a cultured cell line. Nature 380:64–66

Cummins JM (2001) Mitochondria: potential roles in embryogenesis and nucleocytoplasmic transfer. Hum Reprod Update 7:217–228

Danielian PS et al (1998) Modification of gene activity in mouse embryos in utero by a tamoxifen-inducible form of Cre recombinase. Current Biology 8:1323–1326

Dean W, Santos F, Reik W (2003) Epigenetic reprogramming in early mammalian development and following somatic nuclear transfer. Sem Cell & Dev Biol 14:3–100

Denning C (2003) New frontiers in gene targeting and cloning: Success, application and challenges in domestic animals and human embryonic stem cells. Reproduction 126:1–11

Desbaillets I et al (2000) Embryoid bodies: an in vitro model of mouse embryogenesis. Experimental Physiology 85:645–651

DiBerardino MA, McKinnell RG, Wolf DP (2003) The golden anniversary of cloning: a celebratory essay. Differentiation 71:398–401

Ebert KM (1998) The use of transgenic animals in biotechnology. Int J Dev Biol 42:1003–1008

Edwards JL et al (2003) Cloning adult farm animals: A review of the possibilities and problems associated with somatic cell nuclear transfer. Am J of Reproductive Immunology 50:113–123

Erickson RP (1996) Mouse models of human genetic disease: which mouse is more like man? Bioessays 12:993–998

Evans MJ et al (1999) Mitochondrial DNA genotypes in nuclear transfer-derived cloned sheep. Nature genetics 23:90–93

Fu Y et al (1998) Viral sequences enable efficient and tissue-specific expression of transgenes in *Xenopus*. Nature Biotechnology 16:253–257

Gao S, Latham KE (2004) Maternal and environmental factors in early cloned embryo development. Cytogenetic & Genome Research 105:279–284

Gurdon JB (1968) Transplanted nuclei and cell differentation. Sci Am 219(6):24–35

Gurdon JB (1999) Genetic reprogramming following nuclear transplantation in amphibia. Sem Cell Dev Biol 10:239–243

Han YM et al (2003) Nuclear reprogramming of cloned embryos produced in vitro. Theriogenology 59:33–41

Kato Y et al (1999) Developmental potential of mouse primordial germ cells. Development 126:1823–1832

Kitajima K, Takeuchi T (1998) Mouse gene trap approach: identification of novel genes and characterization of their biological functions. Biochemistry and cell biology 76:1029–1037

Kroll KL, Amaya E (1996) Transgenic *Xenopus* embryos from sperm nuclear transplantations reveal FGF signalling requirements during gastrulation. Development 122:3173–3183

Kuhholzer-Cabot B, Brem G (2002) Aging of animals produced by somatic cell nuclear transfer. Experimental Gerontology 37:1317–1323

Kuhn R, Torres RM (2002) Cre/loxP recombination system and gene targeting. Methods in Molecular Biology 180:175–204

Leneuve P et al (2003) Cre-mediated germline mosaicism: a new transgenic mouse for the selective removal of residual markers from tri-lox conditional alleles. Nucleic Acids Research 31(5):e21

McLaren A (1998) Germ cells and germ cell transplantation. Int J Dev Biol 42:855–860

McLay DW, Clarke HJ (2003) Remodelling the paternal chromatin at fertilization in mammals. Reproduction 125:625–633

Mintz B (1957) Does embryological development of primordial germ cells affect its development? Symp Br Soc Dev Biol 7:225–227

McCreath KJ et al (2000) Production of gene-targeted sheep by nuclear transfer from cultured somatic cells. Nature 405:1066–1069

Mitalipov SM, Wolf DP (2000) Mammalian cloning: possibilities and threats. Annals of Medicine 32:462–468

Mullins LJ, Wilmut I, Mullins JJ (2004) Nuclear transfer in rodents. J of Physiol 554(1):4–12

Musaro A, Rosenthal N (1999) Transgenic mouse models of muscle aging. Exp Geront 34:147–156

Oback B, Wells D (2002) Donor cells for nuclear cloning: Many are called, but few are chosen. Cloning & Stem Cells 4:147–168

Orkin S (1998) Embryonic stem cells and transgenic mice in the study of hematopoiesis. Int J Dev Biol 42:927–934

Paterson L et al (2003) Application of reproductive biotechnology in animals: implications and potentials. Applications of reproductive cloning. Animal Reproduction Science 79:137–143

Pedersen RA (1999) Embryonic stem cells for medicine. Sci Am 1999:44–49

Perkins AS (2002) Functional genomics in the mouse. Functional & Integrative Genomics 2:81–91

Pintado B, Gutierrez-Adan A (1999) Transgenesis in large domestic species: future development for milk modification. Reproduction, nutrition, development 39:535–544

Polejaeva IA, Campbell KH (2000) New advances in somatic cell nuclear transfer: application in transgenesis. Theriogenology 53:117–126

Polejaeva IA et al (2000) Cloned pigs by nuclear transfer from adult somatic cells. Nature 407:86–90

Rhind SM et al (2003) Human cloning: can it be made safe? Nature Reviews Genetics 4:855–864

Rossant J, Spence A (1998) Chimeras and mosaics in mouse mutant analysis. Trends Gen 14:358–363

Sauer B (2002) Cre/lox: one more step in the taming of the genome. Endocrine 19:221–228

Sato K et al (2000) Mouse fetuses by nuclear transfer from embryonic stem cells. Human Cell 13:197–202

Selbert S (1999) Genmanipulation nach Wunsch: gewebespezifisch und induzierbar. Biol unserer Zeit 29:70–78

Shashikant CS, Ruddle FH (2003) Impact of transgenic technologies on functional genomics. Current Issues in Molecular Biology 5:75–98

Shi W, Zakhartchenko V, Wolf E (2003) Epigenetic reprogramming in mammalian nuclear transfer. Differentiation 71:91–113

Smith LC, Murphy BD (2004) Review: genetic and epigenetic aspects of cloning and potential effects on offspring of cloned mammals. Cloning Stem Cells 6:126–132

Solter D (2000) Mammalian cloning: advances and limitations. Nat Rev Genet 1:199–207

St-Jacques B, McMahon A (1996) Early mouse development: lessons from gene targeting. Curr Opin Genet Dev 6:439–444

Thibault C (2003) Recent data on the development of cloned embryos derived from reconstructed eggs with adult cells. Reproduction, Nutrition, Development 43:303–324

Wakayama T et al (1998) Full-term development of mice from enucleated oocytes injected with cumulus cell nuclei. Nature 394:369–370

Wakayama T, Yanagimachi R (1999) Cloning the laboratory mouse. Sem Cell Dev Biol 10:253–258

Wakayama T et al (2001) Differentiation of embryonic stem cell lines generated from adult somatic cells by nuclear transfer. Science 292:740–743

Wilmut I (1999) Klonen für medizinische Zwecke. Spektrum der Wissensch 4:34–40

Woychik RP, Alagraman K (1998) Insertional mutagenesis in transgenic mice generated by the pronuclear microinjection procedure. Int J Dev Biol 42:1009–1017

Zambrowicz BP, Friedrich GA (1998) Comprehensive mammalian genetics: history and future prospects of gene trapping in the mouse. Int J Dev Biol 42:1025–1036

Imprinting:

Gao S et al (2004) Genetic variation in occyte phenotype revealed through parthenogenesis and cloning: correlation with differences in pronuclear epigenetic modification. Biol Reprod 70:1162–1170

Zu Kapitel 6:
Embryologie des Menschen

Bücher:
Christ B, Wachtler F (1998) Medizinische Embryologie. Ullstein, Wiesbaden
Diedrich K (2000) Gynäkologie und Geburtshilfe. Springer, Berlin Heidelberg
Drews U (1993) Taschenatlas der Embryologie. Thieme, Stuttgart
England MA (1994) The human. In: Bard JBL (ed) Embryos, color atlas of development.
  Wolfe, London, pp 207–220
Hinrichsen KV (1990) Human embryology. Springer, Berlin Heidelberg New York Tokyo
Jonas R (2000) Der wunderbare Weg ins Leben. Südwest Verlag, München
Langman J (1989) Medizinische Embryologie. Thieme, Stuttgart
Langman J (1989) Medical embryology. Williams & Wilkins, Baltimore
Moore KL (1990) Grundlagen der medizinischen Embryologie. Enke, Stuttgart
Moore KL, Persaud TVN (1996) Embryologie. 4. Aufl. Schattauer, Stuttgart
Nilsson L (1990) Ein Kind entsteht. Bilddokumentation. Mosaik Verlag, München
Razek HA (1978) Atlas der Embryologie. Enke, Stuttgart
Sadler TW (1998) Medizinische Embryologie. Thieme, Stuttgart
Sinowatz F et al (1999) Embryologie des Menschen. Kurzlehrbuch. Deutscher Ärzte-Verlag, Köln
Tuchmann-Duplessis H, David G, Haegel P (1972) Illustrated human embryology, vol 1 and 2.
  Springer, Berlin Heidelberg New York

Reproduktionsbiologie:
Johnson MH, Everitt BJ (1995) Essential reproduction. Blackwell Science, Oxford

www-Quellen:
Human developmental anatomy data base access: http://genex.hgu.mrc.ac.uk/
Embryo-Bilder: www.med.unc.edu/embryo_images

Artikel:
Aplin J (2000) Maternal influences on placental development. Sem Cell Dev Biol 11:115–125
Cross JC (2000) Genetic insights into trophoblast differentiation and placental morphogen-
  esis. Sem Cell Dev Biol 11:105–113
Fernandez N et al (1999) A critical review of the role of the major histocompatibility com-
  plex in fertilization, preimplantation development and feto-maternal interactions. Human
  Reproduction Update 5:234–248
Filicori M (1999) The role of luteinizing hormone in folliculogenesis and ovulation induc-
  tion. Fertility and sterility 71:405–414
Munn DH et al (1998) Prevention of allogeneic fetal rejection by tryptophan catabolism.
  Science 281:1131–1193

Box K6 A–C
Armstrong DT (2001) Effects of maternal age on oocyte developmental competence. Therio-
  genology 55:1303–1322
Goldworth A (1999) The ethics of in vitro fertilization. Pediatrics in Review 20:e28–31
Hales BF (1999) Thalidomide on the comeback trail. Will new insights into Thalidomide's
  teratogenic mechanism help make its return a safe one? Nature Medicine 5(5):489–490
Lewis SE (1999) Life cycle of the mammalian germ cell: implication for spontaneous muta-
  tion frequencies. Teratology 59:205–209
Merz WE (2000) Die Reproduktionsmedizin im Brennpunkt: Nicht alles darf geschehen.
  Reproduktionsmedizin 16:295–298
Olney JW et al (2000) Environmental agents that have the potential to trigger massive apop-
  totic neurodegeneration in the developing brain. Environmental Health Perspectives 108
  (Suppl):3383–3388

Rosselli M et al (2000) Cellular and biochemical mechanisms by which environmental oestrogens influence reproductive function. Human Reproduction Update 6:332–350

Shiverick KT, Salafia C (1999) Cigarette smoking and pregnancy I: ovarian, uterine and placental effects. Placenta 20:265–272

Tarin JJ et al (2000) Consequences on offspring of abnormal function in ageing gametes. Human Reproduction Update 6:532–549

Tesarik J, Mendoza C (1999) In vitro fertilization by intracytoplasmic sperm injection. Bioessays 21:791–801

Zu Kapitel 7:
Vergleichender Rückblick, phylotypisches Stadium, Aspekte der Evolution

Bücher:

Smith JM, Szathmary E (2001) The major transitions in evolution. Oxford Univ Press, Oxford

Thomson KS (2004) Keywords and concepts in evolutionary developmental biology. (Book Review Bioessays 21 Jan 2004)

Wilkins AS (2002) The evolution of developmental pathways. Sinauer, Sunderland/MA

Artikel:

Akam M (1998) The yin and yang of evo/devo. Cell 92:153–155

Arendt D et al (2002) Development of pigment-cup eyes in the polychaete *Platynereis dumerilii* and evolutionary conservation of larval eyes in Bilateria. Development 129:1143–1154

Arendt D, Nübler-Jung K (1996) Common ground plans in early brain development in mice and flies. Bioessays 18:255–259

Arthur W (2000) The concept of developmental reprogramming and the quest for an inclusive theory of evolutionary mechanisms. Evol Dev 2:49–57

Baer KE von (1828) Über Entwickelungsgeschichte der Thiere. Königsberg

Bender R (1998) Der Streit um Ernst Haeckels Embryonenbilder. BIUZ 28:157–165

Bolker JA, Raff RA (1996) Developmental genetics and traditional homology. Bioessays 18:489–493

Brakefield PM (2003) The power of evo-devo to explore evolutionary constraints: experiments with butterfly eye spots. Zoology 106:283–290

Cameron CB et al (2000) Evolution of the chordate body plan: new insights from phylogenetic analyses of deuterostome phyla. Proc Natl Acad Sci USA 97:4469–4474

Caroll SB (1995) Homeobox genes and the evolution of arthropods and chordates. Nature 376:479–485

Davidson EH, Peterson KJ, Cameron RA (1995) Origin of bilaterian body plans: evolution of developmental regulatory mechanisms. Science 270:1319–1325

De Robertis EM, Sasai Y (1996) A common plan for dorsoventral patterning in bilateria. Cell 380:37–40

De Robertis EM (1997) The ancestry of segmentation. Nature 387:25–26

Erwin DH (2000) Macroevolution is more than repeated rounds of microevolution. Evol Dev 2:78–84

Ferguson EL (1996) Conservation of dorso-ventral patterning in arthropods and chordates. Curr Opin Gen Dev 6:424–431

Fleming A et al (2004) A central role for the notochord in vertebral patterning. Development 131:873–880

Finnerty JR et al (2003) Early evolution of a homeobox gene: the parahox gene *Gsx* in the Cnidaria and Bilateria. Evoltion & Development 5:331–345

Finnerty JR et al (2004) Origins of bilateral symmertry: *Hox* and *dpp* expression in a sea anemone. Science 304:1335–1337

Galliot B, Schmid V (2002) Cnidarians as a model system for understanding evolution and regeneration. Int J Dev Biol 46:39–48

Gehring WJ (2001) The genetic control of eye development and its implication for the evolution of various eye-types. Zoology 104:171–183

Gilbert SF, Opitz JM, Raff RA (1996) Resynthesizing evolutionary and developmental biology. Dev Biol 173:357–372

Giribet G (2003) Molecules, development and fossils in the study of metazoan evolution; Articulata versus Ecdysozoa revisited. Zoology 106:303–326

Groger H, Schmid V (2001) Larval development in Cnidaria: a connection to Bilateria? Genesis 29:110–114

Haeckel E (1868, 1911) Natürliche Schöpfungsgeschichte. 11. Aufl. Reimer, Berlin

Haeckel E (1874) Anthropogenie oder Entwicklungsgeschichte des Menschen. Leipzig 1974

Haeckel E (1875) Die Gastrula und die Eifurchung der Thiere. Z Med Naturwiss 9:402–408

Hart M (2000) Phylogenetic analyses of mode of larval development. Sem Cell Dev Biol 11:419–426

Hogan BLM (1995) Upside-down ideas vindicated. Nature 376:210–211

Holland PWH, Carcia-Fernandez JG (1996) *Hox* genes and chordate evolution. Dev Biol 173:382–395

Holland LZ (2002) Heads or tails? Amphioxus and the evolution of anterior-posterior patterning in deuterostomes. Dev Biol 241:209–228

Holley SA et al (1995) A conserved system for dorso-ventral patterning in insects and vertebrates involving *sog* and *chordin*. Nature 376:249–253

Kozmik Z et al (2003) Role of Pax genes in eye evolution: A Cnidarian gene uniting Pax2 and Pax6 functions. Developmental Cell 5:773–785

Krumlauf R (1992) Evolution of the vertebrate homeobox genes. Bioessays 14:267–273

Lacalli T (1996) Dorsoventral axis inversion: a phylogenetic perspective. Bioessays 18:251–254

Martin VJ (2002) Photoreceptors of cnidarians. Canad J Zool 80:1703–1722

Martindale MQ, Finnerty JR, Henry JQ (2002) The Radiata and the evolutionary origins of the bilaterian body plan. Mol Phylogenetics Evol 24:358–365

Martindale MQ, Pang K, Finnerty JR (2004) Investigating the origins of triploblasty: 'mesodermal' gene expression in a diploblastic animal, the sea anemone *Nematostella vectensis* (phylum Cnidaria, class Anthozoa). Development 131:2463–2474

McEdward LR (2001) Adaptive evolution of larvae and life cycles. Sem Cell Dev Biol 11:403–409

Meinhardt H (2002) The radial-symmetric hydra and the evolution of bilateral body plan: an old body became a young brain. Bioessays24:185–191

Meinhardt H (2004) Different strategies for midline formation in bilaterians. Nature Reviews 5:502–510

Muller P et al (2003) Evolutionary aspects of developmentally regulated helic-loop-helix transcription factors in striated muscle of jellyfish. Dev Biol 255:216–229

Nübler-Jung K, Arendt D (1994) Is ventral in insect dorsal in vertebrates? Roux's Arch Dev Biol 203:357–366

Panchen AL (2001) Etienne Geoffroy St. Hilaire: father of evo-devo? Evol Dev 3:41–46

Primus A, Freeman G (2004) The cnidarian and the canon: the role of Wnt/beta-catenin signaling in the evolution of metazoan embryos. Bioessays 26:474–478

Raff RA (2000) Evo-devo: the evolution of a new discipline. Nat Rev Genet 1:74–79

Raible F, Arendt D (2004) Metazoan evolution: some animals are more equal than others. Curr Biol 14:R106–108

Richardson MK (1995) Heterochrony and the phylotypic period. Dev Biol 172:412–421

Richardson MK et al (1997) There is no highly conserved embryonic stage in the vertebrates: implications for current theories of evolution and development. Anat Embryol 196:91–106

Richardson MK et al (2001) Comparative methods in developmental biology. Zoology 104:278–283

Rudel D, Sommer RJ (2003) The evolution of developmental mechanisms. Dev Biol 264:15–37

Sander K (1983) The evolution of patterning mechanisms: gleanings from insect embryogenesis and spermatogenesis. In: Goodwin BC et al (eds) Development and evolution. Cambridge Univ Press, New York, pp 123–159

Schmidt-Rhaesa A (1998) The position of the arthropoda in the phylogenetic system. J Morphol 238:263–285

Schmidt-Rhaesa A (2003) Old trees, new trees – is there any progress? Zoology 106:291–301

Scholtz G (2001) Evolution of developmental patterns in arthropods – the analysis of gene expression and its bearing on morphology and phylogenetics. Zoology 103:99–111

Schubert M et al (2000) Characterization of amphioxus AmphiWnt8: insights into the evolution of patterning of the embryonic dorsoventral axis. Evol Dev 2:85–92

Seipel K, Schmid V (2005) Jellyfish and the origin of triploblasty: a monophyletic descent of striated muscles in Cnidaria and Bilateria? Dev Biol, in press

Sharman AC, Brand M (1998) Evolution and homology of the nervous system: cross-phylum rescues of otd/Otx genes. Trends Genet 14:211–213

Shubin N, Tabin C, Caroll S (1997) Fossils, genes and the evolution of the animal limb. Nature 388:639–647

Slack JM, Holland PW, Graham CF (1993): The zootype and phylotypic stage. Nature 361:490–492

Spring J et al (2002) Conservation of *Brachyury, Mef2*, and *snail* in the myogenic lineage of jellyfish: a connection to the mesoderm of bilateria. Dev Biol 244:372–384

Stierwald M et al (2004) The *Sine oculis/Six* class family of homeobox genes in jellyfish with and without eyes: development and eye regeneration. Dev Biol 274:70–81

Strathman RR (2000) Functional design in the evolution of embryos and larvae. Sem Cell Dev Biol 11:395–402

Tautz D (1998) Debatable homologies. Nature 395:17–18

Tautz D (2002) "Evo-Devo"-Evolution von Entwicklungsprozessen. Laborjournal 05/2002:18–21

Tessmar-Raible K, Arendt T (2003) Emerging systems: between vertebrates and arthropods, the Lophotrochozoa. Curr Opin Genet Dev 13:1–10

Valentine JW, Erwin DH, Jablonski D (1996) Developmental evolution of metazoan bodyplans: the fossil evidence. Dev Biol 173:373–381

Wikramanayake AH et al (2003) An ancient role for nuclear beta-catenin in the evolution of axial polarity and germ layer segregation. Nature 426:446–450

Wray GA (2001) The evolution of embryonic patterning mechanisms in animals. Sem Cell Dev Biol 11:385–393

Wu P et al (2004) Evo-Devo of amniote integuments and appendages. Int J Dev Biol 48:248–268

Yanze N et al (2001) Conservation of Hox/ParaHox-related genes in the early development of a cnidarian. Dev Biol 236:89–98

Zu Kapitel 8:
Keimbahn, Oogenese, Spermatogenese, genomische Prägung

Bücher:

McElreavey K (2000) The genetic basis of male infertility. Springer, Berlin Heidelberg New York

Ohlsson R (1999) Genomic imprinting. Springer, Berlin Heidelberg New York

Artikel:

Albertini DF, Carabatsos MJ (1998) Comparative aspects of meiotic cell cycle control in mammals. J Mol Med 76:795–799

Anderson O et al (2001) Early events in the mammalian germ line. Int Rev Cytol 2001:203215–203230

Armstrong DT (2001) Effects of maternal age on oocyte developmental competence. Theriogenology 55:1303–1322

Bartolomei MS, Tilghman SM (1997) Genomic imprinting in mammals. Ann Rev Genet 31:493–525

Boveri T (1904, 1910) Siehe Literatur zur Box K1

Braat AK et al (2000) Vasa protein expression and localization in the zebrafish. Mech Dev 95:271–274

Brendza RP (2000) A function for kinesin 1 in the transport of *oskar* mRNA and Staufen protein. Science 289:2120–2122

Brewis IA, Wong CH (1999) Gamete recognition: sperm proteins that interact with egg zona pellucida. Rev Reprod 1999:135–142

Castrillon DH et al (2000) The human VASA gene is specifically expressed in the germ cell lineage. Proc Natl Acad Sci USA 97:9585–9590

Cooke HJ, Hargraeve T, Elliott DJ (1998) Understanding the genes involved in spermatogenesis: a progress report. Fertil Steril 69:989–995

Cummins JM (2001) Cytoplasmic inheritance and its implications for animal biotechnology. Theriogenology 55:1381–1399

DeFelici M (2000) Regulation of primordial germ cell development in the mouse. In J Dev Biol 44:575–580

Dean W, Santos F, Reik W (2003) Epigenetic reprogramming in early mammalian development and following somatic nuclear transfer. Seminars in Cell & Developmental Biology 14(1):93–100

Deng W, Lin H (2001) Asymmetric germ cell division and oocyte determination during Drosophila oogenesis. Int Rev Cytol 2001:20393–20438

Eliyahu E et al (2001) PKC in eggs and embryos. Frontiers in Bioscience, 6:D785–791

Extavour CG, Akam M (2003) Mechanisms of germ cell specification across metazoans: epigenesis and preformation. Development 130:5869–5884

Ferrel JE (1999) Xenopus oocyte maturation: new lessons from a good egg. Bioessays 21:833–842

Gilboa L, Lehmann R (2004) Repression of primordial germ cell differentiation parallels germ line stem cell maintenance. Curr Biol 14:981–986

Hayashi Y et al (2004) Nanos suppresses somatic cell fate in Drosophila germ line. Proc Natl Acad Sci USA 101(28):10338–10342

Hill RS, MacGregor HC (1980) The development of lampbrush chromosome-type transcription in the early diplotene oocytes of *Xenopus laevis*: an electron microscope analysis. J Cell Sci 44:87–101

Hilscher W (1999) Some remarks on the female and male Keimbahn in the light of evolution and history. J Exp Zool 285:197–214

Houston DW, King ML (2000) Germ plasm and molecular determinants of germ cell fate. Curr Top Dev Biol 2000:50155–50181

Jaruzelska J et al (2003) Conservation of a Pumillo-Nanos complex from Drosophila germ plasm to human germ cells. Dev Genes Evol 213:120–126

Kato Y et al (1999) Developmental potential of mouse primordial germ cells. Development 126:1823–1832

Kloc M et al (2001) RNA localization and germ cell determination in *Xenopus*. Intern Review Cytology 2001:20363–20391

Kloc M et al (2004) Formation, architecture and polarity of female germline cyst in *Xenopus*. Dev Biol 266:43–61

Knaut H et al (2000) Zebrafish *vasa* RNA but not its protein is component of the germ plasm and segregates asymmetrically before germline specification. J Cell Biol 149:875–888

Lasko P (1999) RNA sorting in *Drosophila* oocytes and embryos. FASEB J 13:421–433

Latham KE (1995) Mechanisms and control of embryonic genome activation in mammalian embryos. Int Rev Cytol 1999:19371–124

Lewis SE (1999) Life cycle of the mammalian germ cell: implication for spontaneous mutation frequencies. Teratology 59:205–209

Mahowald AP (2001) Assembly of the Drosophila germ plasm. Int Rev Cytol 2001:203187–203213

Manandhar G et al (1998) Centrosome reduction during mouse spermiogenesis. Dev Biol 203:424–434

Matova N, Cooley L (2001) Comparative aspects of animal oogenesis. Dev Biol 231:291–320

Mermillod P, Marchal R (1999) Mammalian oocyte maturation. MS Medicine Sciences 15:148–156

Mochizuki K et al (2000) Expression and early conservation of *nanos*-related genes in *Hydra*. Dev Genes Evol 210:591–602

Mochizuki K et al (2001) Universal occurrence of *vasa*-related genes among metazoans and their germline expression. Dev Genes Evol 211:299–308

Molyneaux K, Wylie C (2004) Primordial germ cell migration. Int J Dev Biol 48:537–543

Olaso R, Habert R (2000) Genetic and cellular analysis of male germ cell development. J Androl 21:497–511

Picton H, Briggs D, Gosden R (1998) The molecular basis of oocyte growth and development. Mol Cell Endocrin 145:27–37

Razin A, Cedar H (1994) DNA-methylation and genomic imprinting. Cell 77:473–476

Saffman EE, Lasko P (1999) Germline development in vertebrates and invertebrates. Cellular and Molecular Life Sciences 55:1141–1163

Saitou M et al (2002) A molecular programme for the specification of germ cell fate in mice. Nature 418:293–295

Saunders PT et al (2000) Mouse *staufen* genes are expressed in germ cells during oogenesis and spermatogenesis. Molecular Human Reproduction 6:983–991

Schatten G et al (1991) Maternal inheritance of centrosomes in mammals? Studies on parthenogenesis and polyspermy in mice. Proc Natl Acad Sci USA 88:6785–6789

Schisa JA et al (2001) Analysis of RNA associated with P granules in germ cells of *C. elegans* adults. Development 128:1287–1298

Schnorrer F et al (2000) The molecular motor dynein is involved in targeting *swallow* and *bicoid* RNA to the anterior pole of *Drosophila* oocytes. Nature Cell Biol 2:185–190

Schuetz AW (1971) Induction of oocyte maturation in starfish by 1-methyladenosine. Exp Cell Res 66:5–10

Seydoux G, Schedl T (2001) The germline in *C. elegans*: origins, proliferation, and silencing. Int Rev Cytol 2001:203139–203185

Seydoux G, Strome S (1999) Launching the germline in *Caenorhabditis elegans*: regulation of gene expression in early germ cells. Development 126:3275–3283

Snee MJ, Macdonald PM (2004) Live imaging of nuage and polar granules: evidence against a precursor-product relationship and a novel role for Oskar in stabilization of polar granule components. J Cell Sci 117:2109–2120

Solter D (1998) Imprinting. Int J Dev Biol 42:951–954

Stebler J et al (2004) Primordial germ cell migration in the chick and mouse embryo: the role of the chemokine SDF-1/CXCL12. Dev Biol 272:351–361

Subramaniam K, Seydoux G (1999) *Nos*-1 and *nos*-2 geneses related to Drosophila *nanos*, regulate primordial germ development and survival in *Caenorhabditis elegans*. Development 126:4861–4871

Surani MAH, Barton SC, Norris ML (1986) Nuclear transplantation in the mouse: hereditable differences between parental genomes after activation of the embryonic genome. Cell 45:127–136

Toyooka Y et al (2000) Expression and intracellular localization of mouse Vasa-homologue protein during germ cell development. Mech Dev 93:139–149

Tsuda M et al (2003) Conserved role of nanos proteins in germ cell development. Science 301:1239–1241

Tsunekawa N et al (2000) Isolation of chicken *vasa* homolog gene and tracing the origin of primordial germ cells. Development 127:2741–2750

Wang Z, Lin H (2004) Nanos maintains germline stem cell self-renewal by preventing differentiation. Science 303:2016–2019

Yoshida N et al (2000) Comparative study of the molecular mechanisms of oocyte maturation in amphibians. Comp Biochem Physiol B Biochem Mol Biol 126:189–197

Zhou Y, King ML (2004) Sending RNAs into the future: RNA locallizatiom and germ cell fate. IUBMB-Life 56:19–27

Zu Kapitel 9:
Befruchtung, Eiaktivierung, Mitochondrien-Vererbung, Parthenogenese

Artikel:

Baldi E et al (2000) Intracellular events and signaling pathways involved in sperm acquisition of fertilizing capacity and acrosome reaction. Frontiers in Bio sciences 2000:5E110–123

Brewis IA, Wong CH (1999) Gamete recognition: sperm proteins that interact with the egg zona pellucida. Rev Reprod 4:135–142

Caroll J (2001) The initiation and regulation of Ca^{2+} signalling at fertilization in mammals. Sem Cell Dev Biol 12:37–42

Ciappa B, Chiri S (2000) Egg activation: upstream of the fertilization calcium signal. Biol Cell 92:215–233

Deguchi R et al (2000) Spatiotemporal analysis of Ca^{2+} waves in relation to the sperm entry site and animal-vegetal axis during Ca^{2+} oscillations in fertilized mouse eggs. Dev Biol 218:299–313

DeJonge CJ (1998) An update on human fertilization. Sem Reproduct Endocrinol 16:209–217

DeLaCasa E, Sapienza C (2003) Natural selection and the evolution of genome imprinting. Annu Rev Genet 37:349–370

Eisenbach M, Tur-Kaspa I (1999) Do human eggs attract spermatozoa? Bioessays 21:203–210

Eliyahu E et al (2001) PKC in eggs and embryos. Frontiers in biosciences 6:D785–791

Evans JP (2002) The molecular basis of sperm-oocyte membrane interactions during mammalian fertilization. Human Reproduction Update 8:297–311

Fan HY, Sun QY (2004) Involvement of mitogen-activated protein kinase cascade during oocyte maturation and fertilization in mammals. Biol Reprod 70:535–547

Fernandez N et al (1999) A critical review of the role of the major histocompatibility complex in fertilization, preimplantation development and feto-maternal interactions. Human Reproduction Update 5:234–248

Finaz C, Hammamani-Hamaza S (2000) Adhesion proteins expressed on human gamete surface and egg activation. Biol Cell 92:235–244

Galione A et al (1997) A cytosolic sperm protein factor mobilizes Ca^{2+} from intracellular stores by activating multiple Ca^{2+} release mechanisms independently of low molecular weight messengers. J Biol Chem 14:28901–28905

Gotta M et al (2003) Asymmetrically distributed C. elegans homologs of AGS3/PINS control spindle position in the early embryo. Curr Biol 13:1029–1037

Halet G et al (2003) Ca^{2+} oscillations at fertilization in mammals. Biochem-Soc-Trans. 31(Pt 5):907–911

Hille MB et al (1997) The signal cascade for the activation of protein synthesis during maturation of starfish oocytes: a role for protein kinase C and homologies with maturation in Xenopus and mammalian oocytes. Invert Reprod Dev 30:81–97

Howell N et al (2000) Transmission of the human mitochondrial genome. Hum Reprod 15 (Suppl):2235–2245

Hoodbhoy T, Dean J (2004) Insights into the molecular basis of sperm-egg recognition in mammals. Reproduction 127:417–422

Jaffe LA et al (2001) Ca^{2+} signalling during fertilization of echinoderm eggs. Sem Cell Dev Biol 12:45–51

Jansen RP (2000) Germline passage of mitochondria: quantitative considerations and possible embryological sequelae. Hum Reprod 15 (Suppl):2112–2128

Kurokawa M et al (2004) Mammalian fertilization: from sperm factor to phospholipase czeta. Biol-Cell 96:37–45

Lee SJ, Shen SS (1998) The calcium transient in sea urchin eggs during fertilization requires the production of inositol 1,4,5-trisphosphate. Dev Biol 193:195–208

McCulloh DH et al (2000) Calcium influx mediates the voltage-dependence of sperm entry into sea urchin eggs. Dev Biol 223:449–462

McDougall A et al (2000) The initiation and propagation of the fertilization wave in sea urchin eggs. Biol of the Cell 92:205–214

McLay DW, Clarke HJ (2003) Remodelling the paternal chromatin at fertilization in mammals. Reproduction 125:625–633

Meizel S, Turner KO, Nuccitelli R (1997) Progesterone triggers a wave of increased free calcium during human sperm acrosome reaction. Dev Biol 182:67–75

Miller RL (1985) Sperm chemo-orientation in the metazoa. In: Metz CB, Monroy A (eds) Biology of fertilization, vol 2. Academic Press, New York, pp 275–337

Perry ACF et al (2000) Mammalian oocyte activation by synergistic action of discrete sperm head components: Induction of calcium transients and involvement of proteolysis. Dev Biol 217:386–393

Pichler S et al (2000) OOC-3, a novel putative transmembrane protein required for establishment of cortical domains and spindle orientation in the P(1) blastomere of C. elegans embryos. Development 127:2063–2073

Plachot M (2003) Genetic analysis of the oocyte – a review. Placenta. Oct; 24 Suppl B:S66–69

Raz T, Shalgi R (1998) Early events in mammalian egg activation. Human Reprod 13 [Suppl 4]:133–145

Sato K et al (2000) Fertilization signalling and protein-tyrosine kinases. Comp Biochem Physiol B Biochem Mol Biol 126:129–148

Simerly C et al (1998) The inheritance, molecular dissection and reconstitution of the human centrosome during fertilization: consequences for fertility. Genet Human Male Fertil 1997:258–286

Sun QY, Nagai T (2003) Molecular mechanisms underlying pig oocyte maturation and fertilization. J Reprod Dev 49:347–359

Sutovsky P, Schatten G (2000) Paternal contributions to the mammalian zygote: fertilization after sperm-egg fusion. Int Rev Cytol 2000:1951–1965

Sutovsky P et al (2004) Degradation of paternal mitochondria after fertilization: implications for heteroplasmy, assisted reproductive technologies and mtDNA inheritance. Reprod Biomed Online 8:24–33

Swann K et al (2004) The cytosolic sperm factor that triggers Ca^{2+} oscillations and egg activation in mammals is a novel phospholipase C: PLCzeta. Reproduction 127:431–439

Talbot P et al (2003) Cell adhesion and fertilization: steps in oocyte transport, sperm-zona pellucida interactions, and sperm-egg fusion. Biol Reprod 68:1–9

Talmor-Cohen A et al (2002) Signalling in mammalian egg activation: role of protein kinases. Mol Cell Endocrinol 187:Sutovsky P et al (2004) Degradation of paternal mitochondria after fertilization: implications for heteroplasmy, assisted reproductive technologies and mtDNA inheritance. Reprod Biomed Online 8: 24-33

Talbot P et al (2003) Cell adhesion and fertilization: steps in oocyte transport, sperm-zona pellucida interactions, and sperm-egg fusion. Biol Reprod 68:1–9

Talmor-Cohen A et al (2002) Signalling in mammalian egg activation: role of protein kinases. Mol Cell Endocrinol 187:145–149

Tang T-S et al (2000) Ca^{2+} oscillations induced by a cytosolic sperm protein factor are mediated by a maternal machinery that functions only once in mammalian eggs. Development 127:1141–1150

Tesarik J, Mendoza C (1999) In vitro fertilization by intracytoplasmic sperm injection. Bioessays 21:791–801

Tulsiani DRP et al (1998) The biological and functional significance of the sperm acrosome and acrosomal enzymes in mammalian fertilization. Exp Cell Res 240:151–164

Wassarman PM (1989) Fertilization in mammals. Sci Am 256:78–84

Wassarman PM et al (1999) Structure and function of the mammalian egg zona pellucida. J Exp Zool (Mol Dev Evol) 285:251–258

Wassarman PM et al (2001) A profile of fertilization in mammals. Nature Cell Biology 3:E59–E63

Wassarman PM et al (2004) Egg-sperm interactions at fertilization in mammals. Eur J Obstet Gynecol Repod Biol 115 Suppl:S57–60

Wilson NF, Snell WJ (1998) Microvilli and cell-cell fusion during fertilization. Trends Cell Biol 8:93–96

Zu Parthenogenese:

Adams M et al (2003)The Australian scincid lizard *Menetia greyii*: a new instance of widespread vertebrate parthenogenesis. Evolution Int J Org Evolution 57:2619–2627

Bing Y et al (2003) Parthenogenetic activation and subsequent development of porcine oocytes activated by a combined electric and butyrolactone I treatment. J Reprod Dev 49:159–166

Gao S et al (2004) Genetic variation in oocyte phenotype revealed through parthenogenesis and cloning: correlation with differences in pronuclear epigenetic modification. Biol Reprod 70:1162–1170

Kono T et al (2004) Birth of parthenogenetic mice that can develop to adulthood. Nature 428(6985):860–864

Liu L et al (2002) Haploidy but not parthenogenetic activation leads to increased incidence of apoptosis in mouse embryos. Biol Reprod 2002:204–210

Miura T et al (2003) A comparison of parthenogenetic and asexual embryogenesis of the pea aphid. J Exp Zool Part B Mol Dev Evol 295:59–81

Normark BB (2003) The evolution of alternative genetic systems in insects. Annu Rev Entomol 48:397–423

Zur Reproduktionsbiologie des Menschen
Bücher:

Brähler C (1990) Familie, Kinderwunsch, Unfruchtbarkeit. Westdt Verl, Opladen

Feng HL (2003) Molecular biology of male infertility. Arch Androl 49:19–27

Schlegel, Thomas (2000) Die künstliche Befruchtung mit Spendersamen im Lichte des Kindschaftsrechtsreformgesetzes, Technische Möglichkeiten und ethische Perspektiven. Verlag Inst für Sozialethik SEK, Bern

Schultze H (1981) Kinder von fremden Vätern oder künstliche Eingriffe in die natürlichen Fortpflanzungsvorgänge beim Menschen. Umschau

Artikel:

Feng H, Herschlag A (2003) Fertilization abnormalities following human in vitro fertilization and intracytoplasmic sperm injection. Microsc Res Techn 61:358–361

Kane MT (2003) A review of in vitro gamete maturation and embryo culture and potential impact on future animal biotechnology. Anim-Reprod-Sci. 2003 Dec 15; 79(3–4):171–190

Shapiro DB, Mitchell-Leef D (2003) GnRH antagonist in in vitro fertilization: where we are now Minerva-Ginecol. 2003 Oct; 55:373–388

Tizzard J (2004) Sex selection, child welfare and risk: a critique of the HFEA's recommenda-
tions on sex selection. Health Care Anal 12:61–68
Verlinsky Y, Kuliev A (2003) Current status of preimplantation diagnosis for single gene disorders Reprod Biomed Online 7:145–150

Zu Kapitel 10:
Furchung und Zellzykluskontrolle

Bücher:
Pagano M (1998) Cell cycle control. Springer, Berlin Heidelberg New York

Artikel:
Beckhelling C, Ford C (1998) Maturation promoting factor activation in early amphibian em-
bryos: temporal and spatial control. Biol Cell 90:467–476
Beckhelling C, Perez-Mongiovi D, Houliston E (2000) Localised MPF regulation in eggs. Biol
of the Cell 92:245–253
Edwards RG (2003) Aspects of the molecular regulation of early mammalian development.
Reproductive Biomedicine Online. 6:97–113
Furuno N et al (2003) Expression of cellcycle regulators in Xenopus oogenesis. Gene Expres-
sion Patterns 3:165–168
Hille MB, Xu Z, Dholakia JN (1996) The signal cascade for the activation of protein syn-
thesis during the maturation of starfish oocytes: a role for protein kinase C and homolo-
gies with maturation in Xenopus and mammalian oocytes. Invert Reprod Dev 30:81–97
Jones KT (2004) Turning it on and off: M-phase promoting factor during meiotic matura-
tion and fertilization. Mol Hum Reprod 10:1–5
King RW, Jackson PK, Kirschner MW (1994) Mitosis in transition. Cell 79:563–571
Kirschner M (1992) The cell cycle then and now. Trends Biochem Sci 17:281–285
Kishimoto T (1994) Cell reproduction: induction of M-phase events by cyclin-dependent
cdc2 kinase. Int J Dev Biol 38:185–191
Knust E (2001) G protein signaling and asymmetric cell division. Cell 107:125–128
Lock LF, Wickramasinghe D (1994) Cycling with CDKs. Trends Cell Biol 4:404–405
Lu B, Jan LY, Jan YN (1998) Asymmetric cell division: lessons from flies and worms. Curr
Opin Genet Dev 8:392–399
Masui Y (2001) From oocyte maturation to the in vitro cell cycle: the history of discoveries
of Maturation-Promoting-Factor (MPF) and Cytostatic Factor (CSF). Differentiation 69:1–
17
Molinari M (2000) Cell cycle control and their inactivation in human cancer. Cell Prolifera-
tion 33:261–274
Murray AW (1992) Creative blocks: Cell-cycle check points and feedback controls. Nature
359:599–604
Murray AW, Solomon MJ, Kirschner MW (1989) The role of cyclin synthesis and degrada-
tion in the control of maturation promoting factor activity. Nature 339:280–286
Nasmyth K (1996) Viewpoint: putting the cell cycle in order. Science 274:1643–1645
Nixon VL et al (2002) Ca$^{(2+)}$ oscillations promote APC/C-dependent cyclin B1 degradation
during metaphase arrest and completion of meiosis in fertilizing mouse eggs. Curr Biol
12:746–750
Nurse P (1997) Checkpoint pathways come of age. Cell 91:865–867
Polanski Z et al (1998) Cyclin synthesis controls the progression of meiotic maturation in
mouse oocytes. Development 128:4989–4997
Santella L et al (2003) Activated M-phase-promoting factor (MPF) is exported from the nu-
cleus of starfish oocytes to increase the sensitivity of the Ins(1,4,5)P3 receptors. Biochem
Soc Trans 31:79–82

Stillman B (1996) Cell cycle control of DNA replication. Science 274:1659–1661

Stucki M et al (2000) A coordinated interplay: proteins with multiple functions in DNA replication, DNA repair, cell cycle/checkpoint control, and transcription. Progress in Nucleic Acid Research and Molecular Biology 2000:65261–65298

Swanson CA, Arkin AP, Ross J (1997) An endogenous calcium oscillator may control early embryonic division. Proc Natl Acad Sci USA 94:1194–1199

Yoshida N et al (2000) Comparative study of the molecular mechanisms of oocyte maturation in amphibians. Comp Biochem Physiol B Biochem Mol Biol 126:189–197

Whitaker M (1997) Calcium and mitosis. Prog Cell Cycle Res 3:261–269

Zu Kapitel 11:
Frühe Determination: Festlegung der Körperachsen und initiale Programmierung von Entwicklungswegen

Albertini DF, Barret SL (2004) The developmental origins of mammalian oocyte polarity. Semin Cell Dev Biol 15:599–606

Anderson KV (1998) Pinning down positional information: dorsal-ventral polarity in the Drosophila embryo. Cell 95:439–442

Beddington RS, Robertson EJ (1999) Axis development and early asymmetry in mammals. Cell 96:195–209

Cha B et al (2001) In vivo analysis of Drosophila bicoid mRNA localization reveals a novel microtubule-dependent axis specification pathway. Cell 106:35–46

Coffman JA, Davidson EH (2001) Oral-aboral axis specification in the sea urchin embryo. I Axis entrainment by respiratory symmetry. Dev Biol 230:18–28

Cooperstock RL, Lipshitz HD (2001) RNA localization and translational regulation during axis specification in the Drosophila oocyte. Int Rev Cytol 2001:203541–203566

Davidson EH (1990) How embryos work: a comparative review of diverse models of cell fate specification. Development 108:365–389

Deng W, Lin H (2001) Asymmetric germ cell division and oocyte determination during Drosophila oogenesis. Int Rev Cytol 2001:20393–20438

DeSousa PA et al (1998) Temporal pattern of embryonic gene expression and their dependence on oogenetic factors. Theriogenology 49:115–128

Doe CQ, Bowerman B (2001) Asymmetric division: fly neuroblast meets worm zygote. Curr Opin Cell Biol 13:68–75

Edwards RG (2003) Aspects of the molecular regulation of early mammalian development. Reproductive Biomedicine Online 6(1):97–113

Farr GH et al (2000) Interaction among GSK-3, GBP, axin, and APC in Xenopus axis specification. J Cell Biol 148:691–702

Freeman G (1988) The role of egg organization in the generation of cleavage patterns. In: Jeffery WR, Raff RA (eds) Time, space and pattern in embryonic development. Alan R Liss, New York, pp 169–176

Fujisue M, Kobayakawa Y, Yamana K (1993) Occurrence of dorsal axis-inducing activity around the vegetal pole of an uncleaved Xenopus egg and displacement to the equatorial region by cortical rotation. Development 118:163–170

Gamse J, Sive H (2000) Vertebrate anteroposterior patterning: the Xenopus neurectoderm as a paradigm. Bioessays 22:976–986

Gerhart J et al (1989) Cortical rotation of the Xenopus egg: consequences for the anterioposterior pattern of embryonic dorsal development. Development [Suppl]:37–51

Gotta M et al (2003) Asymmetrically distributed C. elegans homologs of AGS3/PINS control spindle position in the early embryo. Curr Biol 13:1029–1037

Henry JJ (1998) The development of dorsoventral and bilateral axial properties in sea urchin embryos. Sem Cell Dev Biol 9:43–52

Hiiragi T, Solter D (2004) First cleavage plane of the mouse egg is not predetermined but defined by the topology of the two apposing pronuclei. Nature 430:360–364

Houliston E (1994) Microtubuli translocation and polymerization during cortical rotation in *Xenopus* eggs. Development 120:1213–1220

Huelsken J et al (2000) Requirement for â-catenin in anterior-posterior axis formation in mice. J Cell Biol 148:567–578

Huynh JR, St-Johnston D (2004) The origin of asymmetry: early polarisation of the Drosophila germline cyst and oocyte. Curr Biol 14:R438–449

Jansen RP (2001) mRNA localization: message on the move. Nature Reviews, Mol Cell Biol 2:247–258

Katsumoto K et al (2004) Cytoplasmic and molecular reconstruction of *Xenopus* embryos: synergy of dorsalizing and endo-mesodermalizing determinants drives early axial patterning. Development 131:1135–1144

Knoblich JA (1997) Mechanisms of asymmetric cell division during animal development. Curr Opin Cell Biol 9:833–841

Labbe JC et al (2003) PAR proteins regulate microtubule dynamics at the cell cortex in *C. elegans*. Curr Biol 13:707–714

Lall S, Patel NH (2001) Conservation and divergence in molecular mechanisms of axis formation. Ann Rev Genet 35:407–437

Lasko P (1999) RNA sorting in Drosophila oocytes and embryos. FASEB J 13:421–433

Medina A, Wendler SR, Steinbeisser H (1997) Cortical rotation is required for correct spatial expression of NR3, SIA and GSC in *Xenopus* embryos. Int J Dev Biol 41:741–745

Munoz-Sanjuan I, H.-Brivanlou A (2001) Early posterior/ventral specification in the vertebrate embryo. Dev Biol 237:1–7

Ohno S (2001) Intercellular junctions and cellular polarity: the PAR-aPKC complex, a conserved core cassette playing fundamental roles in cell polarity. Curr Opin Cell Biol 13:641–648

Rhyu MS, Knoblich JA (1995) Spindle orientation and asymmetric cell fate. Cell 82:523–526

Riechmann V, Ephrussi A (2001) Axis formation during Drosophila oogenesis. Curr Opin Genet Dev 11:374–383

Roegiers F et al (2001) Two types of asymmetric division in the *Drosophila* sensory organ precursor cell lieage. Nature Cell Biol 3:58–60

Rossant J, Tam PPL (2004) Emerging asymmetry and embryonic patterning in early mouse development. Dev Cell 7:155–164

Schneider S, Steinbeisser H, Warga RM, Hausen P (1996) β-Catenin translocation into nuclei demarcates the dorsalizing centers in frog and fish embryos. Mech Dev 57:191–198

Sokol SY (1999) Wnt signaling in dorso-ventral axis specification in vertebrates. Curr Opin Genet Dev 9:405–410

Vanzo NF, Ephrussi A (2002) Oskar anchoring restricts pole plasm formation to the posterior of the Drosophila oocyte. Development 129:3705–3714

Wacker S, Berking S (1994) The orientation of the dorso/ventral axis of zebrafish is influenced by gravitation, Roux's Arch Dev Biol 203:281–283

Whangbo J et al (2000) Multiple levels of regulation specify the polarity of an asymmetric cell division in C. elegans. Development 127:4587–4598

Zernicka-Goetz M (1998) Fertile offspring derived from mammalian eggs lacking either animal or vegetale pole. Development 125:4803–4808

Zhang J et al (1998) The role of maternal VegT in establishing the primary germ layers in *Xenopus* eggs. Cell 94:515–524

Zu Kapitel 12:
Positionsinformation, Musterbildung, embryonale Induktion
(Siehe auch Literatur zu *Hydra*, *Drosophila*, *Xenopus* und Maus)

12.1
Positionsinformation und epigenetische Erzeugung neuer Muster

Allgemeines

Day SJ, Lawrence PA (2000) Measuring dimensions: the regulation of size and shape. Development 127:2977–2987

Entchev EV, Gonzales-Gaitan MA (2002) Morphogen gradient formation and vesicular trafficking. Traffic 3:98–109

Freeman M, Gurdon JB (2002) Regulatory principles of developmental signaling. Annu Rev Cell Dev Biol 18:515–539

Greco V et al (2001) Argosomes. A potential vehicle for the spread of morphogens through epithelia. Cell 106:633–645

Green J (2002) Morphogen gradients, positional information and Xenopus: interplay of theory and experiment. Dev Dyn 225:392–408

Gurdon JB et al (1999) Single cells can sense their position in a morphogen gradient. Development 126:5309–5317

Honda H, Mochizuki A (2002) Formation and maintenance of distinctive cell patterns by co-expression of membrane-bound ligands and their receptors. Dev Dyn 223:180–192

Irvine KD, Rauskolb C (2001) Boundaries in development: formation and function. Annu Rev Cell Dev Biol 17:189–214

Kruse K et al (2004) Dpp gradient formation by dynamin-dependent endocytosis: receptor trafficking and the diffusion model. Development 131:4843–4856

Lawrence PA (2001) Morphogens: how big is the big picture? Nature Cell Biol 3:E151–154

Malacinski GM, Bryant SV (eds) (1984) Pattern formation. A primer in developmental biology. Macmillan, New York

Massague J (2000) How cells read TGF-β signals. Nature Rev Mol Cell Biol 1:169–178

Nüsslein-Volhard C (1994) Die Neubildung von Gestalten bei der Embryogenese von *Drosophila*. Biol unserer Zeit 24:114–119

Osterfield M et al (2003) Graded positional information: interpretation for both fate and guidance. Cell 113:425–428

Pages F, Kerridge S (2000) Morphogen gradients. A question of time or concentration? Trends Genetics 16:40–44

Paine-Saunders S et al (2002) Heparan proteoglycans retain Noggin at the cell surface: a potential mechanism for shaping bone morphogenetic proteins gradients. J Biol Chem 277:2089–2096

Princivalle M, de-Agostini A (2002) Developmental roles of heparan sulfate proteoglycans: a comparative review in Drosophila, mouse and human. Int J Dev Biol 46:267–278

Salazar-Ciudad I et al (2003) Mechanisms of pattern formation in developmental evolution. Development 130:2027–2037

Slack JMW (1987) Morphogenetic gradients – past and present. Trends Biochem Sci 12:201–204

Tabata T (2001) Genetics of morphogen gradients. Nature Rev Genet 2:620–630

Tabata T, Takei Y (2004) Morphogens, their identification and regulation. Development 131:703–712

Teleman AA et al (2000) Shaping morphogen gradients. Cell 105:559–562

Vincent S, Perrimon N (2001) Developmental biology. Fishing for morphogens. Nature 411:533–536

Wolpert L (1969) Positional information and the spatial pattern of cellular differentiation. J Theoret Biol 25:1–47

Wolpert L (1978) Pattern formation in biological development. Sci Am 10:124–137
Wolpert L (1989) Positional information revisited. Development (Suppl):3–12

Zu 12.4.4 Planare Polarität
Gong Y et al (2004) Planar cell polarity signalling controls cell division orientation during zebrafish gastrulation. Nature 430:689–693
Lo Celso C et al (2004) Transient activation of β-catenin signalling in adult mouse epidermis is sufficient to induce new hair follicles but continuous activation is required to maintain hair follicle tumours. Development 131:1787–1799
Ninomiya H et al (2004) Antero-posterior tissue polarity links mesoderm convergent extension to axial patterning. Nature 430:364–367
Pfeiffer S, Vincent JP (1999) Signalling at a distance: transport of Wingless in the embryonic epidermis of *Drosophila*. Seminars Cell Developmental Biology 10:303–309
Strutt D (2003) Frizzled signalling and cell polarisation in *Drosophila* and vertebrates. Development 130:4501–4513

12.2
Laterale Inhibition und laterale Hilfe, Notch/Delta, Ommatidium: *sevenless*

Basler K, Hafen E (1989) Ubiquitous expression of *sevenless*: position-dependent specification of cell fate. Science 243:931–934
Beatus P, Lendahl U (1998) Notch and neurogenesis. J Neurosci Res 54:125–136
Dominguez M, Hafen E (1996) Genetic dissection of cell fate specification in the developing eye of *Drosophila*. Cell Dev Biol 7:219–226
Hafen E et al (1987) *Sevenless*, a cell-specific homeotic gene of *Drosophila*, encodes a putative transmembrane receptor with a tyrosine kinase domain. Science 236:55–63
Lai EC (2004) Notch signaling: control of cell communication and cell fate. Development 131:965–973

12.3–12.5
Morphogene, Embryonale Induktion, Induktoren

Drosophila-Morphogene

S. auch 3.6. *Drosophila*
Anderson KV (1998) Pinning down positional information: dorsal-ventral polarity in the *Drosophila* embryo. Cell 95:439–442
Basler K, Struhl G (1994) Compartment boundaries and the control of *Drosophila* limb pattern by *hedgehog* protein. Nature 368:208–214
Entchev EV et al (2000) Gradient formation of the TGF-β homolog Dpp. Cell 103:981–991
Ephrussi A, St-Johnston D (2004) Seeing is believing: the bicoid morphogen gradient matures. Cell 116:143–152
Houchmandzadeh B, Wieschaus E, Leibler S (2002) Establishment of developmental precision and proportions in the early Drosophila embryo. Nature 415:798–802
Jaeger J et al (2004) Dynamic control of positional information in the early Drosophila embryo. Nature 430:368–371
Nüsslein-Volhard C (1991) From egg to organism – studies on embryonic pattern formation. JAMA 266:1848–1849
Nüsslein-Volhard C (1994) Die Neubildung von Gestalten bei der Embryogenese von *Drosophila*. Biol unserer Zeit 24:114–119

Rivera-Pomar R, Jäckle H (1996) From gradients to stripes in *Drosophila* embryogenesis: filling the gaps. Trends Genet 12:478–483

Rusch J, Levine M (1996) Threshold responses to the dorsal regulatory gradient and the subdivision of primary tissue territories in the *Drosophila* embryo. Curr Opinion Genet Dev 6:416–423

Slack JMW (1987) Morphogenetic gradients – past and present. Trends Biochem Sci 12:201–204

Strigini M, Cohen SM (1999) Formation of morphogen gradients in the *Drosophila* wing. Semin Cell Devl Biol 10:335–344

Strigini M, Cohen SM (2000) Wingless gradient formation in the *Drosophila* wing. Curr Biol 10:293–300

Tabata T, Takei Y (2004) Morphogens, their identification and regulation. Development 131:703–712

Ueno N, Ohkawara B (2003) Regulation of pattern formation by the interaction between growth factors and proteoglycans. In: Sekimara T et al (eds) Morphogenesis and pattern formation in biological systems, 69–82. Springer, Berlin Heidelberg New York

Wirbeltiere: Spemann-Organisator, neurale Induktion, Induktoren, Morphogene

Agius E et al (2000) Endodermal Nodal-related signals and mesoderm induction in Xenopus. Development 127:1173–1183

Altaba AR (1998) Deconstructing the organizer. Nature 391:748–749

Ariizumi T et al (2000) Bioassays of inductive interactions in amphibian development. In: Tuan RS, Lo CW (eds) Development biology protocols, Vol I, Humana Press, Totowa, NJ, pp 89–112

Baker JC et al (1999) Wnt signaling in *Xenopus* embryos inhibits *bmp4* expression and activates neural development. Genes and Development 13:3149–3159

Barth KA et al (1999) Bmp activity establishes a gradient of positional information throughout the entire neural plate. Development 126:4977–4987

Beddington RS (1994) Induction of a second neural axis by the mouse node. Development 120:613–620

Beddington RSP, Robertson EJ (1999) Axis development and early asymmetry in mammals. Cell 96:195–209

Bier E (1997) Anti-neural inhibition: a conserved mechanism for neural induction. Cell 89:681–684

Blumberg B et al (1997) An essential role for retinoid signaling in anteroposterior neural patterning. Development 124:373–379

Boettger T et al (2001) The avian organizer. Int J Dev Biol 45:281–287

Bouwmeester T et al (1996) Cerberus is a head-inducing secreted factor expressed in the anterior endoderm of Spemann's organizer. Nature 382:595–597

Brenman J et al (2001) Nodal signalling in the epiblast patterns the early mouse embryo. Nature 411:965–968

Carnac G et al (1996) The homeobox gene *Siamois* is a target of the Wnt dorsalisation pathway and triggers organizer activity in the absence of mesoderm. Development 122:3055–3056

Chen Y, Schier AF (2001) The zebrafish Nodal signal squint functions as a morphogen. Nature 411:533–536

Christian JL (2000) BMP, Wnt and Hedgehog signals: how far can they go? Curr Opin Cell Biol 12:244–249

Dale L, Wardle FC (1999) A gradient in BMP activity specifies dorsal-ventral fates in early Xenopus embryos. Semin Cell Dev Biol 10:319–326

DeRobertis EM et al (2000) The establishment of Spemann's organizer and patterning of the vertebrate embryo. Nature Rev Genet 3:171–181

Dosch R et al (1997) BMP-4 acts as a morphogen in dorsoventral mesoderm patterning in *Xenopus*. Development 124:2325–2334

Dosch R, Niehrs C (2000) Requirement for anti-dorsalizing morphogenetic protein in organizer patterning. Mech Dev 90:195–203

Fleming A et al (2004) A central role for the notochord in vertebral patterning. Development 131:873–880

Gamse J, Sive H (2000) Vertebrate anteroposterior patterning: the Xenopus neurectoderm as a paradigm. Bioessays 22:976–986

Glinka A et al (1998) Dickkopf-1 is a member of a new family of secreted proteins and functions in head induction. Nature 391:357–362

Green JBA (1994) Roads to neuralness: embryonic neural induction as derepression of a default state. Cell 77:317–330

Gritsman K et al (2000) Nodal signaling patterns the organizer. Development 127:921–932

Grunz H (1996) Factors responsible for the establishment of the body plan in the amphibian embryo. Int J Dev Biol 40:279–289

Grunz H (1997) Neural induction in amphibians. Curr Top Dev Biol 35:191–228

Grunz H (1999) Gene expression and pattern formation during early embryonic development in amphibians. J Biosciences 24:515–528

Harland RM (2000) Neural induction. Curr Opin Genet Dev 10:357–362

Hogan BLM (1996) Bone morphogenetic proteins in development. Curr Opin Genet Dev 6:432–438

Hoppler S et al (1998) BMP-2/4 and WNT-8 cooperatively pattern the *Xenopus* mesoderm. Mech Dev 71:119–129

Kelly OG, Melton DA (1995) Induction and patterning of the vertebrate nervous system. Trends Genet 11(7):273–278

Kessel M, Pera E (1998) Unexpected requirements for neural induction in the avian embryo. Trends Genet 14:169–171

Kerszberg M (1999) Morphogen propagation and action: toward molecular models. Sem Cell Dev Biol 10:297–302

Lemaire P, Yasuo H (1998) Developmental signalling: a careful balancing act. Curr Biol 8: R228–R231

Marques G et al (1997) Production of a DPP activity gradient in the early *Drosophila* embryo through the opposing actions of the SOG and TLD proteins. Cell 91:417–426

Mathieu J et al (2004) Nodal and FGF pathways interact through a positive regulatory loop and synergize to maintain mesodermal cell populations. Development 131:629–641

McDowell N, Gurdon JB (1999) Activin as a morphogen in *Xenopus* mesoderm induction. Semin Cell Dev Biol 10:311–317

Medina A, Wendler SR, Steinbeisser H (1997) Cortical rotation is required for the correct spatial expression of *sia* and *gsc* in *Xenopus* embryos. Int J Dev Biol 41:741–745

Mullins M (1998) Holy Tolloido: Tolloid cleaves SOG/chordin to free DPP/BMPs. Trends Genet 14:127–129

Munoz-Sanjuan I, H.-Brivanlou A (2001) Early posterior/ventral specification in the vertebrate embryo. Dev Biol 237:1–7

Niehrs C (1999) Head in the WNT, the molecular nature of Spemann's head organizer. Trends in Genetics 15(8):314–319

Niehrs C (2004) Regionally specific induction by the Spemann-Mangold organizer. Nature Rev Genetics 5:425–434

Nusse R (2001) Making head or tail of Dickkopf. Nature 411:255–256

Paine-Saunders S et al (2002) Heparan proteoglycans retain Noggin at the cell surface: a potential mechanism for shaping bone morphogenetic proteins gradients. J Biol Chem 277:2089–2096

Penzel R et al (1997) Characterization and early embryonic expression of a neural specific transcription factor xSOX3 in *Xenopus laevis*. Int J Dev Biol 41:667–677

Piccolo S et al (1997) Dorsoventral patterning in *Xenopus:* inhibition of ventral signals by direct binding of chordin to BMP-4. Cell 86:589–598

Piccolo S et al (1997) Cleavage of chordin by Xolloid metalloprotease suggests a role for proteolytic processing in the regulation of Spemann organizer activity. Cell 91:407–416

Piccolo S et al (1999) The head inducer Cerberus is a multifunctional antagonist of Nodal, BMP and Wnt signals. Nature 397:707–710

Sasai Y et al (1994) Xenopus chordin: a novel dorsalizing factor activated by organizer-specific homeobox genes. Cell 79:779–790

Sasai Y et al (1995) Regulation of neural induction by the Chd and Bmp-4 antagonistic patterning signal in *Xenopus*. Nature 376:333

Schier AF, Shen MM (2000) Nodal signalling in vertebrate development. Nature 403:385–389

Spemann H (1936) Experimentelle Beiträge zu einer Theorie der Entwicklung. Springer, Berlin Heidelberg New York Tokyo (Nachdruck 1968)

Spemann H (1938) Embryonic development and induction. Yale Univ Press, New Haven/CT (reprinted by Hafner, New York, 1962)

Streit A et al (1998) Chordin regulates primitive streak development and the stability of induced neural cells, but is not sufficient for neural induction in the chick embryo. Development 125:507–519

Tabata T, Takei Y (2004) Morphogens, their identification and regulation. Development 131:703–712

Tonegawa A et al (1997) Mesodermal subdivision along the mediolateral axis in chicken controlled by different concentrations of BMP-4. Development 124:1975–1984

Watabe T et al (1995) Molecular mechanisms of Spemann's organizer formation: conserved growth factor synergy between *Xenopus* and mouse. Genes Dev 9:3038–3050

Weinstein DC, Hemmati-Brivanlou A (1999) Neural induction. Ann Rev Cell Dev Biol 1999:15411–15433

Wilson SI et al (2001) The status of Wnt signalling regulates neutral and epidermal fates in the chick embryo. Nature 411:325–330

Wylie C et al (1996) Maternal β-catenin establishes a dorsal signal in early *Xenopus* embryos. Development 122:2987–2996

Zoltewicz JS, Gerhart JC (1997) The Spemann organizer of *Xenopus* is patterned along its anteroposterior axis at the earliest gastrula stage. Dev Biol 192:482–491

Zorn A (1997) Cell-cell signalling: frog frizbees. Curr Biol 7:R501–R504

Linseninduktion

Grainger RM, Henry JJ, Henderson RA (1988) Reinvestigation of the role of optic vesicle in embryonic lens induction. Development 102:517–526

Harrison RG (1920) Experiments on the lens in *Ambystoma*. Proc Soc Exp Biol Med 17:413–461

Henry JJ, Grainger RM (1990) Early tissue interactions leading to embryonic lens formation in *Xenopus laevis*. Dev Biol 141:149–163

Lang RA (2004) Pathways regulating lens induction in the mouse, Int J Dev Biol 48:783–791

Ogino H, Yasuda K (1998) Induction of lens differentiation by activation of a bZIP transcription factor. Science 280:115–118

Spemann H (1968) Experimentelle Beiträge zu einer Theorie der Entwicklung. Springer, Berlin Heidelberg New York Tokyo. Nachdruck

Sonic Hedgehog

Basler K, Struhl G (1994) Compartment boundaries and the control of *Drosophila* limb pattern by *hedgehog* protein. Nature 368:208–214

Borycki A-G, Mendham L, Emerson CP (1998) Control of somite patterning by sonic hedgehog and its downstream signal response genes. Development 125:777–790

Briscoe J, Ericson J (1999) The specification of neuronal identity by graded sonic hedgehog signalling. Sem Cell Dev Biol 10:353-352

Bumcrot DA, Takada R, McMahon AP (1995) Proteolytic processing yields two secreted forms of sonic hedgehog. Mol Cell Biol 15:2294-2303

Chiang C et al (1996) Cyclopia and defect axial patterning in mice lacking *Sonic hedgehog* gene function. Nature 383:407-413

Chuang PT, McMahon AP (1999) Vertebrate Hedgehog signalling modulatd by induction of a Hedgehog-binding protein. Nature 397:617-621

Dupe V, Lumsden A (2001) Hindbrain patterning involves graded responses to retinoic acid signalling. Development 128:2199-2208

Durston AJ et al (1998) Retinoic acid causes an anteroposterior transformation in the developing central nervous system. Nature 340:140-144

Felsenfeld AL, Kennison JA (1995) Positional signaling by hedgehog in *Drosophila* imaginal discs. Development 121:1-10

Goodrich LV et al (1996) Conservation of the *hedgehog/patched* signaling pathway from flies to mice: induction of a mouse *patched* gene by Hedgehog. Genes Dev 10:301-312

Hammerschmidt M, Brook A, MacMahon AP (1997) The world according to *hedgehog*. Trends Genet 13:14-21

Ingham PW (1995) Signalling by hedgehog family proteins in *Drosophila* and vertebrate development. Curr Biol 5:492-498

Lee JJ et al (1994) Autoproteolysis in hedgehog protein biogenesis. Science 266:1528-1530

Litingtung Y, Chiang C (2000) Control of Shh activity and signaling activity in the neural tube. Dev Dynamic 219:143-154

McCaffrey P, Dragger UC (2000) Regulation of retinoic acid signaling in the embryonic nervous system: a master differentiation factor. Cytokine Growth Factor Rev 11:233-249

Murone M et al. (1999) Hedgehog signal transduction: from flies to vertebrates. Exp Cell Res 253:25-33

Ogura T et al (1996) Evidence that Shh cooperates with a retinoic acid inducible co-factor to establish ZPA-like activity. Development 122:537-542

Patten I, Placzek M (2000) The role of sonic hedgehog in neural tube patterning. Cellular and Molecular Life Sciences 57:1695-1708

Perrimon N (1995) Hedgehog and beyond. Cell 80:517-520

Teilet MA et al (1998) Sonic hedgehog is required for survival of both myogenic and chondrogenic somit lineages. Development 125:2019-2030

Torroja C et al (2004) Patched controls the Hedgehog gradient by endocytosis in a dynamin-dependent manner, but this internalization does not play a major role in signal transduction Development 2004 131:2395-2408

Wolpert L, Brown NA (1995) Hedgehog keeps to the left. Nature 377:103-104

Zeng X et al (2001) A freely diffusible form of Sonic hedghog mediates long-range signalling. Nature 411:716-720

Retinsäure (retinoic acid)

Bryant SV, Gardiner DM (1992) Retinoic acid, local cell-cell interactions, and pattern formation in vertebrate limbs. Dev Biol 52:1-25

Chen YP, Huang L, Solursh M (1994) A concentration gradient of retinoids in the early *Xenopus* embryo. Dev Biol 161:70-76

Eichele G (1989) Retinoic acid induces a pattern of digits in anterior half wing buds that lack the zone of polarizing activity. Development 107:863-867

Gavalas A, Krumlauf R (2000) Retinoid signalling and hindbrain patterning. Curr Opin Genet Dev 10:380-386

Hollemann T et al (1998) Regionalized metabolic activity establishes boundaries of retinoic acid signalling. EMBO J 17:7361-7372

Kastner P et al (1997) Genetic evidence that the retinoid signal is transduced by heterodimeric RXR/RAR functional units during mouse development. Development 124:313–326

Maden M, Hind M (2003) Retinoic acid, a regeneration-inducing molecule. Dev Dyn 226:237–244

Morris-Kay GM, Ward SJ (1999) Retinoids and mammalian development. Int Rev Cytol 1999:18873–18931

Ogura T et al (1996) Evidence that Shh cooperates with a retinoic acid inducible co-factor to establish ZPA-like activity. Development 122:537–542

Shimeld SM (1996) Retinoic acid, HOX genes and the anterior-posterior axis in chordates. Bioessays 18:613–615

Smith SM et al (1998) Retinoids and their receptors in vertebrate embryogenesis. J Nutrition 128:467S–470S

Wendling O et al (2001) Roles of retinoic acid receptors in early embryonic morphogenesis and hindbrain patterning. Development 128:2031–2038

Wessely O et al (2001) Neural induction in the absence of mesoderm: β-catenin-dependent expression of secreted BMP antagonists at the blastula stage in *Xenopus*. Dev Biol 234:161–173

Zile MH (1998) Vitamin A and embryonic development: an overview. J Nutrition 128:455S–458S

12.6
Links-rechts-Asymmetrien

Burdine RD, Schier AF (2000) Conserved and divergent mechanisms in left-right axis formation. Genes Dev 14:763–776

Capdevila J et al (2000) Mechanisms of left-right determination in vertebrates. Cell 101:9–21

Esser JJ et al (2002) Conserved function for embryonic nodal cilia. Nature 418:37–38

Fujinaga M (1997) Development of sidedness of asymmetric body structures in vertebrates. Int J Dev Biol 41:153–186

Harvey RP (1998) Links in the left/right axial pathway. Cell 94:273–276

Hyatt BA, Yost HJ (1998) The left-right coordinator: the role of Vg1 in organizing left-right axis formation. Cell 93:37–46

Levin M (1998) Left-right asymmetry and the chick embryo. Sem Cell Dev Biol 9:67–76

Levin M, Mercola M (1998) Gap junctions are involved in the early generation of left-right asymmetry. Dev Biol 203:90–105

Logan M et al (1998) The transcription factor Pitx2 mediates situs-specific morphogenesis in response to left-right asymmetric signals. Cell 94:307–317

Meno C et al (1998) *Lefty-1* is required for left-right determination as a regulator of *lefty-2* and *nodal*. Cell 94:287–297

Nonaka S (2002) Determination of left-right patterning of the mouse embryo by artificial nodal flow. Nature 418:96–99

Pagan-Westphal SM, Tabin CJ (1998) The transfer of left-right positional information during chick embryogenesis. Cell 93:25–35

Piedra ME et al (1998) *Pitx2* participates in the late phase of the pathway controlling left-right asymmetry. Cell 94:319–324

Ryan AK et al (1998) *Pitx2* determines left-right asymmetry of internal organs in vertebrates. Nature 394:545–551

Supp MS et al (2000) Molecular motors: the driving force behind mammalian left-right development. Trends Cell Biol 10:4145

Tamura K et al (1999) Molecular basis of left-right asymmetry. Dev Growth Differ 41:645–656

Taulman PD et al (2001) Polaris, a protein involved in left-right axis patterning, localizes to basal bodies and cilia. Molecular Biology of the Cell 12:589–599

Yamamoto M (2003) Nodal signalling in LR asymmetry. Development 130:e902–e903

Yost MJ (1995) Vertebrate left-right development. Cell 82:689–692

Watanabe D et al (2003) The left-right determinant Inversin is a component of node and other 9+0 cilia. Development 130:1725–1734

Wolpert L, Brown NA (1995) Hedgehog keeps to the left. Nature 377:103–104

12.7
Morphogenetische Felder: Insektenextremitäten

Basler K, Struhl G (1994) Compartment boundaries and the control of *Drosophila* limb pattern by *hedgehog* protein. Nature 368:208–214

Campbell G, Tomlinson A (1998) The roles of the homeobox genes *aristaless* and *Distal-less* in patterning the legs and wings of *Drosophila*. Development 125:4483–4493

Cummins M et al (2003) Comparative analysis of leg and antenna development in wild-type and homeotic *Drosophila melanogaster*. Dev Genes Evol 213:319–327

Kojima T (2004) The mechanism of Drosophila leg development along the proximodistal axis. Dev Growth Diff 46:115–129

Lecuit T, Cohen SM (1997) Proximal-distal axis formation in the *Drosophila* leg. Nature 388:139–145

Weihe U et al (2004) Proximodistal subdivision of *Drosophila* legs and wings: the *elbow-no ocelli* gene complex. Development 131:767–774

12.8
Morphogenetische Felder: Wirbeltierextremitäten

Bryant SV, Gardiner DM (1992) Retinoic acid, local cell-cell interactions, and pattern formation in vertebrate limbs. Dev Biol 152:1–25

Chen YP et al (1996) Hensen's node from vitamin A-deficient quail embryo induces chick limb bud duplication and retains its normal asymmetric expression of *Sonic hedgehog* (*shh*). Dev Biol 173:256–264

Cohn MJ, Tickle C (1996) Limbs: a model for pattern formation within the vertebrate body plan. Trends Genet 12:253–257

Crossley PH et al (1996) Roles of FGF8 in the induction, initiation, and maintainance of chick limb development. Cell 84:127–136

Duboule D (1994) How to make a limb? Science 266:575–576

Dudley AT, Ros MA, Tabin CJ (2002) A re-examination of proximodistal patterning during limb development. Nature 418:539–544

Duprez DM et al (1996) Activation of Fgf-4 and HoxD genes expression by BMP-2 expressing cells in the developing chick. Development 122:1821–1828

Eichele G (1989) Retinoic acid induces a pattern of digits in anterior half wing buds that lack the zone of polarizing activity. Development 107:863–867

Francis PH et al (1994) Bone morphogenetic proteins and a signalling pathway that controls patterning in the developing chick limb. Development 120:209–218

Goff D, Gabin C (1997) Analysis of Hoxd-13 and Hoxd-11 misexpression in chick limb buds reveals that Hox genes affect both bone condensation and growth. Development 124:627–636

Helms JA, Kim CH, Eichele G, Thaller C (1996) Retinoic acid signalling is required during early chick limb development. Development 122:1385–1394

Hornbruch A, Wolpert L (1986) Positional signalling by Hensen's node when grafted to the chick limb bud. J Embryol Exp Morphol 94:257–265

Hornbruch A, Wolpert L (1991) The spatial and temporal distribution of polarizing activity in the flank of the pre-limb-bud stages in the chick embryo. Development 111:725–731

Maden M (2002) Positional information: knowing where you are in a limb. Curr Biol 12:R773–775

Maden M, Ong DE, Summerbell D, Chytil F, Hirst EA (1989) Cellular retinoic acid-binding protein and the role of retinoic acid in the development of the chick embryo. Dev Biol 135:124–132

Masuya H et al (1997) Multigenic control of the localization of the zone of polarizing activity in limb morphogenesis in the mouse. Dev Biol 182:42–51

Nelson CE et al (1996) Analysis of *Hox* Gene expression in the chick limb bud. Development 122:1449–1466

Ogura T et al (1996) Evidence that Shh cooperates with a retinoic acid inducible co-factor to establish ZPA-like activity. Development 122:537–542

Ohuchi H et al (1997) The mesenchymal factor, FGF10, initiates and maintains the outgrowth of the chick limb bud through interaction with FGF8, an apical ectodermal factor. Development 124:2235–2244

Riddle RD, Johnson RL, Laufer E, Tabin C (1993) Sonic hedgehog mediates the polarizing activity of the ZPA. Cell 75:1401–1416

Schwabe JWR, Rodriguez-Esteban C, Izpisua Belmonte JC (1998) Limbs are going: where are they going? Trends Genet 14:229–235

Tabin CJ (1995) The initiation of the limb bud: growth factors, *hox* genes, and retinoids. Cell 80:671–674

Thaller C, Eichele G (1987) Identification and spatial distribution of retinoids in the developing chick limb bud. Nature 327:625–628

Tanaka M et al (1997) Induction of additional limb at the dorsal-ventral boundary of a chick embryo. Dev Biol 182:191–203

Vargesson N et al (1997) Cell fate in the chick limb bud and relationship to gene expression. Development 124:1909–1918

Vogel A, Rodriguez C, Izpisua-Belmonte JC (1996) Involvement of FGF-8 in initiation, outgrowth and patterning of the vertebrate limb. Development 122:1737–1750

Wolpert L (2002) Positional information in vertebrate limb development; an interview with Lewis Wolpert by Cheryll Tickle. Int J Dev Biol 46:863–867

Wolpert L (2002) The progress zone model for specifying positional information. Int J Dev Biol 46:869–870

12.9
Musterkontrolle und Positionsgedächtnis bei *Hydra*

Berking S (1998) Hydrozoa metamorphosis and pattern formation. Curr Top Dev Biol 38:81–131

Berking S (2003) A model of budding in hydra; pattern formation in concentric rings. J Theor Biol 222:37–52

Bode PM, Bode HR (1984) Patterning in *Hydra*. In: Malacinski GM, Bryant SV (eds) Pattern formation, vol I. Macmillan, New York, pp 213–241

Bosch TCG (1998) Hydra. In: Feretti P (ed) Cellular and molecular basis of regeneration from invertebrates to humans. Wiley, Weinheim 1998, pp 111–134

Bosch TC (2003) Ancient signals: peptides and the interpretation of positional in ancestral metazoans. Comp Biochem Physiol B Biochem Mol Biol 136:185–196

Gierer A et al (1972) Regeneration of hydra from reaggregated cells. Nature New Biol 239:98–101

Hassel M (1998) Upregulation of *Hydra vulgaris* cPKC gene is tightly coupled to the differentiation of head structures. Dev Genes Evol 207:489–501

Hassel M, Bieller A (1996) Stepwise transfer from high to low lithium concentrations increases the head-forming potential in *Hydra vulgaris* and possibly activates the PI cycle. Dev Biol 177:439–448

Hassel M et al (1998) The level of expression of a protein kinase C gene may be an important component of the patterning process in *Hydra*. Dev Genes Evol 207:502–514

Meinhardt H (1993) A model for pattern formation of hypostome, tentacles, and foot in *Hydra*: how to form structures close to each other, how to form them at a distance. Dev Biol 157:321–333

Müller WA (1989) Diacylglycerol-induced multihead formation in *Hydra*. Development 105:306–316

Müller WA (1990) Ectopic head formation in *Hydra*: diacylglycerol-induced increase in positional value and assistance of the head in foot formation. Differentiation 42:131–143

Müller WA (1995) Competition for factors and cellular resources as a principle of pattern formation in *Hydra*. Dev Biol 167:159–174 (Part I), 175–189 (Part II)

Müller WA (1996) Pattern formation in the immortal *Hydra*. Trends Genet 11:91–96

Müller WA (1996) Head formation at the basal end and mirror-image pattern duplication in *Hydra vulgaris*. Int J Dev Biol 40:1119–1131

Müller WA (1996) Competition-based head versus foot decision in chimeric hydras. Int J Dev Biol 40:1133–1139

Sherratt JA et al (1995) A receptor based model for pattern formation in *Hydra*. Forma 10:77–95

Sudhop S et al (2004) Signalling by the FGF-R-like tyrosine kinase, Kringelchen, is essential for bud detachment in *Hydra vulgaris*. Development 131:4001–4011

12.10
Interkalation

Bohn H (1976) Regeneration of proximal tissues from a more distal amputation level in the insect leg (*Blaberus craniifer*, Blattaria). Dev Biol 53:285–293

Maden M (1980) Intercalary regeneration in the amphibian limb and the rule of distal transformation. J Embryol Exp Morphol 56:201–209

Müller WA (1982) Intercalation and pattern regulation in hydroids. Differentiation 22:141–150

12.11
Periodische Muster

Aulehla A, Herrmann BG (2004) Segmentation in vertebrates: clock and gradient finally joined. Genes Dev 18:2060–2067

Cooke J (1998) A gene that resuscitates a theory – somitogenesis and a molecular oscillator. Trends Genet 14:85–88

Cordes R et al (2004) Specification of vertebral identity is coupled to Notch signalling and the segmentation clock. Development 131:1221–1233

Crowe R et al (1998) A new role for Notch and Delta in cell fate decision: patterning the feather array. Development 125:767–775

Jiang T et al (1999) Self-organization of periodic patterns by dissociated feather mesenchyme cells and the regulation of size, number and spacing of primordial. Development 125:4997–5009

Maroto M, Pourquie O (2001) A molecular clock involved in somite segmentation. Curr Top Dev Biol 51:221–248

Müller WA, Plickert G (1982) Quantitative analysis of an inhibitory gradient field in the hydrozoan stolon. Roux's Arch Dev Biol 191:56–63

Palmeirim I et al (1997) Avian *hairy* gene expression identifies a molecular clock linked to vertebrate segmentation and somitogenesis. Cell 91:639–648

Zakany J et al (2001) Localized and transient transcription of *Hox* genes suggests a link between patterning and the segmentation clock. Cell 106:207–217

Box K12
Modelle biologischer Musterbildung

Bücher:

Haken H (1978) Synergetics. Springer, Berlin Heidelberg New York Tokyo

Meinhardt H (1982) Models of biological pattern formation. Academic Press, New York

Meinhardt H (1995) Algorithmic beauty and seashells. Springer, Berlin Heidelberg New York Tokyo

Murray JD (1989) Mathematical biology. Springer, Berlin Heidelberg New York Tokyo

Sekimara T et al (eds) Morphogenesis and pattern formation in biological systems. Springer, Berlin Heidelberg New York

Artikel:

Albert R et al (2003) Spatial pattern formation and morphogenesis in development: recent progress for two model systems. In: Sekimara T et al (eds) Morphogenesis and pattern formation in biological systems: 21–32. Springer, Berlin Heidelberg New York

Edelstein-Keshet L, Ermentrout BG (1990) Contact response of cells can mediate morphogenetic pattern formation. Differentiation 45:147–159

Eldar A et al (2003) Self-enhanced ligand degradation underlies robustness of morphogen gradients. Dev Cell 5:635–646

Inouye K (2003) Pattern formation by cell movement in closely-packed tissues. In: Sekimara T et al (eds) Morphogenesis and pattern formation in biological systems: 193–202. Springer, Berlin Heidelberg New York

Karsten K et al (2004) Dpp gradient formation by dynamin-dependent endocytosis: receptor trafficking and the diffusion model. Development 131:4843–4856

Kondo S (2002) The reaction-diffusion system: a mechanism for autonomus pattern formation in the animal skin. Genes Cell 7:535–541

Meinhardt H, Gierer A (2000) Pattern formation by local self-activation and lateral inhibition. Bioessay 22:753–760

Meinhardt H (2001) Auf- und Abbau von Mustern in der Biologie. BIUZ 31:22–29

Meinhardt H (2003) Pattern forming reactions and the generation of primary embryonic axes. In: Sekimara T et al (eds) Morphogenesis and pattern formation in biological systems, pp 3–20. Springer, Berlin Heidelberg New York

Turing AM (1952) The chemical basis of morphogenesis. Philos Trans Roy Soc Lond B 237:37–72

Sherratt JA et al (1995) A receptor based model for pattern formation in *Hydra*. Forma 10:77–95

Spirov AV (1998) Game of morphogenesis: what can we learn from the pattern-form interplay models? Int J Bifurcation Chaos 8:991–1001

Steinberg MS, Takeichi M (1994) Experimental specification of cell sorting, tissue spreading, and specific spatial patterning by quantitative differences in cadherin expression. Proc Natl Acad Sci USA 91:206–209

Wolpert L (1969) Positional information and the spatial pattern of cellular differentiation. J Theoret Biol 25:1–47

Wolpert L (1978) Pattern formation in biological development. Sci Am 239(4):154–164

Wolpert L (1989) Positional information revisited. Development 1989 [Suppl]:3–12

Zu Kapitel 13:
Genetik der Entwicklung
(S. auch Literatur zu Abschnitt 3.6 *Drosophila*)

Bücher:

Davidson EH (2001) Genomic regulatory systems. Development and Evolution. Acad Press, San Diego

Dieffenbach CW, Dveksler GS (2003) PCR primer: A lab manual. Cold Spring Harbor Lab Press

Gehring WJ (ed) (2001) Wie Gene die Entwicklung steuern. Birkhäuser, Basel

Hannon GJ (2003) RNAi: A guide to gene silencing. Cold Spring Harbor Lab Press

Jackson IJ, Abbott CM (2002) Mouse genetics and transgenetics: A practical approach. Oxford Univ Press, Oxford

Joyner AL (2002) Gene targeting: A practical approach. Oxford Univ Press, Oxford

Nüsslein-Volhard C, Krätzschmar J (2000) Of fish, fly, worm and man. Springer, Berlin Heidelberg New York

Sambrook J et al (2001) Molecular cloning: A lab manual. Cold Spring Harbor Lab Press

Sharpe PT, Mason I (1999) Methods in Molecular Biology, Molecular embryology: Methods and Protocols. Humana Press, Totowa/NJ

  Darin mehrere Artikel über Manipulation und Untersuchungsmethoden von Mausembryonen

Artikel:
13.1
Differentielle Genexpression als Basis der Differenzierung

Andres AJ, Thummel CS (1992) Hormones, puffs and flies: the molecular control of metamorphosis by ecdysone. Trends Genet 8:132–138

Ashburner M (1990) Puffs, genes, and hormones revisited. Cell 61:1–3

Ashburner M, Berondes HD (1978) Patterns of puffing activity in the salivary glands of *Drosophila*. In: Genetics and biology of *Drosophila*, vol 2B. Academic Press, New York, pp 316–395

Davidson EH et al (2003) A genomic regulatory network for development. Science 295:1669–1678

Davidson EH, McClay DR, Hood L (2003) Regulatory networks and properties of the developmental process. PNAS 100(4):1475–1480

Lassar AB, Orkin S (2001) Cell differentiation: plasticity and commitment – developmental decisions in the life of a cell. Curr Opin Cell Biol 13:649–785

Pines J, Lafont F (2001) Cell differentiation and cell multiplication. Curr Opin Cell Biol 13:657–658

Spiegelman BM, Heinrich R (2004) Biological Control through Regulated Transcriptional Coactivators. Cell119:157–167

13.2
Gene zur Programmierung von Zelltypen

Muskel: *MyoD, myogenin*

Cossu G et al (1996) Activation of different myogenic pathways: *myf-5* is induced by the neural tube and *myoD* by the dorsal ectoderm in mouse paraxial mesoderm. Development 122:429–437

Cossu G, Borello U (1999) Wnt signaling and the activation of myogenesis in mammals. EMBO J 18:6867–6872

Hasty P et al (1993) Muscle deficiency and neonatal death in mice with targeted mutation in the *myogenin* gene. Nature 364:501–506

Olson EN, Klein WH (1998) Muscle minus MyoD. Dev Biol 202:153–156

Pinney DF, Emerson CP (1992) Skeletal muscle differentiation. In: Russo VEA et al (eds) Development: the molecular genetic approach. Springer, Berlin Heidelberg New York Tokyo, pp 459–478

Pownall ME et al (2002) Myogenic regulatory factors and the specification of muscle progenitors in vertebrate embryos. Annu Rev Cell Biol 18:747–783

Thayer MJ et al (1989) Positive autoregulation of the myogenic determination gene MyoD1. Cell 58:241–248

Wei Q, Paterson BM (2001) Regulation of MyoD function in the dividing myoblast. FEBS-Lett 490:171–178

Weintraub H (1993) The MyoD family and myogenesis: redundancy, networks, and thresholds. Cell 75:1241–1244

Nervenzellen, Nervensystem

Bourguignon C, Li J, Papalopulu N (1998) XBF-1, a winged helix transcription factor with dual activity, has a role in positioning neurogenesis in *Xenopus* competent ectoderm. Development 125:4889–4900

Gibert JM, Simpson P (2003) Evolution of cis-regulation of the proneural genes. Int J Dev Biol 47:643–651

Kim H, Schagat T (1996) Neuroblasts: a model for the asymmetric division of cells. Trends Genet 13:33–39

Korrzh V, Strahle U (2002) Proneural, prosensory, antiglial: the many faces of neurogenins. Trends Neurosci 25:603–605

Mariani FV, Harland RM (1998) XBF-2 is a transcriptional repressor that converts ectoderm into neural tissue. Development 125:5019–5031

Morris SJ (2001) Neuronal potential and lineage determination by neuronal stem cells. Curr Opin Cell Biol 13:666–672

Quan XJ et al (2004) Evolution of neural precursor selection: functional divergence of proneural proteins. Development 131:1679–1689

Scardigli R et al (2003) Direct and concentration-dependent regulation of the proneural gene Neurogenin2 by Pax6. Development 130:3269–3281

Seipel K et al (2004) Developmental and evolutionary aspects of the basic helix-loop-helix transcription factors Atonal-like 1 and Achaete-scute homolog 2 in the jellyfish. Dev Biol 15:331–345

Sharman AC, Brand M (1998) Evolution and homology of the nervous system: cross-phylum rescues of *otd/Otx* genes. Trends Genet 14:211–213

Skeah JB, Doe CQ (1996) The *achaete-scute* complex proneural genes contribute to neural precursor specification in the *Drosophila* CNS. Curr Biol 6:1146–1152

Treisman JE (2004) Coming to our senses. Bioessays 26:825–828

13.3–13.4
Gene zur Spezifikation von Körperregionen und Organen, Auge, Hox-Gene, Transkriptionskontrolle

Anderson KV (1998) Pinning down positional information: dorsal-ventral polarity in the *Drosophila* embryo. Cell 95:439–442

Arendt D (2003) Evolution of eyes and photoreceptor cell types. Int J Dev Biol 47:563–571

Ashery-Padan R, Gruss P (2001) Pax6 lights-up the way for eye development. Curr Opin Cell Biol 13:706–714

Bebenek IG et al (2004) *sine oculis* in basal Metazoa. Dev Genes Evol 214:342–351

Bolker JA, Raff RA (1996) Developmental genetics and traditional homology. Bioessays 18:489–493

Burke AC et al (1995) *Hox* genes and the evolution of vertebrate axial morphology. Development 121:333–346

Carroll SB (1995) Homeotic genes and the evolution of arthropods and chordates. Nature 376:479–485

Cvekl A et al (2004) Regulation of gene expression by Pax6 in ocular cells: a case of tissue-preferred expression of crystallins in lens. Int J Dev Biol 48:829–844

Davidson EH et al (2002) A genomic regulatory network for development. Science 1669–1678

De Robertis EM, Sasai Y (1996) A common plan for dorsoventral patterning in Bilateria. Nature 380:37–40

Donner AL, Maas RL (2004) Conservation and non-conservation of genetic pathways in eye specification. Int J Dev Biol 48:743–753

Ekker SC et al (1995) Distinct expression and shared activities of members of the *hedgehog* gene family of *Xenopus laevis*. Development 121:2337–2347

Gawantka V et al (1998) Gene expression screening in *Xenopus* identifies molecular pathways, predicts gene function and provides a global view of embryonic patterning. Mech Dev 77:95–141

Ghanbari H et al (2001) Molecular cloning and embryonic expression of Xenopus *Six* homeobox genes. Mech 101(1–2):271–277

Gehring W (1992) The homeobox in perspective. Trends Biochem Sci 8:277–280

Gehring WJ (2001) The genetic control of eye development and its implication for the evolution of various eye-types. Zoology 104:171–183

Gehring W (2004) Historical perspective on the development and evolution of eyes and photoreceptors. Int J Dev Biol 48:707–717

Graham A, Papalopulu N, Krumlauf R (1989) The murine and Drosophila homeobox gene complexes have common features of organization and expression. Cell 57:367–378

Gruss P, Walther C (1992) Pax in development. Cell 69:719–722

Halder G, Callaerts P, Gehring WJ (1995) Induction of ectopic eyes by targeted expression of the *eyeless* gene in *Drosophila*. Science 267:1788–1792

Holland PWH, Carcia-Fernandez JG (1996) *Hox* genes and chordate evolution. Dev Biol 173:382–395

Hunt P, Krumlauf R (1992) Hox codes and positional specification in vertebrate embryonic axes. Ann Rev Cell Biol 8:227–256

Joyner AL (1996) *Engrailed, Wnt* and *pax* genes regulate midbrain-hindbrain development. Trends Genet 12:15–20

Kozmik Z et al (2003) Role of Pax genes in eye evolution: A Cnidarian gene uniting Pax2 and Pax6 functions. Developmental Cell 5:773–785

Liang Z, Biggin MD (1998) *Eve* and *ftz* regulate a wide array of genes in blastoderm embryos: the selector homeoproteins directly or indirectly regulate most genes in *Drosophila*. Development 125:4471–4482

Manzanares M et al (2000) Conservation and elaboration of Hox gene regulation during evolution of the vertebrate head. Nature 408:854–857

McGinnis W, Krumlauf R (1992) Homeobox genes and axial patterning. Cell 68:283–302

Nelson CE et al (1996) Analysis of Hox genes expression in the chick limb bud. Development 122:1449–1466

Niehrs C, Pollet N (1999) Synexpression groups in eukaryotes. Nature 402:483–487

Niehrs C, Steinbeisser H, De Robertis EM (1994) Mesodermal patterning by a gradient of the vertebrate homeobox gene *goosecoid*. Science 263:817–820

Nilsson DE (2004) Eye evolution: a question of genetic promiscuity. Curr Opin Neurobiol 14(4):407–414

Ogino H, Yasuda K (1998) Induction of lens differentiation by activation of a bZIP transcription factor. Science 280:115–118

Onuma Y et al (2002) Conservation of Pax 6 function and upstream activation by Notch signaling in eye development of frogs and flies. Proc Natl Acad Sci USA 99(4):2020–2025

Patel NH et al (1989) Expression of *engrailed* proteins in arthropods, annelids, and chordates. Cell 58:955–968

Piatigorsky J, Kozmik Z (2004) Cubozoan jellyfish: an Evo/Devo model for eyes and other sensory systems. Int J Dev Biol 48:719–729

Plaza S et al (2003) DNA-binding characteristics of cnidarian Pax-C and Pax-B proteins in vivo and in vitro: no simple relationship with the Pax-6 and Pax-2/5/8 classes. J Exp Zool Part B Mol Dev Evol 299:26–35

Ruvinsky I et al (2000) The evolution of paried appendages in vertebrates: T-box genes in the zebrafish. Dev Genes Evol 210:82–91

Stierwald M et al (2004) The Sine oculis/Six class family of homeobox genes in jellyfish with and without eyes: development and eye regeneration. Dev Biol 274:70–81

Suemori H, Noguchi S (2000) Hox C cluster genes are dispensable for overall body plan of mouse embryonic development. Dev Biol 220:333–342

Tabin CJ (1992) Why we have (only) five fingers per hand: Hox genes and the evolution of paired limbs. Development 116:289–296

Tabin CJ (1995) The initiation of the limb bud: growth factors, *Hox* genes, and retinoids. Cell 80:671–674

Treisman JE (1999) A conserved blueprint for the eye? Bioessays 21:1521–1878

Treisman JE (2004) How to make an eye. Development 131:3823–3827

Veraska A et al (2000) Developmental patterning genes and their conserved functions: from model organisms to humans. Molecular Genetics and Metabolism 69:85–100

Wargelius A et al (2003) Retinal expression of zebrafish *six3.1* and its regulation by *Pax6*. Biochem Biophy Res Commun 309:475–481

13.5
Das epigenetische zelluläre Gedächtnis: Zellheredität, gene silencing

Bantignies F et al (2003) Inheritance of *Polycomb*-dependent chromosomal interactions in *Drosophila* Genes Dev 17:2406–2420

Carthew RW (2001) Gene silencing by double-stranded RNA. Curr Opin Cell Biol 13:244–248

Cavalli G, Paro R (1998) Chromo-domain proteins: linking chromatin structure to epigenetic regulation. Curr Opin Cell Biol 10:354–360

Cavalli G, Paro R (1998) The *Drosophila Fab-7* chromosomal element conveys epigenetic inheritance during mitosis and meiosis. Cell 93:505–518

Cheng MK, Disteche CM (2004) Silence of the fathers: early X inactivation. Bioessays 26:821–824

Gartler SM, Riggs AD (1983) Mammalian X-chromosome inactivation. Annu Rev Genet 17:155–190

Gaston G, Jayaraman PS (2003) Transcriptional repression in eukaryotes: repressors and repression mechanism. Cell Mol Life Sci 60:721–741

Grewal SIS, Rice JC (2004) Regulation of heterochromatin by histone methylation and small RNAs. Curr Opin Cell Biol 16:230–238

Heard E (2004) Recent advances in X-chromosome inactivation. Curr Opin Cell Biol 16:247–255

Kelly TLJ, Trasler JM (2004) Reproductive epigenetics. Genetics 65(4):247–260

Lund AH, van-Lohuizen M (2004) Polycomb complexes and silencing mechanisms. Curr Opin Cell Biol 16:239–246

Monk M, Harper MI (1979) Sequential X chromosome inactivation coupled with cellular differentiation in early mouse embryos. Nature 281:311–313

Montgomery MK, Fire A (1998) Double-stranded RNA as a mediator in sequence-specific genetic silencing and co-suppression. Trends Genet 14:255–256

Nelson CL, Bartel DP (2003) Zensur in der Zelle. BIUZ 33:52–59

Orlando V (2003) Polycomb, epigenomes, and control of cell identity. Cell 112(5):599–606

Razin A, Cedar H (1994) DNA-methylation and genomic imprinting. Cell 77:473–476

Ringrose L, Paro R (2001) Remembering silence. Bioessays 23:566–570

Sanford JP et al (1987) Differences in DNA methylation during oogenesis and spermatogenesis and their persistence during early embryogenesis in the mouse. Genes Dev 1:1039–1046

Sengupta AK, Kuhrs A, Müller J (2004) General transcriptional silencing by a Polycomb response element in *Drosophila*. Development 131:1959–1965
Solter D (1998) Imprinting. Int J Dev Biol 42:951–954
Spector DL (2003) The dynamics of chromosome organization and gene regulation. Annu Rev Biochem 72:573–608

Box K13 Gentechnische und molekularbiologische Verfahren

Bücher (einführende):
Dingermann T (1999) Gentechnik Biotechnik. Wissenschaftl Verlagsges Stuttgart
Mühlhardt C (2000) Molekularbiologie. 2. Aufl. Spektrum, Heidelberg Berlin

Artikel:
Arnone ML et al (1997) Green fluorescent protein in the sea urchin: new experimental approaches to transcriptional regulatory analysis in embryos and larvae. Development 124:4649–4659
Baker RK et al (1997) *In vitro* preselection of gene-trapped embryonic stem cell clones for characterizing novel developmentally regulated genes in the mouse. Dev Biol 185:201–214
Barinaga M (1994) Knockout mice: round two. Science 265:26–28
Bond HM et al (1998) Identification by differential display of transcripts regulated during hematopoietic differentiation. Stem Cells 16:136–143
Chisaka O, Capecchi MR (1991) Regionally restricted developmental defects resulting from targeted disruption of the mouse homeobox gene *Hox-1.5*. Nature 350:473–479
Cubitt AB et al (1995) Understanding, improving and using green fluorescent protein. Trends Biochem Sci 20:448–455
Danielian PS et al (1998) Modification of gene activity in mouse embryos in utero by a tamoxifen-inducible form of Cre recombinase. Current Biology 8:1323–1326
De la Casa E, Sapienza C (2003) Natural selection and the evolution of genome imprinting. Annu Rev Genet 37:349–370
Friedrich G, Soriano P (1991) Promoter traps in amphibian stem cells: a genetic screen to identify and mutate developmental genes in mice. Genes Dev 5:1513–1523
Gawantka V et al (1998) Gene expression screening in *Xenopus* identifies molecular pathways, predicts gene function and provides a global view of embryonic patterning. Mech Dev 77:95–141
Glor GB (2001) Gene-targeting in *Drosophila* validated. Trends in Genetics 17:549–551
Gossen M, Bonin AL, Bujard H (1993) Control of gene activity in higher eukaryotic cells by prokaryotic regulatory elements. Trends Biochem Sci 18:471–475
Hadjantonakis AK et al (1998) Generating green fluorescent mice by germline transmission of green fluorescent ES cells. Mechanisms of development 76:79–90
McCreath KJ et al (2000) Production of gene-targeted sheep by nuclear transfer from cultured somatic cells. Nature 405:1066–1069
Miele G et al (1999) A rapid protocol for the authentication of isolated differential display RT-PCR cDNAs. Prep Biochem Biotechnol 29:245–255
Nasevicius A, Ekker SC (2000) Effective targeted gene 'knockdown' in zebrafish. Nature Gen 26:216–220
Nishikura K (2001) A short primer on RNAi: RNA-directed RNA polymerase acts as a key catalyst. Cell 107:415–418
Prawitt D et al (2004) RNAi knock-down mice: an emerging technology for post-genomic functional genetics. Cytogenet Genome Res 105:412–421
Polejaeva IA, Campbell KH (2000) New advances in somatic cell nuclear transfer: application in transgenesis. Theriogenology 53:117–126
Ponsuksili S et al (2002) Stage-specific expressed sequence tags obtained during preimplantation bovine development by differential display RT-PCR and suppression subtractive hybridization. Prenat 22:1135–1142

Prasher DC (1995) Using GFP to see the light. Trends Genet 11:320–323
Scherr M et al (2003) Gene silencing mediated by small interfering RNAs in mammalian cells. Curr Med Chem 10:245–264
Woychik RP, Alagraman K (1998) Insertional mutagenesis in transgenic mice generated by the pronuclear microinjection procedure. Int J Dev Biol 42:1009–1017
Zambrowicz BP, Friedrich GA (1998) Comprehensive mammalian genetics: history and future prospects of gene trapping in the mouse. Int J Dev Biol 42:1025–1036

Zu Kapitel 14:
Irreversible Differenzierungsfolgen, Apoptose

Bücher:
Kumar S (1998) Apoptosis: mechanisms and role in disease. Springer, Berlin Heidelberg New York
Ohlsson R (1999) Genomic imprinting. Springer, Berlin Heidelberg New York

Artikel:
Afford S, Randhawa S (2000) Apoptosis. Molecular Pathology 53:55–63
Bachmann-Waldmann C et al (2004) Chromatin diminution leads to rapid evolutionary changes in the organization of the germ line genomes of the parasitic nematodes A. suum and P. univalens. Mol Biochem Parasitol 134:53–64
Chen Y, Zhao X (1998) Shaping limbs by apoptosis. J Exp Zool 282:691–702
Green DR (1998) Apoptotic pathways: the roads to ruin. Cell 94:695–698
Hannun YA, Obeid LM (1995) Ceramide: an intracellular signal for apoptosis. Trends Biochem Sci 20:73–77
Hensey C, Gautier J (1998) Programmed cell death during *Xenopus* development: a spatio-temporal analysis. Dev Biol 203:36–48
Jacobsen MD. Weil M, Raff MC (1997) Programmed cell death in animal development. Cell 88:347–354
Kelly TLJ, Trasler JM (2004) Reproductive epigenetics. Genetics. 65:247–260
Lawen A (2003) Apoptosis an introduction. Bioessays 25:888–896
Meier P, Finch A, Evan G (2000) Apoptosis in development. Nature 407:796–801
Müller F, Bernard V, Tobler H (1996) Chromatin diminution in nematodes. Bioessays 18:133–138
Muller F, Tobler H (2000) Chromatin diminution in the parasitic nematodes *Ascaris suum* and *Parascaris univalens*. Int J Prasitol 30:391–399
Niedermaier J, Moritz KB (2000) Organization and dynamics of satellite and telomere DNAs in *Ascaris*: implications for formation and programmed breakdown of compound chromosomes. Chromosoma 109:439–452
Raff MC et al (1993) Programmed cell death and the control of cell survival: lessons from the nervous system: Science 262:695–700
Schutte B, Ramaerkers FC (2000) Molecular switches that govern the balance between proliferation and apoptosis. Progress in cell cycle research 2000:4207–4217
Spradling AC (1981) The organization and amplification of two chromosomal domains containing *Drosophila* chorion genes. Cell 27:193–201

Zu Kapitel 15:
Morphogenese durch aktive Bewegung, Zelladhäsion

Bücher:
Guan JL (1999) Signaling through cell adhesion molecules. Springer, Berlin Heidelberg New York

Hall BK (1999) The neural crest in development and evolution. Springer, Berlin Heidelberg New York

Artikel:
Aplin AE et al (1999) Cell adhesion molecules, signal transduction and cell growth. Curr Opin Cell Biol 11:737–744

Armstrong PB (1989) Cell sorting out: the self-assembly of tissues in vitro. CRC Crit Rev Biochem Mol Biol 24:119–149

Bendel-Stenzel MR et al (2000) The role of cadherins during primordial germ cell migration and early gonad formation in the mouse. Mech Dev 91:143–152

Buckley CD et al (1998) Cell adhesion: more than just a glue. Mol Membrane Biol 15:167–176

Clark EA, Brugge JS (1995) Integrins and signal transduction pathways: the road taken. Science 268:233–239

Crossin KL, Krushel LA (2000) Cellular signaling by neural cell adhesion molecules of the immunoglobulin superfamily. Dev Dynamics 218:260–279

Cunningham BA (1995) Cell adhesion molecules as morphoregulators. Curr Opin Cell Biol 7:628–633

Dabierre T et al (2000) Integrins: regulators of embryogenesis. Biology of the cell 92:5–25

Deryke LDM, Bracke ME (2004) N-cadherin in the spotlight of cell-cell adhesion, differentiation, embryogenesis, invasion and signalling. Int J Dev Biol 48:463–476

DiCarlo A, DeFelici M (2000) A role for E-cadherin in mouse primordial germ cell development. Dev Biol 226:209–219

Drubin DG, Nelson WJ (1996) Origins of cell polarity. Cell 84:335–344

Edelman GM (1986) Cell adhesion molecules in the regulation of animal form and tissue pattern. Annu Rev Cell Biol 2:81–116

Edelstein-Keshet L, Ermentrout BG (1990) Contact response of cells can mediate morphogenetic pattern formation. Differentiation 45:147–159

Elul T et al (1997) Cellular mechanisms underlying neural convergent extension in *Xenopus laevis* embryos. Dev Biol 191:243–258

Foty RA, Steinberg MS (2004) Cadherin-mediated cell-cell adhesion and tissue segregation in relation to malignancy. Int J Dev Biol 48:397–409

Friedl P et al (2004) Collective cell migration in morphogenesis and cancer. Int J Dev Biol 48:441–449

Gullberg D, Ekblom P (1995) Extracellular matrix and its receptors during development. Int J Dev Biol 39:845–854

Gumbiner BM (1996) Cell adhesion: the molecular basis of tissue architecture and morphogenesis. Cell 84:345–357

Gumbiner BM (2000) Regulation of cadherin adhesive activity. J Cell Biol 148:399–403

Hardin J, Keller R (1988) Behavior and function of bottle cells during gastrulation of *Xenopus laevis*. Development 103:211–230

Holtfreter J (1946) Structure, motility and locomotion in isolated amphibian cells. J Morphol 79:27–62

Honda H (2003) Positioning of cells at their intrinsic sites in multicellular organisms. In: Sekimara T et al (eds) Morphogenesis and pattern formation in biological systems. Springer, Berlin Heidelberg New York, pp 203–212

Inouye K (2003) Pattern formation by cell movement in closely-packed tissues. In: Sekimara T et al (eds) Morphogenesis and pattern formation in biological systems. Springer, Berlin Heidelberg New York, pp 193–202

Juliano R (1996) Cooperation between soluble factors and integrin-mediated cell anchorage in the control of cell growth and differentiation. Bioessays 18:911–917

Keller RE (1986) The cellular basis of amphibian gastrulation. In: Browder L (ed) Developmental biology: a comprehensive synthesis, vol 2. Plenum, New York, pp 241–327

Moreau M et al (2004) Epidermal, neuronal and glial cell fate choice in the embryo. In: Grunz H (ed) The vertebrate organizer. Springer, Berlin Heidelberg New York, pp 315–342

Peinado H et al (2004) Transcriptional regulation of cadherins during development and carcinogenesis. Int J Dev Biol 48:365–375

Perris R (1997) The extracellular matrix in neural crest-cell migration. Trends Neurosci 20:23–31

Redies C, Takeichi M (1996) Cadherins in the developing nervous system: an adhesive code for segmental and functional subdivisions. Dev Biol 180:413–423

Ruan G, Wedlich D, Köhler A (2004) How cell-cell adhesion contributes to early embryonic development. In: Grunz H (ed) The vertebrate organizer. Springer, Berlin Heidelberg New York, pp 201–218

St Amand AL, Klymkowsky MW (2001) Cardherins and catenins, Wnts and SOXs: embryonic patterning in Xenopus. Int Rev Cytol 2001:203291–203355

Steinberg MS (1970) Does differential adhesion govern self-assembly processes in histogenesis? Equilibrium configurations and the emergence of a hierarchy among populations and animal morphogenesis. J Exp Zool 173:395–434

Steinberg MS (1996) Adhesion in development: an historical review. Dev Biol 180:377–388

Steinberg MS, Takeichi M (1994) Experimental specification of cell sorting, tissue spreading, and specific spatial patterning by quantitative differences in cadherin expression. Proc Natl Acad Sci USA 91:206–209

Takeichi M (1995) Morphogenetic roles of classic cadherins. Curr Opin Cell Biol 7:619–627

Takeichi M et al (2000) Patterning of cell assemblies regulated by adhesion receptors of the cadherin superfamily. Philosophical transactions of the Royal Society London, Ser B Biol Sci 355:885–890

Townes PL, Holtfreter J (1955) Directed movements and selective adhesion of embryonic amphibian cells. J Exp Zool 128:53–120

Vignali R et al (2004) Organizing the eye. In: Grunz H (ed) The vertebrate organizer. Springer, Berlin Heidelberg New York, pp 257–278

Vleminckx K, Kemler R (1999) Cadherins and tissue formation: integration adhesion and signaling. Bioessays 21:211–220

Wallingford JB et al (2001) Calcium signaling during convergent extension in Xenopus. Curr Biol 11:652–661

Wallingford JB et al (2001) Regulation of convergent extension in Xenopus by Wnt5a and Frizzled-8 is independent of the canonical Wnt pathway. Int J Dev Biol 45:225–227

Watanabe M et al (1982) Reconstitution of embryo-like structures from sea urchin embryo cells. Differentiation 21:79–85

Winklbauer R et al (1996) Mesoderm migration in the Xenopus gastrula. Int J Dev Biol 40:305–311

Yagi T, Takeichi M (2000) Cadherin superfamily genes: functions, genomic organization, and neurologic diversity. Genes Dev 14:1169–1180

Zajac M et al (2000) Model of convergent extension in animal morphogenesis. Physical review letters 85:2022–2025

Zu Kapitel 16:
Zellen auf Wanderschaft, Neuralleistenderivate

Bücher:
Le Douarin N, Kalcheim C (1999) The neural crest. Cambridge Univ Press, Cambridge
Hall BK (1999) The neural crest in development and evolution. Springer, Berlin Heidelberg New York

Artikel:
Baker CVH, Bronner-Fraser M (1997) The origins of the neural crest. Part I: embryonic induction. Mech Dev 69:3–11
Baker CVH, Bronner-Fraser M (1997) The origins of the neural crest. Part II: an evolutionary perspective. Mech Dev 69:13–29
Collazo A, Bronner-Fraser M, Fraser SE (1993) Vital dye labelling of *Xenopus laevis* trunk neural crest reveals multipotency and novel pathways of migration. Development 118:363–376
Erickson CA, Goins TL (2000) Sacral neural crest cell migration to the gut is dependent upon the migratory environment and not cell-autonomous migratory properties. Dev Biol 219:79–97
Halloran MC, Berndt JD (2003) Current progress in neural crest cell motility and migration and future prospects for the zebrafish model system. Developmental Dynamics 228:497–513
Kalcheim C (2000) Mechanisms of early neural crest cell development: from cell specification to migration. Int Rev Cytol 2000:200143–200196
Kubota Y, Ito K (2000) Chemotactic migration of mesencephalic neural crest cells in mouse. Dev Dynamics 217:170–179
Kulesa PM, Fraser SE (2000) In ovo time-lapse analysis of chick hindbrain neural crest cell migration shows cell interactions during migration to the branchial arches. Development 127:1161–1172
LaBonne C, Bronner-Fraser M (1999) Molecular mechanisms of neural crest formation. Annu Rev Cell Biol 1999:1581–1612
Le Douarin NM et al (2004) Neural crest cell plasticity and its limits. Development 131:4637–4650
Lwigale PY et al (2004) Graded potential of neural crest to form cornea, sensory neurons and cartilage along the rostrocaudal axis. Development 131:1979–1991
Mayor R et al (1999) Development of neural crest in *Xenopus*. Curr Top Dev Biol 1999:4385–113
Molyneaux K, Wylie C (2004) Primordial germ cell migration. Int J Dev Biol 48:537–543
Perris R, Perissinotto D (2000) Role of extracellular matrix during neural crest cell migration. Mech Dev 95:3–21

Zu Kapitel 17:
Entwicklung des Nervensystems
(Siehe auch Literatur zu Kapitel 12)

Bücher:
Fini ME (2000) Vertebrate eye development. Springer, Berlin Heidelberg New York
Goffinet AM, Rakic P (2000) Mouse brain development. Springer, Berlin Heidelberg New York
Hall BK (1999) The neural crest in development and evolution. Springer, Berlin Heidelberg New York
Hannun YA, Boustany RM (1999) Apoptosis in Neurobiology. Springer, Berlin Heidelberg New York

Artikel:
Neurogenese allgemein
Acampora D et al (2000) The role of *Otx* and *Otp* genes in brain development. Int J Dev Biol 44(6 Spec No):669–677
Alvarez-Buylla A et al (2001) A unified hypothesis on the lineage of neural stem cells. Nature Reviews Neuroscience 2:287–293
Alvarez-Buylla A et al (2002) Identification of neural stem cells in the adult vertebrate brain. Brain Res Bull 57:751–758
Arendt D, Nübler-Jung K (1999) Comparison of early nerve cord development in insects and vertebrates. Development 126:2309–2325
Baker JC et al (1999) Wnt signaling in *Xenopus* embryos inhibits *bmp4* expression and acivates neural development. Genes and Develpment 13:3149–3159
Barth KA et al (1999) Bmp activity establishes a gradient of positional information throughout the entire neural plate. Development 126:4977–4987
Beatus P, Lendahl U (1998) Notch and neurogenesis. J Neurosc Res 54:125–136
Bell E, Brivanlou AH (2004) Molecular patterning of the embryonic brain. In: Grunz H (ed) The vertebrate organizer. Springer, Berlin Heidelberg New York, pp 299–314
Bellefroid E, Souopgui J (2004) Basic helix-loop-helix proneural genes and neurogenesis in Xenopus embryos. In: Grunz H (ed) (2004) The vertebrate organizer. Springer, Berlin Heidelberg New York, pp 151–172
Brand M, Wurst W (1997) Regionale Determination in der Neuralplatte der Wirbeltiere: Entstehung und Organisation der Mittel-Hinterhirnregion. Neuroforum 1/97:8–15
Brand R (2001) Cytoskeletal mechanisms of neural morphogenesis. Zoology 104:221–227
Carrasco A, Blumberg B (2004) A critical role of retinoic acid receptors in axial patterning and neural differentiation. In: Grunz H (ed) The vertebrate organizer. Springer, Berlin Heidelberg New York, pp 279–298
Chang C, Hemmati-Brivanlou A (1998) Cell fate determination in embryonic ectoderm. J Neurobiol 36:128–151
Coulombe JN, Bronner-Fraser M (1987) Cholinergic neurones acquire adrenergic neurotransmitters when transplanted into an embryo. Nature 324:569–572
Davies AM (1994) Neurotrophic factors. Switching neurotrophin dependence. Curr Biol 4:273–276
Dupe V, Lumsden A (2001) Hindbrain patterning involves graded responses to retinoic acid signalling. Development 128:2199–2208
Durston AJ et al (1998) Retinoic acid causes an anteroposterior transformation in the developing central nervous system. Nature 340:140–144
Francis NJ, Landis SC (1999) Cellular and molecular determinants of sympathetic neuron development. Ann Rev Neuroscience 22:541–566
Frank E (1997) Synapse elimination: for nerves it's a all or nothing. Science 275:324–356
Gamse J, Sive H (2000) Vertebrate anteroposterior patterning: the *Xenopus* neuroectoderm as a paradigm. Bioessays 22:976–986
Gilbert SF (2001) Continuity and change: paradigm shifts in neural induction. Int J Dev Biol 45 (1 Spec No):155–164
Grunz H (1997) Neural induction in amphibians. Curr Top Dev Biol 35:191–228
Harland RM (2000) Neural induction. Curr Opin Genet Dev 10:357–362
Hirabayashi Y et al (2004) The Wnt/beta-catenin pathway directs neuronal differentiation of cortical neural precursor cells. Development 131:2791–2801
Hongo I et al (1999) FGF signaling and the anterior neural induction in *Xenopus*. Dev Biol 216:561–581
Huang X et al (2004) Induction of the neural crest and the opportunities of life on the edge. Dev Biol 275:1–11
Hubel DH, Wiesel TN, LeVay S (1977) Plasticity of ocular dominance columns in monkey striate cortex. Philos Trans R Soc Lond, Ser B 278:377–409

Huttner WB, Brand M (1997) Asymmetric division and polarity of neuroepithelial cells. Curr Opin Neurobiol 7:29–39

Jessel TM, Sanes JR (2000) Development. The decade of the developing brain. Curr Opin Neurobiol 10:599–611

Johnson F, Bottjer SW (1994) Afferent influences on cell death and birth during development of a cortical nucleus necessary for learned vocal behavior in zebra finches. Development 120:13–24

Joyner AL (1996) *Engrailed, Wnt* and *pax* genes regulate midbrain-hindbrain development. Trends Genet 12:15–20

Kazanskaya O et al (2000) The role of *Xenopus dickkopfl1* in prechordal plate specification and neural patterning. Development 127:4981–4992

Kelly OG, Melton DA (1995) Induction and patterning of the vertebrate nervous system. Trends Genet 11:273–278

Kessel M, Pera E (1998) Unexpected requirements for neural induction in the avian embryo. Trends Genet 14:169–171

Kohara K et al (2001) Activity-dependent transfer of brain-derived neurotrophic factor to postsynaptic neurons. Science 291:2419–2421

Kroll KL et al (1998) Geminin, a neuralizing molecule that demarcates the future neural plate at the onset of gastrulation. Development 125:3247–3258

Kuo JS et al (1998) Opl: a zinc finger protein that regulates neural determination and patterning in *Xenopus*. Development 125:2867–2882

Le Douarin NM et al (2004) Neural crest cell plasticity and its limits. Development 131:4637–4650

Lee JC et al (2000) Gliogenesis in the central nervous system. Glia 30:105–121

Levi-Montalcini R (1987) The nerve growth factor 35 years later. Science 237:1154–1161

McCaffrey P, Drager UC (2000) Regulation if retinoic signaling in the embryonic nervous system: a master differentiation factor. Cytokine Growth Factor Rev 11:233–249

Missler M, Südhof TC (1998) Neurexins: three genes and 1001 products. Trends Genet 14:20–25

Mizuseki K et al (1998) SoxD3: an essential mediator of anterior neural tissues in *Xenopus* embryos. Neuron 21:77–85

Nielson C (1999) Origin of the chordate central nervous system and the origin of chordates. Dev Genes Evol 209:198–205

Nieuwkoop PD (1999) The neural induction process; its morphogeneitc aspects. Int J Dev Biol 43 (7 Spec No):614–623

Nijhawan D et al (2000) Apoptosis in neural development and disease. Annu Rev Neurosci 2000:2373-2387

Nitta KR et al (2004) *XSIP1* is essential for early neural gene expression and neural differentiation by suppression of BMP signalling. Dev Biol 275:258–267

Park H-C, Appel B (2003) Notch-Delta regulates oligodendrite specification. Development 130:3747–3755

Patapoutian A, Reichardt LF (2000) Roles of Wnt proteins in neural development and embryogenesis – a look outside the nucleus. Curr Opin Neurobiol 10:392–399

Patten I, Placzek M (2000) The role of sonic hedgehog in neural tube patterning. Cellular and Molecular Life Sciences 57:1695–1708

Penzel R et al (1997) Characterization and early embryonic expression of a neural specific transcription factor XSOX3 in *Xenopus laevis*. Int J Dev Biol 41:667–677

Quan XY et al (2004) Evolution of neural precursor selection: functional divergence of proneural proteins. Development 131:1679–1689

Seri B et al (2001) Astrocytes give rise to new neurons in the adult mammalian hippocampus. J Neurosci 21(18):7153–7160

Seri B et al (2004) Cell types, lineage, and architecture of the germinal zone in the adult dentate gyrus. J Comp Neurol 478(4):359

Sharman AC, Brand M (1998) Evolution and homology of the nervous system: cross-phylum rescues of *otd/Otx* genes. Trends Genet 14:211–213

Stern CD (2001) Initial patterning of the central nervous systme. how many organizers? Nat Rev Neurosci 2:92–98

Streit A, Stern CD (1999) Neural induction. A bird's eye view. Trends in Genetics 15:20–24

Streit A et al (1998) Chordin regulates primitive streak development of induced neural cells, but is not sufficient for neural induction in the chick embryo. Development 125:507–519

Streit A et al (2000) Initiation of neural induction by FGF signalling before gastrulation. Nature 406:74–78

Vignali R et al (2004) Organizing the eye. In: Grunz H (ed) The vertebrate organizer. Springer, Berlin Heidelberg New York, pp 257–278

Wallace BG (1996) Signaling mechanisms mediating synapse formation. Bioessays 18:777–780

Weinstein DC, Hemmati-Brivanlou A (1999) Neural induction. Ann Rev Cell Dev Biol 1999:15411–15433

Wessely O et al (2001) Neural induction in the absence of mesoderm: β-catenin-dependent expression of secreted BMP antagonists at the blastula stage in *Xenopus*. Dev Biol 234:161–173

Will B et al (1998) Regeneration in brain and spinal cord. In: Feretti P (ed) Cellular and molecular basis of regeneration from invertebrates to humans. Wiley, Weinheim, pp 111–134

Wilson SI et al (2000) An early requirement for FGF signalling in the acquisition of neural cell fate in the chick embryo. Curr Biol 10:421–429

Wilson SI et al (2001) The status of Wnt signalling regulates neural and epidermal fates in the chick embryo. Nature 411:325–330

Yamaguchi Y (2001) Heparan sulfate proteoglycans in the nervous system: their diverso roles in neurogenesis, axon guidance, and synaptogenesis. Sem Cell Dev Biol 12:99–106

Axonal guidance, Retinotectale Projektion

Bagnard D et al (1998) Semaphorins act as attractive and repulsive guidance signals during the development of cortical projections. Development 125:5043–5053

Cohen-Cory S, Lom B (2004) Neurotrophic regulation of retinal ganglion cell synaptic connectivity: from axons and dendrites to synapses. Int J Dev Biol 48:947–956

Feinstein P, Mombaerts P (2004) A contextual model for axonal sorting into glomeruli in the mouse olfactory sytem. Cell 117(6):817–831

Feinstein et al (2004) Axon guidance of mouse olfactory sensory neurons by odorant receptors and the $\beta2$ adrenergic receptor. Cell 117(6):833–846

Feldheim DA et al (2004) Loss-of-function analysis of EphA receptors in retinotectal mapping. J Neurosci 24(10):2542–2550

Mann F et al (2002) Topographic mapping in dorsoventral axis of the Xenopus retinotectal system depends on signaling through ephrin-B ligands. Neuron 35(3):461–473

Mann F et al (2004) New views on retinal axon development: a navigation guide. Int J Dev Biol 48:957–964

McLaughlin T et al (2003) Bifunctional action of ephrin-B1 as a repellent and attractant to control bidirectional branch extension in dorsal-ventral retinotopic mapping. Development 130(11):2407–2418

McLaughlin T et al (2003) Regulation of axial patterning of the retina and its topographic mapping in the brain. Curr Opin Neurobiol 13(1):57–69

Müller BK (1999) Growth cone guidance: first steps toward a deeper understanding. Ann Rev Neuroscience 22:351–388

Müller BK, Bonhoeffer F, Drescher U (1996) Novel gene families in neural pathfinding. Curr Opin Genet Dev 6:469–474

Orike N, Piri A (1996) Axon guidance: following the Eph plan. Curr Biol 6:108–110

Tear G (1999) Neuronal guidance – a genetic perspective. Trends Genet 15:113–118

Tessier-Lavigne M, Goodman CS (1996) The molecular biology of axon guidance. Science 274:1123–1133

Wagle M et al (2004) EphrinB2a in the zebrafish retinotectal system. J Neurobiol 59(1):57–65

Wilkinson DG (2000) Topographic mapping: organising by repulsion and competition? Curr Biol 10:R447–451

Winberg ML et al (1998) Plexin A is a neuronal semaphorin receptor that controls axon guidance. Cell 95:903–916

Drosophila – Nervensystem:

Arendt D, Nübler-Jung K (1999) Comparison of early nerve cord development in insects and vertebrates. Development 126:2309–2325

Campos-Ortega JA, Knust E (1992) Genetic mechanisms in early neurogenesis of *Drosophila melanogaster*. In: Russo VEA et al (eds) Development: the molecular genetic approach. Springer, Berlin Heidelberg New York Tokyo, pp 343–354

Markstein M et al (2004) A regulatory code for neurogenic gene expression in the *Drosophila* embryo. Development 131:2387–2394

Urbach R, Schnabel R, Technau GM (2003) The pattern of neuroblast formation, mitotic domains and proneural gene expression during early brain development in *Drosophila*. Development 130:3589–3606

Urbach R, Technau GM (2003) Segment polarity and DV patterning gene expression reveals segmental organization of the *Drosophila* brain. Development 130:3607–3620

Urbach R, Technau GM (2003) Molecular markers for identified neuroblasts in the developing brain of *Drosophila*. Development 130:3621–3637

Zu Kapitel 18:
Entwicklung des Herzens und der Blutgefäße

Bücher:

Baron MH (2003) Embryonic origins of mammalian hematopoiesis. Exp Hematol 31:1190–1196

Harvey P, Rosenthal N (1999) Heart development. Academic Press

Artikel:

Bonnet D (2002) Haematopoietic stem cells. J Pathol 197:430–440

Brand T (2003) Heart development: molecular insights into cardiac specification and early morphogenesis. Dev Biol 258:1–19

Breier G (2000) Angiogenesis in embryonic development – a review. Placenta 21, SupplAS11–15

Carmeliet P (2000) Mechanisms of angiogenesis and arteriogenesis. Nature Med 6:389–395

Cheresh DA (1998) Death to a blood vessel, death to a tumor. Nature Med 4:395–396

Choi K (2002) The hemangioblast: a common progenitor of hematopoietic and endothelial cells. J of Hematotherapy & Stem Cell Research. 11(1):91–101

Dunn IF et al (2000) Growth factors in glioma angiogenesis: FGFs, PDGF, EGF, and TGFs. J of Neuro-oncology 50:121–137

Ema M, Rossant J (2003) Cell fate decisions in early blood vessel formation. Trends Cardiovasc Med 13:254–259

Ferrara N, Alitalo K (1999) Clinical applications of angiogenic growth factors and their inhibitors. Nature Med 5:1359–1364

Fehling HJ (2003) Tracking mesoderm induction and its specification to the hemangioblast during embryonic stem cell differentiation. Development 130:4217–4227

Fishman MC, Chien KR (1997) Fashioning the vertebrate heart: earliest embryonic decisions. Development 124:2099–2117

Folkman J, Klagsbrun M (1987) Angiogenic factors. Science 235:442–447

Forrai A, Robb L (2003) The hemangioblast – between blood and vessels. Cell Cycle 2:86–90

Gerwins P et al (2000) Function of fibroblast growth factors and endothelial growth factors and their receptors in angiogenesis. Critical reviews in oncology/hematology 34:185–194

Jacquet K et al (2002) Erythropoietin and VEGF exhibit equal angiogenic potential. Microvasc Res 64:326–333

Kerbel RS (2000) Tumor angiogenesis: past, present and the near future. Carcinogenesis 21:505–515

Kuwano M et al (2001) Angiogenesis factors. Internal medicine 40:565–572

Lee YM et al (2004) Synergistic induction of in vivo angiogenesis by the combination of insulin-like growth factor-II and epidermal growth factor. Oncol Rep 12:843–848

Liu YJ et al (2004) Hemangiopoietin, a novel human growth factor for the primitive cells of both hematopoietic and endothelial cell lineages. Blood 103:4449–4456

Neufeld G et al (1999) Vascular endothelial growth factor (VEGF) and its receptors. FASEB 13:9–22

Nguyen LL, D'Amore PA (2001) Cellular interactions in vascular growth and differentiation. Int Rev Cytol 204:1–48

Orkin S (1998) Embryonic stem cells and transgenic mice in the study of hematopoiesis. Int J Dev Biol 42:927–934

Ribatti D et al (2003) Erythropoietin as an angiogenic factor. Eur J Clin Invest 33(10):891–896

Risau W (1997) Mechanisms of angiogenesis. Nature 386:671–674

Sierra-Honigmann WR et al (1998) Biological action of leptin as an angiogenic factor. Science 281:1683–1685

Sim BK et al (2000) Angiostatin and endostatin: endogenous inhibitors of tumor growth. Cancer and Metastasis Research 19:181–190

Wang Z et al (2004) Ephrin receptor, EphB4, regulates ES cell differentiation of primitive mammalian hemangioblasts, blood, cardiomyocytes, and blood vessels. Blood 103:100–109

Webb CP et al (2000) Genes that regulate metastasis and angiogenesis. J Neuro Oncol 50:71–87

Yancopoulos GD, Klagsbrun M, Folkman J (1998) Vasculogenesis, angiogenesis, and growth factors: ephrins enter the fray at the border. Cell 93:661–664

Zu Kapitel 19: Stammzellen

Bücher:

Heber-Katz E (2004) Regeneration: stem cells and beyond. Springer, Berlin Heidelberg New York

Holzgreve W, Lessl M (2001) Stem cells from cord blood, in utero stem cell development and transplantation inclusive gene therapy. Springer, Berlin Heidelberg New York

Wormer EJ (2003) Stammzellen. Lingen, Köln

Artikel:

Allman D, Miller JP (2003) Common lymphoid progenitors, early B-lineage precursors, and IL-7: characterizing the trophic and instructive signals underlying early B cell development. Immunol Res 27:131–140

Anderson DJ et al (2001) Can stem cells cross lineage boundaries? Nature Medicine 7(4):303–395

Antoniou M (2001) Embryonic stem cell research. The case against. Nature Medicine 7(4):397–399

Bonnet D (2002) Haematopoietic stem cells. J Pathol 197:430–440

Borge OJ (2003) Aspects on properties, use and ethical considerations of embryonic stem cells: A short review. Cytotechnology 41:59–68

Bossolasco et al (2004) Skeletal muscle differentiation potential of human adult bone marrow cells. Exp Cell Res 295(1):66–78

Cassidy R, Frisen J (2001) Stem cells on the brain. Nature 412:690–691

Changwon P et al (2004) A hierarchical order of factors in the generation of FLK1- and SCL-expressing hematopoietic and endothelial progenitors from embryonic stem cells Development 131:2749–2762

Corbel SY et al (2003) Contribution of hematopoietic stem cells to skeletal muscle. Nature Med 9(12):1528–1532

Czyz J et al (2003) Potential of embryonic and adult stem cells in vitro. Biol Chem 384(10–11):1391–409

Doyonnas R et al (2004) Hematopoietic contribution to skeletal muscle regeneration by myelomonocytic precursors. Proc Natl Acad Sci USA 101:13507–13512

Dürr M, Müller AM (2003) Plastizität somatischer Stammzellen: Traum oder Wirklichkeit? Med Klinik (München) 98 Suppl 2:3–6

Gardner RL (2002) Stem cells: potencies, plasticity and public perception. J Anatomy 200:277–282

Gilboa L, Lehmann R (2004) Repression of primordial germ cell differentiation parallels germ line stem cell maintenance. Curr Biol 14:981–986

Harder et al (2004) Erythroid-like cells from neural stem cells injected into blastocysts. Exp Hematol 32(7):673–682

Hole N (1999) Embryonic-stem cell-derived haematopoiesis. Cells Tissues Organs 165:181–189

Kind A, Colman A (1999) Therapeutic cloning: needs and prospects. Sem Cell Dev Biol 10:279–286

Koski GK et al (2001) CD14+ monocytes as dendritic cell precursors: diverse maturation-inducing pathways lead to common activation of NF-kappab/RelB. Crit Rev Immunol 21:179–189

Krause DS (2002) Regulation of hematopoietic stem cell fate. Oncogene 21:3262–3269

Lanza R, Rosenthal N (2004) Die Verheißung von Stammzellen. Spektrum 12/2004:34–41

Lisker R (2003) Ethical and legal issues in therapeutic cloning and the study of stem cells. Arch Med Res 2003 Nov–Dec; 34(6):607–611

Lumelsky N et al (2001) Differentiation of embryonic stem cells to insulin-secreting structures similar to pancreatic islets. Science 292:1389–1390

Mazurier F et al (2003) Characterization of cord blood hematopoietic stem cells. Ann NY Acad Sci 996:67–79

McGann CJ et al (2001) Mammalian myotube dedifferentiation induced by newt regeneration extract. Proc Natl Acad Sci USA 98:13699–13704

McKay R (2000) Mammalian deconstruction for stem cell reconstruction. Nature Medicine 6(7):747–748

Merz WE (2000) Die Reproduktionsmedizin im Brennpunkt: Nicht alles darf geschehen. Reproduktionsmedizin 16:295–298

Morrison SJ, Shah NN, Anderson DJ (1997) Regulatory mechanisms in stem cell biology. Cell 88:287–298

Morrison SJ, Uchida N, Weissman Il (1995) The biology of hematopoietic stem cells. Ann Rev Cell Biol 11:35–71

Nir SG et al (2003) Human embryonic stem cells for cardiovascular repair. Cardiovasc Res 58:313–323

Orkin SH (1996) Development of the hematopoietic system. Curr Opin Genet Dev 6:597–602

Orkin S (1998) Embryonic stem cells and transgenic mice in the study of hematopoiesis. Int J Dev Biol 42:927–934

Palis J et al (2001) Spatial and temporal emergence of high proliferative potential hematopoietic precursors during murine embryogenesis. Proc Natl Acad Sci USA 98:4528–4533

Pelton TA et al (1998) Developmental complexity of early mammalian pluripotent cell populations in vivo and in vitro. Reproduction, fertility and development 10:535–549

Pomerantz J, Blau HM (2004) Nuclear reprogramming: a key to stem cell function in regenerative medicine. Nature Cell Biol 6:810–816

Robertson S et al(1999) Hematopoietic commitment during embryogenesis. Ann NY Acad Sci 1999:8729–8815

Reubinoff BE et al (2000) Embryonic stem cell lines from human blastocysts: somatic differentiation in vitro. Nature biotechnology 18:399–404

Schöler HR (2003) Das Potential von Stammzellen – Ist der Mensch regenerierbar? Naturwiss Rundschau, 56:525–539

Shannon JO et al (2000) Dedifferentiation of mammalian myotubes induced by *msx1*. Cell 103:1099–1109

Shannon TA (2001) Human embryonic stem cell therapy. Theol Stud 62(4):811–824

Spangrude GJ, Heimfeld S, Weissman I (1988) Purification and characterization of mouse hematopoietic stem cells. Science 241:58–62

Svendsen CN et al (1999) Human neural stem cells: isolation, expansion and transplantation. Brain Pathol 9:499–513

Tiedemann H et al (2001) Pluripotent cells (stem cells) and their determination and differentiation in early vertebrate embryogenesis. Develop Growth Differ 43:469–502

Toyooka Y et al (2003) Embryonic stem cells can form germ cells in vitro. Proc Natl Acad Sci USA 100:11457–11462

Vogel G (2001) Can adult stem cells suffice? Science 292:1820–1822

Wakayama T et al (2001) Differentiation of embryonic stem cell lines generated from adult somatic cells by nuclear transfer. Science 292:740–743

Wang Z, Lin H (2004) Nanos maintains germline stem cell self-renewal by preventing differentiation. Science 303:2016–2019

Weimann JM (2003) Contribution of transplanted bone marrow cells to Purkinje neurons in human adult brains. Proc Natl Acad Sci USA 100:2088–2093

Winston R (2001) Embryonic stem cell research. The case for ... Nature Medicine 7(4):396–397

Zu Kap. 20 u. Box K20:
Signalmoleküle, Hormone, WNT-Kaskade

Bafico A et al (2001) Novel mechanisms of Wnt signalling inhibition mediated by Dickkopf-1 interaction with LRP6/Arrow. Nat Cell Biol 3:683–686

Baker JC et al (1999) Wnt signaling in Xenopus embryos inhibits *bmp4* expression and activates neural development. Genes and Development 13:3149–3159

Beato M (1989) Gene regulation by steroid hormones. Cell 56:335–344

Beato M, Klug J (2000) Steroid hormone receptors: an update. Hum Reprod Update 6:225–236

Bownes M et al (1988) Evidence that insect embryogenesis is regulated by ecdysteroids released from yolk proteins. Proc Natl Acad Sci USA 85:1554–1557

Chen YP, Huang L, Solursh M (1994) A concentration gradient of retinoids in the early *Xenopus* embryo. Dev Biol 161:70–76

Chen Y et al (2004) Organizer activities mediated by retinoic acid. In: Grunz H (ed) The vertebrate organizer. Springer, Berlin Heidelberg New York, pp 173–186

Christen B, Slack JM (1997) FGF-8 is associated with anteroposterior patterning and limb regeneration in *Xenopus*. Dev Biol 192:455–466

Conlon RA (1995) Retinoic acid and pattern formation in vertebrates. Trends Genet 11:314–319

Crossin KL, Krushel LA (2000) Cellular signaling by neural cell adhesion molecules of the immunoglobulin superfamily. Dev Dyn 218(2):260–279

Entchev EV, Gonzales-Gaitan MA (2002) Morphogen gradient formation and vesicular trafficking. Traffic 3:98–109

Faure S et al (2000) Endogenous patterns of TGF-β superfamily signaling during early *Xenopus* development. Development 127:2917–2931

Ferkowicz MJ, Raff RA (2001) Wnt gene expression in sea urchin development: heterochronies associated with the evolution of developmental mode. Evol Dev 3:24–33

Fredieu JR et al (1997) Xwnt-8 and lithium can act upon either dorsal mesodermal or neuroectodermal cells to cause a loss of forebrain in *Xenopus* embryos. Dev Biol 186:100–114

Freeman M, Gurdon JB (2002) Regulatory principles of developmental signaling. Annu Rev Cell Dev Biol 18:515–539

Fürthauer M et al (2004) FGF signalling controls the dorsoventral patterning of the zebrafish embryo. Development 131:2853–2864

Gauthier LR, Robbins SM (2003) Ephrin signaling: One raft to rule them all? One raft to sort them? One raft to spread their call and in signaling bind them? Life Sci 74:207–216

Glinka A et al (1998) Dickkopf-1 is a member of a new family of secreted proteins and functions in head induction. Nature 391:357–362

Gradl D et al (1999) Keeping a close eye on WNT-1/wg signaling in *Xenopus*. Mech Dev 86:3–15

Gritsman K et al (2000) Nodal signaling patterns the organizer. Development 127:921–932

Eichele G (1989) Retinoic acid induces a pattern of digits in anterior half wing buds that lack the zone of polarizing activity. Development 107:863–867

Hall BL, Thummel CS (1998) RXR homolog Ultraspiracle is an essential component of the *Drosophila* ecdysone receptor. Development 125:4709–4717

Harvey MB, Kaye PL (1990) Insulin increases the cell number of the inner cell mass and stimulates morphological development of mouse blastocysts *in vitro*. Development 110:963–967

Honda H, Mochizuki A (2002) Formation and maintenance of distinctive cell patterns by co-expression of membrane-bound ligands and their receptors. Dev Dyn 223:180–192

Hongo I et al (1999) FGF signaling and the anterior neural induction in *Xenopus*. Dev Biol 216:561–581

Hoppler S et al (1998) BMP-2/4 and WNT-8 cooperatively pattern the *Xenopus* mesoderm. Mech Dev 71:119–129

Huelsken J et al (2000) Requirement for β-catenin in anterior-posterior axis formation in mice. J Cell Biol 148:567–578

Huelsken J, Birchmeier W (2001) New aspects of Wnt signalling pathways in higher vertebrates. Curr Opin Genet Dev 11:547–553

Koolman J, Spindler K-D (1983) Mechanisms of action of ecdysteroids. In: Downer RGH, Laufer H (eds) Endocrinology of insects. Alan Liss, New York, pp 179–201

Kühl M et al (2001) Antagonistic regulation of convergent extension movements in *Xenopus* by Wnt/β-catenin and WNT/Ca^{2+} signaling. Mech Dev 106:61–67

Lai EC (2004) Notch signaling: control of cell communication and cell fate. Development 131:965–973

Leitz T (2001) Endocrinology of the Cnidaria: state of the art. Zoology 103:202–221

Massague J (2000) How cells read TGF-β signals. Nature Rev Mol Cell Biol 1:169–178

Mathieu J et al (2004) Nodal and FGF pathways interact through a positive regulatory loop and synergize to maintain mesodermal cell populations. Development 131:629–641

McDowell N. et al (1997) Activin has direct long range signalling activity and can form a concentration gradient by diffusion. Curr Biol 7:671–681

Moon RT et al (1997) Structurally related receptors and antagonists compete for secreted Wnt ligands. Cell 88:725–728

Moore FL, Evans SJ (1999) Steroid hormones use non-genomic mechanisms to control brain functions and behaviors: a review of evidence. Brain Behavior Evolution 54:41–50

Myers DC et al (2002) convergence and extension in vertebrate gastrulae: cell movements according to or in search of identity? Trends Genet 18:447–455

Niehrs C (1999) Head in the WNT, the molecular nature of Spemann's head organizer. Trends in Genetics 15(8):314–319

Niehrs C (2004) Wnt signals and antagonists: The molecular Nature of Spemann's head organizer. Grunz H (ed) The vertebrate organizer. Springer, Berlin Heidelberg New York, pp 127–150

Nishita M et al (2000) Interaction between Wnt and TGF-beta signalling pathways during formation of Spemann's organizer. Nature 403:781–785

Nybakken K, Perrimon N (2001) Heparan sulfate proteoglycan modulation of developmental signaling in Drosophila. Biochim Biophys Acta 1573:280–291

Ornitz DM (2000) FGFs, heparan sulfate and FGFRs: complex interactions essential for development. Bioessays 22:108–112

Paine-Saunders S et al (2002) Heparan proteoglycans retain Noggin at the cell surface: a potential mechanism for shaping bone morphogenetic proteins gradients. J Biol Chem 277:2089–2096

Patapoutian A, Reichardt LF (2000) Roles of Wnt proteins in neural development and embryogenesis – a look outside the nucleus. Curr Opin Neurobiol 10:392–399

Plotnikov AN et al (1999) Structural basis for FGF receptor dimerization and activation. Cell 98:641–650

Princivalle M, de Agostini A (2002) Developmental roles of heparan sulfate proteoglycans: a comparative review in Drosophila, mouse and human. Int J Dev Biol 46:267–278

Schier AF, Shen MM (2000) Nodal signalling in vertebrate development. Nature 403:385–389

Schneider S, Steinbeisser H, Warga RM, Hausen P (1996) β-Catenin translocation into nuclei demarcates the dorsalizing centers in frog and fish embryos. Mech Dev 57:191–198

Schoenmakers E et al (2000) Differences in DNA binding characteristics of the androgen and glucocorticoid receptors can determine hormone-specific responses. J Biol Chem 275:12290–12297

Schwabe JWR, Rhodes D (1991) Beyond zinc fingers: steroid hormone receptors have a novel structural motif for DNA recognition. Trends Biochem Sci 16:291–296

Seachrist JL, Ferguson SS (2003) Regulation of G protein-coupled receptor endocytosis and trafficking by Rab GTPases. Life Sci 74:225–235

Shen MM, Schier AF (2000) The EGF-CFC gene family in vertebrate development. Trends in Genetics 16:303–309

Sokol SY (1999) Wnt signaling in dorso-ventral axis specification in vertebrates. Curr Opin Genet Dev 9:405–410

Spindler K-D et al (2001) Moulting hormones of arthropods: molecular mechanisms. Zoology 103:189–201

Stachowiak MK et al (2003) Integrative nuclear FGFR1 signaling (INFS) as a part of a universal "feed-forward-and-gate" signaling module that controls cell growth and differentiation. J Cell Biochem 90:662–691

Streit A et al (2000) Initiation of neural induction by FGF signalling before gastrulation. Nature 406:74–78

Tabata T, Takei Y (2004) Morphogens, their identification and regulation. Development 131:703–712

Vonica A et al (2000) TCF is the nuclear effector of the β-catenin signal that patterns the sea urchin animal-vegetal axis. Dev Biol 217:230–243

Wilson SI et al (2001) The status of Wnt signalling regulates neural and epidermal fates in the chick embryo. Nature 411:325–330

Wodarz A, Nusse R (1998) Mechanisms of Wnt signaling in development. Annual Rev Cell Dev Biol 14:59–88

Wynne-Edwards (2001) Evolutionary biology of plant defenses against herbivory and their predictive implications for endocrine disruptor susceptibility in vertebrates. Environmental Health Perspectives 109:443–448

Zhu L et al (1998) Molecular cloning and characterization of *Xenopus* Insulin-like growth factor-1 receptor: its role in mediating insulin-induced *Xenopus* oocyte maturation and expression during embryogenesis. Endocrinology 139:949–955

Zorn A (1997) Cell-cell signalling: frog frizbees. Curr Biol 7:R501–R504

Direkte Signaltransmission von Zelle zu Zelle

Greco V et al (2001) Argosomes. A potential vehicle for spread of morphogens through epithelia. Cell 106:633–645

Honda H, Mochizuki A (2002) Formation and maintenance of distinctive cell patterns by co-expression of membrane-bound ligands and their receptors. Dev Dyn 223:180–192

Kruse K et al (2004) Dpp gradient formation by dynamin-dependent endocytosis: receptor trafficking and the diffusion model. Development 131:4843–4856

Nybakken K, Perrimon N (2001) Heparan sulfate proteoglycan modulation of developmental signaling in Drosophila. Biochim Biophys Acta 1573:280–291

Princivalle M, de Agostini A (2002) Developmental roles of heparan sulfate proteoglycans: a comparative review in Drosophila, mouse and human. Int J Dev Biol 46:267–278

Ramirez-Weber F-A, Kornberg TB (1999) Cellular processes that project to the principal signaling center in *Drosophila* imaginal discs. Cell 97:599–607

Rustom A et al (2004) Nanotubular highways for intercellular organelle transport. Science 303:1007–1010

Torroja C et al (2004) Patched controls the Hedgehog gradient by endocytosis in a dynamin-dependent manner, but this internalization does not play a major role in signal transduction. Development 131:2395–2408

Signaltransduktion von außen nach innen

Bücher:

Madshus IH (2004) Signalling from internalized growth factor receptors. Springer, Berlin Heidelberg New York

Stenmark H (2004) Phosphoinositides in subcellular targeting and enzyme activation. Springer, Berlin Heidelberg New York

Artikel:

Barker N et al (2000) The Yin-Yang of TCF/beta-catenin signaling. Advances Cancer Res 77:1–24

Baumann CA, Saltiel AR (2001) Spatial compartimentalization of signal transduction in insulin action. Bioessays 23:215–222

Behrens J (1999) Cadherins and catenins: role in signal transduction and tumor progression. Cancer and Metastasis Reviews 18:15–30

Berridge MJ (1993) Inositol trisphosphate and calcium signalling. Nature 361:315–325

Bromberg JF (2001) Activation of STAT proteins and growth control. Bioessays 23:161–169

Divecha N, Irvine RF (1995) Phospholipid signaling. Cell 80:269–278

Downward J (2001) The ins and outs of signalling. Nature 411:759–762

Eliyahu E et al (2001) PKC in eggs and embryos. Frontiers in biosciences 6:D785–791

Farr GH et al (2000) Interaction among GSK-3, GBP, axin, and APC in *Xenopus* axis specification. J Cell Biol 148:691–702

Ferkey DM, Kimelman D (2000) GSK-3: new thoughts on an old enzyme. Dev Biol 225:471–479

Gumbiner BM (1996) Signal transduction by catenin. Curr Opin Cell Biol 7:634–640

Hendriks B, Reichmann E (2002) Wnt signalling: a complex issue. Biol Res. 35:277–286

Huelsken J, Birchmeier W (2001) New aspects of Wnt signalling pathways in higher vertebrates. Curr Opin Genet Dev 11:547–553

Miller JR et al (1999) Mechanism and function of signal transduction by the Wnt/β-catenin and Wnt/Ca^{2+} pathways. Oncogenes 18:7860–7872

Otte AP et al (1988) Protein kinase C mediates neural induction in *Xenopus laevis*. Nature 334:618–620

Schneider S, Steinbeisser H, Warga RM, Hausen P (1996) β-Catenin translocation into nuclei demarcates the dorsalizing centers in frog and fish embryos. Mech Dev 57:191–198

Smalley MJ, Dale TC (2001) Wnt signaling and mammary tumorigenesis. J Mammary Gland Biol Neoplasia 6:37–52

Sokol SY (1999) Wnt signaling in dorso-ventral axis specification in vertebrates. Curr Opin Genet Dev 9:405–410

St-Amand AL, Klymkowsky MW (2001) Cadherins and catenins, Wnts and SOXs: Embryonic patterning in *Xenopus*. Int Review Cytol 2001:203291–20355

Wilson SI et al (2001) The status of Wnt signalling regulates neural and epidermal fates in the chick embryo. Nature 411:325–330

Wodarz A, Nusse R (1998) Mechanisms of Wnt signaling in development. Ann Rev Cell Dev Biol 1998:1459–1488

Zu Kapitel 21:
Wachstumskontrolle, Krebs

Bücher, Sammelwerke:

Kumar S (1998) Apoptosis: mechanisms and role in disease. Springer, Berlin Heidelberg New York

Pagano M (1998) Cell cycle control. Springer, Berlin Heidelberg New York

Schwab M (2001) Encyclopedic reference of cancer. Springer, Berlin Heidelberg

Sammelheft: Krebsmedizin II; Spektrum der Wissenschaften Spezial, darin u.a.:
- Blettner M. Krebs. Riskante Umwelt – riskantes Verhalten
- Gibbs WW: Krebs. Chaos in der Erbsubstanz
- Krammer PH: Krebs. Zell-Harakiri auf Befehl
- Zöller M: Krebs. Verhängnisvolle Wanderschaft
- Zu Hausen: Krebs. Eine Herausforderung für die Forschung

Weblinks:

www.krebsinformation.de (Informationsdienst des Deutschen Krebsforschungszentrums Heidelberg)

www.krebsgesellschaft.de

www.dkfz.de (Deutsches Krebsforschungszentrum Heidelberg)

www.nci.nih.gov (Informationsdienst des amerikanischen National Cancer Institute)

www.cancergenetics.org/tsg.htmn

Artikel:

Abelev GI (2000) Differentiation mechanisms and malignancy. Biochemistry (Moscow) 65:107–116

Aplin AE et al (1999) Cell adhesion molecules, signal transduction and cell growth. Curr Opin Cell Biol 11:737–744

Behrens J, Lustig B (2004) The Wnt connection to tumorigegesis. Int J Dev Biol 48:477–487

Bertram JS (2000) The molecular biology of cancer. Mol Aspects Med 21:167–223

Blume-Jensen P, Hunter T (2001) Oncogenic kinase signalling. Nature 411:355–365

Brown JM, Wouters BG (1999) Apoptosis, p53, and tumor cell sensitivity to anticancer agents. Cancer Res 59:1391–1399

Compagni A, Christofori G (2000) Recent advances in research on multistage tumorgenesis. Brit J Cancer 83:1–5

Cherish DA (1998) Death to a blood vessel, death to a tumor. Nature Med 4:395–396

Day SJ, Lawrence PA (2000) Measuring dimensions: the regulation of size and shape. Development 127:2977–2987

DeCaprio JA et al (1989) The product of the retinoblastoma susceptibility gene has properties of a cell cycle regulatory element. Cell 58:1085–1095

Dunn IF et al (2000) Growth factors in glioma angiogenesis: FGFs, PDGF, EGF, and TGFs. J of Neuro-oncology 50:121–137

Folgueras AR et al (2004) Matrix metalloproteinases in cancer: from new functions to improved inhibition strategies. Int J Dev Biol 48:411–424

Ford HL, Pardee AB (1999) Cancer and the cell cycle. J of cellular biochemisty 1999, Suppl 32:33166–33172

Gaspar C, Fodde R (2004) APC dosage effects in tumorigenesis and stem cell differentiation. Int J Dev Biol 48:377–386

Hagedorn HG et al (2001) Synthesis and degradation of basement membranes and extracellular matrix and their regulation by TGF-β in invasive carcinomas. Int J Oncol 18:669–681

Hakem R, Mak TW (2001) Animal model of tumor-suppressor genes. Ann Rev Genet 35:209–241

Harbour JW, Dean DC (2000) Rb function in cell-cycle and apoptosis. Nature Cell Biol 2:E65–67

John A, Tuszynski G (2001) The role of matrix metalloproteinases in tumor angiogenesis and tumor metastasis. Pathol Oncol Res 7:14–23

Joyce D et al (2001) NF-kappaB and cell-cycle regulation: the cyclin connection. Cytokine Growth Factor Rev 12:73–90

Kastan MB (1996) Signalling to p53: where does it all start? Bioessays 18:617–619

Kaufmann SH, Gores GJ (2000) Apoptosis in cancer: cause and cure. Bioessays 22:1007–1017

Kerbel RS (2000) Tumor angiogenesis: past, present and the near future. Carcinogenesis 21:505–515

Kovacic P, Jacintho JD (2001) Mechanisms of carcinogenesis: focus on oxidative stress and electron transfer. Curr Med Chem 8:773–796

Marks F, Fürstenberger G (1999) Krebsprävention mit Schmerzmitteln. Spektrum Wissenschaft 2:51–60

Marnett LJ (2000) Oxyradicals and DNA damage. Carcinogenesis 21:361–370

Marshall CJ (1991) Tumor suppressor genes. Cell 64:313–326

Masciullo V et al (2000) The Rb family of cell cycle regulatory factors: clinical implications. Int J Oncol 17:897–902

Molinari M (2000) Cell cycle control and their inactivation in human cancer. Cell Proliferation 33:261–274

Morin PJ (1999) Beta-catenin signaling and cancer. Bioessays 21:1021–1030

Peinado H et al (2004) Transcriptional regulation of cadherins during development and carcinogenesis. Int J Dev Biol 48:365–375

Sandhu C, Slingerland J (2000) Deregulation of the cell cycle in cancer. Cancer Detection Prevention 24:107–118

Schutte B, Ramaerkers FC (2000) Molecular switches that govern the balance between proliferation and apoptosis. Progress in cell cycle research 2000:4207–4217

Sim BK et al (2000) Angiostatin and endostatin: endogenous inhibitors of tumor growth. Cancer and Metastasis Research 19:181–190

Singh H et al (2000) Chromatin and cancer: causes and consequences. J Cell Biochem, Suppl 35:61–68

Smalley MJ, Dale TC (2001) Wnt singaling and mammary tumorigenesis. J Mammary Gland Biol Neoplasia 6:37–52

Somasundaram K (2000) Tumor suppressor p53: regulation and function. Frontiers in Bioscience 2000 Apr 1, 5:D424–437

Teng CS (2000) Protooncogenes as mediators of apoptosis. Int Rev Cytol 2000:197137–197202

Trouson A (2004) Stem cells, plasticity and cancer – uncomfortable bed fellows. Development 131:2763–2768

Webb CP et al (2000) Genes that regulate metastasis and angiogenesis. J Neuro Oncol 50:71–87

Wogan GN et al (2004) Environmental and chemical carcinogenesis. Semin Cancer Biol 14(6):473–486

Wu X, Pandolfi PP (2001) Mouse models for multistep tumorgenesis. Trends Cell Biol 11:2–9
Yokota J (2000) Tumor progression and metastasis. Carcinogenesis 21:497–503
Ziegler A et al (1994) Sunburn and p53 in the onset of skin cancer. Nature 372:773–775

Zu Kapitel 22:
Metamorphose

Bücher:
Gilbert LI, Frieden E (eds) (1981) Metamorphosis: a problem in developmental biology. Plenum, New York, pp 139–176
Tata JR (1998) Hormonal signaling and postembryonic development. Springer, Berlin Heidelberg New York
Yun-Bo Shi (2000) Amphibian metamorphosis. Wiley-Liss, New York

Artikel:
Bede JC et al (2001) Biosynthetic pathway of insect juvenile hormone III in cell suspension cultures of the sedge *Cyperus iria*. Plant Physiol 127:584–593
Berking S (1998) Hydrozoa metamorphosis and pattern formation. Curr Top Dev Biol 38:81–131
Berry DL et al (1998) The expression pattern of thyreoid hormone response genes in the tadpole tail identifies multiple resorption programs. Dev Biol 203:12–23
Berry DL et al (1998) The expression pattern of thyreoid hormone response genes in remodeling tadpole tissues defines distinct growth and resorption genes. Dev Biol 203:24–35
Clark AC et al (2004) Neuroendocrine control of larval ecdysis behavior in Drosophila: complex regulation by partially redundant neuropeptides. J Neurosci 24(17):4283–4292
Consoulas C et al (2000) Behavioral transformations during metamorphosis: remodeling of neural and motor systems. Brain Res Bull 15:571–583
Dewey EM et al (2004) Identification of the gene encoding bursicon, an insect neuropeptide responsible for cuticle sclerotization and wing spreading. Curr Biol 14(13):1208–1213
Gilbert LI, Goodman W (1981) Chemistry, metabolism, and transport of hormones controlling insect metamorphosis. In: Gilbert LI, Frieden E (eds) Metamorphosis: a problem in developmental biology. Plenum, New York, pp 139–176
Gilbert LI et al (2002) Control and biochemical nature of the ecdysteroidogenic pathway. Annual Rev Entomol 47:883–916
Grebe M et al (2004) Dynamic of ligand binding to *Drosophila melanogaster* ecdysteroid receptor. Insect Biochem Mol Biol 34(9):981–989
Hasunuma I et al (2004) Molecular cloning of bullfrog prolactin receptor cDNA: changes in prolactin receptor mRNA level during metamorphosis. Gen Comp Endocrinol 138:200–210
Jung JC et al (2004) Activity and expression of *Xenopus laevis* matrix metalloproteinases: Identification of a novel role for the hormone prolactin in regulating collagenolysis in both amphibians and mammals. J Cell Physiol 201:165
Kingan TG et al (2001) Signal transduction in eclosion hormone-induced secretion of ecdysis-triggering hormone. J Biol Chem 276(27):25136–25142
Koch PB, Bückmann D (1987) Hormonal control of seasonal morphs by the timing of ecdysteroid release in *Araschnia levana*. J Insect Physiol 33:823–829
Leitz T (2001) Endocrinology of the Cnidaria: state of the art. Zoology 103:202–221
Mesce KA, Fahrbach SE (2002) Integration of endocrine signals that regulate insect ecdysis. Frontiers Neuroendocrinol 23:179–199
Müller WA, Leitz (2002) Metamorphosis. In: Biology of the Cnidarians. Can J Zool 80:1755–1771

Neumann D, Spindler K-D (1991) Circaseminular control of imaginal disc development in *Clunio marinus.* J Insect Physiol 37:101–109

Pechenik JA (1999) On the advantages and disantvantages of larval stages in benthic marine invertebrate life cycles. Marine Ecology Progr Ser 177:269–297

Pratt GE et al (1980) Lethal metabolism of precocene-I to a reactive epoxide by locust corpora allata. Nature 284:320–323

Retnakaran A et al (2003) Ecdysone agonists: mechanism and importance in controlling insect pests of agriculture and forestry. Arch Insect Biochem Physiol 54:187–199

Riddiford LM et al (2000) Ecdysone receptors and their biological functions. Vitamines and Hormones 2000:601–673

Riddiford LM et al (2003) Insights into the molecular basis of the hormonal control of molting and metamorphosis from *Manduca sexta* and *Drosophila melanogaster.* Insect Biochem Mol Biol 33(12):1327–1338

Sachs LM et al (2000) Dual functions of thyroid hormone receptors during *Xenopus* development. Comparative Biochem Physiol B: Biochem Mol Biol 126:199–211

Schmich J Trepel S, Leitz T (1998) The role of GLWamides in metamorphosis of *Hydractinia echinata.* Dev Genes Evol 208:267–273

Schmutterer H (ed) (1995) The Neem tree. VCH, Weinheim

Shi Y-B et al (1996) Tadpole competence and tissue-specific temporal regulation of amphibian metamorphosis: roles of thyroid hormone and its receptors. Bioessays 18:391–339

Shi Y-B, Ishizuya-Oka A (2000) Thyroid hormone regulation of apoptotic tissue remodeling: implications from molecular analysis of amphibian metamorphosis. Progress in Nucleic Acid Research and Molecular Biology 65:53–100

Shintani N et al (2002) Tissue-specific regulation of type III iodothyronine 5-deiodinase gene expression mediates the effects of prolactin and growth hormone in Xenopus metamorphosis. Dev Growth Differ 44(4):327–335

Spindler K-D et al (2001) Moulting hormones of arthropods: molecular mechanisms. Zoology 103:189–201

Spindler-Barth M, Spindeler KD (2000) Hormonal regulation of larval moulting and metamorphosis – Molecular aspects. In: Dorn A (ed) Progress in developmental endocrinology. Wiley-Liss, New York, pp 117–144

Tata JR (1999) Amphibian metamorphosis as a model for studying the developmental actions of thyroid hormone. Biochimie 81:359–366

Tata JR (2000) Autoinduction of nuclear hormone receptors during metamorphosis and its significance. Insect Biochem Mol Biol 30:645–651

Thummel CS (1996) Flies on steroids – *Drosophila* metamorphosis and the mechanisms of steroid hormone action. Trends Genet 12:306–310

Tissot M, Stocker RF (2000) Metamorphosis in *Drosophila* and other insects: the fate of neurons throughout the stages. Progress in Neurobiology 62:89–111

Tobe SS, Bedena WG (1999) The regulation of juvenile hormone production in arthropods. Functional and evolutionary perspectives. Annales NY Acad Sci pp 897300–897310

Truman JW, Riddiford LM (1999) The origins of insect metamorphosis. Nature 401:447–452

Truman JW, Riddiford LM (2002) Endocrine insights into the evolution of metamorphosis in insects. Annu Rev Entomol 47:467–500

Wheeler DE, Nijhout HF (2003) A perspective for understanding the modes of juvenile hormone action as a lipid signaling system. Bioessays 25(10):994–1001

Wilson TG (2004) The molecular site of action of juvenile hormone and juvenile hormone insecticides during metamorphosis: how these compounds kill insects. J Insect Physiol 50:111–121

Yamamoto T et al (2000) Cloning of a cDNA for *Xenopus* prolactin receptor and its metamorphic expression profile. Dev Growth Differ 42:167–174

Zitnan D (2002) Molecular cloning and function of ecdysis-triggering hormones in the silkworm Bombyx mori. J Exp Biol 205:3459–3473

Zu Kapitel 23: Geschlechtsentwicklung

Bücher:
Diedrich K (Hrsg) (2000) Gynäkologie und Geburtshilfe. Springer, Berlin Heidelberg
Johnson MH, Everitt BJ (1995) Essential Reproduction. 4th ed. Blackwell Science
Kuhl H (2002) Sexualhormone und Psyche. Thieme, Stuttgart
McElreavey (2000) The genetic basis of male infertility. Springer, Berlin Heidelberg New York
Nieschlag E, Behre HM (Hrsg) (2000) Andrologie, 2. Aufl. Springer, Berlin Heidelberg
Schmidt-Matthiesen H, Hepp H (Hrsg) (1998) Gynäkologie und Geburtshilfe. 9. Aufl. Schattauer, Stuttgart

Artikel:
Geschlechtsbestimmung:

Bull JJ (1990) Sex determination in reptiles. Q Rev Biol 55:3–21
Cline TW (1993) The *Drosophila* sex determination signal: how do flies count to two? Trends Genet 9:385–390
Crews D (2003) Sex determination: where environment and genetics meet. Evol Dev 5(1):50–55
Deeming DC, Ferguson MW (1988) Environmental regulation of sex determination in reptiles. Philos Trans R Soc Lond B Biol Sci. 322(1208):19–39
Hodgkin J (1992) Genetic sex determination mechanisms and evolution. Bioessays 14:253–261
Koopman P et al (1991) Male development of chromosomally female mice transgenic for *Sry*. Nature 351:117–121
Kuwabara PE (1999) Developmental genetics of *Caenorhabditis* sex determination. Curr Top Dev Biol pp 4199–5132
Marin I, Baker BS (1998) The evolutionary dynamics of sex determination. Science 281:1990–1994
Pieau C (1996) Temperature variation and sex determination in reptiles. Bioessays 18:19–26
Schafer AJ, Goodfellow PN (1996) Sex determination in humans. Bioessays 18:955–963
Schutt C, Nothiger R (2000) Structure, function and evolution of sex-determining systems in Dipteran insects. Development 127:667–677
Swain A et al (1998) *Dax1* antagonizes *Sry* action in mammalian sex determination. Nature 391:761–767
Vilain E (2000) Genetics of sexual development. Annual Review of Sex Research 11:1–25

Geschlechtsentwicklung, Sexualhormone

Bogan JS, Page DC (1994) Ovary? Testis? – A mammalian dilemma. Cell 76:603–660
Britt KL, Findlay JK (2003) Regulation of the phenotype of ovarian somatic cells by estrogen. Mol Cell Endocrinol 202:11–17
Drews U (2000) Local mechanisms in sex specific morphogenesis. Cytogenet Cell Genet 91:72–80
Gooren LJ, Toorians AW (2003) Significance of oestrogens in male (patho)physiology. Ann Endocrinol (Paris) 64(2):126–135
Haqq CM et al (1994) Molecular basis of mammalian sexual determination: activation of Müllerian inhibiting substance gene expression by SRY. Science 266:1494–1497
Haqq CM, Donahoe PK (1998) Regulation of sexual dimorphism in mammals. Physiol Rev 78:1–33
Hughes IA et al (1999) Sexual dimorphism in the neonatal gonad. Acta Paediatr Suppl 88:23–30
Lee MM, Donahoe PK (1993) Mullerian inibiting substance: a gonadal hormone with multiple functions. Endocr Rev 14:152–156

Parker KL, Schedl A, Schimmer BP (1999) Gene interactions in gonadal development. Ann Rev Physiol 61:417–433

Simpson ER (2002) Aromatization of androgens in woman: current concepts and findings. Fertil Steril 77 Suppl 4:6–10

Simpson ER (2003) Sources of estrogen and their importance. J Steroid Biochem Mol Biol 86(3–5):225–230

Simpson ER et al (2002) Aromatase – a brief overview. Annu Rev Physiol 64:93–127

Geschlecht, Gehirn und Verhalten

Arai Y (2004) Sex differentiation of central nervous system – Brain of man and woman. Nippon-Rinsho 62:281–292

Auger AP (2004) Steroid receptor control of reproductive behavior. Hormones and Behavior 45:168–172

Beyer C (1999) Estrogen and the mammalian brain. Anat Embryol 199:379–390

Breedlove SM et al (1999) The orthodox view of brain sexual differentiation. Brain, Behavior, Evolution 54:8–14

Chung WC et al (2002) Sexual differentiation of the bed nucleus of the stria terminalis in humans may extend into adulthood. J Neurosci 22:1027–1033

DeCherney AH (2000) Hormone receptors and sexuality in the human female. J Womens Health Gender Based Med 9 Suppl 1:9–13

DeCourten-Myers GM (1999) The human cerebral cortex: gender differences in structure and function. J Neuropath Exp Neurology 58:217–226

Goldstein JM et al (2001) Normal sexual dimorphism of the adult human brain assessed by in vivo magnetic resonance imaging. Cereb Cortex 11(6):490–497

Gooren LJ, Kruijver FP (2002) Androgens and male behavior. Mol Cell Endocrinol 198:31–40

Gorski RA (2002) Hypothalamic imprinting by gonadal steroid hormones. Adv Exp Med Biol 511:57–70

Hampson E, Kimura D (1992) Sex differences and hormonal influences on cognitive function in humans: In: Becker JB, Breedlove SM, Crews D (eds) Behavioral endocrinology. MIT Press, Cambridge/MA, pp 347–400

Hines M (2003) Sex steroids and human behavior: prenatal androgen exposure and sex-typical play behavior in children. Ann NY Acad Sci 1007:272–282

Karama S et al (2002) Areas of brain activation in males and females during viewing of erotic film excerpts. Human Brain Mapping 16:1–13

Li T, Shen Y (2005) Estrogen and brain: synthesis, function and diseases. Front Biosci 10:257–267

Luders et al (2004) Gender differences in cortical complexity. Nature Neurosci 7(8):799–800

Moore FL, Evans SJ (1999) Steroid hormones use non-genomic mechanisms to control brain functions and behaviors: a review of evidence. Brain Behavior Evolution 54:41–50

Negri-Cesi P et al (2004) Sexual differentiation of the brain: role of testosterone and its active metabolites. J Endocrinol Invest 27 Suppl(6):120–127

Rademacher J et al (2001) Human primary auditory cortex in women and men. Neuroreport 12:1561–1565

Swaab DE et al (2001) Structural and functional sex differences in the human hypothalamus. Horm Behav 40:93–98

Swaab DF et al (2002) Sexual differentiation of the human hypothalamus. Adv Exp Med Biol 511:75–100

Swaab et al (2003) Sex differences in the hypothalamus in the different stages of human life. Neurobiol Aging 24 Suppl 1:S1–16; discussion S17–19

Tramontin AD et al (2003) Androgens and estrogens induce seasonal-like growth of song nuclei in the adult songbird brain. J Neurobiol 57:130–140

Vawter MP et al (2004) Gender-specific gene expression in post-mortem human brain: localization to sex chromosomes. Neuropsychopharmology 29:373–384

Wade J, Arnold AP (2004) Sexual differentiation of the zebra finch song system. Ann NY Acad Sci 1016:540–559

Westerhausen R et al (2004) Effects of handedness and gender on macro- und microstructure of the corpus callosum and its subregions. Brain Res – Cognitive Brain Res 21:418–426

Schicksal des Y-Chromosoms, Lit zu Box K23C

Delbridge ML, Graves JA (1999) Mammalian Y chromosome evolution and the male-specific functions of Y-chromosome-borne genes. Rev Reprod 4:101–109
Jablonka E (2004) The evolution of the peculiarities of mammalian sex chromosomes: an epigenetic view. Bioessays 26(12):1327–1332
McKone MJ, Halpern SL (2003) The evolution of androgenesis. Am Nat 161(4):641–656
Nordenstrom A et al (2002) Sex-typed toy play behavior correlates with the degree of prenatal androgen exposure assessed by CYP21 genotype in girls with congenital adrenal hyperplasia. J Clin Endocrinol Metabol 87:5119–5124
Quintana et al (2001) The human Y chromosome: function, evolution and disease. Forensic Sci Internat 118(2–3):169–181
Repping S et al (2002) Recombination between palindromes P5 and P1 on the human Y chromosome causes massive deletions and spermatogenic failure. Am J Hum Genet 71(4):906–922
Skaletsky H et al (2003) The male-specific region of the human Y chromosome is a mosaic of discrete sequence classes. Nature 423(6942):825–837

Box K23A Störungen der Sexualentwicklung, Transsexualität, Homosexualität

Krausz C et al (2003) The Y chromosome and male fertility and infertility. Int J Androl 26(2):70–75
Kruijver FP et al (2000) Male-to-female transsexuals have female neuron numbers in a limbic nucleus. J Clin Endocrinol Metabol 85:2034–2041
Byne W (1998) Homosexualität: ein komplexes Phänomen. In: Biopsychologie. Spektrum, Heidelberg, S 88–95
LeVay S (1991) A difference in hypothalamic structure between heterosexual and homosexual men. Science 253:1034–1037
LeVay S, Hamer DH (1998) Homosexualität: biologische Faktoren. In: Biopsychologie. Spektrum, Heidelberg, S 80–87
Lippa RA (2003) Handedness, sexual orientation, and gender-related personality traits in men and women. Arch Sex Behav 32:103–114
Miller EM (2000) Homosexuality, birth order, and evolution: toward an equilibrium reproductive economics of homosexuality. Archives Sexual Behavior 29:1–34
Mustanski BS et al (2002) A critical review of recent biological research on human sexual orientation. Annu Rev Sex Res 13:89–140
Nordenstrom A et al (2002) Sex-typed toy play behavior correlates with the degree of prenatal androgen exposure assessed by CYP21 genotype in girls with congenital adrenal hyperplasia. J Clin Endocrinol Metabol 87:5119–5124
Pillard RC, Bailey JM (1998) Human sexual orientation has a heritable component. Human Biology 70:347–365
Quinsey VL (2003) The etiology of anomalous sexual preferences in men. Ann NY Acad Sci 689:105–117
Quintana et al (2001) The human Y chromosome: function, evolution and disease. Forensic Sci Internat 118(2–3):169–181
Roselli CE (2004) The volume of a sexually dimorphic nucleus in the ovine medial preoptic area/ anterior hypothalamus varies with sexual partner preference. Endocrinol 145:478–483
Wu SM, Chan WY (1999) Male pseudhermaphroditism due to inactivating luteinizing hormone receptors mutations. Archives Med Research 30:495–500
Wu SM et al (2000) Luteinizing hormone receptor mutations in disorders of sexual development and cancer. Frontiers in Bioscience 2000:5D343–352

Zhou J-N et al (1995) A sex difference in the human brain and its relation to transsexuality. Nature 378:68–69

Lit zu Box K23B Hormon-artige Fremdsubstanzen und sexuelle Entwicklung
Bücher:
Braunbeck et al (1998) Fish Ecotoxicology. Birkhäuser, Basel
Kime DE (1999) Endocrine disruption in fish. Kluwer, Dordrecht

Artikel:
Crisp CF et al (1998) Environmental endocrine disrupion: an effects assessment and analysis. Environ Health Perspect 106:11–56
Gies A et al (2001) Nachhaltigkeit und Vorsorge bei der Risikobewertung und beim Risikomanagement von Chemikalien. Teil II: Umweltchemikalien, die auf das Hormonsystem wirken – Belastungen, Auswirkungen, Minderungsstrategien. Texte des Umweltbundesamtes 30/2001. (Download-Möglichkeit unter www.UBA.de)
Hess RA et al (1997) A role for oestrogens in the male reproductive system. Nature 390:509–512
Matthiessen P, Gibbs PE (1998) A critical appraisal of the evidence for tributyltin mediated endocrine disruption in mollosks. Environ Toxicol Chem 17:37–43
Matthiessen P, Sumpter JP (1998) Effects of estrogenic substances in the aquatic environment. In: Braunbeck T et al (eds) Fish Ecotoxicology, Birkhäuser, Basel
McAllister BG, Kime DE (2003) Early life exposure to environmental levels of the aromatase inhibitor tributyltin causes masculinisation and irreversible sperm damage in zebrafish (*Danio rerio*) Aquatic Toxicology 65:309–316
Sharpe RM (2001) Hormones and testis development and the possible adverse effects of environmental chemicals. Toxicology 120:221–232
Skakkebaak NE et al (2001) Testicular dysgenesis syndrome: an increasingly common developmental disorder with environmental aspects. Hum Reprod 16:972–978

Zu Kapitel 24:
Regeneration

Bücher:
Feretti P (ed) (1998) Cellular and molecular basis of regeneration from invertebrates to humans. Wiley, Weinheim, pp 111–134
Fini ME (2000) Vertebrate eye development. Springer, Berlin Heidelberg
Goss RJ (1969) Principles of Regeneration. Academic Press, New York
Heber-Katz E (2004) Regeneration: stem cells and beyond. Springer, Berlin Heidelberg New York
Morgan TH (1901) Regeneration. MacMillan, New York

Artikel:
(S. auch Lit. Zu Kap. 3.3 *Hydra*, Kap. 12.9 (Musterkontrolle bei *Hydra*) und Kap. 12.10 (Interkalation)

Allgemeines, Musterbildung, Faktoren:

Agata K (2003) Regeneration and gene regulation in planarians. Curr Opin Genet Dev 13:492–496
Baguna J (1998) Planarians. In: Feretti P (ed) Cellular and molecular basis of regeneration from invertebrates to humans. Wiley, Weinheim, pp 135–165
Baguna J, Salo E, Auladell C (1989) Regeneration and pattern formation in planarians. III. Evidence that neoblasts are totipotent stem cells and the source of blastema cells. Development 107:77–86

Bosch TCG (1998) *Hydra*. In: Feretti P (ed) Cellular and molecular basis of regeneration from invertebrates to humans. Wiley, Weinheim, pp 111–134

Brockes JP (1997) Amphibian limb regeneration: rebuilding a complex structure. Science 276:81–87

Carlson BM (1998) Development and regeneration with special emphasis on the amphibian limb. In: Feretti P (ed) Cellular and molecular basis of regeneration from invertebrates to humans. Wiley, Weinheim, pp 45–61

Cash DE et al (1998) Identification of newt connective tissue growth factor as a target of retinoid regulation in limb blastema cells. Gene 222:119–124

Clarke JDW, Ferretti P (1998) CNS regeneration in lower vertebrates. In: Feretti P (ed) Cellular and molecular basis of regeneration from invertebrates to humans. Wiley, Weinheim, pp 255–269

Crawford K, Vincenti DM (1998) Retinoic acid and thyroid hormone may function through similar and competitive pathways in regenerating axolotls. J Exp Zool 282:724–738

Christen B, Slack JM (1997) FGF-8 is associated with anteroposterior patterning and limb regeneration in *Xenopus*. Dev Biol 192:455–466

Christen B et al (2003) Regeneration-specific expression patterns of three *Xox* genes. Dev Dyn 226:349–355

Del-Rio-Tsonis K et al (1998) Regulation of lens regeneration by fibroblast growth factor receptor 1. Dev Dyn 213:140–146

Dinsmore CE, Mescher AL (1998) The role of the nervous system in regeneration. In: Feretti P (ed) Cellular and molecular basis of regeneration from invertebrates to humans. Wiley, Weinheim, pp 79–108

Endo T, Bryant SV, Gardiner DM (2004) A stepwise model system for limb regeneration. Dev Biol 270:135–145

Galliot B, Schmid V (2002) Cnidarians as a model system for understanding evolution and regeneration. Int J Dev Biol 46:39–48

Gardiner DM, Bryant SV (1998) The tetrapod limb. In: Feretti P (ed) Cellular and molecular basis of regeneration from invertebrates to humans. Wiley, Weinheim, pp 187–205

Holstein TW, Hobmayer E, Technau U (2003) Cnidarians: An evolutionarily conserved model system for regeneration? Developmental Dynamics 226:257–267

Kondoh H et al (2004) Interplay of *Pax6* and *SOX2* in lens development as a pradigm of genetic switch mechanisms for cell differentiation. Int J Dev Biol 48:819–827

Kostakopoulou K et al (1997) Local origin of cells in FGF4 induced outgrowth of amputated chick wing stumps. Int J Dev Biol 41:747–750

Lang RA (2004) Pathways regulating lens induction in the mouse. Int J Dev Biol 48:783–792

Maden M (1980) Intercalary regeneration in the amphibian limb and the rule of distal transformation. J Embryol Exp Morphol 56:201–209

Maden M (1993) The homeotic transformation of tails into limbs in *Rana temporaria* by retinoids. Dev Biol 159:379–391

Maden M, Hind M (2003) Retinoic acid, a regeneration-inducing molecule. Dev Dyn 226:237–244

Martin P, Parkhurst SM (2004) Parallels between tissue repair and embryo morphogenesis. Development 131:3021–3034

Pecorino LT, Entwistle A, Brockes JP (1996) Activation of retinoic acid receptor isoform mediates proximo-distal respecification. Curr Biol 6:563–569

Salo E, Baguna J (1989) Regeneration and pattern formation in planarians. II. Local origin and role of cell movements in blastema formation. Development 107:69–76

Scadding SR, Maden M (1994) Retinoic acid gradients during limb regeneration. Dev Biol 162:608–617

Simon A, Brockes JP (2002) Thrombin activation of S-phase reentry by cultured pigmented epithelial cells of adult newt iris. Exp Cell Res 281:101–106

Simon HG et al (1997) A novel family of T-box genes in urodele amphibian limb development and regeneration: candidate genes involved in vertebrate forelimb/hindlimb patterning. Development 124:1355–1366

Stocum DL (1996) A conceptual framework for analyzing axial patterning in regenerating urodele limbs. Int J Dev Biol 40:773–783

Watanabe M et al (1982) Reconstitution of embryo-like structures from sea urchin embryo cells. Differentiation 21:79–85

Will B et al (1998) Regeneration in brain and spinal cord. In: Feretti P (ed) Cellular and molecular basis of regeneration from invertebrates to humans. Wiley, Weinheim 1998, pp 111–134

Stammzellen und Regeneration

Cort S et al (2004) Somatic stem cell research for neural repair: current evidence and emerging perspectives. J Cell Mol Med 8:329–337

Czyk J et al (2004) Potential of embryonic and adult stem cells in vitro. Biol Chem 384:1391–409

Moshiri A et al (2004) Retinal stem cells and regeneration. Int J Dev Biol 48:1003–1014

Müller WA et al (2004) Totipotent migratory stem cells in a hydroid. Dev Biol 275:215–224

Peter R (2004) Planarien: neue Tiere aus Stammzellen. BIUZ 34:220–228

Rinkevich B et al (1995) Whole-body protochordate regeneration from totipotent blood cells. Proc Natl Acad Sci USA 92:7695–7699

Tsonis PA (2004) Stem cells from differentiated cells. Mol Interv 4:81–83

Dedifferenzierung, Transdifferenzierung

Brockes JP (1998) Progenitor cells for regeneration: origin by reversal of the differentiated state. In: Feretti P (ed) Cellular and molecular basis of regeneration from invertebrates to humans. Wiley, Weinheim, pp 63–77

Brockes JP, Kumar A (2002) Plasticity and reprogramming of differentiated cells in amphibian regeneration. Nat Rev Mol Cell Biol 3:566–574

Eguchi G (1988) Cellular and molecular background of Wolffian lens regeneration. Cell Diff Dev 25:147–158

Eguchi G (1998) Transdifferentiation as the basis of eye lens regeneration. In: Feretti P (ed) Cellular and molecular basis of regeneration from invertebrates to humans 1998:207–228

Hadorn E (1968) Transdetermination in cells. Sci Am 219(5):110–120

Imokowa Y et al (2004) Distinctive expression of Myf5 in relation to differentiation and plasticity of newt muscle cells. Int J Dev 48(4):285–291

McGann CJ et al (2001) Mammalian myotube dedifferentiation induced by newt regeneration extract. Proc Natl Acad Sci USA 98:13699–13704

Muller P et al (2003) Evolutionary aspects of developmentally regulated helic-loop-helix transcription factors in striated muscle of jellyfish. Dev Biol 255:216–229

Odelberg SJ et al (2000) Dedifferentiation of mammalian myotubes induced by *msx1*. Cell 103(7):1099–1109

Panagiotis AT (2004) A newt's eye view of lens regeneration. Int J Dev Biol 48:975–980

Perez OD et al (2002) Inhibition and reversal of myogenic differentiation by purine-based microtubule assembly inhibitors. Chem Biol 9:475–483

Reddy T, Kablar B (2004) Evidence for the involvement of neurotrophins in muscle transdifferentiation and acetylcholine receptor transformation in the esophagus of Myf5(-/-): MyoD(-/-) and NT-3(-/-) embryos. Dev Dyn 231:683–692

Rosania GR et al (2000) Myoseverin, a microtubule-binding molecule with novel cellular effects. Nature Biotechnol 18:304–308

Schmid V, Alder H (1984) Isolated, mononucleated, striated muscle can undergo pluripotent transdifferentiation and form a complex regenerate. Cell 38:801–809

Schmid V et al (1988) Transdifferentiation from striated muscle of medusae in vitro. In: Eguchi G et al (eds) Regulatory mechanisms in developmental processes. Elsevier, Ireland, pp 137–146

Schmid V, Plickert G (1990) The proportion altering factor (PAF) and the in vitro transdifferentiation of isolated striated muscle of jellyfish into nerve cells. Differentiation 44:95–102

Shannon JO et al (2000) Dedifferentiation of mammalian myotubes induced by *msx1*. Cell 103:1099–1109

Simon A, Brockes JP (2002) Thrombin activation of S-phase reentry by cultured pigmented epithelial cells of adult newt iris. Exp Cell Res 281:101–106

Song L, Tuan RS (2004) Transdifferentiation potential of human mesenchymal stem cells derived from bone marrow. FASEB J18:980–982

Tsonis PA et al (2004) A newt's eyey view of lens regeneration. Int J Dev Biol 48:975–980

Tsonis PA (2004) Stem cells from differentiated cells. Mol Interv 4:81–83

Velloso CP et al (2001) Mammalian postmitotic nuclei reenter the cell cycle after serum stimulation in newt/mouse hybrid myotubes. Curr 11(11):855–858

Yasuda K (2004) A life in research on lens regeneration and transdifferentiation. An interview with Goro Eguchi. Int J Dev Biol 48(8–9):695–700

Zu Kapitel 25:
Altern und Tod

Bücher:

Carey JR, Judge DS (2000) Life spans of mammals, birds, amphibians, reptiles and fish. Odense Univ Press, Odense

Hekimi S (2000) The molecular genetics of aging. Springer, Berlin Heidelberg

Zwilling R, Balduini C (1992) Biology of aging. Springer, Berlin Heidelberg New York

Artikel:

Bekaert S et al (2004) Telomere biology in mammalian germ cells and during development. Dev Biol 274:15–30

Bokov A et al (2004) The role of oxidative damage and stress in aging. Mech Ageing Dev 125(10–11):811–826

Bringold F, Serrano M (2000) Tumor suppressors and oncogenes in cellular senescence. Exp Gerontol 35:317–329

Butterfield DA et al (2001) Brain oxidative stress in animal models accelerated aging and age-related neurodegenerative disorders, Alzheimer's disease and Huntington's disease. Curr Med Chem 8:815–828

Camougrand N, Rigoulet M (2001) Aging and oxidative stress: studies of some genes involved both in aging and in response to oxidative stress. Respir Physiol 128:393–401

Comai L, Li B (2004) The Werner syndrome protein at the crossroads of DNA repair and apoptosis. Mech Ageing Dev 125:521–528

Dorland M et al (1998) General ageing and ovarian ageing. Maturitas 30:113–118

Enomoto T (2001) Functions of RecQ family helicases: possible involvement of Bloom's and Werner's syndrome gene products in guarding genome integrity during DNA replication. J Biochem (Tokyo) 129:501–507

Fulop T et al (2003) Insulin receptor and ageing. Pathol Biol (Paris) 51:574–580

Goto M (2000) Werner's syndrome: from clinics to genetics. Clinical and Experimental Rheumatology 18:760–766

Johnson F, Bottjer SW (1994) Afferent influences on cell death and birth during development of a cortical nucleus necessary for learned vocal behavior in zebra finches. Development 120:13–24

Jordan J et al (2003) Mitochondrial control of neuron death and its role in neurodegenerative disorders. J Physiol Biochem 59:129–141

Herdon LA et al (2002) Stochastic and genetic factors influence tissue-specific decline in ageing *C. elegans*. Nature 419:808–811

Higami Y, Shimokawa I (2000) Apoptosis in the aging process. Cell Tissue Res 301:125–132

Kirkwood TBL (1996) Human senescence. Bioessays 18:1009–1016

Ladislas R (2000) Cellular and molecular mechanisms of aging and age related diseases. Pathol Oncol Res 6:3–9

Lansdorp PM (2000) Repair of telomeric DNA prior to replicative senescence. Mech Ageing Dev 118:23–34

Lawen A (2003) Apoptosis – an introduction. Bioessays 25:888–896

Lee JW et al (2005) Pathways and functions of the Werner syndrome protein. Mech Ageing Dev 126:79–86

Lee Se-Jin et al (2004) A Werner syndrome protein homolog affects *C. elegans* development, growth rate, life span and sensitivity to DNA damage by acting at a DNA damage checkpoint. Development 131:2565–2575

Lightowlers RH, Jacobs HT, Kajander OA (1999) Mitochondrial DNA – all things bad? Trends Genet 15:91–93

Lu T et al (2004) Gene regulation and DNA damage in the ageing human brain. Nature 429:883–891

Marnett LJ (2000) Oxyradicals and DNA damage. Carcinogenesis 21:361–370

Mohaghegh P et al (2001) The Bloom's and Werner's syndrome proteins are DNA structure-specific helicases. Nucleic Acid Res 29:2843–2849

Nakagawa S et al (2004) Measuring vertebrate telomeres: applications and limitations. Mol Ecol 13(9):2523–2533

Ono T et al (2002) Mutation theory of aging, assessed in transgenic mice and knockout mice. Mech Ageing Dev 123:1543–1552

Ostler EL et al (2000) Telomerase and the cellular lifespan: implications for the aging process. Journal of pediatric Endocrinology and Metabolism 13 Suppl 61467–61476

Pedro-De-Magalhaes J (2004) From cells to ageing: a review of models and mechanisms of cellular senescence and their impact on human ageing. Exp Cell Res 300:1–10

Pennisi E (1996) Premature aging gene discovered. Science 272:193–194

Raff MC et al (1993) Programmed cell death and the control of cell survival: lessons from the nervous system. Science 262:695–700

Rincon M et al (2004) The paradox of the insulin/IGF-1 signaling pathway in longevity. Mech Ageing Dev 125:397–403

Robert L, Labat-Robert J (2000) Aging of connective tissue: from genetic to epigenetic mechanisms. Biogerontology 1:123–131

Robertson JD, Orrenius S (2000) Molecular mechanisms of apoptosis induced by cytotoxic chemicals. Crit Rev Toxicol 30:609–627

Rose MR, Archer MA (1996) Genetic analysis of mechanisms of aging. Curr Opin Genet Dev 6:366–370

Straub RH et al (2001) The process of aging changes the interplay of the immune, endocrine and nervous systems. Mech Ageing Dev 122:1591–1611

Wickelgren I (1996) Is hippocampal cell death a myth? Science 271:1229–1230

Williams GT, Smith CA (1993) Molecular regulation of apoptosis. Genetic controls on cell death. Cell 74:777–780

Wood WB (1998) Aging of *C. elegans*: mosaics and mechanisms. Cell 95:147–150

Zglinicki T von et al (2001) Stress, DNA damage and ageing – an integrative approach. Exp Gerontol pp 1049–1062

Zhang Y, Herman B (2002) Ageing and apoptosis. Mech Ageing Dev 123:245–260

Glossar

Bemerkung: Englischsprachige Begriffe, die den Charakter von Fachausdrücken haben, werden ebenso wie die aus dem Griechischen oder Lateinischen abgeleiteten Begriffe in der Regel nicht ins Deutsche übersetzt

Abkürzungen, die den Charakter von Fachausdrücken tragen

Biologische Wirksubstanzen (Wachstumsfaktoren, Morphogene, Induktoren, Hormone, Transkriptionsfaktoren)

AMDF: Anti-Müllerian duct factor; synonym: AMH: Anti-Müllerian (duct) hormone und

            MIS: Müllerian (duct) inhibiting substance
Die Reduktion des Müllerschen Gangs (embryonaler Vorläufer des Eileiters) bewirkendes Hormon, produziert von den Sertoli-Zellen des Hodens

AMH: **s. AMDF**

bFGF: Basic fibroblast growth factor – basischer Fibroblasten-Wachstumsfaktor; s. auch FGF

BMP: Bone morphogenetic protein – die Knochenbildung förderndes Protein (bzw. Proteinfamilie), im frühen Embryo als Morphogen wirkend

CSF: Colony-stimulating factor(s): Wachstumsfaktoren des blutbildenden Systems. Die Namensgebung rührt daher, dass teilungsfähige Vorläuferzellen von Blutzellen auf Agar Kolonien bilden. Untertypen sind z. B.
- G-CSF: Granulocyten CSF
- GM-CSF: Granulocyten/Makrophagen CSF
- M-CSF: Makrophagen CSF

DIF: Differentiation-inducing factor – Differenzierung-auslösender Faktor bei *Dictyostelium*

DPP: Decapentaplegic – Morphogen im Drosophilaembryo

EGF:	Epidermal growth factor – epidermaler Wachstumsfaktor
FGF:	Fibroblast growth factor – Fibroblastenwachstumsfaktor Proteinfamilie; FGFs wirken im frühen Embryo als Induktoren bzw. Morphogene
FSH:	Follicle-stimulating hormone – die Follikelreifung stimulierendes Hormon; stimuliert auch die Bildung von Östrogen-Hormonen im Follikel
LH:	Luteinizing hormone – luteinisierendes Hormon, den Gelbkörper-steuerndes Hormon; stimuliert im Gelbkörper (Corpus luteum) die Bildung des Hormons Progesteron
LTH:	Luteotropin. Synonym des Hormons Prolactin
IGF:	Insulin-like growth factor – Insulin-ähnlicher Wachstumsfaktor
IL-8:	Interleukin-8; von Leukocyten produzierte, auf andere Leukocyten wirkende hormonale Signalsubstanz
MIS:	Müllerian inhibiting substance, s. AMDF
RA:	Retinoic acid – Retinsäure; im Embryo als Morphogen wirkend
RAR:	Retinoic acid receptor, Retinsäure-Rezeptor
SCF:	Stem cell factor – das Wachstum von embryonalen Stammzellen fördernder Faktor
SHH:	SONIC HEDGEHOG – Morphogen in der Wirbeltierentwicklung
SRY:	Vom SRY Gen codierter Transkriptionsfaktor, der die Geschlechtsentwicklung in männliche Richtung lenkt, auch TDF genannt
TDF:	Testis-determining factor, auch als SRY bezeichnet, macht die Gonadenanlage zum Hoden
TGF-β:	Transforming factor beta – transformierender Wachstumsfaktor beta. Vertreter einer großen Proteinfamilie, die viele Morphogene umfasst
TSH:	Thyreoidea-stimulating hormone – Thyreotropin, die Schilddrüse steuerndes Hormon
VEGF:	Vascular endothelial cell-derived growth factor – von Blutgefäßen produzierter Wachstumsfaktor

WNT: Proteine der WINGLESS/WNT-Familie, im Embryo als
                        Morphogen wirkend, auch an der Regulation des Zellen-
                        Nachschubs aus Stammzellen beteiligt

Intrazelluläre Faktoren

MPF – *MPF*   *maturation-inducing factor*
                        meiosis-inducing factor
                        mitosis-inducing factor

Der Steuerung des Zellzyklus dienender Proteinkomplex (s. Abb. 10.1) mit
drei gleichwertigen Bedeutungen

**DNA-bindende Domänen von Transkriptionsfaktoren und
nukleären Hormonrezeptoren**

bHLH: basic helix-loop-helix domain (motif)

HLH: helix-loop-helix domain (motif)

HMG: high mobility group

Homöodomäne: ein Abschnitt des Proteins mit einem helix-turn-helix
                        Motiv, codiert von der Homöobox des Gens

HtH: helix-turn-helix – morphologische Struktur einer DNA-
                        bindenden Domäne (Motivs); verschiedene HtH-Motive
                        sind nicht notwendigerweise homolog

leucine-zipper   – Leucin-Zipper (wörtl. Leucin-Reißverschluss)

paired domain   – DNA-bindende Domäne der *Pax* Gengruppe

zinc finger   – Zinkfinger-Domäne/Motiv

**Wichtige Genfamilien
für entwicklungssteuernde Transkriptionsfaktoren**

Hom/Hox: Hom bei *Drosophila*, Hox bei anderen Tieren: Transkrip-
                        tionsfaktoren mit Homöodomänen

Pax   Familie, mit z. B. *eyeless* = *Pax6*

Sox   Familie, mit z. B. *SRY*

Adjektive, Orte und Richtungen anzeigend
kursiv: Englisch

animal – *animal*
allgemein: tierisch, Tier-bezogen
animaler Pol: Bereich der Eizelle bzw. Keims, wo sich in der Regel das Zentralnervensystem entwickeln wird; in der Regel auch Ort, wo im Zuge der Reifeteilungen die Polkörper abgeschnürt werden. Vgl. vegetativ

anterior – *anterior*: vorne, nach vorne gerichtet

apikal – *apical*: oben, an der Spitze befindlich

basal – *basal* (nicht *basic*!): an der Basis befindlich

caudal – *caudal*: in Richtung Schwanz gelegen oder gerichtet

cerebral – *cerebral*: zum Gehirn gehörend oder zum Gehirn werdend

cranial – *cranial*: zum Kopf gehörend, kopfwärts

distal – *distal*: weiter vom Rumpf entfernt, nahe der Spitze (z.B. einer Extremität)

dorsal – *dorsal*: auf der Rückenseite befindlich, rückenwärts

ektopisch – *ectopic*: außerhalb des normalen Ortes

in situ – *in situ*: an Ort und Stelle im Gewebe/Organismus

nasal – *nasal*: Nasen-nah, nasenwärts

posterior – *posterior*: hinten, nach hinten gerichtet

proximal – *proximal*: nahe dem Rumpf, nahe der Basis (z.B. einer Extremität)

rostral – *rostral*: in Richtung Schnabel/Schnauze gelegen oder gerichtet

temporal – *temporal*: Schläfen-nah, schläfenwärts

vegetativ – *vegetal*: (in der Botanik: *vegetative*: wörtl.: pflanzenhaft)
in zoolog. Entwicklungsbiologie (z.B. im Ausdruck „vegetativer Eipol"): zum Keimbereich gehörend, aus dem im Regelfall der Magen-Darm-Trakt hervorgeht

ventral – *ventral*: auf der Bauchseite befindlich, bauchwärts

visceral – *visceral*: den Bereich der Eingeweide betreffend. Auch gebraucht, um die Bereiche ventral des Schädels, also die Pharynx-(Rachen-, Kehlkopf-)region, zu kennzeichnen

Fachausdrücke der Entwicklungsbiologie

**Deutsch – *Englisch:* Erläuterung des Begriffs
(hier vermisste Ausdrücke: s. Sachverzeichnis)**

Achsenorgane – *axial organs*: embryonale Organe oder Organanlagen entlang der Längsachse des Embryos unterhalb der Rückenlinie: Neuralrohr, Chorda dorsalis, die zwei Reihen von Somiten beidseitig der Chorda

AER, apical ectodermal ridge: Kante auf der Flügelknospe des Vogelembryos. Produzent von Wachstumsfaktoren

Aggregat – *aggregate*: Klumpen aus zuvor getrennter Zellen

Akrosom – *acrosome*: an der Spitze des Spermiums befindliches Organell, mit Enzymen gefülltes Bläschen

Akrosomreaktion – *acrosomal reaction*: Platzen des Akrosoms, eines Organells des Spermiums, und Freisetzen der Enzyme zur Ermöglichung einer Befruchtung

Allantois – *allantois*: embryonale Harnblase; bei Reptilien und Vögeln dient sie zusätzlich als Atemorgan. Beim Menschen rudimentär und in den Nabelstrang integriert

Allel(e) – *allele(s)*: Varianten eines Gens; verschiedene Allele unterscheiden sich in wenigen Basenpaaren. Das in einer Population am häufigsten vorkommende Allel heißt Wildtypallel

Amnion – *amnion*: Häutige, mit Flüssigkeit (Fruchtwasser) gefüllte Blase, den Embryo der Landwirbeltiere einhüllend und schützend; wird vom extraembryonalen Teil des Keims gebildet

Amnioten – *amniotes*: Gruppe von Tieren, die in der Embryonalentwicklung ein Amnion und eine Allantois ausbildet: Landwirbeltiere (Reptilien, Vögel, Säuger)

Animalisierung – *animalization*: Behandlung, die zu übergroßen animalen Keimregionen auf Kosten des Magen-Darmtraktes führt

Anlage – *anlage, primordium, rudiment*: embryonale, noch sehr einfache Vorläuferstruktur eines Organs

Anlagenplan – *fate map*: topografische Projektion der späteren Körperbereiche und Organe auf ein frühes Stadium der Keimesentwicklung. Ein solcher Anlagenplan besagt nicht, dass das Schicksal der so abgegrenzten Bezirke schon festgelegt sein müsste

Apoptose – *apoptosis*: programmierter Zelltod

Befruchtung – *fertilization*: Vereinigung eines Spermiums mit der Eizelle. Im strengen Sinn: Vereinigung des haploiden Kerns eines Spermiums mit dem haploiden Kern einer Eizelle zum diploiden Zygotenkern

Blastem – *blastema*: Bildungsbezirk. Im Regenerationsfall eine Ansammlung weitgehend dedifferenzierter Zellen, aus der die verlorene Struktur nachgebildet wird

Blastocoel, Blastocöl – *blastocoel*: innerer Hohlraum des frühen Embryos (Blastula), primäre Leibeshöhle

Blastocyste – *blastocyst*: blasenförmiger Keim der Säugetiere nach Abschluss der Furchung. Zu den Unterschieden zur Blastula von Nichtsäugern s. Kap. 7

Blastoderm – *blastoderm*: Zellige Wandung eines Keims nach Abschluss der Furchung

Blastomeren – *blastomeres*: erste, noch relativ große Zellen des Keims, entstanden durch die ersten Teilungen der befruchteten Eizelle

Blastoporus s. Urmund

Blastula – *blastula*: frühes Embryonalstadium im Anschluss an die Furchung, das bei vielen, nicht aber allen Tieren auftritt. Die Blastula ist ein blasenförmiges Gebilde mit zelliger Wandung (Blastoderm), welche einen flüssigkeitsgefüllten Hohlraum (Blastocoel) umschließt. Tritt auf z. B. beim Seeigel und bei Amphibien, nicht bei *Drosophila*, Fischen, Vögeln und Säugern. Zu den Unterschieden zur Blastocyste der Säuger s. Kap. 7

branchial – *branchial*: zum Bereich des Kiemendarms gehörend

branchiogene Organe – *branchiogenic organs*: Organe, die aus dem Bereich des embryonalen Rachenbezirks hervorgehen, wie z. B. Thymus und Nebenschilddrüse

Chimäre – *chimera*: Organismus, der aus genetisch unterschiedlichen Zellen zusammengesetzt ist, z. B. von verschiedenen Eltern stammt

Chorda dorsalis – *notochord*: embryonaler, physikalisch knorpelähnlicher Skelettstab in der Mittellinie des Rumpfes der Chordaten, hervorgegangen aus dem axialen Mesoderm. Bei Wirbeltieren später in der Embryonalentwicklung durch die Wirbelsäule ersetzt

Chorion – *chorion*: Keimeshülle. Bei Insekten die nicht-zelluläre Eischale, bei Landwirbeltieren die zellige, äußere, extraembryonale Hülle, die nicht nur den Embryo, sondern auch die Amnionblase umhüllt und bei Plazentatieren die Plazenta entwickelt

Chromatin – *chromatin*: Kompendium der DNA und der Proteine, aus denen Chromosomen bestehen

Coelom – *coelom*: von einem mesodermalen Epithel (z.B. Bauchfell) umgrenzte, sekundäre Leibeshöhle

Corticalreaktion, Cortikalrotation – *cortical reaction, cortical rotation*: Reaktion der Eirinde nach Kontakt mit dem Spermium

Cycline – *cyclins*: Proteine, die bei der Kontrolle der Zellteilung eine wichtige Rolle spielen; ihre Konzentration steigt und fällt im Rhythmus der Zellteilungen

cytoplasmatische Determinanten – *cytoplasmic determinants*: Komponenten im Cytoplasma einer Eizelle, welche den Zellen, in welche diese Komponenten hineingelangen, ein bestimmtes Entwicklungsschicksal zuweisen. Enthalten oft maternale mRNA, die in der Eizelle positionsspezifisch deponiert worden ist

Dedifferenzierung – *dedifferentiation*: Rückentwicklung einer Zelle zu einem früheren Zustand, Reembryonalisierung

Dermis – *dermis*: Unterhaut

Dermatom – *dermatome*: Teil des Somiten, aus dem die Dermis hervorgeht

Determination – *determination*, bei einzelnen Zellen auch **commitment**: Auswahl und Festlegung des Entwicklungsschicksals einer Zelle oder einer Gruppe von Zellen; Programmierung der weiteren Entwicklungsweise

Diapause – *diapause*: Stadium einer Entwicklungsruhe

Differenzierung – *differentiation*: s. Zelldifferenzierung

diploid – *diploid*: einen zweifachen Chromosomensatz enthaltend, wobei einer von der Eizelle, der andere vom Spermium stammt

dominant-negative Mutation – *dominant-negative mutation*: Das vom defekten Allel abgeleitete Protein blockiert eine Funktion, auch wenn das andere Allel der Zelle ein intaktes Protein liefern sollte. Tritt häufig bei Rezeptoren oder Transkriptionsfaktoren auf, die als Dimere wirksam werden, weil Heterodimere zwischen defekten und intakten Proteinen insgesamt defekt sind

Dotter – *yolk*: Baumaterial und Energieträger, die in der Eizelle gespeichert sind, überwiegend aus Phosphoproteinen und Phospholipiden bestehend, die in Membranen (Vesikel) eingeschlossen sind

Dottersack – *yolk sac*: Bei Fischen, Reptilien und Vögeln vorkommendes, extraembryonales, häutiges Gebilde, das von der Keimscheibe unterhalb des sich bildenden Embryo auswächst und das dotterhaltige Rest-Ei umschließt. Im Dotter-armen Säugerkeim noch in reduzierter Form vorkommend

Ecdysis – *ecdysis*: Häutung bei Arthropoden, Abstreifen der Cuticula

Ecdyson, Ecdysteron – *ecdysone, ecdysterone*: die Häutung vorbereitende Steroidhormone bei Insekten und anderen Arthropoden

Ektoblast – *ectoblast*, s. Ektoderm

Ektoderm – *ectoderm*: äußere Zellschicht einer Gastrula. Wird, nachdem es Zellen zur Entwicklung des Nervensystems und einiger Sinnesorgane abgegliedert hat, zur Epidermis und kleidet Abschnitte des Vorder- und Enddarms aus

Embryoblast – *embryoblast, inner cell mass*: Teil der Säugerblastocyste, aus dem (u. a.) der Embryo hervorgeht

embryonale Stammzellen – *embryonic stem cells, ES-cells*: teilungsfähige, multipotente Zellen aus der inneren Zellmasse der Säugerblastocyste

Embryonalschild – *(embryonic) shield*: knotenförmige Verdickung am Hinterende des Keimstreifs bei Fischen, funktionell (teilweise) dem Spemann-Organisator des Amphibienkeims und dem Hensen-Knoten des Vogelkeims äquivalent

Endoderm, s. Entoderm

Enhancer – *enhancer*: Region auf der DNA, an die genregulatorische Proteine binden; liegt vor einem Gen und dessen Promotor, oftmals sogar weit entfernt. Durch Schleifenbildung kommt die Protein-beladene Enhancerregion in Nachbarschaft zur Promotorregion eines Gens

Entoderm – *endoderm*: innere Zellschicht im frühen Embryo nach Abschluss der Gastrulation, den Urdarm bildend (bei Amnioten auch die transitorischen Anhänge des Urdarms: Dottersack und Allantois). Wird zur Innenschicht des Magen-Darmtraktes. Bei Wirbeltieren sind weitere Abkömmlinge des Entoderms die Lunge, die Leber, die Gallenblase, die Bauchspeicheldrüse und die Harnblase

Epiblast – *epiblast*: obere Zellschicht auf einer Keimscheibe, z. B. des Vogel- oder des Mauskeims

Epibolie – *epiboly*: Ausdehnung einer äußeren Zellschicht über das Restei oder über Zellschichten hinweg, die dadurch ins Innere des Keims geraten. Wird beobachtet während der Gastrulation der Amphibien und in der Fischentwicklung

Epidermis – *epidermis*: äußere zellige Schicht eines Tieres; bei Wirbeltieren Teil der Haut

Epigenese – *epigenesis*: Ursprüngliche Bedeutung: Bildung, Herausformung aus einfacheren materiellen Vorstufen; auf einfachen Ausgangsstrukturen aufbauende Entwicklung (Griech.: epi = auf; genesis – Entstehung, Erzeugung)

epigenetisch – *epigenetic*: (heutige Bedeutung:) oberhalb der Ebene der Gene bzw. der DNA sich abspielend; auf Genwirkungen aufbauend, aber über sie hinausgehend. Im eingeschränkten Sinn: enzymatisch bewirkte Modifikationen am Chromatin (u. a. Methylierung, Acetylierung), die Aktivierung von Genen einschränkend oder erleichternd

ES-Zellen – *ES-cells*: embryonale Stammzellen, in Zellkultur gezüchtete Zellen, die der inneren Zellmasse (Embryoblast) der Säugerblastocyste entstammen

Expression (eines Gens) – *expression*: wörtlich: Zum-Ausdruck-bringen (einer genetischen Information). Gemeint ist die Synthese eines Proteins, dirigiert durch die Basensequenz eines Gens

extraembryonale Membranen/Organe – *extraembryonic membranes/organs*: häutige Strukturen oder Organe, wie z. B. Amnion oder die Plazenta, die zwar auf die befruchtete Eizelle zurückgehen, aber nicht Teil des eigentlichen Embryos sind

extrazelluläre Matrix – *extracellular matrix ECM*: Füllmaterial zwischen den Zellen, Makromoleküle wie Laminin, Fibronektin und Kollagen enthaltend

Fetus, Foetus – *fetus*: noch heranwachsender, aber weitgehend fertig entwickelter Embryo des Menschen/Säugers, beim Menschen ab der 10. Schwangerschaftswoche

Follikel – *follicle*: zellige Umhüllung einer heranwachsenden Eizelle (Oocyte)

Furchung – *cleavage*: Serie rasch nacheinander ablaufender Zellteilungen, durch welche die Eizelle in immer kleiner werdende Tochterzellen zerlegt wird. Die ersten, noch ziemlich großen Tochterzellen heißen Blastomeren

Gameten – *gametes*: Keimzellen, d. h. Eizellen oder Spermien

Ganglion – *ganglion*: lokale Ansammlung von Nervenzellen

Gastrula – *gastrula*: Keim während der Gastrulation bis zu ihrem Abschluss

Gastrulation – *gastrulation*: Vorgang, durch den Zellen ins Innere eines Keims gelangen, um dort die Bildung innerer Organe zu ermöglichen. Von griech. **gaster** = Magen; es werden jedoch nicht nur entodermale (s. Entoderm), sondern auch Zellen für mesodermale Gewebe (s. Mesoderm) verfrachtet bzw. gebildet

Gebärmutter – *uterus*: Uterus; von einer starken Wand gebildeter Hohlraum im Leib der Mutter, in dem das Kind heranwächst

generativ – *generative*: die Fortpflanzung betreffend; z. B. generative Zellen = der Fortpflanzung dienende Zellen. Gegenstück zu somatisch

Genotyp – *genotype*: Summe der individuellen genetischen Ausstattung einer Zelle oder eines Organismus, zum Unterschied vom Phänotyp, der Summe der im Erscheinungsbild ausgeprägten Eigenschaften

Gonaden – *gonads*: Hoden oder Ovar

Gradient – *gradient*:
- allgemein: Quantifizierbare Eigenschaft (Wert auf der Y-Achse eines Diagramms), die entlang einer Raumachse (X-Achse) kontinuierlich abfällt oder ansteigt
- (sehr) speziell: Entlang einer Raumachse abfallende oder ansteigende Konzentration eines Morphogens

haploid – *haploid*: mit nur einem einfachen Chromosomensatz ausgestattet, zum Unterschied zu diploid, wo zwei Chromosomensätze vorliegen

Hämatopoiese (Hämatopoese) – *hematopoiesis*: Bildung der Blutzellen aus Stammzellen

Hensen-Knoten – *Hensen's node*: Verdickung am vorderen Ende der Primitivrinne auf der Keimscheibe des Vogeleies. Entspricht der oberen Urmundlippe (Spemann-Organisator) der Amphibiengastrula und dem Primitivknoten

Heterochromatin – *heterochromatin*: verdichtete Bereiche auf den Chromosomen, in denen keine oder nur in geringem Umfang Transkription stattfindet

Heterochronie – *heterochrony*: unterschiedliche relative Zeitdauer einzelner Entwicklungsschritte bei verschiedenen Organismen, Änderung der Zeitprogramme in der Evolution

homologe Organe – *homologous organs*: gleichartige oder auch im Laufe der Evolution verschieden gewordene Organe, die mutmaßlich in der Geschichte des Lebens aus einer gemeinsamen morphologischen Urstruktur hervorgegangen sind

homologe Gene – *homologous genes*: Gene, die in der Sequenz ihrer Basenpaare eine hohe Übereinstimmung aufweisen und mutmaßlich aus einer Ursequenz (oder Ur-Exons) hervorgegangen sind. Diese war, wie gefolgert wird, in einem Vorfahren vorhanden, von dem die verschiedenen Träger homologer Gene abstammen. Homologe Gene werden in orthologe und paraloge Gene unterteilt (s. orthologe Gene, paraloge Gene)

Homöobox – *homeobox*: besonderer Abschnitt (Teilsequenz) verschiedener entwicklungssteuernder Gene, der für die Homöodomäne des Proteins (Transkriptionsfaktor) codiert

Homöodomäne – *homeodomain*: Teilbereich eines als Transkriptionsfaktor fungierenden Proteins, der die Bindung des Faktors an die DNA vermittelt

homöotische Gene – *homeotic genes*: Gene, deren Produkte die besondere Qualität und Identität einer Zellgruppe oder eines Körperbereichs bestimmen. Die Mutation solcher Gene kann zum Austausch eines Körperteils durch ein falsches Teil führen (z. B. bei der Fliege Austausch eines Beins gegen einen Flügel). Homöotische Gene enthalten eine Homöobox, aber nicht alle Gene mit einer Homöobox sind Gene, die der ursprünglichen Definition eines homöotischen Gens entsprechen

homöotische Transformation – *homeotic transformation*: Umwandlung einer Struktur in eine Struktur, die anderswo am rechten Platze wäre; z. B. Umwandlung einer Antenne in ein Bein bei einem Insekt. Die Transformation kann Folge einer Mutation, aber auch eines experimentellen Eingriffs (z. B. Behandlung mit Chemikalien) sein

***Hox*-Gene** – *Hox genes*: Familie von Genen mit einer Homöobox

Hybridisierung – *hybridization*: (a) in der Molekularbiologie die Vereinigung zweier einsträngiger, komplementärer Nucleinsäuremoleküle zum Doppelstrang; (b) in der Züchtung die Kreuzung zweier Organismen, Hybridenbildung

Hypoblast – *hypoblast*: Zellschicht der Keimscheibe des Fisches oder Vogels, die der Dottermasse aufliegt und vom Epiblast überlagert ist

Imago – *imago*: aus der Puppenhülle geschlüpftes adultes Insekt

Imaginalscheiben – *imaginal discs*: epitheliale Gebilde, aus denen im Zuge der Metamorphose die Cuticula-bedeckten Körperteile eines Insekts entstehen. Diese Scheiben sind in der Fliegenlarve ins Körperinnere verlagert und kommen erst beim Abbau der larvalen Gewebe an die Oberfläche

Induktion – *induction*: Auslösung eines Entwicklungsvorgangs durch einen benachbarten Bezirk, der Induktionssubstanzen freisetzt

Induktor – *inducer*: induzierende Zellgruppe, oder die von dieser Zellgruppe produzierte Induktionssubstanz

Invagination – *invagination*: Verformung eines epithelialen Zellverbandes, die ein ins Keimesinnere eindringendes becher-, blasen- oder rohrförmiges Gebilde entstehen lässt. Ist Teil der Urdarmbildung (Gastrulation) beim Seeigel-, Insekten- und Amphibienkeim

Involution – *involution*: Rollbewegung eines Zellverbandes um eine (imaginäre) Kante ins Keimesinnere hinein. Kann Teilvorgang einer Invagination sein

Juvenilhormon – *juvenile hormone*: Hormon der Insekten aus den Corpora allata, welches die Weiterentwicklung der Larve zur Imago bremst

Kapazitation – *capacitation*: Endreifung des Spermiums zur Befruchtungsfähigkeit

Keim – *germ*: in der Entwicklungsbiologie der Tiere und des Menschen ein früher Embryo, beginnend mit der befruchteten Eizelle (ohne definiertes Schlussstadium)

Keimbahn – *germ line*: Zelllinie, die von der befruchteten Eizelle zu den Keimzellen für die nächste Generation führt

Keimbläschen – *germinal vesicle*: traditionelle Bezeichnung des voluminösen Kerns einer Oocyte

Keimblätter – *germ layers*: In der Entwicklung der Tiere Zellschichten oder Zellgruppen eines frühen Keims, aus denen jeweils mehrere Gewebe und Organe hervorgehen. Typischerweise werden in der Stammgruppe der Coelenteraten zwei Keimblätter, **Ektoderm** und **Entoderm**, unterschieden und man spricht von **diploblastischen** Organismen; bei den übrigen vielzelligen Tieren oberhalb der Coelenteraten bis zum Menschen tritt ein drittes Keimblatt auf, das **Mesoderm**, und man spricht von **triploblastischen** Organismen

Keimplasma – *germ plasm*: Spezielle Cytoplasmakomponenten im Ei und Embryo mancher Tiere, besonders der Amphibien, welche die Zellen, denen sie zugeteilt werden, dazu bestimmen, Urkeimzellen zu werden. Ursprüngliche Bedeutung bei August Weismann: Komponente des Keims, das die Vererbungsträger beherbergt

Keimscheibe – *blastodisc*: bei verschiedenen Tiergruppen vorkommende, aus der Furchung hervorgehende und durch Gastrulationsvorgänge mehrschichtig werdende, flächige Zellschichten (Epiblast, Hypoblast), aus denen (u.a.) der Embryo hervorgeht; diese Zellschichten liegen beim Fisch- und Vogelkeim auf dem dotterreichen Restei auf; im Säugerkeim stellen sie den Boden der Amnionhöhle dar

Keimstreif – *germ band*: Streifenförmiges frühes Embryonalstadium in der Entwicklung eines Fisches oder eines Insekts

Klon – *clone*: Begriff mit doppelter Bedeutung:
- Gruppe von Organismen, die untereinander erbgleich sind. Dies ist die ursprüngliche Bedeutung des Begriffs. Mitglieder eines natürlichen Klons sind Nachkommen, die aus einer vegetativen Fortpflan-

zung hervorgehen, ebenso eineiige Mehrlinge. Zum künstlichen Klonen von Tieren s. Kap. 5

- Künstlich vervielfältigte DNA, bzw. die Prozedur der Vervielfältigung, sei es in sog. Vektoren (z.B. Bakterien) oder im Reagenzglas (z.B. mittels PCR), wobei die vermehrten DNA-Moleküle mit dem Ausgangsmolekül identisch sein sollten, also keine Replikationsfehler enthalten sollten

klonen, das Klonen – *to clone, cloning* das Herstellen genetisch identischer Nachkommen oder die (fehlerfreie) Vermehrung von Nucleinsäuren

knock-out Mutation – *knock-out mutation*: völliges Ausschalten beider Allele eines Gens

Knospung – *budding*: in der zoologischen Entwicklungsbiologie eine ungeschlechtliche Fortpflanzung mittels eines vielzelligen, sich ablösenden Körpers

(Kommittierung) – *commitment*: wörtl.: Verpflichtung. Endgültige Festlegung des Entwicklungsschicksals einer Zelle. „Kommittierung" ist eine unschöne und unnötige Eindeutschung; Determination sagt dasselbe (s. Determination)

Kompaktion – *compaction*: Zusammenballung der Furchungszellen im Säugerembryo verursacht durch die Entwicklung von Adhäsivkräften, welche von neu exprimierten Zelladhäsionsmolekülen (Uvomorulin = E-Cadherin) ausgehen

Kompartiment – *compartment*: allgemein: abgegliederter Raum; in der Entwicklungsbiologie oft der Raum, den die Abkömmlinge einer Gründerzelle (Klon) einnehmen und nie verlassen

Kompetenz – *competence*: Vermögen zu einer bestimmten Entwicklung; Vermögen, auf bestimmte entwicklungssteuernde Signale zu reagieren

Lampenbürstenchromosomen – *lampbrush chromosomes*: besondere Struktur der Chromosomen in transkriptionell aktiven Oocyten

laterale Inhibition – *lateral inhibition*: Hemmung, die von einem Ort ausgeht und seitlich in die Nachbarschaft wirkt

maternal – *maternal*: mütterlich, vom mütterlichen Elternteil bestimmt oder ausgehend

Maternaleffekt-Mutationen – *maternal-effect mutation*: Mutation eines Gens des mütterlichen Organismus, die sich im Kind auswirkt

Meiose, Meiosis – *meiosis*: Reifeteilung. Zwei nacheinander geschaltete Zellteilungen besonderer Art, durch welche der diploide Chromosomensatz einer Ausgangszelle so verteilt wird, dass vier haploide Zellen

(Gone) entstehen. Findet bei tierischen Organismen im Regelfall in der Entwicklung der Gameten, d. h. der Eizellen und Spermien, statt

Meistergen – *master gene*: Gen, das die Aktivität anderer Gene kontrolliert. Auch Selektorgen genannt

Mesenchym – *mesenchyme*: lockere Ansammlung von noch nicht voll ausdifferenzierten Zellen, zumeist mesodermalen Ursprungs

Mesoblast – *mesoblast*: s. Mesoderm

Mesoderm – *mesoderm*: mittleres „Keimblatt". Zusammenhängende Zellschicht und/oder lockere Zellgruppen, die nach der Gastrulation zwischen Außenschicht (Ektoderm) und Innenschicht (Entoderm) des Keims anzutreffen sind und zur Herstellung innerer Organe und Gewebe gebraucht werden. Typische, aus dem Mesoderm hervorgehende Gewebe und Zellen sind Bindegewebe, Muskelzellen und Blutzellen, bei Wirbeltieren auch Knorpel- und Knochenzellen

Metamorphose – *metamorphosis*: Umwandlung eines Organismus von einem larvalen Zustand (larvaler Phänotyp) in das definitive Erscheinungsbild (imaginaler oder adulter Phänotyp)

Metastase – *metastasis*: Tochtergeschwulst, Tochtertumor

midblastula transition:
Etappe in der Entwicklung eines Keims, speziell der Amphibienblastula, in der der Keim nicht mehr ausschließlich maternale Genprodukte in Anspruch nimmt, sondern seine eigenen Gene zur Produktion von Genprodukten aktiviert

Mitose – *mitosis*: Art der Zellteilung, bei der beiden Tochterzellen das gleiche und ganze Genom zugeteilt wird

Morphogen – *morphogen*: Substanz, welche die räumliche Ordnung der Zelldifferenzierung und damit indirekt die Gestaltbildung beeinflusst und kontrolliert. Nach der Vorstellung von A. Turing, der den Begriff prägte, soll die räumliche Konzentrationsverteilung eines Morphogens bestimmen, wo was entsteht, und dadurch eine Musterbildung (s. Musterbildung) bewirken

Morphogenese – *morphogenesis*: Gestaltbildung

morphogenetisches Feld – *morphogenetic field*: Bezirk im Keim, aus dem eine komplexe Struktur, z. B. eine Extremität oder ein inneres Organ, hervorgeht und das anfänglich regulative Eigenschaften besitzt: bei einer Zweiteilung des Feldes entstehen zwei solcher Strukturen

Mosaikentwicklung – *mosaic development, determinative development*: Vorstellung, die Entwicklung eines Keims werde (weitgehend) durch das Verteilungsmuster cytoplasmatischer Determinanten bestimmt

Müllerscher Gang – *Müllerian duct*: embryonaler Vorläufer des Eileiters

multipotent – *multipotent*: viele Entwicklungsmöglichkeiten habend. Synonym: pluripotent

Musterbildung – *pattern formation*: Vorgänge, durch die wohlgeordnete und reproduzierbare räumliche Muster verschieden differenzierter Zellen entstehen

Myotom – *myotome*: Teil des Somiten, aus dem die (quergestreifte) Muskulatur des Rumpfes und der Extremitäten hervorgeht

Neuralleiste – *neural crest*: Umrandung der Neuralplatte; nach der Bildung des Neuralrohrs Ansammlung von Zellen beidseitig des Neuralrohrs

Neuralleistenzellen – *neural crest cells*: Zellen am Rande der Neuralplatte bzw. entlang des Neuralrohrs, die fortwandern und aus denen u. a. das periphere Nervensystem sowie die Chromatophoren der Haut hervorgehen (s. Kap. 16; Kap. 17)

Neuralplatte, Neuralrohr – *neural plate, neural tube*: Zwei nacheinander folgende Stadien in der Anlage des Zentralnervensystems, d. h. des Gehirns und des Rückenmarks

Neuroblast – *neuroblast*: Vorläufer einer Nervenzelle

Neurotrophine – *neurotrophins*: sezernierte Proteine, welche die Entwicklung und das Überleben von Nervenzellen fördern

Neurula – *neurula*: Keim im Stadium der Neurulation

Neurulation – *neurulation*: Bildung zunächst der Neuralplatte und daraus des Neuralrohrs, aus dem das Zentralnervensystem hervorgeht

Notochord – *notochord*: embryonaler Rückenstab (Rückensaite), im Dt. Schrifttum meistens als **Chorda dorsalis** bezeichnet

obere Urmundlippe – *upper blastopore lip*: oberer Rand des Urmundes der Amphibiengastrula, den Spemann-Organisator enthaltend

Ontogenie – *ontogeny*: Entwicklung eines Individuums von der befruchteten Eizelle bis zu seinem Tod

Oogenese – *oogenesis*: Entwicklung einer Eizelle

Oocyte – *oocyte*: frühe Entwicklungsstufe einer Eizelle, unreife Eizelle

Organisator – *organizer*: Bezirk eines sich entwickelnden Systems (beispielsweise einer Gastrula oder eines regenerierenden Körperteils), der durch Aussenden von Signalsubstanzen (Induktoren, Morphogene) die weitere Entwicklung in seiner Nachbarschaft steuert

orthologe Gene – *orthologous genes*: Gene, welche in verschiedenen Organismen (z. B. Fliege, Maus) vorkommen und eine hohe Übereinstimmung ihrer Basensequenz aufweisen. Werden als Erbstücke eines gemeinsamen Vorfahren betrachtet. Vergl. paraloge Gene

orthologe Organe/Körperteile – *orthologous organs*: Organe/Körperteile verschiedener Organismen, die als homolog betrachtet werden, z. B. Brustflossen der Fische, Vorderextremitäten der Landwirbeltiere, Vogelflügel, Fledermausflügel. Vergl. paraloge Organe

Ovulation – *ovulation*: Eisprung, Freisetzung einer herangereiften Eizelle aus dem Ovar, bei Wirbeltieren in den Eileiter hinein

paraloge Gene – *paralogous genes*: Gruppe von Genen, welche eine hohe Übereinstimmung in ihrer Basensequenz zeigen (Genfamilie) und in ein und demselben Organismus vorkommen. Werden als in der Evolution zustande gekommene Vervielfältigungen eines einzelnen Urgens betrachtet

paraloge Organe/Organanlagen – *paralogous organs*: Organe oder Organanlagen, die sich in ein und demselben Organismus wiederholen und gleichartige Entstehungsweise haben, z. B. Vorder- und Hinterextremitäten, Reihe der Somiten

paternal – *paternal*: väterlich, vom väterlichen Elternteil bestimmt oder abgeleitet

Phänotyp – *phenotype*: Erscheinungsbild einer Zelle oder eines Organismus, Summe seiner ausgeprägten Eigenschaften, zum Unterschied von seinem Genotyp (genetische Ausstattung)

Phylogenie – *phylogeny*: Stammesgeschichte, Evolutionsgeschichte einer Tiergruppe

phylotypisches Stadium – *phylotypic stage*: Stadium in der Entwicklung einer Tiergruppe, besonders der Wirbeltiere, in der die Merkmale des Tierstammes erkennbar sind und in der die Embryonen der verschiedenen Mitglieder eines Tierstammes ein hohes Maß an Übereinstimmung in ihrer Morphologie und inneren Organisation zeigen

Plazenta – *placenta*: von der extraembryonalen Hülle (Trophoblast, Chorion) des Säugerkeims gebildetes Organ zum Austausch von Atemgasen und Substanzen mit dem mütterlichen Organismus. Bei der Geburt als Mutterkuchen aus der Gebärmutter ausgestoßen

pluripotent – *pluripotent*: viele Entwicklungsmöglichkeiten habend. Synonym: multipotent

PNS – *PNS*: peripheres Nervensystem, bestehend aus Spinalganglien (s. Ganglion), sympathischem Nervensystem mit Grenzstrang des Sympathicus und Eingeweideganglien, sowie den Nervennetzen des Magen-Darm-Traktes

Polkörper – *polar bodies*: bei den Reifeteilungen (Meiose) einer Eizelle abgeschnürte Miniaturtochterzellen der Eizelle. Werden in der Regel am animalen Pol der Eizelle abgeschnürt und gehen zugrunde

Polzellen – *pole cells*: Zellen am hinteren Pol eines Drosophila-Embryos, aus denen die Urkeimzellen hervorgehen

Positionsinformation – *positional information*: Lageinformation, durch die Zellen oder Zellgruppen ihre Lage im Keim mitgeteilt bekommen. Diese Information kann von benachbarten Zellen ausgehen oder von ferneren Morphogensendern (wobei nach der von L. Wolpert formulierten Theorie der Positionsinformation die örtliche Morphogenkonzentration Lageinformation vermitteln könnte)

Primitivknoten – *(primitive) node*: Verdickung am Vorderrand einer Primitivrinne auf der Keimscheibe eines Vogel- oder Säugerkeims. Funktionell dem Spemann-Organisator des Amphibienkeims entsprechend. Beim Vogelkeim auch Hensen-Knoten genannt, bei Säugern im Englischen *node*

Primitivrinne – *primitive groove*: Rinne auf der Ventralseite des Insektenkeims oder auf der Keimscheibe eines Vogel- oder Säugerkeims, durch die künftige Mesodermzellen von der Oberfläche (Blastoderm, Epiblast) unter die Oberfläche abwandern. Dem Urmund entsprechend (bei Insekten nur teilweise)

programmierter Zelltod – *programmed cell death*: Apoptose

Promotor – *promoter*: eine vor dem codierenden Bereich eines Gens liegende Basenfolge, die als Bindungsstelle für die RNA-Polymerase und für aktivierende oder suppressive Transkriptionsfaktoren dient

Reifeteilung – *meiosis*: s. Meiose

Selektorgene – *selector gene*: Gen, das eine Auswahl anderer Gene aktiviert oder inaktiviert. Synonym: Meistergen

Signaltransduktion – *signal transduction*: Ereigniskette zur Überführung einer Botschaft vom Zelläußeren über die Zellmembran hinweg ins Zellinnere. Kommt in Gang, wenn ein externes Signalmolekül (Ligand) an Membran-verankerte Rezeptormoleküle bindet

Sklerotom – *sclerotome*: Bereich des Somiten, aus dem die Wirbelkörper hervorgehen

Soma, somatisch – *soma, somatic*: (zum) Körper mit Ausnahme seiner Fortpflanzungszellen (gehörend)

Somiten – *somites*: Zellpakete im phylotypischen Stadium der Wirbeltiere, in zwei Reihen beidseitig der Chorda entlang des Halses und Rumpfes (bis in die Schwanzspitze) angeordnet. Aus den Somiten gehen die Wirbelkörper hervor (Sklerotombezirk der Somiten), die Körpermuskulatur (Myotom-Bezirk) und die Unterhaut (Dermatom-Bezirk)

Spemann-Organisator – *Spemann-organizer*: Bezirk in der Amphibienblastula/frühen Gastrula knapp oberhalb des künftigen oder sich eben bildenden Urmundes, benannt nach dem Zoologen Hans Spemann; dieser Bezirk hat die Fähigkeit, nach Transplantation in eine andere Blastula die Bildung eines zweiten (siamesischen) Embryo zu induzieren. Sender mehrerer Signalsubstanzen

Sperma – *sperm*: Samen, Masse von Spermien

Spermatogenese, Spermiogenese – *spermatogenesis*: Entwicklung der Spermien

Spermatozoon, Spermium – *spermatozoon, sperm (cell)*: einzelne Samenzelle

Spezifikation – *specification*: richtungsweisende, erste Programmierung eines Entwicklungsweges, die jedoch noch keine irreversible Festlegung des Schicksals impliziert. In einer neutralen Umgebung wird das Programm realisiert, in anderer Umgebung ist es noch veränderbar (zum Unterschied zu einer erfolgten Determination)

Teratocarcinom – *teratocarcinoma*: Ungeordnete Zellmasse, hervorgegangen aus unbefruchteten oder befruchteten Keimzellen; stark missgebildeter Embryo, welcher Eigenschaften eines bösartigen Tumors entwickelt. Entsteht im weiblichen Säuger, wenn sich eine Blastocyste an einem falschen Ort (Eileiter, Bauchhöhle) einnistet, im männlichen Säuger aus Urkeimzellen, die im Hoden eine Embryonalentwicklung starten (Hodenkrebs)

teratogen – *teratogenic*: Missbildungen auslösend

Teratom – *teratoma*: stark missgebildeter Embryo, einem (gutartigen) Tumor ähnelnd

Totipotenz, totipotent – *totipotency, totipotent*: mit allen Entwicklungsmöglichkeiten ausgestattet

Transdetermination – *transdetermination*: Änderung des Determinationszustandes einer Zelle oder Zellgruppe in einen anderen Determinationszustand. Umprogrammierung der Entwicklung, z.B. einer Bein-Imaginalscheibe in eine Flügel-Imaginalscheibe bei der Fliege

Transdifferenzierung – *transdifferentiation*: Rückbildung eines Differenzierungszustandes und Entwicklung eines neuen, anderen Zustandes, z.B. Umwandlung einer Muskelzelle in eine Nervenzelle

Transformation – *transformation*:
- Umwandlung einer Zelle in eine Krebszelle (canceröse, neoplastische oder onkogene Transformation)
- Einführen einer nackten DNA in eine Zelle (genetische Transformation)

Transgen, transgen – *transgene, transgenic*: ein in eine Zelle oder einen Organismus eingeschleustes, fremdes Gen, bzw. ein solches fremdes Gen in sich tragend

Transkription – *transcription*: Herstellen einer RNA-Kopie von einer DNA-Region, im typischen Fall von einem Gen

Transkriptionsfaktor – *transcription factor*: Protein, das an die Promotor- oder Enhancer-Region eines Gens bindet und die Herstellung einer RNA-Kopie des Gens steuert

Transposon – *transposon*: mobile DNA-Stücke, die mit Hilfestellung durch das Enzym Transposase ihren Ort im Genom verändern können. Auch als springendes genetisches Element bezeichnet

Trophoblast – *trophoblast*: äußere, zellige Wand der Blastocyste der Säuger, die in direkten Kontakt zum mütterlichen Gewebe der Gebärmutter kommt und aus der extraembryonales Gewebe, d.h. die Trophoblastzotten und schließlich auch die Plazenta, hervorgehen

Urdarm: *archenteron*: Anlage des Magen-Darm-Traktes

Urmund – *blastopore*: Ort, an dem während der Gastrulation Zellen ins Keimesinnere einströmen. Bleibt Eingang zum Urdarm (nicht immer), wird jedoch bei den Deuterostomiern (Seeigel, Tunikaten, Wirbeltiere) nicht zum Mund, sondern zum After

Urkeimzellen – *primordial germ cells*: noch diploide, vermehrungsfähige Vorläuferzellen der Keimzellen

Uterus – *uterus*: s. Gebärmutter

Vegetalisierung, Vegetativisierung – *vegetalization*: Beeinflussung eines Keims, z.B. einer Seeigelblastula, derart, dass ein vergrößerter Magen-Darm-Trakt auf Kosten dorsaler Keimteile entsteht

vegetativ – *vegetal*: im Bereich des vegetativen Eipols befindlich, oder vegetative Organe (Magen-Darm-Trakt) betreffend

vegetative Fortpflanzung – *vegetative reproduction*: Ungeschlechtliche, d.h. nicht über eine befruchtete Eizelle erfolgende Fortpflanzung

visceral – *visceral*: den Bereich der Eingeweide betreffend. Auch gebraucht, um die Bereiche ventral des Schädels (Pharynxregion = Rachen, Kehlkopfbereich) zu kennzeichnen

Vitellinmembran – *vitelline membrane*: Nicht-zelluläre Membran um die Eizelle, bei Säugern Zona pellucida genannt

Vitellogenine – *vitellogenines*: Proteine, die im mütterlichen Organismus, bei Wirbeltieren in der Leber, produziert werden und in der Eizelle als Dottermaterial eingelagert werden

Vorkerne – *pronuclei*: Bezeichnung des Eikerns und des Spermienkerns vor ihrer Fusion zum Zygotenkern

Wolffsche Linsenregeneration – *Wolffian lens regeneration*: Regeneration der Augenlinse bei Amphibien aus der Iris

Wolffscher Gang – *Wolffian duct*: embryonale Anlage des Harn- und Samenleiters im Wirbeltierembryo

Zellzyklus – *cell cycle*: Ereignisse von Zellteilung zu Zellteilung, gegliedert in die Phasen G1, S, G2 und Mitose. In der S-Phase wird die DNA repliziert, sodass die Chromosomen verdoppelt und in der Mitose auf zwei Tochterzellen verteilt werden können

Zelldifferenzierung – *cell differentiation*: Begriff mit doppelter Bedeutung:
- Unterschiedlichwerden von Zellen im Vergleich zueinander durch Divergenz der Entwicklungswege und
- inviduelle Zellentwicklung, die bei ausgereiften (terminal differenzierten), voll funktionstauglichen Zellen endet

ZNS – *CNS*: Zentralnervensystem, bestehend aus Gehirn und Rückenmark

Zona pellucida – *zona pellucida*: Nicht-zelluläre Hüllschicht um das Säugerei

ZPA, Zone polarisierender Aktivität – *zone of polarizing activity*: Bereich am Hinterrand der Flügelknospe, der als Signalsender die Reihenfolge der Finger (mit-)bestimmt

Zygote – *zygote*: befruchtete Eizelle

zygotische Gene – *zygotic genes*: Gene des Embryo selbst, zum Unterschied von Genen der Mutter (maternale Gene)

Englisch – Deutsch

Es sind hier nur englische Bezeichnungen aufgelistet, die deutlich von den im deutschen Schrifttum gebräuchlichen wissenschaftlichen Begriffen abweichen und daher möglicherweise nicht sogleich in obiger Liste Deutsch – Englisch oder in gängigen Lexika gefunden werden (in Klammern: im deutschen Schrifttum nur selten gebrauchte Ausdrücke)

Archenteron – Urdarm (Archenteron)

blastodisc – Keimscheibe

blastopore – Urmund (Blastoporus)

branchial arches – Kiemenbögen, Schlundbögen

branchial pouches – Kiementaschen, Schlundtaschen

budding – Knospung

CAM, cell adhesion molecule – Zelladhäsionsmolekül

cleavage – Furchung

clone – Klon

cloning – das Klonieren

CNS, central nervous system – Zentralnervensystem

commitment – endgültige Determination

committed – endgültig determiniert

compartment – Kompartiment

ECM – extrazelluläre Matrix

endoderm – Entoderm (Endoderm)

fate map – Anlagenplan

fertilization – Befruchtung (Fertilisierung)

floor plate – Bodenplatte; ventraler Teil des Neuralrohrs

germ – Keim

germ band – Keimstreif (Keimband)

germ layers – Keimblätter

germ plasm – Keimplasma

germinal vesicle – Keimbläschen

ICM, inner cell mass – innere Zellmasse in der Blastocyste der Säuger

imaginal discs – Imaginalscheiben

inducer – Induktor

lampbrush chromosomes – Lampenbürstenchromosomen

master gene – Meistergen

maturation – Reifung

midblastula transition – kein geläufiger dt. Ausdruck im Gebrauch

molt – Häutung

N-CAM, neural cell adhesion molecule – neurales Zelladhäsionsmolekül

neural crest – Neuralleisten

node – Primitivknoten im Säugerkeim

notochord – Chorda (Notochord)

organizer – Organisator

ovary – Ovar

positional information – Positionsinformation, Lageinformation

PNS, peripheral nervous system – peripheres Nervensystem

pattern formation – Musterbildung

phenotype – Phänotyp

polar bodies – Polkörper, Richtungskörper

primitive groove – Primitivrinne

primordial – anlagenmäßig, Ausgangs-…, Ur-…

primordial germ cells – Urkeimzellen

pronuclei – Vorkerne (Pronuclei)

reproduction – Fortpflanzung, Reproduktion

rudiment – Anlage, Ausgangsmaterial

shield – Embryonalschild

testes – Hoden

umbilical cord – Nabelschnur, Nabelstrang

upper blastopore lip – obere Urmundlippe

vegetal – vegetativ

vegetalization – Vegetativisierung, Vegetalisierung

vertebral column – Wirbelsäule

visceral arches – Schlundbögen, Visceralbögen, Kiemenbögen

Wolffian – Wolffsche …, benannt nach C. F. Wolff

yolk – Dotter

yolk sac – Dottersack

Sach- und Namensverzeichnis

Namen von Personen s. auch Box K1, S. 4ff., und Literatur

Abb = mit Abbildung; (Def.) = Definition

Kursiv: Namen von *Genen* oder *Organismen (Gattungs-, Artnamen)*

Definition und Erläuterung von Fachausdrücken s. auch Glossar S. 733ff.